KURZGEFASSTES HANDBUCH ALLER LEGIERUNGEN

VON

ERNST JÄNECKE

PROF. DR. PHIL. DR. ING. E. h., HEIDELBERG

Mit über 800 Abbildungen im Text und auf 80 Texttafeln

Springer-Verlag Berlin Heidelberg GmbH

1937

ISBN 978-3-662-34851-2   ISBN 978-3-662-35181-9 (eBook)
DOI 10.1007/978-3-662-35181-9

Vorwort.

Es gibt eine Anzahl guter Werke über Metallkunde, über Metallographie und über Legierungen von größerem oder geringerem Umfange, weswegen es einer gewissen Rechtfertigung für ein neu hinzukommendes bedarf. Das vorliegende Buch unterscheidet sich von den übrigen aber wesentlich durch die systematische Anordnung der binären und mehr noch der ternären Legierungen, die neu und gegenüber der üblichen entschieden einfacher ist. Eine wirklich systematische Anordnung aller Legierungen von mehr als zwei Metallen lag bisher überhaupt nicht vor. Sie ergibt sich von selbst bei Übertragung der hier gewählten Einteilung der binären Legierungen auf ternäre und noch kompliziertere, die hier eine besonders ausführliche Behandlung gefunden haben. In dem Buche ist die neuere Literatur aller binärer, ternärer und quaternärer Legierungen, die bis jetzt untersucht wurden, so weit vermerkt worden, daß es leicht möglich ist, die Originalliteratur nachzusehen und sich eingehender zu unterrichten. Auf die vielfach sehr wichtige ausländische Literatur wurde besonders Rücksicht genommen.

Die Einteilung der binären und ternären Legierungen in der benutzten systematischen Art macht es bequem, neue Untersuchungen einzufügen, wobei Ähnliches zusammenkommt, was bei anderer Einteilungsart, z. B. nach bestimmten Metallen oder einfach nach dem Alphabet, nicht der Fall ist. Als sehr wesentlich wurde es betrachtet, zu versuchen, die Behandlung der Legierungen so kurz als möglich zu machen, ohne Wichtiges zu vernachlässigen. Deswegen wurden für alle Systeme, besonders auch die ternären, Zustandsbilder gegeben, die vom Verlag mit besonderer Sorgfalt hergestellt sind. Aus ihnen kann der Fachmann ohne viel weitere Erklärungen häufig bereits die Eigenschaften, besonders auch die technischen, überblicken, was z. B. bei Werkstofffragen gerade in der jetzigen Zeit von Wichtigkeit ist.

In mancher Hinsicht schließt sich das Buch der im Jahre 1910 erschienenen kurzen Übersicht des Verfassers über sämtliche Legierungen (Verlag Dr. Max Jänecke, Hannover 1910, Summary of Alloys 1909) an, wobei die Einteilungsart konsequent auf Drei- und Mehrstofflegierungen ausgedehnt wurde.

Für Hilfe bei der Korrektur bin ich Herrn cand. phys. *Karl Rumpf* zu Dank verpflichtet. Der Verlagsbuchhandlung Otto Spamer danke ich noch besonders für ihr bereitwilliges Entgegenkommen bei Herstellung der großen Anzahl von Abbildungen.

Inhaltsverzeichnis.

Inhaltsverzeichnis. VII

Dritter Teil.
Ternäre Legierungen

Inhaltsverzeichnis.   IX

Vierter Teil.

Ternäre Eisenlegierungen.

Inhaltsverzeichnis. XI

Fünfter Teil.

Quaternäre Legierungen.

Sechster Teil.

Legierungen mit fünf und mehr Metallen.

Einleitung.

Die junge Wissenschaft der Metallegierungen hat durch die Methode der röntgenographischen Untersuchungen eine wesentliche Vertiefung erfahren. Es sind daher im folgenden diese stark berücksichtigt worden. Die Grundlage bildet aber immer noch die Phasenlehre und wird es auch bleiben, weshalb deren Gesetze ausführlich erörtert werden müssen. Die Nachprüfung mancher Systeme hat gezeigt, daß solche mehrfach doch komplizierter sind, als man nach den ersten Untersuchungen durch Aufnahme von Abkühlungskurven einer gewissen Anzahl Legierungsgemische glaubte annehmen zu müssen. Besonders die wichtigen Änderungen des Aufbaues im festen Zustande haben umfangreiche Forschungen notwendig gemacht, indem das Gefüge mikroskopisch oder röntgenographisch bei verschiedenen Temperaturen festgestellt werden mußte. Auch die Feststellung der elektrischen Leitfähigkeit und der magnetischen Suszeptibilität ist vielfach als besonders wichtig erkannt worden.

Die Zustandsbilder sämtlicher bis jetzt erforschten binären, ternären und quaternären Legierungen sind in den folgenden Zusammenstellungen mit wenig Ausnahmen graphisch wiedergegeben. Die Einteilungsmethode bringt ähnliche Legierungen in der Darstellung zusammen. Auch sonst ist versucht worden, durch Abbildungen das Verständnis zu erleichtern. Bei manchen ternären oder gar quaternären Legierungen wäre es wünschenswert, wenn man, wie in einer Vorlesung, die körperliche Darstellung der Gleichgewichtsverhältnisse wirklich vorführen könnte. Die zeichnerische oder photographische Wiedergabe dieser bietet meist nur einen schwachen Ersatz. Mikroskopische Aufnahmen von Metallschliffen sind nur in geringer Anzahl wiedergegeben. Um ihren Wert deutlich zu machen, müßte ihre Zahl in einem Maße vermehrt werden, der über den gewünschten nicht zu großen Umfang der Darstellung hinausginge.

Der Verfasser ist sich bewußt, daß bei einer ganzen Anzahl Legierungen eine breitere Behandlung vielleicht besser gewesen wäre. Doch bestand gerade die Absicht, die Darstellung so kurz wie möglich zu machen. Es soll noch hervorgehoben werden, daß die Angabe der Zustandsbilder und das damit zusammenhängende Verhalten der Legierungen als das Wesentlichste angesehen wurde.

Die Art der Einteilung. Phasenregel.

Die Anordnung der Legierungen regelt sich ganz naturgemäß nach der Anzahl der Metalle, die in ihnen enthalten sind, zu verschiedenen Gruppen. Es ist deswegen auch das Gegebene, die Einteilung nach der Zahl der beim Legieren benutzten Metalle durchzuführen. Nimmt man noch die Einstoffsysteme dazu, so erhält man neben diesen die großen Gruppen der Zwei-, Drei-, Vier- und Mehrstoffsysteme. In diesem Falle umfassen die Einstoffsysteme chemische Elemente, und zwar Metalle. Über sie soll vor der Betrachtung der eigentlichen Legierungen zunächst das Wesentlichste ausgesagt werden. Vorher muß aber auf die Phasenregel kurz eingegangen werden. Diese ist eine Regel, in der durch eine Gleichung die Anzahl der „Phasen", „Freiheiten" und „unabhängigen Bestandteile" zusammengefaßt sind. Im Falle eines vollständigen Gleichgewichtes muß sie stets erfüllt sein. Die Phasenregel lautet: P (Phasen) $+ F$ (Freiheiten) $= C$ (unabhängige Bestandteile, Komponenten) $+ 2$. Bei den Legierungen sind die vorkommenden Phasen reine Metalle, Mischkrystalle oder chemische Verbindungen und Schmelzen. Die gasförmige Phase ist fast immer außer acht zu lassen.

Die Phasenregel, welche die Gleichgewichte zwischen einheitlichen chemischen Stoffen oder Stoffgemischen in verschiedenen Aggregatzuständen beherrscht, vereinfacht sich bei ihrer Anwendung für Legierungen durch Vernachlässigung der gasförmigen Phase, die nur in Ausnahmefällen zu berücksichtigen ist. Die Gesetze über die Gleichgewichte zwischen mehreren Phasen werden dadurch einfacher. Die Phasenregel soll hier in der Hauptsache als bekannt angesehen werden. Ihre Vereinfachung für Legierungen kann man am besten verstehen, wenn man sich die Gleichgewichte, die man betrachten will, unter so geringem Druck vorstellt, daß sich eine gasförmige Phase ausbildet. Theoretisch muß sich bei jeder Temperatur eines Gleichgewichtes auch bei noch so hoch schmelzenden Stoffen ein Gas bilden, wenn der Druck reduziert wird. Da sich die Gleichgewichte zwischen den festen und flüssigen Phasen der Legierungen nicht verändern, wenn man sie in ein absolutes Vakuum bringt, also den Druck reduziert, so kann man als eine Phase, die stets mit vorhanden ist, die gasförmige hinzunehmen. Die Phasenregel, die allgemein $P + F = C + 2$ lautet: Phasen vermehrt um Freiheiten eines Systems gleich der Zahl der unabhängigen Bestandteile vermehrt um 2, vereinfacht sich unter Vernachlässigung des Gases alsdann zu $P + F = C + 1$. Zu dem gleichen Ergebnis kommt man auch, wenn man das Gedankenexperiment macht und bei allen Gleichgewichten durch einen Stempel gerade einen solchen Druck ausüben läßt, daß die gasförmige Phase verschwindet. Man betrachtet in diesem Falle das Gleichgewicht als befindlich unter dem Dampfdruck, den es bei der betreffenden Temperatur hat. Auch dadurch wird die Zahl der Freiheiten um eine geringer, und die Phasenregel lautet wiederum $P + F = C + 1$. In dieser Form soll im folgenden die Regel über die Phasengleichgewichte angewendet werden. Bei einigen Systemen ist auch die Dampfphase berücksichtigt.

Erster Teil.

Einstoffsysteme.

Allgemeines.

Über die reinen Metalle soll hier nur das Wichtigste und besonders das, was bei der Legierungsbildung von Bedeutung ist, gesagt werden. Die verschiedenen Elemente lassen sich bekanntlich ziemlich scharf in zwei Gruppen, Metalle und Nichtmetalle, scheiden. Zwischen ihnen ordnen sich einige Elemente ein, die bald dieser, bald jener Gruppe zugezählt werden können. Für die Metalle ist besonders der Aufbau der elementaren Bausteine, der Gitterbau, von Wichtigkeit, der jetzt für fast alle Metalle genau bekannt ist. Die Art des Aufbaus der Metalle im Gitter ist auch bei der Legierungsbildung von größter Bedeutung.

Der Gitterbau.

Es ist bekannt, daß sich alle festen, krystallisierten Stoffe in bestimmter Art in einem Gitter aufbauen. Es heißt dieses, daß die Elemente, wenn man sie sich als punktförmig denkt, im Raume in bestimmter Art verteilt sind. Verbindet man diese Punkte miteinander, so erhält man einen gitterförmigen Aufbau. Die Kenntnis der Gitter für die verschiedenen Metalle ist von wesentlicher Bedeutung, besonders auch für die Art, wie sie Legierungen miteinander bilden. Gerade die Untersuchungen des Gitterbaues der Legierungen in neuerer Zeit hat ihre Kenntnis sehr vertieft. Es ist nun leicht verständlich, daß die festen Elemente für ihren Aufbau besonders einfache Gitter bevorzugen. Bei den Metallen sind es besonders die beiden Gitter der sog. dichtesten Kugelpackung, die von hervorragender Bedeutung sind. Sie und das innenzentrierte Gitter sind die Gitter der wahren Metalle. Zu einer Vorstellung dieser beiden kommt man leicht, wenn man die Elemente als Kugeln ansieht, durch folgende Betrachtung: Werden vier gleich große Kugeln am dichtesten gepackt, so liegen sie so zusammen, daß ihre Mittelpunkte ein reguläres Tetraeder darstellen. Dieses Tetraeder läßt sich nun auf dicht einander in der Ebene liegende Kugeln in doppelter Art legen. Die Kugeln in der Ebene liegen derart bei dichtester Packung, daß die Verbindungsgeraden ihrer Mittelpunkte reguläre Dreiecke bilden, welche die Ebene vollständig ausfüllen. Die

vier Kugeln des Tetraeders lassen sich nun auf die in der Ebene liegenden
Kugeln in doppelter Art legen, wie es die Abb. 1 und 2 anzeigen sollen. Entweder liegen die drei in einer eben liegenden Kugeln des Tetraeders in der Art auf
den Kugeln der Ebene, wie es die erste Abb. 1, oder so, wie es die Abb. 2 angibt.
Gezeichnet sind die Kugelmittelpunkte, die zum Aufbau des Gitters notwendig
sind. Im ersten Fall ergibt sich ein pyramidenförmiger Kugelhaufen. Die
Ebene, auf die sich das Tetraeder auflegt, liegt waagrecht. Die oberste Kugel (a)
liegt einfach, nur nach oben hin verschoben an der gleichen Stelle (A),
wie in der unteren von Kugeln ausgefüllten Ebene. Die Kugelebene liegt

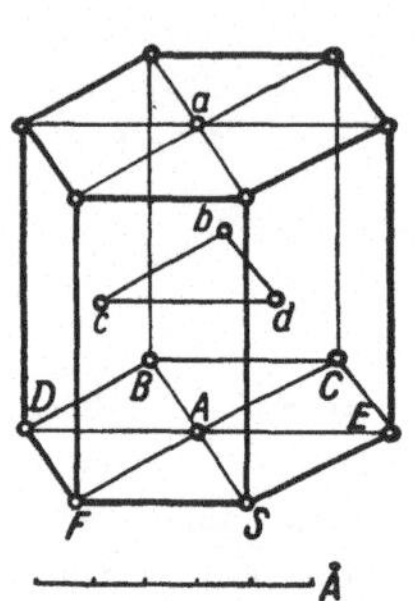

Abb. 1. Krystallgitter
A_3, hexagonale dich-
teste Kugelpackung,
Mg.

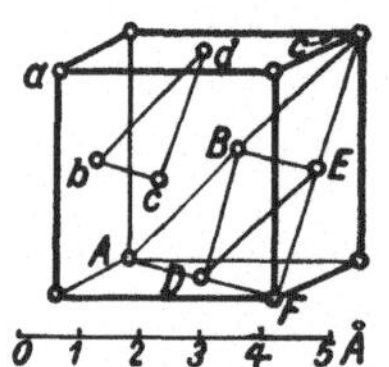

Abb. 2. Krystallgitter
A_1, kubische dichte-
steKugelpackung, Cu.

im zweiten Falle schräg. Die oberste Kugel (a) des
Tetraeders $abcd$ liegt jetzt in der obersten Kugelebene nicht an der gleichen Stelle wie in der unteren.
Die untere Kugelebene ist hier durch die Punkte
$ABCDEF$ angedeutet. Beide Male ergibt sich eine
räumliche dichteste Kugelpackung. Bei gleichem
Radius der Kugeln nimmt die gleiche Anzahl Kugeln
auch genau denselben Raum ein. Die erste Art der
Kugelpackung führt, wie die Abb. 1 zeigt, zu einer
hexagonalen, die zweite zu einer kubischen Struktur.
Das hexagonale Gitter entspricht dem Kugelhaufen mit
einfacher Wiederholung der Kugel in zwei voneinander
getrennten Ebenen der Abb. 1, das kubische Gitter
entspricht der anderen Abb. 2. Außer diesen beiden
Gittern ist bei den Metallen besonders das kubische
innenzentrierte Gitter von Bedeutung. In diesem Falle
liegen die Atome in den Ecken und in dem Mittelpunkt
eines Würfels. Denkt man sich die zugehörigen Kugeln,
die sich berühren, so erhält man einen Gitterbau, der
sich auf eine Kugelpyramide zurückführen läßt, bei der
die Kugeln in der Ebene quadratisch angeordnet sind.
Eine solche quadratische Anordnung der Kugeln führt
zu Kugelpyramiden, bei denen die Kugelpackung nicht
so dicht wie bei denen ist, wo die Kugelmittelpunkte
in den Ebenen reguläre Dreiecke ergeben. Das innenzentrierte kubische Gitter stellt also eine weniger dichte
Kugelpackung als das flächenzentrierte oder das hexagonale Gitter dar.

Außer diesen drei für Metalle und Legierungen wichtigsten Gittern
finden sich in dem periodischen System noch Elemente mit anderen
Gittern. In der Tabelle ist dieses angegeben. Erwähnt werden soll das
flächenzentrierte tetragonale Gitter, in dem Gallium und Indium krystallisieren, das rhomboedrische von Arsen, Antimon und Wismut und
das hexagonale von Selen und Tellur. Verschiedene Elemente können
in mehr als einem Gitter krystallisieren. Ein besonders eigentümliches
Gitter tritt in der einen Form von Mangan und Chrom auf. Auf weitere
Einzelheiten einzugehen, ist an dieser Stelle nicht nötig. Die Tabelle enthält die Elemente mit Angabe der betreffenden Gitter in der üblichen
Bezeichnung.

Tabelle I. Krystallstruktur der Elemente
(unter Benutzung von Neuburger, Krystall. 1933, 418/419).

Ia	IIa	IIIa	IVa	Va	VIa	VIIa	VIII			Ib	IIb	IIIb	IVb	Vb	VIb	VIIb	O
3 Li (2)	4 Be (3)											5 B (h)	6 C (4)(9)	7 N (k)(h)	8 O (r)(h)	9 F	10 Ne (1)
11 Na (2)	12 Mg (3)											13 Al (1)	14 Si (4)	15 P (k)(m)(7)	16 S (r)(m)	17 Cl	18 Ar (1)
19 K (2)	20 Ca (1)(3)	21 So	22 Ti (3)	23 V (2)	24 Cr (2)(3)(12)	25 Mn (12)(13)(6)	26 Fe (2)(1)	27 Co (3)(1)	28 Ni (1)	29 Cu (1)	30 Zn (3)	31 Ga (11)	32 Ge (4)	33 As (7)	34 Se (8)(m)	35 Br	36 Kn (1)
37 Rb (2)	38 St (1)	39 Y (3)	40 Zr (3)(2)	41 Nb (2)	42 Mo (2)	43 Ma	44 Ru (3)	45 Rh (k)(1)	46 Pd (1)	47 Ag (1)	48 Cd (3)	49 Jn (6)	50 Sn (4)(5)	51 Sb (7)	52 Te (8)	53 J (14)	54 X (1)
55 Cs (2)	56 Ba (2)	57/71	72 Hf (3)	73 Ta (2)	74 W (2)(k)	75 Re (3)	76 Os (3)	77 Jr (1)	78 Pt (1)	79 Au (1)	80 Hg (10)	81 Tl (3)(1)	82 Pb (1)	83 Bi (7)	84 Po	85	86 Em
87	88 Ra	89 Ac	90 Th (1)	91 Pa	92 U (2)		SELTENE ERDEN					57 La (3)(1)	58 Ce (3)(1)	59 Pr (3)	60 Nd (3)	68 Er (3)	

<table>
<tr><td>

1 Flächenzentriertes, kubisches Gitter.
2 Innenzentriertes, kubisches Gitter.
3 Hexagonale, dichteste Packung.
4 Diamant.
5 Tetragonal, weißes Zinn (β).
6 Tetragonal, flächenzentriertes Indium.
7 Rhomboedrisch, metallisches Arsen.
8 Hexagonal, Selen.
9 Hexagonal, Graphit.

</td><td>

10 Rhomboedrisch, Quecksilber.
11 Rhombisch, Gallium.
12 Kubisch raumzentrisch, α-Mangan.
13 Kubisch, β-Mangan.
14 Rhombisch, Jod.
k Kubisch, unvollständig bestimmt.
r Rhombisch, unvollständig bestimmt.
m Monodin, unvollständig bestimmt.
h Hexagonal, unvollständig bestimmt.

</td></tr>
</table>

[Ausführliche Angaben hierüber finden sich in der Zusammenstellung der Strukturberichte (1913—1916) in der Z. Kristallogr. (S. 1—71) und den Nachträgen. Eine kürzere Zusammenstellung enthält die Tabelle von *Landolt-Börnstein*, Ergänzungsband I, 1927, 391—395.]

Die Raumgruppen, in denen die Elemente krystallisieren, werden mit A_1, A_2, ... bezeichnet. Es krystallisieren, wie auch die Tabelle angibt, in folgenden Raumgruppen:

A_1-Typ (flächenzentriertes, kubisches Gitter, Cu): Cu, Ag, α-Au, Ca, Sr, Al, β-La, β-Ce$_4$, β-Th, Pb, γ-Fe, β-Co, Ni, Rh, Pd, Ir, Pt.

A_2-Typ (innenzentriertes, kubisches Gitter, W): Li, Na, K, β-Zr, V, Nb, Ta, Cr, Mo, W, α, δ-Fe.

A_3-Typ (hexagonale, dichteste Kugelpackung, Mg): Be, Mg, α-Ca, Zn, Cd, α-Ce, α-Tl, Ti, Zr, Hf, β-Co, Ru, Os.

A_4-Typ (Diamant): C (Diam.), Si, Ge, Sn (Grau).

A_5-Typ (weißes Zinn).

A_6-Typ (tetragonales, flächenzentriertes Gitter, In): In, γ-Mn.

A_7-Typ (As): As, Sb, Bi, P(?).

A_8-Typ (Se): Se, Te.

A_9-Typ (Graphit).

A_{10}-Typ (Hg).

A_{11}-Typ (Ga).

Der Gitterbau des **dritten** Typus ist in der Abb. 3 dargestellt. Die Abb. 4 gibt das Strukturbild des Diamanten wieder, wobei die Kohlenstoffatome als Tetraeder gezeichnet sind. In dem Würfel steckt ein Tetraedergitter:

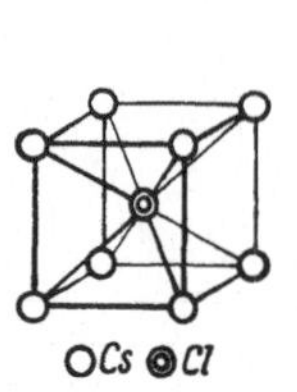

Abb. 3. Krystallgitter B_2, Caesiumchlorid.

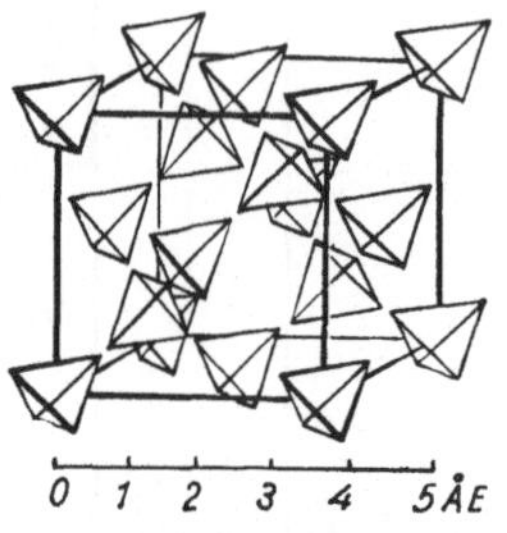

Abb. 4. Krystallgitter A_4, Diamant.

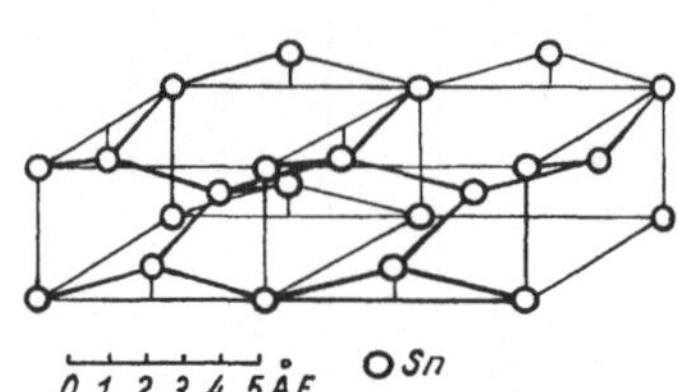

Abb. 5. Krystallgitter A_5, weißes Zinn.

Vier Kohlenstoffatome im Innern des Würfels bilden zusammen mit je vier Atomen des flächenzentrierten kubischen Gitters vier Tetraeder. Die Abb. 5 gibt das Gitter des weißen Zinns wieder, das tetragonale Achsen hat. Man kann es sich durch Stauchung des Diamantgitters längs der c - Achse entstanden denken. Die Abb. 6 gibt die Gitterstruktur des Antimons mit rhomboedrischen Achsen. Es kann als ein deformiertes, einfaches kubisches Gitter nach Art des Steinsalzes aufgefaßt werden. Die Abb. 7 endlich stellt das Gitter des Selens mit hexagonalen Achsen dar. Es ist das sog. Dreipunktschraubengitter von *Sohncke*. Die beiden Elemente Hg und Ga haben besondere Typen. Hg hat rhomboedrische, Ga tetragonale Achsen.

Die Zusammenstellung der Elemente in der Tabelle I enthält die Angaben über ihren Gittertypus, wobei der Buchstabe A weggelassen wurde. Diese Darstellung der Elemente, wobei die Gruppen I bis VII des periodischen Systems der Elemente in bekannter Art in Ia, Ib, IIa, IIb usw. zerlegt werden, ist für die Anwendung auf die Legierungen am zweckmäßigsten. Die Tabelle zeigt die Eigentümlichkeit der verschiedenen Gruppen. Die Nichtmetalle sind kastenförmig eingerahmt, wodurch eine klare Trennung der Metalle und Nichtmetalle dargestellt wird.

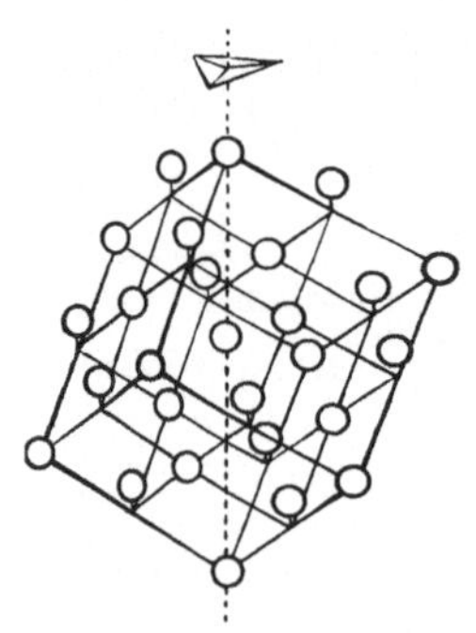

Abb. 6. Krystallgitter A_7, Antimon.

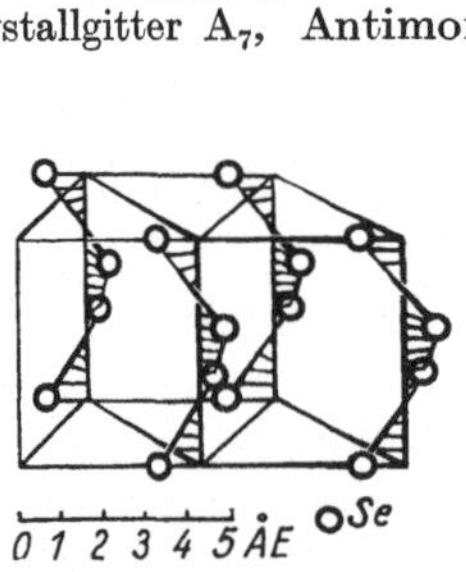

Abb. 7. Krystallgitter A_8, Selen.

An der Grenze liegen Elemente, auf deren Verhalten zu den wahren Metallen bei den Legierungen noch besonders eingegangen wird.

Über die Art der Kräfte, welche die Elemente miteinander im Gitter bindet, soll nur kurz bemerkt werden, daß wahre Metalle Metallbindung zeigen, welche mit großer elektrischer Leitfähigkeit verknüpft ist. Außer dieser gibt es Ionenbindung nach Art der Salze, die sich auch bei einigen binären Legierungen wiederfindet. Die Diamant- und die Edelgasbindung sind für Metalle und Legierungen von geringer Bedeutung. Verschiedene Bindungsarten können auch gleichzeitig vorkommen, wie beim Wismut und den metallischen Formen von Arsen und Antimon.

Die Methoden zur Auffindung des Gitterbaues sollen hier nur ganz kurz erwähnt werden. Es sind das die beiden Methoden nach *Laue* und nach *Debye-Scherrer*. Der Gedanke, der dem Verfahren zugrunde liegt, ist der, daß die Krystalle räumliche Gitter darstellen, die eine Beugung von Lichtwellen bewirken können. Diese tritt aber nur ein bei Verwendung von Strahlen geringer Wellenlänge, weswegen Röntgenstrahlen benutzt werden müssen. Der erste Versuch wurde 1912 von *Knipping* und *Friedrich* auf Veranlassung von *v. Laue* gemacht und hatte sofort den gewünschten Erfolg. Bei den Versuchen, den „Laueeffekt" festzustellen, bedarf man Krystalle guter Ausbildung. Dieselben werden orientiert in dem Strahlengang eines Röntgenganges eingeschaltet und führen hier infolge Beugung zu Bildern, die sich um einen Punkt gruppieren. Hieraus lassen sich alsdann Rückschlüsse auf das Gitter machen. Die Abb. 8 gibt z. B. das *Laue*-Diagramm für Zinkblende, welches dreizählig ist, wieder. Diese Methode wurde noch verbessert durch *Bragg*, wobei die Krystalle um eine bestimmte Achse während der photographischen Aufnahmen gedreht wurden. Die Interferenzen wurden auf einem Filmstreifen aufgenommen. Da bei Legierungen die Herstellung guter einheitlicher Krystalle schwierig ist, wird für die Untersuchung des Gitters bei diesen in den meisten Fällen die zweite Methode von *Debye-Scherrer* angewandt. In diesem Falle lassen sich Pulver oder auch Drähte verwenden.

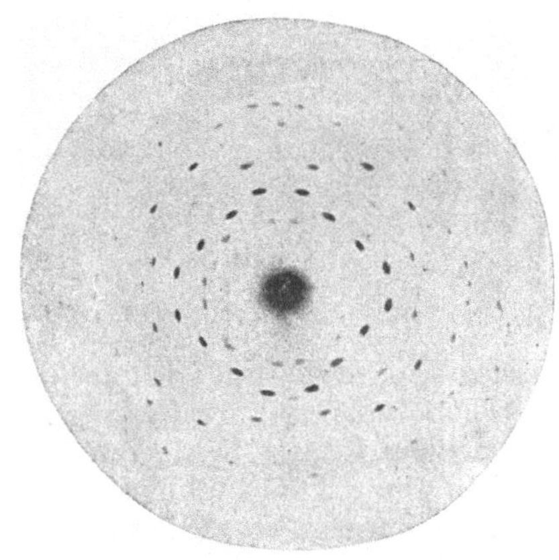

Abb. 8.
Laue-Diagramm von Zinkblende.

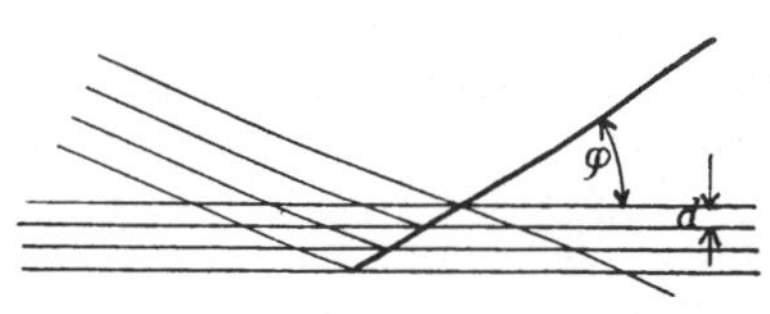

Abb. 9.
Interferenzbedingung als Reflexion.

Das Präparat befindet sich in der Mitte einer runden Kassette, die im Innern an den Seitenflächen einen zylindrisch aufgerollten photographischen Film hat. Durch ein Loch tritt der Röntgenstrahl ein, fällt dann auf das Präparat und wird hier an den Gitterebenen der Krystalle „reflektiert" (Abb. 9). Mit Hilfe eines einfachen Gesetzes lassen sich alsdann die Linien, welche sich auf dem photographischen Papier nach der Entwicklung zeigen, zur Berechnung des Gitters benutzen. Es besteht die Gleichung

$2\,d \sin \dfrac{\vartheta}{2} = n\,\lambda$, in dieser ist ϑ der Glanzwinkel, d der Abstand der reflektieren-
den Ebenen in dem Krystall, n eine ganze Zahl (1, 2, 3, . . .) und λ die Wellen-
länge. Auf die oft recht schwierigen Rechnungen zur Feststellung der Dimen-
sionen des Gitters soll hier nicht weiter eingegangen werden. Die Abb. 10 zeigt
als Beispiel eine *Debye-Scherrer*-Aufnahme von Platin. Sie zeigt scharfe Inter-

Abb. 10.   *Debye-Scherrer*.   Aufnahme von Platin.

ferenzlinien, aus denen sich der Gitteraufbau genau berechnen läßt. Werden
Metalle mechanisch verformt, so wird auch das Gitter verzerrt. Durch Erwärmen auf höhere Temperaturen wird die Verzerrung in mehr oder minder
großem Umfang aufgehoben, was alsdann durch die Intensitäten und ihre
Schärfe zum Ausdruck kommt.

Einteilung der Metalle.

Alle wahren Metalle haben fast ausnahmslos einen Gitterbau entweder mit
Kugelpackung, wie sie im innenzentrierten Gitter vorliegt, oder mit dichtester Kugelpackung im kubischen flächenzentrierten oder hexagonalen Gitter.
Sie haben demnach hohe Symmetrie, kubisch oder hexagonal. Eine besondere wichtige Eigenschaft ist ihre hohe elektrische Leitfähigkeit. Von den
Metallen krystallisieren Sb und Bi nicht in den angegebenen Gittern. Einige
andere wahre Metalle haben noch besondere Gitter, wie Ga, In, Hg, Ge, Mn,
alle diese zeigen aber hohe Symmetrie der Ausbildung. Wie die Tabelle 1 der
Krystallstrukturen der chemischen Elemente zeigt, sind wahre Metalle in den
Gruppen I, II, VIII sowie III a bis VII a ohne Einschränkung enthalten. In
der Gruppe III b ist ein Element, das Bor, kein Metall. In der Gruppe IV b
sind es die beiden Elemente C und Si. In der Gruppe V b sind es drei Elemente, N, P und As, bei VI b vier, O, S, Se und Te, und bei VII b, wenn
man das Element 85 mitrechnet, fünf Elemente, F, Cl, Br, J und 85. Die
Tafel zeigt auf diese Weise eine ganz regelmäßige Verteilung in Metalle und
Nichtmetalle. Von den hierdurch angegebenen Nichtmetallen sind einige
jedoch geeignet, mit anderen wirklichen Metallen wahre Metallegierungen zu
bilden. In erster Linie sind es die den Metallen in der Tabelle benachbarten
Elemente Te, As und Si. Aber auch Se und S sind manchmal zur Bildung
von Legierungen befähigt. Bei den Elementen P, N, C und B sind wahre
Legierungen dann vorhanden, wenn diese mit Elementen der achten Gruppe
sich vereinigen. Die verschiedenen vorkommenden Fälle sind im speziellen
Teil vermerkt.

Von den Eigenschaften der Metalle sollen die meisten als bekannt angesehen werden. Erwähnt werden soll das Verhalten beim Schmelzen unter Druck. Die Regel, daß der Schmelzpunkt bei Druckerhöhung steigt, hat mehrere Ausnahmen. Bekannt ist Wismut und Gallium. Neuerdings ist aber von *Y. Matuyama*[1]) nachgewiesen, daß auch Antimon dazugehört. Er stellte fest, daß sich flüssiges Antimon beim Erstarren um 0,95 Proz. ausdehnt. Daraus folgt nach dem *Clausius-Clapeyron*schen Gesetz, daß der Schmelzpunkt von Antimon bei Drucksteigerung niedriger werden muß. Die Ausdehnung beim Erstarren findet sich auch bei Typenlegierungen, was technisch wichtig ist (Pb-Sn-Sb).

Die Abb. 11 zeigt die Abhängigkeit des Schmelzpunktes vom Druck bei einigen Metallen nach *Johnston* und *Adams*. Von *Bridgman*[2]) wurden neuerdings für Bi und Ga die Bildung neuer Modifikationen unter hohem Druck festgestellt, deren Schmelzpunkte bei weiterer Druckerhöhung steigen, also das normale Verhalten zeigen.

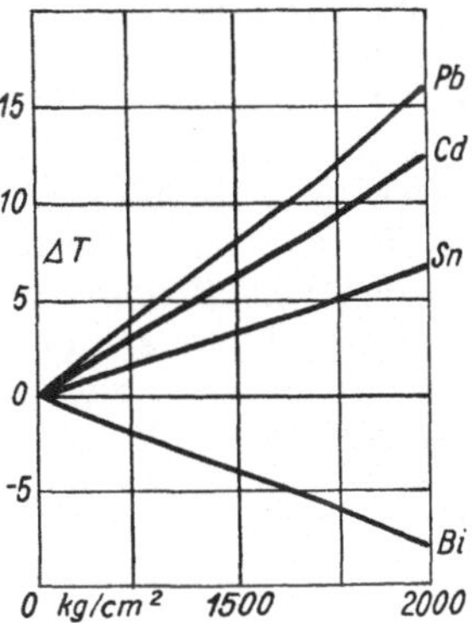

Abb. 11. Abhängigkeit des Schmelzpunktes vom Druck bei Bi, Sn, Cd, Pb.

Metalle, die in mehreren festen Modifikationen vorkommen können.

Es gibt eine größere Anzahl Elemente, die in mehr als einer Krystallform auftreten. Unter ihnen befinden sich auch verschiedene Metalle. Das Verhalten eines Stoffes, der in mehreren festen Modifikationen auftritt, soll kurz erörtert werden. Hierbei soll angenommen werden, daß sich nur zwei verschiedene feste Modifikationen bilden können. Die Übertragung auf Stoffe mit mehr als zwei Modifikationen läßt sich leicht durchführen. Unter Berücksichtigung des gasförmigen Zustandes hat man phasentheoretisch also ein Einstoffsystem, in dem vier verschiedene Phasen auftreten können: zwei feste S_1 und S_2, die flüssige L- und gasförmige G-Phase. Die allgemeine Phasenregel $P + F = C + 2$ wird für Einstoffsysteme zu $P + F = 3$. Sind also drei Phasen gleichzeitig vorhanden, so hat das System demnach keine Freiheit mehr, was bedeutet, daß die Werte des Dampfdruckes des Systems, seiner Temperatur und die spezifischen Volumena der verschiedensten Phasen bei diesen Gleichgewichten ganz bestimmte Werte haben. Die vier verschiedenen Phasen S_1, S_2, L und G lassen sich in vierfach verschiedener Art zu je drei Phasen zusammenfassen. Stellt man die Gleichgewichte in bezug auf Druck und Temperatur graphisch dar, so ergeben sich im wesentlichen zwei verschiedene Fälle, die durch die beiden Abb. 12 und 13 dargestellt sind. Von den Variabeln sind Dampfdruck und Temperatur dargestellt, indem der Druck P als Ordinate und die Temperatur T als Abszisse gewählt sind. In

---

[1]) *Y. Matuyama*, Sci. Rep. Tôhoku Univ. **1**, 1928, 25.
[2]) *P. W. Bridgman*, Phys. Rev. [3] **48**, 1935, 48.

der Abb. 12 gibt es zunächst die beiden invarianten stabilen Gleichgewichte O_1 und O_2 für die Phasen S_1, L, G und S_2, S_1, G. Für den zweiten in Abb. 13 dargestellten Fall die beiden invarianten Gleichgewichte O_1 und O_3 mit den Phasen S_1, L, G und S_1, S_2, L. Der Unterschied liegt darin, wie die Abbildungen zeigen, daß im ersten Falle die feste Phase S_2 mit Gas im Gleichgewicht sein kann, im zweiten jedoch mit Flüssigkeit. Die beiden festen Modifikationen S_1 und S_2 werden durch Kurven getrennt, die im ersten Fall wesentlich senkrecht, im zweiten wesentlich waagrecht verlaufen. In dem durch Abb. 13 dargestellten zweiten Fall ist die zweite Modifikation S_2 des Stoffes nur unter Druck im stabilen Gleichgewicht möglich. Solche Fälle wurden von *Bridgman* mehrfach beobachtet. Unter den Elementen gehört Kohlenstoff mit seiner Diamantform diesem Fall an. Von besonderem Interesse ist es, wie neuerdings *Bridgman*[1]) beobachtete, daß auch bei Metallen solche Eigentümlichkeiten vorkommen. Cadmium besitzt vermutlich sogar zwei nur unter Druck stabile Formen. Bei Druck von 2900—3000 kg/cm²

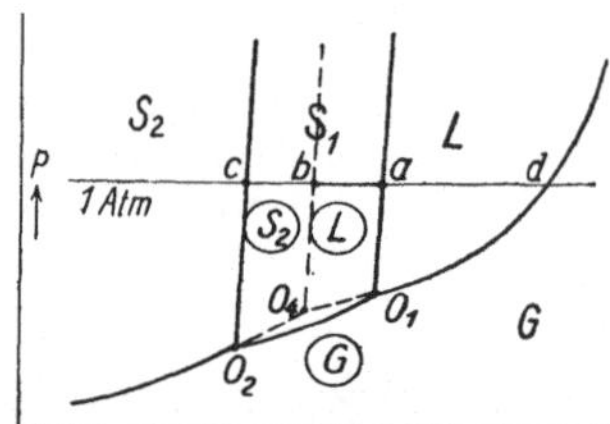

Abb. 12. Druck - Temperatur - Schaubild eines Stoffes mit zwei bei Atmosphärendruck beständigen Formen (schematisch).

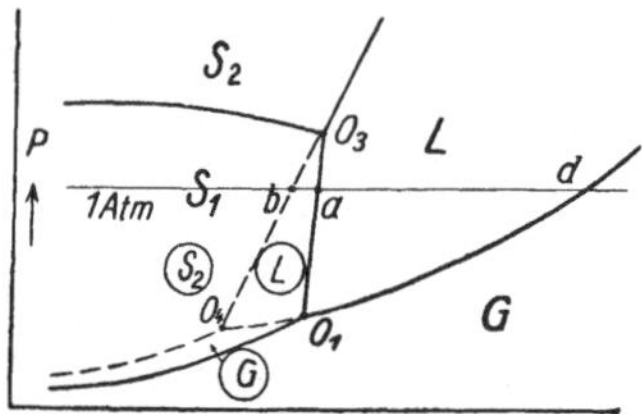

Abb. 13. Druck - Temperatur - Schaubild eines Stoffes, wenn die zweite Form nur unter Druck beständig (schematisch).

und 5300—8000 kg/cm² tritt zwischen 0 und 70° eine sprunghafte Änderung des Volumens ein. In den beiden Abb. 12 und 13 sind durch punktierte Linien mehrstabile Gleichgewichte wiedergegeben, die in ihrem Schnittpunkt das vierte invariante Gleichgewicht dreier Phasen des Einstoffsystems zwischen S_2, L, G darstellen. In beiden Abbildungen ist eine Horizontale gezogen, welche sich auf den Druck einer Atmosphäre beziehen sollen. Die Schnittpunkte der verschiedenen Kurven zeigen, daß bei diesem Druck S_1 einen stabilen und S_2 einen metastabilen Schmelzpunkt hat. Der metastabile Schmelzpunkt b von S_2 liegt tiefer als a der von S_1. Wie die Abbildungen angeben, gibt es auch metastabile Gebiete, in denen unter verschiedenen Drucken und Temperaturen die Phasen S_2, L und G für sich vorkommen können, obwohl die stabilen Phasen unter diesen Bedingungen andere sind. Ihre Lage ist in den Abbildungen besonders vermerkt. Im zweiten durch Abb. 13 dargestellten Fall ist S_2 unter gewöhnlichem Druck bei allen Temperaturen metastabil. Sind solche Phasen einmal entstanden durch Vorgänge in der Natur oder Versuche im Laboratorium, so können sie den Eindruck vollständig stabiler Phasen machen. Dieses zeigt z. B. das Vorkommen des Diamanten, dessen Umwandlungsgeschwindigkeit in Graphit

---

[1]) *Bridgman*, Proc. Amer. Acad. Sci. **60**, 1925, 348. Neuerdings (1935) wurden unter sehr hohen Drucken sich bildende Modifikation von *Bridgman* auch bei den Metallen Bi, Hg, Tl, Te und Ga festgestellt.

bei gewöhnlichen Bedingungen Null ist. Die Grenzkurve zwischen den beiden Modifikationen gehorcht dem bekannten Gesetz von *Clausius-Clapeyron*, das hier nur kurz erwähnt werden soll. Aus diesem geht hervor, daß der bei höherer Temperatur beständige Zustand stets einen größeren Wärmeinhalt hat als der bei niederen Temperaturen, und daß ferner das Volumen der bei höherem Druck beständigen Form stets geringer ist, als für die bei niederem Druck beständige. Kennt man also die spezifischen Volumina der verschiedenen Modifikationen und weiß, welcher der beiden Formen man Wärme zuführen muß, um die andere zu erhalten, so kann man genauere Angaben über die Lage und Richtung der Grenzkurve geben, welche die beiden Gebiete S_2 und S_1 voneinander trennt.

Der am meisten vorkommende Fall ist in Abb. 12 dargestellt. Der Dampfdruck ist in vielen Fällen, besonders bei Metallen, so gering, daß die drei Punkte O_1 und O_2 sowie O_4 praktisch mit der Grundlinie zusammenfallen. Die Untersuchung beschränkt sich alsdann in der Hauptsache auf die Bestimmung der Lage der Schmelz- und die Umwandlungskurve. Die Druckabhängigkeit der Temperatur des Schmelzens und auch der Umwandlung ist meist gering, so daß in vielen Fällen nur die Beobachtung des Umwandlungspunktes c neben dem Schmelzpunkt a nötig ist. Von Interesse ist manchmal auch die Bestimmung des metastabilen Umwandlungspunktes b.

Eine besondere Frage ist die, ob die magnetischen Umwandlungen, die sich bei Elementen und Legierungen zeigen, als zwei verschiedene Phasen aufzufassen sind. Es ist nachgewiesen, daß bei diesen Umwandlungen eine Änderung des Gitterbaues nicht eintritt. Die magnetischen Eigenschaften hängen offenbar mit den Atomkernen der Elemente zusammen. Die Umwandlung einer magnetischen Form in eine unmagnetische vollzieht sich immer in einem Temperaturintervall. Sie ist nicht als Phasenumwandlung aufzufassen. Trotzdem lassen sich in verschiedenen Fällen deutliche, wenn auch schwache Änderungen anderer Eigenschaften nachweisen, die sich manchmal nur durch eine Richtungsänderung in den Werten der gemessenen Größen äußert. Bei einigen Metallegierungen ist ein Zusammenhang der magnetischen Eigenschaften mit der Bildung von „Überstrukturen" nachgewiesen, welche eine bestimmte Änderung in der Atomverteilung im Gitter darstellen. Es wird später hierauf kurz eingegangen. Daß auch die magnetischen Änderungen eines Metalles, obwohl sie ohne Änderung der Gitterstruktur verlaufen, manchmal einen erheblichen Einfluß auf die physikalischen Eigenschaften haben, zeigt Abb. 14. Die Kurven von Nickel für die spezifische Wärme, Atomwärme, Thermokraft gegen Platin, elektrischer Widerstand und Temperaturkoeffizient des elektrischen Widerstandes zeigen überall deutliche Änderung, teilweise sogar sprunghaft beim Übergang der magnetischen Form in die andere und umgekehrt.

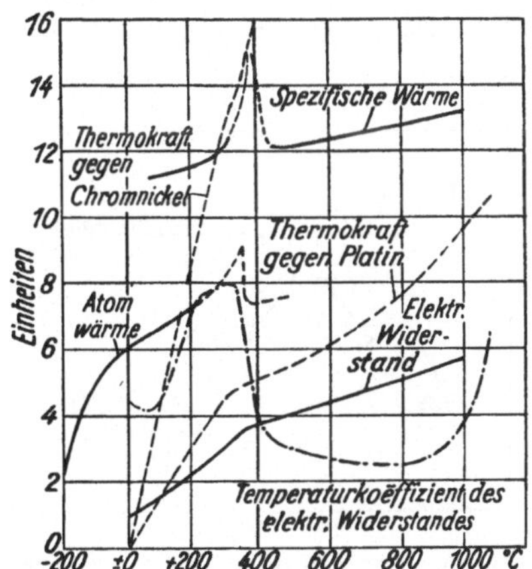

Abb. 14. Einfluß der magn. Umw. auf die Temperaturabhängigkeit beim Nickel.

Feststellung der Umwandlungstemperatur.

Zur Feststellung der Umwandlungstemperaturen eines Metalles lassen sich die verschiedensten physikalischen Größen heranziehen. Ihre Werte ändern sich meistens sprunghaft beim Übergang der einen Modifikation in die andere. Besonders der verschiedene Wärmeinhalt ist für die Feststellung der Umwandlungstemperatur geeignet. Es führt die Beobachtung von Abkühlungs- und Erwärmungskurven gerade, wie bei der Feststellung von Schmelzpunkten, auch vielfach zur Auffindung solcher Umwandlungspunkte. Kühlt sich ein fester Körper, der bis über seine Umwandlungstemperatur erwärmt wurde, ab, so bleibt bei Wärmeentzug, wenn sich das Phasengleichgewicht zwischen den beiden festen Stoffen herstellt, bei der Temperatur, bei der sich die neue Modifikation bildet, die Temperatur so lange konstant, bis die bei höherer Temperatur stabile Modifikation vollständig verschwunden ist. Erst dann findet ein weiteres Sinken der Temperatur statt. Die Abb. 15 gibt schematisch an, wie im Idealfall eine Abkühlungskurve eines solchen Stoffes wäre, der von einer Temperatur oberhalb des Schmelzpunktes Wärme entzogen wird. Die Schmelztemperatur ist also gleichzeitig berücksichtigt. Die Darstellung gibt die Beziehung zwischen Zeit und Temperatur an. Wegen der größeren Schmelzwärme gegenüber der Umwandlungswärme ist die Haltezeit im ersten Fall größer als im zweiten. Erwärmungskurven, die meist ungenauer sind, haben im Idealfall

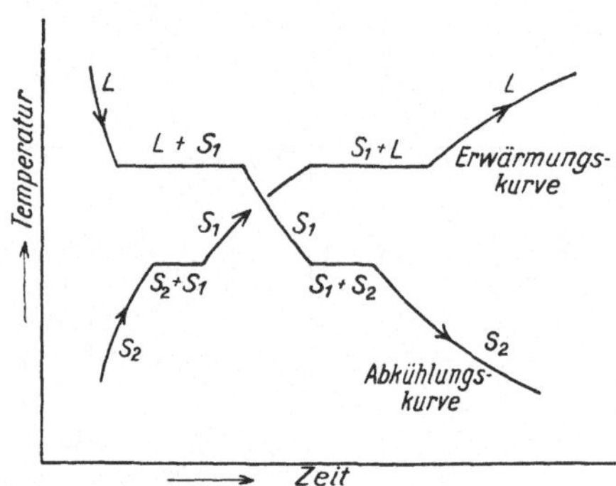

Abb. 15. Abkühlungs- und Erwärmungskurve (schematisch).

einen Verlauf, der in der Abb. 15 auch mit dargestellt ist. Die wirklich beobachteten Abkühlungs- und Erwärmungskurven weichen erklärlicherweise von den Idealkurven ab. In der Abbildung sind die jeweils vorhandenen Phasen in den Kurven vermerkt.

In den folgenden Abbildungen sind die Veränderungen anderer physikalischer Größen mit der Temperatur angegeben, die zur Feststellung der Umwandlungspunkte von Metallen benutzt wurden. So gibt Abb. 16 die Werte der wahren spezifischen Wärme von Kobalt und Nickel in bezug auf die Temperatur wieder, die von *S. Umino* eingehend untersucht wurden[1]). Durch genaue calorimetrische Methoden wurde der Wärmeinhalt von Co und Ni gemessen, und hieraus die mittlere und wahre spezifische Wärme abgeleitet. Die wahren spezifischen Wärmen, wie sie in der Abb. 16 wiedergegeben sind, zeigen deutliche Unstetigkeiten, die in Spitzen in der Abbildung zum Ausdruck kommen. Diese liegen für Co bei 460 und 1150° und für Ni bei 400°. Die untere Temperatur bezieht sich beim Co auf die Umbildung der hexagonalen in die kubische Form. Die anderen Unstetigkeiten in den Kurven sind nicht auf Änderung der Gitterstruktur, sondern auf Änderung der

---

[1]) *S. Umino*, Sci. Rep. Tôhoku Univ. **16 II**, 1927, 594.

magnetischen Eigenschaften zurückzuführen. Oberhalb dieser Temperaturen sind die beiden Metalle unmagnetisch. Die Kurven erlauben auch die Berechnung der Umwandlungswärmen. Es ist bemerkenswert, daß sich für die magnetische Umwandlung etwa 2 Calorien ergeben, ein Wert, der etwa doppelt so groß ist wie die Umwandlungswärme der hexagonalen Form des Co in die kubische.

Umino hat auch für andere Metalle die Umwandlungswärme festgestellt. Für Thallium fand er auf die Gewichtseinheit berechnet 0,60 cal (232°) gegenüber 3,67 cal (303°) für die Schmelzwärme. Die Werte für Mangan waren 2,88 cal (835°), 4,53 cal (1044°) gegenüber 64,8 cal (1221°) beim Schmelzen.

Die Abb. 17 gibt noch die spezifischen Wärmen von Eisen in bezug auf die Temperatur an, wie sie von *Umino* durch Messung des Wärmeinhaltes gemessen wurden. Die Abbildung zeigt in der Darstellung der wahren spezifischen

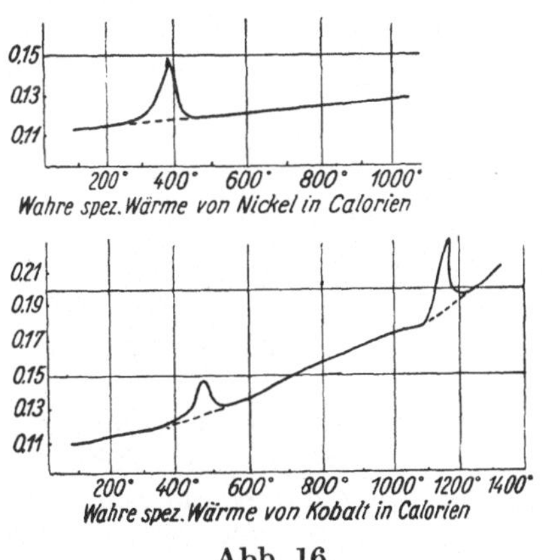

Abb. 16.

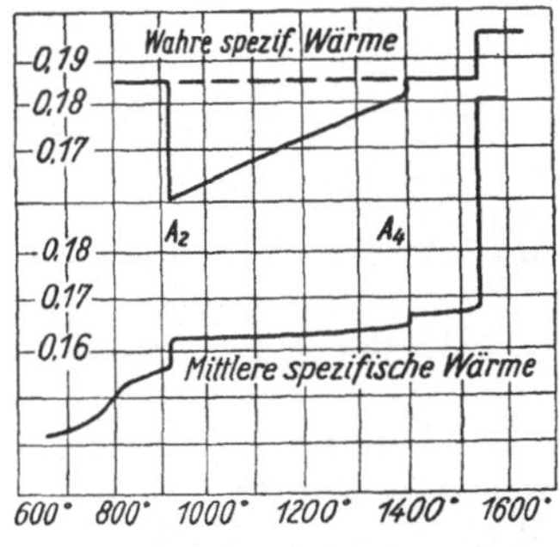

Abb. 17. Spezifische Wärme von Fe von 700° bis 1600° nach *Umino*.

Wärmen, daß die α- und δ-Modifikationen des Eisens identisch sind. Bis zur Temperatur von 900° (A_2) wächst der Wärmeinhalt und die mittlere spezifische Wärme. Bei den Umwandlungstemperaturen A_3 und A_4 findet eine plötzliche Änderung statt. Die Umwandlungswärmen sind 5,60 cal/g (A_3) und 1,86 cal/g (A_4) gegenüber der gemessenen Schmelzwärme von 65,05 cal/g.

Auch die Ausdehnung, die ein Stoff erfährt, kann zur Auffindung verschiedener Modifikationen benutzt werden. Die Messungen müssen in diesem Falle besonders genau sein. In neuerer Zeit hat *Grube* diese Methode für Legierungen und Metalle besonders ausgearbeitet[1]). Die Abb. 18 gibt eine Beobachtung der Längenausdehnung von Nickel, bei der der Umwandlungspunkt deutlich, mit geringer sprunghafter Änderung, zum Ausdruck kommt, wieder. Für die Einstellung des inneren Gleichgewichts bei Modifikationsänderung bedarf es manchmal längerer Zeit. In der Abb. 18 ist daher bei dieser Untersuchung der Längenausdehnung von Nickel von *Jänecke*[2]) die Art angegeben, wie sich die Beobachtung auf 17 Tage erstreckte, indem zwecks einwandfreier Einstellung des Gleichgewichts einen Tag lang die neue Temperatur konstant

---

[1]) *G. Grube*, Z. Elektrochem. **35**, 1929, 328.
[2]) *E. Jänecke*, Z. Elektrochem. **25**, 1919, 16.

gehalten wurde. In diesem Falle zeigt sich eine sprunghafte Änderung des
Volumens bei 350°, die zwar nicht groß (0,05 Proz.), aber deutlich ist. Andere
Größen, die zur Feststellung von Umwandlungen herangezogen werden, sind
elektrischer Natur. Besonders eignet sich hierfür die Untersuchung der elektrischen Leitfähigkeit bzw. des elektrischen Widerstandes. Auch die thermoelektrischen Kräfte können herangezogen werden. Die Abb. 19 und 20 zeigen als Beispiele die Veränderlichkeit der Werte für Thallium und Kobalt mit der Temperatur. Abb. 19 gibt die Größen für den elektrischen Wider-

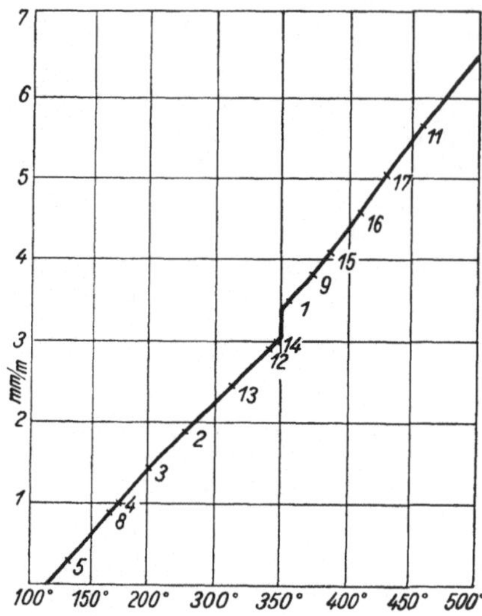

Abb. 18.   Längenänderung von Ni von
150° bis 450° nach *Jänecke*.

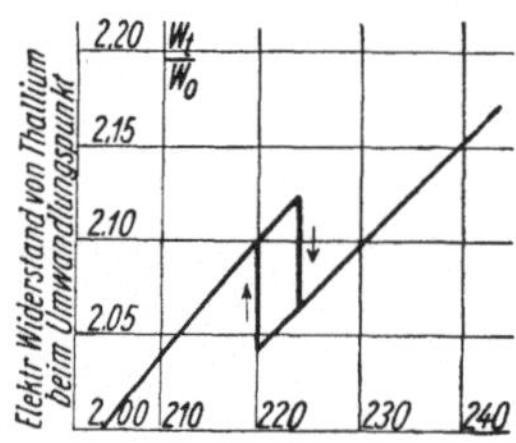

Abb. 19.
Elektrischer Widerstand von Thallium.

stand des Tl in bezug auf die Temperatur. Die sprunghafte Änderung des
elektrischen Widerstandes, der eine gewisse Hysteresis aufweist, ist sehr deutlich. Beim Erwärmen liegt die Temperatur ein wenig höher als beim Abkühlen. Die Abb. 20 gibt für Co die Untersuchungen der elektrischen Leitfähigkeit, der thermoelektrischen Kraft und des Temperaturkoeffizienten in

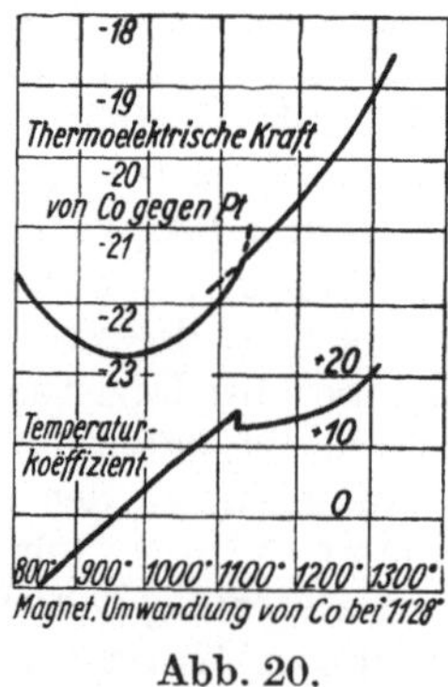

Abb. 20.

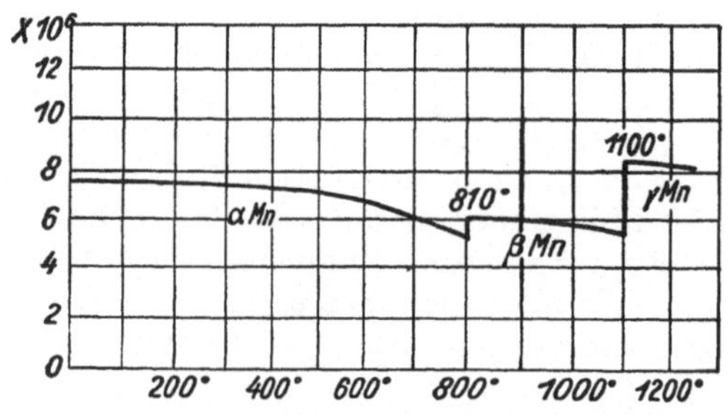

Abb. 21. Die magnetische Suszeptibilität von Mn
nach *Shimizu*.

bezug auf die Temperatur an. Die Umwandlungstemperatur liegt für beide
Größen deutlich bei derselben Temperatur 1115°. Bei ihr zeigt sich also nicht
nur eine Änderung in den magnetischen Eigenschaften des Kobalts. Eine
Phasenänderung des Kobalts liegt hier, wie früher bemerkt, nicht vor.

Auch die unmittelbare Untersuchung der magnetischen Suszeptibilität für verschiedene Temperaturen bei wenig magnetischen Metallen kann zur Auffindung von Umwandlungstemperaturen führen. Die Abb. 21 gibt z. B. die Werte der magnetischen Suszeptibilität von *Shimizu* für Mangan, die deutlich die Umwandlungen wiedergeben. Neuerdings wurde von *Grube* und *Winkler*[1]) mit einer sehr empfindlichen Versuchseinrichtung ebenfalls die Suszeptibilität gemessen, wobei eine neue Modifikation von Mn zwischen 1070° und 1160° gefunden wurde.

Eine besondere Eigentümlichkeit ist die, daß elektrolytisch ausgeschiedene Metalle manchmal in Gittern krystallisieren, die nicht die gewöhnlich vorkommenden sind. Besonders eingehend wurde dieses von *K. Sasaki* und *S. Sikito* am Chrom untersucht. Dieses zeigt drei Modifikationen, eine kubisch raumzentrische mit dem spez. Gewicht 7,21, eine hexagonale mit 6,08 und eine vom sog. α-Mn-Typus mit 7,48. Bei 20° mit einer Stromdichte von 15 A/dm² ergibt sich die raumzentrisch kubische Form, bei Steigerung auf 18 A/dm² die hexagonale. Bei dazwischenliegenden Stromdichten bilden sich Gemische beider. Die α-Mn-Form tritt unter den gleichen Bedingungen wie die hexagonale Form auf, ohne daß angegeben werden könnte, unter welchen Bedingungen die eine oder andere Form gewonnen wird. Der metastabile Charakter der hexagonalen und α-Mn-Form äußert sich darin, daß sich diese allmählich in die kubische Form umwandelt. Die beobachtete Umwandlungszeit betrug 40 bzw. ungefähr 230 Tage. Auch *Öhmann*[2]) fand durch Untersuchung der Gitterstruktur, daß technisches Mangan oft ein Gemenge von α-Mn und β-Mn ist, und daß γ-Mn sich bei gewöhnlicher Temperatur beim Erhitzen spontan umwandelt.

Die Feststellung verschiedener Modifikationen von Metallen läßt sich durch Untersuchung der Gitter bei verschiedenen Temperaturen durchführen. Die Metalle werden als Drähte elektrisch auf bestimmte Temperaturen erhitzt und die Struktur nach *Debye-Scherrer* untersucht. Die Tabelle II gibt die Metalle an, die in mehreren Modifikationen vorkommen. Sie enthält die Krystallgitter und die Umwandlungstemperaturen, soweit diese bestimmt wurden. Bis auf die Gruppe I (und 0) kennt man jetzt in jeder Gruppe ein oder mehrere Metalle mit zwei oder mehr Modifikationen. In der zweiten Gruppe wurde kürzlich festgestellt, daß Ca in zwei Gittern A_1 und A_3 krystallisieren kann[3]). Nach *E. Rück*[4]) zeigt sich bei 450° ein deutlicher Knick in der Abkühlungskurve. Auch für Zink hat man zeitweise zwei Formen angenommen, die aber kaum vorhanden sind. Der für Wismut bei 75° mehrfach angenommene Umwandlungspunkt besteht nach eingehenden Forschungen von *S. Aoyama* und

Tabelle II. Metalle mit mehreren Modifikationen.

II		III			IV	
	3	1	1	1	2	5
Be 600–700°	Ca 450°	Tl 225°	La —	Ce —	Zr 862°	Sn 18°
2	1	3	3	3	3	4

VI		VII	VIII		
12	K	6	2	1	1
Cr 1466°	W —	Mn 1191°	Fe 1400°	Co 450°	Rh —
3	2	13	1	3	K
		740°	906°		
2		12	2		

[1]) *G. Grube* und *O. Winkler*, Z. Elektrochem. **42**, 1936, Nov.
[2]) *E. Öhmann*, Metallwirtsch. **9**, 1930, 825.
[3]) *F. Ebert, H. Harmann* u. *H. Prisker*, Z. anorg. allg. Chem. **213**, 1933, 126.
[4]) *E. Rück*, C. R. Acad. Sci., Paris **192**, 1931, 421.

G. Monna[1]) in Wirklichkeit nicht. Die verschiedenen Unregelmäßigkeiten bei Änderung der Temperatur konnten bei genauer Nachprüfung nicht gefunden werden. An der von *C. Drucker* beobachteten Unregelmäßigkeit des elektrischen Widerstandes ist wahrscheinlich die Rekrystallisation des stark gepreßten Wismuts schuld. Auch einige andere Umwandlungen, die manchmal angenommen wurden, so von Pb bei 150—170°, Zn bei 175° und Sn bei 145 und 162° bestehen in Wirklichkeit nicht.

Abkühlungskurven.

Für die Aufstellung von Zustandsbildern von Legierungen sind Aufnahmen von Abkühlungskurven der geschmolzenen Metalle und ihren Gemischen bis zu vollständigem Erstarren und oft auch noch nach -tieferen Temperaturen von größter Wichtigkeit. Aus diesem Grunde soll hierauf etwas ausführlicher eingegangen werden. Bei der Aufnahme von Abkühlungskurven handelt es sich um die Beobachtung von Temperaturen mit der Zeit und um deren zeichnerische Wiedergabe. Werden geschmolzene Metalle für sich oder gemischt abgekühlt, so zeigen sich infolge der Wärmebindungen, die beim Erstarren oder auch bei Umbildungen im festen Zustande eintreten, bei den zugehörigen Temperaturen Haltepunkte oder Verzögerungen in der Abkühlung. Auf die Art der Messung der Temperaturen mit Thermometern, Thermoelementen oder optischen Pyrometern braucht nicht weiter eingegangen zu werden. Die Beobachtung der Temperatur und Zeit kann subjektiv erfolgen, oder besser noch objektiv, d. h. automatisch durch Instrumente aufgezeichnet werden. Im einfachsten Falle werden die zusammengehörigen Werte von Zeit und Temperatur vermerkt. Man kann die Beziehungen alsdann durch eine einfache graphische Darstellung mit der Temperatur als Ordinate unter der Zeit als Abszisse wiedergeben. Eine Abkühlung eines Metalles, das in zwei festen Formen vorkommt, also eine Umwandlung zeigt, ist z. B. in der Abb. 15 wiedergegeben. Eine ideale Abkühlungskurve müßte bei dem Erstarrungspunkt und Umwandlungspunkt scharfe Knicke aufweisen. In Wirklichkeit sind sie mehr oder weniger abgerundet. Die Unstetigkeit in der Abkühlung läßt sich schärfer zum Ausdruck bringen, wenn in der graphischen Darstellung die Zeitdifferenzen pro Temperaturgrad oder die Temperaturdifferenz pro Zeiteinheit für die zugehörigen Temperaturen wiedergegeben werden. An Stelle einfacher Abkühlungskurven mit Zeit-Temperatur als Ordinaten treten alsdann andere. In solchen Fällen werden auch schwächere Unregelmäßigkeiten der Abkühlung, also auch geringere Änderungen des Wärmeinhaltes, deutlich erfaßt. Bei genauen Untersuchungen werden zweckmäßig automatische Aufzeichnungen gemacht. In dieser Beziehung ist besonders der Apparat von *Saladin* von Wichtigkeit. Mit Hilfe zweier Spiegelgalvanometer wird auf einer photographischen Platte die Temperaturdifferenz eines untersuchenden Körpers gegen einen sich normal abkühlenden aufgezeichnet. Auch die Wiedergabe von Erwärmungskurven kann in gleicher Art erfolgen, was besonders bei der Untersuchung bei Mischkrystallen von Wichtigkeit ist. Weitere Einzelheiten über die Abkühlungskurven finden sich in verschiedenen größeren Werken.

---

[1]) *S. Aoyama* und *G. Monna*, Sci. Rep. Sendai **23,** 1934, 60.

Supraleitfähigkeit.

Eine besondere Eigentümlichkeit vieler Metalle ist die Erscheinung der sog. Supraleitfähigkeit, die darin besteht, daß nahe dem absoluten Nullpunkt der elektrische Widerstand Null wird, so daß ein einmal erzeugter elektrischer Strom ohne merkliche Schwächung danach weiterfließt. Durch die bei der niederen Temperatur verminderte Geschwindigkeit der inneren Bewegung der Atome werden die Bedingungen dafür geschaffen, daß die elektrische Leitfähigkeit ohne Widerstand verläuft. Die Abb. 22 gibt für einige Metalle an, wie die Leitfähigkeit nahe dem absoluten Nullpunkt verläuft. Von *Dehlinger*

wurden die Bedingungen angegeben, die erfüllt sein müssen, damit ein Metall Supraleitfähigkeit zeigt. Es muß eine hohe Koordinatenzahl besitzen, der Atomradius darf nicht zu klein sein, und in der äußersten von Elektronen besetzten Schale muß mehr als ein Elektron vorhanden sein. Es ist versucht worden, theoretisch auch für Legierungen abzuleiten, wie nach den Zustandsbildern die Leitfähigkeit sein müßte. Hierzu muß bemerkt werden, daß der Sprung in der

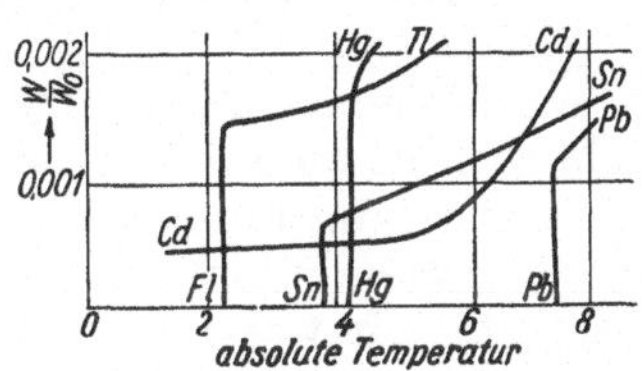

Abb. 22. Die Überleitfähigkeit von Pb, Sn, Tl und Hg.

Leitfähigkeit eines Metalles bestimmt nicht auf dem Auftreten einer neuen Phase beruht. Es erscheint fraglich, ob es überhaupt möglich ist, aus den Zustandsbildern, wie dies *Benedicks* versucht, die Supraleitfähigkeit der Legierungen abzuleiten. Auffallend ist die Supraleitfähigkeit zahlreicher Karbide und Nitride der Übergangsmetalle, die selbst nicht supraleitend sind. Die bisher gemachten Untersuchungen lassen keine bestimmten Regeln erkennen. Im besonderen muß betont werden, daß eine wirkliche Kenntnis von dem Umfang der Mischkrystallbildung bei derartig niedriger Temperatur nicht vorhanden ist. Möglich erscheint es, daß der Umfang der Mischkrystallbildung zum mindesten in vielen Fällen ganz aufhört.

Neuere Literatur: *C. Benedicks*, Z. Metallkde. **25**, 1933, 197. — *W. Meißner, H. Franz* u. *H. Westerhoff*, Ann. Physik. (5) **13**, 1932, 505. — *U. Dehlinger*, Physik. Z. **1935**, 893. — *K. Meissner*, Metallwirtsch. **10**, 1931, 289 u. 310.

Zweiter Teil.

Binäre Legierungen.

Die Art der Einteilung der binären Legierungen.

In den meisten Lehrbüchern sind die binären Legierungen bei ihrer großen
Zahl auch in eine große Zahl Unterabteilungen eingeteilt, wobei die Art des
Erstarrens zugrunde gelegt wird. Schon im Jahre 1910 habe ich in meiner
kurzen Zusammenfassung aller Legierungen eine andere Einteilungsart gewählt, die mir wesentlich praktischer erscheint, ganz gewiß aber einfacher ist.
Sie richtet sich nach der Zahl der in den Legierungen beim Erstarren
auftretenden verschiedenartigen festen Gefügebestandteile. Es werden Legierungen vom Typus I, II, III, IV, V, VI usw. unterschieden. Der Typus I
enthält Legierungen, bei denen aus dem Schmelzfluß sich immer ein gleichartiger Gefügebestandteil bildet, einerlei, welche Mischung gewählt wird. Das
sich beim Erstarren ausscheidende Krystallkorn ist krystallographisch immer
gleichartig von demselben Gittersystem. Bei den Systemen II scheiden sich
aus den flüssigen Legierungen beim Erstarren der Mischungen von verschiedenen Mischungsverhältnissen zwei verschiedene Arten von Krystallen aus. Bei
III sind es deren drei usw. Es kann auch der Fall, wie z. B. bei einigen Eisenlegierungen, eintreten, daß aus dem Schmelzfluß je nach dem Mischungsverhältnis beim Erstarren zwei verschiedene Arten Gefügebestandteile auftreten, während bei tieferer Temperatur der eine verschwindet und nur noch
ein Gefügebestandteil, nämlich ein sich in den Legierungen kontinuierlich von
dem einen zum anderen Metall ändernden Mischkrystall besteht. Diese Legierungen sind konsequenterweise dem Typus II zugeordnet, indem für die Einteilung die Zahl der sich aus dem Schmelzfluß bildenden festen Phasen
zugrunde gelegt sind. Dadurch werden aber auch für die Einteilung solche
feste Phasen nicht berücksichtigt, die sich erst im festen Zustande bilden. Zur
Vereinfachung sind noch die Legierungen mit fünf und mehr festen Phasen
als Typus V zusammengefaßt. Somit werden also nur fünf verschiedene
Typen unterschieden, denen jede binäre Legierung eindeutig zugeordnet wird.
Gasförmige Zustände spielen bei Legierungen kaum eine Rolle, das Einteilungs-
schema läßt sich auch hier anwenden. Die Zustandsbilder werden bei Berücksichtigung des dampfförmigen Zustandes unwesentlich verändert.

Typus I.

Seitdem man den Gitterbau der Metalle genau kennt, ist es leicht verständlich, warum bestimmte Legierungen vollständige Isomorphie aufweisen. In
den Legierungen zweier Metalle kann die gleiche Krystallart natürlich nur

auftreten, wenn beide demselben Gittertypus zugehören. Bei dem Vorherrschen des flächenzentrierten Gitters bei Metallen ist es verständlich, daß die Legierung des Typus I hauptsächlich die nach diesem Gittertypus krystallisierenden Metalle enthalten. Bei Legierungen dieses Typus erfolgt die Mischkrystallbildung derart, daß entsprechend der Menge des einen und anderen Metalles das Gitter der Mischkrystalle statistisch nach Gesetzen der Wahrscheinlichkeit von den beiden Metallen gebildet wird. Das Gitter baut sich also so auf, daß die einzelnen Gitterpunkte in verschiedener Art von den beiden Metallen besetzt werden, so daß sich die gewählte Zusammensetzung ergibt. Diese Art der Gitterbildung wird als Substitutionsgitter bezeichnet. Es wäre gut, wenn der Ausdruck Mischkrystall auf die Bildung von Gemischen dieser Art beschränkt bliebe. Gibt es bei Legierungen eine lückenlose Reihe isomorpher Mischkrystalle, so ist es selbstverständlich, daß es sich um eine Reihe von Mischkrystallen mit Substitutionsgitter handelt.

Es gibt aber auch eine ganze Anzahl Legierungen mit Mischkrystallbildung, bei denen die Bildung zwischen den beiden Metallen nicht lückenlos ist, sondern eine Unterbrechung zeigt. In den meisten Fällen weiß man, ob auch hier die Bildung der Mischkrystalle durch Substitution erfolgt oder nicht. Es gibt aber eine andere Art der Bildung mikroskopisch gleicher Art Krystalle, die auf der Bildung sog. Einlagerungsgitter beruht. Der Umfang der Bildung gleichartiger Krystalle bei Änderung des Mischungsverhältnisses ist hierbei meist gering. In diesen Fällen tritt das zweite Metall in Gitterlücken in das Gitter des ersten ein, wobei sich erklärlicherweise eine dem Metall mineralogisch gleichartige Legierung bildet. Die Gleichartigkeit ist jetzt aber ganz andersartig als bei Körpern, bei denen sie dadurch eintritt, daß die Metalle sich gegenseitig ersetzen. Es wäre angebracht, wenn sich für solche Art Legierung der Ausdruck feste Lösungen im Gegensatz zu Mischkrystallen einbürgerte.

Feststellung der Zugehörigkeit zum Typus I.

Zur genauen Feststellung, ob Legierungen zweier Metalle dem Typus I zugehören, ist am wichtigsten die Methode, die Gitter der Legierungen zu untersuchen. Es ist fraglich, ob der Typus vollständiger Isomorphie auch möglich ist bei Legierungen, die nicht krystallographisch gleichartig krystallisieren. Bis jetzt rechnet man aber die Legierungen von Indium mit Blei, sowie von Kupfer, Eisen, Nickel und Kobalt mit Mangan noch vielfach zu diesem Typus. Es würde das bedeuten, daß ein tetragonales Gitter eines Metalles bei Zusatz des zweiten sich allmählich in ein kubisches verwandeln ließe. Wenngleich die Entscheidung noch nicht gefallen zu sein scheint, so ist hier konsequent angenommen, daß dasselbe Gitter der beiden Metalle vorliegen muß, damit eine lückenlose Reihe von isomorphen Mischkrystallen auftreten kann. Die eben angegebenen Legierungen sind deshalb nicht dem Typus I zugeordnet. Die maßgebende Methode zur Feststellung des Typus zweier Legierungen war bis vor kurzem die thermische, die auf der Beobachtung der Art des Erstarrens beruht. Sie wird auch immer ihre Bedeutung behalten. Hiernach lassen sich zwei verschiedene Typen Ia und Ib unterscheiden. Im ersten Fall Ia besitzen die Legierungen Schmelz- und Erstarrungspunkte, die zwischen den Schmelztemperaturen der beiden Metalle liegen. Im zweiten Falle gibt es auch Legierungen, die niedriger schmelzen, wobei schließlich bei einer bestimmten Zusammensetzung ein Schmelzpunktminimum auftritt. Es wurde früher vielfach noch ein Typus vollständiger Isomorphie angenommen, bei dem ein Schmelzpunktmaximum auftreten sollte, obwohl hierfür niemals ein Beispiel gefunden war und auch schon vor langen Jahren *van Laar* durch thermodynamische Betrachtungen nachgewiesen hatte, daß ein solcher Typus nicht auftreten könnte. Er wurde aber noch von *Roozeboon* angenommen, wodurch sich diese Auffassung noch in verschiedenen Lehrbüchern erhalten hat.

Schmelz- und Erstarrungsvorgänge.

Schmilzt man zwei Metalle, die dem Typus I zugehören, zusammen und kühlt die Schmelze ab, so beginnt bei einer bestimmten Temperatur die Erstarrung. Da es sich um Mischungen handelt und nicht um einheitliche chemische Stoffe, vollzieht sich aber das Festwerden nicht bei einer konstanten Temperatur, sondern in einem Temperaturintervall. Wird umgekehrt eine erstarrte Legierung erhitzt, so beginnt auch bei einer bestimmten Temperatur die Verflüssigung, die erst vollständig wird, nachdem die Temperatur einen bestimmten Wert erreicht hat. Eine jede Mischung hat also eine Temperatur des beginnenden Erstarrens beim Abkühlen der Schmelze und der beginnenden Verflüssigung beim Erwärmen der festen Legierung. Dieses ist ganz allgemein bei Legierungen aller Art der Fall, wobei in bestimmten Fällen Schmelz- und Erstarrungstemperaturen zusammenfallen können. Eine graphische Darstellung der Schmelz- und Erstarrungsvorgänge beim Typus I führt alsdann zu Figuren, wie sie in den Abb. 23 und 24 dargestellt sind. Die Grundlinie bezieht sich auf das Mischungsverhältnis, die Ordinate auf die Temperatur. Sämtliche Punkte, die alsdann das Erstarren der geschmolzenen Mischungen angeben, lassen sich zu einer Kurve *L* der sog. Liquiduskurve vereinigen, und sämtliche Punkte des beginnenden Schmelzens der Legierungen zu einer Kurve *S* der sog. Soliduskurve. Alle Gemische, die ihrer Temperatur und Zusammensetzung nach dargestellt sind durch Punkte oberhalb der *L*-Kurve, sind vollständig geschmolzen, und analog stellen Punkte unterhalb der *S*-Kurve vollständig erstarrte Gemische dar. In dem linsenförmigen Stück der Abb. 23, das begrenzt ist von den beiden Kurven *L* und *S*, werden Gemische aus festen und flüssigen Legierungen dargestellt. Anstatt das Verhalten bestimmt zusammengesetzter Legierungen bei verschiedenen Temperaturen zu untersuchen, also in der Figur die Senkrechten zu betrachten, kann man auch Waagerechte einzeichnen und untersuchen, wie das Verhalten bei konstanten Temperaturen ist. Auch hierüber gibt die Figur unmittelbare Auskunft. Es sind in der Abb. 23 drei Horizontale gezogen, die sich auf die Temperaturen t_1, t_2 und t_3

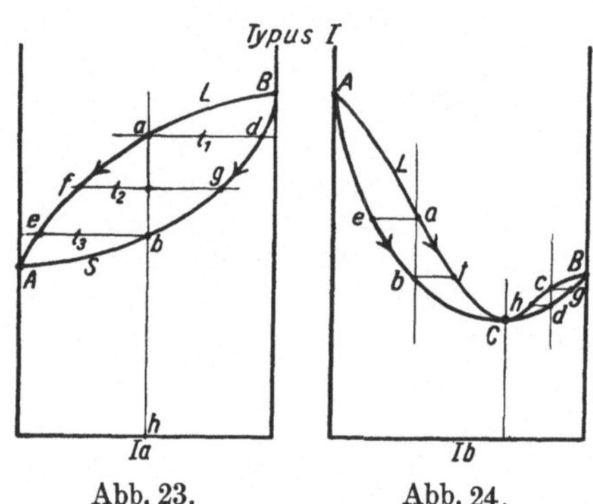

Abb. 23.   Abb. 24.

beziehen. In der Figur durchschneiden sie die Kurven L und S in bestimmten Punkten, was bedeutet, daß bei den angenommenen Temperaturen, die durch die Schnittpunkte angegebenen festen und flüssigen Gemische miteinander im Gleichgewicht sind. Dieses sind die Flüssigkeiten a, f und e mit den festen Gemischen d, g und b. Jetzt erkennt man auch leicht, in welcher Art das Erstarren bei stetem Gleichgewicht zwischen Festem und Flüssigem vor sich geht. Wird ein Gemisch der Zusammensetzung h aus den beiden Metallen hergestellt und geschmolzen, so beginnt es bei der Temperatur t_1 zu erstarren. Die erste feste Ausscheidung hat die Zusammensetzung d. Bei weiterem Entziehen von Wärme ändert sich Flüssigkeit und Bodenkörper, und bei der Temperatur t_2 haben sie die Zusammensetzung f und g. Ist die Temperatur t_3 erreicht, so ist vollständiges Erstarren eingetreten unter Bildung des festen Mischkrystalles b. Die zuletzt noch vorhandene Flüssigkeit hatte die Zusammensetzung e. Es vollzieht sich also das Erstarren derart, daß hierbei Flüssigkeit und fester Körper ihre Zusammensetzung mit sinkenden Temperaturen von a bis e und d bis b ändert. Aus dieser Betrachtung ergibt sich auch sofort die Art des Erstarrens, wenn nicht immer ein Gleichgewicht zwischen dem gebildeten festen Mischkrystall und der übrigbleibenden Schmelze besteht. Solches ist der Fall, wenn sich die zuerst ausgeschiedenen Krystalle infolge Überkrustung durch die folgenden der Bildung eines Gesamtgleichgewichtes entziehen. Nach vollständigem Erstarren gibt es dann Krystallkonglomerate, die im Innern reicher an B sind als außen. Solche uneinheitliche Krystalle können durch Erwärmen auf Temperaturen bis nahe der Schmelztemperatur während längerer Zeit homogenisiert werden.

Der Typus I b unterscheidet sich von I a dadurch, daß die Legierungen nach ihrem Verhalten beim Erstarren durch die Minimumtemperatur in zwei verschiedenen Arten zerlegt werden, wie es Abb. 24 widergibt. Die beiden Kurven L und S berühren sich in dem Minimumpunkte, und zwar so, daß eine wagrechte Tangente an beide gelegt werden kann. Die beiden Teile der Figur links und rechts des Minimumpunktes zeigen für sich alsdann das gleiche Verhalten, wie es in Abb. 23 dargestellt ist, wobei die Temperatur von beiden Seiten aus zum Punkte C fällt. Legierungen links des Gemisches C bringen also Mischkrystalle zur Ausscheidung, die reicher an A, rechts von C solche, anfänglich reicher an B. Von besonderer Bedeutung ist die Eigentümlichkeit der Legierung C, einen einheitlichen Schmelzpunkt bei einheitlicher mikroskopischer Zusammensetzung zu haben, also ein Verhalten zu zeigen, wie es sonst nur chemischen Verbindungen eigen ist. Gleichwohl ist sie keine solche. Dieses geht auch noch daraus hervor, daß derartige Legierungen einmal ihrer Zusammensetzung nach kein rationales Atomverhältnis der Metalle aufweisen und daß sie weiter besonders auch eine Veränderung dieser Zusammensetzung bei Veränderung des Druckes zeigen. Allerdings müssen die Drucke erheblich sein, ehe nachgewiesen werden kann, daß eine Verschiebung in der Zusammensetzung der am niedrigsten schmelzenden Legierung eintritt.

Für den Typus I a ist von *van Laar* für vereinfachte Voraussetzung eine mathematische Formel der Schmelzkurve aufgestellt worden. Diese enthält nur die Schmelzwärmen und Schmelztemperaturen der beiden Komponenten. Es ist aber bisher noch nicht versucht worden, sie anzuwenden auf die Legierung dieser Art, weshalb auch hierauf nicht weiter eingegangen werden soll.

Nach *van Laar* findet sich der Typus I a bei größeren Differenzen der Schmelztemperatur, und I b bei geringeren, was in Übereinstimmung mit den praktischen Befunden ist.

Die bisher untersuchten Legierungen von Typus I.

1.	2.	3.	4.	5.
Ag-Au	Cu-Pd	Cu-Pt	Mo-W	K-Rb
Au-Ni	Ag-Pd	Au-Pt	Fe-V	As-Sb
Cu-Ni	Au-Pd	Co-Pt	Cr-Fe	Sb-Bi
Au-Cu	Ni-Pd	Ni-Pt		Se-Te
Co-Ni	Co-Pd	Pt-Rh		
		Ir-Pt		

Die bisher aufgefundenen Systeme vom Typus I gehören größtenteils Kombinationen aus den Cu, Ag, Au, der ersten Gruppe des periodischen Systemes, unter sich und mit den Metallen der achten an, die aus dem Schmelzfluß in einem flächenzentrierten Gitter krystallisieren. Zu den bisher untersuchten Legierungen dieser Art werden bei weiteren Untersuchungen noch einige hinzutreten. Auch in raumzentrierten Gittern krystallisierende Metalle bilden unter sich Legierungen mit einer lückenlosen Reihe von Mischkrystallen. Es sind das Legierungen von Kalium mit Rubidium, von Eisen mit Vanadin und Chrom, sowie Molybdän mit Wolfram. In den Legierungen vom Typus I, die nicht kubisch krystallisieren, gehören nur Sb-Bi und Sb-As (rhomboedrisch) und Se-Te (hexagonal). Ihre Zahl wird sich bei neueren Untersuchungen kaum noch erhöhen. Die Eisenlegierungen, die aus dem Schmelzfluß in zwei Arten Mischkrystallen zur Ausscheidung gelangen, nach dem Erstarren dagegen eine kontinuierliche Reihe kubisch flächenzentrierter Mischkrystalle bilden, werden, wie schon erwähnt, später bei den Legierungen vom Typus II a ausführlich behandelt werden.

T a b e l l e III: e n t h ä l t a l l e S y s t e m e I und II a.

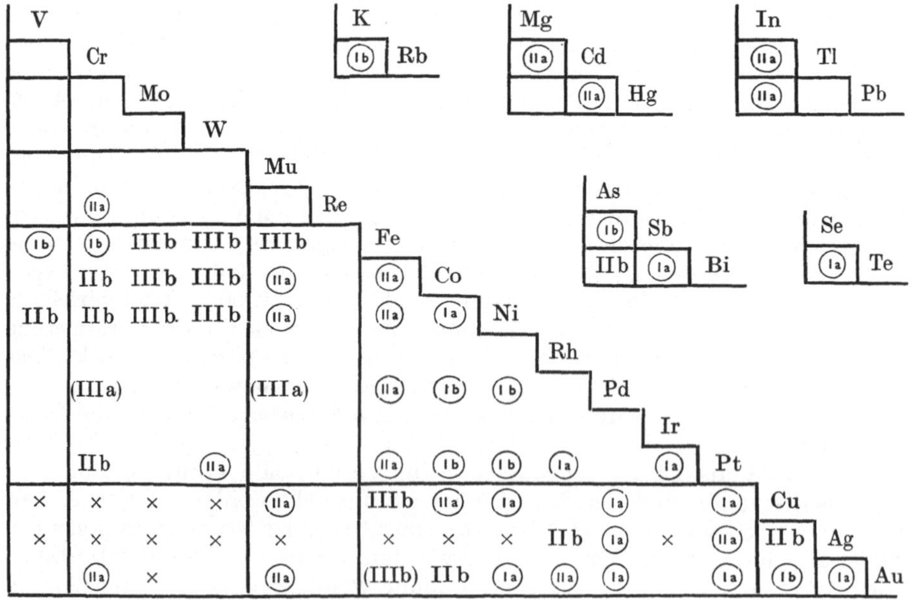

Haupttabelle (Dreiecksschema; die Diagonalelemente V, Cr, Mo, W, Mu, Re, Fe, Co, Ni, Rh, Pd, Ir, Pt, Cu, Ag, Au sind zugleich Zeilen- und Spaltenköpfe; eingekreiste Typen sind hier in Klammern gesetzt):

	V	Cr	Mo	W	Mu	Re	Fe	Co	Ni	Rh	Pd	Ir	Pt	Cu	Ag
Cr															
Mo															
W															
Mu		(IIa)													
Re															
Fe	(Ib)	(Ib)	IIIb	IIIb	IIIb										
Co		IIb	IIIb	IIIb	(IIa)	(IIa)	(IIa)								
Ni	IIb	IIb	IIIb.	IIIb	(IIa)	(IIa)	(IIa)	(Ia)							
Rh															
Pd		(IIIa)			(IIIa)		(IIa)	(Ib)	(Ib)						
Ir															
Pt		IIb			(IIa)		(IIa)	(Ib)	(Ib)	(Ia)		(Ia)			
Cu	×	×	×	×	(IIa)		IIIb	(IIa)	(Ia)		(Ia)		(Ia)		
Ag	×	×	×	×	×	×	×	×	IIb		(Ia)	×	(IIa)	IIb	
Au	(IIa)	×			(IIa)		(IIIb)	IIb	(Ia)	(IIa)	(Ia)	(Ia)	(Ia)	(Ib)	(Ia)

Nebenschemata (gleiche Bezeichnung):

	K			Mg			In			As			Se
	(Ib)	Rb		(IIa)	Cd		(IIa)	Tl		(Ib)	Sb		(Ia) Te
					(IIa) Hg			(IIa) Pb		IIb	(Ia) Bi		

In der Tabelle III sind alle Legierungen enthalten, bei denen man bis jetzt vollständige Isomorphie festgestellt hat. Es sind das zunächst die Legierungen von Cu, Ag, Au und V, Cr, Mn mit Metallen der achten Gruppe. Die Tabelle, in der auch die Legierungen von einem anderen Typus vermerkt sind, zeigt, daß eine größere Anzahl der möglichen Kombinationen dem Typus I zugehört. Die noch vorhandenen Lücken der Tabelle werden zum Teil auch noch Legierungen dieser Art enthalten. Die Tabelle enthält außer diesen noch die übrigen im Typus I auftretenden Legierungen oben rechts besonders dargestellt. In den folgenden Tafeln 1—5 sind die bisher untersuchten Legierungen zu Gruppen zusammengefaßt. Sie sollen zunächst ohne Berücksichtigung der Veränderungen, die im festen Zustande auftreten, auseinandergesetzt werden. Die Gruppe 1 umfaßt die im flächenzentrierten kubischen Gitter krystallisierenden Legierungen, die nicht Palladium oder Platin enthalten: Ag-Au, Au-Ni, Cu-Ni, Au-Cu und Co-Ni. Von ihnen zeigen Silber-Gold und Kupfer-Nickel und Kobalt-Nickel einfach aufsteigende Kurven für das Erstarren und Schmelzen. Die beiden anderen, Gold-Nickel und Gold-Kupfer, weisen ein Minimum auf. Die Legierungen Ag-Au sollten nach *Roberts-Austen* und *Kirk Rose* eine stärker gewölbte Erstarrungskurve haben. Es wurde aber von *Jänecke* gezeigt und später von *Raydt* bestätigt, daß die Erstarrungstemperaturen niedriger waren, vermutlich wegen ungenügender Durchmischung des schwereren Goldes mit dem Silber. Im System Ag-Au stehen die Gitterkonstanten in linearem Zusammenhang mit der Zusammensetzung. Geordnete Atomverteilungen (Überstrukturen) wie bei Au-Cu wurden niemals gefunden. Das Zustandsbild der Legierungen Gold-Kupfer, das 1907 von *Kurnakow* und *Zemczucny* aufgestellt wurde, ist in der Tafel wiedergegeben. Es zeigt ein Schmelzpunktminimum einer lückenlosen Reihe von Mischkrystallen und nicht, wie *Roberts-Austen* und *Kirk Rose* meinten, ein Eutektikum. In neuester Zeit ist von verschiedenen Forschern die Eigentümlichkeit der Umwandlungen im festen Zustande behandelt, worauf weiter unten noch besonders eingegangen wird. Auch das System Ni-Au gehört zum Typus Ib und enthält ein Schmelzpunktminimum. Nach älterer (1905) Untersuchung von *Levin* sollte auch hier ein Eutektikum vorhanden sein. Die Abbildung dieses Systems nach *Fraenkel* und *Stern* in der Tafel 1 gibt auch die Entmischungserscheinungen graphisch wieder, wobei die genaueren Untersuchungen von *Grube* und *Vaupel* berücksichtigt wurden. Bereits bei 850° beginnen sich die homogenen festen Mischkrystalle in zwei·verschieden zusammengesetzte zu zerlegen. Die Legierungen Cu-Ni sind, wie die Literaturangaben zeigen, mehrfach untersucht. Sie gehören dem Typus Ia an. Die Abbildung der Tafel enthält die magnetischen Umwandlungen, die ohne Änderung des Gitters verlaufen, nach den neuesten Untersuchungen von *Krupkowski*. Wird die Grenzkurve bis zum absoluten Nullpunkt der Temperatur extrapoliert, so ergibt sich eine Legierung mit 40 Gewichtsprozenten Nickel, bei der die Magnetisierbarkeit beginnt. Die letzte Abbildung der Tafel enthält das System Co-Ni. Wegen der sehr nahe beieinanderliegenden Schmelzpunkte der beiden Metalle sind auch die aller Legierungen wenig verschieden. Auch die magnetischen Umwandlungen wurden mehrfach untersucht, eine hierauf bezügliche Kurve zeigt in der Abbildung eine leichte Krümmung nach oben. Außer dieser, ohne Änderung des Krystallgitters vor sich gehenden magnetischen Umwandlung zeigen die kobaltreichen Legierungen die dem Co eigentümliche

Phasenänderung ünter Bildung hexagonaler Mischkrystalle. In der Abbildung sind die darauf bezüglichen Kurven vermerkt. Von *Ôsawa* wurden außer den Gitterkonstanten der Mischkrystalle nach dem kubischen Nickel auch die nach dem hexagonalen Kobalt gemessen. Die Gitterkonstante der Mischkrystalle nach Ni steigt auf Zusatz von Co in den Legierungen langsam linear an. Bei den hexagonalen Mischkrystallen behält die *a*-Achse in den Legierungen mit Ni ziemlich denselben Wert wie in reinem Co, die Länge der *c*-Achse nimmt aber rasch ab. Für Co-Pd ist diesmal das Mischungsverhältnis der Metalle in Atomprozenten angegeben. Die Beziehungen von Gewichts- und Atomprozenten werden noch besonders behandelt werden.

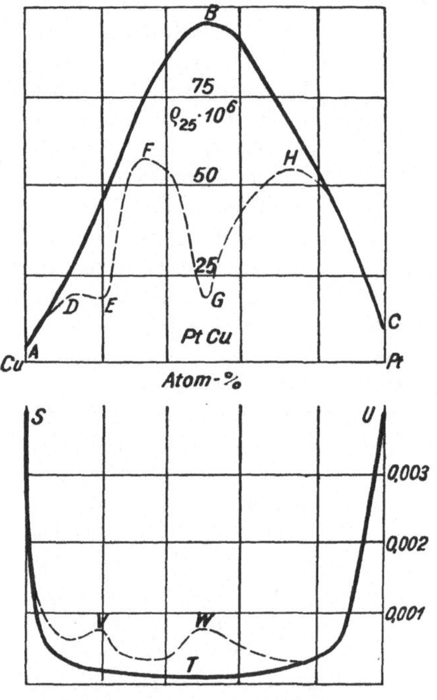

Abb. 25. Elektrischer Widerstand und elektrische Leitfähigkeit von Cu-Pt-Legierungen.

Die zweite Tafel der Systeme I enthält eine Anzahl Palladiumlegierungen. Die Zustandsbilder wurden bis auf Co-Pd bereits vor längerer Zeit festgestellt. Cu-Pd, Ag-Pd und Au-Pd gehören nach *Ruer* Typus Ia an, Ni-Pd und Co-Pd gehören zu Ib. Für diese wurden auch die Temperaturen der magnetischen Umwandlung festgestellt. Bei 0° erstrecken sich in beiden Fällen die magnetischen Legierungen bis zu einem Gehalt von etwa 90 Proz. Pd. In den beiden Systemen Ag-Pd und Au-Pd sind die Gitterkonstanten etwas kleiner als bei linearer Interpolation und zeigen damit Abweichungen von der *Vegard*schen Regel. Die Besonderheiten im System Cu-Pd werden weiter unten noch näher behandelt.

Die dritte Tafel umfaßt die übrigen bis jetzt untersuchten Legierungen zweier Metalle, die aus dem Schmelzfluß in lückenloser Reihe von Mischkrystallen auskrystallisieren und kubisch flächenzentrierte Gitter haben. Es sind das die Platinlegierungen mit Cu, Au, Co, Ni, Rh und Ir. Von diesen wurden Cu-Pt und Au-Pt bereits früher untersucht, alle übrigen erst in den letzten Jahren.

Die Untersuchungen sind wegen der hohen Schmelzpunkte von erheblicher Schwierigkeit. Von den sechs Systemen haben Co-Pt und Ni-Pt ein Schmelzpunktminimum, gehören also zum Typus Ib, alle übrigen zu Ia. Im System Cu-Pt besteht oberhalb 800° eine lückenlose Reihe von Mischkrystallen. Darunter wurde von *Johannsen* und *Linde* die Bildung von einer Verbindung CuPt und unterhalb von 500° von Cu_4Pt oder Cu_3Pt beobachtet. Von *Kurnakow* und *Nemilow* wurde thermisch und mikroskopisch die zweite nicht gefunden. In der Abb. 25 ist die Wirkung des Ausglühens von Legierungen Cu-Pt, die aus dem Schmelzfluß in lückenloser Reihe von Mischkrystallen sich ausscheiden, infolge Bildung von Verbindungen mit Überstruktur wiedergegeben. Der elektrische Widerstand und der Temperaturkoeffizient der Leitfähigkeit verändert sich charakteristisch. In den abgeschreckten Gemischen sind es kontinuierlich verlaufende Kurven mit einem Maximum des Widerstandes und Minimum des Temperaturkoeffizienten. Die ausgeglühten Legierungen weisen durch ihren geringen Widerstand und hohen Temperaturkoeffizienten deutlich auf bestimmte Verbindungen hin. Von den auf dieser Tafel vermerkten Legierungen dieser Art ist besonders interessant noch das System Au-Pt, das von *Grigorgew* dem Typus II a zugeordnet wurde. Die von ihm beobachteten beiden verschiedenen Arten Mischkrystalle setzen sich aber nicht bis zu den Schmelztemperaturen fort. Nach röntgenographischen Untersuchungen von *Johannsen* und *Linde* sowie *Stenzel* und *Werts* sind oberhalb 1160 bis 1180° bei mittleren Konzentrationen homogene Mischkrystalle vorhanden. Bei Temperaturen darunter beginnt die Entmischung, wobei die Mischungslücke sich erweitert und bei 800° von 25 bis etwa 95 Atom-Proz. Platin erstreckt.

Das System Ni-Pt wurde thermisch bis über 75 Proz. Pt untersucht, sowie mikroskopisch und durch Bestimmung der Brinellhärte sowie des Temperaturkoeffizienten des elektrischen Widerstandes nach langsamer Abkühlung von 1100°. Umwandlungen im festen Zustande treten nicht zutage. Die Untersuchungen von *Kurnakow* und *Nemilow* machen das Auftreten eines Schmelzpunktminimums in den Legierungen bei etwa 40 Gew.-Proz. Platin und 1430° wahrscheinlich. Das Diagramm wurde nach den von diesen gefundenen Temperaturen konstruiert. Außer der Mikrostruktur zeigen auch die Angaben über die Härte, elektrische Leitfähigkeit und deren Temperaturkoeffizient das Verhalten von Legierungen vollständiger Isomorphie. Die Härte nach *Brinell* steigt von 90 auf 213. Die elektrische Leitfähigkeit fällt erheblich. In gleicher Weise wurde Co-Pt untersucht. Hierbei tritt zwischen 1200 und 500° eine Umkrystallisation ein, die vielleicht der Bildung einer Verbindung Co_3Pt entspricht. Nach den Untersuchungen von *Nemilow*, die zu dem angegebenen Zustandsbilde von Co-Pt führen, ist ein Schmelzpunktminimum bei etwa 40 Gew.-Proz. und 1470° wahrscheinlich. Infolge der Modifikationsänderung vom Co ist auch in den Legierungen die Härte in abgeschreckten Gemischen anders als in den geglühten. Sie steigt in den Legierungen von 75 Gew.-Proz. (etwa 50 Atom-Proz.) auf den doppelten Wert des reinen Kobalts. Das Verhalten der Legierungen ist auch in bezug auf ihre elektrische Leitfähigkeit dem der Ni-Pt-Legierungen gleichartig.

Die Legierungen Pt-Rh und Ir-Pt mit Schmelzpunkten noch höher als von Platin wurden nach einem neuen Verfahren von *Feussner* und *Müller* untersucht. Das von dem geschmolzenen Metall ausgestrahlte Licht fällt auf eine lichtelektrische Zelle, deren Photostrom gemessen und aufgezeichnet wird. Die Schmelzpunkte von reinem Palladium 1557°, Platin 1771°, Rhodium 1920° und Iridium 2340° dienten zum Eichen der Temperaturen. Die Untersuchungen ergaben die Zugehörigkeit von Pt-Rh und Ir-Pt zum Typus I a.

Tafel 4 umfaßt die Legierungen vollständiger Isomorphie, die im raumzentrierten kubischen Gitter krystallisieren. Es sind das die außerordentlich hochschmelzenden Legierungen Mo-W vom Typus I a und die Eisenlegierungen Fe-V und Fe-Cr sowie das neuerdings untersuchte System K-Rb vom Typus I b. Bei Mo-W wurde das Schmelzen optisch an elektrisch erhitzten Drähten gemessen. Die Schmelz- und Erstarrungskurven liegen nahe beieinander und zeigen fast geradlinigen Verlauf. In den erstarrten Legierungen wurden keine Besonderheiten beobachtet. Durch *Vogel* und *Tammann* wurde zuerst ein Zustandsbild Fe-V aufgestellt, die Abbildung auf der Tafel bezieht sich auf die genaueren Untersuchungen von *Wever* und *Jellinghaus*. Von *Oya* wurde nachgewiesen, daß die magnetische Umwandlung (A_2) des Eisens auf Zusatz von Vanadin zunächst eine Erhöhung erfährt. Die Umwandlungstemperatur steigt auf 850° bei 15 Proz. V und fällt dann steil ab. Im System Fe-V bildet sich bei langsamem Abkühlen aus den homogenen Mischkrystallen oberhalb 1200° eine spröde Verbindung Fe-V mit stark verändertem Gefüge. Die Untersuchungen der Gitterparameter ergab bei den Fe-Cr-Legierungen einen linearen Verlauf, bei Fe-V aber mit wachsendem Vanadiumgehalt eine kontinuierliche stärker als einfach-lineare Zunahme. Bei allen Legierungen des Eisens, die Mischkrystalle nach der, sich aus dem Schmelzfluß ausscheidenden δ-Form bilden, ist das Verhalten von größter Bedeutung, das veranlaßt ist durch die γ-Form, die beim reinen Eisen bei 1400° auftritt. In verschiedenen Fällen, die später noch zusammenfassend dargestellt werden, vereinigt sich das Gebiet der δ-Mischkrystalle mit den gleich krystallisierenden α-Mischkrystallen zu einem zusammenhängenden Gebiet, so daß das Gebiet der flächenzentrierten γ-Mischkrystalle vollständig dem der raumzentrierten δ-α-Mischkrystalle umschlossen wird. Dieses γ-Gebiet erstreckt sich sehr verschieden weit in das andere. Es ist von ihm durch zwei Kurven abgegrenzt, das kleine Gebiete umfaßt, innerhalb deren beide Arten Mischkrystalle im Gleichgewicht sind. Für Fe-V gehen γ-Mischkrystalle nur bis zu einem Gehalt von 1,1 Proz. V, bei Fe-Cr dagegen bis 12,2 Proz. Sie haben in diesem Falle noch die Besonderheit, wie auch die Abbildung auf der Tafel angibt, sich von 906° beim reinen Eisen nach tieferen Temperaturen hin zu erstrecken. Bei 800° und 7,5 Proz. Cr liegt ein Minimumpunkt. Besonders schwierig waren die Untersuchungen des Schmelzdiagramms im System Cr-Fe. Auch hier bestand wie bei anderen Systemen die Ansicht, daß sich ein Eutektikum bildete (*Jänecke*). Das System wurde sogar als ein scheinbar binäres aufgefaßt, indem es in Wirklichkeit ein ternäres sei unter Bildung einer Verbindung (*Treitschke* und *Tammann*). Die neuesten Untersuchungen haben eindeutig gezeigt, daß eine einfache lückenlose Reihe von Mischkrystallen auftritt. Das Minimum liegt nach *Adcock* bei 1500° höher, als es nach früheren Untersuchungen von *Pakulla* und *Oberhoffer* liegen sollte. Auch der Chromgehalt ist ein wenig größer gefunden. In der Tafel ist auch der magnetische Übergang der Fe-Cr-Legierungen vermerkt. Auch im System Cr-Fe wurde neuerdings von *Wever* und *Jellinghaus* eine Verbindung CrFe gefunden, die bei 900° aus den Mischkrystallen entsteht.

Ein System, das nach neueren Untersuchungen von *Rinck* auch eine lückenlose Reihe von im flächenzentrierten Gitter krystallisierend Mischkrystalle bildet, ist K-Rb. Es hat bei 80 Gew.-Proz. Rb und 31,8° ein Schmelzpunktminimum. Schon früher hatten *Kurnakow* und *Nikitinsky* aus Leitfähigkeits- und Fließdruckuntersuchungen auf die Bildung einer lückenlosen Reihe von Mischkrystallen geschlossen. K-Rb ist auf Tafel 5 abgebildet.

Die letzte Gruppe 5 umfaßt die nicht kubisch krystallisierenden Legierungen vom Typus I. Es sind dieses Sb-Bi, As-Sb, Te-Se. Ein Minimum in der Schmelzkurve findet sich bei As-Sb und Te-Se. Das Zustandsbild von Se-Te entspricht in bezug auf die Erstarrungskurve den Untersuchungen von *Pellini* und *Vio*. *Kimata* glaubt ein Schmelzpunktminimum feststellen zu können.

Tafel 1.

Typus I: Ag-Au, Au-Ni, Cu-Ni, Au-Cu, Co-Ni.

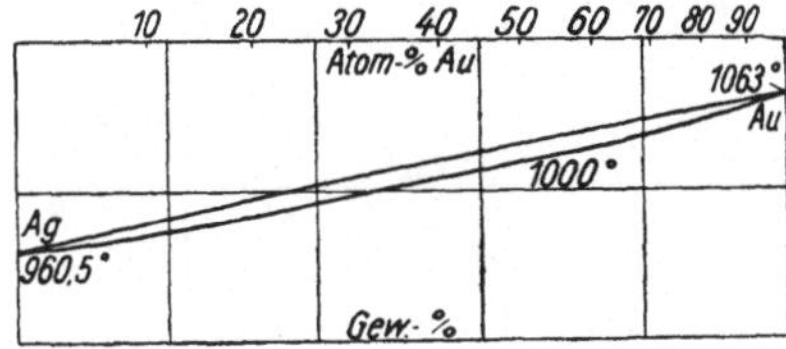

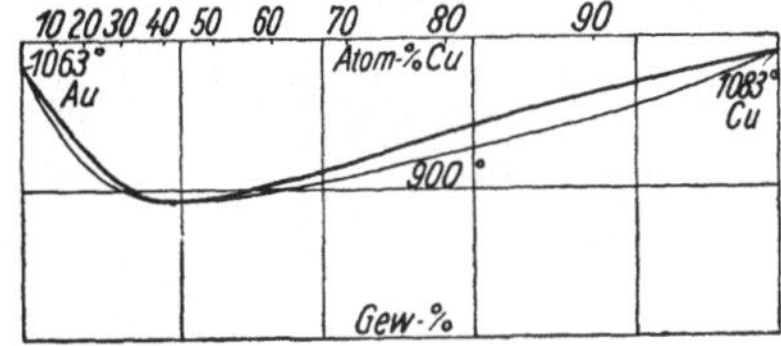

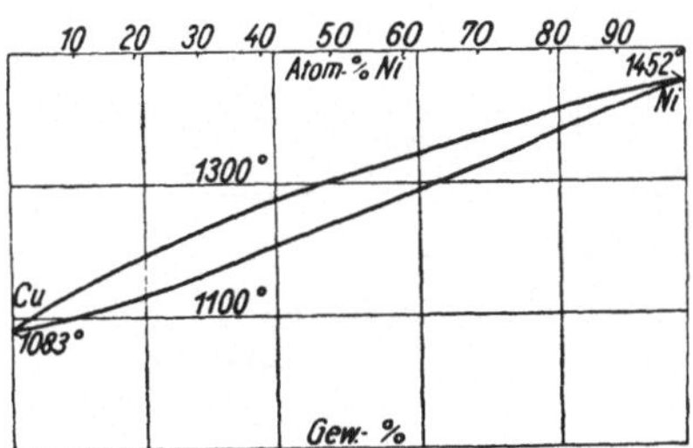

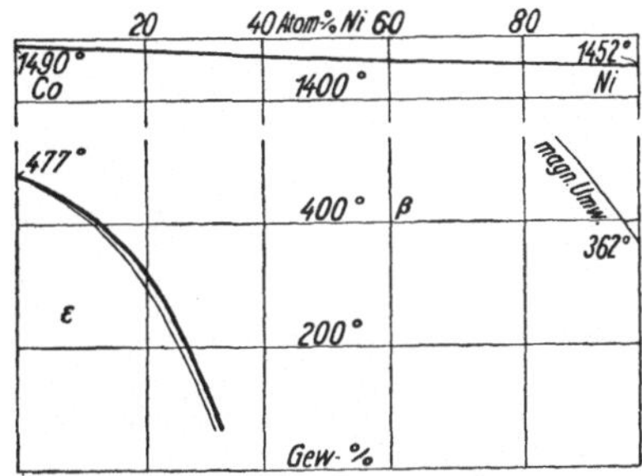

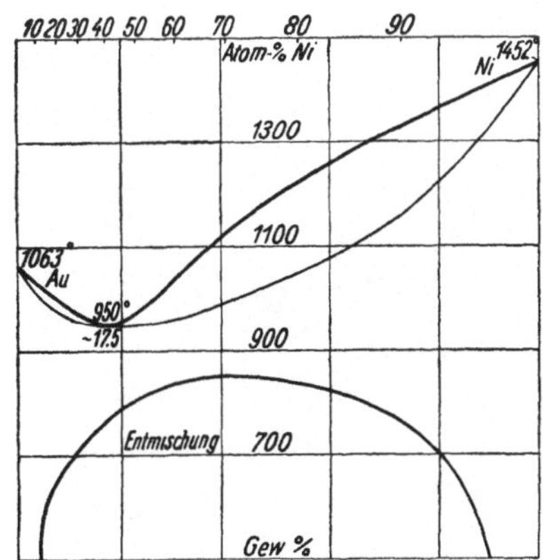

Tafel 2.

Typus I: Cu-Pd, Ag-Pd, Au-Pd, Ni-Pd, Co-Pd.

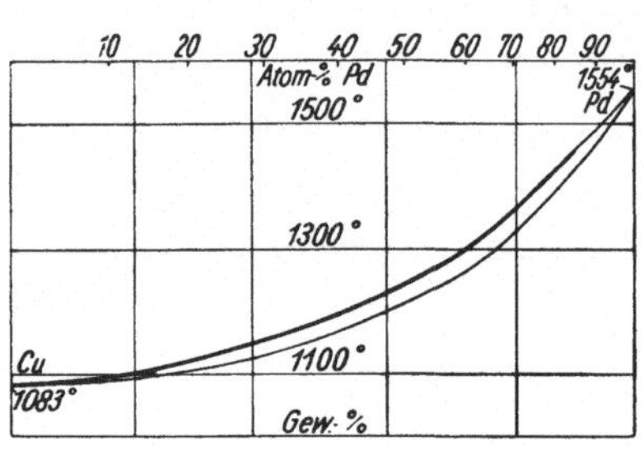

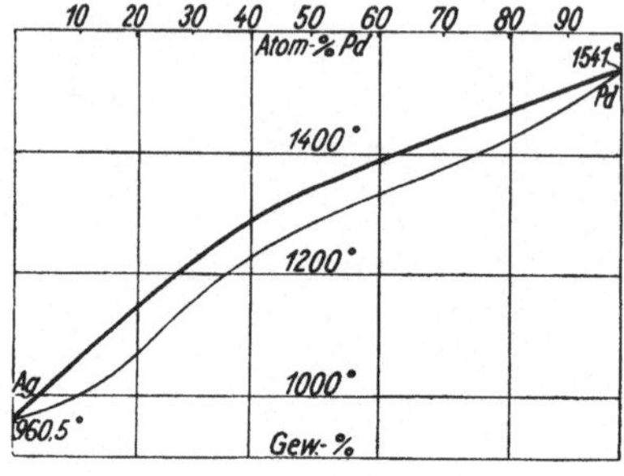

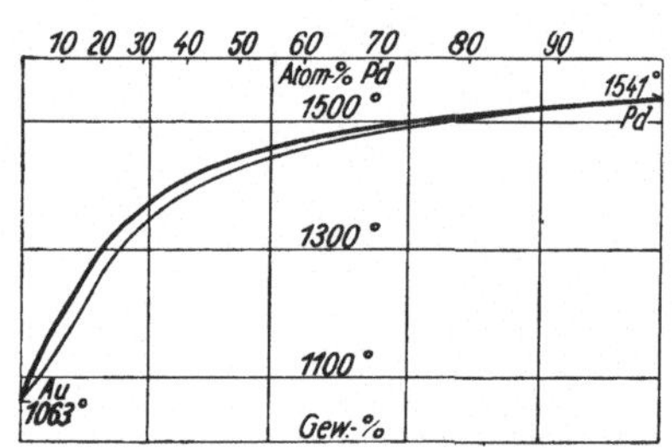

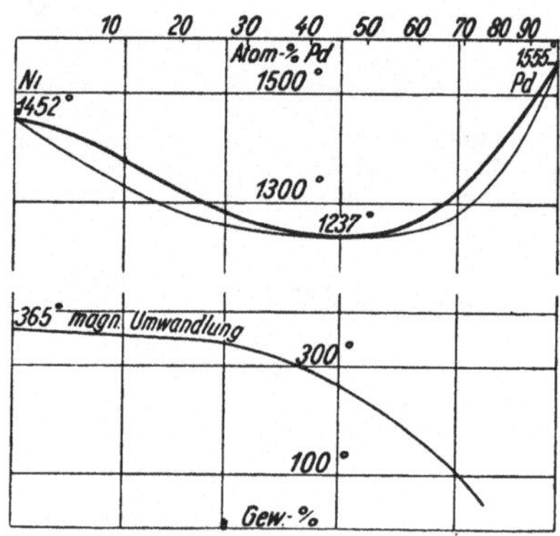

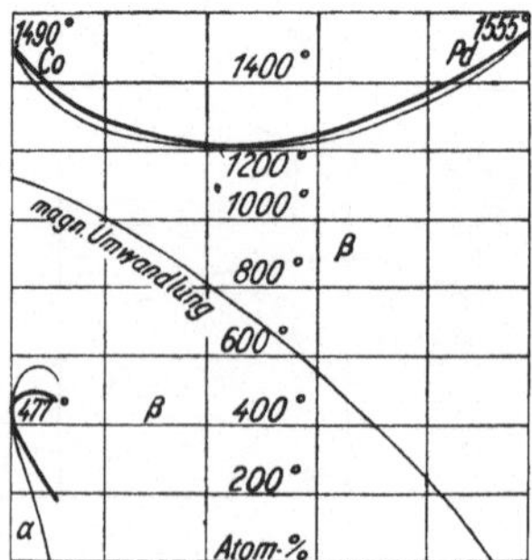

Tafel 3.

Typus I: Cu-Pt, Au-Pt, Co-Pt, Ni-Pt, Pt-Rh, Ir-Pt.

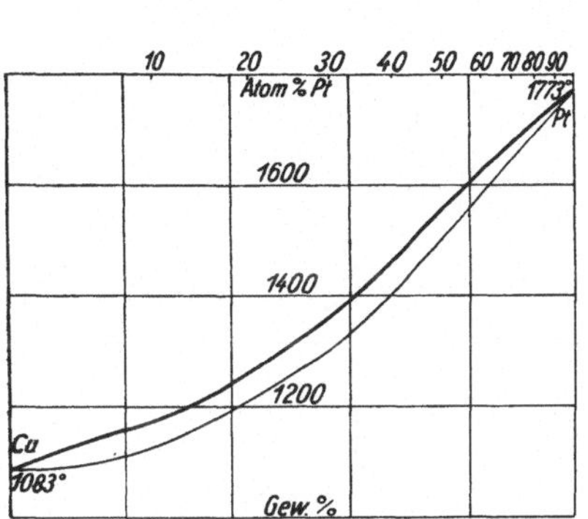

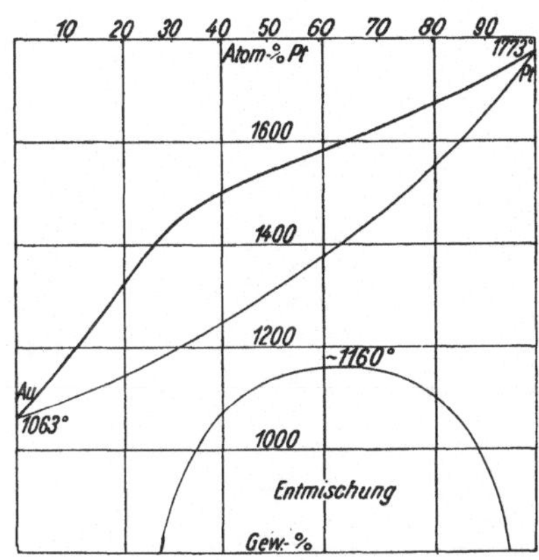

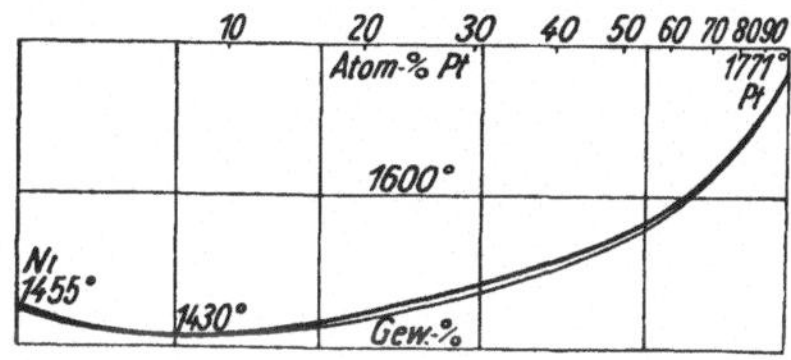

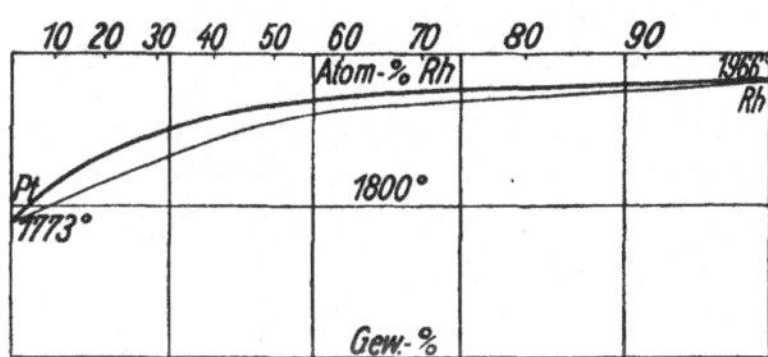

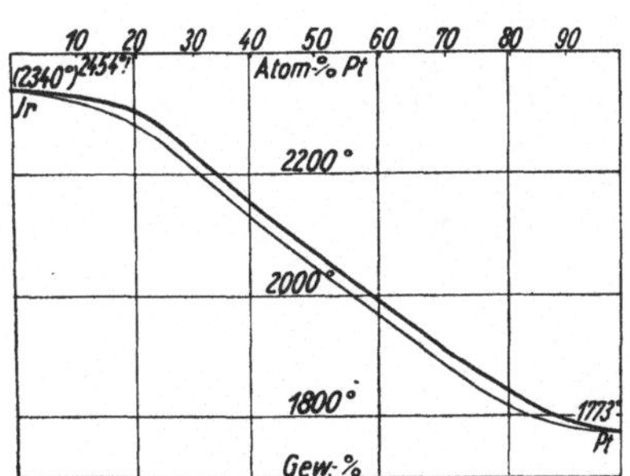

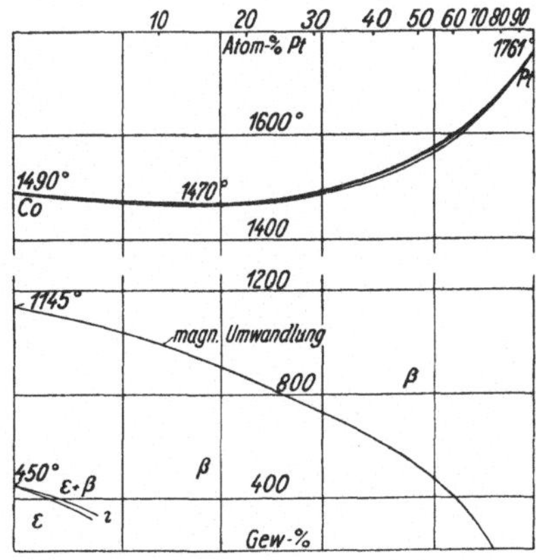

Tafel 4.

Typus I: Mo-W, Fe-V, Cr-Fe.

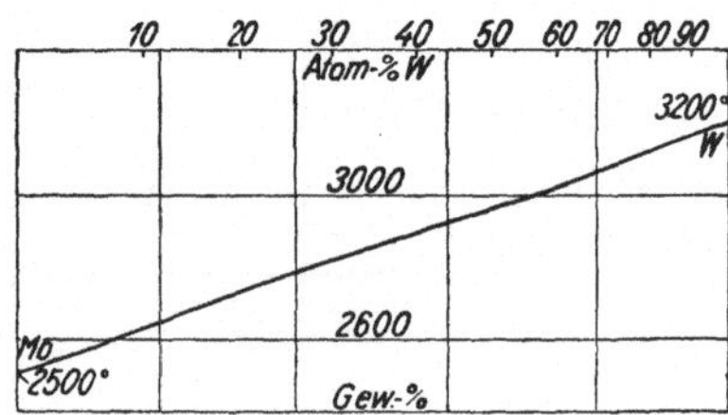

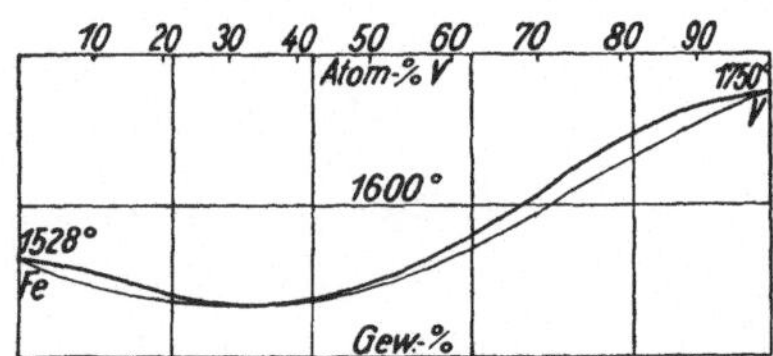

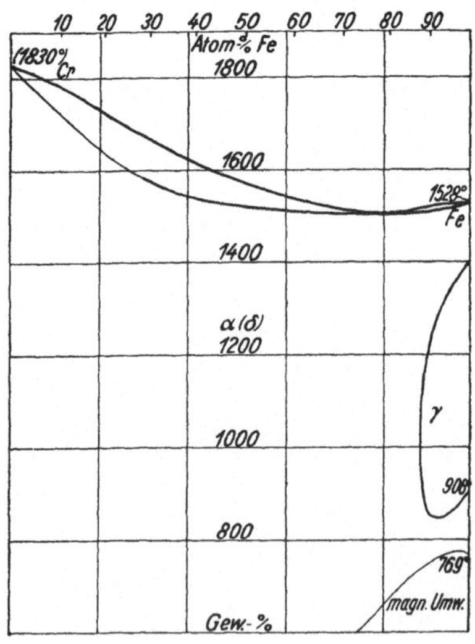

Tafel 5.

Typus I: K-Rb, As-Sb, Sb-Bi, Se-Te.

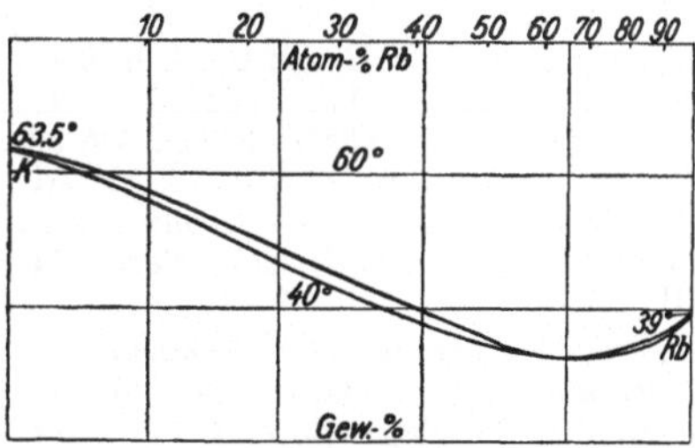

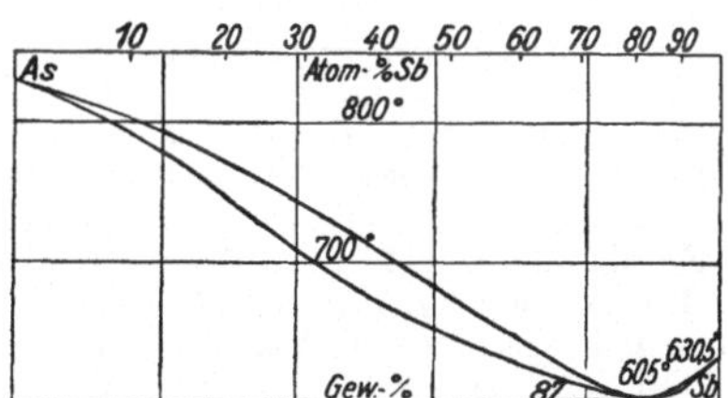

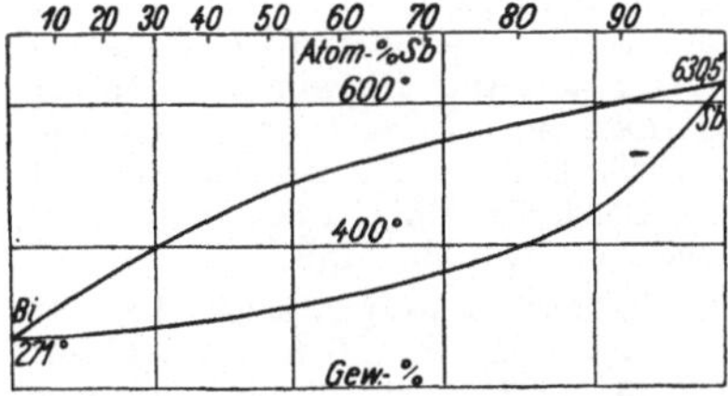

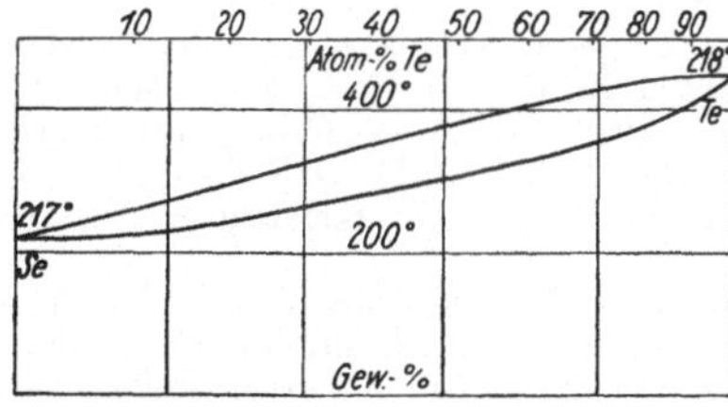

Das arsenhaltige System wurde unvollständig untersucht, da Arsen nur unter Druck zu schmelzen ist. Es besteht aber kein Zweifel, daß die Fortsetzung des Erstarrungsbildes bis zu dessen Schmelzpunkt (820°) zu dem Bilde des Typus Ib führt. Legierungen von Arsen-Antimon und Arsen-Wismut krystallisieren im gleichen rhomboedrischen Gitter, Selen-Tellur hexagonal. Auch das Paar In-Pb soll nach *Kurnakow* und *Puschin* zum Typus I gehören. Dieses ist aber zweifelhaft, da angenommen werden müßte, daß das tetragonale Gitter des Indiums in den Legierungen allmählich in das kubische des Bleies übergehen könnte. Die bereits 1907 gemachte Untersuchung müßte mit den neueren röntgenographischen Untersuchungen nachgeprüft werden. Hier ist das System dem Typus IIa zugeordnet. Im System Bi-Sb ändern sich die Gitterdimensionen nicht vollständig linear.

Literatur zu Typus I.

Tafel 1.

Ag-Au: *U. Raydt*, Z. anorg. allg. Chem. **75**, 1912, 58. — *Roberts-Austen* u. *Kirke Rose*, Chem. News **87**, 1903, 2. — *Heycock* u. *Neville*, Philos. Trans. Roy. Soc., Lond. (A) **189**, 1897, 69. — *E. Jänecke*, Z. Metallkde. **1911**, 597. — *Wachter*, J. chem. Soc. **54**, 1932, 4615. — *G. Phragmén*, Fysisk Tidskr. **24**, 1926, 40.

Au-Ni: *M. Levin*, Z. anorg. allg. Chem. **45**, 1905, 239. — *W. Fraenkel* u. *A. Stern*, Z. anorg. allg. Chem. **151**, 1926, 105; **166**, 1927, 161. — *Grube* u. *Vaupel*, Z. physik. Chem. Bodenstein-Bd. 197.

Cu-Ni: *W. Guertler* u. *G. Tammann*, Z. anorg. allg. Chem. **52**, 1907, 27. — *N. S. Kurnakow* u. *S. F. Žemczužny*, Z. anorg. allg. Chem. **54**, 1907, 153. — *Gautier*, Bull. Soc. Encour. Ind. nat. (5) **1**, 1896, 1310. — *A. Krupkowski*, Rev. Métallurg. **26**, 1929, 131. — *V. E. Tafel*, Metallurgie **5**, 1908, 348. — *Groth*, Strukturber. **1913—1928** (1931), 513. — *E. A. Owen* u. *L. Pickup*, Z. Kristallogr. **88**, 1934, 116.

Au-Cu: *N. S. Kurnakow* u. *S. F. Žemczužny*, Z. anorg. allg. Chem. **54**, 1907, 164. — *Roberts-Austen* u. *Kirke-Rose*, Proc. Roy. Soc., Lond. **67**, 1901, 105. — *N. Kurnakow*, *S. Zemczuzny* u. *M. Zasedatelev*, J. Inst. Met., Lond. **15**, 1916, 305. — *K. Ohshema* u. *G. Sachs*, Z. Physik **63**, 1930, 210; Physik. Ber. **11**, 1930, 2710. — *I. L. Haughton* u. *R. I. M. Payne*, J. Inst. Met., Lond. **46**, 1931, 475. — *N. S. Kurnakow* u. *N. W. Ageew*, J. Inst. Met., Lond. **46**, 1931, 482. — *Wehner*, Diss. Leipzig 1931. — *G. Grube*, *G. Schönmann*, *F. Vaupel* u. *W. Weber*, Z. anorg. allg. Chem. **201**, 1931, 41. — — *M. Dehlinger* u. *L. Graf*, Z. Physik **64**, 1930, 359. — *L. Graf*, Z. Metallkde. **24**, 1932, 248. — *M. Le Blanc* u. *G. Wehner*, Ann. Physik (5) **14**, 1932, 481. — *Groth*, Strukturber. **1913—1928** (1931), 505 bis 510. — *O. Eisenhut* u. *G. Kaupp*, Elektrizität **37**, 1931, 466. — *W. Broniewski* u. *S. Kostacz*, C. R. Acad. Sci., Paris **194**, 1932, 973.

Co-Ni: *W. Guertler* u. *G. Tammann*, Z. anorg. allg. Chem. **42**, 1904, 361. — *W. Guertler*, Metallographie. Berlin 1912, S. 80. — *R. Ruer* u. *K. Kaneko*, Metallurgie **9**, 1912, 419. — *H. Masumoto*, Sci. Rep. Tôhoku Univ. **15**, 1926, 463. — *A. Ôsawa*, Sci. Rep. Tôhoku Univ. **19**, 1930, 115.

Tafel 2.

Cu-Pd: *R. Ruer*, Z. anorg. allg. Chem. **51**, 1906, 225. — *G. Borelius*, *C. H. Johansson* u. *I. O. Linde*, Ann. Physik **86**, 1921, 291. — *S. Holgersson*, *E. Sedström*, Ann. Physik **75**, 1923, 143. — *R. Taylor*, J. Inst. Met., Lond. **54**, 1934, 255. — *L. Graf*, Physik. Z. **36**, 1935, 489.

Ag-Pd: *R. Ruer*, Z. anorg. allg. Chem. **51**, 1906, 316. — *L. W. McKeehan*, Physic. Rev. **20**, 1922, 424. — *B. Swensson*, Ann. Physik **14**, 1932, 699.

Au-Pd: *R. Ruer*, Z. anorg. allg. Chem. **51**, 1906, 393. — *S. Holgersson*, *E. Sedström*, Ann. Phys. **75**, 1924, 143. — *E. Vogt*, Ann. Phys. **14**, 1932, 1.

Ni-Pd: *F. Heinrich*, Z. anorg. allg. Chem. **83**, 1913, 322. — *W. Fraenkel* u. *A. Stern*, Z. anorg. allg. Chem. **166**, 1927, 161. — *A. T. Grigorjew*, J. Inst. Met., Lond., Met. Abs. **1**, 1934, 418.

Co-Pd: *G. Grube*, Z. angew. Chem. **48**, 1935, 716. — *G. Grube* u. *O. Winkler*, Elektrochem. Z. **41**, 1935, 52.

Tafel 3.

Cu-Pt: *Fr. Doerinckel,* Z. anorg. allg. Chem. **54**, 1907, 337. — *N. S. Kurnakow* u. *W. A. Nemilow,* Z. anorg. allg. Chem. **210**, 1933, 4. — *C. H. Johansson, I. O. Linde,* Ann. Physik **82**, 1927, 449.

Au-Pt: *Erhard* u. *Schertel,* Jb. Berg- u. Hüttenwesen Sachsen **1879**, 17. — *Fr. Doerinckel,* Z. anorg. allg. Chem. **54**, 1907, 347. — *A. T. Grigorjew,* Z. anorg. allg. Chem. **178**, 1929, 79. — *W. Stenzel* u. *J. Weerts,* Siebert-Festschr. **1931**, 305. — *C. H. Johansson* u. *I. O. Linde,* Ann. Physik [5] **5**, 1930, 762.

Co-Pt: *W. A. Nemilow,* Z. anorg. allg. Chem. **213**, 1933, 284.

Ni-Pt: *N. S. Kurnakow* u. *W. A. Nemilow,* Z. anorg. allg. Chem. **210**, 1933, 4. — *A. Nemilow,* Z. anorg. allg. Chem. **213**, 1933, 284.

Pt-Rh: *O. Feußner* u. *L. Müller,* Heraeus-Festschrift, Hanau 1930, S. 15. — *V. A. Nemilow* u. *N. M. Woronow,* J. Inst. Met., Lond., Met. Abs. **2**, 1935, 217.

Ir-Pt: *O. Feußner* u. *L. Müller,* Heraeus-Festschrift, Hanau 1930, S. 14. — *V. A. Nemilow,* Z. anorg. allg. Chem. **204**, 1932, 41.

Tafel 4.

Mo-W: *Jeffries,* Z. Metallkde. **14**, 1922, 177. — *W. Geiss* u. *J. A. M. v. Liempt,* Z. anorg. allg. Chem. **128**, 1923, 355. — *A. E. v. Arkel,* Physica **4**, 1924, 33; **6**, 1926, 64.

Fe-V: *R. Vogel* u. *G. Tammann,* Z. anorg. allg. Chem. **58**, 1908, 77. — *M. Ôya,*

Sci. Rep. Tôhoku Univ. **18**, 1929, 727; **19**, 1930, 244. — *A. Heinzel,* Z. techn. Physik **10**, 1929, 137. — *F. Wever* u. *W. Jellinghaus,* Mitt. Kais.-Wilh.-Inst. Eisenforschg., Düsseld. **12**, 1930, 315.

Cr-Fe: *E. Jänecke,* Z. Electrochem. **23**, 1917, 49. — *W. Treitschke* u. *G. Tammann,* Z. anorg. allg. Chem. **55**, 1907, 403. — *Ph. Monnartz,* Metallurgie **8**, 1911, 162. — *E. Pakulla* u. *P. Oberhoffer,* Ber. Fachaussch. V. Eisenhüttenleute, Werkstoffausschuß, Nr 68, Nov. 1925. — *P. Oberhoffer* u. *H. Esser,* Stahl u. Eisen **47**, 1927, 2021. — *F. Wever* u. *W. Jellinghaus,* Mitt. Kais.-Wilh.-Inst. Eisenforschg., Düsseld. **13**, 1931, 143. — *F. Adcock,* J. Iron Steel Inst. **124**, 2, 1931, 128. — *A. B. Kinzel,* Amer. Inst. min. metallurg. Engr. Techn. Publ. **100**, 1927. — *E. C. Bain* u. *W. E. Griffiths,* Stahl u. Eisen **51**, 1931, 918.

K-Rb: *E. Rinck,* C. R. Acad. Sci., Paris **200**, 1935, 1205.

Tafel 5.

As-Sb: *N. Parravano* u. *P. de Cesaris,* Int. Z. Metallogr. **2**, 1912, 70. — *E. G. Bowen* u. *W. Morris Jones,* Philos. Mag. (7) **13**, 1932, 1029.

Bi-Sb: *K. Hüttner* u. *G. Tammann,* Z. anorg. allg. Chem. **44**, 1905, 138. — *B. Otani,* Sci. Rep. Tôhoku Univ. **13**, 1925, 293. — *E. G. Bowen* u. *W. M. Jones,* Philos. Mag. **87**, 1932, 1029.

Se-Te: *Y. Kimata,* Mem. Coll. Engng., Kyoto **1**, 1915, 119. — *G. Pellini* u. *G. Vio,* Atti Accad. naz. Lincei **15 II**, 1900, 46.

Die Eigenschaften der Legierungen von Typus I.

Die Legierungen der Metalle, die Mischkrystalle jeder Zusammensetzung bilden, sind wegen der Veränderung ihrer Eigenschaften gegenüber den reinen Metallen von besonderem Interesse. Da sie die einfachste Art der Legierungsbildung darstellen, indem immer das gleiche Gitter vorliegt, das sich durch Eintritt der Atome des zweiten Metalles ganz allmählich ändert, läge es nahe, zu vermuten, daß sich die Eigenschaften einfach linear änderten. Sie ließen sich dann entsprechend der Zusammensetzung durch geradlinige Interpolation aus denen der reinen Metalle berechnen. In den meisten Fällen ist aber ganz das Gegenteil der Fall, was zeigt, welche große Veränderung bei Bildung der Legierungen durch die Unregelmäßigkeit in der Atomverteilung der beiden Metalle vor sich gegangen ist. Besonderheiten, die einige dieser Legierungen außerdem zeigen, sind später noch gesondert behandelt, zunächst soll nur die Veränderung der Eigenschaften durch einfache Mischkrystallbildung berücksichtigt werden.

Für die Betrachtungen in dieser Hinsicht sind besonders die Legierungen von Silber und Gold geeignet, die mehrfach untersucht wurden. Das Verhalten ist durch die folgenden Abbildungen graphisch dargestellt. Die Abb. 26 bezieht sich auf die Größe, die mit dem Gitterbau zusammenhängt. Sie gibt an, in welcher Art die Größe der Gitterkonstanten sich beim Übergangs-Au nach Ag ändert. Da der Wert hierfür bei Au und Ag wenig verschieden ist, ist der Höhenmaßstab in der Abbildung groß gewählt. Es liegen also die Werte für die Gitterkonstanten der Legierungen keineswegs auf der Verbindungsgeraden für die Werte der beiden Metalle. Die Gitterkonstante

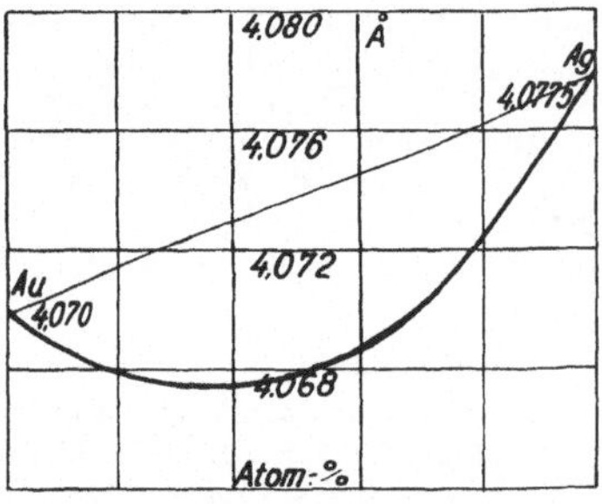

Abb. 26. Gitterkonstante von Au-Ag-Legierungen.

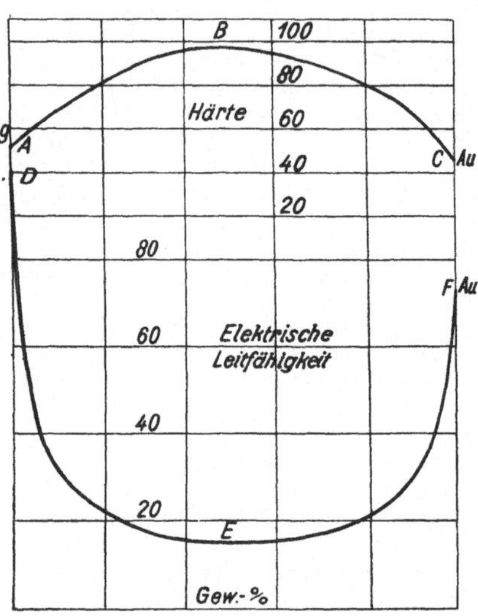

Abb. 27. Härte und elektrische Leitfähigkeit von Ag-Au-Legierungen.

wird vielmehr zunächst kleiner, geht bei 35 Atom-Proz. Ag durch ein Minimum und steigt alsdann zu dem Werte für Ag an. In der Abb. 27 sind die Härte und elektrische Leitfähigkeit der Silber-Gold-Legierunngen nach den Untersuchungen von *Kurnakow* und *Zemczuzny* graphisch dargestellt. Die Härte steigt bei Legierungen gleicher Gewichtsmengen auf einen Wert, der fast doppelt so groß

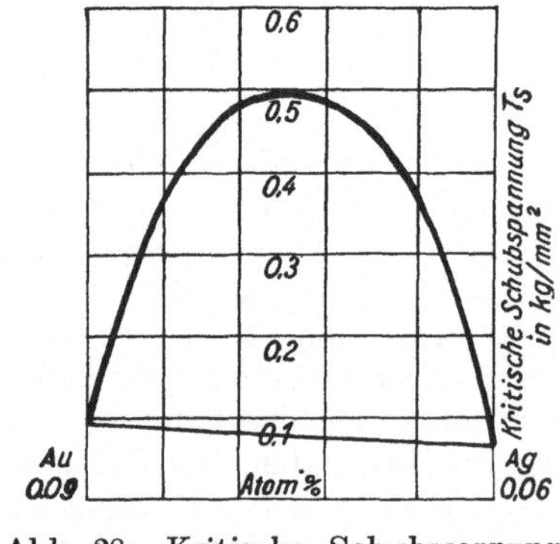

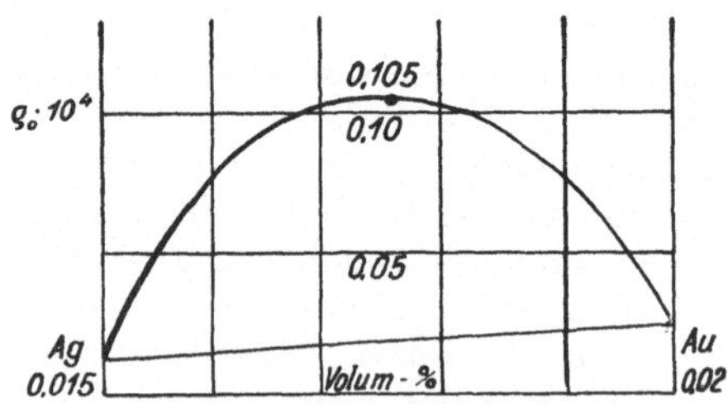

Abb. 28. Kritische Schubspannung von Au-Ag-Legierungen.

Abb. 29. Elektrischer Widerstand von Ag-Au-Legierungen.

wie der der reinen Metalle ist, was natürlich von großer technischer Wichtigkeit ist. Im Zusammenhang hiermit steht der in der Abb. 28 angegebene Verlauf von Messungen der kritischen Schubspannungen zum Einsetzen des Gleitens bei den Silber-Gold-Legierungen. Die Abb. 27 enthält auch die Angaben über den Verlauf der elektrischen Leitfähigkeit und Abb. 29 über deren reziproken Wert den elektrischen Widerstand. Die Leitfähigkeit sinkt in den Legierungen auf etwa den fünften Teil des Goldes. Entsprechend steigt der elektrische Widerstand. Diese Eigenschaft, daß reine Metalle wesentlich besser als ihre Legierungen beim Auftreten von Mischkrystallen leiten, ist naturgemäß technisch sehr wichtig. Auch der Temperaturkoeffizient der elektrischen Leitfähigkeit ist bei den Silber-Gold-Legierungen weitgehend verschieden von den Werten, die sich durch lineare Interpolation ergeben würden. Es zeigt sich ein Minimum des Temperaturkoeffizienten, so daß die Leitfähigkeit der Legierungen also mit der Temperatur weniger veränderlich ist als die der reinen Metalle. Eine Angabe der Veränderung der thermoelektrischen Kraft für Drähte verschieden zusammengesetzter Legierungen, dargestellt gegen den arithmetischen Mittelwert, der sich für die Gemische errechnet, würde zeigen, daß die Thermokraft keineswegs von

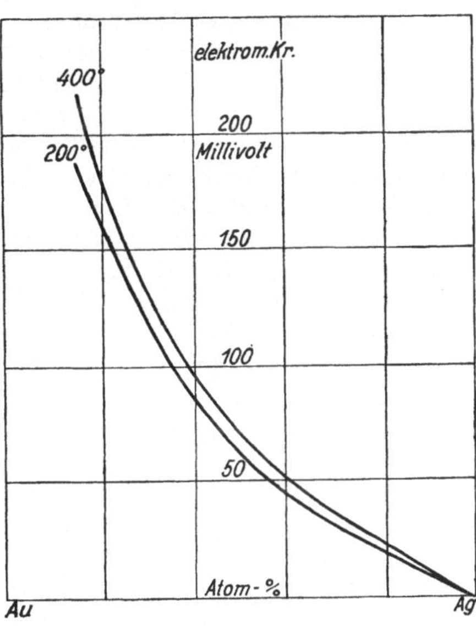

Abb. 30. Elektromotorische Kraft von Au-Ag-Legierungen gegen Ag bei 200° und 400°.

der Zusammensetzung linear abhängig ist, sondern ein Minimum enthält. In der nächsten Abb. 30 ist noch die elektromotorische Kraft der Legierungen gegen Silber bei 200 und 400°, wie sie von *Wachter* beobachtet wurde, wiedergegeben.

Diese starke Änderung in den Eigenschaften beim Auftreten von Misch-

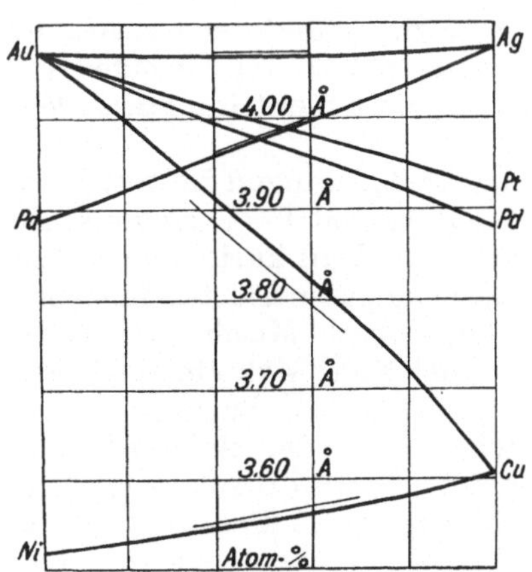

Abb. 31. Gitterkonstante von Legierung des Typus I.

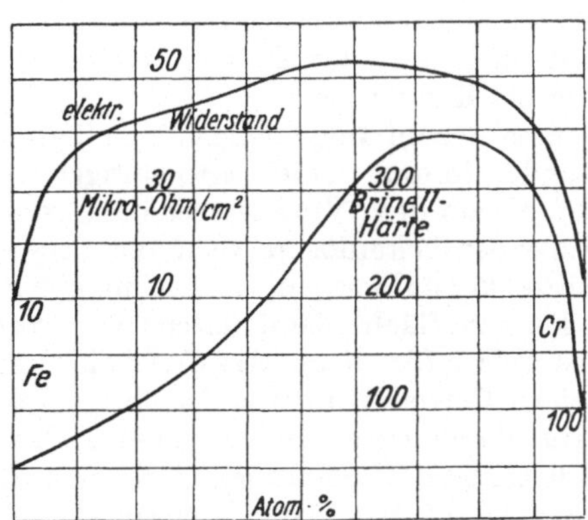

Abb. 32. Elektrischer Widerstand und Härte von Fe-Cr-Legierungen.

krystallen in lückenloser Reihe zwischen den beiden Metallen tritt bis zu
einem gewissen Grade auch auf, wenn sich Mischkrystalle in geringerem Umfange bilden, was nach neueren Untersuchungen in sehr vielen Fällen eintritt.
Das System Silber-Gold wurde als besonders typisch für die Betrachtung
herangezogen. Auch bei anderen Legierungen dieser Art wird das Verhalten
gleichartig sein. Die Abb. 31 zeigt noch die Änderung der Gitterkonstanten
solcher Legierungen. Nur bei Au-Pt und Au-Pd liegen die Werte ganz geradlinig zwischen denen der Metalle. In den beiden Abb. 32 und 33 ist für ein
neuerdings in dieser Hinsicht von *Adcork* untersuchtes System aus Eisen und
Chrom das Verhalten der Legierungen wiedergegeben. Die Abb. 32 gibt die
Veränderung des elektrischen Widerstandes
und der Härte mit der Zusammensetzung
der homogenen Legierungen. Ähnlich dem
System Ag-Au wächst der Wert für beide
erheblich in den Legierungen, aber nicht

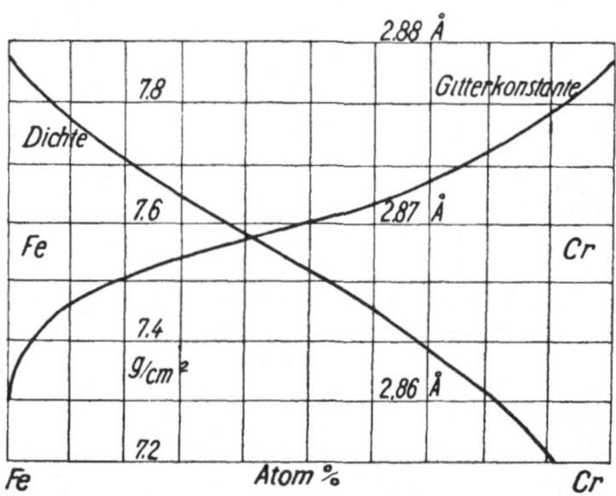

Abb. 33. Gitterkonstante und Dichte von
Fe-Cr-Legierungen.

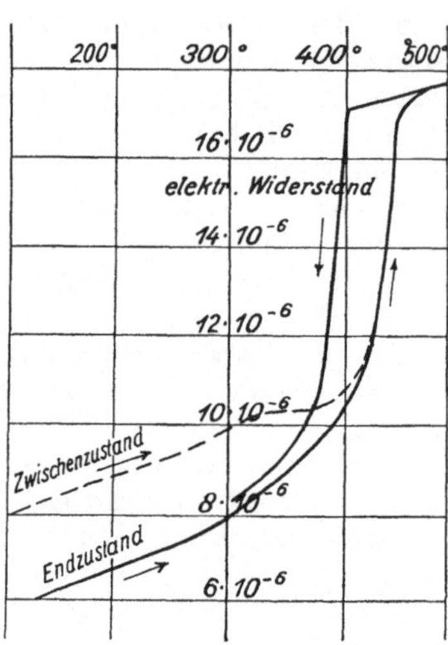

Abb. 34. Elektrischer Widerstand
von AuCu.

gleichartig. Die Abb. 33 enthält die Wiedergabe zweier anderer Größen, der
Dichte und der Gitterkonstanten. Beide Größen sind in dem größten Teil
fast linear von der Zusammensetzung abhängig, jedoch nicht im ganzen Verlauf der Kurven.

Eine Anzahl Legierungen vom Typus I zeigt Veränderungen im festen Zustande. In den beiden eisenhaltigen Systemen Fe-Cr und Fe-V treten solche
auf, die auf dem Vorkommen des Eisens in mehreren Modifikationen beruhen.
Außer der lückenlosen Reihe Mischkrystalle, die im raumzentrierten kubischen
Gitter krystallisieren, treten im gewissen Umfang auch Mischkrystalle der
γ-Form im flächenzentrierten Gitter auf. Hierdurch bildet sich ein geschlossenes Gebiet für diese Mischkrystalle heraus, welches in dem Zustandsbild die
beiden Umwandlungspunkte dieser Form nach höherer oder tieferer Temperatur durch zwei Kurven miteinander verbindet. Es wurde schon erwähnt,
daß bei den Legierungen Fe-Cr sich das Gebiet bis zu 12 Proz. Cr und bei
Fe-V bis zu 1,1 Proz. V erstreckt.

Auch die Umwandlungserscheinungen, die außer Eisen die anderen Metalle
zeigen, die in dieser Gruppe vertreten sind, müssen sich in den Legierungen

widerspiegeln und in den Zustandsbildern zum Ausdruck kommen. Auf die des Nickels in den Legierungen Cu-Ni und Co-Ni wurde bereits hingewiesen. In welcher Art die Legierungen mit Chrom, das nach den neueren Untersuchungen mehrere Modifikationen hat, sich in dieser Hinsicht verhalten, steht noch nicht fest. Von ganz besonderem Interesse ist das Verhalten, das einige Legierungen bei langsamer Abkühlung oder bei genügend langem Tempern bei erhöhter Temperatur zeigen und was besonders bei den Legierungen von Kupfer mit Gold eingehend studiert wurde. Die Eigenschaften ändern sich gegenüber den normal gekühlten Legierungen sehr stark. Die Härte nimmt stark ab und die elektrische Leitfähigkeit zu. In der Abb. 34 ist z. B. angegeben, wie beim Erhitzen auf Temperaturen bis über 500° und Abkühlen sich der elektrische Widerstand von Legierungen der Zusammensetzung Au-Cu verändert. Röntgenographische Untersuchungen haben gezeigt, daß dieses Verhalten darauf beruht, daß sich aus den Mischkrystallen chemische Verbindungen bilden. Bei den Kupfer-Gold-Legierungen sind das die Verbindungen $AuCu_3$ und $AuCu$, und nach *Le Blanc* und *Wehner* noch Cu_3Au_2. In den Mischkrystallen waren in dem kubischen flächenzentrierten Gitter die beiden Atomarten entsprechend der Regel der Wahrscheinlichkeit verteilt. Nach Bildung der Verbindung zeigt $AuCu_3$ ein flächenzentriertes, kubisches Gitter mit den Goldatomen in den Ecken des Würfels und den Kupferatomen auf den Mitten der Quadrate. In diesem Falle hat die sich bildende chemische Verbindung noch das gleiche kubische Gitter mit etwas anderen Konstanten wie die Mischkrystalle. Bei der Bildung der Verbindung $AuCu$ ändert sich sogar der krystallographische Charakter. Diese bildet ein zwar auch flächenzentriertes, aber dem tetragonalen System angehöriges Gitter. In den Gitterebenen senkrecht zur Achse wechseln Kupfer- und Goldatome ab. Die Bildung der Verbindungen $AuCu$ konnte auch mittels Elektronenbeugung nachgewiesen werden. Bei dieser wird das Bild untersucht, das Elektronen bei ihrer Beugung durch aufs Glimmer im Vakuum niedergeschlagene, äußerst dünne Metallschichten ergeben. Es wurde von *Eisenhut* und *Kaupp* nachgewiesen, daß die homogenen Mischkrystalle bereits nach einer Glühbehandlung von einer Minute zwischen 225 und 400° die tetragonale Struktur bekommen. Von großem Interesse ist, daß beim Tempern von $AuCu$ bei 450 bis 500° der Übergang in eine sonst nicht beobachtete Diamantstruktur festgestellt werden konnte.

In der Abbildung ist die Veränderung der elektrischen Leitfähigkeit von $AuCu$ beim Erwärmen und Abkühlen angegeben. Die Knickpunkte bei 450° beim Erwärmen und 400° beim Abkühlen hängen mit der Bildung der Verbindung $AuCu$ aus den Mischkrystallen gleicher Zusammensetzung zusammen. Der geringe Widerstand, also die große Leitfähigkeit, läßt erkennen, daß eine Verbindung entstanden ist. Dazwischen liegt ein auch röntgenographisch besonderer Zwischenzustand. Diese Umwandlungen unter Bildung von Verbindungen werden meistens als Zustandsänderungen aufgefaßt und Phasendiagramme konstruiert. In ähnlicher Weise, wie aus homogenen Flüssigkeiten sich feste Stoffe ausscheiden, sollen sich aus homogenen Mischkrystallen andere bilden, auf die die Gesetze der Phasenlehre angewendet werden dürfen. Gewiß ist es aber wahrscheinlicher, daß es sich in diesem Falle gar nicht um Phasenumbildungen handelt, so daß es nicht erlaubt ist, Zustandsbilder zu konstruieren. Diese Ansicht ist im folgenden immer vertreten. Auch bei einigen anderen Legierungen als von Cu mit Au wurden solche Verbindungen festgestellt. Es wurden gefunden die Verbindungen $PtCu_3$ und $PdCu_3$, entsprechend der goldhaltigen Verbindung $AuCu_3$. Ferner CuPd mit innenzentriertem kubischem Gitter und CuPt mit rhomboedrischen Achsen. Auch bei FeCr wurde von *Wever* und *Jellinghaus* eine Überstruktur beobachtet nach ausgedehnter Glühbehandlung bei 600°, die beim Glühen bis 1200° und Abschrecken verschwindet. Der Übergang von Mischkrystallen zu Verbindungen gleicher Zusammensetzung wurde auch bei anderen Legierungen, die nicht über das ganze Gebiet Mischkrystalle aufweisen, beobachtet und wird bei den betreffenden Systemen erörtert werden.

Bei der Bildung einer lückenlosen Reihe von Mischkrystallen hat man bei Salzen mehrfach Entmischung im festen Zustande beobachtet. Die vorher homogenen Mischkrystalle zerfallen bei bestimmten Temperaturen in zwei andere. Auch bei Legierungen findet sich ein derartiges Verhalten. In der graphischen Darstellung bildet sich im Zustandsdiagramm eine Kurve heraus, die ein Maximum hat. In den Tafeln ist dieses bei Au-Ni und bei Au-Pt-Legierungen angegeben. Nach theoretischen Betrachtungen sollen derartige Entmischungserscheinungen sich besonders bei Mischungen zeigen, die ein Schmelzpunktminimum aufweisen.

Legierungen vom Typus II.

Zwei feste Phasen: IIa mit Übergangspunkt, IIb mit Eutektikum.

Nach der gewählten Einteilung sind Legierungen vom Typus II solche, bei denen in der Reihe der Legierungen der beiden Metalle zwei verschiedene feste Formen auftreten. Notwendigerweise folgt hieraus, daß die beiden festen Phasen entweder einfach die beiden Metalle oder Mischkrystalle sind, die im Grenzfall zu den reinen Metallen werden. Prinzipiell ist auch der Fall ohne Vorkommen von Mischkrystallen doch als ein solcher mit allerdings unendlich kleinem Bereich aufzufassen. Der Umfang der Mischkrystallbildung nach den beiden Metallen kann sehr verschieden sein und umfaßt im Grenzfall nur die reinen Metalle. Die Legierungen vom Typus II können zwei voneinander verschiedenen Typen IIa und IIb zugeordnet werden. Da es aber auch vorkommt, daß zwischen zwei Metallen in flüssigem Zustande beschränkte Mischbarkeit besteht, indem sich zwei Schmelzen bilden und ihrem spezifischen Gewicht nach übereinander lagern, so daß auch beide Flüssigkeiten einzeln erstarren, so ist noch dieser Typus als IIx (oder einfach x) hinzuzufügen. Auch in diesem Falle treten nur zwei feste Phasen als Bestandteile auf. Es ist im gewissen Sinne fraglich, ob man diese Metallmischungen überhaupt den Legierungen zurechnen darf.

Die beiden Legierungen der Typen IIa und IIb unterscheiden sich nach der Art der Gleichgewichte zwischen Schmelze und festen Phasen und der sich daraus ergebenden Verschiedenheit der Erstarrung. Wird von dem gasförmigen Zustand abgesehen, so gibt es in einem binären System, in dem zwei feste Phasen vorkommen, bei verschiedenen Temperaturen Gleichgewichte zwischen Flüssig und $Fest_1$ oder $Fest_2$. Sind gleichzeitig alle drei Phasen zugegen, so sagt in diesem Falle die Phasenregel, daß ein derartiges System invariant ist. In der für Legierungen geltenden Gleichung $P + F = C + 1$ (wobei der Gaszustand vernachlässigt ist) ist für $C = 2$ und $P = 3$ der Wert von $F = 0$. Es heißt dies also, daß nur bei einer ganz bestimmten Temperatur dieses Gleichgewicht möglich ist, und daß alsdann alle beteiligten Phasen unveränderliche Zusammensetzung haben. Die Betrachtung ließe sich auch leicht auf die Anwesenheit der gasförmigen Phase ausdehnen, doch bringt dieses für Legierungen, wie oben in dem Abschnitt über Phasenlehre auseinandergesetzt wurde, eine unnötige Erschwerung. Der Unterschied der beiden Typen IIa und IIb besteht nun darin, daß bei IIa die Temperatur des invarianten Gleichgewichts zwischen den Schmelztemperaturen der beiden reinen Metalle und bei IIb unterhalb derselben liegt.

Verhalten und Eigenschaften der Legierungen vom Typus IIa.

Liegt das invariante Gleichgewicht $Fest_1$-$Fest_2$-Flüssig zwischen den Schmelztemperaturen der beiden reinen Metalle, so ergibt sich ein Diagramm, wie es die Abb. 35 angibt. Bei einer bestimmten Temperatur gibt es drei Mischungen, A, B und L, die den drei Zuständen entsprechen, die bei dieser Temperatur miteinander im Gleichgewicht sind. Das Flüssige (L) liegt einseitig nach dem Metalle mit niederem Schmelzpunkt verschoben. Nur bei dieser Temperatur ist ein Gleichgewicht zwischen Flüssigkeit und den beiden festen Phasen möglich. Da dieses Gleichgewicht dreier Phasen naturgemäß auch die Gleichgewichte zweier Phasen als Grenzfälle umfaßt, so muß es die drei Gleichgewichte Flüssig-$Fest_1$, Flüssig-$Fest_2$ und $Fest_1$-$Fest_2$ als Grenzgleichgewichte enthalten. Diese Zweiphasengleichgewichte sind monovariant, wie sich aus der Phasenregel ergibt, und können demnach bei verschiedenen Temperaturen auftreten. Da die Gleichgewichte Flüssig-Fest auch im Schmelzpunkt der reinen Metalle bestehen, so müssen von den Punkten A und L sowie B und L Kurven nach oben und unten verlaufen, die in den Schmelzpunkten M_1 und M_2 der reinen Metalle endigen und sich auf die Gleichgewichte Fest-Flüssig beziehen. Es ergibt sich so die in der Abbildung gezeichnete Darstellung dieser Gleichgewichte. Betrachtet man diese Gleichgewichte Fest-Flüssig für jede der beiden festen Phasen jede für sich, so erkennt man, daß sie gleichartig den früheren Gleichgewichten des Typus I sind, bei dem nur eine feste Phase in dem binären System auftritt. Dieses ist in Abb. 36 noch einmal deutlich gemacht. Als Besonderheit kann noch der Fall auftreten, daß wie bei dem Typus Ib auch hier ein Schmelzpunktminimum vorkommt, wie es in der Abb. 36 rechts unten angedeutet. ist. Außer den monovarianten Gleichgewichten zwischen je einer Flüssigkeit und einer festen Phase ist noch das zwischen zwei festen Phasen zu betrachten. Als monovariantes Gleichgewicht ist auch dieses bei verschiedenen Temperaturen möglich. Die Temperaturen liegen in diesem Falle erklärlicherweise unterhalb der Temperatur des invarianten Gleichgewichtes, und es ergeben sich in der Abbildung zwei von A und B nach unten verlaufende Kurven, die das Gleichgewicht $Fest_1$-$Fest_2$ ausdrücken. Von diesen Gleichgewichten wird noch ausführlicher die Rede sein. Die Abb. 35 ist also das vollständige Zustandsbild der Legierungen vom Typus IIa. Sie zeigt zwei schraffierte Gebiete für die Bedingungen vollständiger Homogenität und zwischen ihnen ein Gebiet, innerhalb dessen immer zwei feste Phasen im Gleichgewicht sind. Die Abbildung bringt auch deutlich das verschiedene Verhalten der Metallmischungen beim Erstarren zum Ausdruck. Man erkennt, daß den Mischungen der Zusammensetzung A, B und L besondere Bedeutung zukommt. Es lassen sich vier verschiedene Arten von Legierungen unterscheiden, die durch diese Gemische in ihrer Zusammensetzung getrennt sind: Gemische zwischen M_1 und A, A und B, B und L sowie L und M_2. Die Gemische, die in der Abbildung links von A (1) und rechts von L (7) liegen, zeigen beim Erstarren und Schmelzen das Verhalten der früher erörterten Gemische vollständiger Isomorphie vom Typus I. Bei den dazwischenliegenden kommt das Verhalten hinzu, das die drei im invarianten Punkte im Gleichgewicht befindlichen Phasen bei Wärmeentzug und Wärmezufuhr zeigen. Qualitativ vollzieht sich hierbei die Reaktion $\text{Fest}_A + L = \text{Fest}_B$. Der feste Mischkrystall A setzt sich mit der Flüssigkeit L um unter Bildung des festen Mischkrystalles B, wenn dem Gemisch Wärme entzogen wird. Umgekehrt schmilzt bei Wärmezufuhr der feste Mischkrystall B unter Bildung der Flüssigkeit L und des festen Mischkrystalles A. Die Reaktion lautet quantitativ, wenn die Zusammensetzung der beiden festen und der flüssigen Phasen und die Abstände $m = AB$ und $n = BL$ berücksichtigt werden: $nA + mL = (n + m)B$. Nach m und n richtet sich also die Menge von Flüssigkeit und festen Körpern, die sich umsetzen. In den meisten Fällen ist n kleiner als m, so daß bei der Reaktion die Flüssigkeit L stärker als der feste Mischkrystall A beteiligt ist. Manchmal besteht bei Wärmeentziehung die Reaktion nahezu in einem einfachen Erstarren der Flüssigkeit L und Bildung des fast gleich zusammengesetzten Mischkrystalles B. Umgekehrt schmilzt bei Wärmezufuhr in diesem Fall der Mischkrystall B beinahe lediglich unter Bildung der Flüssigkeit L.

Die Art des Erstarrens der Gemische, die eine Zusammensetzung zwischen A und B haben (3), ist jetzt leicht zu erkennen. Sie vollzieht sich derart, daß zunächst bei Wärmeentzug aus der homogenen Flüssigkeit die Ausscheidung eines bestimmten Mischkrystalles nach M_1 erfolgt, die sich unter gleichzeitiger Veränderung der Zusammensetzung dieses Mischkrystalles und der Schmelze fortsetzt, bis der Mischkrystall A und die Schmelze L entstanden sind. Nach der Menge der jetzt noch vorhandenen Flüssigkeit L erfolgt bei weiterem Wärmeentzug unter Gleichbleiben der Temperatur die vollständige Erstarrung durch Bildung von B entsprechend der angegebenen Gleichung $A + L = B$. Das Gemisch besteht also nach dem Erstarren aus den beiden Mischkrystallen A und B in solchen Mengen, daß sie zusammen das angewandte Gemisch ausmachen. Man nennt es auch Peritektikum und spricht von einer peritektischen Umsetzung bei der invarianten Temperatur. Die Gemische einer Zusammensetzung zwischen B und L zeigen beim Erstarren zunächst das gleiche Verhalten, indem sich ein Mischkrystall nach M_1 ausscheidet, der sich ändert, bis er vollständig zu A geworden ist. Die Menge der jetzt vorhandenen Flüssigkeit L überwiegt jetzt aber bei der nun eintretenden Reaktion $A + L = B$, so daß der Mischkrystall A bei konstanter Temperatur vollständig verschwindet. Das weitere Erstarren des Breies aus B und L ist derart, daß sich beide Bestandteile längs der Kurven nach M_2 hin ändern, solange, bis ein Mischkrystall nach M_2 der Zusammensetzung erreicht ist, welche die ursprünglich angewandte Flüssigkeit hatte. Das Erstarren dieser Gemische ist also insofern besonders beachtenswert, als sich aus dem Schmelzfluß ein Mischkrystall ausscheidet, der nachher wieder vollständig verschwindet und zu einem Mischkrystall anderer Art wird. Das auseinandergesetzte Verhalten bezieht sich auf stetiges Gleichgewicht zwischen Flüssigkeit und Bodenkörper. Es ist erklärlich, daß dieses besonders bei raschem Wärmeentzug nicht immer der Fall ist, was zu Überlagerungen der Gleichgewichte und Überkrustung der Mischkrystalle führt. In den erstarrten Gemischen wird das wirkliche Gleichgewicht wieder hergestellt, wenn diese auf Temperaturen wenig unterhalb der beginnenden Verflüssigung erhitzt werden. Die auf solche Temperaturen längere Zeit erhitzten Gemische zeigen die Struktur, die bei der betreffenden Temperatur vorhanden ist. Hierdurch ist es im besonderen auch möglich, die Lage der Gleichgewichtsgemische für $Fest_1$-$Fest_2$ festzulegen.

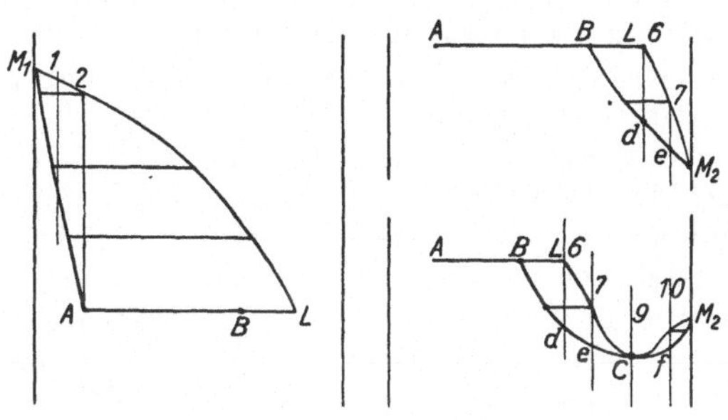

Abb. 36. Typus II a, Schaubild zerlegt.

Die Art des Erstarrens der Legierungen vom Typus II a wird besonders deutlich, wenn man ein kongretes Beispiel heranzieht. Es soll daher angenommen werden, daß die Gemische A, B und L in Gewichtsprozenten durch 20, 60 und 70 Proz. des Metalles M_2 enthalten. Die Abstände $m = A - B$ und $n = B - L$ verhalten sich alsdann wie 40 : 10, so daß die Reaktion zwischen

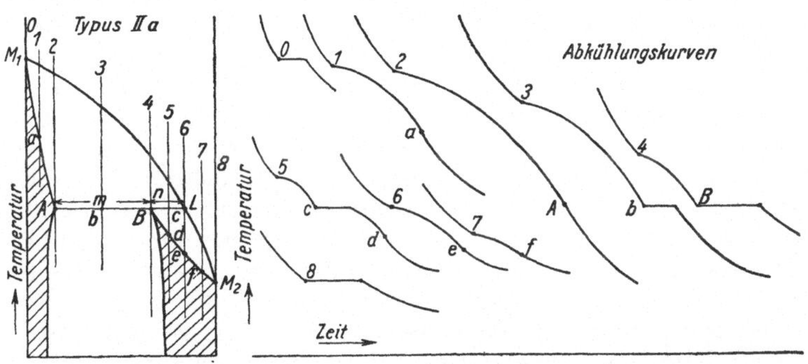

Abb. 35.　　　　　　Abb. 37. Abkühlungskurven beim Typus II a
　　　　　　　　　　　　　(schematisch).

den beiden festen Stoffen und der Flüssigkeit im invarianten Punkt in Gewichtsmengen ausgedrückt werden kann durch die quantitativ richtige Gleichung: 10 g A + 40 g L = 50 g B. Für das Gemisch (3) mit 40 Proz. M_2, das aus gleichen Gewichtsteilen A und B besteht, ergibt sich bei Verwendung von 100 g eine Umsetzung, die durch folgende Gleichungen ausgedrückt wird: 100 g (3) = 60 g A + 40 g L = 50 g A + 50 g B. Der erste Teil bezieht sich auf die Reaktion bis zur Erreichung der invarianten Temperatur unter Bildung der Schmelze L und des Mischkrystalles A, der zweite auf die weitere Umsetzung entsprechend $10\,\mathrm{g}\ A + 40\,\mathrm{g}\ L = 50\,\mathrm{g}\ B$ bis zu vollständigem Verschwinden der Flüssigkeit L. Für ein anderes Gemisch (5) mit 65 Proz. des zweiten Metalles M_2, also eines, das zwischen B und L liegt, sind die beiden Umsetzungsgleichungen folgende: $100\,\mathrm{g}$ (5) $= 10\,\mathrm{g}\ A + 90\,\mathrm{g}\ L = 50\,\mathrm{g}\ B + 50\,\mathrm{g}\ L$. In diesem Falle bleibt also bei der invarianten Temperatur die Hälfte der angewandten Mischung als Flüssigkeit über. Die anschließende Erstarrung vollzieht sich alsdann derart, daß der Mischkrystall sich immer mehr ändert, bis er die Zusammensetzung des angewandten Gemisches erreicht hat. Bei dieser Phase der Erstarrung sinkt die Temperatur. Diese Betrachtungen über die Art des Erstarrens und Schmelzens der Legierungen IIa erlaubt auch genauere Angaben über die Form der Abkühlungs- und Erstarrungskurven zu machen. In Abb. 37 ist für verschiedene Gemische die Art der Abkühlung mit der Zeit wiedergegeben. Wenn beim Abkühlen der flüssigen Gemische die Temperatur der beginnenden Erstarrung erreicht ist, beginnt eine Verzögerung in der Abkühlung, die sich in den Abkühlungskurven, welche die Temperatur zur Zeit wiedergeben, durch einen mehr oder minder stark ausgeprägten Knick äußert. Alle zwischen A und L liegenden Gemische zeigen ein Halten bei der invarianten Temperatur, das um so länger ist, je reiner sich die Reaktion $A + L = B$ vollzieht. Das Gemisch der Zusammensetzung B hat demnach die längste Haltezeit. Die Abkühlungskurven sind seitlich zum Zustandsbilde dargestellt. Bei Untersuchung bestimmter Systeme kann aus den Haltezeiten der verschiedenen Gemische zwischen A und L die Lage der Punkte A, B und L zeichnerisch leicht gefunden werden.

Dieser Typus IIa ist auch deswegen von großer Bedeutung, weil er sich neben dem gleichzeitigen Vorkommen anderer Typen vielfach bei komplizierteren Legierungen wiederfindet. Alsdann verhält sich nur ein Teil der Gemische des betreffenden Systemes in der für Typus IIa angegebenen Art. Es ist leicht einzusehen, daß gerade bei diesen Legierungen die Umsetzung zwischen Schmelze und Mischkrystall sich häufig nicht vollständig vollzieht. Die Umsetzung zwischen einem festen Körper und einer Flüssigkeit, unter Bildung eines zweiten festen Körpers, vollzieht sich natürlich nur, wenn eine innige Berührung zwischen dem ersten festen Körper und der Flüssigkeit ständig vorhanden ist. Hierbei kann es vorkommen, daß sich der neu entstandene andere feste Körper zwischen den ersten und die sich umsetzende Flüssigkeit schiebt, wodurch die Berührung aufgehoben wird. Die weitere Umsetzung ist damit nicht mehr möglich. Wie schon erwähnt, kann man das wahre Gleichgewicht weitgehend herstellen, wenn man die Legierung längere Zeit auf die betreffende Temperatur erwärmt und man spricht von einer peritektischen Umsetzung bei der invarianten Temperatur.

Es ist von besonderem Interesse, daß der Typus IIa sich nur findet bei einander chemisch nahestehenden Metallen. Die Tab. III S. 22, welche die Legierungen umfaßt, die nach dem Typus I krystallisieren, enthält auch alle bis jetzt gefundenen Systeme der Metalle, die nach IIa krystallisieren. Hinzukommen die beiden mit angegebenen Systeme Cd-Mg und Cd-Hg, Kombinationen von Metallen der zweiten Gruppe des periodischen Systems, sowie In-Tl, In-Pb, Cr-Re und Pt-W, welche ebenfalls dem Typus IIa zugeordnet wurden.

Etwas Besonderes zeigen noch die Eisenlegierungen, die dem System IIa angehören. In diesem Falle sind es die beiden Formen des Eisens δ und γ, welche zur Bildung der beiden Arten Mischkrystalle Veranlassung geben.

Die Umwandlungstemperatur von 1400° dieser beiden Formen beim reinen Eisen setzt sich in den Legierungen zu höheren Temperaturen fort, bis es zu Schmelzerscheinungen kommt. Es bildet sich dann das invariante Gleichgewicht von zwei Mischkrystallen mit einer Flüssigkeit heraus, wie es dem Typus IIa entspricht. Ein wesentlicher Unterschied gegenüber dem Auseinandergesetzten liegt jetzt aber darin, daß unterhalb der Umwandlungstemperatur des Eisens lückenlose Bildung von Mischkrystallen herrscht. Diese γ-Mischkrystalle mit flächenzentriertem Gitter stehen also im Gegensatz zu den unter I erwähnten δ-Eisenlegierungen mit raumzentriertem Gitter, die aus dem Schmelzfluß eine lückenlose Reihe Mischkrystalle bilden.

Die bisher untersuchten Legierungen IIa.

6. Fe-Co	7. Cd-Mg	8. Cu-Co	9. Mn-Cu
Fe-Ni	Cd-Hg	Ag-Pt	Mn-Co
Fe-Pd	In-Pb	Au-Rh	Mn-Ni
Fe-Pt	In-Tl	Au-Cr	
		Cr-Re	
		Pt-W	

Die Legierungen, die dem Typus IIa zugehören, sind, soweit sie bis jetzt bekannt sind, in den Tafeln 6—9 zusammengestellt. Sie sind auch in der früheren Tabelle III enthalten, welche alle Systeme vom Typus I enthält. Es geht daraus hervor, daß eine große Ähnlichkeit zwischen diesen beiden Systemen besteht. Nach *van Laar* läßt sich der Übergang der beiden Systeme ineinander auch rechnerisch verfolgen.

Die Tafel 6 umfaßt die eisenhaltigen Legierungen, deren Zugehörigkeit zu dem Typus IIa auf die beiden Modifikationen δ-α und γ zurückzuführen ist. Wegen der Bildung einer lückenlosen Reihe Mischkrystalle im flächenzentrierten γ-Fe-Gitter unterhalb 1400° besteht große Ähnlichkeit mit Legierungen vom Typus I. Ehe die Umwandlung des Eisens bei 1400° gefunden war, mußte man notwendigerweise die Bildung von nur einer Art Mischkrystallen aus dem Schmelzfluß annehmen. Die Tafel 6 umfaßt die Legierungen von Eisen mit Kobalt, Nickel, Palladium und Platin. Alle Legierungen zeigen wichtige Umwandlungen im festen Zustande. Die Schmelzpunkte der Metalle Fe, Co, Ni und Pd sind wenig voneinander verschieden, die Eisenlegierungen haben ein flaches Schmelzpunktminimum in der Schmelzkurve. Im System Fe-Co wurden neuerdings von *Masumoto* die Umwandlungen im festen Zustande genauer als bei den ersten Untersuchungen festgelegt, wie es die Abbildung in der Tafel 6 anzeigt. Die Phasenumwandlung $\gamma = \alpha$, welche beim Eisen bei 906° liegt, vollzieht sich bei Legierungen bis 70 Proz. Co bei wenig veränderter Temperatur. Sie steigt auf 980° bei 45 Proz. Co und fällt nachher rasch auf tiefe Temperaturen. Sie vollzieht sich in geringem Temperaturintervall. Die Umwandlung des Kobalts bei 480° wird auf Zusatz von Eisen von 6 Proz. bereits auf Zimmertemperatur erniedrigt. Zwischen 79 und 94 Proz. ist die γ-Form die stabile Form der Legierungen. Die magnetischen Umwandlungen beider Metalle werden durch die dünnen Kurven der Abbildung wiedergegeben und fallen zum Teil mit der Phasenumwandlung zusammen. Die Legierungen von Fe mit Co bestehen also bei gewöhnlicher Temperatur aus drei verschiedenen Arten Mischkrystallen, den beiden kubischen nach α-Fe und γ-Fe, sowie den hexagonalen nach Co. Von *Ôsawa* wurden auch die Gitterkonstanten gemessen, und in den kubischen Gittern eine Abnahme auf Zusatz von Co zu Fe und eine Zunahme auf Zusatz von Fe zu Co gefunden, die in beiden Fällen fast linear ist.

Von den vier Systemen der Tafel 6 ist Fe-Ni das interessanteste und am meisten untersuchte. Die Abbildung gibt das Zustandsbild, wie es jetzt als richtig angesehen wird. Das Minimum der Schmelzkurve liegt nach *Hanson* und *Freemann* bei 1436° und 68 Proz. Ni. Die Schmelzkurve für δ-Mischkrystalle wurde früher als wesentlich kürzer angenommen, so sollte nach den ebengenannten Forschern nur bis 5,4 Proz. Ni gehen, wobei die zugehörigen Mischkrystalle 3,2 Proz. Ni (δ) und 4,3 Proz. Ni (γ) enthielten. Die in der Abbildung angegebenen Umwandlungen wurden früher vielfach anders aufgefaßt, besonders indem die magnetische Umwandlung mit ihrem Temperaturmaximum als Phasenumwandlung betrachtet wurde. Es wurde eine Verbindung FeNi$_2$ angenommen, sowie auch eine eutektoide Mischung. Besonders galt diese Auffassung als Erklärung der in Meteoriten gefundenen Gefügebestandteile, die Kamacit und Taenit genannt werden. Nach neueren Untersuchungen, besonders von *Ôsawa*, entsprechen diese der α- und γ-Form, die sich aber in rapider Abkühlung gebildet haben müssen. Sie sind deswegen nicht im Gleichgewicht, so daß beim Erwärmen und Abkühlen vielfach nicht dieselbe Struktur wieder erhalten wird. Die Abb. 38 gibt nach *Ôsawa* die Gitterkonstante, Dichte und Härte der Eisen-Nickel-Legierungen. Es geht hieraus deutlich hervor, daß von 25 bis 35 Proz. ein Wechsel der Struktur und der damit verknüpften Eigenschaften eintritt. Die Gitterkonstanten wurden auch von anderer Seite mehrfach untersucht. Nach *Andrew* steigt die des Fe von 2,864 auf 2,876 und die von Ni von 3,52 auf 3,60. Es ist von Interesse, daß nach *Iwase* und *Nasu* das heterogene Gebiet, in dem gleichzeitig α und γ bei Zimmertemperatur vorkommen, in elektrolytisch ausgeschiedenen Legierungen zwischen 14 und 58 Proz. Ni, bei aus dem Schmelzfluß erhaltenen Legierungen aber zwischen 25 und 33 Proz. Ni liegen. Die im Röntgenbild gefundenen Spektrallinien sind aber alsdann merklich diffus, woraus geschlossen wird, daß sich die Metalle als solche und nicht in Form von Mischkristallen ausscheiden. Sehr interessant ist auch die Veränderung der spezifischen Wärmen und Ausdehnungskoeffizienten mit der Zusammensetzung. Die Abb. 39 zeigt die Untersuchung von *Kawakami* über die spezifischen Wärmen normal abgekühlter oder mit Wasser und flüssiger Luft abgekühlter. Die Struktur ist in der Abbildung bei den Kurven vermerkt. Besonders zu beachten ist die Martensitstruktur, die bei den Eisen-Kohlenstoff-Legierungen von großer Bedeutung ist und dort besonders behandelt wird. Die nächste Abb. 40 gibt den Ausdehnungskoeffizienten nach *Honda* und *Miura*. Sie zeigt die Eigentümlichkeit an, daß Legierungen, die 35—37 Proz. Ni enthalten, einen außerordentlich geringen Ausdehnungskoeffizienten haben, der nur ein Zehntel von dem des Eisens und Nickels ist. Diese Legierung, die als Invar verwendet wird, soll nach *Benediks* und *Sederholm* und *Andrew* ihre Eigentümlichkeit deswegen haben, daß sie aus zwei Phasen bestände, die bei der Ausdehnung so gegeneinander wirkten, indem sich die raumzentrierte α-Phase in die γ-Phase umwandelte, so daß eine geringe thermische Ausdehnung resultierte. Nach *Phragmén* sowie *Honda* und *Miura* ist aber der geringe Ausdehnungskoeffizient eine Eigentümlichkeit der bei gewöhnlicher Temperatur und dieser Zusammensetzung stabilen magnetischen γ-Form. Nach *Dahl* sowie *Kussmann, Scharnow* und *Steinhaus* kann die Legierung FeNi$_3$ ähnlich AuCu$_3$ in geordneter Atomverteilung unterhalb etwa 600° sich bilden. Das Zustandsbild von Fe-Pd nach *Grigorjew* zeigt bei 60 Gew.-Proz. Pd ein Schmelzpunktminimum von 1300°. Die Umwandlungstemperatur von Fe wird in den Legierungen stark herabgesetzt und beträgt bei 500° 40 Gew.-Proz. Pd. Auch die Bildung der Verbindung FePd$_3$ aus den Mischkrystallen gleicher Zusammensetzung äußert sich bei 810° durch einen schwachen Haltepunkt. Das Auftreten dieser Verbindung beeinflußt die Eigenschaften der Legierungen in bezug auf ihre Härte und elektrische Leitfähigkeit. Das System Fe-Pt ist dargestellt nach den ersten Untersuchungen von *Isaac* und *Tammann*. Es findet sich eine Verbindung PtFe mit Überstruktur.

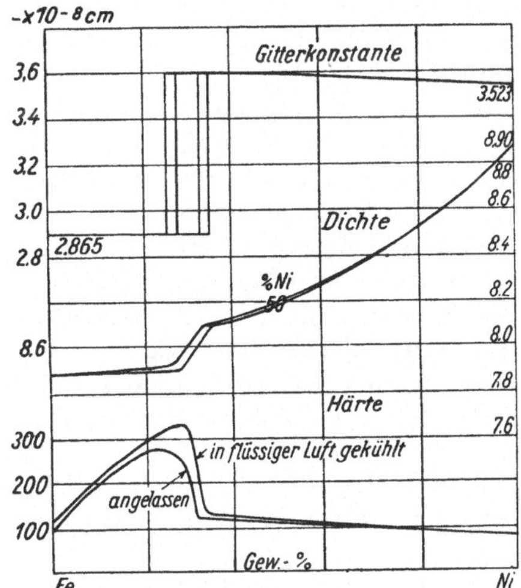

Abb. 38. Gitterkonstanten, Dichte und Härte bei Fe-Ni-Legierungen nach *Ôsawa*.

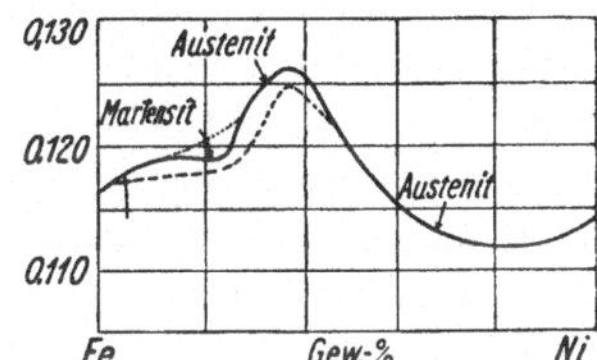

Abb. 39. Spezifische Wärme von Fe-Ni-Legierungen nach *Kawakami*.

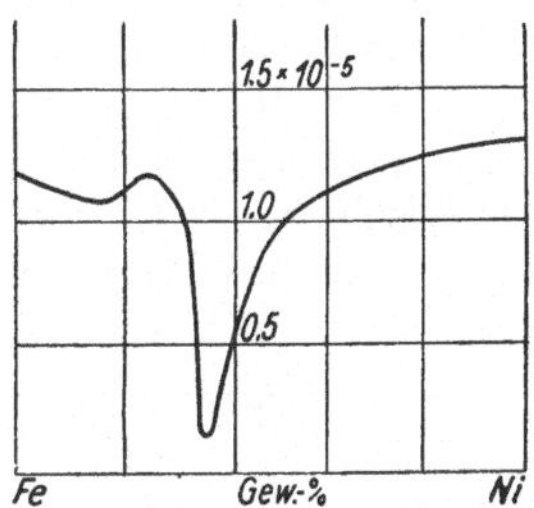

Abb. 40. Ausdehnungskoeffizient von Fe-Ni-Legierungen nach *Honda*.

Auf der Tafel 7 der Legierungen IIa sind Cd-Mg, Cd-Hg, In-Tl und In-Pb vermerkt. Das System Cd-Mg sollte nach den ersten Untersuchungen eine lückenlose Reihe Mischkrystalle aus dem Schmelzfluß zur Ausscheidung bringen und dabei Mg-Cd als chemische Verbindung mit einheitlichem Schmelzpunkte enthalten. Diese sollte alsdann sich in den erstarrten Mischungen nochmals durch einen maximalen Umwandlungspunkt zeigen. Die erste Abbildung auf der Tafel 7 über dieses System gibt nicht ganz diese Auffassung, die *Grube* anfänglich vertrat, wieder. Da Cd und Mg im gleichen Gitter krystallisieren, wäre das Auftreten einer lückenlosen Reihe Mischkrystalle durchaus möglich, aber es ist auch wohl endgültig entschieden, daß das System nicht wirklich dieses Verhalten zeigt.

Ein anderes Zustandsbild gilt nach der Auffassung von *Hume Rothery* und *Rowell* wieder, das diese besonders auf Grund röntgenographischer Untersuchungen aufgestellt haben. Hiernach soll im Schmelzfluß eine Verbindung Cd$_2$Mg auftreten und beide Metalle in weitem Umfange feste Lösungen bilden.

Auf Grund der Untersuchungen dieser Forscher und umfangreicher eigener Untersuchungen über die elektrische Leitfähigkeit glauben *Grube* und *Schiedt*, daß Cd-Mg in seinem Zustandsbild einen Übergangspunkt hat. *Natte* findet röntgenographisch ebenfalls nur zwei Gefügebestandteile in den verschiedenen Legierungen. Aus diesem Grunde ist das System hier dem Typus IIa zugeordnet, obwohl das Auftreten einer lückenlosen Reihe Mischkrystalle nach dem Schmelzbilde keineswegs ausgeschlossen wäre. Das System ist von besonderem Interesse dadurch, daß sich beim Tempern aus den gleich zusammengesetzten Mischkrystallen die Verbindungen $MgCd_3$, $MgCd$ und Mg_3Cd mit Überstruktur bilden können. Es ist wohl kaum angebracht, diese Verbindungen in ein Zustandsbild einzuziehen, da es sich nicht um wirkliche Phasenumwandlungen handeln wird. Die Überstruktur von $MgCd$ und $CdMg_3$ wurde von *Dehlinger* festgestellt. Daß auch $MgCd$ als Verbindung auftreten kann, geht besonders aus den Leitfähigkeitsuntersuchungen von *Grube* und *Schiedt* hervor. Es ist für dieses System von Bedeutung, daß die Untersuchungen von *Natta*, von *Hume-Rothery* und *Rowell*, sowie von *Grube*, obwohl alle einzeln sehr eingehend durchgeführt wurden, doch noch so weit voneinander abweichen, daß es schwer ist, ein vollständig klares Bild zu bekommen. In der Tafel 7 ist deswegen außer dem Zustandsbild, das dem Typus IIa entspricht, mit einem einwandfrei festgestellten Umwandlungspunkt bei 360—370° noch ein anderes mit drei festen Phasen, die sich aus dem Schmelzfluß bilden. Dieses wird als ein mögliches vorgeschlagen, womit die Legierungen Cd-Mg dem Typus IIIb zugehören. Gemische Cd-Mg hätten eine maximale Umwandlungstemperatur, was das Anzeichen der Bildung einer Verbindung wäre. Diese Auffassung wäre im Einklang mit der Ansicht von *Dehlinger*, daß es eine dritte Art Mischkrystalle, die er auf die von *Bridgman* gefundene Modifikation von Cadmium zurückführt, gäbe, die wie in einem früheren Abschnitt erwähnt wurde, nur unter höheren Drucken stabil ist. Es läge alsdann ein ähnliches Verhalten vor, wie es von *Jänecke*[1]) für die Mischkrystalle von KNO_3 und NH_4NO_3 gefunden wurde.

Das zweite System Cd-Hg der Tafel 7 ist bereits 1902 von *Bijl* untersucht worden und war das erste Beispiel für das Auftreten eines Übergangspunktes in der Schmelzkurve. Nach *Taylor*[2]) tritt in dem System eine tetragonal krystallisierende Verbindung Cd_3Hg mit 152 Atomen im Elementarkörper auf. Es handelt sich hierbei wohl um eine Überstruktur. Die Mischkrystalle krystallisieren nach der Cadmiumseite hin im hexagonalen Gitter dichtester Kugelpackung, nach der Quecksilberseite im tetragonal innenzentrierten Gitter. Nach Untersuchungen von *Mohl* soll eine intermediäre feste Phase mit tetragonalem Gitter auftreten. Wäre dieses wirklich der Fall, so gehörte das System zum Typus IIIb mit drei festen Phasen. Es soll dementsprechend nach *Mohl* und *Burrett* einen Umwandlungspunkt nahe Hg bei —34° geben. Diese Untersuchungen bedürfen noch der Bestätigung. Die starke Änderung in der Richtung der Schmelzkurve der Mg-reichen Legierungen kann auch den Umwandlungspunkt vorgetäuscht haben. Auch die Siedeverhältnisse in dem System wurden von *Kordes* und *Raar*[3]) untersucht. Siedekurve und Dampfkurve liegen weit auseinander, was sich aus dem verhältnismäßig niedrig sieden-

---

[1]) *Jänecke*, Z. anorg. allg. Chem. **206**, 1932, 363.
[2]) *Taylor*, J. Amer. chem. Soc. **54**, 1932, 2713.
[3]) *Kordes u. Raar*, Z. anorg. allg. Chemie **131**, 1929, 232.

den Quecksilber (352°) gegenüber Cadmium (764°) erklärt. Die Legierungen Cadmium-Quecksilber sind auch wegen ihrer Anwendung zu Normalelementen von Interesse.

Das Zustandsbild der Indium-Blei-Legierungen mit einer lückenlosen Reihe Mischkrystallen ist in der Tafel 7 so weit geändert, daß es dem Typus II a zugeordnet werden kann. Es erscheint unwahrscheinlich, daß sich das flächenzentrierte kubische Blei mit dem allerdings auch flächenzentrierten, aber tetragonalen Indium lückenlos mischt. Wahrscheinlich gibt es eine kleine Mischungslücke und zwei verschiedenartige Mischkrystalle. Als letztes System enthält die Tafel 7 Tl-In. Nach Untersuchungen von *Kurnakow* und *Puschin* ist eine schmale Mischungslücke zweier Arten Mischkrystalle bei 30° anzunehmen, wie es auch von *Bornemann* angegeben wurde.

Tafel 8, die dritte der Legierungen II a, umfaßt die Paare Co-Cu, Ag-Pt, Au-Cr und Pt-W, denen ohne Abbildungen Au-Rh und Cr-Re angegliedert sind. In dem System Co-Cu enthält der Grenzmischkrystall nach Cu, der mit Schmelze im Gleichgewicht ist, 5 Gew.-Proz. Co. Die Gleichgewichtstemperatur des invarianten Gleichgewichtes liegt nur 35° höher als der von Cu (1083°). Die festen Metalle sind nur in verhältnismäßig kleinen Bereichen ineinander löslich. Von *Konstantinow* wurde beobachtet, daß Co-Cu gerade wie Fe-Cu bei Aufnahme geringer Menge Kohlenstoff zwei Flüssigkeiten bildet. Ohne Kohlenstoff bildet das System jedenfalls keine zwei Flüssigkeiten, wenn dieses auch noch manchmal angenommen wird. Das zweite System Ag-Pt der Tafel wurde neuerdings von *Kurnakow* und *Nemilow* sowie *Johansson* und *Linde* untersucht. Sie bestätigten die Untersuchungen von *Doerinkel* und stellten fest, daß Platin etwa 12 Proz. Eisen in sein Gitter aufnehmen kann. Der andere Grenzmischkrystall, der im invarianten Gleichgewicht bei 1184° nach Ag krystallisiert, enthält beide Metalle ungefähr zu gleichen Teilen und entspricht damit formelmäßig einer Zusammensetzung $PtAg_2$. Es ist wahrscheinlich, daß sich unterhalb etwa 700°, obwohl aus Gemischen zweier Mischkrystalle und nicht homogenen Mischkrystallen, die Verbindungen AgPt und $AgPt_3$ mit Überstruktur bilden. Auch das System Au-Rh ist in diese Tafel aufgenommen, wofür bis jetzt nur röntgenographisch feststeht, daß sich Mischkrystalle bis 4,1 Atom-Proz. Au und 1 bis 2 Atom-Proz. Rh bilden. Auch die Legierungen Au-Cr wurden entsprechend der Abbildung dem Typus II a zugeordnet. Es wurde angenommen, daß die bei 1020° gefundene Wärmetönung auf die Umwandlung von Cr zurückzuführen ist. Sonst entspricht das Zustandsbild der früheren Auffassung. Nach *Vogel* und *Trilling* sollen zwischen 1152 und 1022° eine besondere Art Mischkrystalle mit 10 bis 17 Gew.-Proz. Chrom auftreten und deren Verschwinden im festen Zustande unter Bildung von Au- und Cr-Mischkrystallen die Ursache der Wärmetönung bei 1022° sein. Das angenommene Zustandsbild erscheint richtiger, wobei noch der Schmelzpunkt von Cr wesentlich höher (1750 bis 1850°) anzunehmen ist. Das System Cr-Re, von dem die Schmelzpunkte einiger Legierungen bestimmt wurden, die zwischen denen von Cr und Re (über 3000°) lagen, ist hier auch dem Typus II a zugeordnet. Wegen der verschiedenen Krystallstrukturen ist der Typus I ausgeschlossen. Endlich ist auch noch für Pt-W auf Tafel 8 ein Zustandsbild angegeben. Die Bestimmung der Erstarrungstemperaturen bei 50 Proz. W von *Müller* machen die Annahme einer Mischungslücke wahrscheinlich. Das Zustandsbild kann nur als ungefähr richtig gelten.

Tafel 9, die vierte der Legierungen IIa, enthält Systeme von Mangan mit Cu sowie Co und Ni. Die Systeme sind hier eingereiht, obwohl einige von ihnen meistens noch als solche vollständiger Isomorphie aufgefaßt werden. Bei der Verschiedenheit der Gitterstruktur und seitdem feststeht, daß Mn-Cu dem Typus IIa zugehört, können auch die anderer Systeme keinem einfacheren zugeteilt werden. Handelte es sich wirklich um Systeme mit lückenloser Reihe von Mischkrystallen, so bestände ein kontinuierlicher Übergang zwischen dem aus dem Schmelzfluß tetragonal krystallisierenden Mangan und kubischen Metallen. Diese Auffassung wurde bereits oben als unwahrscheinlich abgelehnt. Das System Cu-Mn galt nach früheren Untersuchungen als Typus für ein System vollständiger Isomorphie mit Schmelzpunktminimum. Die Erstarrungskurve, wie sie zuerst angegeben wurde, wird auch jetzt noch als richtig angesehen.

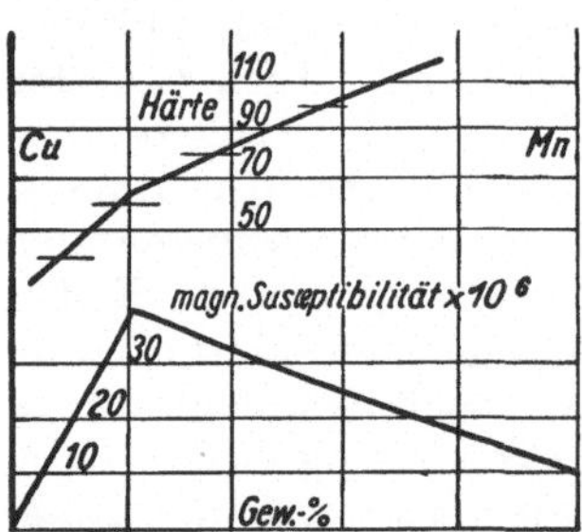

Abb. 41. Härte und magnetische Suszeptibilität von Cu-Mn-Legierungen.

Die beiden Abbildungen geben die von *Ishiwara* und von *Persson* aufgestellten Zustandsbilder. Nach dem von *Ishiwara* fällt die Zusammensetzung der Schmelze des invarianten Gleichgewichts gerade mit dem Schmelzpunktminimum zusammen. Von den drei Formen des Mangans bildet nur das γ-Mn Mischkrystalle, die bis 25 Proz. Cu enthalten. Nach *Persson* besteht bei Ausscheidung der beiden Arten Mischkrystalle nach Cu und γ-Mn nur eine kleine Mischungslücke. Die Aufnahme von Mn durch Cu soll bei höherer Temperatur viel weiter gehen, aber mit sinkender Temperatur stark abnehmen. Das Zustandsbild von *Ishiwara* dürfte das bessere sein. Die Abb. 41 enthält auch noch Angaben über Härte und magnetische Suszeptibilität. Das Auftreten magnetischer Legierungen unmagnetischer Metalle ist von großem Interesse. Die beiden Zustandsbilder der Legierungen von Mangan mit Kobalt und Nickel, wie sie nach den ersten ausführlichen Untersuchungen aufgestellt sind, sind in der Tafel noch in dieser Form wiedergegeben, obwohl sie anders, ähnlich dem System Cu-Mn, sein werden. Für Co-Mn wurde von *Köster* und *Schmidt* das Gebiet der hexagonalen Mischkrystalle nach ε-Co festgelegt. Zwischen 25 und 30 Gew.-Proz. sind bei Zimmertemperatur die beiden Arten Mischkrystalle nach γ- und ε-Co im Gleichgewicht. In den manganreichen Legierungen findet man ein abgeschlossenes Gebiet der β-Mn-Mischkrystalle, das sich also bis zu gewöhnlichen Temperaturen herunter erstreckt. Die magnetische Umwandlungstemperatur von Co bei 1121° wird auf Zusatz von Mn stark erniedrigt. Bei Zimmertemperatur gibt es magnetische Legierungen bis 35 Proz. Mn. Das System Ni-Mn hat nach *Dourdine* im stabilen Zustande bei Zimmertemperatur eine Lücke in den Mischkrystallen zwischen 43 und 58,5 Proz. Mn, und innerhalb dieser die Verbindung MnNi. Außerdem sollen sich aus den entsprechend zusammengesetzten Mischkrystallen die Verbindungen Mn_3Ni_2 und Mn_3Ni_4 bilden. Nach *Kaya* und *Kussmann* ist die Verbindung Ni_3Mn im Gegensatz zu den schwach magnetischen Mischkrystallen gleicher Zusammensetzung der Träger des hier ähnlich wie beim Cu-Mn beobachteten Magnetismus.

Tafel 6.

Typus II a: Fe-Co, Fe-Ni, Fe-Pd, Fe-Pt.

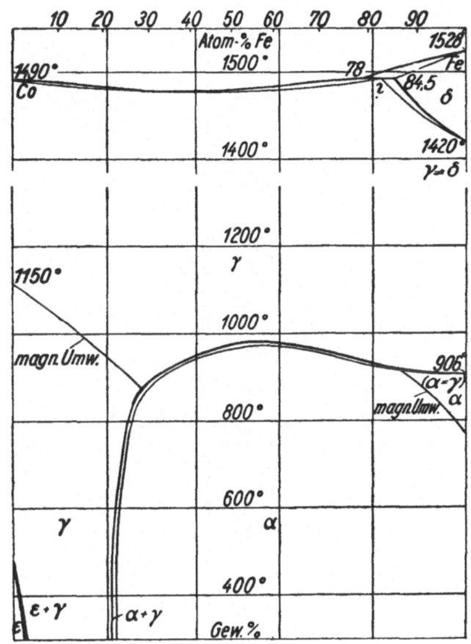

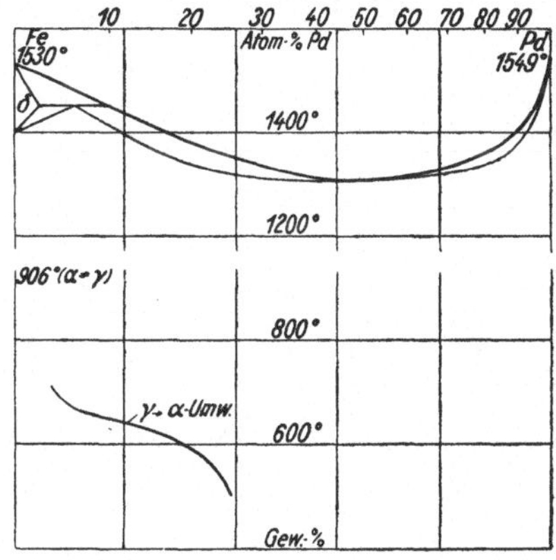

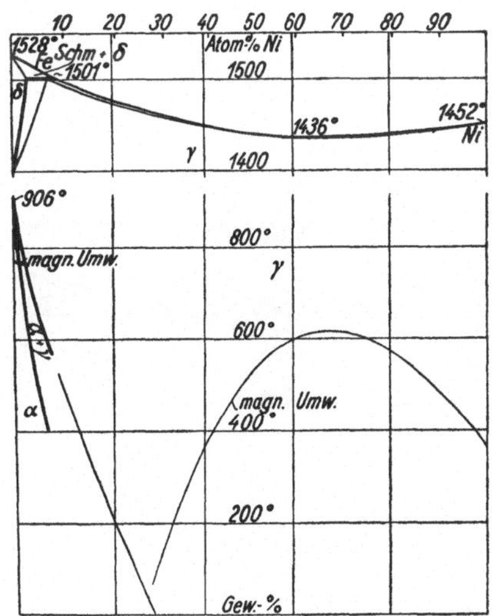

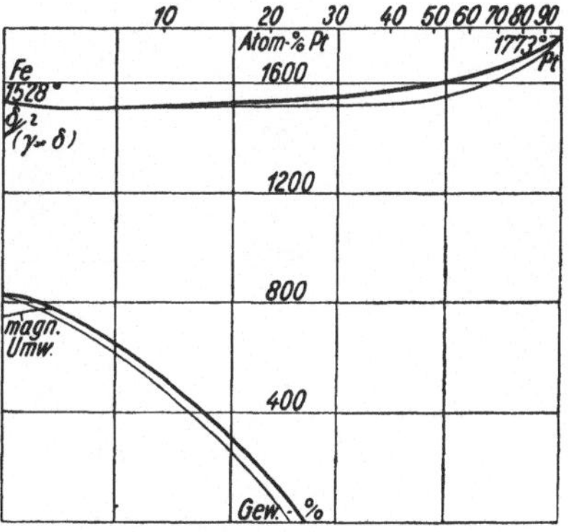

Tafel 7.

Typus IIa: Cd-Mg, Cd-Hg, In-Pb, In-Tl.

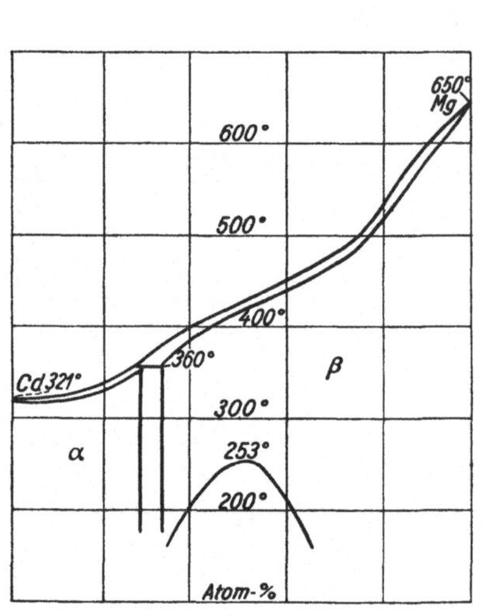

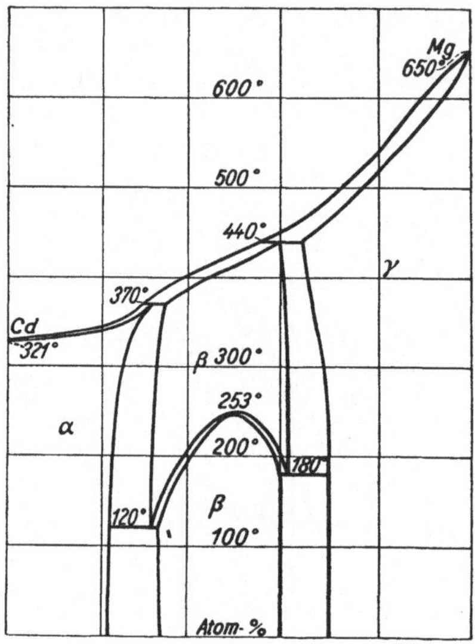

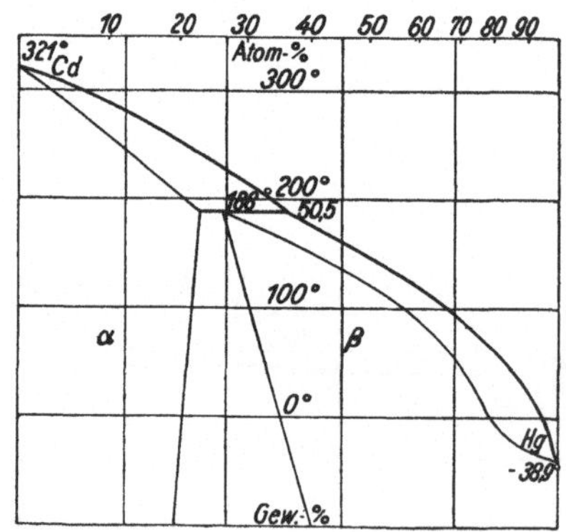

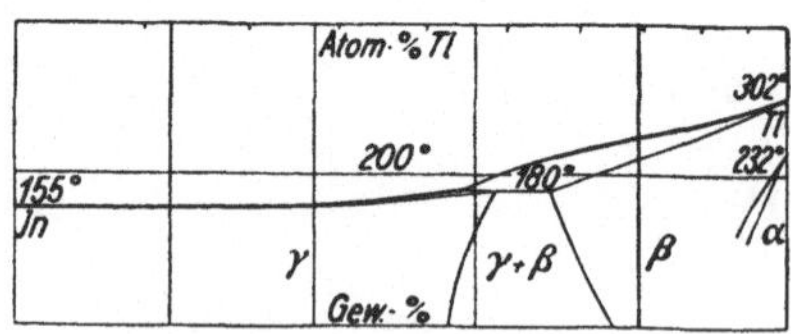

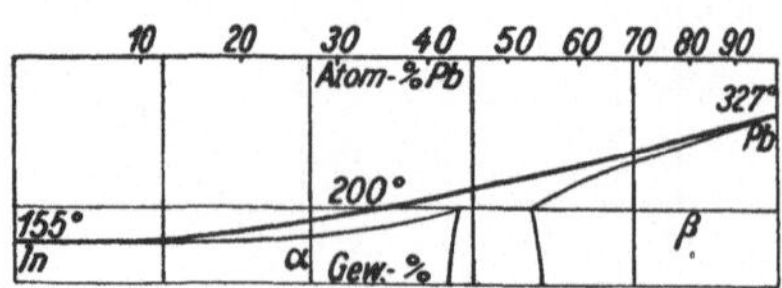

Tafel 8.

Typus IIa: Cu-Co, Ag-Pt, Au-Cr, Pt-W, (Au-Rh), (Cr-Re).

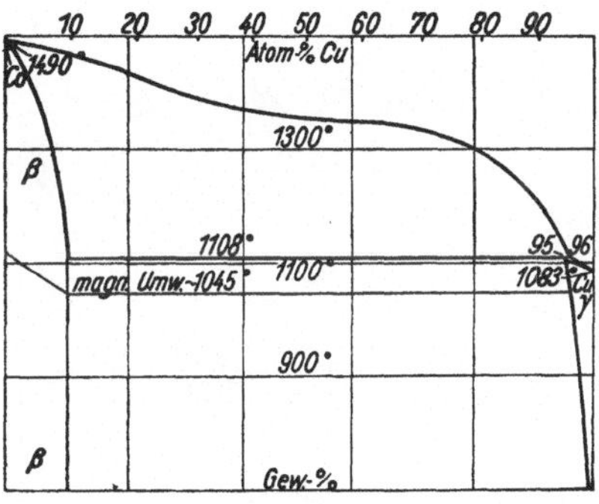

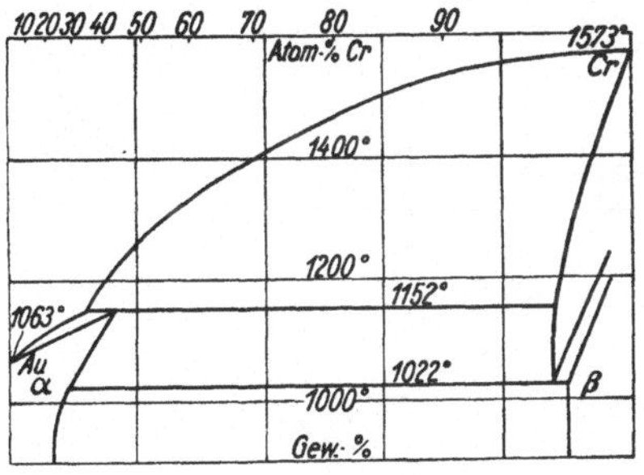

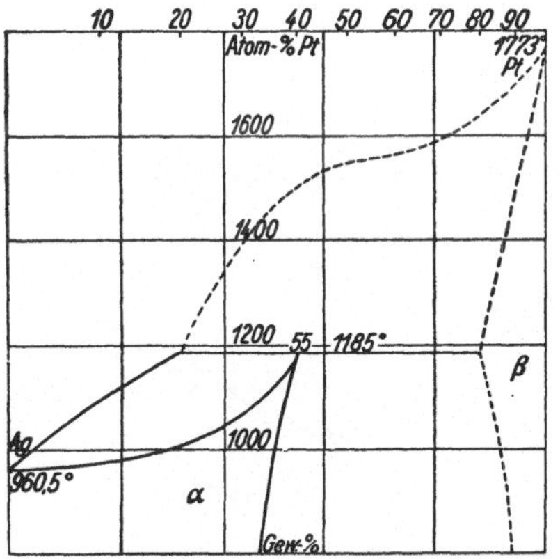

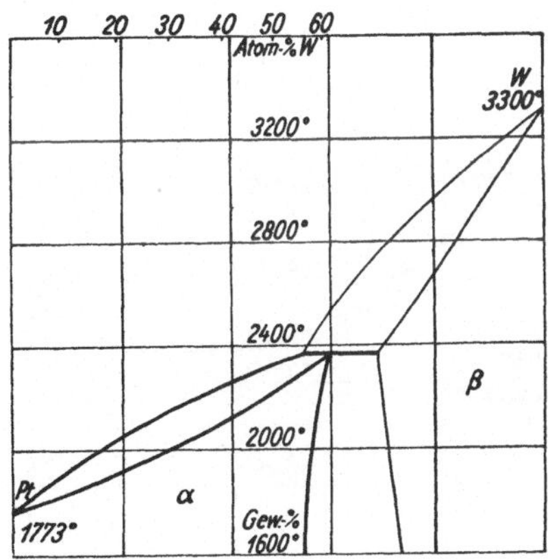

Tafel 9.

Typus IIa: Mn-Cu, Mn-Co, Mn-Ni.

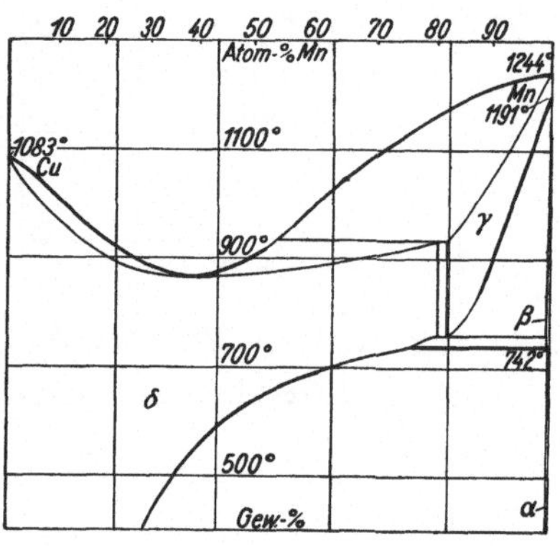

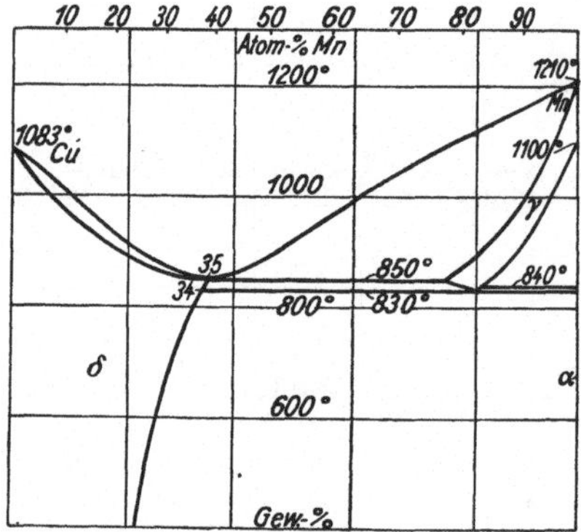

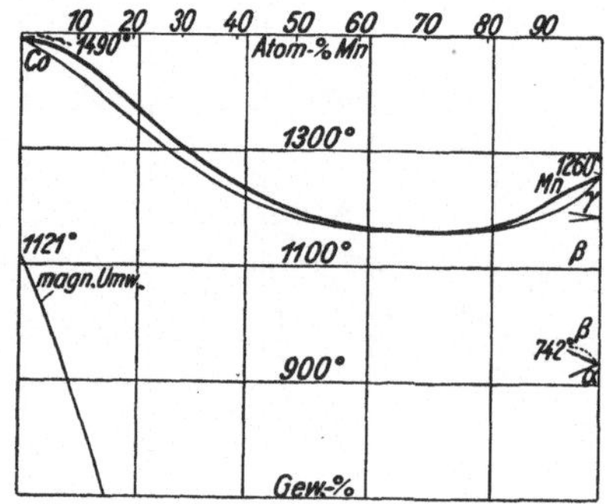

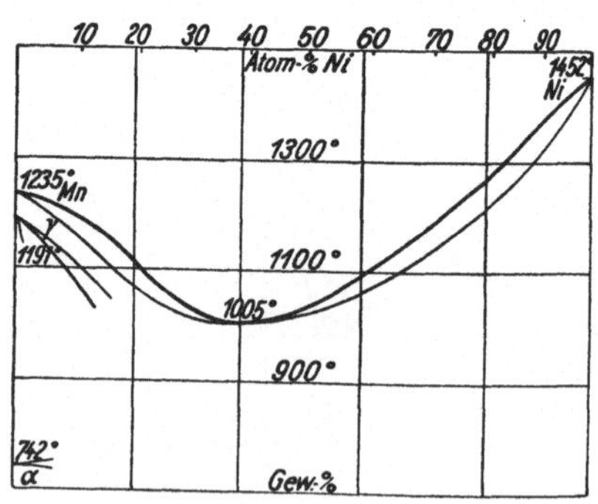

Literatur zu Typus IIa.

Tafel 6.

Co-Fe: *A. Ôsawa*, Sci. Rep. Tôhoku Univ. **19**, 1930, 115. — *R. Ruer* u. *Kiosuke Kaneko*, Ferrum **11**, 1913, 34. — *W. Guertler* u. *G. Tammann*, Z. anorg. allg. Chem. **45**, 1905, 217. — *H. Masumoto*, Sci. Rep. Tôhoku Univ. **15**, 1926, 469. — *M. R. Andrews*, Physic. Rev. **18**, 1921, 245.

Fe-Ni: *W. Osmond*, C. r. Acad. Sci., Paris **128**, 1899, 304. — *W. Guertler* u. *G. Tammann*, Z. anorg. allg. Chem. **45**, 1905, 211. — *R. Ruer* u. *E. Schütz*, Metallurgie **7**, 1910, 415. — *R. Vogel*, Z. anorg. allg. Chem. **142**, 1925, 193. — *T. Kasé*, Sci. Rep. Tôhoku Univ. **14**, 1925, 175. — *K. Honda* u. *S. Miura*, Sci. Rep. Tôhoku Univ. **16**, 1927, 745. — *M. Kawakami*, Sci. Rep. Tôhoku Univ. **15**, 1926, 261. — *K. Iwan* u. *N. Nane*, Sci. Rep. Tôhoku Univ. **22**, 1933, 328. — *H. Bennek* u. *P. Schafmeister*, Arch. Eisenhüttenwes. **5**, 1931, 223. — *G. Phragmén*, J. Iron Steel Inst. **123**, 1931, 465. — *D. Hanson* u. *J. R. Freemann*, J. Iron Steel Inst. **107**, 1923, 301. — *A. Ôsawa*, Sci. Rep. Tôhoku Univ. **19**, 1930, 115.

Fe-Pd: *A. T. Grigorjew*, Z. anorg. allg. Chem. **209**, 1932, 298.

Fe-Pt: *E. Isaac* u. *G. Tammann*, Z. anorg. allg. Chem. **55**, 1907, 66. — *W. A. Nemilow*, Z. anorg. allg. Chem. **204**, 1932, 49.

Tafel 7.

Cd-Mg: *G. Grube*, Z. anorg. allg. Chem. **49**, 1906, 75. — *Boudouard*, C. R. Acad. Sci., Paris **134**, 1902, 1431. — *Bruni* u. *Sandonnini*, Z. anorg. allg. Chem. **78**, 1912, 277. — *W. Hume-Rothery* u. *S. W. Rowell*, J. Inst. Met., Lond. **38**, 1927, 137. — *G. Grube* u. *Schiedt*, Z. anorg. allg. Chem. **194**, 1930, 209. — *Dehlinger*, Z. anorg. allg. Chem. **194**, 1930, 231. — *G. Natta*, Ann. Chim. **18**, 1928, 135.

Cd-Hg: *Bijl*, Z. physik. Chem. **41**, 1902, 641. — *N. W. Taylor*, J. Amer. chem. Soc. **54**, 1932, 2713. — *Kordes* u. *Raav*, Z. anorg.

allg. Chem. **131**, 1929, 232. — *R. F. Mehl*, J. Amer. chem. Soc. **50**, 1928, 285. — *Ch. E. Teeter*, J. Amer. chem. Soc. **53**, 1931, 3927.

In-Pb: *N. S. Kurnakow* u. *N. A. Puschin*, Z. anorg. allg. Chem. **52**, 1907, 444.

In-Tl: *N. S. Kurnakow* u. *N. A. Puschin*, Z. anorg. allg. Chem. **52**, 1907, 442.

Tafel 8.

Co-Cu: *R. Sahmen*, Z. anorg. allg. Chem. **57**, 1908, 3. — *Constantinow*, J. russ. phys.-chem. Ges. **39**, 1908, 771. — *L. Vegard* u. *H. Dale*, Ak. Oslo **1927**, Nr 14.

Ag-Pt: *Thomson* u. *Müller*, J. Amer. chem. Soc. **28**, 1906, 1115. — *Fr. Doerinckel*, Z. anorg. allg. Chem. **54**, 1917, 341. — *N. S. Kurnakow* u. *W. A. Nemilow*, Z. anorg. allg. Chem. **168**, 1928, 339. — *C. H. Johansson* u. *J. O. Linde*, Ann. Physik **6**, 1930, 458; **7**, 1930, 408.

Au-Rh: *R. W. Drier* u. *H. L. Walker*, Philos. Mag. **16**, 1933, 294.

Au-Cr: *R. Vogel* u. *E. Trilling*, Z. anorg. allg. Chem. **129**, 1923, 276.

Cr-Re: *C. Agte*, Metallwirtsch. **10**, 1931, 789.

Pt-W: *L. Müller*, Ann. Physik (5) **7**, 1930, 9.

Tafel 9.

Cu-Mn: *Žemčužny*, *G. Urasow* u. *A. Rykowskow*, Z. anorg. allg. Chem. **57**, 1908, 256. — *R. Sahmen*, Z. anorg. allg. Chem. **57**, 1908, 23. — *O. Heusler*, Z. anorg. allg. Chem. **159**, 1926, 38. — *Elis Persson*, Z. physik. Chem. Abt. B **9**, 1930, 38. — *T. Ishiwara*, Sci. Rep. Tôhoku Univ. **19**, 1930, 505. — *Groth*, Strukturber. **1913—28**, 520 u. 758.

Co-Mn: *K. Hiege*, Z. anorg. allg. Chem. **83**, 1913, 253. — *W. Köster* u. *W. Schmidt*, Arch. Eisenhüttenwes. **7**, 1933, 121.

Mn-Ni: *S. Žemčužny*, *G. Urasow* u. *A. Rykowskow*, Z. anorg. allg. Chem. **57**, 1908, 263. — *S. Kaya* u. *A. Kussmann*, Z. Physik **72**, 1931, 293. — *M. Dourdine*, Rev. Métallurg. **29**, 1932, 507, 565. — *S. Valentiner* u. *G. Becker*, Z. Physik **93**, 1935, 795.

Typus IIb.

Allgemeine Betrachtungen.

Am häufigsten findet sich bei Legierungen, wie überhaupt bei Gemischen zweier Stoffe, der Typus, der hier IIb genannt ist. Bei diesem bildet sich ein invariantes Gleichgewicht zwischen zwei festen Phasen und Flüssigkeit bei einer Temperatur, die tiefer liegt als die Schmelztemperatur der reinen Stoffe.

Das viel erörterte Verhalten soll unter Benutzung der Abb. 42 und 43 nur
kurz behandelt werden. In diesen beiden Abbildungen sind dargestellt die
beiden Fälle, bei denen die auftretenden festen Phasen reine Metalle oder
Mischkrystalle sind. Bei der invarianten Temperatur, die hier eutektische
genannt wird, besteht ein Gleichgewicht zwischen der Flüssigkeit a und den
beiden festen Phasen b und c, die in dem einen Falle (Abb. 43) die reinen
Metalle, im anderen (Abb. 42) Mischkrystalle sind. Außerdem gibt es zwei
verschiedene monovariante Gleichgewichte zwischen einem festen Körper und
Flüssigkeit, die sich bis zu den Schmelzpunkten der reinen Metalle erstrecken.
Selbstverständlich sind diese Gleichgewichte auch in dem invarianten Gleichgewicht enthalten, das als Gleichgewicht zwischen einer Flüssigkeit und
zwei festen Körpern auch die Gleichgewichte zwischen einer Flüssigkeit und
einem festen Körper umfaßt. Die Kurven aA und aB geben für die verschiedenen Temperaturen die Flüssigkeiten an, die mit je einem Metall oder

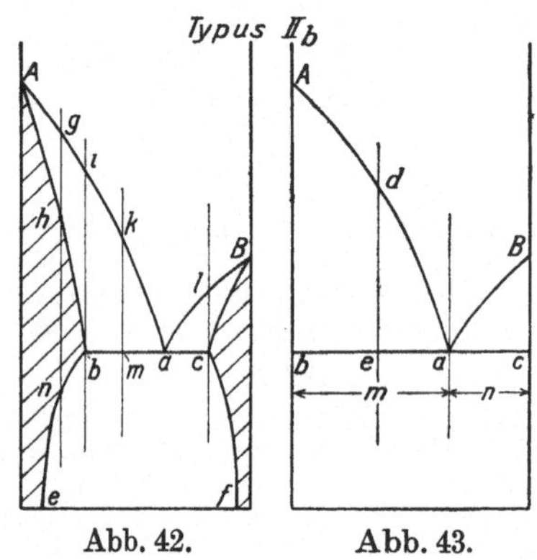

Abb. 42.   Abb. 43.

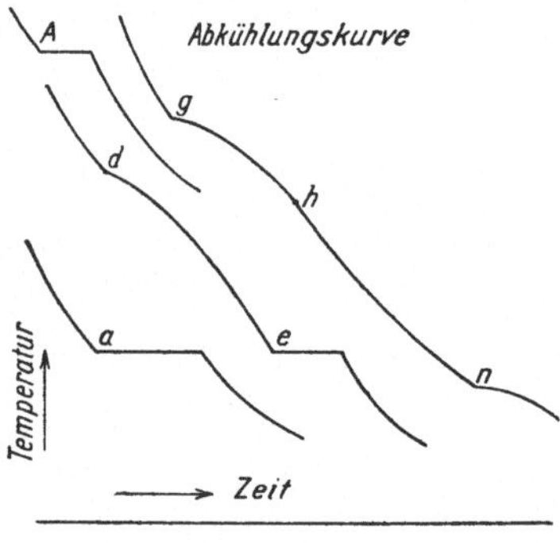

Abb. 44.

Abb. 42. Typus IIb mit Mischkrystallen.   Abkühlungskurve bei Typus IIb.
Abb. 43. Typus IIb ohne Mischkrystalle.

Mischkrystall im Gleichgewicht sind. Diese Kurven, die bei Legierungen meist als
Erstarrungskurven aufgefaßt werden, sind andererseits auch Sättigungskurven
oder Löslichkeitskurven, da sie Gleichgewichte von Flüssigkeiten mit festen
Stoffen als Bodenkörper darstellen. Beim Auftreten von Mischkrystallen liegen
die zugehörigen Mischkrystalle, wie Abb. 42 angibt, auf den Kurven bA
und cB. Bei diesem Auftreten von Mischkrystallen muß es auch wie bei dem
vorher erörterten Typus IIa ein Gleichgewicht zwischen zwei Mischkrystallen
bei den Temperaturen unterhalb der eutektischen geben. Die zugehörigen
Mischkrystalle liegen alsdann auf den Kurven be und cf.

Aus den Abbildungen läßt sich das Verhalten beim Erstarren und für den
zweiten Fall die Änderung in der Zusammensetzung der Mischkrystalle im
festen Zustande ablesen. Ein bestimmtes Gemisch d-e ist oberhalb der Temperatur von d vollständig flüssig. Wird ihm Wärme entzogen, so beginnt
die Erstarrung bei der Temperatur von d, indem sich das Metall A ausscheidet.
Da beim Erstarren Wärme frei wird, verzögert sich jetzt die Abkühlung.
Mit weiterem Sinken der Temperatur und weiterem Ausscheiden von Metall
ändert sich die Flüssigkeit. Da sie im Gleichgewicht mit Metall ist, muß sie
auf der Kurve aA liegen, d. h. bei einer bestimmten Temperatur eine Zu-

sammensetzung haben, die dieser Temperatur auf der Kurve entspricht. Die Flüssigkeit durchläuft also nach beginnendem Erstarren die Kurve von d bis a. Die Erstarrungskurven oder Löslichkeitskurven werden allgemein als Liquidus-L-Kurven bezeichnet, ebenso wie bei den früher erörterten Fällen. Hat das Gemisch der Zusammensetzung d die Temperatur des Eutektikums erreicht, so kann ein weiteres Sinken der Temperatur erst eintreten, wenn alle Flüssigkeit verschwunden ist. Die weitere Entziehung von Wärme führt, ohne daß die Temperatur sinkt, zur gleichzeitigen Ausscheidung beider Metalle so lange, bis alle Flüssigkeit verschwunden ist. Die Menge der sich ausscheidenden Metalle richtet sich nach der Lage des eutektischen Punktes a in dem Diagramm und selbstverständlich nach der Zusammensetzung der ursprünglich angewendeten Mischung d. Quantitativ drückt sich die Reaktion beim Ausscheiden der Metalle aus dem Eutektikum a aus durch die Gleichung $(m + n)\, a = m B + n A$. Die Größen m und n entsprechen den Längen ab und ac der Abbildung. Nachdem alles erstarrt ist, liegt ein Gemisch vor aus dem festen Metall A, eingebettet in ein gleichzeitig ausgeschiedenes Gemisch beider Metalle. Wenn das angewandte Gemisch gerade die Zusammensetzung a hat, so hat es infolge der gleichzeitigen Ausscheidung der beiden festen Bestandteile nach dem Erstarren ein besonderes inniges Gefüge, woher sich der Name eutektisch (gut gefügt) ableitet. Dieses Gemisch der Zusammensetzung a erstarrt bei konstanter Temperatur unmittelbar vollständig. Ebenso schmilzt es, nachdem erstarrt, beim Erwärmen bei der gleichen konstanten Temperatur vollständig. Solche Gemische zeigen also die Eigentümlichkeit, wie sie sonst im allgemeinen nur chemische Verbindungen aufweisen, mit denen sie anfänglich auch verwechselt wurden.

Das Verhalten der Legierungen, die durch Abb. 42 dargestellt sind, unterscheidet sich durch das Auftreten von Mischkrystallen von denen der Abb. 43. Es lassen sich alsdann drei verschiedene Arten Gemische unterscheiden, und zwar die Gemische, die zwischen b und c liegen, und solche, die links von b und rechts von c liegen. Das Verhalten der Gemische zwischen b und c ist ähnlich dem eben auseinandergesetzten. Ein Unterschied besteht darin, daß beim Erstarren Mischkrystalle zur Ausscheidung kommen, die sich in ihrer Zusammensetzung ändern. Je nachdem, ob die angewandten Gemische links oder rechts von a liegen, werden die Grenzmischkrystalle b und c erreicht. Das eutektische Gemisch a selbst erstarrt zu einem Gemisch der Mischkrystalle b und c. Die Gemische links von b und rechts von c zeigen das Verhalten, wie es bei den Legierungen des Typus I auseinandergesetzt wurde. Nach dem Erstarren ist aus einer Flüssigkeit ein Gemischkrystall gleicher Zusammensetzung geworden. Beispielsweise wird ein flüssiges Gemisch g, nachdem es die Temperatur von g bis h durchlaufen hat, zu einem Mischkrystall der gleichen Zusammensetzung h. Aus dem Auseinandergesetzten ergeben sich verschiedene Erstarrungskurven, von denen in der Abb. 44 einige gezeichnet sind. Verwendet man bei der Untersuchung gleiche Mengen Metallmischung, so ist bei verschiedenen Gemischen die Haltezeit für das eutektische am größten, während sie für die Mischkrystalle b und c verschwindet. Hierdurch kann man, am besten graphisch, die Zusammensetzung der Gemische a, b und c gut festlegen.

Von besonderer Bedeutung ist noch das Gleichgewicht zwischen den beiden festen Mischkrystallen, das sich von der eutektischen Temperatur nach unten hin erstreckt. Man war früher vielfach der Meinung, daß nach dem Erstarren eine wesentliche Änderung der Zusammensetzung der Mischkrystalle nicht mehr stattfindet. An Stelle der Kurven be und cf würden in diesem Falle einfach senkrecht nach unten hin laufende Gerade vorhanden sein. Dieses ist aber keineswegs der Fall. Die beiden Kurven stellen, wie auch bei Erörterung des Typus IIa bereits auseinandergesetzt wurde, Löslichkeitskurven für die festen Metalle ineinander dar, denn sie geben an, bis zu welcher Grenze das zweite Metall von dem ersten zu einer homogen festen Phase aufgenommen wird. Ebenso aber, wie die Löslichkeit fester Körper in Flüssigkeiten im allgemeinen mit der Temperatur zunimmt, geschieht dieses auch bei der Aufnahme eines festen Körpers als Mischkrystall in einem zweiten. Es ergeben sich also in der Abbildung gebogene Kurven, wie sie durch be und cf dargestellt sind. Besonders in der Nähe des eutektischen Punktes wird die Löslichkeit größer, so daß die Kurven gebogen sind. Es ergibt sich hieraus, daß bestimmte Gemische bei höherer Temperatur homogen sind und bei sinkender Temperatur in zwei Körper zerfallen. In Abb. 42 ist z. B. g ein solches Gemisch. Im Punkte n durchschneidet die Senkrechte durch g die Kurve be. Bei der Temperatur dieses Punktes muß also eine Änderung in dem Gefüge stattfinden. Damit ist es erklärlich, daß derartige Gemische ein besonderes Verhalten zeigen, das häufig von großer technischer Bedeutung ist. Auf diesem Verhalten beruht der sog. Vorgang des Vergütens. Die starke Einwirkung auf die Veränderung der Eigenschaften der Legierungen beim Überschreiten der Grenzlinie der Mischkrystallbildung beruht darauf, daß eine Veränderung vor sich geht, die das gesamte Raumgitter umfaßt. Über das Vergüten soll noch besonders berichtet werden.

Für den in der Abb. 43 dargestellten Fall kann man in besonderen Fällen eine mathematische Formel über die Form der Erstarrungskurve angeben. Dieselbe enthält lediglich die Schmelzwärme des Metalles, auf das sich die Kurve bezieht, und seine absolute Schmelztemperatur. Der Zusammenhang zwischen der Temperatur T der Schmelzkurve und der Konzentration x, ausgedrückt durch das Atomverhältnis der Komponenten, gilt alsdann die Gleichung:

$$- 1\,(x) = \frac{Q}{2\,T_0} \left(\frac{T_0}{T} - 1 \right).$$

Damit diese Formel gilt, dürfen aber, wie erwähnt, keine Mischkrystalle auftreten, ferner muß die Schmelzwärme des Metalles im ganzen Temperaturbereich gleich der Lösungswärme sein, und außerdem darf auch der Molekülzustand in der Flüssigkeit sich nicht ändern. Die Formel enthält nur Größen, die sich auf das eine Metall beziehen. Wären bei verschiedenen Legierungen des gleichen Metalles mit Eutektikum alle Bedingungen für die Gleichung erfüllt, so müßte die Erstarrungskurve stets die gleiche Form haben. Die Verschiedenheit in den beobachteten Kurven zeigt, daß dieses keineswegs der Fall ist. Zu beachten ist, daß für einen Vergleich die Zustandsbilder auf Atomprozente und nicht auf Gewichtsprozente zu beziehen sind. Es ist auch theoretisch untersucht worden, in welcher Art eine Änderung der Kurven eintritt, wenn die Voraussetzungen für das Auftreten der idealen Schmelzkurve nicht mehr vorhanden sind und die Bedingungen sich in bestimmter Art ändern. Spezielle Berechnungen liegen aber bis jetzt nicht vor. Die eutektische Mischung liegt im Durchschnittspunkt der beiden Erstarrungskurven und liegt in ihrer Zusammensetzung den tiefer schmelzenden Metallen näher. In einzelnen Fällen fällt das Eutektikum sogar praktisch in den Schmelzpunkt dieses Metalles.

Die bisher untersuchten Legierungen II b.

10.	11.	12.	13.	14.	15.	16.	17.	18.
Ag-Cu	Ag-Si	Bi-Cu	Al-Be	Be-Si	Al-Ga	Ga-Sn	Ge-Pb	Ni-V
Cu-Li	Au-Si	Ag-Bi	Cd-Zn	Sn-Zn	Ga-In	Sn-Tl	Pb-Sn	Cr-Mo
Ag-Na	Cu-Ti	Au-Bi	Hg-Zn	Cd-Sn	Al-Si	Si-Sn	Bi-Sn	Co-Cr
Ag-Tl	Ag-Ge	(Ag-Rh)	Al-Zn	Cd-Pb	Al-Ge	Sb-Si	As-Pb	Cr-Ni
Au-Tl	Ag-Pb	Co-Au	Al-Hg	Hg-Pb	Al-Sn		Pb-Sb	Cr-Pt
Na-Rb			Ga-Zn	(Fe-Hg)			Bi-Pb	(Cr-W)
			Cd-Tl	Bi-Cd			(As-Bi)	
				Bi-Hg			(S-Si)	

Tabelle IV.

Legierungen vom Typus II b.

Die Zahlen geben die Nummern der Tabellen an.

A. Gruppen Ia, IIIa, IVa des periodischen Systems kombiniert mit
Ib, IIIb, IVb.

B. Gruppe VIII des periodischen Systems kombiniert mit Va, VIa, Ib, IIIb.

C. Gruppen Ib, IIb, IIIb, IVb, Vb des periodischen Systems
kombiniert miteinander.

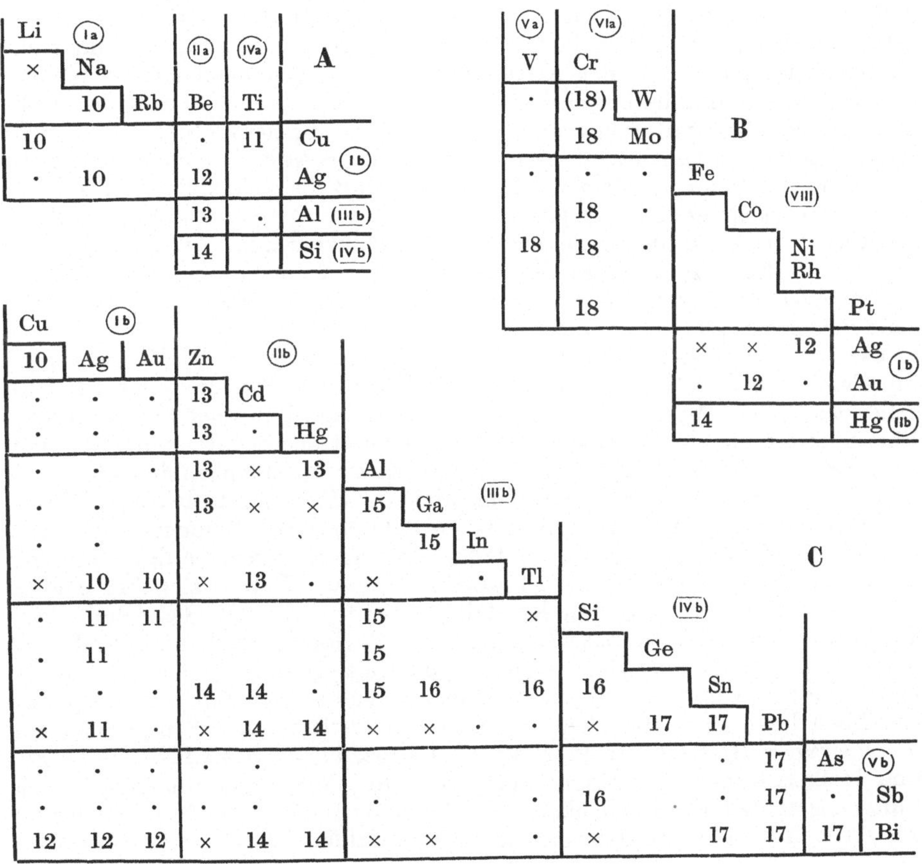

Die Tabelle IV gibt an, in welcher Art die bis jetzt beobachteten Systeme vom Typus IIb auf die folgenden neun Tafeln 10 bis 18 verteilt sind. Sie zeigt, daß sich Legierungen mit einem einfacheren Eutektikum zwischen den verschiedensten Metallen bilden können. In der Tabelle ist durch einen Punkt vermerkt, welche Systeme untersucht wurden und ein anderes Verhalten als IIb zeigen. Die Metallmischungen, die zwei Schmelzen bilden, sind durch ein Kreuz vermerkt. Die leeren Felder beziehen sich auf Metallgemische, die bisher nicht untersucht wurden. In den großen Tabellen, die sämtliche Legierungen umfassen, ist außerdem das besondere Verhalten, das sich in der Zugehörigkeit zu einem bestimmten System äußert, angegeben. Eine einfache Regel für das Vorkommen der Legierungen IIb läßt sich nicht angeben. Die meisten dieser binären Systeme finden sich bei den Kombinationen der Metalle der Gruppen Ib (Cu, Ag, Au), IIb (Zn, Cd, Hg), IIIb (Al, Ga, In, Tl), IVb (Ge, Sn, Pb) und Vb (As, Sb, Bi) des periodischen Systems der Elemente. Die übrigen Legierungen IIb enthalten Metalle der achten Gruppe des periodischen Systems, legiert mit solchen von Va, VIa, Ib und IIb. Außerdem finden sich noch solche bei Legierungen der Gruppe Ia, IIa, IVa, kombiniert mit Ib, IIIb, IVb. Die Tabelle IV gibt eine verhältnismäßig einfache Darstellung der Metallgemische. Sie enthält einige Systeme, die auch in der früheren Tafel enthalten sind, welche die Legierungen I und IIa umfassen. So lassen sich aus der Tabelle verschiedene Einzelheiten ableiten, die sich auch aus den physikalischen Konstanten der einzelnen Metalle noch bis zu einem gewissen Grade begründen lassen. Die Legierungen IIb finden sich zwischen Metallen mit den verschiedensten Krystallgittern. Sie finden sich aber auch bei solchen mit gleichem Gitter, und es wird hierbei der Fall auftreten, wie auch bei den früheren Typen IIa, daß die sich bildenden Mischkrystalle gleichartig sind. Es gibt alsdann nur eine Art von Mischkrystallen, die aber in der Legierungsreihe eine Mischungslücke zeigen. An dem System Ag-Cu mit flächenzentrierter Gitterstruktur wurde dieses eingehend untersucht. Auch Mo-Cr mit innenzentrierter Gitterstruktur gehört zu dieser besonderen Art Legierungen IIb.

Die ersten drei Tafeln 10, 11 und 12 enthalten außer Na-Rb Legierungen mit Cu, Ag und Au als dem einen Bestandteil. Die erste Abbildung der Tafel 10 zeigt das System Ag-Cu. Die Kurven des Gleichgewichtes der beiden festen Phasen zeigen die starke Zunahme der Löslichkeit der Metalle ineinander bei Annäherung an das Eutektikum. Die Zahlenwerte schwanken bei den verschiedenen Forschern etwas, jedenfalls sind die Unterschiede zwischen Temperaturen unter- und oberhalb 400° erheblich. Bei Zimmertemperatur werden die Metalle gegenseitig in fester Lösung nur wenig aufgenommen: etwa $^1/_2$ Proz. Ag vom Cu und 1 Proz. Cu vom Ag. Daß es sich bei beiden Mischkrystallen um dieselben Krystalle handelt, geht mit Sicherheit daraus hervor, daß in den ternären Legierungen mit Gold ein vollständiger Übergang besteht. Hiervon wird bei den ternären Legierungen noch die Rede sein. Die Löslichkeit von Kupfer in Silber wurde von *Ageew* auch röntgenographisch bestimmt. Sie steigt hiernach erheblich mit der Temperatur an und beträgt z. B. 0,2 Atom-Proz. bei 0°, 1 Proz. bei 300°, 5,2 Proz. bei 600° und 14 Proz. beim Eutektikum. Auch *Owen* und *Royers* bestimmten kürzlich röntgenographisch die Löslichkeit. Ihre Angaben weichen von früheren wenig ab. Auch in den übrigen Systemen der Tafel 10 bilden sich nach den bisherigen

Untersuchungen Mischkrystalle, aber meistens nur in geringem Umfang. Das System Cu-Li, das in Atomprozenten dargestellt ist, da die Atomgewichte der beiden Metalle zu sehr auseinanderliegen, hat ein Eutektikum, das praktisch mit Li zusammenfällt. Auch im System Ag-Na ist dasselbe der Fall. Es gibt in beiden Fällen überhaupt keine auf Li oder Na bezügliche Erstarrungskurve. Bei den Thalliumlegierungen mit Silber und Gold tritt die Umwandlung des Thalliums auch in den Legierungen bei derselben Temperatur wie beim reinen Thallium ein. Da auch bei diesen Systemen die Schmelzpunkte der reinen Metalle erheblich auseinanderliegen, ist die auf das höher schmelzende Metall bezogene Schmelzkurve ebenfalls, besonders bei Ag-Tl, erheblich größer als die andere. Im System Ag-Tl findet die Umwandlung von β-Tl in α-Tl in den erstarrten Gemischen statt und erstreckt sich infolgedessen über das gesamte Gebiet. Bei Au-Tl ist dieses anders, die Umwandlung erfolgt in Gegenwart von Schmelze, und das Eutektikum enthält bereits β-Tl. Auf Tafel 10 ist noch das neuerdings untersuchte System der beiden Alkalimetalle Natrium und Rubidium dargestellt. Auch hier wäre die Darstellung nach Atomprozenten besser. Das Eutektikum liegt bei —4,5°, so daß ein großer Teil der Legierungen bei Zimmertemperatur flüssig ist. Die Erstarrungskurven lassen sich in diesem Falle vollständig als Löslichkeitskurven auffassen. Die folgende Tafel 11 umfaßt Legierungen von Cu, Ag, Au mit vierwertigen Elementen. Es sind das Ag-Si, Au-Si, Cu-Ti, Ag-Ge und Ag-Pb. Die Zustandsbilder geben genügend Aufklärung über die Systeme. Bei den Legierungen von Cu mit Ti wurden die Schmelzen unter Abschluß von Luft hergestellt, da Titan begierig Stickstoff aufnimmt. Die Untersuchung wurde von Cu nur bis zu dem benachbarten Eutektikum ausgedehnt. Ob das System zum Typus II b gehört, ist deswegen nicht sicher. Die Angaben über die Bildung von Mischkrystallen sind nur annähernd richtig. Titanarme Kupferlegierungen können vergütet werden. Die nächste Tafel 12 gibt Auskunft über Legierungen von Cu, Ag, Au mit Bi und Co-Au. Im System Ag-Bi vermutete man eine sich im festen Zustande bildende Verbindung Ag_4Bi, die es aber nach den röntgenographischen Untersuchungen von *Broderick* und *Ehret* in Wirklichkeit nicht gibt. Auch für Au-Bi wird eine Verbindung Au_2Bi von *Juriaanse*, die die Ursache der Supraleitfähigkeit sein soll, angenommen. Sie soll einen inkongruenten Schmelzpunkt bei 373° haben. Das System gehörte alsdann dem Typus III b an. Die Angaben über die Mischkrystallbildung in den Abbildungen sind nur ungefähr richtig. So fand *Jurriaanse* weniger als 0,2 Proz. Bi in den Au-haltigen Legierungen im Gegensatz zu *Vogel*. Zu den Legierungen auf Tafel 12 wurde auch Ag-Rh hinzugenommen. Die ursprüngliche Annahme, daß die beiden Metalle in flüssigem Zustande sich nicht mischen, hat sich nicht bestätigt. Die Tafeln 13 und 14 enthalten Legierungen der zweiwertigen Elemente Be, Zn, Cd, Hg mit anderen. Auf Tafel 13 befinden sich die Legierungen Cd-Zn, Hg-Zn, Al-Be, Al-Zn, Al-Hg, Ga-Zn und Cd-Tl. In der Abbildung für Hg-Zn muß nach den Untersuchungen von *Simson* für Zn ein Gebiet einer festen Zwischenphase bei 40 Proz. Hg eingeschaltet werden. Nach *Cohen* und *van Ginneken* sollen sogar zwei feste Phasen auftreten mit inkongruenten Schmelzpunkten bei 20° und 43°. Diese Untersuchungen bedürfen noch der Bestätigung. Für die Legierungen Al-Be wurde von *Haas* und *Uno* eine Steigerung in Aufnahmefähigkeit des Be in das Gitter des Al festgestellt, derart, daß diese von 0,2 Proz. bei 0° auf 0,8 Proz. bei der eutektischen Temperatur von 630° steigt. Stärker ist nach *Stockdale* die Steigerung der Aufnahme von Zink im Gitter des Cadmiums, die bei der eutektischen Temperatur 3 Proz., bei gewöhnlicher aber nur $^1/_2$ Proz. beträgt. Von besonderem Interesse sind die Legierungen Al-Zn. Von *Owen* und *Pickup* ist durch genaue Röntgenuntersuchungen bei erhöhter Temperatur festgestellt, daß in dem schraffierten Gebiet der Abbildung homogene Krystalle auftreten, die mit den Mischkrystallen nach Al identisch sind. Es finden sich von 272° bis 370° zwei Gebiete mit Mischkrystallen, die oberhalb 370° zusammenfließen. Dieses gibt Veranlassung zur Aufstellung eines Zustandsbildes mit einem kritischen Gemisch bei 370° und einem invarianten Gleichgewicht zweier Mischkrystalle nach Al mit Zn, also dreier fester Phasen. Trotzdem dürfte das Zustandsbild für das Gleichgewicht ein einfaches mit Eutektikum sein. Die Bildung homogener Mischkrystalle in dem schraffierten Gebiet erklärt sich durch die außerordentlich große Veränderung ihrer Zusammensetzung in der Nähe des Eutektikums. Die Mischkrystalle bleiben metastabil als solche bestehen und verwandeln sich erst bei der Temperatur von 272° in zinkärmere. Ein gleiches Verhalten wurde auch für Cd-Sn gefunden. Für das System Cd-Tl auf Tafel 13 ist noch von Interesse, daß nach neueren Untersuchungen Mischkrystalle nach β-Tl neben solchen nach α-Tl bei Zimmertemperatur auftreten. Die nächste Tafel 14 gibt einen Überblick über Be-Si, Sn-Zn, Cd-Sn, Cd-Pb, Hg-Pb, Bi-Cd, Bi-Hg und Fe-Hg. Etwas Besonderes ist nur für die Legierungen von Sn-Cd zu bemerken. Die Abbildung ist konstruiert ohne Berücksichtigung, daß das weiße Zinn eine Umwandlung bei 150° hätte, die in den Legierungen auf 130° erniedrigt wird. Nach den genauen Untersuchungen von *Matayama* ist eine solche Umwandlung nicht vorhanden. Er stützt diesen Befund auf verschiedene Untersuchungen, auf die des elektrischen Widerstandes, der thermischen Ausdehnung, thermoelektrischen Kräfte, Röntgenuntersuchung und thermischen Analyse. Diese führen ihn zur Aufstellung eines eigentümlichen Zustandsbildes. Zwischen den Legierungen von 1,5 und 4,3 Proz. Cd soll bei 132° eine Zerlegung der homogenen Mischkrystalle in solche dieser beiden Zusammensetzungen zerfallen. Es soll alsdann bei 129° ein invariantes Gleichgewicht zwischen diesen beiden zinnreichen Mischkrystallen mit einem cadmiumreichen Mischkrystall auftreten. Es ist dieses also das gleiche Verhalten wie bei Al-Zn, und ebenso wie dort veranlaßt durch eine rasche Abnahme in der Aufnahmefähigkeit von Cd durch Sn. Die Eigentümlichkeit der starken Verschiebung in der Zusammensetzung der Mischkrystalle oberhalb 130° hat auch zu der Annahme einer Verbindung zwischen Sn und Bi geführt. Ähnliches stellte *Honda* auch in bezug auf Pb-Sn für die Pb-Mischkrystalle fest (vgl. Tafel 17), auch hier wurde die Annahme einer Verbindung gemacht. Den Legierungen der Tafel 14 ist auch Fe-Hg, ohne daß hierfür ein Zustandsbild bekannt ist, zugeordnet. Es wurde von *Brill* und *Haag* festgestellt, daß Amalgame bis 25 Proz. Fe aus α-Fe und Hg bestanden. Die Amalgame wurden hergestellt durch Auftropfen von Eisenpentacarbonyl bei 300° auf Quecksilber und teilweises Abdestillieren im Hochvakuum. Die Tafel 15 zeigt das Verhalten von Aluminium zu Gallium und den vierwertigen Elementen Si, Sn und Ge sowie von Ga-In. Die Abbildung für Al-Ga gibt die Ergebnisse der neuesten Untersuchung dieses Systems von *Jenckel* wieder. Hiernach bildet sich nur ein einfaches Eutektikum heraus, das praktisch mit Ga zusammenfällt. Es wird angenommen, daß Al bis 13 Proz. Ga in fester Lösung aufnimmt. Nach *Puschin* und *Stajic* sollten drei kongruent schmelzende Verbindungen auftreten, die nicht bestätigt werden konnten. Es wäre auch sonderbar, wenn die zur gleichen Gruppe gehörenden Metalle Al und Ga einen so komplizierten Legierungstypus ergeben würden. Die kleine Abbildung für die aluminiumreiche Legierung im System Al-Si zeigt, wie sich der Umfang der Mischkrystalle nach Al von Bruchteilen eines Prozentes auf 1,65 Proz. erweitert. Das System Al-Ge wurde nicht bis zum Ge verfolgt, einem anderen Typus als IIb kann es aber nicht angehören. Für das System Al-Si wurde von *Welter* festgestellt, daß bei Druckerhöhung auf 12000 bis 17000 kg/cm² eine Verschiebung der Zusammensetzung des Eutektikums auf 17 bis 18 Proz. Si eintritt. Das Diagramm für Ga-In ist jedenfalls nicht genau.

Tafel 16 gibt die Zustandsbilder von Sn mit Ga, Tl, Si und von Si mit Sb, denen wenig hinzuzufügen ist. Bei Sn-Si und Sb-Si liegt das Eutektikum unmittelbar in den Schmelzpunkten der reinen Metalle Sn und Sb. Die Umwandlungstemperatur von Tl bei 237° wird in Legierungen mit Sn auf 144° unterhalb der eutektischen erniedrigt.

Tafel 17 enthält die Systeme aus Pb und Sn, Ge, As, Sb, Bi sowie Bi-Sn, ohne Abbildungen sind As-Bi und S-Te angegliedert. Für Pb-Sn wurden früher Umwandlungserscheinungen bei 161 und 146° unterhalb der eutektischen Erstarrungstemperatur angenommen. *Honda* zeigte, wie bei dem ähnlichen System Bi-Sn bereits erwähnt wurde, daß die beobachteten Wärmestörungen kurz unterhalb der eutektischen Temperatur lediglich auf starke Änderung der Zusammensetzung der Pb-Mischkrystalle und der Trägheit der Umwandlung im festen Zustande zurückzuführen ist. Nach den Untersuchungen von *Stockdale* nimmt die Löslichkeit von Sn in Pb bis zum Eutektikum stark zu und beträgt alsdann 19,5 Gew.-Proz. (29,7 Atom-Proz.), während umgekehrt die Aufnahme von Pb durch Sn erheblich geringer ist: 2,6 Gew.-Proz. (1,5 Atom-Proz.). Etwas Besonderes soll nach *Dean* im System Pb-Sb auftreten. Hiernach wäre das binäre Eutektikum in Wirklichkeit metastabil, und es träte eine kongruent bei 260° schmelzende Verbindung auf, die mit den beiden Metallen Eutektika bildet. Die Zusammensetzung der Verbindung entspricht $SnPb_4$. Ein umfassendes Tatsachenmaterial spricht gegen diese Auffassung. Bei dieser Gruppe Legierungen sollen die Systeme As-Bi und S-Te mit Eutektikum, obwohl sie keine eigentlichen Legierungen sind, erwähnt werden. Entgegen früherer Auffassung besteht keine Entmischung in flüssigem Zustande, sondern es bildet sich ein Eutektikum, das mit dem Schmelzpunkt von Bi zusammenfällt. Bei S-Te liegt das Eutektikum bei 5,5 Proz. Te und 106°.

Die letzte Tafel 18 der Systeme IIb umfaßt die besonders interessanten Legierungen von Chrom mit Molybdän, Kobalt, Nickel, Platin und Wolfram sowie Nickel mit Vanadium. Im System Cr-Mo ist die Mischkrystallbildung nur gering. Cr-Ni sollten nach frührer Auffassung eine lückenlose Reihe Mischkrystalle aufweisen, jedoch ist dieses nicht der Fall. Die Zusammensetzungen von Mischkrystallen und Schmelzen im Eutektikum bestimmten *Nishigori* und *Hamasumi* zu 35, 50 und 54 Proz. Ni. Bei 1000° sind die Cr-Mischkrystalle bereits auf 12 Proz. Ni zurückgegangen. Nach *Blake* besteht zwischen 65 und 85 Atom-Proz. Cr eine zweite rhomboedrische Phase. Bis jetzt wurde nicht festgestellt, wie sich die Modifikationsänderungen des Cr in den Legierungen äußert. Die magnetische Umwandlung des Nickels bei 355° wird schon durch Zusätze von 5 Proz. Cr auf Zimmertemperatur erniedrigt. Komplizierte Umwandlungs-

Tafel 10.

Typus II b: Ag-Cu, Cu-Li, Ag-Na, Ag-Tl, Au-Tl, Na-Rb.

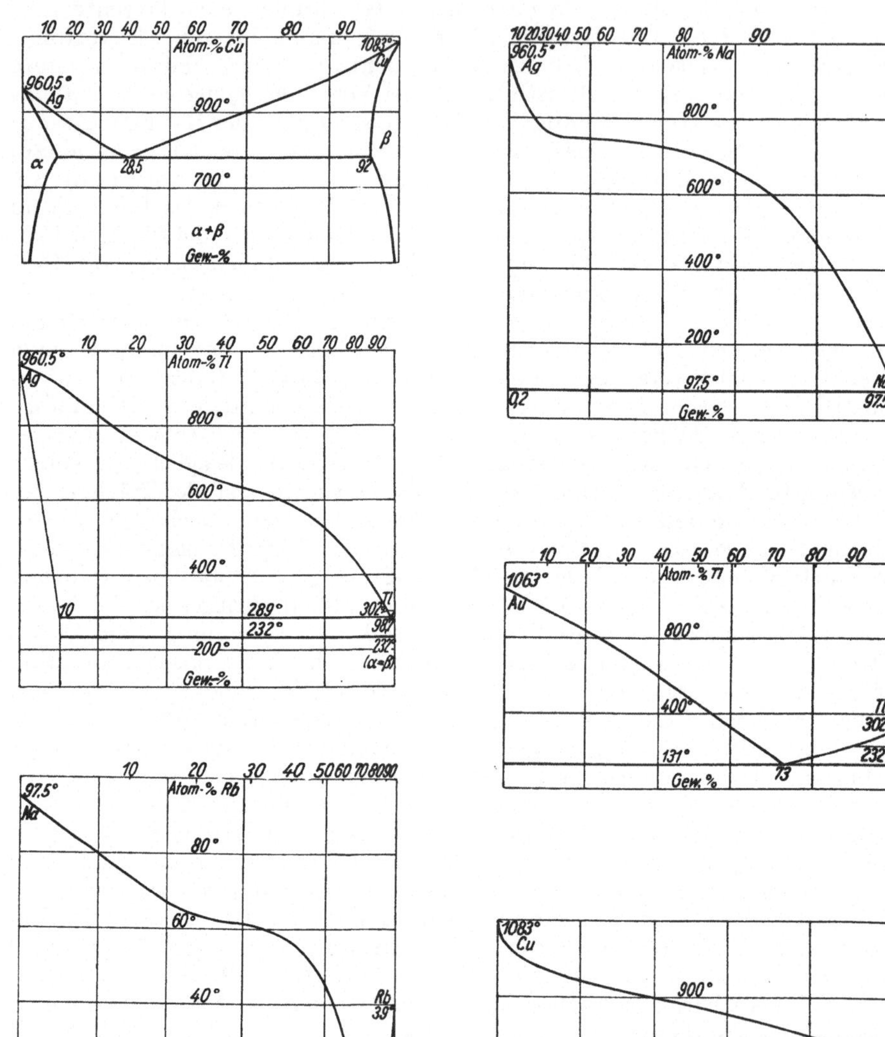

Tafel 11.

Typus IIb: Ag-Si, Au-Si, Cu-Ti, Ag-Ge, Ag-Pb.

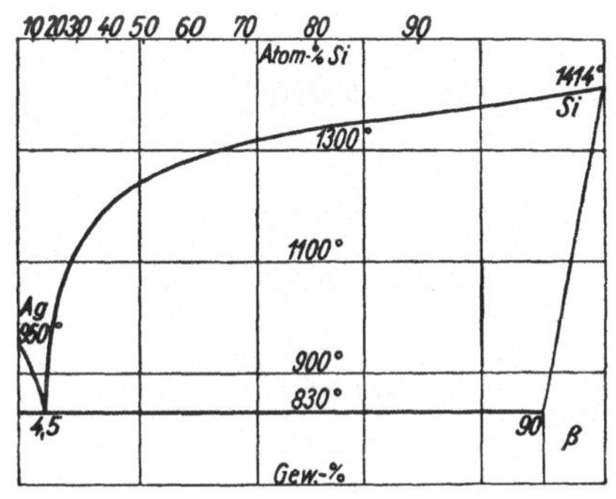

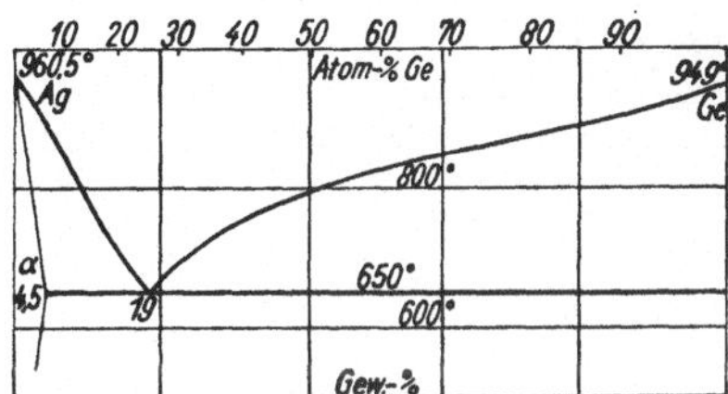

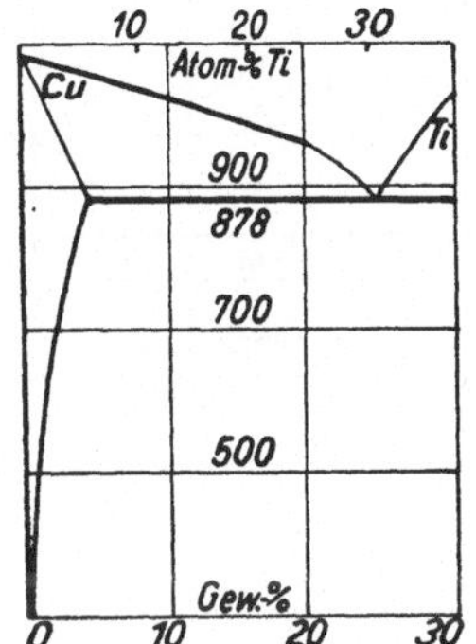

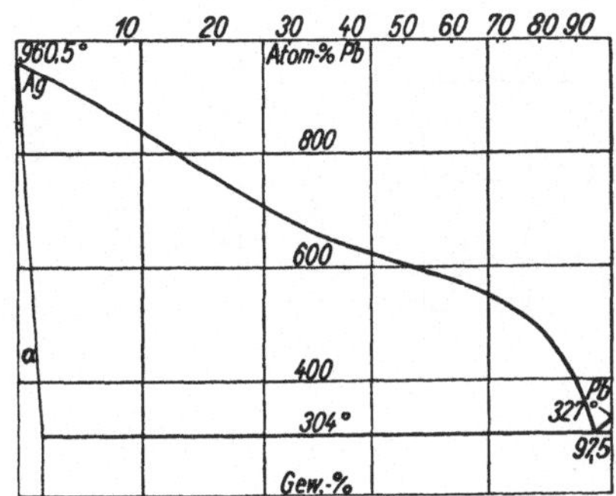

Tafel 12.

Typus II b: Bi-Cu, Ag-Bi, Au-Bi, Co-Au, (Ag-Rh).

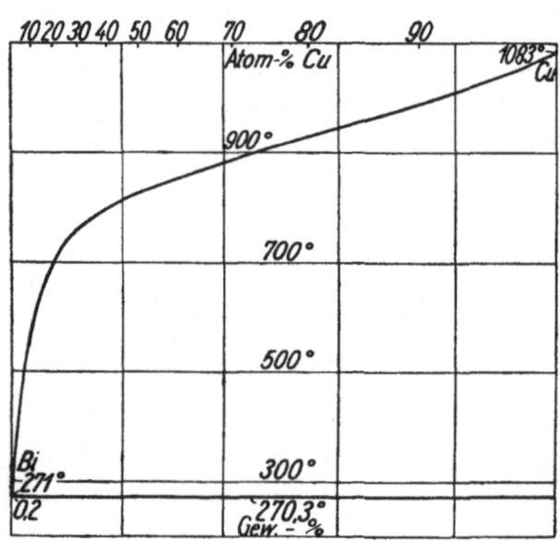

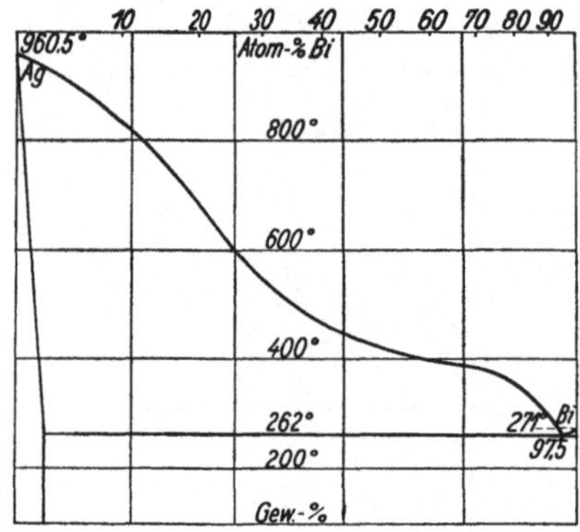

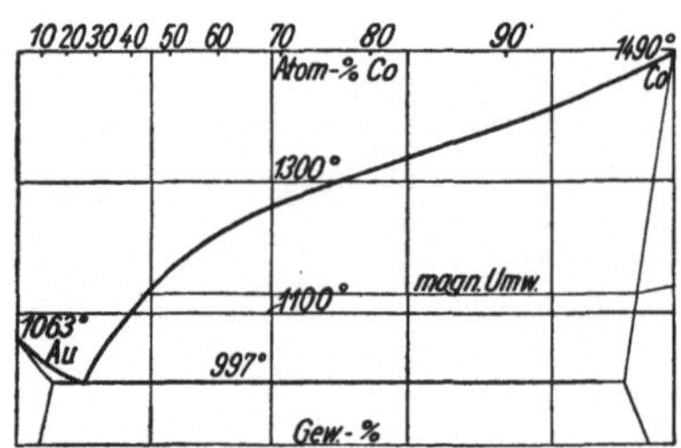

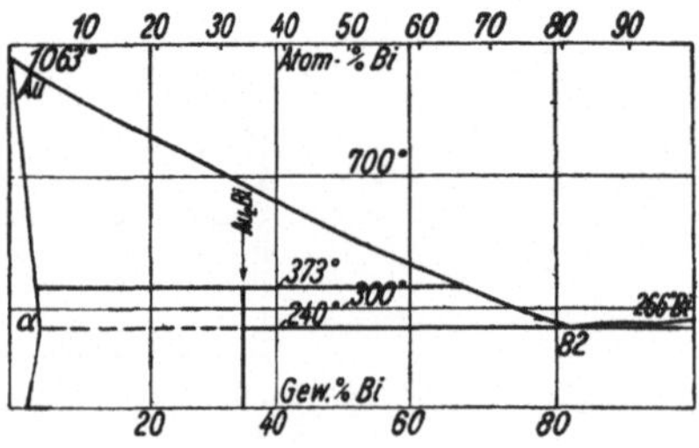

Tafel 13.

Typus IIb: Al-Be, Cd-Zn, Hg-Zn, Al-Zn, Al-Hg, Ga-Zn, Cd-Tl.

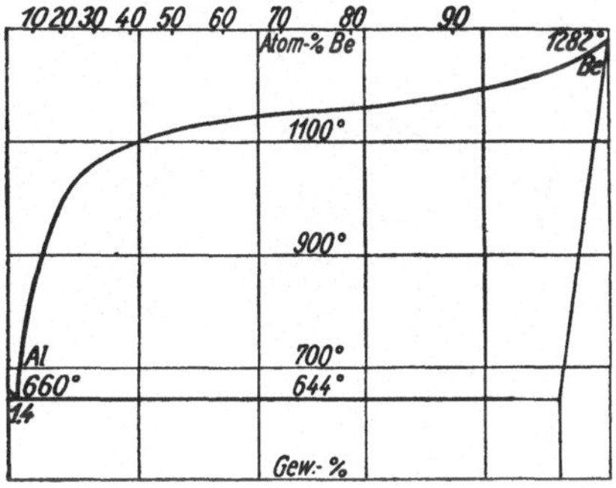

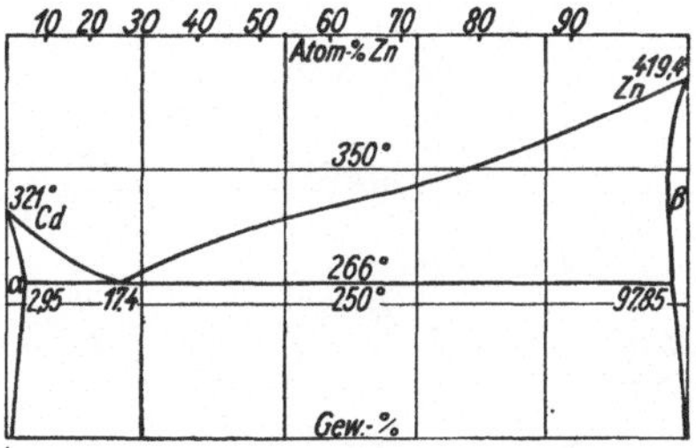

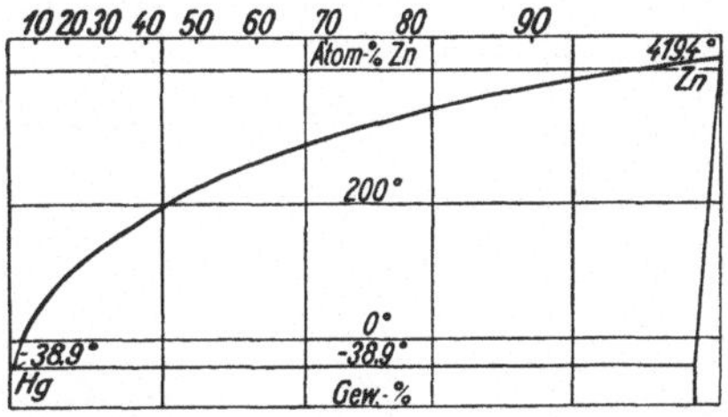

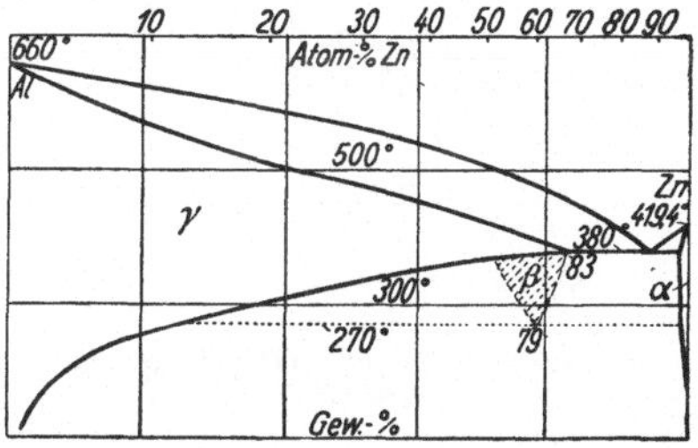

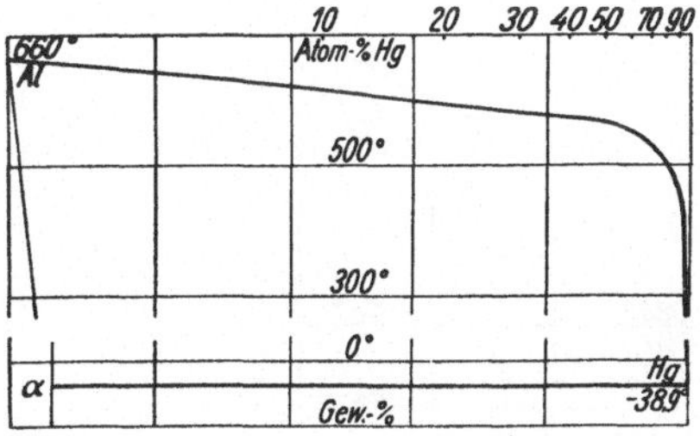

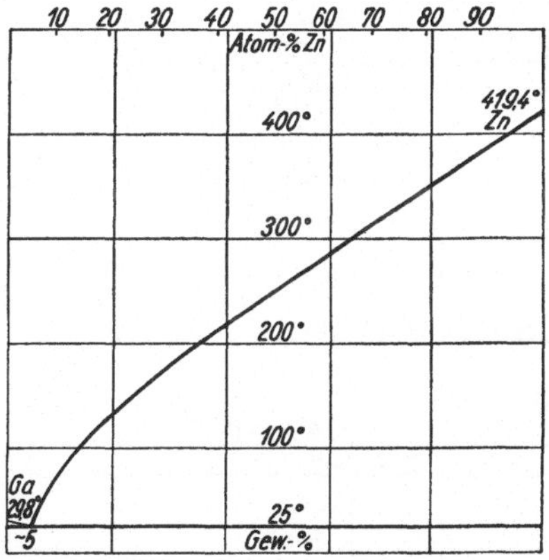

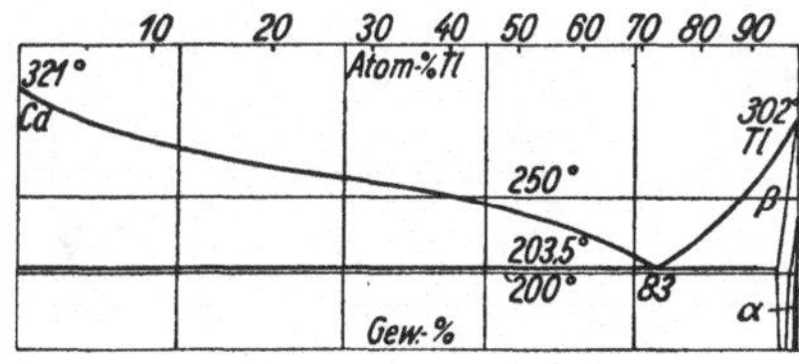

Tafel 14.

Typus IIb: Be-Li, Sn-Zn, Cd-Sn, Cd-Pb, Hg-Pb, Bi-Cd, Bi-Hg, (Fe-Hg).

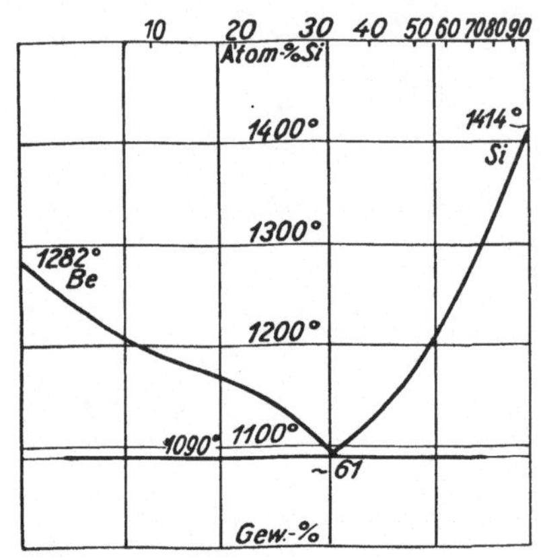

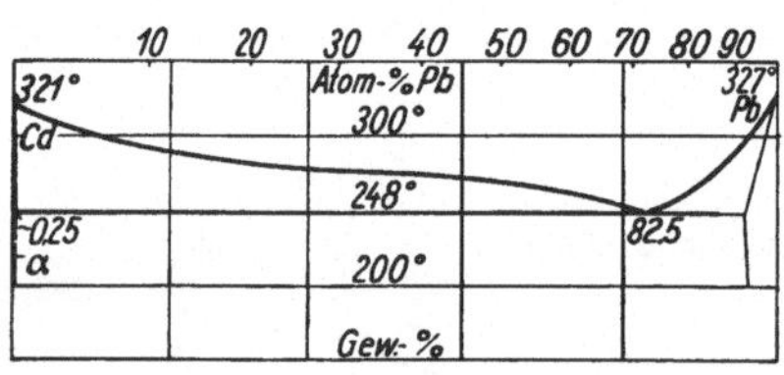

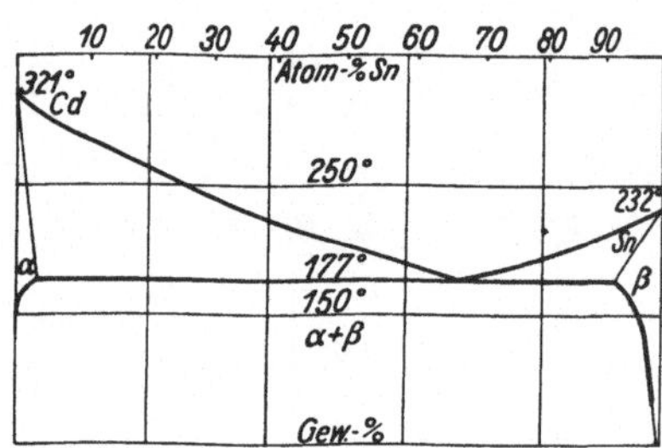

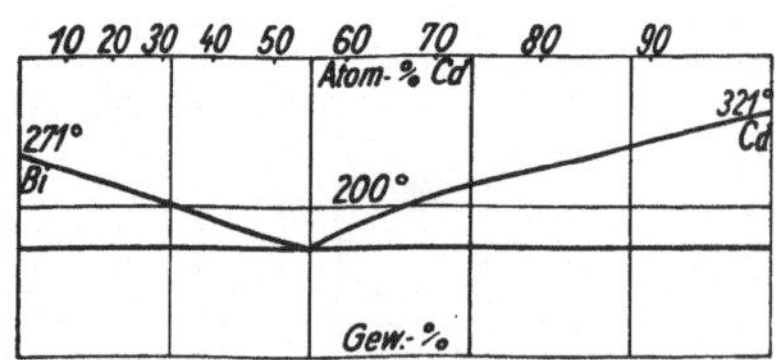

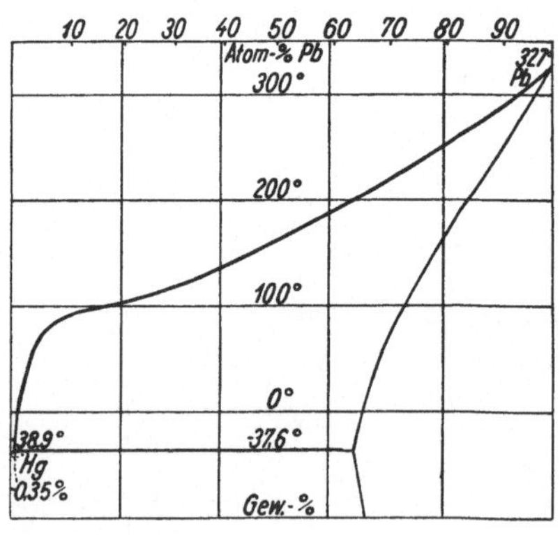

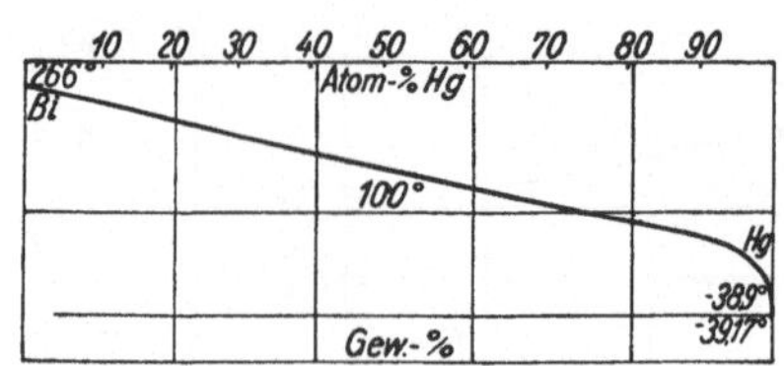

Tafel 15.

Typus II b: Al-Ga, Al-Si, Al-Ge, Al-Sn, Ga-In.

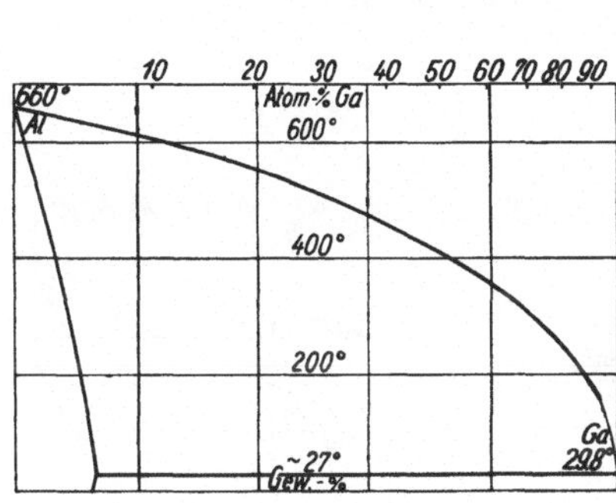

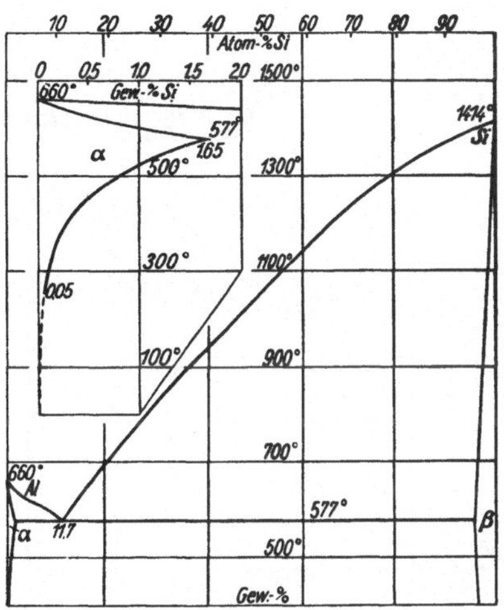

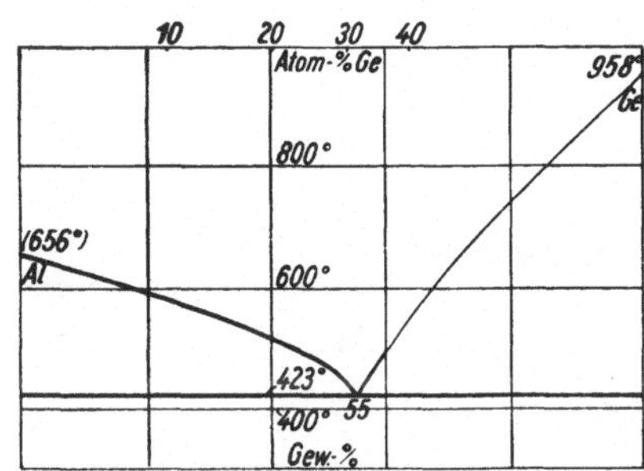

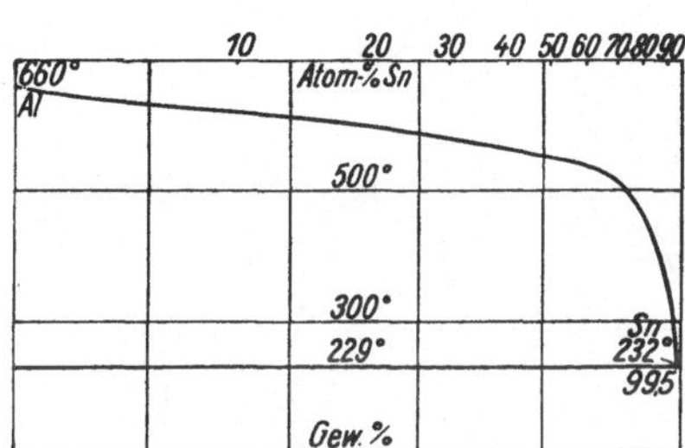

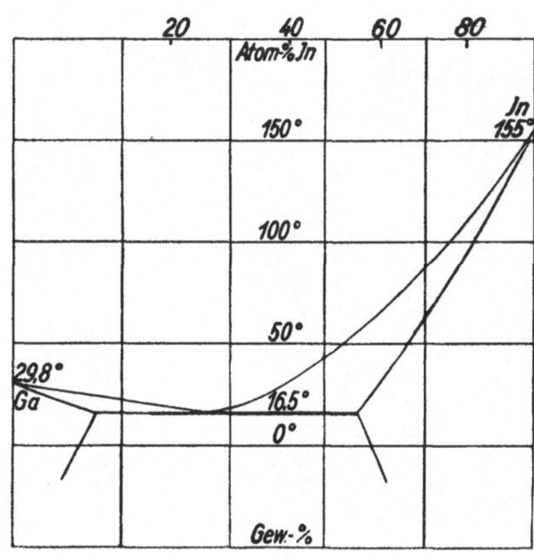

Tafel 16.

Typus IIb: Ga-Sn, Sn-Tl, Si-Sn, Sb-Si.

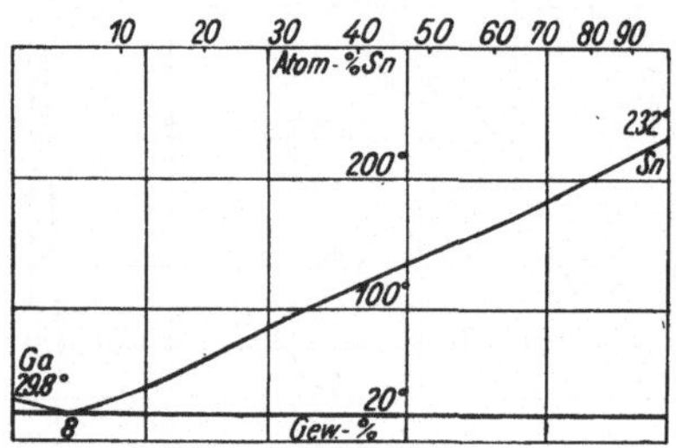

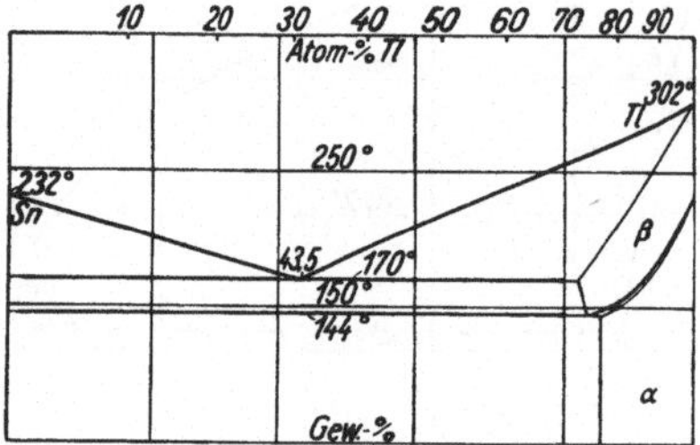

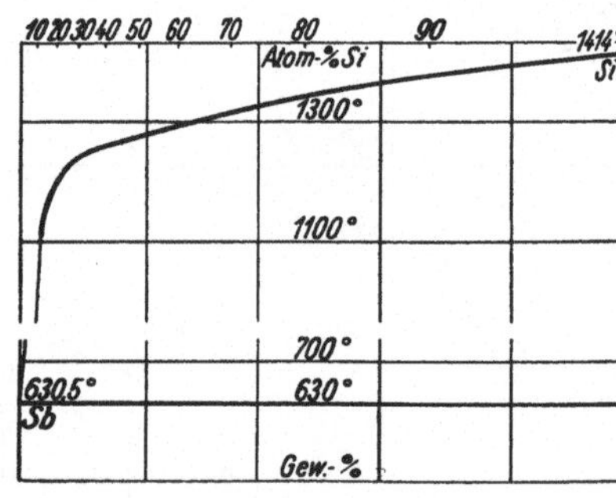

Tafel 17.

Typus II b: Ge-Pb, Pb-Sn, Bi-Sn, As-Pb, Pb-Sb, Bi-Pb (As-Bi) S-Te.

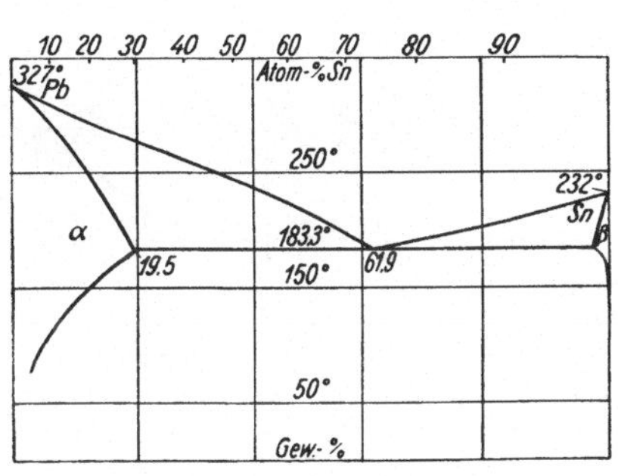

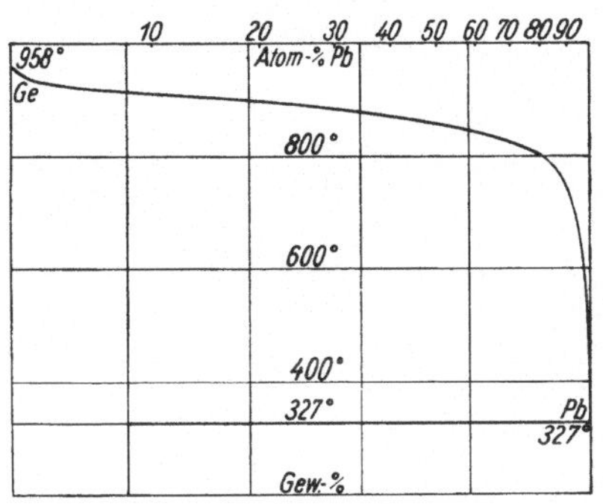

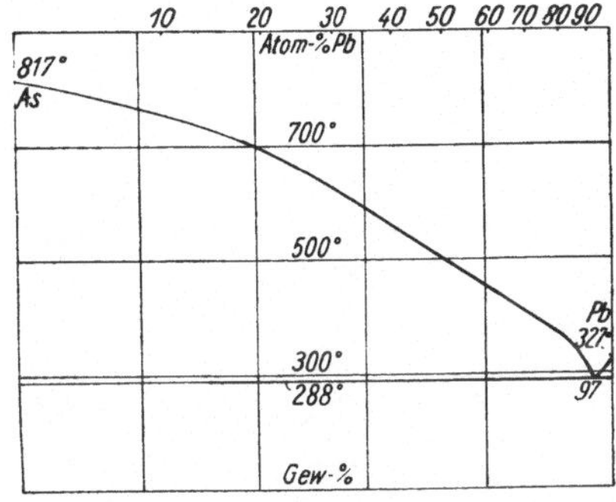

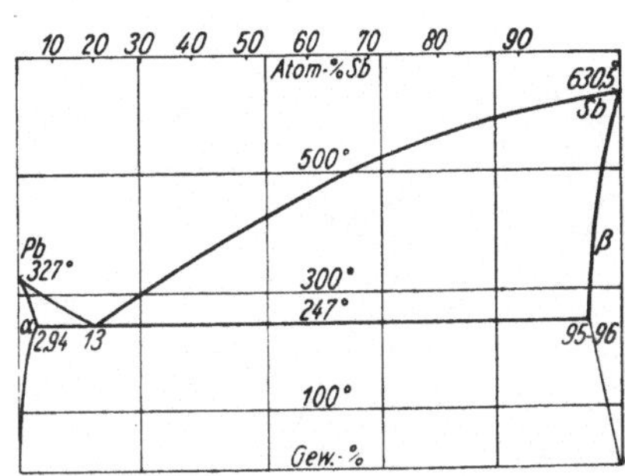

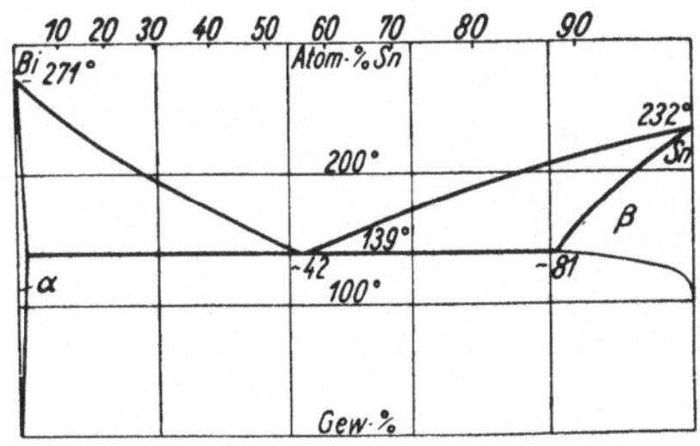

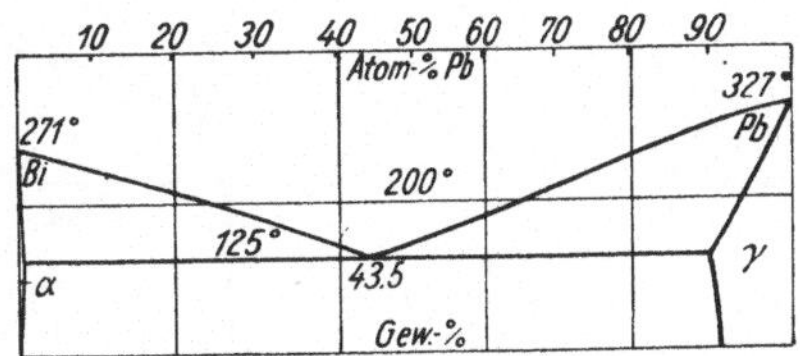

Tafel 18.

Typus II b: Ni-V, Cr-Mo, Co-Cr, Cr-Ni, Cr-Pt (Cr-W).

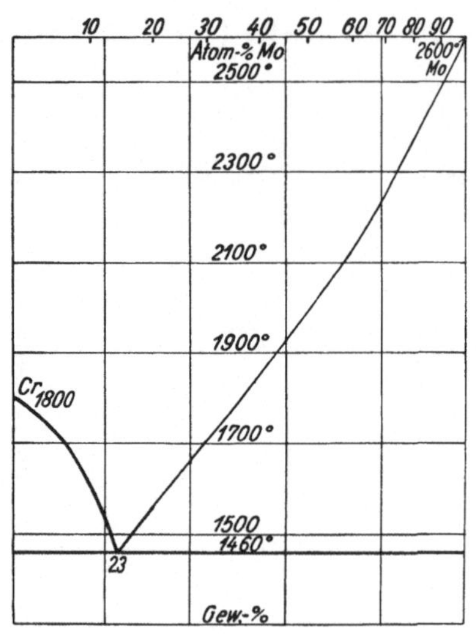

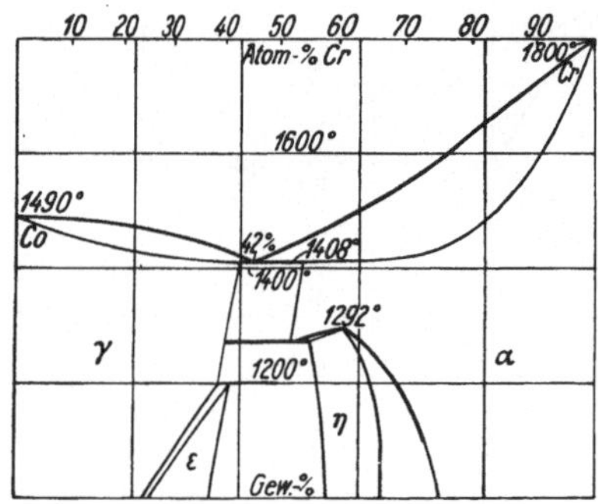

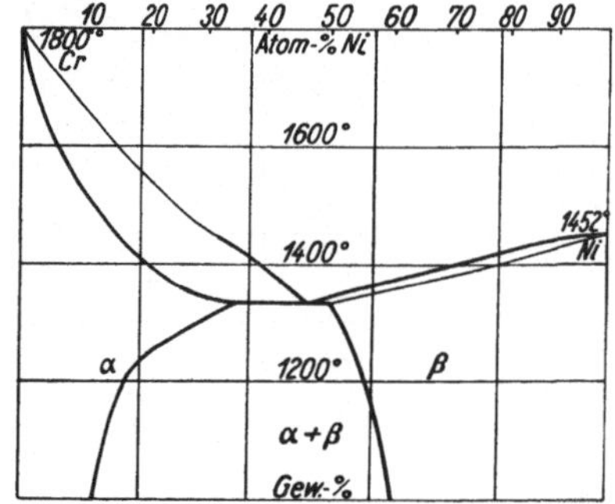

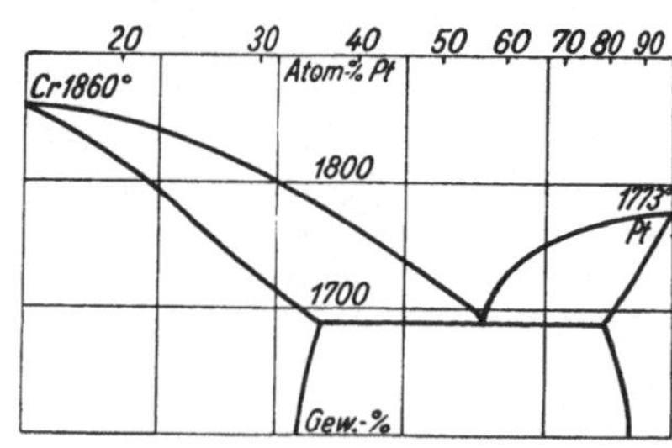

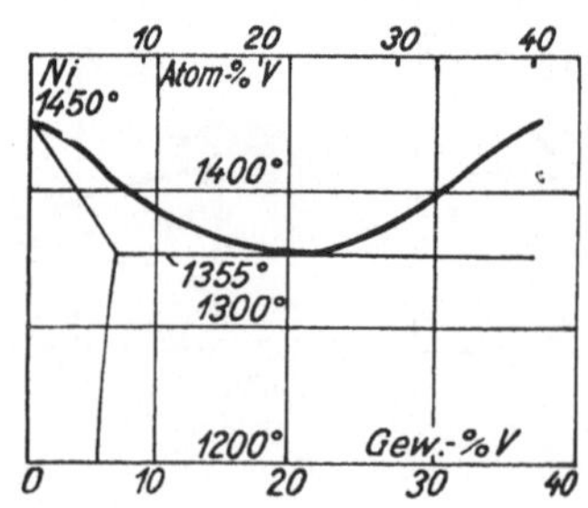

erscheinungen wurden in den Legierungen von Co-Cr festgestellt. Das von *Wever* und *Haschimoto* aufgestellte Zustandsbild ist in der Abbildung wiedergegeben. Auch in diesem Fall muß wegen des Vorkommens von Cr in mehreren Modifikationen das Zustandsbild noch einige Änderungen erfahren. Es scheint nicht unmöglich, daß dieses die Ursache einiger Unklarheiten ist. In dem Zustandsbilde entsprechen γ und ε den Mischkrystallen der beiden Modifikationen des Kobalts und α der raumzentrierten des Chroms. Die Umwandlungstemperatur des Co wird also erhöht durch Aufnahme von Cr im Gitter. Außerdem gibt es noch eine feste Phase, die bei der Zusammensetzung Co_2Cr_3 bei konstanter Temperatur aus einem Mischkrystall gleicher Zusammensetzung entstehen soll. Das Zustandsbild stützt sich auf eingehende thermische, mikroskopische, röntgenographische und auch rein technische Untersuchungen. Die Ausdehnung der Untersuchungen auf die schwierig herstellbaren Legierungen mit mehr als 75 Proz. Cr würde von besonderem Interesse sein und vielleicht noch einiges klären. Die Verbindungen CoCr, die bei 1390° aus den beiden Mischkrystallen nach Co und Cr entstehen soll, und Co_2Cr_3 sind von niederer Symmetrie und daher sehr spröde. Für Cr-Pt wurden in Pt-reichen Legierungen die Erstarrungspunkte festgestellt und das mehr schematische Zustandsbild konstruiert. Das Auftreten von Verbindungen erscheint, obwohl es behauptet wird, unwahrscheinlich. Zu dieser Gruppe gehört jedenfalls auch Cr-W, dessen Zustandsbild noch nicht bekannt ist. Für das System Ni-V wurde auch lückenlose Bildung von Mischkrystallen angenommen, doch gehört es schon wegen den verschiedenen Krystallformen von Ni und V bestimmt dem Typus II b an. Das Eutektikum liegt bei 19 Proz. V und 1353°. Wegen des hohen Schmelzpunktes von Vanadin oberhalb 1700° wurde die Untersuchung nur bis etwa 30 Proz. V durchgeführt. Die magnetischen Eigenschaften von Ni verschwinden in den Legierungen schon bei etwa 10 Proz. Vanadinzusatz. Es soll noch erwähnt werden, daß die Bildung von Eutektika auch bei Metalloiden auftritt, so bei I-Se und I-S.

Literatur zu Typus II b.

Tafel 10.

Ag-Cu: *K. Friedrich* u. *A. Leroux*, Metallurgie **2**, 1907, 298. — *W. v. Lepkowski*, Z. anorg. allg. Chem. **59**, 1908, 290. — *Heycock* u. *Neville*, Philos. Trans. Roy. Soc., Lond. (A) **189**, 1897, 25. — *N. Kurnakow, N. Puschin* u. *Senkowsky*, Z. anorg. allg. Chem. **68**, 1910, 123. — *M. Hansen*, Z. Metallkde. **21**, 1929, 181. — *D. Stockdale*, J. Inst. Met., Lond. **45**, 1931, 127. — *N. Ageew, W. Hansen* u. *G. Sachs*, Z. Physik **66**, 1930, 350. — *W. Broniewski* u. *S. Kostacz*, C. R. Acad. Sci., Paris **194**, 1932, 973.

Cu-Li: *S. Pastorello*, Gazz. chim. ital. **60**, 1930, 188.

Ag-Na: *E. Quercigh*, Z. anorg. allg. Chem. **68**, 1910, 303. — *C. H. Mathewson*, Int. Z. Metallogr. **1**, 1911, 57. — *E. Zintl, J. Goubeau* u. *W. Dullenkopf*, Z. physik. Chem. Abt. A **154**, 1931, 1.

Ag-Tl: *G. J. Petrenko*, Z. anorg. allg. Chem. **50**, 1906, 135. — *C. T. Heycock* u. *F. H. Neville*, Philos. Trans. Roy. Soc., Lond. (A) **181**, 1908, 133.

Au-Tl: *M. Levin*, Z. anorg. allg. Chem. **45**, 1905, 34.

Na-Rb: *E. Rinck*, C. R. Acad. Sci., Paris **197**, 1933, 1404.

Tafel 11.

Ag-Si: *G. Arrivant*, Z. anorg. allg. Chem. **60**, 1908, 439. — *E. R. Jette* u. *E. B. Gebert*, J. chem. Physic. **1**, 1933, 753.

Au-Si: *di Capua*, Atti Accad. naz. Lincei **29 I**, 1920, 11. — *W. Loskicwicz*, J. Inst. Met., Lond. **47**, 1931, 516.

Cu-Ti: *W. Kroll*, Z. Metallkde. **23**, 1931, 33. — *F. R. Hensel* u. *E. I. Larsen*, Amer. Inst. min. metallurg. Engr. Techn. Publ. **432**, 1931, 1.

Ag-Ge: *T. R. Briggs, R. O. McDuffie* u. *L. H. Willisford*, J. physic. Chem. **32** II, 1929, 1083.
Ag-Pb: *K. Friedrich*, Metallurgie **3**, 1906, 398. — *G. J. Petrenko*, Z. anorg. allg. Chem. **53**, 1907, 202. — *Heycock* u. *Neville*, Philos. Trans. Roy. Soc., Lond. (A) **189**, 1897, 37. — *F. Yoldi* u. *D. L. de A. Jimenez*, J. Inst. Met., Lond. **47**, 1931, 76.

Tafel 12.

Bi-Cu: *K. Jeriomin*, Z. anorg. allg. Chem. **55**, 1907, 413. — *Gautier*, Contrib. à l'étude des alliages **1901**, 110. — *Heycock* u. *Neville*, Philos. Trans. Roy. Soc., Lond. (A) **189**, 1897, 25. — *Roland-Gosselin*, Bull. Soc. Encour. Ind. nat. (5) **1**, 1896, 1310. — *W. F. Ehret* u. *R. D. Fine*, Philos. Mag. (7) **10**, 1930, 551.
Ag-Bi: *G. J. Petrenko*, Z. anorg. allg. Chem. **50**, 1906, 138. — *S. I. Broderick* u. *W. F. Ehret*, J. physic. Chem. **35**, 1931, 2627.
Au-Bi: *R. Vogel*, Z. anorg. allgem. Chem. **61**, 1906, 145. — *F. Juriaanse*, Z. Kristallogr. **90**, 1935, 322. — *W. J. de Haas* u. *F. Juriaanse*, Naturwiss. **19**, 1931, 706.
Au-Co: *W. Wahl*, Z. anorg. allg. Chem. **66**, 1910, 65. — *H. Masumoto*, Sci. Rep. Tôhoku Univ. **15**, 1926, 449.
Ag-Rh: *R. W. Drier* u. *H. L. Walker*, Philos. Mag. **16**, 1933, 294.

Tafel 13.

Al-Be: *G. Oesterheld*, Z. anorg. allg. Chem. **97**, 1916, 1. — *R. S. Archer* u. *W. L. Fink*, Z. Metallkde. **20**, 1928, 446. — *M. Haas* u. *D. Uno*, Z. Metallkde. **22**, 1930, 278.
Cd-Zn: *R. Lorenz* u. *D. Plumbridge*, Z. anorg. allg. Chem. **83**, 1913, 232. — *Bruni* u. *Sandonnini*, Z. anorg. allg. Chem. **78**, 1912, 273. — *G. Hindrichs*, Z. anorg. allg. Chem. **55**, 1907, 417. — *Heycock* u. *Neville*, J. chem. Soc. **71**, 1897, 383. — *Gautier*, Bull. Soc. Encour. Ind. nat. (5) **1**, 1896, 1293. — *C. H. M. Jenkins*, J. Inst. Met., Lond. **36**, 1926, 68. — *G. Grube* u. *A. Burkhardt*, Z. Metallkde. **21**, 1929, 231. — *D. Stockdale*, J. Inst. Met., Lond. **94**, 1930, 79. — *W. Boas*, Metallwirtsch. **11**, 1932, 603.
Hg-Zn: *N. A. Puschin*, Z. anorg. allg. Chem **36**, 1903, 214. — *C. v. Simson*, Z. physik. Chem. **109**, 1924, 183. — *E. Cohen* u. *P. J. H. van Ginneken*, Z. physik. Chem. **75**, 1911, 437.
Zn-Al: *W. Sander* u. *K. L. Meißner*, Z. Metallkde. **16**, 1924, 221. — *Rosenhain* u. *Archbutt*, Philos. Trans. Roy. Soc., Lond. (A) **211**, 1912, 315. — *O. Bauer* u. *O. Vogel*, Mitt. Prüf.-A. **1915**, 146 — Int. Z. Metallogr. **8**, 1916, 101. —

Hanson u. *Gayler*, J. Inst. Met., Lond. **27**, 1922, 267. — *Tomimatu Isihara*, J. Inst. Met., Lond. **33**, 1925, Nr 1, 73. — *W. Rosenhain, D. Hanson* u. *M. L. V. Gayler*, Z. Metallkde. **23**, 1931, 238. — *E. A. Owen* u. *J. Iball*, Philos. Mag. **17**, 1934, 433. — *E. Schmid* u. *G. Wassermann*, Z. Metallkde. **26**, 1934, 145. — *E. A. Owen* u. *L. Pickup*, Philos. Mag. **20**, 1935, 761.
Al-Hg: *Langedijk*, Rec. Trav. chim. Pays-Bas **44**, 1925, 941. — *A. Smits* u. *C. J. de Gruyter*, Proc. Kon. Akad. Wet. Amsterd. **23**, 1921, 966.
Ga-Zn: *N. A. Puschin, S. Stepanović* u. *V. Stajić*, Z. anorg. allg. Chem. **203**, 1932, 295.
Cd-Tl: *N. S. Kurnakow* u. *N. A. Puschin*, Z. anorg. allg. Chem. **30**, 1902, 106. — *C. di Capua*, Rend. Accad. Lincei Roma **32**, 1923, 282.

Tafel 14.

Be-Li; *G. Masing* u. *O. Dahl*, Wiss. Veröff. Siemens-Konz. 8, 1929, ·255.
Sn-Zn: *R. Lorenz* u. *D. Plumbridge*, Z. anorg. allg. Chem. **83**, 1913, 228. — *Arnemann*, Metallurgie **7**, 1910, 201. — *L. J. Genevich* u. *J. S. Hromatko*, Trans. Amer. Inst. min. metallurg. Engr. **64**, 1921, 234.
Cd-Sn: *A. W. Kapp*, Diss. Königsberg 1901. — *A. Stoffel*, Z. anorg. allg. Chem. **53**, 1907, 146. — *A. P. Schleicher*, Int. Z. Metallogr. **2**, 1912, 76. — *D. Mazzotto*, Int. Z. Metallogr. **4**, 1913, 13. — *Lorenz* u. *Plumbridge*, Z. anorg. allg. Chem. **83**, 1913, 235. — *A. Bucher*, Z. anorg. allg. Chem. **98**, 1916, 106. — *Y. Matuyama*, Sci. Rep. Tôhoku Univ. **20**, 1931, 674. · — *M. Le Blanc, M. Naumann* u. *D. Tschesco*, Ber. sächs. Akad. Wiss. **79**, Juni 1927.
Cd-Pb: *A. Stoffel*, Z. anorg. allg. Chem. **53**, 1907, 152. — *A. W. Kapp*, Diss. Königsberg 1901.
Hg-Pb: *N. A. Puschin*, Z. anorg. allg. Chem. **36**, 1903, 213. — *Jänecke*, Z. physik. Chem. **60**, 1907, 399. — *Cl. v. Simson*, Z. physik. Chem. **109**, 1924, 183.
Bi-Cd: *A. W. Kapp*, Diss. Königsberg 1901. — *A. Stoffel*, Z. anorg. allg. Chem. **53**, 1907, 149. — *V. Fischer*, Z. techn. Physik **6**, 1925, 146.
Fe-Hg: *T. W. Richards* u. *Garrod Thomas*, Z. physik. Chem. **72**, 1910, 181. — *E. Palmaer*, Z. Elektrochem. **38**, 1932, 70. — *Tammann* u. *Kollmann*, Z. anorg. allg. Chem. **160**, 1927, 240. — *R. Brill* u. *W. Haag*, Z. Elektrochem. **38**, 1932, 211.
Bi-Hg: *N. A. Puschin*, Z. anorg. allg. Chem. **36**, 1903, 214.

Tafel 15.

Al-Ga: *N. A. Puschin, S. Stepanović* u. *V. Stajić*, Z. anorg. allg.Chem. **209**, 1932, 329. — *E. Jenkel*, Z. Metallkde. **26**, 1934, 249.

Ga-In: *Lecoq de Boisbaudran*, C. R. Acad. Sci., Paris **100**, 1885, 701.

Al-Si: *Fraenkel, Czochralski, Hanson* u. *Gailer, Guillet*, ergänzt durch *Rassow*, Z. Metallkde. **15**, 1923, 106. — *E. H. Dix* u. *A. C. Heath*, Amer. Inst. min. metallurg. Engr. Techn. Publ. **1927**, Nr 30, 31 — Z. Metallkde. **20**, 1928, 223. — *W. Köster* u. *F. Müller*, Z. Metallkde. **19**, 1927, 52. — *A. G. C. Gwyer* u. *H. W. L. Phillips*, J. Inst. Met., Lond. **38**, 1927, 33. — *G. Welke*, Metallbörse **1930**, 2588. — *W. Broniewski* u. *Smialowski*, Rev. Métallurg. **29**, 1932, 542, 601.

Al-Ge: *W. Kroll*, Met. u. Erz **23**, 1926, 682.

Al-Sn: *A. G. C. Gwyer*, Z. anorg. allg. Chem. **49**, 1906, 315. — *Heycock* u. *Neville*, J. chem. Soc. **57**, 1890, 376. — *Lorenz* u. *Plumbridge*, Z. anorg. allg. Chem. **83**, 1913, 243. — *W. Fraenkel*, Z. anorg. allg. Chem. **58**, 1908, 157. — *E. Crepaz*, G. Chim. ind. appl. **5**, 1923, 115.

Tafel 16.

Ga-Sn: *N. A. Puschin, S. Stepanović* u. *V. Stajić*, Z. anorg. allg. Chem. **209**, 1932, 329.

Sn-Tl: *P. Fuchs*, Z. anorg. allg. Chem. **107**, 1919, 308. — *N. S. Kurnakow* u. *N. A. Puschin*, Z. anorg. allg.Chem. **30**, 1902, 106. — *S. Sekito*, Z. Kristallogr. **74**, 1930, 193.

Si-Sn: *S. Tamaru*, Z. anorg. allg. Chem. **61**, 1909, 42. — *E. R. Jette* u. *E. B. Gebert*, J. chem. Phys. **1**, 1933, 753.

Sb-Si: *R. S. Williams*, Z. anorg. allg. Chem. **55**, 1907, 20 — *E. R. Jette* u. *E. B. Gebert*, J. chem. Phys. **1**, 1933, 753.

Tafel 17.

Ge-Pb: *T. R. Briggs* u. *W. S. Benedict*, J. physic. Chem. **34**, 1930, 1, 175.

Pb-Sn: *P. N. Degens*, Z. anorg. allg. Chem. **63**, 1909, 212. — *Guertler*, Z. Elektrochem. **15**, 1909, 129. — *A. Stoffel*, Z. anorg. allg. Chem. **53**, 1907, 139. — *Roberts-Austen*, Engineering **63**, 1897, 223. — *A. W. Kapp*, Diss. Königsberg 1901. — *D. Mazzotto*, Int. Z. Metallogr. **1**, 1911, 289. — *W. C. Phebus* u. *F. C. Blake*, Physic. Rev. **25**, 1925, 107. — *K. Honda*, Met. & Alloys 4, 1931, 34. — *K. Honda* u. *H. Abe*, Sci. Rep. Tôhoku Univ. **19**, 1930 — Met. & Alloys **4**, 1931, 34. — *M. Le Blanc, M. Neumann* u. *D. Tschesno*, Ber. sächs. Akad. Wiss. **79**, Juni 1927. — *D. Stockdale*, J. Inst. Met. Lond. **49**, 1932, 267.

Bi-Sn: *W. v. Lepkowski*, Z. anorg. allg. Chem. **59**, 1908, 287. — *A. Bucher*, Z. anorg. allg. Chem. **98**, 1916, 117. — *A. Stoffel*, Z. anorg. allg. Chem. **53**, 1907, 148. — *A. W. Kapp*, Diss. Königsberg 1901. — *Hikozo Endo*, Sc. Rep. Tôhoku Univ. **14**, 1925, Nr 5. — *D. Solomon* u. *W. Morris-Jones*, Philos. Mag. (7) **11**, 1931, 1090.

As-Pb: *K. Friedrich*, Metallurgie **3**, 1906, 46. — *W. Heike*, Int. Z. Metallogr. **6**, 1914, 49.

Pb-Sb: *W. Gontermann*, Z. anorg. allg. Chem. **55**, 1907, 421. — *Roland-Gosselin*, Bull. Soc. Encour. Ind. nat. (5) **1**, 1896, 1301. — *Stead*, Soc. chem. Ind. **16**, 1897, 200, 505. — *W. Broniewski* u. *L. Sliwowsky*, Rev. Métallurg. **1928**, 392. — *R. S. Dean*, J. Amer. chem. Soc. **45**, 1927, 1083. — *D. Solomon* u. *W. M. Jones*, Philos. Mag. (7) **10**, 1930, 470.

Bi-Pb: *A. Stoffel*, Z. anorg. allg. Chem. **53**, 1907, 150. — *A. W. Kapp*, Diss. Königsberg 1901. — *W. Herold*, Z. anorg. allg. Chem. **112**, 1920, 131. — *Barlow*, Z. anorg. allg. Chem. **70**, 1911, 183. — *A. W. Smith*, Physic. Rev. (2) **1917**, 358. — *Herold*, Z. anorg. allg. Chem. **172**, 1928, 131. — *Solomon* u. *Jones*, Philos. Mag. **11**, 1931, 1090. — *Cl. di Capua*, Rend. Accad. Linc. Roma (5) **31**, 1922, 162. — *Darling* u. *Rinaldi*, Proc. phys. Soc., Lond. **36**, 1914, 281. — *Thomas* u. *Evans*, Philos. Mag. **16**, 1933, 329.

As-Bi: *K. Friedrich* u. *A. Leroux*, Metallurgie **5**, 1908, 148. — *W. Heike*, Int. Z. Metallogr. **6**, 1914, 209.

S-Te: *L. Losana*, Gazz. Min. ital. **53**, 1933, 399.

Tafel 18.

Ni-V: *H. Giebelhausen*, Z. anorg. allg. Chem. **91**, 1915, 254.

Cr-Mo: *E. Siedschlag*, Z. anorg. allg. Chem. **131**, 1923, 191.

Co-Cr: *K. Lewkonja*, Z. anorg. allg. Chem. **59**, 1908, 325. — *F. Wever* u. *M. Hashimoto*, Mitt. Kais.-Wilh.-Inst. Eisenforschg., Düsseld. **11**, 1929, 293 — Z. Metallkde. **25**, 1933, 25.

Cr-Ni: *G. Voß*, Z. anorg. allg. Chem. **57**, 1908, 60. — *F. Wever* u. *W. Jellinghaus*, Mitt. Kais.-Wilh.-Inst. Eisenforschg., Düsseld. **105**, 1931, 176. — *F. C. Blake*, *J. O. Lord, W. C. Phebus, A. E. Focke*, Physic. Rev. **25**, 1905, 107; **27**, 1926, 798; **31**, 1928, 305. — *S. Nishigori* u. *M. Hamasumi*, Sci. Rep. Tôhoku Univ. **18**, 1929, 500.

Cr-Pt: *W. A. Nemilow*, Z. anorg. allg. Chem. **218**, 1934, 33. — *L. Müller*, Ann. Physik (5) **7**, 1930, H. 1, 9.

Cr-W: *C. L. Sargent*, J. Amer. chem. Soc. **22**, 1901, 783.

Typus II x.

Bildung zweier Flüssigkeiten bei Gemischen zweier Metalle.

Eine besondere Eigentümlichkeit bedeutet es, daß Metalle, die doch einander ähnlich, in vielen Fällen nicht zu einer einzigen Flüssigkeit zusammenzuschmelzen sind. Solche Gemische beschränkter Mischbarkeit im flüssigen Zustande finden sich bei den verschiedensten Metallen, so daß sich keine allgemeine Regel für ihr Vorkommen aufstellen läßt. Bei anderen chemischen Stoffen mischen sich zwei Flüssigkeiten häufig dann nur beschränkt, wenn sie einander chemisch fernerstehen. Für Metalle ist diese Regel nicht gültig. Ist es doch z. B. besonders eigenmütlich, daß sich Mn, Fe, Co und Ni mit Cu und Au im flüssigen Zustande vollständig mischen, während sie es mit Ag nicht tun. Nickel und Kupfer stehen einander dabei so nahe, daß sie eine lückenlose Reihe von Mischkrystallen bilden, während noch nicht einmal zwischen Ni und Ag im flüssigen Zustande vollständige Mischbarkeit herrscht. Als Regel für das Auftreten der Gemische beschränkter Mischbarkeit im flüssigen Zustande ergibt die Tafel, die das Verhalten aller binären Legierungen nach Gruppen geordnet wiedergibt, daß solchen Gemischen benachbarte, die dabei aber flüssig vollständig mischbar sind, fast stets dem Typus II oder sogar I zugehören. In der Tafel finden sich unter den benachbarten Metallgemischen nur einige Male Legierungen von etwas komplizierter Art. Es scheint demnach eine gewisse Verwandtschaft zu bestehen zwischen dem Typus II x und den anderen Typen II sowie I. Es muß noch erwähnt werden, daß möglicherweise eine Anzahl Gemische, die dem Typus II x jetzt noch zugerechnet werden, in Wirklichkeit anderen zuzurechnen sind, worüber neue Untersuchungen entscheiden müssen.

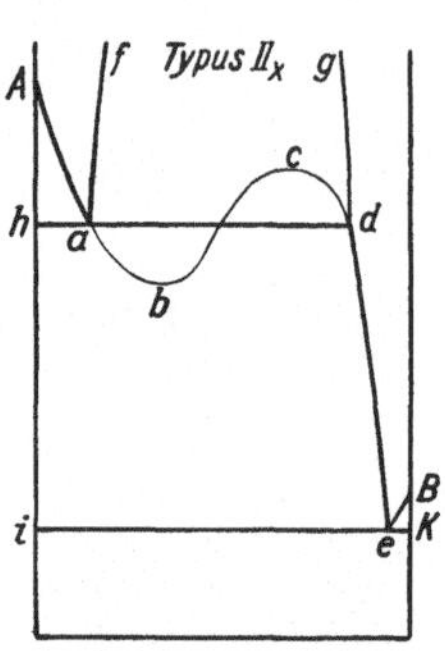

Abb. 45.
Typus II x mit dem metastabilen und labilen Teil.

Das Verhalten der Gemische II x soll unter Zugrundelegung des von *van der Waals* aufgestellten Kontinuitätsprinzips auseinandergesetzt werden, wodurch gleichzeitig die vorher erwähnte Ähnlichkeit zwischen den verschiedenen Typen II zum Ausdruck kommt. Im Gegensatz zu Typus II b zeigt die eine Löslichkeitskurve bei II x keinen kontinuierlichen Verlauf, wenn man die stabilen Gleichgewichte berücksichtigt. Wie der Kurvenzug *A a b c d e* der Abb. 45 angibt, geht die Kurve durch ein Minimum und Maximum und gibt dadurch Veranlassung zum Auftreten metastabiler und labiler Zustände. In der Abb. 45 sind die stabilen Zustände durch starke, die metastabilen durch schwache Kurven dargestellt. Außer dem Eutektikum, dem Gleichgewichte bei der Temperatur der Horizontalen *i e k*, gibt es jetzt noch ein anderes invariantes Gleichgewicht zwischen zwei Flüssigkeiten *a* und *d* und dem festen Metall *h*. Oberhalb der Temperatur dieses Gleichgewichtes ist die Bildung zweier Flüssigkeiten möglich, deren Zusammensetzung durch *a f* und *d g* ausgedrückt ist. Mit wachsender Temperatur können, was auch bei Metallen beobachtet ist, die beiden Flüssigkeiten zu einer zusammenfließen. Durch die Aufnahme von Abkühlungskurven verschiedener Gemische läßt sich das Zustandsbild für ein bestimmtes System festlegen. Die Mischungen, die zwischen a und d liegen, zeigen zwei Haltezeiten beim Abkühlen aus dem flüssigen Zustande. Nach dem Erstarren lagern sich zwei feste Körper übereinander, die das Metall A und ein eutektisches Gemisch der Zusammensetzung e sind. Fällt das Eutektikum mit dem Schmelzpunkt von B zusammen, so liegen nach dem Erstarren in diesem Grenzfall die reinen Metalle übereinander. In diesem Fall vereinfacht sich die Abbildung, indem als Zustandsbild nur zwei Waagrechte, ausgehend von den Schmelzpunkten der reinen Metalle, übrigbleiben. Zu diesem Typus IIx ist noch zu bemerken, daß eine Trennung in zwei Flüssigkeiten natürlich nur unter dem Einfluß der Schwere erfolgt. Sind die spezifischen Gewichte nicht sehr verschieden, so können sich die Grenzen verwischen. Bei binären Metallmischungen tritt dieses kaum ein, leichter bei ternären, worauf noch hingewiesen werden wird.

Tabelle IV a.

IIx. Binäre Metallsysteme beschränkter Mischbarkeit in flüssigem Zustande.

Angabe über die Erniedrigung der Schmelztemperaturen, der Metalle bis zur Entmischung und zum Eutektikum. Gemische IIx ohne Erniedrigung sind nicht vermerkt.

	Li-Na		K-Li		Mg-Na		Ca-Na		Cu-Tl	
Schmelztemperatur	179°	97°	60°	139°	650°	97,5°	809°	97°	1083°	311°
Temperaturerniedrigung .	17°	0°	0°	13°	12°	0°	109°	0°	123°	9°

	Cu-Pb		Cr-Cu		Ag-Cr		Ag-Ni		Al-Cd	
Schmelztemperatur.....	1083°	327°	1550°?	1083°	963°	1550°	961,5°	1084°	660°	321°
Temperaturerniedrigung .	130°	1°	52°	8°	8°	86°	0°	19°	11°	0°

	Cd-Ga		Tl-Zn		Pb-Zn		Zn-Bi		As-Tl	
Schmelztemperatur	321°	29,9°	302°	419°	327°	419°	418,9°	269,4°	(830°)	303,5°
Temperaturerniedrigung .	63°	0°	11,5°	2°	10°	1°	3°	14,9°	240°	15,5°

	Al-Bi		Bi-Ga		Ni-Tl		Cr-Sn		Cr-Pb	
Schmelztemperatur	660°	274°	271°	29,9°	1452°	302°	(1550°)	231,5°	(1530°)	327°
Temperaturerniedrigung .	4°	0°	46°	0°	60°	0°	130°	0°	80°	0°

	Mn-Pb		Co-Pb		Ni-Pb		Bi-Mn		Bi-Co	
Schmelztemperatur	1228°	326°	1440°	327°	1451°	327°	265°	1267°	269°	1440°
Temperaturerniedrigung .	30°	0°	2°	1°	114°	0°	5°	15°	11°	95°

In der Tabelle sind sich beschränkt mischende Metalle zusammengestellt, wobei noch angegeben ist, welche Erniedrigung die Schmelzpunkte der beiden Metalle bei den beiden invarianten Gleichgewichten Fest + Flüssig$_1$ + Flüssig$_2$ und Fest$_1$ + Fest$_2$ + Flüssig (Eutektikum) erfahren. Die Genauigkeit dieser Temperaturangaben ist vielfach nicht groß. Die Tafeln 19, 20 und 21 geben einige Beispiele wieder, bei denen eine größere Mischbarkeit in den Gemischen auftritt. In einigen ist noch der kritische Punkt angegeben, in dem die beiden Flüssigkeiten zu einer zusammenfließen. Die Tafel 19 umfaßt die Systeme Cu-Tl, Cu-Pb, Ag-Mn und Ca-Na. Die Erniedrigung der Schmelztemperatur des am höchsten schmelzenden Metalls bis zur Bildung des Gleichgewichts der beiden Flüssigkeiten und dem festen Metall ist beträchtlich. Auch die eine Schmelze enthält ihrer Zusammensetzung nach ziemlich viel von dem zweiten Metall. Im Falle Cu-Pb sind es 36 Gew.-Proz. Pb. Für Ca-Na ist angegeben, bei welcher Temperatur die beiden Flüssigkeiten identisch werden. Für Cu-Pb nahm man früher eine ziemlich tiefe Temperatur des Identischwerdens der beiden Schmelzen an. Wie die Tafel 19 zeigt, liegt sie aber oberhalb 1400°. Die Eutektika liegen für die Systeme, bis auf Ag-Mn, praktisch in den Schmelzpunkten von Tl, Pb und Na. Für Ag-Mn ist die Bildung von Mischkrystallen nach Ag mit einem Schmelzpunktminimum bei 4 Proz. Mn von Interesse. Es ergibt sich dadurch auch eine Erhöhung des Schmelzpunktes, also kein Eutektikum, sondern ein Übergangsgleichgewicht. In den Systemen finden sich, auch wie bei Cu-Tl und Ca-Na angegeben, die Umwandlungstemperaturen der Metalle Tl und Ca wieder. Die Tafel 20 enthält die Systeme Pb-Zn, Bi-Zn und As-Tl. Der Entmischungspunkt liegt in den Systemen Pb-Zn und Bi-Zn nach *Haas* und *Jellinek* bei 945° und 60 Proz. Pb, sowie 820° und 45 Proz. Bi. Bei As-Tl liegen die beiden invarianten Gleichgewichte in den Temperaturen nahe beieinander. Die Bildung zweier Schmelzen beschränkt sich auf thalliumreiche Gemische. Die Entmischung von Pb-Zn wird wegen des Siedepunktes von Zink bei 907° bei Atmosphärendruck bereits beeinflußt. Es kann hierauf nicht weiter eingegangen werden. Die Tafel 21 enthält noch die Systeme Mn-Pb, Ni-Pb, Bi-Co und Pb-W. Die in Betracht kommende Umwandlung der Metalle sind nicht berücksichtigt. Auch Pb-W ist dem Typus IIx zugeordnet. Die Abbildung gibt den bleireichen Teil des Systems wieder. Es ist wahrscheinlich, daß eine Nachprüfung einzelner Systeme, die jetzt noch dem Typus IIx zugeteilt werden, die Auffassung über das Zustandsbild noch ändern wird. In dieser Hinsicht ist von besonderem Interesse das Verhalten von Cadmium und Selen zueinander. Die thermische Untersuchung ergibt zwei Haltezeiten bei den Schmelztemperaturen von Cd (322°) und Se (218°) und eine deutliche Schichtenbildung. In Wirklichkeit gehört aber das System zum Typus IIIx mit einer kongruent schmelzenden Verbindung CdSe und zwei Mischungslücken dieser mit den reinen Metallen. Nach Untersuchungen von *Chikashige* und *Hikosaka*[1]) schmelzen die Metalle gemischt zwar unter Bildung zweier Flüssigkeiten, sobald aber die Temperatur erhöht wird, bildet sich eine Verbindung CdSe, die infolge ihres hohen spezifischen Gemisches (5,81) alsbald zu Boden sinkt. Diese hat einen Schmelzpunkt oberhalb 1350°, also erheblich höher als die Siedepunkte der Komponenten Se (665°) und Cd (778°). Cd-Se gehört offenbar dem später behandelten Typus IIIx mit einer kongruenten, sehr hoch schmelzenden Verbindung an. Ein Zustandsbild, das sich auf den Atmosphärendruck bezieht, muß außerdem noch große Gebiete enthalten, die für die Gleichgewichte fest (CdSe)- gasförmig gelten. Auch andere Systeme wie Zn-Se verhalten sich nach *Chikashige* und *Kurosawa*[2]) ähnlich, wobei sich die Verbindung ZnSe bildet, so daß also auch dieses zum Typus IIIx und nicht IIx gehört.

---

[1]) *M. Chikashige* u. *R. Hikosaka*, Mem. Coll. Sc. Kyoto II **1916/17**, 239.
[2]) *M. Chikashige* u. *R. Kurosawa*, Mem. Coll. Sc. Kyoto II **1916/17**, 246.

Tafel 19.

Typus II x: Cu-Tl, Cu-Pb, Ag-Mn, Ca-Na.

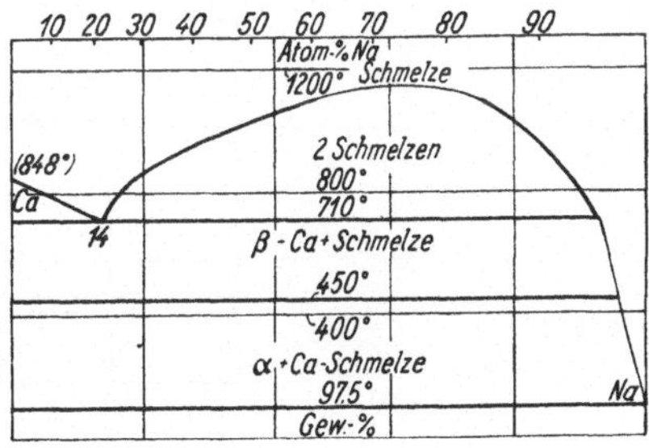

Tafel 20.

Typus IIx: Pb-Zn, Bi-Zn, As-Tl.

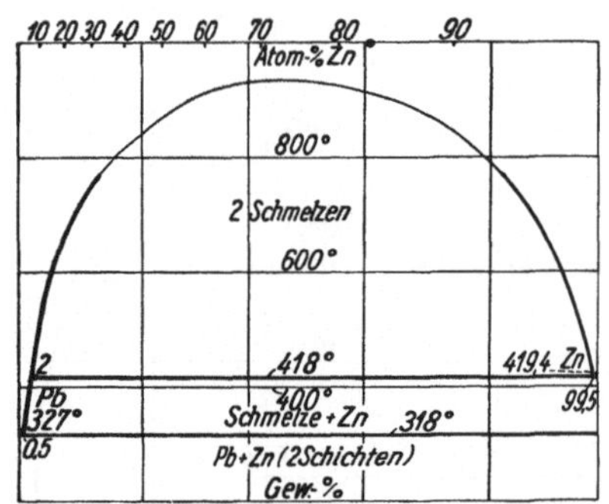

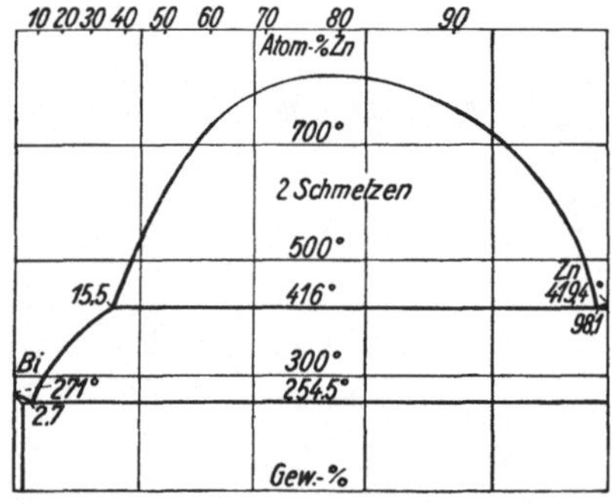

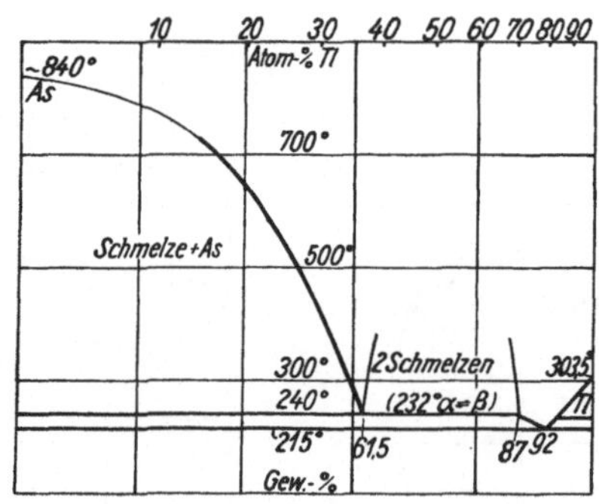

Tafel 21.

Typus II x: Mn-Pb, Ni-Pb, Bi-Co, Pb-W.

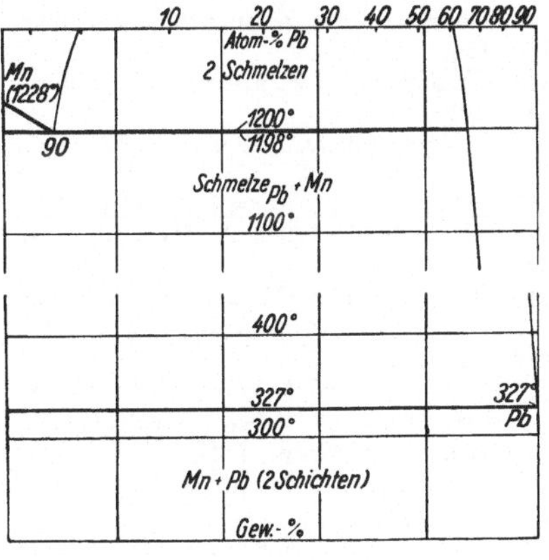

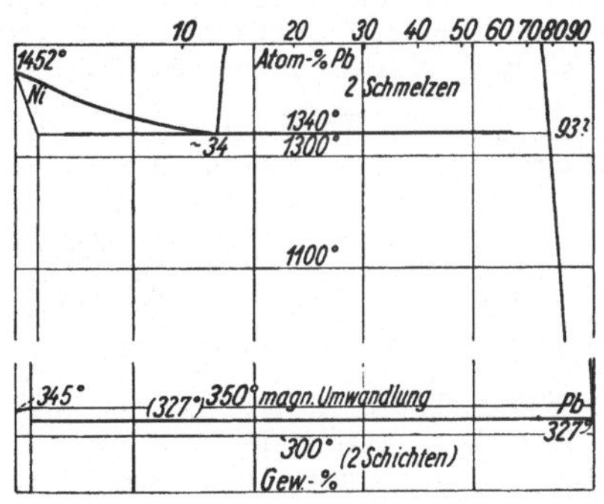

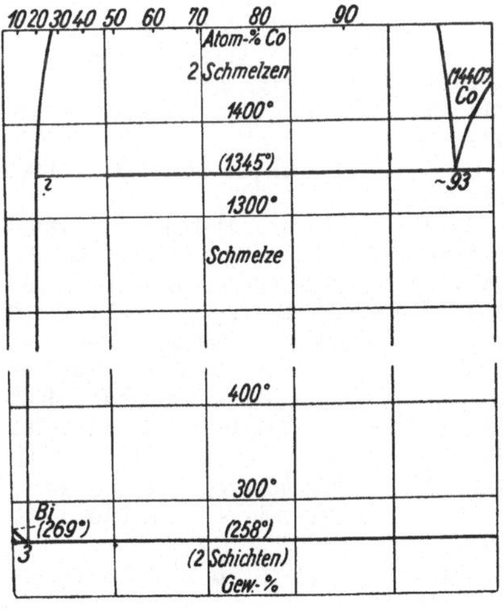

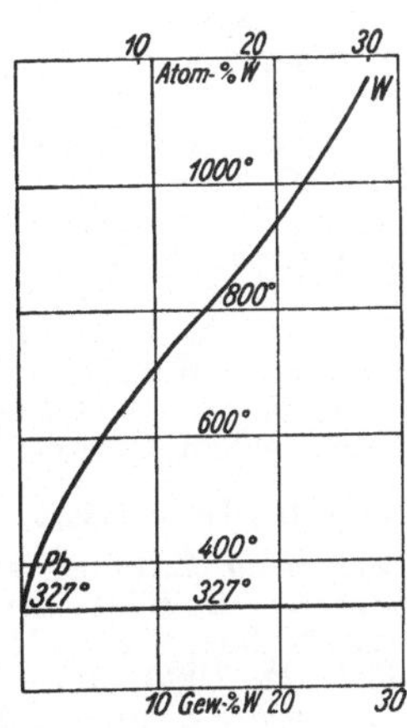

Literatur zu Typus IIx.

Tafel 19.

Cu-Tl: *Fr. Doerinckel*, Z. anorg. allg. Chem. **48**, 1906, 186.

Cu-Pb: *K. Friedrich* u. *M. Waehlert*, Met. u. Erz **10**, 1913, 578. — *K. Friedrich* u. *A. Leroux*, Metallurgie **4**, 1907, 300. — *W. Claus*, Z. Metallkde. **23**, 1934, 264. — *K. Bornemann* u. *K. Wagemann*, Ferrum **11**, 1913/14, 291. — *S. Briesemeister*, Z. Metallkde. **23**, 1931, 226.

Ag-Mn: *G. Arrivant,* Z. anorg. allg. Chem. **83**, 1913, 193. — *G. Hindrichs*, Z. anorg. allg. Chem. **59**, 1908, 440. — *M. Hansen* u. *G. Sachs*, Z. Metallkde. **20**, 1928, 151.

CaNa: *R. Lorenz* u. *R. Winzer*, Z. anorg. allg. Chem. **179**, 1929, 281. — *E. Rinck*, C. R. Acad. Sci., Paris **192**, 1931, 1378.

Tafel 20.

Pb-Zn: *Heycock* u. *Neville*, J. chem. Soc. **71**, 1897, 394. — *Arnemann*, Metallurgie **7**, 1910, 201. — *Spring* u. *Romanoff*, Z. anorg. allg. Chem. **13**, 1897, 29. — *K. Hass* u. *K. Jellineck*, Z. anorg. allg. Chem. **212**, 1933, 356. — *R. K. Waring*, *G. A. Anderson*, *R. D. Springer* u. *R. L. Wilcox*, Trans. Amer. Inst. min. metallurg. Engr. **111**, 1934, 254.

Bi-Zn: *C. T. Heycock* u. *F. H. Neville*, J. chem. Soc. **71**, 1897, 394. — *Spring* u. *Romanoff*, Z. anorg. allg. Chem. **13**, 1897, 29. — *Arnemann*, Metallurgie **7**, 1910, 201, — *K. Hass* u. *K. Jellineck*, Z. anorg. allg. Chem. **212**, 1933, 356.

As-Tl: *Q. A. Mansuri*, J. Inst. Met., Lond. **28**, 1922, Nr 2, 453.

Tafel 21.

Mn-Pb: *R. S. Williams*, Z. anorg. allg. Chem. **55**, 1907, 32.

Ni-Pb: *G. Voß*, Z. anorg. allg. Chem. **57**, 1908, 47. — *G. Tammann* u. *W. Oelsen*, Z. anorg. allg. Chem. **186**, 1930, 266.

Bi-Co: *K. Lewkonja*, Z. anorg. allg. Chem. **59**, 1908, 317. — *F. Durelliez*, Bull. Soc. chim. France (4) **5**, 1909, 61.

Pb-W: *S. Inouye*, Mem. Coll. Engng., Kyoto 4, 1919, 43. — *D. Kremer*, Inst. Metallhütte, Aachen **1**, 1917, 11.

Nicht abgebildete Systeme IIx.

Cr-Cu: *E. Siedschlag*, Z. anorg. allg. Chem. **131**, 1923, 173 — *G. Hindrichs*, Z. anorg. allg. Chem. **59**, 1908, 422. — *M. G. Corson* Z. Metallkde. **22**, 1930, 91.

Ag-Cr: *G. Hindrichs*, Z. anorg. allg. Chem. **59**, 1908, 425.

Li-Na: *G. Masing* u. *G. Tammann*, Z. anorg. allg. Chem. **67**, 1910, 189.

K-Li: *G. Masing* u. *G. Tammann*, Z. anorg. allg. Chem. **67**, 1910, 189.

Mg-Na: *C. H. Mathewson*, Z. anorg. allg. Chem. **48**, 1906, 194.

K-Mg: *D. P. Smith*, Z. anorg. allg. Chem. **56**, 1908, 114.

Al-Na: *C. H. Mathewson*, Z. anorg. allg. Chem. **48**, 1906, 193.

Al-K: *D. P. Smith*, Z. anorg. allg. Chem. **56**, 1908, 113.

Cu-V: *H. Giebelhausen*, Z. anorg. allg. Chem. **91**, 1915, 256.

Ag-V: *H. Giebelhausen*, Z. anorg. allg. Chem. **91**, 1915, 256.

Cu-Mo: *E. Siedschlag*, Z. anorg. allg. Chem. **131**, 1923, 191.

Cu-W: *O. Rumschöttel*, Met. u. Erz **12**, 1915, 45.

Ag-Mo: *Dreibholz*, Z. physik. Chem. **108**, 1924, 4. — *W. Guertler*, Z. Metallkde. **6**, 1923, 152.

Au-Mo: *W. Guertler*, Z. Metallkde. **6**, 1923, 152. — *Dreibholz*, Z. physik. Chem. **108**, 1924, 4.

Ag-Fe: *G. J. Petrenko*, Z. anorg. allg. Chem. **53**, 1907, 215. — *F. Wever*, Arch. Eisenhüttenwes. **2**, 1928/29, 739.

Ag-Co: *G. J. Petrenko*, Z. anorg. allg. Chem. **53**, 1907, 215.

Ag-Ni: *G. J. Petrenko*, Z. anorg. allg. Chem. **53**, 1907, 213. — *P. de Cesaris*, Gazz. **23 II**, 1913, 365.

Be-Mg: *G. Oesterheld*, Z. anorg. allg. Chem. **97**, 1916, 14. — *Ronald*, *J. M. Payne* u. *J. L. Haughton*. J. Int. Met., Lond. **48**, 1932 — Z. Metallkde. **24**, 1932, 304. — *W. Kroll* u. *E. Jess*, Wiss. Veröff. Siemens-Konz. **10**, 1931, 29.

Hg-Mn: *J. Ruhrmann*, Z. Metallkde. **19**, 1927, 455.

Ag-Ir: *H. Rössler*, Chem.-Ztg. **24**, 1900, 733.

Ag-W: *M. v. Schwarz*, Metall- u. Legierungskunde, S. 73. Stuttgart 1929.

Al-Cd: *Hansen* u. *Blumenthal*, Metallwirtsch. **10**, 1931, 925; **11**, 1932, 671. — *A. G. C. Gwyer*, Z. anorg. allg. Chem. **57**, 1908, 150.

Cd-Ga: *N. A. Puschin*, *S. Stepanović* u. *V. Stajić*, Z. anorg. allg. Chem. **209**, 1932, 329. — *W. Kroll*, Metallwirtsch. **11**, 1932, 435.

Hg-Ga: *N. A. Puschin*, *S. Stepanović* u. *V. Stajić*, Z. anorg. allg. Chem. **209**, 1932, 329.

Zn-Tl: *A. v. Vegesack*, Z. anorg. allg. Chem. **52**, 1907, 32.

Zn-Cr: *G. Hindrichs*, Z. anorg. allg. Chem. **59**, 1908, 427. — *H. Le Chatelier*, Bull Soc. Encour. Ind. nat. (4) **10**, 1895, 388.

Cd-Cr: *G. Hindrichs*, Z. anorg. allg. Chem. **59**, 1908, 427. — *G. Voß*, Z. anorg. allg. Chem. **57**, 1908, 50.

Al-Tl: *Fr. Doerinckel*, Z. anorg. allg. Chem. **48**, 1906, 189.

Si-Tl: *S. Tamaru*, Z. anorg. allg. Chem. **61**, 1909, 45.

Al-Pb: *A. G. C. Gwyer*, Z. anorg. allg. Chem. **57**, 1908, 149. — *M. Hansen* u. *B. Blumenthal*, Metallwirtsch. **10**, 1931, 925.

Ga-Pb: *N. A. Puschin, S. Stepanović* u. *V. Stajić*, Z. anorg. allg. Chem. **209**, 1932, 329. — *W. Kroll*, Metallwirtsch. **11**, 1932, 435.

Al-Bi: *A. G. C. Gwyer*, Z. anorg. allg. Chem. **49**, 1906, 318. — *M. Hansen* u. *B. Blumenthal*, Metallwirtsch. **10**, 1931, 928.

Bi-Ga: *N. A. Puschin, S. Stepanović* u. *V. Stajić*, Z. anorg. allg. Chem. **209**, 1932, 329. — *W. Kroll*, Metallwirtsch. **11**, 1932, 435.

Mn-Tl: *N. Baar*, Z. anorg. allg. Chem. **70**, 1911, 360.

Fe-Tl: *E. Isaac* u. *G. Tammann*, Z. anorg. allg. Chem. **55**, 1907, 61.

Co-Tl: *K. Lewkonja*, Z. anorg. allg. Chem. **59**, 1908, 318.

Cd-Fe: *E. Isaak* u. *G. Tammann*, Z. anorg. allg. Chem. **55**, 1907, 61.

Ca-Fe: *C. Quasebart*, Metallurgie **3**, 1906, 28. — *L. Stockem*, Metallurgie **3**, 1906, 147. — *A. Wever*, Naturwiss. **17**, 1929, 304.

Cr-Sn: *G. Hindrichs*, Z. anorg. allg. Chem. **59**, 1908, 418.

Cr-Pb: *G. Hindrichs*, Z. anorg. allg. Chem. **59**, 1908, 429.

Pb-Si: *S. Tamaru*, Z. anorg. allg. Chem. **61**, 1909, 43.

Bi-Si: *R. S. Williams*, Z. anorg. allg. Chem. **55**, 1907, 22.

Fe-Pb: *E. Isaac* u. *G. Tammann*, Z. anorg. allg. Chem. **5**, 1907, 59. — *E. I. Daniels*, J. Inst. Met., Lond. **49**, 1932, 179.

Co-Pb: *K. Lewkonja*, Z. anorg. allg. Chem. **59**, 1908, 314.

Bi-Cr: *R. S. Williams*, Z. anorg. allg. Chem. **55**, 1907, 24.

Bi-Fe: *E. Isaàc* u. *G. Tammann*, Z. anorg. allg. Chem. **55**, 1907, 60.

Typus II.　Eigenschaften.

Eigenschaften binärer Legierungen vom Typus IIa und IIb.

Es ist erklärlich, daß die Eigenschaften der Legierungen dieses Typus in bezug auf die der reinen Metalle anders sind als beim Typus I. Im Grenzfall, wenn gar keine Mischkrystalle auftreten, bestehen die durch Zusammenschmelzen hergestellten Legierungen aus Gemischen der reinen Metalle, allerdings eigentümlicher Art, daß immer eine Grundmasse gleicher Zusammensetzung vorhanden ist und sich in diese je nach der Zusammensetzung der Legierung das eine oder andere Metall einlagert. Es ist in diesem Falle wahrscheinlich, daß sich die Eigenschaften annähernd durch einfache Interpolation der Werte der reinen Metalle werden angeben lassen. Es hat sich gezeigt, daß diese Regel in großen Zügen wirklich zutrifft. Das Verhalten wird naturgemäß kompliziert, wenn Mischkrystalle nach den beiden Metallen auftreten, wie es häufig der Fall ist. Die Eigenschaften der Legierungen, die in der Zusammensetzung zwischen den beiden Grenzmischkrystallen liegen, hängen alsdann im allgemeinen von diesen ab. Dadurch ergibt sich ein Bild über die gesamten Legierungen derart, daß eine Zerlegung in drei Arten erfolgt. Die Eigenschaften an den Legierungen, die den beiden Metallen benachbart sind, folgen den Gesetzen der Mischkrystallbildung, wie sie beim Typus I auseinandergesetzt wurden. Da die Zusammensetzung der Grenzmischkrystalle mit der Temperatur veränderlich ist, kommt dieses natürlich auch bei der Untersuchung der Eigenschaften der Legierungen bei verschiedenen Temperaturen ihren Ausdruck. Diese allgemeinen Regeln werden in einzelnen Fällen durchbrochen, ohne daß immer genau die Gründe hierfür anzugeben wären. Manchmal sind solche Unregelmäßigkeiten nur scheinbar, indem die für die Untersuchungen verwandten Legierungen, besonders wegen zu rascher Abkühlung bei der Herstellung, nicht genügend im stabilen Gleichgewichte waren. Die Abb. 46 zeigt als Beispiel das Verhalten von Blei-Wismut-Legierungen. Die spezifischen Gewichte ändern sich für die Legierungen mit hohem Wismutgehalt stark, was

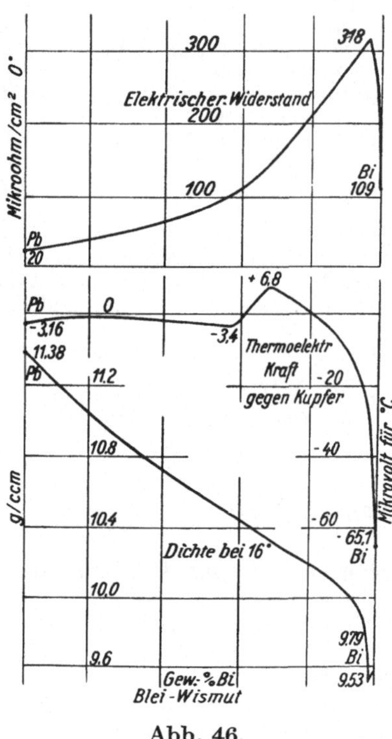

Abb. 46.

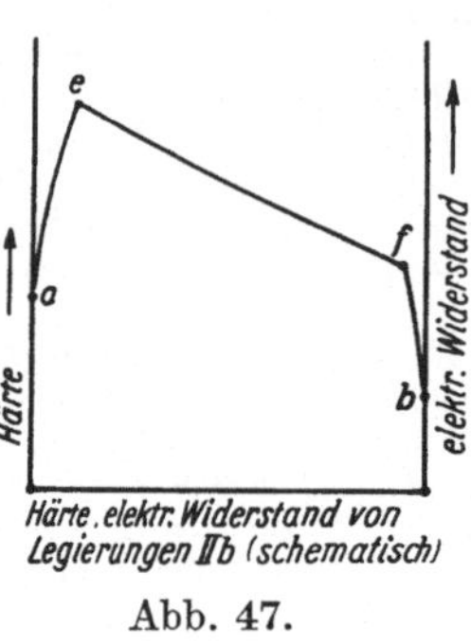

Abb. 47.

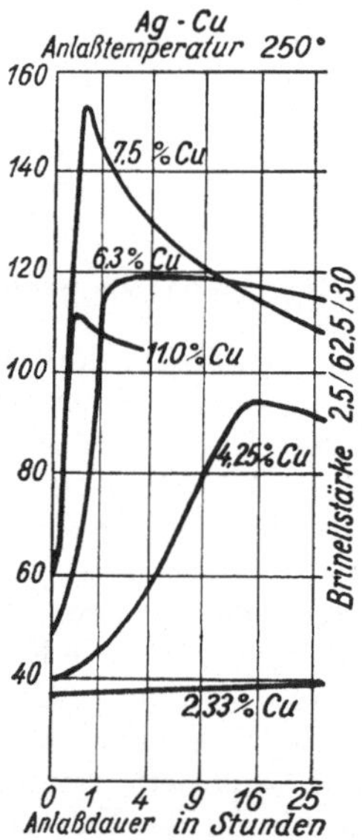

durch die Bildung von Mischkrystallen veranlaßt ist, sonst ist die Änderung fast linear. Auch der elektrische Widerstand weist starke Änderung auf für Legierungen mit wenig Blei, ist aber gleichmäßig, wenn auch durchaus nicht linear. Noch unregelmäßiger ist die thermoelektrische Kraft der Legierungen gegen Cu, die ein Maximum bei 70 Proz. hat. In der Abb. 47 ist noch schematisch angegeben, in welcher Art sich die Härte und der

Abb. 48.   Härteänderungen bei verschiedenen Ag-Cu-Legierungen beim Anlassen.

elektrische Widerstand von Legierungen ändert, wenn sich im Typus IIb Mischkrystalle bilden. Die Abbildung gilt zum Beispiel für Kupfer-Silber-Legierungen. Die Härte der reinen Metalle steigt stark an, solange Mischkrystalle vorhanden sind. In den Legierungen, die zwischen den Grenzmischkrystallen liegen, ist die Härte linear von deren Härte abhängig. Das gleiche gilt für den elektrischen Widerstand.

Ein wichtiges Verhalten betrifft das sog. Vergüten der Legierungen. Dieser

Vorgang, der neuerdings meist Aushärtung genannt wird, ist von besonderer Bedeutung dadurch, daß einem Werkstück in weichem Zustand seine Form gegeben werden kann und daß die Härte und sonstige technisch wichtige Eigenschaften durch nachheriges Vergüten verbessert werden. Da die Vergütungserscheinung von der Zusammensetzung abhängt, die die Grenzmischkrystalle bei den verschiedenen Temperaturen haben, ist zunächst das Mischungsverhältnis der Metalle von Wichtigkeit, daneben spricht aber auch die Anlaßdauer eine Rolle. In der Abb. 48 ist für kupferhaltiges Silber verschiedenen Gehaltes an Kupfer angegeben, wie für eine Anlaßtemperatur von 250° die Zusammensetzung und Anlaßdauer auf die Veränderung der Härte wirken. Bei 7,5 Proz. Cu ist die Steigerung besonders stark, in wenig unter einer halben Stunde wird die Härte auf den dreifachen Wert erhöht.

Die elektrische Leitfähigkeit bei Mischkrystallbildung.

Der elektrische Widerstand von binären Metallmischungen, die sich in jedem Verhältnis isomorph mischen, kann, wie auseinandergesetzt wurde, graphisch wiedergegeben werden durch eine Kurve, die von beiden Seiten steigt, dann umbiegt und durch ein Maximum geht. Die Kurve ist anfangs bei Beginn des Steigens, also bei sehr geringem Zusatz des zweiten Metalles, geradlinig. Deswegen ist es auch erklärlich, daß sich einfache Regeln ableiten lassen für solche Legierungen, welche Mischkrystalle bilden und nur eines der Metalle in geringer Menge enthalten, auch wenn diese noch einem komplizierteren Typus als II angehören. Es ist notwendig, hierbei mit atomaren Mischungsverhältnissen zu rechnen. Für die atomare Erhöhung des elektrischen Widerstandes sind zwei Regeln aufgestellt. Nach der ersten besteht im allgemeinen eine geringe Abhängigkeit von der Temperatur. Nach der zweiten Regel ist der Widerstand, den ein reines Metall durch Aufnahme eines zweiten in seinem Gitter dem elektrischen Strom entgegensetzt, um so größer, je weiter das zugesetzte Element sich in der vertikalen Reihe des periodischen Systems von dem ersten Metall befindet.

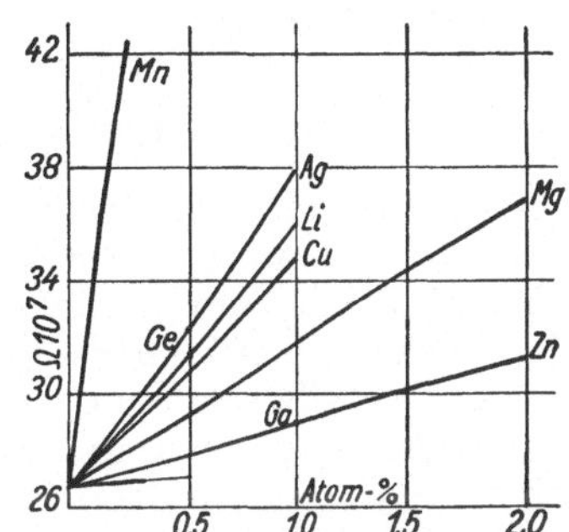

Abb. 49. Änderung des Widerstandes von Aluminium durch verschiedene Zusätze.

Die Abb. 49 bis 52 zeigen beispielsweise, wie sich der Widerstand der drei Metalle Kupfer, Silber und Aluminium beim Zusatz eines zweiten Metalles ändert. Der Zusatz ist so klein, daß die entstehenden Legierungen homogene Mischkrystalle sind, mag das weitere Verhalten noch so kompliziert sein. Alle Abbildungen zeigen deutlich, daß bei einem Zusatz von wenigen Atomprozenten eine lineare Beziehung zwischen diesen und dem Widerstand besteht. Sie zeigen ferner, daß auf Zusatz fernstehender Elemente der Widerstand bei gleichem Zusatz viel mehr wächst. Für die Metalle Cu, Ag und Au konnte, was auch aus den Abbildungen hervorgeht, nachgewiesen werden, daß die atomare Widerstandserhöhung im Verhältnis 1 : 4 : 9 : 16 zunimmt, wenn das zugesetzte Metall eine, zwei, drei oder vier senkrechte Reihen nach rechts im periodischen System entfernt ist. Eine ähnliche Regel besteht nicht für die Elemente, die links von den Bezugselementen in dem periodischen System liegen. Dieses zeigt deutlich die für Kupfer angegebene Abbildung, bei der die angeschriebenen Zahlen zeigen, welche Atomnummern die zugesetzten Metalle haben. Die linke Abb. 51 zeigt für die links von Kupfer liegenden Elemente, daß eigentümlicherweise die Einwirkung von Co und Fe auf Kupfer fast gleichartig und stärker als von Ni ist.

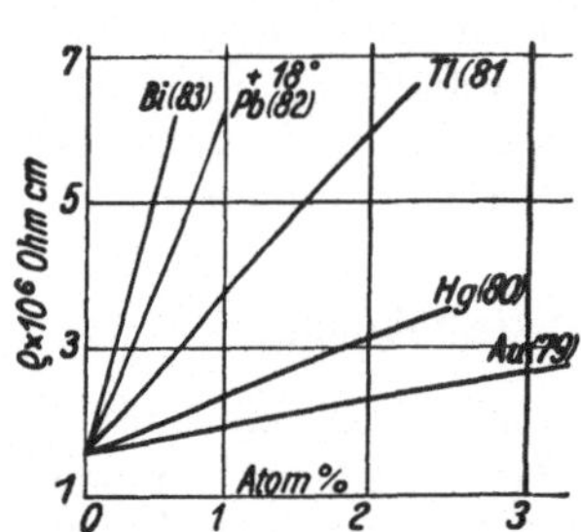

Abb. 50. Änderung des Widerstandes von Silber auf Zusatz der Metalle 79 bis 83.

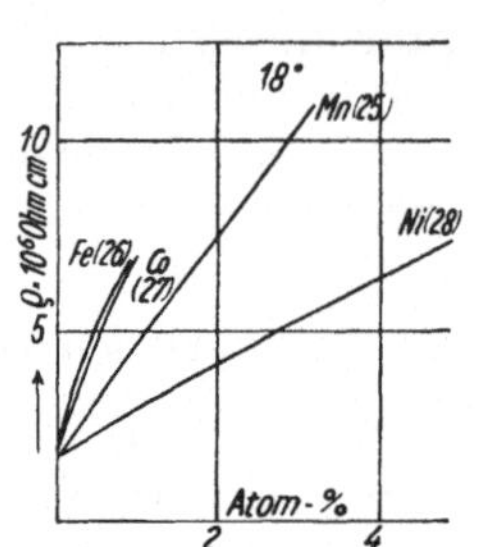

Abb. 51. Änderung des Widerstandes von Kupfer auf Zusatz der Metalle 25 bis 28.

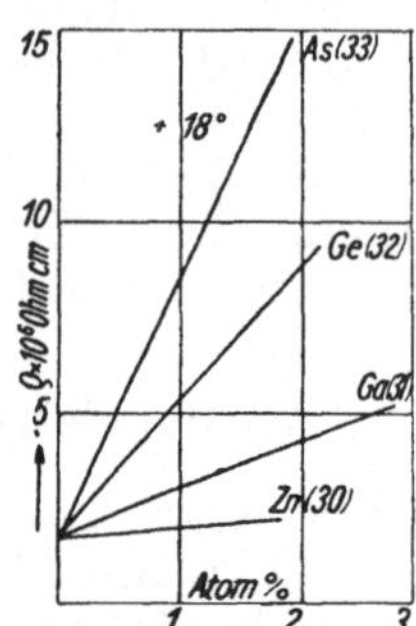

Abb. 52. Änderung des Widerstandes von Kupfer auf Zusatz der Metalle 30 bis 33.

Das Sieden und Verdampfen von Legierungen.

Seitdem es möglich ist, verhältnismäßig leicht sehr niedrige Drucke herzustellen, und auch hohe Temperaturen bequem erreicht werden können, haben die Siede- und Verdampfungserscheinungen größere Bedeutung erlangt. Die Gesetze, die für Flüssigkeitsgemische gelten, sind ohne Einschränkung auch auf Metalle anzuwenden. Auch Sublimationserscheinungen können sich zeigen. Sie finden sich zum Beispiel bei Metallmischungen mit Arsen, das nur unter Druck geschmolzen werden kann. Wenn die Siedeerscheinungen bei konstantem Druck (Atmosphärendruck) in ihrer Veränderlichkeit mit der Temperatur dargestellt werden, so erhält man in einer graphischen Darstellung zwei Kurven, deren Punkte sich auf die Flüssigkeiten und auf die Dämpfe beziehen, die bei den verschiedenen Temperaturen im Gleichgewichte miteinander sind.

Eine Zusammenstellung über die bis 1931 gemachten Untersuchungen über den Siedeverlauf von Metallgemischen findet sich bei *Leitgebel*[1]). Erklärlicherweise sind Quecksilberlegierungen mehrfach untersucht, so von *Kordes* und *Raaz*[2]). Genauer bekannt ist nach *Guillet*[3]) auch das Sieden von Cu-Zn-Legierungen. Die Abb. 53 gibt die Siedeerscheinungen einer Anzahl von *Leitgebel* untersuchter Legierungen. Die Siedetemperatur der in Frage kommenden Metalle bei Atmosphärendruck sind: Cd 767°, Zn 907°, Mg 1097°, Tl 1457°, Bi 1635°, Pb 1740°. Die in Gewichtsprozenten dargestellten Siedekurven zeigen für die Legierungen mit den niedriger siedenden Metallen Cd,

[1]) *Leitgebel*, Z. anorg. allg. Chem. **202**, 1931, 305.
[2]) *E. Kordes* u. *F. Raaz*, Z. anorg. allg. Chem. **181**, 1929, 229.
[3]) *L. Guillet*, C. R. Acad. Sci., Paris **175**, 1922, 1075.

Zn, Mg bis auf Zn-Mg und Cd-Al eine Krümmung nach unten. Ein Vergleich würde zweckmäßiger noch an den Siedekurven gemacht, die sich auf Atomprozente beziehen. Alsdann hätten auch Zn-Mg und Cd-Al die gleiche Krümmung nach unten. Von den hoch siedenden Metallen Sb, Pb, Bi haben die beiden Kombinationen mit ähnlich hohen Schmelzpunkten Sb-Pb und Bi-Sb ein Gemisch mit Siedepunktmaximum, wie es auch häufig bei niedriger siedenden Flüssigkeiten, deren Siedepunkt nahe bei anderen liegen, vorkommt. Diese Gemische mit höchsten Siedepunkten sieden einheitlich und haben deswegen besonderes Interesse.

Die Abb. 54 zeigt das Sieden von Quecksilber-Cadmium-Gemischen, wobei auch die Dampfkurve mit dargestellt ist. Bei Legierungen mit einem leicht siedenden Metalle wie Quecksilber kann es vorkommen, daß die Schmelz- und Erstarrungsvorgänge mit den Siedeerscheinungen zusammenfallen. Die Konstitutionserforschung ist in solchen Fällen erschwert, da sich nicht alle Legierungen der beiden Metalle durch einfaches Zusammenschmelzen herstellen lassen. Da die Schmelzkurven oft eine Krümmung nach oben und die Siedekurven nach unten haben, so nähern sich diese beiden Kurven

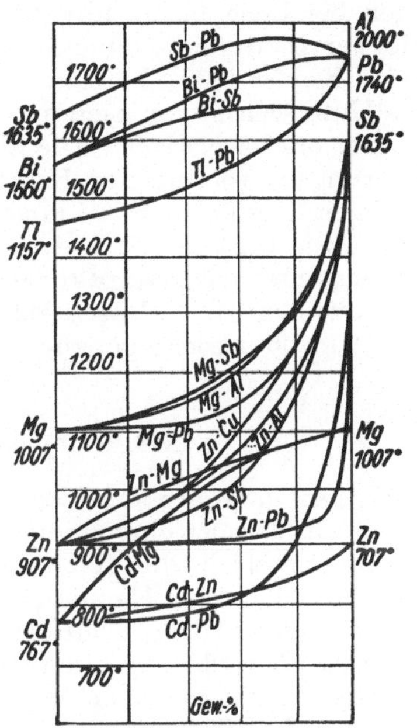

Abb. 53. Siedetemperatur verschiedener Legierungen.

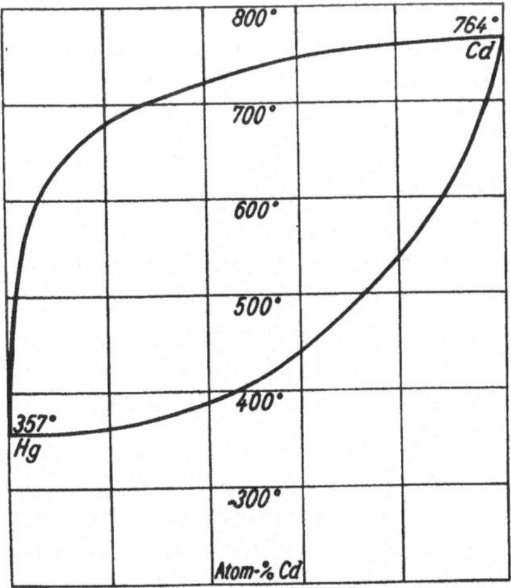

Abb. 54. Sieden von Hg-Cd-Gemischen bei Atmosphärendruck.

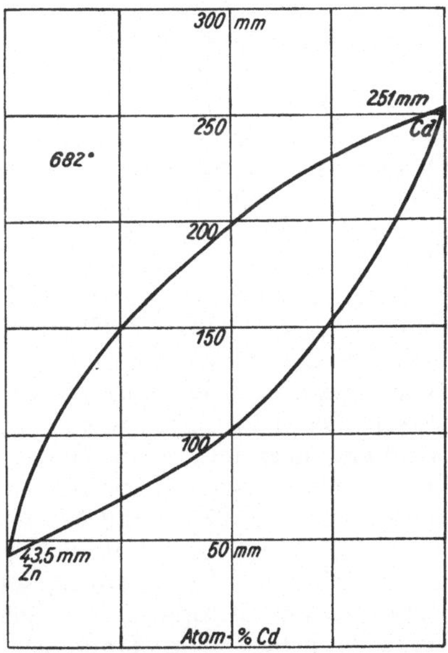

Abb. 55. Verdampfen von Zn-Cd-Gemischen bei 682°.

auch bei Legierungen mit höheren Siedepunkten. Während zum Beispiel die Temperaturunterschiede vom Sieden und Schmelzen beim Zink 500° und beim Kupfer 1300° betragen, sind für eine ganze Reihe Zn-Cu-Legierungen die Unterschiede von Siedepunkten und Erstarrungstemperaturen, wie *Guillet* zeigte, nur 140 bis 150°. Die Siedetemperaturen liegen dabei tiefer als die Erstarrungstemperatur des Kupfers.

Neuerdings ist auch bei konstanter Temperatur in einigen Fällen der Dampfdruck von Legierungen untersucht worden[1]). Die Abb. 55 gibt für Zn-Cd die Flüssigkeits- und Dampfkurve bei 682° nach Atomprozenten wieder, wie sie sich aus den von *Jellineck* gefundenen Werten konstruieren läßt. Das durch die Abb. 55 wiedergegebene Verhalten ist das normale.

Mischkrystalle von γ- und α-Eisen.

Wegen ihrer großen Bedeutung soll auf die Eisenmischkrystalle noch etwas eingehender eingegangen werden. Eisen bildet, wie auseinandergesetzt wurde, sowohl in der flächenzentrierten δ-Form als in der raumzentrierten γ-Form mit anderen Elementen lückenlose Reihen von Mischkrystallen. Dieses ist nur dann möglich, wenn das zweite Metall im gleichen Gitter krystallisiert. Als möglich wurde manchmal auch der Fall der Bildung lückenloser Reihen von Mischkrystallen zwischen Mangan in seiner flächenzentrierten t e t r a g o n a l e n Form mit der flächenzentrierten kubischen von δ-Fe hingestellt. Dieser Fall soll hier jedoch ausgeschlossen werden. Die beiden Typen der Bildung einer lückenlosen Reihe von Mischkrystallen wurden hier bei den Legierungen vom Typus I und II behandelt. Im zweiten Falle, wo γ-Fe lückenlose Mischkrystalle bildet, tritt ein Gleichgewicht zwischen Schmelze und zwei Mischkrystallen von δ-Fe und γ-Fe und einer Schmelze von entsprechendem Gehalt an dem zweiten Metall auf. Die Gleichgewichtstemperatur ist alsdann fast immer höher als die Umwandlungstemperatur γ-δ des reinen Eisens. Aber auch ohne daß eine lückenlose Reihe von Mischkrystallen besteht, bilden beide Formen des Eisens mit einer größeren Zahl anderer Elemente in bestimmtem Umfang Mischkrystalle. Nach ihrem Verhalten zum Eisen in bezug auf die Bildung von Mischkrystallen lassen sich die Elemente in zwei Gruppen mit fünf Untergruppen einteilen, die mit a_1, a_2, a_3, b_1, b_2 bezeichnet werden sollen. Diese Einteilung ist besonders für die später behandelten ternären Eisenlegierungen wichtig, die nach der Art der Bildung von Mischkrystallen gruppiert werden sollen. Bei den binären Eisenlegierungen a_1, a_2 und a_3 wird das Gebiet der γ-Fe-Mischkrystalle in dem Zustandsbilde nicht umhüllt von dem der α-δ-Fe-Mischkrystalle. Die Abb. 56 bis 59 geben schematisch das Verhalten der verschiedenen Gruppen wieder. Die Gruppe a_1 umfaßt Legierungen mit γ-Mischkrystallen im ganzen Gebiet zwischen beiden Metallen. Hierzu gehören die Eisenlegierungen folgender Metalle, bei denen die Systemnummern vermerkt sind. a_1: 27 Co, 28 Ni, 45 Rh, 77 Ir, 46 Pd, 78 Pt.

Die Legierungen sind dem Typus IIa zugeordnet, haben aber, wie auch schon früher erwähnt wurde, große Ähnlichkeit mit den Legierungen des Typus I. Zur Gruppe a_2 sind die Eisenlegierungen zu rechnen, die Mischkrystalle in geringem Umfange, praktisch meist überhaupt nicht, bilden.

---

[1]) *E. Burmeister* u. *K. Jellineck*, Z. physik. Chem. **165**, 1933, 121.

Die folgende Zusammenstellung umfaßt neun Metalle, von denen die fünf letzten mit Eisen Entmischung im flüssigen Zustande zeigen. a_2: 5 B (IVa), 16 S (IIIx), 80 Hg (IIb); 47 Ag, 48 Cd, 81 Tl, 82 Pb, 83 Bi. Bei der Gruppe a_3 ist Mischkrystallbildung deutlich vorhanden. Zu ihr gehört das in dieser Hinsicht wichtigste Element, der Kohlenstoff. a_3: 6 C (IVb), 7 N (V), 28 Cu (IIIb), 79 Au (IIIb), 30 Zn (IVb), 58 Ce (Va), 73 Ta (IIIa), 40 Zr (IIIa), 25 Mn (IIIb). Die Zugehörigkeit zu den verschiedenen Typen ist mit angegeben.

Besonders zu beachten ist, wie auch früher schon betont wurde, der Fall b, wobei δ-Fe im größeren Ausmaß als γ-Fe Mischkrystalle bildet. In dem Zu-

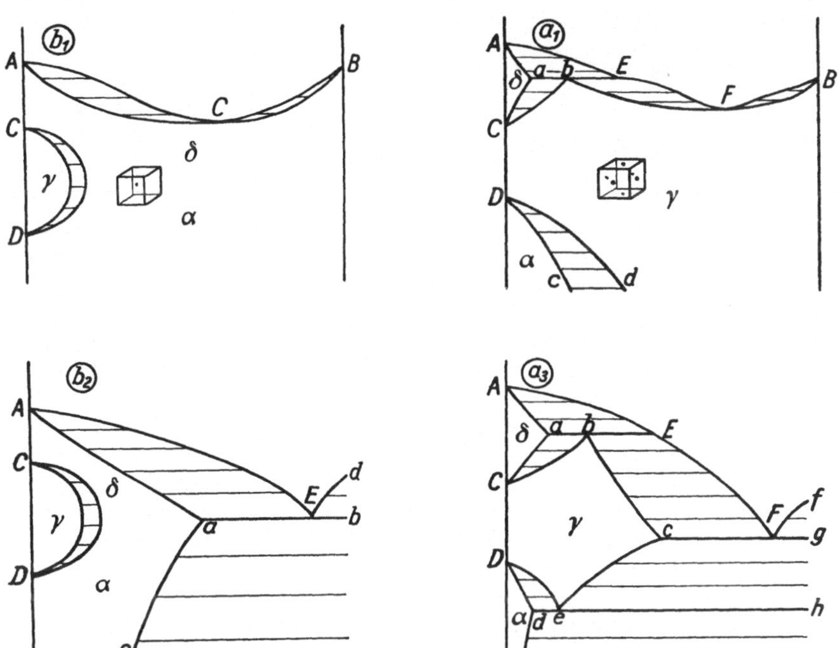

Abb. 56/57. Binäre Eisenlegierungen ohne geschlossenes Gebiet der γ-Mischkrystalle (b_1, b_2).

Abb. 58/59. Binäre Eisenlegierungen mit geschlossenem Gebiet der γ-Mischkrystalle (a_1, a_3).

standsbilde findet alsdann eine Verengerung des Gebietes für die γ-Fe-Mischkrystalle statt, was vielfach zur Bildung eines geschlossenen Gebietes führt. Ein derartiges Verhalten findet sich zwischen Eisen und den folgenden Metallen, für welche, soweit bestimmt, die Ausdehnung des Gebietes der γ-Fe-Mischkrystalle angegeben wurde. Die Angaben der verschiedenen Forscher weichen oft voneinander ab. Für eine Anzahl der Systeme ist der Umfang der Mischkrystallbildung nach γ-Fe in den Abbildungen der Tafel besonders vermerkt.

	4	13	14	22	32	50	23	15	33	51	24	42	74
	Be	Al	Si	Ti	Ge	Sn	V	P	As	Sb	Cr	Mo	W
Gew.-Proz.:	0,5	1	2	1	—	2	1	0,3	—	2	14	2	3
Atom-Proz.:	3	2	4	1	—	1	1	0,5	—	1	12	3	2

Die γ-Fe-Mischkrystalle mit dem höchsten Gehalt des anderen Metalles finden sich meistens bei einer Temperatur von etwa 1100°. Chrom hat ein Mischkrystallgebiet der γ-Fe-Cr-Mischkrystalle mit Temperaturminimum, das bei 0,8 Atom-Proz. Chrom und 840 bis 860° liegt. Die Elemente sind entsprechend den Abb. 58 und 59 in die beiden Gruppen b_1 mit α-δ-Mischkrystallen im ganzen Gebiete, und b_2 nur in einem Teile eingeordnet. Trotzdem, daß im zweiten Falle der Umfang α-δ-Mischkrystalle oft nur klein ist, bildet sich doch für diese ein Gebiet heraus, das das der γ-Mischkrystalle vollständig umhüllt. In den folgenden kleinen Tabellen sind wieder die Systemnummern der Metalle und des Typus der binären Legierungen angegeben.

b_1: 23 V (Ib); 24 Cr (Ib); 41 Nb.

b_2: 4 Be (IIIa); 13 Al (Va); 14 Si (Va); 22 Ti (IIb); 32 Ge; 50 Sn (Vb); 15 P (IVa); 33 As (Va); 51 Sb (Va); 42 Mo (IVb); 74 W (IIIb).

Die Verschiedenheit der verschiedenen Gruppen geht aus den Abb. 56 bis 59 klar hervor. Nach *A. Heinzel*[1]) verursacht die Umwandlung der aus dem Schmelzfluß ausgeschiedenen δ-Mischkrystalle eine Kornverfeinerung beim Überschreiten der δ-γ-Grenze bis zu $^4/_5$ der Sättigung des γ-Mischkrystalles. Das Verhalten wurde bei Legierungen mit Al, Si, V und W studiert und hat Ähnlichkeit mit dem Vergüten, das zu einer Rekrystallisation führt. Die weitere Umwandlung zurück in die δ-gleiche α-Modifikation bewirkt keine weitere Kornverfeinerung.

Wever bringt die Fähigkeit zur Bildung von Mischkrystallen mit den Atomradien der Elemente in Beziehung. In Abb. 60 sind diese geordnet nach ihren Atomzahlen und ihre Beziehung zu den γ- und δ-Mischkrystallen des Eisens wiedergegeben, wobei die hier angegebene Einteilung berücksichtigt wurde. Man erkennt eine gewisse Regel bei der Bildung der Mischkrystalle mit Eisen. Überhaupt keine Löslichkeit im Eisengitter zeigen die Elemente mit großen Werten der Atomradien. Es sind das die Alkalien, die alkalischen Erden außer Be und die Elemente Ag, Cd sowie Hg, Tl, Pb und Bi. Sie bilden außer Hg mit Eisen Systeme beschränkter Mischbarkeit im flüssigen Zustande. Die Elemente, die nach *Wever* eine Erweiterung des Gebietes der γ-Eisenmischkrystalle aufweisen, sind die mit γ-Fe eine lückenlose Reihe von Mischkrystallen bildenden Metalle der Gruppe a_1 sowie Metalle der Gruppe a_3, sofern sie ein Zustandsbild wie das in Abb. 59 angegebene mit Eisen haben.

In interessanter Weise stellt *Jones*[2]) fest, ob ein Element den Umwandlungspunkt A_3 ($\alpha \rightleftharpoons \gamma$) des Eisens erhöht oder erniedrigt. Er untersucht bei 1000° oder 850°, in welcher Art die beiden fest aneinandergepreßten Metalle ineinander diffundieren. Wenn die Diffusion unter Bildung des gleichen Gitters der entstehenden Mischkrystalle erfolgt, zeigt sich keine scharfe Grenze beim Eindringen des zweiten Metalles in das Eisen. Dieses ist aber der Fall, wenn sich Mischkrystall anderer Gitterstruktur infolge der Diffusion bildet. Beispiele sind die gleiche Gitterstruktur γ-Fe-Ni oberhalb und α-Fe-Cr unterhalb oder

---

[1]) *A. Heinzel*, Arch. Eisenhüttenw. **1934**, 479.
[2]) *W. D. Jones*, J. Iron Steel Inst. **1934**.

die ungleiche Fe-Ni unterhalb oder Fe-P oberhalb A_3. Die Grenzen sind mikroskopisch scharf zu erkennen. Nach *Jones* bilden sich zwischen 1000 und 1300° infolge Diffusion Mischkrystalle desselben Gitters bei B, C, Co, Cu,

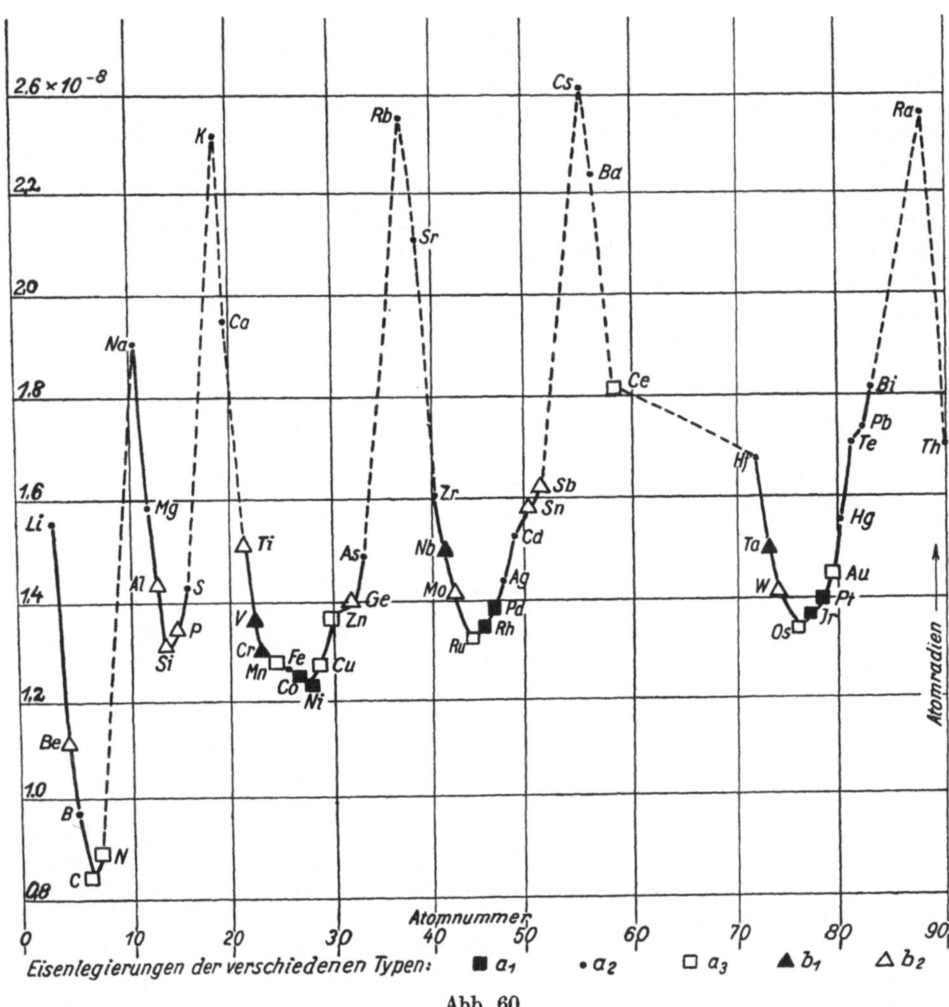

Abb. 60.

Verhalten der Legierung von Eisen zu anderen Metallen, Atomnummer—Atomradius.

Au, Ir, Ni, Mn, Ag und solche von verschiedenen Gittern bei Al, Sb, As, Be, Cr, Mo, P, Si, Sn, Ti, W, U, V, Zn. Indifferent erwiesen sich Ba, Bi, Cd, Ca, Ce, Pb, Mg, Hg, K, Se, S, Ta, Te. Die Angaben unterscheiden sich für Zn und B von denen von *Wever*.

Typus III.

Einleitung.

Entsprechend der gewählten Einteilung gehören zum Typus III diejenigen binären Legierungen, bei denen drei verschiedene feste Phasen im Gleichgewicht mit Schmelze möglich sind. Bei den bisher erörterten Typen bilden die beiden Metalle entweder eine lückenlose Reihe Mischkrystalle oder es treten zwei Arten Mischkrystalle auf, im Grenzfall die reinen Metalle. Gibt es noch eine dritte feste Phase, so liegt diese ihrer Zusammensetzung nach zwischen beiden Metallen. Sie kann wiederum entweder ein Mischkrystall sein oder auch eine ganz bestimmte gleichbleibende Zusammensetzung haben, ist also eine chemische Verbindung. Es sollen zunächst die Fälle untersucht werden, bei denen keine Mischkrystalle auftreten, wodurch die Betrachtung einfacher wird. Sie läßt sich alsdann leicht auf den allgemeineren Fall mit der Bildung von Mischkrystallen übertragen. Das Besondere, das bei einigen Eisenlegierungen auftritt, wird bei den Tafeln ausführlich auseinandergesetzt werden. Systeme, bei denen außer den beiden reinen Stoffen eine chemische Verbindung von bestimmter Zusammensetzung auftritt, finden sich auch häufig bei anderen chemischen Körpern als den Metallen. Der Fall des Auftretens von Mischkrystallen zwischen den beiden Komponenten ist aber fast vollständig auf Legierungen beschränkt.

Gewichts- und Atomprozente.

Obwohl bei Legierungen noch häufig die Angaben lediglich nach Gewichtsprozenten gemacht werden, ist eine solche nach Atomprozenten gerade bei Auftreten von Verbindungen wissenschaftlich entschieden vorzuziehen. Wenn auch in dem Vorhergehenden Gewichts- und Atomprozente bereits einige Male erwähnt wurden, ist es doch notwendig, etwas genauer auf die Beziehungen von Gewichtsprozenten und Atomprozenten einzugehen.

Werden die Zustandsbilder von Legierungen zweier Metalle nach den Ergebnissen konstruiert, so ist es naheliegend, zunächst als Abszisse die Gewichtsprozente der beiden Metalle zu wählen. Hierdurch kommen Verbindungen bestimmter Zusammensetzung für verschiedene Legierungspaare an ganz verschiedene Stellen. Besonders für Legierungen mit sehr verschiedenen Atomgewichten können dadurch die Zustandsbilder eine ungeschickte Darstellungsform bekommen. In solchen Fällen ist es gut, eine Darstellung unter Berücksichtigung der Atomgewichte nach Atomprozenten zu haben. Man kann eine solche durch Umrechnung bekommen, indem man die Atomgewichte der Metalle berücksichtigt. Es lassen sich aber auch die Atomprozente in die Abbildung, welche das Zustandsbild nach Gewichtsprozenten darstellt, einbeziehen, indem man den Maßstab für die Prozente doppelt angibt, einmal durch eine gleichmäßige Teilung nach Gewichtsprozenten und außerdem eine ungleichmäßige für die Atomprozente. In den meisten Abbildungen auf den Tafeln ist eine solche Darstellung gemacht, indem die Atomprozente auf der oberen Kante vermerkt sind und die Abbildung selbst sich auf Gewichtsprozente bezieht. Die den Gewichtsprozenten

zugehörigen Werte der Atomprozente lassen sich leicht durch Rechnung finden. Bequemer ist es in vielen Fällen aber, sich bei der Umrechnung
von Atom- in Gewichtsprozente einer graphischen Darstellung zu bedienen,
wie es die Abb. 61 für das gleiche System Kupfer-Silber wiedergibt. In
diesem Falle genügt die Berechnung der Gewichtsbeziehungen des Atomverhältnisses Ag : Cu = 1 : 1, was 63,2 Gew.-Proz. Ag und demnach 36,8 Gew.-
Proz. Cu ergibt. Die beiden Punkte P und P', die auf den Halbierungslinien des

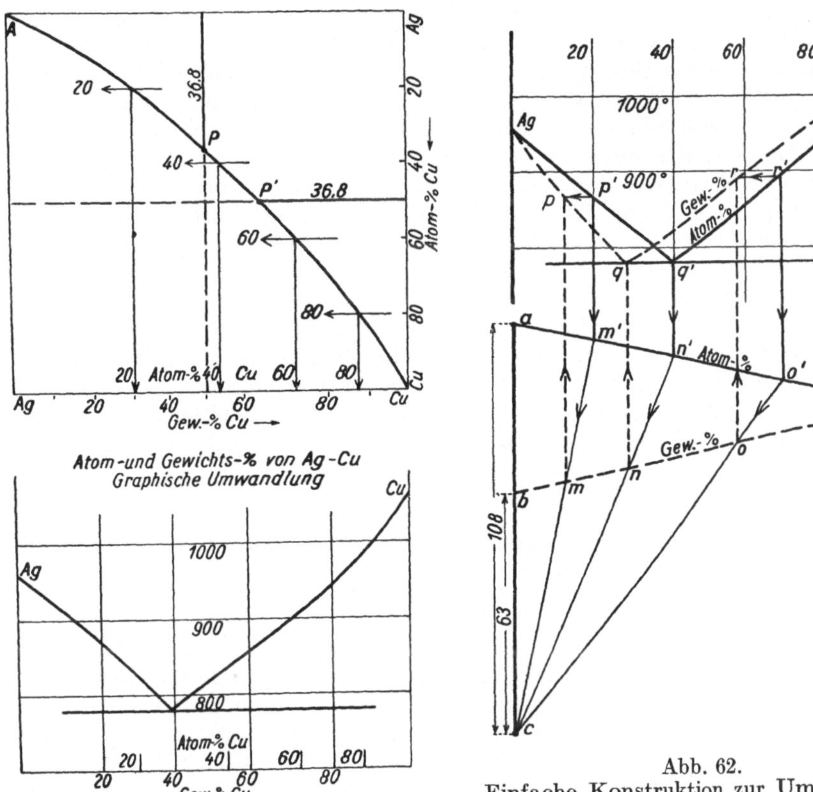

Abb. 61. Umwandlung von Atom- und
Gewichtsprozenten ineinander.

Abb. 62.
Einfache Konstruktion zur Umwandlung
von Atom- und Gewichtsprozenten ineinander.

Quadrates liegen, sind so gelegt, daß die durch sie gehenden Senkrechten und
Wagrechten in diesem Verhältnis geteilt sind. Wird durch diese beiden
Punkte und die Eckpunkte A und B eine etwas gebogene gleichmäßige Kurve
gezogen, so gibt diese für alle Mischungen den Zusammenhang zwischen Gewichts- und Atomprozenten graphisch wieder. Abszissen und Ordinaten sind
die zugehörigen Werte, wie die Abbildung zeigt. Die Kurve ist eine, in diesem
Fall, flache Parabel. Sie ist um so stärker gekrümmt, je mehr die Atomgewichte der beiden Metalle voneinander abweichen. Bei größeren Differenzen
ist es zweckmäßig, für die Konstruktion noch zwei Punkte heranzuziehen,
indem man das Gleichgewichtsverhältnis für ein Atomverhältnis 3 : 1 aus-

rechnet. Diese parabolische Kurve läßt sich mit in das Zustandsbild einzeichnen, wodurch es nicht nötig ist, einen doppelten Maßstab für Gewichts- und Atomprozente zu wählen. In seiner ausgezeichneten, leider nicht ganz vollständigen Zusammenstellung über die binären Metallegierungen hat *Bornemann* diese Darstellung gewählt, wobei allerdings noch das Verhältnis von Gewichts- und Atomverhältnis umgekehrt ist, indem sich die Zustandsbilder auf Atomprozente beziehen und die Gewichtsprozente graphisch zu interpolieren sind. Es wäre sehr wünschenswert, eine vollständige Darstellung dieser Art bis in die neueste Zeit zu haben.

Eine dritte Art Gewichts- und Atomprozente bei der Darstellung des Zustandsbildes zu berücksichtigen, ist in Abb. 62 wiedergegeben. Die Verteilung auf Prozente ist in beiden Fällen dieselbe, so daß sich jetzt zwei Abbildungen, eine für Gewichtsprozente und eine für Atomprozente, in einer Abbildung ergeben. Die Art, wie eine Umwandlung der beiden Kurvenzüge ineinander erfolgt, ist vom Verfasser[1]) ausführlich auseinandergesetzt worden. Die Abb. 64 zeigt an dem Beispiel von Silber und Kupfer die einfache Art der Konstruktion. Im unteren Teil sind auf der linken Seite für die beiden Metalle ihrem Atomgewicht entsprechend die Abschnitte ac und bc in einem bestimmten Maßstab gezeichnet. Auf der rechten Seite liegt der Punkt d senkrecht über der Mitte von ab. Durch die von c gezogenen Geraden ergeben sich Punkte m, n, o und m', n', o' auf ad und bd, die denselben Gemischen in den beiden Darstellungen von Gewichts- und Atomprozenten entsprechen. Hierauf folgt die im oberen Teil angegebene Konstruktion bestimmter gleichartiger Punkte p, q, r und p', q', r' der beiden Darstellungsweisen. Wegen des Beweises dieser Konstruktion sei auf die Originalarbeit verwiesen.

Chemische Verbindungen und intermediäre Mischkrystalle zweier Metalle.

Nachdem man gefunden hatte, daß in binären Legierungen außer reinen Metallen und ihren einfachen Mischkrystallen auch solche feste Gefügebestandteile auftreten können, die beide Metalle enthalten, ohne im Grenzfall in die reinen Metalle überzugehen, hat man anfangs wohl stets versucht, einfache chemische Formeln für diese Gefügebestandteile zu finden. Damit faßte man sie also als chemische Verbindungen auf. Neuere Untersuchungen haben gezeigt, daß es gewiß auch eine größere Anzahl solcher Körper gibt, die nur ein sehr enges Konzentrationsbereich der Homogenität haben und durch einfache chemische Formeln ausgedrückt werden können. Solche Verbindungen sind oftmals sehr ähnlich den Salzen, und ihre Bestandteile werden auch durch ähnliche Kräfte zwischen den beiden Metallen zusammengehalten. Wohl alle Legierungen, die bei einfacher chemischer Zusammensetzung ein ausgesprochenes Schmelzpunktmaximum haben, sind derartige chemische Verbindungen. Doch gibt es auch eine Anzahl anderer, die nicht kongruent schmelzen und auch als ausgesprochen chemische Verbindungen zu behandeln sind. Beispiele solcher Verbindungen sind $CuAl_2$, Cu_2Mg, $CuMg_2$, Cu_3Sn. Nachdem man aber erkannt hatte, daß bei Legierungen auch feste Phasen bestimmter Krystallstruktur mit unbestimmter chemischer Zusammensetzung auftreten können, machte deren Erklärung anfangs einige Schwierigkeit. Hier

---

[1]) *E. Jänecke*, Metallurgie **9**, 1912, Heft 10.

ist gerade durch die Untersuchung der Krystallgitter weitgehend Aufklärung bewirkt, und es haben sich Ähnlichkeiten gezeigt, die sich sonst nicht hätten finden lassen. Solche Mischkrystalle liegen ihrer Zusammensetzung nach in vielen Fällen gruppiert um eine Legierung von einfachen stöchiometrischen Verhältnissen. Manchmal sind die Mischkrystalle einseitig um einen geringen Wert verschoben. Die röntgenographische Untersuchung hat gezeigt, daß sich Gitter ergeben, welche den einfachen Formeln entsprechen, derart, daß die überzähligen Metallatome irgendwie in den Lücken verteilt sind. Dieses ist natürlich eigentümlich, trotzdem besteht kein Grund, die betreffende Mischkrystallreihe nicht durch eine Formel, entsprechend der einfachen Gruppierung im Gitter zu benennen.

In neuerer Zeit ist zuerst an den Legierungen von Cu, Ag und Au gefunden worden, daß bei den auftretenden intermediären Verbindungen das Verhältnis der Zahl der Valenzen zur Zahl der Elemente von Bedeutung ist. Es ist das ähnlich dem, was *van't Hoff*[1]) vor Jahren bereits einmal zur Erklärung bestimmter Eigenschaften von Doppelsalzen herangezogen hat und damals ,,mittlere Valenz`` nannte. Bei den Legierungen hat sich gezeigt, daß von besonderer Bedeutung das Verhältnis von 21 Valenzen zu 13 Atomen ist. Die Übergangsmetalle der achten Reihe des periodischen Systemes sind hierbei als Elemente mit der Valenz Null einzusetzen. Es erklärt sich hierdurch, daß Mischkrystalle ganz verschiedener Zusammensetzung krystallographisch gleichartig sind. Es sind dies z. B. die kupferhaltigen Mischkrystalle Cu_5Zn_8, Cu_9Al_4 oder $Cu_{31}Sn_8$, bei denen

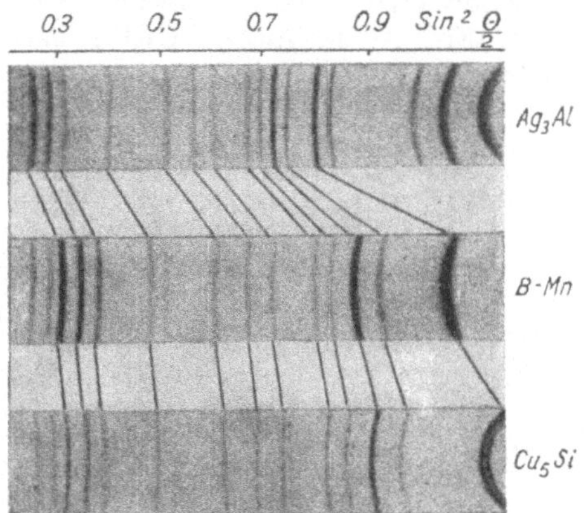

Abb. 63. Röntgendiagramme von Ag₃Al, β-Mn und Cu₅-Si.

jedesmal auf 13 Atome 21 Valenzen kommen. Mit Hilfe der röntgenographischen Untersuchung hat sich weiter für eine Reihe anderer Legierungen etwas ganz Eigentümliches gezeigt. Wie die Abb. 63 zeigt, haben die Verbindungen Ag₃Al, Au₃Al und Cu₅Si genau dieselbe relative Intensität der Röntgeninterferenzen wie β-Mn. Die Legierungen müssen also auch einen gleichen Aufbau wie Mangan haben, woraus folgt, daß die aufbauenden Metalle Ag und Al, Au und Al, sowie Cu und Si in dem Gitter nicht eine bestimmte Anordnung haben können, sondern entsprechend der Wahrscheinlichkeit statistisch verteilt sein müssen. Das Verhältnis der Valenzen zu der Zahl der Atome ist in diesen Fällen 3 : 2. Bei der Auseinandersetzung der speziellen Systeme wird auf den Bau der Gitter der verschiedenen Verbindungen und Mischkrystalle eingegangen werden.

Der Gitterbau der Verbindungen.

An dieser Stelle sollen die Gitter einiger ausgesprochen chemischer Verbindungen erwähnt werden. Man unterscheidet die verschiedenen Typen nach

---

[1]) *van't Hoff*, Oceanische Salzablagerungen **1909 II**, 35.

der Anzahl der Atome, die zu einer Verbindung zusammentreten. Die Elemente
gehören, wie erwähnt, zu dem Typus A mit den Unterabteilungen A_1, A_2 usw.
Bei den aus zwei Elementen zusammengesetzten Verbindungen umfaßt Typus B
die Verbindungen der Formel AB, ebenfalls mit verschiedenen Unterabteilungen, ferner Typus C die Verbindungen der Formel AB_2 und Typus D die
der Formel A_mB_n. Der Typus B_1 des Steinsalzes ist in seiner Gitterstruktur
durch die Abb. 64 dargestellt. In ihm krystallisieren eine große Anzahl chemischer Verbindungen: Halogenide, Oxyde, Sulfide, Selenide, Telluride, Nitride
und Carbide. Unter diesen befinden sich keine Verbindungen, die den eigentlichen Legierungen zuzurechnen sind. Erwähnt werden sollen die Carbide TiC,
ZrC, VC, NbC und TaC. Die Bindungsarten sind von verschiedener Art, worauf hier nicht eingegangen zu werden braucht. Im Gitter B_2, dem Caesium-
Chlorid-Gitter, das in der Abb. 65 dargestellt ist, krystallisieren Halogenide und
noch eine Anzahl anderer Verbindungen. Zu diesen gehören TlSb, TlBi,
CuZn, AgZn, AuZn, CuPd und AlNi. Die Mehrzahl dieser Metallpaare
bilden außer diesen Verbindungen noch Mischkrystalle oder Verbindungen

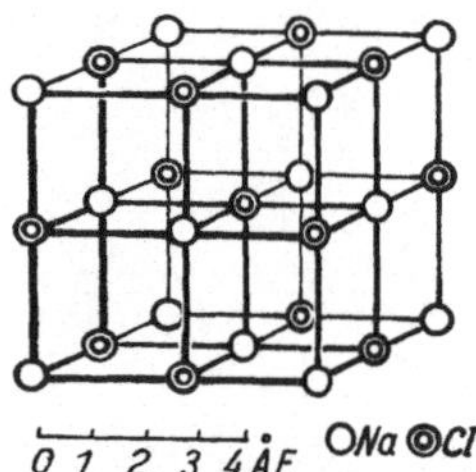

Abb. 64. Krystallgitter B_1,
Natriumchlorid.

Abb. 65. Krystallgitter B_2,
Caesiumchlorid.

Abb. 66. Krystallgitter B_4, Wurzit ZnS.

anderer Art. Nach dem Typus der Zinkblende B_3, das ein Diamantgitter darstellt, in dem schichtweise die Kohlenstoffatome durch die beiden verschiedenen Elemente ersetzt sind, krystallisieren wiederum wie bei B_1 eine große
Anzahl anderer Halogenide, Sulfide, Selenide und Telluride. Außerdem auch
Phosphide, Arsenide und Antimonide. Erwähnt werden sollen die Verbindungen ZnSe, ZnTe, CdTe, HgTe, AlSb und SnSb. Das Gitter B_4, in
dem die andere Form von Zinksulfid, Wurtzit krystallisiert, ist in Abb. 66
dargestellt worden. Nach ihm krystallisieren eine kleine Anzahl Oxyde, Sulfide, Selenide und Telluride. Die Typen B_3 und B_4 sind „Tetraedergitter“:
jedes Atom der einen Art hat vier nächste Nachbarn der anderen, die ein reguläres oder fast reguläres Gitter bilden. Abb. 67 gibt das Gitter B_8, in dem
NiAs, Nickelarsenid oder Rotnickelkies krystallisiert, wieder. Außer der Verbindung NiTe krystallisieren in dieser Art die Antimonverbindungen von Cr,
Mn, Fe, Co und Ni. Von Interesse bei diesen Krystallgruppen vom Typus B
ist noch B_{12}. Das Gitter hängt mit dem Graphitgitter zusammen, so daß die
beiden Elemente in Ebenen liegen, die sich abwechseln. In diesem Gitter
krystallisiert BN. Ein Gitter, in dem die Verbindungen der Formel AB_2
häufig krystallisieren, ist das Fluoritgitter C_1, das in der Abb. 68 abgebildet
ist. Die Ca-Atome bilden für sich ein flächenzentriertes, kubisches Gitter, in
dem 8 Fluoratome zentrisch verteilt liegen, die einen Würfel von halber Kanten-

länge bilden. In diesem Gitter krystallisieren Fluoride zweiwertiger Metalle. Verschiedene Superoxyde, die Sulfide Na_2S und Cu_2S, die Verbindung Cu_2Se. Außerdem, was von besonderem Interesse ist, krystallisieren in dieser Art auch die Magnesiumverbindungen der Formel Mg_2Si, Mg_2Sn, Mg_2Pb. Im Krystallgitter C_2 des Pyrits, FeS_2, krystallisieren außer verschiedenen Schwefelverbindungen, von denen FeS_2, CoS_2 und NiS_2 erwähnt werden sollen, die Verbindungen $PtAs_2$. Das Gitter ist in der Abb. 69 abgebildet. In bezug auf die Legierungen sind noch die Gitter für $Mg\text{-}Zn_2$ (C_{14}), $Cu_2\text{-}Mg$ (C_{15}),

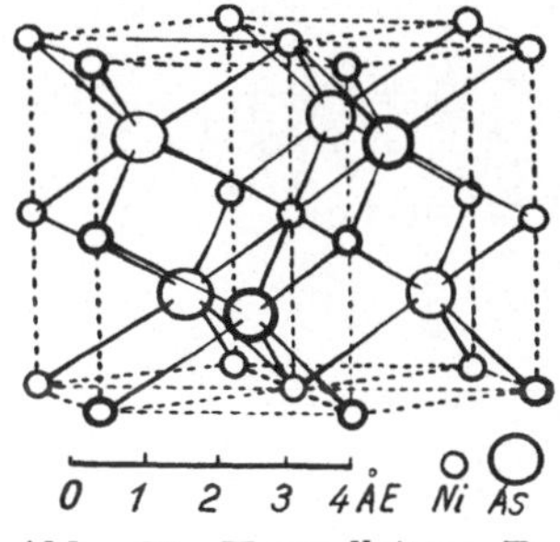

Abb. 67. Krystallgitter B_8, Nickelin NiAs.

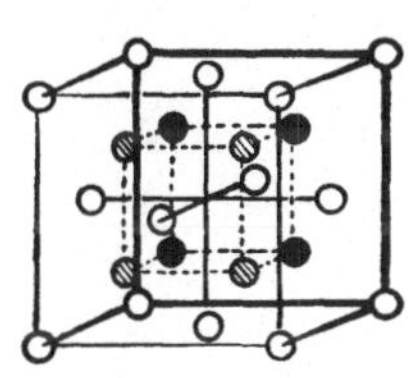
Abb. 68. Krystallgitter C_1, Fluorit CaF_2.

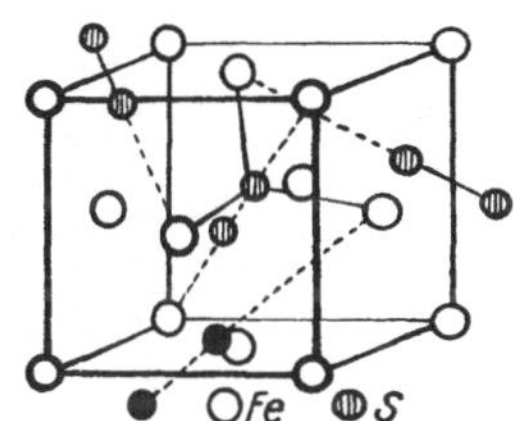

Abb. 69. Krystallgitter C_2, Pyrit FeS_2.

$Cu\text{-}Al_2$ (C_{16}) und $F_2\text{-}B$ (C_{17}) von Interesse. Die Gitter sind komplizierter. Sie sind abgebildet in den Strukturberichten von *Groth*[1]). Von den beiden Magnesiumverbindungen krystallisiert $MgZn_2$ hexagonal, Cu_2Mg regulär und die beiden anderen angegebenen Verbindungen $CuAl_2$ und Fe_2B tetragonal. Endlich soll noch der Typus C_{18} erwähnt werden, in dem FeS_2 Markasit krystallisiert. Das Gitter gehört dem rhombischen System an, in ihm krystallisieren die Verbindungen $FeAs_2$ und $FeSb_2$.

. Von den komplizierteren Typen D chemischer Verbindungen soll $CoAs_3$ vom Typus D_7 mit kubischen Achsen erwähnt werden. Außerdem Legierungen, welche nach der Regel von *Hume-Rothery* auf 13 Atome 21 Valenzen enthalten. Ihre Gitter sind einander bei verschiedenen Verbindungen nicht völlig gleich, jedoch ähnlich.

Röntgenbilder binärer Legierungen nach *Debye-Scherrer*.

Zur Erforschung der festen Phasen, die bei den Legierungen zweier Metalle auftreten, untersucht man eine entsprechende Anzahl verschiedener Metalle und stellt den Gittertypus fest. Die Abb. 70 zeigt z. B. nach *Westgren* in ausgezeichneter Weise an den Legierungen Ag-Cd die Röntgendiagramme der festen Phasen für die verschiedenen Legierungen bei gewöhnlicher Temperatur. Man erkennt, wie auf Zusatz von Cd zu Ag bis 39 Atom-Proz. das Diagramm gleichartig bleibt, aber durch den Eintritt von Ag in das Cd-Gitter eine starke Verschiebung der Linien eintritt. Es treten weiter deutlich die gleichartigen Diagramme für die übrigen festen Phasen hervor, sowie ihrer Gemische unter-

---

[1]) *Groth*, Z. Kristallogr. Abt. A. Strukturbericht Bd. II, 1928—1932.

einander. Nach späteren Untersuchungen von *Ölander* erleiden die beiden festen Phasen β und γ eine Umwandlung beim Erwärmen in zwei andere.

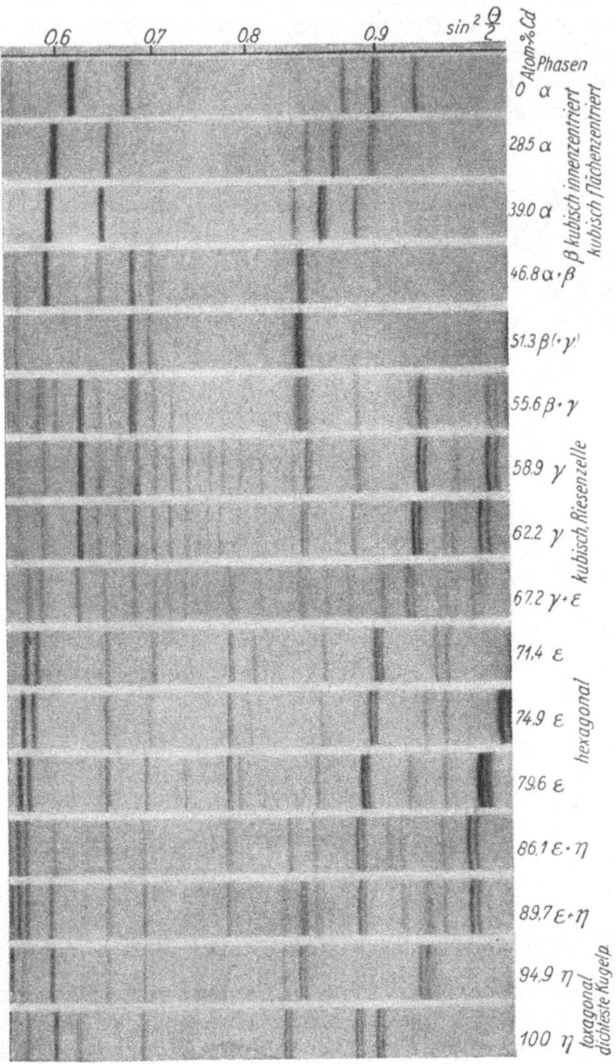

Abb. 70. Röntgendiagramm der Silber-Kadmiumlegierungen.

In der Abb. 71 sind Pulverphotogramme von Kupfer- und Zinklegierungen mit γ-Messingstruktur angegeben. Sie geben deutlich die Gleichartigkeit der Verbindungen wieder, in denen das Verhältnis der Zahl der Valenzen zu der Atomzahl 21 : 13 ist. Die Verbindungen haben die Formeln Cu_5Zn_8, Cu_9Al_4, $Cu_{31}Sn_8$, Fe_5Zn_{21}, Co_5Zn_{21}, Ni_5Zn_{21}, Pd_5Zn_{21}, Pt_5Zn_{21}.

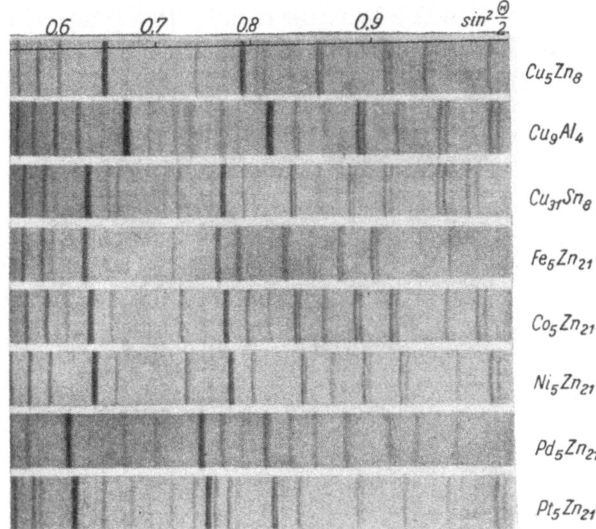

Abb. 71. Röntgendiagramme von γ-Legierungen.

Die Zustandsbilder beim Typus III.

Wenn in einem Zweistoffsystem im festen Zustande drei verschiedene Phasen neben dem flüssigen auftreten, so kann dieses in zweierlei Art geschehen[1]. Die dritte auftretende feste Phase kann entweder beim Erhitzen unter Bildung einer Schmelze gleicher Zusammensetzung — kongruent — vollständig schmelzen, oder sie kann — inkongruent — unter Ausscheidung eines festen Bestandteiles anderer Zusammensetzung sich teilweise verflüssigen. Die beiden Fälle sollen als III a und III b unterschieden werden. Ihr Verhalten soll an Hand der Abb. 72 bis 77 auseinandergesetzt werden. Die Abb. 72 bis 74 beziehen sich auf das kongruente Schmelzen, Abb. 75 bis 77 auf das inkongruente. Das System kann, wenn eine kongruent schmelzende Verbindung auftritt, scharf in zwei Gebiete zerlegt werden. Die Abb. 72 stellt das Verhalten, ohne daß Mischkrystalle auftreten, dar. Dieses ist in den Abb. 73 und 74 wiedergegeben. Aus den Bildern ist das Verhalten aller Gemische beim Erwärmen oder Abkühlen ohne weiteres abzulesen. Jeder Teil des Systemes zwischen Verbindung und dem einen der beiden Metalle kann als ein einfaches binäres System aufgefaßt werden. Der eine Bestandteil ist alsdann die Verbindung und ihre vorkommenden Mischkrystalle, der andere das Metall und dessen Mischkrystalle. Die Teilfiguren sind vollständig ähnlich denen, die dem Typus II zugehören. In den Abb. 72 und 73 ist ein Eutektikum angenommen, während in Abb. 74 der rechte Teil der Abbildung einen Übergangspunkt enthält. Wenn sich so zwar zwei selbständige binäre Systeme ergeben, die zusammen das gesamte Gebiet umfassen, so ist doch zu beachten, daß in der graphischen Darstellung die Schmelzkurve für die Ver-

---

[1] Hierbei ist von der Bildung zweier Schmelzen abgesehen. Systeme dieser Art sind unter III x behandelt.

bindung in C eine horizontale Tangente hat. Der Temperaturabfall auf Zusatz des anderen Bestandteiles ist also anders als bei reinen Metallen. Je stärker der Verbindungscharakter ist, der sich auch in einer geringeren Dissoziation beim Schmelzen äußert, um so schärfer ist der Schmelzpunkt ausgeprägt und um so rascher der Temperaturabfall der beginnenden Erstarrung bei Zusatz eines der beiden Metalle.

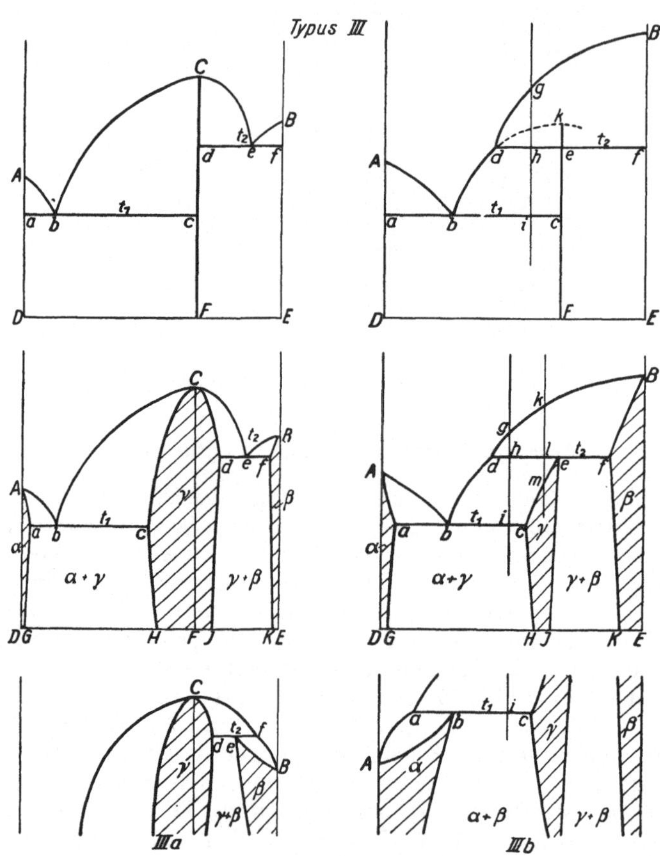

Abb. 72 bis 74. Auftreten einer Verbindung oder einer intermetallischen festen Phase mit kongruentem Schmelzpunkt.

Abb. 75 bis 77. Auftreten einer Verbindung oder einer intermetallischen festen Phase mit inkongruentem Schmelzpunkt.

In den Abb. 75 bis 77 ist das Verhalten bei inkongruenten Schmelzen der Verbindung wiedergegeben. Es ist bei Abb. 75 ähnlich Abb. 72 das Fehlen von Mischkrystallen angenommen. In diesen Fällen sind die beiden invarianten Gleichgewichte zwischen Schmelze und zwei festen Phasen bei den Temperaturen t_1 und t_2 durch die Horizontalen abc und def wiedergegeben. Von diesen Gleichgewichten ist das bei höherer Temperatur t_2 stets eines mit einem Umwandlungspunkt, also peritektisch. Das andere bei t_1 ist, wenn keine Mischkrystalle sich bilden, eutektisch (Abb. 75) und kann im anderen

Falle aber auch peritektisch sein (Abb. 77). Die Ausscheidungskurve für die Verbindung bd ist in Abb. 75 weitergeführt bis zu einem metastabilen Schmelzpunkt k der Verbindung. In einigen bestimmten Fällen konnten Punkte der metastabilen Schmelzkurve dk bestimmt werden. Auch in diesen Fällen ist das Verhalten aus den Abbildungen klar abzulesen. Das Verhalten, das durch das inkongruente Schmelzen der Verbindung veranlaßt ist, ergibt sich als gleichartig dem beim Typus IIa auseinandergesetzten. Die Gemische, die in den Abb. 75 und 76 zwischen d und e liegen, zeigen ein Verhalten derart, daß beim Erstarren sich zuerst eine feste Phase ausscheidet, die bei der Umwandlungstemperatur t_2 wieder verschwindet. Ein Gemisch zum Beispiel von der Zusammensetzung ghi scheidet beim Erstarren der Schmelze bei g das Metall B bzw. Mischkrystall β aus. Bei t_2 ist das Gleichgewicht zu einem zwischen Schmelze d und den festen Phasen e und f geworden. Diese setzen sich bei weiterem Wärmeentzug bei konstanter Temperatur t_2 nach der Gleichung $d + f = e$ um, bis nur noch Schmelze d und Bodenkörper e (die Verbindung) übriggeblieben ist. Im Gegensatz zum Typus IIa findet hier aber bei dem Gemisch noch einmal bei t_1 eine invariante Umsetzung statt. Diese ist in den meisten Fällen (Abb. 75 und 76) eutektisch, kann aber auch peritektisch (Abb. 77) sein. Das Gemisch i, das zunächst aus Schmelze b und Bodenkörper c besteht, wird bei t_2 durch die Umsetzung $b = a + c$ zu einem aus den festen Phasen a und c. Diese sind (Abb. 75) entweder das reine Metall A und die Verbindung oder Mischkrystalle α und γ (Abb. 76 und 77). Es kann beim Auftreten von Mischkrystallen auch vorkommen, daß bestimmte Gemische außer der Verbindung und den reinen Metallen nach dem Erstarren einheitlich zusammengesetzt sind. Ein solches ist z. B. durch klm in Abb. 76 angedeutet. Dieses zeigt genau das Verhalten, wie ein entsprechendes Gemisch vom Typus IIa, was auch daraus hervorgeht, daß die Darstellung des Verhaltens in dem Diagramm, wenn der linke Teil von Abb. 76 weggelassen wird, vollständig mit dem von IIa identisch ist.

Es ergibt sich aus dieser Betrachtung die Art der Abkühlungskurven sämtlicher Gemische. Die verschiedenen Gebiete von einheitlichen Körpern und Gemischen zweier Bestandteile sind deutlich gegeneinander abgegrenzt. Der Umfang der Mischkrystallbildung ist bei verschiedenen Temperaturen nicht derselbe. Die Grenzen sind am besten durch röntgenographische Untersuchungen bei bestimmter Temperatur getemperter Legierungen festzustellen.

Bildung neuer Gefügebestandteile im festen Zustande.

In manchen Fällen, besonders bei den komplizierten Systemen, wird die eigentümliche Bildung neuer fester Gefügebestandteile im festen Zustande beobachtet. Es gibt auch einfachere Legierungen, bei denen das Auftreten solcher neuer fester Phasen in den erstarrten Gemischen von einigen Forschern angenommen wird. Sie erscheinen jedoch meistens fraglich. Als Beispiel dafür, daß sich kurz unterhalb des eutektischen Schmelzpunktes eine chemische Verbindung bildet, läßt sich nach der üblichen Auffassung das System Eisen-Kohlenstoff anführen. Das Eutektikum mit Graphit als ein Bestandteil wird meistens unterschritten, indem sich ein anderes etwas tiefer liegendes mit der Verbindung Cementit Fe_3C als einem Bestandteil ausbildet. Das System Fe-C wird noch besonders behandelt werden.

Die Bildung neuer Gefügebestandteile aus dem festen Zustande kann sowohl mit wachsender Temperatur als auch mit sinkender eintreten. Die beteiligten festen Körper können wirkliche chemische Verbindungen oder auch Mischkrystalle sein. Wesentlich ist immer, daß ein Gleichgewicht bei konstanter Temperatur auftreten muß, bei dem drei feste Phasen beteiligt sind. Die bei wachsender oder sinkender Temperatur sich bildende feste Phase muß selbstverständlich ihrer Zusammensetzung nach zwischen den beiden anderen Phasen liegen. Die Abb. 78 und 79 beziehen sich auf die Bildung bei steigender, Abb. 80 und 81 bei fallender Temperatur. Bei Abb. 78 und 80 sind die beteiligten drei festen Phasen ausgesprochen einheitlich zusammengesetzte Verbindungen oder, gegebenenfalls soweit A und B in Frage kommen, auch die reinen Metalle. Bei Abb. 79 und 81 sind die beteiligten festen Phasen Mischkrystalle, wobei

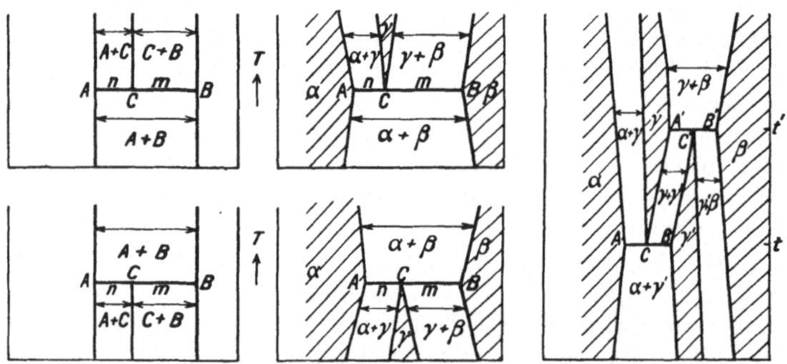

Abb. 78 und 80. Zufall und Bildung einer Verbindung im festen Zustande in zwei andere beim Abkühlen.

Abb. 79 und 81. Zufall und Bildung eines Mischkrystalls im festen Zustande in zwei andere beim Abkühlen.

Abb. 82. Übergang einer Mischkrystallart im festen Zustande in eine andere in Gegenwart zweier anderer.

angenommen ist, daß A und B die Grenzmischkrystalle der reinen Metalle sind. Es gibt aber viele Fälle, bei denen Mischkrystalle nicht nach den reinen Metallen auftreten, sondern anderer Art sind. Die Umwandlungen sind vielfach mit großer Schärfe festzustellen, was auch darin seine Erklärung hat, daß infolge der Herstellung aus dem Schmelzfluß eine äußerst innige Berührung der Gefügebestandteile vorhanden ist, wie sie bei einfachem Vermischen fester Körper selbst bei Anwendung von Druck nicht erreicht würde. Bei der Temperatur des Gleichgewichtes der drei festen Phasen vollzieht sich bei Wärmezufuhr oder Wärmeentziehung eine Umsetzung nach der Gleichung $mA + nB = (m + n)\,C$, wobei n und m den Längen BC und AC entspricht. Handelt es sich bei der Umsetzung um chemische Verbindungen, so sind m und n ganze Zahlen. Von den durch die Abbildungen angegebenen Vorgängen sind die, bei denen Mischkrystalle beteiligt sind, weitaus häufiger. In sehr vielen Fällen sind die durch die zugehörigen Abb. 79 und 81 dargestellten Umsetzungen kombiniert in der Art, wie es Abb. 82 angibt. Bei der höheren Temperatur t' verschwindet γ' beim Erwärmen und bei der niedrigeren t γ beim Abkühlen. Zwischen den beiden Temperaturen sind Gleichgewichte beider Phasen vorhanden, und es gibt in den Gemischen verschiedener Zusammensetzung vier Phasen α, γ, γ' und β. Oberhalb der Temperatur t' gibt es eine feste intermetallische Phase, die das Gitter der γ-Mischkrystalle hat, unter-

halb eine mit dem anderen Gitter der γ'-Mischkrystalle. Bei den einzelnen
Systemen, die das angegebene Verhalten zeigen, wird hierauf näher eingegangen werden.

Eigenschaften geschmolzener binärer Metallmischungen.

Die Gemische zweier Metalle im flüssigen Zustande zeigen in bezug auf
ihre Eigenschaften gegenüber den sonstigen Flüssigkeitsgemischen zweier Stoffe
gewisse Eigentümlichkeiten, die in ihrem metallischen Charakter liegen. Es ist erklärlich, daß die Untersuchungen sich auf leicht schmelzbare Metalle erstrecken.
Insbesondere sind es die Amalgame der leicht schmelzenden Metalle, die in dieser
Hinsicht untersucht werden. Die elektrische Leitfähigkeit von geschmolzenen
Amalgamen ergibt bei Cd, Sn, Pb und Bi Werte, die einen kontinuierlichen, jedoch
nicht geradlinigen Verlauf zeigen[1]). Bei Kalium und noch stärker bei Natrium-
amalgamen enthält dagegen die graphische Darstellung ein deutliches Maximum
bei dem Mischungsverhältnis KHg_2 und $NaHg_2$. Es sind das die beiden Verbindungen mit höchsten Schmelzpunkten. Diese sind also auch in den geschmolzenen Gemischen bereits erkennbar, die übrigen Verbindungen jedoch nicht.

Von *Mutuyama*[2]) wurde der Ausdehnungskoeffizient von geschmolzenen
Zink-Antimon-Legierungen bei 630° untersucht. Die Verbindungen Sb_2Zn_3
und SbZn zeigten gegenüber den Nachbargemischen schwach ausgeprägte
Maxima. Es werden also auch im flüssigen Zustande durch die Dichte und
Ausdehnungskoeffizienten Verbindungen zweier Metalle erkennbar. Bei Metallen, die keine Verbindungen bilden, sind, wie *Y. Mutuyama* bei Legierungen
von Bi mit Pb, von Cd mit Zn, Sn, Cd und Bi, sowie Sn mit Bi und Zn zeigte,
die Dichten nicht einfach proportional dem Gehalt. Es findet eine geringe
Kontraktion statt, die bei PbCd z. B. 0,64 Proz. und BiCd 1,8 Proz. beträgt.

Sehr beachtenswerte Untersuchungen wurden von *M. Kawakami*[3]) über
die Mischungswärmen flüssiger Metalle gemacht. Legierungen, die ein einfaches Eutektikum beim Erstarren aufweisen, zeigen beim Vermischen in
flüssigem Zustande meist negative Wärmetönungen. Bei Sn-Zn (450°) ist
diese am größten und beträgt etwa —800 cal. Einige Wismutlegierungen
(Cd, Sn, Pb) zeigen positive Mischungswärmen, die bei Bi-Cd sehr gering sind.
Wenn zwei Metalle sich nur beschränkt mischen, so ergibt die graphische
Darstellung der Mischungswärme eine gebrochene Linie (z. B. Bi-Zn, Pb-Zn
bei 450°). Die Bildung chemischer Verbindungen zweier Metalle äußern sich
in positiven Mischungswärmen beim Vermischen der flüssigen Metalle, die
zum Teil erheblich sind. In den Systemen Na-Hg und K-Hg ist der Wert
zum Beispiel höher als 6500 cal. Das Vorhandensein von Verbindungen von
Metallen äußert sich also bereits in den Eigenschaften ihrer Schmelzen.

Die bisher untersuchten Systeme vom Typus III, unter Einschluß von III x,
mit Entmischung im flüssigen Zustande, sind alle in die folgenden verschiedenen Tafeln eingeordnet, wobei die Systeme, deren Zustandsbilder nicht
gegeben wurden, in Klammern angegeben sind. Außer diesen Legierungen
sind noch im folgenden Berylliumlegierungen vom Typus III, deren Zustandsbilder nicht genau bekannt sind, kurz behandelt.

---

[1]) *A. Schulze*, Metallwirtsch. **1925**, 203. — *C. L. Weber*, Wied. Ann. **43**, 1887, 471.
[2]) *Mutuyama*, Sci. Rep. Tôhoku Univ. **19**, 1929, 74.
[3]) *M. Kawakami*, Sci. Rep. Tôhoku Univ. **16 II**, 1927, 915; **19**, 1930, 521.

Legierungen vom Typus IIIa.

22	23	24	25	26	27	28	28a	29	30
Au-Na	Ca-Cu	Mg-Si	Bi-Mg	Hg-Tl	Ce-Si	Fe-Ti	Au-Mn	Au-Te	Pb-Te
Li-Mg	Ca-Mg	Mg-Sn	Mg-Sb	Pb-Tl	Si-V	Fe-Zr	Cr-Pd	Te-Zn	(As-Te)
(Ga-Na)	Ca-Sb	Mg-Pb		Al-Sb	Cu-Zr	Fe-Ta	Mn-Pd	Cd-Te	Sb-Te
Li-In	Al-Ba				(Ag-Zr)	Pt-Tl		Hg-Te	Bi-Te
	Pb-Sr				(Al-Zr)	As-Pt		Sn-Te	Sb-Se
	Ba-Pb				(W-Zr)			Al-Se	
					W-Re			Al-Te	

Bei den Legierungen vom Typus IIIa ist es besonders leicht, die Zusammensetzung der einen auftretenden Verbindung festzustellen. Wohl in allen Fällen handelt es sich dabei um eine ausgesprochen chemische Verbindung mit kongruentem Schmelzpunkt. Das Schmelzpunktmaximum entspricht deswegen auch meistens einer Zusammensetzung nach einfachen Atomverhältnissen. Auch dann, wenn sich mit sinkender Temperatur das Homogenitätsbereich erweitert, also nicht immer dieselbe Zusammensetzung vorhanden ist, wird man von einer chemischen Verbindung sprechen dürfen. Die bis jetzt beobachteten Legierungen dieser Art sind in den folgenden zehn Tafeln 22 bis 30 wiedergegeben, wobei ähnliche Legierungen nach Möglichkeit auf derselben Tafel zusammengefaßt wurden.

Die Tafel 22 enthält alkalihaltige Systeme, die außer Au-Na erst neuerdings vollständig untersucht wurden. Wegen der großen Unterschiede der Atomgewichte ist die Darstellung nach Gewichtsprozenten von der nach Atomprozenten stark verschieden. Man erkennt dieses besonders an der Lage der Verbindung Au_2Na, die bei einer Darstellung nach Gewichtsprozenten in der Abbildung stark nach der Natriumseite verschoben liegen müßte. Das System Au-Na ist möglicherweise komplizierter, da von *Zintl* röntgenographisch die Verbindung AuNa nachgewiesen wurde. Für die Systeme ist deswegen größerer Deutlichkeit halber auch die Darstellung in Atomprozenten gewählt. Nach den neuesten Untersuchungen von *Grube, v. Zeppelin* und *Bumm* soll die Verbindung Li_2Mg_5 mit Schmelzpunktmaximum lückenlos mit Li Mischkrystalle bilden, wie es die Abbildung wiedergibt. Danach gäbe es nur zwei Phasen, nämlich die Mischkrystalle nach Mg und die nach Li, welche eine maximal schmelzende Mischung enthielten, die gerade der Formel Li_2Mg_5 entspräche. Das System gehörte also gar nicht nach IIIa. Die intermediären Mischkrystalle mit einem kongruent schmelzenden Mischkrystall der Zusammensetzung nahe Li_2Mg_5 krystallisieren im kubisch innenzentrierten Gitter, also demselben wie Li, aber die Gitterkonstante paßt nicht genau in eine geradlinige Interpolation. Dieses spricht für drei Phasen in dem System, die auch von *Saldau* und *Schameney* gefunden wurden, indem sich zwischen 95 und 98 Proz. Li ein heterogenes Gebiet von Mischkrystallen nach Li und nach $LiMg_2$ (nach diesen Forschern) einschiebt. Im System Li-In gibt es eine ausgesprochene kongruente Verbindung LiIn. In den indiumreichen Legierungen tritt ein Übergangspunkt auf. Für die Verbindung wurde auch hier, entgegen der Auffassung von *Grube*, kein kontinuierlicher Übergang der Mischkrystalle bei Li, sondern eine Mischungslücke angenommen, die sich auch mit den Versuchen in Einklang bringen läßt. Auch das System Ga-Na bildet eine hochschmelzende Verbindung und wurde deswegen hier angefügt.

Die nächste Tafel 23 umfaßt Legierungen mit Ca, Sr und Ba als einen Bestandteil. Hiervon sind verschiedene nur in einem Bereich mit geringem Gehalt an Erdalkali untersucht worden. Die beiden Systeme, deren vollständige Zustandsbilder angegeben wurden, sind Ca-Cu und Ca-Mg. Für das erste ist eine Verbindung Cu_4Ca gefunden. Es erscheint möglich, daß das System noch komplizierter ist. Die Horizontale, die bei 480° auftreten soll, ist offenbar auf die gleiche Erscheinung zurückzuführen, wie sie besonders bei den Legierungen Al-Zn beobachtet wurde, eine stärkere Änderung der Mischkrystallbildung, hier nach Ca, bei Temperaturen unterhalb des Eutektikums. Die zwischen Mg und Ca auftretende Verbindung Mg_4Ca_3 mit dem hohen Schmelzpunkt von über 700° bildet mit den beiden Metallen Mg und Ca Eutektika bei 518 und 445°. Von den vier anderen Systemen ist nur für Pb-Sr die Verbindung Pb_3Sr angegeben. Die übrigen Systeme Ca-Sb, Bi-Ca und Ba-Pb sind ebenfalls diesem Typus III a zugerechnet, da ein gleiches Zustandsbild zu erwarten ist.

Die beiden nächsten Tafeln umfassen die besonders interessanten Magnesiumlegierungen. Tafel 24 enthält die mit Mg legierten vierwertigen Elemente Si, Sn und Pb und Tafel 25 die beiden fünfwertigen Bi und Sb. Die Metalle der vierten bis siebenten Gruppe des periodischen Systems sind gegenüber Mg Anionenbilder[1]). Die Verbindungen zwischen ihnen haben nichtmetallischen Charakter. Sie krystallisieren in verschiedenen Gittern, wie es die kleine Tabelle angibt:

Gruppe . .	IV	V	VI	VII
Verbindung.	Mg_2X	Mg_3X_2	MgX	MgX_2
Struktur . .	Fluorit z. B. Mg_2Pb	P und As kubisch Sb und Bi trigonal	NaCl und Wurtzit	Rutil und Schichtengitter

Die Zustandsbilder auf den Tafeln zeigen, daß alle Schmelzpunktmaxima der Magnesiumverbindungen stark ausgeprägt sind. Die Schmelztemperatur von $SnMg_2$, Bi_2Mg_3 und besonders von Sb_2Mg_3 ist höher als die des von den beiden Metallen am höchsten schmelzenden Magnesiums. Entsprechend vorstehender Tabelle krystallisieren die Verbindungen Mg_2Si, Mg_2Pb und Mg_2Sn im Fluoritgitter C_1 und die beiden Verbindungen Mg_3Sb_2 und Mg_3Bi_2 trigonal. Die Abbildungen für Mg-Pb und Mg-Sn geben an, daß Magnesium Blei und Zinn bei Temperaturen nahe dem Eutektikum in erheblicher Menge zu homogenen Mischkrystallen aufnimmt. Auch für die anderen Metalle ist ein gewisses Homogenitätsbereich anzunehmen. Bei den Legierungen von Mg mit Sb und Bi wurde dieses neuerdings auch nachgewiesen. Diese beiden Systeme zeigen außerdem, wie auf der Tafel 25 angegeben ist, noch eine gleichartige Besonderheit. Die früheren Untersuchungen ergaben lediglich stark ausgeprägte Maxima für die Verbinduug Mg_3Bi_2 und Mg_3Sb_2. Eine Nachprüfung seiner früheren Untersuchungen dieser Systeme führte *Grube* zur Auffindung zweier Modifikationen dieser Verbindungen mit scharfer Umwandlungstemperatur, die bei Magnesiumzusatz ein wenig erniedrigt wird. Es erscheint möglich, daß auch die Systeme der vorhergehenden Tafel 24 eine ähnliche Korrektur erfahren müssen.

---

[1]) *E. Zintl* u. *E. Hasemann*, Z. physik. Chem. **21**, 1933, 140.

Die Tafel 26 umfaßt einige Legierungen der dreiwertigen Elemente Tl und Al. Nach früheren Angaben sollte das System Al-Sb zwei Verbindungen haben. Von *Guertler* und *Bergmann* wurde aber nachgewiesen, daß es nur eine Verbindung AlSb im diamantkubischen Gitter der Zinkblende B_3 gibt. Im System Hg-Tl liegt die Verbindung Hg_5Tl_2. Auch das System Pb-Tl ist dem Typus IIIa zugerechnet. Bis vor kurzem wurde angenommen, daß das Schmelzpunktmaximum keiner bestimmten chemischen Verbindung, sondern einer Mischkrystallreihe nach Pb zugehörte. Kürzlich[1]) wurde gezeigt, daß sich zwischen Pb und $PbTl_2$ eine Mischungslücke von geringem Umfange befindet. Das verbesserte Diagramm, das auch von *Ölander* bestätigt wurde, ist in Tafel 26 aufgenommen.

Die Tafel 27 enthält einige Legierungen der vierwertigen Elemente Si und Zr. Silicium bildet mit bestimmten Metallen der fünften bis achten Gruppe Legierungen, die durchaus denen wirklicher Metalle ähnlich sind. Die auf Tafel 27 vermerkten Systeme sind nur unvollständig untersucht. Es ist nicht ausgeschlossen, daß einige in Wirklichkeit komplizierteren Typen als IIIa zugehören. In den Systemen mit Si sind CeSi und VSi_2 die auftretenden Verbindungen. Zwischen Cu und Zr bildet sich die Verbindung Cu_3Zr mit einem Schmelzpunkt, der höher als 1000° liegt. Das Eutektikum mit Cu liegt bei 12,5 Proz. Zr. In fester Lösung werden weniger als 0,5 Proz. Zr vom Cu aufgenommen. Auch die Legierungen Ag-Zr und Al-Zr bilden je eine Verbindung. Bei Al-Zr liegt das Eutektikum bei einer um 2° tieferen Schmelztemperatur als Al. Für W-Zr ist kein Zustandsbild gegeben. W_2Zr ist kubisch. Auf der Tafel ist noch das System Re-W vermerkt. Die Angaben sind nur ungefähr richtig, die Gemische und die Verbindung Re_3W_2 schmelzen außerordentlich hoch.

Die Tafel 28 enthält zunächst die eisenhaltigen Systeme mit Ti, Zr und Ta. Von diesen Systemen wurde nur für Fe-Zr ein vollständiges Zustandsbild angegeben, das über die Verbindung Fe_3Zr_2 hinaus bis Zr aber unsicher ist. Möglicherweise ist dieses System in Wirklichkeit komplizierter. Im System Fe-Zr erniedrigt sich die Umwandlungstemperatur und es wird ein invariantes Gleichgewicht erreicht, bei dem eine Schmelze mit Mischkrystallen nach δ-Fe und γ-Fe im Gleichgewicht ist. Das eutektische Gleichgewicht enthält dadurch als Bodenkörper γ-Mischkrystalle und die Verbindung Fe_3Zr_2. Auch die untere Umwandlungstemperatur von γ-Fe wird erniedrigt, wobei sich in geringem Umfange Mischkrystalle bilden. Die Umwandlungstemperatur von Zr bei 862° soll nach *Vogel* und *Tonn* durch Fe auf 1000° erhöht werden. Das Gebiet der γ-Fe-Mischkrystalle ist vollständig von dem der δ-α-Mischkrystalle umhüllt. Die in den Systemen Fe-Ti und Fe-Ta auftretenden Verbindungen haben die Formeln Fe_3Ti und $FeTa_2$. Letztere wurde kürzlich von *Genders* und *Harrison* gefunden, während *Jellinghaus* eine Verbindung FeTa annimmt. Die Auffassung von *Wever*, daß die γ-Mischkrystalle ein geschlossenes Zustandsfeld bilden sollen, wurde von *Genders* und *Harrison* widerlegt, die das durch die Abbildung angegebene Verhalten fanden. Die Schmelzpunkte der Verbindungen in den beiden platinhaltigen Systemen PtTl und Pt_2As_3 sind unsicher. Die auf den Tafeln vermuteten Zustandsbilder sind nur angenähert richtig.

---

[1]) *Jänecke*, Z. Metallkde. **26**, 1934, 153; **27**, 1935, 141.

Als noch nicht ganz genau feststehend ist das System Au-Mn anzusehen.
Eine lückenlose Reihe von Mischkrystallen mit zwei Schmelzpunktminima
und einem Maximum besteht jedenfalls nicht. Das Hin- und Hergehen der
Schmelzkurve, wie es neuerdings wieder *Moser*, *Traub* und *Vincke* angegeben
haben, läßt das Auftreten homogener Mischkrystalle in dem ganzen Bereiche
als nicht möglich erscheinen. Der maximale Schmelzpunkt von Au-Mn läßt
nur die Zuordnung zum Typus III a zu. Die Abbildung ist kombiniert aus den
Untersuchungen von *Parravano* und *Perret* mit späteren Forschungen. Festgestellt wurden zwei Verbindungen mit Überstruktur, Au_3Mn und·$AuMn$, die
sich aus Mischkrystallen gleicher Zusammensetzung beim Abkühlen bei etwa
700° bilden. Erste krystallisiert tetragonal flächenzentriert, die andere tetragonal raumzentriert. Ein dem System Au-Mn gleichartiges Zustandsbild haben
Cr-Pd und Mn-Pd. Auch hier bilden sich ausgesprochen kongruent schmelzende Verbindungen von der gleichen Gitterstruktur wie das eine Metall. Die
Zustandsbilder sind mit dem von Au-Mn auf Tafel 28 a zusammengefaßt.

Das in Tafel 28 a für Cr-Pd angegebene Bild gibt das von *Grube* und *Knabe*
kürzlich aufgestellte Zustandsbild. Das System wurde eingehend thermisch,
mikroskopisch und röntgenographisch untersucht. Auch wurde die Härte
nach *Brinell* gemessen. Es bildet sich eine ausgesprochen kongruent bei
1398° schmelzende Verbindung Pd_2Cr_3, die ein kubisch raumzentriertes Gitter
aufweist. Mit Chrom, dessen Schmelzpunkt bei 1890° festgestellt wurde,
bildet sich ein Eutektikum bei 1320° bei einem Gehalt von 25 Atom-Proz. Pd.
Das raumzentrierte kubische Gitter von Cr vermag 5 Proz. Pd in fester Lösung
aufzunehmen. Von Palladium bis zur Verbindung Pd_2Cr_3 sollen sich lückenlos Mischkrystalle im kubisch flächenzentrierten Gitter des Palladiums bilden,
mit einem Schmelzpunktminimum bei etwa 45 Proz. Pd. Hiernach gäbe es in
dem System nur z w e i verschiedene feste Phasen, die im Krystallgitter von
Cr und Pd krystallisierten.

Auch das System Pd-Mn wurde von *Grube* und mehreren Mitarbeitern in
gleicher Weise wie Cr-Pd untersucht, wobei noch sehr beachtenswerte Untersuchungen der magnetischen Suszeptibilität herangezogen wurden. Die Ergebnisse sind in dem Zustandsbilde wiedergegeben. Vom reinen Mangan
wurde thermisch und magnetometrisch eine neue Modifikation zwischen 1072°
und 1162° gefunden. Von den verschiedenen Modifikationen hat in den
Legierungen nur die γ-Modifikation ein größeres Zustandsfeld. Es bilden
sich flächenzentrierte Mischkrystalle bis 20 Atom-Proz. Pd aus. Der Umfang
der Mischkrystalle nach den anderen Modifikationen des Mn ist gering. Die
Umwandlungstemperaturen werden nur für γ-δ erniedrigt: von 1072° auf
800°, sonst werden sie erhöht: α-β von 736° auf 740° und γ-δ von 1162°
auf 1204°. Infolgedessen tritt auch γ-Mn als Mischkrystall mit δ-Mn im Gleichgewicht mit Schmelze auf. In dem System bildet sich eine ausgesprochen
konkruent schmelzende Verbindung PdMn, die unter Aufnahme von Mn bis
63 Atom-Proz. mit Mischkrystallen nach γ-Mn von 79,5 Atom-Proz. bei 1147°
ein Eutektikum mit 72 Proz. Mn eingeht. Bei 630° hat PdMn eine Umwandlung in eine tetragonal-flächenzentriert krystallisierende η-Phase, die mit
α-Mn bei 540° ein Eutektoid bildet. Außerdem bilden sich aus den flächen-
zentriert-kubischen Mischkrystallen Pd_3Mn_2 bei 1175° flächenzentriert-tetra-
gonal krystallisierend mit statistischer Atomverteilung, die unterhalb 530° zu
einer geordneten wird. Die Überstrukturphase Pd_3Mn_2 ist unterhalb 350°

ferromagnetisch, oberhalb paramagnetisch. Nach den Verfassern hat PdMn
eine lückenlose Reihe Mischkrystalle mit Pd, so daß sich hiernach Mischkrystalle nach Pd bis 63 Atom-Proz. Mn erstrecken. Nach dem aufgestellten
Zustandsbild entstehen also auch hier aus dem Schmelzfluß nur zwei verschiedene feste Phasen, die Mischkrystalle nach den beiden Metallen sind.

Die drei Systeme Au-Mn, Cr-Pd und Pd-Mn von Tafel 28a sind einander
sehr ähnlich. Für Au-Mn ist die ursprüngliche Auffassung von *Parravano* als
richtig angesehen worden, nach der sich zwei Eutektika bilden. Hinzugefügt
sind Umwandlungserscheinungen, die durch die verschiedenen Modifikationen
des Mn veranlaßt sind. In diesen Systemen soll sich aber nach Auffassung
von *Bumm* und *Dehlinger* ähnlich wie es für die beiden anderen Systeme
angenommen wird, eine lückenlose Reihe Mischkrystalle mit Mn von Au
über eine Verbindung (AuMn) hinaus bilden. In diesem Falle wäre der
Umfang der Mischkrystalle noch besonders groß. Es ist nicht recht einzusehen, daß Mischkrystalle bei ganz ausgesprochen stöchiometrischer Zusammensetzung: AuMn, Cr_3Pd_2 und PdMn scharf ausgeprägte konkruente
Schmelzpunkte haben sollen, ohne doch Verbindungen zu sein. Um eine
Erklärung zu finden, können die binären Systeme auch nicht einfach in
zwei Teile zerlegt werden: ein System mit lückenloser Mischkrystallbildung
zweier Komponenten und ein anderes mit Eutektikum. Die maximal schmelzenden Mischungen können nicht einfach für sich als Komponenten betrachtet werden, sondern gehören in das binäre System der beiden Metalle,
und es hätte keinen rechten Sinn, sie als Mischkrystalle nach dem einen der
Metalle und nicht als Verbindungen aufzufassen. Hiergegen spricht besonders ihre einfache stöchiometrische Zusammensetzung. Der 'Verfasser ist
der Ansicht, daß ebenso wie bei Au-Mn sich in beiden Fällen der Palladiumlegierungen ein Eutektikum zwischen den Verbindungen und Pd bilden
wird, wobei die mit der eutektischen Schmelze im Gleichgewicht befindlichen Mischkrystalle nach Pd und den Verbindungen ihrer Zusammensetzung
nach nur wenig voneinander abweichen, so daß es vielleicht schwierig ist,
das Eutektikum, besonders auch wegen der Gleichheit der Gitterstrukturen
der Verbindungen und Pd, zu finden. Etwas Ähnliches wurde, wie erwähnt,
für Pb-Tl und Li-Mg gefunden. Bei den palladiumhaltigen Systemen spricht
für die Auffassung auch das Härtediagramm, wenn dieses natürlich auch
nicht ausschlaggebend sein kann, indem kein kontinuierlicher Verlauf
zwischen Härte der angeblichen Mischkrystalle und Zusammensetzung besteht. Es findet sich z. B. von Pd bis Pd_2Cr_3 eine Unstetigkeit.

Die beiden letzten Tafeln 29 und 30 des Systems IIIa enthalten eine größere
Anzahl von Legierungen des Tellurs, die Verbindungen mit anderen Metallen
von kongruenten Schmelzpunkten bilden. Auch Selen bildet derartige
Verbindungen, die aber kaum noch zu den Legierungen gerechnet werden
können. Einige sind trotzdem hier berücksichtigt. Von den Tellurverbindungen krystallisieren ZnTe, CdTe und HgTe im Zinkblendegitter B_3,
TeSn und TeBe im Kochsalzgitter B_1. Die Formeln der übrigen Verbindungen sind AgTe, AuTe, As_2Te_3, Sb_2Te_3, Bi_2Te_3. Die Verbindung Bi_2Te_3
soll ein ziemlich großes Homogenitätsbereich haben. Das Zustandsbild
von Te-Sb wurde nach den Untersuchungen der russischen Forscher konstruiert, die wenig von anderen abweichen. Nach den Untersuchungen von
Chikashige und *Nosè* ist das System Te-Al auch zum Typus IIIa zuzurechnen.

Tafel 22.

Typus IIIa: Au-Na, Li-Mg, Li-In (Gu-Na).

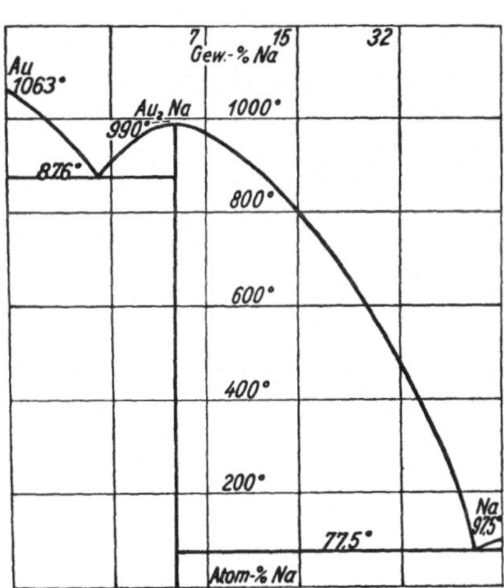

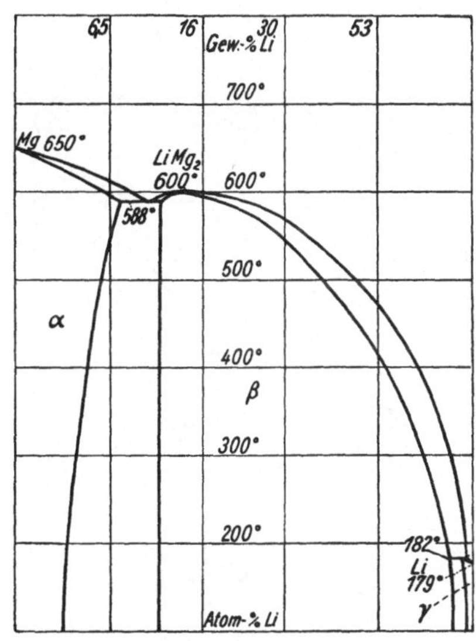

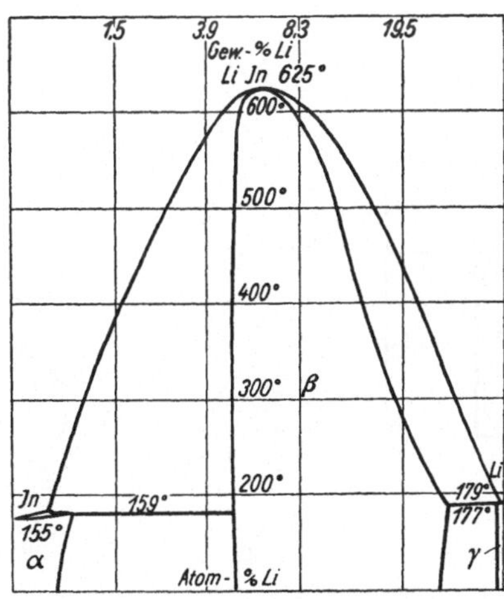

Tafel 23.

Typus III a: Ca-Cu, Ca-Mg, Ca-Sb, Al-Ba, Pb-Sr, Ba-Pb.

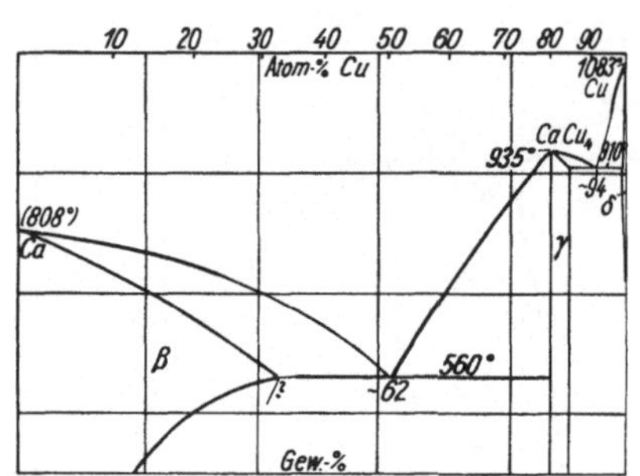

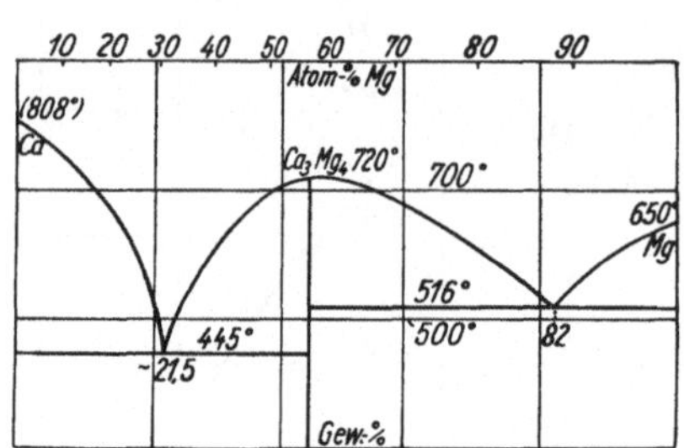

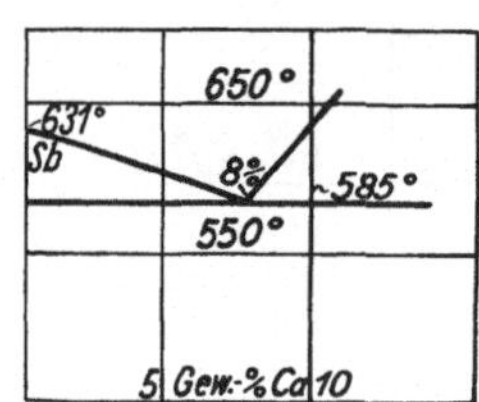

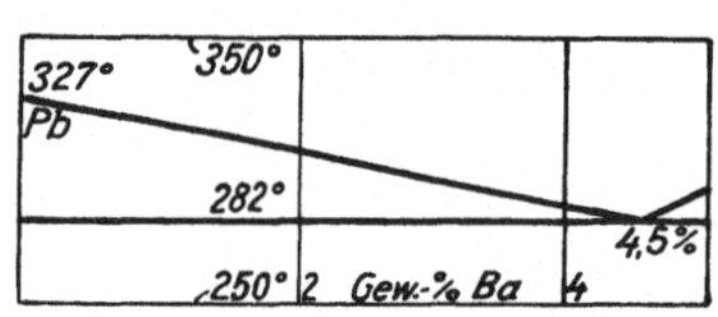

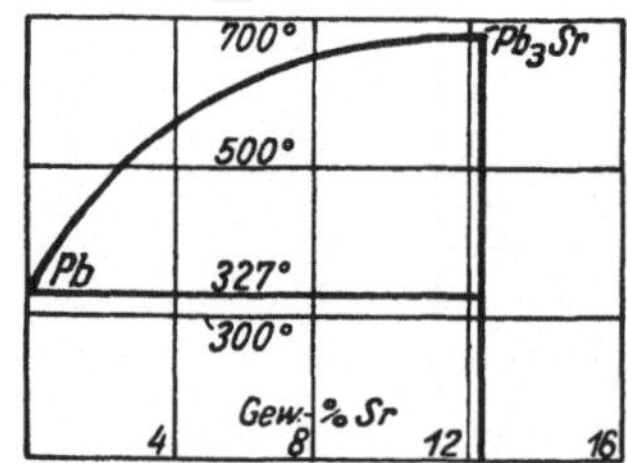

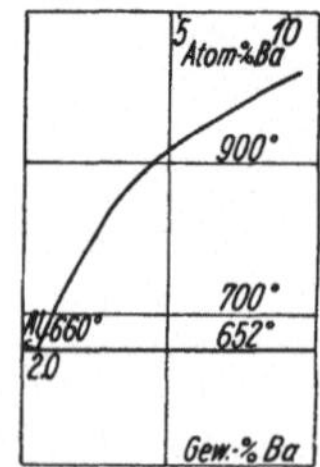

Tafel 24.

Typus III a: Mg-Si, Mg-Sn, Mg-Pb.

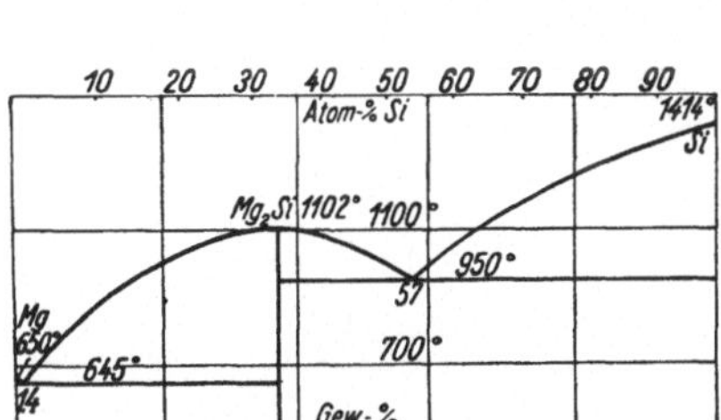

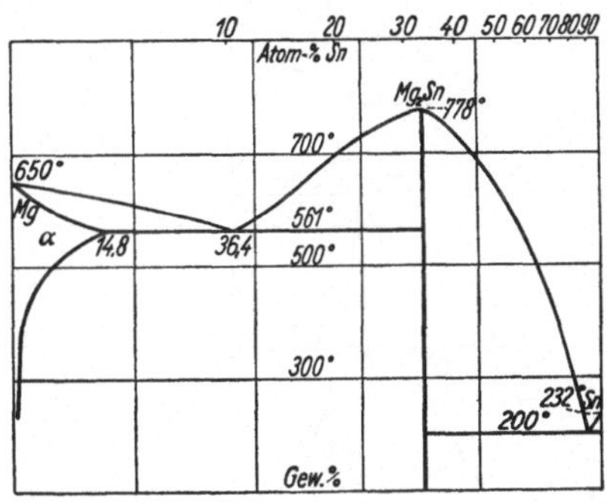

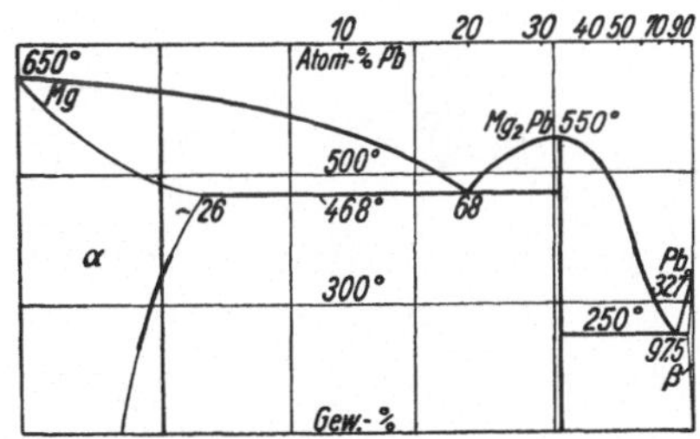

Tafel 25.

Typus III a: Bi-Mg, Mg-Sb.

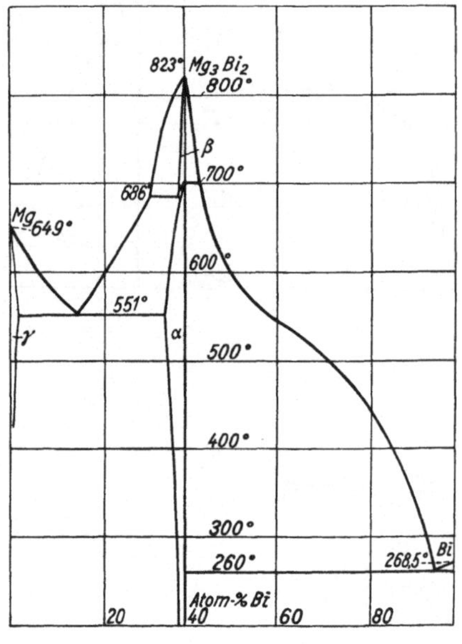

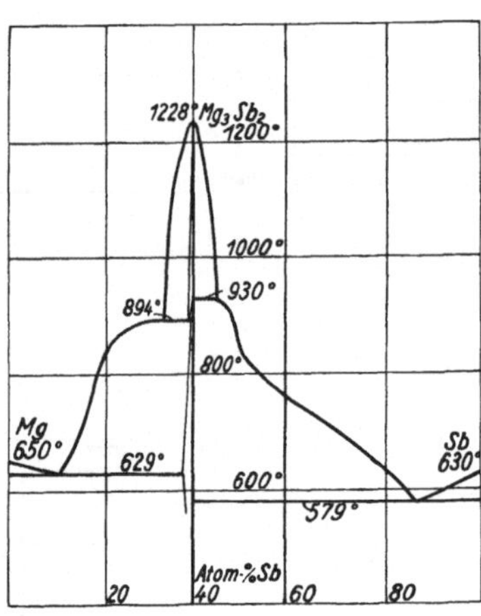

Tafel 26.

Typus IIIa: Hg-Tl, Pb-Tl, Al-Sb.

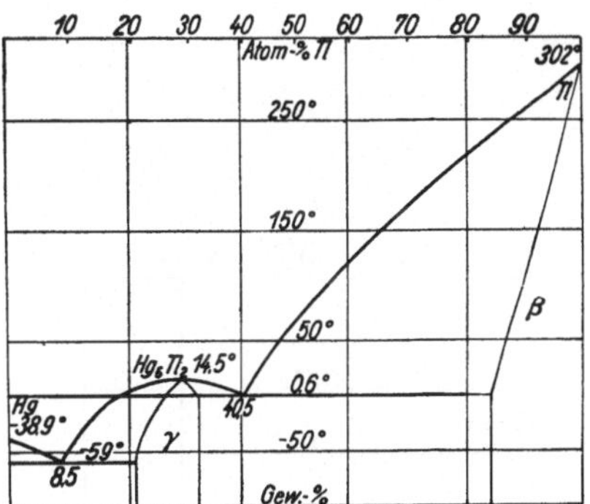

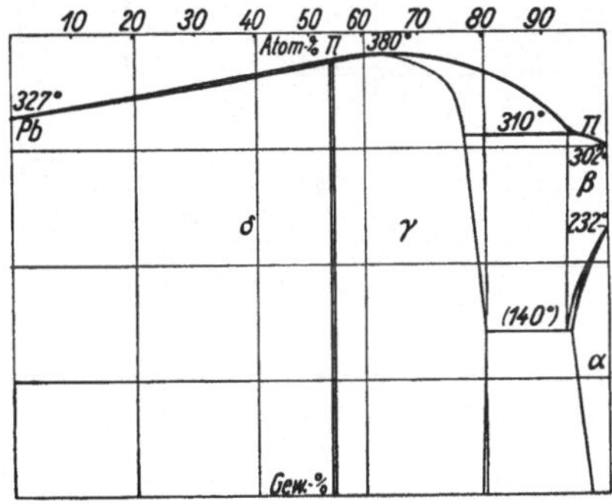

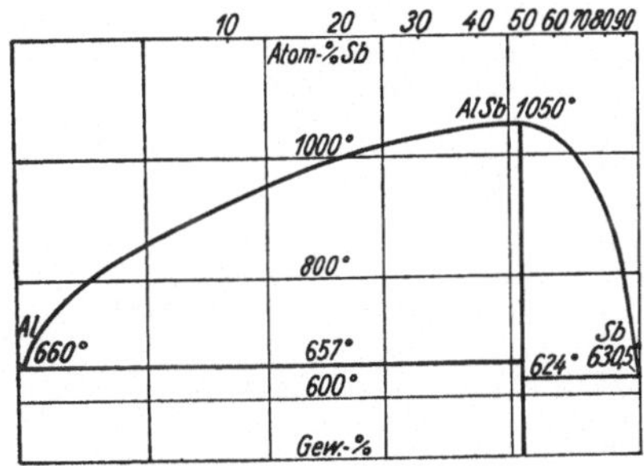

Tafel 27.

Typus IIIa: Ce-Si, Si-V, Cu-Zr, W-Re, (Ag-Zr), (Al-Zr), (W-Zr).

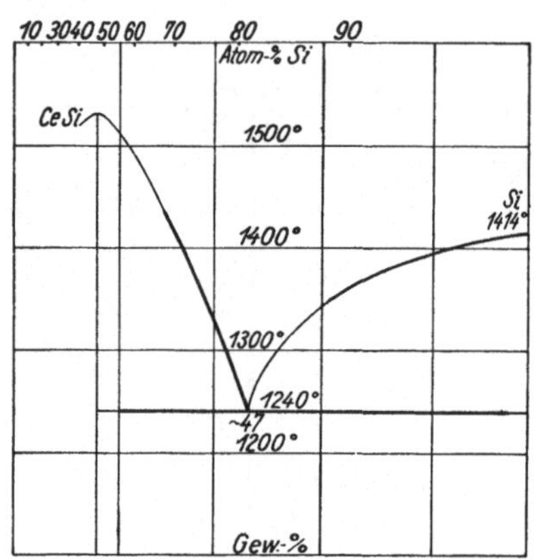

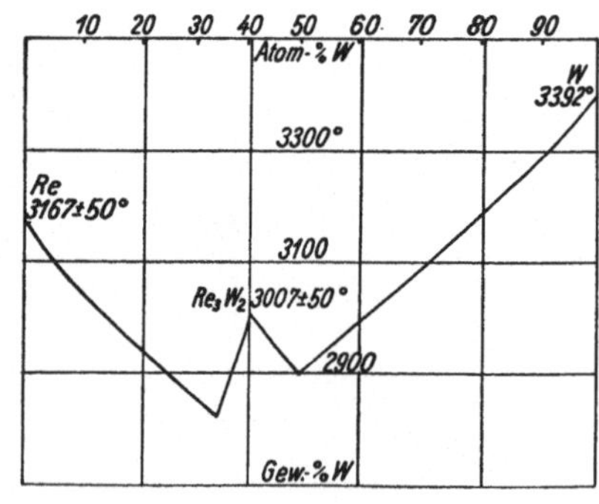

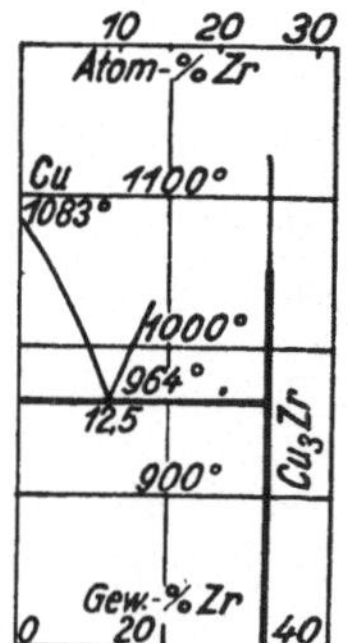

Tafel 28.

Typus III a: Fe-Ti, Fe-Zr, Fe-Ta, Pt-Tl, As-Pt.

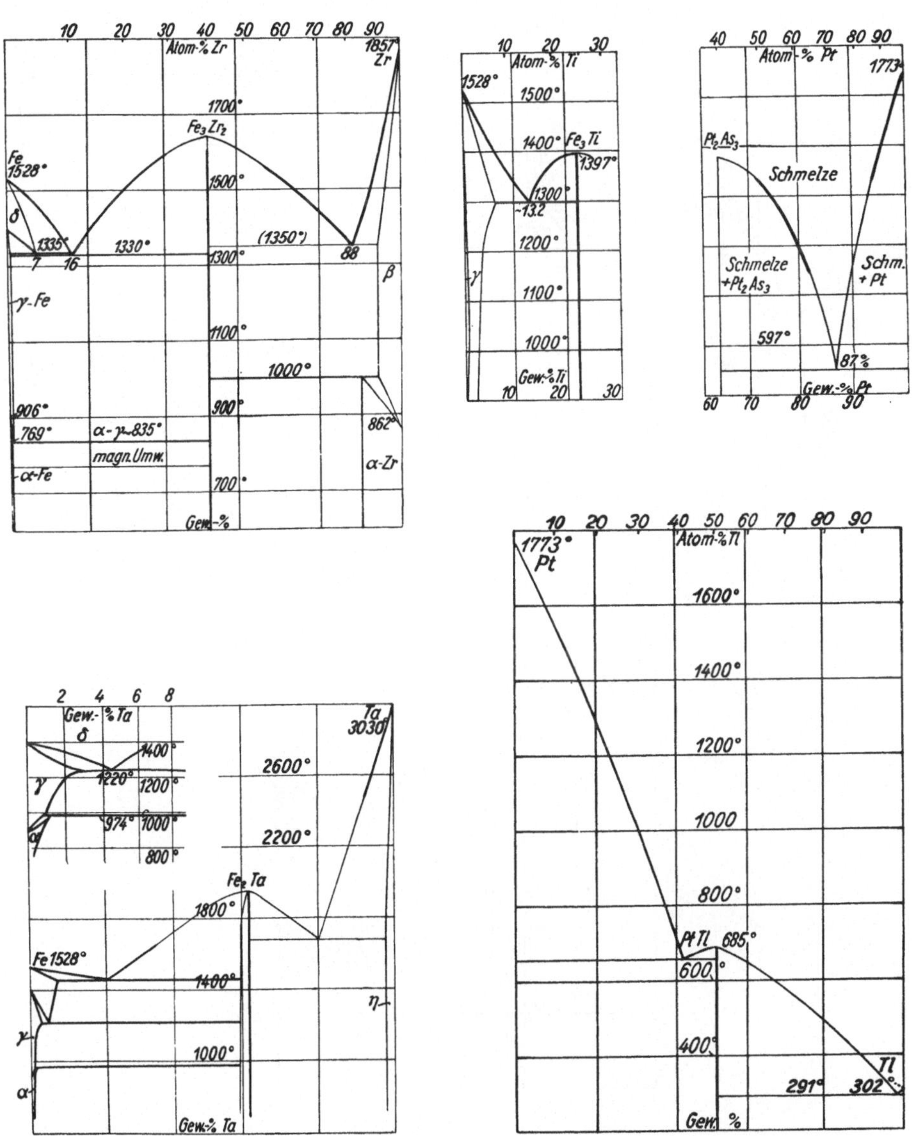

Tafel 28a.

Typus IIIa: Au-Mn, Cr-Pd, Mn-Pd.

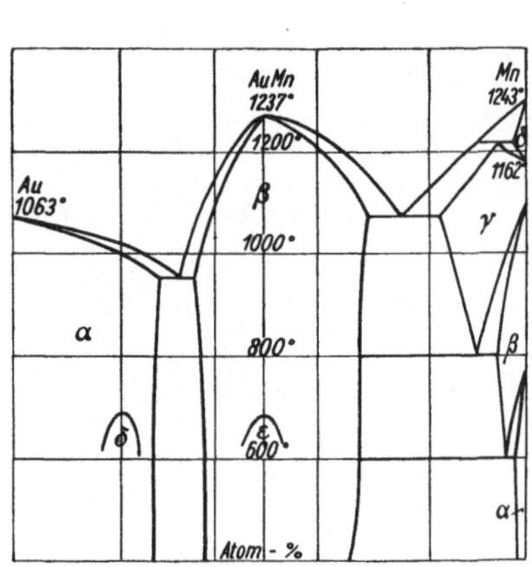

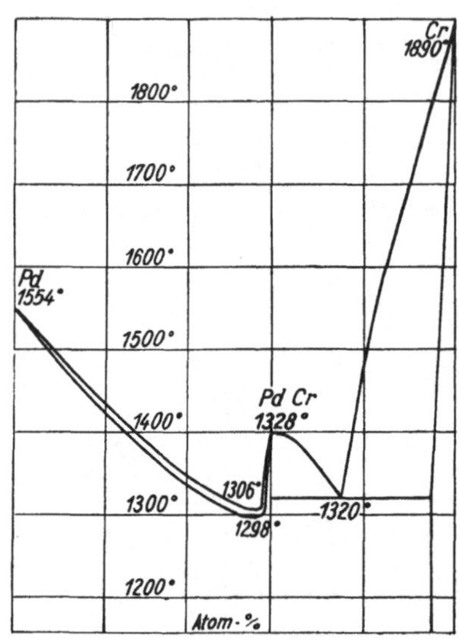

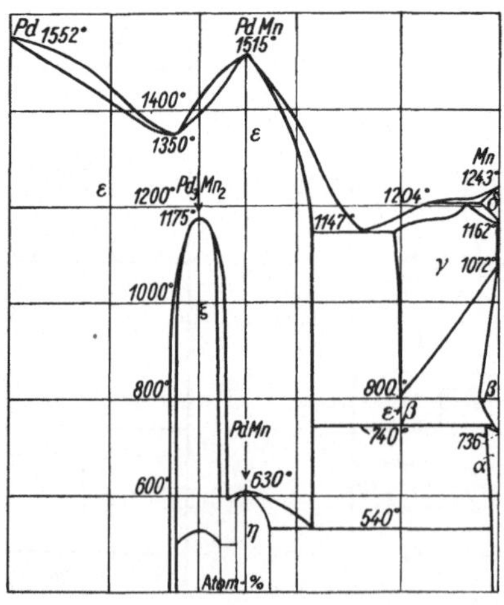

Tafel 29.

Typus IIIa: Au-Te, Te-Zn, Cd-Te, Hg-Te, Sn-Te, Al-Se, Al-Te.

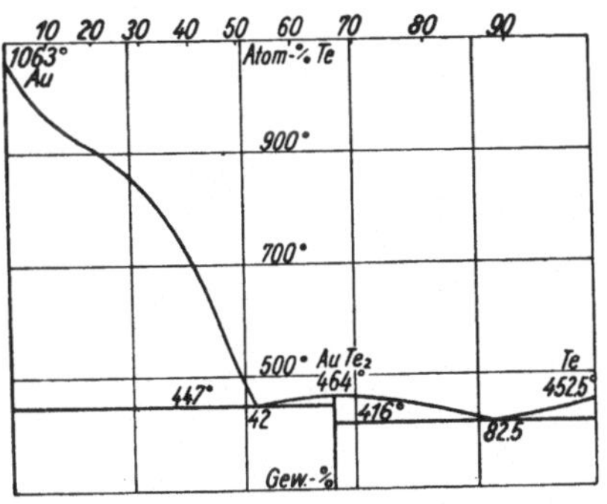

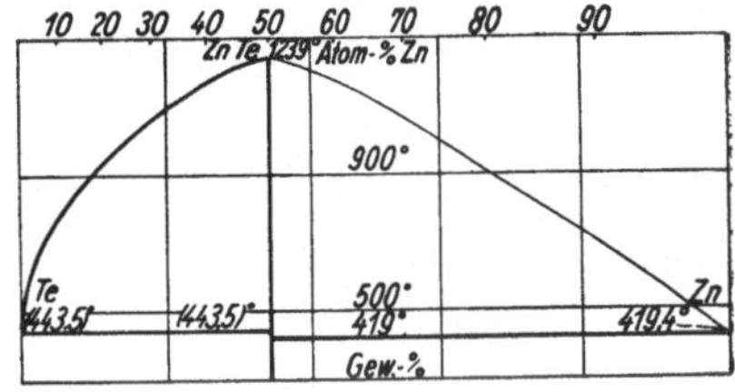

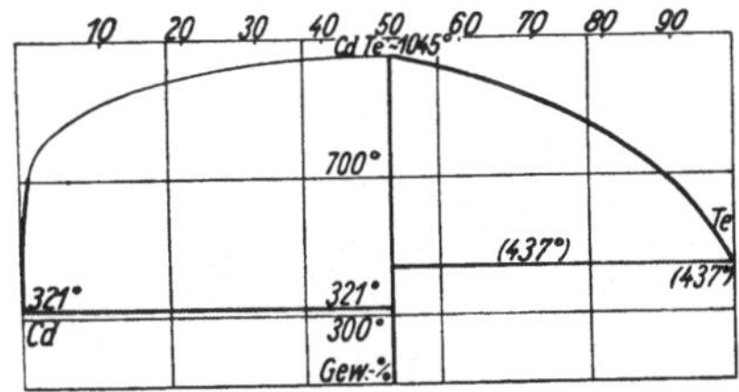

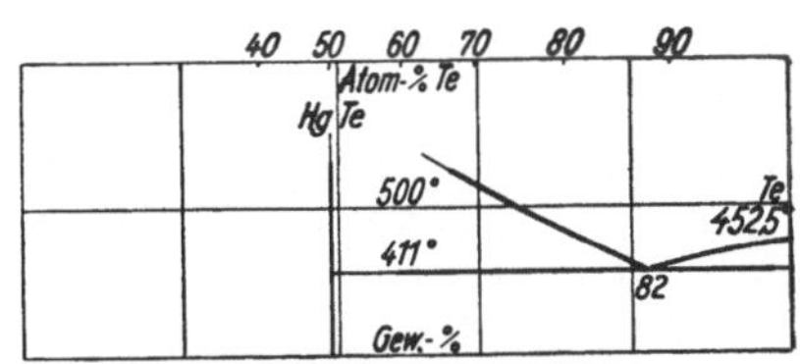

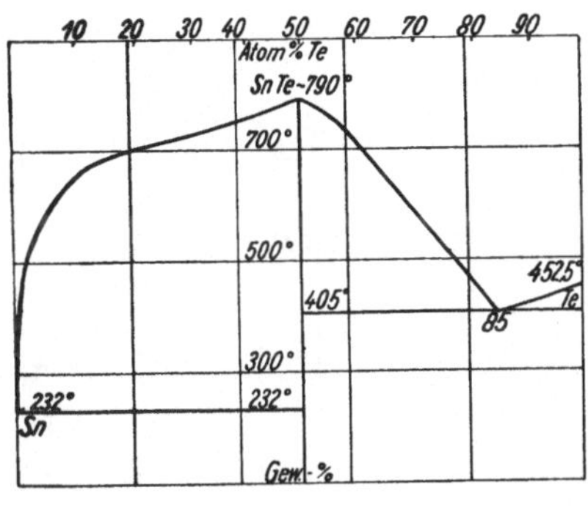

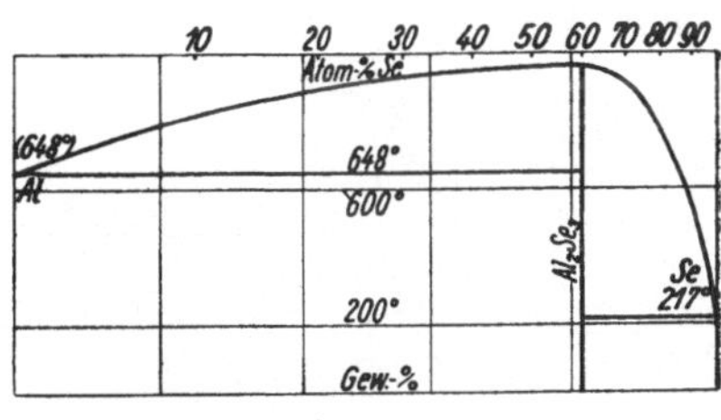

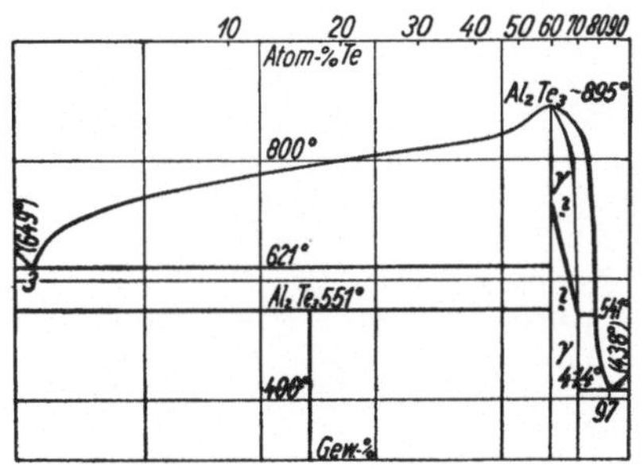

Tafel 30.

Typus IIIa: Pb-Te, Sb-Te, Bi-Te, Sb-Se, (As-Te).

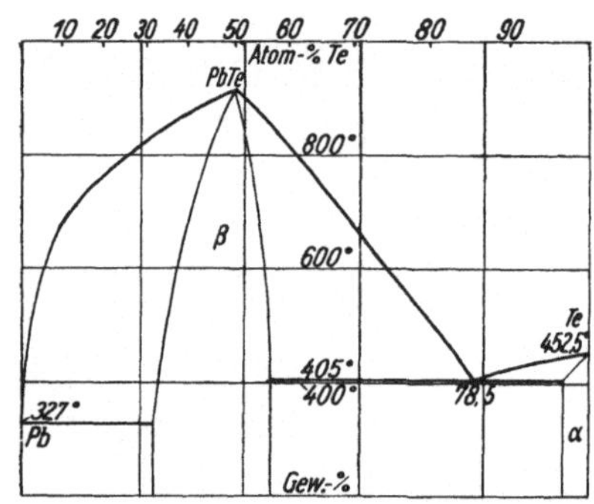

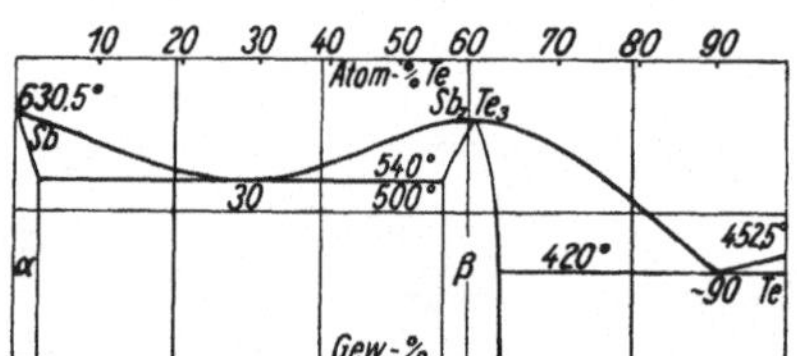

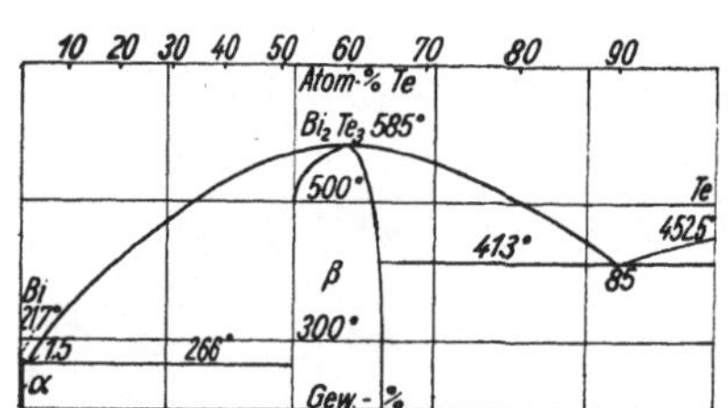

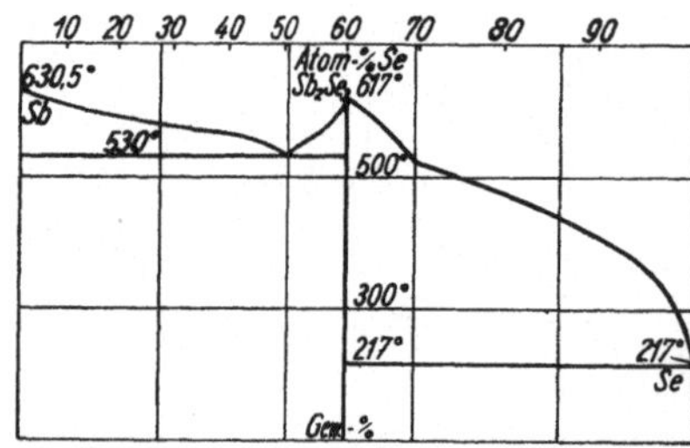

Es bildet sich die kongruent schmelzende Verbindung Te_3Al_2 (895°) und diese mit beiden Metallen Eutektika, mit Te (440°) bei 421 und mit Al (649°) bei 625°. Die Verbindung soll in zwei Formen vorkommen und mit Te im bestimmten Umfang Mischkrystalle bilden. Eine Besonderheit besteht nach den japanischen Forschern in der Bildung einer zweiten Verbindung $TeAl_5$ bei 556° aus erstarrten Gemischen von Te_3Al_2 und Al. Die Tafeln 29 und 30 enthalten auch die beiden selenhaltigen Systeme Al-Se und Sb-Se vom Typus IIIa mit den Verbindungen Al_2Se_3 und Sb_2Se_3. Die Mischungslücke, die *Parravano* zwischen Sb und Sb_2Se_3 annimmt, wurde von anderen Forschern nicht bestätigt.

Literatur zu Typus IIIa.

Tafel 22.

Au-Na: *C. H. Mathewson*, Int. Z. Metallogr. **1**, 1911, 84. — *E. Zintl, J. Goubeau* u. *W. Dullenkopf*, Z. physik. Chem. Abt. A **154**, 1931, 15 u. 44.

Li-Mg: *G. Masing* u. *G. Tammann*, Z. anorg. allg. Chem. **67**, 1910, 197. — *G. Grube, H. v. Zeppelin* u. *H. Bumm*, Z. Elektrochem. **164**, 1934. — *P. Saldern* u. *F. Schamrey*, Z. anorg. allg. Chem. **224**, 1935, 388.

Ga-Na: *N. A. Puschin, S. Stepanović* u. *V. Stager*, Z. anorg. allg. Chem. **209**, 1931, 329.

Li-In: *G. Grube* u. *W. Wolf*, Z. Elektrochem. **41**, 1935, 675. — *E. Zintl* u. *G. Brauer*, Z. physik. Chem. Abt. B **20**, 1933, 245.

Tafel 23.

Ca-Cu: *N. Baar*, Z. anorg. allg. Chem. **70**, 1911, 379. — *E. E. Schumacher, W. C. Ellis* u. *J. F. Eckel*, Amer. Inst. min. metallurg. Engr. Techn. Publ. **1929**, 240.

Ca-Mg: *N. Baar*, Z. anorg. allg. Chem. **70**, 1911, 364. — *L. Wöhler* u. *O. Schliephake*, Z. anorg. allg. Chem. **151**, 1926, 1. — *R. Páris*, C. R. Acad. Sci., Paris **197**, 1933, 1634.

Ca-Sb: *L. Donski*, Z. anorg. allg. Chem. **57**, 1908, 217.

Al-Ba: *E. Alberti*, Z. Metallkde. **26**, 1934, 6. — *K. R. Andress* u. *E. Alberti*, Z. Metallkde **27**, 1935, 126.

Pb-Sr: *E. Piwowarsky*, Z. Metallkde. **14**, 1922, 301. — *E. Zintl* u. *G. Brauer*, Z. physik. Chem. Abt. B **20**, 1933, 245.

Ba-Pb: *J. Czochralski* u. *E. Rassow*, Z. Metallkde. **12**, 1920, 337.

Tafel 24.

Mg-Si: *E. A. Owen* u. *G. D. Preston*, Proc. Physic. Soc., Lond. **36**, 1924, 341. — *R. Vogel*, Z. anorg. allg. Chem. **61**, 1909, 50. — *W. Schmidt*, Z. Metallkde. **19**, 1927, 452. — *W. Maunchen*, Z. Metallkde. **23**, 1931, 193.

Tafel 24 (Fortsetzung — rechte Spalte)

Mg-Sn: *G. Grube*, Z. anorg. allg. Chem. **46**, 1905, 79. — *Kurnakow* u. *Stepanow*, Z. anorg. allg. Chem. **46**, 1905, 184. — *W. Hume-Rothery*, J. Inst. Met., Lond. **35**, 1926, 336. — *W. Grube* u. *H. Vosskühler*, Z. Elektrochem. **40**, 1934, 570. — *G. S. von Frey*, Z. Elektrochem. **38**, 1932, 270.

Mg-Pb: *G. Grube*, Z. anorg. allg. Chem. **44**, 1905, 124. — *N. S. Kurnakow* u. *N. J. Stepanow*, Z. anorg. allg. Chem. **46**, 1905, 184. — *M. Hansen*, Z. Metallkde. **19**, 1927, 454. — *J. B. Friauf*, J. Amer. chem. Soc. **48**, 1926, 1906.

Tafel 25.

Bi-Mg: *G. Grube*, Z. anorg. allg. Chem. **49**, 1906, 85. — *G. Grube, L. Mohr* u. *R. Bornhak*, Z. Elektrochem. **40**, 1934, 148. — *E. Zintl* u. *E. Huseman*, Z. physik. Chem. Abt. B **21**, 1933, 138.

Mg-Sb: *G. Grube*, Z. anorg. allg. Chem. **49**, 1906, 90. — *G. Grube* u. *R. Bornhak*, Z. Elektrochem. **40**, 1934, 140. — *E. Zintl*, Z. Elektrochem. **40**, 1934, 142.

Tafel 26.

Hg-Tl: *G. D. Roos*, Z. anorg. allg. Chem. **94**, 1916, 358. — *Kurnakow*, J. russ. metallurg. Ges. **33**, 1901, 565 — Z. anorg. allg. Chem. **30**, 1902, 86. — *Ch. E. Teeter*, J. Amer. chem. Soc. **53**, 1931, 3917. — *W. Rosenhain* u. *A. J. Murphy*, Proc. Roy. Soc., Lond. (A) **113**, 1927, 6. — *A. Ölander*, Z. physik. Chem. **171**, 1934, 425.

Pb-Tl: *K. Lewkonja*, Z. anorg. allg. Chem. **52**, 1907, 454. — *N. S. Kurnakow* u. *N. A. Puschin*, Z. anorg. allg. Chem. **52**, 1907, 435. — *W. Guertler* u. *A. Schulze*, Z. physik. Chem. **104**, 1923, 293. — *E. McMillan* u. *L. Pauling*, J. Amer. chem. Soc. **49**, 1927, 666. — *F. Halla* u. *R. Staufer*, Z. Kristallogr. **67**, 1928, 440. — *E. Jänecke*, Z. Metallkde. **26**, 1934, 153; **27**, 1935, 141. — *A. Ölander*, Z. physik. Chem. **168**, 1934, 274.

Al-Sb: *H. Gautier*, Bull. Soc. Encour. Ind. nat. (5) **1**, 1896, 1315. — *W. Campbell* u. *J. Mathews*, J. Amer. chem. Soc. **24**, 1902, 259. — *G. Tammann*, Z. anorg. allg. Chem. **48**, 1906, 53. — *W. Guertler* u. *A. Bergmann*. Z. Metallkde. **25**, 1933, 84. — *J. Vaszelka*, Mitt. Berg- u. Hüttenm. Hochsch. Sopron, Ungarn **1931**, 193.

Tafel 27.

Ce-Si: *R. Vogel*, Z. anorg. allg. Chem. **84**, 1914, 326.

Li-V: *H. Giebelhausen*, Z. anorg. allg. Chem. **91**, 1915, 251.

Cu-Zr: *T. E. Allibone* u. *C. Sykes*, J. Inst. Met., Lond. **39**, 1928, 176.

Ag-Zr: *C. Sykes*, J. Inst. Met., Lond. **41**, 1919, 188.

Al-Zr: *C. Sykes*, J. Inst. Met., Lond. **41**, 1929, 181. — *J. H. de Boer*, Ind. Engng. Chem. **19**, 1927, 1259.

W-Zr: *A. Claasen* u. *W. G. Burgess*, Z. Kristallogr. **86**, 1933, 100.

W-Re: *K. Becker* u. *K. Moers*, Metallwirtsch. **9**, 1930, 1063.

Tafel 28.

Fe-Ti: *J. Lamort*, Ferrum **11**, 1913/14, 225. — *F. Wever*, Arch. Eisenhüttenwes. **2**, 1928/29, 2.

Fe-Zr: *T. E. Allibone* u. *C. Sykes*, J. Inst. Met., Lond. **39**, 1928, 179. — *R. Vogel* u. *W. Tonn*, Arch. Eisenhüttenwes. **5**, 1931, 387.

Fe-Ta: *F. Wever*, Arch. Eisenhüttenwes. **2**, 1928/29, 739. — *W. Jellinghaus*, Z. anorg. allg. Chem. **223**, 1935, 362.

Pt-Tl: *C. R. Hackspill*, C. R. Acad. Sci., Paris **146**, 1908, 820.

As-Pt: *K. Friedrich* u. *A. Leroux*, Metallurgie **5**, 1908, 148.

Tafel 28 a.

Au-Mn: *N. Parravano* u. *M. Perret*, Gazz. chim. ital. **45 I**, 1915, 293. — *L. Hahn* u. *S. Kyropoulos*, Z. anorg. allg. Chem. **95**, 1916, 105. — *H. Moser*, *E. Raub* u. *E. Vincke*, Z. anorg. allg. Chem. **210**, 1933, 67.

Cr-Pd: *G. Grube* u. *R. Knabe*, Z. Elektroch. **42**, 1936, 793.

Mn-Pd: *G. Grube* u. *O. Winkler*, Z. Elektroch. **42**, 1936, 815.

Tafel 29.

Au-Te: *G. Pellini* u. *E. Quercigh*, Rend. Acc. Linc. **19**, 1910, 5, 415. — *T. K. Rose*, Trans. Amer. Inst. min. metallurg. Engr. **17**, 1908, 285. — *L. Nowack*, Z. Metallkde. **19**, 1927, 241.

Te-Zn: *Matsusuke Kobayashi*, Int. Z. Metallogr. **2**, 1912, 65. — *W. Zachariasen*, Z. physik. Chem. **124**, 1926, 277.

Cd-Te: *Matsusuke Kobayashi*, Z. anorg. allg. Chem. **69**, 1911, 4.

Hg-Te: *G. Pellini*, Gazz. chim. ital. **42 II**, 1910.

Sn-Te: *W. Biltz* u. *W. Mecklenburg*, Z. anorg. allg. Chem. **64**, 1909, 233. — *Matsusuke Kobayashi*, Z. anorg. allg. Chem. **69**, 1911, 8. — *H. Fay* u. *Ashley*, Amer. chem. J. **27**, 1902. 95.

Al-Se: *M. Chikashige* u. *T. Aoki*, Mem. Coll. Engng., Kyoto **2**, 1917, 249.

Te-Al: *M. Chikashige* u. *J. Nosê*, Mem. Coll. Engng., Kyoto **2**, 1916/17, 228.

Tafel 30.

Pb-Te: *H. Fay* u. *C. B. Gillson*, Trans. Amer. Inst. min. metallurg. Engr. **1901**, Nov. — — *M. Kimura*, Mem. Coll. Engng., Kyoto **1**, 1915, 149.

As-Te: *H. Pélabon*, C. R. Acad. Sci., Paris **148**, 1900, 1176.

Sb-Te: *H. Fay* u. *C. B. Ashley*, Amer. chem. J. **27**, 1902, 95. — *Y. Kimata*, Mem. Coll. Engng., Kyoto **1**, 1915, 119. — *N. S. Konstantinow* u. *V. I. Smirnow*, Ann. Inst. Pol. Pierre le Grand, Petrograd — J. Inst. Met., Lond. **14**, 1915, 238. *H. Pélabon*, Ann. chim. phys. **17**, 1909, 526.

Bi-Te: *K. Mönkemeyer*, Z. anorg. allg. Chem. **46**, 1905, 419. — *Hikozo Endo*, Sci. Rep. Tôhoku Univ. **14**, 1925, Nr 5. — *Amadori*, Gazz. chim. ital. **48 II**, 1918, 42; **52 I**, 1922, 387. — *F. Körber* u. *U. Hashimoto*, Z. anorg. allg. Chem. **188**, 1930, 114.

Sb-Se: *N. Parravano*, Gazz. chim. ital. **43 I**, 1913, 210. — *M. Chikashige* u. *M. Fujita*, Mem. Coll. Engng., Kyoto **2**, 1916/17, 263.

Legierungen vom Typus III b.

31	32	33	34	35	36	37
K-Na	Hg-Sn	Fe-Mo	Fe-W	Cu-Fe	Al-Ti	C-Mn
Ag-Be	Ge-Te	Co-Mo	Co-W	Au-Fe	Al-Th	C-Co
Ag-As	Sb-Tl	Mo-Ni	Ni-W	Fe-Mn	Al-Mo	C-Ni
Au-Sb	(Ce-Hg)					
(Au-As)	(Ni-Hg)					
Cs-Na	(S-Se)					

Es hat sich gezeigt, daß Legierungen vom Typus IIIb gegenüber IIIa in größerem Umfange Mischkrystalle bilden. Das Homogenitätsbereich ist vielfach größer als bei den chemischen Verbindungen mit ausgesprochen kongruenten Schmelzpunkten, doch kommen auch bei Legierungen IIIb Verbindungen vor. Auffallend ist, daß bei einigen Systemen, wie Au-Sb, die auftretende Verbindung in der graphischen Darstellung gerade im Knick der Erstarrungskurve liegt. Man könnte in diesen Fällen gerade noch eine scharfe Trennung in zwei Systeme durchführen. Die Legierungen wären dann IIIa zuzurechnen. Von den beiden Eutektika des Typus IIIa fällt in diesem Falle das eine mit der chemischen Verbindung zusammen. Das Teildiagramm von der chemischen Verbindung bis zu dem höher schmelzenden Metall entspricht alsdann einem Diagramm vom Typus IIb mit dem Eutektikum im Schmelzpunkt des niedriger schmelzenden Metalles. Auch bei komplizierteren Legierungen als denen vom Typus III findet man manchmal ein derartiges eigentümliches Verhalten. Die Zustandsbilder der bis jetzt bekannten Legierungen dieses Typus sind in den Tabellen 31 bis 37 wiedergegeben, wobei nach Möglichkeit Systeme ähnlicher Metalle zusammengefaßt wurden, was in einigen Fällen etwas weniger gut gelang als beim Typus IIIa.

Tafel 31 umfaßt Legierungen von einwertigen Metallen. Die Verbindung $AuSb_2$ krystallisiert im Pyritgitter C_2 und hat ein geringes Homogenitätsbereich[1]). Bei höheren Temperaturen nimmt in diesem System Au bis 1 Atom-Proz. Sb auf. In dem System K-Na kennt man schon lange einen Knickpunkt in der Schmelzkurve, den man der Verbindung Na_2K zuschrieb. Wahrscheinlich ist dieser ein Mischkrystall mit einem größeren Homogenitätsbereich und treten auch Mischkrystalle nach Na und K auf. In dem System Ag-Be ist außer dem Eutektikum willkürlich bei 1000° für die Verbindung $AgBe_2$ ein inkongruenter Schmelzpunkt angenommen. Der Haltepunkt bei 750° ist vielleicht nicht durch eine Umwandlung von Be, sondern von der Verbindung $AgBe_2$ veranlaßt. Angeführt ohne Zustandsbild ist hier auch Au-Be mit der wie $AgBe_2$ kubisch krystallisierenden Verbindung $AuBe_2$. Das vierte System der Tafel 31 Ag-As enthält eine Verbindung von der möglichen Formel Ag_9As, die bei 595° im invarianten Gleichgewicht mit Mischkrystallen nach Ag und Schmelze ist. Bei 374° zerlegt sie sich, wenn man die Abbildung zugrunde legt, wieder. Es ist höchst wahrscheinlich, daß an Stelle einer Verbindung Mischkrystalle auftreten. Vielleicht ist das System überhaupt komplizierter. Das Schmelzbild wurde bis zum Arsen extrapoliert, das nur unter Druck schmelzbar ist. Das System As-Au wurde hier eingereiht in der Annahme, daß es As-Ag ähnlich ist. Beobachtet wurde in den arsenhaltigen Goldgemischen bis etwa 10 Proz. As ein Halten bei 665°, was einem Eutektikum, vielleicht aber auch der Umwandlungstemperatur von 595° bei AgAs entspräche. Infolge der Flüchtigkeit des As hatte die Herstellung der Legierungen keinen nennenswerten Erfolg. Neuerdings wurde für Cs-Na von *Rinck* das Zustandsbild aufgestellt mit der bei —8° inkongruent schmelzenden Verbindung $CsNa_2$.

Die Tafel 32 umfaßt einige Systeme mit Hg, Ge-Te und Sb-Tl. Zwischen Hg und Sn bildet sich bei tiefen Temperaturen nach den Untersuchungen einer Reihe von Forschern eine intermediäre metallische Phase von Hg und Sn,

---

[1]) *O. Niel, A. Almin* u. *H. Westgren*, Z. physik. Chem. Abt. B **14**, 1931, 81.

die als Verbindung aufgefaßt wird, der man aber sehr verschiedene Formeln zuweist. Gefunden wurde insbesondere, daß diese feste Phase hexagonal krystallisiert. Die endgültige Festlegung des Zustandsbildes für tiefe Temperaturen steht noch aus. Der geringe Unterschied der Bildungstemperatur (—34,6°) und des Eutektikums (—38,9°) läßt den Verdacht aufkommen, daß es überhaupt keine intermetallische Verbindung gibt, sondern daß die Temperatur von —34,6° einer Übergangstemperatur zwischen Mischkrystallen nach Hg und nach Sn entspricht. Wäre diese Auffassung so richtig, dürfte es natürlich keine besondere hexagonale feste Phase geben. Die Umwandlung des Sn bei 13° führt auch noch zu einer nicht vermerkten Änderung des Zustandsbildes an der Seite der Sn-reichen Legierungen. Auch das System Sb-Sn könnte zu den Legierungen dieser Art gerechnet werden. Außer den Mischkrystallen nach Sn und Sb bilden sich zwar zwei intermediäre Mischkrystalle β_1 und β_2. In den erstarrten Gemischen gibt es aber außer Sn- und Sb-Mischkrystallen nur eine feste Phase β_2, indem sich β_1 in β_2 umwandelt. Da sich aber beide intermetallische feste Phasen aus dem Schmelzfluß bilden können, ist Sn-Sb bei den Legierungen IVb mit vier festen Phasen auf Tafel 51 behandelt. Im System Ge-Te, das erst kürzlich untersucht wurde, bildet sich eine bei 725° gerade noch kongruent schmelzende Verbindung GeTe. Die analogen Verbindungen SnTe (IIIa Tafel 29) und PbTe (IIIa Tafel 30) schmelzen ausgesprochen kongruent bei 790 und 917°. Zum Typus IIIb wurde auch die Legierung Ce-Hg gerechnet, obwohl das Zustandsbild hierfür nicht bekannt ist. Durch Tensionsmessungen wurde aber ein plötzlicher Dampfdruckabfall beim Überschreiten des Mischungsverhältnisses bei der Zusammensetzung $CeHg_4$ festgestellt. Hieraus ergab sich eine Verbindung dieser Formel, deren Dampfdruck bei verschiedenen Temperaturen gemessen wurde, so daß sich aus der zugehörigen Kurve die Bildungswärme berechnen ließ. Ceramalgame, besonders solche mit mehr als 15 Proz. Ce, sind stark pyrophor. In diese Gruppe Legierungen wurde auch das System Ni-Hg eingereiht, von dem bekannt ist, daß sich aus Hg durch Auftropfen von Nickelcarbonyl bei 300° eine besondere feste Phase bildet. Erwähnt werden soll auch S-Se, obwohl nicht zu den Legierungen zu rechnen, deren Zustandsbild bekannt ist, das eine intermetallische Phase enthält, die monoklin krystallisiert, mit weitem Homogenitätsbereich und inkongruentem Schmelzpunkt.

Die Tafel 32 enthält noch das Zustandsbild der Legierungen Sb-Tl, wie es durch thermische und röntgenographische Untersuchungen festgelegt wurde. Die auftretende Verbindung Sb_2Tl_7 hat die inkongruente Schmelztemperatur von 226°. Die β-Tl-Mischkrystalle finden sich bei Zimmertemperatur, entgegen der früheren Auffassung, wonach sie die in dem binären System bei 226° auftretende Wärmetönung veranlassen sollten.

Die beiden Tafeln 33 und 34 enthalten Legierungen, die wegen der nahen Verwandtschaft der Metalle sehr ähnliche Zustandsbilder haben. Es bilden sich (Tafel 33) die Verbindungen CoMo, MoNi, im System Fe-Mo vielleicht zwei Verbindungen Fe_3Mo_2 und FeMo. Das letzte ist, trotzdem es dann dem Typus IV zugehören würde, an dieser Stelle mit berücksichtigt. Ferner (Tafel 34) Fe_3W_2, CoW und Ni_6W. Im System Fe-W bildet sich unterhalb 1040° nach *Arnfeldt* im festen Zustande eine weitere Verbindung Fe_2W. In allen Systemen gibt es in weitem Umfange Mischkrystalle nach den Metallen Fe, Co und Ni. In den Systemen Ni-W und Co-W sind Mischkrystalle mit Schmelzpunktmaximum beobachtet, die aber nicht unbedingt als wirkliche Verbindungen zu betrachten sind. Der Umwandlungspunkt von Co wird nach den Untersuchungen von *Köster* und *Tonn* auf Zusatz von W und Mo erhöht[1]). Für die eisenhaltigen Systeme Fe-Mo und Fe-W ist noch charakteristisch, daß sich, wie bereits ausführlich erörtert, innerhalb des Gebietes der Mischkrystalle nach δ-Fe ein geschlossenes Gebiet für die Mischkrystalle nach γ-Fe ausbildet. Im Gegensatz zu den eisenhaltigen Mischkrystallen der beiden Systeme Fe-Mo und Fe-W bilden die auf Tafel 35 abgebildeten Systeme Cu-Fe, Au-Fe und Fe-Mn Mischkrystalle nach γ-Fe in größerem Umfange. Es gibt ein Gleichgewicht zwischen Schmelze und den beiden Mischkrystallen nach δ-Fe und γ-Fe, das bei einer höheren Temperatur als der Umwandlungstemperatur δ-γ für das reine Eisen liegt. Dadurch gibt es bei Temperaturen unterhalb 1400° nur zwei feste Phasen, so daß die Systeme damit sehr dem Typus IIb ähneln. Sie müssen aber konsequenterweise, weil drei feste Phasen sich aus dem Schmelzfluß ausscheiden, IIIb zugerechnet werden. Im System Fe-Au bildet sich nach *Wever* aus dem festen Zustande eine neue Verbindung Fe_3Au aus zwei Mischkrystallen nach Fe und nach Au. An der Seite des Goldes gibt es außerdem eine Legierung mit Schmelzpunktminimum. Im System Cu-Fe wurde früher allgemein das Vorhandensein einer Mischungslücke im flüssigen Zustande angenommen. Die Bildung zweier Flüssigkeiten wird bei Gemischen aus Cu und Fe immer dann beobachtet, wenn das verwendete Eisen einen Kohlenstoffgehalt hat. Es steht jetzt fest, daß dieses die Ursache der Entmischung ist. Die kohlenstofffreien Legierungen zeigen eine solche Entmischung in Gegenwart eines festen Bodenkörpers nicht. Dagegen tritt eigentümlicherweise eine Entmischung der homogenen Schmelzen verschiedener Legierungen auf, wenn sie weiter erhitzt werden. Es gibt ein kritisches Gemisch bestimmter Zusammensetzung, das diese Entmischung bei einer tiefsten Temperatur hat. Das Verhalten dieser Art ist bei organischen Flüssigkeitsgemischen mehrfach beobachtet worden. Bei Metallen tritt es noch bei Fe-Sn auf. Auch Cu-Co, das ebenfalls Entmischung in zwei Flüssigkeiten bei einem Kohlenstoffgehalt aufweist, wie früher erwähnt wurde, dürfte sich gleichartig Cu-Fe verhalten. Besonders müssen noch die Legierungen Fe-Mn erwähnt werden. Die Auffassung über dieses System hat sich im Laufe der Zeit sehr gewandelt. Ehe die δ-Form des Eisens bekannt war, glaubte man Fe und Mn bildeten aus dem Schmelzfluß lückenlos Mischkrystalle. Später nahm man an, daß γ-Fe mit Mn in jedem Mischungsverhältnis Mischkrystalle bildete. Auch nach Erforschung der Krystallgitter wird von verschiedener Seite auch dieses noch für möglich gehalten, wobei das flächenzentrierte kubische Gitter des Eisens in das auch flächenzentrierte, aber tetragonale des Mangans übergehen soll[2]). Die Abbildung auf Tafel 35 gibt eine Kombination der neuesten Untersuchungen. Sie stützt sich auf die genauen Untersuchungen von *Gayler*, kombiniert für das Gebiet der α-Mischkrystalle mit denen anderer Forscher. In den eisenreichen Legierungen, die nach α-Fe krystallisieren, bildet sich ein Gebiet heraus, das sich von dem Umwandlungspunkt des Eisens nach unten erstreckt bis etwa 2 Proz. Mn bei Zimmertemperatur. Das Gebiet der γ-Fe-Mischkrystalle geht bis 60 Proz.

---

[1]) *Köster* u. *Tonn*, Z. Metallkde. **1924**, 1932, 296.
[2]) *Einer Öhmann.* Z. physik. Chem. Abt. B **8**, 1930, 97.

Mn. Dazwischen findet *Ishiwara* ein Gebiet von ε-Mischkrystallen, die in hexagonal dichtester Kugelpackung krystallisieren und bei Zimmertemperatur 12 bis 29 Proz. Mn enthalten. Das Gebiet derselben verkleinert sich mit wachsender Temperatur, und es wird eine Temperatur erreicht, bei der es ganz verschwindet, indem ein ε-Mischkrystall bestimmter Zusammensetzung in zwei α- und γ-Mischkrystalle zerfällt. In den Mn-reichen Legierungen findet *Schmidt* im Gegensatz zu *Ōsawa* nur ganz geringe Bildung von Mischkrystallen nach α-Mn, dagegen solche von β-Mn von 62 bis 98 Proz. Dieses ergibt ein Zustandsbild, bei dem sich das Gebiet der β-Mn-Mischkrystalle bis zu niedrigen Temperaturen erstreckt, und ein kleines Gebiet für die α-Mn-Mischkrystalle. Die Abb. 83 gibt nach *Gensamer, Eckel* und *Walters* die Atomvolumina der verschiedenen festen Phasen an, wie sie sich aus den Röntgenuntersuchungen ergaben. Die in der Originalabhandlung getrennten geradlinigen γ-Werte wurden in der Abb. 83 vereinigt. Von besonderem Interesse ist die hexagonale

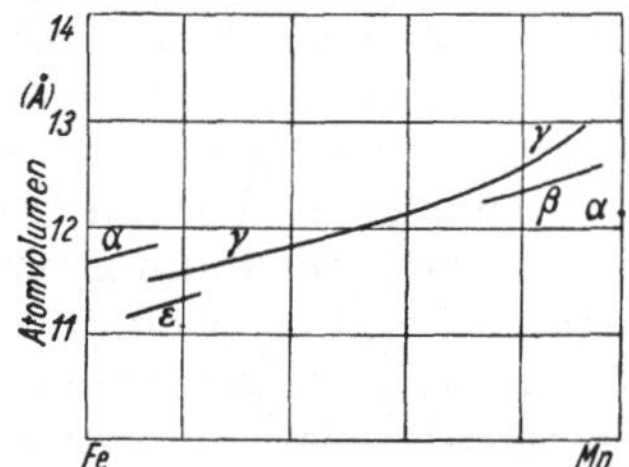

Abb. 83. Fe-Mn Atomvolumina der Mischkrystalle $\alpha, \beta, \gamma, \varepsilon$ nach *Gensamer* und *Eckel*.

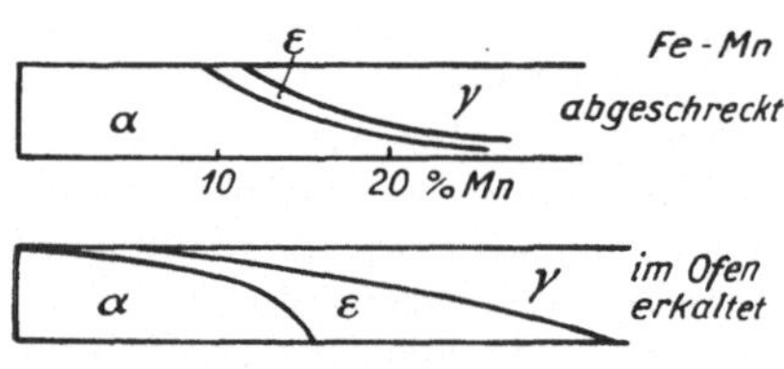

Abb. 84.
Fe-Mn, Umfang des ε-Mischkrystalls.

ε-Phase, deren Bildung von der Wärmebehandlung abhängig ist. Wie in der kleinen Skizze Abb. 84 angegeben ist, erstreckt sich ihr Gebiet bei im Ofen erkalteten Proben weiter als in abgeschreckten. Sie findet sich immer gleichzeitig mit der α- oder γ-Phase oder beiden[1]).

Die Tafel 36 enthält aluminiumhaltige Legierungen, die jedoch alle nur unvollständig untersucht wurden. Als Verbindungen werden Al_3Ti und Al_3Th angegeben. Der hohe Schmelzpunkt macht es wahrscheinlich, daß das System Al-Ti einem anderen Typus zugehört. Auch die beiden Systeme Al-Th und Al-Mo sind wahrscheinlich zu komplizierteren Typen zuzurechnen.

Die letzte Tafel 37 dieser Legierungstypen enthält die kohlenstoffhaltigen Systeme C-Ni, C-Co, C-Mn. Das auch hierher gehörende System Fe-C ist, seiner großen Wichtigkeit halber, in einem besonderen Kapitel behandelt worden. Den Elementen der achten Gruppe gegenüber hat Kohlenstoff die Fähigkeit, ausgesprochen metallische Legierungen zu bilden. Ähnliches zeigt auch Stickstoff. Es bilden sich chemische Verbindungen der Formeln Ni_3C, Co_3C und Mn_3C. Möglich ist, wie beim Eisen und Chrom, auch die Bildung von Verbindungen noch anderer Zusammensetzung. Nach *Jacobson* und *Westgren* gibt es die Mangan-Kohlenstoff-Verbindungen Mn_3C_3, Mn_4C und Mn_3C. Außerdem tritt in diesen Fällen auch eine ausgesprochene Mischkrystallbildung der Metalle mit Kohlenstoff ein. Es handelt sich dabei um Einlagerungsmischkrystalle, indem sich der Kohlenstoff in Gitterlücken der Metalle einbettet.

---

[1]) *E. C. Bain*, Chem. metallurg. Engng. **28**, 1923, 21.

Tafel **31**.

Typus IIIb: Au-Sb, K-Na, Ag-Be, Ag-As, Cs-Na, (Au-As).

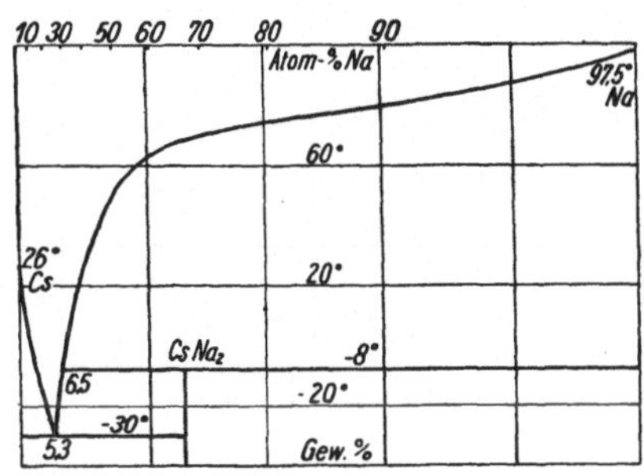

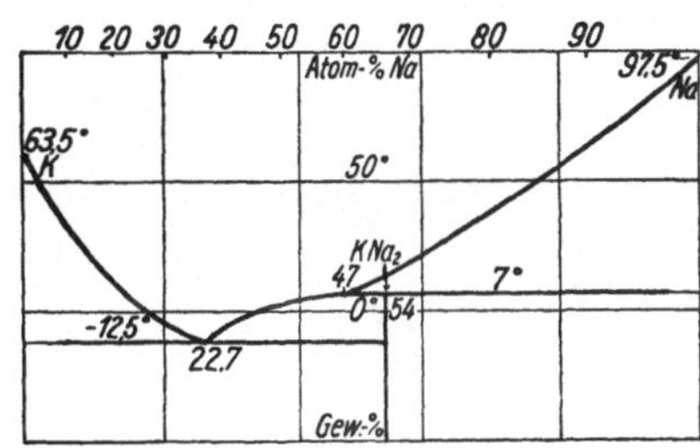

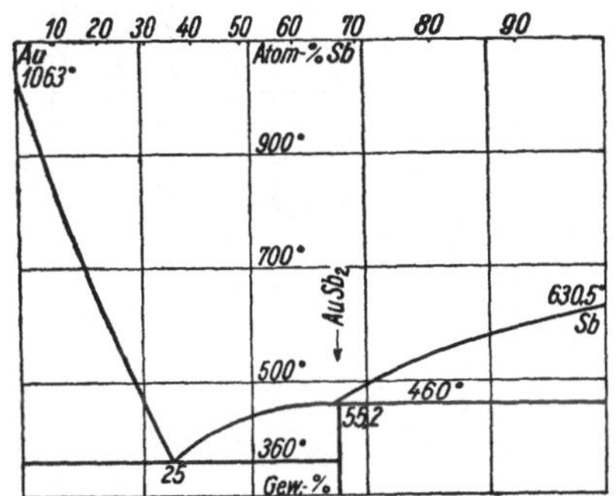

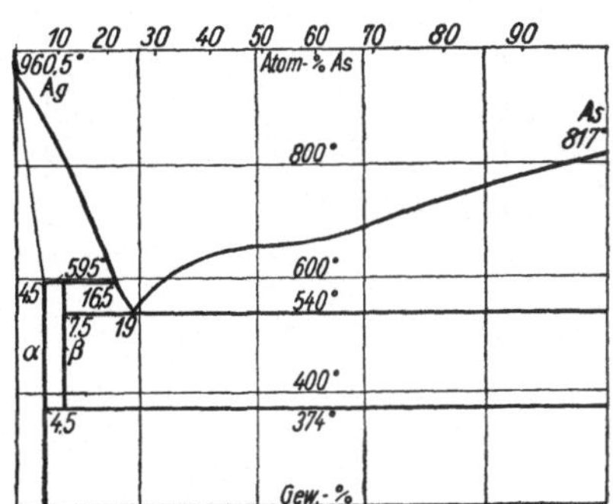

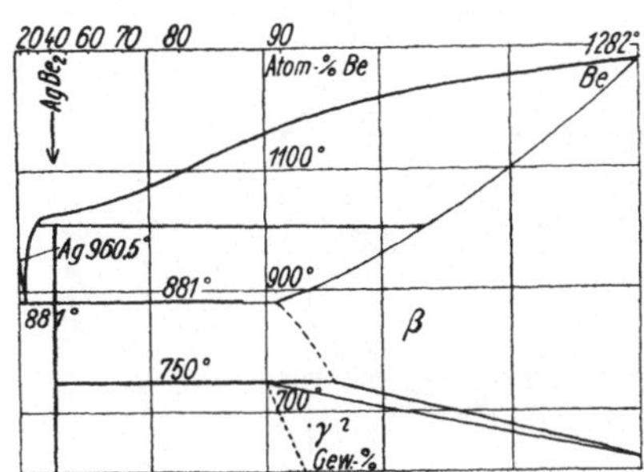

Tafel 32.

Typus IIIb: Hg-Sn, Ge-Te, Sb-Tl, (Ce-Hg), (Ni-Hg), (S-Se).

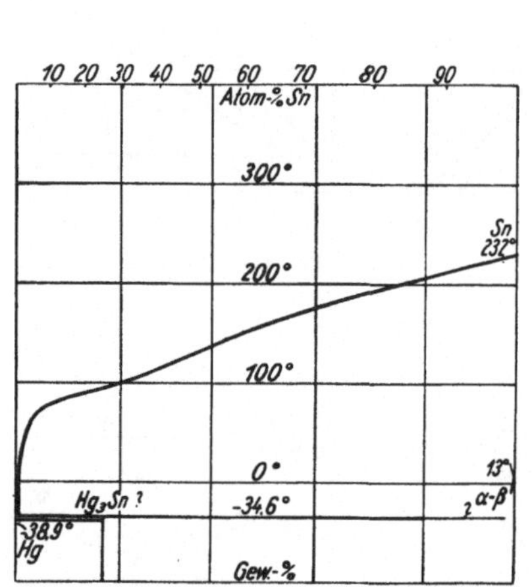

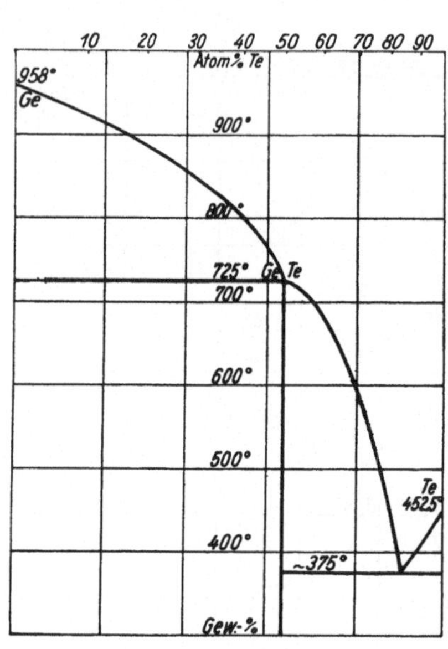

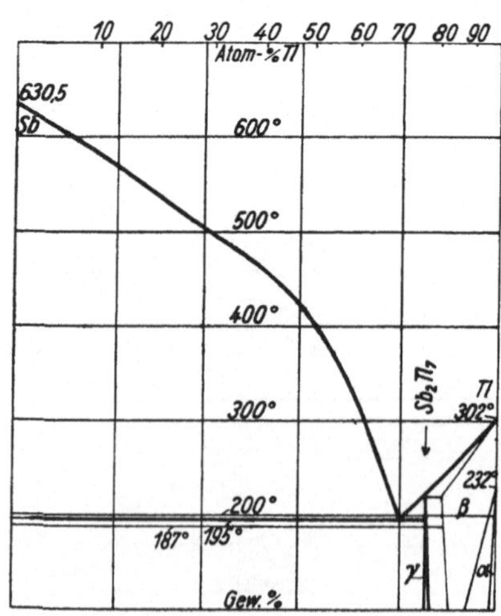

Tafel 33.

Typus IIIb: Fe-Mo, Co-Mo, Mo-Ni.

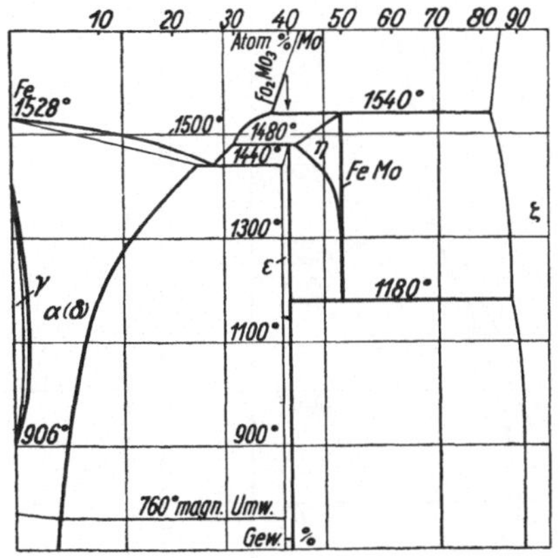

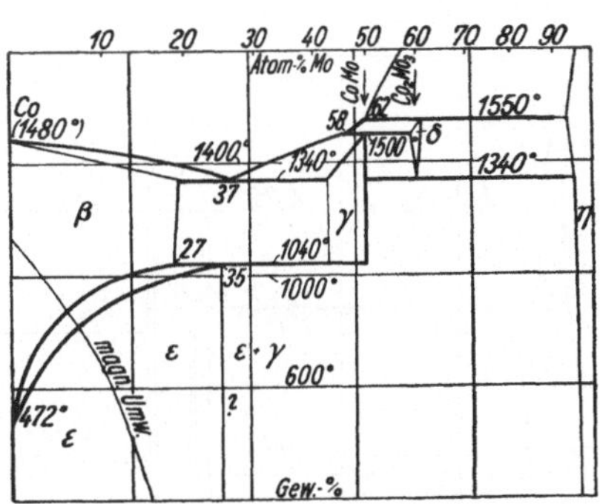

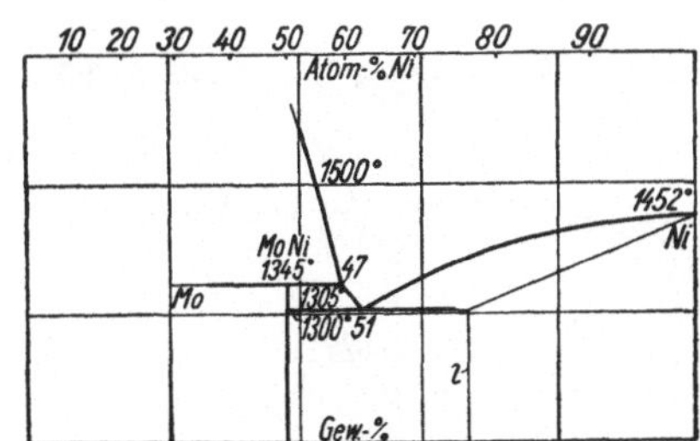

Tafel 34.

Typus III b: Fe-W, Co-W, Ni-W.

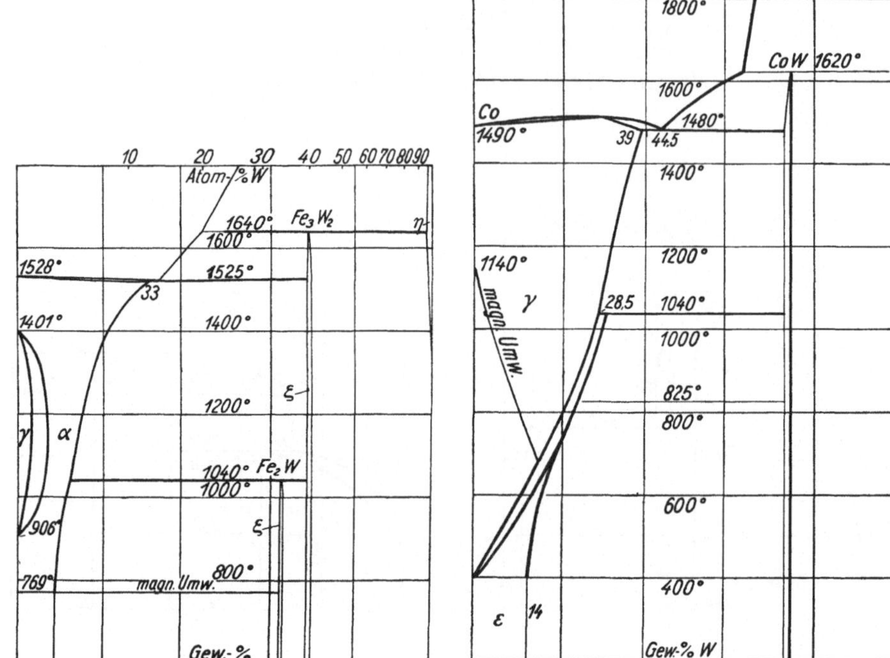

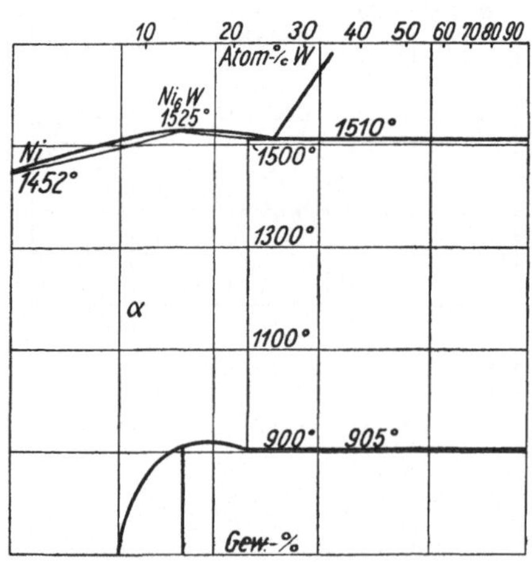

Tafel 35.

Typus IIIb: Cu-Fe, Au-Fe, Fe-Mn.

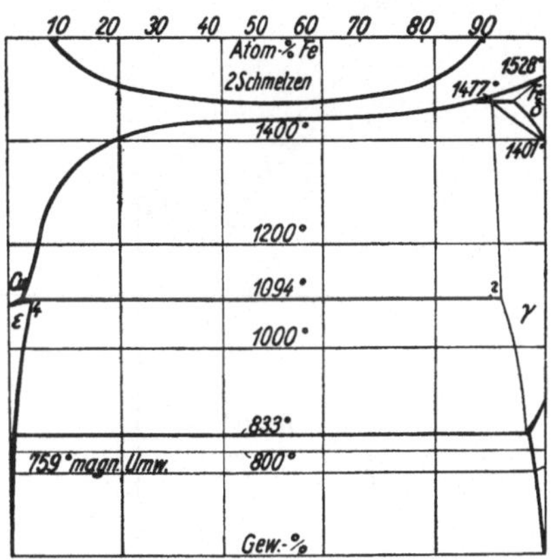

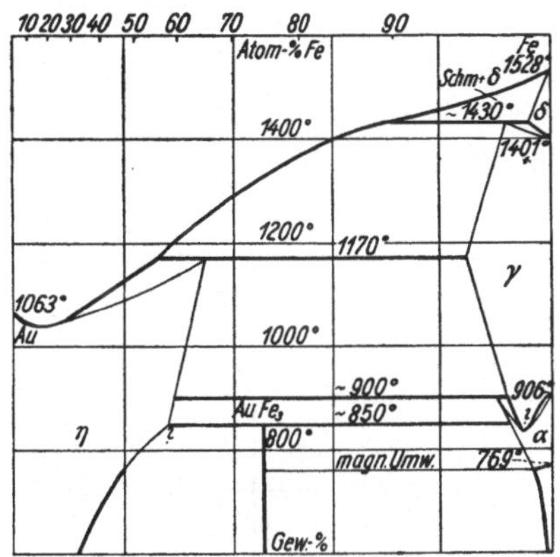

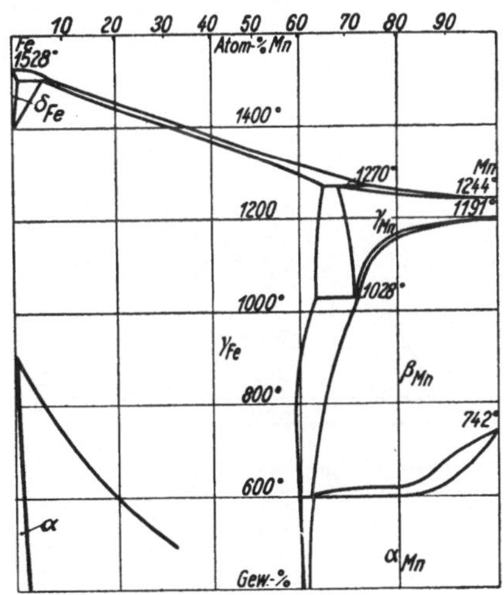

Tafel 36.

Typus IIIb: Al-Ti, Al-Th, Al-Mo.

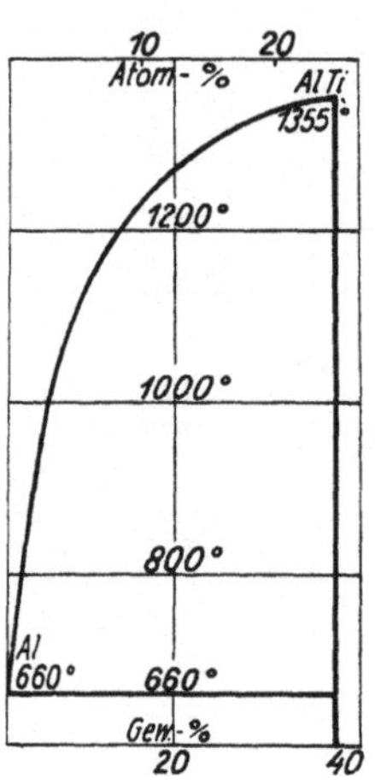

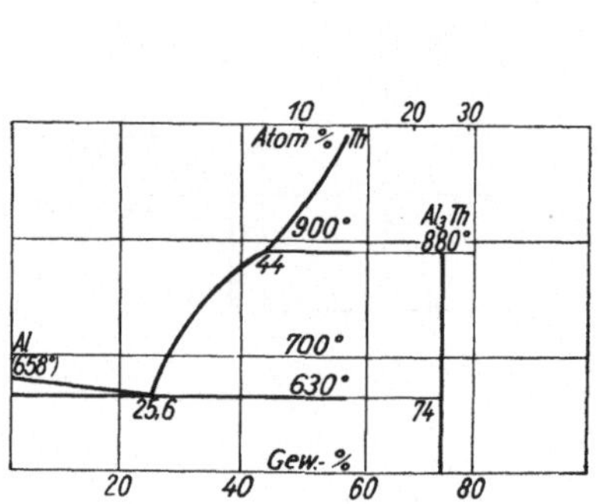

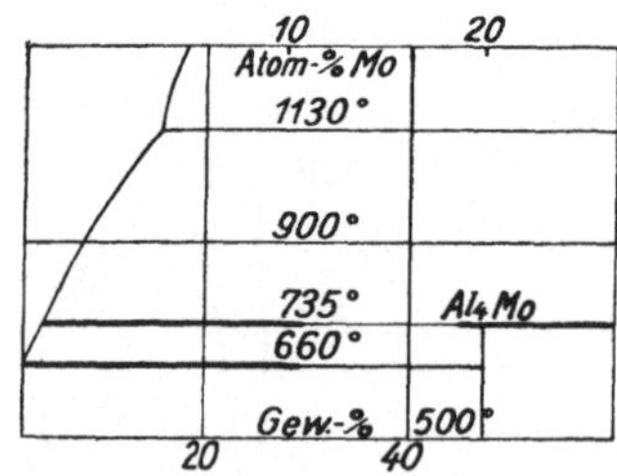

Tafel 37.

Typus III b: C-Mn, C-Co, C-Ni.

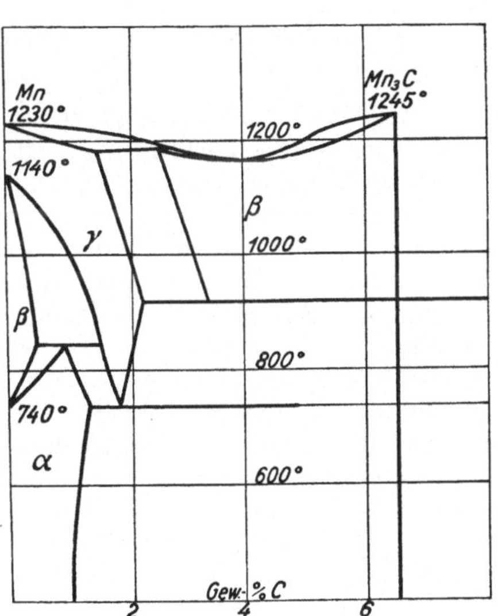

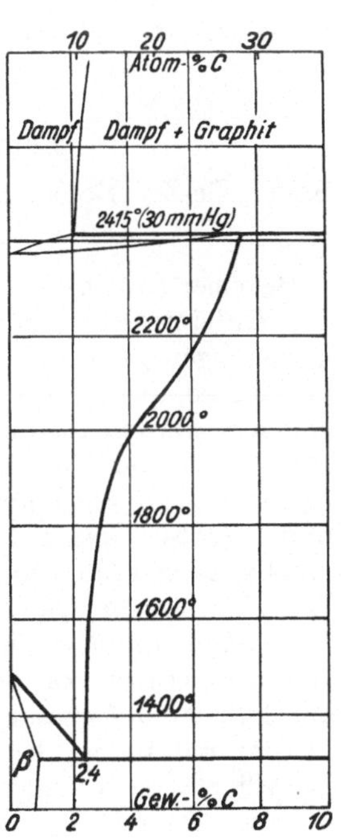

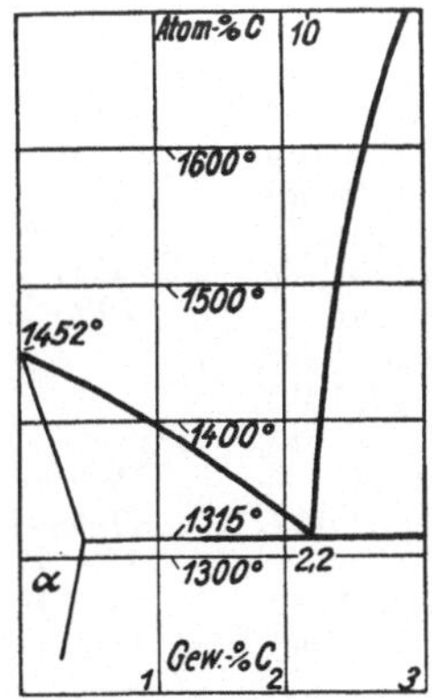

Der Umfang des eintretenden Kohlenstoffs ist bei Angabe von Gewichtsprozenten nicht groß. Die Zahlen nach Atomprozenten sind wegen der großen Differenz der Atomgewichte sehr viel größer. Bei Mn-C ist auch der Umfang der Mischkrystallbildung der verschiedenen Formen nach *Vogel* und *Döring* vermerkt. Die Verbindung Mn_3C, die bei 105° einen Umwandlungspunkt hat, hat ein weites Homogenitätsbereich. Eine Verbindung Mn_4C, die von anderen Forschern angenommen wird, haben *Vogel* und *Döring* nicht gefunden.

Berylliumlegierungen vom Typus III.

Be-Ti, Be-Zr, Be-V, Be-Ta, Be-Cr, Be-Mn, Be-Re, Be-Ru, Be-Rh, Be-Os, Be-Ir, Be-Pt.

Bei einer Anzahl Berylliumlegierungen fand *L. Misch*[1]) durch Untersuchung der Gitterstruktur der Legierungen eine intermetallische Verbindung. Die Legierungen gehören damit dem Typus III an, wobei eine Angabe darüber, ob eine kongurent oder inkongruent schmelzende Verbindung auftritt, nicht gemacht werden kann. Der Schmelzpunkt von Be (1282°) ist nur gegenüber Re (3170°) und Ta (3030°) verhältnismäßig niedrig, so daß hier vermutlich Systeme IIIb vorliegen. Auch für Legierungen mit Ru (2460°), Os (2700°) und Ir (2454°) kann dieses angenommen werden. Bei den übrigen ist, wie bei Au-Be, auch eine kongruent schmelzende Verbindung nicht ausgeschlossen. Bei 1600° waren die verwandten Gemische bis auf das mit Re flüssig. Von den vorkommenden intermediären Phasen hat $TiBe_2$ das kubisch-flächenzentrierte Gitter von $MgCu_2$, während die Verbindung mit Zirkon anscheinend ein kubisch deformiertes Gitter aufweist. Die Verbindungen VBe_2, $CrBe_2$, $MnBe_2$ und $ReBe_2$ krystallisieren hexagonal wie $MgZn_2$. Mit Tantal bildet Beryllium eine tetragonal krystallisierende Verbindung mit hohem Berylliumgehalt. Gleichartige Verbindungen haben Ruthenium und Osmium sowie Rhodium und Iridium. Mit Platin tritt eine Berylliumverbindung auf, die eine Krystallstruktur vom deformierten Messingtypus hat.

Literatur zu Typus IIIb.

Tafel 31.

Au-Sb: *R. Vogel*, Z. anorg. allg. Chem. **50**, 1906, 153. — *A. T. Grigorjew*, Z. anorg. allg. Chem. **209**, 1932, 291. — *I. Otedal*, Z. physik. Chem. **135**, 1928, 291. — *O. Nial*, *A. Almin* u. *A. Westgren*, Z. physik. Chem. Abt. B **14**, 1931, 81.

K-Na: *G. L. M. van Rossen Hoogendijk van Bleiswijk*, Z. anorg. allg. Chem. **74**, 1912, 152. — *N. S. Kurnakow* u. *N. A. Puschin*, Z. anorg. allg. Chem. **30**, 1902, 111. — *E. Rinck*, C. R. Acad. Sci., Paris **197**, 1933, 49.

Ag-Be: *G. Oesterheld*, Z. anorg. allg. Chem. **97**, 1916, 27. — *H. A. Sloman*, J. Inst. Met., Lond. **54**, 1934, 161.

Au-Be: *K. Misch*, Metallwirtsch. 14, 1935, 897.

Ag-As: *W. Heike* u. *A. Leroux*, Z. anorg. allg. Chem. **92**, 1915, 119. — *K. Friedrich* u. *A. Leroux*, Metallurgie **3**, 1906, 194.

Au-As: *K. Friedrich*, Metallurgie **5**, 1908, 593—603.

Cs-Na: *E. Rinck*, C. R. Acad. Sci., Paris **199**, 1934, 1217.

Tafel 32.

Hg-Sn: *Bakhuis Roozeboom*, Verh. K. Ak. Wetensch. Amsterd. **1902**, 420. — *van Heteren*, Z. anorg. allg. Chem. **42**, 1904, 129. — *Str. Strebeck*, Z. anorg. allg. Chem. **214**, 1933, 33. — *Cl. v. Simson*, Z. physik. Chem. **109**, 1924, 183.

Ge-Te: *W. Klemm* u. *G. Frischmuth*, Z. anorg. allg. Chem. **218**, 1934, 250.

[1]) *L. Misch,* Metallwirtschaft **15**, 1936, 167.

Ce-Hg: *W. Biltz* u. *F. Meyer*, Z. anorg. allg. Chem. **176**, 1928, 32. — *P. T. Daniltchenko*, J. Int. Met., Lond. **50**, 1932, 540.

Ni-Hg: *E. Palmaer*, Z. Elektrochem. **38**, 1932, 70. — *R. Brill* u. *W. Haug*, Z. Elektrochem. **38**, 1932, 211.

S-Se: *L. Losana*, Gazz. chim. ital. **53**, 1923, 396. — *F. Halla* u. *F. X. Bosch*, Z. physik. Chem. Abt. B **16**, 1930, 149.

Tafel 33.

Fe-Mo: *Lautsch* u. *G. Tammann*, Z. anorg. allg. Chem. **55**, 1907, 388. — *W. P. Sykes*, Trans. Amer. Soc. Steel Treat. **10**, 1926, 839 — Stahl u. Eisen **47**, 1927, 1341. — *T. Takei* u. *T. Murakami*, Sci. Rep. Tôhoku Univ. **18**, 1929, 135. — *H. Arnfelt* u. *A. Westgren*, Jernkont. Ann. **119**, 1935, 185.

Co-Mo: *U. Raydt* u. *G. Tammann*, Z. anorg. allg. Chem. **83**, 1913, 246. — *W. Köster* u. *W. Tonn*, Z. Metallkde. **24**, 1932, 296. — *T. Takei*, J. Inst. Met., Lond. **40**, 1928, 521.

Mo-Ni: *N. Baar*, Z. anorg. allg. Chem. **70**, 1911, 356. — *W. Köster* u. *W. Schmidt*, Arch. Eisenhüttenwes. **8**, 1934/35, 23.

Tafel 34.

Fe-W: *H. Harkort*, Metallurgie **4**, 1907, 617, 639, 673. — *W. P. Sykes*, Trans. Amer. Inst. min. metallurg. Engr. **73**, 1926, 968 — Stahl u. Eisen **46**, 1926, 1834. — *Jeffries*, Iron Age **122**, 1928, 1572. — *H. Arnfeldt*, Carnegie Mem. Iron Steel Inst. **17**, 1928, 1. — *W. P. Sykes* u. *K. van Horn*, Trans. Amer. Inst. min. metallurg. Engr. **105**, 1933, 198. — *S. Takeda*, Technol. Rep. Tôhoku Univ. **9**, 1930, 447.

Co-W: *K. Kreitz*, Met. u. Erz **19**, 1922, 137. — *W. Geiß* u. *I. A. M. van Liempt*, Z. Metallkde. **19**, 1927, 113. — *W. Köster* u. *W. Tonn*, Z. Metallkde. **24**, 1932, 296. — *S. Takeda* u. *S. Tobizawa* S. 422, Abb. 162. — *I. L. Gregg*, Alloys of Iron and Tungsten. New York u. London 1934. — *W. P. Sykes*, Trans. Amer. Soc. Stl. Treat. **21**, 1933, 385.

Ni-W: *R. Irmann*, Met. u. Erz **12**, 1915, 358. — *R. Vogel*, Z. anorg. allg. Chem. **116**, 1921, 231. — *K. W. Winkler* u. *R. Vogel*, Arch. Eisenhüttenwes. **6**, 1932/33, 165.

Tafel 35.

Cu-Fe: *R. Ruer* u. *F. Goerens*, Ferrum **14**, 1916/17, 49. — *R. Sahmen*, Z. anorg. allg. Chem. **57**, 1908, 13. — *D. Hanson* u. *G. W. Ford*, J. Inst. Met., Lond. **37**, 1924, 339. — *A. Müller*, Z. anorg. allg. Chem. **162**, 1927, 231. — *R. Ruer*, Z. anorg. allg. Chem. **164**, 1927, 366. — *D. Hanson* u. *C. E. Rodgers*, J. Inst. Met., Lond. **48**,

1932, 37. — *I. T. Norton*, Amer. Inst. min. metallurg. Engr. Techn. Publ. 586, 1934, Dez. — *W. R. Maddocks* u. *G. E. Claussen*, First Rep. All. Steels Res. Comm. 1936, 97.

Au-Fe: *E. Isaak* u. *G. Tammann*, Z. anorg. allg. Chem. **53**, 1907, 294. — *F. Wever*, Z. Metallkde. **22**, 1930, 97.

Fe-Mn: *G. Rümelin* u. *K. Fick*, Ferrum **12**, 1914/15, 41. — *M. Levin* u. *G. Tammann*, Z. anorg. allg. Chem. **47**, 1905, 141. — *H. Esser* u. *P. Oberhoffer*, Ber. Fachaussch. Ver. Eisenhüttenleute, Werkstoffaussch., Ber. Nr 69, 1925. — *W. Schmidt*, Arch. Eisenhüttenwes. **3**, 1929, 293; **6**, 1932/33, 300. — *E. C. Bain*, Chem. metallurg. Engng. **28**, 1923, 21. — *R. Hadfield*, J. Iron Steel Inst. **1**, 1927, 297. — *A. Ôsawa*, Sci. Rep. Tôhoku Univ. **19**, 1930, 362. — *Einar Öhmann*, Z. physik. Chem. Abt. B **8**, 1930, 97. — *M. L. V. Gayler*, Stahl u. Eisen **53**, 1933, 1368 — J. Iron Steel Inst. Advance Copy Sept. 1933. — *W. Schmidt*, Arch. Eisenhüttenwes. **3**, 1929/30, 293. — *T. Ishiwara*, Sci. Rep. Tôhoku Univ. **19**, 1930, 509. — *E. Öhmann*, Z. physik. Chem. Abt. B **8**, 1930, 81.

Tafel 36.

Al-Ti: *E. van Erckelens*, Met. u. Erz **20**, 1923, 207. — *W. Manchot* u. *A. Leber*, Z. anorg. allg. Chem. **150**, 1925, 26. — *W. L. Fink*, *K. R. van Horn* u. *P. M. Budge*, Amer. Inst. min. metallurg. Engr. Techn. Publ. **1931**, 393.

Al-Th: *A. Leber*, Z. anorg. allg. Chem. **166**, 1927, 16.

Al-Mo: *H. Reimann*, Z. Metallkde. **14**, 1922, 123. — *P. Röntgen* u. *W. Koch*, Z. Metallkde. **25**, 1933, 184.

Sb-Tl: *R. S. Williams*, Z. anorg. allg. Chem. **50**, 1906, 129. — *E. Persson* u. *A. Westgren*, Z. physik. Chem. **136**, 1928, 208.

Tafel 37.

C-Mn: *A. Stadeler*, Metallurgie **5**, 1908, 260. — *O. Ruff* u. *W. Bormann*, Z. anorg. allg Chem. **88**, 1914, 365. — *R. Vogel* u. *W. Döring*, Arch. Eisenhüttenwes. **9**, 1935/36, 247. — *B. Jacobson* u. *A. Westgren*, Z. physik. Chem. Abt. B **20**, 1933, 362.

C-Co: *G. Boecker*, Metallurgie **9**, 1912, 296. — *O. Ruff* u. *F. Keilig*, Z. anorg. allg. Chem. **88**, 1914, 410. — *R. Schenck* u. *H. Klas*, Z. anorg. allg. Chem. **178**, 1929, 155. — *M. Hashimoto*, Kinzoku no Kenkyn **9**, 1932, 57.

C-Ni: *K. Friedrich* u. *Leroux*, Metallurgie **7**, 1910, 10. — *O. Ruff* u. *W. Bormann*, Z. anorg. allg. Chem. **88**, 1914, 386. — *T. Kasé*, Sci. Rep. Tôhoku Univ. **14**, 1925, 189.

Legierungen vom Typus IIIx.

38	39		40	
Na-Zn	Cu-Se	(Se-Zn)	Cu-S	Pb-S
Cd-K	(Ag-Se)	(Cd-Se)	Ag-S	Bi-S
K-Zn	(Au-Se)	(Fe-Se)	(S-Sn)	S-Sb
	Pb-Se	As-Fe		

Es gibt eine Anzahl Legierungen, die eine Mischungslücke im flüssigen Zustande haben, und bei denen mehr als zwei feste Phasen auftreten. Sie sind als Typus III x zusammengefaßt. Hinzugefügt sind nur teilweise untersuchte Systeme mit S und Se, bei denen sich Siedeerscheinungen bei normalem Druck zeigen. Die Tafel 38 enthält die Legierungen von ausgesprochenen Metallen dieser Art, Na-Zn, Cd-K und K-Zn. Zwischen Na und Zn bildet sich eine Verbindung der Formel $NaZn_{12}$ (?) mit höherem Schmelzpunkt als Zn, außerdem im weiten Umfange ein Gleichgewicht zweier Flüssigkeiten, von denen die eine praktisch reines Natrium, die andere Zink mit geringem Gehalt von Natrium ist. Die Verbindung schmilzt bei 557° unter Bildung dieser beiden Flüssigkeiten. Ein ähnliches Diagramm hat das System K-Zn, die hier auftretende Verbindung KZn_{12} ist von gleicher Zusammensetzung wie die natriumhaltige und schmilzt unter Bildung zweier Flüssigkeiten bei 585°, also ebenfalls höher als Zink. Im System K-Cd tritt neben einer Mischungslücke in großem Umfange eine Verbindung KCd_{12} mit kongruentem Schmelzpunkt auf; die sonst noch angenommene Verbindung KCd_7 mit inkongruentem Schmelzpunkt ist sehr fraglich. Auch hier liegen die Schmelzpunkte der Verbindungen 490° (und 473°) höher als der von Cd.

Die Tafel 39 enthält Systeme mit Selen, die nur bedingt zu den Legierungen zu rechnen sind. Sie sind wie die andere Tafel mit Schwefel der Vollständigkeit halber aufgenommen. In kleinen Mengen kommen diese Elemente auch in wirklichen Legierungen vor und sind manchmal technisch von einiger Bedeutung. Tafel 39 enthält die Systeme der Metalle Cu, Ag, Pb mit Se und As-Te. Die aus dem Schmelzfluß sich ausscheidenden Verbindungen sind Cu_2Se und Ag_2Se. Selenreichere Legierungen als die Verbindungen sind nicht untersucht worden. Die Verbindung von Au mit Se der Formel Au_2Se_3 wurde auf chemischem Wege hergestellt. Von den anderen Systemen mit Se ist noch Pb-Se abgebildet. Es bildet die hochschmelzende Verbindung PbSe. Im System Zn-Se gibt es die Verbindung ZnSe, die mit Se sowohl als Zn zwei Schmelzen bildet. ZnSe gehört dem Zinkblendetypus an. *Chikashige* und *Kurosawa* fanden bei ihren Schmelzversuchen lediglich eine Mischungslücke ohne Auftreten einer Verbindung. Die Verbindung CdSe ist dimorph. Durch direkte Vereinigung der Elemente erhält man CdSe als hexagonale Verbindung vom Wurtzittypus, durch Fällung mit H_2Se als reguläre vom Zinkblendetypus. Im System Fe-Se gibt es nach röntgenographischer Untersuchung von *Hägg* und *Kindström* nur eine Verbindung FeSe, die (α) unterhalb 300 bis 600° tetragonal im Gitter von PbO und (β) oberhalb im Ni-As-Gitter krystallisiert. Die β-Phase vermag bei 57,5 Atom-Proz. Se zu lösen.

Die schwefelhaltigen Systeme der Tafel 40 sind nur bis zu den Verbindungen untersucht, die sich mit den Metallen bilden. Ihre Schmelzpunkte liegen hoch. Bei Gemischen mit höherem Schwefelgehalt sind bei gewöhnlichem Druck dampfförmige Zustände zu berücksichtigen. Die vorkommenden Verbindungen haben die Formeln Cu_2S 1130°, Ag_2S 842°, SnS 880°, PbS 1110°, Bi_2S_3 900°? und Sb_2S_3 546°. Die Schmelzpunkte sind vermerkt.

Tafel 38.

Typus III x: Na-Zn, Cd-K, K-Zn.

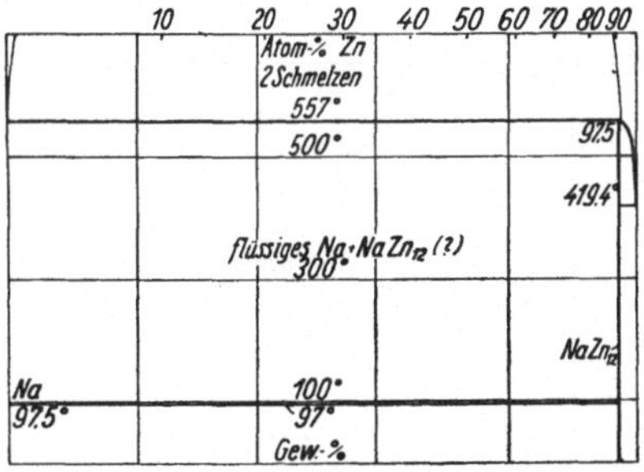

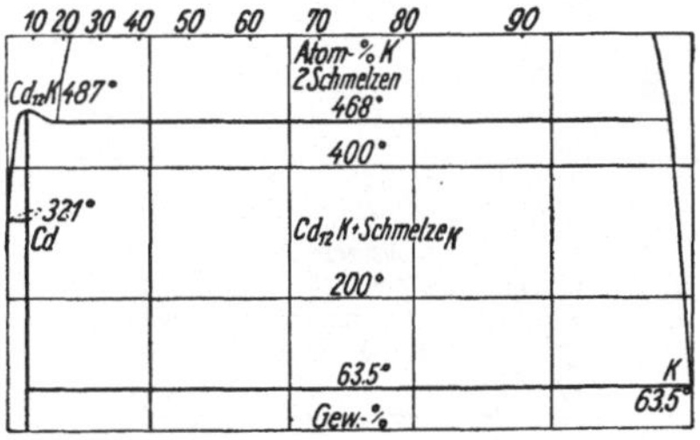

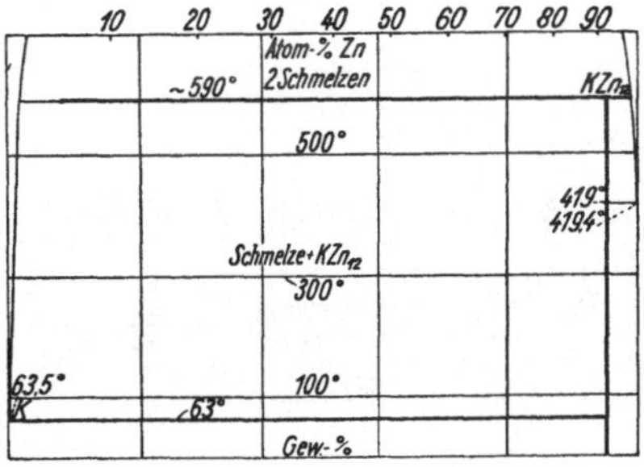

Tafel 39.

Typus IIIx: Cu-Se, (Ag-Se), Pb-Se, As-Te, (Au-Se), (Cd-Se), (Se-Zn), (Fe-Se).

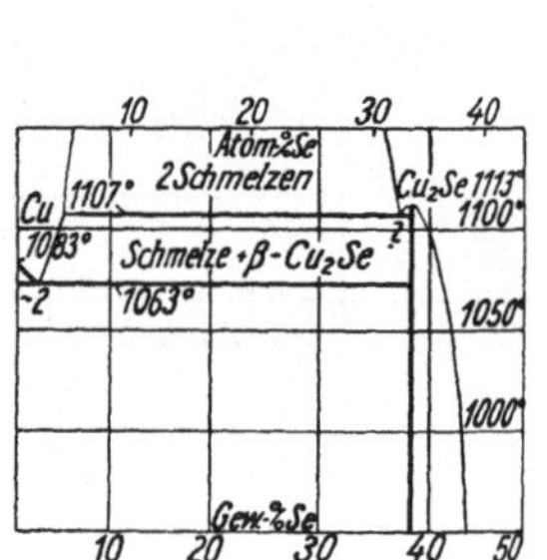

Tafel 40.

Typus IIIx: Cu-S, Ag-S, Pb-S, Bi-S, S-Sb, (S-Sn).

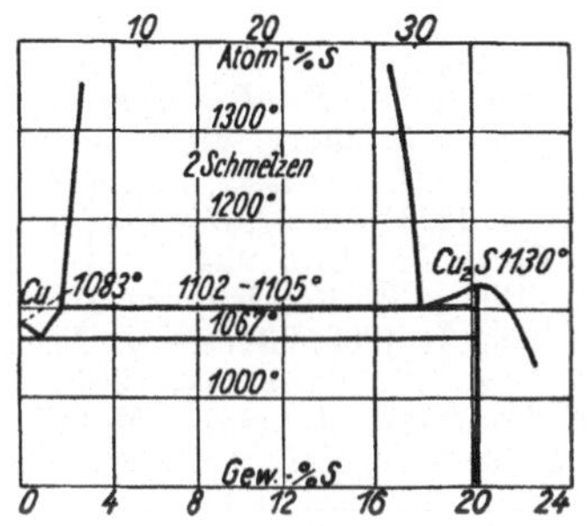

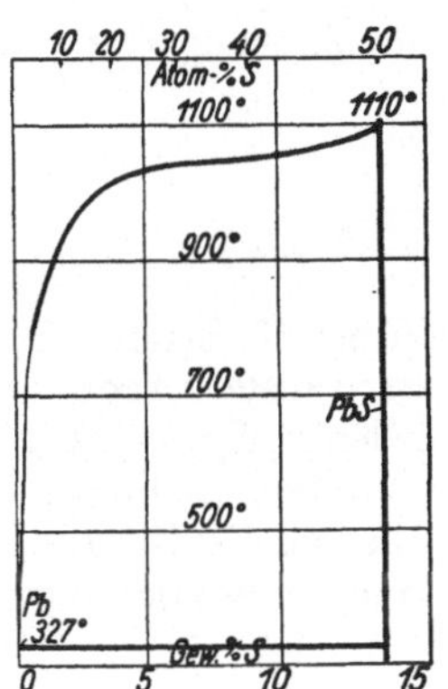

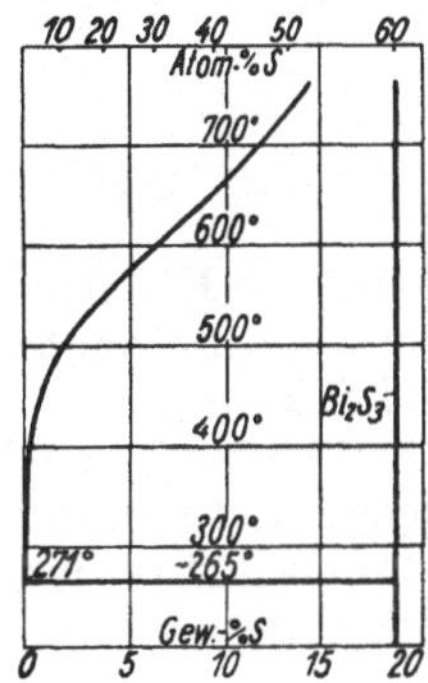

Literatur zu Typus IIIx.

Tafel 38.

Na-Zn: *C. H. Mathewson*, Z. anorg. allg. Chem. **48**, 1906, 196. — *E. Zintl, I. Goubran* u. *W. Dullenkopf*, Z. physik. Chem. **154**, 1931, 1.

Cd-K: *D. P. Smith*, Z. anorg. allg. Chem. **56**, 1908, 121.

K-Zn: *D. P. Smith*, Z. anorg. allg. Chem. **56**, 1908, 116.

Tafel 39.

Cu-Se: *K. Friedrich* u. *A. Leroux*, Metallurgie **5**, 1908, 355.

Ag-Se: *K. Friedrich* u. *A. Leroux*, Metallurgie **5**, 1908, 355. — *H. Pelabon*, Ann. chim. Phys. **17**, 1909, 526. — *G. Pellini*, Gazz. chim. ital. **46 II**, 1910, 42.

Au-Se: *K. Friedrich*, Metallurgie **5**, 1908, 603.

Pb-Se: *K. Friedrich* u. *A. Leroux*, Metallurgie **5**, 1908, 355. — *H. Pelabon*, Ann. chim. Phys. **17**, 1909, 526.

Cd-Se: *M. Chikashige* u. *R. Hitosaka*, Mem. Coll. Engng., Kyoto **2**, 1917, 239.

Se-Zn: *M. Chikashige* u. *R. Kurosawa*, Mem. Coll. Engng., Kyoto **2**, 1917, 245.

Tafel 40.

Cu-S: *E. Heyn* u. *O. Bauer*, Metallurgie **3**, 1906, 76. — *K. Friedrich* u. *M. Waehlert*, Met. u. Erz **10**, 1913, 976. — *J. G. Joukoff*, Met. u. Erz **26**, 1929, 137. — *W. Biltz* u. *R. Juza*, Z. anorg. allg. Chem. **190**, 1930, 173.

Ag-S: *K. Friedrich* u. *A. Leroux*, Metallurgie **3**, 1906, 365. — *F. M. Jaeger* u. *H. S. van Klooster*, Z. anorg. allg. Chem. **78**, 1912, 248. — *C. C. Bisset*, J. chem. Soc. **105**, 1914, 1223. — *G. G. Urasow*, J. Inst. Met., Lond. **14**, 1915, 234.

S-Sn: *W. Biltz* u. *W. Mecklenburg*, Z. anorg. allg. Chem. **64**, 1909, 231. — *H. Pélabon*, C. R. Acad. Sci., Paris **142**, 1906, 1147.

Pb-S: *K. Friedrich* u. *A. Leroux*, Metallurgie **2**, 1905, 536. — *W. Leitgebel* u. *E. Miksch*, Met. u. Erz **31**, 1934, 290.

Bi-S: *A. H. W. Aten*, Z. anorg. allg. Chem. **47**, 1905, 387.

S-Sb: *H. Pélabon*, C. R. Acad. Sci., Paris **138**, 1904, 277. — *F. M. Jaeger* u. *H. S. van Klooster*, Z. anorg. allg. Chem. **78**, 1912, 246.

Die Systeme Fe-C, Fe-O, Fe-N und Fe-S.

Die Systeme von Eisen mit den Nichtmetallen Kohlenstoff, Sauerstoff, Stickstoff und Schwefel haben trotzdem einen teilweise stark ausgesprochenen Charakter von Legierungen. Obwohl sie ganz verschiedenen Typen zugehören, sollen sie hier doch zu einer Gruppe zusammengefaßt werden. Es bilden sich bei allen drei Systemen verschiedene Arten Mischkrystalle und Verbindungen. Im System Fe-O beobachtet man außerdem noch die Bildung eines Gleichgewichtes zweier Flüssigkeiten.

Eisen-Kohlenstoff.

Das System Eisen-Kohlenstoff ist sehr häufig untersucht worden. Es gibt auch eine große Anzahl guter Zusammenstellungen über die Eigenschaften und das Verhalten der Eisen-Kohlenstoff-Legierungen. An dieser Stelle soll deswegen nur das Wesentlichste kurz behandelt werden. Da die Ansichten über den kohlenstoffreichen Teil noch stark auseinandergehen, soll von diesem Teil die Darstellung gegeben werden, die sich der Verfasser selbst auf Grund der verschiedenen, teilweise einander widersprechenden Ansichten, gebildet hat. Die Begründung für die gewählte Auffassung ist an den betreffenden Stellen beigefügt. In der Hauptsache ist das System Fe-C nur an der Seite der eisenreichen Gemische untersucht worden und hat auch nur hier seine große Bedeutung. Es erscheint nicht nötig, die zahlreiche Literatur besonders zu erwähnen[1]. Das System Fe-C soll unter Benutzung der beiden Zustands-

---

[1] Einige besonders wichtige Angaben hierüber sind in der Z. anorg. allg. Chem. **1932**, 204, Fußnote 250 zu finden.

bilder Abb. 85 und 86 erörtert werden, von denen das zweite zu einem großen
Teil hypothetisch ist.

Nach der Auffassung der meisten, besonders auch der deutschen Forscher
steht einwandfrei fest, daß sich in den kohlenstoffarmen Legierungen zwei
Systeme überlagern, ein stabiles mit Graphit und ein metastabiles mit der Ver-
bindung Fe_3C, Zementit. Dadurch bilden sich zwei nahe beieinanderliegende
Eutektika heraus, ein stabiles mit Graphit bei 1150° und 16,8 Atom-Proz.
Kohlenstoff und ein metastabiles mit Zementit bei 1145° und 17,2 Atom-Proz.

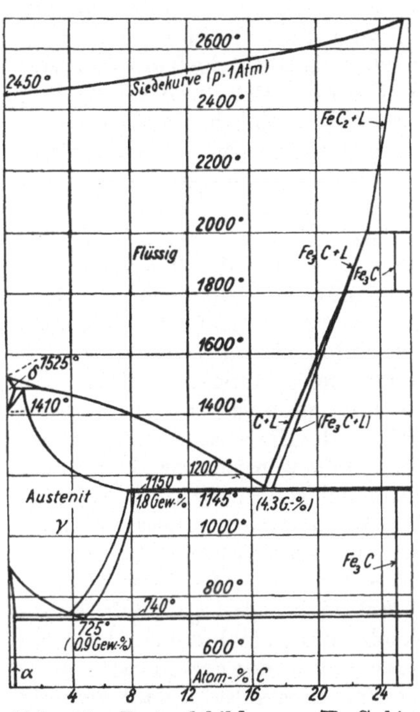

Abb. 85. Zustandsbild von Fe-C bis
26 Atom-Proz. C.

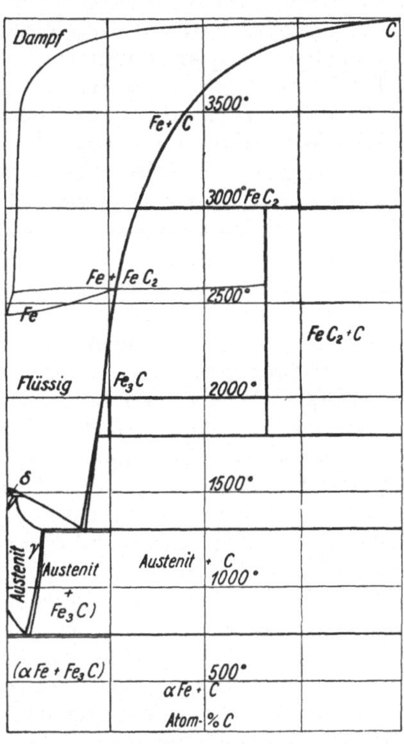

Abb. 86. Zustandsbild von Fe-C, hypothetisch ergänzt bis zum rein. Kohlenstoff.

Der zweite feste Gefügebestandteil beim eutektischen Gleichgewichte ist ein
γ-Fe-C-Mischkrystall, Austenit, bestimmter Zusammensetzung mit 7,8 bzw.
8,2 Atom-Proz. Kohlenstoff. Wenn in den meisten Fällen das metastabile
Gleichgewicht mit Zementit statt des stabilen mit Graphit sich aus dem
Schmelzfluß bildet, so liegt der Grund dafür darin, daß die Temperatur der
beiden Eutektika nur einige Grade verschieden ist und die Abkühlungsgeschwindigkeit meist zu groß ist. Die Darstellung der Gleichgewichte in
den Zustandsbildern zeigt also zwei sich überlagernde Systeme. Die Metastabilität des Zementitgleichgewichts kommt dadurch zum Ausdruck, daß
sich beim Tempern Graphit aus Zementit bildet. Besonders deutlich ist die
Metastabilität in den Gleichgewichten mit den Gasgemischen CO_2-CO zu

erkennen, die viel untersucht wurden, worauf aber hier nicht weiter eingegangen zu werden braucht.

Für die Verbindung Zementit ist, wie die Abbildungen zeigen, angenommen worden, daß sie oberhalb 1800° bis zu einem inkongruenten Schmelzpunkt von 2000° als stabiler Bodenkörper mit Schmelze auftritt. Diese Annahme, wobei die Temperaturen natürlich ungenau sind, stützt sich auf die mehrfach beobachtete Tatsache, daß kohlenstoffreiche Eisenschmelzen oberhalb Temperaturen von etwa 2000° dünnflüssig sind, beim Abkühlen breiig werden, also offenbar die Ausscheidung eines festen Stoffes zeigen, und bei weiterem Abkühlen wieder dünnflüssig werden. In dem Zustandsbilde 86 ist eine weitere Verbindung FeC_2 angenommen worden, die zwischen 2000 und 3000° als stabiler Bodenkörper auftreten soll. Das Vorhandensein einer höheren kohlenstoffhaltigen Verbindung des Eisens ist sehr wahrscheinlich, die Temperaturen seiner Beständigkeit natürlich durchaus hypothetisch. Daß diese Verbindung einen kongruenten Schmelzpunkt hätte, ist unwahrscheinlich. Von der Temperatur von 3000° an erstreckt sich alsdann die Schmelzkurve mit Graphit als Bodenkörper bis zu dessen Schmelzpunkt. Das Zustandsbild gilt für so hohen Druck, daß ein Sieden in Gegenwart fester Körper nicht eintritt. Der anzunehmende Druck ist vermutlich sehr hoch. Die Sättigungskurve mit Graphit als Bodenkörper ist also nach dieser Auffassung zwischen den Temperaturen von 1800 und 3000° zweimal unterbrochen, durch das Auftreten von FeC_2 und die Bildung und das Wiederverschwinden oder metastabiles Fortbestehen von Fe_3C. Das System besitzt also ganz besondere Eigentümlichkeiten.

Wichtiger als diese größtenteils theoretischen Betrachtungen sind die über die eisenreichen Legierungen. Wie bereits erwähnt wurde, ist bei verschiedenen anderen Eisenlegierungen die δ-Form und α-Form des Eisens auch mit Kohlenstoff nur in beschränktem Umfange zur Bildung homogener fester Mischungen befähigt. Die Umwandlung $\delta \rightleftharpoons \gamma$ wurde ausführlich von *Honda* und *Ishigaki*[1]) behandelt. In größerem Umfange nimmt γ-Fe in seinem Gitter Kohlenstoff in fester Lösung als Austenit auf. Beim eutektischen Schmelzpunkt ist der Gehalt an Kohlenstoff am größten, rund 8 Atom- oder 1,9 Gew.-Proz. C. Mit sinkender Temperatur wird die Aufnahmefähigkeit geringer, wie es die Abbildungen anzeigen. Die Grenzkurve, welche die Aufnahmefähigkeit von Kohlenstoff im Austenitgitter angibt, wird sehr verschieden gezeichnet. Meist als Gerade, dann aber auch mit einer Krümmung nach unten. Nach neueren Untersuchungen[2]) ist aber die Krümmung nach oben die richtige, derart, daß 0,9 Proz. C bei 800°, 1,12 Proz. C bei 900° und 1,38 Proz. C bei 1000° aufgenommen werden. Infolge Auftretens der α-Fe-Modifikation, die zur Bildung von Mischkrystallen nur in geringem Maße befähigt ist, findet das Gebiet des Austenits bei 740° im stabilen Zustande und 725° im metastabilen Zustande einen unteren Abschluß. Die Umwandlungstemperatur $\gamma \rightleftharpoons \alpha$ des reinen Eisens wird durch den Zusatz des Kohlenstoffs bis zu diesen beiden Temperaturen erniedrigt. Im ersten Falle stehen die beiden Mischkrystalle von α-Fe und γ-Fe im Gleichgewicht mit Graphit, im zweiten mit Zementit. Das Gemisch aus α-Fe und Zementit, welches sich aus dem Austenit bei 725° bildet, heißt Perlit. Seine Bildung ähnelt der Bildung eines eutektischen Gemisches,

---

[1]) *Honda* u. *Ishigaki*, Sci. Rep. Tôhoku Univ. **1925**, 223.
[2]) *M. Mikami*, Sci. Rep. Tôhoku Univ. **23**, 1934/35.

auch hier bildet sich aus einer homogenen Phase ein Gemisch zweier anderer. Die homogene Phase ist im Eutektikum eine Flüssigkeit, in diesem Falle bei der Bildung von Perlit ein homogener fester Mischkrystall. Ein sich langsam bildendes Gemisch von Perlit ist mikroskopisch gleichartig dem eutektischen und wird deshalb Eutektoid genannt. Bei der Umbildung fester Phasen in andere treten häufig besondere Erscheinungen ein. Die Form der sich bildenden Stoffe ist an verschiedene Bedingungen geknüpft, besonders an die Abkühlungsgeschwindigkeit. Aus diesem Grunde gibt es auch Übergangszustände. So kann an Stelle des normalen lamellaren Perlits, der bei sehr langsamer Kühlung entsteht, bei normaler Kühlung körniger Perlit treten, oder es bilden sich Übergangskörper, die auch besondere Namen erhalten haben, wie Troostit, der sich beim Abschrecken mit Öl bildet. Wegen ihrer verschiedenen Härte haben diese Körper erhebliche technische Bedeutung. Bei rascher Abkühlung durch Abschrecken mit Wasser bildet sich an Stelle von Perlit ein vielfach untersuchter Stoff von besonderer krystallographischer Natur, Martensit.

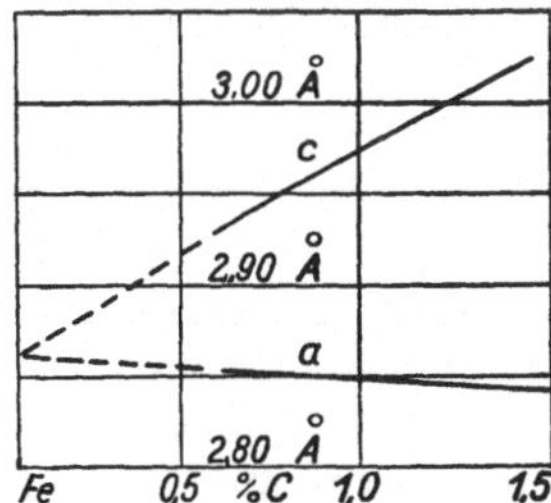

Abb. 87. Gitterkonstante des tetragonalen Martensits nach *Öhmann*.

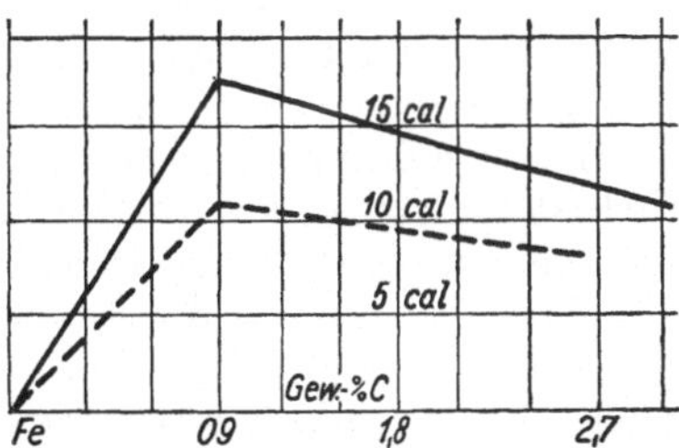

Abb. 88. Umwandlungswärme von Austenit in Perlit (obere Kurve) und von Martensit in Perlit (untere Kurve) nach *Umino*.

Nach den Untersuchungen von *Öhmann*[1]) ist Martensit, im Gegensatz zum Austenit, ein Mischkrystall nach α-Fe und nicht γ-Fe. Er hat ein raumzentriertes tetragonales Gitter. Während im Austenit die Kohlenstoffatome in Gitterlücken eingebaut sind, sind sie im Martensit paarweise substituiert, gewissermaßen zu einem Carbid FeC. Martensit entspricht keinem Gleichgewichtszustande, infolge des plötzlichen Abschreckens nimmt α-Fe mehr C auf, als diesem entspricht. Aus diesem Grunde verwandelt sich auch Martensit beim Anlassen langsam in Ferrit-Perlit. Die kubische Zelle von α-Fe ist durch die Aufnahme von C zu tetragonaler Form verzerrt worden. Das tetragonale Achsenverhältnis, wie es sich nach den Messungen von *Öhmann* ergibt, steigt, wie die Abb. 87 zeigt, mit wachsendem Kohlenstoffgehalt. Es ist bei 1,4 Proz. C auf 1,068 gestiegen und fällt mit sinkendem Kohlenstoffgehalt. Die Extrapolation der Geraden führt zum Werte 1 des Achsenverhältnisses, wenn der Kohlenstoffgehalt zu Null wird, also ein kubischer Körper entsteht. Es ist von Interesse, daß auch Stickstoff mit Eisen eine ähnliche martensitartige tetragonale Phase bilden kann. Die Abb. 88 gibt noch die Umwandlungswärmen nach Untersuchungen von *Umino*[2]) an, die verschieden zusammen-

---

[1]) *E. Öhmann*, Nature **127**, 1931, 270.
[2]) *Umino*, Sci. Rep. Tôhoku Univ. **15**, 1926, 357.

gesetzter Martensit und Austenit beim Übergang in Perlit zeigen. Austenit hat etwa die $1^{1}/_{2}$fache Umwandlungswärme vom Martensit.

Die beiden Abb. 85 und 86 enthalten auch noch die Siedekurve, die sich vom Siedepunkt 2450° des reinen Eisens bei einer Atmosphäre bis 2700° erstreckt und hier die Schmelzkurve des Systems Fe-C trifft. In den Zustandsbildern nicht aufgenommen sind die auf die magnetischen Umwandlungen bezüglichen Temperaturen. Die Umwandlung magnetischer Eisen-Kohlenstoff-Legierungen in unmagnetische beruht, was nochmals erwähnt werden soll, nicht auf einer Phasenumwandlung, sondern in dem allmählichen Verschwinden der Energie in den Eisenatomen, besonders den Atomkernen (*Honda*).

Die Berechtigung, den Zustand der Eisen-Kohlenstoff-Legierungen durch ein Doppeldiagramm wiederzugeben, wird neuerdings von *Honda* heftig bestritten, der das einfache Diagramm Fe-Fe$_3$C als Gleichgewichtsbild anspricht. Er glaubt nicht, daß sich Graphit primär aus der Schmelze ausscheidet, sondern stets erst durch Zersetzung des bei hohen Temperaturen an sich wenig beständigen Zementits bildet. Die beobachteten doppelten Eutektika können nach *Hondas* Ansicht ungezwungen anders erklärt werden. Wenn man die Zustandsbilder betrachtet, die bis zum reinen Kohlenstoff fortgeführt sind, unter Annahme entsprechend hoher Drucke, so ist es in der Tat höchst eigentümlich, daß die primäre Ausscheidung des Graphits, die naturgemäß in den Gemischen mit viel Kohlenstoff theoretisch unbedingt eintreten muß, mit wachsendem Eisengehalt durch andere Fe-C-Verbindungen unterbrochen wird, um bei geringem Gehalt an Kohlenstoff wieder als stabile feste Phase aufzutreten. In den meist angegebenen Zustandsbildern wird für Zementit ein metastabiler Schmelzpunkt bei etwa 1530° angenommen und eine Kurve bis zum — metastabilen — Eutektikum gezogen. Dieser Schmelzpunkt und die angegebene Kurve bestehen in Wirklichkeit in der angegebenen Art sicherlich nicht. Es läßt sich nicht leugnen, daß die Gründe, die *Honda* anführt, gewisse Beweiskraft haben. Sonderbar ist auch, daß gerade die technisch wichtigste Legierung, die es gibt, die Besonderheit eines doppelten Zustandsbildes aufweisen soll. Der Verfasser neigt durchaus der Auffassung *Hondas* zu. In den Abb. 85 und 86 kommen alsdann die auf Graphit bezüglichen Kurven in Fortfall. Von ganz besonderer Bedeutung ist die Ansicht, daß es keine primäre Graphitausscheidung in den Fe-C-Legierungen gibt für die Auffassung der ternären Kohlenstoff-Eisen-Legierungen. Dieses wird noch bei den betreffenden Legierungen besonders berücksichtigt werden.

Eisen-Sauerstoff.

Das System Fe-O ist wesentlich anders als Fe-C. Es umfaßt ein Gebiet beschränkter Mischbarkeit im flüssigen Zustand, das sich oberhalb 1500° ausbildet, wenn das Gesamtgemisch Fe-O zwischen 0,2 und 22 Proz. Sauerstoff enthält. Außerdem treten drei feste Phasen auf, Eisenoxyd Fe$_2$O$_3$, Eisenoxydul FeO und das dazwischenliegende Eisensesquioxyd Fe$_3$O$_4$ (Magnetit). Die genaue Untersuchung hat aber gezeigt, daß alle drei Verbindungen ein gewisses Homogenitätsbereich haben. Das von *Pfeil* festgestellte Zustandsbild muß als das richtige gelten. Es ist auf Tafel 41 wiedergegeben. Von einem früheren Zustandsbild von *Benedicks* und *Löfquist* unterscheidet es sich in einigen wesentlichen Punkten. Die Verbindung Fe_2O_3 bildet die rechte Grenze der Abbildung. Ihr Schmelzpunkt ist extrapoliert, da bei den hohen Temperaturen beim Erhitzen eine Veränderung der Zusammensetzung unter Verlust von Sauerstoff eintritt. Die Gleichgewichte mit Sauerstoff sind neuerdings eingehend untersucht worden[1][2]). Die Fähigkeit zur Bildung von Mischkrystallen ist bei FeO größer als bei den beiden anderen Verbindungen. Diese feste Phase umfaßt eigentümlicherweise nicht FeO seiner Zusammensetzung nach selbst, sondern enthält mehr Sauerstoff, beim Gleichgewicht mit Schmelze z. B. 23 bis 25 Gew.-Proz. Das eine Eutektikum, das in dem System auftritt, liegt zwischen Fe und FeO und nicht FeO und Fe_3O_4, wie früher angenommen wurde, außerdem bei der wesentlich höheren Temperatur von 1370°, während früher die Ansicht bestand, daß bei 1200° und 24 Proz. Sauerstoff ein Eutektikum auftreten sollte. Das Eisenoxydul ist unterhalb 575° als stabile Verbindung nicht mehr beständig. Bei dieser Temperatur besteht ein Gleichgewicht zwischen Fe, FeO und Fe_3O_4, bzw. festen Phasen mit 0,04, 23,1 und 27,4 Proz. Sauerstoff. Die drei Modifikationen α-, γ- und δ-Eisen nehmen in kleinen Mengen Sauerstoff im Gitter auf, wie es die Abbildung anzeigt. Am wenigsten Sauerstoff enthält α-Fe (0,04 Proz.), am meisten δ-Fe (0,12 Proz.). Die Mischkrystalle sind ähnlich wie beim Kohlenstoff im Austenit auf Bildung von Einlagerungsgitter zurückzuführen.

Eisen-Stickstoff.

Es ist von besonderem Interesse, daß sich ein Teil des Systems Fe-N hat feststellen lassen, obwohl es sich hierbei um ein Gleichgewicht zwischen einem hochschmelzenden Metall und einem schwer zu verflüssigenden Gase handelt. Das Zustandsbild zwischen 400 und 300° auf Tafel 41 wurde von *Eisenhut* und *Kaupp* aufgestellt. Es ist schon lange bekannt, daß bei erhöhter Temperatur Eisen beim Überleiten von Ammoniak Stickstoff aufnimmt, dagegen nicht bei Verwendung von Stickstoff. Die Bildung der Eisennitrite führt zu einer Nitriterhärtung und hat neuerdings auch erhebliches technisches Interesse gewonnen. Systematische wissenschaftliche Arbeiten sind erst in neuerer Zeit durchgeführt worden. Die Herstellung der Proben erfolgt dadurch, daß Ammoniak bei einer Temperatur von 600° 12 Stunden lang auf reinstes Eisenpulver einwirkt. Aus dem so erhaltenen Produkt mit 11 Proz. Stickstoff lassen sich durch verschieden langes Tempern bei verschiedenen Temperaturen im Vakuum alle Produkte mit weniger Stickstoff herstellen und ihre Konstitution durch Abschrecken mit Eiswasser fixieren. Die genaue röntgenographische Untersuchung erlaubte es alsdann, das Zustandsbild aufzustellen. Es ist das typische Bild für die Umsetzung im festen Zustande, das beide Fälle des Zerfalls beim Erwärmen und beim Abkühlen umfaßt, wie es oben in Abb. 82 dargestellt wurde. Wie die Abbildung zeigt, sind die auftretenden Gefügebestandteile vier verschiedene Arten Mischkrystalle. Zwei von ihnen entsprechen im Grenzfall den beiden Formen α und γ des reinen Eisens. Die Umwandlungstemperatur von 900° dieser beiden ineinander wird durch den wachsenden Gehalt von Stickstoff auf 591° erniedrigt. Diese

---

[1]) *White, Graham u. Hay,* J. Iron Steel Inst. **131**, 1935, 104.
[2]) *J. W. Greig, E. Posajak, H. G. Merwin u. R. B. Sosman,* Am. J. Sci. **30**, 1935, 268.

Temperatur ist, ähnlich wie beim Perlit im Eisen-Kohlenstoff-System, für die γ-Form des Eisens eine Minimaltemperatur. Bei dieser verändert sich das Gleichgewicht derart, daß die γ-Form verschwindet und sich aus ihr außer der α-Form des Fe eine neue Form, ein γ'-Mischkrystall mit 5,6 Proz. Gehalt, bildet, der mit wachsender Temperatur bei 650° 5,8 Proz. N enthält, entsprechend Fe_4N. Bei dieser Temperatur vollzieht sich bei Wärmezufuhr eine Umsetzung dreier fester Phasen unter Zerfall des Mischkrystalles dieser Zusammensetzung, indem außer der γ-Form des Fe-N-Mischkrystalles sich ein neuer Mischkrystall ε mit 6 Proz. N bildet. Die Reaktion im festen Zustande zwischen drei Phasen findet sich also in diesem System zweimal. Der γ'-Mischkrystall Fe_4N krystallisiert wie die γ-Form des Eisens im flächenzentrierten Gitter. Der ε-Mischkrystall krystallisiert hexagonal und entspricht Fe_2N. Der α-Mischkrystall krystallisiert in einem innenzentrierten kubischen Gitter und ist wahrscheinlich direkt auf Substitution von Fe durch N zurückzuführen.

Es soll hier erwähnt werden, daß von *Gunnar Hägg*[1]) gefunden wurde, daß auch Mangan mit Stickstoff mehrere Nitride mit bestimmten Krystallgittern bildet. Das Zustandsbild Mn-N ist vermutlich dem von Fe-N ähnlich.

Überhaupt liegen über die Carbide, Nitride sowie Silicide und Phosphide eingehende Untersuchungen vor, die sich auch auf die Gitter und Bindungsarten der Elemente beziehen[2]). Da es sich hierbei nur in wenigen Fällen um Legierungen handelt, braucht hierauf nicht näher eingegangen zu werden. Es soll nur erwähnt werden, daß in vielen Fällen die Anionen als Grundlage anzunehmen sind, indem sie Gitter dichtester Kugelpackungen bilden und in ihre Tetraeder- oder Oktaederlücken die Kationen aufnehmen. Es handelt sich alsdann meist um Ionengitter und um Bildung ausgesprochener chemischer Verbindungen, z. B. Be_2C oder Mg_2Si. In anderen Fällen bildet das Metallatomgitter die Grundlage, in das C oder N eintritt, z. B. bei den Carbiden und Nitriden der Übergangselemente. Es ergeben sich alsdann Metallgitter. In den Carbiden ändert sich die Art der Bindung mit dem Eintritt der Metalle. So besteht der Übergang von dem salzartigen B_2C über Al_4C_3 nach SiC mit homöopolarer Bildung.

Eisen-Schwefel.

Von besonderer Bedeutung, besonders in technischer Hinsicht, ist das System Fe-S. Das Zustandsbild ist auf der Tafel 41 mit abgebildet. Außer FeS, das die Struktur von Nickelarsenid (B_8) hat, gibt es die schwefelreichere Verbindung FeS_2, die sich bei 689° bei Atmosphärendruck unter Bildung von dampfförmigem Schwefel zersetzt. FeS_2 krystallisiert im Pyritgitter (C_2). Homogenes Magnetkies enthält stets etwas mehr Schwefel, als der Formel FeS entspricht. Nach *Alsén*[3]) schwankt der Schwefelgehalt innerhalb eines Konzentrationsbereichs von mehreren Prozenten.

[1]) *Gunnar Hägg*, Z. physik. Chem. Abt. B **4**, 1929, 367.
[2]) *M. v. Stackelberg*, Z. physik. Chem. Abt. B **27**, 1934, 53. — *G. Hägg*, Z. physik. Chem. Abt. B **12**, 1931, 33.
[3]) *N. Alsén*, Förhandl. **47**, 1925, 19.

Tafel 41.

Fe-O, Fe-N, Fe-S.

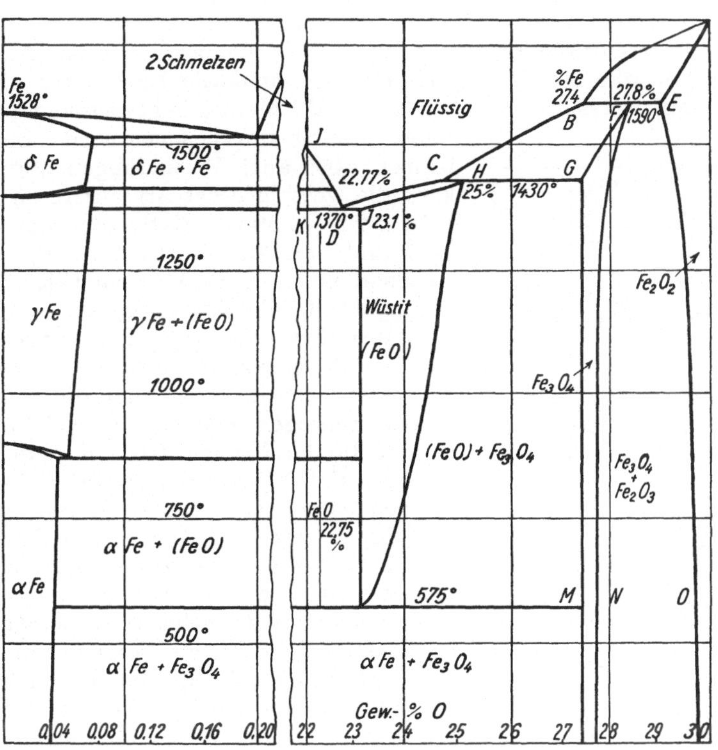

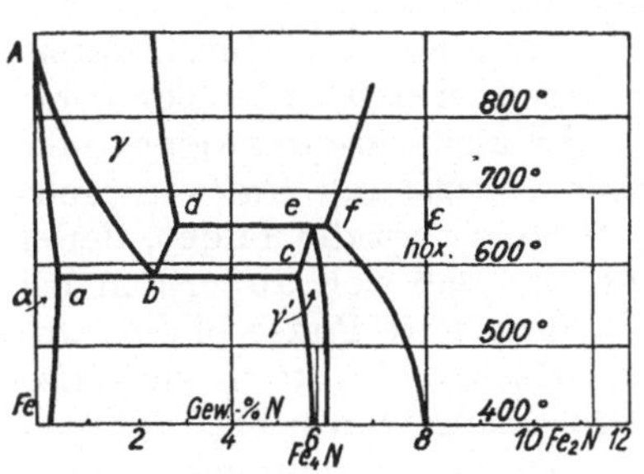

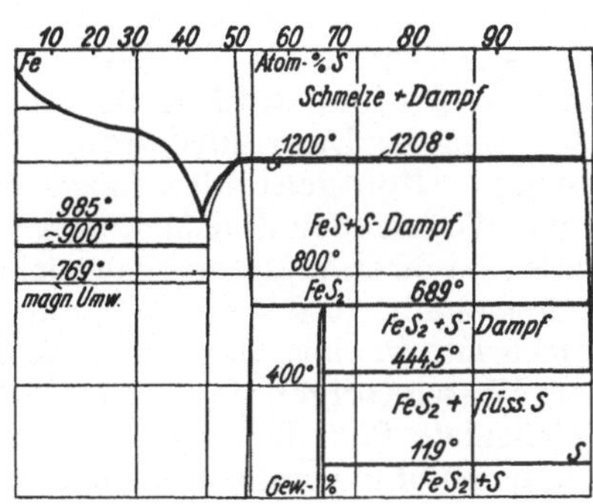

Wasserstoff als Legierungsbestandteil.

Wasserstoff kann mit bestimmten Metallen zusammen zur Bildung echter Legierungen Veranlassung geben. Die Gesetze der binären Systeme für die Gleichgewichte zwischen Fest-Flüssig-Gasförmig sind hier durchaus die gleichen. Der wesentliche Unterschied besteht nur darin, daß die eine Komponente einen sehr niedrigen Schmelzpunkt hat und daß deswegen vielfach Wasserstofflegierungen bereits bei gewöhnlicher Temperatur erhebliche Dampfdrucke haben. Es ist bei dem metallähnlichen Charakter sehr erklärlich, daß Wasserstoff von einer Anzahl Metalle in gewissem Umfang in fester Lösung aufgenommen wird. Außerdem können aber auch Verbindungen und Mischkrystalle verschiedener Art auftreten.

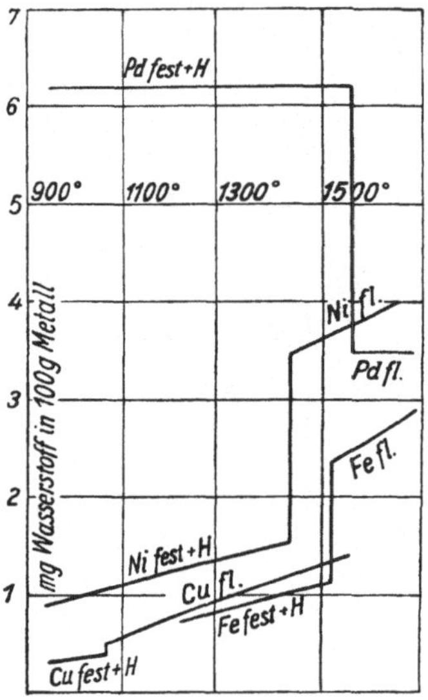

In der Abb. 89 sind die Systeme aus Wasserstoff und den Metallen Cu, Ni, Fe und Pd zwischen 900 und 1700° vermerkt. Die drei ersten Metalle bilden augenscheinlich eine Reihe von Mischkrystallen mit Wasserstoff, wobei der Gehalt gering ist und mit wachsender Temperatur zunimmt. Da auch die Löslichkeit in den flüssigen Metallen angegeben wurde, enthält die Abbildung die Gleichgewichte, die zwischen den Flüssigkeiten Metall-Wasserstoff und den festen Mischkrystallen herrschen. Diese sind monovariant, abhängig vom Druck und werden bei konstantem Druck invariant. Die Temperaturen gelten für Atmosphärendruck und weichen von den Schmelztemperaturen der reinen Metalle kaum ab. Sie würden sich bei Druckerhöhung erniedrigen und bei Druckerniedrigung erhöhen, um beim Druck Null in die Schmelzpunkte der Metalle überzugehen. Die Abb. 89 enthält auch das häufig untersuchte System Pd-H [1]), in dem außer Mischkrystallen

Abb. 89. Wasserstoff mit Cu, Ni, Fe, Pd von 900° bis 1700°.

eine Verbindung zwischen Metall und Wasserstoff Pd_2H auftritt. Palladium ist aus diesem Grunde als Katalysator für Reduktionen mit Wasserstoff sehr geeignet. Die Prüfung auf Bildung von Verbindungen erfolgt in diesem Falle durch Feststellung des Dampfdruckes bei konstanten Temperaturen und durch Untersuchung der Röntgenbilder. Ein gleicher Dampfdruck bei konstanter Temperatur und Wechsel der Zusammensetzung deutet auf Vorhandensein zweier fester Phasen. In ihren neueren Untersuchungen haben *Gillespie* und *Hall* einwandfrei festgestellt, daß Palladium mit Wasserstoff Mischkrystalle bildet, deren Umfang mit wachsender Temperatur zunimmt, und daß sich außerdem bei einem Wasserstoffgehalt, der bei Pd_2H liegt, eine neue feste Phase bildet, wobei unterhalb 80° der Wasserstoffgehalt etwas ansteigt. Es kann sich also auch um Mischkrystalle handeln. Der Dampfdruck steigt von 0 bis 180° von 4 mm auf über 2,5 Atm. Bei röntgenographischen Untersuchungen einiger

---

[1]) *Sieverts*, Z. physik. Chem. Abt. B **88**, 1914, 451. — *L. J. Gillespie* u. *F. P. Hall*, J. Amer. chem. Soc. **48**, 1926, 1207.

Metalle wurden noch mehr als eine besondere feste Phase neben Mischkrystallen des reinen Metalles mit Wasserstoff nachgewiesen[1]). Im besonderen wurden bei Ti-H hexagonale Mischkrystalle bis 33 Atom-Proz. und kubisch-raumzentrierte von 50 bis 66,7 Proz. gefunden mit vollständiger oder unvollständiger Fluoritstruktur. Bei Ta-H wurden kubisch-raumzentrierte Mischkrystalle bis 12 Atom-Proz. Wasserstoff und die Verbindungen Ta_2H von hexagonaler dichtester Kugelpackung, sowie TaH mit deformiertem raumzentrierten kubischen Gitter festgestellt. Bei Zr-H wurden sogar vier feste Phasen gefunden. Bei 5 Atom-Proz. Wasserstoff hexagonale Mischkrystalle, außerdem die Verbindung Zr_4H mit kubisch-flächenzentriertem Gitter, Zr_2H mit hexagonalem dichtester Kugelpackung und ZrH flächenzentrierten kubischen. Diese Ergebnisse zeigen wieder die große Bedeutung röntgenographischer Untersuchungen.

Ein besonderes Interesse hat das Verhalten von Eisen zu Wasserstoff. Die Umwandlung A_1 im Perlitpunkt und von α-γ in kohlenstoffärmeren Eisen wird in eigentümlicher Weise durch Wasserstoff beeinflußt[2]). Es ergeben sich zwei Wärmetönungen statt einer beim Übergang oder Zerfall von Austenit. *R. H. Harrington* und *W. P. Wood*[3]), die dieses zuerst beobachteten, hatten gemeint, indem sie die Wirkung des Wasserstoffs außer acht ließen, ein neues Zustandsbild der Umwandlungen im System Fe-C aufstellen zu müssen.

Literatur zu Tafel 41.

Fe-C; Fe-N; Fe-O; Fe-S.

Fe-C. Einige neuere Literatur: *S. Umiro*, Sci. Rep. Tôhoku Univ. **15**, 1926, 357. — *K. Honda*, Sci. Rep. Tôhoku Univ. **15**, 1926, 247 — Stahl u. Eisen **49**, 1929, 1431. — *T. Sato*, Technol. Rep. Tôhoku Univ. **8**, 1928, 27. — *G. Masing, L. Koch* u. *W. Köster*, Arch. Eisenhüttenwes. **2**, 1928/29, 185, 195, 803 — Z. Metallkde. **22**, 1930, 289. — *E. Öhmer*, J. Iron Steel Inst. **123**, 1931, 445. — *K. Henda*, Sci. Rep. Tôhoku Univ. **18**, 1929. — *D. Hanson*, J. Iron Steel Inst. **116**, 1927, 129. — *A. L. Norburg*, J. Iron Steel Inst. **1929**, Mai. — *R. Harrington, W. P. Wood*, Stahl u. Eisen **51**, 1931, 407. — *S. Epstein*, Met. & Alloys **1**, 1930, 539. — *W. Köster*, Arch. Eisenhüttenwes. **2**, 1928/29, 194, 503. — *W. H. Hatfield*, Trans. Faraday Soc. **21**, 1925, 272. — *A. Westgren*, *G. Phragmén* u. *T. Negresco*, J. Iron Steel Inst. **117**, 1928, 383. — *K. Honda* u. *H. Endo*, Z. anorg. allg. Chem. **154**, 1926, 238.

Fe-N: *A. Frey*, Stahl u. Eisen **43**, 1923, 1271. — *A. Osawa* u. *S. Iwaizumi*, Z. Kristallogr. **69**, 1928, 26. — *G. Hägg*,

Nature, Lond. **121**, 1927, 826; **122**, 1928, 314. — *O. Eisenhut* u. *E. Kaupp*, Z. Elektrochem. **36**, 1930, 392. — *E. Lehrer*, Z. Elektrochem. **36**, 1930, 383, 460. — *W. Köster*, Arch. Eisenhüttenwes. **3**, 1930, 553, 637; **4**, 1931, 537 — Stahl u. Eisen **50**, 1930, 630 — Z. Metallkde. **22**, 1930, 290. — *R. Brill*, Naturwiss. **16**, 1928, 593. — *R. F. Mehl* u. *C. S. Barrett*, Met. & Alloys **1**, 1930, 422.

Fe-O. Neuere Literatur: *E. Jänecke*, Literaturzusammenstellung Z. anorg. allg. Chem. **196**, 1931, 262. — *L. B. Pfeil*, J. Iron Steel Inst. **1**, 1929, 501; **1**, 1931, 123, 249. — *Vogel* u. *Martin*, Arch. Eisenhüttenwes. **6**, 1932, 109. — *Mathewson, Spire* u. *Milligar*, Trans. Amer. Soc. Stl. Treat. **19**, 1931, 66. — *H. Dünwald* u. *C. Wagner*, Z. anorg. allg. Chem. **199**, 1931, 321. — *H. Groebler* u. *P. Oberhoffer*, Stahl u. Eisen **47**, 1927, 1984. — *W. Krings*, Z. anorg. allg. Chem. **183**, 1929, 225; **190**, 1930, 313. — *A. Matsubara*, Trans. Amer. Inst. min. metallurg. Engr. **67**, 1921, 3. — *H. Schenk* u. *E. Hengler*, Arch. Eisenhüttenwes. **1931**, 209. — *R. B. Sosman* u. *J. C. Hostetter*, J. Amer. chem.

---

[1]) *G. Hägg*, Z. physik. Chem. Abt. B **11**, 1931, 433.
[2]) *H. Esser* u. *H. Cornelius*, Stahl u. Eisen **53**, 1933, 885.
[3]) *R. H. Harrington* u. *W. P. Wood*, Trans. Amer. Soc. Stl. Treat. **18**, 1930, 632; **20**, 1932, 528.

Soc. **38**, 1916, 807. — *G. W. Usherwood,* J. Iron Steel Inst. **1**, 1929 550. — *R. W. S. Wickorf* u. *E. D. Crittenden,* J. Amer. chem. Soc. **48**, 1925, 2876.
Fe-S: *R. Loebe* u. *E. Becker,* Z. anorg. allg. Chem. **77**, 1912, 301. — *K. Friedrich,* Metallurgie **7**, 1910, 257. — *W. Treitschke* u. *G. Tammann,* Z. anorg. allg. Chem. **49**, 1906, 329. — *K. Migazaki,* Sci. Rep.

Tôhoku Univ. **17**, 1928, 877. — *G. Hägg* u. *J. Sucksdorff,* Z. physik. Chem. Abt. B **22**, 1933, 445. — *Alsén,* Geol. För., Stockholm **47**, 1925, 19. — *H. S. Roberts,* J. Amer. chem. Soc. **57**, 1935, 1034. — *F. Rinne* u. *H. E. Boeke,* Z. anorg. allg. Chem. **53**, 1907, 338. — *W. Biltz* u. *Meisel,* Z. anorg. allg. Chem. **205**, 1932, 273.

Legierungen vom Typus IV.

Allgemeines.

Unter Berücksichtigung des bisher Auseinandergesetzten lassen sich auch alle komplizierteren Gleichgewichte erkennen. Während bei binären Systemen mit drei festen Phasen nur zwei verschiedene Fälle zu unterscheiden sind, ist die Zahl, wenn vier feste Phasen auftreten, größer. Unterscheidet man nicht zwischen Mischkrystallen und Verbindung, so gibt es theoretisch fünf verschiedene Fälle, die schematisch in der Abb. 90 dargestellt sind. Das Auftreten von Mischkrystallen an Stelle chemischer Verbindungen bestimmter Zusammensetzung läßt sich leicht berücksichtigen. Die Abbildungen sind ohne weiteres klar. Zwei kongruente Verbindungen ergeben Zustandsbilder *a* oder *a'* mit drei Eutektika, wobei die Schmelzpunkte in den beiden Fällen verschieden hoch liegen. Eine kongruent schmelzende Verbindung

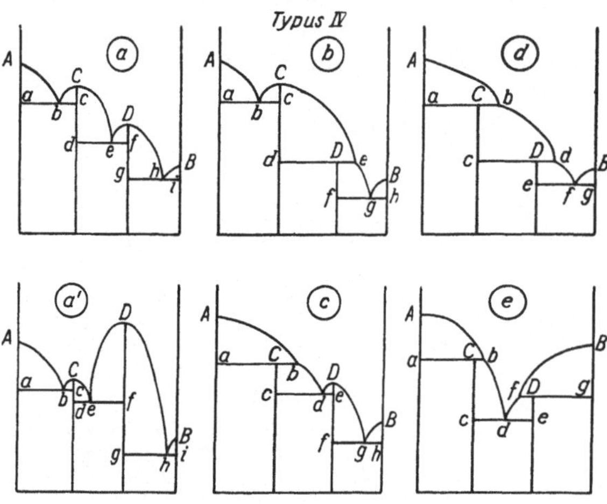

Abb. 90. Die verschieden möglichen Schaubilder beim Typus IV.

kann zu zwei verschiedenen Zustandsbildern *b* und *c* Anlaß geben, ebenso wie das Fehlen kongruenter Verbindungen zu *d* und *e*. Es ist von Interesse, daß von diesen fünf Fällen, die bei einfacher Anwendung der Phasenregel denkbar sind, nur für drei, *a*, *b* und *d*, Beispiele bei den Legierungen gefunden werden. Der Fall *c* ist bei Au-Cd angedeutet, doch läßt sich dieses System auch *d* zuordnen. Es hat dieses Verhalten selbstverständlich eine tiefere Begründung in der Natur der Metalle in Beziehung zueinander. Für den unter *a* angegebenen Fall sind Cu-Mg oder, wenn Mischkrystalle vorkommen, Al-Mg typische Beispiele (Tafel IV a 44). Das gleiche Verhalten zeigen andere Legierungen. Auch das durch *b* dargestellte Zustandsbild findet sich mehrfach, z. B. im System Bi-Na (Tafel IV a 42). Das Vorkommen von zwei inkongruent schmelzenden Verbindungen, das zu einem Zustandsbild *d* Veranlassung gibt, findet sich

bei solchen Systemen mehrfach, bei denen die Schmelzpunkte, in absolutem
Maß gemessen, erheblich auseinanderliegen, z. B. bei Au-Pb, den Amalgamen
hochschmelzender Metalle und anderen Legierungen (Tafel IVb 51).

Bei dem Typus IV besteht ein Zusammenhang zwischen den Legierungen,
bei denen kongruent schmelzende Verbindungen vorkommen, im Gegensatz
zu den anderen. Natrium bildet beispielsweise mit Wismut und Antimon zwei
gleichartige Verbindungen, von denen im System Na-Bi eine, im System Na-Bi
dagegen alle beide kongruent schmelzen. Es wurden die Legierungen vom
Typus IV deswegen in die beiden Gruppen IV a mit kongruent schmelzenden
und IVb ohne solche zusammengefaßt. Außer diesen Typen IVa und IVb
gibt es auch einige Legierungen mit vier festen Phasen, wobei noch bestimmte
Gemische im flüssigen Zustande zur Bildung zweier Flüssigkeiten führen.
Diese wurden in der ·Tafel IVx zusammengefaßt. In den Tafeln wurden im
allgemeinen ähnliche Systeme zusammengefaßt. In einigen Fällen sind aber
auch Systeme auf derselben Tafel behandelt, die geringere gemeinsame Merk-
male aufweisen.

Typus IVa mit kongruent schmelzenden Verbindungen.

Legierungen vom Typus IVa.

42	43	44	45	46	47	48	49	50
Ag-Li	Bi-Li	Cu-Mg	Be-Fe	Cu-Sb	As-Cu	B-Fe	Mn-P	(V-C)
Na-Sb	K-Tl	Ag-Mg	Be-Ni	Cd-Sb	As-Cd	Fe-P	Mn-As	W-C
Bi-Na	Cd-Na	Al-Mg	(Be-Co)	Al-Ca	As-Sn	Fe-Si	Bi-Tl	Cr-C
K-Sb	Al-Li	Mg-Ni	Ni-Ta	Ba-Sn	As-Zn	Fe-Sb	(B-Co)	Mo-C
		Mg-Pr	(Ni-Zr)	Bi-Ca		Co-Sb	Cr-Sb	(C-Ti)
				Cd-Pt				(C-Se)

Die beiden ersten Tafeln dieser Gruppe, 42 und 43, umfassen verschiedene
alkalihaltige Legierungen. Von den beiden Verbindungen, die sich bilden,
hat in allen Fällen eine einen hohen kongruenten Schmelzpunkt, die zweite
schmilzt kongruent oder inkongruent. Die erste Tafel enthält Ag-Li, Na-Sb,
Bi-Na und K-Sb. Die auftretenden Verbindungen haben gleichartige Formeln
AgLi, NaSb, NaBi, KSb und $AgLi_3$, Na_3Sb, Na_3Bi, K_3Sb. Von ihnen hat
nur NaBi einen inkongruenten Schmelzpunkt. Die Schmelzpunkte der Verbindungen Na_3Sb, Na_3Bi und K_3Sb sind erheblich höher als die der beiden
darin enthaltenen Metalle. Es krystallisiert Ag-Li nach *Zintl* im innenzentrierten kubischen (CsCl) Gitter, während NaSb monoklin und NaBi tetragonale Struktur haben. Auf den interessanten Unterschied im Zustandsbild
von Na-Sb und Na-Bi, das eine mit zwei, das andere mit nur einer kongruent
schmelzenden Verbindung bei gleicher Zusammensetzung wurde bereits hingewiesen. Eigenartig ist die Herstellung der Verbindung NaBi von *Zintl*
und *Dullenkopf* unter Benutzung von wasserfreiem Ammoniak.

Die zweite Tafel 43 umfaßt Bi-Li, Li-Al, K-Tl und Cd-Na. Das Diagramm
von K-Tl muß noch ergänzt werden. Nach Untersuchung der russischen Forscher *Kurnakow* und *Pusching*, die über 30 Jahre zurückliegen, soll sich eine
Verbindung KTl ausgezeichnet durch ein Schmelzpunktmaximum bilden. Es
dürfte auch hier eine zweite Verbindung der Formel K_3Tl vorkommen mit
inkongruentem Schmelzpunkt. In dem erst kürzlich von *Grube* untersuchten
System Li-Bi findet sich eine abnorm hoch (1145°) schmelzende Verbindung

Li$_3$Bi neben LiBi, die inkongruent bei 415° schmilzt und bei 400° eine allotrope Umwandlung zeigen soll. Das System Na-Cd zeigt nach den bisherigen Untersuchungen in seinem Zustandsbild zwei Maxima für die Verbindungen NaCd$_5$ und NaCd$_2$. Die Entmischung, die man außerdem glaubt beobachtet zu haben, besteht wohl in Wirklichkeit nicht. Es erscheint unwahrscheinlich, daß noch mehr als die beiden angegebenen Verbindungen auftreten und das System damit dem Typus V zugehörte. Auch Li-Al wurde erst neuerdings genauer untersucht und außer der früher gefundenen Verbindung AlLi noch eine inkongruent schmelzende Li$_2$Al von *Grube* nachgewiesen. Der Auffassung, daß LiAl unter Bildung zweier Flüssigkeiten schmilzt, konnte sich der Verfasser nicht anschließen.

Tafel 44 enthält zunächst die magnesiumhaltigen Systeme mit Cu, Ag, Ni, Al und Pr. Das System Au-Mg gehört dem komplizierteren Typus Vb an. Die auftretenden Verbindungen haben die Formeln Cu$_2$Mg, CuMg$_2$; Mg$_3$Ag, MgAg; NiMg$_2$, Ni$_2$Mg; Al$_3$Mg$_2$, Al$_2$Mg$_3$ und PrMg, PrMg$_3$. Es besteht also in dieser Hinsicht Ähnlichkeit zwischen den Cu- und Ni-haltigen Magnesiumlegierungen, dagegen nicht zwischen Cu-Mg und Ag-Mg. Die Schmelzpunktmaxima der am höchsten schmelzenden Verbindungen sind niedriger als bei den Systemen der Tafel 42 und 43. Die beiden Systeme Cu-Mg und Ni-Mg ähneln den Na-Sb und Na-Bi. Es sind Systeme mit je zwei gleichartigen Verbindungen, von denen eine inkongruent schmilzt. Nach neueren genaueren Untersuchungen von *Jones* an im Vakuum geschmolzenen Legierungen finden sich im System Cu-Mg folgende Schmelzpunkte: Mg 647,5°, Mg$_2$Cu 567,5°, MgCu$_2$ 820°. Nach röntgenographischen Untersuchungen von *Grime* und *Jones* nimmt Cu bis 3 Proz. Mg im Gitter auf, Cu$_2$Mg hat ein Homogenitätsbereich von 2,3 Proz. und krystallisiert in einem besonderen Gitter C_{15}, Mg$_2$Cu ist hexagonal. Von den silberhaltigen Legierungen krystallisiert MgAg im innenzentrierten kubischen Gitter und hat ein ziemlich großes Homogenitätsbereich. Die Legierungen von Aluminium mit Magnesium wurden besonders wegen ihrer technischen Bedeutung mehrfach untersucht. Für das System Al-Mg nahm man früher nur eine Verbindung an. Es gibt aber deren zwei, Al$_3$Mg$_2$ und Al$_2$Mg$_3$ (vielleicht Al$_3$Mg$_4$), die beide einen ziemlich niedrigen kongruenten Schmelzpunkt haben. Das Homogenitätsbereich, besonders des zweiten, ist erheblich. Die Mischkrystallbereiche nach Al und Mg sind bei höheren Temperaturen erheblich größer als bei tieferen. Sie steigt von 3 Proz. Mg bei 200° auf 14,5 Proz. beim Eutektikum von 451° und anderseits von 2 Proz. Al bei 0° auf 12 Proz. bei 436°. Die magnesiumarmen Legierungen dieses Systems mit 10 bis 20 Proz. Mg haben technische Bedeutung. Die beiden Verbindungen der beiden Metalle sind hart, spröde und brüchig, ein Zeichen ihres geringen Legierungscharakters. Das Zustandsbild der Legierungen von Pr-Mg nach den Untersuchungen von *Canneri*, etwas anders als von diesem, konstruiert, ist in der Tafel wiedergegeben. Es treten zwei intermediäre feste Phasen auf, die ein ziemlich großes Mischkrystallbereich enthalten. Sie enthalten die kongruent schmelzenden Verbindungen PrMg und PrMg$_3$. Auch für Pr ist in kleinem Umfang die Bildung von Mischkrystallen angenommen. Bei 528° bildet sich in den erstarrten Gemischen die Verbindung Pr$_4$Mg. Für diese einen kongruenten Schmelzpunkt anzunehmen und die Temperatur von 528° auf eine Umwandlung zurückzuführen, erscheint nicht begründet.

Die nächste Tafel, 45, umfaßt Systeme mit Fe, Co und Ni, und zwar Be-Fe, Be-Ni, Ni-Ta, denen ohne Abbildung Be-Co und Ni-Zr hinzugefügt sind. Die Zustandsbilder der Legierungen sind bis auf Ni-Ta nur teilweise bekannt. In allen Fällen bilden sich Mischkrystalle nach den Metallen Fe, Co, Ni. Bei Be-Fe erstreckt sich das Gebiet der γ-Mischkrystalle bis 0,5 Proz. Be und das der α-Mischkrystalle beim Eutektikum mit Be_2Fe und etwa 1153° bis etwa 7 Proz. Be. Außer der hexagonal im $MgZn_2$-Gitter krystallisierenden Verbindung fand *L. Misch*[1]) Be_5Fe mit kubischem Gitter und noch eine Verbindung (v) mit noch höherem Be-Gehalt. Die Verbindungen von Be mit Ni sind NiBe kubisch-innenzentriert und eine im sog. γ-Messingtyp krystallisierend. Das System Be-Co ist nach *Masing* Be-Ni ähnlich. Die auftretende Verbindung BeCo ist gleichartig BeNi, die zweite Verbindung ist nach *Misch* der Eisenverbindung (v) ähnlich. Für das System Ni-Ta wurde von *Therkelsen* das angegebene Zustandsbild aufgestellt. Von den auftretenden Verbindungen Ni_3Ta und möglicherweise NiTa hat die erstere einen kongruenten Schmelzpunkt. Das System ist noch nicht vollständig geklärt. Zu diesen Legierungen wurde auch Ni-Zr gerechnet, das die zwei Verbindungen Ni_3Zr und Ni_4Zr, ersteres kongruent schmelzend, haben soll.

Die Tafel 46 enthält außer CuSb Systeme mit zweiwertigen Metallen, und zwar Cd-Sb, Ba-Sn, Al-Ca, Bi-Ca und Cd-Pt, von denen einige nur unvollständig bekannt sind. Mit Sb bildet Cu eine kongruent schmelzende Verbindung von weitem Homogenitätsbereich. Das Schmelzpunktmaximum entspricht der Zusammensetzung Cu_5Sb_2. Im festen Zustand findet bis 420° eine Umwandlung in Mischkrystalle statt, die hexagonal in dichtester Kugelpackung krystallisieren. Die andere Verbindung Cu_2Sb krystallisiert analog Fe_2As im tetragonalen Gitter. Die beiden zwischen Sb und Cd auftretenden Verbindungen haben die Formeln CdSb und Cd_3Sb_2. Die zweite schmilzt im stabilen System inkongruent. Sie kann aber auch instabil kongruent schmelzen, indem die Bildung von CdSb unterbleibt und sich mit Sb ein metastabiles Eutektikum bildet. Das Zustandsbild Sn-Ba wurde bis 30 Proz. Ba untersucht. Die Legierungen wurden in diesem Falle elektrolytisch aus Schmelzen von Kalium- und Bariumchlorid in chromplatierten Eisentiegeln mit geschmolzenem Zinn als Kathode gewonnen. Anode war eine Kohlenstoffelektrode. Von den beiden thermisch und mikroskopisch gefundenen Verbindungen hat $BaSn_3$ eine kongruente und $BaSn_5$ eine inkongruente Schmelztemperatur. Die Härte der Legierungen steigt, das spezifische Gewicht fällt auf Zusatz von Ba. Die Legierungen zersetzen Wasser unter Wasserstoffentwicklung. Das Al-haltige System Al-Ca wurde vollständig untersucht. Entgegen früheren Angaben führte genaue thermische und mikroskopische Untersuchung sowie Bestimmung der elektrische Leitfähigkeit zur Auffindung einer kongruent schmelzenden Verbindung $CaAl_2$ mit hohem Schmelzpunkt (1079°) und einer inkongruent schmelzenden $CaAl_3$. Im Al-Gitter löst sich bis 0,3 Proz. Ca auf. Im System Cd-Pt soll eine kongruent bei 725° schmelzende Verbindung Cd_2Pt und eine Cd-reichere vom inkongruenten Schmelzpunkt 615° auftreten.

Die Tafel 47 enthält die arsenhaltigen Systeme As-Cu, As-Zn, As-Cd, As-Sn. Im System As-Cu bildet sich eine hexagonal krystallisierende Verbindung

---

[1]) *L. Misch*, Metallwirtsch. **15**, 1936, 163.

Cu_3As mit kongruentem Schmelzpunkt. Das Homogenitätsbereich geht von 28,6 bis 29,6 Atom-Proz. As. Nach thermischen Untersuchungen soll noch eine Verbindung Cu_5As_2 auftreten, die sich aber röntgenographisch als nicht einheitlich erwies. Während As-Cu nur eine Verbindung mit Schmelzpunktmaximum besitzt, gibt es zwischen As und Zn sowie As und Cd zwei solcher Verbindungen, die gleichartig zusammengesetzt sind. Sie haben die Formeln Zn_3As_2, Cd_3As_2 und $ZnAs_2$, $CdAs_2$. Es ist dem Cadmiumsystem eigentümlich, daß die Bildung der einen Verbindung $CdAs_2$ manchmal unterbleibt, so daß sich ein Eutektikum mit der anderen Cd_3As_2 und As ausbildet. Das System As-Sn hat nach *Parravano* und *de Cesaris* außer der inkongruent schmelzenden Verbindung Sn_3As_2 die kongruent schmelzende SnAs. Nach Untersuchungen von *Mansuri* hat Sn_3As_2 gerade einen kongruenten Schmelzpunkt. Die arsenhaltigen Systeme sind an der Arsenseite nicht vollständig untersucht worden, weil Arsen unter Atmosphärendruck nicht schmelzbar ist. Aus diesem Grunde sind die Zustandsbilder As-Cu und As-Cd nicht bis As angegeben, während die von As-Zn und As-Sn bis As extrapoliert wurden.

Die Tafel 48 umfaßt Systeme mit Fe, nämlich B-Fe, Fe-P, Fe-Si, Fe-Sb sowie Co-Sb. Im System Fe-B gibt es die Verbindung FeB, die rhombische Struktur hat und kongruent schmilzt, sowie die Verbindung Fe_2B, die nach *Wever* tetragonal skalenoedrisch krystallisiert. Sie schmilzt gerade noch kongruent, während es eine Verbindung Fe_3B_2, die *Hannesen* gefunden zu haben glaubt, jedenfalls nicht gibt. Die Bildung von Mischkrystallen ist in allen Modifikationen des Fe gering. Die γ-Form nimmt nach *Tschirshewsky* und *Herdt* 3,5 Proz. B im Gitter auf, α-Fe dagegen nur 0,08 B, ähnlich der Aufnahme von C in den beiden Fe-Formen. Im System Fe-P, das ebenso wie das soeben erwähnte nur an der Fe-Seite bekannt ist, gibt es die beiden Verbindungen Fe_2P und Fe_3P, von denen Fe_2P kongruent schmilzt. Die Verbindung Fe_3P ist tetragonal mit geringem Homogenitätsbereich, Fe_2P hexagonal. Nach den neuesten Untersuchungen von *Biltz* und seinen Mitarbeitern gibt es zwischen Fe und P die vier Verbindungen Fe_3P, Fe_2P, FeP und FeP_2, die durch Tensionsanalyse und röntgenographisch festgestellt wurden. Die Gitterstruktur konnte nur von FeP_2 erklärt werden, das rhombisch im Markasittyp ähnlich $FeSb_2$ krystallisiert. Die Abbildung gibt das Zustandsbild bis 30 Proz. P. Das System gehört bei Berücksichtigung der beiden anderen Verbindungen einer höheren Gruppe an. Die Bildung eines geschlossenen Gebietes für die γ-Mischkrystalle wurde bereits erwähnt, sie erstreckt sich nach verschiedenen Forschern bis 0,3 Proz. P bei 1150°, wo die α-Mischkrystalle bei 0,6 Proz. P beginnen.

Die Tafel umfaßt noch die eisenhaltigen Systeme mit dem vierwertigen Si und dem fünfwertigen Sb. Von diesen ist Fe-Si mehrfach untersucht worden. Es hat in bezug auf die Fe-reichen Legierungen im Laufe der Zeit verschiedene Auslegungen erfahren. Das System ist ausgezeichnet durch eine hochschmelzende Verbindung FeSi, die kubisch krystallisiert. In den Si-reicheren Teilen des Systems gibt es noch eine tetragonal krystallisierende Verbindung $FeSi_2$, die eben noch kongruent schmilzt. Das Eisen bildet in seiner δ-Form mit Si im großen Umfange Mischkrystalle. Aus ihnen entsteht im festen Zustande die Verbindung Fe_3Si_2. Die magnetische Umwandlung des Eisens wird durch den Zusatz von Si erniedrigt. Die γ-Form des Eisens nimmt Si nur in einem beschränkten Umfange im Gitter auf. Nach dem Schmelzbild gibt es im System Fe-Sb die beiden Verbindungen Fe_3Sb_2 mit kongruentem und $FeSb_2$ mit inkongruentem Schmelzpunkt. Durch röntgenographische Untersuchungen ist außerdem die Verbindung FeSb krystallisierend im NiAs-Gitter (B_8) festgestellt worden, die im Zustandsbilde als Grenzmischkrystall ε auftritt.

Die Tafel 49 umfaßt, Bi-Tl, die manganhaltigen Systeme mit P und As und Cr-Sb.. Das System Bi-Tl wurde neuerdings von *Arne Ölander* untersucht durch Messung der Elektrodenpotentiale in Schmelzen essigsaurer Salze bei verschiedenen Temperaturen und gezeigt, daß die beiden Gemische mit kongruentem Schmelzpunkt besonderen Phasen γ und ε entsprechen und daß die γ-Phase sich im festen Zustande in eine δ-Form verwandelt. Es handelt sich hierbei wohl um eine Überstruktur. Die festen Phasen bilden in weitem Umfange Mischkrystalle und haben für die Mischkrystalle etwa der Formeln Bi_5Tl_3 und $BiTl_8$ kongruente Schmelzpunkte. Von besonderem Interesse ist die schon 1892 von *Heycock* und *Neville* festgestellte geringe Schmelzpunkterhöhung des Thalliums, die auf Mischkrystallbildung in geringem Umfange beruht. Die Umwandlungstemperatur von Tl von 232° wird durch geringen Bi-Zusatz erheblich erniedrigt. Nach *Goldschmidt* (*Barth*) gibt es eine im innenzentrierten kubischen Gitter krystallisierte Verbindung BiTl, die aber mehr Thallium enthält, als dieser Formel entspricht. Die Systeme Mn-P und Mn-As sind erklärlicherweise nur in den Mn-reicheren Legierungen untersucht worden. Es bilden sich je zwei kongruent schmelzende Verbindungen. Die Formeln für diese, wie sie durch thermische Analyse gefunden wurden, sind: Mn_3P_2, Mn_2As, sowie MnP, MnAs. Die Umwandlungen von Mn sind in den Diagrammen nicht berücksichtigt. Das System Cr-Sb besitzt zwei Verbindungen Sb_2Cr und SbCr, von denen die zweite kongruent schmilzt und hexagonal im Ni-As-Gitter (B_8) krystallisiert[1]). Angegliedert an die Systeme dieser Tafel ist B-Co mit den Verbindungen Co_2B und CoB, die den Eisenverbindungen gleichartig sind.

In der Tafel 50 sind die kohlenstoffhaltigen Systeme von V, Cr, Mo, W zusammengefaßt. Die C-haltigen Systeme gehören zum Teil vielleicht anderen Typen als IV a an. Für V-C haben *Ôsawa* und *Ôya* ein vorläufiges Zustandsbild vorgeschlagen, das zwei kongruent schmelzende Verbindungen V_5C und V_4C_3 aufweist. Die Schmelztemperaturen wurden nicht bestimmt. Das Zustandsbild gründet sich auf mikroskopische und röntgenographische Untersuchungen. V_5C krystallisiert hexagonal V_4C_3 vielleicht im Zinkblendetypus. Das röntgenographisch untersuchte System Cr-C soll drei Verbindungen enthalten, ein reguläres Carbid von der vermutlichen Zusammensetzung Cr_4C, ein trigonales Carbid der wahrscheinlichen Zusammensetzung Cr_7C_3 und ein wahrscheinlich trigonales Cr_3C_2. Die Bildung von Cr_4C kann ausbleiben, indem metastabil Cr_7C_3 auftritt. Neuerdings wurde das System von *Hatsuta*[2]) thermisch, mikroskopisch und mit Röntgenstrahlen untersucht. Es wurde ein Zustandsbild vorgeschlagen, das in der Abbildung wiedergegeben ist. Die auftretenden festen Phasen sind $\varepsilon = Cr_4C$ (kubisch), $\eta = Cr_7C_3$ (trigonal), $\zeta = Cr_3C_2$ (orthorhombisch) und $\varkappa = CrC$ (?). Die α- und ε-Phasen bilden ein Eutektikum bei 1485° und 3,7 Proz. C; η und ε bilden ein Peritektikum bei 1530° und ζ und η oberhalb

---

[1]) *Groth*, Strukturber. 142.
[2]) *K. Hatsuta*, Saito Ho-on-Kai Monographs **12**, 1933, X., 4, 194.

Tafel 42.

Typus IVa: Ag-Li, Na-Sb, Bi-Na, K-Sb.

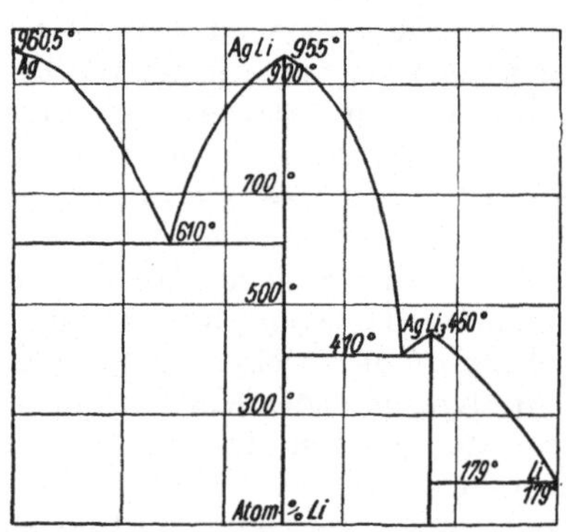

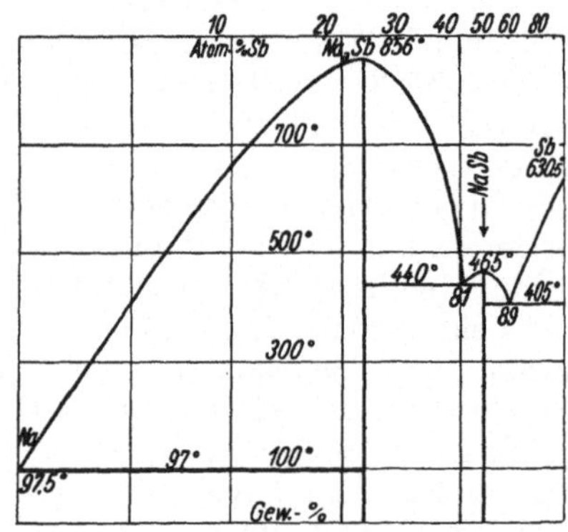

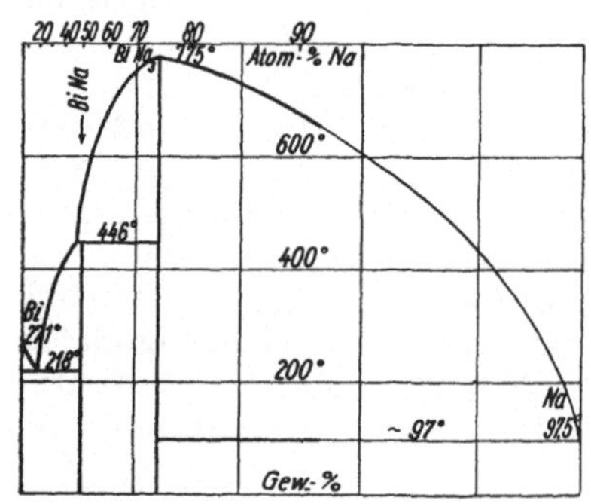

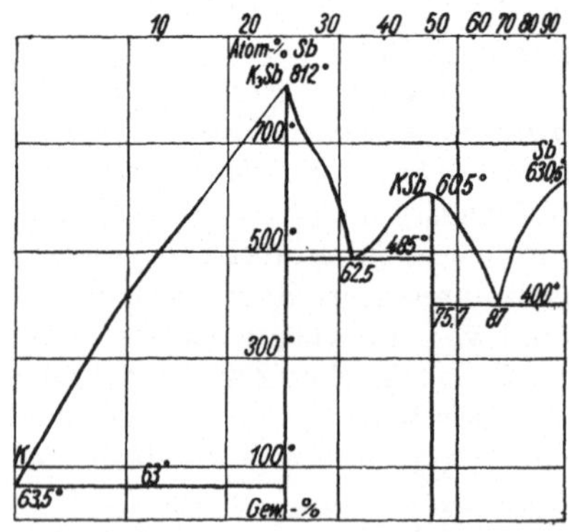

Tafel 43.

Typus IVa: Bi-Li, Li-Al, Cd-Na, K-Tl.

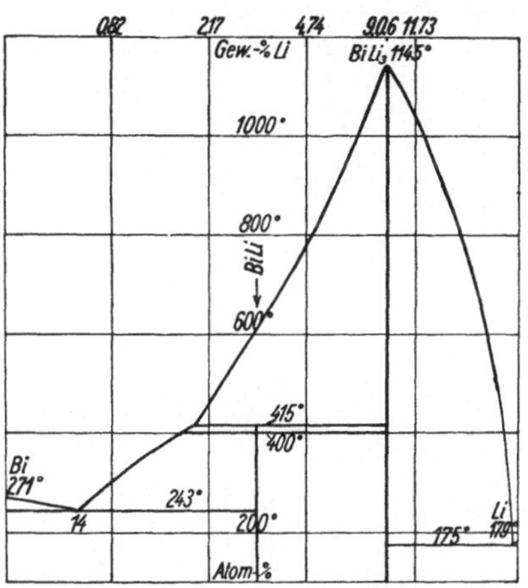

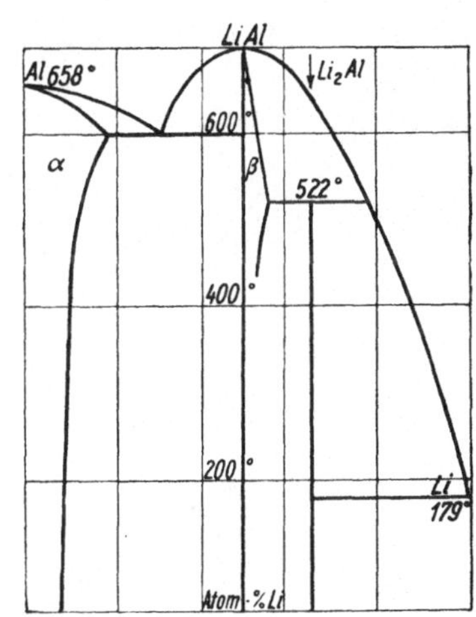

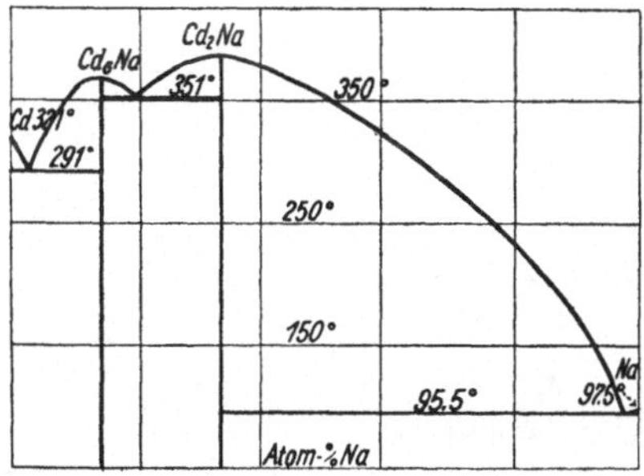

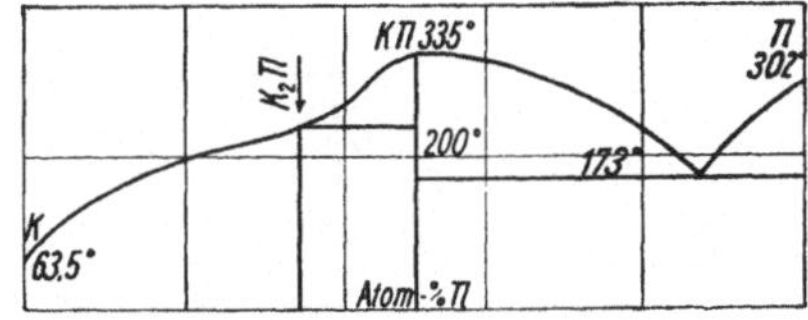

Tafel 44.

Typus IVa: Cu-Mg, Ag-Mg, Mg-Ni, Al-Mg, Mg-Pr.

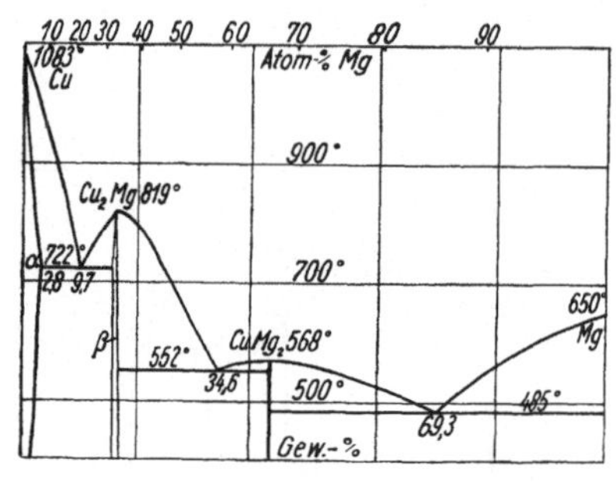

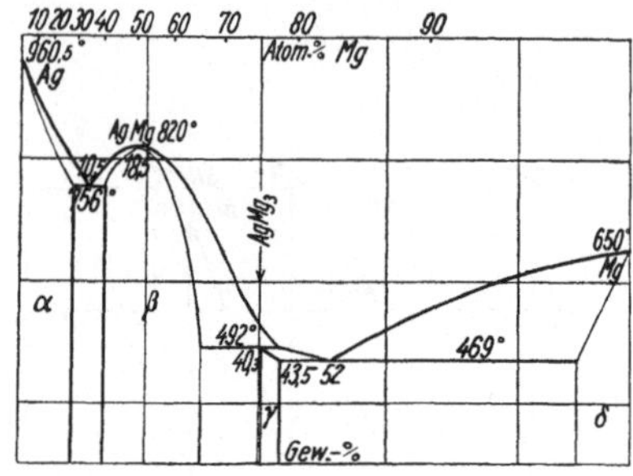

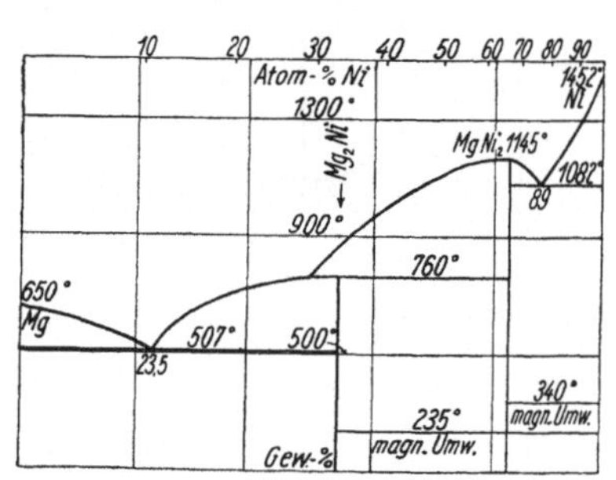

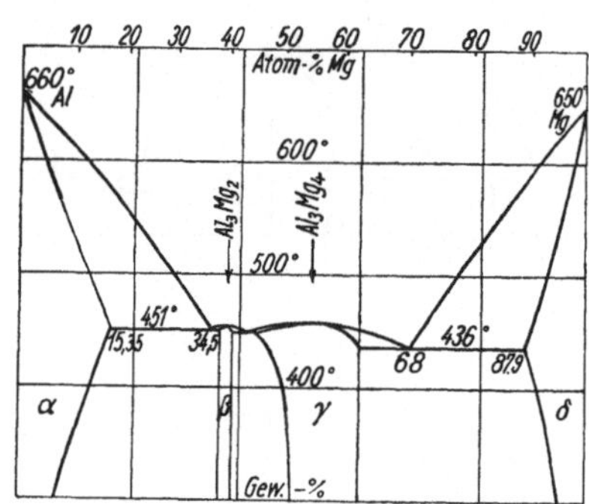

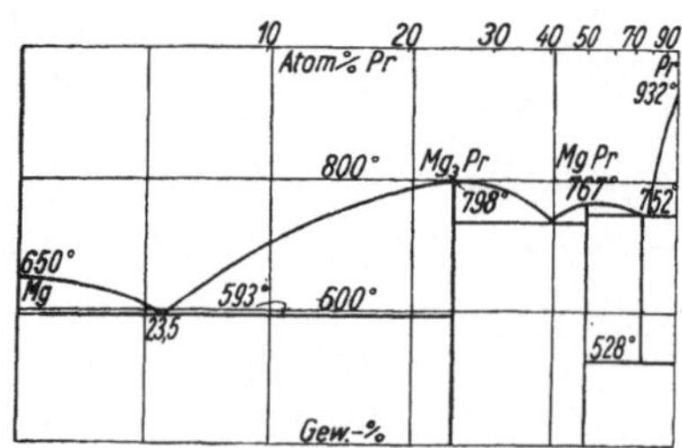

Tafel 45.

Typus IVa: Be-Fe, Be-Ni, Ni-Ta, (Be-Co), (Ni-Zr).

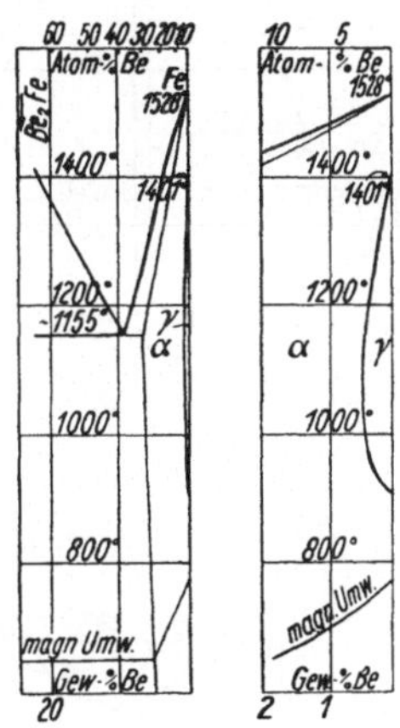

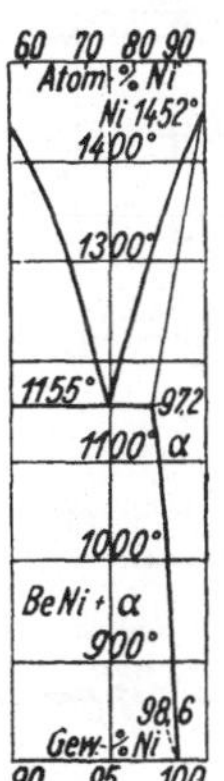

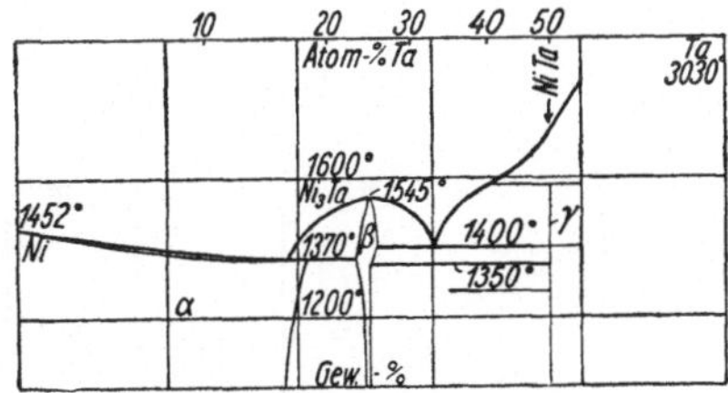

Tafel 46.

Typus IVa: Ba-Sn, Al-Ca, Bi-Ca, Cd-Pt, Cu-Sb, Cd-Sb.

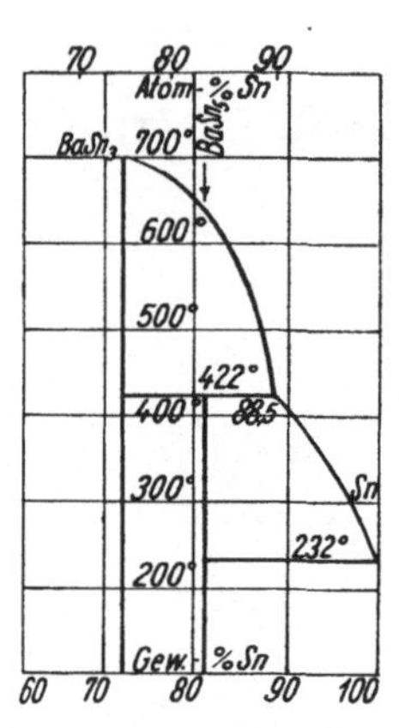

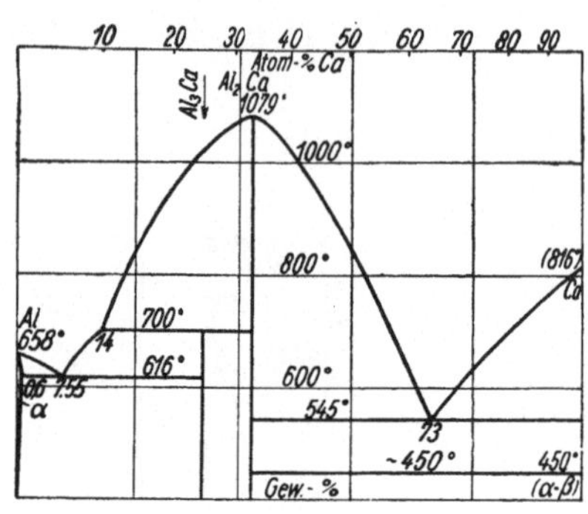

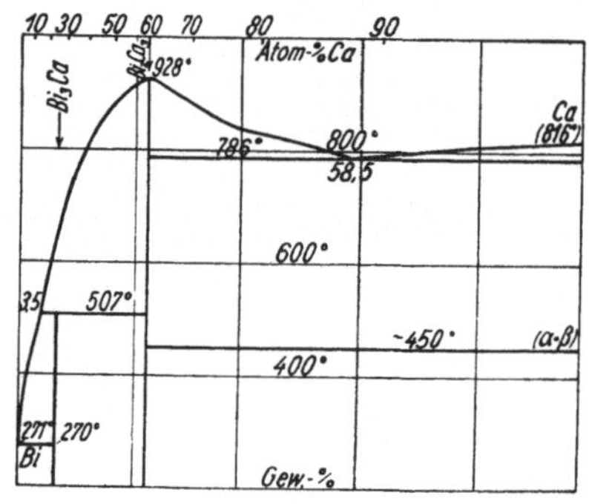

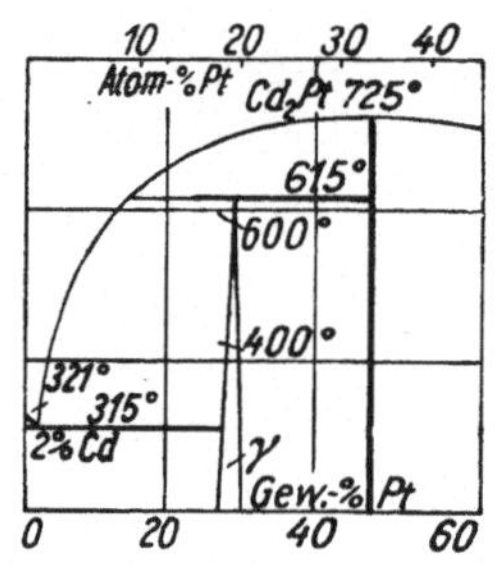

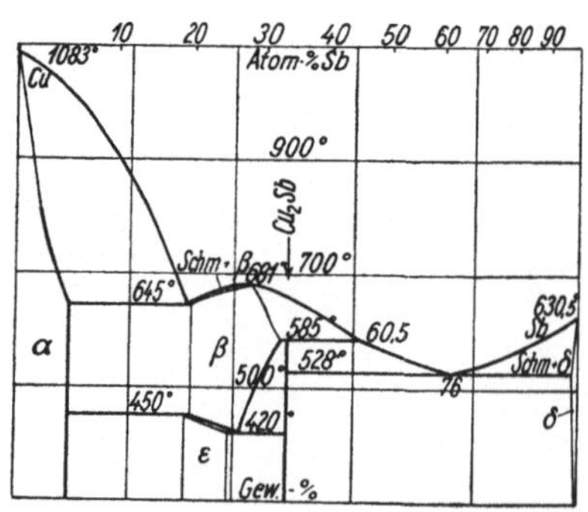

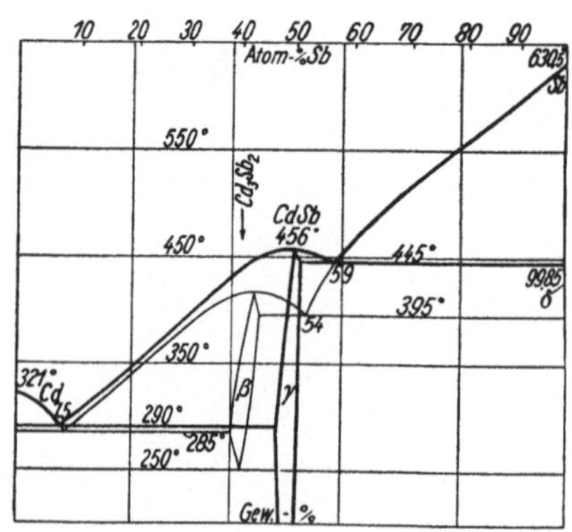

Tafel 47.

Typus IVa: As-Cu, As-Zn, As-Cd, As-Sn.

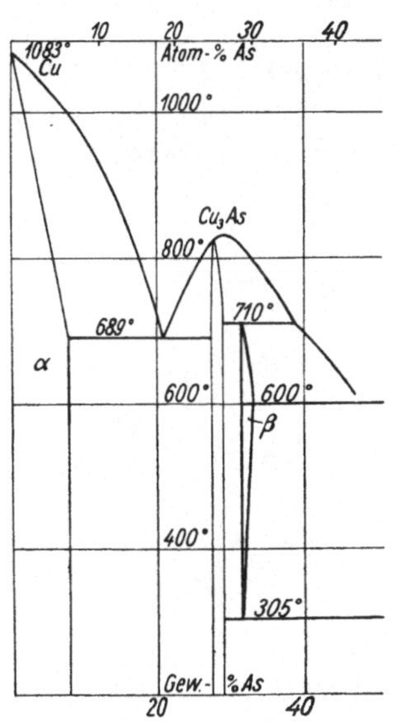

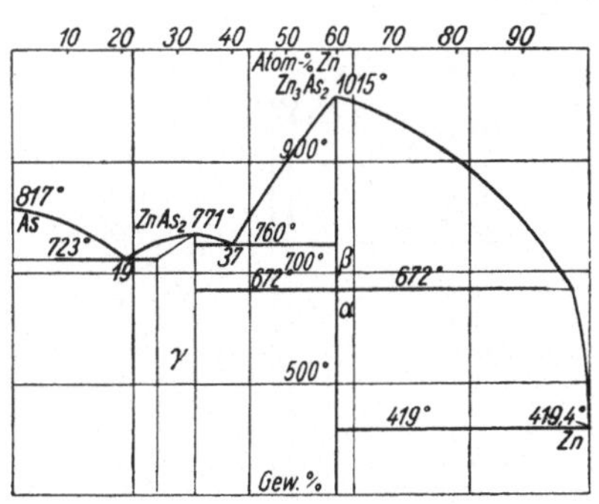

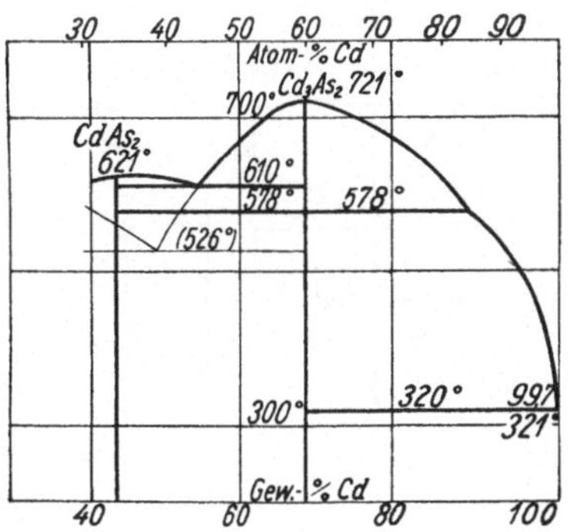

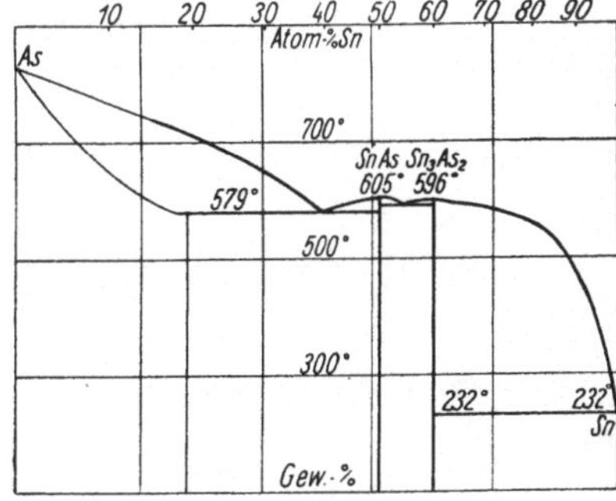

Tafel 48.

Typus IVa:

B-Fe, Fe-Si, Fe-P, Fe-Sb, Co-Sb.

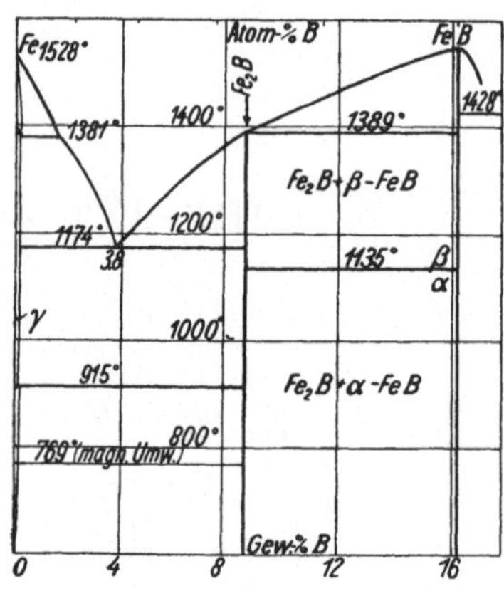

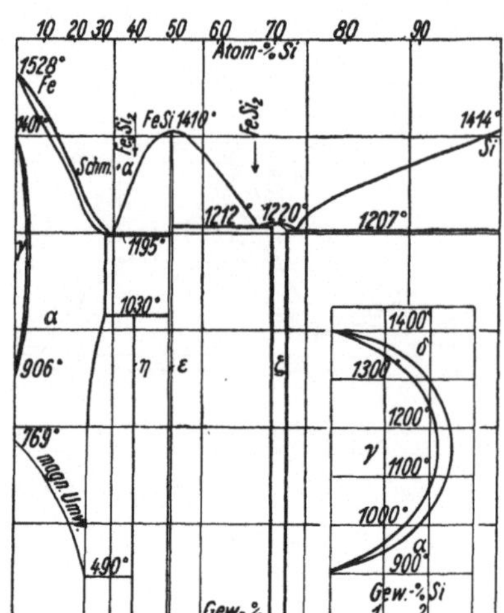

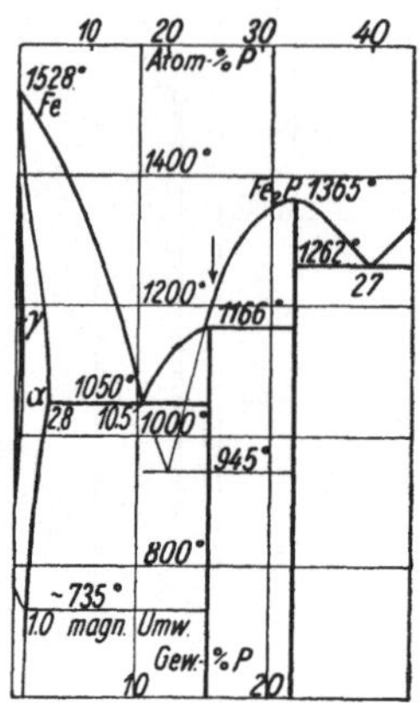

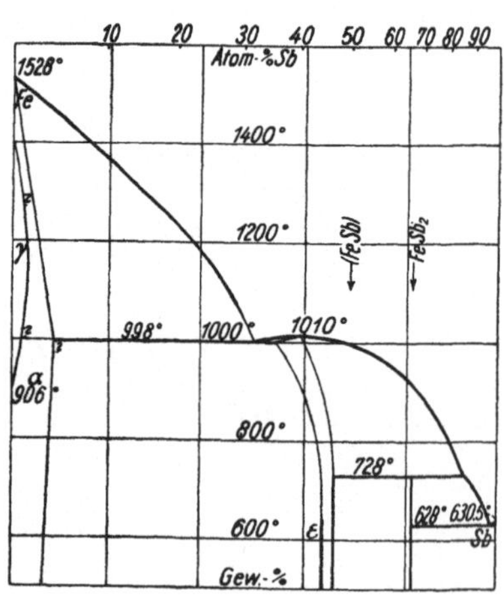

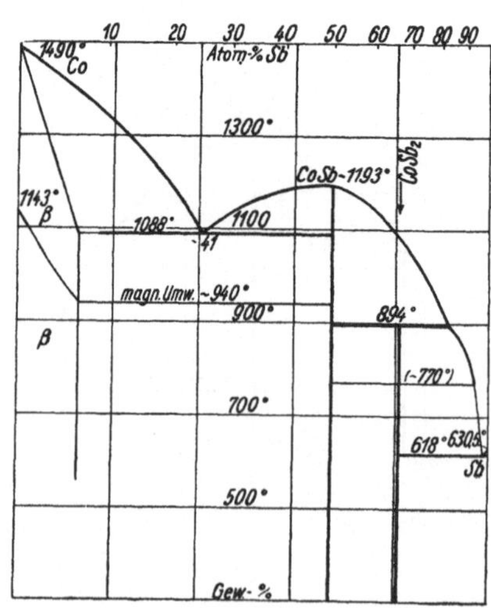

Tafel 49.

Typus IVa: Bi-Tl, Mn-P, Mn-As, (B-Co).

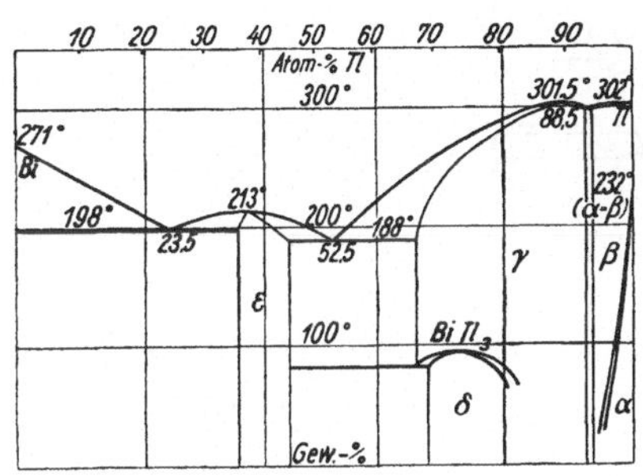

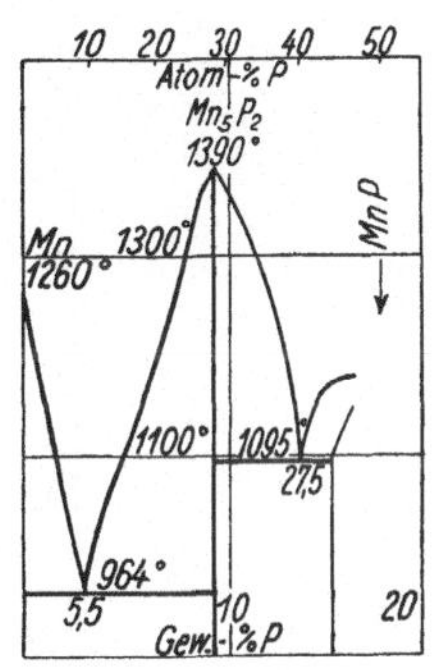

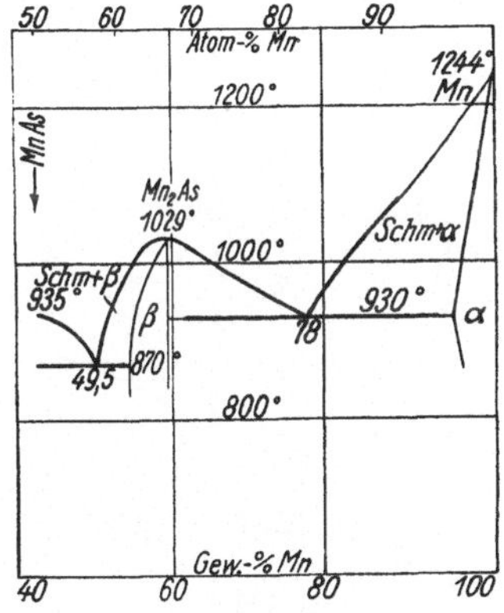

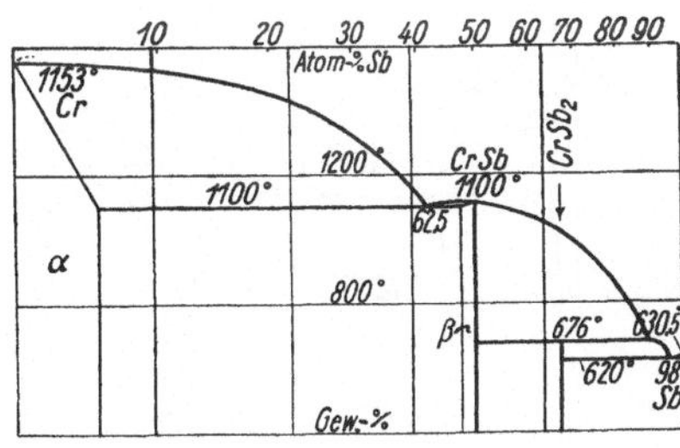

Tafel 50.

Typus IVa: Cr-C, Mo-C, W-C, (C-Ti), (V-C), (C-Sc).

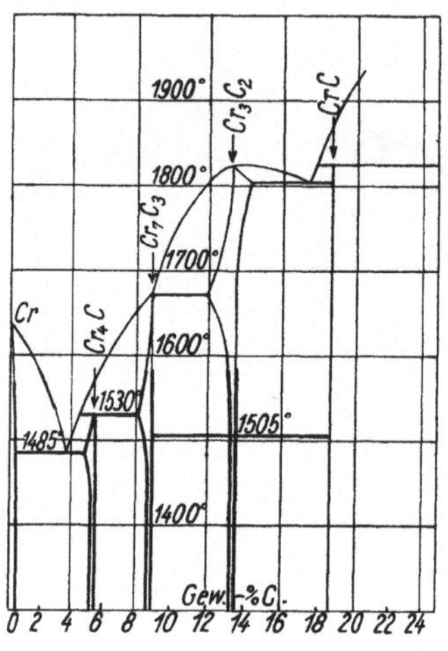

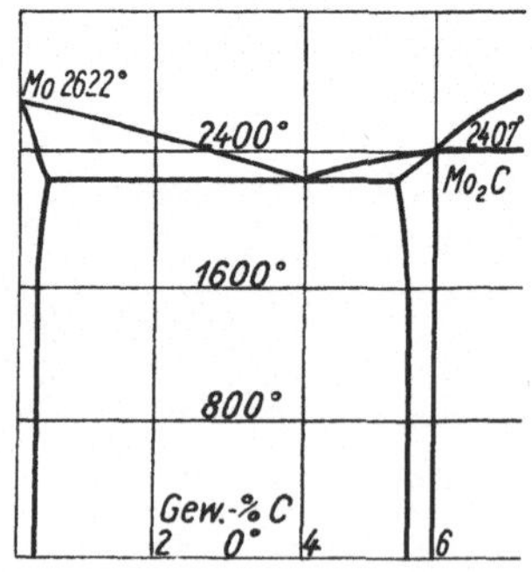

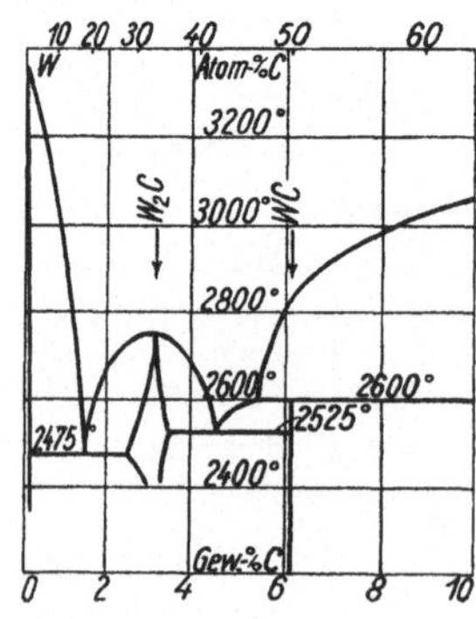

1600°. Die ζ-Phase Cr_3C_2 schmilzt wahrscheinlich kongruent, sie hat einen Umwandlungspunkt bei 1585°. Das System Mo-C enthält nach *Takei* die bei 2307° schmelzende Verbindung Mo_2C, die nach der röntgenographischen Untersuchung zwischen 30 und 39 Atom-Proz. homogen ist und eine hexagonale Kugelpackung von Mo-Atomen enthält. Das Carbid Mo_2C wurde schon 1895 von *Moissan* durch Reduktion von Molybdänoxyd mit Kohle im elektrischen Ofen hergestellt. Es wurde seitdem mehrfach gewonnen, so durch Reduktion mit CaC_2[1]). Die Zustandsbilder, die für W-C konstruiert wurden, weichen stark voneinander ab. Die außerordentlich hohen Temperaturen, bei denen die niedrigsten Schmelzpunkte der Eutektika schon über 2500° hoch liegen, erschweren die Aufstellung eines Zustandsbildes erklärlicherweise sehr. Für die Verbindung WC wird meist ein inkongruenter Schmelzpunkt angegeben. Außerdem werden die Verbindungen W_2C und W_3C vermerkt. Nach *Takeda* gibt es nur W_2C und WC mit inkongruentem Schmelzpunkt. Die Abbildung gibt das von ihm vorgeschlagene Zustandsbild. Legierungen von Wolfram mit Kohlenstoff sind wegen ihrer außerordentlichen Härte technisch wichtig und unter den Namen Carboloy oder Widia bekannt. Nach *Ruff* und *Wunsch* soll an Stelle von W_2C die Verbindung W_3C vorkommen, röntgenographisch besteht nach *Westgren* und *Phragmén* sowie *Becker* eine Verbindung W_2C. Zu den erörterten Systemen sind noch ohne Zustandsbilder C-Ti und C-Sc zugeordnet. Die röntgenographisch nachgewiesenen Verbindungen sind TiC mit kongruentem Schmelzpunkt von 3400 bis 3500°, krystallisierend im Steinsalzgitter, unter 1,15° supraleitend, und Ti_2C, ähnlich dem hexagonalen V_2C. Die für Scandium angegebenen Verbindungen haben die Formeln ScC_3, ScC (NaCl-Struktur), Sc_2C (hexagonal).

Literatur zu Typus IVa.

Tafel 42.

Bi-Li: *G. Grube, H. Vosskühler* u. *H. Schlecht*, Z. Elektrochem. **40**, 1934, 274. — *E. Zintl* u. *G. Brauer*, Z. physik. Chem. Abt. B **20**, 1933, 245 — Z. Elektrochem. **41**, 1935, 297.

Na-Sb: *C. H. Mathewson*, Z. anorg. allg. Chem. **50**, 1906, 194. — *E. Zintl* u. *W. Dullenkopf*, Z. physik. Chem. Abt. B **16**, 1932, 183.

Bi-Na: *C. H. Mathewson*, Z. anorg. allg. Chem. **50**, 1906, 189. — *N. S. Kurnakow* u. *Kusnetzow*, Z. anorg. allg. Chem. **23**, 1906, 187. — *E. Zintl* u. *W. Dullenkopf*, Z. physik. Chem. Abt. B **16**, 1932, 183.

K-Sb: *N. Parravano*, Gazz. chim. ital. **45**, 1915, 485.

Tafel 43.

Ag-Li: *S. Pastorello*, Gazz. chim. ital. **60**, 1930, 493; **61**, 1931, 47. — *E. Zintl* u. *G. Brauer*, Z. physik. Chem. Abt. B **20**, 1933, 245. — *H. Pulitz*, Z. Kristallogr. **86**, 1933, 155.

Cd-Na: *C. H. Mathewson*, Z. anorg. allg. Chem. **50**, 1906, 182. — *N. S. Kurnakow* u. *A. N. Kusnetzow*, Z. anorg. allg. Chem. **23**, 1900, 455.

K-Tl: *N. S. Kurnakow* u. *N. A. Puschin*, Z. anorg. allg. Chem. **30**, 1902, 93. — *E. Zintl* u. *G. Brauer*, Z. physik. Chem. Abt. B **20**, 1933, 245.

Al-Li: *P. Assmann*, Z. Metallkde. **18**, 1926, 51. — *A. Müller*, Diss. Göttingen 1926. — Z. Metallkde. **18**, 1926, 231.

Tafel 44.

Cu-Mg: *R. Sahmen*, Z. anorg. allg. Chem. **57**, 1908, 31. — *O. Dahl*, Wiss. Veröff. Siemens-Konz. **6**, 1927, 222. — *W. R. D. Jones*, J. Inst. Met., Lond. **46**, 1931, 402. — *G. Grime* u. *W. Morris-Jones*, Philos. Mag. **7**, 1929, 1120. — *A. Runquist, H. Arnfeldt* u. *A. Westgren*, Z. anorg. allg. Chem. **175**, 1928, 43. — *W. Hume-Rothery*, J. Inst. Met., Lond. **46**, 1930, 420. — *V. G. Sedermann*, Philos. Mag. (7) **18**, 1934, 343.

---

[1]) *K. Nischk*, Z. Elektrochem. **29**, 1923, 387.

Ag-Mg: *S. F. Žemčužny*, Z. anorg. allg. Chem. **49**, 1906, 405. — *W. J. Smirnow* u. *N. S. Kurnakow*, Z. anorg. allg. Chem. **72**, 1911, 31. — *A. Westgren* u. *G. Phragmén*, Metallwirtsch. **7**, 1928, 700.

Mg-Ni: *G. Voß*, Z. anorg. allg. Chem. **57**, 1908, 64. — *J. L. Haughton* u. *R. Payne*, J. Inst. Met., Lond. **54**, 1934, 275.

Al-Mg: *G. Grube*, Z. anorg. allg. Chem. **45**, 1905, 229. — *H. Schirmeister*, Met. u. Erz **11**, 1914, 522. — *D. Hanson* u. *M. L. V. Gayler*, J. Inst. Met., Lond. **24**, 1920, Nr 2, 201. — *E. H. Dix* u. *F. Keller*, Amer. Inst. min. metallurg. Engr. Techn. Publ. **1929**, Nr 187, 1 — Z. Metallkde. **21**, 1929, 205. — *P. Saldau* u. *M. Zamatori*, J. Inst. Met., Lond. **98**, 1932, 228. — *E. Schmid* u. *G. Siebel*, Z. Metallkde. **23**, 1931, 202. — *M. Kawakami*, Kinzoko no Kenkyu, **1**, 1933, 53. — *W. Köster* u. *W. Dullenkopf*, Z. Metallkde. **28**, 1936, 309.

Mg-Pr: *G. Canneri*, Metallurg. ital. 25, April 1933.

Tafel 45.

Be-Fe: *G. Oesterheld*, Z. anorg. allg. Chem. **97**, 1916, 32. — *F. Wever* u. *A. Müller*, Mitt. Kais.-Wilh.-Inst. Eisenforschg., Düsseld. **11**, 1929, 218. — *F. Wever* u. *A. Müller*, Z. anorg. allg. Chem. **192**, 1930, 337. — *F. Wever*, Z. techn. Physik **10**, 1929, 137. — *L. Misch*, Z. physik. Chem. Abt. B **29**, 1935, 45.

Be-Co: *G. Masing*, Z. Metallkde. **20**, 1928, 21.

Be-Ni: *G. Masing* u. *O. Dahl*, Wiss. Veröff. Siemens-Konz. **8**, 1929, 211.

Ni-Ta: *E. Therkelsen*, Met. & Alloys **4**, 1933, 105.

Ni-Zr: *T. E. Alibone* u. *C. Sykes*, J. Inst. Met., Lond. **39**, 1928, 179.

Tafel 46.

Ba-Sn: *K. W. Ray* u. *R. G. Thompson*, Met. a. Alloys **1**, 1930, 314.

Al-Ca: *L. Donski*, Z. anorg. allg. Chem. **57**, 1908, 203. — *K. Matsuyama*, Sc. Rep. Tôhoku Univ. **17**, 1928, 783.

Bi-Ca: *L. Donski*, Z. anorg. allg. Chem. **57**, 1908, 214. — *G. Kurzyniec*, Bull. Int. Acad. Polonaise A **1931**, 31.

Cd-Pt: *K. W. Ray*, J. Inst. Met., Lond. **53**, 1933, 494.

Cu-Sb: *H. Reimann*, Z. Metallkde. **12**, 1920, 321. — *Carpenter*, Int. Z. Metallogr. **4**, 1913, 300. — *Baikow*, Veröff. Wegebauinst. Kais. Alexander I., Petersburg 1902. — *Hiorns*, J. Soc. chem. Ind. **25**, 1906, 616. — *A. Westgren, G. Hägg* u. *S. Erikson*, Z. physik. Chem. Abt. B **4**, 1929, 453. — *Owen* u. *Pickup*, Proc. Roy. Soc., Lond. **1933**, 539. — *S. L. Archbutt* u. *W. E. Prytherek*, J. Inst. Met., Lond. **45**, 1930, 250.

Cd-Sb: *N. S. Kurnakow* u. *N. S. Konstantinow*, Z. anorg. allg. Chem. **58**, 1908, 16. — *W. Treitschke*, Z. anorg. allg. Chem. **50**, 1906, 217. — *E. Abel, O. Redlich* u. *J. Adler*, Z. anorg. allg. Chem. **174**, 1928, 1957. — *T. Murakami* u. *T. Shinagawa*, J. Inst. Met., Lond. **40**, 1928, 504; **41**, 1929, 443.

Al-Ba: *E. Alberti*, Z. Metallkde. **26**, 1934, 7. — *K. R. Andrew* u. *E. Alberti*, Z. Metallkde. **27**, 1935, 126.

Tafel 47.

As-Cu: *K. Friedrich*, Metallurgie **2**, 1905, 490; **5**, 1908, 529. — *N. Kato*, Bull. chem. Soc. Japan **5**, 1930, 235 — Z. Krystallogr. **76**, 1930, 228. — *G. D. Bengough* u. *B. P. Hill*, J. Inst. Met., Lond. **3**, 1910, 34. — *W. Hume Rothery, G. W. Mabboth* u. *K. M. L. Evans*, Philos. Trans. Roy. Soc., Lond. **233**, 1934, 1.

As-Zn: *K. Friedrich* u. *A. Leroux*, Metallurgie **3**, 1906, 477. — *W. Heike*, Z. anorg. allg. Chem. **118**, 1921, 264. — *M. v. Stakkelberg* u. *R. Paulus*, Z. physik. Chem. Abt. B **22**, 1933, 305; **28**, 1935, 427.

As-Cd: *S. F. Žemčužny*, Int. Z. Metallogr. **4**, 1913, 228. — *L. Passerini*, Gazz. chim. ital. **58**, 1928, 775.

As-Sn: *P. Jolibois* u. *G. L. Dupuy*, C. R. Acad. Sci., Paris **152**, 1911, 1312. — *N. Parravano* u. *P. de Cesaris*, Rend. R. accad. Linc. **20**, 1911, 593 — Gazz. chim. ital. **42**, 1912, 274 — Int. Z. Metallogr. **2**, 1912, 1. — *W. H. Willot* u. *E. I. Evans*, Philos. Mag. **18**, 1934, 114. — *Mansuri*, J. Soc. chem. Ind. **241**, 1923, 123. — *Bowen* u. *M. Jones*, Philos. Mag. **12**, 1931, 441. — *Phragmén* u. *Westgren*, Z. anorg. allg. Chem. **175**, 1928, 80.

Tafel 48.

B-Fe: *Hannesen*, Z. anorg. allg. Chem. **89**, 1914, 257. — *Tschishewsky* u. *Herdt*, Iron Age **1916**, 396. — *F. Wever*, Z. techn. Physik **10**, 1929, 137. — *F. Wever* u. *A. Müller*, Mitt. Kais.-Wilh.-Inst. Eisenforschg., Düsseld. **11**, 1929, 193. — *T. Bjurström* u. *H. Arnfeldt*, Z. physik. Chem. Abt. B **4**, 1929, 469.

Fe-P: *E. Gercke*, Metallurgie **5**, 1908, 604. — *H. Esser* u. *P. Oberhoffer*, Ber. Fachausschüsse V. Eisenhüttenleute, Werkstoffaussch., Ber. Nr. 69, 1925. — *J. L. Haughton*, J. Iron Steel Inst. **115**, 1927, 417 — Stahl u. Eisen **47**, 1927, 1461. — *W. Franke, K. Meisel, R. Juza* u. *W. Biltz*, Z. anorg. allg. Chem. **218**, 1934, 346. — *K. Meisel*, Z. anorg. allg. Chem. **218**, 1934, 360. — *W. Köster*, Arch. Eisenhüttenwes. **4**, 1930/31, 609. — *C. H. Lorig* u. *D. E. Krause*, Met. & Alloys **7**, 1936, 9.

Fe-Si: *T. Murakami*, Sci. Rep. Tôhoku Univ. **10**, 1921, 79; **16**, 1927, 475. — *H. Esser* u. *P. Oberhoffer*, Ber. Fachausschüsse V. Eisenhüttenleute, Werkstoffaussch., Ber. Nr 69, 1925. — *F. Wever* u. *P. Giani*, Mitt. Kais.-Wilh.-Inst. Eisenforschg., Düsseld. **7**, 1925, 59. — *W.Guertler* u. *G. Tammann*, Z. anorg. allg. Chem. **47**, 1905, 173.—*G. Gontermann*, Z. anorg. allg. Chem. **59**, 1908, 385. — *I. L. Haughton* u. *M. L. Becker*, J. Iron Steel Inst. Mai 1930. — *T. Murakami*, Sci. Rep. Tôhoku Univ. **16**, 1927, 475.

Fe-Sb: *N. S. Kurnakow* u. *N. S. Konstantinow*, Z. anorg. allg. Chem. **58**, 1908, 1. — *R. Vogel* u. *W. Dannöhl*, Arch. Eisenhüttenwes. **8**, 1934, 39.

Co-Sb: *K. Lewkonja*, Z. anorg. allg. Chem. **59**, 1908, 305. — *K. Lossew*, J. russ. phys.-chem. Ges. **43**, 1911, 375. — *I. Oftedal*, Z. physik. Chem. **128**, 1927, 135.

Tafel 49.

Bi-Tl: *N. Kurnakow, S. Žemčužny* u. *V. Tararin*, Z. anorg. allg. Chem. **83**, 1913, 200. — *Chikashige*, Z. anorg. allg. Chem. **51**, 1906, 330. — *W. Guertler* u. *A. Schulze*, Z. physik. Chem. **106**, 1923, 1, — *T. Barth*, Z. physik. Chem. **127**, 1927, 113. — *A. Ölander*, Z. physik. Chem. **169**. 1934, 263.

Mn-P: *S. Žemčužny* u. *N. Efremow*, Z. anorg. allg. Chem. **57**, 1908, 247. — *A. Westgren*, Metallwirtsch. **9**, 1930, 920.

As-Mn: *P. Schoen*, Metallurgie **8**, 1911, 737. — *S. Hilpert* u. *T. Dieckmann*, Ber.dtsch. chem. Ges. **44**, 1911, 2378.

B-Co: *T. Bjurström*, Ark. Kemi, Min., Geol. A **11**, 1933, 1.

Cr-Sb: *R. S. Williams*, Z. anorg. Chem. **55**, 1907, 8. — *I. Oftedal*, Z. physik. Chem. **128**, 1927, 135.

Tafel 50.

C-Cr: *A. Westgren* u. *G. Phragmén*, Kungl. Svenska Vetensk. Akad. Handl. III 2, 5, 1—11. — *H. Hatsuta*, Monogr. Saito HO-ON Kai Sendai Japan **1932**, Nr 26. — *R. Kraiczek* u. *F. Sauerwald*, Z. anorg. allg. Chem. **185**, 1930, 193.

C-Mo: *T. Takei*, Sci. Rep. Tôhoku Univ. **17**, 1928, 939. — *A. Westgren* u. *G. Phragmén*, Z. anorg. allg. Chem. **156**, 1926, 27.

C-W: *Hilpert* u. *Ornstein*, Ber. dtsch. chem. Ges. **46**, 1913 II, 1669. — *Ruff* u. *Wunsch*, Z. anorg. allg. Chem. **85**, 1914, 292. — *Koppel*, Z. Elektrochem. **33**, 1927, 487. — *W. P. Sykes*, Trans. Amer. Soc. Stl. Treat. **18**, 1930, 968. — *K. Becker*, Z. Metallkde. **20**, 1928, 437. — *A. Westgren* u. *G. Phragmén*, Z. anorg. allg. Chem. **156**, 1926, 27. — *S. Takeda*, Monogr. Saito HO-ON Kai Sendai **1932**, Nr 14.

C-Ti: *W. G.* u. *I. C. M. Basart*, Z. anorg. allg. Chem. **216**, 1934, 209. — *B. Jacobson* u. *A. Westgren*, Z. physik. Chem. Abt. B **20**, 1933, 362.

C-V: *A. Ôsawa* u. *H. Ôya*, Sci. Rep. Tôhoku Univ. **19**, 1930, 107.

C-Sc: *B. Jacobson* u. *A. Westgren*, Z. physik. Chem. Abt. B **20**, 1933, 361.

Zr-W: *A. Claassen* u. *W. G. Burgers*, Z. Kristallogr. **68**, 1933, 100.

Typus IV b.

Systeme mit vier festen Phasen ohne kongruent schmelzende Verbindungen.

Legierungen vom Typus IV b.

51	52	53
Ag-Al	Al-Pt	Bi-Ni
Ag-Sn	Fe-Zn	Mn-Zn
Ag-Sb	Ce-Fe	(Ce-Zn)
Sn-Sb	Al-Cr	(Hg-Mn^2)
Au-Pb	(Pt-S)	(Mg-Mn)
Hg-Sr	(Fe-Cd)	
Ba-Hg		
(Ag-Ga)		

Der Typus IV b ohne kongruent schmelzende Verbindung findet sich weit seltener als IV a. Es bildet sich hier neben zwei inkongruent schmelzenden Verbindungen ein Eutektikum, das immer an der Seite des am tiefsten schmelzenden Metalles und niemals zwischen den beiden Verbindungen liegt. Es ist nicht ausgeschlossen, daß einige hier angeführte Systeme komplizierteren Typen zuzurechnen sind.

Die Tafel 51 enthält Diagramme von Legierungen, die ein Edelmetall enthalten, und einige andere. Das Zustandsbild von Ag-Al enthält die beiden inkongruent schmelzenden Verbindungen $AlAg_2$ und $AlAg_3$, bzw. Mischkrystalle γ und β. An der Aluminiumseite bilden sich bei höherer Temperatur in weitem Umfange Mischkrystalle bis 48 Gew.-Proz. bzw. 19 Atom-Proz. Ag bei der eutektischen Temperatur, während noch bei 200° die Aufnahme von Ag in fester Mischung unbedeutend ist. Die Bildung der Mischkrystalle kann zum Vergüten von Aluminium durch Ag-Zusatz benutzt werden. Die Verbindung Ag_3Al bildet sich bei 390° aus den erstarrten Gemischen. Sie krystallisiert regulär und hat kein Lösungsvermögen für die beiden Metalle. Die zweite intermediäre feste Phase hat ein sehr großes Homogenitätsbereich von 27 bis 43 Atom-Proz. Sie krystallisiert im hexagonalen Gitter mit dichtester Kugelpackung[1]. Von *Crepaz* wurde ein Zustandsbild aufgestellt, das noch eine feste Phase Ag_3Al_2 mit inkongruentem Schmelzpunkt bei 698° aufweist. In diesem Falle muß das System dem Typus Vb zugerechnet werden. Mit Zinn bildet Silber, wie die nächste Abbildung zeigt, die beiden inkongruent schmelzenden festen Phasen, die bei 400° zwischen 13,3 bis 19,7 Atom-Proz. und zwischen 24 bis 25,5 beständig sind. Sie haben Formel Ag_6Sn bis Ag_7Sn und Ag_3Sn. Die festen Phasen β und γ sind einander krystallographisch sehr ähnlich, β hat eine Struktur mit hexagonal dichtester Kugelpackung. Bei 400° nimmt Silber bis 11,4 Atom-Proz. Sn in fester Lösung auf. Das System Ag-Sb muß anders sein, als es nach den thermischen Untersuchungen früher angenommen wurde. Es bilden sich zwei verschiedene intermediäre feste Phasen, die bei gewöhnlicher Temperatur 10 bis 16 und 20 bis 25 Atom-Proz. Sb enthalten. Ersteres krystallisiert in hexagonaler dichtester Kugelpackung, das andere in rhombischen Krystallen. Silber nimmt bis 5 Atom-Proz. Sb zu Mischkrystallen auf. Das System Au-Pb besitzt nach der thermischen Analyse zwei inkongruent schmelzende Verbindungen der Formeln Au_2Pb und $AuPb_2$. Für das System Sn-Sb der Tafel 51 wurde schon erwähnt, daß es auch als System IIIb behandelt werden könnte, da nach dem Erstarren nur drei feste Phasen vorliegen. Die Abbildung auf Tafel 51, die den neuesten Forschungen entstammt, zeigt jedoch, daß es zu IVb zu rechnen ist. Die japanischen Forscher *Aoki*, *Osawa* und *Iwasé* bestätigten frühere Untersuchungen, wonach es nach dem Erstarren nur drei verschiedene feste Phasen und nicht vier gibt. Ihre genauen röntgenographischen, thermischen, elektrischen und mikroskopischen Untersuchungen ergaben aber, daß die β-Phase in zwei Formen vorkommt, die sich ineinander umwandeln. Beide sind aber als Bodenkörper von Schmelzen möglich, so daß das System entsprechend der Einteilung zu IVb zu rechnen ist. Die β-Form hat ein einfaches kubisches Gitter und ist als Mischkrystall aufgebaut auf der Verbindung SnSb zu betrachten. Die Mischkrystalle nach dem tetragonalen Zinn erstrecken sich bis zu 10 Proz. Sb und die nach dem rhomboedrischen Antimon bis 11 Proz. Sn. Die Legierungen von Zinn und Antimon werden wegen ihrer wertvollen Eigenschaften als Lagermetalle oder Weißmetalle benutzt (mit einem gewissen Gehalt von Cu

---

[1] *Westgreen* u. *Bradley*, Philos. Mag. **6**, 1928, 280.

bilden sie das sog. Brittaniametall). Für diese Legierungen ist von Interesse die Feststellung von *Yosit* und *Matuyama*[1]), daß im Gegensatz zu der üblichen Auffassung beim Erstarren eine Kontraktion erfolgt, die auf der gleichen Eigentümlichkeit von Antimon beruht und keineswegs, wie vielfach angenommen wird, eine Ausdehnung.

Zu dieser Gruppe sind auch die Systeme Hg-Sr, Ba-Hg und Ag-Ga, die nur teilweise bekannt sind, gerechnet. Bei den Amalgamen bestehen mehrere Verbindungen, deren Formeln nicht genau feststehen. Für Ag-Ga wurden von *Hume-Rothery* Mischkrystalle nach Ag bis 18 Atom-Proz. Ga bei 610° festgestellt, die mit sinkender Temperatur ihre Zusammensetzung wenig ändern.

Tafel 52 enthält Systeme mit Pt, Fe, Cr als einen Bestandteil. Im System Pt-Al gibt es nach thermischen Untersuchungen die beiden Verbindungen $PtAl$ und $PtAl_2$. Die Legierungen von Eisen mit Zink sind ähnlich denen von Zink mit den Edelmetallen. Die Gewinnung der eisenreichen Fe-Zn-Legierungen ist wegen des relativ niedrigen Siedepunktes von Zn schwierig. Es bilden sich zwei intermetallische Verbindungen ε und η, denen auch die Formeln Fe_5Zn_{21} mit 76 bis 83 und $FeZn_7$ mit 87 bis 92 Atom-Proz. Zn gegeben werden. Fe_5Zn_{21} ist kubisch, und $FeZn_7$ bildet Krysralle, die in einem Gitter mit hexagonaler Kugelpackung krystallisieren. Im α-Fe-Gitter lösen sich bis 15, im γ-Fe-Gitter dagegen bis 22 oder mehr Atom-Proz. Zn. Im System Fe-Ce treten die beiden inkongruent schmelzenden Verbindungen $CeFe_2$ und Ce_2Fe_5 auf. In den Gittern der verschiedenen Fe-Modifikationen löst sich Ce zu über 10 Gew.-Proz. auf. Im System Al-Cr gibt es zwei bei 725° und 1011° inkongruent schmelzende Verbindungen, denen die Formeln Al_6Cr und Al_8Cr zugeteilt werden. Die Legierungen Fe-Cd dürften Fe-Zn ähnlich sein, ihre Herstellung aus den Metallen ist wegen des niedrigen Siedepunktes von Cd (767°) schwierig. Im System Platin-Schwefel, das hier erwähnt werden soll, gibt es mehrere Verbindungen, außer PtS und PtS_2 vielleicht noch andere.

In der Tafel 53 sind die Systeme Ce-Zn, Mn-Zn und Bi-Ni aufgenommen. Für Ce-Zn werden die beiden Verbindungen Ce_4Zn und Ce_2Zn angenommen. Ein Zustandsbild wurde nicht aufgestellt. Die thermische Untersuchung von Mn-Zn ist jedenfalls nicht genau, da sie nicht mit den röntgenographischen übereinstimmt. Die neueren Untersuchungen von *Parravano* und *Montoro*, bei denen die Legierungen in einem Vakuumofen zusammengeschmolzen wurden, ergeben, daß Zink Mn höchstens zu 1 Proz. aufnehmen kann. Es bilden sich außerdem zwei Verbindungen, eine hexagonal krystallisierende $MnZn_7$ und eine kubisch-innenzentrierte $MnZn_3$. Diese Formeln sind an Stelle der von *Ackermann* angegebenen $MnZn_6$ und $MnZn_9$ zu setzen. $MnZn_3$ ist von bröckeliger Konstitution. In den späteren Untersuchungen von *Parravano* und *Caglioti* wurden hexagonal krystallisierende Mischkrystalle ε mit 33 bis 24 Proz. Mn bei Zimmertemperatur und kubische mit 22 bis 8 Proz. Mn. Eine andere feste Phase wurde nicht vollständig identifiziert. Das angegebene Zustandsbild ist daher nicht vollständig richtig. Die zwischen Bi und Ni auftretenden Verbindungen mit inkongruenten Schmelzpunkten haben die Formeln $NiBi_3$ und $NiBi$. Da Mg-Mn vermutlich auch zwei Verbindungen bildet, wurde es dieser Gruppe angefügt.

---

[1]) *Yosit* u. *Matuyama*, Sci. Rep. Tôhoku Univ. **1928**, I, 25.

Tafel 51.

Typus IVb: Hg-Sr, Ba-Hg, Ag-Al, Ag-Sn, Au-Pb, Ag-Sb, Sb-Sn (Ag-Ga).

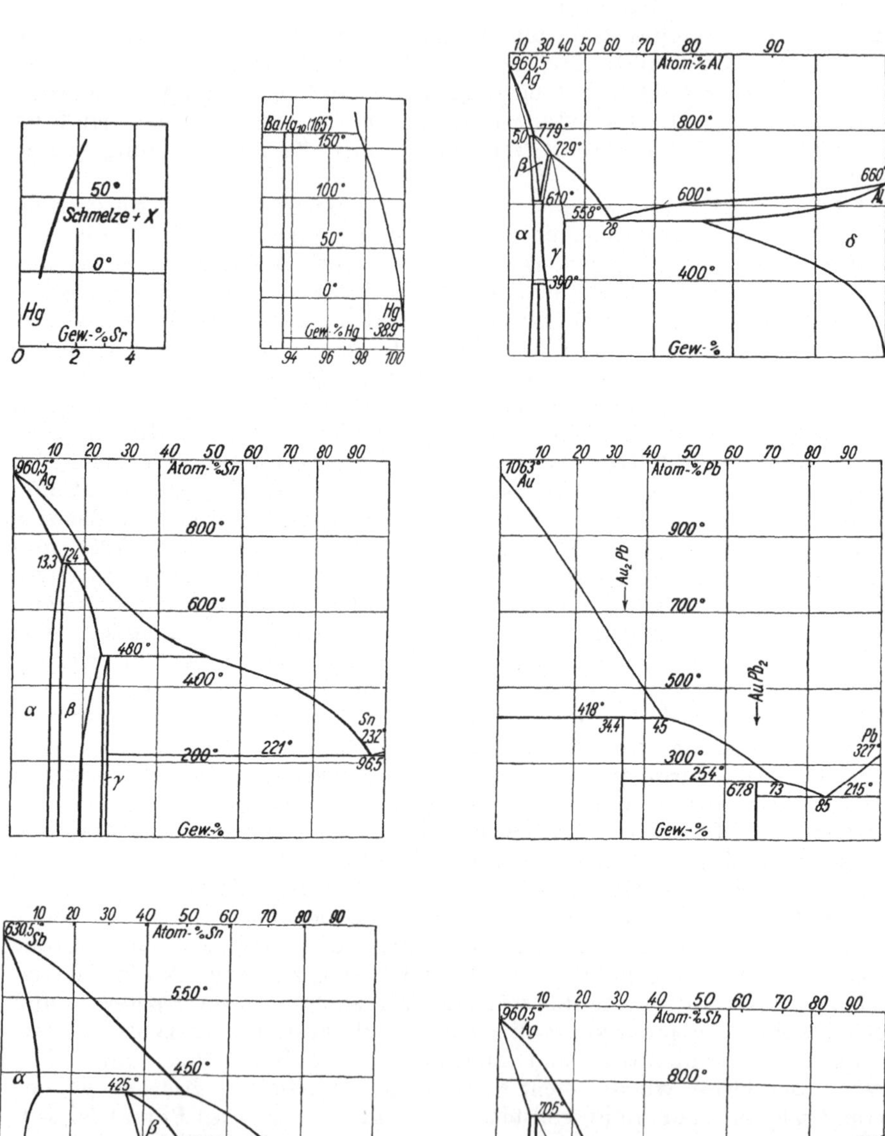

Tafel 52.

Typus IVb: Ce-Fe, Fe-Zn, Al-Cr, Al-Pt, (Fe-Cd), (Pt-S).

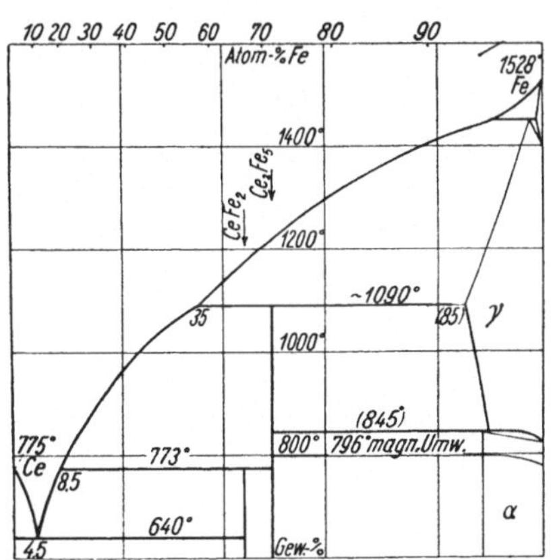

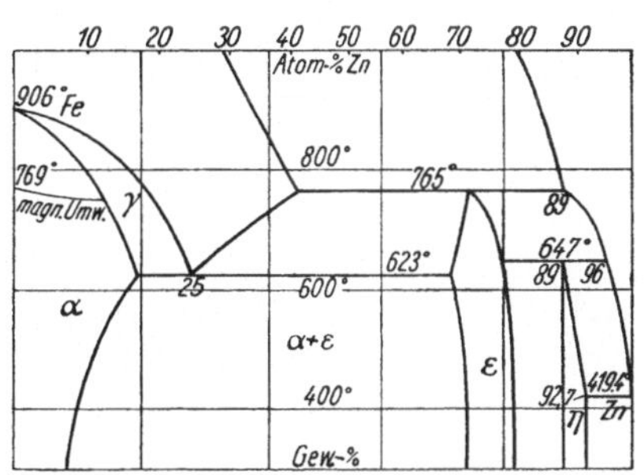

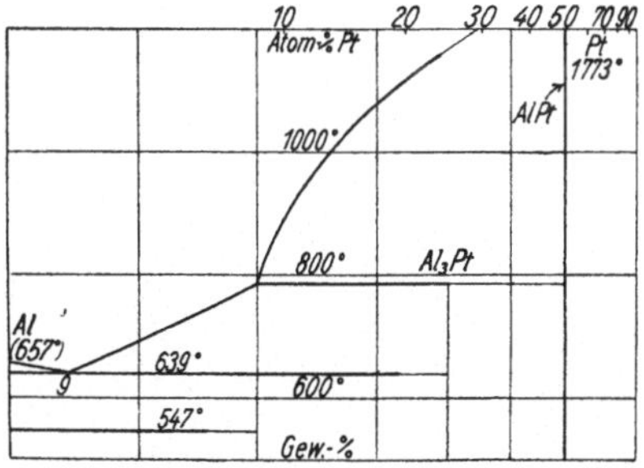

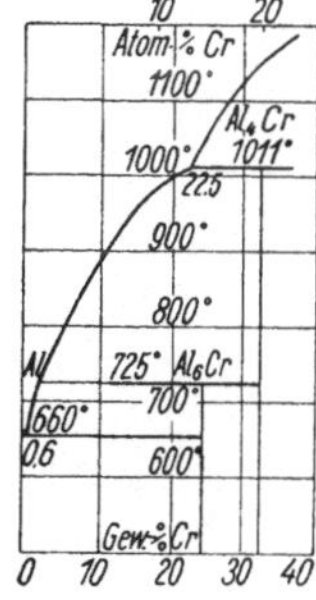

Tafel 53.

Typus IVb: Bi-Ni, Mn-Zn, (Ce-Zn), (Mg-Mn).

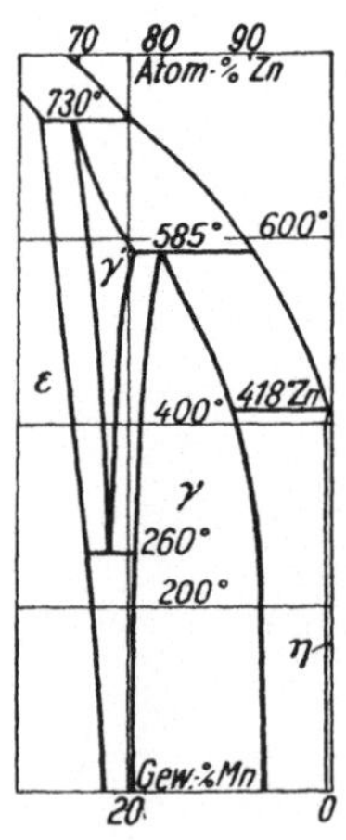

Zu den Legierungen vom Typus IV gehören auch einige Berylliumlegierungen Be-Mo, Be-W, Be-Pd, deren Zustandsbilder nicht bekannt sind. Bei den Legierungen vom Typus III wurden Berylliumlegierungen erwähnt, die röntgenographisch von *L. Misch* untersucht wurden. In gleicher Weise sind Legierungen mit Mo, W und Pd untersucht, die zwei intermetallische feste Phasen aufwiesen. Bei den beiden ersten finden sich die hexagonal wie $MgZn_2$ krystallisierenden Verbindungen $MoBe_2$ und WBe_2 neben einer tetragonalen Phase. Die beiden Verbindungen PdBe und $PdBe_2$ mit Palladium sind dagegen kubisch, PdBe innenzentriert und $PdBe_2$ wie $MgCu_2$ flächenzentriert.

Literatur zu Typus IVb.

Tafel 51.

Hg-Sr: *W. Kup, W. Böttcher* u. *H. Iggena,* Z. anorg. allg. Chem. **25**, 1900, 55.

Ba-Hg: *W. Kerp, W. Böttcher* u. *H. Iggena,* Z. anorg. allg. Chem. **25**, 1900, 55.

Ag-Al: *G. J. Petrenko,* Z. anorg. allg. Chem. **46**, 1905, 53. — *M. Hansen,* Z. Metallkde. **20**, 1928, 217. — *T. P. Hoar* u. *R. K. Rowntree,* J. Inst. Met., Lond. **45**, 1931, 127. — *M. Hansen,* Z. Metallkde. **20**, 1928, 1917. — *E. Crepaz,* Inst. Chim. Politecnico, Padowa **1930**. — *N. Ageew* u. *D. Shoyket,* J. Inst. Met., Lond. **52**, 1933, 119.

Ag-Sn: *G. J. Petrenko,* Z. anorg. allg. Chem. **53**, 1907, 210. — *Heycock* u. *Neville,* Philos. Trans. Roy. Soc., Lond. (A) **189**, 1897, 40. — *A. J. Murphy,* J. Inst. Met., Lond. **35**, 1926, 107. — *O. Nial, A. Almi* u. *A. Westgren,* Z. physik. Chem. Abt. B **14**, 1931, 85.

Au-Pb: *R. Vogel,* Z. anorg. allg. Chem. **45**, 1905, 11.

Ag-Ga: *W. Hume-Rothery, G. W. Mabbott* u. *K. M. C. Evans,* Philos. Trans. Roy. Soc., Lond. (A) **233**, 1934, 1.

Ag-Sb: *G. J. Petrenko,* Z. anorg. allg. Chem. **50**, 1906, 141. — *S. J. Brockrick* u. *W. F. Ehret,* J. physic. Chem. **35**, 1931, 3322.

Sb-Sn: *R. S. Williams,* Z. anorg. allg. Chem. **55**, 1907, 14. — *Reinders,* Z. anorg. allg. Chem. **25**, 1900, 113. — *Konstantinow* u. *Smirnow,* Int. Z. Metallogr. **2**, 1912, 154. — *E. G. Bowen* u. *W. M. Jones,* Philos. Mag. **12**, 1931, 442. — *Broniewski* u. *Sliwowski,* C. R. Acad. Sci., Paris **1928**, 1615. — *K. Iwazé, N. Aoki* u. *A. Osawa,* Sci. Rep. Tôhoku Univ. **20**, 1931, 358.

Tafel 52.

Ce-Fe: *R. Vogel,* Z. anorg. allg. Chem. **99**, 1917, 25. — *F. Clotofski,* Z. anorg. allg. Chem. **114**, 1920, 1.

Fe-Zn: *A. v. Vegesack,* Z. anorg. allg. Chem. **52**, 1907, 37. — *P. Arnemann,* Metallurgie **7**, 1910, 20. — *U. Raydt* u. *G. Tammann,* Z. anorg. allg. Chem. **83**, 1913, 257. — *Bublick,* Stahl u. Eisen **44**, 1924, 223. — *Randon,* Proc. Amer. Soc. Test. Mat. **18**, 1918, Pt. 1, App. III. — *Finkelday,* Proc. Amer. Soc. Test. Mat. **1926**, Pt. II, 304. — *A. Ôsawa* u. *S. Ôgawa,* Z. Kristallogr. **68**, 1928, 77. — *Y. Ogawa* u. *T. Murakami,* Kinzoku no Ken Kyu **5**, 1928, 1. — *W. Ekman,* Z. physik. Chem. Abt. B **12**, 1931, 57. — *J. Schramm,* Z. Metallkde. **28**, 1936, 205.

Fe-Cd: *E. Isaac* u. *G. Tammann,* Z. anorg. allg. Chem. **55**, 1907, 61.

Al-Cr: *G. Hindrichs,* Z. anorg. allg. Chem. **59**, 1908, 433 — *K. Honda,* World Eng. Congress, Tokyo, Ber. 658, 1929, 24. — *W. L. Fink* u. *H. R. Freche,* Trans. Amer. Inst. min. metallurg. Engr. **1933**, 325.

Al-Pt: *Chouriguine,* Rev. Métallurg. **9**, 1912, 874 (Schurigin).

Pt-S: *W. Biltz* u. *R. Juza,* Z. anorg. allg. Chem. **190**, 1930, 166.

Tafel 53.

Bi-Ni: *G. Voß,* Z. anorg. allg. Chem. **57**, 1908, 54. — *G. Hägg* u. *G. Furke,* Z. physik. Chem. Abt. B **6**, 1930, 278.

Mn-Zn: *P. Siebe,* Z. anorg. allg. Chem. **108**, 1919, 171. — *Parravano,* Gazz. chim. ital. **45 I**, 1915, 1. — *Ch. L. Ackermann,* Z. Metallkde. **19**, 1927, 200. — *N. Parravano* u. *V. Montoro,* Mem. Roy. Acad. Italia **1**, 1930, Nr 4, 1. — *N. Parravano* u. *V. Caglioti,* Atti Linc. [6] **166**, 1931.

Ce-Zn: *F. Clotofski,* Z. anorg. allg. Chem. **114**, 1920, 1.

Mg-Mn: *E. Schmidt* u. *G. Siebel,* Z. Elektrochem. **37**, 1931, 455.

Typus IVx.

Systeme mit vier festen Phasen und Entmischungserscheinungen im flüssigen Zustande.

54	55
Cu-P	Cu-Te
Co-P	Ag-Te
(Ag-P)	Te-Tl
Pt-P	(Se-Sn)
	Bi-Se
	(S-Tl)
	(As-S)

Mischungslücken im flüssigen Zustande neben Verbindungen finden sich mehrfach zwischen Metallen und Nichtmetallen. Einige Systeme sollen der Vollständigkeit halber hier erwähnt werden. Tafel 54 enthält Systeme mit Phosphor, bei denen zwei Verbindungen auftreten oder als wahrscheinlich anzunehmen sind. Im System Cu-P fand *Hareldsen* nur die Verbindungen Cu_3P und CuP_2. Aus Kobalt und Phosphor entstehen die Verbindungen Co_2P und CoP, vielleicht auch noch andere. Bei Ag-P sind AgP_2 und AgP_3-Verbindungen gefunden worden. Ein ausführliches Zustandsbild ist für Pt-P von *Biltz*, *Wutke* und *May* aufgestellt worden. Die Mischungslücke hat eine große Ausdehnung. Als Verbindungen werden angegeben $Pt_{20}P_7$ und PtP_2.

Auf der Tafel 55 sind Systeme mit Te, Se und S erwähnt, obwohl es sich kaum um wirkliche Legierungen handelt. In den abgebildeten tellurhaltigen Systemen tritt Entmischung ein zwischen den Metallen und den Verbindungen Cu_2Te, Ag_2Te, $TeTl_3$. Außerdem findet sich in jedem System noch eine andere Verbindung Cu_4Te_3, AgTe und TeTl. Für das System Ag-Te wurde Entmischung zwischen Te und $Te-Ag_2$ angenommen, was in Analogie mit Cu-Te wahrscheinlich ist. Die Untersuchung ist in diesem Gebiet ungenau. Ein ausführlich untersuchtes System ist Bi-Se, das die beiden Verbindungen BiSe und Bi_2Se_3 aufweist. Zwischen dem kongruent schmelzenden Bi_2Se_3 und Se besteht eine weite Mischungslücke bei 618°. Ähnlich verhält sich Se-Sn, wo die beiden Verbindungen $SnSe_2$ und SnSe kongruent schmelzen. Bei S-Tl bilden sich zwei Mischungslücken. Das System As-S soll hier erwähnt werden, weil es besonderes Interesse dadurch hat, daß die eine der beiden kongruent schmelzenden Verbindungen As_2S_3 auch einen einheitlichen Siedepunkt hat.

Die Systeme mit S, Se und Te.

Da die Mehrzahl der Systeme mit Schwefel, Selen und Tellur Entmischungen neben Bildung bestimmter Verbindungen zeigt, sind sie an dieser Stelle noch einmal zusammengefaßt, wobei auch die erst später behandelten komplizierteren Systeme berücksichtigt sind. In der Tabelle sind die Typen vermerkt, zu denen die einzelnen Systeme, soweit sie erwähnt wurden, zugeordnet sind. Dabei ist noch zu berücksichtigen, daß die Zustandsbilder vielfach noch unvollständig sind. Da Schwefel und auch Selen bei Atmosphärendruck ziemlich niedrige Siedepunkte haben, 444° und 688°, ist für diese ein vollständiges Zustandsbild schwerer festzustellen als für das höher siedende

Tafel 54.

Typus IVx: Cu-P, Co-P, Pt-P, (Ag-P).

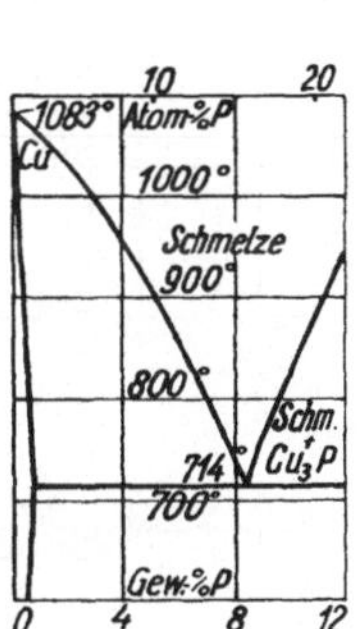

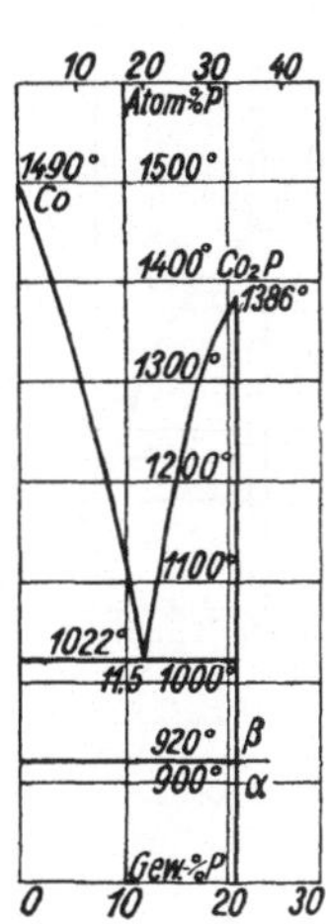

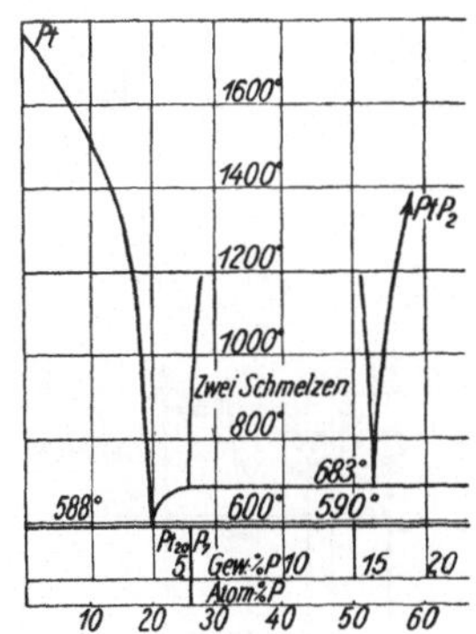

Tafel 55.

Typus IVx: Cu-Te, Ag-Te, Te-Tl, Se-Sn, Bi-Se, (S-Tl), (As-S).

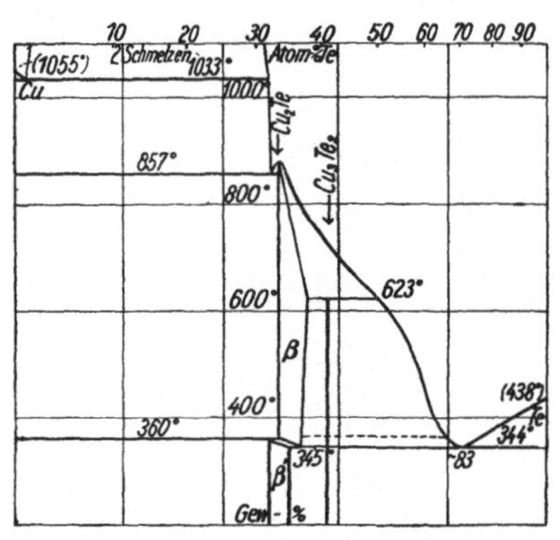

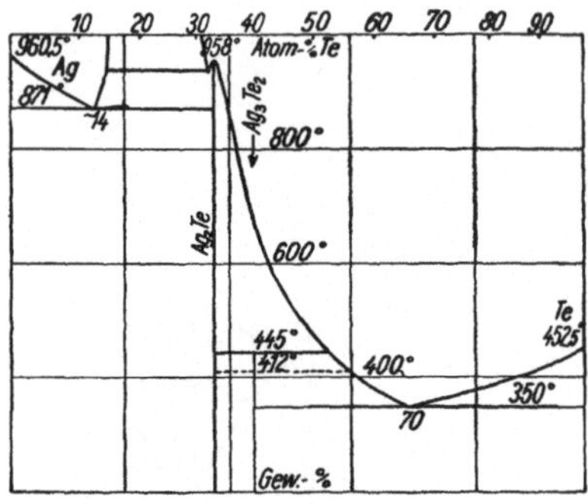

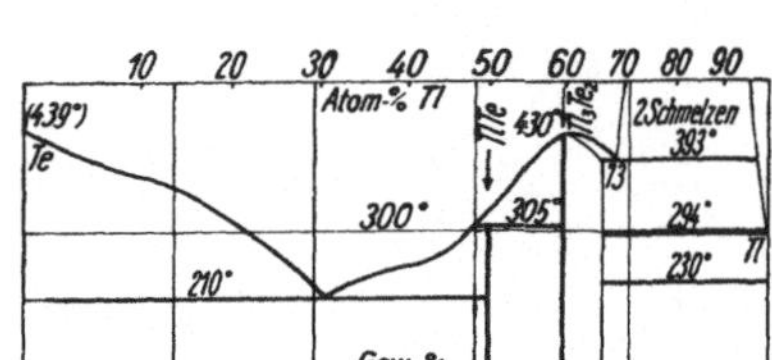

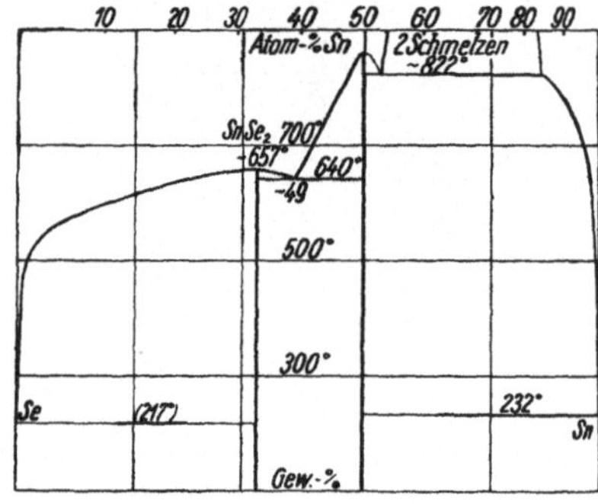

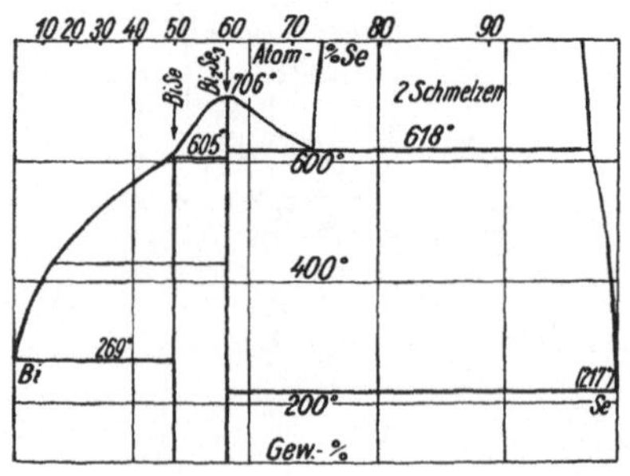

Tabelle IVb.

	Cu	Ag	Au	Zn	Cd	Hg	Al	Ga	In	Tl	Ge	Sn	Pb	As	Sb	Bi			
S	IIIx	IIIx								IVx		IIIx	IIIx	IVx	IIIx	IIIx	S		
Se	IIIx	IIIx	IIIx	IIIx	IIIx		IIIa			IVx		IVa	IIIx		IIIa	IVx	IIIb	Se	
Te	IVx	IVx	IIIa	IIIa	IIIa	IIIa	IVa	Vx	Vx	IVx	IIIb	IIIa	IIIa	IIIa	IIIa	IIIa	IIb	Ib	Te

Tellur (1390°). Die Tabelle IVb zeigt aber deutlich, daß die Entmischbarkeit bei den tellurhaltigen Systemen geringer ist. Während nur einige der schwefel- und selenhaltigen Systeme gewisse Eigenheiten der Legierungen aufweisen, sind eine ganze Anzahl Tellursysteme wirklich als Metallegierungen aufzufassen. Das wechselseitige Verhalten der drei Elemente Schwefel-Selen-Tellur zueinander, ist von besonderem Interesse, da es den Grad der Verwandtschaft anzeigt. So gehört S-Se zum Typus IIIb, S-Te zu IIb und Se-Te zu Ib.

Literatur zu Typus IVx.

Tafel 54.

Cu-P: *E. Heyn* u. *O. Bauer*, Z. anorg. allg. Chem. **52**, 1907, 131. — *S. L. Archbutt* u. *G. W. Forst*, J. Inst. Met., Lond. **43**, 1930, 54. — *W. Earl Lindlief*, Met. & Alloys **4**, 1933, 85.
Co-P: *S. Žemcžužny* u. *J. Schepelew*, Z. anorg. allg. Chem. **64**, 1909, 254.
Ag-P: *H. Möser, K. W. Fröhlich* u. *E. Raub*, Z. anorg. allg. Chem. **208**, 1932, 227. — *H. Haraldsen* u. *W. Biltz*, Z. Elektrochem. **37**, 1931, 504.
P-Pt: *W. Biltz, F. Weibke* u. *K. Meisel*, Z. anorg. allg. Chem. **223**, 1935, 129.

Tafel 55.

Cu-Te: *M. Chikashige*, Z. anorg. allg. Chem. **54**, 1907, 54.
Ag-Te: *Puschin*, Z. anorg. allg. Chem. **56**, 1908, 8. — *Pellini* u. *Quercigh*, Atti Acc. nat. Linc. **19 II**, 1910, 415. — *Saito*, J. chem. Soc. Japan **37**, 1916, 282. — *Chikashige* u. *Saito*, Mem. Coll. Sci., Kyoto **1**, 1926, 361. — *L. Tokody*, Z. Kristallogr. (A) **82**, 1932, 154.
Te-Tl: *Masumi Chikashige*, Z. anorg. allg. Chem. **78**, 1912, 68.
Se-Sn: *H. Pélabon*, C. R. Acad. Sci., Paris **142**, 1906, 1147; **158**, 1914, 1897. — *W. Biltz* u. *W. Mecklenburg*, Z. anorg. allgem. Anm. **64**, 1909, 232.
Bi-Se: *N. Parravano*, Gazz. chim. ital. **43 I**, 1913, 201. — *N. Tomoshige*, Mem. Coll. Sci. Kyoto Univ. **4**, 1919, 55. — *N. Parravano* u. *V. Caglioti*, Gazz. chim. ital. **60**, 1931, 923.
S-Tl: *H. Pélabon*, C. R. Acad. Sci., Paris **145**, 1907, 198.
As-S: *W. P. A. Jonker*, Z. anorg. allg. Chem. **62**, 1909, 89.

Legierungen vom Typus V.

Allgemeines.

Der Typus V umfaßt alle Legierungen, die drei und mehr feste Phasen neben den beiden reinen Metallen und deren Mischkrystallen enthalten. Die Zahl der verschiedenen möglichen Fälle beim Auftreten von fünf und mehr festen Phasen, die der Phasenregel entsprechen, ist naturgemäß größer als bei den binären Systemen mit vier festen Phasen. Lediglich unter Benutzung der Phasenregel lassen sich verschiedene Fälle mit kongruenten und inkongruenten Schmelzpunkten der festen Phasen konstruieren. Es ist aber zu beachten, daß von den ziemlich zahlreichen denkbaren Fällen bei den Legierungen eine ganze Anzahl nicht gefunden wurde. Dieses hat selbstverständlich seinen Grund in der Stellung der beiden Elemente zueinander im periodischen System und den damit zusammenhängenden Eigenschaften.

Es ist zwecklos, alle verschiedenen Typen anzugeben, die ohne Widerspruch gegen die Phasenregel denkbar wäre. Die verschiedenen vorkommenden Fälle sind bei den speziellen Systemen erörtert worden. ·Mehrfach findet sich bei diesen Legierungen ein Typus mit nur einer kongruent und manchmal sehr hoch schmelzenden Verbindung. Weniger oft gibt es Systeme mit zwei oder mehr kongruent schmelzenden Verbindungen. Sehr deutlich ist die Ähnlichkeit der Systeme bei den Legierungen, die überhaupt keine kongruent schmelzende Verbindung aufweisen, wie besonders die bronze- und messingähnlichen Legierungen. Es findet sich, besonders bei diesen, auch häufig die Eigentümlichkeit, daß eine feste Phase, die sich aus dem Schmelzfluß gebildet hat, nach dem Erstarren bei bestimmter Temperatur wieder verschwindet. In den meisten Fällen zerlegt sie sich in eine feste Phase ähnlicher Art, in andern Fällen jedoch nicht. Die gefundenen Fälle sind in folgendem ausführlich auseinandergesetzt, und in die beiden Gruppen Va und Vb getrennt. Außerdem sind noch unter Vx Legierungen vermerkt, die Entmischung im flüssigen Zustande aufweisen.

Die Legierungen, die aus dem flüssigen Zustande fünf oder mehr feste Phasen zur Ausscheidung bringen, lassen sich ziemlich scharf in zwei Gruppen scheiden. Die erste umfaßt eine große Anzahl Systeme, die alle mindestens eine Verbindung mit maximalem Schmelzpunkt enthalten. Vielfach gibt es aber auch mehrere solcher kongruent schmelzenden Verbindungen. Die zweite Gruppe umfaßt Legierungen mit fünf oder mehr festen Phasen, ohne daß Verbindungen mit maximalem Schmelzpunkt auftreten. Nur einige Systeme, wie Al-Cu, die eine feste Phase mit kongruentem Schmelzpunkt haben, sind auch unter Vb behandelt. Durch diese Zusammenfassung werden Legierungen zusammengebracht, die oft große Ähnlichkeit haben, wie es die Tafeln zeigen. Die erste Gruppe Va umfaßt nicht weniger als 18 Tafeln, die zweite dagegen nur 5.

Legierungen vom Typus Va.

56. Li-Hg, Na-Hg, K-Hg, Rb-Hg, Cs-Hg.
57. Li-Zn, Li-Cd, Li-Tl, Li-Sn, Li-Pb.
58. Na-Tl, Na-Sn, Na-Pb, Na-Se, Na-Te.
59. K-Sn, K-Pb, K-Bi.
60. Be-Cu, Ag-Ca, Au-Mg, Au-Ca, Ag-Sr, Ag-Ba.
61. Au-Zn, Cd-Cu, Au-Cd.
62. Al-Au, Au-Sn, Cu-Si.
63. La-Cu, La-Ag, La-Au, Ce-Cu, Cu-Pr, Ag-Pr, Au-Pr.
64. Mg-Zn, Ca-Zn, Ca-Cd, Ca-Hg, Mg-Hg, Cd-Sr.
65. Mg-Tl, Mg-Ce, Mg-La, Ca-Tl.
66. Al-Fe, Al-Co, Al-Ni, B-Ni.
67. Ca-Si, Ca-Sn, Ca-Pb, (Sr-Si), Sr-Sn.
68. Al-Ce, Al-La, La-Tl, Al-Pr.
69. Ce-Sn, Bi-Ce, La-Sn, La-Pb, Sb-Zn.
70. Ni-P, As-Ni, As-Co, As-Fe.
71. Ni-Si, Co-Si, (Cr-Si), Pd-Si, Mn-Si.
72. Co-Sn, Ni-Sn, Pt-Sn, Pb-Pd.
73. Mn-Sb, Ni-Sb, Pd-Sb, Pt-Sb.

Die ersten vier Tafeln, 56 bis 59, umfassen Systeme mit Alkalimetallen. Diese zeigen gegenüber den übrigen Metallen in ausgesprochener Weise die

Eigentümlichkeit, hochschmelzende Verbindungen zu bilden. Oft findet sich nur eine solche bei einem System, manchmal aber auch mehrere. In einer Gruppe ist dabei die Anzahl der Verbindungen, die ähnliche Metalle mit den Alkalien bilden, verschieden groß. Die Verbindungen maximaler Bindung, zu der sich andere Metalle mit Alkalien vereinigen, hängt von dem Atomvolumen ab. Je kleiner das Atomvolumen des Alkalimetalles ist, um so weniger Metalle der anderen Art können zu chemischen Verbindungen mit diesen vereinigt werden. Es zeigt sich dieses z. B. bei den Alkaliamalgamen auf Tafel 56 von Li, Na und K. Die Verbindungen, die am meisten Quecksilber enthalten, haben die Formeln $LiHg_3$, $NaHg_4$, KHg_9. Über das Atomverhältnis $1:9$ hinaus finden sich auch bei Rb-Hg und Cs-Hg keine Verbindungen. Im System Li-Hg hat die Verbindung LiHg den höchsten Schmelzpunkt, bei den übrigen Alkaliamalgamen überall die Verbindung mit zwei Atomen Hg auf ein Atom des Alkalimetalles, also $NaHg_2$, KHg_2, $RbHg_2$ und $CsHg_2$. Im System Rb-Hg findet sich noch eine kongruent schmelzende Verbindung, bei Cs-Hg deren zwei. Die übrigen Verbindungen schmelzen inkongruent, doch liegt mehrfach der Schmelzpunkt fast im Knickpunkt der Schmelzkurve dort, wo gerade die Verbindung ihrer Zusammensetzung nach liegt. Die Tafel 56 umfaßt die Systeme der Alkaliamalgame. Die auftretenden Verbindungen haben bei den verschiedenen Alkalimetallen verschiedene Zusammensetzung. Alkalireichere Verbindungen sind noch unsicher, vielleicht finden sich auch Mischkrystalle, wie dieses bei anderen Alkalilegierungen neuerdings festgestellt wurde. Die Tabelle IVc gibt das Atomverhältnis für die angegebenen verschiedenen Verbindungen an nebst den Schmelzpunkten, die gefunden wurden, wobei die Schmelztemperaturen der kongruent schmelzenden Verbindung stark gedruckt sind. Die Systeme müßten noch in anderer Art als durch die thermische Analyse untersucht werden.

Tabelle IVc.

Atomverhältnis Alkalimetall : Hg	3:1	1:1	7:8	3:4	1:2	1:3	2:7	5:18	1:4	2:9	1:6	1:9	1:10
Li	275	**601**	—	—	338	232	—	—	—	—	—	—	—
Na	67	217	—	—	**354**	—	—	—	155	—	—	—	—
K	—	178	—	—	**279**	204	—	—	182	—	—	70	—
Rb	—	—	157	170	**256**	—	**197**	194	—	162	132	67	—
Cs	—	?	—	—	**208**	—	—	—	**164**	—	**158**	—	131

In den Abbildungen der Tafel wären für die Alkalimetalle mit geringen Atomgewichten die Zustandsbilder bei Benutzung von Gewichtsprozenten stark einseitig verschoben. Klarer werden die Beziehungen, wenn Atomprozente bei der Darstellung verwendet werden.

Die Tafel 57 enthält Lithiumlegierungen, wobei auch hier die Darstellung in Atomprozenten gehalten ist. Bei dem geringen Atomgewichte von Lithium würde eine Darstellung nach Gewichtsprozenten undeutlich. Die früher angegebenen Zustandsbilder haben durch die neueren, sehr genauen Untersuchungen von *Grube* wesentliche Änderungen erfahren. Es findet sich bei allen Systemen eine besonders hochschmelzende Verbindung verschiedener Zusammensetzung. Die Formeln für diese sind: Li_2Zn_3, LiCd, LiTl, Li_4Sn, Li_7Pb_2.

Die übrigen vorkommenden festen Phasen haben tieferliegende Schmelzpunkte. Kongruent schmelzen noch Li_5Tl_2, Li_3Tl und Li_3Sn_2. Nach *Grube* und
Vosskühler haben im System Li-Zn alle sich aus dem Schmelzfluß ausscheidenden festen Phasen einen ausgesprochenen Mischkrystallcharakter. Es
finden sich in festem Zustande, wie die Abbildung zeigt, Umwandlungen
der drei festen Phasen zwischen Li und Zn in andere. *Baroni* fand bei
seinen röntgenographischen Untersuchungen die Verbindungen Li_4Sn, Li_3Sn_2
und LiSn. Nach *Zintl* und *Brauer* gibt es eine Verbindung LiZn, die wie
LiCd kupferrot ist. Auch NaHg und KHg zeigen, wie schon lange bekannt
ist, solche Farben. Im System Li-Cd wird der Schmelzpunkt beider Metalle
Cd und Li auf Zusatz der anderen erhöht. Die übrigen drei sich aus dem
Schmelzfluß ausscheidenden festen Phasen haben wie die im System Li-Zn
vorkommenden festen Phasen ein erhebliches Homogenitätsbereich. Die kongruent schmelzende Verbindung LiCd krystallisiert im innenzentrierten kubischen Gitter. Im festen Zustande bilden sich nach *Grubes* Untersuchungen
aus Mischkrystallen gleicher Zusammensetzung die Verbindungen $LiCd_3$ und
Li_3Cd, wodurch sich das in der Tafel angegebene eigentümliche Zustandsbild ergibt. Von Interesse ist, daß die Metalle Na und K Verbindungen mit
viel höherem Gehalt an Kadmium bilden, $NaCd_5$ und KCd_{11}, diese wurden
früher bei IV a 43 und III x 38 behandelt. Von den sich im System Li-Tl aus dem
Schmelzfluß ausscheidenden Verbindungen LiTl, Li_5Tl_2, Li_3Tl und Li_4Tl nach
Grube und *Schaufler* bildet nur das höchstschmelzende LiTl Mischkrystalle,
die bis 62 Atom-Proz. Li enthalten. Außer diesen entsteht noch eine fünfte
Verbindung Li_2Tl im festen Zustande aus Gemischen LiTl-Mischkrystall und
Li_5Tl_2. Das System Li-Sn enthält nach *Grube* und *Meyer* außer der sehr hochschmelzenden Verbindung (783°) Li_7Sn_2 noch Li_4Sn und LiSn als kongruent
und Li_5Sn_2, Li_2Sn und LiSn als inkongruent schmelzende Verbindungen. Das
Zustandsbild unterscheidet sich in einigen Punkten von dem auch neuerdings
aufgestellten von *Baroni*, der als kongruent schmelzend Li_4Sn und Li_3Sn_2 und
als inkongruent Li_2Sn_5. Nach *Zintl* und *Brauer* ist LiSn nicht homogen.
Auch im System LiPb gibt es verschiedene Verbindungen, aber nicht ganz
dieselben wie bei Li-Sn. Kongruent schmelzen Li-Pb und Li_7Pb_2, dieses am
höchsten schmelzend, außerdem noch die inkongruent schmelzenden Verbindungen Li_5Pb_2, Li_3Pb und Li_4Pb. Bis auf das System Li-Zn haben alle
Systeme dieser Tafel eine kongruent schmelzende Verbindung mit dem Atomverhältnis 1 : 1.

Die Tafel 58 umfaßt natriumhaltige Legierungen. Die im System Na-Tl
enthaltene kongruent schmelzende Verbindung NaTl krystallisiert in einem
besonderem kubisch-flächenzentrierten Gitter (*Zintl*). Diese stellt zwei in-
einandergestellte Diamantgitter dar, eines mit Na und eines mit Tl besetzt,
die um den halben Elementarkörper diagonal verschoben sind. Dieses Gitter
von NaTl wurde auch bei anderen Verbindungen beobachtet. Die in der
Schmelzkurve beobachteten beiden Knicke sind auf zwei feste Phasen zurückzuführen, deren Zusammensetzung nicht genau feststeht. Im System Na-Sn
hat ebenfalls die Verbindung gleicher Atome NaSn den höchsten Schmelzpunkt von 570°, einen kongruenten Schmelzpunkt hat noch Na_3Sn, die übrigen
Verbindungen Na_4Sn, Na_4Sn_3 und $NaSn_2$ schmelzen inkongruent. Der
Schmelzpunkt der Verbindung Na_4Sn liegt allerdings fast in einem Knickpunkt der Schmelzkurve. Durch Na, das in gewisser Menge in das Pb-

Gitter eintreten kann, erfährt dieses eine Kontraktion, was die Bleihärtung erklärt. Zwischen Na und Pb treten nach dem Schmelzpunktdiagramm vier kongruent schmelzende Verbindungen auf: Na_4Pb, Na_2Pb, NaPb und Na_2Pb_5, wobei Na_2Pb den höchsten Schmelzpunkt ($405°$) hat. Die röntgenographische Untersuchung führte zu einem interessanten Ergebnis. Nach ihr gibt es eine im kubisch-flächenzentrierten Gitter krystallisierende Verbindung $NaPb_3$, die aber als solche nicht existenzfähig ist. Außerdem, daß Blei in die Lücken des Gitters eintritt, kann es auch Na im Gitter selbst ersetzen bis zu einem Grenzmischkrystall der Formel Pb_9Na_4. Kubisch-flächenzentriert krystallisiert die Phase, die wahrscheinlich $Na_{31}Pb_8$ und nicht Na_4Pb zusammengesetzt ist und der später erwähnten γ-Phase der CuZn-Verbindungen entspricht. An dieser Stelle sollen der Vollständigkeit halber die Systeme Na-Se und Na-Te erwähnt werden, die nicht mehr als Legierungen angesprochen werden können. Außer einer kongruent schmelzenden Verbindung Na_2Se von hohem Schmelzpunkt wurden noch vier Verbindungen der Formeln Na_2Se_2, Na_2Se_3, Na_2Se_4 und Na_6Se_7, die inkongruent schmelzen, gefunden. Im System Na-Te nahm man früher eine Verbindung Na_3Te_2 an, die unter Bildung zweier Flüssigkeiten schmelzen sollte. Nach *Kraus* und *Glaß* gibt es Na_2Te mit dem hohen Schmelzpunkt von $953°$ und die beiden Verbindungen NaTe und $NaTe_3$, letztere mit kongruentem Schmelzpunkt. Es ist von Interesse, daß von den Verbindungen des Natriums mit den Metallen verschiedene von *Zintl* aus flüssigem Ammoniak, worin sie in der Mehrzahl leicht löslich sind, gewonnen wurden.

Die Tafel 59 enthält kaliumhaltige Legierungen. Im System K-Sn hat eine der Verbindungen KSn oder KSn_2 einen hohen kongruenten Schmelzpunkt oberhalb $800°$. Die übrigen auftretenden Verbindungen KSn_4 und K_2Sn schmelzen inkongruent. Zwischen K und Pb bildet sich ebenfalls eine hochschmelzende Verbindung, vermutlich von der Zusammensetzung K_2Pb. Ob diese wirklich unter Bildung zweier Flüssigkeiten schmilzt, erscheint fraglich. Andere Verbindungen, welche nach der thermischen Analyse gefunden wurden und inkongruent schmelzen, haben die Formeln KPb_4, KPb_2 und vielleicht KPb. Das System K-Bi hat nach den thermischen Untersuchungen vier Verbindungen: KBi_2, K_9Bi_7, K_3Bi_2 und K_3Bi, von denen KBi_2 und K_3Bi kongruent bei $553°$ und $671°$ schmelzen. Die röntgenographischen Untersuchungen der wismutreichsten Legierungen hat gezeigt, daß KBi_2 im gleichen Gitter wie $MgCu_2$ (C_{12}) krystallisiert. Die Herstellung der Legierungen des Kaliums und überhaupt der Alkalimetalle mit anderen Metallen hat mancherlei Schwierigkeiten, sehr gut lassen sie sich meistens in zugeschweißten eisernen Röhren, die mit Argon gefüllt sind, durch Erhitzen darstellen.

Die nächsten vier Tafeln, 60 bis 63, umfassen eine Reihe Legierungen der Edelmetalle Cu, Ag und Au. Bei den Tafeln 60 und 61 sind es zweiwertige Elemente, die mit diesen legiert sind, wobei die erste Tafel die Legierungen von Be, Mg, Ca, Sr und Ba mit einem Edelmetall enthalten. In dem ersten System Be-Cu der Tafel 50, das bis zu einem Gehalt von 30 Gew.-Proz. Be untersucht wurde, zeigt sich das Auftreten eines Mischkrystalles β, der im festen Zustande unter Bildung zweier anderer zerfällt. Dieses Verhalten ist besonders charakteristisch für die in den nächsten Tabellen dargestellten Systeme. Die komplizierte Form der Erstarrungs- und Schmelzkurven, die sich in einem tiefsten Punkte, der einer Legierung der Zusammensetzung

Cu_2-Be entspricht, berühren sollen, sind in Wirklichkeit wohl einfacher. In dem System gibt es auch noch einen Mischkrystall zwischen 11,3 und 12,3 Gew.-Proz. Be und einer kongruent schmelzenden Verbindung $CuBe_3$. Das Verhalten der Legierungen noch höheren Gehaltes an Be ist nicht bekannt. Die Fähigkeit zur Aufnahme von Be durch Cu ist neuerdings von *Tanimura* und *Wassermann*[1]) genauer untersucht. Sie steigt erheblich mit der Temperatur, bei 200° beträgt sie nur 2 Atom-Proz., bei 850° dagegen 13 bis 2,1 Gew.-Proz. Be. Nach *Misch* krystalliert CuBe wie CsCl und $CuBe_2$ wie $MgCu_2$. Im System Ag-Ca bilden sich mehrere kongruent schmelzende Verbindungen. Nach dem Zustandsdiagramm für dieses System gibt es Verbindungen folgender Formeln: Ag_4Ca, Ag_3Ca, Ag_2Ca, AgCa und $AgCa_2$?, von ihnen schmelzen Ag_4Ca und Ag_2Ca inkongruent. Zwischen Gold und Magnesium gibt es die Verbindungen AuMg, $AuMg_2$ und $AuMg_3$, die alle drei kongruent schmelzen, außerdem Au_2Mg_5 mit inkongruentem Schmelzpunkt. AgCa und AuMg haben also zwei gleichartig zusammengesetzte Verbindungen AgCa, $AgCa_2$ und AuMg, $AuMg_2$. Nach den kürzlich von *Weibke* und *Bartels* thermisch und mikroskopisch ausgeführten Untersuchungen treten in dem System Au-Ca drei kongruent und drei inkongruent schmelzende feste Phasen auf, den höchsten Schmelzpunkt hat eine Phase, die ihrer Zusammensetzung nach um AuCa schwankt und in zwei Formen vorkommt; das Schmelzpunktmaximum liegt bei einem Mischungsverhältnis Au_9Ca_{10}. Die übrigen festen Phasen entsprechen den Verbindungen Au_4Ca, Au_2Ca kongruent und Au_3Ca, Au_4Ca_3 und AuCa inkongruent schmelzend. Eine in den festen Gemischen auftretende Wärmetönung bei 700° wird auf eine Umwandlung von Au_2Ca zurückgeführt. Ca nimmt 5 Atom-Proz. Au in fester Lösung auf. Die Tafel enthält noch die beiden kürzlich von *Weibke* untersuchten Systeme Ag-Sr und Ag-Ba. Nach diesen Zustandsbildern enthalten beide Systeme bis auf Ag_5Ba_3 nur kongruent schmelzende Verbindungen mit dazwischenliegenden Eutektika. Die Verbindungen haben bei Ag-Sr die Formeln Ag_4Sr, Ag_5Sr_3, AgSr und Ag_2Sr_3 und bei dem bariumhaltigen System, das nicht ganz vollständig erforscht wurde, Ag_4Ba, Ag_5Ba_3, Ag_3Ba, Ag_3Ba_4 (?). Es erscheint nicht ausgeschlossen, daß eine röntgenographische Untersuchung die Auffassung über diese Zustandsdiagramme noch verändert.

Die Tafel 61 umfaßt die drei Systeme Au-Zn, Cd-Cu und Au-Cd. Sie ähneln den später unter Vb auf Tafel 75 behandelten Systemen. Es finden sich gleichartige Phasen β, γ und ε, wie dort noch genauer auseinandergesetzt ist, und neben diesen Mischkrystalle nach Cu bzw. Au. Das Zustandsbild von Au-Zn ist dadurch ausgezeichnet, daß die β-Form kongruent schmilzt und im Schmelzpunkt eine Zusammensetzung Au-Zn hat, die alsdann auch genau im Gitter (B_2) krystallisiert. Nach den Untersuchungen von *Saldau* sollen sich aus den Mischkrystallen der Mischungsverhältnisse Au_3Zn und $AuZn_3$ im festen Zustande bei bestimmten Temperaturen die Verbindungen dieser Zusammensetzung bilden, die außerdem noch Umwandlungspunkte haben sollen. Es handelt sich hier jedenfalls um Überstrukturen. Auch die Legierungen Cu-Cd bilden nach neueren Untersuchungen von *Ölander* gleichartige feste Phasen von α, β, γ und ε wie die Zinklegierungen. Beim System Au-Cd kommt außer dem Übergang der beiden β-Formen ineinander auch die Umwandlung von γ

---

[1]) *Tanimura* u. *Wassermann*, Z. Metallkde. **25**, 1933, 180.

und δ besonders deutlich zum Ausdruck. Das bis vor kurzem für richtig gehaltene Zustandsbild ist infolge der neueren Untersuchungen noch sehr stark verändert. Es ist auf dieser Tafel 61 das Zustandsbild der Gold-Cadmium-Legierungen zusammengestellt nach den Untersuchungen von *Vogel, Saldau* und *Durrant* unter Berücksichtigung der Untersuchungen von *Ölander* über die Potentiale der Legierungen gegen Cadmium in Salzschmelzen bei verschiedenen Temperaturen. Die früheren Untersuchungen werden dadurch korrigiert in der Art, daß alle drei intermediären Phasen, die sich aus dem Schmelzfluß ausscheiden, Umwandlungen erfahren. Aus β, δ und ε werden β', δ' und ε'. Außerdem wandelt sich δ' noch in γ um, woraus bei sinkender Temperatur γ' wird. Es läßt sich nicht leugnen, daß die Umwandlungen δ-δ'-γ-γ' etwas Unnatürliches haben. Sie müssen wohl noch durch andere Untersuchungen bestätigt werden. Der Mischkrystall α nach Au der Zusammensetzung Au_3Cd geht bei 425° unter Wärmeentwicklung offenbar in eine Verbindung dieser Formel mit Überstruktur über.

Die Tafel 62 enthält Zustandsbilder von Al, Sn und Si mit den Edelmetallen Au und Cu. Die Legierungen Cu-Al, Ag-Al und Au-Al sind einander zweifellos sehr ähnlich, sind aber hier an verschiedenen Stellen erörtert. Das System Ag-Al ist bereits früher bei IV b auf Tafel 51 erörtert worden. Die Legierungen Al-Cu finden sich auf Tafel 75. Das System Au-Al besitzt die beiden kongruent schmelzenden Verbindungen Au_2Al und $AuAl_2$, dieses mit der hohen Schmelztemperatur von 1060°. Als inkongruent schmelzende Verbindungen werden noch Au_4Al, $AuAl$ und Au_5Al_2 angegeben. In dem System Au-Sn gibt es eine kongruent schmelzende Verbindung $AuSn$. Zu den von *Vogel* gefundenen drei Verbindungen $AuSn$, $AuSn_3$ und $AuSn_4$ tritt nach *Stenbeck* noch eine vierte feste Phase β von höherem Goldgehalt (13 bis 16 Atom-Proz. Sn), die im hexagonalem Gitter dichtester Kugelpackung krystallisiert. Die Gitter von $AuSn_2$ und $AuSn_4$ konnten nicht gedeutet werden, während $AuSn$ Nickelarsenidstruktur hat.

Das System Cu-Si der Tafel 62 ist häufig untersucht worden, neuerdings auch mehrfach röntgenographisch. Von den auftretenden festen Phasen hat ε, die Verbindung Cu_3Si, einen kongruenten Schmelzpunkt. Nach den Untersuchungen von *Arrhenius* und *Westgren* und *Stanley Smith* treten die Phasen β (mit 14,5) und δ (mit 18 Atom-Proz. Sn) nur bei höherer Temperatur auf. Es gibt ein Gleichgewicht zwischen Schmelze, einem β-Mischkrystall und Mischkrystallen von Cu mit Si sowie von einem δ-Mischkrystall, Schmelze und einem Mischkrystall nach der Verbindung Cu_3Si. Wie das Zustandsbild nach *Smith* angibt, verwandeln sich die beiden Mischkrystalle β und δ in einen dritten γ. Auch die Mischkrystalle ε nach Cu_3Si zeigen eine Umwandlung. Man beobachtet also bei gewöhnlicher Temperatur nicht drei, sondern nur zwei intermediäre Phasen. Auch aus dem Schmelzfluß wurde mehrfach die Ausscheidung der einen Phase nicht gefunden. Die Umwandlungen im festen Zustande wurden dann anders erklärt. Die Krystallformen der Phasen sind verschieden, β hat ein Gitter hexagonaler dichtester Kugelpackung, γ ist gleichartig dem β-Mangan, δ erinnert an γ-Messing. Das Gitter von (Cu_3Si) ist von einer einfachen raumzentrierten kubischen Anordnung nur wenig verschieden. Nach den schwedischen Forschern gibt es noch eine kubisch-krystallisierte feste Phase der wahrscheinlichen Formel $Cu_{15}Si_4$, die sich aus γ und Cu_3Si durch Umwandlung im festen Zustande bildet. Für

Cu-Si ist auch noch das Zustandsbild nach *Matuyama* abgebildet, indem die festen Phasen zum Teil anders bezeichnet sind. Der wesentliche Unterschied liegt in der Auffassung der γ-Phase. Nach *Matuyama* bildet sich diese erst im festen Zustande aus $\beta + \delta$ (Cu_3Si) und hat eine Umwandlungstemperatur bei 738°, während nach *Smith* in engen Temperaturgrenzen von 824 und 820° eine feste Phase (δ) auftritt, die mit Schmelze im Gleichgewicht sein kann, die sich dann zwischen 726 und 720° in die γ-Phase umwandelt. Die Verbindung Cu_3Si mit kongruentem Schmelzpunkt, die sowohl Cu als Si in gewissem Umfange in fester Lösung aufnehmen kann, zeigt nach *Smith* eine Umwandlung bei 620° im Gleichgewichte mit der γ-Phase und bei 558° mit Si. Die Untersuchung geht in beiden Fällen bis 30 Proz. Si. Die β-Phase hat immer nur ein beschränktes Temperaturbereich, in dem sie stabil ist. Besonders bei höheren Temperaturen unterscheiden sich auch die Abbildungen in bezug auf die Aufnahmefähigkeit von Si im Cu-Gitter.

Die nächste Tafel, 63, enthält Legierungen der seltenen Erden Cer, Lanthan und Praseodym mit den Edelmetallen. Das System Cu-Ce hat zwei durch ein Schmelzpunktmaximum ausgezeichnete Verbindungen Cu_6Ce und Cu_2Ce sowie zwei inkongruent schmelzende Cu_4Ce und $CuCe$. Die Tafel 63 enthält sodann drei La-haltige Systeme, die neuerdings von *Canneri* untersucht wurden. Zwischen La und Cu bilden sich die Legierungen unter geringer Wärmetönung. Es bilden sich zwei kongruent schmelzende Verbindungen Cu_4La und Cu_2La sowie die in einem Knickpunkt der Schmelzkurve liegende Verbindung $CuLa$. Bis 30 Proz. Cu sind die Legierungen gelb, bis 60 Proz. bronzefarben. Legierungen von 12 bis 60 Proz. Cu sind pyrophor. Cu_4Al hat eine maximale Härte. Zwischen La und Ag wurden die Verbindungen Ag_3La, Ag_2La und $AgLa$ gefunden, Ag_2La mit inkongruenten, die beiden anderen mit kongruenten Schmelzpunkten. Legierungen zwischen La und Au bilden sich unter stärkerer Wärmeentwicklung als die mit Ag. Es treten die Verbindungen auf Au_3La und $AuLa$ mit kongruenten Schmelzpunkten, und $AuLa_2$, das gerade im Schnittpunkt der Schmelzkurve liegt.

Die Tafel 63 enthält alsdann noch die ebenfalls von *Canneri* untersuchten Systeme Cu-Pr, Ag-Pr und das von *Rossi* untersuchte Au-Pr mit kongruent und inkongruent schmelzenden Verbindungen ohne Mischkrystalle. Kongruent schmelzen Cu_6Pr, Cu_2Pr, Ag_3Pr, $AgPr$, Au_4Pr, Au_2Pr, $AuPr$, inkongruent Cu_4Pr, $CuPr$, Ag_2Pr und $AuPr_2$.

Die Tafeln 64 und 65 umfassen Systeme von Legierungen der Metalle Mg, Ca und eines mit Sr. Sie sind vielfach den Alkalilegierungen der vorhergehenden Tafeln ähnlich. Es bilden sich auch hier salzähnliche Verbindungen mit hohen Schmelzpunkten gegenüber den beiden Metallen, aus denen sie bestehen. Die Tafel 64 enthält zunächst das System Mg-Zn, in dem ursprünglich nur die eine kongruent schmelzende Verbindung $MgZn_2$ gefunden wurde. Eine Nachprüfung ergab, daß außer diesen noch die beiden anderen inkongruent schmelzenden Verbindungen $MgZn_5$ und $MgZn$ auftreten. Nach *Chadwick* haben die auftretenden festen Phasen ein gewisses, bei tiefen Temperaturen geringes Homogenitätsbereich. Die im System Ca-Zn auftretenden Verbindungen haben die Formeln $CaZn_{10}$, $CaZn_4$, $CaZn_3$, $CaZn_2$ und Ca_4Zn. Zwei von diesen, $CaZn_{10}$ und $CaZn_3$, haben kongruenten Schmelzpunkt. Auch im System Ca-Cd gibt es mehrere Verbindungen mit den Formeln $CaCd_3$ und $CaCd$ und Ca_3Cd_2. Das System bedarf wohl der Nachprüfung. Besonders erscheint die Entmischung der Verbindung CaCd beim Schmelzen zweifelhaft, eine hochschmelzende Verbindung ist wahrscheinlicher. Auch das System Sr-Cd ist teilweise untersucht worden, wobei die Legierungen durch Elektrolyse von Gemischen aus Strontiumchlorid gewonnen wurden. Ein vollständiges Zustandsbild ist noch nicht zu konstruieren. Ähnlich $CaZn_{10}$ bildet sich eine strontiumreiche Verbindung mit kongruentem Schmelzpunkt, für die die Formel $SrCd_{12}$ angegeben wurde. Eine andere Verbindung wird als CdSr angesprochen. Weitere Verbindungen, die in Analogie mit ähnlichen Metallen zu erwarten sind, wurden bis jetzt nicht gefunden. Die Wärmetönung bei 315° soll einer Umwandlung von CdSr entsprechen. Der Vorgang, der den Temperaturen von 270 und 265° zugrunde liegt, ist noch nicht genügend erforscht. Auch das Amalgam von Ca ist nur unvollständig untersucht worden. Es wurden folgende Verbindungen beobachtet: $CaHg_{10}$, $CaHg_5$ und $CaHg_3$. Für Hg-Mg gibt die Abbildung das vollständige Zustandbild mit den kongruent schmelzenden Verbindungen HgMg und $HgMg_2$ und den inkongruent schmelzenden Hg_2Mg und $HgMg_3$.

Das erste System der folgenden Tafel 65, Ce-Mg, hat drei kongruent schmelzende Verbindungen, Ce_4Mg, CeMg und $CeMg_3$, und eine inkongruent schmelzende, $CeMg_9$. Ce_4Mg hat einen Schmelzpunkt, der nur wenig die der beiden benachbarten Eutektika überschreitet. Nach älteren Untersuchungen sollten sich im System Mg-Tl an der Seite von Mg in weitem Umfange Mischkrystalle bilden, außerdem eine kongruent schmelzende Verbindung, Tl_3Mg_8, und zwei inkongruent schmelzende, $TlMg_2$ und Tl_2Mg_3. Das Zustandsbild wurde neuerdings von *Grube* richtiggestellt. Nach seinen Untersuchungen gibt es die beiden kongruent schmelzenden Verbindungen Tl_2Mg_5 und TlMg und eine inkongruent schmelzende Verbindung $TlMg_2$. Die Darstellung nach Atomprozenten wäre zweckmäßiger. Für eine Verbindung der Zusammensetzung MgTl wurde von *Zintl* der Nachweis gebracht, daß diese im Caesiumchloridgitter (B_2) krystallisiert. Im System Ca-Tl bilden sich unter Erhöhung des Schmelzpunktes in geringem Umfang Mischkrystalle nach Tl, ferner eine kongruent schmelzende Verbindung CaTl und zwei inkongruent schmelzende, $CaTl_3$ und $CaTl_4$. Die Verbindung CaTl krystallisiert in gleicher Weise wie MgTl im innenzentrierten kubischen Gitter. In diesem Systeme wurde die bei 450° eintretende Umwandlung von Ca in den Legierungen bei 540° gefunden. Außer dem Schmelzpunkt von Tl wird auf Zusatz von Ca auch der Umwandlungspunkt erhöht. Röntgenographisch wurde noch gefunden, daß auch SrTl eine Verbindung ist, dagegen BaTl nicht. Neuerdings wurde auch das System MgLa untersucht. Das in der Abbildung gegebene Zustandsbild wurde nach den Untersuchungen von *Canneri* konstruiert, jedoch ein wenig gegen das von ihm gegebene geändert. Nach der gegebenen Abbildung bildet sich bei 503° die Verbindung La_4Mg erst aus den erstarrten Legierungen, während *Canneri* einen kongruenten Schmelzpunkt nahe 674° annimmt und 503° als eine Umwandlungstemperatur der Verbindung ansieht. Legierungen mit 4 bis 25 Proz. Mg sind pyrophor, LaMg verbrennt explosiv. $LaMg_3$ soll bei 766° unter Bildung zweier Flüssigkeiten schmelzen.

Die nächste Tafel, 66, umfaßt die Gruppe der aluminiumhaltigen Legierung mit Eisen, Kobalt und Nickel. Mehrfach untersucht ist das System Al-Fe. Das Zustandsbild unterscheidet sich wesentlich von den einander ähnlichen Al-Co und Al-Ni. Es enthält eine kongruent schmelzende Verbindung Fe_2Al_5.

Außerdem gibt es die Verbindungen Al_3Fe und Al_2Fe sowie eine Phase ε, die aus dem Schmelzfluß zur Ausscheidung kommt. Diese verschwindet nach dem Erstarren, und es bildet sich eine Phase ζ neben AlFe. Die $[\delta\text{-}\alpha\text{-}]$Form des Fe nimmt bis 35 Gew.-Proz. Al im Gitter auf, die γ-Form dagegen nur etwa 1 Proz. Nach den Untersuchungen von *Bradley* und *Jay* liegt den Verbindungen Fe_3Al und FeAl das innenzentrierte Fe-Gitter zugrunde. FeAl hat ein einfaches CsCl-Gitter (B_2), das Gitter von Fe_3Al entsteht aus dem innenzentrierten Eisengitter, indem bei acht in einem Punkt zusammenstoßenden Würfeln vier im Innern liegende Fe-Atome, die ein Tetraeder bilden, durch Al ersetzt werden. Der Magnetismus in dem System Fe-Al hört bei den Fe-Mischkrystallen bei etwa 16 Proz. Al auf. Große Ähnlichkeit haben die beiden Zustandsbilder von CoAl und NiAl miteinander. Es bilden sich die kongruent schmelzenden Verbindungen CoAl und NiAl mit den sehr hohen Schmelzpunkten von 1628° und 1640°. Außerdem gibt es die Verbindungen Co_2Al_5, $CoAl_3$ und $NiAl_2$ und $NiAl_3$, die inkongruent schmelzen. Bei der Bildung von NiAl wurde von *Westgren* und *Almin* eine starke Kontraktion beobachtet. Die Verbindung krystallisiert nach *Becker* im raumzentrierten Gitter (B_2). Zwischen dem reinen Metall Co und der Verbindung gleicher Atome CoAl soll sich eine kontinuierliche Reihe Mischkrystalle bilden, indem ein Schmelzpunktminimum auftritt, zwischen Ni und NiAl aber ein Eutektikum. Der Grad der Homogenität muß für die verschiedenen Mischkrystalle wohl genauer festgestellt werden. Hier ist auch für Ni-NiAl ein Eutektikum angenommen. In beiden Systemen ist an der Al-Seite in den erstarrten Gemischen eine konstante Temperatur bei etwa 550° beobachtet worden, die noch keine ausreichende Erklärung gefunden hat. Die Tafel 66 enthält noch das Zustandsbild des teilweise untersuchten Systems B-Ni, das drei kongruent schmelzende Verbindungen Ni_2B_3, Ni_3B_2, Ni_2B und eine inkongruent schmelzende NiB enthält.

Die Tafel 67 enthält die einander sehr ähnlichen Ca-Systeme Ca-Si, Ca-Sn, Ca-Pb sowie Sr-Sn. Die auftretenden Verbindungen der Ca-Legierungen haben die gleichartigen Formeln CaSi, Ca_2Si und CaSn, Ca_2Sn sowie CaPb und Ca_2Pb. Außerdem werden die Verbindungen $CaSi_2$, $CaSn_3$ und $CaPb_3$ angegeben. Von diesen schmelzen Ca_2Si, $CaSi_2$, CaSn und CaPb nicht kongruent. Den höchsten Schmelzpunkt in den Systemen haben die Verbindungen CaSi, Ca_2Sn und Ca_2Pb, deren salzartiger Charakter deutlich hervortritt. Im System Pb-Ca wurde neuerdings festgestellt, daß der Zusatz von Ca eine geringe Erhöhung des Schmelzpunktes von Pb (327,3°) auf 328,3° unter Bildung von Mischkrystallen bis 1,0 Proz. Ca bewirkt, während bei Zimmertemperatur ihr Umfang weniger als 0,1 Proz. beträgt. Das System Sr-Sn ist nur zum Teil untersucht. Nach den bisherigen Untersuchungen bilden sich drei Verbindungen Sn_5Sr, Sn_3Sr und SnSr, von denen Sn_5Sr inkongruent schmilzt.

Tafel 68 enthält die Diagramme einiger Legierungen der Metalle der seltenen Erden Ce und La mit Al, La-Tl sowie Al-Pr. Mit Al bildet Ce die Verbindungen Ce_3Al, Ce_2Al, CeAl, $CeAl_2$ und $CeAl_4$. Von diesen hat $CeAl_2$ den sehr hohen Schmelzpunkt von 1460°. Einen kongruenten Schmelzpunkt aber bei tieferer Temperatur hat noch Ce_3Al, auch $CeAl_4$ schmilzt fast kongruent. Die Systeme Al-La und La-Tl und Al-Pr haben eine Anzahl kongruent schmelzender Verbindungen. Von *Canneri* wurden die Verbindungen LaAl, $LaAl_2$ (Schmelzpunkt 1424°) und $LaAl_4$ (1220°), das letztere mit einem Umwandlungspunkt bei 816°, sowie $LaTl_2$, $LaTl$ und La_2Tl (Schmelzpunkt 1260°) gefunden. Die Legierungen von La mit Tl sind sehr empfindlich gegen Feuchtigkeit. Einige sind pyrophor, wobei in bezug hierauf ein Maximum bei der Verbindung $TlLa_2$ liegt. Für $LaTl_3$ wurde ein gewisser Umfang von Mischkrystallen angenommen.

In der folgenden Tafel 69 finden sich Systeme von Ce und La mit den vier- und fünfwertigen Metallen Sn, Pb und Bi, außerdem Sb-Sn. Mit Sn und Bi bildet Ce sehr hochschmelzende Verbindungen. Ce_2Sn schmilzt bei 1400°, Bi_3Ce_4 bei 1630°. Ce-Sn enthält außerdem noch die beiden kongruent schmelzenden Verbindungen Ce_2Sn_3 und $CeSn_{12}$, während sich zwischen Ce und Bi die inkongruent schmelzenden $BiCe_3$, $BiCe$ und Bi_2Ce bilden. Auch La bildet mit Sn und Pb je drei kongruent schmelzende Verbindungen der Formeln Pb_2La, $PbLa$ und $PbLa_2$ sowie Sn_2La, Sn_3La_2 und $SnLa_2$. Höchste Schmelzpunkte haben $PbLa_2$ und $SnLa_2$. Die Legierungen von Blei und Lathan sind luftempfindlich. Beide Arten Legierungen von Lathan mit Zinn und Blei sind pyrophor. Im System La-Sn hat die Verbindung $SnLa_2$ die größte Härte.

Das System Sb-Zn ist von *Zemczuzny* (1906) und neuerdings von *Taking* untersucht worden. Die Auffassung über die vorkommenden festen Phasen unterscheiden sich. Aus dem Schmelzfluß bilden sich nach den neueren Untersuchungen die Verbindungen $ZnSb$, Zn_4Sb_3 und Zn_3Sb_2, letztere mit kongruentem Schmelzpunkt. Im festen Zustande treten Umwandlungen auf, die an das Verhalten der Legierungen von CuSn, die später behandelt werden, erinnern.

Die Tafel 70 gibt unvollständige Diagramme von Ni und Co mit den Nichtmetallen P und As, die trotzdem Legierungscharakter tragen. Mit P bilden Ni nach den Untersuchungen, die bis 22,5 Proz. P ausgedehnt werden konnten, wie das Zustandsbild zeigt, eine inkongruent schmelzende Verbindung Ni_3P und zwei kongruent schmelzende, Ni_5P_2 und Ni_2P. Zwischen Ni und As wurden Ni_5As_2 und $NiAs$ als kongruent schmelzende Verbindungen festgestellt. Eine Verbindung Ni_3As_2 ist noch wahrscheinlich gemacht. In der Annahme, daß mehr als zwei Verbindungen auftreten, wurde es dem Typus Va zugerechnet, besonders auch, da bei Co-As noch andere Verbindungen als die für Ni angegebenen gefunden wurden. Dieses System Co-As enthält nach dem Zustandsbild die Verbindungen Co_5As_2, Co_2As, Co_3As_2 und $CoAs$, letztere kongruent schmelzend. Das Gitter, in dem NiAs krystallisiert (B_8), ist hexagonal. Im System Fe-As, das nur unvollständig untersucht wurde, gibt es zwei kongruent schmelzende Verbindungen Fe_2As und $FeAs$. Im festen Zustande soll sich aus diesen noch Fe_3As_2 bilden. Krystallographisch ist die Verbindung $FeAs_2$ bestimmt worden von *Buerger*[1]), die im rhombischen Markasit-Gitter (C_{18}) krystallisiert. FeAs hat eine rhombische Elementarzelle mit 4 FeAs. Fe_2As ist tetragonal. In dem Zustandsbild wurde die Erhöhung der Umwandlungstemperatur von α-γ-Eisen, die *Jones* fand, berücksichtigt.

Die Tafel 71 bezieht sich auf die Siliciumlegierungen mit Cr, Ni, Co, Mn und Pd. Vom System Cr-Si liegen röntgenographische Untersuchungen vor. Es bilden sich nach *Borén* vier feste Phasen. Von diesen krystallisiert $Cr_3Si(\beta)$

---

[1]) *Buerger,* Z. Kristallogr. Abt. A 82, 1932, 165.

kubisch im β-W-Gitter, CrSi kubisch wie FeSi, und CrSi$_2$(γ) hexagonal. Außerdem findet sich noch zwischen Cr$_3$Si und CrSi eine Phase unbekannter Zusammensetzung. In den beiden Systemen mit Ni und Co sollen sich nach den Zustandsbildern viele feste Phasen finden. Nach *Borén* sind aber weniger vorhanden. Die im Zustandsbilde angegebene Verbindung Co$_2$Si ist nach *Borén* nicht homogen. Die auftretenden Verbindungen CoSi und NiSi krystallisieren wie CrSi im Gitter von FeSi. Nach den Untersuchungen von *Vogel* und *Rosenthal* bildet sich bei 1210° eine früher nicht gefundene Verbindung Co$_3$Si in unmittelbarer Nähe eines Eutektikums, die dann 50° tiefer wieder zerfällt. Dieses ist so eigentümlich, daß hierfür wohl noch weitere Beweise erbracht werden müssen. Die Haltezeiten von 1208° und 1160° ließen sich auch leicht durch das Auftreten von Mischkrystallen nach Co$_2$Si in zwei Formen erklären. Das Zustandsbild von Mn-Si, wie sich nach den Untersuchungen von *Doerinkel* ergibt, enthält zwei kongruent schmelzende Verbindungen der Formeln Mn$_2$Si und MnSi, sowie eine andere der wahrscheinlichen Formel Mn$_2$Si$_3$. Neuere Untersuchungen von *Vogel* und *Bedarff* zeigten, daß statt Mn$_2$Si die Formel Mn$_5$Si$_3$ zu setzen ist und daß eine Verbindung Mn$_3$Si inkongruent schmelzend auftritt. Nach *Borén* krystallisiert Mn$_3$Si hexagonal, MnSi kubisch wie FeSi und MnSi$_2$ tetragonal. Von dem System Pd-Si wurden nur die Erstarrungstemperaturen der Legierungen bestimmt, aus denen sich das in der Tafel angegebene Zustandsbild konstruieren läßt. Da jedenfalls noch inkongruent schmelzende Verbindungen auftreten, wurde Pd-Si hier eingereiht. Die Zusammensetzung dieser steht nicht fest.

Die folgende Tafel 72 enthält die Systeme von Sn mit Co, Ni, Pd sowie von Pb mit Pt. Sie enthalten eine größere Anzahl von Verbindungen. Die angegebenen Zustandsbilder sind wohl noch nicht endgültig. Die beiden für Ni-Sn angegebenen Entmischungsgebiete, die früher angenommen wurden, sind in Wirklichkeit nicht vorhanden. Als Verbindungen wurden zwischen Sn und den Metallen Co, Ni und Pt folgende angegeben: mit kongruenten Schmelzpunkten Co$_2$Sn, Ni$_3$Sn$_2$, PtSn, und mit inkongruenten CoSn, Ni$_3$Sn, NiSn, Pt$_3$Sn, Pt$_2$Sn$_3$ und PtSn$_3$. Nach älteren Untersuchungen sollten im System Ni-Sn Mischungslücken im flüssigen Zustande vorkommen, was sich auch hier nicht bestätigte. In dem System Pb-Pd gibt es nach den thermischen Untersuchungen die kongruent schmelzenden Verbindungen PdPb$_2$, Pd$_3$Pb sowie die inkongruent schmelzenden PdPb, Pd$_2$Pb und vielleicht Pd$_3$Pb$_2$. Es wird angenommen, daß Palladium in weitem Umfang Blei im Gitter aufnehmen kann.

Die letzte Tafel 73 der Legierungen V a umfaßt Systeme mit Sb. Besonderes Interesse hat das System Mn-Sb, von dem das neueste Zustandsbild nach *Murakami* und *Halla* in der Tafel wiedergegeben ist. Es wurde thermisch, mikroskopisch und durch Bestimmung der elektrischen Leitfähigkeit untersucht. Von den drei intermetallischen festen Phasen hat Mn$_2$Sb$_2$ einen kongruenten Schmelzpunkt, während MnSb gerade noch kongruent schmilzt. Zwei Verbindungen haben nur ein bestimmtes Homogenitätsbereich, Mn$_2$Sb (δ) von 33 bis 34 Atom-Proz. Mn und Mn$_3$Sb$_2$ (ε) von 40 bis 48 Proz. Das Zustandsbild enthält auch die Erscheinungen, die durch das Auftreten der drei Formen des Mangans hervorgerufen werden. Sie erinnern stark an das Verhalten des Eisens. Die Umwandlung $\beta \rightleftharpoons \gamma$ wird durch Sb-Zusatz erhöht und $\beta \rightleftharpoons \alpha$ dadurch erniedrigt. Mit den Metallen Ni, Pd und Pt bildet Sb eine größere

Tafel 56.

Typus Va: Hg-Li, Hg-Na, Hg-K, Rb-Hg, Cs-Hg.

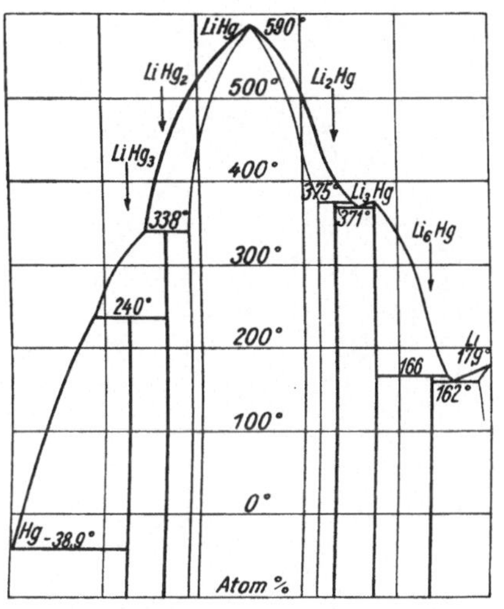

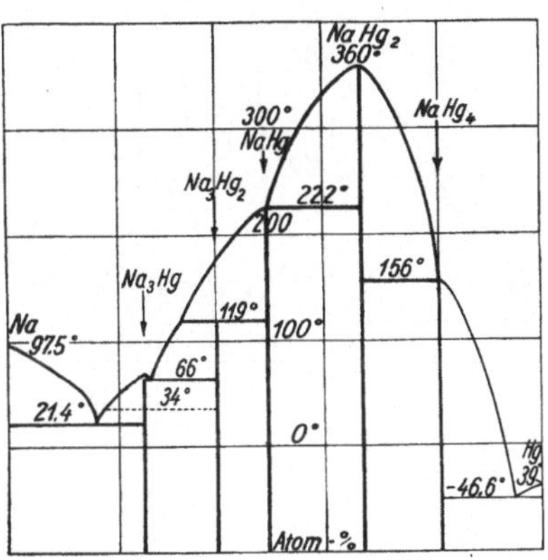

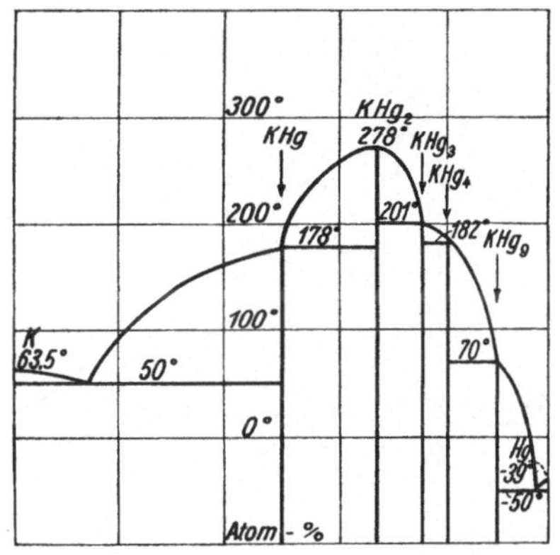

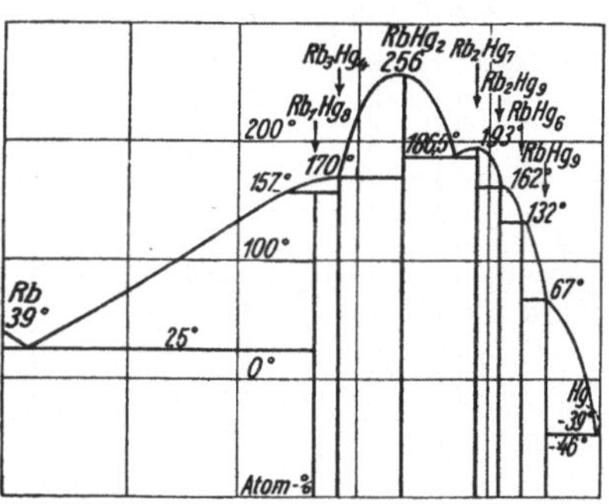

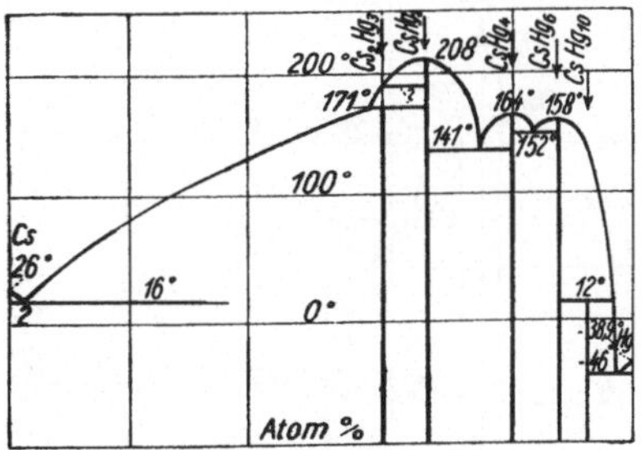

Tafel 57.

Typus Va: Li-Zn, Li-Cd, Li-Tl, Li-Sn, Li-Pb.

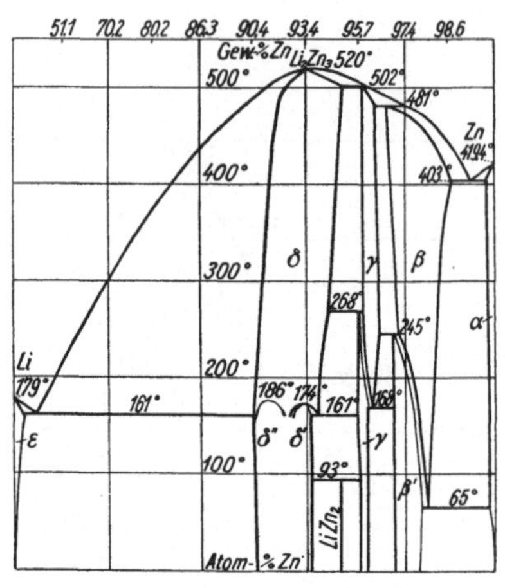
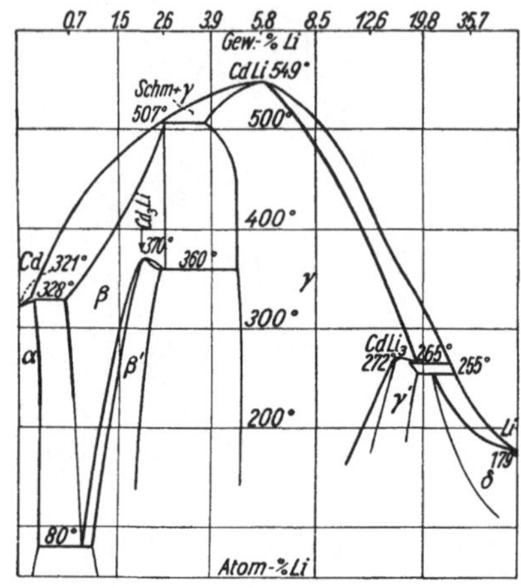
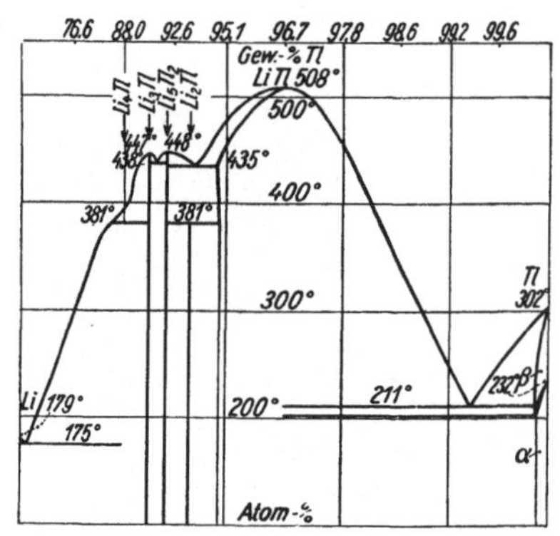
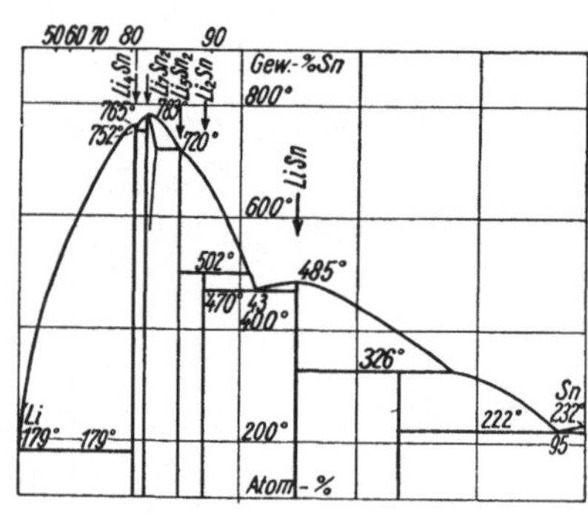
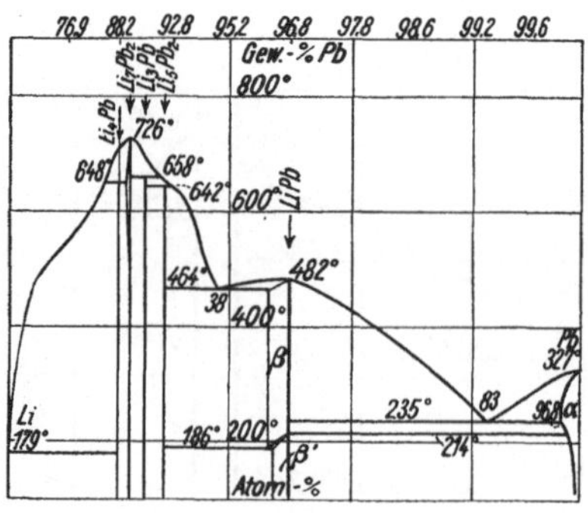

Tafel 58.

Typus Va; Na-Tl, Na-Sn, Na-Pb, Na-Se, Na-Te.

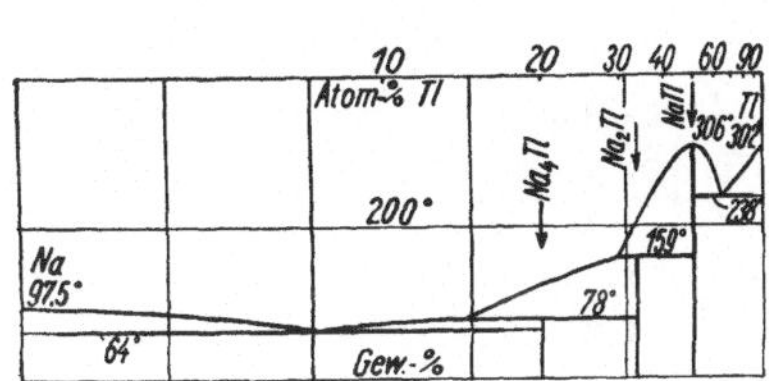

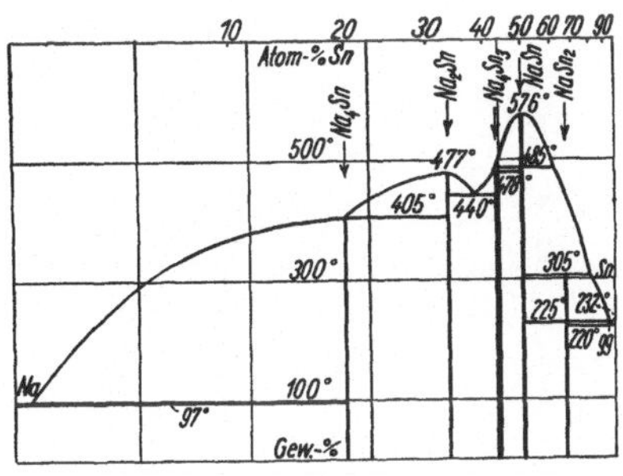

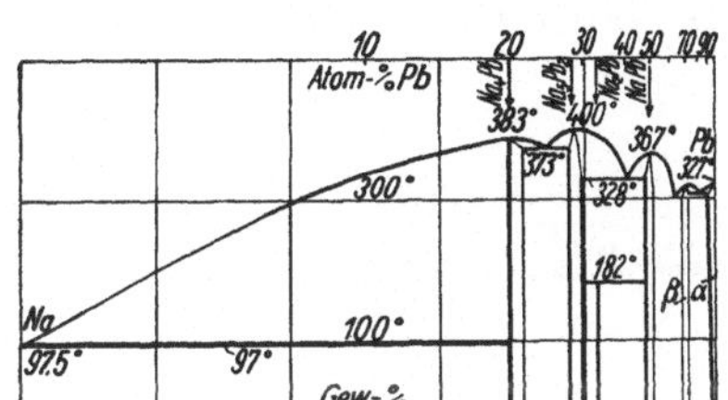

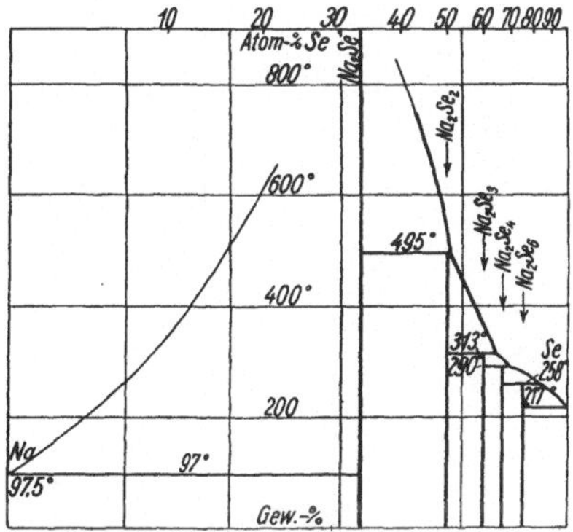

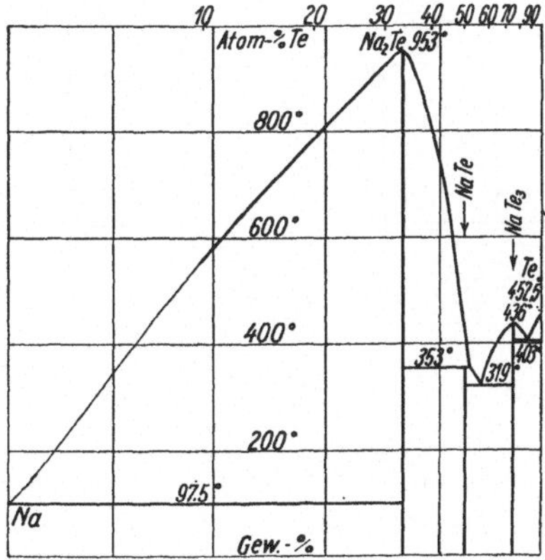

Tafel 59.

Typus Va: K-Sn, K-Pb, K-Bi.

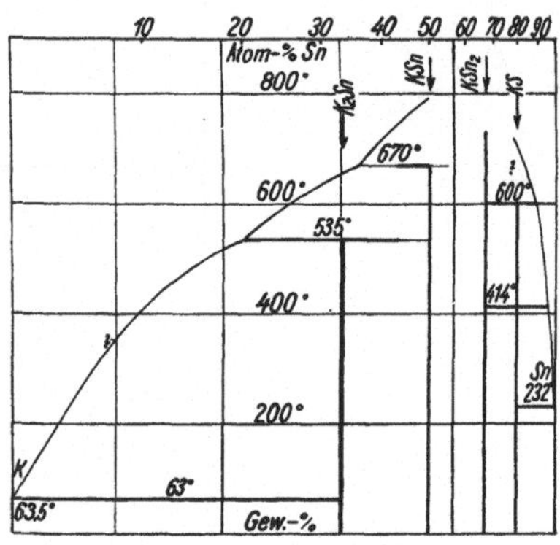

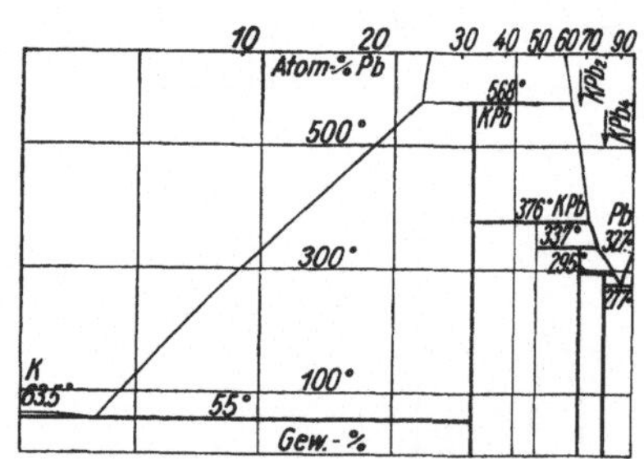

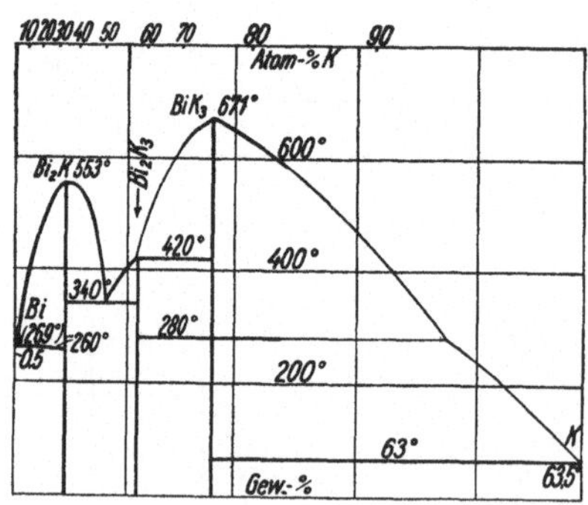

Tafel 60.

Typus V a: Be-Cu, Au-Mg, Ag-Ca, Au-Ca, Ag-Sr, Ag-Ba.

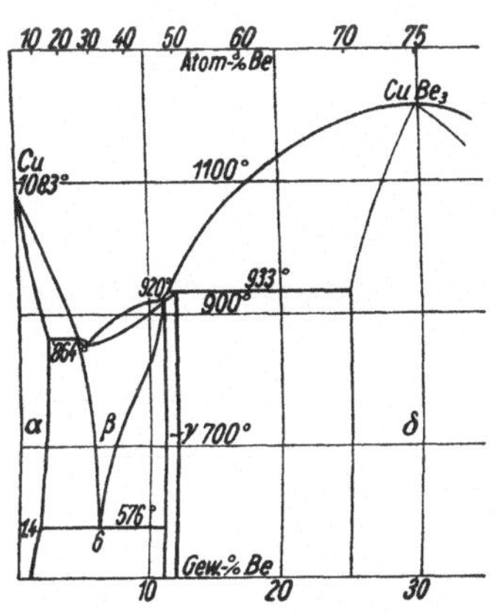

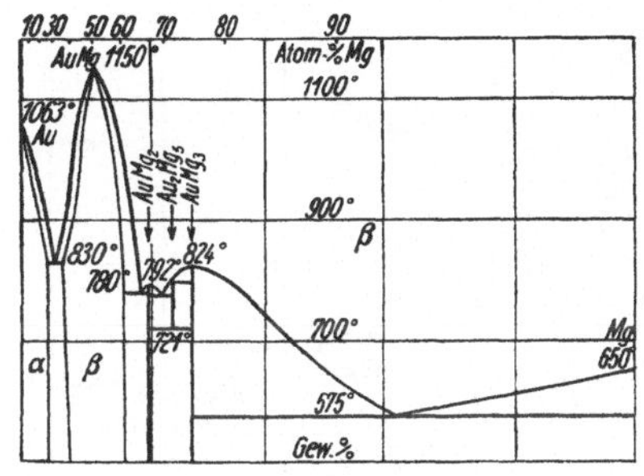

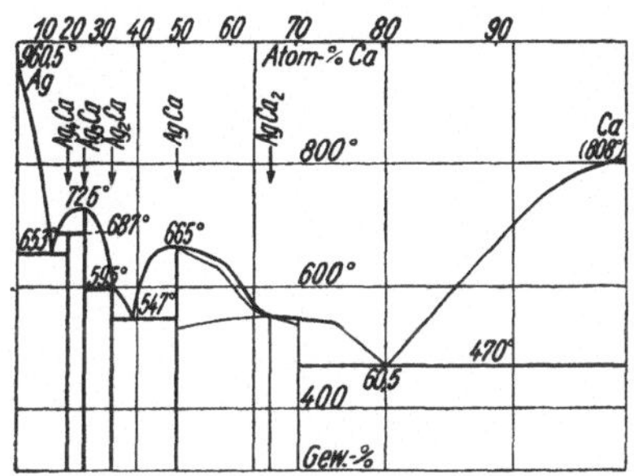

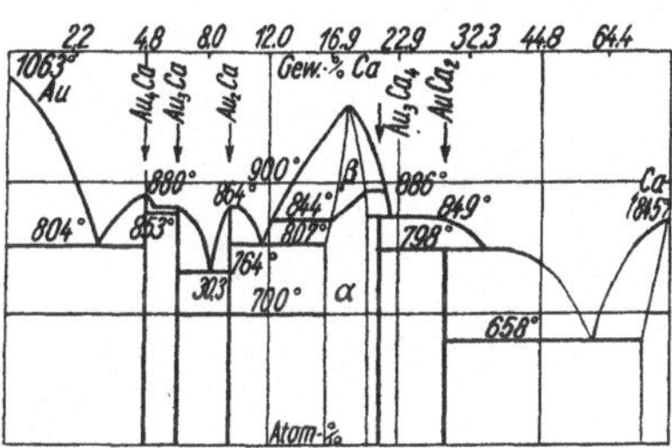

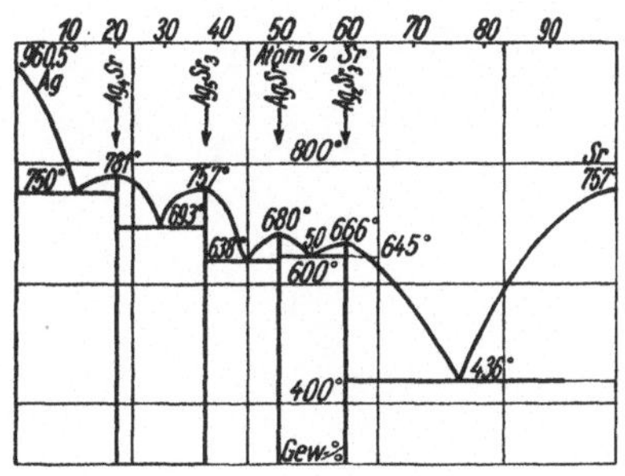

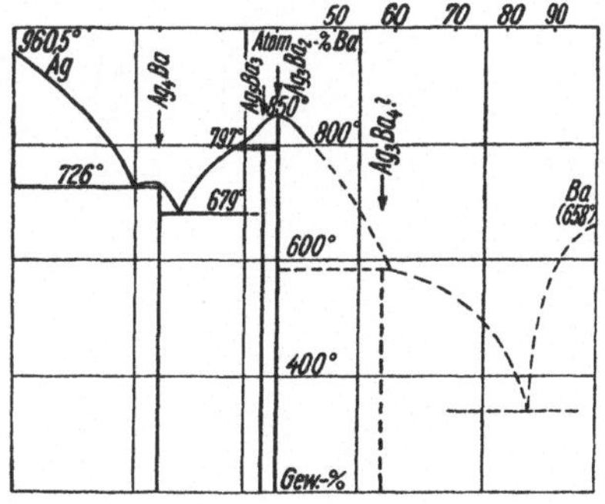

Tafel 61.

Typus Va: Au-Zn, Cd-Cu, Au-Cd.

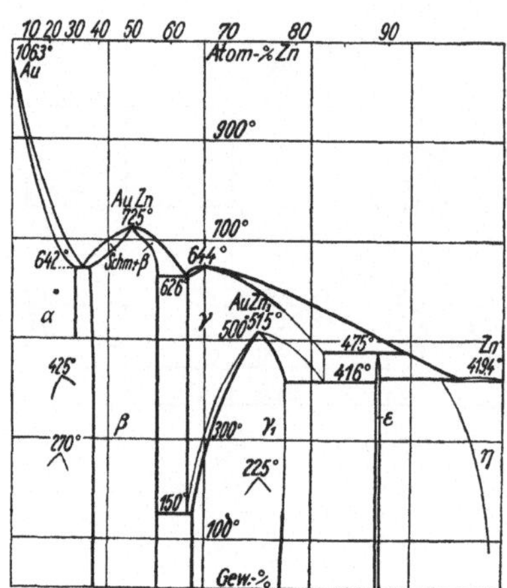

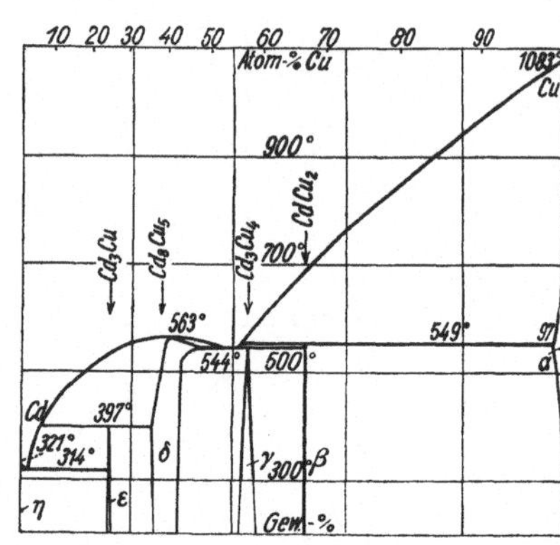

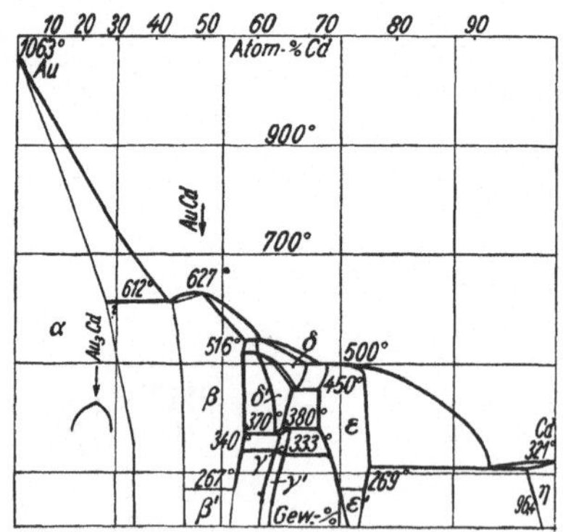

Tafel 62.

Typus Va: Al-Au, Au-Sn, Cu-Si.

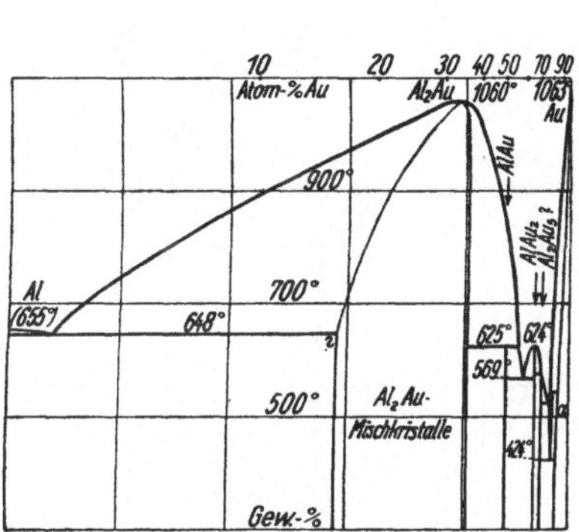

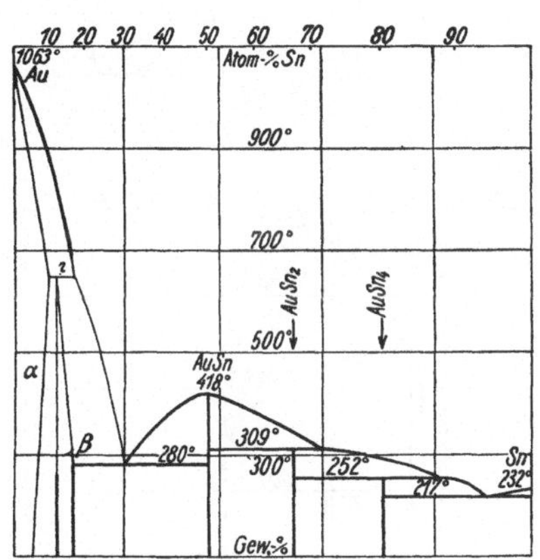

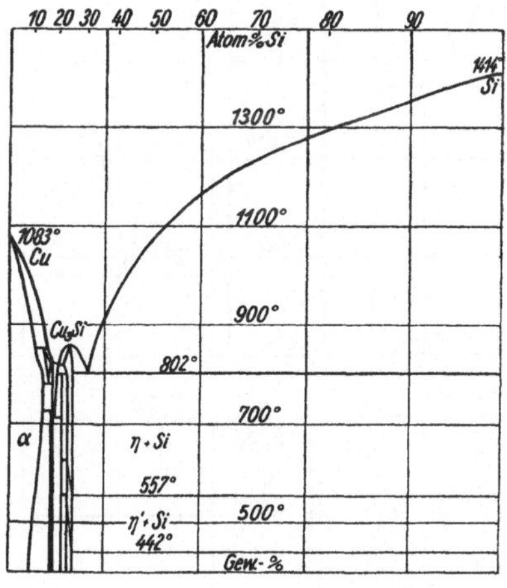

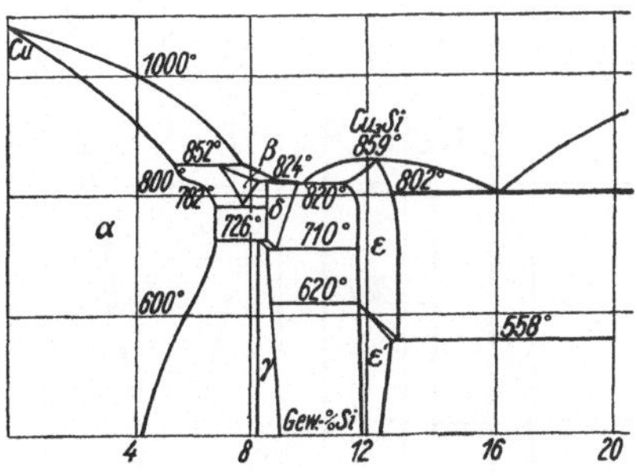

Tafel 63. **Typus Va: La-Cu, La-Ag, La-Au, Ce-Cu, Cu-Pr, Ag-Pr, Au-Pr.**

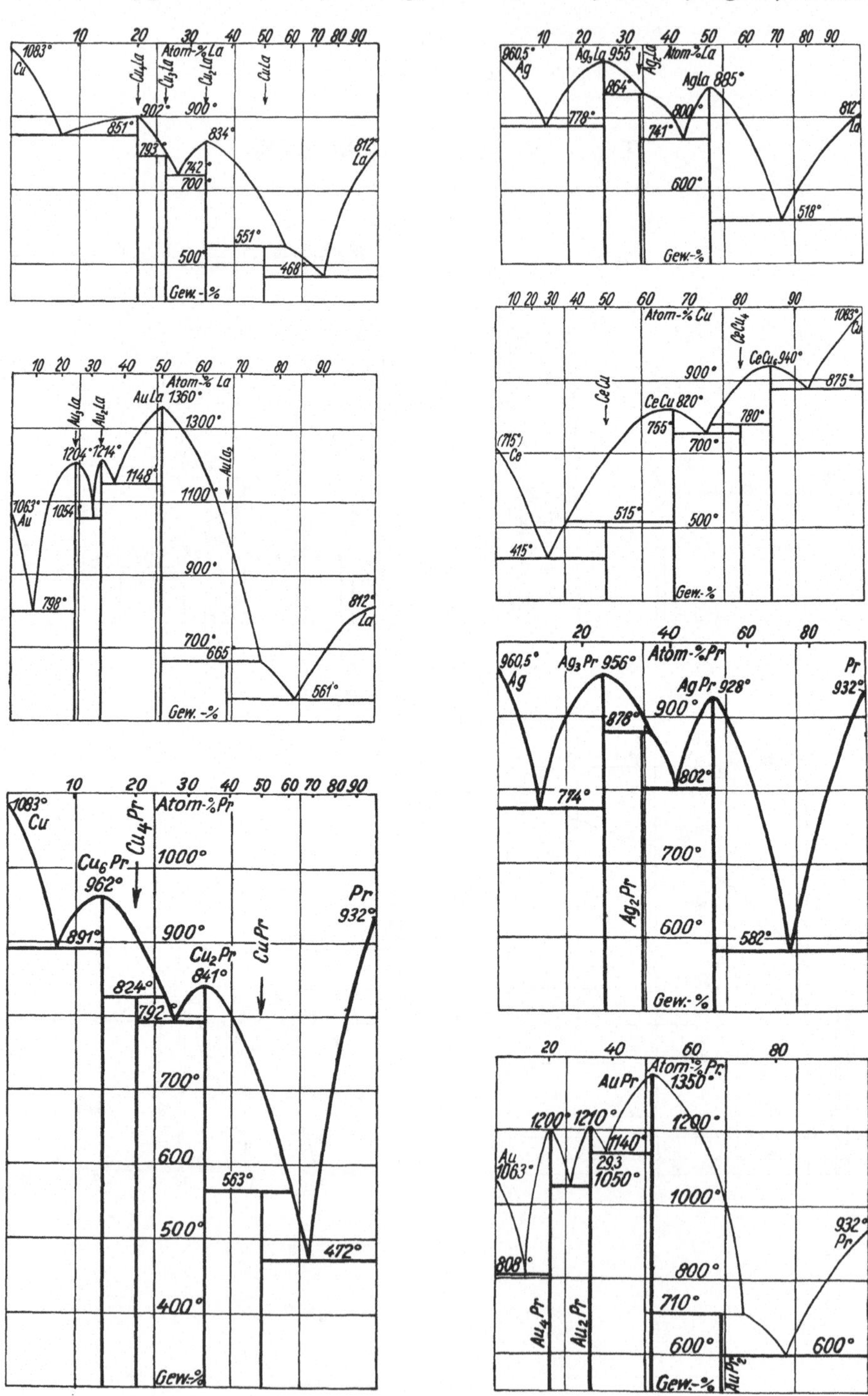

Tafel 64.

Typus Va: Mg-Zn, Ca-Zn, Ca-Cd, Sr-Cd, Ca-Hg, Mg-Hg.

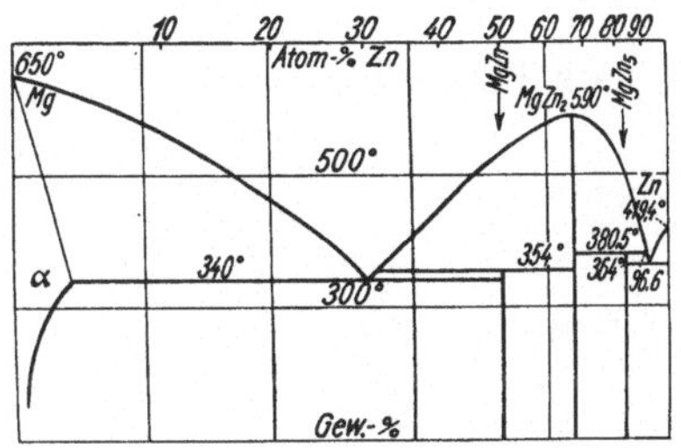

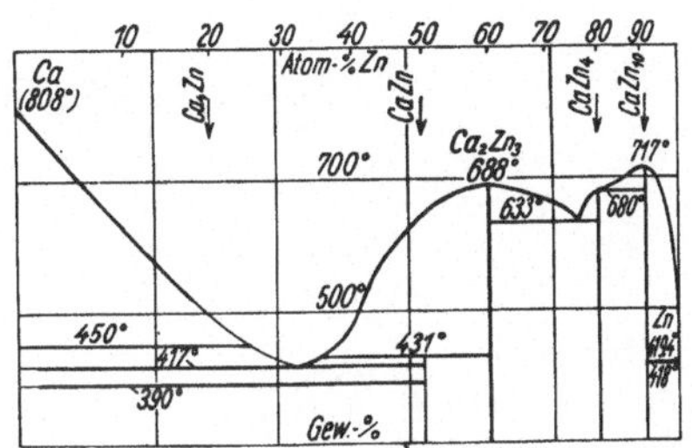

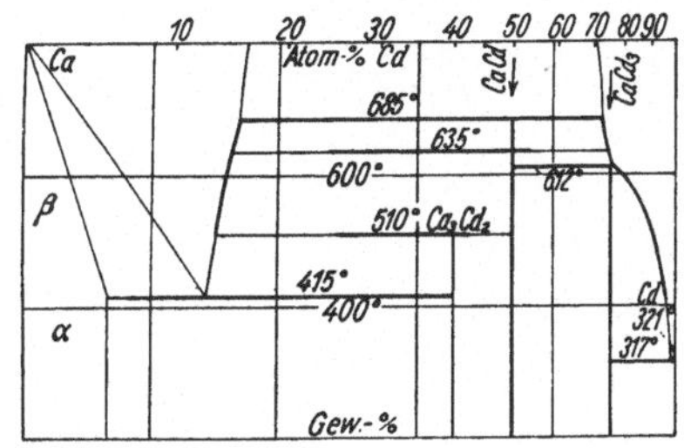

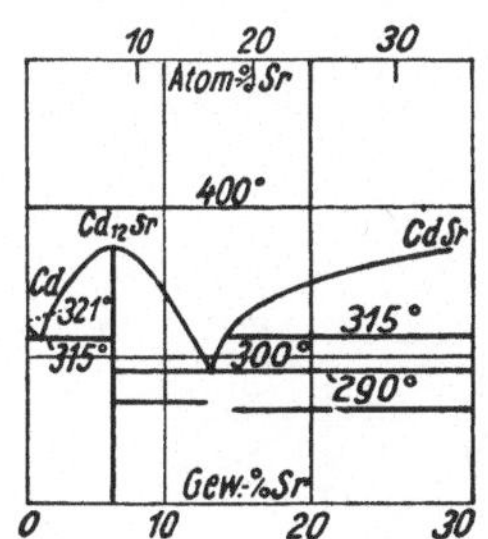

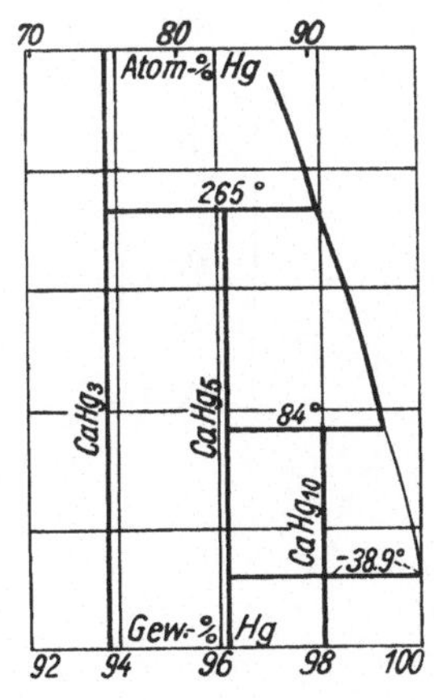

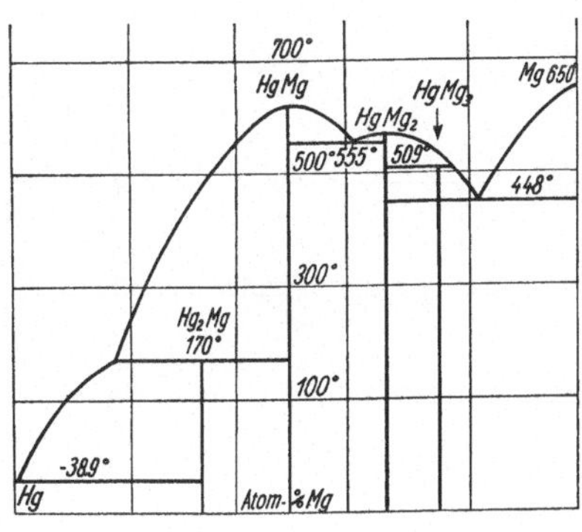

Tafel 65.

Typus Va: La-Mg, Ce-Mg, Mg-Tl, Ca-Tl.

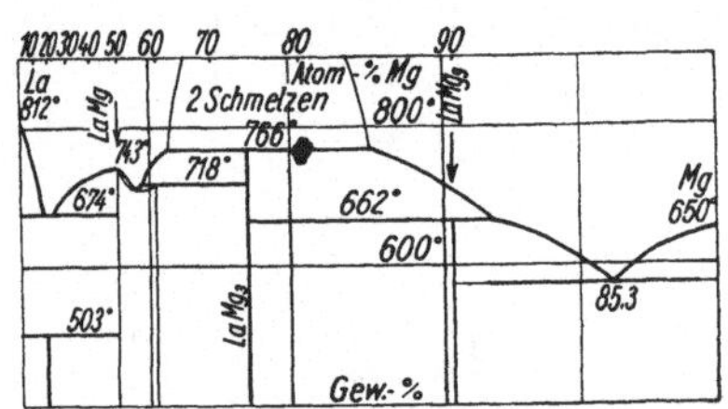

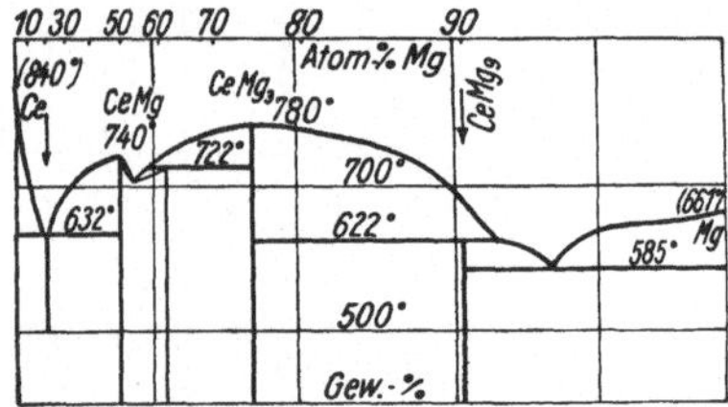

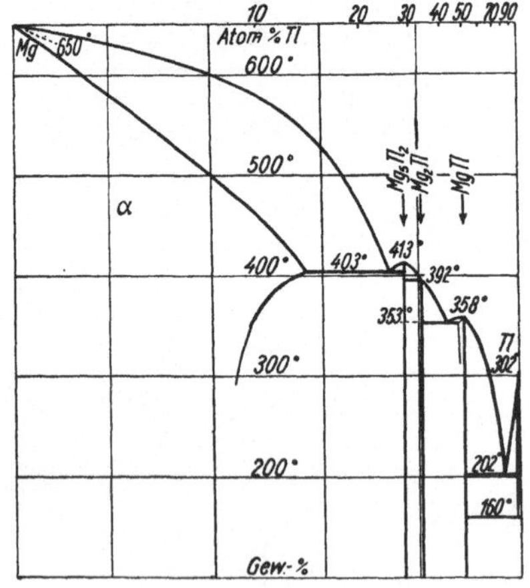

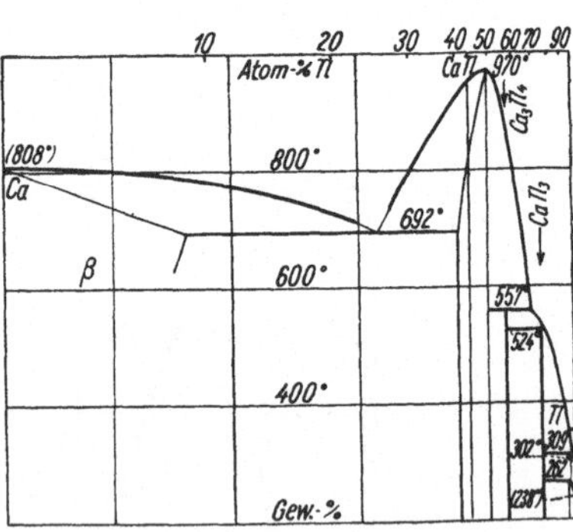

Tafel 66.

Typus Va: Al-Fe, Al-Co, Al-Ni, B-Ni.

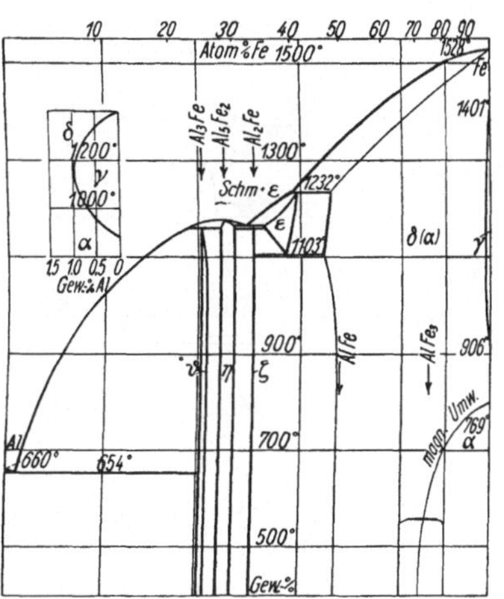

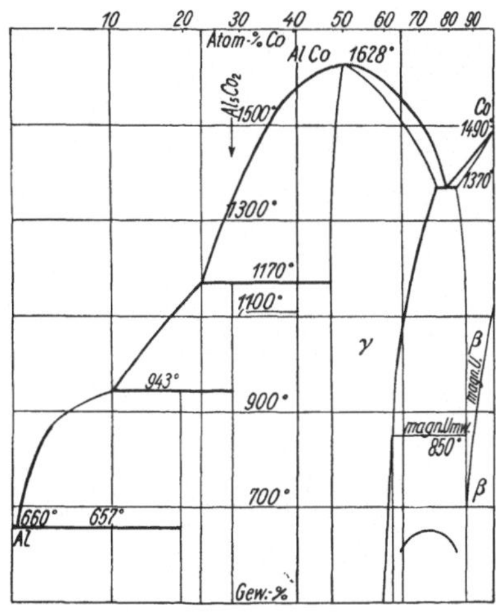

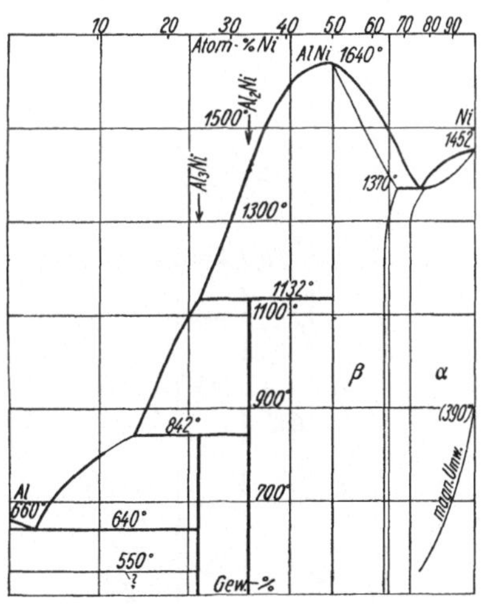

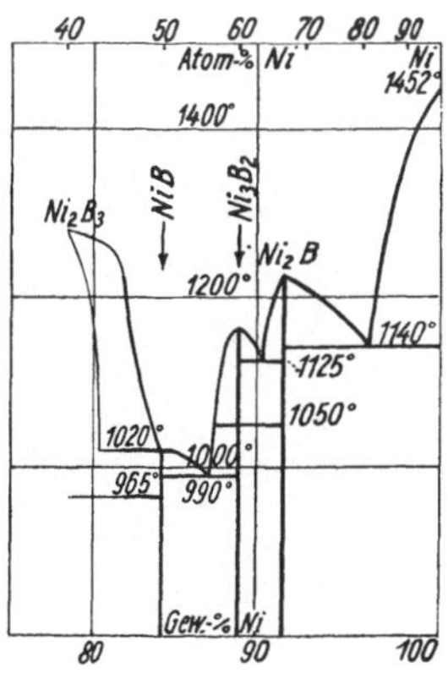

Tafel 67.

Typus Va: Ca-Si, Ca-Sn, Ca-Pb, Sr-Sn, (Sr-Si).

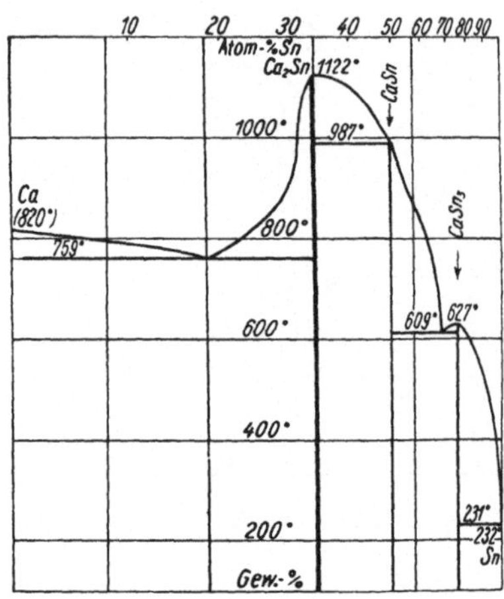

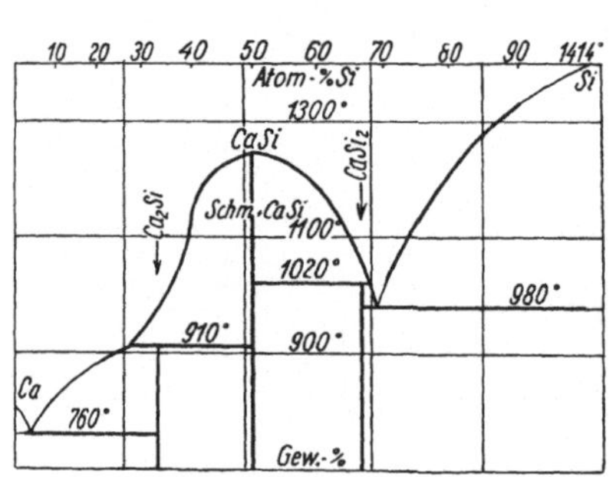

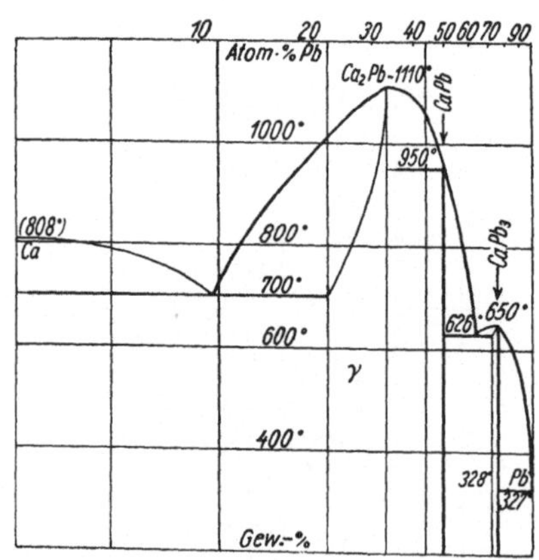

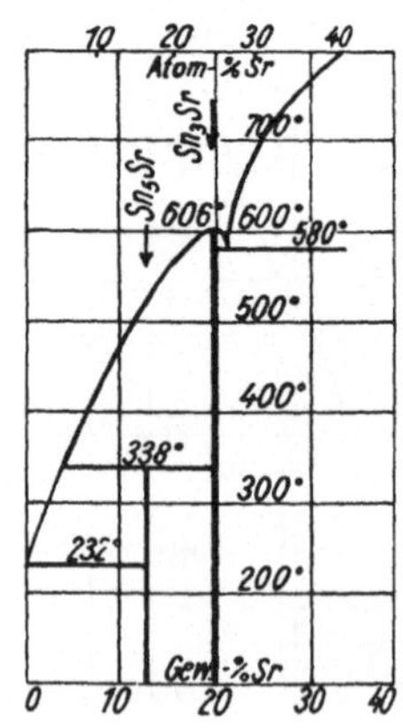

Tafel 68.

Typus Va: Al-Ce, Al-La, La-Tl, Al-Pr.

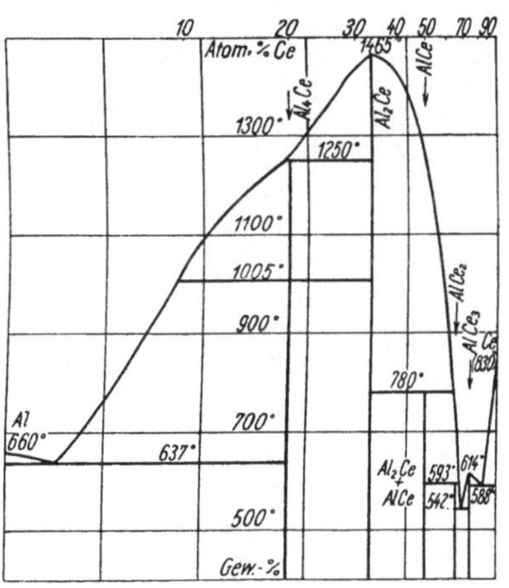

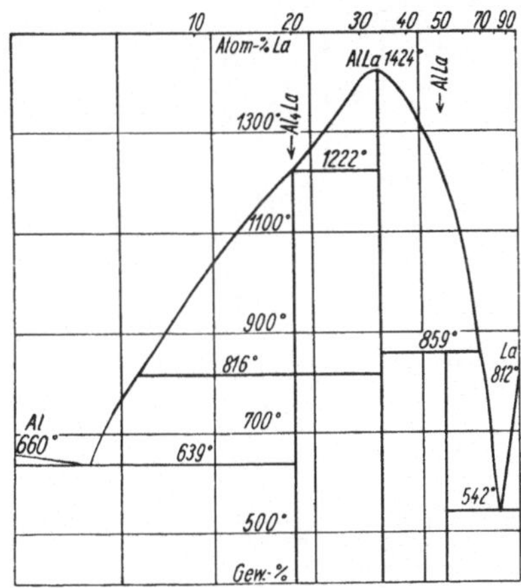

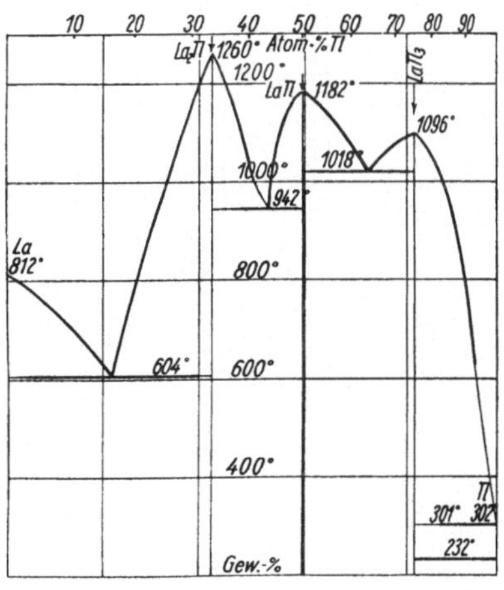

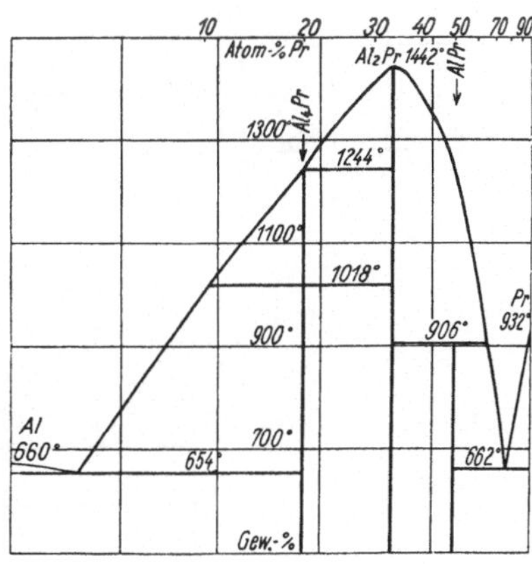

Tafel 69.

Typus Va: La-Sn, La-Pb, Ce-Sn, Bi-Ce, Sb-Zn.

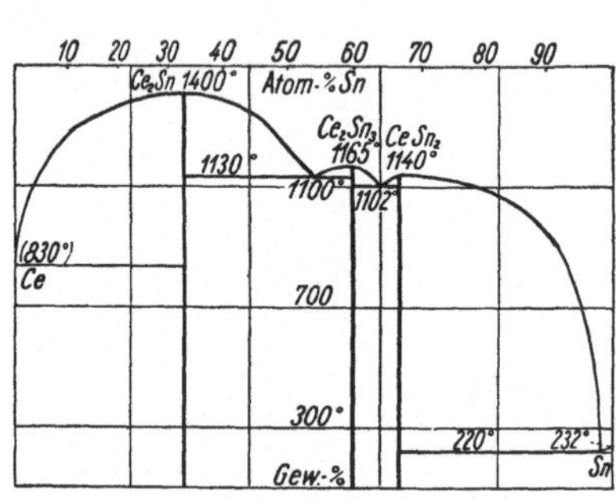

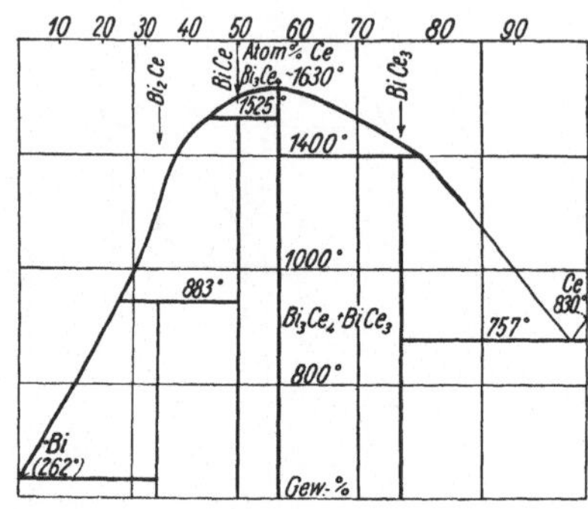

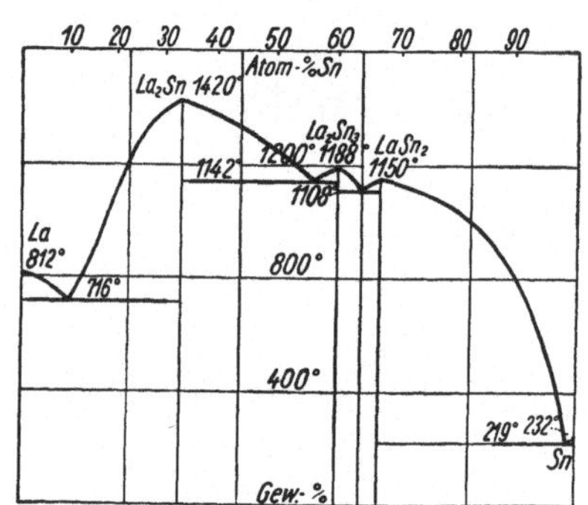

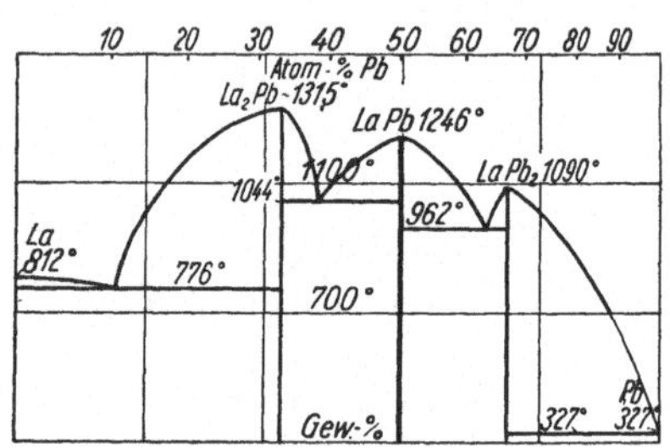

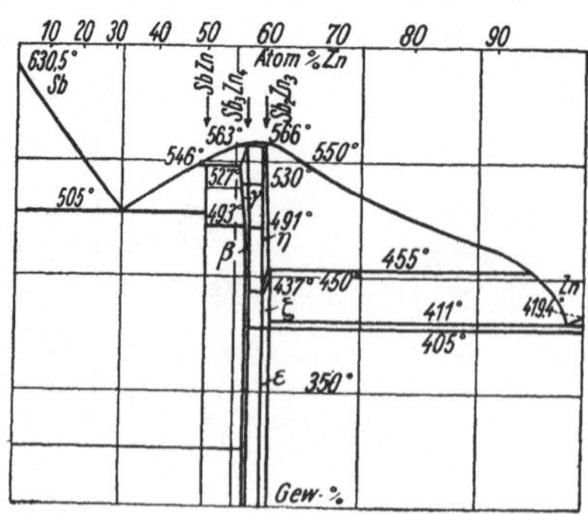

Tafel 70.

Typus Va: Ni-P, Fe-As, As-Co, As-Ni.

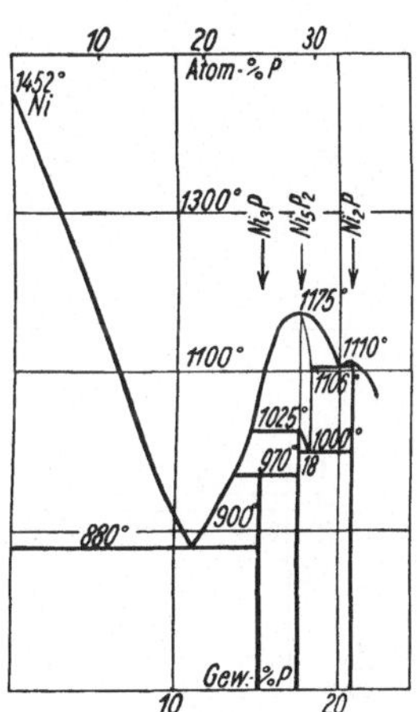

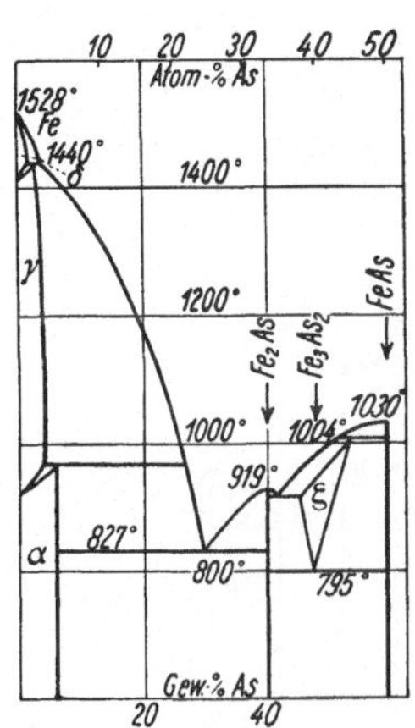

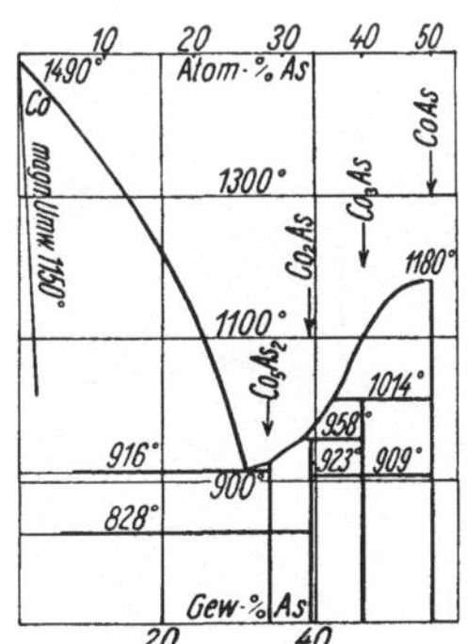

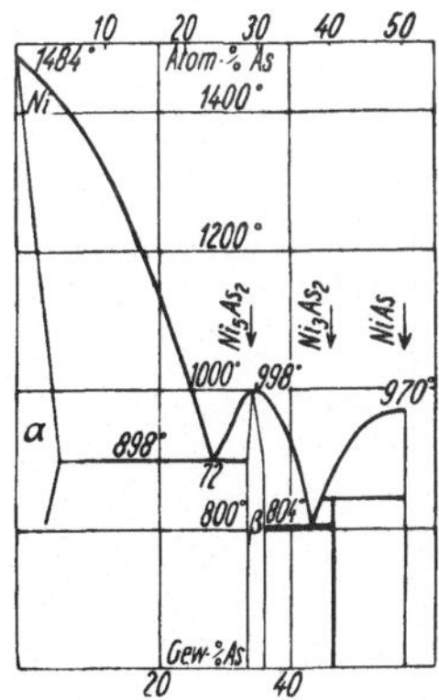

Tafel 71.

Typus Va: Co-Si, Ni-Si, Pd-Si, Mn-Si (Cr-Si).

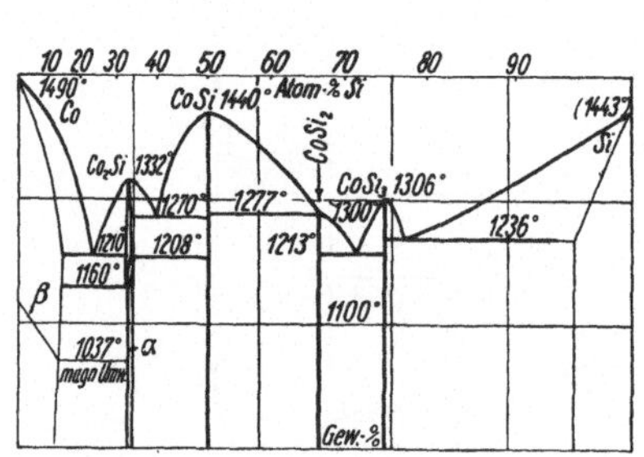

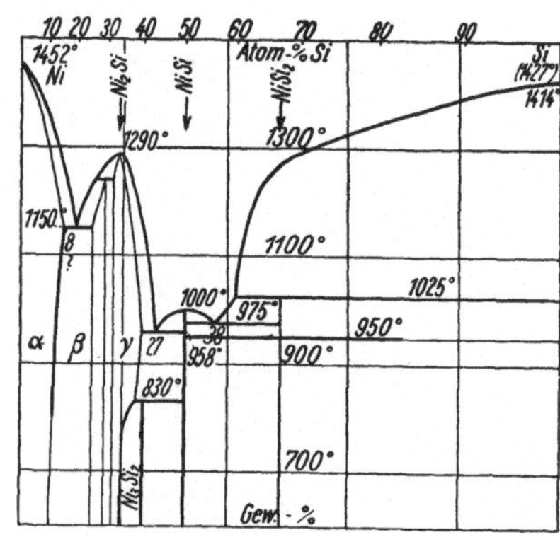

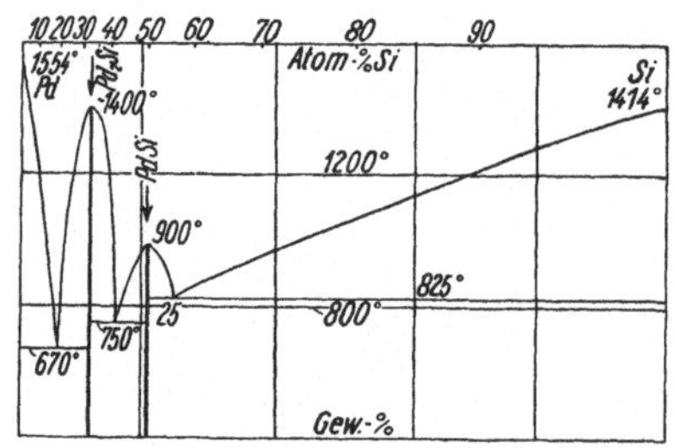

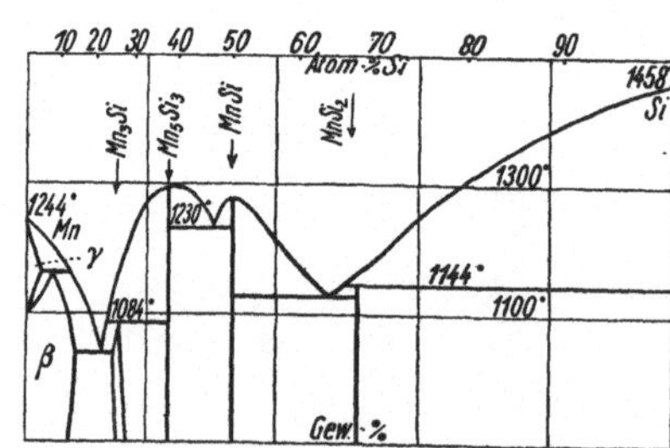

Tafel 72.

Typus Va: Co-Sn, Ni-Sn, Pt-Sn, Pb-Pd.

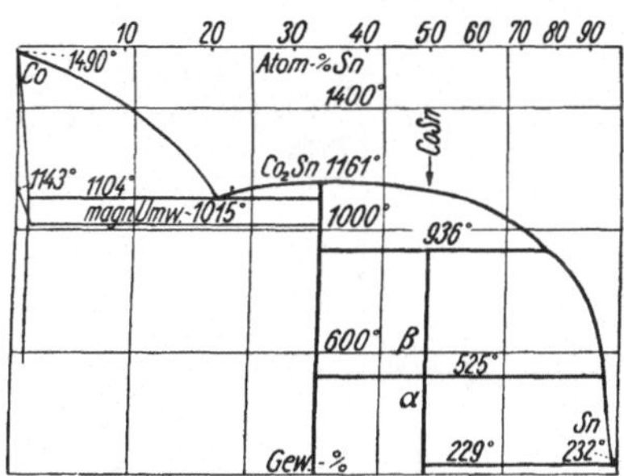

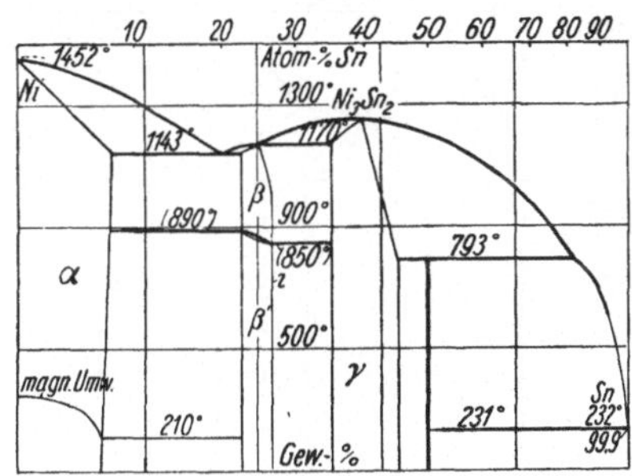

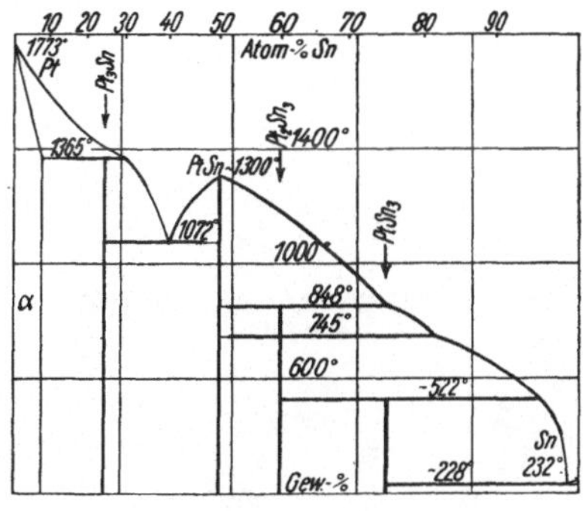

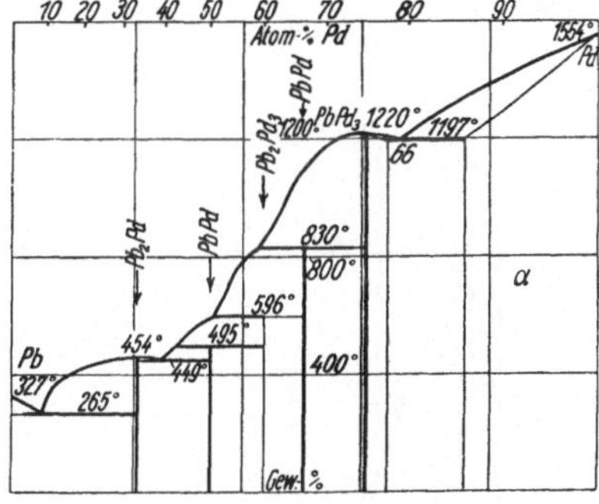

Tafel 73.

Typus Va: Mn-Sb, Ni-Sb, Pd-Sb, Pt-Sb, (Bi-Mn).

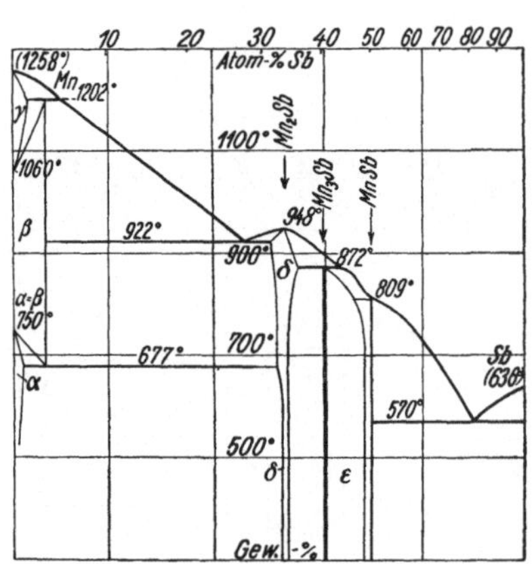

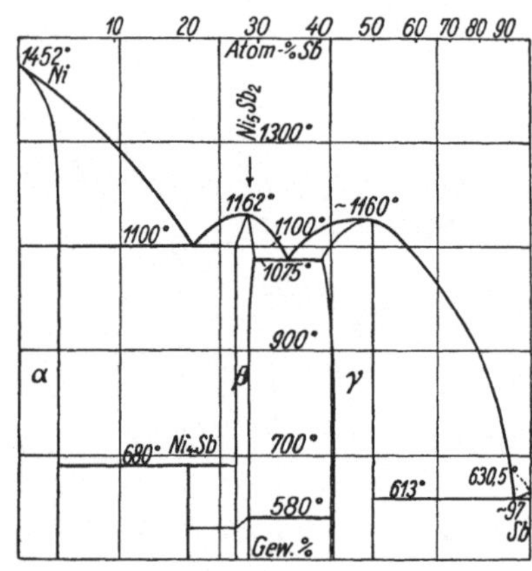

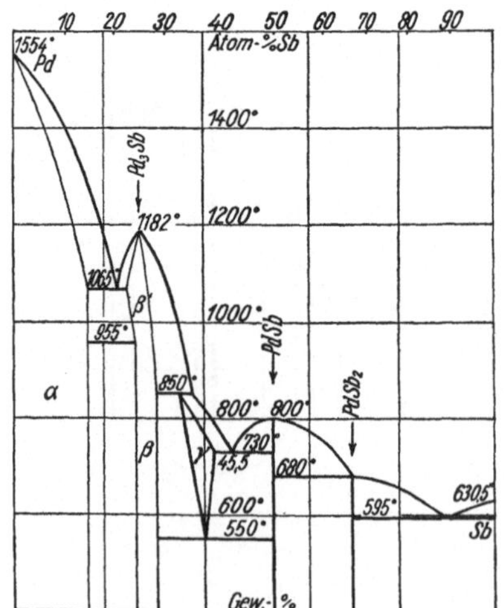

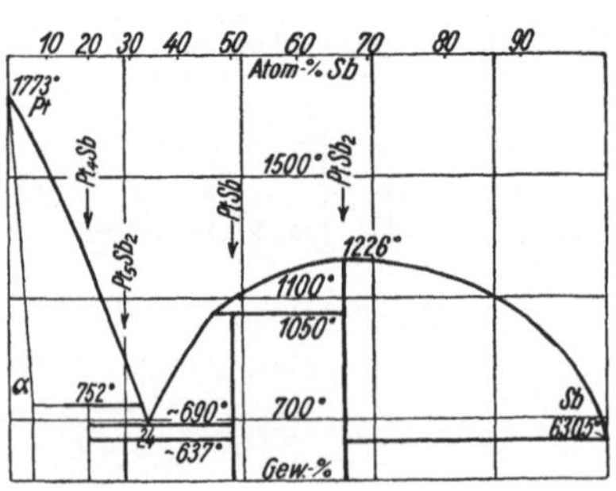

Anzahl chemischer Verbindungen, die teils kongruent, teils inkongruent schmelzen. Zwischen Ni-Sb sind es die beiden kongruent schmelzenden Verbindungen NiSb und Ni_5Sb_2. In diesem System sollen sich im festen Zustande noch zwei verschiedene feste Phasen Ni_2Sb_3 und Ni_4Sb bilden. Im System Pd-Sb gibt es drei kongruent schmelzende Verbindungen, außer $PdSb_2$ gerade noch kongruent schmelzend PdSb und Pd_3Sb. Zwischen den beiden letzten liegt noch eine feste Phase γ, die nach neueren Untersuchungen von *Grigorgew* bei niederer Temperatur wieder verschwindet. Mit Platin gibt Antimon die kongruent schmelzende Verbindung $PtSb_2$ und die beiden inkongruent schmelzenden PtSb und Pt_4Sb. Außerdem soll durch Umwandlung im festen Zustande Pt_5Sb_2 auftreten. Den Legierungen dieser Tafel soll Bi-Mn angegliedert werden. Wenn das System Mn-Sb keine Entmischung aufweist, ist es höchst unwahrscheinlich, daß dieses bei Mn-Bi, wie angenommen wird, der Fall sein soll. In diesem wurden Haltepunkte bei verschiedenen Gemischen bei gleicher Temperatur festgestellt, die sicherlich auf dem Vorhandensein bestimmter Verbindungen beruhen. Eine ist offenbar BiMn.

Literatur zu Typus Va.

Tafel 56.

Hg-Li: *G. J. Zukowsky*, Z. anorg. allg. Chem. **71**, 1911, 409. — *G. Grube* u. *W. Wolf*, Z. Elektrochem. **41**, 1935, 675. — *E. Zintl* u. *G. Brauer*, Z. physik. Chem. Abt. B **20**, 1933, 245.

Hg-Na: *A. Schüller*, Z. anorg. allg. Chem. **40**, 1904, 389. — *E. Jänecke*, Z. Metallkunde **20**, 1928, 113. — *E. Vanstone*, Trans. Faraday Soc. **7**, 1911, 42. — *K. Bornemann* u. *P. Müller*, Metallurgie **7**, 1910, 399, 738, 767.

Hg-K: *E. Jänecke*, Z. Metallkde. **20**, 1928, 113 — Z. physik. Chem. **58**, 1907, 246. — *N. S. Kurnakow*, Z. anorg. allg. Chem. **23**, 1900, 441. — *K. Bornemann* u. *P. Müller*, Metallurgie **7**, 1910, 396, 730, 755.

Hg-Rb: *N. S. Kurnakow* u. *G. J. Zukowsky*, Z. anorg. Chem. **52**, 1907, 427. — *W. Biltz*, *F. Weibke* u. *H. Eggers*, Z. anorg. allg. Chem. **46**, 1933, 224.

Cs-Hg: *N. S. Kurnakow* u. *G. J. Zukowsky*, Z. anorg. allg. Chem. **52**, 1907, 423. — *G. McPhail Smith* u. *H. C. Bennett*, J. Amer. chem. Soc. **32**, 1910, 622.

Tafel 57.

Li-Zn: *W. Fraenkel* u. *R. Hahn*, Metallwirtsch. **10**, 1931, 671. — *E. Zintl* u. *G. Brauer*, Z. physik. Chem. Abt. B **20**, 1933, 251. — *G. Grube* u. *H. Vosskühler*, Z. anorg. allg. Chem. **215**, 1933, 211.

Li-Cd: *G. Masing* u. *G. Tammann*, Z. anorg. allg. Chem. **67**, 1910, 196. — *G. Grube*, *H. Vosskühler* u. *H. Vogt*, Z. Elektrochem. **38**, 1932, 869.

Li-Tl: *E. Zintl* u. *G. Brauer*, Z. physik. Chem. Abt. B **20**, 1933, 245. — *G. Grube* u. *G. Schaufler*, Z. Elektrochem. **40**, 1934.

Li-Sn: *G. Masing* u. *G. Tammann*, Z. anorg. allg. Chem. **67**, 1910, 193. — *A. Baroni*, Atti R. Accad. Lincei (Roma) **6**, 1932, 16, 153. — *G. Grube* u. *E. Meyer*, Z. Elektrochem. **40**, 1934.

Li-Pb: *I. Czochralski* u. *E. Rassow*, Z. Metallkde. **19**, 1927, 111. — *G. Grube* u. *H. Klaiber*, Z. Elektrochem. **40**, 1934.

Tafel 58.

Na-Tl: *N. S. Kurnakow* u. *N. A. Puschin*, Z. anorg. allg. Chem. **30**, 1902, 93. — *E. Zintl* u. *W. Dullenkopf*, Z. physik. Chem. Abt. B **16**, 1932, 200.

Na-Sn: *C. H. Mathewson*, Z. anorg. allg. Chem. **46**, 1905, 101. — *R. Kremann* u. *I. Gmachl-Pammer*, Z. Metallkde. **12**, 1920, 257. — *E. Zintl* u. *A. Harder*, Z. physik. Chem. **154**, 1931, 47.

Na-Pb: *C. H. Mathewson*, Z. anorg. allg. Chem. **50**, 1906, 175. — *E. Zintl* u. *A. Harder*, Z. physik. Chem. Abt. A **154**, 1931, 47. — *R. Kremann* u. *P. v. Reininghaus*, Z. Metallkde. **12**, 1920, 273.

Na-Se: *C. H. Mathewson*, J. Amer. chem. Soc. **29**, 1907, 867. — *E. Zintl*, *J. Goubeau* u. *W. Dullenkopf*, Z. physik. Chem. **154**, 1931, 28.

Na-Te: *G. Pellini* u. *Quercigh*, Atti R. Accad. Lincei Roma (5) **19 II**, 1910, 330. — *C. A. Kraus* u. *S. W. Glass*, J. physic. Chem. **33**, 1929, 995.

Tafel 59.

K-Sn: *D. P. Smith*, Z. anorg. allg. Chem. **56**, 1908, 131. — *R. Kremann* u. *E. Pressfreund*, Z. Metallkde. **13**, 1921, 21. — *F. W. Bergstrom*, J. physic. Chem. **30**, 1926, 12.

K-Pb: *D. P. Smith*, Z. anorg. allg. Chem. **56**, 1908, 137. — *E. Zintl, J. Goubron* u. *W. Dullenkopf*, Z. physik. Chem. **154**, 1931, 39.

K-Bi: *D. P. Smith*, Z. anorg. allg. Chem. **56**, 1908, 127. — *E. Zintl* u. *A. Harder*, Z. physik. Chem. Abt. B **16**, 1932, 206.

Tafel 60.

Be-Cu: *G. Oesterheld*, Z. anorg. allg. Chem. **97**, 1916, 14. — *G. Masing* u. *O. Dahl*, Wiss. Veröff. Siemens-Konz. 8, 1929, 94. — *H. Tanimura* u. *G. Wassermann*, Z. Metallkde. **25**, 1933, 180. — *H. Borchers*, Metallwirtsch. **11**, 1933, 317. — *L. Misch*, Z. physik. Chem. Abt. B **29**, 1935, 42.

Au-Mg: *R. Vogel*, Z. anorg. allg. Chem. **63**, 1909, 173. — *G. G. Urasow*, Z. anorg. allg. Chem. **64**, 1909, 383. — *G. G. Urasow* u. *R. Vogel*, Z. anorg. allg. Chem. **67**, 1910, 442.

Ag-Ca: *N. Baar*, Z. anorg. allg. Chem. **70**, 1911, 385. — *R. Kremann, H. Wostall* u. *H. Schöpfer*, Forsch.-Arb. Metallkde. **1922**, H. 5. — *C. Degard*, Z. Kristallogr. **90**, 1935, 399.

Au-Ca: *F. Weibke* u. *W. Bartels*, Z. anorg. allg. Chem. **218**, 1934, 241.

Ag-Sr: *F. Weibke*, Z. anorg. allg. Chem. **193**, 1930, 301.

Ag-Ba: *F. Weibke*, Z. anorg. allg. Chem. **193**, 1930, 303.

Tafel 61.

Au-Zn: *R. Vogel*, Z. anorg. allg. Chem. **48**, 1906, 323. — *P. Saldau*, Z. anorg. allg. Chem. **141**, 1925, 324. — *A. Westgren* u. *G. Phragmen*, Philos. Mag. (6) **150**, 1925, 331 — Metallwirtsch. **7**, 1928, 700 — Trans. Faraday Soc. **25**, 1929, 379.

Cu-Cd: *R. Sahmen*, Z. anorg. allg. Chem. **49**, 1906, 305. — *C. H. M. Jenkins* u. *D. Hanson*, J. Inst. Met., Lond. **31**, 1924, Nr 1, 257. — *E. A. Owen* u. *I. Pickup*, Proc. Roy. Soc., Lond. (A) **139**, 1933, 526.

Au-Cd: *R. Vogel*, Z. anorg. allg. Chem. **48**, 1906, 337. — *P. Saldau*, J. russ. phys.-chem. Ges. **46**, 1914, 994; **55**, 1924, 275. — *P. L. Durrant*, J. Inst. Met., Lond. **41**, 1929, 139. — *A. Westgren*, Z. Metallkunde **22**, 1930, 369. — *A. Ölander*, J. Amer. chem. Soc. **54**, 1932, 3903.

Tafel 62.

Al-Au: *C. T. Heycock* u. *F. H. Neville*, Philos. Trans. Roy. Soc., Lond. (A) **194**, 1900, 201; **214**, 1914, 267. — *C. D. West* u. *A. W. Peterson*, Z. Kristallogr. **88**, 1934, 93. — *D. Eisenhut* u. *G. Kaupp*, Z. Elektrochem. **37**, 1931, 472.

Au-Sn: *R. Vogel*, Z. anorg. allg. Chem. **46**, 1905, 64. — *S. Stenbeck* u. *A. Westgren*, Z. physik. Chem. Abt. B **14**, 1931, 91. — *I. A. Bottema* u. *F. M. Jaeger*, Proc. Acad. Wetensch. Amsterd. **35**, 1932, 916.

Cu-Si: *E. Rudolfi*, Z. anorg. allg. Chem. **53**, 1907, 223. — *C. Stanley Smith*, Amer. Inst. min. metallurg. Engr. Techn. Publ. **1928**, 142. — *K. Matsuyama*, Sci. Rep. Tôhoku Univ. **17**, 1928, 665. — *C. A. Smith*, J. Inst. Met., Lond. **40**, 1928, 359. — *S. Arrhenius* u. *A. Westgren*, Z. physik. Chem. (5) **14**, 1931, 66. — *A. Sanfourche*, Rev. Métallurg. **16**, 1919, 246. — *K. Jokibe*, J. Inst. Met., Lond. **47**, 1931, 651. — *K. Sautner*, Diss. München 1931/32.

Tafel 63.

La-Cu: *G. Canneri*, Metallurg. ital. **23**, 1931, 803.

La-Ag: *G. Canneri*, Metallurg. ital. **23**, 1931, 803.

La-Au: *G. Canneri*, Metallurg. ital. **23**, 1931, 803.

Ce-Cu: *F. Hanaman*, Int. Z. Metallogr. **7**, 1915, 174.

Cu-Pr: *G. Canneri*, Metallurg. ital. **26**, 1934, 869.

Ag-Pr: *G. Canneri*, Metallurg. ital. **26**, 1934, 794.

Au-Pr: *A. Rossi*, Gazz. chim. ital. **64**, 1934, 748.

Tafel 64.

Mg-Zn: *G. Grube*, Z. anorg. allg. Chem. **49**, 1906, 80. — *G. Bruni* u. *C. Sandonnini*, Z. anorg. allg. Chem. **78**, 1912, 276. — *R. Chadwick*, J. Inst. Met., Lond. **39**, 1928, 285. — *W. Hume-Rothery* u. *E. O. Rounsefeld*, J. Inst. Met., Lond. **41**, 1929, 119. — *W. Schmidt* u. *M. Hansen*, Z. Metallkde. **19**, 1927, 455. — *G. Grube* u. *A. Burkhardt*, Z. Elektrochem. **35**, 1929, 315. — *R. Chadwick*, J. Inst. Met., Lond. **39**, 1928, 283.

Ca-Zn: *L. Donski*, Z. anorg. allg. Chem. **57**, 1908, 189. — *R. Kremann, H. Wostall* u. *H. Schöpfer*, Forsch.-Arb. Metallkde. **1922**, H. 5.

Ca-Cd: *L. Donski*, Z. anorg. allg. Chem. **57**, 1908, 196. — *E. E. Schumacher* u. *G. M. Bouton*, Met. & Alloys **1929/30**, 406.

Cd-Sr: *H. C. Hodge*, Met. & Alloys **2**, 1931, 356.

Ca-Hg: *A. Eilert*, Z. anorg. allg. Chem. **151**, 1926, 96. — *L. Cambi* u. *G. Speroni*, Atti R. Acad. Lincei Roma (5) **23 II**, 1914, 599.

Hg-Mg: *L. Cambi* u. *G. Speroni*, Atti R. Accad. Lincei Roma **24 I**, 1915, 734. — *A. Smits* u. *R. P. Beck*, Proc. Acad. Wetensch. Amsterd. **23**, 1921/22, 975. — *P. T. Daniltschenko*, J. russ. phys.-chem. Ges. **62**, 1930, 975.

Tafel 65.

Ce-Mg: *R. Vogel*, Z. anorg. allg. Chem. **91**, 1915, 277. — *A. Rossi*, Gazz. chim. ital. **64**, 1934, 774.

Mg-Tl: *G. Grube*, Z. anorg. allg. Chem. **46**, 1905, 87. — *G. Grube* u. *I. Hille*, Z. Elektrochem. **40**, 1934, 106.

Ca-Tl: *N. Baar*, Z. anorg. allg. Chem. **70**, 1911, 369. — *L. Donski*, Z. anorg. allg. Chem. **57**, 1908, 206. — *E. Zintl* u. *G. Brauer*, Z. physik. Chem. Abt. B **20**, 1933, 245.

La-Mg: *G. Canneri*, Metallurg. ital. **23**, 1931, 803. — *G. Canneri* u. *A. Rossi*, Gazz. chim. ital. **62**, 1932, 211.

Tafel 66.

Al-Fe: *A. G. C. Gwyer* u. *H. W. L. Phillips*, J. Inst. Met., Lond. **38**, 1927, 35. — *F. Wever* u. *A. Müller*, Mitt. Kais.-Wilh.-Inst. Eisenforschg., Düsseld. **11**, 1929, 220. — *W. Ageew* u. *O. L. Vhev*, J. Inst. Met., Lond. **44**, 1930, 83. — *A. Ôsawa*, Sci. Rep. Tôhoku Univ. **1930**, 810. — *C. Sykes* u. *I. W. Bampflyde*, J. Iron Steel Inst. Sept. 1934. — *A. I. Bradley* u. *A. H. Jay*, J. Iron Steel Inst. May 1932 — *A. Wolf*, Z. physik. Chem. Abt. B **12**, 1931, 89. — *N. Kurnakow, G. Urasow* u. *A. Grigorjew*, Z. anorg. allg. Chem. **125**, 1922, 207. — *Rosenhain*, Inst. Mechn. Eng. **11**. — *Alloys*, Res. Report **1921**; 211. — *F. Wever* u. *A. Müller*, Z. anorg. allg. Chem. **192**, 1930, 341.

Al-Co: *A. G. C. Gwyer*, Z. anorg. allg. Chem. **57**, 1908, 136. — *W. L. Fink* u. *H. R. Freche*, Amer. Inst. min. metallurg. Engr. Techn. Publ. **1932**, 473. — *W. Cöster*, Arch. Eisenhüttenwes. **7**, 1933/34, 263. — *T. Harada*, J. Inst. Met., Lond. **41**, 1929, 441.

Al-Ni: *A. G. C. Gwyer*, Z. anorg. allg. Chem. **57**, 1908, 136. — *K. Becker*, Z. Physik **16**, 1923, 165. — *A. Westgren* u. *A. Almis*, Z. physik. Chem. Abt. B **5**, 1929, 14.

B-Ni: *H. Giebelahusen*, Z. anorg. allg. Chem. **91**, 1915, 257. — *T. Bjurström*, Ark. Kemi, Min., Geol. (A) **11**, 5. 1933, 1.

Tafel 67.

Ca-Si: *L. Donski*, Z. anorg. allg. Chem. **57**, 1908, 213. — *L. Wöhler* u. *O. Schliephake*, Z. anorg. allg. Chem. **151**, 1926, 1. — *S. Tamaru*, Z. anorg. allg. Chem. **62**, 1909, 81.

Ca-Sn: *S. Tamaru*, Z. anorg. allg. Chem. **62**, 1909, 86. — *W. Hume-Rothery*, J. Inst. Met., Lond. **35**, 1926, 325. — *C. F. Elam*, J. Inst. Met., Lond. **41**, 1932, 329.

Ca-Pb: *N. Baar*, Z. anorg. allg. Chem. **70**, 1911, 375. — *L. Donski*, Z. anorg. Chem. **57**, 1908, 210. — *E. Schumacher* u. *G. M. Bouton*, Met. & Alloys **1**, 1930, 406. — *R. R. Ssyromyatnikow*, Metallurg. (russ.) **6**, 1931, 466. — *G. S. Farnham*, J. Inst. Met., Lond. **55**, 1934, 69.

Sn-Sr: *K. W. Ray*, Ind. Engng. Chem. **22**, 1930, 519.

Tafel 68.

Al-Ce: *R. Vogel*, Z. anorg. allg. Chem. **75**, 1912, 41. — *W. Biltz* u. *H. Pieper*, Z. anorg. allg. Chem. **134**, 1924, 13. — *K. L. Meissner*, Met. u. Erz **21**, 1924, 41.

Al-La: *G. Canneri*, Metallurg. ital. **7**. — *G. Canneri* u. *A. Rossi*, Gazz. chim. ital. **211**, 1932, 62.

La-Tl: *G. Canneri*, Metallurg. ital. **23**, 1931, 803.

Al-Pr: *G. Canneri*, Alluminio **2**, 1933, 11, 87.

Tafel 69.

Ce-Sn: *R. Vogel*, Z. anorg. allg. Chem. **72**, 1911, 325. — *E. Zintl* u. *S. Neumayr*, Z. Elektrochem. **39**, 1933, 88.

Bi-Ce: *R. Vogel*, Z. anorg. allg. Chem. **84**, 1914, 330.

La-Sn: *G. Canneri*, Metallurg. ital. **23**, 1931, 803.

La-Pb: *G. Canneri*, Metallurg. ital. **23**, 1931, 803.

Sb-Zn: *S. F. Žemčužny*, Z. anorg. allg. Chem. **49**, 1906, 386. — *K. Mönkemeyer*, Z. anorg. allg. Chem. **43**, 1905, 187. — *T. Takei*, Sci. Rep. Tôhoku Univ. **16**, 1927, 1031. — *Y. Matuyama*, Sci. Rep. Tôhoku Univ. **18**, 1929, 737. — *F. Halla, H. Nowotny* u. *H. Tompa*, Z. anorg. allg. Chem. **214**, 1933, 197.

Tafel 70.

Ni-P: *N. Konstantinow*, Z. anorg. allg. Chem. **60**, 1908, 410.

As-Fe: *K. Friedrich*, Metallurgie **4**, 1907, 129. — *P. Oberhoffer* u. *A. Gallaschik*, Stahl u. Eisen **43**, 1923, 398. — *G. Hägg*, Z. Kristallogr. **31**, 1929, 134. — *M. I. Buerger*, Z. Kristallogr. **82**, 1932, 165.

As-Co: *K. Friedrich*, Metallurgie **5**, 1908, 150. — *I. Oftedal*, Z. Kristallogr. **66**, 1928, 517.

As-Ni: *K. Friedrich*, Metallurgie **4**, 1907, 207 — Met. u. Erz **10**, 1913, 659. — *G. Aminoff*, Z. Kristallogr. **58**, 1923, 203.

Tafel 71.

Cr-Si: *B. Borén*, Ark. Kem., Min., Geol. (A) **11**, 1933, 1.

Ni-Si: *W. Guertler* u. *G. Tammann*, Z. anorg. allg. Chem. **49**, 1906, 98. — *O. Dahl* u. *N. Schwartz*, Metallwirtsch. **11**, 1932, 277. — *B. Borén*, Ark. Kemi, Min., Geol. (A) **11**, 1933, 22.

Co-Si: *K. Lewkonja*, Z. anorg. allg. Chem. **59**, 1908, 331. — *R. Vogel* u. *K. Rosenthal*, Arch. Eisenhüttenwes. **7**, 1934, 689. — *B. Borén*, Ark. Kemi, Min., Geol. (A) **11**, 1933, 17.

Mn-Si: *Fr. Doerinckel*, Z. anorg. allg. Chem. **50**, 1906, 123. — *B. Borén*, Ark. Kemi, Min., Geol. (A) **11**, 1933, 11. — *R. Vogel* u. *H. Bedarff*, Arch. Eisenhüttenwes. **7**, 1934, 423.

Pd-Si: *P. Lebeau* u. *P. Jolibois*, C. R. Acad. Sci., Paris **146**, 1928, 1028.

Tafel 72.

Co-Sn: *K. Lewkonja*, Z. anorg. allg. Chem. **59**, 1908, 298. — *Žemčužny* u. *Belynsky*, Z. anorg. allg. Chem. **59**, 1908, 368.

Ni-Sn: *G. Voß*, Z. anorg. allg. Chem. **57**, 1908, 38. — *K. Honda*, Ann. Phys. **32**, 1910, 1011. — *D. Hanson, E. S. Sandford* u. *H. Stevens*, J. Int. Met., Lond. **53**, 1934, 117.

Pt-Sn: *Fr. Doerinckel*, Z. anorg. allg. Chem. **54**, 1907, 351. — *N. Podkopajew*, J. russ. phys.-chem. Ges. **40**, 1908, 249. — *I. Oftedal*, Z. physik. Chem. **132**, 1927, 208.

Pb-Pd: *R. Ruer*, Z. anorg. allg. Chem. **52**, 1907, 347. — *N. A. Puschin* u. *N. P. Paschsky*, Z. anorg. allg. Chem. **62**, 1909, 360.

Tafel 73.

Mn-Sb: *R. S. Williams*, Z. anorg. allg. Chem. **55**, 1907, 3. — *T. Murakami* u. *A. Hatta*, Sci. Rep. Tôhoku Univ. **22**, 1933, 88. — *K. Honda*, Ann. Physik **32**, 1910, 1017.

Ni-Sb: *K. Lossew*, Z. anorg. allg. Chem. **49**, 1906, 63. — *I. Oftedal*, Z. physik. Chem. **128**, 1927, 135.

Pd-Sb: *W. Sander*, Z. anorg. allg. Chem. **75**, 1912, 96. — *A. T. Grigorjew*, Z. anorg. allg. Chem. **289**, 1932, 310.

Pt-Sb: *K. Friedrich* u. *A. Leroux*, Metallurgie **6**, 1909, 1. — *V. A. Nemilow* u. *N. M. Woronow*, Ann. Inst. Pletine **17**, 1935.

BiMn: *P. Siebe*, Z. anorg. allg. Chem. **108**, 1919, 161. — *E. Bekier*, Int. Z. Metallogr. **7**, 1914, 83. — *N. Parravano* u. *U. Perret*, Gazz. chim. ital. **45** I, 1923, 390.

Legierungen vom Typus V b.

74. Cu-Zn, Ag-Zn, Ag-Cd, Cu-Hg, Ag-Hg, Au-Hg.
75. Al-Cu, Cu-Ga, Cu-In, Al-Mn, Ag-In.
76. Cu-Sn, Cu-Ge.
77. Ni-Zn, Co-Zn, Cd-Ni.
78. Fe-Sn, Mn-Sn, Pb-Pt, (Mn-Mo), Bi-Rh.

Wohl die wissenschaftlich interessantesten und technisch wichtigsten Legierungen gehören zum Typus V b mit mindestens fünf festen Phasen und ohne kongruente Schmelzpunkte. Die Anzahl der Legierungen dieser Art ist verhältnismäßig gering und tritt stark gegen die der Gruppe V a zurück. Sie sind in fünf Tabellen zusammengefaßt, wobei Systeme wie Al-Cu und Ni-Zn noch hinzugenommen wurden, die eine Mischung enthalten, die kongruent schmilzt. Diese nicht ganz konsequente Zuteilung ist durch die Ähnlichkeit mit anderen Systemen veranlaßt, die auf den gleichen Tafeln behandelt sind. Zu den Systemen der Gruppe V b gehören besonders Legierungen von Cu und Ag, die in den Tafeln 74 bis 76 behandelt sind. Außerdem sind noch zwei Tafeln mit Legierungen von Mn, Fe, Co und Ni vermerkt. Die große Ähnlichkeit der Legierungen von Cu und Ag zeigt sich in der Art der vorkommenden festen Gefügebestandteile. Die folgende kleine Tabelle enthält gleichzeitig auch die Legierungen von Gold, die bei V a behandelt sind, und umfaßt Legierungen der drei ersten Tafeln 74 bis 76 vom Typus V b. Die Tafel 75 enthält außerdem noch das System Al-Mn. In der Tabelle sind die Gefügebestandteile β, γ und ε zusammengefaßt.

Die intermetallischen Phasen der Legierungen von Cu, Ag, Au mit Zn, Cd, Al, Si.

	Zn	Cd	Al	Sn
Cu	β γ ε CuZn 5:8 CuZn$_3$	β γ ε 5:8	β γ — Cu$_3$Al 9:4	β γ ε Cu$_5$Sn 31:8
Ag	β γ ε 5:8 AgZn$_3$	β γ ε 5:8 AgCd$_3$	— — ε Ag$_5$Al$_3$	— — ε Ag$_3$Sn
Au	β γ ε AuZn 5:8 AuZn$_3$	— γ ε AuCd$_3$	— — ε Au$_5$Al$_3$	— — ε

β: raumzentriertes kubisches Gitter;
γ: Riesenzelle, Atomverhältnis nach *Hume-Rothery*;
ε: hexagonal, dichteste Kugelpackung.

Die β-Formen krystallisieren im kubischen, innenzentrierten Gitter (B_2). Die γ-Formen sind die bei den früheren Betrachtungen erwähnten, in einem eigentümlich kubischen Gitter krystallisierenden Mischkrystalle, die nach der Regel von *Hume-Rothery* 21 Valenzelektronen auf 13 Atome enthalten. Die Einheitszelle ist groß und wird als Riesenzelle bezeichnet. Die ε-Krystalle krystallisieren in einem hexagonalen Gitter dichtester Kugelpackung. Die Zusammensetzung der verschiedenen Mischkrystalle, im atomaren Verhältnis bemessen, ist bei allen drei Krystallarten verschieden, entsprechend der Wertigkeit der mit den Edelmetallen legierten Metalle. Sie ist gleichartig für Zn- und Cd-haltige Legierungen 1:1, 5:8, 1:3, hiervon verschie-

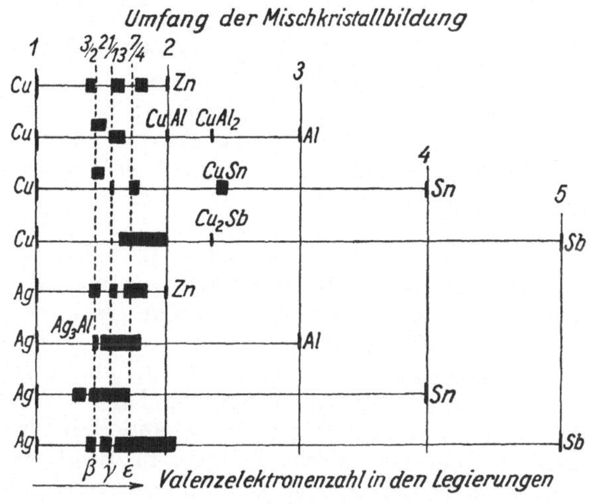

Abb. 91.

den sind die Al-haltigen und weiter die Sn-haltigen. Die Abb. 91 gibt für Kupfer und Silber das Verhalten zu den Metallen Zink, Aluminium, Zinn und Antimon in bezug auf Bildung und Umfang der auftretenden festen Phasen wieder. Die Valenzen der Metalle sind nach rechts aufgetragen, so daß Zn bei 2, Al bei 3, Sn bei 4 und Sb bei 5 liegt. Bei den Valenzelektronenkonzentrationen $^3/_2$, $^{21}/_{13}$ und $^7/_4$ sind Senkrechte gezogen, die durch die schraffierten Gebiete gehen, die den Umfang der Mischkrystallbildung angeben, entsprechend den gleichartigen Phasen β, γ und ε. Wie die Abbildung zeigt, treten nicht in allen Systemen diese Phasen auf. Außerdem gibt es noch die Verbindungen CuAl, $CuAl_2$, CuSn, Cu_2Sb und Ag_3Al.

Das wichtigste Diagramm der Tafel 74 ist das erste für Cu-Zn. Die Darstellungen hierfür haben mehrfach gewechselt, die in der Abbildung angegebene dürfte die endgültig richtige sein. Bei gewöhnlicher Temperatur gibt es außer Cu-Mischkrystallen mit bis zu 39 Gew.-Proz., Zn- und Zn-Mischkrystalle mit etwa 1 Gew.-Proz. Cu die drei Formen β', γ und ε. Die Homogenitätsbereiche aller drei sind erheblich. Für die γ-Form nahm man früher die Formel einer Verbindung Cu_2Zn_3 an. Nach der angegebenen Regel ist aber das Gitter entsprechend der Formel Cu_5Zn_8 gebaut. Die β'-Form bildet sich aus einer β-Form, die bei höheren Temperaturen auch mit Schmelzen stabil ist. Ihre Bildungstemperatur im festen Zustand liegt zwischen 453° und 470°. Aus dem Schmelzfluß scheidet sich außerdem eine δ-Form aus, die auch hexagonal krystallisiert, aber bei 555° bereits wieder in $\varepsilon + \gamma$ zerfällt. In den Abbildungen 92 sind die Ergebnisse neuerer Untersuchungen von *Chikashige*[1]) über Härte, Reflexionsintensität und Farbe der Zink-Kupfer-Legierungen wiedergegeben, die den Wechsel dieser mit der Zusammensetzung anzeigen. Die Härte hat ein hohes Maximum der Gemische β mit γ bei etwa 42 Proz. Cu. Die Intensität der Reflexion zeigt drei Maxima, das erste bei etwa 10 Proz. Zn, das zweite bei den härter werdenden von 50 Proz. und das letzte bei 80 Proz. Zn. Die Farbe wurde angegeben als Länge des Spektrums in Millimeter, je heller, um so größere Werte. Die

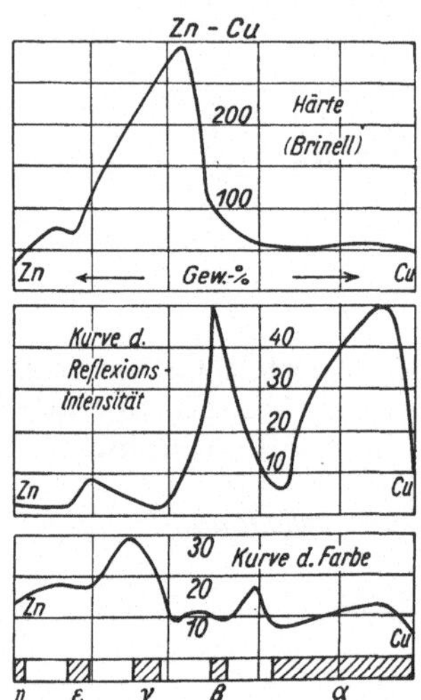

Abb. 92. Zink-Kupfer-Legierungen, verschiedene physikalische Größen.

Legierungen sind gelb bei 10 Proz. Zn, rot bei 35 Proz., weiß bei 70 Proz. und werden grauer mit zunehmendem Gehalt an Zink.

Die Systeme Cu-Cd, Au-Zn und Au-Cd wurden bereits früher behandelt. Sie enthalten kongruent schmelzende Phasen, weswegen sie früher bei den Legierungen V a erwähnt und in der Tafel 61 zusammen dargestellt wurden. Sie gehören organisch zu den hier behandelten Legierungen. Im System Ag-Zn finden sich bei gewöhnlicher Temperatur die gleichen festen Phasen β', γ und ε, wie bei Cu-Zn von gleicher Zusammensetzung. Auch in diesem Falle hat die β'-Form eine Umwandlung im festen Zustande unter Bildung von β, die hier von 242 bis 262° ansteigt. Von *Owen* und *Edmunds*[2]) wurde durch röntgenographische Untersuchungen die Grenzen der α-, δ- und ε-Mischkrystalle genau festgelegt. Die Ergebnisse für die δ-Mischkrystalle weichen von früheren Angaben nicht unwesentlich ab. Der ε-Mischkrystall schmilzt nicht, wie angenommen wurde, gerade noch kongruent bei 636°, sondern inkongruent.

---

[1]) *Chikashige*, Z. anorg. allg. Chemie **154**, 1925, 348.
[2]) *E. A. Owen* u. *J. G. Edmunds*, J. Inst. Met., London **57**, 1935, 305.

Er enthält 44 Proz. Ag und die beim Schmelzen entstehende Flüssigkeit 40 Proz. Ag.

Das System Ag-Cd wurde bereits früher als besonderes Beispiel für die Röntgenuntersuchung der Gitterstruktur näher auseinandergesetzt. In ihm treten außer den Mischkrystallen nach Ag und Cd die angegebenen Phasen auf. Ag bildet mit Cd im großen Umfange Mischkrystalle, und Cd mit Ag bis zu 6 Gew.-Proz. Das System wurde mehrfach untersucht, so daß die Auffassung über das Zustandsbild verschiedene Wandlungen durchgemacht hat. Nach der neuesten Auffassung, die in der Abbildung unter Benutzung von Untersuchungen von *Ölander* und *Durrant* wiedergegeben ist, haben zwei feste Phasen β und γ', die aus dem Schmelzfluß zur Ausscheidung kommen, untere Existenzgrenzen, indem sie sich unter geringer Änderung der Zusammensetzung in β_1 und γ und β_1 noch einmal in β' umwandeln. Die Untersuchungen *Ölanders* erstreckten sich auf Messung der Elektrodenpotentiale einer Reihe verschieden zusammengesetzter Legierungen gegen reines Metall in Salzschmelzen bei verschiedenen Temperaturen. Das System wurde neuerdings thermisch und mikroskopisch genauer von *Durrant* und *Fraenkel* und *Wolf* untersucht. Röntgenographisch wurde es von *Asbrand* und *Westgren* festgelegt. Von den festen Phasen hat ε ein hexagonales Gitter, β und β' krystallisieren gleichartig kubisch-raumzentriert, während β_1 ein hexagonales Gitter haben soll. Die Ergebnisse der Untersuchungen der Amalgame, die hier den zink- und cadmiumhaltigen Systemen angefügt sind, von Cu, Ag und Au widersprechen sich teilweise. Im System Cu-Hg treten nach dem auf der Tafel wiedergegebenen Zustandsbilde drei Verbindungen auf. Das System gehört damit zu dem komplizierten Typus V. Im System der Legierungen Ag-Hg bilden sich in weitem Umfange Mischkrystalle nach Ag, außerdem nach *Murphy* drei Verbindungen mit ziemlich kleinem Homogenitätsbereich. Die bei 270° inkongruent schmelzende silberreiche Verbindung mit 60 Atom-Proz. Hg (Ag_2Hg_3) krystallisiert hexagonal mit dichtester Kugelpackung. Die zweite bei 127° inkongruent schmelzende Verbindung ($AgHg_3$) ist kubisch. Am meisten von den drei Amalgamen ist Au-Hg untersucht worden. Da Quecksilber bereits bei ziemlich niedrigen Temperaturen erhebliche Dampfdrucke hat, konnte für die Untersuchung dieses Systems auch die Methoden der Dampfdruckmessungen herangezogen werden. Bei Auftreten neuer fester Phasen muß, wenn wirkliches Gleichgewicht vorhanden ist, sprunghafte Änderung des Dampfdruckes eintreten, was von *Biltz* in diesem System auch gefunden wurde. Au_3Hg krystallisiert nach *Papst* hexagonal und schmilzt nach *Andersen* und anderen inkongruent bei 420°. Es zeigt einen Umwandlungspunkt bei 310°. *Andersen* nimmt außerdem eine bei 122° inkongruent schmelzende Verbindung Au_2Hg_3 an. Nach *Plaksin* gibt es die Verbindung der Formel Au_2Hg und $AuHg_2$. Nach röntgenographischen Untersuchungen nimmt Au bis etwa 15 Atom-Proz. Hg in seinem Gitter auf unter Bildung von Mischkrystallen. Das in der Tafel in Gewichtsprozenten gegebene Zustandsbild kann als im wesentlichen richtig gelten. Die Mischkrystalle nach Gold erstrecken sich bis etwa 15 Proz. Hg. Die hexagonale Phase zwischen 21 und 25 Proz. Hg hat einen inkongruenten Schmelzpunkt. Sichergestellt ist auch Au_2Hg_3 als Verbindung mit inkongruentem Schmelzpunkt. Noch nicht vollständig fest steht die Annahme einer Verbindung $AuHg_2$. Es soll auch nach *Placksin* noch eine Umwandlungstemperatur 2° oberhalb des Schmelzpunktes von Quecksilber geben. Die gelbe

Farbe der Legierungen wechselt in Grau bei etwa 20 Proz. Hg, die vorher mit dem Messer schneidbaren Legierungen werden alsdann spröder. Das Zustandsbild Ag-Hg hat große Ähnlichkeit mit dem von Au-Hg, wenn man die unsichere Verbindung $AuHg_2$ außer acht läßt. Der Umfang der Mischkrystalle nach Ag ist größer. Die Darstellung der Tafel ist nach Gewichtsprozenten. Die bei 276° schmelzende Phase entspricht, wie die analoge goldhaltige, dem hexagonalen Typus. Das Atomverhältnis 1,62 ist praktisch dasselbe wie bei Ag_3Sn. Die γ-Phase hat ein kubisch raumzentriertes Gitter. *Murphy* erörtert auch die Dampfdrucke von Ag-Hg und weist darauf hin, daß nahe dem Schmelzpunkt von Ag Legierungen mit sehr geringem Gehalt an Hg geringeren Dampfdruck als den einer Atmosphäre haben müssen. Von *Sunier* und *Hess* wurde die Löslichkeit von Ag bis 200° bestimmt, die hier 1 Gew.-Proz. ist. Das System Ag-Hg wurde dem Typus IVb zugeordnet. Da *Reinders* nach seinen Untersuchungen über die Gleichgewichte von Ag und Hg mit ihren Nitraten die Verbindungen Ag_3Hg_4, Ag_3Hg_2 und vielleicht auch Ag_3Hg fand, ist die Zuteilung des Systems zu Vb wahrscheinlich richtiger. Die Verbindung Ag_3Hg_4 obwohl äußerlich scheinbar hexagonal (rhomboedrisch), gehört nach *Weryha* dem regulären System an.

Von den auf Tafel 75 dargestellten Systemen hat besonders Cu-Al erhebliche Ähnlichkeit mit den auf Tafel 74 auseinandergesetzten, indem sich, wie bei Cu-Zn, Ag-Zn und Ag-Cd, ebenfalls die festen Phasen β und γ bilden. Die γ-Mischkrystalle haben jetzt, entsprechend der Regel von *Hume-Rothery*, die Zusammensetzung Cu_9Al_4, wodurch sich das Verhältnis 21 : 13 von Valenzen zu Atomen ergibt. Die β-Form hat als Verbindung Cu_3Al einen kongruenten Schmelzpunkt und krystallisiert, wie die übrigen Formen dieser Art, im kubisch-raumzentrierten Gitter (B_2). Die bei niederer Temperatur beständige β-Form krystallisiert hexagonal. Außerdem gibt es noch eine γ-Form zwischen 1010 und 780°, sowie eine rhomboedrische Verbindung CuAl und eine tetragonale $CuAl_2$. Beide Metalle bilden durch Aufnahme des anderen Mischkrystalle. Bei niederer Temperatur ist der Umfang bei den Al-reichen gering und steigt bei 548° bis auf 5,7 Gew.-Proz. Neuerdings wurde von *Hiratsune* ein neues Zustandsbild aufgestellt, wobei zwischen 70 und 80 Proz. Cu neue Phasen gefunden wurden und neue Umwandlungen im festen Zustande.

Die beiden neuerdings untersuchten Systeme Cu-Ga und Cu-In haben mit Cu-Sn große Ähnlichkeit. Außer Mischkrystallen nach den reinen Metallen bilden sich noch verschiedene andere, die mit denen von Cu-Sn übereinstimmen. Das niedriger schmelzende Metall nimmt wie fast immer weniger von dem anderen in fester Lösung auf. Das System Al-Mn, das wegen seiner Ähnlichkeit mit Al-Cu hierhergesetzt wurde, ist erheblich anders, als es nach den ersten thermischen Untersuchungen von *Hindrichs* (1908) sein sollte. An der Al-Seite gibt es zwei sich aus dem Schmelzfluß ausscheidende inkongruente Phasen Al_5Mn und Al_3Mn. Die Abbildung gibt das Zustandsbild nach *Ishiwara* wieder. Sie zeigt, daß Al_3Mn in weitem Umfange Mischkrystalle (γ) bildet. Außerdem gibt das Zustandsbild an, in welcher Art die drei Modifikationen von Mangan durch Al beeinflußt werden. Hiernach bilden α und γ in weitem Umfange, β gar keine Mischkrystalle. Die mit Schmelze im Gleichgewicht befindliche γ-Phase soll ein Schmelzpunktmaximum haben. Wenn man berücksichtigt, daß neuerdings bei verschiedenen Systemen, z. B. Pb-Tl, nachgewiesen wurde, daß das Gemisch mit Schmelzpunktmaximum nicht, wie früher angenommen wurde, einem Mischkrystall nach dem einen reinen Metall zugehört, sondern eine besondere Phase darstellt, so erscheint auch hier eine Korrektur nötig, indem die γ-Mn-Mischkrystallphase nur geringen Umfang hat und sich eine besondere Phase für die Legierungen mit geringerem und höherem Gehalt an Al als die maximal kongruent schmelzende Phase ergibt. Es dürfte nicht schwer sein, die Abbildung entsprechend zu ändern, ohne daß den Ergebnissen der Untersuchungen Zwang angetan wird. Auch nur in diesem Falle ist Al-Mn dem Typus V zuzuschreiben. Eine Änderung der Abbildung in der Tafel ist aber noch unterlassen. In dem System Al-Mn wurde noch an der Al-Seite im geringen Umfange die Bildung von Mischkrystallen nachgewiesen, deren Gehalt mit der Temperatur bis auf 0,6 Proz. Mn im eutektischen Schmelzpunkt ansteigt.

Tafel 75 enthält noch das Zustandsbild von Ag-In, wie es kürzlich *Weibke* und *Eggers* aufstellten. Auffällig ist die β-Phase, die nur zwischen 693° und 660° stabil sein soll. Unwahrscheinlich ist das unmittelbare Ineinanderübergehen von δ (26,8 bis 33,1 Proz.) in ε (33,1 bis 33,5 Proz.). Von *Frevel* und *Ott* wurde das System röntgenographisch untersucht, die drei intermediäre Mischkrystallgebiete feststellten, zwei hexagonal und das dritte indiumreichste kubisch-flächenzentriert.

Die Tafel 76 enthält das sehr wichtige System Cu-Sn, das die Bronzen umfaßt, und das neuerdings untersuchte sehr ähnliche Cu-Ge. Die Legierungen Cu-Sn wurden bereits 1909 von *Heycock* und *Neville* untersucht, die auch bereits die Umwandlungen im festen Zustande feststellten. Die verschiedenen Zustandsbilder von Cu-Sn stimmen darin überein, daß für die erstarrten Legierungen bei gewöhnlicher Temperatur dieselben festen Phasen angegeben werden. In dem Gebiet bis 40 Gew.-Proz. Sn finden sich Mischkrystalle nach Cu (α), kubische Krystalle der Formel Cu_3Sn_8 und die hexagonal krystallisierende Verbindung Cu_3Sn (ε). Unterschiede bestehen jedoch in bezug auf die bei Temperaturen über 500° bestehenden festen Phasen. Nach *Bauer* und *Vollenbruck* und den meisten anderen Forschern treten an Stelle von δ und ε alsdann zwei andere Phasen β und γ, die inkongruent schmelzen. Nach *Bauer* und *Vollenbruck* sowie *Westgren* und *Phragmén* zerlegt sich β beim Abkühlen in $\alpha + \gamma$, nach *Ishihara*, *Corson* und anderen Forschern ist aber γ nicht gleichzeitig mit α möglich. Ganz besonders unterscheiden sich aber die neuerdings von *Raper*, *Hamasumi* und *Nishigori* sowie *Verö* aufgestellten Zustandsbilder von den anderen dadurch, daß noch andere feste Phasen als Zwischenglieder auftreten sollen. Die kleine Abbildung für Cu-Sn gibt noch das Verhalten der Gemische von 10 bis 40 Gew.-Proz. Sn nach *Verö* an, wobei besonders das Auftreten einer ζ-Phase eigentümlich ist, die ein sehr kleines Existenzgebiet haben soll. Nach *Karlsson* und *Hägg* krystallisiert Cu_3Sn, gewöhnlich als γ-Phase bezeichnet, in einem rhombischen und nicht hexagonalen Gitter.

In dem System Cu-Ge bilden sich nach den Untersuchungen von *Schwarz* und *Elstner* verschiedene Mischkrystallarten. Kupfer nimmt bis 10 Atom-Proz. Ge in fester Lösung auf (α), zwischen 14 und 16,5 Proz. Ge finden sich β-Mischkrystalle, und von 23 bis fast 25 Proz. γ-Mischkrystalle, die sich aber von der Verbindung Cu_3Ge (ε) unterscheiden sollen. Alle festen Phasen schmelzen inkongruent. Die γ-Mischkrystalle sollen sich bei 558° in β-Mischkrystalle und die Verbindung Cu_3Ge (ε) bei 615° in eine andere Form η umwandeln. Diese Temperatur soll aber möglicherweise auf eine Umwandlung von Ge zurückzuführen sein, die sich erst in den Legierungen äußert.

Die Tafel 77 enthält Systeme des Nickels und Kobalts mit Zink und Cadmium. Das Zustandsbild der mehrfach untersuchten Legierungen von Nickel mit Zink enthält außer Mischkrystallen nach Nickel mit weitem Bereich drei feste Phasen, die aus dem Schmelzfluß zur Ausscheidung kommen. Die γ-Phase schmilzt bei 882° kongruent und hat alsdann die Zusammensetzung $NiZn_3$. Diese γ-Form krystallisiert in der Gitterstruktur des γ-Messing, die auf die Atomverteilung 5 Ni : 21 Zn zurückzuführen ist. Wird das Übergangselement Ni als nullwertig betrachtet, so ergibt sich das bekannte Verhältnis 21 : 13 von Valenz zu Atom. Nach *Eikmann* ist der Umfang der γ-Krystalle 15 bis 19 Atom-Proz. Fe, nach *Tamaru* aber größer. Außerdem gibt es die beiden Phasen β und ε, die mit Schmelze im Gleichgewicht möglich sind. Von ihnen entspricht ε einer Zusammensetzung Ni_2Zn_{15}. Eine Phase dieser Art wird aber nicht von allen Forschern angenommen. Nach *Tamaru* und *Ôsawa* krystallisiert $\beta = NiZn$ hexagonal in dichter Kugelpackung. Die β-Phase zerfällt zwischen 804 und 675° in eine andere Phase, die β' oder δ bezeichnet wird, mit einem Homogenitätsbereich von 45 bis 49 Atom-Proz. Ni. Das Zustandsbild ist in der Hauptsache nach den Untersuchungen von *Tamaru* wiedergegeben. Die geringere Ausdehnung der α-Mischkrystalle wurde auf Grund der Untersuchungen von *Heike, Schramm* und *Vogel* angenommen. *Tamaru* untersuchte das System mit Hilfe thermischer, dilatorischer, magnetischer und röntgenographischer Methoden. Die zinkreichste Phase war anfangs unsicher, sie wurde aber später auch von *Tamaru* und *Ôsawa* gefunden. Für die entsprechenden Zn-haltigen Systeme der Metalle Co, Pd und Pt ist das Zustandsbild nicht bekannt. Es wurde aber bei ihnen die gleiche γ-Phase mit dem Molekülverhältnis 5 : 21 gefunden. Die Legierungen sind einander jedenfalls weitgehend ähnlich. Auch für Cd-Ni wurde die γ-Phase $Cd_{21}Ni_5$ festgestellt, das System wurde bis 15 Proz. Ni thermisch untersucht.

Die letzte Tafel 78 der Systeme vom Typus Vb umfaßt die Legierungen Mn-Sn, Fe-Sn, Pb-Pt und Bi-Rh. Im System Mn-Sn bilden sich außer Mischkrystallen nach Mn verschiedene Verbindungen. $SnMn_4$ schmilzt gerade noch kongruent, die beiden anderen Verbindungen $SnMn_2$ und SnMn inkongruent. In dem System konnten bei 117° und 263° magnetisch Umwandlung festgestellt werden, die auf die Verbindungen Mn_4Sn und Mn_2Sn zurückzuführen sind. Auch das System Fe-Sn ist häufig untersucht worden. Die Schmelzkurve hat im Zustandsbilde in einem größeren Gebiet einen fast geradlinigen Verlauf, die zu der Auffassung einer Mischungslücke im flüssigen Zustande führte. Die ersten systematischen Untersuchungen aus dem Jahre 1905 von *Isaac* und *Tammanns* sind später in verschiedenen Punkten korrigiert. Die verschiedenen Feststellungen stimmen in ihren Auslegungen allerdings noch nicht vollständig überein. Das Zustandsbild, welches *Wever* und *Reinecker* auf Grund eingehender Untersuchungen aufstellten, enthält zwei Verbindungen, Fe_3Sn und $FeSn_2$ mit inkongruenten Schmelzpunkten. Für die Verbindung Fe_3Sn wurde ein unterer Zersetzungspunkt bei 890° angenommen. Eigentümlich ist die Auffassung, daß $FeSn_2$ in vier polymorphen Formen vorkommen soll. Das Zustandsbild wurde fast vollständig auf Grund thermischer Untersuchungen ausgeführt, wodurch unvollständige Gleichgewichte nicht erkannt werden konnten. Festgestellt wurde vollständige Mischbarkeit in den

Tafel 74.

Typus Vb: Cu-Zn, Ag-Zn, Ag-Cd, Cu-Hg, Ag-Hg, Au-Hg.

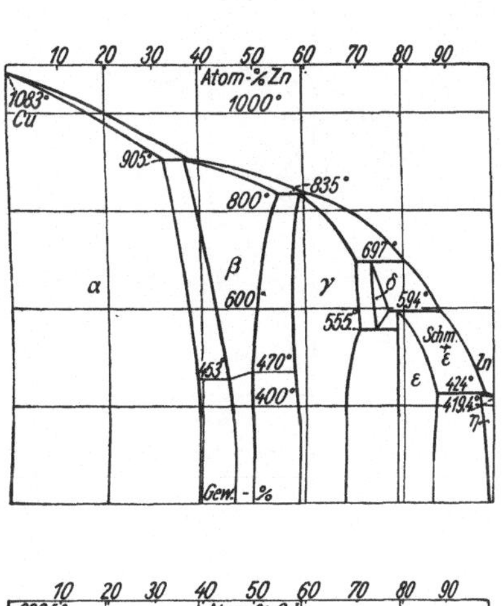

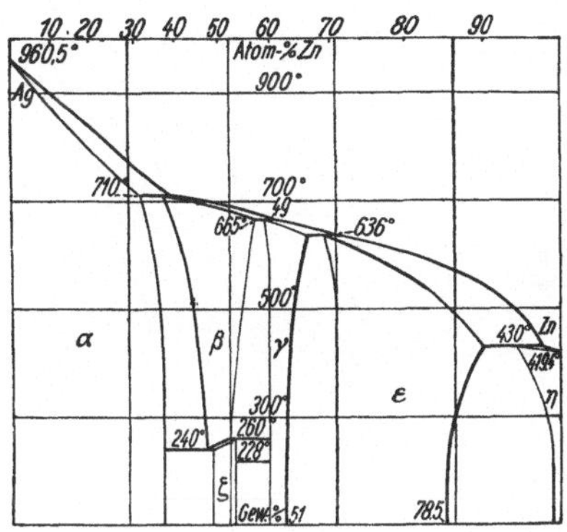

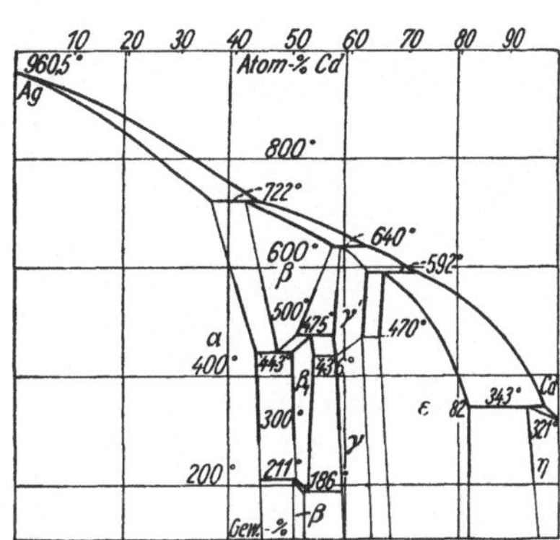

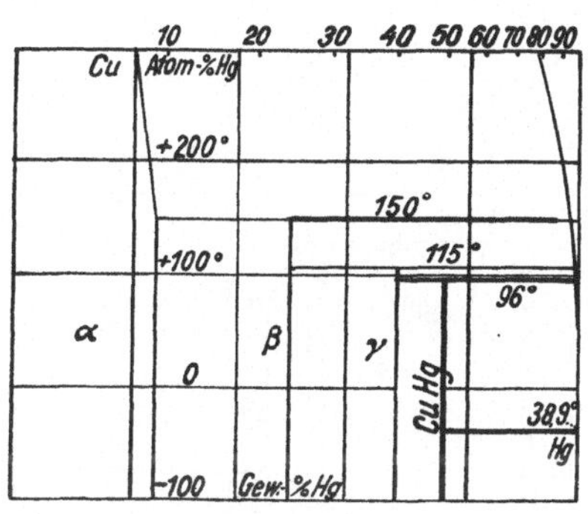

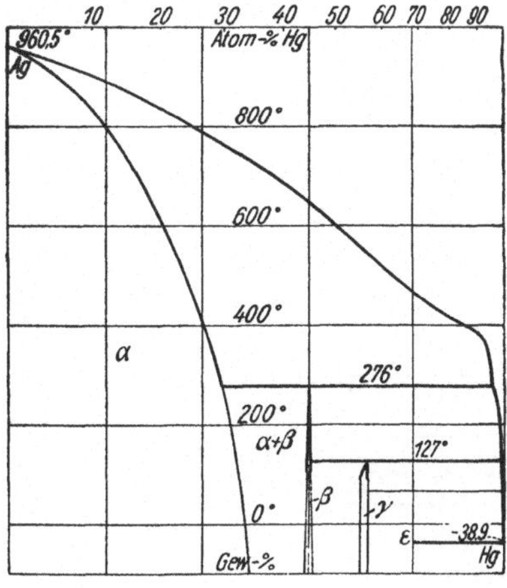

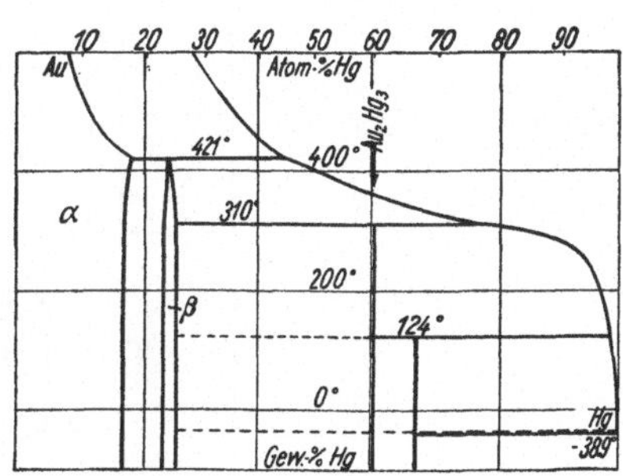

Tafel 75. **Typus Vb; Al-Cu, Cu-Ga, Cu-In, Al-Mn, Ag-In.**

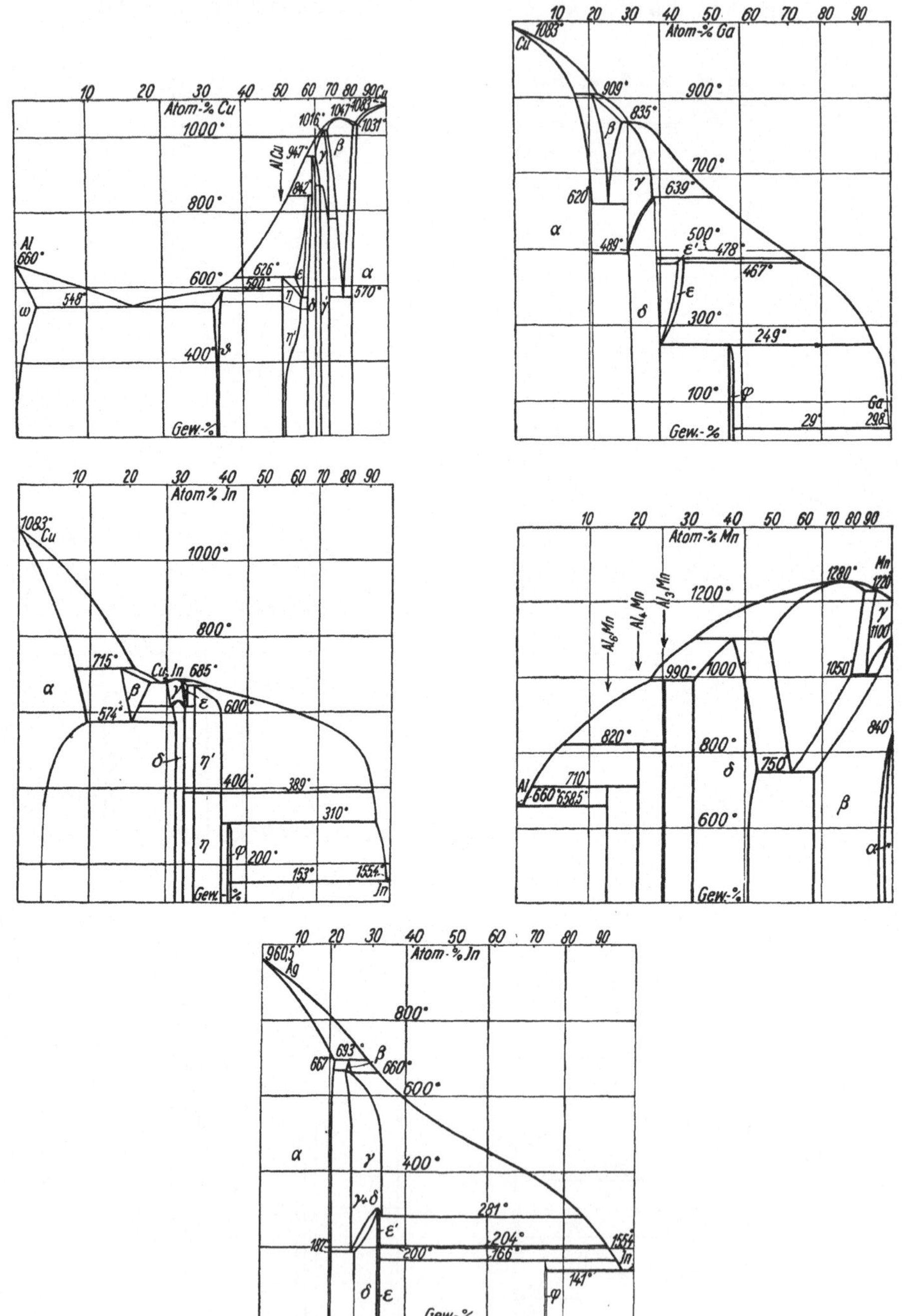

Tafel 76.

Typus Vb: Cu-Sn, Cu-Ge.

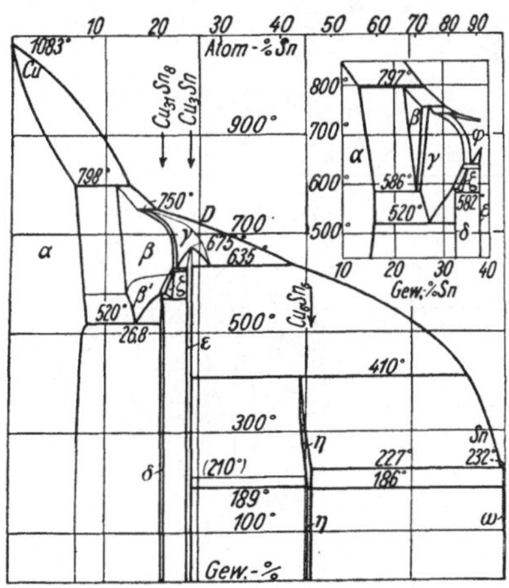

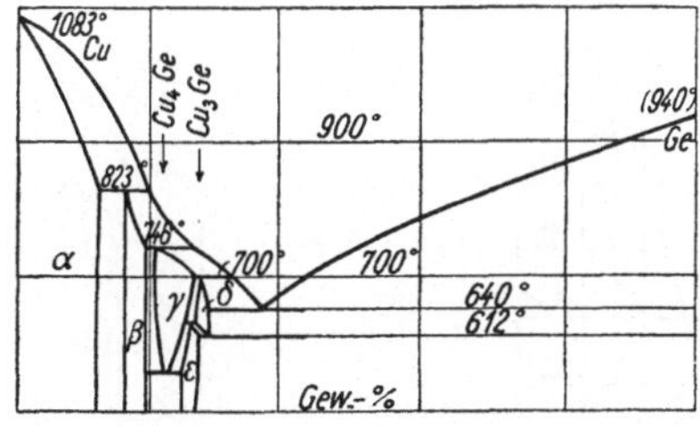

Tafel 77.

Typus Vb: Ni-Zn, Co-Zn, Cd-Ni.

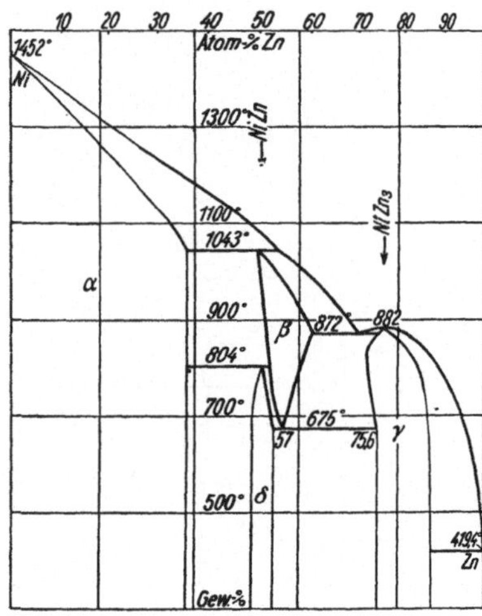

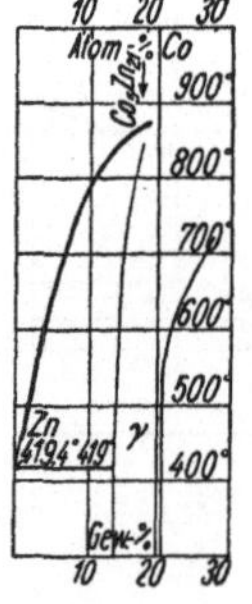

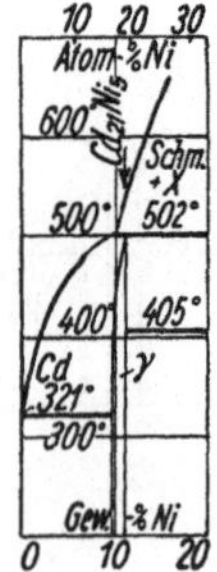

Tafel 78.

Typus Vb: Mn-Sn, Fe-Sn, Pb-Pt, Bi-Rh, (Mo-Mn).

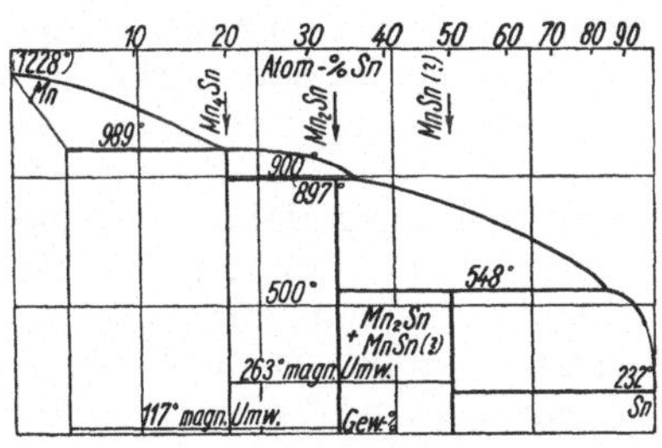

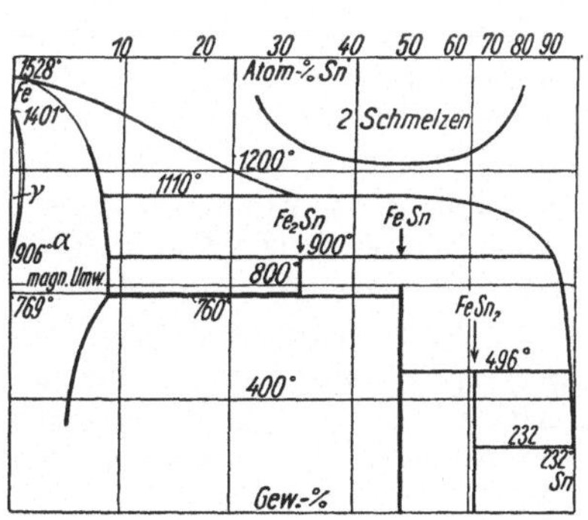

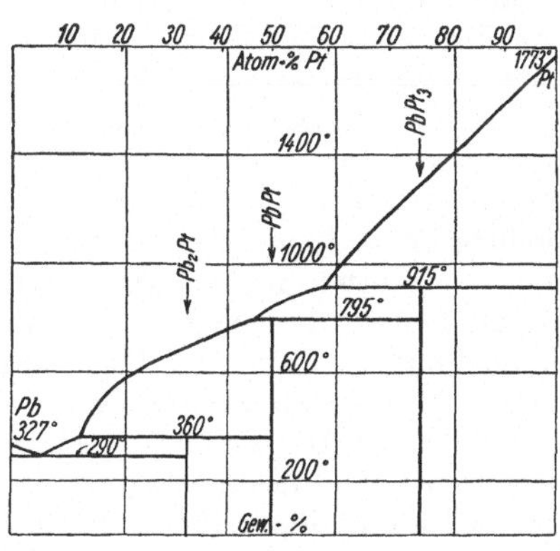

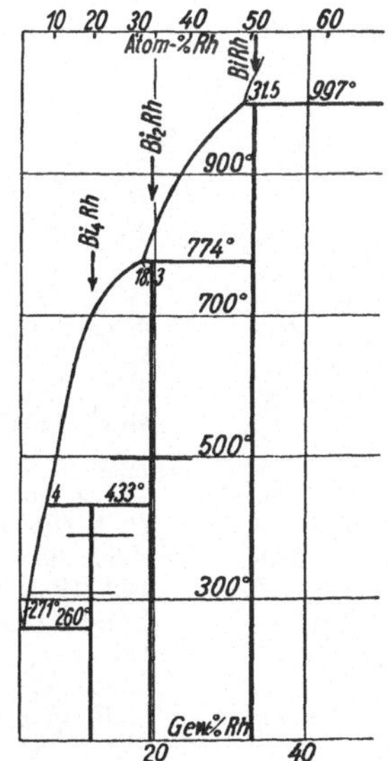

Gemischen oberhalb der Schmelzkurve. Die Abbildung gibt das Zustandsbild in der Hauptsache nach *Edwards* und *Preece*, nach dem drei feste Phasen Fe_2Sn, $FeSn$ und $FeSn_2$ auftreten. Von diesen hat Fe_2Sn eine untere Stabilitätsgrenze. Die Verbindung Fe_3Sn gibt es hiernach nicht, und es tritt Fe_2Sn an dessen Stelle. *Edwards* und *Preece* nehmen wieder eine Mischungslücke in flüssigem Zustande an, die aber in der Abbildung anders angegeben ist. Eine röntgenographische Untersuchung von *Ehret* und *Westgren* stimmt im ganzen mit der von *Edward* und *Preece* überein. Sie wurde auf Legierungen bei verschiedenen Temperaturen ausgedehnt. Gefunden wurden noch zwei nur bei höheren Temperaturen stabile Phasen. Es bildet sich eine dieser, γ, die ein kleines Homogenitätsbereich hat, aus β (FeSn). Die andere β'-Phase, die um $700°$ beständig sein soll, stellt aber vielleicht ein Gemisch dar. Diese wäre also in dem angegebenen Zustandsbild noch zu berücksichtigen. In ihm wurde, ähnlich wie für das System Fe-Cu, angenommen, daß die Entmischung im flüssigen Zustande eintritt beim Erhitzen von homogenen Flüssigkeiten. Von *Ruer* und *Kuschmann* scheint einwandfrei bewiesen, daß Gemische von $1300°$ abgekühlt aus zwei Schichten bestehen. Eingetragen ist in das Zustandsbild auch das geschlossene Gebiet der γ-Mischkrystalle, wie es von *Baumeister* und *Jones* festgestellt wurde. Nach den röntgenographischen Untersuchungen krystallisieren Fe_2Sn und $FeSn$ vielleicht auch $FeSn_2$ hexagonal. Die Verbindung $FeSn$ krystallisiert im Gitter von NiAs (B_8). Die γ-Form des Eisens nimmt nur etwa 4 Proz. Sn im Gitter zu Mischkrystallen auf. Die Tafel 78 enthält ferner das System Pb-Pt mit mehreren inkongruent schmelzenden Verbindungen. Für zwei, Pb_2Pt und $PbPt$, dürfte die Zusammensetzung feststehen. Die Löslichkeitskurve enthält drei ausgesprochene Knicke, die mit Sicherheit auf das Vorhandensein noch einer dritten Verbindung mit höherem Gehalt an Pt schließen läßt. Tafel 78 enthält endlich noch das in neuerer Zeit von *Rode* angegebene Zustandsbild Bi-Rb bis 50 Proz. Rh. Nach dem russischen Forscher gibt es in diesem Gebiete drei inkongruent schmelzende Verbindungen Bi_4Rh, Bi_2Rh und $BiRh$ mit den Schmelztemperaturen $433°$, $774°$ und $997°$. Möglicherweise bestehen zwischen BiRh und Rh noch weitere Verbindungen.

Literatur zu Typus Vb.

Tafel 74.

Cu-Zn: *Shepherd*, J. physic. chem. **8**, 1904, 421. — *Tafel*, Metallurgie 5, 1908, 349. — *Carpenter*, Int. Z. Metallogr. **2**, 1912, 129. — *O. Bauer* u. *M. Hansen*, Mitt. Prüf.-Amt u. Kais.-Wilh.-Inst. Metallforschg. **1927**, Sonderheft IV — Z. Metallkde. **19**, 1927, 423. — *A. I. Bradley* u. *I. Therolin*, Proc. Roy. Soc., Lond. (A) **112**, 1926, 678. — *M. Hansen* u. *W. Stenzel*, Metallwirtsch. **12**, 1933, 539. — *A. Ölander*, Z. Physik. Chem. Abt. A **164**, 1933, 428. — *R. Ruer* u. *K. Kremers*, Z. anorg. allg. Chem. **184**, 1929, 194. — *A. Johansson* u. *A. Westgren*, Metallwirtsch. **12**, 1933, 539.

Ag-Zn: *H. C. H. Carpenter* u. *W. Whiteley*, Int. Z. Metallogr. **3**, 1913, 145. — *G. J. Petrenko*, Z. anorg. allg. Chem. **48**, 1906, 351; **165**, 1927, 297. — *H. C. H. Carpenter* u. *W. Whiteley*, Z. Metallkde. **3**, 1912, 145. — *W. Hume-Rothery*, *E. W. Marbot* u. *K. M. C. Evans*, Philos. Trans. Roy. Soc., Lond. (A) **233**, 1926, 1. — *E. A. Owen* u. *I. G. Edmunds*, J. Inst. Met., Lond. **57**, 1935, 297.

Ag-Cd: *G. J. Petrenko* u. *A. S. Fedorow*, Z. anorg. allg. Chem. **70**, 1911, 161. — *P. I. Durrant*, J. Inst. Met., Lond. **44**, 1931, 99. — *A. Ölander*, Z. physik. Chem. **163**, 1933, 115. — *G. Natta* u. *M. Freri*, Rend. Accad. Linc. Roma **6a**, 1927, 6, 422. — *H. Asbrand* u. *A. Westgren*, Z. anorg. allg. Chem. **90**, 1928. — *Fraenkel* u. *Wolf*, Z. anorg. allg. Chem. **189**, 1930, 145. — *C. W. Stillwell*, J. Amer. chem.

Soc. **53**, 1931, 2416. — *Fink* u. *Geraposto-lon*, Met. Ind., N.Y. **28**, 1930, 519, 562.
Cu-Hg: *G. Tammann* u. *Th. Stassfurth*, Z. anorg. allg. Chem. **143**, 1925, 357. — *N. Katok*, Z. physik. Chem. Abt. B **6**, 1929, 27. — *F. Schloßberger*, Z. physik. Chem. Abt. B **29**, 1935, 65.
Ag-Hg: *G. Tammann* u. *Th. Stassfurth*, Z. anorg. allg. Chem. **143**, 1925, 357. — *Reinders*, Z. physik. Chem. (5) **54**, 1906, 608. — *A. J. Murphy*, J. Inst. Met., Lond. **46**, 1931, 523. — *Sunich* u. *Hess*, J. Amer. chem. Soc. **50**, 1928, 662. — *G. D. Preston*, J. Inst. Met., Lond. **46**, 1931, 522. — *A. Weryha*, Z. Kristallogr. **86**, 1933, 335.
Au-Hg: *N. Parravano*, Gazz. chim. ital. **48 II**, 1918, 123. — *I. T. Anderson*, J. phys. Chem. **36**, 1932, Nr 8, 2145. — *Placksin*, Metallurgie **24**, 1932, 89. — *G. T. Britton* u. *I. M. McBain*, J. Amer. chem. Soc. **1**, 1926, 597. — *R. Kremann* u. *R. Bauer*, Sitzgsber. Akad. Wiss. Wien IIb **141**, 1932, 693. — *A. Pabst*, Z. physik. Chem. Abt. B **3**, 1929, 443. — *W. Biltz* u. *F. Meyer*, Z. anorg. allg. Chem. **176**, 1928, 23. — *Sten Stenbeck*, Z. anorg. allg. Chem. **24**, 1933, 25. — *S. A. Braley* u. *R. F. Schneider*, J. Amer. chem. Soc. **43**, 1921, 740.

Tafel 75.

Al-Cu: *Curry* aus *Bornemann*, Die binären Metallegierungen I. 1909. — *Gwyer*, Z. anorg. allg. Chem. **57**, 1908, 117. — *D. Stockdale*, J. Inst. Met., Lond. **28**, 1922, Nr 2, 273; **31**, 1924, Nr 1, 275. — *E. H. Dix* u. *H. H. Richardson*, Trans. Amer. Inst. min. metallurg. Engr. **73**, 1926, 560 — Z. Metallkde. **18**, 1926, 196. — *E. R. Jeth, G. Phragmén* u. *A. F. Westgren*, J. Inst. Met., Lond. **31**, 1924, 193. — *G. D. Preston*, Philos. Mag. (7) **12**, 1931, 980. — *I. Obinata* u. *G. Wassermann*, Naturwiss. **21**, 1933, 383. — *A. I. Bradley* u. *P. Jones*, Inst. Met., Lond. **1933**, 625. — *A. I. Bradley*, Philos. Mag. (7) **6**, 1929, 878. — *Gengler* u. *G. D. Preston*, J. Inst. Met., Lond. **98**, 1932, 206. — *C. Hisatsune*, Mem. Coll. Engng., Kyoto **8**, 1934, 74.
Cu-Ga: *F. W. Weibke*, Z. anorg. Chem. allg. **224**, 1933.
Cu-In: *F. Weibke* u. *H. Eggers*, Z. anorg. allg. Chem. **222**, 1934, 273.
Al-Mn: *G. Hindrichs*, Z. anorg. allg. Chem. **59**, 1908, 444. — *E. H. Dix* u. *W. D. Keith*, Proc. Amer. Inst. Met., Div., Amer. Inst. min. metallurg. Engr. **1927**, 315 — Z. Metallkde. **19**, 1927, 497. — *E. Rassow*, Haus-Z. Aluminium **1**, 1929, 187. — *T. Ishiwara*, Sci. Rep. Tôhoku Univ. **19**,

1930, 501. — *A. I. Bradley* u. *Ph. Jones*, Philos. Mag. (7) **12**, 1931, 1137.
Ag-In: *F. Weibke* u. *H. Eggers*, Z. anorg. allg. Chem. **222**, 1935, 145.

Tafel 76.

Cu-Sn: *Heycock* u. *Neville*, Philos. Trans. Roy. Soc., Lond. (A) **202 I**, 1903. — *Shepherd* u. *Blough*, J. physic. Chem. **10**, 1906, 630. — *Giolitti* u. *Tavanti*, Gazz. chim. ital. **38 II**, 1908, 209. — *O. Bauer* u. *O. Vollenbruck*, Mitt. Prüf.-A. **40**, 1922, 181. — *K. Kremers*, Diss. Aachen **1930**, 5. — *T. Isihara*, Sci. Rep. Tôhoku Univ. **15**, 1926, 245; **17**, 1928, 933. — *D. Stockdale*, J. Inst. Met., Lond. **34**, 1925, 111. — *M. Hansen*, Z. Metallkde. **19**, 1927, 407. — *O. Carlsson* u. *G. Hägg*, Z. Kristallogr. (A) **83**, 1932, 308. — *T. Matsuda*, Sci. Rep. Tôhoku Univ. **17**, 1928, 144. — *E. A. Owen* u. *I. Iball*, J. Inst. Met. **57**, 1935 (Vorbericht). — *I. O. Linder*, Ann. Phys. (5) **8**, 1931, 124. — *H. Imai* u. *M. Hagiya*, Mem. Ryogun Coll. **3**, 1930, 117; **5**, 1932, 77. — *I. Verö*, Z. anorg. allg. Chem. **218**, 1934, 412. — *I. L. Haughton*, J. Inst. Met., Lond. **34**, 1925, 121. — *A. R. Raper*, J. Inst. Met., Lond. **38**, 1927, 217. — *Y. Matsuyama*, Sci. Rep Tôhoku Univ. **16**, 1927, 445. — *A. Westgren* u. *G. Phragmén*, Z. anorg. allg. Chem. **175**, 1928, 80. — *R. Carson*, Canad. min. metallurg. Bull. **209**, 1929, 129. — *M. Hamasumi* u. *S. Nishigori*, Technol. Rep. Tôhoku Univ. **10**, 1931, 131. — *I. T. Eash* u. *C. Upthegrove*, J. Amer. Inst. metallurg. Engr. **1932**.
Cu-Ge: *R. Schwarz* u. *G. Elstner*, Z. anorg. allg. Chem. **217**, 1934, 289. — *W. Hume-Rothery*, *G. W. Mabboth* u. *K. M. Ch. Evans*, Phil. Trans. Roy. Soc., London (A) **233**, 1934, 82. — *Fr. Weibke*, Metallwirtsch. **15**, 1936, 301.

Tafel 77.

Ni-Zn: *H. Hafner*, Diss. Freiberg i. Sa. 1927. — *V. Tafel*, Metallurgie **4**, 1907, 784. — *G. Voß*, Z. anorg. allg. Chem. **57**, 1908, 68. — *W. Heike, J. Schramm* u. *O. Vaupel*, Metallwirtsch. **12**, 1933, 117; **15**, 1935, 660. — *K. Tamaru*, Sci. Rep. Tôhoku Univ. Sendai **1932**, 347. — *K. Tamaru* u. *A. Ôsawa*, Bull. Inst. physic. chem. Res., Tokyo **1933**, 3.
Co-Zn: *K. Lewkonja*, Z. anorg. allg. Chem. **59**, 1908, 321. — *N. Parravano* u. *V. Cagliotti*, Mem. R. Accad. Italia **3**, 1932, 1.
Cd-Ni: *G. Voß*, Z. anorg. allg. Chem. **57**, 1908, 70. — *C. E. Swartz* u. *A. I. Phillips*, Trans. Amer. Inst. min. metallurg. Engr. Inst. Met. Div. **1934**, 333.

Tafel 78.

Mn-Sn: *R. S. Williams*, Z. anorg. allg.
Chem. **55**, 1907, 26. — *D. Hanson* u.
E. I. Sandford, J. Inst. Met., Lond. **58**,
1935, 196.

Fe-Sn: *F. Wever* u. *W. Reinecken*, Mitt.
Kais.-Wilh.-Inst. Eisenforsvhg., Düsseld.
7, 1925, Nr 6, 70. — *E. Isaac* u. *G. Tammann*, Z. anorg. allg. Chem. **53**, 1907,
285. — *W. F. Ehret* u. *A. F. Westgren*,
J. Amer. chem. Soc. **55**, 1933, 1339. —

C. A. Edwards u. *A. Preece*, J. Iron
Steel Inst. **12**, 1931, 441. — *Baunister*
u. *Jones*, J. Iron Steel Inst. II **124**, 1931,
72. — *W. D.* u. *W. E. Hoare*, J. Iron
Steel Inst. **129**, 1934, 273.

Pb-Pt: *Fr. Doerinckel*, Z. anorg. allg. Chem.
54, 1907, 361. — *N. A. Puschin* u. *P. L.
Laschtschenko*, Z. anorg. allg. Chem. **62**,
1909, 34.

Bi-Rh: *E. I. Rode*, Ann. Ist. Platine **1929**,
Lief. 7, 21.

Legierungen vom Typus Vx.

79. Ga-Te, In-Te, Se-Tl, (P-Sn), (Na-S), (K-S), (Rb-S), (Cs-S).

Zu den Legierungen von diesem Typus gehören solche, die außer mindestens
fünf festen Phasen Entmischung im flüssigen Zustande zeigen. Auf der Tafel
sind die beiden Systeme Ga-Te und In-Te angegeben, die Mischungslücken
zwischen Tellur und den tellurreichsten Verbindungen aufweisen. Die Zustandsbilder sind einander sehr ähnlich. Es gibt die kongruent schmelzenden
Verbindungen Ga-Te, Ga_2Te_3, InTe und In_2Te_3. Inkongruent schmelzen
$GaTe_3$ sowie In_2Te und $InTe_3$. Noch komplizierter ist das System Se-Tl mit
zwei Mischungslücken, eines in den selenreichen und eines in den thallium-
reichen Gemischen. Dazwischen die Verbindungen Tl_2Se_3 in zwei Formen,
inkongruent schmelzend, und TlSe sowie Tl_2Se mit kongruenten Schmelzpunkten. Kann man diese Systeme, wenn auch mit Einschränkung, noch zu den
Metallgemischen rechnen, so ist dieses für andere nicht der Fall. Es soll erwähnt
werden, daß P-Sn auch zwei Mischungslücken enthält. Nach neueren Untersuchungen zeigen auch die Systeme aus Alkalimetall mit Schwefel in den schwe-
felreichen Gebieten die Bildung zweier Schmelzen. Außerdem bilden sich verschiedene gleichartige Verbindungen, z. B. K_2S, K_2S_2, K_2S_3, K_2S_4, K_2S_5, K_2S_6.

Literatur zu Typus Vx.

Tafel 79.

Ga-Te: *W. Klemm* u. *H. V. v. Vogel*,
Z. anorg. allg. Chem. **219**, 1934,
152.

In-Te: *W. Klemm* u. *H. V. v. Vogel*,
Z. anorg. allg. Chem. **219**, 1934,
152.

Se-Tl: *T. Murakami*, Mem. Coll. Sci.
Kyoto Univ. **1**, 1915, 153. — *L. Rolla*,
Atti R. Accad. Lincei Roma (5) **28 I**,
1919, 355.

P-Sn: *A. C. Vivian*, J. Inst. Met., Lond. **23**,
1920, 325. — *P. Iolibris*, C. R. Acad.
Sci., Paris **148**, 1909. 636.

Na-S: *I. S. Thomas* u, *A. Rule*, J. chem.
Soc. **111**, 1912, 1063.

K-S: *T. G. Pearron* u. *P. L. Robinson*, J.
chem. Soc. **1930**, 1473.

Rb-S: *W. Biltz* u. *E. Wilke-Dörfurt*, Z.
anorg. allg. Chem. **48**, 1906, 305.

Cs-S: *W. Biltz* u. *E. Wilke-Dörfurt*, Z. anorg. allg. Chem. **48**, 1906, 305.

Zusammenfassende Darstellung aller binären Legierungen.

In den beiden großen Tafeln sind alle angegebenen binären Metallegierungen
nach der angegebenen Einteilung in fünf Gruppen eingeordnet. Die erste
Tafel enthält die Kombinationen der Metalle der Gruppen Ia, IIa, IIIa,

Tafel 79.

Typus Vx: Ga-Te, In-Te, Se-Tl, (P-Sn), (Na-S), (K-S), (Rb-S), (Cs-S).

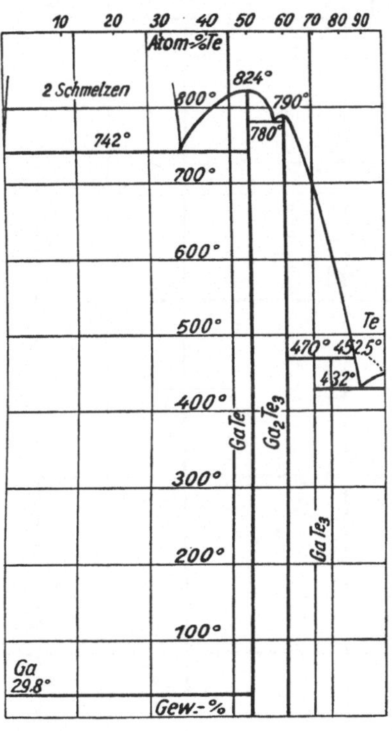

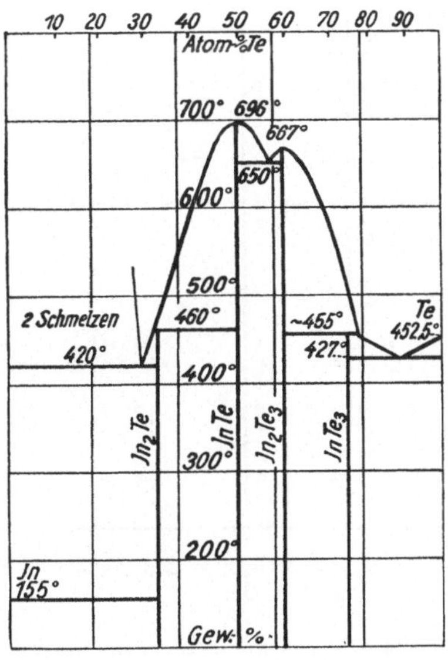

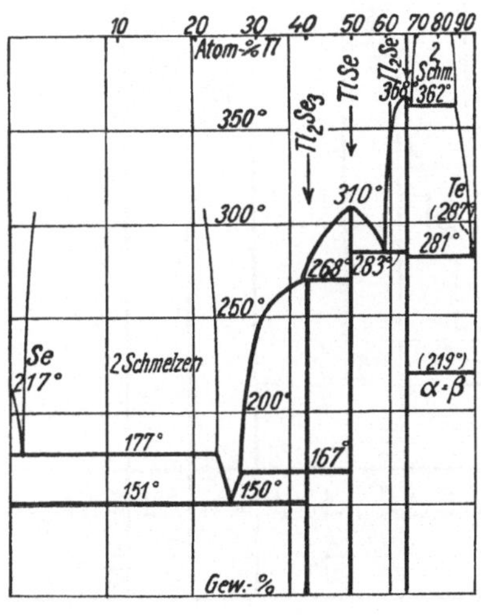

Tabelle V. **Einteilung der binären Legierungen in fünf Gruppen geordnet nach dem periodischen System der Elemente.**

A. Metalle der Gruppen Ia bis VIIa des periodischen Systems mit anderen Metallen legiert.

Spaltengruppen: **Ia** = Li, Na, K, Rb, Cs; **IIa** = Be, Mg, Ca, Sr, Ba; **IIIa** = La, Ce, Pr; **IVa** = Ti, Zr, Th; **Va** = V, Ta; **VIa** = Cr, Mo, W; **VIIa** = Mn, Re.

Gruppe	Element	Li	Na	K	Rb	Cs	Be	Mg	Ca	Sr	Ba
Ia	Na	×									
	K	×	IIIb								
	Rb		IIb	Ib							
	Cs		IIIb								
IIa	Mg	IIIa	×	×			×				
	Ca		⊗					IIIa			
IIIa	La							Va			
	Ce							Va			
	Pr							IVa			
VIa	Mo							(IV)			
	W							(IV)			
VIIa	Mn							(III)	(IVb)		
	Re							(III)			
VIII	Fe							IVa		×	
	Co							(IVa)			
	Ni							IVa	IVa		
	Rh							(III)			
	Pd							(IV)			
	Ir							(III)			
	Pt							(III)			
Ib	Cu	IIb					Va	IVa	IIIa		
	Ag	IVa	IIb				IIIb	IVa	Va	Va	Va
	Au		IIIa				(IIIa)	Va	Va		
IIb	Zn	Va	IIIx	IIIx				Va	Va		
	Cd	Va	IVa	IIIx			IIa	Va	Va		
	Hg	Va	Va	Va	Va	Va	Va	Va	IVb	IVb	
IIIb	Al	IVa	×	×			IIb	IVa	IVa		IIIa
	Ga		(IIIa)								
	In	IIIa									
	Tl	Va	Va	IVa				Va	Va		
IVb	C										
	Si						IIb	IIIa	Va	(Va)	
	Ge										
	Sn	Va	Va	Va				IIIa	Va	Va	IVa
	Pb	Va	Va	Va				IIIa	Va	IIIa	IIIa
Vb	P										
	As										
	Sb		IVa	IVa				IIIa	IIIa		
	Bi	IVa	IVa	Va				IIIa	IVx		
VIb	S	(Vx)	(Vx)	(Vx)	(Vx)						
	Se	Va									
	Te	Va									

Gruppe	Element	La	Ce	Pr	Ti	Zr	Th	V	Ta	Cr	Mo	W	Mn	Re
Ia	Na													
	K													
	Rb													
	Cs													
IIa	Mg													
	Ca													
IIIa	La													
	Ce													
	Pr													
VIa	Mo									IIb				
	W					(IIIa)				(IIa)	Ia			
VIIa	Mn													
	Re									IIb		IIIa		
VIII	Fe	IVb			IIIa	IIIa		Ib	(IIIa)	Ib	IIIb	IIIb	IIIb	
	Co									IIc	IIIb	IIIb	IIa	
	Ni					(IVa)		IIb	IVa	IIb	IIIb	IIIb	IIa	
	Rh													
	Pd									(IIIa)			(IIIa)	
	Ir													
	Pt									IIb		IIa		
Ib	Cu	Va	Va	Va	IIb	IIIa		×		×	×	×	IIa	
	Ag	Va		Va		(IIIa)		×	×	×	×	×	⊗	
	Au	Va		Va						IIa	×	×	IIIa	
IIb	Zn	(IVb)								×			IVb	
	Cd									×				
	Hg	(IIIb)											(IVa)	
IIIb	Al	Va	Va	Va	IIIb	(IIIa)	IIIb			IVb	IIIb		Vb	
	Ga													
	In													
	Tl	Va											×	
IVb	C				(IVa)			(IVa)		IVa	IVa	IVa	IIIb	
	Si				IIIa			IIIa		(Vb)			Va	
	Ge													
	Sn							Va	Va	×			Vb	
	Pb							Va		×		⊗	⊗	
Vb	P												IVa	
	As												IVa	
	Sb									IVa			Va	
	Bi							Va		×			Va	
VIb	S													
	Se													
	Te													

B. Metalle der Gruppen VIII, Ib bis VIb des periodischen Systems miteinander legiert.

	Fe	Co	Ni	Rh	Pd	Ir	Pt
VIII Co	IIa						
Ni	IIa	Ia					
Rh							
Pd	IIa	Ib	Ib				
Ir							
Pt	IIa	Ib	Ib	Ia		Ia	
Ib Cu	IIIb	IIa	Ia		Ia		Ia
Ag	×	×	×	(IIb)	Ia	×	IIa
Au	IIIb	IIb	Ia	(IIa)	Ia		Ia
IIb Zn	IVb	Vb	Vb				
Cd	(IVb)		Vb				IVa
Hg	(IIb)		(IIIb)				
IIIb B	IVa	(IVa)	Va				
Al	Va	Va	Va				IVb
Ga							
In							
Tl	×	×	×				IIIa
IVb C	IVb	IIIb	IIIb				
Si	IVa	Va	Va		Va		
Ge							
Sn	Vb	Va	Va				Va
Pb	×	×	⊗		Va		Vb
Vb N	IVb						
P	IVa	IVx	Va				IVx
As	Va	Va	Va				IIIa
Sb	IVa	IVa	Va		Va		Va
Bi	×	⊗	IVb	Vb			
VIb S	IVa						(IVb)
Se							
Te							

	Cu	Ag	Au	Zn	Cd	Hg
Ib Ag	IIb					
Au	Ib	Ia				
IIb Zn	Vb	Vb	Va			
Cd	Va	Vb	Va	IIb		
Hg	Vb	Vb	Vb	IIb	IIa	
IIIb B						
Al	Vb	IVb	Va	IIb	×	IIb
Ga	Vb	(IVb)		IIb	×	×
In	Vb	Vb				
Tl	⊗	IIb	IIb	×	IIb	IIIa
IVb C						
Si	Va	IIb	IIb			
Ge	Vb	IIb				
Sn	Vb	IVb	Va	IIb	IIb	IIIb
Pb	⊗	IIb	IVb	⊗	IIb	IIb
Vb N						
P	IVx	(IVx)				
As	IVa	IIIb	IIIb	IVa	IVa	
Sb	IVa	IVb	IIb	Va	IVa	
Bi	IIb	IIb	IIb	⊗	IIb	IIb
VIb S	IIIx	IIIx				
Se	IIIx	IIIx	(IIIx)	(IIIa)	(IIIa)	
Te	IVx	IVx	IIIa	IIIa	IIIa	IIIa

	B	Al	Ga	In	Tl	C	Si	Ge	Sn	Pb
IIIb Al										
Ga		IIb								
In			IIb							
Tl		×		IIa						
IVb C										
Si		IIb			×					
Ge		IIb								
Sn		IIb	IIb		IIb		IIb			
Pb		×	×	IIa	IIIa		×	IIb	IIb	
Vb N										
P									Vx	
As					⊗				IVa	IIb
Sb		IIIa			IIIb		IIb		IVb	IIb
Bi		×	×		IVa		×		IIb	IIb
VIb S					(IVx)				(IIIx)	IIIx
Se		IIIa			Vx				IVx	IIIx
Te		IIIa	Vx	Vx	IVx			IIIb	IIIa	IIIa

	N	P	As	Sb	Bi	S	Se	Te
Vb P								
As								
Sb			Ib					
Bi			(IIb)	Ia				
VIb S			(IVx)	IIIx	IIIx			
Se				IIIa	IVx	(IIIb)		
Te			IIIa	IIIa	IIIa	IIb	(IIa)	

Tabelle VI. **Verteilung der binären Legierungen auf die Tafeln.**

A. Legierungen mit Metallen der Gruppen Ia, IIa, IIIa, IVa, Va, VIa, VIIa des periodischen Systems.

Teil 1 — Gruppen Ia, IIa, IIIa:

	Ia Li	Na	K	Rb	Cs	IIa Be	Mg	Ca	Sr	Ba	IIIa La	Ce	Pr
Ia Na	×												
K	×	31											
Rb		10	4										
Cs		31											
IIa Mg	22	×	×			×							
Ca		19											
IIIa La							65						
Ce							65						
Pr							44						
VIa Mo													
W													
VIIa Mn							53						
Re													
VIII Fe						45		×				52	
Co						45							
Ni						45	44						
Rh													
Pd													
Ir													
Pt													
Ib Cu	10					60	44	23			63	63	63
Ag	43	10				31	44	60	60	60	63		63
Au		22				31	60	60			63		63
IIb Zn	57	38	38				64	64				53	
Cd	57	43	38				7	64	64				
Hg	56	56	56	56	56		64	64	51	51		32	
IIIb Al	43	×	×			13	44	46		23	68	68	68
Ga		22											
In	22												
Tl	57	58	43				65	65			68		
IVb C													
Si						14	24	67	67			27	
Ge													
Sn	57	58	59				24	67	67	48	69	69	
Pb	57	58	59				24	67	23	23	69		
Vb P													
As													
Sb		42	42				25	23					
Bi	42	42	59				25	46				69	
VIb S	79	79	79	79									
Se		58											
Te		58											

Teil 2 — Gruppen IVa, Va, VIa, VIIa:

	IVa Ti	Zr	Th	Va V	Ta	VIa Cr	Mo	W	VIIa Mn	Re
Ia Na										
K										
Rb										
Cs										
IIa Mg										
Ca										
IIIa La										
Ce										
Pr										
VIa Mo						18				
W		27				18	4			
VIIa Mn										
Re						8		27		
VIII Fe	28	28		4	28	4	33	34	35	
Co						18	33	34	9	
Ni		45		18	45	18	33	34	9	
Rh										
Pd						28a			28a	
Ir										
Pt						18		8		
Ib Cu	11	27		×		×	×	×	9	
Ag		27		×		×	×	×	19	
Au				×	×	8	×	×	28a	
IIb Zn						×			53	
Cd						×				
Hg									53	
IIIb Al	36	27	36			52	36		75	
Ga										
In										
Tl									×	
IVb C	50			50		50	50	50	37	
Si					27	71			71	
Ge										
Sn	69	69				×			78	
Pb						×		21	21	
Vb P										
As									49	49
Sb						49				
Bi						×			73	73
VIb S										
Se										
Te										

B. Metalle der Gruppen VIII, Ib, IIb, IIIb, IVb, Vb, VIb des periodischen Systems miteinander legiert.

	Fe	Co	Ni	Rh	Pd	Ir	Pt	Cu	Ag	Au	Zn	Cd	Hg	B	Al	Ga	In	Tl	C	Si	Ge	Sn	Pb	N	P	As	Sb	Bi	S	Se	Te
VIII Co	6	Co																													
Ni	6	1	Ni																												
Rh				Rh																											
Pd	6	2	2		Pd																										
Ir						Ir																									
Pt	6	3	3	3		3	Pt																								
Ib Cu	35	8	1		2		3	Cu																							
Ag	×	×	×	12	2	×	8		Ag																						
Au	35	12	1	8	2		3			Au																					
IIb Zn	52	77	77					74	74	61	Zn																				
Cd	52		77				46	62	74	61		Cd																			
Hg	14		32					74	74	74			Hg																		
IIIb B	48	49	66											B																	
Al	66	66	66				52	75	51	62	13	×	13		Al																
Ga								75	51		13	×	×		15	Ga															
In								75	75							15	In														
Tl	×	×	×				28	19	10	10	×	13	26		×		7	Tl													
IVb C	41	37	37																C												
Si	48	71	71		71			62	11	11					15			×		Si											
Ge								76	11						15						Ge										
Sn	78	72	72				72	76	51	62	14	14	32		15	16		16		16		Sn									
Pb	×	×	21		72		78	19	11	51	20	14	14		×	×	7	26			17	17	Pb								
Vb N	41																							N							
P	48	54	70				54	54	54													79			P						
As	70	70	70				28	47	31	31	47	47						20				47	17			As					
Sb	48	48	73		73		73	46	51	12	69	46			26			32		16		51	17			5	Sb				
Bi	×	21	53	78				12	12	12	20	14	14		×	×		49		×		17	17			17	5	Bi			
VIb S	41						52	40	40									55				40	40			55	40	40	S		
Se								39	39	39	39	39			29			79				55	39				30	55	32	Se	
Te								55	55	29	29	29	29		29	79	79	55			32	29	30			30	30	30	17	5	Te

IVa, Va, VIa und VIIa des periodischen Systems mit allen übrigen, die zweite
Tafel enthält die Kombinationen der Metalle der Gruppen VIII, Ib, IIb,
IIIb, IVb, Vb, VIb untereinander. Es ist erklärlich, daß sich in dieser nach
Gruppen des periodischen Systems geordneten Tafel zwischen den Legierungen,
die in dieselbe Rubrik kommen, Ähnlichkeiten zeigen. Hierbei ist auch die
Stelle, welche eine Legierung in der Rubrik innehat, von Bedeutung und
ergibt charakteristische Unterschiede. Diese haben besonderes Interesse und
finden meistens durch die Stellung der betreffenden Metalle im periodischen
System der Elemente ihre Erklärung. Die Tabellen enthalten noch Lücken,
die sich auf Legierungen seltener oder aus irgendwelchen Gründen schwer
legierbarer Metalle beziehen. Es sind das z. B. Rb, Cs, Sr, Ba, Ti, Zr, V, Ta.
Selbstverständlich können sich in den Tabellen auch noch Korrekturen auf
Grund neuerer Untersuchungen als nötig erweisen. In einzelnen Fällen wurde
hierauf auch schon hingewiesen. Die beiden anderen Tafeln enthalten in
gleicher Art die Angaben der Tafeln, auf denen die betreffenden Legierungen
im vorstehenden behandelt wurden. Sie können als Register gelten.

Dritter Teil.

Ternäre Legierungen.

Allgemeines.

Die bisherigen Betrachtungen über binäre Legierungen haben gezeigt, daß meist große Ähnlichkeit zwischen Legierungen zweier Metalle besteht, die denselben Gruppen des periodischen Systemes zugehören. Manchmal gibt es allerdings auch eigentümliche, oft beträchtliche Unterschiede. Es sei besonders Silber im Gegensatz zu dem verwandten Kupfer und Gold erwähnt, das sich mit den Metallen der Eisengruppe, mit denen Gold und Kupfer sogar Legierungen vollständiger Isomorphie bilden, nicht einmal im flüssigen Zustande mischt. Anderseits besteht wieder gerade bei Cu, Ag und Au gegenüber anderen Metallen große Ähnlichkeit, wie die Betrachtungen über die messing- und bronzeähnlichen Legierungen gezeigt haben.

War es schon bei den binären Legierungen nicht zweckmäßig gewesen, die Einteilung so zu wählen, daß lediglich die Gruppen zusammengefaßt wurden, so ist dies erst recht nicht praktisch bei den ternären Legierungen, außerdem verbietet sich dieses auch schon infolge der Zahl der möglichen Typen bei dieser Einteilung, die im Verhältnis zu der der binären Legierungen sehr viel größer ist. Die acht Gruppen der Elemente geben zu je zwei kombiniert $8 \cdot 9/2 = 36$ verschiedene Typen. Zu je drei zusammengefaßt sind es $8 \cdot 9 \cdot 10/2 \cdot 3 = 120$ Typen verschiedener Art. Würden hierbei die Untergruppen noch besonders berücksichtigt, so wäre die Zahl noch erheblich größer. Eine Einteilung in dieser Art würde viel zu kompliziert sein und wäre um so weniger angebracht, als die Zahl der wirklich ausgeführten Untersuchungen ternärer Legierungen nicht besonders groß ist. Eine Vorstellung von der Zahl der möglichen Untersuchungen bei den ternären Legierungen bekommt man, wenn man einmal die Berechnung auf nur 40 Metalle ausdehnt. An binären Legierungen ergibt sich, je zwei Metalle zusammengefaßt, die Zahl $40 \cdot 41/2 = 820$, je drei zusammengefaßt die Zahl $40 \cdot 41 \cdot 42/2 \cdot 3 = 11480$. Wirklich genauer untersucht sind von diesen über 10 000 möglichen Legierungen noch nicht 200, also noch nicht der fünfzigste Teil. In der hier benutzten Einteilung der ternären Legierungen wurde konsequent das Verhalten der binären Legierungen zugrunde gelegt, das zu fünf Gruppen führte. Auch für die ternären Legierungen ergeben sich fünf große Gruppen. In diese fünf Gruppen lassen sich alle ternären Legierungen einordnen, wobei sich gleichartig verhaltende Metallgemische in dieselbe Gruppe kommen. Die Zahl der wirklich untersuchten Legierungen wird hierdurch in bequemer Art in meist kleine Gruppen eingeordnet. Aus besonderen, sowohl wissenschaftlichen wie technischen

Gründen sind die Eisenlegierungen von den übrigen abgezweigt. Unter Berücksichtigung der verschiedenen Art der Umwandlungen in festem Zustande sind sie in fünf Gruppen gegliedert, indem noch die kohlenstoffhaltigen Eisenlegierungen besonders berücksichtigt wurden. Auch die schwefelhaltigen Systeme wurden besonders behandelt, da sie nur in beschränktem Umfange überhaupt als Legierungen angesehen werden können.

Der Zerlegung der ternären Legierungen in fünf Gruppen liegt das Verhalten der zugehörigen binären Grenzsysteme zugrunde. Bei den binären Legierungen ergaben sich von selbst unter Zugrundelegung der Zahl der in einem System vorkommenden festen Komponenten die fünf Gruppen I, II, III, IV und V. Bei den ternären Legierungen umfaßt alsdann die Legierung vom Typus I alle ternären Legierungen, deren binäre Grenzsysteme dem Typus I zugehören. Die Gruppe vom Typus II umfaßt alle ternären Legierungen, wobei kein binäres Grenzsystem komplizierter als vom binären Typus II ist. Es zerlegt sich durch Kombination der verschiedenen möglichen binären Typen in drei bzw. acht Untergruppen. Werden die binären Grenzsysteme ihrem Verhalten nach durch die Zahlen I bis V oder 1 bis 5 bezeichnet, so ergibt sich, wenn nur der binäre Typus I berücksichtigt wird, ein Fall: 1. I·1·1. Werden die beiden einfachsten Typen berücksichtigt, gibt es für die ternären Legierungen vom Typus II folgende drei verschiedene Möglichkeiten: 2. II·1·1; 3. II·1·2; 4. II·2·2. Es soll zur Kennzeichnung der Zugehörigkeit zu einem ternären Typus die erste Zahl mit römischen, die beiden anderen mit arabischen Ziffern, bezeichnet werden. Außerdem soll der komplizierteste Typus der binären Grenzsysteme vorangesetzt werden. Alle Typen tragen alsdann Bezeichnungen mit je drei Zahlen, wie sie für die vier einfachsten Typen soeben angegeben wurden.

Nun gehören auch die sich im flüssigen Zustand nicht mischenden binären Metallgemische dem Typus II an. In ihrer Zugehörigkeit zu den Legierungen sind sie aber etwas Besonderes, weshalb sie auch mit IIx oder kurz x vermerkt wurden. Es ist wichtig, die sich so verhaltenden binären Metallgemische auch in den ternären Legierungen besonders zu berücksichtigen. Dieses ist geschehen, indem binäre Grenzsysteme mit Mischungslücke im flüssigen Zustande mit (II) oder (2) bezeichnet und bei der Einteilung berücksichtigt wurden. Die Zahl der Gruppen der ternären Legierungen erhöht sich dadurch. Es treten an Stelle der vier einfachsten Gruppen neue, die folgendermaßen bezeichnet werden sollen:

$$
\begin{aligned}
&1.\ \text{I} \cdot 1 \cdot 1 \\
&2.\ \text{II} \cdot 1 \cdot 1; \quad 2a.\ (\text{II}) \cdot 1 \cdot 1 \\
&3.\ \text{II} \cdot 1 \cdot 2; \quad 3a.\ \text{II} \cdot 1 \cdot (2); \quad 3b.\ (\text{II}) \cdot 1 \cdot (2) \\
&4.\ \text{II} \cdot 2 \cdot 2; \quad 4a.\ \text{II} \cdot 2 \cdot (2); \quad 4b.\ (\text{II}) \cdot 2 \cdot (2); \quad 4c.\ (\text{II}) \cdot (2) \cdot (2)
\end{aligned}
$$

Bei den Systemen 2a, 3a, 4a gibt es also ein binäres Grenzsystem mit Bildung zweier Flüssigkeiten, bei 3b, 4b deren zwei und bei 4c sogar drei. Die Gruppe 2a, 3a und 4a, sowie 3b und 4b haben aus diesem Grunde gewisse Ähnlichkeit.

Die Gruppe III umfaßt nun solche ternären Legierungen, bei welchen kein binäres System komplizierterer Art als III ist. Die Gruppe IV enthält die ternären Legierungen, bei denen kein System komplizierter als IV ist, Gruppe V enthält endlich alle übrigen ternären Legierungen. Bei dieser Gruppen-

einteilung findet eine Steigerung statt derart, daß die Systeme immer komplizierter werden. Für die Unterteilung in Untergruppen ist in gleicher Art wie
bei den ternären Systemen I und II das Verhalten der binären Grenzsysteme
berücksichtigt. Die Gruppen III a und III b, IV a und IV b sowie V a und V b
wurden nur als III, IV und V bzw. 3, 4, 5 bezeichnet. Wenn sich auch hier
Nichtmischbarkeit im flüssigen Zustande zeigt, wird dieses in ähnlicher
Weise wie bei II durch einen Kreis um die Zahl besonders berücksichtigt.
Es ergibt sich auf die Weise eine Zerlegung in im ganzen 32 verschiedene
Gruppen 1 bis 32 und einige andere Gruppen, wie 7a, 8a usw. Die Bezeichnung und Numerierung der Gruppen 5 bis 32 ist alsdann die folgende. Hierbei
sind nicht alle denkbaren Typen, die Entmischung zeigen, angeführt. Ebenso
sind die rein mathematisch denkbaren, aber in Wirklichkeit unmöglichen
Typen $III \cdot 1 \cdot 1$; $IV \cdot 1 \cdot 1$; $V \cdot 1 \cdot 1$ nicht berücksichtigt. Es ergeben
sich so:

5. $III \cdot 1 \cdot 2$; 5a. $III \cdot 1 \cdot ②$	19. $V \cdot 1 \cdot 2$	
6. $III \cdot 1 \cdot 3$	20. $V \cdot 1 \cdot 3$	
7. $III \cdot 2 \cdot 2$; 7a. $III \cdot 2 \cdot ②$	21. $V \cdot 1 \cdot 4$	
8. $III \cdot 2 \cdot 3$; 8a. $III \cdot ② \cdot 3$	22. $V \cdot 1 \cdot 5$	
9. $III \cdot 3 \cdot 3$	23. $V \cdot 2 \cdot 2$; 23a. $V \cdot ② \cdot 2$	
10. $IV \cdot 1 \cdot 2$; 10a. $IV \cdot 1 \cdot ②$	24. $V \cdot 2 \cdot 3$; 24a. $V \cdot ② \cdot 3$	
11. $IV \cdot 1 \cdot 3$	25. $V \cdot 2 \cdot 4$; 25a. $V \cdot ② \cdot 4$	
12. $IV \cdot 1 \cdot 4$	26. $V \cdot 2 \cdot 5$	
13. $IV \cdot 2 \cdot 2$; 13a. $IV \cdot 2 \cdot ②$	27. $V \cdot 3 \cdot 3$	
14. $IV \cdot 2 \cdot 3$; 14a. $IV \cdot ② \cdot 3$	28. $V \cdot 3 \cdot 4$	
15. $IV \cdot 2 \cdot 4$; 15a. $IV \cdot ② \cdot 4$	29. $V \cdot 3 \cdot 5$	
16. $IV \cdot 3 \cdot 3$	30. $V \cdot 4 \cdot 4$	
17. $IV \cdot 3 \cdot 4$	31. $V \cdot 4 \cdot 5$	
18. $IV \cdot 4 \cdot 4$	32. $V \cdot 5 \cdot 5$	

In diese Tabelle, die das Verhalten unter Zugrundelegung der binären
Legierungen anzeigt, läßt sich leicht jede beliebige Legierung dreier Metalle
einfügen. Es ist zu dem Zwecke nur notwendig, die Typen für das Verhalten
der drei binären Grenzsysteme zu berücksichtigen. Diese systematische Einteilung aller ternären Legierungen ist vollständig neu. Bei der früher benutzten Betrachtung ternärer Legierungen geht man meistens von dem Typus,
der in obiger Einteilung unter 4 behandelt ist, mit ternärem Eutektikum aus,
obwohl dieser keinesfalls als der einfachste anzusehen ist. Die hier benutzte
Einteilung hat auch noch den Vorteil, daß eine verhältnismäßig gleichmäßige
Verteilung der bisher untersuchten Legierungen auf die verschiedenen Gruppen herauskommt. Nur für einige Systeme gibt es keine Beispiele, und anderseits häufen sich diese auch nur für wenige andere. Noch nicht untersuchte
ternäre Legierungen können mit Hilfe der untersuchten der gleichen Gruppe
meist unschwer behandelt werden.

Eine systematische Untersuchung ternärer Legierungen ist von *Iwazé* in
Tokio gemacht. Von ihm ist in über 200 Bildern für die verschiedensten Fälle
das Verhalten auseinandergesetzt worden. Leider aber nimmt der Verfasser
keinen Bezug auf die bis jetzt gemachten Untersuchungen ternärer Legierungen. Die Darstellung ist nur eine theoretische, wobei auch vielfach Systeme
behandelt werden, die sicherlich niemals vorkommen werden. Die Unter-

suchung ist zwar in Übereinstimmung mit der Phasenregel, dieses genügt
aber nicht, da die Phasenregel allein Systeme als möglich erscheinen läßt,
die aus anderen Gründen nicht möglich sind. Leider hat auch *Masing* in
seinem Buch über ternäre Systeme von den wirklich untersuchten Systemen
nur zwei besonders erwähnt. Im Gegensatz hierzu sollen hier, wie bereits in
der Einleitung betont wurde, in folgendem nach Möglichkeit sämtliche
bisher untersuchten ternären Legierungen berücksichtigt werden. Es ist
noch zu bemerken, daß *Schreinemakers* das Verhalten ternärer Mischungen
eingehend untersucht hat für den Fall, daß keine Mischkrystalle auftreten.
Da aber gerade diese bei den Metallen sehr häufig vorkommen, lassen sich
seine Auseinandersetzungen nur auf verhältnismäßig wenig ternäre Legierungen anwenden.

Die Tabelle am Schluß des Buches umfaßt das vollständige alphabetische
Register der bisher systematisch untersuchten ternären Legierungen. Es sind
die Angaben über die binären Grenzsysteme derart eingefügt, daß die zwischen
den Metallen stehende Zahl den Typus der aus ihnen gebildeten Legierungen
angibt und die hintenstehende Zahl den Typus der Legierungen aus dem zuerst
mit dem zuletzt vermerkten Metall. So bedeutet Ag IVb Al x Bi IIb oder
einfach Ag-Al-Bi (IVb · IIx · IIb), daß Ag-Al IVb, Al-Bi IIx und Ag-Bi IIb
zugehört. Dieses ergibt als Typus der ternären Legierungen IV · 2 · ②, der
unter IV Gruppe 13a behandelt ist. Bei den Systemen, die Eisen enthalten,
ist in einigen Fällen ebenfalls vermerkt, in welcher Art das Verhalten der
binären Grenzsysteme ist, z. B. Ag IIb, Cu IIIb, Fe IIx, woraus sich eine
Gruppe III, 7a ergäbe. Das System ist aber bei der fünften Gruppe der
Eisenlegierungen unter F 1, 5 behandelt. Ähnlich ist es mit den schwefelhaltigen Legierungen, die unter S behandelt sind. In der Tabelle ist vermerkt, wo die einzelnen Legierungen berücksichtigt sind. Bei verschiedenen
Systemen eisenhaltiger und schwefelhaltiger Legierungen wäre es gar nicht
möglich, eine genaue Zuteilung zu den Typen I bis V vorzunehmen, da die
binären Grenzsysteme nur teilweise bekannt sind. Dieses ist aber nicht der
Grund, weshalb sie gesondert behandelt werden.

Die Art,
das Mischungsverhältnis ternärer Legierungen wiederzugeben.

Über die Wiedergabe des Mischungsverhältnisses dreier Stoffe, die bei der
Erörterung ternärer Legierungen wichtig ist, soll nur kurz folgendes bemerkt
werden: Das Mischungsverhältnis dreier Stoffe läßt sich, wie vielfach aus-
einandergesetzt worden ist, durch ein reguläres Dreieck graphisch angeben.
Irgendein Punkt im Innern des Dreieckes hat entsprechend seiner durch
schiefwinklige Koordinaten angegebenen Lage eine bestimmte Zusammensetzung, die sich bei Verschiebung des Punktes derart ändert, daß in dem
Dreieck sämtliche Mischungsverhältnisse aller drei Metalle umfaßt werden.
Es ist nun von Wichtigkeit, ob die Werte für die einzelnen Bestandteile nach
Gewichtsprozenten oder nach Atomprozenten berechnet werden. Ein Gemisch dreier Stoffe A, B, C, durch einen Punkt P in einem regulären Dreieck
ausgedrückt, kann je nachdem, ob Gewichts- oder Atomprozente für die

Darstellung gewählt wurden, sehr verschiedene Zusammensetzung angeben. In der Abb. 93 ist beispielsweise ein Punkt P dargestellt, der die Koordinaten X und Y hat. Bezieht sich die Darstellung auf Gewichtsprozente, so entspricht P einem Gemisch von x Gramm A, y Gramm B und $(100 - x - y)$ Gramm C. Sind aber Atomprozente benutzt, so stellt der Punkt P ein Gemisch dar, von x Grammatomen A, y Grammatomen B und $(100 - x - y)$ Grammatomen C. Wohl in den meisten Fällen wird die Darstellung nach Gewichten herangezogen. In solchen Fällen aber, wo die Metalle sehr verschiedene Atomgewichte haben oder wo chemische Verbindungen auftreten, ist eine solche Darstellung oft ungeschickt. Es gibt z. B. zwischen Na, K und Hg eine Verbindung der Formel $NaKHg_2$. Nach Gewichtsprozenten enthält diese 5 Proz. Na, 8,5 Proz. K und 86,5 Proz. Hg. Der darstellende Punkt dieser Verbindung läge also bei der Darstellung nach Gewichtsprozenten stark nach dem einen Eckpunkt Hg des Dreiecks hin einseitig verschoben. Nach der Darstellung in Atomprozenten liegt er dagegen bei 25 Proz. Na, 25 Proz. K und 50 Proz. Hg. Die Übersicht über die Legierungen ist bei der Darstellung nach Atomprozenten daher oft viel besser.

Eine bequeme Art, Atom- in Gewichtsprozente umzuwandeln und umgekehrt, ist aus diesem Grund von Wichtigkeit. Selbstverständlich kann man durch Berechnung beide Darstellungen ineinander umwandeln. Es ist aber, besonders wenn viele Rechnungen vorliegen, von Wichtigkeit, eine graphische Methode zu haben, um rasch von der einen Darstellung zur anderen zu kommen. In der Z. anorg. allg. Chem.

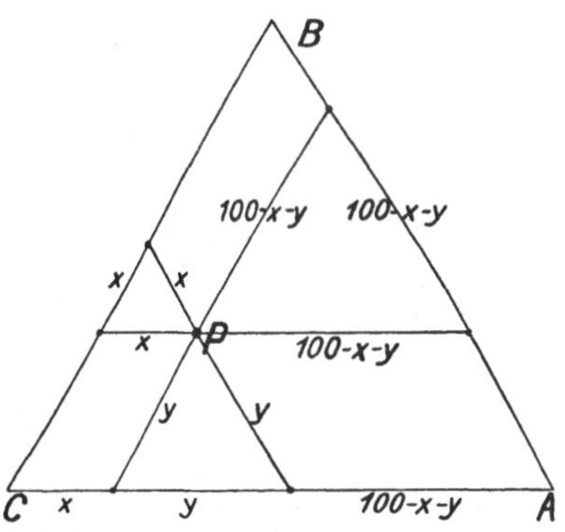

Abb. 93. Darstellung des Mischungsverhältnisses dreier Metalle A, B und C.

71, 1911, und für Metallurgie **397**, 1911 und 1912, ist dieses vom Verfasser ausführlich auseinandergesetzt worden. Diese einfache Methode, um von der Darstellung in Atomprozenten zu der von Gewichtsprozenten und umgekehrt zu kommen, ist in den Abb. 94 und 95 angedeutet. In dem regulären Dreieck der Abb. 93 bezieht sich die Darstellung auf Atomprozente, wobei die für ein Metall gleichen Werte in bekannter Weise auf Parallelen der Kanten liegen. In dieses Dreieck läßt sich in einfacher Weise ein Netz von verschieden großen Dreiecken einzeichnen, das die Gewichtsprozente wiedergibt. In der Abb. 94 ist dieses für die Legierungen Au, Ag, Cu angedeutet: es müssen zunächst die Punkte D, E, F auf den Verlängerungen der Kanten unter Benutzung der Atomgewichte so konstruiert werden, daß sich folgende Längenverhältnisse ergeben:

$$AD : BD = 197 : 108; \quad AF : CF = 197 : 63 \quad \text{und} \quad BE : CE = 108 : 63.$$

Die drei Punkte D, E und F liegen alsdann auf einer Geraden. Wird alsdann eine Parallele durch A zu DEF gezogen bis zum Schnittpunkt J von FC und diese in 100 Teile geteilt, so erhält man durch Strahlen aus F die Gewichtsprozente von Ag im Dreieck ABC. Hieraus ergeben sich durch Strahlen aus *D* durch die entsprechenden Abschnitte auf *BC* die Gewichtsprozente für Cu und alsdann durch Strahlen aus *E* die Gewichtsprozente von Au. Die Abbildung ist für Gewichtsprozente in Abständen von 20 Proz. gezeichnet worden. Die in der Abbildung gezeichnete Kurve, die für die Darstellung nach

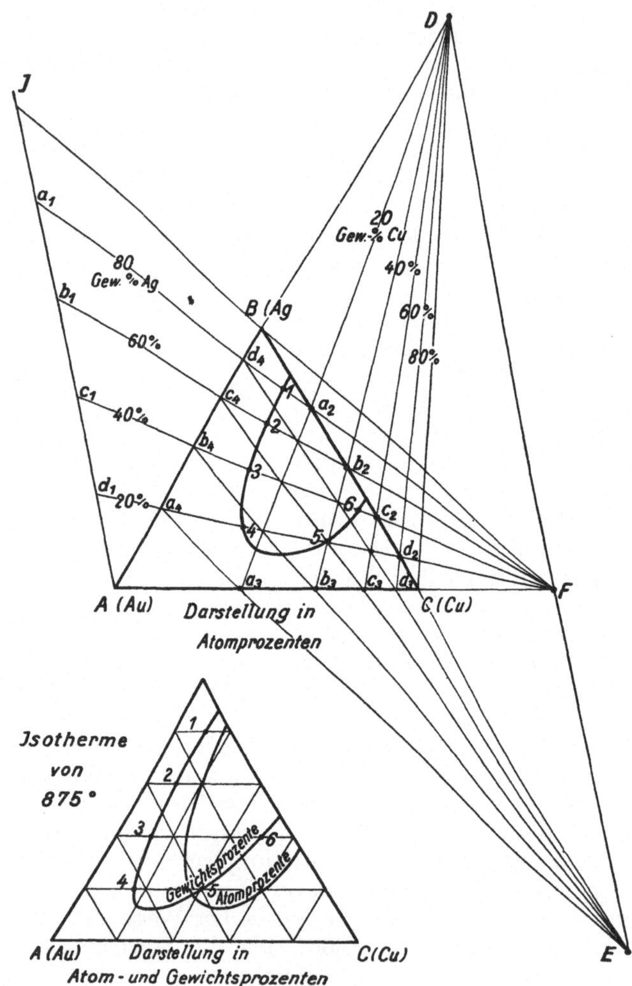

Abb. 94 und 95. Wechselseitige Umwandlung der Darstellung ternärer Gemische nach Atom- und Gewichtsprozenten.

Atomprozenten gilt, kann leicht, wie Abb. 95 angibt, in eine Kurve verwandelt werden, bei der sich das Dreieck auf Gewichtsprozente bezieht. Die Punkte 1, 2, ... 6 der Kurve in der Abb. 94 und der Abb. 95 entsprechen einander. Die auf Atomprozente bezügliche Kurve ist in Abb. 95 auch noch eingezeichnet.

Die Zustandsbilder im Dreieck.

Um die Zustandsbilder zu konstruieren, welche die Gleichgewichte zwischen den verschiedenen festen Phasen untereinander und zu den Schmelzen angeben, muß eine Darstellung gewählt werden, welche Temperatur und Mischungsverhältnis der Metalle miteinander in Zusammenhang bringt. Dieses führt zu einer räumlichen Darstellung in einem gleichseitigen dreieckigen Prisma mit der Temperatur als Ordinate. Diese, notwendigerweise räumliche Darstellung ist es, welche das Verständnis ternärer Legierungen gegenüber den binären sehr erschwert. Es ist aber vielfach nicht schwer, das Verhalten zeichnerisch wiederzugeben, indem man die körperliche Darstellung in gleicher Art, wie es bei Wiedergabe von Gebirgen geschieht, auf die Grundfläche bezieht. Gleiche Temperaturen erscheinen alsdann in der Art von Höhenlinien. Bei komplizierten Systemen ist es hierbei vielfach nicht zu vermeiden, daß für ein System der Deutlichkeit halber mehrere Abbildungen gezeichnet werden müssen. Die folgenden Darstellungen werden hierfür viele Beweise ergeben.

Ternäre Legierungen vom Typus I und II.

Einteilung.

Wegen ihrer engen Zusammengehörigkeit sollen die Typen I und II zusammen behandelt werden. Sie umfassen diejenigen ternären Legierungen, bei denen keines der binären Grenzsysteme mehr als zwei feste Phasen enthält. Die binären Grenzsysteme gehören zu den früher auseinandergesetzten Typen I a, I b, II a, II b und II x. Dieses bedingt naturgemäß ein verschiedenes Verhalten der ternären Legierungen mit I a und I b oder II a, II b und II x als Grenzsysteme. Es ist aber zweckmäßig, nicht mehr die Unterabteilungen gesondert zu berücksichtigen, sondern I a und I b zu I, II a und II b zu II zusammenzufassen. Eine Ausnahme soll nur bei II x (oder einfach x), und wenn es in Betracht kommt, komplizierteren Systemen mit Bildung zweier Flüssigkeiten gemacht werden. Die Nichtmischbarkeit zweier Metalle im flüssigen Zustande und damit das Fehlen der Möglichkeit mindestens in gewissen Verhältnissen überhaupt eigentliche Legierungen zu bilden, ist, wie bereits betont wurde, derartig verschieden von dem sonstigen Verhalten der Metalle zueinander, daß es notwendig ist, dieses besonders zu berücksichtigen. Es ergeben sich alsdann die vier verschiedenen Gruppen mit ihren Untergruppen, wie sie oben vermerkt wurden. Die Legierungen dieser Art haben wegen ihrer Einfachheiten besonderes Interesse. Für die verschiedenen Gruppen gibt es mit Ausnahme der Entmischung in allen drei binären Grenzsystemen Beispiele.

Die Legierungen dieser Art haben auch noch besonderes Interesse, weil zu ihnen die ternären Systeme gehören, die vollständige Isomorphie aufweisen, auch wenn das Verhalten der binären Grenzsysteme verschieden ist. Bereits 1909 wurde vom Verfasser versucht, eine Zusammenfassung dieser interessanten Art von Legierungen zu geben. Hierbei wurden die ternären Legierungen der Metalle Cu, Ag, Au, Cr, Mn; Fe, Co, Ni; Pd, Pt behandelt[1]). Von verschiedenen Metallpaaren war damals das Verhalten noch nicht be-

---

[1]) *Jänecke*, Z. physik. Chem. **67**, 1909, 668—688; Z. Metallkde. **1910**, 510—523.

kannt. Und was die Ergebnisse noch ungünstiger beeinflußte, es wurde mehrfach bei Legierungen, besonders von Cr, Mn, aber auch von anderen Metallen ein anderes Verhalten angenommen, als sich bei späteren Untersuchungen herausstellte. Die Untersuchung war in dieser Hinsicht zu früh unternommen, weswegen die angegebene Verteilung der ternären Legierungen in verschiedenen Fällen nicht richtig ist. Auch die δ-Form des Eisens war noch nicht bekannt, was für verschiedene binäre Legierungen des Eisens heute eine wesentlich andere Auffassung gegenüber der damaligen veranlaßt hat. Hinzu kommt noch, daß die Untersuchung über die Isomorphie ternärer Mischungen bei Vorhandensein von Mischungslücken, die der Auseinandersetzung zugrunde gelegt war, in bezug auf das Verhalten bei der Zerlegung der ternären Legierungen in zwei Flüssigkeiten noch etwas geändert werden muß[1]). Es ließen sich die Änderungen auf Grund der im Folgenden gegebenen Betrachtung einfügen. Bei den verschiedenen Systemen sind die eisenhaltigen zunächst nicht mit berücksichtigt und in einem späteren Kapitel für sich behandelt.

An Hand der beiden Tabellen über das Verhalten der binären Legierungen läßt sich leicht für die ternären Legierungen angeben, zu welchen Gruppen sie gehören. Irgendwelche drei Metalle liegen an bestimmten Stellen der seitlichen absteigenden Treppe. Die Typen, zu welchen die drei binären Systeme gehören, lassen sich alsdann leicht auffinden. Es ergeben sich drei Orte, die mit dem Metall, das von den drei Metallen auf den Tafeln zwischen den beiden anderen liegt, ein Rechteck ergeben. Will man beispielsweise für das ternäre System Ni-Cu-Zn das Verhalten der drei binären Gemische finden, so muß man vom Cu-darstellenden Quadrate auf der seitlichen Treppe nach links bis Ni und nach unten bis Zn gehen, und außerdem von diesen beiden Quadraten nach unten und links bis zu dem Quadrat, das dem binären Gemisch Ni-Zn entspricht. Die Lage der Systeme Cu-Ni, Cu-Zn, Ni-Zn zusammen mit Cu ergibt ein Rechteck. In ähnlicher Weise lassen sich irgendwelche andere drei Metalle kombinieren und angeben, zu welcher Gruppe der gewählten Einteilung sie gehören, natürlich unter der Voraussetzung, daß die drei binären Grenzsysteme bekannt sind. Umgekehrt kann man aber auch unschwer sich bestimmte Metalle aussuchen, die bestimmten Gruppen zugehören. Daß die binären Legierungen auf zwei Tafeln verteilt sind, erschwert das Aufsuchen nur unwesentlich.

Typus I.

Ternäre Legierungen vollständiger Isomorphie.

Als einfachste ternäre Legierungen sind diejenigen aufzufassen, die im festen Zustande nur eine Art Mischkrystalle bilden, bei denen also alle drei Metalle vollständige Isomorphie zeigen. Diese gehören also zum Typus I und tragen die Gruppenbezeichnung 1, I · 1 · 1. In diesen Fällen können zwischen je zwei der drei Metalle lückenlose Reihe von Mischkrystallen mit oder ohne Schmelzpunktminimum auftreten. Es lassen sich hiernach verschiedene Fälle unterscheiden. Am einfachsten ist der Fall, bei dem alle drei binären Legierungen ohne Schmelzpunktminimum sind, also dem Typus I a zugehören.

---

[1]) *Jänecke*, Z. physik. Chem. **67**, 1909, 641 bis 667.

Gehört aber eines der binären Systeme dem Typus I b an, so sind verschiedene Fälle denkbar, je nachdem, ob der Schmelzpunkt des dritten Metalles höher liegt als der Schmelzpunkt der beiden anderen Metalle, ob er zwischen ihren Schmelzpunkten liegt, endlich ob er oberhalb des Schmelzpunktminimums liegt oder unterhalb liegt. Das Verhalten ist naturgemäß bei diesen vier Fällen in bezug auf die Erstarrung der flüssigen Schmelzen verschieden, ohne daß sonstige Komplikationen eintreten. Es kann auch der Fall eintreten, daß zwei der binären Grenzsysteme ein Schmelzpunktminimum aufweisen, wobei in bezug auf die Schmelzpunkte noch weitere Verschiedenheiten möglich sind. Endlich können auch alle drei ein Schmelzpunktminimum haben. In diesem Falle kann der eine minimale Schmelzpunkt der drei binären Grenzsysteme auch die niedrigste Temperatur im ternären System angeben, bei welcher Flüssigkeit noch möglich ist. Es wird aber in diesem Falle häufiger auch noch im ternären System ein Minimumschmelzpunkt vorhanden sein, der alsdann die niedrigste Schmelztemperatur einer Legierung angibt. Wenn man von dem sicherlich seltenen Falle absieht, daß auch in den übrigen Fällen ein ternäres Gemisch mit Minimumschmelzpunkt vorkommt, gibt es also acht verschiedene Fälle vom Typus I.

Ebenso wie bei den binären Gemischen bestimmte Typen bevorzugt werden, ist dieses, vielleicht in noch höherem Maße, auch bei den ternären der Fall. Die beiden ternären Systeme vom Typus I, die bisher untersucht wurden, gehören dem an sechster Stelle angegebenen Falle mit Minimum in zwei der binären Grenzsysteme an. Aus diesem Grunde soll nur außer diesem System das einfachste, von dem aber kein Beispiel bekannt ist, besonders betrachtet werden. In den Abb. 96 bis 99 ist zunächst ohne bezug auf ein bestimmtes System die Art des Schmelzens der verschiedenen Gemische wiedergegeben. In der ersten Abbildung ist perspektivisch in einem dreieckigen Prisma der Zusammenhang zwischen den Gemischen in festem und flüssigem Zustande bei den Temperaturen t_1, t_2 und t_3 dargestellt. Es ergeben sich bei jeder Temperatur bestimmte, für die Flüssigkeiten geltende Kurven, die mit anderen Kurven, die sich auf den festen Zustand beziehen, zusammenhängen. Die zwischen diesen gezeichneten Geraden sollen angeben, wie die Zusammensetzung bestimmter Flüssigkeiten und der zugehörigen festen Legierungen im Gleichgewicht Fest-Flüssig bei der betreffenden Temperatur ist. In der perspektivischen Darstellung ergeben sich auf diese Weise zwei übereinanderliegende linsenförmige Flächen. Der untere Teil der Abb. 96 gibt eine Projektion der räumlichen Darstellung. Sind die Flächen für Flüssig und Fest bekannt, sowie die Zusammengehörigkeit aller Punkte auf diesen Flächen bei den verschiedenen Temperaturen zueinander, so läßt sich hieraus das Verhalten beim Erstarren sämtlicher Gemische ableiten. Gerade wie bei binären Gemischen ist hier zu unterscheiden zwischen der sog. Erstarrung erster und zweiter Art: einer Erstarrung mit stetem Gleichgewicht zwischen Fest und Flüssig und ohne solchem. Herrscht stets Gleichgewicht, so ist beispielsweise, wie es die Projektion der körperlichen Darstellung angibt, eine Flüssigkeit der Zusammensetzung P bei der Temperatur t_3 im Gleichgewicht mit dem festen Mischkrystall a, während dei der Temperatur t_2 ein fester Mischkrystall P mit einer Flüssigkeit b im Gleichgewicht ist. Hieraus folgt, daß eine flüssige Mischung der Zusammensetzung P beim Erstarren zunächst den festen Mischkrystall a zur Ausscheidung bringt, und anderer-

seits ist bei gerade vollendetem Erstarren die letzte noch vorhandene Flüssigkeit von der Zusammensetzung b. Hieraus geht hervor, daß beim Erstarren
der Mischung P die ausgeschiedenen Mischkrystalle in ihre Zusammensetzung sich von a bis P ändern, während die Flüssigkeit, die jedesmal im
Gleichgewicht mit dem Mischkrystall ist, sich von P bis b ändert. Der Verlauf
beider Änderungen ist aber nicht einfach geradlinig, er läßt sich konstruieren,

Abb. 96. Typus Ia · Ia · Ia.   Abb. 98. Typus Ia · Ib · Ib.

Darstellung im dreiseitigen Prisma mit Projektion auf die Grundfläche.

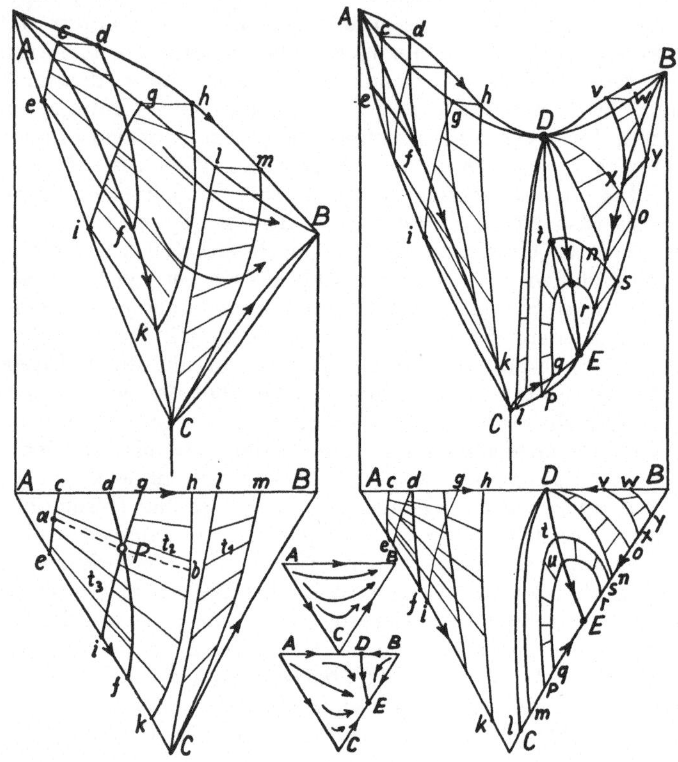

Abb. 97 und 99.

Krystallisationsbahnen.

wenn für alle zwischen t_3 und t_2 liegenden Temperaturen der Zusammenhang
Fest-Flüssig genau bekannt ist.

Von Wichtigkeit ist das Verhalten beim Abkühlen der Schmelzen, wenn
beim Erstarren der sich ausscheidende Mischkrystall sich nicht ins Gleichgewicht mit der gebildeten Schmelze setzt, das sog. Erstarren zweiter Art.
In diesem Falle findet eine Überkrustung verschieden zusammengesetzter
Legierungen statt. Wenn man die Richtungen angibt, in der sich die Schmelzen bei der Ausscheidung der festen Mischkrystalle ändern, lassen sich Kurven
zeichnen, welche das ganze Dreieck überdecken. Derartige Kurven geben

auch in großen Zügen ein gutes Bild über die Erstarrung. In der kleinen Abb. 97 ist dieses noch einmal gesondert angedeutet. Bei den praktischen Versuchen wird das Verhalten im allgemeinen zwischen den beiden eben auseinandergesetzten Arten der Erstarrung liegen. Man wird also bis zu einem gewissen Grade keine einheitlichen Krystalle bekommen, obwohl diese nach dem Verhalten der Metalle zu erwarten wären. Ebenso wie bei den binären lassen sich auch bei den ternären Legierungen die erhaltenen festen Mischkrystalle durch das Tempern, also Erwärmen auf Temperaturen, die nicht viel unter ihren Schmelzpunkten liegen, homogenesieren. Das eben erörterte Verhalten ist bei den Legierungen Cu-Ni-Pt, Co-Ni-Pt und Ag-Au-Pd zu erwarten.

Der zweite Fall, der betrachtet werden soll, ist in gleicher Weise in den Abb. 98 und 99 dargestellt. In diesem Falle laufen die Kurven auf der Flüssigkeitsfläche und Erstarrungsfläche für Temperaturen unterhalb der Minimumtemperatur des einen binären Systemes von einem Punkte auf der Kante des einen Grenzsystemes in das Innere und nach einem anderen Punkte des gleichen Grenzsystemes. Es ergibt sich dadurch eine Talkurve (DE), welche die beiden binären Minimumpunkte durch das ternäre Gebiet hindurch verbindet. Diese Kurve zerlegt das Gebiet in zwei Teile derart, daß beim Erstarren die Gemische ihrer Zusammensetzung nach diese Kurve nicht überschreiten. Gemische, die auf der Kurve liegen, zeigen die Eigentümlichkeit, sich ähnlich wie binäre Gemische zu verhalten, was besonders aus dem oberen Teil der Abb. 98 leicht zu ersehen ist. Die Erstarrung selbst zeigt im übrigen nichts Neues. Der Verlauf der Erstarrungskurven, wie er sich hiernach ergibt, ist in der kleinen Abb. 99 wiedergegeben. Die Abb. 100 gibt noch ein etwas anderes System dieser Art im Dreieck wieder.

Die beiden eben erörterten Fälle dürften die wichtigsten sein. Der Vollständigkeit halber sind in den folgenden Abbildungen noch die übrigen Fälle vermerkt. Die Abb. 101 gibt die vier denkbaren Fälle an, die sich ergeben, wenn ein Grenzsystem ein Schmelzpunktminimum aufweist. Das System AB mit dem Schmelzpunktminimum D stellt das eine binäre Grenzsystem dar. Je nach der Lage der Schmelztemperatur des dritten Metalles in 1, 2, 3 oder 4 ergeben sich verschiedene Fälle, die in den Abb. 102 bis 105 skizziert sind. Die Minima und Maxima sind in den Abbildungen vermerkt. Der durch Abb. 102 dargestellte Fall ist bei den Legierungen Au-Cu-Pd, Au-Cu-Pt, Au-Ni-Pt und Ni-Pd-Pt zu erwarten und der durch Abb. 105 dargestellte bei Cu-Pd-Ni. Nur in einem Falle (Abb. 103) findet keine Zerlegung in zwei Gebiete, links und rechts der Kurve CD, statt, der für sich betrachtet werden kann. In Abb. 106 ist noch einmal der Fall mit zwei Minima' wiedergegeben. Endlich geben die Abb. 107 und 108 noch zwei Fälle an, bei denen in allen drei binären Grenzsystemen Minima auftreten. Im ersten Falle hat eine binäre Legierung die tiefste Schmelztemperatur, im zweiten eine ternäre. Die Krystallisationsbahnen, die sich leicht konstruieren lassen, führen im ersten Falle zu einer Zerlegung des ganzen Gebietes in drei Teile, die für sich betrachtet werden können, im zweiten Falle zu sechs.

Au-Ni-Cu (I b · I a · I b).   Au-Ni-Pd (I b · I b · I a).

Die folgenden Abbildungen geben für die beiden untersuchten Legierungen des Typus I · 1 · 1 in Gewichtsprozenten die Erstarrungsflächen wieder.

Nachdem einwandfrei festgestellt ist, daß das System Au-Ni kein Eutektikum enthält, sondern ein Minimum homogener Mischkrystalle, gehören auch die ternären Systeme Au-Ni-Cu und Au-Ni-Pd dem einfachsten Typus an. Die

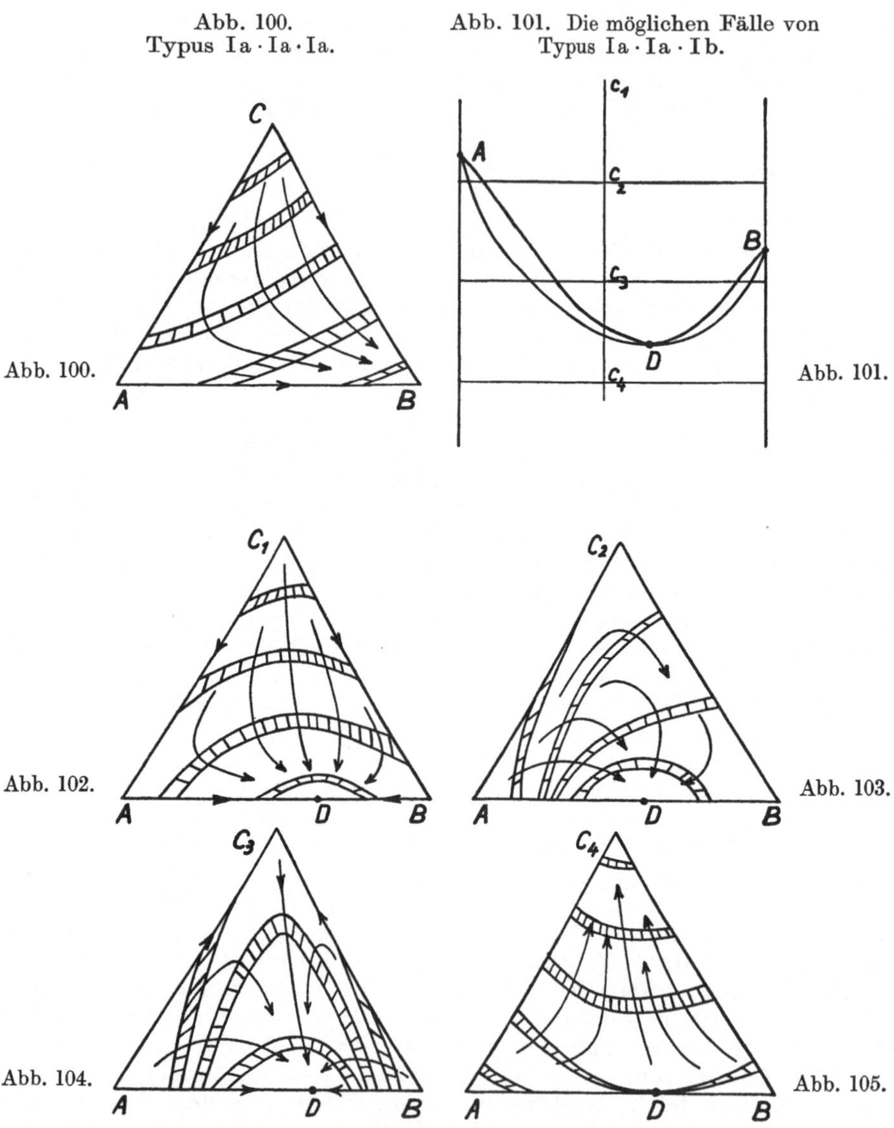

Abb. 102 bis 105. Die vier verschiedenen Fälle von Typus I a · I a · I b.

Entmischungserscheinungen im festen Zustande bei Au-Ni führen aber dazu, daß nach dem Erstarren, wenn nicht schroff abgeschreckt wurde, zwei Gefügebestandteile vorliegen. Bei Au-Ni-Cu (Abb. 109) schneidet die Talkurve die goldreichen Legierungen in einem kleinen Gebiet von den anderen ab. Bei Au-Ni-Pd (Abb. 110) werden die nickelreichen Legierungen im größeren Ge-

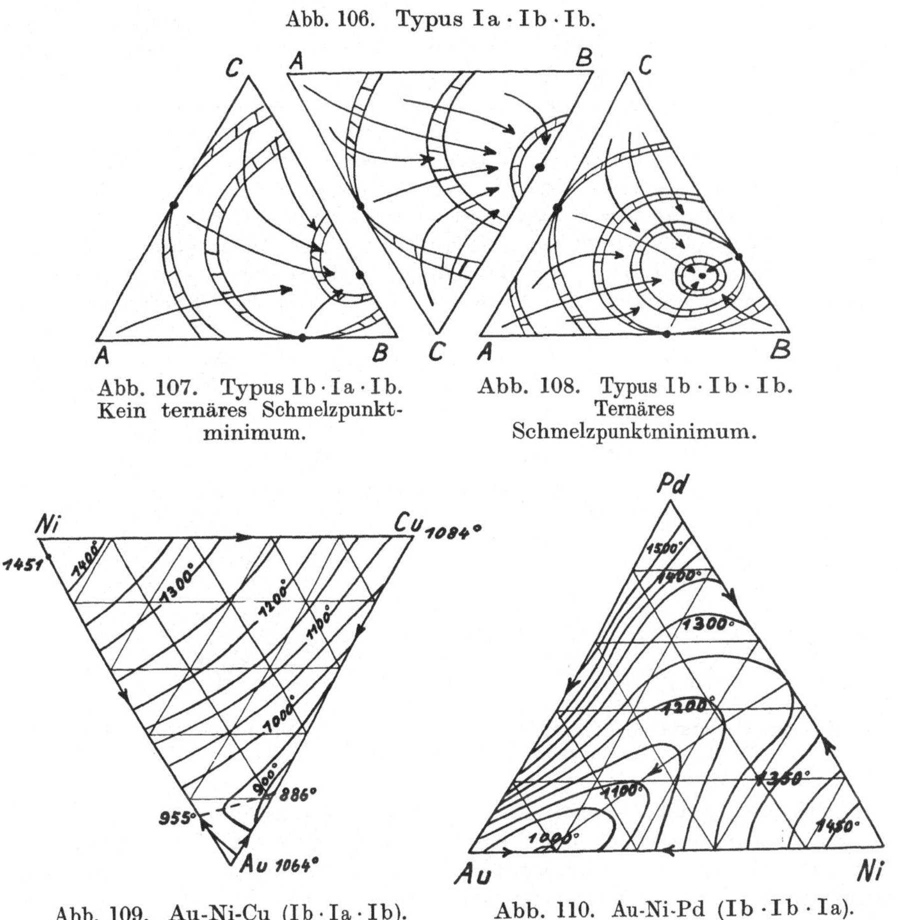

Abb. 106.   Typus I a · I b · I b.

Abb. 107.   Typus I b · I a · I b.
Kein ternäres Schmelzpunktminimum.

Abb. 108.   Typus I b · I b · I b.
Ternäres
Schmelzpunktminimum.

Abb. 109.   Au-Ni-Cu (I b · I a · I b).   Abb. 110.   Au-Ni-Pd (I b · I b · I a).

biet von den übrigen durch eine Talkurve getrennt. Die den gezeichneten Erstarrungsflächen zugehörigen Flüssigkeitsflächen können aus den für die binären Systeme bekannten Werten leicht konstruiert werden.

Auswahl der Gemische bei Untersuchungen ternärer Legierungen.

Für die Untersuchung ternärer Legierungen irgendwelcher Art ist die Auswahl der Gemische von Bedeutung. Bei den bisher betrachteten Fällen gibt es für die Beziehungen von Mischungsverhältnis zur Temperatur eine Darstellung im dreiseitigen Prisma mit einem linsenförmigen Körper für Gemische Fest-Flüssig, unter dem der Körper für Fest und über dem der Körper für Flüssig liegt. Diese drei Körper füllen das Prisma vollständig aus. Bei kompliziertem Verhalten ist die Zerlegung naturgemäß anders, es gibt auch Körper anderer Art als Fest, Flüssig und Fest-Flüssig, wie genau auseinandergesetzt werden wird. Die Untersuchung von Dreistoffmischungen erfolgt aber immer in der Art, daß Gemische bestimmter Zusammensetzung für sich untersucht werden und die Ergebnisse für alle Gemische zusammengefaßt werden. Die Gemische können natürlich in verschiedenster Art ausgewählt werden. In vielen Fällen, besonders wenn die Metalle nicht besonders wertvoll sind, ist es zweckmäßig, das Dreieck derart zu zerlegen, daß sich kleinere reguläre Dreiecke ergeben, wie es die Abb. 111 zeigt. Hierbei kann sich die Darstellung sowohl auf Atom- als auch auf Gewichtsprozente beziehen. Es ergeben sich 36 verschiedene Gemische, die in der gewünschten Art zu untersuchen sind. Bei der Methode der Untersuchung durch Abkühlungskurven ist für jedes Gemisch der Verlauf der Temperatur beim

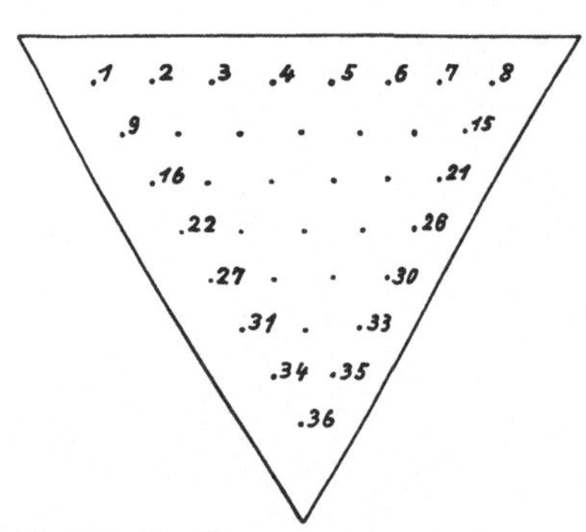

Abb. 111. Zur Untersuchung der ternären Legierungen 36 Gemische ausgewählt.

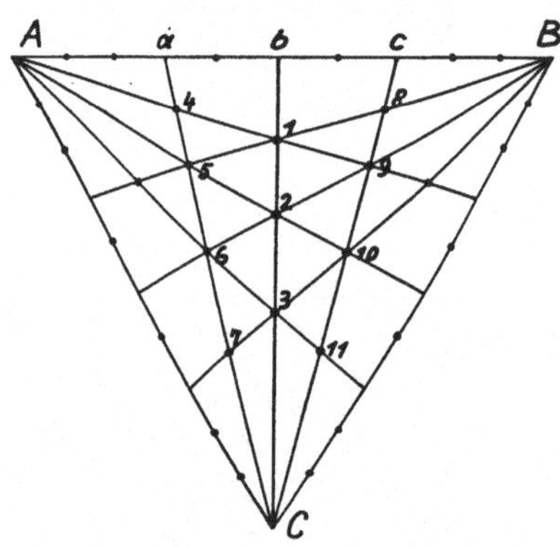

Abb. 112. Zur Untersuchung der ternären Legierungen 11 Gemische ausgewählt.

Abkühlen der geschmolzenen Metallmischung festzustellen. Ähnlich ist es bei den Erwärmungskurven der erstarrten Gemische. Die Auswertung der Ergebnisse erfolgt zweckmäßig unter Zusammenfassung der im darstellenden Dreieck auf einer Geraden liegenden Gemische, einschließlich der binären Grenzgemische. In einer graphischen Darstellung mit der Temperatur als Ordinate erhält man alsdann durch Verbindung der Temperaturpunkte beginnenden Erstarrens beim Abkühlen und Beginnen des Schmelzens beim Erwärmen eine L- und S-Kurve. Diese Darstellung ist ein senkrechter Schnitt durch das dreiseitige Prisma. Die beiden Abb. 113 und 114 geben beispielsweise bei Legierungen vom Typus I für verschiedene Fälle solche Schnitte für Gemische wieder, die einen konstanten Gehalt (10 Proz.) an C haben. In der ebenen Darstellung stellt das Flächengebiet $L + S$ das Temperaturgebiet des Gleichgewichtes Flüssig-Fest dar. Es ist oben durch das Flächengebiet für Flüssig (L) und unten durch das für Fest (S) begrenzt. Jeder Punkt im Innern des Gebietes $L + S$ gibt bei der durch die Ordinate angegebenen Temperatur ein Gemisch wieder, welches aus einem Mischkrystall bestimmter Zusammensetzung und einer Flüssigkeit bestimmter anderer Zusammensetzung besteht. Zusammen müssen natürlich Fest + Flüssig die angegebene

Mischung ergeben. Die Zusammensetzung von Fest und Flüssig, die den Gemischen der darstellenden Punkte entsprechen, sind in der Schnittfigur nicht wiedergegeben. Es wäre ein Zufall, wenn dieses möglich wäre, indem das Feste wie das Flüssige denselben Gehalt an dem Metall C hätte. Dieses zeigt deutlich, daß die Zeichnung eines senkrechten Schnittes durch das Prisma unter Angabe von Fest und Flüssig weniger sagt als ein waagrechter Schnitt. Bei diesem, der sich also auf konstante Temperatur bezieht, kann immer das Gleichgewicht zwischen Fest und Flüssig durch eine Gerade angegeben werden. Bei komplizierten Systemen, wenn noch andere Gleichgewichte außer Fest-Flüssig in Betracht kommen, ist der Unterschied zwischen senkrechten und waagrechten Schnitten durch das Prisma in bezug auf das, was man aus ihnen ersehen kann, besonders stark. Die Schnittfiguren sind in solchen Fällen oft recht kompliziert, aber für den waagrechten auf eine bestimmte Temperatur geltenden Durchschnitt des Körpers läßt sich für alle

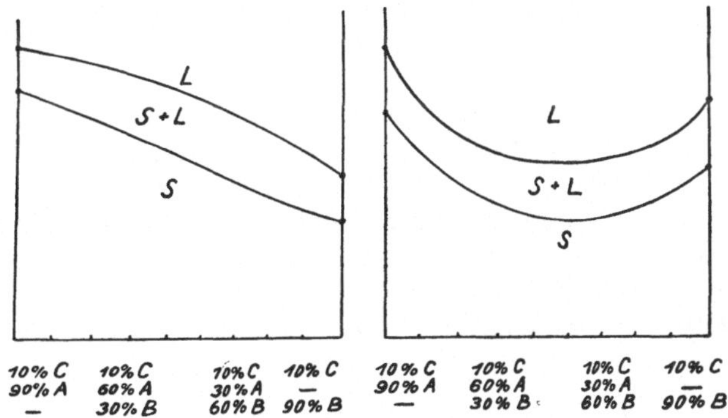

Abb. 113 und 114. Typus I. Das Verhalten der Gemische mit konstantem Gehalt an Metall C (10 Proz.) in zwei verschiedenen Fällen.

Gleichgewichte die Zusammengehörigkeit der festen und flüssigen Körper angeben. Bei der Wiedergabe der Ergebnisse sind deswegen auch waagrechte Schnitte durch das Prisma den senkrechten bei weitem vorzuziehen. Allerdings ergeben sich senkrechte Schnitte meist unmittelbar aus den Untersuchungen, während waagrechte erst abgeleitet werden müssen. Bei der angegebenen Art der Untersuchung der verschiedenen Gemische sind 36 verschiedene Legierungen zu benutzen, deren Untersuchung alsdann zu der gewünschten Übersicht führt. Es ist oft praktisch eine andere Zerlegung des Dreiecks vorzunehmen, und zwar derart, daß die untersuchten Gemische auf Geraden liegen, die von den Endpunkten ausgehen. In der Abb. 112 ist z. B. angegeben, wie die Zusammensetzung von elf Gemischen ist, die auf das ganze Dreieck verteilt sind. Dieselben werden hergestellt durch Zusammenschmelzen des Metalles C mit Gemischen aus A und B im Verhältnis $30:70$ (a); $50:50$ (b); $70:30$ (c). Aus diesem und dem Metall C stellt man die Gemische der drei Metalle zweckmäßig noch in der Art her, daß man aus a und C zunächst die Gemische 4 und 7 macht und aus diesen unter Anwendung entsprechender Mengen die Gemische 5 und 6. Ähnlich aus c und C die Gemische 8 und 11 und darauf 9 und 10; endlich aus b und C die

Gemische 1 und 3 und daraus 2. Man hat auf diese Weise 11 Gemische untersucht, und zum Schluß liegen nur 5.Gemische vor. Bei Verwendung seltener Metalle kann dieses wichtig sein. Diese Art der Verteilung ist natürlich nur ein Beispiel. Bei der Verwertung der Ergebnisse sind die Versuche jetzt in der Art zusammenzufassen, daß sich senkrechte Schnitte durch das Prisma

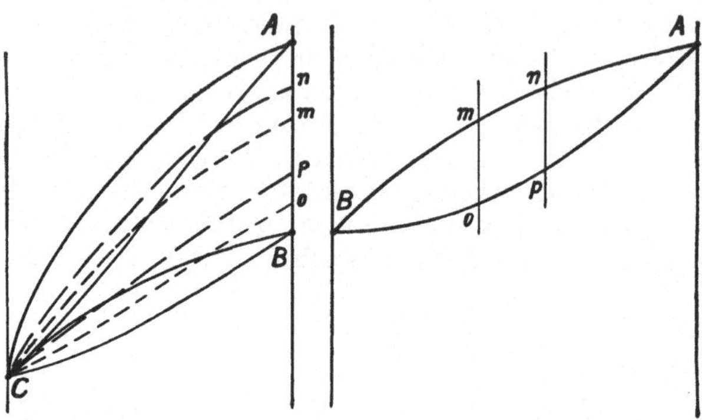

Abb. 115 und 116. Typus I. Das Verhalten von Gemischen konstanten Mischungsverhältnisses der Metalle $B{:}A$.

ergeben, welche eine Kante enthalten. Die Abb. 115 und 116 zeigen beispielsweise, wie in solchem Falle die Schnitte verlaufen, wobei auch noch die binären Grenzsysteme CA und CB angefügt sind. Diese Betrachtung, die nur einen Überblick über die Art der Untersuchung geben soll, ließe sich noch erheblich ausdehnen.

Typus II.

Allgemeines.

Da zum ternären Typus II solche Legierungen gehören, die in ihren binären Grenzsystemen höchstens den binären Typus II angehören, sind auch diese noch ziemlich einfach. Wie oben auseinandergesetzt ist, gibt es drei Gruppen, nämlich 2. (II · 1 · 1); 3. (II · 1 · 2) und 4. (II · 2 · 2) und 6 Untergruppen, mit Systemen beschränkter Mischbarkeit in flüssigem Zustande. Im vorhergehenden wurden die Legierungen 1. (I · 1 · 1) mit vollständiger Isomorphie behandelt, wobei jede Mischung im gleichen Gitter krystallisiert und vollkommene Homogenität zeigt. Obwohl nun beim Typus II nicht alle Mischungen nach dem Erstarren homogen sind, sondern zwei oder auch drei verschiedene Gefügebestandteile enthalten und sogar Entmischungen bereits im flüssigen Zustande auftreten, kann es sich trotzdem um nur eine Art Mischkrystalle mit gleichem Gitter im ganzen ternären System handeln. Bei der Gruppe 2 und 2a, wo zwei Grenzsysteme lückenlos Mischkrystalle bilden, muß auch im ternären Systeme stets nur eine Krystallart auftreten. In den beiden Fällen 3 bzw. 3a, 3b und 4 bzw. 4a, 4b, 4c kann dieses der Fall sein.

Gruppe 2 (II · 1 · 1).
Au-Cu-Ni (Ib · Ia · Ib); Au-Ni-Pd (Ib · Ib · Ia).

Bei den Legierungen, die zur Gruppe 2 gehören, bilden sich bei zwei binären Grenzsystemen lückenlose Reihen von Mischkrystallen, und das dritte binäre System gehört dem Typus IIa oder IIb an. Es enthält also entweder einen eutektischen oder einen Übergangspunkt. Da binäre Legierungen vollständiger Isomorphie ein Minimum haben können oder nicht, lassen sich verschiedene Fälle unterscheiden, welche dieser Gruppe 2 zugehören. Sie wurden bereits 1909 systematisch vom Verfasser untersucht[1]). Von den verschiedenen denkbaren Fällen, die aber bei Legierungen kaum alle auftreten, soll nur der eine, der zuerst beobachtet wurde, ausführlich auseinandergesetzt werden. Es sind alsdann leicht auch andere abzuleiten. Die bis jetzt genauer untersuchten Systeme sind unten erwähnt. Einige eisenhaltige Legierungen, die auch an dieser Stelle behandelt werden könnten, sind bei den gesondert behandelten Systemen mit Eisen berücksichtigt. Das 1909 theoretisch auseinandergesetzte Verhalten des einen Falles der Gruppe 2 wurde vom Verfasser für die Legierungen von Ag-Au-Cu genau festgelegt. Es ist später (1914) von *Calcagni* und *Marotta* bestätigt worden. Andere ähnliche Systeme sind Ag-Cu-Pd und Co-Cu-Ni. Unter Benutzung der Abb. 117 bis 119 soll von den verschiedenen Möglichkeiten der Fall erörtert werden, daß der Schmelzpunkt eines der beiden Metalle, die ein Eutektikum miteinander bilden, auf Zusatz des dritten erniedrigt, der des anderen erhöht wird. Es schließt dies also die Möglichkeit der Bildung von einem Minimum in einem binären Grenzsystem mit lückenloser Bildung von Mischkrystallen ein. Speziell untersucht werden soll der Fall, wie er bei Ag-Au-Cu vorliegt, wo sich ein solches Minimum bildet, und wobei der Schmelzpunkt dieses Minimums höher liegt als der der eutektischen Mischung des binären Grenzsystemes (Ag-Cu).

Sind zwei Stoffe A und B einzeln mit einem dritten C im festen Zustande vollständig mischbar, dagegen untereinander nur bis zu gewissen Grenzen a und b (Abb. 117, 118), so muß sich in der Darstellung der ternären Gemische im Dreieck eine Kurve akb zeichnen lassen, welche die Punkte a und b miteinander verbindet so, daß Legierungen außerhalb des Gebietes akb nach vollständigem Erstarren vollständig homogen sind, innerhalb dagegen aus zwei festen Mischkrystallen verschiedener Zusammensetzung bestehen. Bei Betrachtung der Art der Erstarrung ist zu beachten, daß das Eutektikum in dem binären Systeme ein invariantes Gleichgewicht darstellt zwischen einer Flüssigkeit bestimmter Zusammensetzung D mit zwei Mischkrystallen a und b, ebenfalls bestimmter Zusammensetzung. Vermehrt sich im ternären System die Zahl der unabhängigen Bestandteile durch Hinzutreten des dritten C, so wird das vorher invariante Gleichgewicht zwischen einer Flüssigkeit und zwei festen Mischkrystallen monovariant. Es gibt also verschiedene Temperaturen des Gleichgewichtes einer bestimmt zusammengesetzter Flüssigkeit mit zwei bestimmt zusammengesetzten festen Mischkrystallen. Von dem eutektischen Punkte D muß sich also eine Kurve (DK) in das Dreieck erstrecken, welches den Flüssigkeiten zugehört, die mit zwei festen Stoffen

---

[1]) *Jänecke*, Z. physik. Chem. **67**, 1909, 642 bis 654.

im Gleichgewichte sind, die auf dem Kurvenzug akb liegen. In dem angenommenen Falle sinkt die Temperatur auf der Flüssigkeitslinie DK von K nach D. Die beiden festen Gemische, welche mit einer bestimmten Flüssigkeit auf DK im Gleichgewichte sind, ändern ihre Zusammensetzung mit wachsender Zunahme des dritten Metalles C in der Flüssigkeit von a bis k und von b bis k. Es ergeben sich in der Darstellung im Dreieck auf die Weise gerade Linien (fg), die die Zugehörigkeit zweier fester Phasen angeben, das ganze Gebiet akb ausfüllen und sich niemals überschneiden. Die Geraden

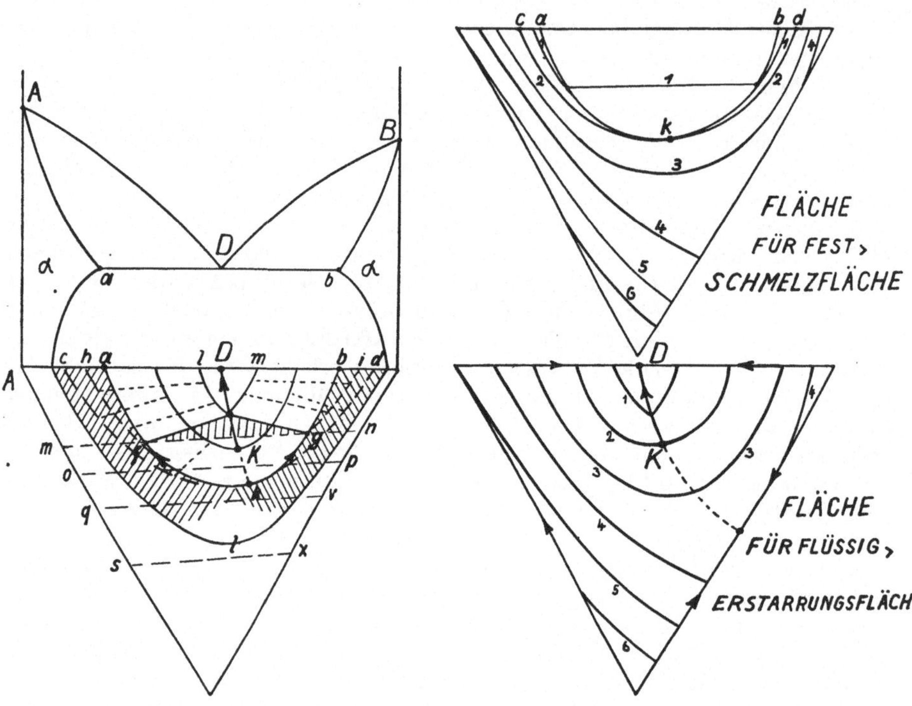

Abb. 117. Typus II (Gruppe 2)
IIb · Ia · Ib.
Kritische Flüssigkeit innerhalb des
Entmischungsgebietes (schematisch).

Abb. 118 und 119. Typus II (Gruppe 2)
IIb · Ia · Ib.
Schmelzfläche und Erstarrungsfläche
(schematisch).

werden immer kleiner und endigen schließlich in einem kritischen Punkte k, der das Gleichgewicht dieses festen Gemisches mit der Flüssigkeit K anzeigt. Bei einer bestimmten Temperatur gibt es, wie die Abb. 117 zeigt, ein Gleichgewicht zwischen den beiden festen Stoffen f und g und der Flüssigkeit e. Alle Gemische, die bei der Gleichgewichtstemperatur Fest-Fest-Flüssig innerhalb dieses Dreieckes efg liegen, bestehen aus der Flüssigkeit e und den beiden Mischkrystallen f und g. Die Temperatur des Gleichgewichtes Fest-Fest-Flüssig auf der Kurve akb richtet sich danach, wie die Schmelzvorgänge für die Legierungen im Innern des Gebietes sind. Es ist angenommen, daß die Minimumtemperatur der Legierungen von B und C höher als die eutektische Temperatur des Eutektikums von A und B liegt. Deswegen muß auch die Temperatur auf der Kurve DK steigen. Jeder Punkt auf dieser Kurve gibt eine Flüssigkeit an, die im Gleichgewicht ist mit zwei festen Mischkrystallen auf der Kurve akb. Werden die „Flüssigkeitspunkte" mit den zugehörigen Punkten für die festen Phasen verbunden, so ergeben sich in der Darstellung im Dreieck gerade Linien (ef und eg), die sich niemals überschneiden und das ganze Gebiet akb ausfüllen. Von a und b aus werden die Geraden immer kürzer und endigen schließlich in Kk. Die Temperatur dieses Gleichgewichtes stellt eine kritische dar, indem zwei feste Phasen identisch werden. Es besteht ein Gleichgewicht zwischen einer Flüssigkeit K und einem kritischen Mischkrystall k. Die übrigen Gleichgewichte Fest-Flüssig bei den verschiedenen Temperaturen, dargestellt durch die angegebenen Verbindungsgeraden, verschieben sich mit sinkender Temperatur in Richtung nach dem binären Eutektikum. Die Gleichgewichte Fest-Fest-Flüssig führen also in der räumlichen Darstellung zu einem eigentümlichen keilförmig gebildeten Körper. Das Dreieck efg verändert seine Form mit der Temperatur. Es wird bei steigender Temperatur zu der waagrechten Geraden Kk und bei sinkender zu der anderen Waagrechten ab. Die übrigen Begrenzungskurven dieses Keiles sind die Kurven DK und akb.

Außer diesen Gleichgewichten, bei denen eine Flüssigkeit bei bestimmter Temperatur mit zwei Mischkrystallen im Gleichgewichte ist, gibt es Gleichgewichte zwischen einer Flüssigkeit und einem Mischkrystall. Es lassen sich Kurven zeichnen, welche für verschiedene Temperaturen den Zusammenhang zwischen Fest-Flüssig angeben. Oberhalb der Temperatur für Kk sind es kontinuierlich verlaufende Kurven gerade wie beim Typus I. Die Gleichgewichte gehen in die Gleichgewichte der binären Grenzsysteme oder die zwischen Fest-Flüssig über, die durch Dreiecke der Art efg ausgedrückt werden. In den Abb. 118 und 119 sind einige solcher zusammenhängenden Kurven gezeichnet und gleichartig mit $1, 2, 3, 4, 5, 6$ bezeichnet. Zwischen den Kurven ließen sich Gerade ziehen, die das Gleichgewicht Fest-Flüssig bei den zugehörigen Temperaturen angeben. Sind für alle Temperaturen die Gleichgewichte Fest-Flüssig bekannt, so ist das Verhalten beim Erstarren ohne weiteres abzulesen. Alle Gemische, die innerhalb des Gebietes akb liegen, zeigen außer den Verzögerungen bei beginnendem Erstarren, wobei sich eine Art Mischkrystall ausscheidet, eine zweite Verzögerung bei der Temperatur, bei der die gemeinsame Ausscheidung beider Mischkrystalle vor sich geht. Mit Hilfe von Abkühlungskurven läßt sich auf die Weise entscheiden, wie das Gebiet der homogenen Mischkrystalle abgegrenzt ist gegen das Gebiet, in dem zwei feste Körper auftreten. Auch in den erstarrten Gemischen können noch Gleichgewichtsänderungen auftreten. Wie die Abb. 117 angibt, ändern die Mischkrystalle a und b, die im Eutektikum miteinander im Gleichgewichte sind, mit sinkender Temperatur ihre Zusammensetzung, und zwar, wie früher auseinandergesetzt wurde, in der Art, daß sie in ihrer Zusammensetzung reicher an den reinen Metallen werden. Aus diesem Grunde bleibt auch die für verschiedene Temperaturen geltende Grenzkurve akb nicht bei sinkender Temperatur in gleicher Form bestehen, sondern sie erweitert sich. Für eine bestimmte Temperatur liegt also ein anderer Kurvenzug vor, z. B. cdl. Die Gemische, die zwischen diesen beiden liegen, erfahren also im festen Zustande eine Veränderung in der Art, daß aus einem homogenen Mischkrystall zwei werden. Derartige Gemische können „vergütet" werden, gerade wie binäre Gemische, für die dieses ausführlicher erörtert wurde.

Die angegebene Auseinandersetzung der Legierungen II · 1 · 1 bezog sich auf ein besonderes Beispiel. Es ist hiernach leicht, andere Systeme von gleichem Typus abzuleiten. Im besonderen ist der Fall zu berücksichtigen, bei dem die eutektische Kurve DK nach niederen Temperaturen verläuft. In diesem Falle durchschneidet sie die Grenzkurve akb.

In dem dargestellten Falle wird der Raum des dreiseitigen Prismas von

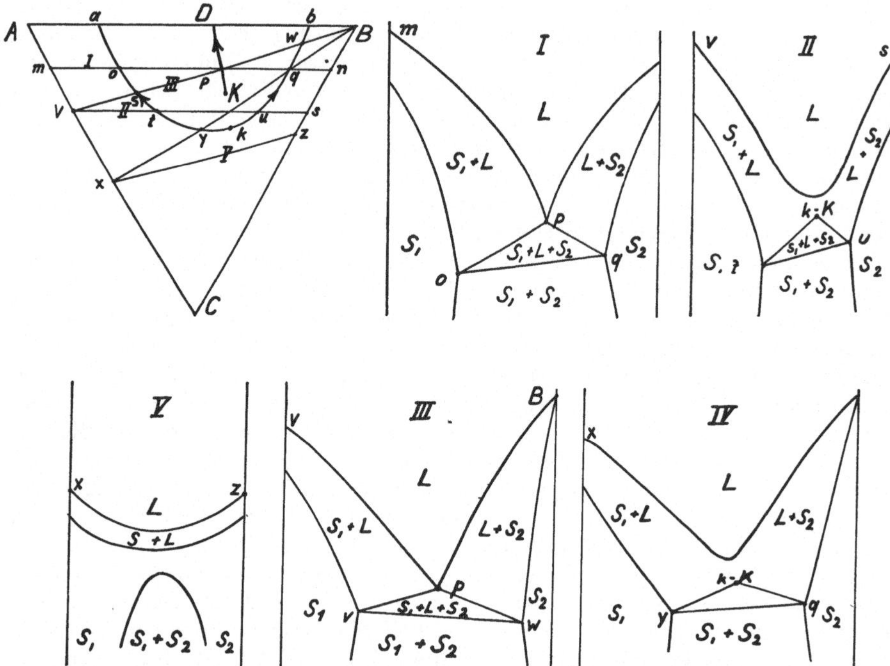

Abb. 120 bis 122 und 123 bis 125. Typus II (Gruppe 2) II b · I a · I b.
Senkrechte Schnitte durch die prismatische Darstellung des Gleichgewichts.

fünf verschiedenen Körpern ausgefüllt. Es gibt einen Dreiphasenkörper L-S_1-S_2, an dem sich nach unten hin ein Zweiphasenkörper S_1-S_2 und nach oben, also nach höherer Temperatur hin die beiden zusammenfließenden Zweiphasenkörper L-S_1 und L-S_2 anschließen. Auf diesen Phasenkörper legt sich in der körperlichen Darstellung ein Einphasenkörper für L. Nach unten legt sich alsdann an S_1-S_2 und S-L noch ein Einphasenkörper S. Die untere Fläche für L hat eine Falte mit dem kritischen Punkte k. Die obere Fläche für S ist eine zusammenhängende Fläche, die unterbrochen ist durch eine aus Horizontalen gebildete, schief ansteigende Schnittfläche (akb).

Die Art, wie verschiedene Körper, welche die Gleichgewichte zwischen den verschiedenen Phasen im dreiseitigen Prisma angeben, aneinanderliegen, entspricht einer bestimmten Regel: Ein Körper, der das Gleichgewicht für eine bestimmte Anzahl Phasen darstellt, liegt immer an einen anderen Körper an, der entweder eine Phase weniger oder mehr enthält. Es ist z. B. der Körper für die Gleichgewichte $L\text{-}S_1\text{-}S_2$ begrenzt von $L\text{-}S_1$, $L\text{-}S_2$, $S_1\text{-}S_2$ und niemals unmittelbar von Körpern für L oder S. Legt man senkrechte Schnitte durch einen Körper, der die Gleichgewichte angibt, so ergeben sich für die Schnittfläche ähnliche Regeln wie für die körperliche Darstellung. Es sind in diesem Falle Flächengebiete, die für eine Anzahl von Phasen die Gleichgewichte angeben, mit einer gemeinsamen Kante nur mit solchen Flächengebieten verknüpft, die Gleichgewichten entsprechen mit entweder einer Phase mehr oder einer weniger. Für den Fall $II \cdot 1 \cdot 1$ ist in den Abb. 120 bis 125 schematisch das Verhalten für charakteristische Schnitte wiedergegeben. Es sind dargestellt fünf Schnitte, von denen die beiden ersten parallel der Kante $A\,B$ verlaufen und die nächsten beiden durch den Eckpunkt B. Die Abb. 121 zeigt deutlich die auseinandergesetzte Regel. Das Dreiphasengebiet $L\text{-}S_1\text{-}S_2$ ist mit seinen drei Grenzlinien drei Zweiphasengebieten benachbart, und diesen wieder Einphasengebiete. Die Abb. 121 unterscheidet sich von Abb. 124 nur dadurch, daß auf der rechten, wo es sich um den einheitlichen Stoff B handelt, Schmelzpunkt und Erstarrungspunkt zusammenfallen. Die Abb. 122 und 125 ergeben Schnitte, bei denen das Dreiphasengebiet scheinbar nur von zwei Kurven begrenzt ist. Die obere Kurve zerlegt sich aber durch den kritischen Punkt K in zwei Teile. Während vorher das Flüssige mit zwei verschiedenen festen Mischkrystallen auftrat, gibt es jetzt nur eine Art Mischkrystall mit Flüssigkeit. Das Gebiet dieser liegt oberhalb des Dreiphasengebietes, und das Gebiet $S_1\text{-}S_2$ unterhalb. An diese schließen sich dann wiederum das Gebiet der einheitlichen Phasen an. Würde man einen Schnitt untersuchen, der noch weiter in das ternäre Gebiet hineingeht, so würde das Dreiphasengebiet vollständig fortfallen und die Gebiete für die beiden Arten Mischkrystalle in eines zusammenfließen.

Die Abbildungen, die schematisch diese fünf Schnitte wiedergeben, sind senkrecht durch das Prisma gelegt, das in Abb. 120 in Projektion dargestellt ist. Die Durchschnitte mit der Kurve $a\,k\,b$ ergeben die Geraden oq, tu, sw und yq. Die abgebildeten Schnitte zeigen die Richtigkeit der angegebenen Regel. Es gibt in den Abb. 121 und 124 ein Dreieck, an das sich die Gebiete für $L + S_1$, $L + S_1$ und $S_1 + S_2$ anlegen. An diese wieder legen sich die Gebiete für L, S_1 und S_2. In den folgenden Abb. 122 und 125 hat sich das Dreiphasendreieck so verschoben, daß der obere Eckpunkt, der der kritischen Temperatur von KK entspricht, nicht mehr an dem Gebiet von L anliegt. Die Abb. 123 gilt für einen Schnitt, in dem kein Dreiphasengleichgewicht mehr besteht, dagegen gibt es noch ein Entmischungsgebiet $S_1 + S_2$, das bei noch höherem Gehalt an C ganz in Fortfall kommt. Die Abbildungen sind noch besonders dadurch von Interesse, daß S_1 und S_2 dieselben Phasen sind. Hierdurch verschwinden die Grenzen zwischen den Zweiphasengebieten $L + S_1$ und $L + S_2$, wie aus den Abb. 122 und 125 hervorgeht, und zwischen den homogenen Gebieten für S_1, und S_2 der Abb. 123. In den Abb. 126 bis 128 sind noch merkwürdige Schnitte gezeichnet für ein Gleichgewicht vom Typus 2 (II, 1, 1), wenn die eutektische Temperatur von $A\text{-}B$ auf Zusatz von C sinkt. Das Dreiphasengebiet ist in den Abb. 127 und 128 tropfenförmig mit einem unteren Knickpunkt, der dem kritischen Gleichgewicht k-K entspricht, abgeschlossen.

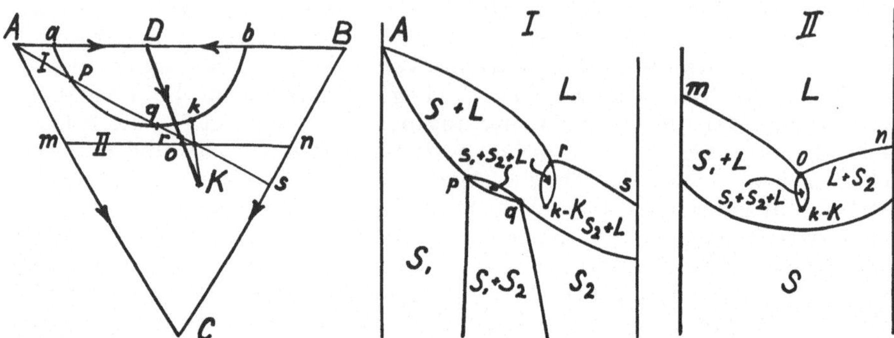

Abb. 126 bis 128. Typus II (Gruppe 2) II b · Ia · Ia, wobei die kritische Flüssigkeit außerhalb des Entmischungsgebietes. Zwei charakteristische senkrechte Schnitte durch die prismatische Darstellung des Gleichgewichts.

Ag-Au-Cu (Ia · Ib · IIb), Au-Cu-Pd (IIb · Ia · Ia) und Co-Cu-Ni (IIa · Ia · Ib).

Als Beispiel der Systeme 2 (II, 1, 1) wurde der Fall mit einem Eutektikum in dem einen Grenzsystem genauer untersucht. Es ist aber auch möglich, daß das Grenzsystem mit zwei festen Phasen statt IIb dem Typus IIa mit einem Übergangspunkt angehört. Das ternäre System läßt sich alsdann durch IIa · 1 · 1 angeben. In einigen Punkten ist das Verhalten anders, was an dem Systeme Co-Cu-Ni kurz erörtert werden soll.

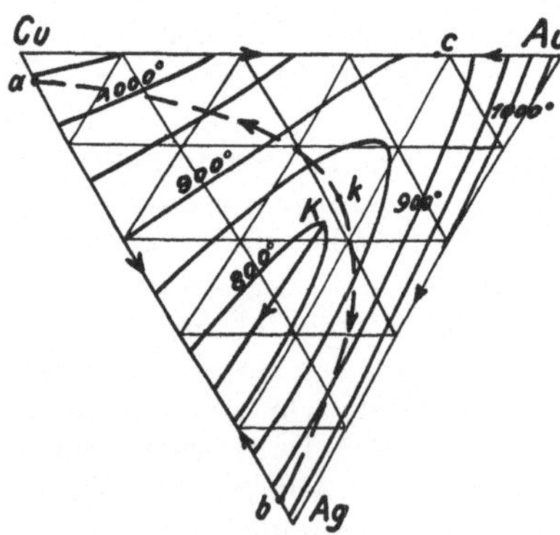

Abb. 129.
(Gruppe 2) Ag-Au-Cu (IIb · Ib · Ia).
Erstarrungsfläche.

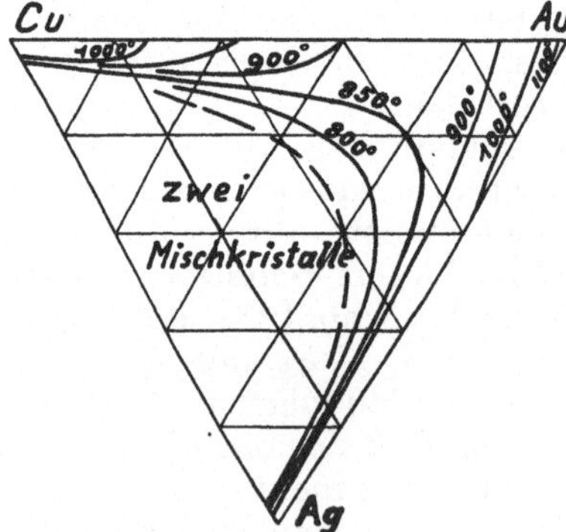

Abb. 130.
(Gruppe 2) Ag-Au-Cu (IIb · Ib · Ib).
Schmelzfläche, Entmischungsgebiet.

Ag-Au-Cu (Ia · Ib · IIb).

Das System Silber-Gold-Kupfer wurde vom Verfasser vor 25 Jahren eingehend untersucht. Das eigentümliche Verhalten des Überfließens der beiden Arten Cu-Ag-Mischkrystalle in eine einzige Mischkrystallart bei Zusatz von

Gold war damals völlig neu. Das System ist später von *Calcagni* und *Marotta* und anderen auch in bezug auf andere Eigenschaften noch weiter untersucht. In den Abb. 129 und 130 sind die zahlenmäßigen Ergebnisse für die Löslichkeits- und Schmelzfläche wiedergegeben. Eine besondere Erläuterung ist nach dem vorhergehenden überflüssig. Die gefundenen Eigenschaften entsprechen dem Zustandsbilde.

Ag-Cu-Pd (IIb · Ia · Ia).

Ein gleichartiges Verhalten zeigt das System Silber-Kupfer-Palladium, das von amerikanischen Forschern untersucht wurde. Ein Unterschied gegenüber Ag-Au-Cu besteht insofern, als der Schmelzpunkt von Ag und Cu auf Zusatz von Pd erhöht wird. Hierdurch ergibt sich ohne weiteres, daß der eutektische binäre Schmelzpunkt Ag-Cu auf Zusatz von Pd erhöht wird. Infolgedessen ist das Entmischungsgebiet im festen Zustande kleiner als bei Ag-Cu-Au.

Co-Cu-Ni (IIa · Ia · Ia).

Das auch bereits vor längerer Zeit untersuchte System Kobalt-Kupfer-Nickel enthält im Grenzsystem Cu-Co einen Übergangspunkt. Dieser führt im ternären Gebiet zu einer Übergangslinie mit einem kritischen Endpunkte. Die Kurve, welche das Entmischungsgebiet in zwei feste Phasen umfaßt, liegt jetzt vollständig außerhalb der Übergangskurve, die auch Peritektale genannt wird. Es findet beim Erstarren, wenn beide feste Phasen beteiligt sind, nicht wie vorher eine Umsetzung $L = S_1 + S_2$, sondern $L + S_1 = S_2$ statt.

In einem bestimmten Gebiet zeigen also die ternären Legierungen beim Erstarren dasselbe eigentümliche Verhalten wie bei binären Gemischen mit einem Übergangspunkte. Es kommt zunächst beim

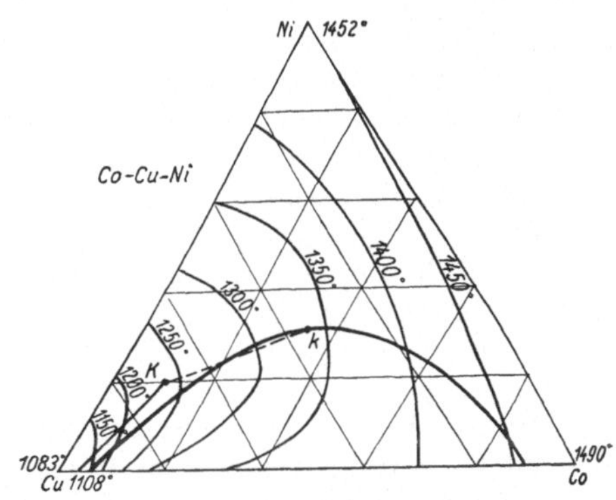

Abb. 131.
Gruppe 2. Co-Cu-Ni (IIa · Ia · Ia).
Erstarrungsfläche, Entmischungsgebiet.

Abkühlen der Schmelze ein Mischkrystall zur Ausscheidung, der seine Zusammensetzung ändert. Alsdann kommt ein zweiter Mischkrystall hinzu, sobald das Dreiphasengleichgewicht L-S_1-S_2 erreicht wird, und bei weiterem Sinken der Temperatur verschwindet der zuerst gebildete Mischkrystall, indem die Reaktion $L + S_1 = S_2$ stattfindet. Hierbei verschiebt sich das Gleichgewicht zwischen Flüssig und den beiden Mischkrystallen mit sinkender Temperatur solange, bis das Flüssige vollständig verschwunden ist. Wie im binären Systeme kann nach dem Erstarren $S_1 + S_2$ oder nur S_2 vorliegen, je nach Zusammensetzung der angewandten Mischung. Der Unterschied im Erstarren gegenüber dem binären System liegt darin, daß der Übergang $L + S_1 = S_2$ nicht bei konstanter Temperatur erfolgt. Das Verhalten aller anderen Legierungen ist nach den früheren Erörterungen ebenfalls leicht abzuleiten. Wie die Abb. 131 zeigt, ist für Co-Cu-Ni das Entmischungsgebiet erheblich und umfaßt einen beträchtlichen Teil der ternären Legierungen. Untersucht wurden auch die magnetischen Umwandlungen im Co-Ni, die bei Zusatz von Cu eintreten. Es zeigte sich, daß ein Teil der Legierungen ziemlich starken permanenten Magnetismus hat. Auch andere technische Eigenschaften, wie Härte, Fließgrenze und Säurebeständigkeit, wurden auf Veranlassung von Prof. *Friedrich* untersucht. Bei bestimmtem Kupfergehalt ist die härteste Legierung die mit gleichem Gehalt an Kobalt und Nickel.

Gruppe 2a ((II) · 1 · 1).

Ein ganz besonderes Verhalten zeigen ternäre Legierungen, bei denen zwischen einem Metalle und den beiden anderen vollständige Isomorphie herrscht, indem sich Mischkrystalle in jedem Mischungsverhältnis bilden, während diese beiden für sich noch nicht einmal vollständige Mischbarkeit im flüssigen Zustande aufweisen. Dieses eigentümliche Verhalten, wofür es außer Ag-Au-Ni wohl wenig Beispiele gibt, ist schematisch durch die Abb. 132 bis 134 wiedergegeben. Da zwei der Grenzsysteme vollständige Isomorphie zeigen, müssen auch im dritten System mit beschränkter Mischbarkeit im festen Zustande Mischkrystalle auftreten, die im ternären Systeme ein zusammenhängendes Gebiet ergeben. Die Abb. 132 zeigt dieses System der beiden Metalle A und B, das außer einem Eutektikum, bei dem die Flüssigkeit C mit den beiden festen Mischkrystallen a und b im Gleichgewichte ist, noch ein anderes Gleichgewicht dreier Phasen aufweist, wobei die beiden Flüssigkeiten D und E mit dem Mischkrystall c im Gleichgewichte sind. Oberhalb der Temperatur dieses Gleichgewichtes gibt es ein solches zwischen zwei Flüssigkeiten (d-e), das sich mit wachsender Temperatur verengert, wie die Abbildung anzeigt. Die Abbildung ist nicht bis zu dem kritischen Punkte ausgedehnt, in dem die beiden Flüssigkeiten zusammenfließen, indem sie identisch werden. Ebenso wie in dem vorhergehenden Falle auseinandergesetzt wurde, setzt sich auch hier das Gleichgewicht des binären Eutektikums in das ternäre System derart fort, daß auch hier mit wachsender oder mit sinkender Temperatur Gleichgewichte zwischen zwei festen Phasen und einer Flüssigkeit bestehen. Die Gleichgewichte führen gerade so wie im Falle 2 (II · 1 · 1) zu einer geschlossenen Kurve afb für die beiden festen Mischkrystalle mit einem kritischen Punkt f, in dem sie identisch werden. Der kritische Mischkrystall f ist im Gleichgewicht mit einer Flüssigkeit F, welche im Endpunkte der eutektischen Kurve liegt, die sich in das Innere des Dreiecks hin erstreckt. In der Abb. 134 sind diese Gleichgewichte besonders vermerkt, wobei die Annahme gemacht wurde, daß die Temperatur von C nach F auf der eutektischen Kurve sinkt. Die beiden Dreiecksabb. 133 und 134, welche das Verhalten der ternären Gemische wiedergeben, sind so gezeichnet, daß bei der rechten Abb. 134 die Gleichgewichte S_1-S_2-L, bei der linken Abb. 133 die von L_1-L_2-S hervorgehoben sind. Die eutektische Kurve, die sich gerade wie im vorher auseinandergesetzten Systeme in das Innere hinein erstreckt, verläuft aber jetzt mit steigendem Gehalt an C unter Sinken der Temperatur, weswegen ihr Endpunkt F außerhalb des Bogens afw liegt. Die Gleichgewichte Fest-Fest-Flüssig werden jetzt durch Dreiecke dargestellt, die anders liegen. Es ist z. B. in der Abb. 134 angegeben, daß die Mischkrystalle g und h bei der zugehörigen Temperatur im Gleichgewicht sind mit der Flüs-

sigkeit i oder k und l mit der Flüssigkeit m. Der kritische Endpunkt f ist
der Mischkrystall, der im Gleichgewichte mit der Flüssigkeit F ist. Diese
eutektische Linie und der Kurvenzug für die Mischkrystalle geben also das
Verhalten wieder, welches bei den Temperaturen eines eutektischen Gleichgewichtes im ternären System vorhanden ist.

Gerade wie im Falle 2 (II · 1 · 1) lassen sich auch Flächen konstruieren,
die für das beginnende Erstarren gelten, und solche für das beginnende Flüssig-
werden. Allerdings besteht jetzt ein wesentlicher Unterschied darin, daß

Abb. 132. Binäres System A-B mit Entmischung (II x).

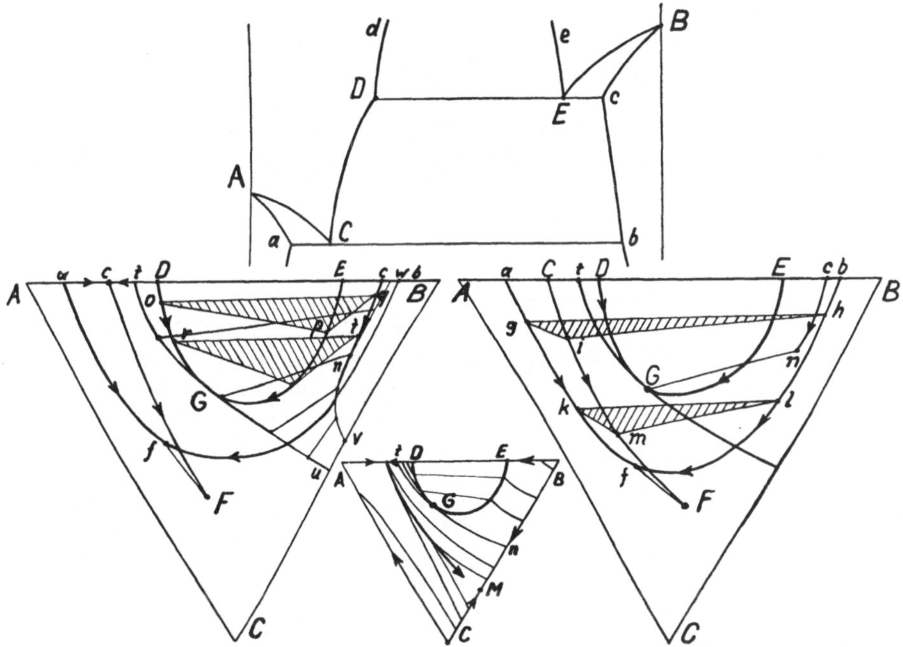

Abb. 133. Die Gleichgewichte
Flüssig$_1$ + Flüssig$_2$ + Fest
besonders dargestellt.

Abb. 135.
Erstarrungsfläche.

Abb. 134. Die Gleichgewichte
Fest$_1$ + Fest$_2$ + Flüssig
besonders dargestellt.

Abb. 132 bis 135. Gruppe 2a. ((II) · 1 · 1), schematisch.

sich die Flüssigkeitsfläche nicht ohne Unterbrechung bis zu dem Punkte F
hin erstreckt. Außer den beiden Flüssigkeitsflächen, die in F zu einer zusammenfließen, gibt es in der körperlichen Darstellung also zunächst ebenso
wie bei 2 (II · 1 · 1) einen Dreiphasenkörper, welcher nach zwei Seiten, nach
oben und seitlich hin, keilförmig ausläuft. Der eine Keil ist die auf das Eutektikum bezogene Horizontale aCb, der andere ist die kritische Horizontale Ff.
Alle Gemische im Dreieck, welche in der Projektion dieser keilförmigen Darstellung liegen, zeigen ein gleichartiges Verhalten beim Erstarren und Abkühlen. In jedem Fall bilden sich vor vollständigem Erstarren Gleichgewichte
zwischen drei Phasen, zwei festen und einer Flüssigkeit, aus. Umgekehrt
werden beim Erwärmen aus dem erstarrten Gemisch zweier fester Misch-

krystalle zunächst Gemische von zwei festen Körpern mit Flüssigkeit und darauf von solchem mit Flüssigkeit und einem Mischkrystall gebildet. Bei weiterer Temperaturerhöhung findet alsdann unter Verschwinden des festen Stoffes ein vollständiges Schmelzen statt. Die Bildung zweier Flüssigkeiten kommt, wie das Folgende zeigt, für einige Gemische bei weiterer Temperaturerhöhung noch dazu.

Es ist klar, daß sich auch das Dreiphasengleichgewicht des binären Systemes zwischen zwei Flüssigkeiten und einem Mischkrystall ebenfalls als ein solches Gleichgewicht von drei Phasen in das ternäre System fortsetzen muß. Es bilden sich innerhalb des Dreieckes Kurvenzüge heraus, welche die Zusammensetzung der einen festen Phase cn und der beiden flüssigen DG, EG bei den verschiedenen Temperaturen angeben, bei denen jetzt Gleichgewicht zwischen zwei Flüssigkeiten und einem festen Stoff möglich ist. Das invariante Gleichgewicht L_1-L_2-S im binären wird zu monovariantem im ternären System. Diese Gleichgewichte zweier Flüssigkeiten und eines Mischkrystalles verlaufen von dem binären System aus in das ternäre nach höheren oder niederen Temperaturen. Die Regel wird sein, daß sie sich nach tieferen hin erstrecken. Dieses ist auch in der Abb. 133 angenommen. Es sind zwei zusammengehörige Flüssigkeiten für zwei Fälle angegeben, op und rs, die mit den Mischkrystallen q und t im Gleichgewichte sind. Auf der Kurve, welche den beiden Flüssigkeiten zugehört, liegt ein kritischer Punkt G, der also in diesem Falle die tiefste Temperatur darstellt, bei der noch dieses Gleichgewicht besteht. Der zugehörige Mischkrystall liegt im Endpunkte n der von c ausgehenden Kurve. Für die Temperatur dieses Gleichgewichtes stellt tGu die Flüssigkeitsisotherme dar, auf der die Flüssigkeiten liegen, die im Gleichgewichte mit Mischkrystallen sind, deren Zusammensetzung durch Punkte der Kurve vnw angegeben werden. Von niederen Temperaturen bis zu dieser hin bestehen also Gleichgewichte ohne Bildung zweier Flüssigkeiten, also in genau derselben Weise, wie bei 2 (II · 1 · 1) auseinandergesetzt wurde. Es ist allerdings zu bemerken, daß bei den wirklich zu beobachtenden Fällen wohl die Isotherme tGu in der Darstellung sehr nahe der Geraden AC liegen wird, daß also Entmischung in zwei Flüssigkeiten in einem sehr weiten Gebiet vorkommt. Gerade wie bei der Fortsetzung des binären Eutektikums S_1-S_2-L in das ternäre Gebiet die räumliche Darstellung einen besonderen Körper ergeben hat, ist dieses auch bei Fortsetzung des Gleichgewichtes L_1-L_2-S der Fall. Gemische, die innerhalb dieses körperlichen Gebildes liegen, bestehen bei den zugehörigen Temperaturen ebenfalls aus drei Phasen, jetzt aber aus zwei flüssigen und einer festen. Der Körper für L_1-L_2-S ist aus der Abb. 133 leicht abzuleiten. Er ist keilförmig mit den beiden Keilen DEc und Gn, wobei die anderen Grenzkurven GD, GE und nc sind. Die kleine Abb. 135 in der Mitte enthält noch die Flüssigkeitsfläche, die sich auf Grund des eben Auseinandergesetzten ergibt. Eine besondere Wiedergabe der Fläche für Fest, die das beginnende Schmelzen anzeigt, ebenso wie die der „Dreiphasenkörper“, erscheint unnötig.

Ag-Au-Ni (Ia · Ib · IIx).

Für das eigentümliche System 2a ((II) · 1 · 1) wurde von *De Cesaris* in den Legierungen von Silber-Gold-Nickel ein Beispiel gefunden. Das Gebiet, in dem sich zwei Flüssigkeiten bilden, ist sehr groß. Die auftretenden Mischkrystalle, welche gleichzeitig alle drei Metalle enthalten, liegen nahe den Kanten Au-Ni, Ag-Ni und sonst in der Nähe des reinen Goldes. Die eutektische Kurve der früheren Abb. 133 und 134 beginnt hier fast im Punkte Ag auf der Geraden Ni-Ag. Ihr Endpunkt im ternären Gebiete ist nicht genau bekannt. Von ihm aus setzt sich eine Talkurve fort, bis zu dem Minimumschmelzpunkt zwischen Ni und Au. Wenn sich auch auf Grund der experimentellen Untersuchung wegen des großen Entmischungsgebietes der Zusammenhang zwischen dem

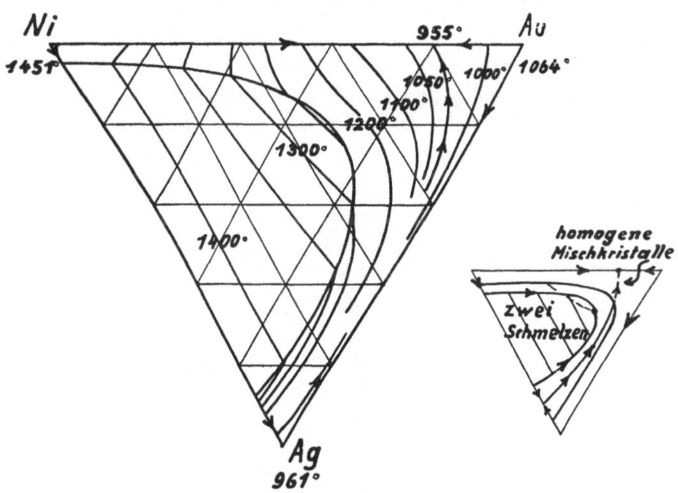

Gruppe 2a. Ag-Au-Ni (I a · I b · II x).
Abb. 136. Erstarrungsfläche. Abb. 137. Gleichgewichte (schematisch).

Verhalten, wie es vorhin auseinandergesetzt wurde, nicht exakt bestimmen läßt, so ist er theoretisch doch vorhanden. Die Abb. 136 zeigt das gefundene Zwischenbild, während Abb. 137 schematisch die Zusammenhänge im Entmischungsgebiet und im Gebiet der homogenen festen Phasen angibt.

Gruppe 3 (II · 1 · 2).

Die ternären Legierungen, bei denen ein binäres Grenzsystem lückenlose Mischbarkeit in festem Zustande aufweist und die beiden anderen Systeme mit zwei festen Phasen sind, lassen sich in eine größere Anzahl Fälle gliedern. Je nachdem die binären Grenzsysteme zu 1a, 1b, 2a, 2b gehören, lassen sich verschiedene Kombinationen bilden. Außerdem führen noch die verschieden hohen Schmelztemperaturen der Metalle der binären Eutektika oder der evtl. vorhandenen Schmelzminima zu verschiedenen Möglichkeiten. Untersucht werden sollen hier die drei Fälle, die zu bezeichnen wären als (IIb · 1a · 2b); (IIb · 1a · 2a) und (IIa · 1a · 2a), wobei die Schmelzpunkte der drei Metalle in der Richtung A-B-C wachsen und außerdem das System, das in allen Fällen durch 1a angegeben ist, durch A-B dargestellt wird. Man kennt nicht für alle diese drei Fälle bei den ternären Legierungen

Beispiele. Dasselbe Verhalten findet sich aber auch bei komplizierteren, besonders Eisenlegierungen wieder, weshalb es eingehend auseinandergesetzt werden soll. Andere Fälle ähnlicher Art, z. B. die, bei denen I b an Stelle I a tritt, lassen sich leicht anschließen.

Gruppe 3, Fall 1. Zwei Grenzsysteme mit Eutektika.

In der Abb. 138 ist das System dargestellt, wobei die beiden Grenzsysteme vom Typus II Eutektika enthalten. Das Dreieck umfaßt die ternären Mischungen, seitlich sind in den Abb. 139 und 140 die beiden binären Systeme mit Eutektikum wiedergegeben. Eine körperliche Darstellung bekommt man, wenn man die Darstellung der binären Systeme oberhalb der Kanten des regulären Dreiecks für alle drei Systeme gewissermaßen aufklappt und

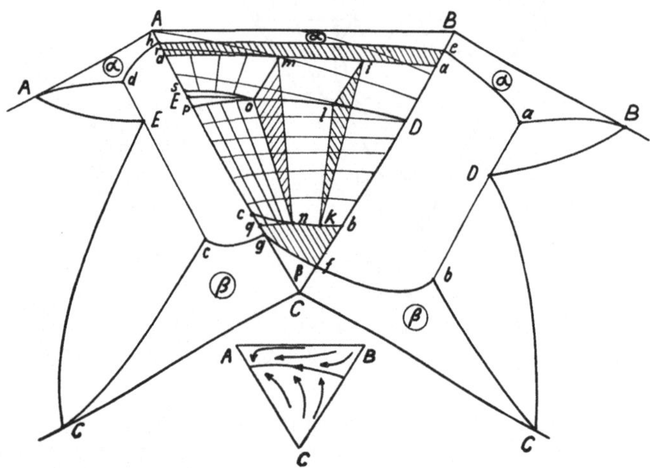

Abb. 138. Gruppe 3 (IIb · Ia · IIb). Die Gleichgewichte im ternären System.
Abb. 139 und 140. Die binären Grenzsysteme mit Eutektika (IIb).

die Gleichgewichte im Innern hinzufügt. Die beiden dargestellten binären Systeme sind dann die heruntergeklappten Seitenflächen der räumlichen Darstellung des ternären Systemes. Von diesem selbst ist in dem Dreieck der Abb. 138 die Projektion für einige wichtige Gleichgewichte wiedergegeben. Im Gegensatz zur Gruppe 2 treten jetzt zwei Arten von Mischkrystallen auf, von denen die eine im Grenzfall zum Metall C wird, während die andere die Mischkrystalle zwischen A und C darstellt. Der Umfang der Mischkrystallbildung in dem binären System ist aus den Abbildungen zu erkennen. Es ist für die Betrachtung gleichgültig, ob die beiden Arten Mischkrystalle gleichartig oder verschieden sind. In den eutektischen Punkten ist in den Grenzsystemen der Umfang der Mischkrystallbildung der Regel entsprechend åm größten. Mit sinkender Temperatur fällt er nach den Abb. 139 und 140 von c-d auf g-h und a-b auf e-f. Das Gleichgewicht zwischen zwei Mischkrystallen und einer

Flüssigkeit muß sich von dem binären System aus in das Gebiet der ternären Mischungen fortsetzen. Während aber bei den binären Systemen die im Gleichgewicht befindlichen Schmelzen sich aus den Mischkrystallen herstellen lassen, ist dieses im ternären System nicht der Fall. Die im Gleichgewicht mit zwei Mischkrystallen befindliche Schmelze liegt in der Darstellung, nicht auf der Verbindungsgeraden der beiden Mischkrystalle. Es bilden sich drei Kurven heraus, welche die Zusammengehörigkeit von Flüssigkeit auf E-D mit den beiden Mischkrystallen auf d-a und c-b angeben. Die Temperatur des Dreiphasengleichgewichtes fällt von D nach E. Die Gemische, die innerhalb der Dreiecke liegen, die diese Gleichgewichte zwischen Flüssigkeit und zwei festen Körpern wiedergeben, bestehen bei den zugehörigen Temperaturen aus drei Phasen, beispielsweise einer Flüssigkeit l mit den beiden Flüssigkeiten i und k bei einer höheren oder einer Flüssigkeit o mit den Mischkrystallen m und n bei einer niederen Temperatur. In der körperlichen Darstellung bildet sich dadurch ein Dreiphasenkörper heraus, der auf den beiden Seitenflächen in zwei horizontale Keile ausläuft. Von den drei Punkten des einen Keiles $a D b$ laufen drei Kurven nach den drei Punkten $d E c$ gleichmäßig nach unten derart, daß die Kurve $D E$ höher liegt als die beiden anderen. Die horizontalen Schnitte durch diese beiderseits keilförmigen Körper ergeben jeweils Dreiecke, von denen l-i-k und o-m-n gezeichnet sind. Der Körper ist von drei Flächen begrenzt, die sich aus horizontalen Geraden zusammensetzen. Die Geraden, welche die Mischkrystallpunkte miteinander verbinden, stellen für die zugehörigen Gemische die Temperatur des gerade vollendeten Erstarrens bei ihrer Abkühlung dar. Die Geraden, welche die Flächen ergeben zwischen der Flüssigkeitskurve und je einer Mischkrystallkurve, enthalten die Gemische, welche beim Erwärmen aus dem Dreiphasengebiet Fest-Fest-Flüssig in das Zweiphasengebiet Fest-Flüssig übergehen. Bei den Temperaturen, die diese Geraden angeben, verschwindet bei Temperaturerhöhung für ein Gemisch, das auf ihnen liegt, gerade der zweite Mischkrystall, und es bleibt nur einer mit Schmelze im Gleichgewicht zurück.

In der Abb. 138 ist noch angegeben, wie sich für die Temperatur des Gleichgewichtes o-m-n das Gleichgewicht zwischen den beiden Phasen Flüssig-Fest fortsetzt. Zwischen Mischkrystallen und Schmelzen gibt es bei dieser Temperatur Gleichgewichte von Schmelzen auf o-s und o-p mit Mischkrystallen auf m-r und n-q. Es ist nicht schwer für andere Temperaturen die Gleichgewichte und damit für alle Temperaturen alle Beziehungen zwischen Flüssig und Fest anzugeben. In dem räumlichen Bilde bilden sich zwei Flüssigkeitsflächen heraus, die die eutektische Kurve $D E$ gemeinsam haben. Die eine enthält als höchsten Punkt den Schmelzpunkt C, die andere geht in die Erstarrungskurve der isomorphen Gemische A-B über. Zu diesen Flüssigkeitsflächen gehören beim Gleichgewicht Flüssig-Fest zwei Schmelzflächen, die in den Kurven b-c und a-d beginnen, mit der Temperatur ansteigen und in dem Schmelzpunkt C und der Schmelzkurve der Mischkrystalle A-B, die unter der Erstarrungskurve $A B$ liegt, endigen. Es bilden sich so zwei körperliche Gebilde heraus, die sich auf die Flächen E-D-a-d und E-D-b-c des keilförmigen Dreiphasengebietes Fest-Fest-Flüssig auflegen. Aber auch das Gleichgewicht Fest-Fest zwischen den beiden Mischkrystallen verändert sich mit der Temperatur, und zwar entfernen sich im allgemeinen mit sinkender

Temperatur die darstellenden Kurven voneinander. Dieses kommt in den beiden Darstellungen für die binären Gemische durch die zusammenhängenden Kurven a-e und b-f sowie c-g und d-h zum Ausdruck. Im ternären Gebiet gehören Mischkrystalle aller drei Metalle auf h-e mit solchen auf g-f bei einer tieferen Temperatur zusammen. In der räumlichen Darstellung gibt es einen Körper Fest-Fest mit einer Grundfläche h-g-f-e, der sich nach oben hin verkleinert und oben durch eine Fläche d-c-b-a schief abgeschnitten ist. Zusammenfassend läßt sich also die körperliche Darstellung der Gleichgewichte, wenn man von dem Dreiphasenkörper ausgeht, folgendermaßen wiedergeben: Der keilförmige Dreiphasenkörper S_1-S_2-L wird unten begrenzt von einer aus horizontalen Geraden gebildeten Fläche für das Gleichgewicht S_1-S_2. Unter dieser liegt ein Körper, der sich mit sinkender Temperatur vergrößert und diesen Gleichgewichten S_1-S_2 entspricht. Nach oben ist der Dreiphasenkörper von zwei Flächen gebildet aus horizontalen Geraden, die sich auf die Gleichgewichte L-S_1 und L-S_2 beziehen. Auf diese Flächen liegen zwei Körper auf, einer, der eine Spitze in C hat, und ein anderer begrenzt durch ein linsenförmiges Stück, welches das Gleichgewicht Fest-Flüssig für das binäre System A-B angibt. In dem übrigbleibenden Raum des dreiseitigen Prismas liegen unten die Gebiete für die beiden Arten homogener Mischkrystalle, die außerdem von den senkrechten Flächen des Prismas begrenzt sind. Oben legt sich auf die Grenzfläche für Fest-Flüssig das körperliche Gebiet für Flüssig auf mit der eutektischen Kurve als Tallinie. Die Darstellung des Gleichgewichts im Prisma geht auf den Grenzflächen in das der binären Grenzsysteme und in den Kanten in das der Einstoffsysteme über. In dem vorliegenden Fall ist der Übergang ziemlich einfach.

Gruppe 3, Fall 2. Ein Grenzsystem mit Eutektikum,
eines mit einem Übergangspunkt.

Die Behandlung der beiden anderen Fälle kann kürzer gehalten werden, da manches gleichartig dem eben Auseinandergesetzten ist. In den Abb. 141 bis 144 ist in gleicher Art wie eben das Verhalten der ternären Gemische und das der beiden binären dargestellt, die zwei feste Phasen enthalten. Das System C-A hat in diesem Fall einen Übergangspunkt, das System B-C ein Eutektikum. Es bilden sich wiederum zwei Gebiete für die beiden verschiedenen Mischkrystalle heraus. Die Gleichgewichte L-S_1-S_2 zwischen zwei Mischkrystallen und einer Flüssigkeit werden durch drei Kurven im Innern des Dreiecks ausgedrückt. Die Flüssigkeitskurve ist D-E und die Mischkrystalle, die mit den Flüssigkeiten auf D-E bei den zugehörigen Temperaturen im Gleichgewichte sind, liegen auf a-d und b-c. Es findet also in der Projektion im Dreieck jetzt ein Überschneiden der Flüssigkeitskurve D-E mit der einen Mischkrystallkurve a-d statt. Für zwei verschiedene Temperaturen sind wiederum die Dreiphasengleichgewichte zwischen Flüssigkeit und zwei Mischkrystallen wiedergegeben: l-i-k und o-m-n. Für die niedrigere Temperatur dieses Gleichgewichtes ist weiter angegeben, wie sich die Zweiphasengleichgewichte Flüssig-Fest fortsetzen. Die beiden Flüssigkeitskurven o-r und o-p gehören zu den Mischkrystallkurven m-s und n-q. Das Besondere in diesem Fall liegt darin, daß das Dreiphasengleichgewicht einerseits in ein eutektisches, anderseits in das eines Übergangspunktes ein dystektisches übergeht. Die Kurve *D-E*, die anfangs eine eutektische Kurve ist, geht mit sinkender Temperatur in eine Übergangskurve über. Die Gleichgewichte Flüssig-Fest-Fest geben ein Verhalten wieder, das so ist, daß beim Abkühlen einer homogenen Flüssigkeit auf dem eutektischen Teil der Kurve *d-e* eine Ausscheidung zweier Mischkrystalle erfolgt, während umgekehrt auf dem anderen Teil der Kurve sich beim Erwärmen eines homogenen Mischkrystalles ein anderer Mischkrystall und eine Flüssigkeit bilden. Der Dreiphasenkörper hat also in diesem Falle eine ganz andere Form als vorher. Er enthält als eine der drei Grenzflächen eine aus horizontal verlaufenden Geraden gebildete Fläche *c-d-a-b*, die dem Gleichgewicht S_1-S_2 entspricht. Die beiden anderen begrenzenden Flächen dieses keilförmigen Gebietes, die

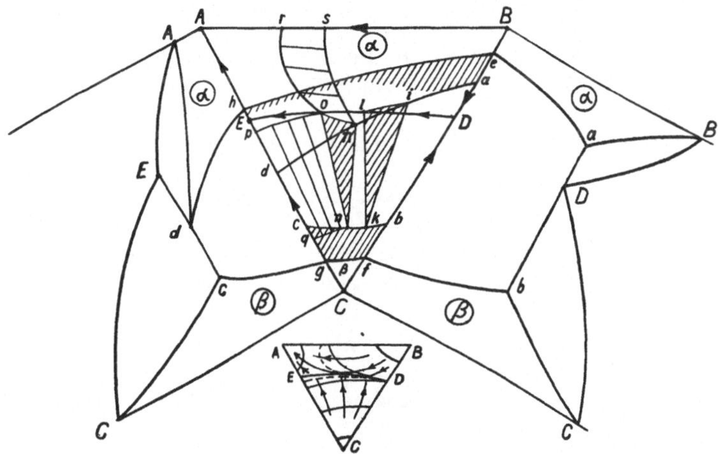

Abb. 141. Gruppe **3** (II b · I a · II a).
Die Gleichgewichte im ternären System.

Abb. 142. Binäres Grenzsystem mit Übergangspunkt (II a).   Abb. 144. Krystallisationsbahnen.   Abb. 143. Binäres Grenzsystem mit Eutektikum (II b).

den Gleichgewichten L-S_1 und L-S_2 zugehören, sind jetzt sehr verschieden. Das eine von diesen führt zu dem darüberliegenden Körper für Fest-Flüssig in einfacher Weise derart, daß die Flüssigkeitskurve *E-D* und die zugehörige Kurve für die Mischkrystalle *c-b* mit wachsender Temperatur kleiner werden und schließlich in dem Punkte *C* auslaufen. Der so gebildete Körper ist also ganz ähnlich dem, wenn zwei binäre Eutektika auftreten. Die andere begrenzende Fläche wird gebildet von Geraden, die ebenfalls horizontal liegen und mit wachsender Temperatur von *E-d* über *o-m* und *l-i* nach *D-a* laufen. In bezug auf den Dreiphasenkörper liegt sie teilweise nach unten, teilweise nach oben. Das durch sie dargestellte Gleichgewicht Fest-Flüssig setzt sich entsprechend fort einerseits nach tieferen Temperaturen (Mischkrystalle bei *A*), anderseits nach höheren (Mischkrystalle bei *B*). Die beiden Flächen für den Körper des Gleichgewichtes Fest-Flüssig enden in den Kurven des Gleichgewichtes für die binären Mischkrystalle *A-B*. Diese beiden Zweiphasenkörper zusammen mit dem Körper *h-e-f-g*, *d-a-b-c*, der für Fest-Fest gilt, begrenzen zusammen mit den senkrechten begrenzenden Ebenen des

Prismas die homogenen Gebiete für die beiden verschiedenen Mischkrystalle
und für Flüssigkeit. Eine Besonderheit liegt also darin, daß der Körper der
Mischkrystalle nach A-B sich von A nach oben und von B nach unten hin
erstreckt, bis die Fläche d-E-D-a erreicht ist. Aus dem Auseinandergesetzten
ergibt sich das Verhalten aller Gemische. In dem kleinen Dreieck der Abb. 144
unten ist noch dargestellt, wie die Erstarrungskurven verlaufen. Es gibt in
dem Mischkrystallgebiet für A-B eine Erstarrungskurve, die die Flüssigkeitskurve E-D berührt. Der Berührungspunkt ist die Grenze zwischen eutekti-
schem Erstarren und peritektischem. Von den drei bestehenden Fällen des
Gleichgewichtes (II · 1 · 2) ist dieses soeben auseinandergesetzte Verhalten
das komplizierteste. Es findet sich bei verwickelteren Systemen, besonders
auch solchem mit Eisen.

Gruppe 3, Fall 3. Zwei Grenzsysteme mit Übergangspunkten.

Einfacher ist das Verhalten, wenn die beiden binären Grenzsysteme beide
Übergangspunkte aufweisen, wie dieses in den Abb. 145 bis 148 dargestellt ist.

Abb. 145.   Gruppe 3 (IIa · Ia · IIa).   Die Gleichgewichte im ternären System.

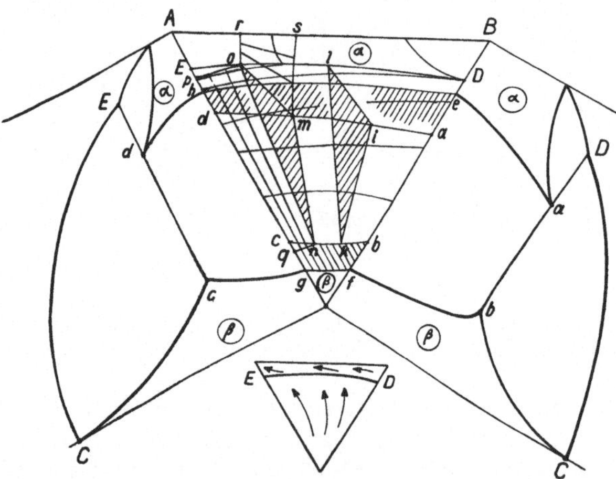

Abb. 145 bis 147. Die binären Grenzsysteme mit Übergangspunkt (IIa).
Abb. 148. Krystallisationsbahnen.

Jetzt liegt die Kurve E-D für Flüssig, die zum Gleichgewicht Flüssig mit
zwei festen Phasen gehört, ganz außerhalb der Kurven für die zugehörigen
Mischkrystalle a-d und b-c. Die Dreiphasengleichgewichte L-S_1-S_2 sind
wiederum wie vorher durch zwei Dreiecke l-i-k und o-m-n zum Ausdruck
gebracht. Ebenso ist das Gleichgewicht Flüssig-Fest bei der niederen Temperatur des Gleichgewichts o-m-n angegeben. Die Flüssigkeiten o-r und o-p
sind im Gleichgewicht mit den Mischkrystallen m-s und n-q. Von den drei
Grenzflächen des Dreiphasenkörpers liegt jetzt die eine Fläche Flüssig-Fest
(Mischkrystalle nach $A B$) vollständig unterhalb der beiden anderen. Der
zugehörige Körper dieses Gleichgewichtes endet in den beiden Kurven des

binären Gleichgewichts Flüssig-Fest für A-B. Die anderen beiden Grenzflächen des Dreiphasenkörpers haben die gleiche Fortsetzung in die körperlichen Gebiete Fest-Fest und Fest-Flüssig wie bisher, weswegen es nicht
nötig ist, noch weiter hierauf einzugehen.

In allen drei Abbildungen ist noch durch Schraffierung besonders angegeben,
wie die Grenzflächen für die Gleichgewichte der beiden miteinander im Gleichgewicht befindlichen Mischkrystalle verlaufen. In der kleinen Abb. 148 sind
ebenso wie vorher die Krystallisationsbahnen gezeichnet, die in diesem Falle
sämtlich über die Flüssigkeitskurve e-d, die sog. Peritektale, hinüberlaufen.
Im vorigen Falle taten sie es zum Teil, und in dem ersten überhaupt nicht.
Bei den komplizierteren Legierungen wird auf das auseinandergesetzte Verhalten der Legierungen gerade dieses Typus (IIa · I · IIa) mehrfach zurück-
gegriffen werden müssen.

Zusammenfassend läßt sich über die räumliche Darstellung der drei Systeme
dieser Art folgendes sagen: Das dreiseitige Prisma, welches den Zusammenhang zwischen Mischungsverhältnis und Temperatur wiedergibt, wird immer
durch verschiedene Körper in mehrere Teile zerlegt. Der feste Zustand
wird entsprechend den einfachen Mischkrystallen S_1 und S_2 und den Gemischen aus ihnen durch zwei verschiedene Körper dargestellt. Eine körperliche Darstellung geht gewissermaßen als Wall durch das Prisma und ist
oben schief durch eine Fläche, die aus horizontalen Geraden gebildet ist, abgeschnitten. Dieser Körper umfaßt die Gleichgewichte Fest-Fest zwischen
den beiden festen Mischkrystallen. Jeder Punkt im Innern liegt auf einer
Horizontalen, welche in zwei Punkten der Oberfläche des Körpers endet.
Die Mischung besteht bei der durch die Höhe der Horizontalen angegebenen
Temperatur aus den durch diese Punkte dargestellten Mischkrystallen. Die
beiden anderen Körper, die sich auf den festen Zustand S_1 und S_2 beziehen,
legen sich seitlich an den wallförmigen Körper Fest-Fest an. Sie erstrecken
sich einerseits bis zu der Grenzfläche $A\,B$, anderseits bis zu der Ecke C.
Die obere Grenzfläche für den Körper des Gleichgewichtes der Mischkrystalle
nach $A\,B$ endet einerseits in der Schmelzkurve für die binären Gemische A-B,
anderseits in der oberen Kante des wallförmigen Körpers. Der andere feste
Körper für die Mischkrystalle nach C hat eine Grenzfläche, die oben in den
Schmelzpunkt C ausläuft, und in der zweiten oberen Grenzkante des wallförmigen Körpers endet. Auf den wallartigen Zweiphasenkörper legt sich,
wie eingehend auseinandergesetzt wurde, ein Dreiphasenkörper, der beiderseits keilförmig ausläuft. Außer der Fläche, welche dieser Körper mit dem
wallförmigen Gebiet gemeinsam hat, wird er von zwei anderen Flächen begrenzt, die auch aus einer Schar von horizontalen Geraden sich zusammensetzen. Die Lage der Flächen ist je nach dem Verhalten der binären Systeme
verschieden. Im Falle zweier Eutektika liegen beide Flächen nach oben, im
Falle zweier Übergangspunkte wendet sich eine Fläche nach oben, die andere
nach unten, und wenn ein Eutektikum und ein Übergangspunkt vorliegt,
wendet sich eine Fläche nach oben und die zweite windschiefe Fläche teilweise
nach oben und unten. An diese Flächen grenzen zwei Zweiphasenkörper,
welche die Zweistoffmischungen umfassen, von denen eine immer eine Schmelze
ist. Der eine Körper verläuft bis zu dem Schmelzpunkt C. Die Gleichgewichte,
die durch die Mischung im Innern dieses Körpers dargestellt werden, beziehen
sich für jede Mischung auf einen bestimmten Mischkrystall und eine Schmelze,

welche die Endpunkte horizontal verlaufender Geraden auf den Grenzflächen sind. Der ganze Körper wird gewissermaßen durchsetzt von einer
Schar von horizontalen Geraden, die sich niemals durchschneiden. Komplizierter ist der zweite Zweiphasenkörper, der an die andere Fläche des Dreiphasenkörpers angrenzt. Er wird noch begrenzt von zwei anderen Flächen.
Eine ist die Grenzfläche gegen den auseinandergesetzten Körper für den
festen Zustand der Mischkrystalle A-B. Die andere endet in zwei Kurven:
einerseits die Erstarrungskurve für die binären Grenzgemische A-B, anderseits der Kurve, die die Flüssigkeitspunkte der Eutektika oder Übergangspunkte der beiden binären Systeme miteinander verbindet. Es ist also zu
beachten, was in den Abbildungen nicht ohne weiteres zum Ausdruck kommt,
daß dieser Körper nicht etwa in einen Keil ausläuft, der auf der Grenzfläche
oberhalb AB liegt, sondern in zwei, ein linsenförmiges Stück umfassende
Kurven. In diesem Körper werden ebenfalls alle Gleichgewichte Fest-Flüssig
durch horizontale Geraden dargestellt, die das ganze körperliche Gebilde
ausfüllen. Ein bestimmtes Gemisch liegt stets in einem Punkte einer ganz
bestimmten Horizontalen, deren Endpunkte die im Gleichgewicht miteinander
befindlichen festen und flüssigen Phasen angeben.

Gruppe 3 (II · 1 · 2). Beispiele.

Die drei ternären Legierungen: 1. As-Sb-Pb, 2. Bi-Sb-Pb und 3. Cu-Ni-Mn,
gehören dem soeben erörterten Typus an, bei dem sich zwei Arten Mischkrystalle bilden. Die binären Grenzsysteme As-Sb, Bi-Sb und Cu-Ni gehören
zum Typus I, so daß sich aus den Schmelzen als eine Art die Mischkrystalle
dieser beiden Metalle mit dem dritten und als andere, die nach diesem dritten
Metall mit gewissem Gehalt der beiden anderen Mischkrystalle bilden. Die
beiden ersten ternären bleihaltigen Legierungen entsprechen dem ersten Fall,
das dritte Legierungssystem dem dritten Fall. Unter den eisenhaltigen Legierungen sind es solche mit Ni-V, mit Co-Cr und Cr-Ni, die dieser Gruppe zugehören. Sie werden bei den Eisenlegierungen F 3 behandelt werden.

As-Sb-Pb (I b · II b · II b).

Die Abb. 149 und 150 zeigen die Erstarrungsfläche der Systeme Arsen-Anti-
mon-Blei. Da die eutektische Kurve nahe der Bleiecke liegt, ist diese noch besonders gezeichnet. Der Umfang der Mischkrystallbildung im ternären Gebiet ist nicht angegeben. Die Mischkrystallbildung nach Blei ist jedenfalls
besonders gering. Das System entspricht dem ersten oben genau untersuchten Fall, wobei noch zwischen dem System As-Sb mit lückenloser Reihe
Mischkrystalle ein Schmelzpunktminimum auftritt, das aber nicht zu einem
Minimum in der eutektischen Kurve führt. Das arsenreiche Gebiet ist wegen
des Verdampfens von As bei Atmosphärendruck extrapoliert.

Bi-Sb-Pb (I a · II b · II b).

Das System Wismut-Antimon-Blei entspricht völlig dem untersuchten
ersten Fall. Die ternären Mischkrystalle nach Bi-Sb umfassen ein Gebiet,
in dem der Gehalt an Pb sehr viel größer als in den binären Grenzsystemen

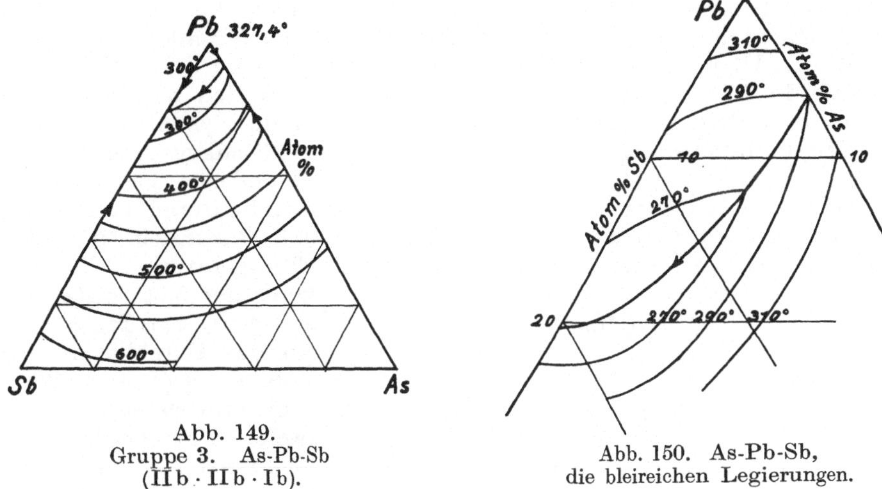

Abb. 149.
Gruppe 3. As-Pb-Sb
(IIb · IIb · Ib).

Abb. 150. As-Pb-Sb,
die bleireichen Legierungen.

ist. Die Mischkrystallbildung nach Pb ist nur gering. Die Legierungen wurden von amerikanischen Forschern auch in technischer Hinsicht noch besonders untersucht.

Cu-Ni-Mn (Ia · IIa · IIa).

Auch das System Kupfer-Nickel-Mangan gehört zur Gruppe 3 (II · 1 · 2) und entspricht dem dritten erörterten Fall. Es ist allerdings noch von besonderer Art, weil die binären manganhaltigen Systeme den Typus Ib, mit Bildung lückenloser Reihe von Mischkrystallen und Schmelzpunktminimum, vortäuschen. Das System ähnelt damit sehr dem Typus I (I · 1 · 1). Es wurde bereits vor längerer Zeit von *Parravano* untersucht. Die Abb. 152 gibt die Erstarrungsfläche an. Nach den Untersuchungen sollten sich Mischkrystalle in jedem Mischungsverhältnis bilden. Es gibt eine Minimumkurve im ternären Gebiet, welche die Schmelzpunktminima Mn-Ni und Mn-Cu als Endpunkte enthält. Außer ternären Mischkrystallen im weiten Umfang mit einem Gehalt von Ni und Cu in jedem Verhältnis und hohem Gehalt an Mn muß es aber nach den neuen Untersuchungen der binären manganhaltigen

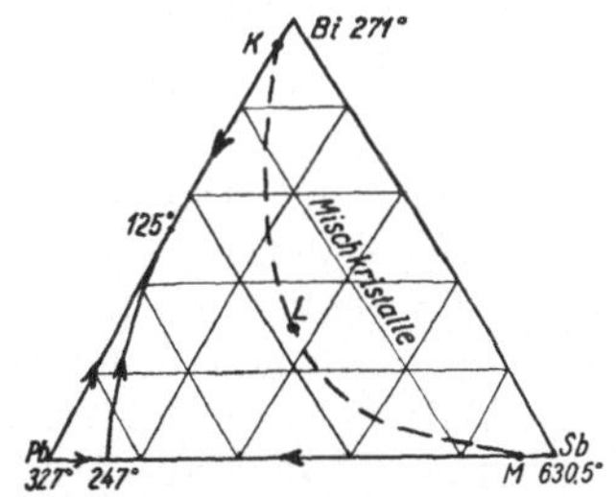

Abb. 151. Gruppe 3. Bi-Pb-Sb (IIb · IIb · Ia). Die beiden Ausscheidungsgebiete und der Umfang der Mischkrystallbildung.

Systeme auch ternäre Mischkrystalle nach Mn mit Cu und Ni geben. Die verschiedenen Modifikationen des Mangans geben noch zu Umwandlungserscheinungen im festen Zustande Anlaß. Die Abbildung ist demnach nicht ganz vollständig.

Gruppe 3a (II · 1 · ②).

Ternäre Legierungen der Gruppe 3a bilden sich dann aus, wenn die drei binären Grenzsysteme den Typen I, IIa oder IIb und IIx angehören. Es lassen sich verschiedene Möglichkeiten für diese Systeme denken, je nachdem wie in den binären Legierungen die Temperaturen der Metalle, des Eutektikums oder Übergangspunktes gegeneinander verteilt sind. Von Bedeutung ist auch die Temperatur des Gleichgewichtes zwischen den beiden flüssigen Phasen und dem zugehörigen festen Mischkrystall im System IIx. Auch eine Minimaltemperatur zwischen den isomorphen Mischkrystallen in dem binären Grenzsystem I kann Veranlassung zu besonderen Fällen geben. In dem Folgenden sollen zwei Fälle behandelt werden, die durch die Abb. 153 bis 157 dargestellt sind. Zwischen den Metallen A und B soll kein Minimumschmelzpunkt einer Legierung auftreten, und die Temperatur des Eutektikums der Metalle B-C soll zwischen den Temperaturen des Eutektikums der Metalle A-C und ihrer Gleichgewichtstemperatur zweier Flüssigkeiten mit einem festen Körper liegen. Die beiden Fälle unterscheiden sich durch die Größe des Gebietes, in dem die Bildung zweier Flüssigkeiten auftritt. Das Verhalten der Legierungen 3a hat gewisse Ähnlichkeit mit dem der Gruppe 2a, wie es oben auseinandergesetzt wurde. Es ist in dem einen System an Stelle vollständiger Isomorphie mit einem Minimumschmelzpunkt ein System mit einem Eutektikum getreten.

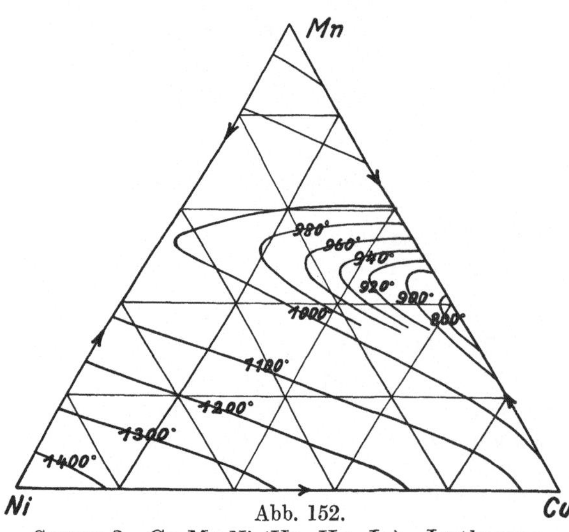

Abb. 152.

Gruppe 3. Cu-Mn-Ni (IIa · IIa · Ia). Isothermen.

Das Gebiet der festen Mischkrystalle, das im System 2a zusammenhängend war, wird dadurch in zwei Teile zerlegt, einen Teil, der im Dreieck nahe der Geraden A-B liegt, und einen zweiten Teil in der Nähe des dritten Metalles C. Das Verhalten in bezug auf die Bildung zweier Flüssigkeiten im ternären System ist ganz gleichartig dem, wie es bei 2a auseinandergesetzt wurde. Von den beiden Punkten E und F gehen zwei Kurven aus, die in K zusammenfließen und sich auf die zugehörigen beiden Flüssigkeiten in dem ternären System beziehen. Ebenso geht eine Kurve von c bis k, welche die zugehörigen festen Mischkrystalle angibt. Es ist z. B. ein Gleichgewicht gezeichnet zwischen dem Mischkrystall n und den Flüssigkeiten m und l. In der Dreiecksdarstellung sinkt die Temperatur auf den Kurven, die von E, F und c ausgehen. Es bildet sich ein kritisches Gemisch K für eine Flüssigkeit heraus, welche im Gleichgewicht mit dem festen Mischkrystall k ist. Das Verhalten der ternären Gemische, welche zwei Flüssigkeiten bilden, ist in dieser Hinsicht ganz das gleiche, wie es bei 2a auseinandergesetzt wurde. Für die Temperatur des Gleichgewichtes der kritischen Gemische gibt es eine Flüssigkeitsisotherme o-K-p, zu der Mischkrystalle gehören, die auf c-k-b liegen. Bei tieferen Temperaturen ist das Verhalten jetzt

vollständig dasselbe, wie es für den einen Fall bei 3 (II · 1 · 2) auseinandergesetzt wurde. Es bildet sich im ternären Gebiet eine eutektische Kurve
heraus, welche die Punkte D und G verbindet. Auf ihr liegen die Flüssigkeiten, welche mit zwei festen Bodenkörpern im Gleichgewichte sind. Es ist
beispielsweise die Flüssigkeit f im Gleichgewichte mit den festen Mischkrystallen g und h. Für die Temperatur dieses Gleichgewichtes L-S_1-S_2 ist noch
ein Gleichgewicht L-S_1 angegeben. Es ist die Isotherme für die Flüssigkeit
g-f gezeichnet, welche zu den Mischkrystallen r-g gehört. In der darunter-
stehenden kleinen Abbildung ist noch der Verlauf der Erstarrungskurven

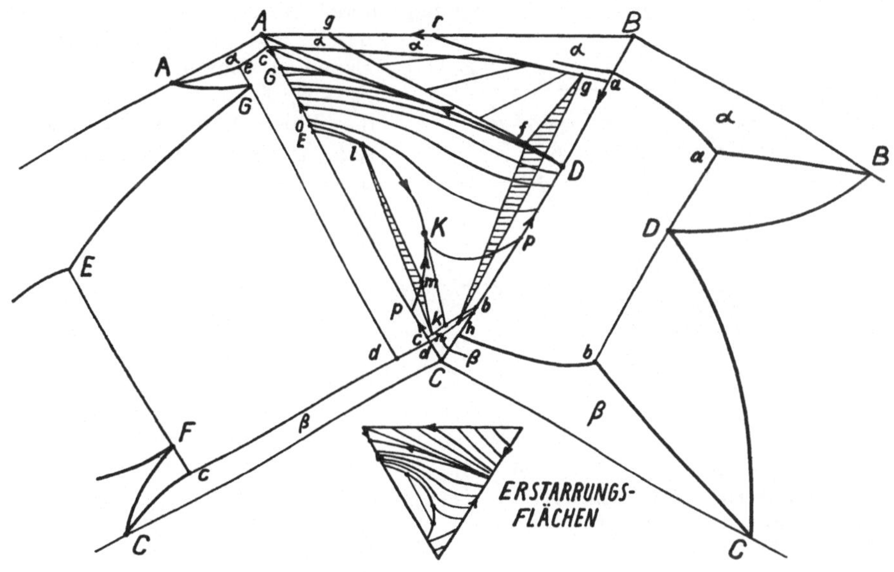

Gruppe 3a (IIb · Ia · IIx).

Abb. 153.	Abb. 154.	Abb. 155.
Das binäre Grenzsystem mit Mischungslücke (IIx).	Die Gleichgewichte im ternären System.	Das binäre Grenzsystem mit Eutektikum (IIb).

gezeichnet worden, wie sie sich auf Grund dieser Auseinandersetzung ergeben.

Eine Besonderheit kann bei 3a dann auftreten, wenn das Gebiet der beiden
Flüssigkeiten so groß ist, daß es auch die eutektische Kurve überschreitet.
Ein solches Verhalten wurde bei dem System Cu-Mo-Ni beobachtet, das
allerdings noch komplizierter ist, weil Mo-Ni dem Typus IIIb zugehört, und
deswegen erst später näher erörtert werden wird. Für den einfacheren Fall
dieser Art gibt es kein Beispiel. Da aber das Verhalten wichtig ist, ist es
durch die Abb. 156 und 157 wiedergegeben. Die Entmischungsfläche legt sich
auf die Ausscheidungsfläche für die Mischkrystalle nach C, durchschneidet
die eutektische Kurve in den beiden Punkten L und L' und legt sich weiter
auf die Ausscheidungsfläche der Mischkrystalle A-B. Die Temperatur fällt
auf den hierdurch gebildeten Grenzkurven zur eutektischen Kurve und steigt

in dem Gebiet der Mischkrystalle wieder an. Die Besonderheit liegt in diesem Falle darin, daß sich ein Gleichgewicht ausbildet zwischen zwei Flüssigkeiten L und L_1 und zwei festen Mischkrystallen S und T, das invariant ist. Die Lage der im Gleichgewicht befindlichen vier Phasen in dem darstellenden Dreieck ist wichtig. Nach Abb. 156 liegt die Flüssigkeit L_1 im Innern des Dreiecks L-S-T. Es bedeutet dieses, daß sich ein Gemisch L_1 aus den anderen drei Phasen herstellen läßt. Alle Gemische, die innerhalb des Dreiecks L-S-T liegen, bestehen bei der Temperatur des invarianten Gleichgewichtes aus der Flüssigkeit L_1 und zwei anderen Phasen der Zusammensetzung L, S oder T. Es liegen also Gemische vor von $L_1 + L + S$ oder $L_1 + L + T$ oder $L_1 + S + T$. In besonderen Fällen können auch Gemische aus zwei Phasen mit L_1 als einen Bestandteil $L_1 + L$, $L_1 + S$, $L_1 + T$ oder gerade nur die Flüssigkeit L_1 vorhanden sein. Wird diesen Systemen, die immer die Flüssigkeit L_1 enthalten, bei der konstanten Temperatur des invarianten Gleichgewichtes Wärme entzogen, so findet ohne Temperaturänderung zunächst eine partielle Erstarrung dadurch statt, daß sich die beiden festen Phasen S und T ausscheiden und die Flüssigkeit L bildet, indem L_1 verschwindet. Es findet also die Reaktion statt $L_1 = L + S + T$. Erst wenn die Flüssigkeit L_1 vollständig verschwunden ist, kann die Temperatur sinken, wobei jetzt die festen Phasen und die eine Flüssigkeit ihre Zusammensetzung ändern. Die Flüssigkeit bewegt sich in der Darstellung im Dreieck auf der eutektischen Kurve von L nach G und die festen Körper auf den zugehörigen Kurven in Richtung nach e und d. Das Gemisch erstarrt vollständig, wenn ein Gleichgewicht erreicht ist, bei dem die angewandte Mischung in der Darstellung auf einer Geraden liegt, welche die beiden zugehörigen festen Phasen miteinander verbindet.

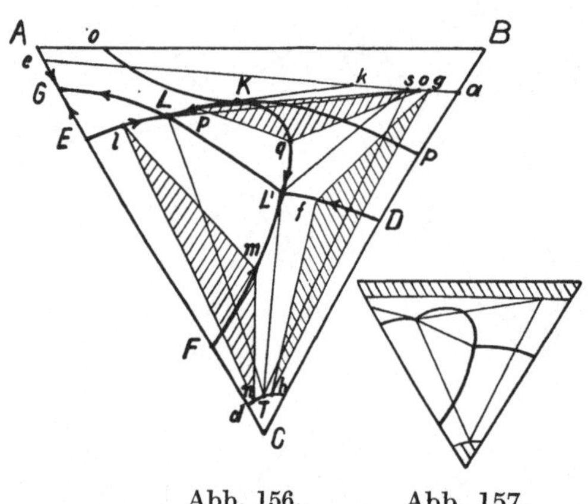

Abb. 156. Abb. 157.

Abb. 156 und 157. Gruppe 3a (II b · I a · II x), wenn ein invariantes Gleichgewicht Fest₁ + Fest₂ + Flüssig₁ + Flüssig₂ vorkommt.

Auch in diesem Falle gibt es einen kritischen Punkt für eine Flüssigkeit K mit dem zugehörigen festen Mischkrystall k, der aber jetzt nicht ein Mischkrystall nach C, sondern nach der isomorphen Mischung von A und B ist. Die Flüssigkeitsisotherme für die Temperatur dieses flüssigen Gleichgewichtes ist durch den Kurvenzug oKp wiedergegeben. Nur die Gemische, die innerhalb des Gebietes dieser Kurve mit höherem Gehalt an B liegen, zeigen nicht eine Bildung zweier Flüssigkeiten. In der kleinen Abb. 157 ist noch schematisch eine Übersicht der Gleichgewichte in dem Dreieck gegeben. In diesem Falle ist also das Verhalten sehr viel komplizierter als vorher.

Gruppe 3a (II · 1 · ②). Beispiele.

Cu-Ni-Cr (Ia · IIb · IIx).

In den Abb. 158 und 159 sind die Erstarrungsflächen der beiden Systeme Kupfer-Nickel-Chrom und Kupfer-Nickel-Silber wiedergegeben, die der Gruppe 3a zugehören. Die Untersuchungen wurden bereits vor längerer Zeit gemacht. In den Abbildungen sind die eutektischen Kurven und kritischen Punkte hinzugefügt. Das System Cu-Ni-Cr entspricht völlig dem in Abb. 154 wiedergegebenen und ausführlich auseinandergesetzten Beispiel. Aus der Abbildung ist leicht das Gleichgewicht $K \cdot k$ für den speziellen Fall Cu-Ni-Cr anzugeben. Die zugehörige Temperatur ist wenig unter 1300° und die Zusammensetzung der Schmelze ist durch den ziemlich genau festgestellten Punkt (K) in der Abbildung angegeben. Der zugehörige Mischkrystall (k) dürfte fast reines Chrom sein.

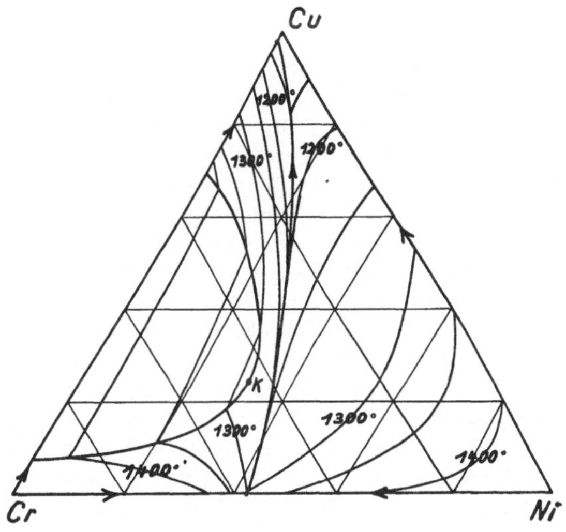

Abb. 158. Gruppe 3a. Cu-Cr-Ni (IIx · IIb · Ia).

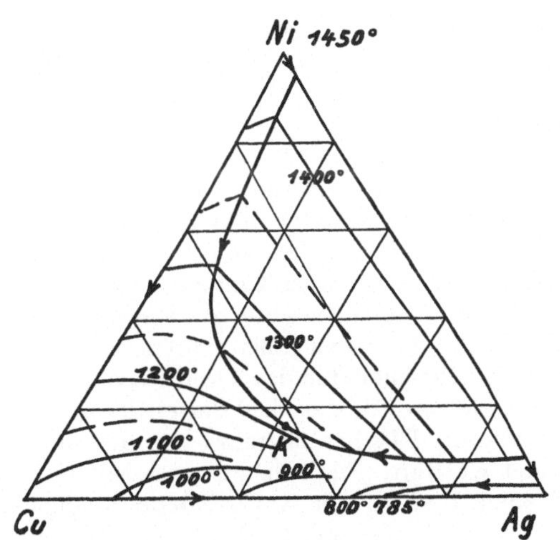

Abb. 159. Gruppe 3a. Ag-Cu-Ni (IIb · Ia · IIx).

Cu-Ni-Ag (Ia · IIx · IIb).

Das System Cu-Ni-Ag entspricht einem nicht besonders behandelten Fall, der aber auch leicht genauer angegeben werden könnte. Da der Schmelzpunkt des dritten Metalles (Ag) jetzt der tiefste der drei Metalle ist, liegt das Entmischungsgebiet innerhalb des Ausscheidungsgebietes der Mischkrystalle Cu-Ni. Auch hier ist das kritische Gleichgewicht nach Lage der Schmelze k und Temperatur (unterhalb 1200°) unschwer festzustellen. Der zugehörige Mischkrystall k ist ein nicht genau bekannter Mischkrystall mit wenig Ag und erheblichen Mengen beider anderen Metalle Cu und Ni.

Gruppe 3b ($\underline{\text{II}} \cdot 1 \cdot \underline{2}$).

Ein eigentümliches System dreier Metalle ergibt sich, wenn eines von ihnen mit beiden anderen, die für sich lückenlos Mischkrystalle bilden, Mischungslücken im flüssigen Zustande bildet. Nach dem Erstarren erhält man in den beiden binären Systemen im allgemeinen zwei übereinanderliegende Reguli, die sich scharf gegeneinander absetzen. Doch ist es nicht nötig, daß sie sich scharf abgrenzen. Eine scharfe Grenze tritt bestimmt nicht auf, wenn die Schmelzen während des Erstarrens heftig geschüttelt werden. Sie braucht sich aber auch bei ruhigem, besonders bei raschem Erstarren nicht zu zeigen, wenn die Unterschiede der spezifischen Gewichte der beiden gleichzeitig erstarrenden Flüssigkeiten gering ist. In einem schwerelosen Felde würde sich niemals eine scharfe Grenze zeigen. Es ist daher möglich, daß sich in binären und auch ternären Systemen zwei Flüssigkeiten auch dann bilden, wenn nach dem Erstarren nicht zwei verschiedene übereinanderliegende, scharf voneinander abgegrenzte Körper erhalten werden. Dieses hat für das in die Gruppe 3b gehörende System Cu-Ni-Pb Bedeutung.

Mischt sich eine Flüssigkeit nur unvollkommen mit je einer zweier anderer, so ist sie wohl stets auch mit einem Gemisch der beiden anderen nur beschränkt mischbar, obwohl sich ohne Verletzung der Phasenregel der gegenteilige Fall konstruieren ließe. Da das hierbei entstehende System der Gruppe 3b (II · 1 · 2) keine große Bedeutung für die Legierungen hat, erscheint es nicht nötig, die verschiedenen Möglichkeiten eingehend zu erörtern. Es soll daher nur der Fall erörtert werden, der in dem System Cu-Ni-Pb beobachtet wurde.

Cu-Ni-Pb (I a · II x · II x).

Die Legierungen Kupfer-Nickel-Blei wurden 1914 von *Parravano* und 1924 von *Guertler* und *Menzel* untersucht. In der Abb. 163 ist die von *Parravano* angegebene Erstarrungsfläche gezeichnet. Es bildet sich quer durch das darstellende Dreieck ein Gebiet heraus, das das Gleichgewicht Flüssig-Flüssig angibt. Bei den angegebenen Temperaturen sind zwei Flüssigkeiten, die auf den Kurven L_1 und L_2 liegen, miteinander im Gleichgewichte. Die beiden Flüssigkeiten bilden zusammen mit einem festen Mischkrystall Ni-Cu, der praktisch frei von Pb ist, ein Dreiphasengleichgewicht. In der Abbildung sind für zwei Temperaturen durch die beiden Dreiecke *a-b-c* und *d-e-f* solche Gleichgewichte angegeben, wobei die Mischkrystalle als in *a* und *d* liegend angenommen wurden. In der körperlichen Darstellung im Prisma ergibt sich für das Dreiphasengleichgewicht Flüssig-Flüssig-Fest ein Körper, der an den beiden Seitenflächen keilförmig ausläuft und von drei windschiefen Flächen begrenzt ist, die aus horizontal verlaufenden Geraden gebildet werden. Die Flächen sind seitlich begrenzt von den Kurven L_1, L_2 und einer fast in der Ni-Cu-Ebene liegenden Kurve S. Die Kurve für L_1 liegt oberhalb der Fläche L_2-S. Nimmt man in der Darstellung noch eine eutektische Kurve nahe Pb hinzu, welche die beiden binären Eutektika Pb-Ni und Pb-Cu verbindet, so läßt sich das Verhalten aller Legierungen leicht erkennen. Es unterscheidet sich nur dadurch von dem der binären Legierungen mit Mischungslücke im flüssigen Zustande, daß die Umsetzung $L_2 = L_1 + S$ nicht bei konstanter Temperatur, sondern in einem Temperaturintervall vor sich geht, wobei die Zusammensetzung aller drei Phasen sich so lange ändert, bis L_1 vollständig verschwunden ist. Das alsdann erhaltene Gemisch $L_2 + S$, das also in der Darstellung auf dieser unteren Grenzfläche des Dreiphasenkörpers liegt, wird alsdann durch eine Gerade dargestellt, die durch den Punkt geht, der das gerade verwendete Gemisch darstellt. Die weitere Abkühlung vollzieht sich alsdann derart, daß unter Verringerung von Flüssigkeit und weiterer Ausscheidung von Ni-Cu-(Pb)-

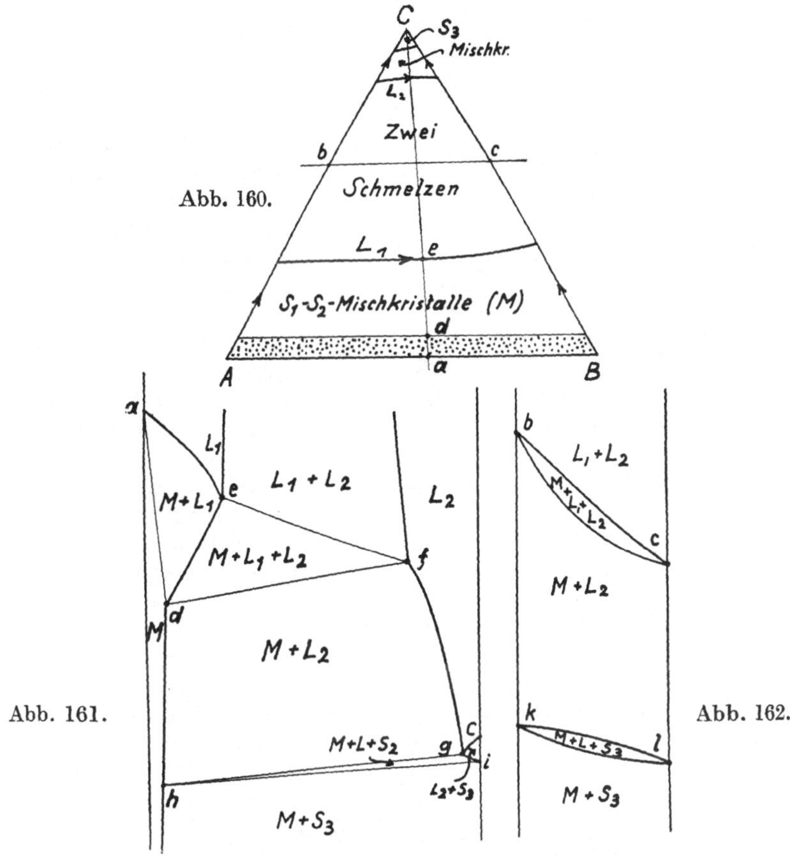

Abb. 160 bis 162. Gruppe 3 b (II x · Ia II x), schematisch.
Schnitte durch die prismatische Darstellung.

Mischkrystallen schließlich ein **binäres** Eutektikum entsteht, das theoretisch aus zwei Arten ternärer Mischkrystalle, praktisch aber aus Pb und Ni-Cu-Mischkrystallen besteht. Gemische, die durch Punkte zwischen L_1 und der Kante Ni-Cu dargestellt sind, werden bei der Abkühlung zu einer Schmelze auf L_1 und einem Mischkrystall S, Gemische zwischen L_1 und L_2 zu zwei Schmelzen auf L_1 und L_2, ehe die Umsetzung $L_1 = L_2 + S$ einsetzt.

In ihrer Untersuchung über das System haben *Guertler* und *Menzel* nach dem Erstarren bei sämtlichen Legierungen kompakte Blöcke erhalten.

Mikroskopisch enthielten die Legierungen primär ausgeschiedene Cu-Ni-Mischkrystalle in gleichartiger eutektischer Grundmasse. Da sich nicht zwei übereinanderlagernde Schichten bildeten, haben die beiden Forscher geglaubt, daß die Mischungslücke im flüssigen Zustande sich nicht durch das ternäre Gebiet erstreckt, sondern beiderseits bald aufhört. Es würde dieses bedeuten, daß die dazwischenliegenden Legierungen lediglich eine primäre Ausscheidung aus der Schmelze hätten außer dem eutektischen Erstarren. Es müßte also auch nur eine Verzögerung beim Abkühlen der Schmelzen beobachtet werden. *Guertler* und *Menzel* beobachteten aber zwei Haltezeiten bei ihren Versuchen. Dieses entspricht vollkommen dem dargestellten Verhalten der Reaktion $L_2 = L_1 + S$, die in einem Intervall vor sich geht. Wie auseinandergesetzt wurde, braucht auch bei Metallgemischen mit Bildung zweier Flüssigkeiten nach dem Erstarren trotzdem keine Trennung in zwei übereinanderliegende Reguli einzutreten. Die Bildung von Mischkrystallen beim Abkühlen zweier Schmelzen, wobei sich alle Phasen verändern, begünstigt offenbar eine bessere Durchmischung. Es wäre von Interesse festzustellen, ob die Bildung zweier Blöcke einträte, wenn wenig oberhalb der Bildung zweier Flüssigkeiten die Temperatur längere Zeit konstant gehalten würde, damit sich die beiden Flüssigkeiten scharf voneinander absetzen.

In den Abb. 160 bis 162 ist schematisch noch das Verhalten in diesem Systeme an zwei senkrechten Schnitten a-C und b-c durch das Prisma dargestellt. Die Abbildungen bedürfen nach dem Auseinandergesetzten keiner weiteren Erklärung.

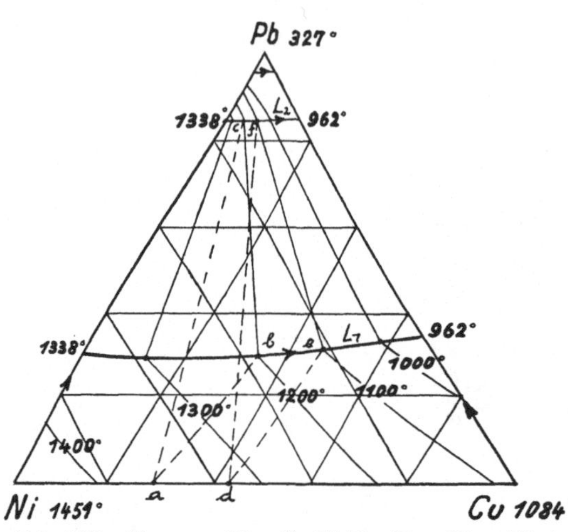

Abb. 163. Gruppe 3b. Cu-Ni-Pb (Ia · IIx · IIx).

Gruppe 4 (II · 2 · 2).

Allgemeines.

Bei den bisher auseinandergesetzten ternären Legierungen war die Zahl der auftretenden festen Phasen nicht mehr als zwei. Wenn eine dritte feste Phase hinzukommt, ergibt sich die Möglichkeit eines Gleichgewichtes zwischen drei festen Phasen und einer Flüssigkeit. Das Gleichgewicht dieser Art ist entsprechend der Phasenregel für Dreistoffmischungen, bei denen die Gasphase vernachlässigt wird, invariant. Nur bei einer ganz bestimmten Temperatur und vier ganz bestimmt zusammengesetzten Phasen gibt es also ein Gleichgewicht zwischen ihnen. Im allgemeinen Fall ist eine Phase eine Flüssigkeit und die anderen drei ternäre Mischkrystalle bestimmter Zusammensetzung. Da die Gleichgewichte nur bei einer bestimmten Temperatur bestehen können, liegen in der körperlichen Darstellung die vier Punkte, welche den Phasen ihrer Zusammensetzung nach entsprechen, auf einer horizontalen Fläche bestimmter Höhe. Das Verhalten der ternären Legierungen richtet sich nun nach der Lage der vier Punkte auf der Vierphasenfläche zueinander. Es gibt zwei Fälle: Einmal kann der Punkt G, welcher die Flüssigkeit darstellt, innerhalb des Dreiecks I-K-H liegen, das sich aus den Punkten für die drei festen Phasen konstruieren läßt, oder er kann außerhalb dieses Dreiecks liegen. Beide Fälle wurden beobachtet, der erste häufig. Im vorhergehenden wurde einmal ein Vierphasengleichgewicht mit zwei Flüssigkeiten und zwei Mischkrystallen erörtert. Im Gegensatz hierzu gibt es also jetzt eine Vierphasenfläche, bei der drei Mischkrystalle beteiligt sind. Das Vierphasengleichgewicht läßt sich als das Gleichgewicht L-S_1-S_2-S_3 bezeichnen. Außerdem gibt es jetzt vier Dreiphasengleichgewichte, dargestellt durch S_1-S_2-S_3, S_1-S_2-L, S_1-S_3-L und S_2-S_3-L. Da diese monovariant sind, treten sie bei verschiedenen Temperaturen auf, so daß sich in dem darstellenden Prisma vier Dreiphasenkörper bilden. Die Zahl der Zweiphasengleichgewichte, die man durch Kombination von L, S_1, S_2 und S_3 erhält, ist sechs, nämlich L-S_1, L-S_2, L-S_3, S_1-S_2, S_1-S_3 und S_2-S_3. Es ergeben sich hierfür sechs räumliche Gebiete. Die Körper, welche alle diese Geichgewichte wiedergeben, füllen zusammen mit den vier Körpern für die Flüssigkeit und die drei verschiedenen Mischkrystalle das dreiseitige Prisma vollständig aus. Auf die Vierphasenfläche legen sich in bestimmter Art die vier Dreiphasenkörper, auf deren freibleibenden Flächen die sechs Zweiphasenkörper und an diese grenzen die vier Einphasenkörper. Das führt nach der Lage des Flüssigkeitspunktes auf der Vierphasenfläche zu zwei besonderen Fällen.

Bildung eines ternären Eutektikums.

Der erste Fall findet sich immer dann, wenn alle drei binären Systeme Eutektika haben. Das in den drei eutektischen Punkten der binären Systeme bestehende Gleichgewicht der drei Phasen Flüssig-Fest-Fest setzt sich von diesen aus als ein monovariantes Gleichgewicht in das Gebiet der ternären Mischungen fort. Es ergeben sich in der Art, wie früher auseinandergesetzt wurde, für die Gleichgewichtsdarstellung drei zugehörige Kurven, die von den drei Punkten ausgehen, die auf der eutektischen Horizontalen in den binären Grenzsystemen liegen. Wie die Abb. 165 zeigt, setzt sich beispielsweise das Gleichgewicht zwischen der binären Flüssigkeit D und den beiden Mischkrystallen a und b, das auch in Abb. 164 angegeben ist, in das ternäre System derart fort, daß sich eine eutektische Kurve D-G ergibt, mit zwei zugehörigen Mischkrystallkurven a-I und b-K. Der Endpunkt der eutektischen Kurve im Innern des Dreiecks ist G. Für eine Temperatur, die zwischen der binären eutektischen und der Gleichgewichtstemperatur der vier Phasen liegt, ist in Abb. 165 ein Dreieck gezeichnet, das das Gleichgewicht der beiden Mischkrystalle q und r mit der Flüssigkeit s angibt. Mit sinkender Temperatur verändert sich das Gleichgewicht, und das darstellende Dreieck verschiebt sich bis zu I-G-K. Zusammengefaßt ergeben alle Dreiecke den einen der Dreiphasenkörper. Ganz ähnliche Körper ergeben sich, wenn man von den beiden anderen binären Eutektika E und F ausgeht. Es erstrecken sich auch von diesen Punkten eutektische Kurven bis G nebst zugehörigen Kurven für die Mischkrystalle. Auf F-G ist z. B. eine durch y dargestellte Flüssigkeit bei einer bestimmten Temperatur mit den beiden durch w und x angegebenen Mischkrystallen im Gleichgewicht. Das Dreieck wxy verschiebt sich bei sinkender Temperatur des Gleichgewichtes und endet in dem Dreieck I-G-H. Etwas Ähnliches gilt für die eutektische Kurve E-G, hier ist G-K-H das Grenzdreieck Flüssig-Fest-Fest. Auf diese Weise sind in dem dreiseitigen Prisma drei Dreiphasenkörper entstanden, die keilförmig in Horizontalen auf den senkrechten Grenzflächen enden. Außer den Dreiphasengleichgewichten mit Flüssigkeit als eine Phase, gibt es noch ein anderes Dreiphasengleichgewicht zwischen den drei festen Phasen. Dieses besteht bei Temperaturen unterhalb der Vierphasentemperatur. In der körperlichen Darstellung ergibt sich eine oben senkrecht abgeschnittene dreiseitige Pyramide mit den Kanten I-n, K-o und H-p. Die Basis dieses dreiseitigen Körpers ist größer als die obere Fläche. Irgendwelche Gemische, die durch Punkte innerhalb dieses Körpers dargestellt werden, bestehen im Gleichgewichte aus denjenigen drei festen Mischkrystallen, die sich als Schnittpunkte der zugehörigen horizontalen Fläche mit den Kanten des Prismas darstellen. In dem Prisma verschieben sich die senkrechten Kanten I-n, K-G und H-p bis zu den Grenzflächen so, daß sich sechs Flächen ergeben. Von I-n laufen sie nach a-g und f-m von K-o nach b-h und i-c und von H-p nach d-k und e-l. Diese sechs Flächen begrenzen die drei Körper der Zweiphasengleichgewichte zwischen je zwei Mischkrystallen S_1-S_2, S_1-S_3 und S_2-S_3. Gemische, die durch Punkte im Innern eines solchen Zweiphasenkörpers dargestellt werden, liegen auf horizontalen Geraden, die in ihren Endpunkten die Zusammensetzung der Mischkrystalle für das Gleichgewicht bei dieser Temperatur angeben. Innerhalb dieser Körper liegen eine Schar von horizontalen Geraden, die fast parallel einer Kante sind und die Gleichgewichte Fest-Fest wiedergeben. Die Körper werden seitlich begrenzt durch je eine senkrechte Grenzfläche des dreiseitigen Prismas und durch eine weitere seitliche Fläche der auseinandergesetzten, oben abgeschnittenen dreiseitigen Pyramide. Nach oben sind sie abgeschnitten durch die Flächen der Dreiphasenkörper, bei denen das Flüssige beteiligt ist. Für die Untersuchung der Art des Erstarrens sind die Gleichgewichte Fest-Flüssig besonders wichtig. Es gibt drei solcher Zweiphasengleichgewichte: L-S_1, L-S_2 und L-S_3. Die Körper, die diese Gleichgewichte angeben, sind gleichartig gebildet. Sie haben ihre Spitzen in den Punkten A, B und C, welche den Schmelzpunkten der drei Metalle entsprechen. Von diesem Punkte aus erstrecken sich zwei Grenzflächen für Fest und für Flüssig. Die Grenzfläche für das Flüssige lehnt sich beiderseits an die Flüssigkeitskurven der beiden binären Systeme an und endet in den beiden eutektischen Punkten. Für die Mischkrystalle nach dem Metall A beispielsweise sind die vier Grenzkurven für das Flüssige A-D, A-F, D-G und F-G. Die Grenzfläche für den festen Zustand ist für diese Mischkrystalle A-a, A-f, a-I und f-I. Nach unten begrenzt wird dieser Zweiphasenkörper durch die beiden Flächen $aDGI$ und $fFGI$. In ähnlicher Weise verlaufen die anderen beiden Zweiphasenkörper Fest-Flüssig mit Mischkrystallen nach B oder nach C.

Die körperlichen Darstellungen der bisher auseinandergesetzten Gleichgewichte füllen das dreiseitige Prisma so weit aus, daß noch vier Räume frei bleiben, welche für das Flüssige allein und die drei Arten Mischkrystalle übrigbleiben. Es läßt sich jetzt leicht angeben, wie das Verhalten irgendeines Gemisches ist, wenn es nach vollständigem Schmelzen abgekühlt wird. Das Gemisch wird durch eine Senkrechte für die verschiedenen Temperaturen dargestellt, welche die verschiedenen Körper durchstößt. Die auftretenden Gleichgewichte sind verschieden, je nachdem in welchem Körper das Gemisch bei den verschiedenen Temperaturen liegt. Man erkennt, daß einige

Gruppe 4 (II · II · II).

Abb. 166. Binäres Grenzsystem mit Übergangspunkt.	Abb. 164. Binäres Grenzsystem mit Eutektikum.

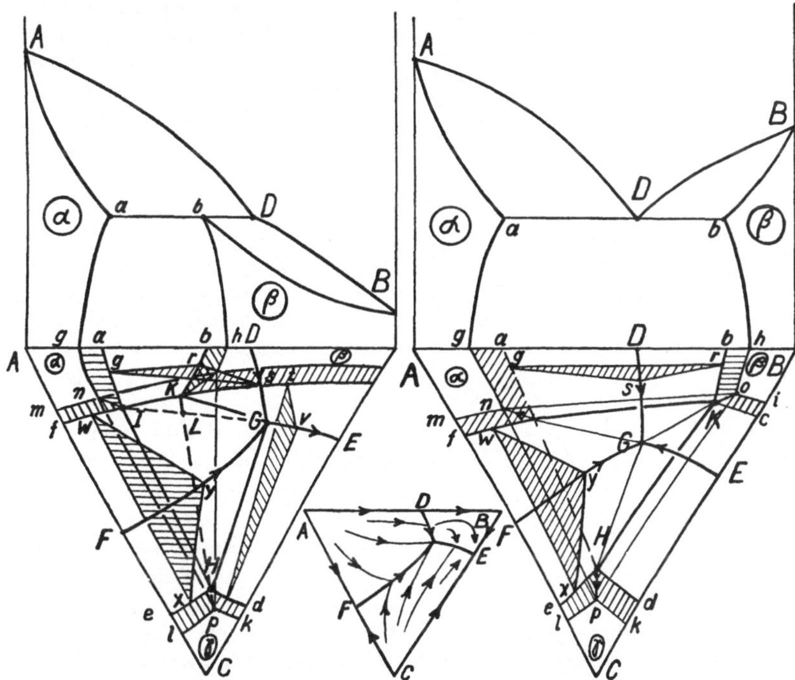

Abb. 167. IIa · IIb · IIb. Ternärer Übergangspunkt.	Abb. 168. IIa · IIb · IIb. Krystallisationsbahn.	Abb. 165. IIb · IIb · IIb. Ternäres Eutektikum.

Gemische, nämlich die in der Nähe der Ecken des Prismas, aus dem Gebiet des Flüssigen übertreten in das Gebiet Flüssig-Fest und dann Fest. Solche Gemische sind daher nach dem Erstarren homogen und zeigen also das Verhalten, wie es bei vollständig isomorphen ternären Mischungen vorkommt. Sie erstarren in einem Temperaturintervall, indem sich der zuerst ausgeschiedene Mischkrystall und die zugehörige Schmelze in ihrer Zusammensetzung ändern und schließlich zu einem einzigen homogenen Körper werden. Andere Gemische, welche nahe den Kanten liegen, bestehen nach vollständigem Erstarren aus zwei festen Mischkrystallen. Das Erstarren vollzieht sich derart, daß auf die Ausscheidung eines Mischkrystalles die gleichzeitige Aus-

scheidung zweier folgt, wobei die zugehörige Schmelze auf einer eutektischen
Kurve liegt, und indem diese Flüssigkeit immer geringer wird, bis zwei Mischkrystalle bestimmter Zusammensetzung übrigbleiben. Gemische, die ihre
Zusammensetzung nach innerhalb des Dreiecks I-K-H liegen, erstarren alle
vollständig bei der Temperatur des invarianten Vierphasengleichgewichtes.
Aus dem Flüssigen scheiden sich nacheinander ein, zwei und schließlich als
ternäres Eutektikum die drei Mischkrystalle I-K-H aus. Eine Anzahl Gemische erfahren endlich noch im festen Zustande Veränderungen, nämlich
die, welche in dem darstellenden Körper die vorher auseinandergesetzten Grenzflächen, die von I-n oder K-o oder H-p ausgehen, durchschneiden. Derartige Legierungen zeigen die bekannten Vergütungserscheinungen.

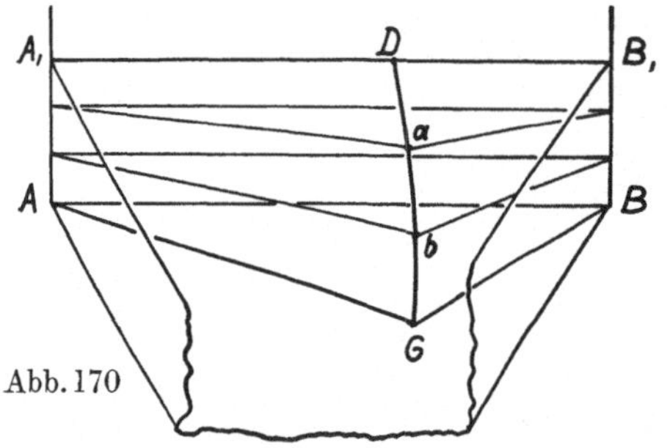

Bei ternären Legierungen ist die Bildung von Mischkrystallen oft nur
sehr gering. Eine Anzahl Legierungen zeigen das Verhalten, wie eben auseinandergesetzt wurde, jedoch so, daß die Bildung von Mischkrystallen
entweder gar nicht oder nur im geringen Umfange eintritt. Unter dieser
Annahme vereinfacht sich das eben auseinandergesetzte Zustandsbild. Der
unterhalb des ternären eutektischen Punktes liegende Körper, der das
Gleichgewicht dreier fester Phasen darstellt, umfaßt jetzt das ganze
dreiseitige Prisma. Die körperlichen Darstellungen der Gleichgewichte
zweier fester Phasen schrumpfen hier-bei zu drei rechteckigen Flächen
zusammen, die sich auf den Grenz-flächen befinden. Das körperliche
Gebiet der Mischkrystalle schrumpft zu einer Senkrechten unterhalb der
drei Schmelzpunkte der reinen Metalle zusammen. Auf das reguläre Dreieck, welches jetzt das Gleichgewicht

Abb. 170

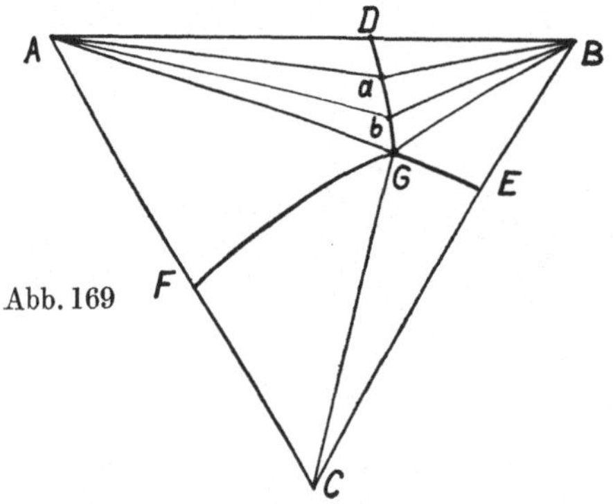

Abb. 169

Gruppe 4 (II b · II b · II b),
ohne Mischkrystalle. Die Gleichgewichte
Flüssig + Fest (A) + Fest (B).
Abb. 170. Perspektive Darstellung.
Abb. 169. Die Gleichgewichte im Dreieck.

dreier fester Phasen anzeigt, legen sich im Prisma bei der höchsten Temperatur,
bei der das Gleichgewicht Fest-Fest-Fest noch möglich ist, drei körperliche
Darstellungen für die Dreiphasengleichgewichte von Flüssig mit je zwei
Metallen.

In der Abb. 169 ist für einen solchen Dreiphasenkörper eine Darstellung in der Projektion und in der darüberliegenden Abb. 170 in Perspektive
wiedergegeben. Der Körper wird begrenzt von vier Flächen, von der Grundfläche A-B-G, der senkrecht daraufstehenden Seitenfläche A-A_1-B-B_1 und
zwei windschiefen Flächen, die gebildet werden aus horizontalen Geraden,
welche Punkte der eutektischen Kurve D-G mit solchen auf den Senkrechten

A-A_1 bzw. B-B_1 verbinden. Jeder dieser so gebildeten drei Dreiphasenkörper enthält eine der eutektischen Linien D-G, F-G oder E-G. Auf die sechs windschiefen Flächen, welche diese Körper nach obenhin abschließen, legen sich die drei Zweiphasenkörper, die das Gleichgewicht Flüssig-Fest wiedergeben. Ihre Spitze liegt in den Schmelzpunkten A, B und C. In den Zweiphasenkörpern geben die horizontalen Geraden, die von Punkten der Senkrechten in den Ecken ausgehen, die Gleichgewichte an zwischen den betreffenden Metallen und der zugehörigen Flüssigkeit, die in dem Durchstoßungspunkte der Geraden mit der Flüssigkeitsfläche des Zweiphasenkörpers liegt. Das Erstarren der ternären Legierungen führt jetzt nicht nur für einen Teil, sondern für alle Mischungen bis zum ternären Eutektikum.

Beispiele für Systeme mit ternärem Eutektikum (IIb · IIb · IIb).

Gruppe 4. Bi-Cd-Pb; Bi-Cd-Sn; Bi-Pb-Sn; Cd-Pb-Sn.

Bei den Legierungen Bi-Cd-Pb, Bi-Cd-Sn, Bi-Pb-Sn, Cd-Pb-Sn und Cd-Sn-Zn wurde das Auftreten eines ternären Eutektikums meist schon vor längerer Zeit festgestellt. Zwei andere Systeme sind Al-Sn-Zn und Al-Si-Zn. Die Abbildungen geben die Erstarrungsflächen der betreffenden Systeme wieder. Die Mischkrystallbildung, die nicht immer genau untersucht wurde, ist meistens gering.

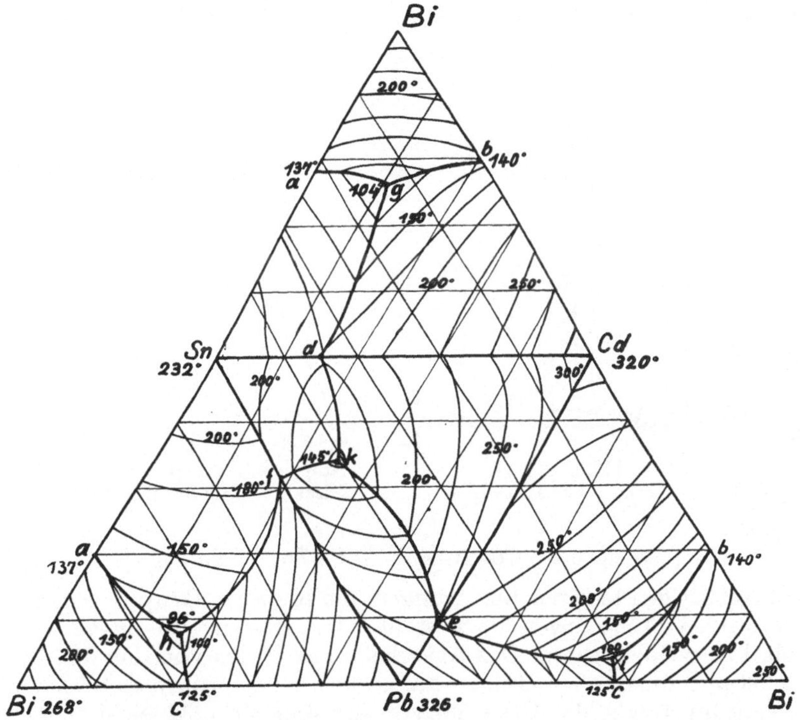

Abb. 171. Gruppe 4 (IIb · IIb · IIb). System mit ternärem Eutektikum
Bi-Cd-Sn; Cd-Pb-Sn; Bi-Pb-Sn; Bi-Cd-Pb.

Von den untersuchten Legierungen dieser Art sind die ersten vier ternären Systeme, die sich durch Kombination der vier Metalle Bi-Cd-Pb-Sn ergeben, in der Abb. 171 dargestellt. Das mittlere Dreieck enthält die Erstarrungsfläche von Cd-Pb-Sn, und die seitlichen Dreiecke sind so gelegt, daß sie eine Kante mit dem mittleren gemeinsam haben. Die Lage der ternären Eutektika und ihre Temperaturen, die bis 92° bei Bi-Pb-Sn heruntergehen, sind aus den Abbildungen zu erkennen. Etwas Besonderes wurde neuerdings von *Isihara*[1]) im System Bi-Sn-Pb gefunden. Durch genaue Untersuchung der Volumänderung mit der Temperatur in den erstarrten Gemischen konnte der japanische Forscher feststellen, daß es eine Verbindung der Formel Bi_2SnPb mit einer Bildungstemperatur von 76° gibt. Ihre Bildung erfolgt beim Abkühlen bei 71°, beim Erwärmen zerfällt sie bei 81°. Die von *Mazzoto* vermutete Verbindung Bi_2Sn konnte nicht bestätigt werden.

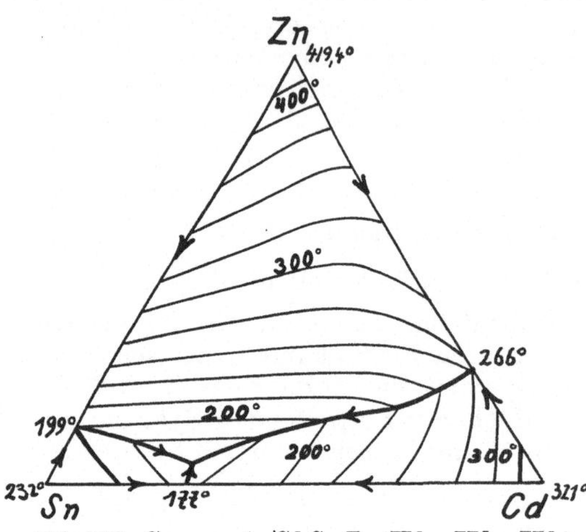

Abb. 172. Gruppe 4. Cd-Sn-Zn (II b · II b · II b).

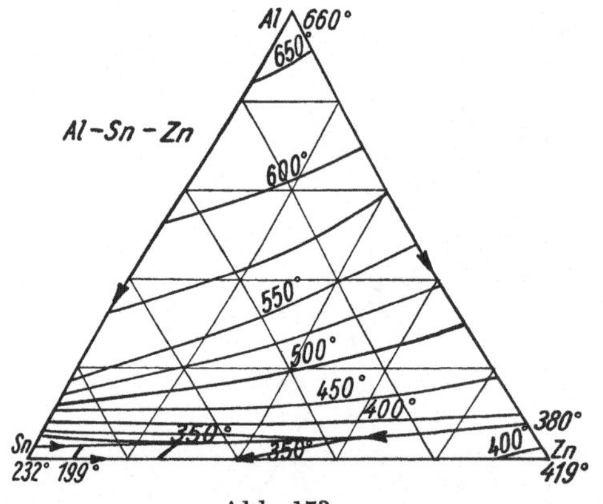

Abb. 173.
Gruppe 4. Al-Sn-Zn (II b · II b · II b).

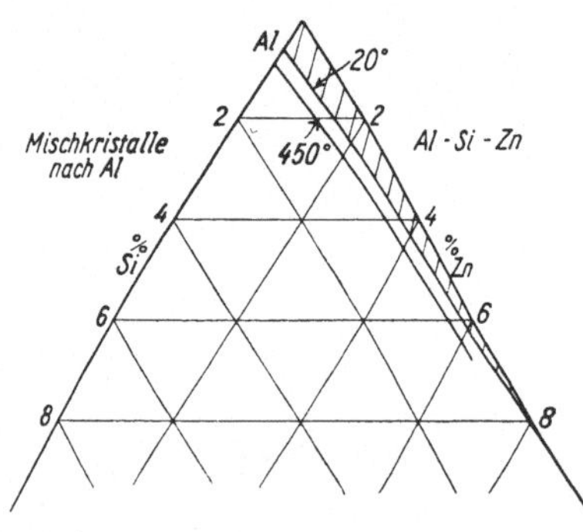

Abb. 174.
Gruppe 4. Al-Si-Zn (II b · II b · II b).
Mischkrystalle nach Al bei 20° und 450°.

Gruppe 4. Cd-Sn-Zn; Al-Sn-Zn; Al-Si-Zn.

Die zinkhaltigen ternären Legierungen, die zu dieser Gruppe gehören, sind in den obigen Abbildungen dargestellt. Das System Cd-Sn-Zn ist durch die Abb. 172 wiedergegeben. Das Ausscheidungsfeld des von den drei Metallen am höchsten schmelzenden Zink ist am größten. Das ternäre Eutektikum liegt nicht weit im Innern des Dreiecks von der Kante Sn-Cd entfernt. Da das

---

[1]) *Isihara*, Sci. Rep. Tôhoku Univ. **18**, 1929, 1725.

binäre System Al-Zn auch eines mit einfachem Eutektikum ist, also der Gruppe IIb zugehört und nicht, wie früher angenommen, eine inkongruent schmelzende Verbindung aufweist, gehören auch die beiden Systeme Al-Sn-Zn und Al-Si-Zn zur Gruppe 4 mit ternärem Eutektikum. Die Abb. 173 und 174 geben die Zustandsbilder wieder. Bei Al-Sn-Zn enthält das ternäre Eutektikum wenig Al, der darstellende Punkt liegt nahe dem ternären Eutektikum von Zn-Sn mit einem Gehalt von 1,46 Proz. Al, 10,37 Proz. Zn und 88,17 Proz. Sn. Das Mischkrystallgebiet nach Al erstreckt sich aus dem binären System Al-Zn ein wenig in das ternäre hinein. Das System Si-Zn ist noch nicht untersucht, dürfte aber dem binären Typus IIb zugehören. Deswegen ist auch das System Al-Si-Zn hier einzufügen. Es wurde festgestellt, bis zu welchem Umfang sich Mischkrystalle nach Al bilden. Bei 20° nimmt Al bis 8 Proz. Zn und 0,5 Proz. Si in sein Raumgitter auf. Mit wachsender Temperatur steigt der Gehalt.·

Legierungen 4 (IIb · 2a · 2b) mit einem ternären Übergangspunkt.

Komplizierter werden die Gleichgewichte der Gruppe 4 mit Systemen von drei verschiedenen Arten vor Mischkrystallen, wenn sich ein solches Vierphasengleichgewicht bildet, daß die im Gleichgewicht mit drei Mischkrystallen befindliche Flüssigkeit nicht aus ihnen durch Mischung herstellbar ist. Das Vierphasengleichgewicht wird jetzt durch ein Viereck wiedergegeben und nicht mehr durch ein Dreieck mit Punkt im Innern. In den Ecken des Vierecks liegen, wie die Abb. 166 zeigt, außer der Flüssigkeit G die Mischkrystalle I, K und L, mit denen sie im Gleichgewicht ist. Ein solcher Fall ergibt sich dann, wenn von den drei binären Grenzsystemen eines einen Übergangspunkt und die beiden anderen Eutektika haben. Er kann auch unter anderen Bedingungen auftreten, z. B. wenn in mehr als einem binären Grenzsystem ein Übergangspunkt vorhanden ist. Es läßt sich theoretisch auch ein Fall denken, daß der eine Mischkrystall herstellbar wäre aus den beiden anderen und der Flüssigkeit. In der graphischen Darstellung läge alsdann der Punkt für den einen Mischkrystall innerhalb eines Dreiecks, dessen Eckpunkt durch die beiden anderen Mischkrystalle und die Flüssigkeit angegeben werden. Diese verschiedenen Möglichkeiten sollen nicht weiter erörtert werden, sondern nur die, die in den Abb. 166 bis 168 angegeben ist. Er wurde an einer ternären Legierung beobachtet und findet sich als Teilsystem bei komplizierteren Legierungen. Es bilden sich in diesem Falle, ähnlich wie bei dem vorher erörterten Falle eines ternären Eutektikums, verschiedene Körper heraus, deren Lage teilweise gleichartig ist. Zum Unterschied aber gegen vorher verlaufen von den drei Zweiphasenkörpern, die das Gleichgewicht Flüssig-Fest darstellen, nur zwei von den Schmelzpunkten A und C nach niederen Temperaturen. Der von A sich nach unten erstreckende Körper liegt auf den Flächen a-I-G-D und f-I-G-F (gemeinsame Kante I-G) auf, und der von C abwärts liegende Körper Fest-Flüssig liegt auf den Flächen e-H-G-F und d-H-G-E (gemeinsame Kante H-G). Der dritte dieser Zweiphasenkörper steigt dagegen von der Temperatur des Schmelzpunktes B an und wird oben begrenzt von den Flächen b-K-G-D und c-K-G-E (gemeinsame Kante K-G). Dieser Körper liegt also teilweise unter den beiden anderen. Seine Lage bedingt, daß eine Anzahl Legierungen ein anderes Verhalten zeigen als in dem vorher erörterten Falle des Systemes mit einem ternären Eutektikum.

Der Unterschied ist gleichartig dem der binären Legierungen mit Eutektikum und mit Übergangspunkt. Während bei einem binären Eutektikum kein Gemisch unterhalb der Temperatur desselben noch flüssig sein kann, ist dieses bei den Systemen mit einem Übergangspunkt der Fall. Beim Erstarren der Gemische, die durch Punkte im Innern des Vierecks dargestellt werden, findet bei der invarianten Temperatur des Übergangspunktes die Umsetzung $L + S_1 = S_2 + S_3$ statt. Es verschwindet der eine Mischkrystall unter gleichzeitiger Verringerung der Flüssigkeitsmenge, indem sich zwei andere bilden. Bei stetem Gleichgewicht bleibt die Temperatur solange konstant, bis die erste Art von Mischkrystall (S_1) vollständig verschwunden ist. In dem ternären Systeme zeigen von den Gemischen innerhalb des Vierphasenvierecks solche, die innerhalb I-K-H liegen, ein vollständiges Erstarren bei der Temperatur dieses Gleichgewichtes. Bei Gemischen, die innerhalb K-H-G liegen, verschwindet aber die Flüssigkeit nicht vollständig. Es zeigt sich eine Verzögerung beim Halten bei der invarianten Temperatur, der eine Mischkrystall der Zusammensetzung I verschwindet und übrigbleiben die beiden Mischkrystalle K und H nebst einer gewissen Menge Flüssigkeit G. Es vollzieht sich bei dieser Temperatur quantitativ die Umsetzung nach der Gleichung $mI + nG = oK + pH$. Die Werte von m, n, o und p berechnen sich aus der Lage der Punkte I, G, K und H im Dreieck. Ist die Mischkrystallart I vollständig verschwunden, so entsteht bei weiterer Abkühlung ein Gemisch von Mischkrystallen der beiden anderen Arten. Das Verhalten aller Gemische ist leicht zu erkennen, wenn man Senkrechte durch den Körper legt und feststellt, in welchen körperlichen Gebilden der darstellende Punkt bei den verschiedenen Temperaturen liegt. In der kleinen Dreiecksabb. 168 ist noch angegeben, welchen Verlauf die Erstarrungskurven in dem Dreieck haben. Von drei Kurven, die von G nach E, F und D laufen, sind G-E und G-F eutektische Kurven und G-D ist eine Übergangskurve. Die eine der beiden eutektischen Kurven F-G verläuft von G aus nach höheren, die andere G-E nach tieferen. Die für verschiedene Temperaturen gezeichneten Dreiphasengleichgewichte w-x-y, t-u-v und q-r-s lassen dieses leicht erkennen.

Systeme mit ternärem Übergangspunkt.

4. Cd-Hg-Pb (IIa · IIb · IIb).

Das Auftreten eines ternären Übergangspunktes wird sich bei einigen Metallegierungen zeigen, z. B. solchen aus Cd-Hg und als drittem Metall Pb, Sn oder Zn. Bei dem ersten Cd-Hg-Pb wurde es bereits 1910 vom Verfasser genauer festgestellt. Die Abb. 175 zeigt das Erstarrungsbild, wobei auch das invariante Gleichgewicht bei 169° und der Umfang der Mischkrystallbildung angegeben ist. Sollte sich herausstellen, daß Cd-Hg dem Typus IIIb und nicht IIb

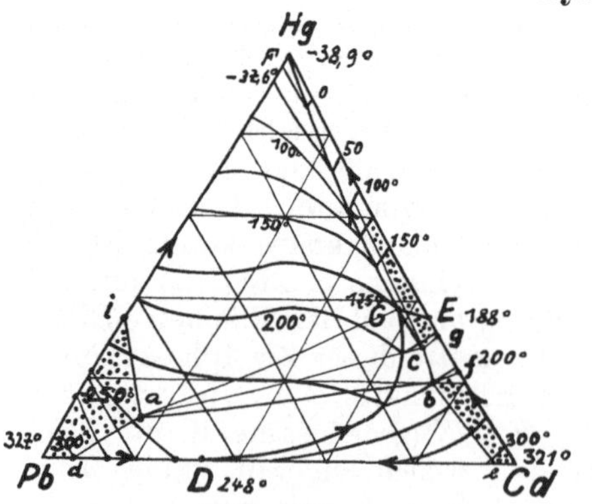

Abb. 175.
Gruppe 4. Cd-Hg-Pb (IIa · IIa · IIa).

zugehört, so würde sich zwar die Figur ein wenig in den Hg-reichen Gemischen ändern, das System gehörte aber zur Gruppe 7 (III · 2 · 2).

Gruppe 4 (IIb · 2b · 2b). Senkrechte Schnitte durch das räumliche Zustandsmodell im Fall eines ternären Eutektikums.

Die senkrechten Schnitte durch die Körper des dreiseitigen Prismas, welche die Gleichgewichte wiedergeben, sind beim Vorkommen eines invarianten Gleichgewichtes zwischen einer Flüssigkeit und drei festen Phasen von besonderer Bedeutung. Sie sind auch dadurch besonders wichtig, weil dieses Verhalten bei komplizierten Systemen oft wiederkehrt. Es sind zwei Fälle zu unterscheiden, die in den Abb. 176 u. ff. wiedergegeben sind. Die ersten Abbildungen beziehen sich auf den einfachen Fall mit einem ternären Eutektikum. Die Darstellung ist gewählt unter der Voraussetzung, daß alle drei Metalle ternäre Mischkrystalle bilden. Sie vereinfacht sich wesentlich, wenn dieses nicht der Fall ist. Die Art, wie sich die Abbildungen verändern, ist alsdann leicht festzustellen. Die Schnitte sind besonders verschieden danach, ob und wie das Vierphasengebiet durchschnitten wird. Die Lage der fünf Schnitte, die für das Verhalten charakteristisch sind, ist in der Dreieckdarstellung vermerkt. Von diesen durchschneiden die senkrechten Schnitte *1* und *5* das Vierphasengebiet nicht. Sie sind deswegen auch einfacher als die übrigen und finden sich auch bei Systemen, die kein Gleichgewicht von vier Phasen enthalten. Die beiden Abb. 177 und 181 entsprechen deswegen auch vollständig dem bereits früher bei den einfachen Systemen auseinandergesetzten Verhalten. Bei der Abb. 177 gibt es in der Schnittebene ein Dreiphasendreieck *d-b-c* für L-S_1-S_2, an das sich seitlich die Zweiphasengebiete für L-S_1 und L-S_2 und unten für S_1-S_2 anschließen, die ihrerseits wiederum an die drei Einphasengebiete für L, S_1 und S_2 angrenzen. Die dünner gezeichneten Kurven geben die Grenze an für vollständig erstarrte Legierungen und den Gebieten, in denen auch das Flüssige am Gleichgewicht beteiligt ist. In den Teilen, die Gemische aus Fest und Flüssig darstellen, ist um so mehr von dem Flüssigen vorhanden, je näher der darstellende Punkt der oberen Grenze des Gebietes liegt, und um so mehr Festes, je mehr er sich der unteren Grenze nähert. Diese ist also die Grenze des vollständigen Erstarrens und ist deshalb bei Aufnahme von Abkühlungskurven der betreffenden Gemische nicht so scharf ausgeprägt. Deutlicher sind Punkte, die auf diesen Kurven liegen, durch Erwärmungskurven zu finden, wie dieses bereits für die binären Systeme auseinandergesetzt wurde. Der Schnitt *5*, welcher der einen Ecke im Dreieck nahe liegt und das Vierphasengebiet ebenfalls nicht durchschneidet, ist von der besonders einfachen Form der ternären Gemische mit vollständiger Isomorphie. Schnitt *2* ist so gelegt, daß zwei primäre Ausscheidungsflächen durchschnitten werden, aber nicht mehr wie im Schnitt *1* die Einphasengebiete der Mischkrystalle. Deswegen liegen im Gegensatz zu vorher nach dem Erstarren gemischt entweder zwei oder drei feste Körper vor. Das invariante Gleichgewicht gibt Veranlassung zu einer Horizontalen. Diese bezieht sich auf die Umsetzungsgleichung $L \rightleftharpoons I + K + H$, die bei Wärmeentziehung und konstanter Temperatur in Richtung von links nach rechts verläuft. Wie die Abb. 178 zeigt, legen sich an diese Waagrechte nach oben und unten die Dreiphasengebiete L-S_1-S_2, L-S_1-S_3 und L-S_2-S_3 an. Es findet sich niemals ein unmittelbares Anliegen von Zweiphasengebieten. Nach unten erstreckt sich das Dreiphasengebiet S_1-S_2-S_3 für die drei festen Phasen, während nach oben in dem Dreiphasengebiete stets das Flüssige als eine Phase enthalten ist. An die Gebiete des Dreiphasengleichgewichts grenzen

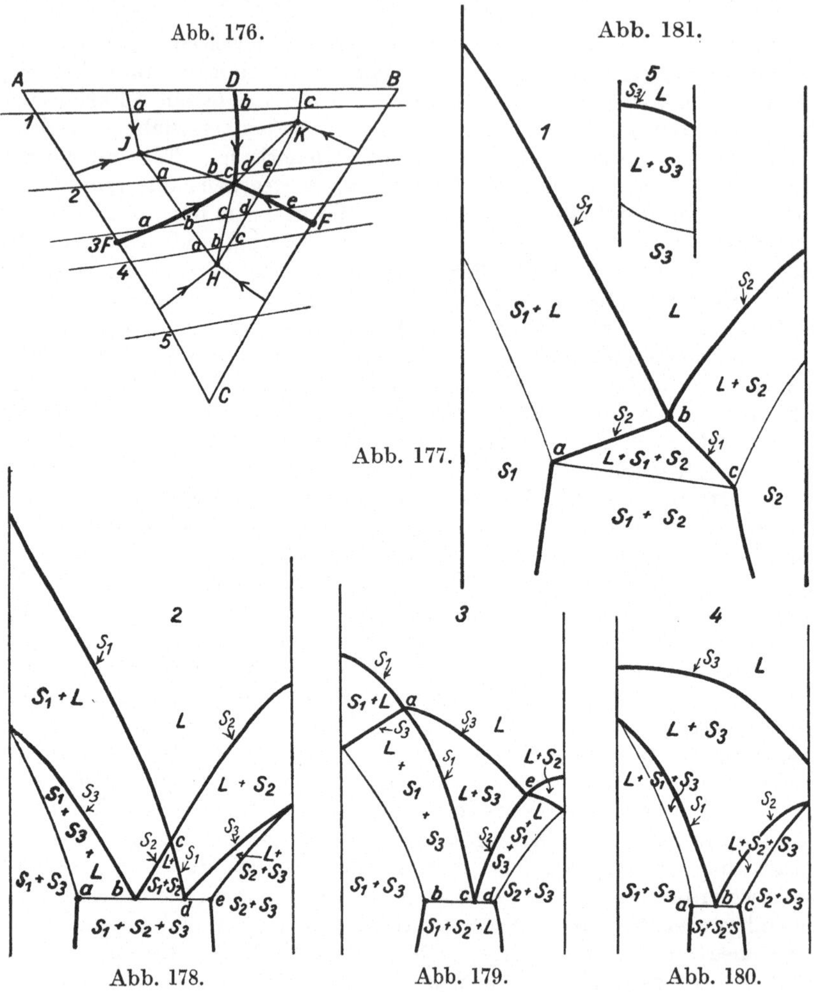

Abb. 176. Gruppe 4 (IIb · IIb · IIb). Dreiecksdarstellung und Angabe einiger Schnitte (1 bis 5). Abb. 177, Schnitt 1. Abb. 178, Schnitt 2. Abb. 179, Schnitt 3. Abb. 180, Schnitt 4. Abb. 181, Schnitt 5.

nach oben die der Zweiphasengleichgewichte L-S_1 und L-S_2, und darüber liegt das Einphasengebiet für L. Es ist an die Grenzkurven angeschrieben, welche feste Phase als Ausscheidung hinzukommt, wenn die dargestellten Gemische beim Abkühlen diese Kurve überschreiten. Es kommt deutlich zum Ausdruck, daß die Kurven für die primären Ausscheidungen von S_1

und S_2 sich von dem Punkte c aus unter Bildung eines Knicks in die Kurven der sekundären Ausscheidungen mit S_1 und S_2 fortsetzen. Die Kurven, die sich auf das vollendete Erstarren beziehen, sind auch in dieser Abbildung dünner gezeichnet. Es handelt sich jetzt um die gleichzeitige Ausscheidung von zwei festen Phasen. Wenn ein senkrechter Schnitt durch das Prisma so gelegt wird, daß gleichzeitig alle drei Ausscheidungsflächen durchschnitten werden (Abb. 176), so ergibt sich eine Schnittfigur, wie es die Abb. 179 darstellt. In diesem Falle legen sich an die horizontale „Vierphasengerade" b-c-d nach oben nur zwei Dreiphasengebiete für $S_1 + S_3 + L$ und $S_2 + S_3 + L$. Die Abb. 179 zeigt jetzt besonders deutlich die Art, wie die primären Ausscheidungen in den Punkten a und e zu sekundären werden. Es sind diesmal alle drei festen Phasen beteiligt. Wird der senkrechte Schnitt so gelegt, daß nur die Ausscheidungsfläche eines Körpers (C), aber doch noch das Vierphasengebiet durchschnitten wird, so erhält man eine Schnittfigur, wie sie Abb. 180 zeigt. Sie ist dadurch eigentümlich, daß sich unterhalb der kontinuierlichen Kurve für die primäre Ausscheidung gewissermaßen dasselbe Zustandsbild zeigt, wie es einem binären System mit Eutektikum zugehört. Für die Schnitte, die die Vierphasenebene des prismatischen Körpers durchschneiden, ist, wie man aus diesen Abbildungen erkennt, im Falle eines ternären Eutektikums charakteristisch, daß außer dem Dreiphasengebiet für die drei festen Phasen $S_1 + S_2 + S_3$, das nach unten verläuft, sich nach oben entweder drei oder zwei Dreiphasengebiete mit Flüssigkeit $L_1 + S_1 + S_2$ oder $L + S_1 + S_3$ oder $L + S_2 + S_3$ anschließen. Für alle Zweiphasengebiete ist es, wie schon früher erwähnt wurde, wichtig, daß diese lediglich angeben, welcher Art die zwei Phasen sind, die miteinander im Gleichgewicht sich befinden. Die Zusammensetzung der einzelnen Phasen dieses Gleichgewichtes kann in den Schnittfiguren nicht wiedergegeben werden. Auch für die Gebiete der Dreiphasengleichgewichte ist dieses nicht möglich.

Gruppe 4 (IIb · 2b · 2a). Senkrechte Schnitte durch das räumliche Zustandsmodell im Fall eines ternären Übergangspunktes.

In gleicher Weise wie soeben für den Fall eines ternären Eutektikums auseinandergesetzt wurde, lassen sich Schnitte durch die Gleichgewichtskörper im Prisma legen, wenn das invariante Gleichgewicht einem ternären Übergangspunkt entspricht. Die Abb. 182 bis 187 geben in gleicher Art wie vorher hierüber Aufschluß. Sie sind in ähnlicher Weise durch das Prisma gelegt, wie im vorhergehenden Falle und ohne weiteres verständlich. Der wesentliche Unterschied besteht darin, daß das invariante Gleichgewicht $L + S_1 + S_2 + S_3$ ausgedrückt wird durch die Gleichung $G + J = H + K$. Bei konstanter Temperatur bildet sich aus dem Mischkrystall J und der Flüssigkeit G bei Wärmeentziehung ein Gemisch der Mischkrystalle K und H. Aus diesem Grunde liegen, wie früher auseinandergesetzt wurde, in der räumlichen Darstellung jetzt auch unterhalb der Vierphasenebene Gebiete für Gleichgewichte mit Flüssigkeit. Die Horizontale, welche sich in den Schnitten auf das invariante Gleichgewicht bezieht, hat aus diesem Grunde auch nach tieferen Temperaturen hin stets außer dem Dreiphasengebiet der drei festen Phasen ein Dreiphasengebiet für Flüssig und zwei feste Phasen. Die Art, wie die verschiedenenen Phasengebiete aneinanderliegen, ist durch die, nach dem früheren leicht verständlichen Abbildungen ausgedrückt. Auch in diesen Fällen setzen sich die Ausscheidungskurven für die primäre Ausscheidung unter Bildung eines Knicks in die Kurven der sekundären Ausscheidungen fort. In dem dritten Schnitte finden sich wiederum wie im vorigen Fall jede der drei festen Phasen sowohl auf den primären Ausscheidungskurven wie

Abb. 182.　　　　　　　　Abb. 183.　　　Abb. 187.

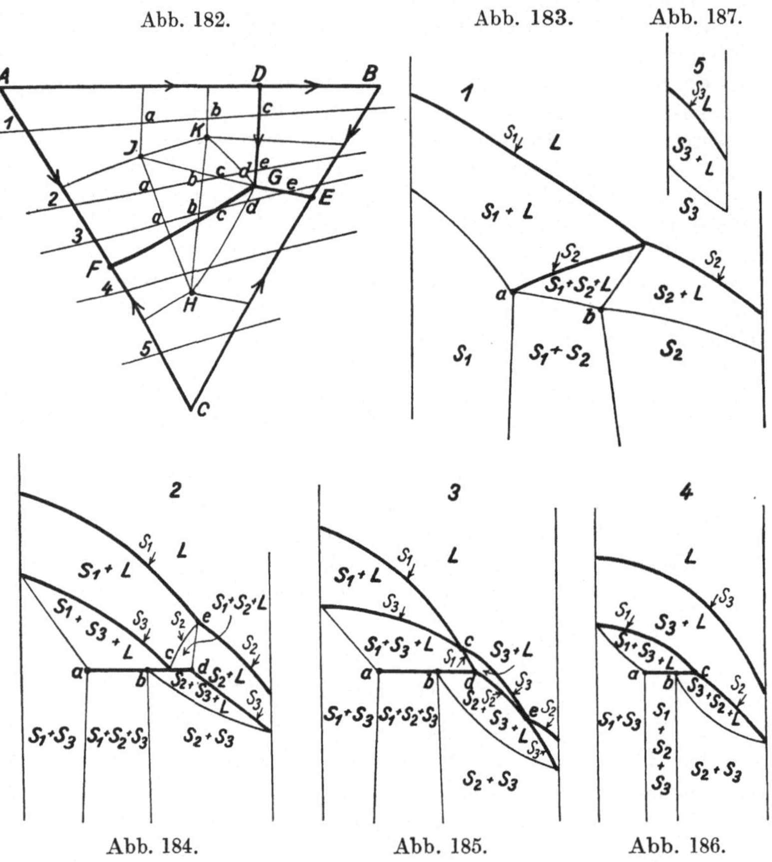

Abb. 184.　　　　　　Abb. 185.　　　　　　Abb. 186.

Abb. 182. Gruppe 4 (IIa · IIb · IIb). Dreiecksdarstellung und Angabe einiger Schnitte (1 bis 5). Abb. 183, Schnitt 1. Abb. 184, Schnitt 2. Abb. 185, Schnitt 3. Abb. 186, Schnitt 4. Abb. 187, Schnitt 5.

auf den sekundären. Eine besondere Eigentümlichkeit, entsprechend dem Charakter der Übergangskurve, liegt darin, daß für einige Gemische beim beginnenden Erstarren eine Ausscheidung eines Mischkrystalles vor sich geht, der nachher wieder verschwindet und sich also nach vollendetem Erstarren nicht wiederfindet. In der Abb. 184 sind bei einer Zusammensetzung von d bis e Gemische besonderer Art enthalten. Die Senkrechten, welche diese Kurven durchschneiden, führen nacheinander durch Gebiete von $L + S_1$, $L + S_1 + S_2$, $L + S_2 + S_3$ und $S_2 + S_3$. Die Reihenfolge dieser

Phasen zeigt an, in welcher Art die Ausscheidung der einzelnen Phasen vor sich geht und wie die zuerst ausgeschiedene feste Phase S_1 verschwindet.

Bei der Untersuchung ternärer Gemische ist es immer gut, derartige Schnitte durch das dreiseitige Prisma zu legen. Das Gebiet der primären Ausscheidung ist bei der Untersuchung mittels Abkühlungskurven in den meisten Fällen scharf wiederzugeben. Ebenso ist auch die Wiedergabe der Kurven für die sekundäre Ausscheidung meistens möglich. Undeutlich ist dagegen in vielen Fällen die Angabe der Temperaturen des vollständigen Verschwindens des Flüssigen. Diese Kurven sind oft durch Erwärmungskurven besser festzustellen. Besonders aber werden durch die in solchen Schnitten dargestellten Gemische bei Zusammenstellung ihrer Abkühlungskurven die invarianten Gleichgewichte deutlich erfaßt. Neben der genauen Feststellung der invarianten Temperatur erlauben die Schnitte auch die Größe des Vierphasengebietes anzugeben. In manchen Fällen jedoch reichen die Schnittbilder nicht aus, ein vollständiges Zustandsbild aller Gleichgewichte zu geben. Zunächst sind dann Schliffbilder zur Beurteilung heranzuziehen. Aber auch noch andere Methoden, analytische oder physikalisch-chemische sind zu benutzen, um eine vollständige Darstellung zu erhalten. Bei der endgültigen Wiedergabe der Ergebnisse sind aber horizontale Schnitte durch das Prisma, also die Angabe der Gleichgewichte bei konstanter Temperatur, von größerer Bedeutung und besserer Übersichtlichkeit. Bei Legierungen ist es nur in seltenen Fällen möglich, bei konstanter Temperatur Untersuchungen über die Zusammengehörigkeit von Flüssigem und Festem zu machen. Solche sind bei quecksilberhaltigen Systemen möglich. Von großer Bedeutung sind neuerdings die röntgenographischen Untersuchungen, die es erlauben, die Gleichgewichte auch bei bestimmten höheren Temperaturen genau festzulegen. Zu diesem Zwecke werden die Gemische getempert, sie werden auf die gewählte Temperatur erhitzt, diese längere Zeit konstant gehalten und alsdann abgeschreckt, wobei sie in dem Gleichgewichtszustand bleiben, den sie beim Erhitzen hatten. Die dann folgende Untersuchung erlaubt es röntgenographisch festzustellen, welche festen Phasen vorliegen und wann zwischen ihnen ein Übergang stattfindet. Die Methode ist ganz besonders für die Bestimmung des Umfangs der Mischkrystallbildung von Bedeutung. Die Untersuchung kann auch während der Erwärmung an elektrisch erhitzten Drähten in bestimmten Fällen durchgeführt werden.

Gruppe 4a (II · 2 · ②).

Der Fall, daß von den drei binären Grenzsystemen ternärer Legierungen eines beschränkte Mischbarkeit im flüssigen Zustande zeigt und die beiden anderen dem Typus II angehören, findet sich verhältnismäßig häufig. Die Untersuchungen dieser Systeme sind aber oft unvollkommen und beschränken sich meist darauf, anzugeben, welcher Art bei einer Temperatur oder auch bei mehreren die Mischungslücke der beiden Flüssigkeiten ist, die sich im ternären System bildet. Das System ist nach dem vorhergehenden leicht zu verstehen. Sind die beiden Grenzsysteme des Typus II solche mit Eutektikum, so bildet sich mit dem Eutektikum des dritten sich nur beschränkt im flüssigen Zustande mischenden ein ternäres Eutektikum, wie vorher bei der

Gruppe 4 auseinandergesetzt wurde. Dieses ist fast immer dadurch besonders
einfach, weil die Mischkrystallbildung meist völlig vernachlässigt werden
kann. Die Mischungslücke in dem dritten Grenzsystem setzt sich in gleicher
Art wie bei den Systemen 3a und 2a in das ternäre Gebiet fort, indem sich
eine kritische Flüssigkeit durch das Identischwerden zweier bildet, die mit
einem Mischkrystall im Gleichgewicht ist. In vielen Fällen hat dieser einfach die Zusammensetzung des einen Metalls mit dem höheren Schmelzpunkt
in dem System IIx. Das vollständige Zustandsbild enthält alsdann nur
drei Ausscheidungsgebiete der reinen Metalle und in dem Gebiet des einen
eine Mischungslücke, welche das Auftreten zweier Flüssigkeiten umfaßt. In
der Abb. 188 für Bi-Cd-Zn ist ein solches System wiedergegeben.

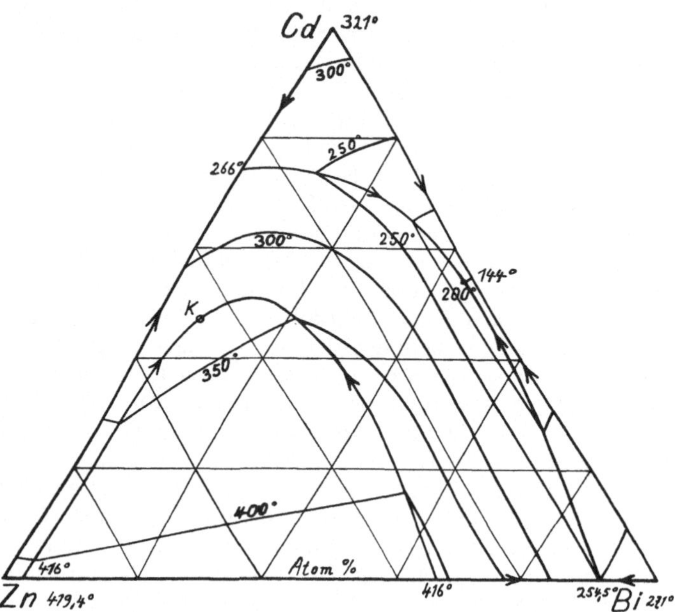

Abb. 188. Gruppe 4a. Bi-Cd-Zn (IIx · IIb · IIb).

Sind die Temperaturen so hoch, daß feste Bodenkörper nicht mehr auftreten können, so enthält das System ein Gebiet zweier Flüssigkeiten, das
bei Steigerung der Temperatur bei Metallmischungen sich wohl immer verkleinert und schließlich verschwindet. Bei jeder Temperatur, bei der noch
zwei Flüssigkeiten auftreten, gibt es eine kritische Mischung, die die Grenze
der Entmischung darstellt. In der Dreieckdarstellung ergeben die diese
Mischungen darstellenden Punkte eine Kurve, die in dem kritischen Punkt
des Gleichgewichtes Flüssig$_1$ = Flüssig$_2$ + Fest beginnt. Mit steigender Temperatur endet diese Kurve in dem kritischen Endpunkte Flüssig$_1$ = Flüssig$_2$
des binären Grenzsystemes. Die folgenden Abbildungen geben an, welche
Flüssigkeiten bei bestimmten Temperaturen miteinander im Gleichgewichte
sind und welche Lage der kritische Punkt bei dieser Temperatur hat.

Bestimmung der Zugehörigkeit zweier Flüssigkeiten in ternären Systemen.

Durch eine einfache Konstruktion kann man alle einander zugehörigen Gemische, die auf der Grenzkurve des Gleichgewichtes Flüssig-Flüssig für eine bestimmte Temperatur liegen, angeben. Die Abb. 189 bis 191 geben hierüber Aufschluß. DKB ist die Mischungslücke mit K als kritischem Gemisch. Einige zugehörige Gemische f-g, h-i, l-m, n-o sind in Abb. 189 durch Gerade wiedergegeben. Durch Ziehen von Parallelen zu den Kanten durch diese Punkte erhält man die Schnittpunkte $bcde$, wozu noch a als Schnittpunkt der Geraden aus D und E kommt. Die sich so bildende Kurve k-a kann vollständig die Geraden ersetzen, die zusammengehörenden Schmelzen der Grenzkurve entsprechen.

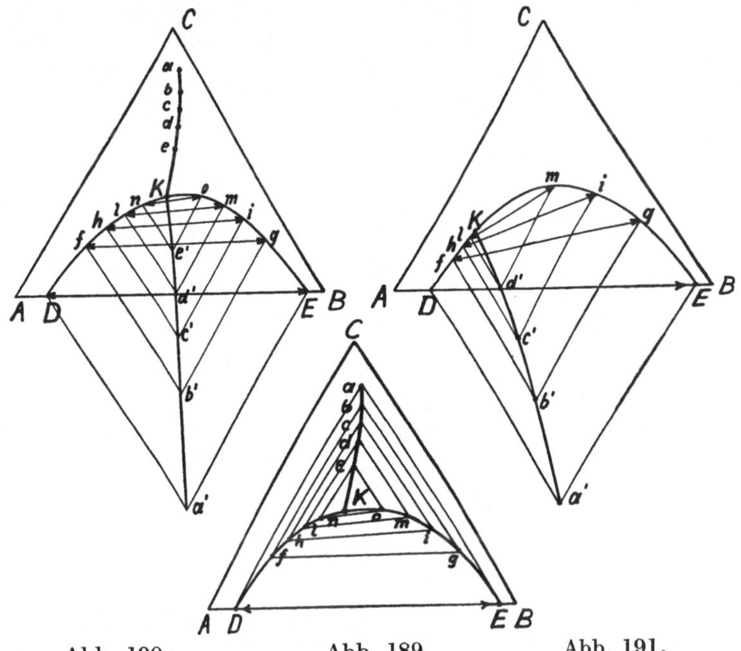

Abb. 190.   Abb. 189.   Abb. 191.

Abb. 189 bis 191. Graphische Darstellung des Zusammenhangs der beiden Schmelzen bei Mischungslücken im ternären System.

Jeder Punkt dieser Kurve a-k entspricht zwei bestimmten Punkten für die beiden im Gleichgewicht befindlichen Phasen. Von der Kurve ka ist Punkt a immer bekannt; sind andere Punkte aus beobachteten Werten der Grenzkurve konstruierbar, so läßt sich oft auch der kritische Endpunkt k gut konstruieren. Mit größerer Genauigkeit läßt sich die Zusammengehörigkeit der Gemische auf der Grenzkurve noch feststellen durch eine Kurve $a'k$, die nach unten gezogen ist. Die Konstruktion ist der Kurve ak ähnlich und durch die Abb. 190 wiedergegeben. Die beiden Kurven ak und $a'k$ setzen sich nicht kontinuierlich ineinander fort, sondern haben in k einen Knick. Die Konstruktion der Kurve ka' ist besonders von Wert bei stark einseitiger Lage des kritischen Punktes k, wie es die dritte Abb. 191 angibt.

Gruppe 4a (II · 2 · ②).

Ag-Cu-Pb (IIb·IIx·IIa), Ag-Cu-Mn (IIb·IIa·IIx), Bi-Cd-Zn (IIb·IIb·IIx)
und Pb-Sn-Zn (IIb · IIb · IIx).

Die außer Wismut-Cadmium-Zink vollständiger untersuchten Legierungen Silber-Kupfer-Blei, Silber-Kupfer-Mangan und Zinn-Blei-Zink sind in den Abb. 192 bis 195 wiedergegeben. Die Abbildungen geben ein vollständiges Erstarrungsbild. Im System Ag-Cu-Pb liegt die Mischungslücke Flüssig-Flüssig-Fest ganz im Ausscheidungsgebiet der Mischkrystalle des Kupfers. Die Abbildung gibt auch den Umfang der Mischkrystalle nach Cu und Ag an, der in beiden Fällen gering ist. Das ternäre Eutektikum bei 302° liegt in der Nähe

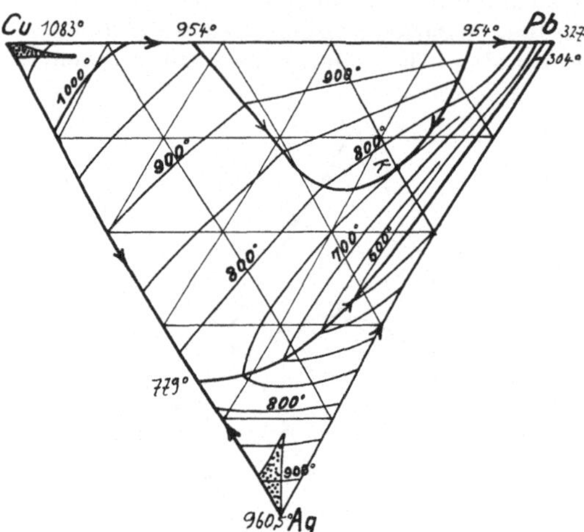

Abb. 192.
Gruppe 4a. Ag-Cu-Pb (IIb·IIx·IIb).

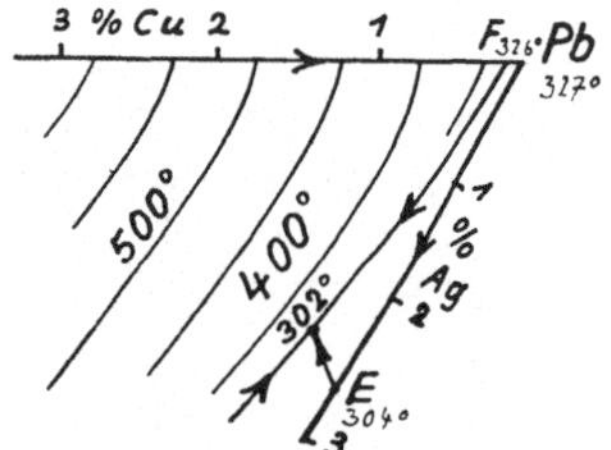

Abb. 193. Ag-Cu-Pb.
Die bleireichen Legierungen.

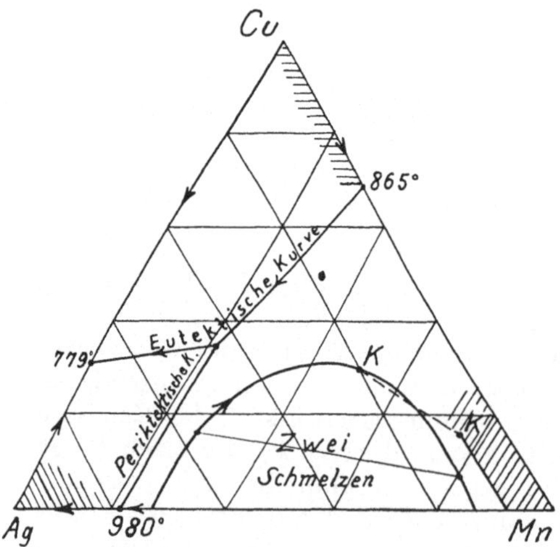

Abb. 194.
Gruppe 4a. Ag-Cu-Mn (IIb · IIa · IIx).

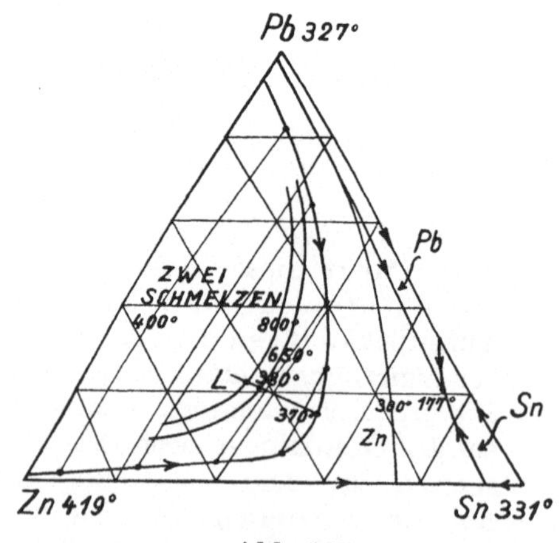

Abb. 195.
Gruppe 4a. Pb-Sn-Zn (IIb · IIb · IIx).
Das Entmischungsgebiet von 370° bis 800°.

des Bleies. Die kleine Abb. 193 der Bleiecke zeigt, daß der Gehalt an Silber etwa $2^1/_2$ Proz. und an Kupfer $^1/_2$ Proz. ist.

Die folgende Abb. 194 des Systems Silber-Kupfer-Mangan ist konstruiert unter geringer Korrektur der Untersuchungen von *Keinert*. Nach den bei den binären Systemen gegebenen Angaben gehört Cu-Mn zum Typus IIa. Aus diesem Grunde bildet sich kein ternäres Eutektikum, sondern ein ternärer Übergangspunkt heraus. Die Pfeilrichtungen auf den drei eutektischen Kurven geben den Temperaturverlauf und zeigen, daß ein Übergangspunkt vorliegt. Der Umfang der Mischkrystallbildung ist angedeutet. Die Mischungslücke liegt im Ausscheidungsgebiet der Mischkrystalle nach Mangan.

Im System Bi-Cd-Zn liegt das Gebiet Flüssig-Flüssig-Fest im Ausscheidungsfeld von Zink. Die Mischkrystallbildung ist gering und in der Abb. 188 nicht angegeben. Das in der Abb. 195 wiedergegebene Zustandsbild Pb-Sn-Zn ist weitgehend dem von Bi-Cd-Zn ähnlich; auch in diesem Fall enthält das ternäre Eutektikum nur wenig Zink. In diesem Falle wurden auch oberhalb des kritischen Punktes (Flüssig$_1$-Flüssig$_2$) $+$ Fest zwei Isotherme bei 650° und 850° festgelegt. Infolgedessen ließ sich die kritische Kurve K-L konstruieren.

Gruppe 4a. Cd-Pb-Zn; Pb-Sn-Zn; Bi-Cd-Zn; Bi-Sn-Zn; Al-Cd-Sn; Al-Pb-Sn; Al-Bi-Sn; Al-Cd-Zn.

Die nächsten Abb. 196 bis 202 geben für einige Systeme bei bestimmten Temperaturen das Entmischungsgebiet der drei Metalle wieder. In den beiden Systemen Blei-Zink mit Cadmium und mit Zinn ist, wie Abb. 196 zeigt, die Mischungslücke des cadmiumhaltigen Systems weit größer als die des in Abb. 195 dargestellten zinnhaltigen. Auch für Bi-Zn mit Cd und Sn ist der Umfang beim Cadmiumsystem weit größer, wie die Abb. 197 und 198 zeigen.

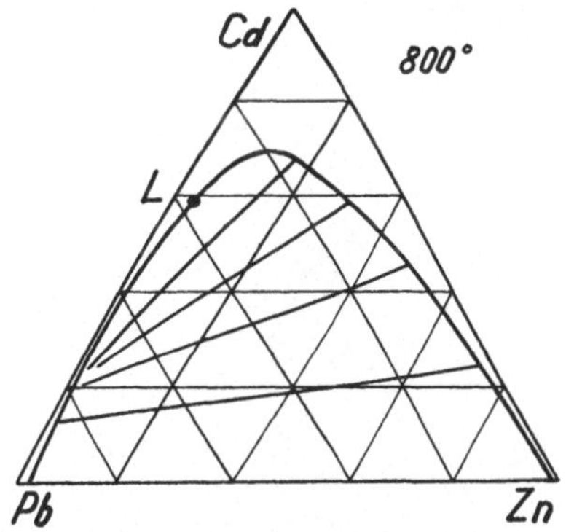

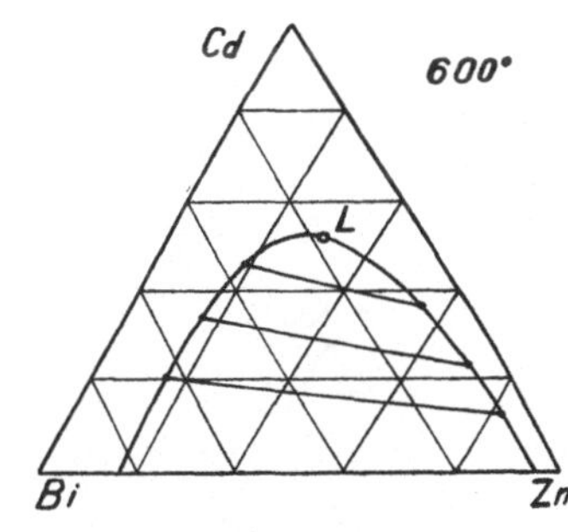

Abb. 196.	Abb. 197.
Cd-Pb-Zn. Entmischungsgebiet bei 800°.	Cd-Bi-Zn. Entmischungsgebiet bei 600°.

In Abb. 197 ist die Darstellung nach Gewichtsprozenten, wodurch sich der Unterschied mit Abb. 188 erklärt. In den aluminium-zinnhaltigen Systemen mit Cadmium, Blei und Wismut der Abb. 199 bis 201 ist die Mischungslücke in allen Fällen groß. Sie erstreckt sich bis zu hohem Gehalt an Zinn und ist für Al-Sn-Pb wenig größer als für die anderen Systeme. In den Abbildungen

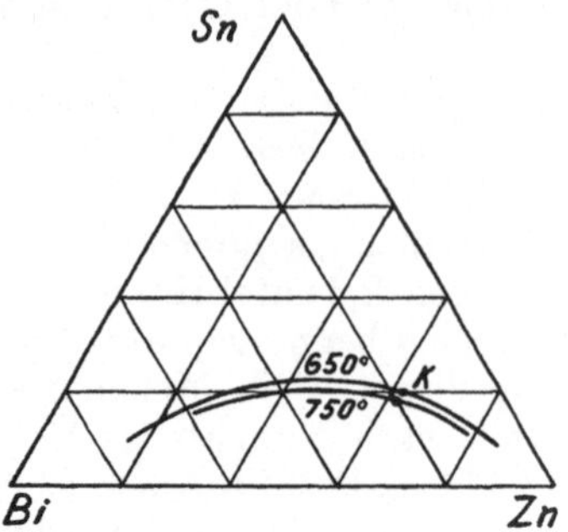

Abb. 198. Bi-Sn-Zn.
Entmischungsgebiet bei 650° und 750°.

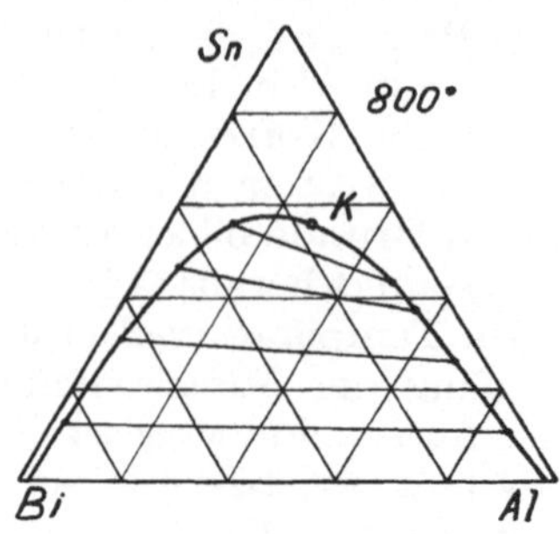

Abb. 199.
Al-Bi-Sn. Entmischungsgebiet bei 800°.

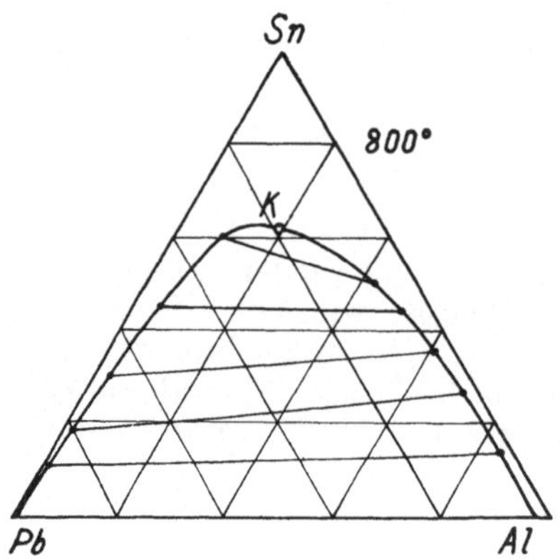

Abb. 200.
Al-Pb-Sn. Entmischungsgebiet bei 800°.

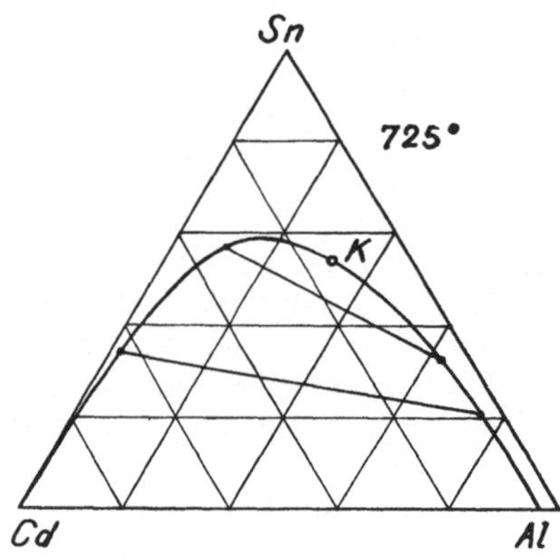

Abb. 201.
Al-Cd-Sn. Entmischungsgebiet bei 725°.

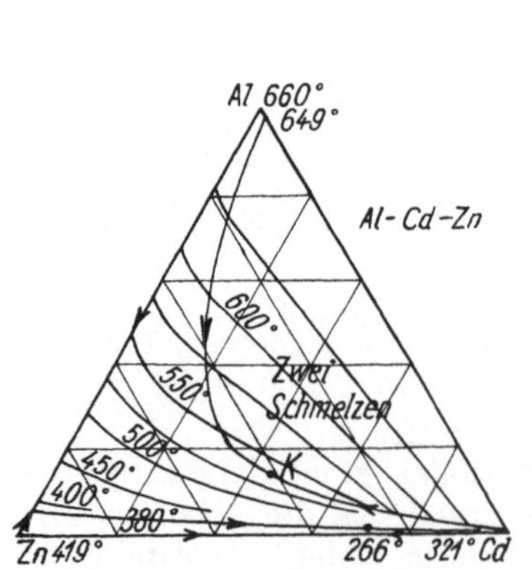

Abb. 202. Al-Cd-Zn (IIb · IIb · IIx).

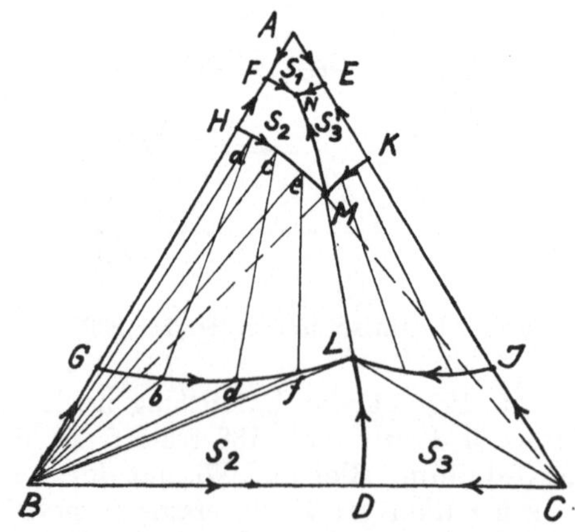

Abb. 203. Gruppe 4b (IIb · IIx · IIx) schematisch.

ist auch der Zusammenhang der zusammengehörenden Flüssigkeit und die bei den betreffenden Temperaturen vorhandene kritische Mischung, in der die beiden Flüssigkeiten zu einer werden, vermerkt. Seitdem feststeht, daß zwischen Aluminium und Zink keine intermetallische feste Phase auftritt, ist das System Al-Cd-Zn auch zur Gruppe 4a zu rechnen. Die Abb. 202 gibt die Entmischungsfläche und die Ausscheidungsgebiete der drei Metalle. Das ternäre Eutektikum enthält nur 0,3 Proz. Al neben 25,7 Proz. Zn und 74 Proz. Cd und fällt fast mit dem binären Eutektikum Zn-Cd zusammen. Das Entmischungsgebiet liegt in dem Ausscheidungsgebiet für Aluminium.

Gruppe 4b (II · ② · ②).

Auch zwei der binären Grenzsysteme können Entmischung in flüssigem Zustande zeigen. Derartige Systeme haben meist nur theoretisches Interesse, da die Bildung wirklicher Legierungen der drei Metalle in noch geringerem Umfang auftritt als bei den Systemen, die ein Grenzsystem mit Entmischung zeigen. Die Systeme dieser Art haben Ähnlichkeit mit 3b (II · 1 · 2), von dem sie sich aber doch in einem wesentlichen Punkt unterscheiden. In beiden Fällen durchläuft das Entmischungsgebiet Flüssig-Flüssig das darstellende Dreieck von einer Kante zur anderen. Da jetzt aber das dritte Grenzsystem nicht Mischkrystalle in jedem Umfang enthält und drei statt zwei verschiedene feste Phasen — meist die reinen Metalle — auftreten, gibt es nicht nur ein ternäres Eutektikum, sondern auch ein invariantes Gleichgewicht Flüssig-Flüssig-Fest-Fest. Die Abb. 203 gibt das Verhalten wieder, wenn keine Mischkrystalle auftreten. Die Flüssigkeit, die beim ternären Eutektikum im Gleichgewicht mit den drei Metallen ist, ist durch N dargestellt. Von diesem Punkte verlaufen die beiden eutektischen Kurven N-F und N-E unmittelbar nach den eutektischen Punkten der Grenzsysteme. Die dritte Kurve läuft von N nach M und weiter von L nach D. Das invariante Gleichgewicht Flüssig-Flüssig-Fest-Fest ist durch die Punkte M, L, B und C dargestellt. Bei konstanter Temperatur bewirkt Wärmeentziehung eine Umsetzung nach der Gleichung $L = M + B + C$. Alle Gemische innerhalb des Dreiecks B-M-C zeigen diese Reaktion beim Abkühlen der verflüssigten Gemische. Die Gemische zwischen G-L-J und H-M-K werden zunächst beim Abkühlen zu zwei auf den Grenzkurven liegenden Flüssigkeiten, z. B. a und b oder c und d. Bei weiterem Wärmeentzug ändern sie ihre Zusammensetzung, indem sie die Kurven nach M und L durchlaufen und festes B zur Ausscheidung kommt. Hierbei wird die Flüssigkeit auf GL immer weniger. Bei außerhalb des Dreiecks B-M-C liegenden Gemischen verschwindet sie vollständig, indem die andere Flüssigkeit und festes B übrigbleiben. Das weitere Erstarren ist dann vollständig gleich dem der Gruppe 4 für Legierungen mit drei Eutektika in den binären Grenzsystemen. Die Erstarrungsvorgänge sind im übrigen aus der Abbildung abzulesen. Die beiden Ausscheidungsgebiete für S_2 und S_3 werden durch das Gebiet zweier Flüssigkeiten in zwei Teile zerlegt. Beobachtet wurde ein derartiges Verhalten bei den drei Systemen Bi-Pb-Zn, Cr-Cu-Mo und Al-Na-Si.

Gruppe 4b (II · ② · ②). Bi-Pb-Zn; Cr-Cu-Mo; Al-Na-Si.

Über das System Bi-Pb-Zn ist wenig zu sagen. Die Mischungslücke erfüllt den größten Teil des darstellenden Dreiecks. Von größerem Interesse ist

Cr-Cu-Mo. Das binäre System mit Eutektikum Cr-Mo gibt, wie die Abb. 204 zeigt, zu zwei kleinen Gebieten mit geringem Kupfergehalt Anlaß, in denen Cr oder Mo primäre Ausscheidungen sind, ehe die Bildung zweier Schmelzen eintritt. Das Gebiet der Entmischung umfaßt auch hier einen großen Teil aller Mischungen. Es zerlegt sich in zwei Teile, die durch eine Gerade bei der Minimumtemperatur voneinander getrennt sind. Diese Temperatur entspricht dem invarianten Gleichgewicht Flüssig-Flüssig-Fest(Mo)-Fest(Cr). In den kupferreichen Legierungen gibt es primäre Ausscheidungsgebiete für Cr und Mo. Das Gebiet erstreckt sich bis zu geringerem Gehalt an Mo, aber höherem an Cr. Das ternäre Eutektikum liegt nahe dem Cu.

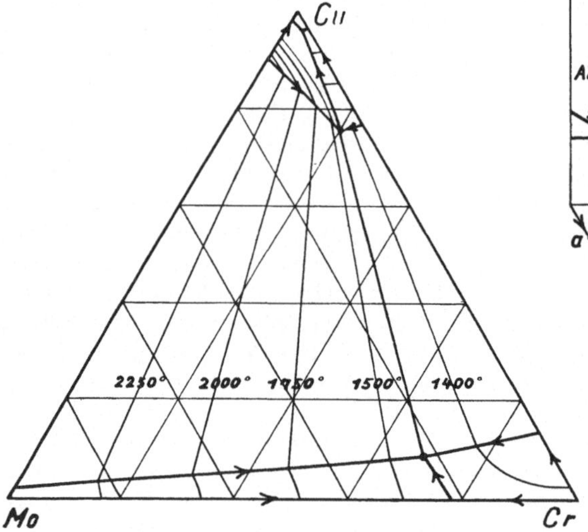

Abb. 204. Cr-Cu-Mo (IIx · IIx · IIb). 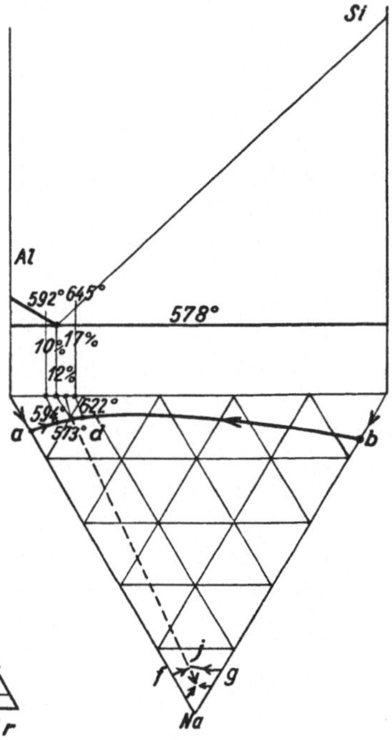   Abb. 205. Al-Na-Si (IIx · IIx · IIb).

Das ternäre System Al-Si-Na wurde nur in der Nachbarschaft der Al-Si-Legierungen untersucht. Auch hier gibt es ein invariantes Gleichgewicht, das bei 573° zwischen zwei Flüssigkeiten und den festen Metallen Al und Si auftritt. Die Abb. 205 gibt schematisch die Gleichgewichte an. Die beiden im Gleichgewicht befindlichen Flüssigkeiten liegen nahe dem Eutektikum von Al-Si und von Na. Das Verhalten entspricht dem auseinandergesetzten. Die Eigentümlichkeit dieses Systems wird als Ursache der Bildung der feinen Struktur des sog. Silumins, einer Al-Si-Legierung mit geringem Gehalt an Na, angesehen.

Gruppe 4c ((II) · ② · ②).

Auch der Typus, daß bei Metallen alle drei binären Systeme Entmischung zeigen, ist für einige Fälle vorauszusehen. Versuchsmäßig festgestellt wurde bis jetzt kein solches System. Es ist dadurch von Interesse, daß sich hierbei drei Metallgemische bilden, die sich übereinanderschichten. Bei den Metallgemischen Cr-Pb-Zn, Cr-Bi-Zn und Cr-Pb-Cu könnte sich nach dem Verhalten der binären Grenzsysteme ein derartiges Verhalten zeigen. Wenn bei den binären Gemischen zwischen Li und K sowie Li und Na wirklich die Bildung zweier Flüssigkeiten, wie angegeben, auftritt, ist auch bei den Gemischen Li-K-Mg und Li-Na-Mg die Bildung dreier übereinanderlagernder Flüssigkeiten möglich. Ob eine Entmischung in drei Flüssigkeiten eintritt, hängt noch von der kritischen Entmischungstemperatur in den binären Grenz-

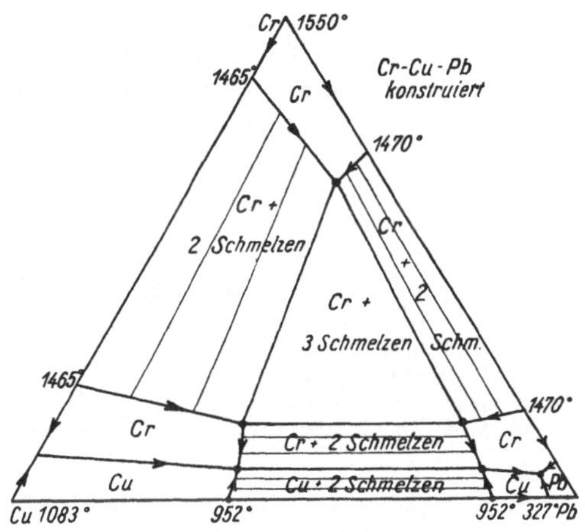

Abb. 206. Gruppe 4 c.
Cr-Cu-Pb (II x · II x · II x) schematisch.

systemen ab. Auch die Siedeerscheinungen können von Bedeutung sein. In der Abb. 206 ist ein Fall konstruiert, wie er sich möglicherweise im System Cr-Cu-Pb zeigen wird.

Literatur zu ternären Legierungen vom Typus I und II.

(Die eingeklammerten Zahlen beziehen sich auf das alphabetische Register.)

1. I · 1 · 1.
    (55) Au-Cu-Ni: *P. de Cesaris*, Gazz. chim. ital. **44**, 1914, 31.
    (56) Au-Ni-Pd: *W. Fraenkel* u. *A. Stern*, Z. anorg. allg. Chem. **166**, 1927, 160.
2. II · 1 · 1.
    (3) Ag-Au-Cu: *E. Jänecke*, Metallurgie 8, 1911, 597. — *Calcagni* u. *Marotta*, Gazz. chim. ital. **44**, 1914, 495. — *E. M. Wise, W. S. Crowell* u. *J. T. East*, Amer. Inst. min. metallurg. Engr. Techn. Publ. **1932**, 1. — *V. Fischer*, Z. Metallkde. **26**, 1934, 80.
    (101) Co-Cu-Ni: *M. Waehlert*, Diss. Techn. Hochsch. Breslau 1914. — *Ost*, Z. Berg-, Hütt.- u. Sal.-Wes. **62**, 1914, 341.
    (174) Ag-Cu-Pd: *E. M. Wise, W. S. Crowell* u. *J. T. East*, Amer. Inst. min. metallurg. Engr. Techn. Publ. **1932**, 1.
2 a. (II) · 1 · 1.
    (4) Ag-Au-Ni: *P. de Cesaris*, Gazz. chim. ital. **43**, 1913, 617.
3. II · 1 · 2.
    (120) Cu-Mn-Ni: *N. Parravano*, Int. Z. Metallogr. 4, 1914, 182. — *V. Fischer*, Z. Metallkde. **26**, 1934, 80.
    (68) Bi-Pb-Sb: *R. A. Morgen, L. G. Swenson, F. C. Nix* u. *E. H. Roberts*, Amer. Inst. min. metallurg. Engr. Techn. Publ. **43**, 1927, 1.
    (52) As-Pb-Sb: *E. Abel* u. *O. Redlich*, Z. anorg. allg. Chem. **161**, 1927, 221.
3 a. II · 1 · 2.
    (10) Ag-Cu-Ni: *P. de Cesaris*, Z. physik. Chem. **67**, 1909, 683; Gazz. chim. ital. **43**, 1913, 375. — *W. Guertler* u. *A. Bergmann*, Z. Metallkde. **25**, 1933, 53.
    (109) Cr-Cu-Ni: *Farland* u. *Harder*, Amer. Inst. min. metallurg. Engr. Techn. Publ. 1915. — *E. Siedschlag*, Z. anorg. allg. Chem. **131**, 1923, 173.
3 b. II · 1 · 2.
    (125) Cu-Ni-Pb: *W. Guertler* u. *F. Menzel*, Z. Metallkde. **15**, 1923, 223. — *N. Parravano*, Gazz. chim. ital. **44**, 1914, 382.

4. II · 2 · 2.

(61) Bi-Cd-Sn: *Stoffel*, Z. anorg. allg. Chem. **53**, 1907, 137. — *Parravano* u. *Sirovich*, Gazz. chim. ital. **42**, 1912, 630.

(60) Bi-Cd-Pb: *W. E. Barlow*, Z. anorg. allg. Chem. **30**, 1911, 178.

(69) Bi-Pb-Sn: *Mazotto*, Z. Metallkde. **4**, 1913, 273. — *Isubara*, Sci. Rep. Tôhoku Univ. **18**, 1929, 1725. — *Charpy*, Contrib. à l'étude des Alliages, S. 200. 1901. — *Stupherd*, J. physic. Chem. **6**, 1902, 519.

(93) Cd-Pb-Sn: *Stoffel*, Z. anorg. allg. Chem. **53**, 1907, 137. — *K. Kaneko* u. *A. Asaki*, Nihon-Kôgyôkwaisti **41**, 1925, 437.

(97) Cd-Sn-Zn:*R. Lorenz* u. *D. Plumbridge*, Z. anorg. allg. Chem. **83**, 1913, 228.

(91) Cd-Hg-Pb: *E. Jänecke*, Z. physik. Chem. **60**, 1907, 399; **73**, 1910, 328.

(50) Al-Sn-Zn: *Hindrichs*, Z. anorg. allg. Chem. **59**, 1908, 414. — *Plumbridge*, Diss. München 1911. — *L. Losana* u. *E. Carozzi*, Gazz. chim. ital. **53**, 1923, 546. — *H. Nishimura* u. *O. Suzuki*, Suiyô Kwaishi **4**, 1925, 1441. — *V. Jareš*, Proc. Amer. Inst. min. metallurg. Engr. **65**, 1927.

(169) Al-Si-Zn: *W. Sander* u. *K. L. Meissner*, Z. Metallkde. **14**, 1933, 180; **16**, 1924, 15.

4a. II · 2 · ②.

(9) Ag-Cu-Mn: *M. Keinert*, Z. physik. Chem. **156**, 1931, 296.

(12) Ag-Cu-Pb: *K. Friedrich* u. *A. Leroux*, Metallurgie **4**, 1907, 293.

(26) Al-Bi-Sn: *C. A. Wright*, Proc. Roy. Soc., Lond. **52**, 1892/93, 11.

(29) Al-Cd-Sn: *C. A. Wright*, Proc. Roy. Soc., Lond. **55**, 1894, 130.

(48) Al-Pb-Sn: *C. A. Wright*, Proc. Roy. Soc., London **25**, 1892/93, 11.

(62) Bi-Cd-Zn: *C. H. Mathewson* u. *W. H. Scott*, Int. Z. Metallogr. **5**, 1914, 1.

(73) Bi-Sn-Zn: *S. D. Muzaffar*, J. chem. Soc. **123**, 1923, 2341.

(96) Cd-Pb-Zn: *Maurice Cook*, J. Inst. Met., Lond. **31**, 1924, Nr. 1, 297.

(167) Pb-Sn-Zn: *C. A. Wright*, Proc. Roy. Soc., Lond. **48**, 1890, 25. — *M. L. Malvano* u. *O. Cenarelli*, Gazz. chim. ital. **41 II**, 1911, 269.

(30) Al-Cd-Zn: *N. F. Budgen*, J. chem. Soc. **125**, 1924, 1642. — *Jareš*, Proc. Amer. Inst. min. metallurg. Engr. **65**, 1927.

4b. II · ② · ②.

(45) Al-Na-Si: *B. Otani*, Z. Metallkde. **19**, 1927, 166 — Sci. Rep. Tôhoku **15**, 1926, 716.

(70) Bi-Pb-Zn: *Finke*, Z. Metallkde. **17**, 1927, 258.

(108) Cr-Cu-Mo: *E. Liedschlag*, Z. anorg. allg. Chem. **131**, 1923, 191.

Allgemeines über kompliziertere ternäre Legierungen.

Bisher wurden ternäre Legierungen behandelt, bei denen die Höchstzahl der vorkommenden festen Phasen drei war. Wenn in den binären Systemen mehr als zwei feste Phasen vorkommen, steigt ihre Zahl auf vier und mehr an. Die bisherigen Erörterungen über die einfacheren ternären Systeme bilden aber auch die Grundlage für kompliziertere. Diese lassen sich oft in einfacher Weise in Teilsysteme zerlegen, auf welche die bisherigen Betrachtungen zu übertragen sind. In den meisten Fällen ergibt sich eine Zerlegung des darstellenden regulären Dreiecks, das sämtliche Mischungen umfaßt, in kleinere Dreiecke, die alsdann zusammen das große ausfüllen. In ihrem Verhalten greifen oft die Legierungen der verschiedenen Dreiecke ineinander über. In seltenen Fällen kommen bei der Zerlegung auch trapezförmige Figuren in Frage. Der einfachste Fall dieser Art ist besonders untersucht. In vielen Fällen kann bereits, lediglich aus der Kenntnis der binären Grenzsysteme, das Verhalten auch der ternären Legierungen ohne spezielle Untersuchung, wenigstens qualitativ vorausgesagt werden. Es ist hierbei im allgemeinen notwendig, daß außer dem Zustandsdiagramm der binären Grenzsysteme auch der krystallographische Charakter der auftretenden festen Phasen bekannt ist. In vielen Fällen ist die Zerlegung des großen Dreiecks in kleinere ohne weiteres anzugeben, besonders wenn binäre Verbindungen mit Schmelzpunktmaximum vorkommen. In der räumlichen Darstellung muß sich dieses Maximum auf der Erstarrungsfläche in solcher Weise in das Prisma fortsetzen, daß sich dieses in zwei Gebiete zerlegen läßt, die Systeme für sich darstellen. Es bildet sich für die binäre Metallverbindung ein Zustandsfeld heraus, das um so größer ist, je höher ihr Schmelzpunkt. In einigen Fällen treten bei Legierungen auch ternäre Verbindungen, die also alle drei Metalle enthalten, auf. Das Verhalten ist dann komplizierter. Solche Verbindungen werden aber mit seltenen Ausnahmen nur dann auftreten, wenn sich auch in dem binären Grenzsystem solche bilden. Die Wahrscheinlichkeit des Auftretens ist um so größer, je zahlreicher die Zahl der beobachteten binären Verbindungen in den Grenzsystemen ist. Im allgemeinen ist das Auftreten von Verbindungen, die nach stöchiometrischen Verhältnissen zusammengesetzt sind, also gleichzeitig alle drei Metalle enthalten, ziemlich selten. In einigen seltenen Fällen zeigen ternäre Gemische überraschende Ergebnisse, die nach dem Verhalten der binären Systeme nicht zu erwarten waren. So wurde in zwei Fällen in dem ternären System Entmischung unter Bildung zweier Flüssigkeiten beobachtet, obwohl in den drei binären Grenzsystemen alle Mischungen homogene Flüssigkeiten in jedem Verhältnis bilden. Die Entmischung ist in diesen Fällen darauf zurückzuführen, daß eine Verbindung auftritt, welche nur noch geringen metallischen Charakter hat.

Die Zerlegung des Dreistoffsystems in mehrere Teilsysteme führt zu einer Zerlegung des großen Dreiecks in kleinere, bei denen meistens die Eckpunkte der kleineren Dreiecke auf den Kanten oder in den Ecken des großen regulären Dreiecks liegen. Die in den Teilsystemen auftretenden festen Phasen sind entweder die Körper selbst, die durch die Ecken der Dreiecke dargestellt sind, oder Mischkrystalle nach den durch diese Punkte dargestellten Metallen oder Verbindungen. Wenn im allgemeinen in dem durch die kleinen Dreiecke dargestellten Teilsysteme drei feste Phasen auftreten, so können es in dem besonderen Falle auch nur zwei sein, wenn sich zwischen zwei festen Phasen eine lückenlose Reihe Mischkrystalle bildet. Die Bildung von Mischkrystallen in jedem Verhältnis findet sich nicht nur bei reinen Metallen, sondern auch bei chemischen Verbindungen von einem gleichen Bau des Krystallgitters. Durch die Zerlegung des großen Dreiecks in kleinere kann es vorkommen, daß das Verhalten der Legierungen in einem Teilsystem ohne Zusammenhang ist mit Legierungen, die außerhalb desselben liegen. In vielen Fällen jedoch überlagern sich die Gleichgewichte derart, daß die darstellenden Gleichgewichte in der räumlichen Darstellung nach höheren Temperaturen hin scheinbar nicht ganz vollständig sind, indem die in Frage kommenden Körper gewissermaßen durch waagrechte Ebenen abgeschnitten werden. Meistens liegen in der körperlichen Darstellung nur zwei derartige Gleichgewichte teilweise übereinander, es können aber auch gleichzeitig mehrere übereinanderliegen.

Bei den komplizierteren Systemen sind die invarianten Vierphasengleichgewichte zwischen einer Flüssigkeit und drei festen Stoffen von größter Bedeutung. Sie werden wegen ihrer konstanten Temperatur in dem gleichseitigen

Prisma durch vier Punkte auf einer Horizontalebene dargestellt, in der die Höhe dieser Ebene der betreffenden Temperatur entspricht. Entsprechend der Zahl der möglichen Gleichgewichte in dem ternären System zwischen drei festen Phasen und einer Flüssigkeit ist die Anzahl der Horizontalebenen. Jedes derartige Gleichgewicht gehört einem der Dreiecke zu, in welche das große Dreieck, das alle Gemische umfaßt, zerlegt ist, auch wenn die vier darstellenden Punkte nicht innerhalb dieses Dreieckes liegen. Die vier Punkte, die die Zusammensetzung der Phasen in invariantem Gleichgewicht auf solchen Ebenen angeben, können miteinander verbunden ein Viereck oder ein Dreieck mit einem Punkte im Innern darstellen. Alle Gleichgewichte, nicht nur die invarianten, sind in der Hauptsache in den vorher erörterten Beispielen enthalten. Bei Temperaturen unterhalb der invarianten Temperatur eines Vierphasengleichgewichtes Flüssig-Fest-Fest-Fest gibt es immer ein Dreiphasengleichgewicht Fest-Fest-Fest zwischen drei festen Phasen. Außerdem gibt es noch drei Dreiphasengleichgewichte zwischen einer Flüssigkeit und zwei festen Phasen, von denen eines auch unterhalb der invarianten Temperatur auftreten kann. In dem häufigsten Fall, wobei die Flüssigkeit durch einen Punkt im Innern des Dreiecks dargestellt wird, entspricht das Gleichgewicht der vier Phasen einem eutektischen. Die Wiedergabe der Gleichgewichte im Raum ist für diesen Fall ausführlich auseinandergesetzt worden.

Aber auch der seltenere Fall, daß der Flüssigkeitspunkt beim invarianten Gleichgewicht nicht innerhalb des Dreiecks liegt, dessen Ecken die Zusammensetzung der festen Phasen wiedergeben, wurde an einem Beispiel auseinandergesetzt. Die monovarianten Gleichgewichte sind auch bei komplizierten ternären Systemen ganz gleichartig dem bisher auseinandergesetzten. Drei feste Phasen und eine Flüssigkeit haben die monovarianten Dreiphasengleichgewichte $S_1 + S_2 + S_3$, $L + S_1 + S_2$, $L + S_1 + S_3$ und $L_1 + S_2 + S_3$. Im Grenzfall gehen diese über in das invariante Gleichgewicht der vier Phasen. Die Dreiphasengleichgewichte mit Flüssigkeit als eine Phase werden, wie für die einfachen Systeme ausführlich angegeben wurde, durch körperliche Darstellungen wiedergegeben, die in horizontale Keile auf den Grenzflächen des dreiseitigen Prismas auslaufen. Bei komplizierteren Fällen liegen diese Keile nicht auf den Grenzflächen. An diese Dreiphasenkörper legen sich immer Zweiphasenkörper an. Die Gleichgewichte im Innern dieser Zweiphasenkörper sind durch horizontale Gerade wiedergegeben, welche den Körper in zwei Punkten durchstoßen. Die Durchstoßungspunkte stellen die Zusammensetzung der zugehörigen Phasen für die betreffende Temperatur und das gewählte Mischungsverhältnis dar. Diese Körper also sind, wie schon früher bemerkt wurde, gewissermaßen aufgebaut zu denken als aus lauter horizontal liegenden Stäben bestehend, die sich niemals durchschneiden. An diese Zweiphasenkörper legen sich solche Körper, welche homogenen Phasen entsprechen. Also entweder homogene Flüssigkeit oder homogen zusammengesetzte Mischkrystalle, im Grenzfall reine Metalle oder Verbindungen. In einer größeren Anzahl von Fällen, in denen die Mischkrystallbildung gering ist, schrumpfen die darstellenden Körper zusammen und werden im Grenzfall zu senkrecht stehenden Geraden. In folgenden ist angegeben, wie in besonderen Fällen die verschiedenen Gleichgewichte übereinanderliegen. Das Vorkommen zweier Flüssigkeiten ist selten und wird bei den betreffenden Systemen näher erörtert.

Typus III.

Ternäre Legierungen mit nicht mehr als einer intermetallischen Verbindung in den binären Grenzsystemen.

Unter III sind die ternären Legierungen zu einer Gruppe zusammengefaßt, bei denen keines der drei binären Grenzsysteme von einem komplizierteren Typus als III ist. Hierbei müssen die eisenhaltigen Legierungen, die zusammenfassend erst später behandelt werden, noch besonders kurz erwähnt werden. Es gibt verschiedene binäre Eisenlegierungen, bei denen Mischkrystalle in jedem Mischungsverhältnis zwischen dem zweiten Metall und Eisen in den beiden bei hoher Temperatur beständigen Modifikationen γ und δ vorkommen. Wenn lückenlos Mischkrystalle und γ-Fe auftreten, bildet sich ein Gleichgewicht zwischen Schmelze und beiden Arten γ- und δ-Mischkrystallen. Unterhalb des Umwandlungspunktes von δ in γ-Fe gibt es dann keine δ-Fe-Mischkrystalle mehr. Das kleine Gebiet der δ-Mischkrystalle kann manchmal unberücksichtigt bleiben, so daß die Zahl der auftretenden festen Phasen um eins kleiner wird. Hieraus folgt, wie bei den binären Systemen auch ausführlicher erwähnt wurde, daß eisenhaltige Systeme, die nach der gewählten Einteilung dem Typus II zugeordnet werden müssen, große Ähnlichkeit mit Systemen vom Typus I haben können und solche vom Typus III mit Legierungen vom Typus II. Infolge der systematischen Einteilung nach den mit Schmelze im Gleichgewicht vorkommenden festen Phasen finden sich aus diesem Grunde auch ternäre Eisenlegierungen mehrfach bei komplizierteren Systemen, als es sonst der Fall wäre. Diese Verschiedenheit kommt aber im folgenden nicht zum Ausdruck, weil die Eisenlegierungen in besonderen Kapiteln unter Benutzung einer andern Art der Einteilung behandelt sind.

Nach der Zahl der Phasen in den binären Grenzsystemen zerlegt sich die Gruppe III in fünf Untergruppen, zu denen im Falle der Entmischungen (II x) noch vier hinzukommen. Die Gruppen tragen die Bezeichnungen: 5. III · 1 · 2; 5a. III · 1 · ②; 6. III · 1 · 3; 7. III · 2 · 2; 7a. III · 2 · ②; 7b. III · ② · ②; 8. III · 2 · 3; 8a. III · ② · 3 und 9. III · 3 · 3. Für die Gruppen 6, 7b und 9 wurden bis jetzt keine Beispiele gefunden. Von den möglichen Fällen sollen zwei, welche dem Typus 7 (III · 2 · 2) zugehören, näher untersucht werden. In diesem Falle bilden zwei Metalle eine inkongruent schmelzende Verbindung oder einen intermediären Mischkrystall miteinander, und in den beiden anderen binären Systemen treten jedesmal zwei feste Phasen auf. Für diese Systeme gibt es mehrere Beispiele. Die genaue Untersuchung erstreckt sich auf die beiden Fälle, bei denen im binären System einmal drei verschiedene Arten von Mischkrystallen auftreten und das andere Mal gar keine. Im Anschluß daran ist alsdann noch untersucht worden, wie das Verhalten ist, wenn die Verbindung, die im binären System auftritt, eine untere Existenzgrenze hat. Unterhalb einer bestimmten Temperatur sind in dem binären System alsdann zwei, im ternären drei feste Phasen vorhanden und nicht drei bzw. vier. Für das binäre System wurde dieses Verhalten eingehender auseinandergesetzt. Es ist auch besonders für ternäre Systeme komplizierter Art von Bedeutung. Für den einfachen hier untersuchten Fall wurde bisher noch kein Beispiel beobachtet.

Gruppe 7 (III · 2 · 2), ohne Mischkrystallbildung.

Die Abb. 208 gibt an, wie das Verhalten ternärer Gemische ist, wenn in dem einen binären System ohne Mischkrystallbildung (Abb. 207) eine inkongruent schmelzende Verbindung auftritt. Die Abb. 209, 210 und 211 beziehen sich auf den Fall, wenn sich drei Arten von Mischkrystallen bilden. Im zweiten Fall ist ebenfalls angenommen, daß zwischen Metall C und den Metallen A und B, welche zu einer inkongruent schmelzenden Verbindung zusammentreten, keine Mischkrystallbildung auftritt, während sich im System A-B drei Arten binärer Mischkrystalle bilden. Das Dreieck A-B-C wird im ersten Falle, wenn keine Mischkrystallbildung eintritt, wie die Abb. 208 zeigt, in die beiden Dreiecke A-C-f und C-f-B zerlegt. Die auftretenden festen Körper sind die Metalle A, B und C und die Verbindung der Zusammensetzung f, welche z. B. die Formel AB haben kann. Zusammen mit Schmelze können gleichzeitig die festen Phasen A, C und f sowie auch B, C und f auftreten. Es gibt also zwei verschiedene Vierphasengleichgewichte in diesem System, nämlich Flüssig $+ A + C + f$ und Flüssig $+ B + C + f$. Das erste Gleichgewicht wird dargestellt durch ein Viereck, bei dem der Flüssigkeitspunkt H außerhalb des Dreiecks A-C-f mit den festen Phasen als darstellende Eckpunkte liegt. An dieses Vierphasengleichgewicht müssen sich Dreiphasengleichgewichte anschließen. Von diesen stellt $A + C + f$ das Gleichgewicht der festen Phasen dar, das unterhalb der invarianten Temperatur möglich ist und in dem dreiseitigen Prisma dargestellt ist durch einen rechteckigen Körper mit der Grundfläche A-C-f, der die Hälfte der Prismas ausfüllt. Von den drei anderen Dreiphasengleichgewichten verlaufen die beiden $A + C +$ Flüssig und $A + f +$ Flüssig nach höheren Temperaturen. Die zugehörigen Flüssigkeiten entsprechen HG und HD. In dem einen Falle geht das Gleichgewicht über in das eutektische binäre Gleichgewicht $A + G + C$ auf der Kante A-C des Dreiecks, in dem anderen Falle in das Gleichgewicht $A + f + D$ beim inkongruenten Schmelzpunkt der Verbindung f, der aus der Abb. 207 des Gleichgewichtes A-B mit der Temperatur abzulesen ist. Die Temperatur steigt für beide Gleichgewichte vom Flüssigkeitspunkte H an. Es sind für dazwischenliegende Temperaturen Gleichgewichte Flüssig-Fest-Fest gezeichnet. A-C-i ist das Gleichgewicht mit einem Flüssigkeitspunkt i auf der eutektischen Kurve G-H, und A-f-k ist das Gleichgewicht mit der Flüssigkeit K auf der Übergangskurve H-D. Das dritte Gleichgewicht Flüssig-Fest-Fest mit C und f als feste Phasen verläuft von der Vierphasentemperatur nach tieferen Temperaturen. Die Flüssigkeitskurve ist in diesem Falle H-M. Auch diesmal ist für eine dazwischen liegende Temperatur das Gleichgewicht zwischen den drei Phasen angegeben: im Dreieck f-C-l sind f und C die festen Körper und l die zugehörige Flüssigkeit. Die auseinandergesetzten Gleichgewichte mit inkongruent schmelzender binärer Verbindung haben große Ähnlichkeit mit den durch Abb. 167, S. 271 dargestellten, wobei das invariante Gleichgewicht ebenfalls durch ein Viereck dargestellt wurde. Damals waren die drei festen Phasen Mischkrystalle nach den drei Metallen, hier sind es eine binäre Verbindung und zwei Metalle. Das Verhalten beim Erstarren ist ganz gleichartig.

Das zweite invariante Gleichgewicht Flüssig-Fest-Fest-Fest, welches in dem System vorkommen kann, ist ein eutektisches Gleichgewicht und wird jetzt dargestellt durch vier Punkte M-f-C-B, von denen der Flüssigkeitspunkt M

innerhalb des Dreiecks liegt, mit den drei Punkten f-C-B für die festen Phasen. Es bildet sich im Punkte M ein ternäres Eutektikum, von dem nach höheren Temperaturen drei eutektische Kurven ausgehen. Zwei von ihnen, M-E und M-F, gehen bis zu den binären Grenzsystemen, die dritte, M-H, hängt mit dem vorher erörterten Gleichgewichte zusammen. Für eine Temperatur zwischen M und E sowie M und H ist noch angegeben, wie das Gleichgewicht

Ohne Mischkrystallbildung   Mit Mischkrystallbildung

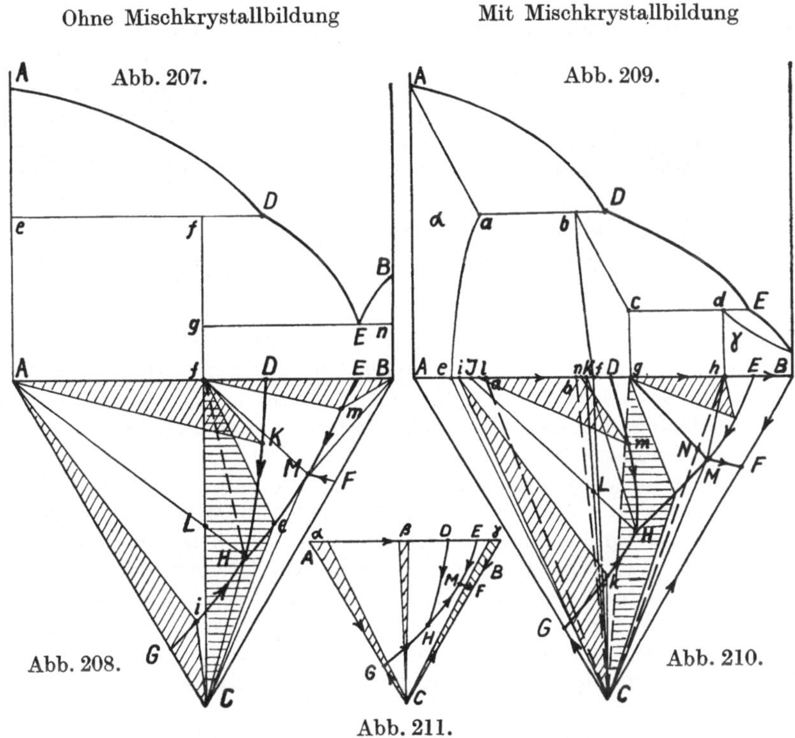

Abb. 211.

Typus III. Gruppe 7 (III b · 2 · 2) schematisch.

Abb. 207. Das binäre Grenzsystem III b.   Abb. 209. Die Darstellung der ternären Gleichgewichte.
Abb. 208. Die Darstellung der ternären Gleichgewichte.   Abb. 210. Das binäre Grenzsystem III b.
Abb. 211. Übersicht bei der Bildung von Mischkrystallen.

zwischen den drei Phasen Flüssig-Fest-Fest ist. Die beiden festen Körper f und B sind mit der Flüssigkeit m und f und C mit l im Gleichgewicht. Würde sich die eutektische Kurve M-H bis zu einem binären Grenzsystem fortsetzen, das man aus der Verbindung f und dem Metall C bilden könnte, so hätte man in dem System $A + C + B$ genau das früher auseinandergesetzte Verhalten eines ternären Eutektikums. Die Darstellung zeigt also, daß sich zwei Darstellungen ternärer Systeme überlagern. Das Verhalten ist aus den Abbildungen ohne weiteres abzulesen.

Gruppe 7 (III · 2 · 2), mit Mischkrystallbildung.

Die andere Darstellung der Abb. 209 und 210 unterscheidet sich dadurch von dem Vorhergehenden, daß Mischkrystalle im System $A\text{-}B$ auftreten, und zwar solche nach A, B und der Verbindung β. Es ist außerdem angenommen, daß zwei inkongruente Schmelzpunkte in dem Grenzsystem auftreten. Das Metall B bildet im gewissen Umfange Mischkrystalle (γ), und es gibt einen Mischkrystall dieser Art (d), der inkongruent unter Bildung der Flüssigkeit E und eines Mischkrystalls nach β (c) schmilzt. Im ternären System bilden sich wieder zwei invariante Gleichgewichte heraus, wobei aber die beteiligten festen Körper jetzt bis auf C Mischkrystalle sind. Die Kurven, die sich auf das Flüssige beziehen, sind ganz ähnlich dem vorher auseinandergesetzten. Allerdings ist diesmal das invariante Gleichgewicht für die tiefere Temperatur zwischen den Mischkrystallen nach der Verbindung (g) nach B (h) und dem Metall C nebst Flüssigkeit kein eutektisches, sondern entspricht, da die vier Gleichgewichtsphasen ein Viereck darstellen, einem dystektischen, einem Übergangsgleichgewicht. Der Flüssigkeitspunkt M liegt außerhalb des Dreiecks, dessen Eckpunkte $g\text{-}h\text{-}c$ die zugehörigen festen Körper darstellen. Aus diesem Grunde verläuft auch die Linie $M\text{-}F$ von M aus nach tieferen Temperaturen. Im übrigen ist das Verhalten ganz ähnlich dem vorher auseinandergesetzten. Der Unterschied besteht darin, daß nach dem Erstarren die ternären Gemische, die im vorhergehenden Falle mit Ausnahme der auf $f\text{-}C$ liegenden stets aus drei Gefügebestandteilen bestanden, jetzt innerhalb gewisser Gebiete auch aus zwei Gefügebestandteilen bestehen können. In dem kleinen Dreieck der Abb. 211 ist dieses noch einmal angegeben: in den schraffierten Gebieten bestehen die erstarrten Gemische aus Metall C und Mischkrystallen α oder β oder γ. Gleichzeitig ist auf den Grenzkurven die Richtung fallender Temperatur vermerkt. Von den Kurven innerhalb des Dreiecks sind $G\text{-}H$, $H\text{-}M$, $E\text{-}M$ und $M\text{-}F$ eutektische Kurven. In diesem Falle steigt aber auf der eutektischen Kurve $M\text{-}F$ die Temperatur vom binären Eutektikum F aus. Die Kurve $D\text{-}H$ ist eine Übergangskurve, sie enthält Punkte, die Flüssigkeiten darstellen mit einer Reaktion: Flüssig $+$ α-Mischkrystalle $=$ β-Mischkrystalle.

In der folgenden Darstellung ist noch der Fall dargestellt, daß die Mischkrystalle β oder die Verbindung zwischen den beiden Metallen A und B, die mit V bezeichnet werden soll, einen unteren Umwandlungspunkt haben. Infolgedessen gibt es noch ein invariantes Gleichgewicht $S_1 + S_2 + S_3 + V$ zwischen vier festen Phasen. Dieses Gleichgewicht liegt bei tieferen Temperaturen als die beiden anderen invarianten Gleichgewichte, bei denen noch das Flüssige beteiligt ist. Die Abb. 212 und 213 sind in diesem Falle unter der Annahme konstruiert, daß die Mischkrystalle zwischen A und B im ternären System auch das Metall C enthalten können. Die beiden invarianten Gleichgewichte bei Gegenwart von Flüssigkeit werden jetzt dargestellt durch die Vierecke $k\text{-}l\text{-}C\text{-}H$ und $m\text{-}n\text{-}C\text{-}M$. Das dritte invariante Gleichgewicht enthält einen Mischkrystall, dargestellt durch den Punkt P, der den höchsten Gehalt der Verbindung V an dem Metall C angibt. Das invariante Gleichgewicht ist durch das Dreieck $l\text{-}m\text{-}C$ dargestellt, in dem der Punkt P liegt. Von diesem invarianten Gleichgewichte gehen nach höheren Temperaturen die monovarianten Gleichgewichte $\alpha + C + V$, $\gamma + C + V$ und $\alpha + \gamma + V$.

Bei tieferen Temperaturen gibt es das Gleichgewicht $\alpha + \gamma + C$, wobei also die Verbindung V (bzw. Mischk. β) nicht mehr beteiligt ist. Die Kurven, die jetzt in der prismatischen Darstellung von P aus nach oben verlaufen, umfassen die monovarianten Gleichgewichte mit der Verbindung V. In dem. früheren Fall (Abb. 210) hatte das Gleichgewicht von Doppelsalz und C in der körperlichen Darstellung ein Dreieck als Basis, jetzt läuft seine körperliche Darstellung unten keilförmig aus, so daß also eine Begrenzung des Körpers für V (β) $+ C$ nach unten hin besteht. Unterhalb der Temperatur des invarianten Gleichgewichtes von C mit V (bzw. β) und den beiden Mischkrystallen nach α und γ gibt es keine Verbindung V mehr, sondern nur Mischkrystalle nach den drei Metallen. Dieses kurz dargestellte Verhalten wurde bei komplizierteren Systemen beobachtet, worauf später eingegangen werden soll. Ehe die bisher untersuchten Systeme vom Typus III einzeln berücksichtigt werden, soll noch der Fall mit Mischkrystallen nach Gruppe 5 besonders behandelt werden, da auch er von allgemeiner Bedeutung ist.

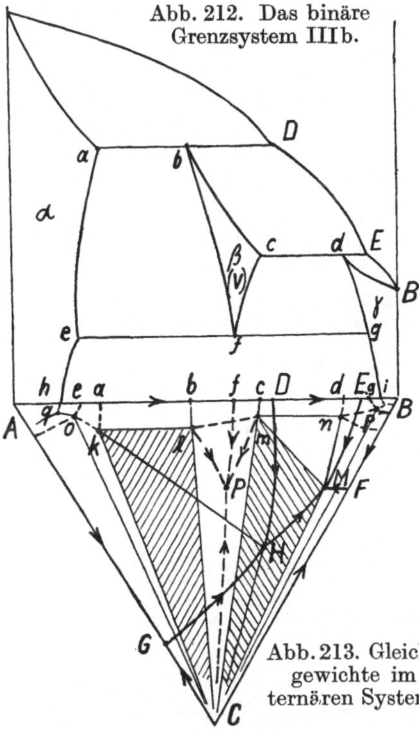

Abb. 212. Das binäre Grenzsystem IIIb.

Abb. 213. Gleichgewichte im ternären System.

Abb. 212 und 213. Gruppe 7 (IIIb·IIb·IIb), wenn die intermetallische Verbindung des binären Grenzsystems (β) eine untere Existenzgrenze hat.

Gruppe 5 (III · 1 · 2). Allgemeines.

Systeme, bei denen ein binäres Grenzsystem Mischkrystalle in jedem Umfange bildet, zeigen auch bei den Mischungen dreier Metalle gewisse Besonderheiten. Der einfachste Fall, welcher dem Typus III dieser Einteilung zuzurechnen ist, hat entsprechend den binären Grenzsystemen die Bezeichnung III · 1 · 2. Ternäre Legierungen dieser Art haben dadurch eine gewisse Eigentümlichkeit, daß die drei festen Phasen alle bereits in dem einem binären Grenzsystem enthalten sind. Im ternären System tritt als feste Phase zu dem einem der drei Metalle und der binären Verbindung eine lückenlose Reihe Mischkrystalle zweier Metalle. Bei den Metallen findet sich dieses einfache System bei Eisenlegierungen, die aber besonderer Art dadurch sind, daß sie noch einfacheren Systemen ähnlich sind, wie unten gezeigt wird. Sonst sind die nicht eigentlichen Metallgemische S-Se-Te ein Beispiel für diesen Fall, wobei allerdings die auftretende Doppelverbindung nur schwach zum Ausdruck kommt. Das Verhalten, welches bei Vorkommen dreier fester

Phasen der angegebenen Art zu beobachten ist, findet sich in ähnlicher Art
bei komplizierteren Systemen.

Der einfachste Fall soll unter Benutzung von Abb. 214 etwas ausführlicher
erörtert werden. Von den drei Metallen A, B, C ist A-B das System vollständiger
Isomorphie, B bildet mit C ein Eutektikum und A mit C eine inkongruent schmelzende Verbindung D. Die Untersuchung des Falles, bei dem eine inkongruent
·schmelzende Verbindung auftritt, ist wichtiger als die einer kongruent schmelzenden. In dem ternären System ist nur ein invariantes Gleichgewicht möglich
zwischen Flüssigkeit, dem Metall C, der Verbindung D und einem Mischkrystall A-B. An diesem Gleichgewicht ist ein Mischkrystall ganz bestimmter Zusammensetzung beteiligt, den man nach dem Vorschlag des Verfassers
Hauptmischkrystall nennt. Seine Zusammensetzung sei in dem dar-

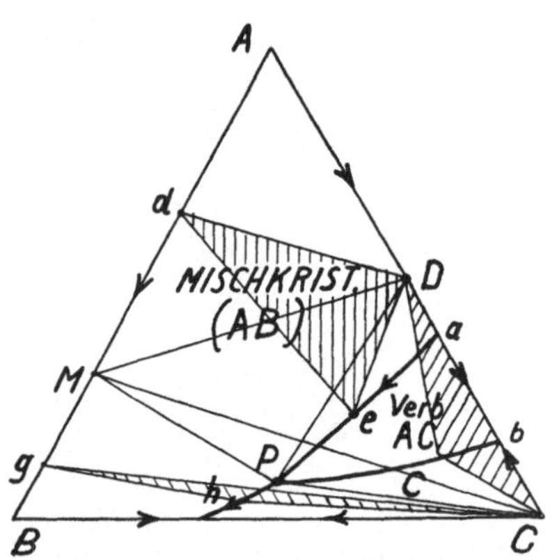

Abb. 214. Gruppe 5 (IIIb · Ia · IIb).
Die Gleichgewichte einer Schmelze mit
zwei Bodenkörpern und das invariante
Gleichgewicht (schematisch).

stellenden Dreieck durch M wiedergegeben. Die Flüssigkeit, welche im
invarianten Gleichgewicht vorhanden
ist, hat die Zusammensetzung P, sie
liegt außerhalb des Dreiecks M-D-C,
das die zugehörigen festen Phasen angibt. Es besteht, wie der Vergleich mit
Abb. 167 zeigt, Ähnlichkeit mit dem
früher ausführlich erörtertem Systeme
II a · 2 b · 2 b, bei dem ebenfalls ein Viereck dem Gleichgewicht zwischen drei
festen Phasen und Flüssigkeit entsprach.
Der Unterschied ist aber jetzt der, daß
die beteiligten Phasen nicht Mischkrystalle nach den drei reinen Metallen
sind, sondern Mischkrystalle zwischen
zwei Metallen, einem Doppelsalz und
dem dritten Metall. Das Verhalten ist
sonst in vieler Hinsicht ähnlich dem
früher auseinandergesetzten. Es treten

vier Dreiphasengleichgewichte auf, von denen das zwischen den drei festen
Stoffen nach tieferer Temperatur verläuft. Neben dem Metall C und dem
Doppelsalz D ist hierbei ein Mischkrystall beteiligt, der in seiner Zusammensetzung mit sinkender Temperatur vom Punkte M ausgeht und von dem der
Einfachheit halber angenommen werden soll, daß er keine Veränderung in
der Zusammensetzung erfährt. Außer diesem Gleichgewicht dreier Phasen
gibt es drei andere, bei denen das Flüssige beteiligt ist. Dieses führt in
der räumlichen Darstellung zu Körpern, von denen sich zwei, Doppelsalz
+ Mischkrystall sowie Doppelsalz + Metall C nach höherer Temperatur und
eines Mischkrystall + C nach tieferer erstreckt. Die Körper liegen mit einer
horizontalen Fläche auf der Ebene des invarianten Gleichgewichtes auf.
Die Flüssigkeit, welche bei diesen Gleichgewichten beteiligt ist, liegt auf
den drei Kurven von P nach a nach b und nach c. Für diese drei Gleichgewichte sind in der Abb. 214 auf allen drei Kurven Flüssigkeiten angegeben
mit den zugehörigen festen Phasen, mit denen sie im Gleichgewichte sind.
Die Gleichgewichte entsprechen den kleineren Dreiecken d-e-D, D-C-f und
g-C-h. Sie lassen erkennen, daß P-b und P-c eutektische Kurven sind, P-a

dagegen eine Übergangskurve. Nach dem Erstarren gibt es verschiedene Arten von Bodenkörpern. Gemische innerhalb des Dreiecks M-D-C bestehen aus den durch die Eckpunkte dargestellten Phasen. In dem Dreieck A-M-D gibt es nach dem Erstarren nur Gemische zweier fester Phasen, dem Doppelsalz D und Mischkrystallen zwischen A und M. Ebenso sind Gemische innerhalb M-B-C nach ihrer Verfestigung aus zwei Phasen gemischt, aus dem Metall C und Mischkrystallen M-B. Die Mischkrystalle zwischen A und B zerlegen sich also so, daß die von A bis M mit dem Doppelsalz, die von M bis B mit dem Metall C in den erstarrten Legierungen enthalten sind. Alle Gemische im Viereck M-D-C-P zeigen beim Abkühlen ein Halten bei der invarianten Temperatur, und die Gemische innerhalb des Dreiecks D-M-C erstarren bei dieser Temperatur vollständig. Diese Betrachtung zeigt, wie ähnlich das System dem einfacheren mit ternärem Übergangspunkt ist, bei dem keine Doppelverbindung auftritt, sondern nur Mischkrystalle nach den drei Metallen.

Typus III. Beispiele.

Über die Systeme des Typus III der ternären Legierungen mit einem komplizierten binären Grenzsystem von drei festen Phasen läßt sich bei Kenntnis der Grenzsysteme nach dem auseinandergesetzten bereits vieles voraussagen, auch wenn sie noch nicht untersucht sind. Wirklich experimentell erforscht wurden bis jetzt über 20 Systeme dieser Art. Diejenigen mit Eisen als Bestandteil sind später behandelt.

Gruppe 5 (III · 1 · 2).

Für die Gruppe 5 (III · 1 · 2) gibt es bis jetzt kein untersuchtes System der Legierungen. Das System S-Se-Te, das hierher gehört, ist bei den schwefelhaltigen Systemen später kurz behandelt.

Gruppe 5a (III · 1 · ②).

5a. Cu-Mo-Ni (IIx · IIIb · Ia).

Das Verhalten von Gemischen der Gruppe 5a mit lückenloser Reihe Mischkrystalle in dem einen Grenzsystem, Bildung einer intermediären Verbindung im zweiten und beschränkter Mischbarkeit im dritten, kann sehr verschiedenartig sein. Besonders wichtig ist der Umfang der Entmischung im ternären Gebiet. Es soll hier nur der Fall untersucht werden, der im System Cu-Mo-Ni gefunden wurde. Hierbei zeigt sich zwischen Mo und Cu beschränkte Mischbarkeit im flüssigen Zustande. Ni bildet mit Cu in jedem Verhältnis Mischkrystalle und mit Mo die inkongruent schmelzende Verbindung MoNi. Im ternären System ist im flüssigen Zustande die Nichtmischbarkeit so groß, daß sowohl die Übergangslinie, Peritektale, welche von dem Übergangspunkt im binären System Mo-Ni ausgeht, durchschnitten wird, wie auch die eutektische Kurve, die von dem eutektischen Grenzpunkt des gleichen Systemes ausgeht. Es bilden sich hierdurch zwei invariante Gleichgewichte heraus zwischen je zwei Flüssigkeiten und zwei festen Körpern, wie sie bei den systematischen Untersuchungen besonders erwähnt wurden. Die Gleich-

gewichtskurven zwischen zwei Flüssigkeiten legen sich auf die Ausscheidungsgebiete allen drei auftretenden festen Phasen auf. Sie verlaufen von der
Grenzkurve Cu-Mo zunächst abwärts bis zu der Temperatur des Gleichgewichtes mit Mo und Verbindung MoNi, dann weiter, bis bei der Temperatur

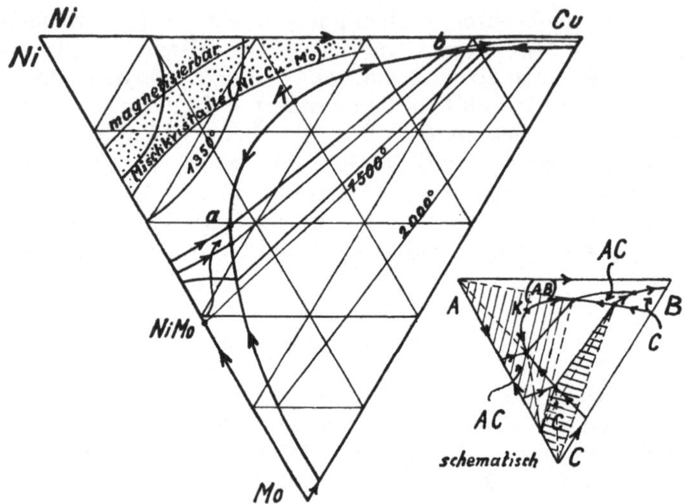

Abb. 215. Gruppe 5a. Cu-Mo-Ni (IIx · IIIb · Ia).

von etwa 1300° das Gleichgewicht zwischen einem Mischkrystall aller drei
Metalle (nach Cu-Ni) der Verbindung MoNi und zwei Flüssigkeiten erreicht
wird. Alsdann steigt die Temperatur auf den Entmischungskurven Flüssig-
Flüssig, die jetzt im Gleichgewicht mit ternären Mischkrystallen von vorherrschendem Nickelgehalt sind, wieder an, bis sich die beiden Kurven in
einem kritischen Flüssigkeitspunkte treffen. Die Abb. 215 zeigt den Umfang
der Mischkrystallbildung nach Ni sowie auch
das Gebiet der magnetisierbaren Legierungen. Die kleine Abbildung rechts gibt
das Verhalten schematisch wieder. In diesem
System zeigt sich das Eigentümliche, daß
auch bei Legierungen mit Entmischung in
flüssigem Zustande im großen Umfang ternäre Mischkrystalle auftreten können.

Al-Bi-Sb (IIx · Ia · IIIa).

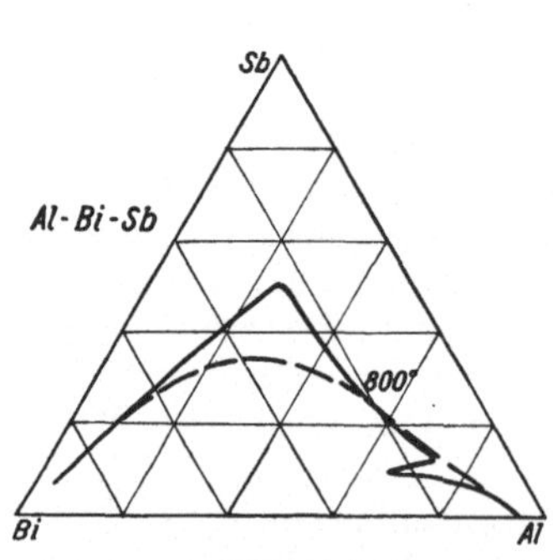

Abb. 216. Al-Bi-Sb (IIx · Ia · IIIa).
Entmischung bei 800°.

Von dem System Al-Bi-Sb, das auch zur
Gruppe 5 gehört, ist von *Wright* schon vor
Jahren für 800° die Entmischung unter-
sucht. Die unregelmäßigen Kurven der
Abb. 216 sind sicher nur angenähert richtig.
Das Entmischungsgebiet muß, solange keine festen Phasen auftreten, immer einen
klaren Verlauf der Grenzkurven ohne Knicke zeigen. Die erst bei 1050° schmel-
zende Verbindung AlSb ist offenbar die Ursache für den eigentümlichen Befund.

Gruppe 6 (III · 1 · 3).

Gruppe 6 (III · 1 · 3) ist bei ternären Legierungen bis jetzt nicht beobachtet. In anderen Dreistoffmischungen ist das Verhalten meist derart, daß außer den Stoffen A und B auch die gleichartigen Verbindungen mit dem dritten Körper C lückenlos Mischkrystalle miteinander bilden. Nimmt man einmal den Fall an, daß die Verbindungen der Metalle die Formeln AC und BC hätten, so würden im ternären System drei feste Phasen auftreten, das Metall C und zwei Arten Mischkrystalle $(A\text{-}B)$ und $(A\text{-}B)C$. Es bildeten sich alsdann zwei Arten von Dreiphasengleichgewichte: Flüssig + Mischkrystalle $(A\text{-}B)$ + Mischkrystalle $(A\text{-}B)C$ und Flüssig + Mischkrystalle $(A\text{-}B)C$ + Metall C. Bei komplizierteren Legierungen, als es Gruppe 6 angibt, ist dieses Verhalten beobachtet worden.

Gruppe 7 (III · 2 · 2) mit kongruent schmelzender Verbindung.

7. Cd-Pb-Tl (II b · III a · II b); Al-Sb-Si (III a · II b · II b).

Für die Legierungen dieser Gruppe gibt es mehrere Beispiele. Der einfachere Fall ist der mit einem Schmelzpunktmaximum in dem Grenzsystem des Typus III. Er liegt vor bei den Legierungen von Cadmium-Blei-Thallium. Die von *Clara di Capua* 1925 gemachten ausführlichen Untersuchungen

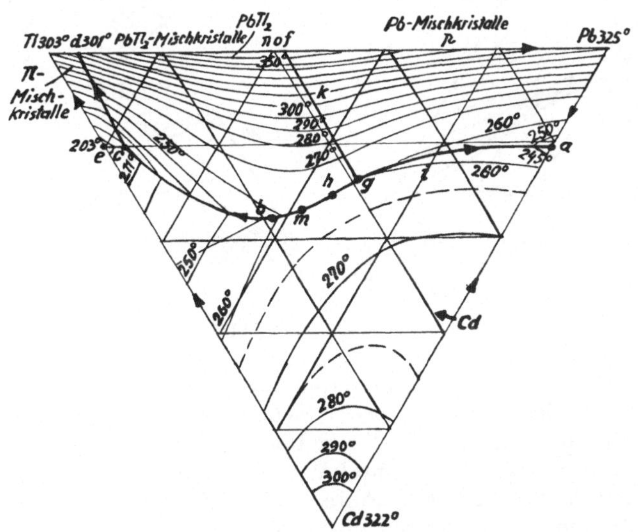

Abb. 217. Gruppe 7. Cd-Pb-Tl (II b · III b · II b).

wurden in jüngster Zeit vom Verfasser anders ausgelegt, indem gezeigt wurde, daß Tl-Pb ein System mit kongruent schmelzender Verbindung ist, also mit drei festen Phasen und nicht mit zwei, wie früher angenommen. Infolgedessen ist das ternäre System Cd-Tl-Pb ein solches, das sich in zwei unabhängige zerlegen läßt, die im Dreieck durch die Gerade von Cadmium nach PbTl₂ getrennt werden. In den beiden Teilen tritt ein invariantes Gleich-

gewicht zwischen drei festen Phasen und Schmelze auf. In dem thallium-
reichen Gebiet ist dieses eutektisch, in dem bleireichen peritektisch, was
früher übersehen wurde. Die Abb. 217 gibt das Verhalten wieder. Kurz erwähnt werden soll noch das hierher gehörende System Al-Sb-Si.

Gruppe 7 (IIIb · 2 · 2) mit inkongruent schmelzender Verbindung.

Die zu dieser Gruppe gehörenden Legierungen mit inkongruentem Schmelzpunkt der auftretenden binären Verbindungen wurden in den allgemeinen
Betrachtungen ausführlich untersucht. Es sind zwei Beispiele dieser Art
bekannt, zwischen den schwer schmelzenden Metallen Cr-Ni-Mo sowie Cr-Co-W.

7. Cr-Mo-Ni (IIb · IIIb · IIb) und Co-Cr-W (IIb · IIb · IIIb).

Die beiden ternären Legierungen Cr-Ni-Mo und Co-Cr-W haben große
Ähnlichkeit miteinander. Die beiden Abb. 218 und 219 sind so gelegt, daß diese
klar zum Ausdruck kommt. Nickel und Chrom bilden nicht, wie man
früher annahm, eine lückenlose Reihe Mischkrystalle, sondern ein Eutektikum

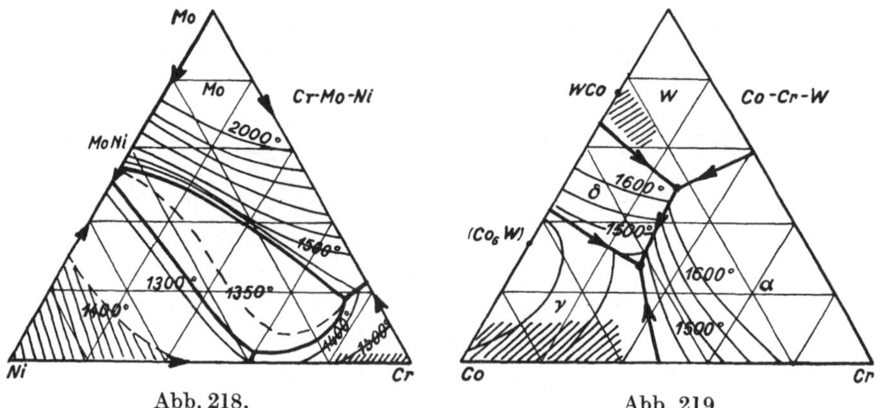

<table>
<tr><td align="center">Abb. 218.
Gruppe 7. Cr-Mo-Ni (IIb · IIIb · IIb).</td><td align="center">Abb. 219.
Gruppe 7. Cr-Co-W (IIb · IIIb · IIb).</td></tr>
</table>

miteinander. Das gleiche ist im anderen System für Kobalt und Chrom der
Fall. In beiden Fällen nimmt jedes der Metalle das andere in weitem Umfang
im Gitter zu Mischkrystallen auf. Chrom bildet mit Molybdän ein Eutektikum,
das gleiche muß man für Chrom und Wolfram annehmen, was allerdings bis
jetzt wegen der hohen Schmelzpunkte noch nicht genau festgestellt wurde.
Die beiden dritten Grenzsysteme enthalten die inkongruent schmelzenden
Verbindungen MoNi und CoW. Eine Verbindung Co₆W wurde nicht
besonders berücksichtigt. Die Ausscheidungsgebiete für die binären Verbindungen, die besonders im zweiten System in weitem Umfang ternäre
Mischkrystalle bilden, ist in dem ersten System Cr-Ni-Mo wesentlich größer
als im zweiten. Hier findet sich auch die Eigentümlichkeit, daß die Grenzkurve der Gebiete für Mo und Ni-Mo anfänglich dystektisch und nachher
eutektisch ist. Dadurch sind beide invariante Gleichgewichte im ternären
System eutektischer Natur. Sie liegen nahe den Kanten Mo-Cr und

Ni-Cr. In der Abbildung dieses Systemes ist auch der Umfang der Mischkrystalle nach Nickel und Chrom angegeben. Im Gegensatz hierzu ist bei Cr - Co -W das Ausscheidungsgebiet der Mischkrystalle nach WCo wesentlich kleiner, außerdem ist auch das eine invariante Gleichgewicht dystektisch und nicht eutektisch. Der Umfang der Mischkrystallbildung ist besonders für Co recht groß, aber auch die Verbindung CoW bildet mit Cr und den beiden anderen Metallen in weitem Umfange Mischkrystalle, wie es in der Abb. 219 auch vermerkt ist. Das ternäre Eutektikum bei 1395° der drei mit α, γ und δ bezeichneten Mischkrystalle nach Cr, Co und CoW liegt weit im Innern des Dreiecks. Von besonderer Wichtigkeit sind die in beiden Systemen vorkommenden Umwandlungen im festen Zustand. Bei Co-Cr führen sie zur Bildung einer neuen Reihe (ε) von Mischkrystallen. Die Härte der Legierungen ist technisch von großer Bedeutung, besonders der Mischkrystalle von Co und der Verbindung CoW. Das eisenhaltige System Co-Fe-W, welches Ähnlichkeit mit Co-Cr-W hat, ist später unter F 3 behandelt.

Gruppe 7a (III · 2 · ②).

7a. Al-Pb-Sb (IIx · IIb · IIIa); Co-Cu-Mo (IIb · IIx · IIIb).

Bei ternären Legierungen mit Entmischung in flüssigem Zustande ist vielfach nur diese untersucht, weil andere Erscheinungen als diese von geringerer Bedeutung sind. Die beiden ternären Metallgemische Al-Pb-Sb und Co-Cu-Mo gehören zur Gruppe 7a, mit einer Verbindung in dem einen binären Grenzsystem, einem Eutektikum im anderen und beschränkter Mischbarkeit im

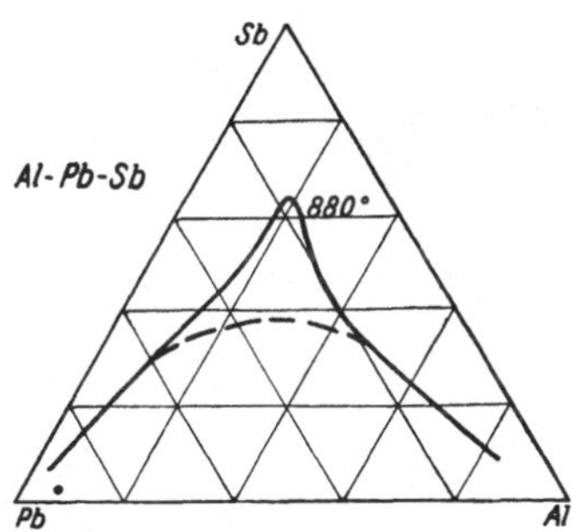

Abb. 220. Gruppe 7a. Al-Pb-Sb
(IIx · IIb · IIIa). Entmischung bei 880°.

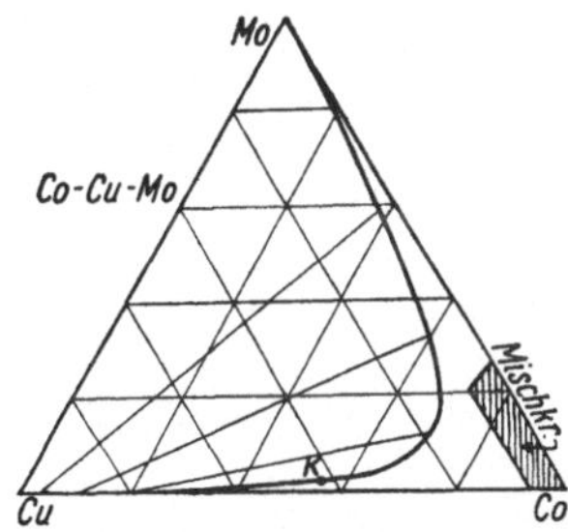

Abb. 221. Gruppe 7a. Co-Cu-Mo
(IIb · IIx · IIIb). Entmischung.

dritten. Die Unregelmäßigkeit der Entmischungskurve bei 880°, die die Abb. 220 angibt, ist, auch wohl hier, wie bei dem oben erwähnten System Al-Bi-Sb, nicht reell und auf die Verbindung AlSb mit dem hohen Schmelzpunkt von 1050° zurückzuführen.

Auch in dem System Co-Cu-Mo bildet sich außer einer binären Verbindung eine Mischungslücke im flüssigen Zustande, die vom Grenzsystem Cu-Mo ausgeht. Das Verhalten ist in einigen Punkten anders.

Von *Dreibholz* wurde mikroskopisch der Verlauf der Mischungslücke, wie es die Abb. 221 angibt, festgestellt. Außerdem wurde der Umfang der Co-

Mischkrystalle untersucht. Es bildet sich offenbar wie bei den Cu-Mo-Ni-Legierungen der Gruppe 5a auch hier ein Gleichgewicht zwischen zwei Schmelzen und zwei Bodenkörpern.   (Abb. 215, S. 300.)

Gruppe 8 (III · 2 · 3).

8. Mg-Pb-Sn (IIIa · IIb · IIIa); Mg-Pb-Sb (IIIb · IIb · IIIa).

Ternäre Legierungen dieser Gruppe sind mehrfach untersucht worden. Hierbei bildet sich in zwei Grenzsystemen je eine Verbindung und im dritten ein Eutektikum. Wenn die auftretenden binären Verbindungen kongruent

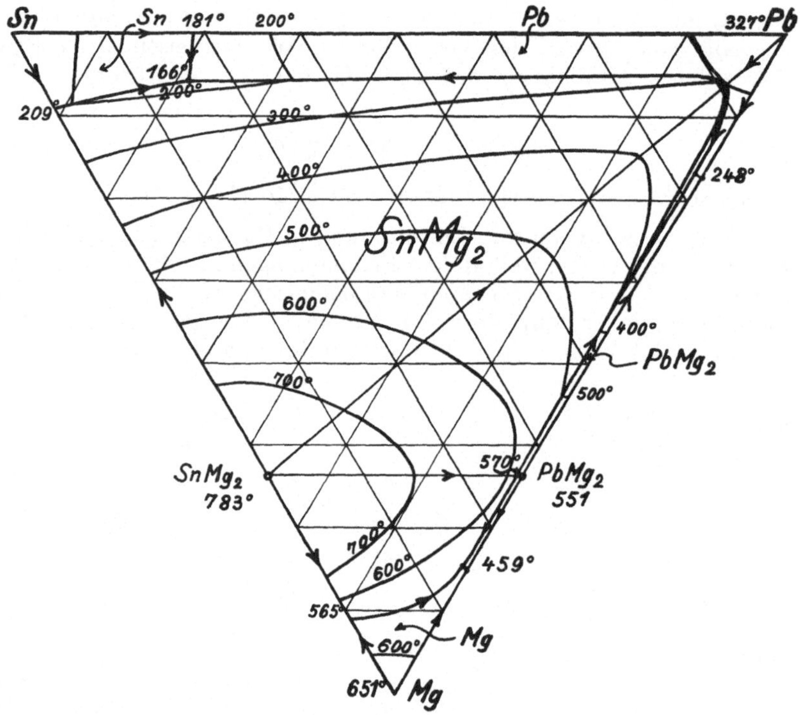

Abb. 222.   Gruppe 8.   Mg-Pb-Sn (IIIa · IIb · IIIa).

schmelzen, so ist das Verhalten besonders einfach. Ein System dieser Art ist z. B. Mg-Pb-Sn. Die beiden auftretenden Verbindungen sind $SnMg_2$ und $PbMg_2$. Sie bilden miteinander ein einfaches binäres System mit Eutektikum, wobei für $SnMg_2$ größerem Umfange in Mischkrystalle auftreten. In dem darstellenden Dreieck der ternären Legierungen zerlegt die Verbindungsgerade diese beiden Verbindungen in zwei Teile, einem kleineren Dreieck und einem Trapez. Auch die weitere Zerlegung des Trapezes in zwei Dreiecke ist ohne weiteres dadurch gegeben, daß der Schmelzpunkt der Verbindung $SnMg_2$ erheblich höher als der der Verbindung $PbMg_2$ ist. Das

Zustandsbild von $SnMg_2$ muß dadurch das größere werden und die Gerade, die das Trapez zerlegt von dem Punkte, der diese Verbindung darstellt, nach dem Punkte für Pb verlaufen. Es ergeben sich so drei kleinere Dreiecke, von denen jedes ein ternäres Eutektikum hat. Die Abb. 222 gibt das von *v. Vegesack* aufgestellte Zustandsbild. Ein ganz ähnliches Verhalten wird das System Mg-Pb-Sb zeigen, das, wie die Abb. 223 angibt, in dem Teile zwischen Pb, Sb und der Verbindung Sb_2Mg_3 genauer untersucht wurde.

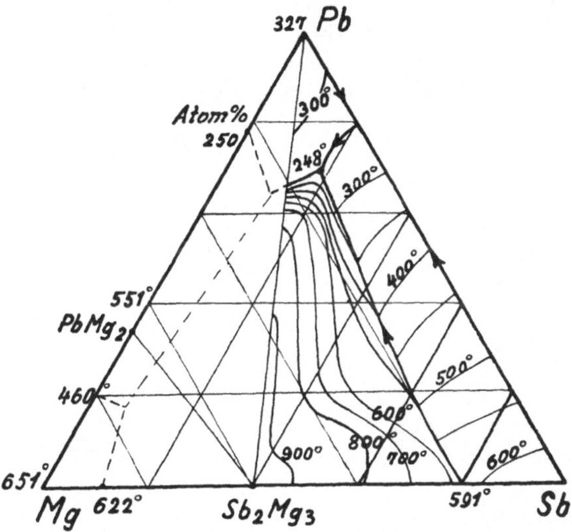

Abb. 223. Gruppe 8. Mg-Pb-Sb (IIIa · IIb · IIIa). Teilsystem Sb_2M_3-Pb-Sb.

In den Grenzsystemen schmelzen beide auftretenden binären Verbindungen Sb_2Mg_3 und Pb_2Mg_3 kongruent. Das untersuchte Teilsystem gibt die Zerlegung des Trapezes, gebildet aus den Eckpunkten dieser Verbindungen und der Metalle Pb und Sb an. Sie war in der gefundenen Art vorauszusehen, weil der Schmelzpunkt von Sb_2Mg_3, 1061°, erheblich höher als der von Pb_2Mg_3, 561°, ist. Die vollständige Untersuchung des gesamten Systemes wird die große Ähnlichkeit mit Mg-Sn-Pb anzeigen. Die Bildung von Mischkrystallen zwischen den beiden Verbindungen in größerem Umfang ist in diesem Fall kaum zu erwarten. Ob das System, wie das später erörterte Bi-Cu-Sb (Gruppe 10), gar Entmischung zeigt, muß die weitere Untersuchung ergeben.

8. Bi-Ca-Cu (IIIa · IIIa · IIa).

Im ternären System Bi-Ca-Cu wird das Gebiet im Dreieck durch die Gemische aus den beiden Verbindungen ebenfalls wieder in zwei Teile zerlegt, in ein Dreieck und ein Trapez. Die weitere Zerlegung des Trapezes ist aus den binären Systemen nicht ohne weiteres vorauszusagen, weil die zwischen Bi und Ca auftretende Verbindung inkongruent schmilzt. Die Sättigungskurve für diese Verbindung $BiCa_3$ im binären System verläuft aber derart steil bis zum inkongruenten Schmelzpunkt, daß ein metastabiler kongruenter

Schmelzpunkt jedenfalls höher läge als der Schmelzpunkt der Verbindung
$CaCu_4$. Aus diesem Grunde ist das ganze Dreieck Bi-Ca-Cu so zerlegt, wie
es die Abb. 224 angibt. Dieses wurde durch ein paar Versuche von *Meissner*
festgestellt, eine genaue Untersuchung des Systemes steht noch aus.

Gruppe 8b (Ⅲ · 2 · ③).

Ag-Cu-P (IIb · IIIx · IIIx).

Das System Silber-Kupfer-Phosphor ist nur mit Einschränkung den
Legierungen zuzurechnen. Von ihm wurde der Teil Ag-Cu_3P-Cu untersucht. Die binären Systeme mit Phosphor als Bestandteil sind erklärlicherweise nicht vollständig untersucht worden. Ag bildet mit P eine Ver-

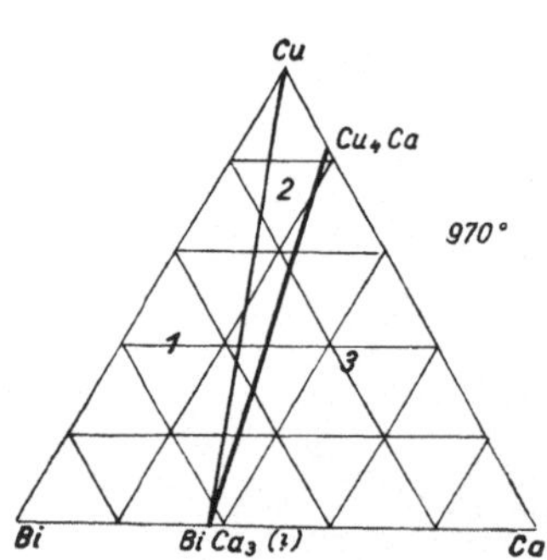

Abb. 224.

Gruppe 8. Bi-Ca-Cu (IIIa · IIIa · IIb).
Zerlegung in drei Teilgebiete.

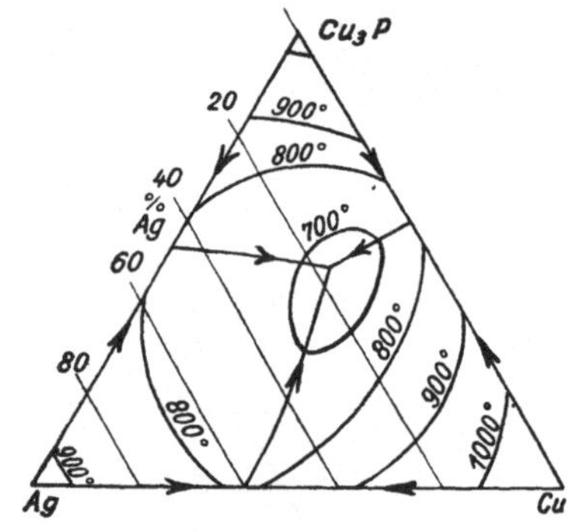

Abb. 225.

Gruppe 8b. Ag-Cu-P (IIb · IIIx · IIIx).
Teilsystem Ag-Cu-Cu_3P.

bindung AgP_2 und zeigt außerdem Entmischung im flüssigen Zustande.
Das System gehört also eigentlich zu einem besonderen Fall, der etwa mit
ⅢΙ · 2 · ③ zu bezeichnen wäre. Das untersuchte Teilsystem ist, wie die Abb. 225
zeigt, ein einfaches System mit ternärem Eutektikum. Die in diesem Gebiete auftretenden Gemische zeigen im Gegensatz zu anderen Gemischen
des Systemes durchaus den Charakter von Legierungen.

Gruppe 9 (III · 3 · 3).

Bis jetzt gibt es kein Beispiel für Metallegierungen, bei denen alle drei
binären Grenzsysteme (nur) je eine Verbindung aufweisen. Es sind auch
kaum solche bei den wirklichen Legierungen vorauszusehen — dagegen wohl
bei schwefelhaltigen ternären Systemen oder solchen mit anderen nichtmetallischen Elementen. Die Bildung ternärer Verbindungen ist in diesen
wahrscheinlich. Ein weiteres Eingehen ist nicht nötig. Das Verhalten ergibt
sich aus den vorausgehenden allgemeinen Betrachtungen.

Literatur zu ternären Legierungen vom Typus III.

5a. III · 1 · ②.

　(124) Cu-Mo-Ni: *Dreibholz*, Z. physik. Chem. **108**, 1924, 1.

　(25) Al-Bi-Sb: *C. A. Wright*, Proc. Roy. Soc., London **55**, 1894, 130.

7. III · 2 · 2.

   (95) Cd-Pb-Tl: *C. di Capua*, Gazz. chim. ital. **55,** 1925, 280. — *E. Jänecke*, Z. Metallkde. **26,** 1934, 153.
   (99) Co-Cr-W: *W. Köster*, Z. Metallkde. **25,** 1933, 22.
   (114) Cr-Mo-Ni: *E. Siedschlag*, Z. Metallkde. **17,** 1925, 53.
   (49) Al-Sb-Si: *T. Matsukawa*, Suiyô-Kwaishi **5,** 1928, 596.

7a. III · 2 · ②.

   (100) Co-Cu-Mo: *Dreibholz*, Z. physik. Chem. **108,** 1927, 1.
   (47) Al-Pb-Sb: *C. A. Wright*, Proc. Soc. Roy., Lond. **55,** 1894, 130.

8. III · 2 · 3.

   (59) Bi-Ca-Cu: *K. L. Meißner*, Z. Metallkde. **14,** 1922, 176.
   (155) Mg-Pb-Sb: *E. Abel, O. Redlich* u. *F. Spausta*, Z. anorg. allg. Chem. **190,** 1930, 89.
   (154) Mg-Pb-Sn: *A. v. Vegesack*, Z. anorg. allg. Chem. **54,** 1907, 367.

8b. IIIx · 2 · 3x.

   (11) Ag-Cu-P: *H. Möser, K. W. Fröhlich* u. *E. Raub*, Z. anorg. allg. Chem. **28,** 1932, 225.

Typus IV.

Allgemeines.

Der Typus IV, bei dem mindestens eines der drei Grenzsysteme vier feste Phasen aufweist, umfaßt die neun Gruppen, zu denen bei besonderer Berücksichtigung der Gruppe IIx noch fünf hinzukommen. Nicht für alle gibt es Beispiele. Die Gruppen sind die folgenden: 10. IV · 1 · 2; 10a. IV · 1 · ②; 11. IV · 1 · 3; 12. IV · 1 · 4; 13. IV · 2 · 2; 13a. IV · 2 · ②; 13b. IV · ② · ②; 14. IV · 2 · 3; 14a. IV · ② · 3; 15. IV · 2 · 4; 15a. IV · ② · 4; 16. IV · 3 · 3; 17. IV · 3 · 4; 18. IV · 4 · 4.

Gruppe 10 (IV · 1 · 2).

Der einfachste Fall bei Typus IV ist der, daß eines der drei binären Systeme im festen Zustande eine lückenlose Reihe von Mischkrystallen aufweist, und das zweite ein Eutektikum. Dieser Fall der Gruppe 10 (IV · 1 · 2) hat Ähnlichkeit mit der früher erörterten Gruppe 5 (III · 1 · 2) insofern, als auch hier, wenn nicht besondere Komplikationen auftreten, alle vorkommenden festen Phasen in dem einen Grenzsystem hier IV, dort III bereits enthalten sind. In dem ternären System tritt dann eines der beiden Metalle in Mischkrystallen mit dem dritten Metall auf. Zu dieser Gruppe 10 gehören die Legierungen Bi-Cu-Ni und Bi-Cu-Sb, die aber ein durchaus verschiedenes Verhalten zeigen.

Bi-Cu-Ni (IIb · IVa · Ia).

Das einfachere Verhalten der beiden Systeme findet sich bei den Legierungen Bi-Cu-Ni. Der Charakter des Systems wurde durch einfache Versuche festgestellt. Die vier auftretenden festen Phasen sind die Verbindungen Bi_3Ni, BiNi, außerdem Bi und Mischkrystalle CuNi. Es bilden sich aus je einer bestimmten Flüssigkeit und drei festen Phasen zwei verschiedene invariante Gleichgewichte: M_1 + Bi + Bi_3Ni + Flüssig und M_2 + Bi_3Ni + BiNi + Flüssig. Hierbei sind M_1 und M_2 ganz bestimmt zusammengesetzte „Hauptmischkrystalle" von Cu mit Ni. Die Untersuchung ihrer Zusammen-

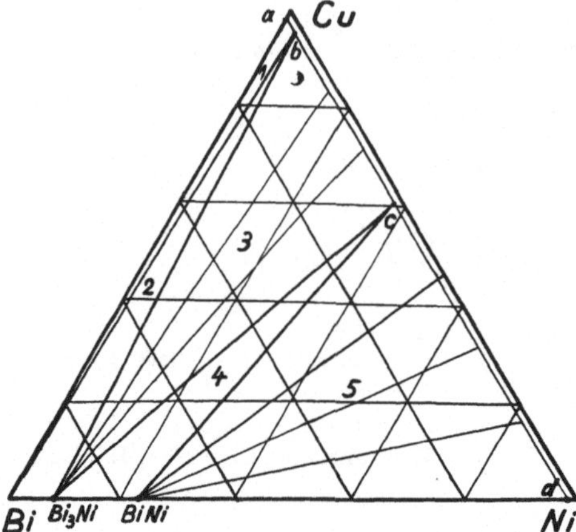

Abb. 226. Gruppe 10. Bi-Cu-Ni (IIb · Ia · IVb).
Zerlegung in fünf Teilgebiete mit zwei oder
drei festen Phasen.

setzung ergab für M$_1$ ein Gehalt an
Ni von etwa 3 Proz. und für M$_2$ von
etwa 40 Proz. Ni. Nach dem Erstarren der verschiedenen Gemische
gibt es entsprechend der Lage der
angewandten Mischungen im Dreieck fünf verschiedene Arten fester
Gemische, die durch die mit *1* bis *5*
bezeichneten kleinen Dreiecke der
Abb. 226 wiedergegeben sind. Gemische, die innerhalb der mit *2* und
4 bezeichneten Dreiecke liegen, bestehen aus drei Gefügebestandteilen, in den anderen drei Dreiecken *1*, *3* und *5* nur aus zwei
festen Phasen, von denen der eine
ein Mischkrystall Cu-Ni wechseln-
der Zusammensetzung ist.

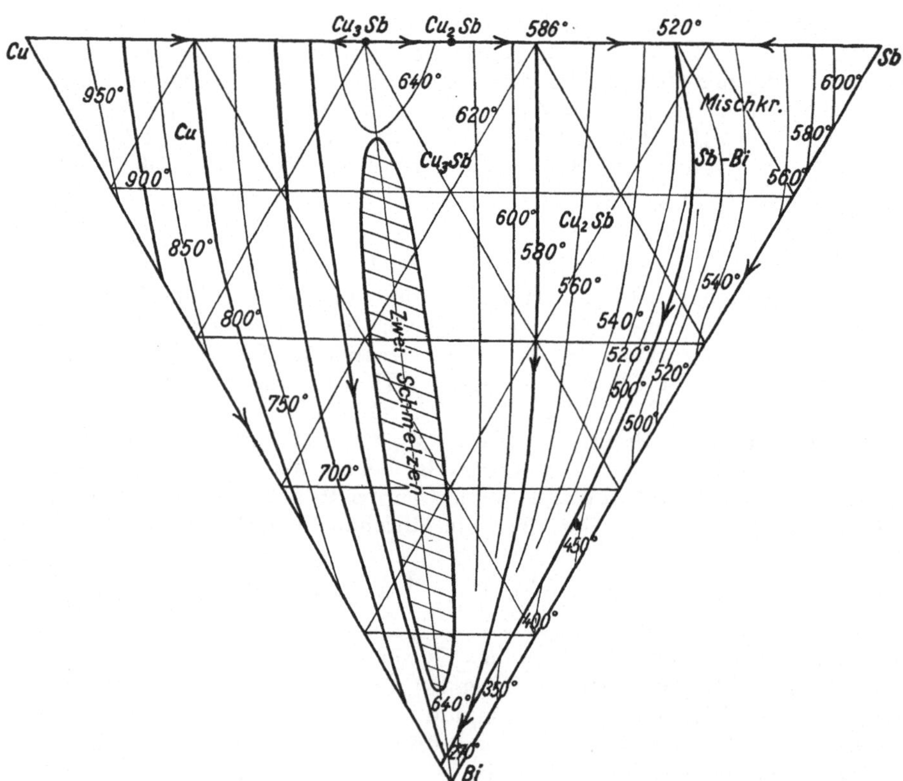

Abb. 227. Gruppe 10. Bi-Cu-Sb (IIb · IVa · Ia). Entmischungsgebiet im Ausscheidungs-
felde von Cu$_3$Sb.

10. Bi-Cu-Sb (II b · IV a · I a).

Die Legierungen Bi-Cu-Sb, die auch zu der Gruppe 10 gehören, sind von ganz besonderem Interesse. Von den binären Grenzsystemen ist Cu-Sb das komplizierteste mit einer kongruent und einer inkongruent schmelzenden Verbindung. Bi bildet mit Sb lückenlos Mischkrystalle und mit Cu ein Eutektikum. Die Eigentümlichkeit dieses Systemes liegt darin, daß in einem größeren Gebiet ternäre Gemische auftreten, deren Verhalten in keinem Zusammenhang mit den binären Grenzsystemen stehen. Im allgemeinen ist man in der Lage, auch für die ternären Systeme wenigstens qualitativ bestimmte Aussagen im voraus zu machen, wenn man das Verhalten der binären Grenzsysteme kennt. Es war deswegen überraschend, daß in diesem Falle im ternären Systeme, wie Abb. 227 anzeigt, die Bildung zweier Flüssigkeiten festgestellt wurde, wofür in den binären Grenzsystemen nicht die geringste Andeutung vorliegt. An diesem System wurde diese Eigentümlichkeit 1910 zum erstenmal von *Parravano* und *Viviani* festgestellt. Neuerdings ist noch ein anderes System ähnlicher Art hinzugekommen, Al-Mg-Sb, das weiter unten bei Gruppe 28 (V · 3 · 4) untersucht werden soll. Die zwischen Cu und Sb auftretende Verbindung Cu_3Sb hat nur einen schwach metallischen Charakter, was sich besonders in der geringen elektrischen Leitfähigkeit äußert. Hiermit hängt es zusammen, daß diese Verbindung mit Bi nur beschränkte Mischbarkeit im flüssigen Zustande zeigt. Das ternäre System zerlegt sich scharf in

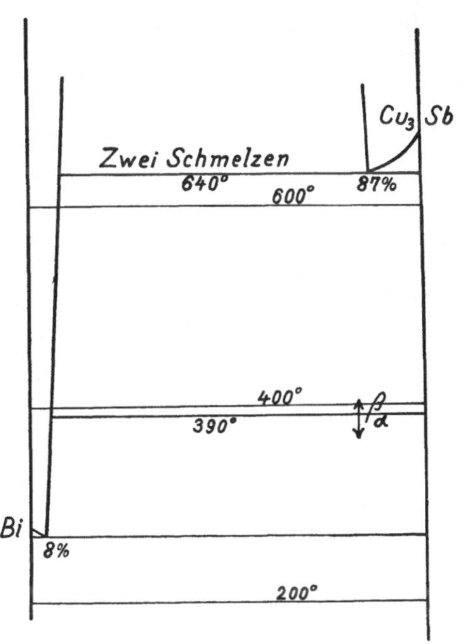

Abb. 228.
(Bi-Cu-Sb.) Das binäre System Bi-Cu_3Sb.

zwei andere, Bi-Sb-Cu_3Sb und Bi-Cu-Cu_3Sb. Von diesen wäre das erste nach seinen Grenzsystemen als III · 1 · ② und das zweite als II · 2 · ② zu bezeichnen. Das Verhalten ist dementsprechend bei den Gruppen 5a und 4a vollständig auseinandergesetzt. Das eine Grenzsystem der beiden ternären Teilsysteme, Bi-Cu_3Sb, das pseudobinär ist, ist in Abb. 228 noch besonders abgebildet worden. Die Entmischung beginnt bei einer wenig tieferen Temperatur als der Schmelztemperatur der Verbindung. Die Umwandlungstemperatur 390° dieser Verbindung Cu_3Sb findet sich unverändert in den Schmelzen mit Bi wieder. Im ternären Gebiete liegen die Flüssigkeiten, welche mit drei Bodenkörpern im Gleichgewicht sein können, wegen des tiefen Schmelzpunktes von Bi diesem nahe. Von dem eutektischen Punkte auf Cu-Sb, einer Schmelze, die mit Sb und Cu_2Sb als feste Phasen im Gleichgewichte ist, verläuft im Gebiet der drei Metalle eine ternäre eutektische Kurve, deren Temperaturabfall in der Nähe von Bi groß ist. Die Grenzlinie zwischen den Ausscheidungsgebieten für Cu_2-Sb und Cu_3-Sb ist eine Übergangskurve. Das Verhalten der Teilsysteme entspricht ganz dem für derartige Systeme früher auseinandergesetzten, wobei allerdings an dem ternären Eutektikum, wenigstens theoretisch ein Mischkrystall BiSb beteiligt ist, der sich aber vom reinen Bi praktisch nicht unterscheidet.

Gruppe 10a (IV · 1 · ②).

Bi-Sb-Zn (Ia · IVa · IIx).

Von dem System Bi-Sb-Zn, das der Gruppe 10a oder 19a zugehört, wurde nur für 650° die Mischungslücke festgelegt. In Abb. 254 S. 327 gibt die ausgezogene Kurve die beobachteten Werte, die aber wohl teilweise, wie die gestrichelte Kurve angibt, zu korrigieren sind.

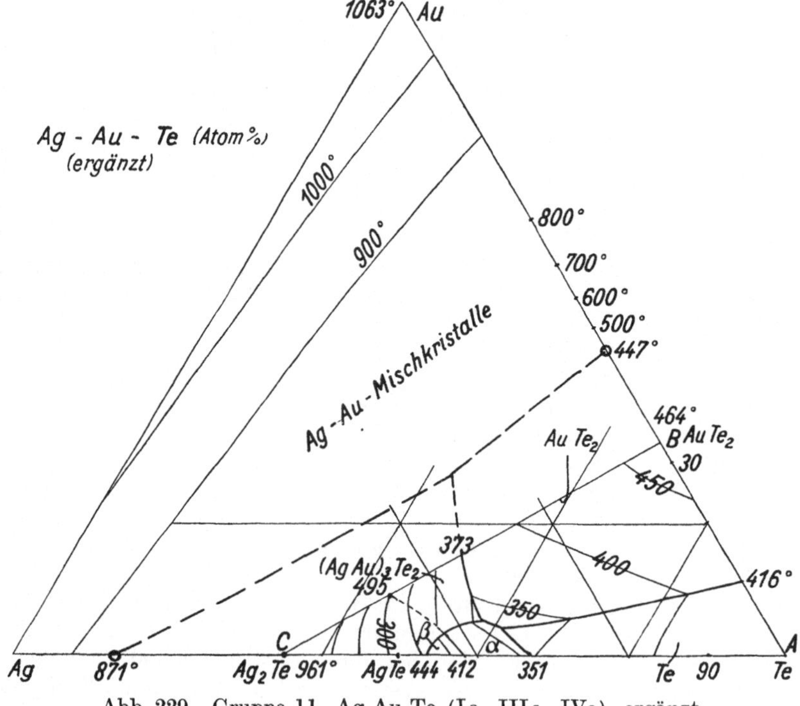

Abb. 229.　Gruppe 11. Ag-Au-Te (Ia · IIIa · IVa), ergänzt.

Gruppe 11 (IV · 1 · 3).

11. As-Sb-Sn (Ib · IIIb · IVa).

Bei den Legierungen, deren binäre Grenzsysteme vom Typus I, III und IV sind, gibt es im ternären System, wenn nicht ternäre Verbindungen auftreten, fünf verschiedene feste Phasen, die Verbindungen im System III und IV, das eine Metall und Mischkrystalle der beiden anderen. Alle Phasen können auch ternäre Mischkrystalle bilden. Das Auftreten von fünf festen Phasen macht die Bildung mehrerer invarianter Gleichgewichte möglich, deren Ableitung für die verschiedenen möglichen Fälle ohne Schwierigkeit ist. Eine eingehende Ableitung ist hier nicht nötig.

Zu dieser Gruppe gehört das System As-Sb-Sn, das aber nur bedingt zu den Legierungen zu rechnen ist. Das binäre Grenzsystem mit unbeschränkter Bildung von Mischkrystallen ist As-Sb. Von den beiden anderen ist As-Sn das kompliziertere vom Typus IV.

11. Ag-Au-Te (Ia · IIIa · IVa).

Ein eigentümliches System, das als kompliziertes binäres Grenzsystem Ag-Te eines mit vier festen Phasen hat, wobei aber außerdem vielleicht Entmischung auftritt, ist Ag-Au-Te. Untersucht wurde es in dem Teilsystem, das gebildet wird durch die Legierungen aus den Verbindungen Ag_2Te, $AuTe_2$ und Te. Die Untersuchung auch des anderen Teilsystems, das das Gebiet Ag-Au-Ag_2Te-AuTe umfaßt, hätte Interesse, besonders um festzustellen, wie sich das Grenzsystem Ag_2Te-AuTe$_2$ in das Gebiet hinein fortsetzt. In der Abb. 229 ist die Untersuchung von *Pellini* ergänzt unter der Annahme, daß keine Entmischung von Ag und Ag_2Te eintritt. Alsdann müßte ein invariantes Gleichgewicht auftreten, bei dem ein Ag-Au-Mischkrystall mit einer Schmelze und den Verbindungen Ag_2Te und $AuTe_2$ beteiligt ist. Möglicherweise ist Ag_3Te_2 neben AgTe eine Verbindung und wird im ternären System zu Mischkrystallen $(Ag-Au)_3Te_2$ mit gewissem Gehalt an Au. Das Feld für $(Ag-Au)_3Te_2$ erstreckte sich alsdann bis zu den Au-freien Legierungen auf AgTe. Es gehörte alsdann einem komplizierten Typus an. Neue Untersuchungen müßten hierüber Auskunft geben.

Gruppe 12 (IV · 1 · 4).

Für diese Gruppe sind keine Beispiele bekannt. Rechnet man Fe-C zum Typus IV, so ist das System C-Fe-V zu Gruppe 12 zu rechnen, das später bei F_5 behandelt wird.

Gruppe 13 (IV · 2 · 2).

Das Verhalten von ternären Legierungen, bei denen in einem binären Grenzsystem vier feste Phasen, in den beiden anderen nur je zwei vorkommen, ist nach dem Vorhergehenden leicht zu verstehen. Es wird beherrscht von dem komplizierten Grenzsystem vom Typus IV. Die auftretenden fünf festen Phasen im Dreistoffsystem sind außer den vier Phasen des einen Grenzsystemes noch das dritte Metall, wobei alle festen Phasen in besonderen Fällen noch ternäre Mischkrystalle bilden können. Das Hinzukommen von neuen ternären Verbindungen als sechste feste Phase ist so gut wie ausgeschlossen. Solche sind erst dann zu erwarten, wenn nicht nur ein binäres Grenzsystem komplizierter Art ist. Es bilden sich bei dieser Gruppe drei invariante Gleichgewichte aus je zwei benachbarten festen Phasen des Grenzsystemes IV, dem dritten Metall bzw. ternären Mischkrystallen dieser drei festen Phasen und einer Schmelze. Die Gleichgewichte können eutektisch oder auch dystektisch sein, was sich meist einfach aus dem Verhalten der binären Legierungen des komplizierten Grenzsystemes ergibt.

13. Ag-Pb-Sn (IIb · IIb · IVb); Ag-Pb-Sb (IIb · IIb · IVb).

Die Legierung Silber-Blei-Zinn wurde bereits vor längerer Zeit von *Parravano* untersucht. Es wurde damals noch die Legierung Silber-Zinn als solche mit nur einer intermediären Verbindung angesehen. Aus diesem Grunde nimmt *Parravano* in dem in Abb. 230 gegebenen Erstarrungsbilde nur vier Felder an für die Mischkrystalle nach Sn, Pb, Ag und die Verbindung Ag_3Sn. Es ist aber nicht schwer, dem Zustandsbild auch für die später gefundene Verbindung ein Gebiet hinzuzufügen. Im System gibt es demnach ein ternäres Eutektikum mit geringem Gehalt an Ag nahe Sn-Pb und zwei ternäre dystektische Schmelzen, die Übergangsgleichgewichte darstellen. Die Art des Erstarrens ist aus der Lage der Punkte im Dreieck und den Gebieten der Mischkrystalle ohne weiteres klar. Nach dem Erstarren bestehen die Legierungen aus drei Gefügebestandteilen, deren einer stets Blei ist. Ganz

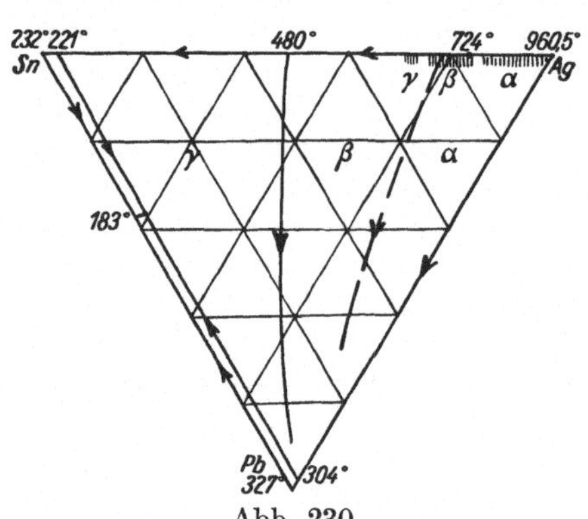

Abb. 230.
Gruppe 13.   Ag-Pb-Sn (IIb · IIb · IVb).
Die Erstarrungsgebiete.

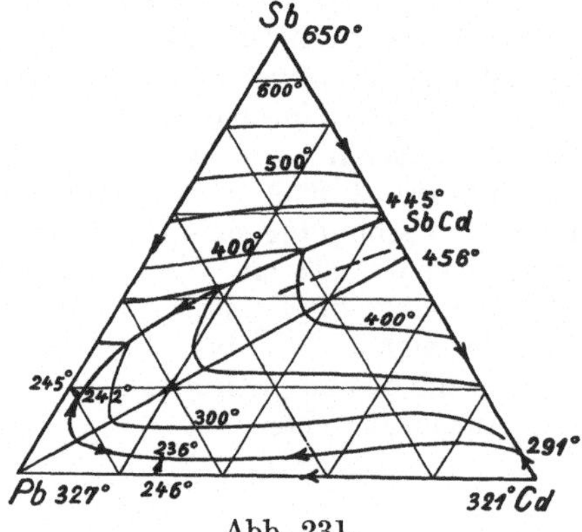

Abb. 231.
Gruppe 13.   Cd-Pb-Sb (IIb · IIb · IVa).
Erstarrungsflächen mit Isothermen.

ähnlich ist das Verhalten der Legierungen von Silber-Blei und Antimon. Auch hier bilden sich fünf Ausscheidungsgebiete für die vier festen Phasen im System Ag-Sb und für Pb.

13. Cd-Pb-Sb (IIb · IIb · IVa); Pb-Sb-Sn (IIb · IVa · IIb).

Die beiden ternären Legierungen von Blei-Antimon mit Cadmium und Zinn ähneln einander darin, daß gewöhnlich statt fünf Ausscheidungskörper nur vier beobachtet werden. Sie sind aber dadurch sehr verschieden, daß im Grenzsystem Sb-Cd eine der beiden auftretenden Verbindungen kongruent schmilzt, bei Sb-Sn dagegen nicht. Das System Cd-Pb-Sb hat infolgedessen, wie die Abb. 231 zeigt, zwei ternäre Eutektika, die in beiden Fällen nahe binären eutektischen Punkten, auf Pb-Sb und Pb-Cd liegen. Die Verbindung SbCd umfaßt ein weites Ausscheidungsgebiet. Die Bildung der inkongruent schmelzenden Verbindung unterbleibt manchmal. Dieses zeigte sich auch in dem ternären System, so daß dieses einem einfachen Gleichgewichte zuzugehören scheint, wie es dem Typus III · 2 · 2 entspricht, der bei der Gruppe 7 behandelt wurde. Das ganze Gebiet der ternären Legierungen zerlegt sich deutlich in zwei Teile mit je einem ternären Eutektikum. Für die inkongruent schmelzende Verbindung wurde kein Ausscheidungsgebiet gefunden, sondern nur, wie die Abbildung angibt, der Teil einer Grenzkurve. Zwischen der kongruent schmelzenden Verbindung SbCd und Pb bildet sich ein binäres Eutektikum.

13. Pb-Sb-Sn (IIb · IVb · IIb).

Das wichtigste System dieser Gruppe ist das der Legierungen Zinn-Blei-Antimon. Es wurde vor längerer Zeit eingehend von *Loebe* untersucht. Da für Sb-Sn bis vor kurzem angenommen wurde, daß nur eine intermediäre

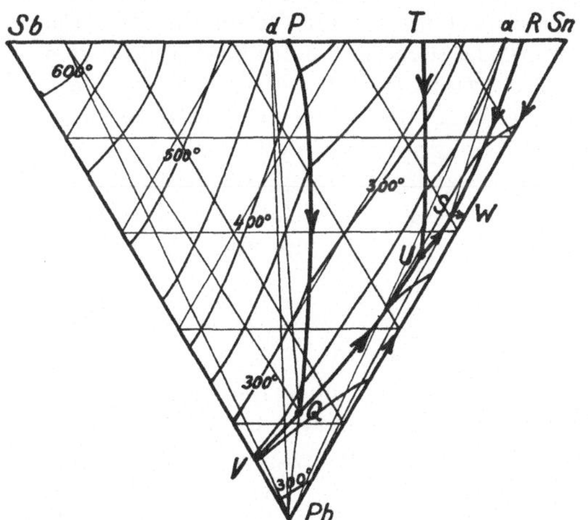

Abb. 232. Gruppe 13. Pb-Sb-Sn (IIb · IVb · IIb). Erstarrungsflächen mit Isothermen.

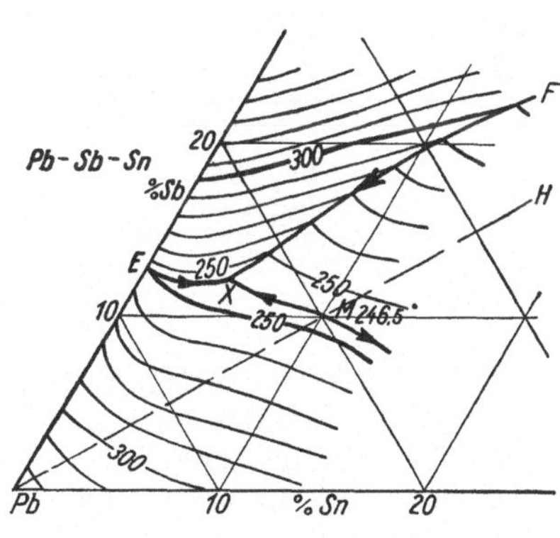

Abb. 233. Pb-Sb-Sn. Erstarrungstemperatur der bleireichen Legierungen.

feste Phase mit Schmelze im Gleichgewicht möglich wäre, enthielt auch das ursprüngliche Zustandsbild nur Ausscheidungsfelder für vier feste Phasen. Infolge des Vorkommens einer weiteren festen Phase im System Sb-Sn muß für diese auch ein Ausscheidungsfeld eingefügt werden, wie es Abb. 232 angibt. Da im System Sb-Sn der bei höherer Temperatur sich ausscheidende Mischkrystall sich bei tieferer Temperatur in den anderen bei niederer Temperatur sich bildenden umsetzt, gibt es in den erstarrten Gemischen schließlich doch außer Pb drei feste, dem System Sb-Sn zugehörende Phasen. In neuerer Zeit ist auch der Umfang der Mischkrystallbildung nach Blei für verschiedene Temperatur, wie Abb. 234 S. 314 angibt, festgelegt worden. Der Umfang der Mischkrystallbildung ist besonders in bezug auf den Gehalt an Sn bei 150° viel größer als bei 25°.

Die Untersuchung des bleireichen Teiles der Legierungen wurde 1930 von *Iwase* und *Aoki* und neuerdings von *Wearn* durchgeführt. Von ihnen wurde festgestellt, daß das Gleichgewicht zwischen Pb, Sb und dem antimonreichen Mischkrystall im System Sb-Sn eutektisch ist. Die Auffassung über das System erfährt dadurch gegen früher eine Änderung, indem die Grenzkurve von Sb mit den Mischkrystallen in dem Zustandsbild in dem Teil tieferer

Temperaturen eutektisch wird, also nur zeitweise eine Übergangslinie ist. Die Abb. 233 gibt das Gebiet der bleireichen Legierungen und das Eutektikum wieder, das in der Abbildung bei X mit 239° und 4 Proz. Sn und 12 Proz. Sb liegt. Der Punkt M ist ein binäres Eutektikum von Pb und β-SbSn bei 246,5°.

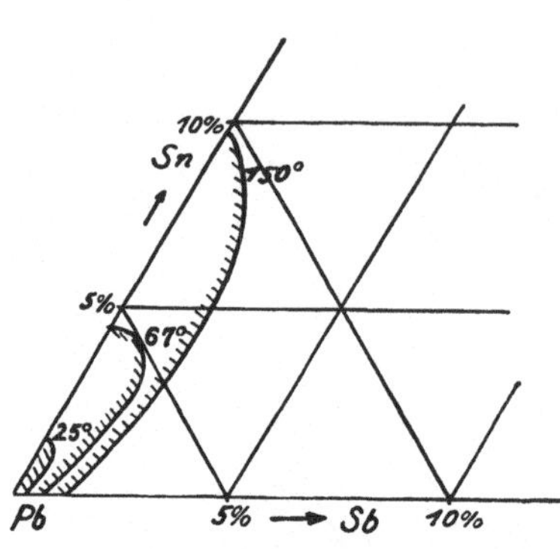

Abb. 234.
Pb-Sb-Sn. Mischkrystallbildung nach
Pb bei 25°, 67°, 150°.

Die Legierungen dieses Systems haben besonders als Letternmetall und Lagermetall große Bedeutung. Wie das Zustandsbild ergibt, liegen in den erstarrten Gemischen harte Mischkrystalle Sb - Sn in weicher Grundmasse, wodurch sie zu Lagermetallen besonders geeignet sind. Wie beim Antimon erwähnt wurde, zeigt dieses für sich und auch in Legierungen beim Erstarren im Gegensatz zu fast allen anderen Metallen eine Ausdehnung statt einer Kontraktion. Dieses erklärt die gute Eignung für Letternmetall. *Wearn* bestimmte auch die Brinell-Härte der Legierungen und fand die größte Härte nahe dem Eutektikum von Pb mit dem Mischkrystall SbSn.

Gruppe 13a (IV · 2 · ②).

Die Legierungen der Gruppe 13a unterscheiden sich dadurch von der Gruppe 13, daß das eine Grenzsystem zur Bildung zweier im Gleichgewicht befindlichen Flüssigkeiten führt. Es besteht dadurch zwar gewisse Ähnlichkeit mit dem im vorhergehenden behandelten System, doch verändert wie überall auch hier das Auftreten zweier im Gleichgewicht befindlichen Flüssigkeiten das Bild sehr wesentlich. Es bildet sich in jedem Falle ein Gleichgewicht zwischen einer kritischen Schmelze und einem Mischkrystall, der auch eine Verbindung oder ein Metall sein kann. Die zugehörige kritische Schmelze gibt die Grenze des Entmischungsgebietes für die ternären Gemische. Nach höheren Temperaturen, bei denen kein fester Bodenkörper mehr möglich ist, setzt sich das Entmischungsgebiet, wie früher angegeben wurde, so fort, daß auch bei jeder Temperatur eine kritische Schmelze sich bildet. Von ihr aus erstrecken sich in der Dreiecksdarstellung zwei Kurven bis an die eine Dreieckskante, welche die Zusammengehörigkeit der verschiedenen Schmelzen zueinander bei dieser Temperatur wiedergeben. Das Auftreten zweier im Gleichgewicht befindlichen Schmelzen kann auch zu einem bei früheren Systemen erwähnten invarianten Gleichgewicht zwischen zwei festen mit zwei flüssigen Phasen führen. Die beiden ausführlicher erforschten Systeme Cu-Pb-Sb und Pb-Sb-Zn zeigen dieses Verhalten.

13a. Ag-Al-Pb (IVb · IIx · IIb); Ag-Al-Bi (IVb · IIx · IIb).

Von den beiden Systemen Silber-Aluminium mit Blei und Wismut wurden die Entmischungsgebiete bei 875° und die Zusammensetzung der Flüssigkeiten untersucht. Wie die Abb. 235 und 236 zeigen, umfaßt das Entmischungsgebiet den größten Teil aller Mischungen der drei Metalle. Die Geraden, welche sich auf die zusammengehörigen Flüssigkeiten beziehen, haben eine derartige

Lage, daß auch bei Zusatz von viel Silber die schwere Flüssigkeit noch nahezu reines Blei bzw. Wismut ist. Die leichtere Flüssigkeit enthält fast die gesamte Menge Silber. Der Silbergehalt in der leichteren Flüssigkeit steigt aber nur bis zu einem gewissen Grade und nimmt dann wieder ab. Die kritische Flüssigkeit, die durch das Zusammenfließen zweier entstandenen zu denken ist, enthält wenig Aluminium. Ihre Zusammensetzung in Gewichtsprozenten ist in den beiden Fällen 1,8 Al, 40,0 Pb, 58,2 Ag und 2,8 Al, 37,3 Bi, 59,9 Ag, so daß

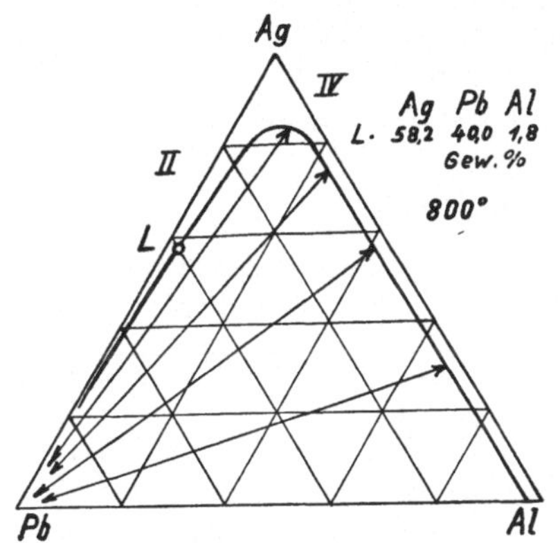

Abb. 235.
Gruppe 13a. Ag-Al-Pb (IVb · IIx · IIb).
Entmischungsgebiet bei 800°.

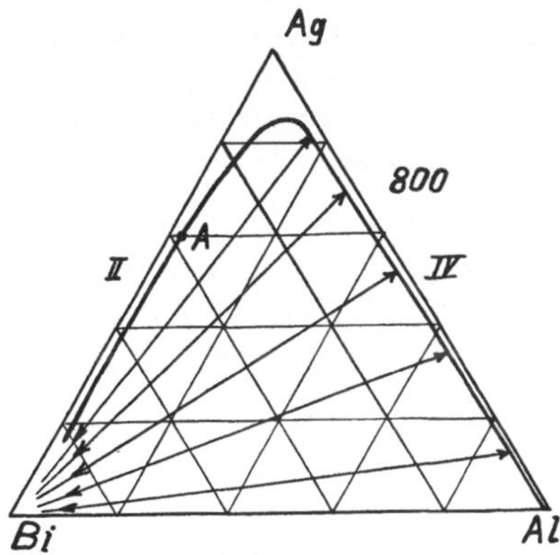

Abb. 236.
Gruppe 13a. Ag-Al-Bi (IVb · IIx · IIb).
Entmischungsgebiet bei 800°.

die darstellenden Punkte im Dreieck nahe den Kanten Ag-Pb und Ag-Bi zu liegen kommen. Die Eigentümlichkeit des Systemes, dadurch veranlaßt, daß ein Grenzsystem vom Typus IV ist, findet in der Entmischungskurve naturgemäß keinen Ausdruck.

13a. Al-Be-Mg (IIb · IIx · IVa).

Im System Aluminium-Beryllium-Magnesium ist Mg-Be das in flüssigem Zustande beschränkt mischbare binäre Grenzsystem. Die beiden Metalle Al und Be bilden ein Eutektikum miteinander, und zwischen Al und Mg finden sich zwei kongruent schmelzende Verbindungen, die in weitem Umfange binäre Mischkrystalle bilden. Das Entmischungsgebiet wurde in diesem Falle noch nicht untersucht, sondern nur das Gebiet der aluminiumreichen Legierungen. In den untersuchten Gemischen mit mehr als nur 2 bis 3 Proz. Beryllium war dieses bereits die primäre Ausscheidung. Da in dem System Al-Be das Eutektikum nahe dem Aluminium liegt, bildet sich im ternären System eine eutektische Kurve aus, die nur geringen Gehalt an Beryllium aufweist. Es ergibt sich, wie Abb. 237 angibt, ein Eutektikum nahe der Al-Mg-Kante mit nur geringem Gehalt an Beryllium.

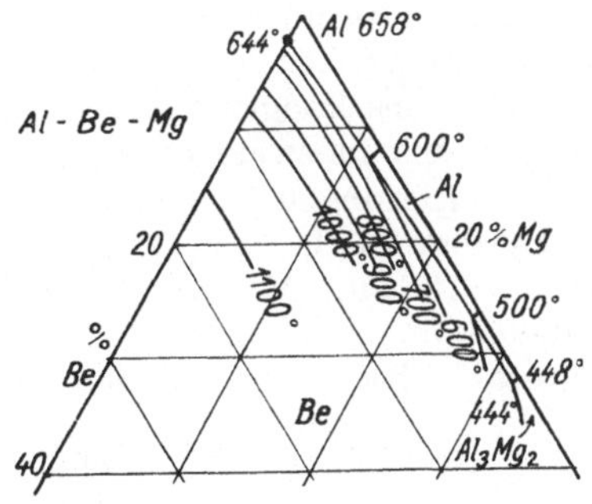

Abb. 237.
Gruppe 13a. Al-Be-Mg (IIb · IIx · IVa).
Das aluminiumreiche Gebiet.

13a. Cu-Pb-Sb (IIx · IIb · IVa).

Das Erstarrungsbild der Legierungen Kupfer-Blei-Antimon ist in der
Abb. 238 wiedergegeben. Die vom System Cu-Pb ausgehende Mischungslücke
dehnt sich in diesem Falle aber über zwei Ausscheidungsgebiete hin aus.
Es bildet sich dadurch bei 617° ein invariantes Gleichgewicht zwischen zwei
bestimmt zusammengesetzten Flüssigkeiten a und b mit den festen Phasen Cu
und Cu_3Sb aus. Die kritische Flüssigkeit, welche bei Steigerung des Antimon-
gehaltes in den Schmelzen durch das Zusammenfallen zweier Flüssigkeiten
entsteht, befindet sich bei 580° im Gleichgewicht mit der Verbindung Cu_3Sb.
Die verschiedenen invarianten Gleichgewichte von Flüssigkeit mit drei festen
Phasen liegen wegen des tiefen Schmelzpunktes von Blei nahe dem Pb darstellenden Eckpunkt des Dreiecks. Eutektikum mit Cu_2Sb (nicht Cu_3Sb).

13a. Pb-Sb-Zn (IIb · IVa · IIx).

In der Abb. 239 ist das Zustandsbild der Legierungen Blei-Antimon-Zinn,
wie es von *Tammann* und *Dahl* aufgestellt wurde, wiedergegeben.

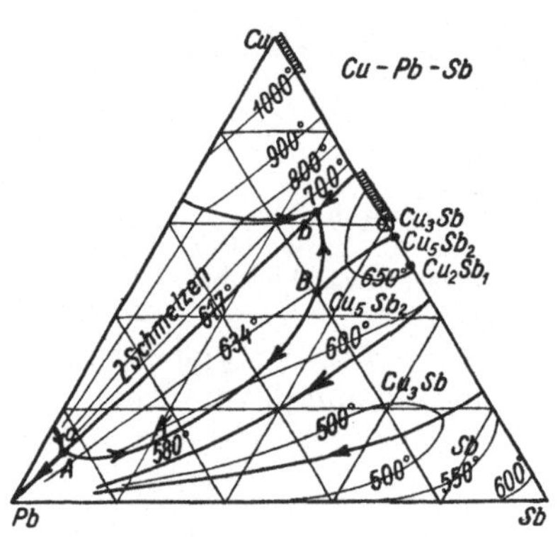

Abb. 238. Gruppe 13a.
Cu-Pb-Sb (IIx · IIb · IVa).

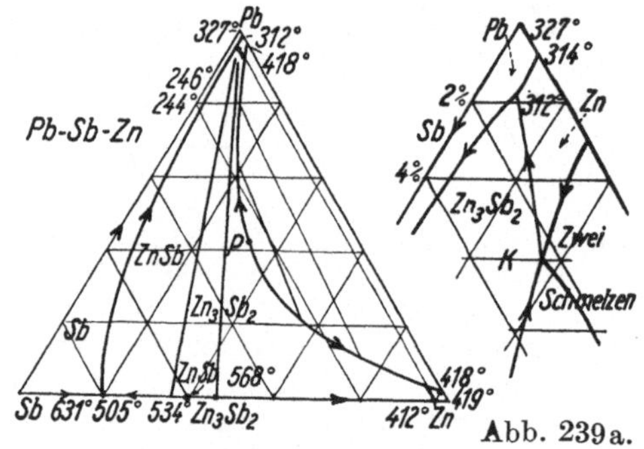

Abb. 239. Gruppe 13a.
Pb-Sb-Zn (IIb · IVa · IIx).
Abb. 239a. Pb-Sb-Zn.
Die Gebiete in dem bleireichen Teil.

Von Interesse ist in dem System das invariante Gleichgewicht von zwei
Schmelzen mit Zn_3Sb_2 und Zn. Bei Wärmeentziehung verschwindet die blei-
arme Schmelze unter Bildung der anderen drei am invarianten Gleichgewicht
beteiligten Phasen.

Infolge des kongruenten Schmelzpunkts von Zn_3Sb_2 findet eine Zerlegung
des Systems in zwei voneinander unabhängige statt. Die beschränkt misch-
baren Legierungen sind in dem Gebiet Pb-Zn-Zn_3Sb_2 enthalten, das für sich
ein System 4a (II · 2 · ②) bildet. Das andere Teilsystem gehört dem Typus 7
(III · 2 · 2) an. Es enthält zwei invariante Gleichgewichte, ein ternäres
Eutektikum und einen Übergangspunkt. In Abb. 239a ist in vergrößertem
Maßstabe das Verhalten der bleireichen Legierungen vermerkt.

Gruppe 14 (IV · 2 · 3).
Bi-Cu-Mg (IIb · IVa · IIIa).

Die Untersuchung von Systemen dieser Gruppe hatte besonderes Interesse, weil mit dem Vorkommen ternärer Verbindungen zu rechnen ist, be-

sonders wenn die in den Grenzsystemen auftretenden Verbindungen kongruent schmelzen. Zu diesen Legierungen mit zwei, drei und vier festen Phasen in den binären Grenzsystemen gehört Bi-Cu-Mg. Die auftretenden binären Verbindungen haben nur im beschränkten Umfange wirklich metallischen Charakter. Alle drei Verbindungen Bi_2Mg_3, Cu_2Mg und $CuMg_2$ schmelzen kongruent. Einen besonders hohen Schmelzpunkt (715°) hat Bi_2Mg_3. Aus diesem Grunde war auch von vornherein das Auftreten einer ternären Verbindung nicht ausgeschlossen. Die wenigen Versuche, die ausgeführt wurden, zeigten, daß sich tatsächlich eine solche blau gefärbte Verbindung bildete. Der Schmelzpunkt der Verbindung soll 400° höher als der von Wismut liegen, ihre Zusammensetzung wurde aber nicht festgestellt. Es sei die Vermutung ausgesprochen, daß die Zusammensetzung der Verbindung $CuBiMg_2$ ist. Diese Verbindung liegt, wie es auch die Abb. 240 angibt, gerade zwischen Cu_2Mg und Bi_2Mg_3. Die angegebene hohe Schmelztemperatur und

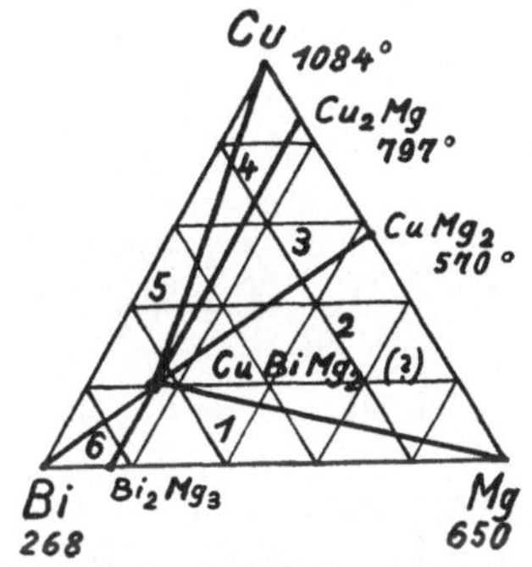

Abb. 240. Gruppe 14. Bi-Cu-Mg (IIb · IVa · IIIa). Zerlegung in Teilgebiete.

die Kongruenz der Schmelzpunkte der binären Verbindung macht es wahrscheinlich, daß sich das gesamte Gebiet Bi-Cu-Mg in einfacher Weise in sechs kleinere Teile mit je einem ternären Eutektikum zerlegen läßt, wobei jedes der Systeme die ternäre Verbindung als Bestandteil enthält. Die Richtigkeit dieser Auffassung müßte erst durch Versuche bestätigt werden.

14. Al-Mg-Si (IVa · IIIb · IIb).

Das System Aluminium-Magnesium-Silicium der Gruppe 14 wurde ebenfalls nur unvollständig erforscht. Auch in diesem Falle schmelzen alle vorkommenden binären Verbindungen kongruent. Besonders eingehend wurde die Mischkrystallbildung des Aluminiums untersucht. Es wurde festgestellt, daß die Löslichkeit von Mg und Si als Verbindung $MgSi_2$ mit der Temperatur stark ansteigt. Bei 200° ist sie, wie Abb. 243 zeigt, nur 0,2 Proz., bei

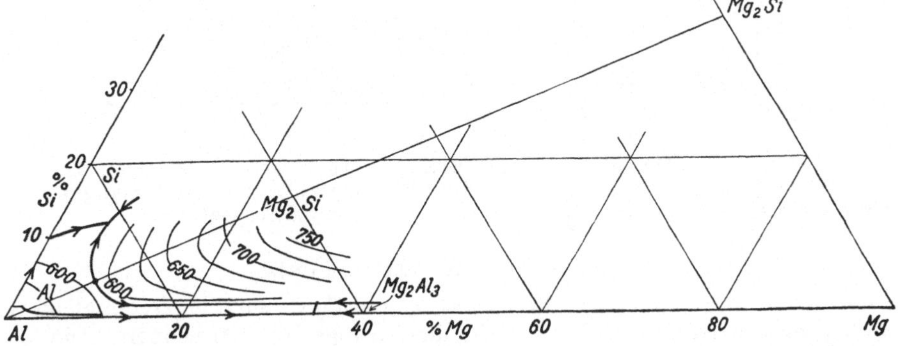

Abb. 241. Gruppe 14. Al-Mg-Si (IVa · IIIa · IIb). Die aluminiumreichen Legierungen.

der eutektischen Temperatur 595° zwischen Al und MgSi$_2$ dagegen 1,85 Proz. Diese Steigerung der Aufnahmefähigkeit anderer Elemente durch Aluminium in seinem Gitter mit der Temperatur ist bekannt. Für die beiden Elemente Si

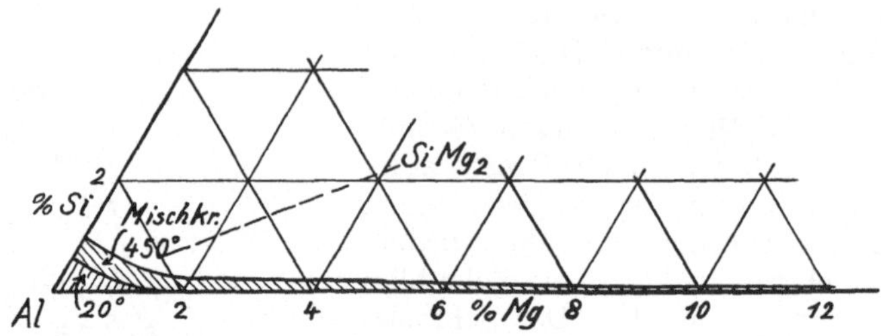

Abb. 242. Al-Mg-Si. Mischkrystallbildung nach Aluminium bei 20° und 450°.

und Mg steigt sich von Zimmertemperatur bis 450° von 0,5 auf 0,8 Proz. bzw. von 2 auf 12 Proz. Abb. 242 gibt dieses wieder. Die Abb. 241 zeigt das Erstarrungsbild der aluminiumreichen Legierungen, das zwei ternäre Eutektika umfaßt, von Al-Mg$_2$Si einerseits mit Si, anderseits mit Al$_3$Mg. Wahrscheinlich enthält das System Al-Mg-Si noch die beiden anderen Systeme Mg$_2$Si-Al$_3$Mg$_2$-Al$_3$Mg$_4$ und Mg$_2$Si-Al$_3$Mg$_4$-Mg, die für sich ebenfalls ternäre Eutektika bilden.

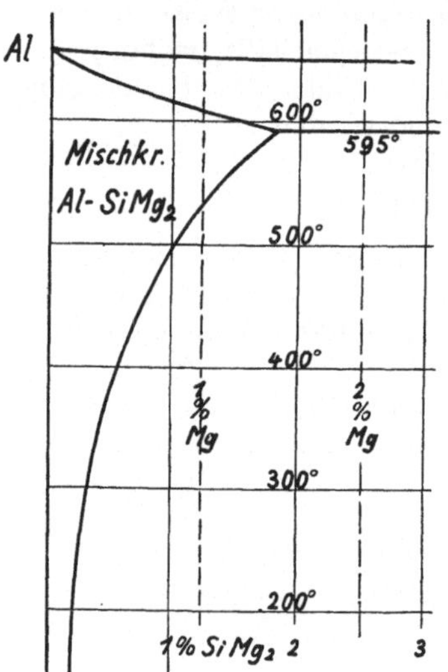

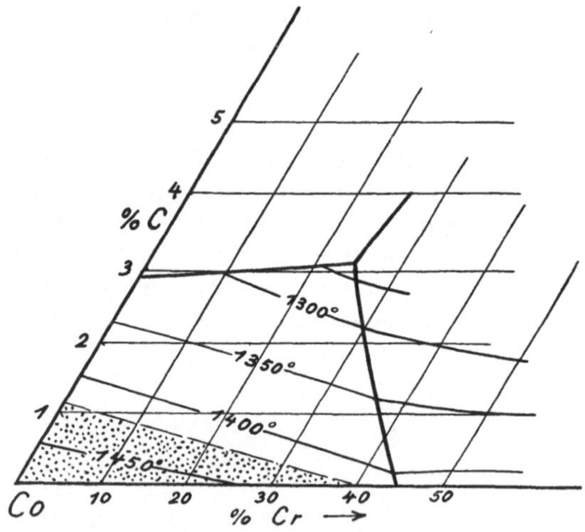

Abb. 243. Al-Mg-Si.
Binäres System Al-SiMg$_2$.
Mischkrystalle nach Aluminium.

Abb. 244. Gruppe 14. C-Co-Cr (IIIb · IIb · IVa).
Das Ausscheidungsgebiet und der Umfang der Mischkrystalle nach Co.

14. C-Co-Cr (IIIb · IIIb · IVa).

Da C-Cr zum System IVa, C-Co zu IIIb und Co-Cr zu IIb gerechnet wird, ist das ternäre System C-Cr-Co auch der Gruppe 14 zuzurechnen. Die Erstarrungsfläche für die Legierung bis zu einem Gehalt von 4 Proz. C und

50 Proz. Co ist nach den Untersuchungen von *Wever* und *Hashimoto* durch die Abb. 244 wiedergegeben. Es bildet sich ein ternäres Eutektikum, bei dem als Bodenkörper ternäre Mischkrystalle nach Kobalt, ein kobaltreicher Chrommischkrystall und Graphit vorliegen. Die Abb. 244 gibt in der Hauptsache das Ausscheidungsfeld für Co wieder, wobei auch der Umfang der Mischkrystallbildung vermerkt ist. Mit bis 40 Proz. steigendem Chromgehalt nimmt in ihnen der Kohlenstoff gleichmäßig ab.

<h2 style="text-align:center">Gruppe 14a (IV · ② · 3).</h2>

<h3 style="text-align:center">14a. Al-Cd-Mg (IIx · IIIb · IVa).</h3>

Nach den Angaben über die binären Systeme sollten Legierungen von Aluminium-Cadmium-Magnesium eigentlich Gruppe 13a zuzurechnen sein. Es gehören Al-Mg zum Typus IV und Al-Cd zu IIx und die Legierungen Cd-Mg wurden dem Typus IIa zugerechnet. Gerade aber die Untersuchung der Legierungen, die außer diesen Metallen Aluminium enthalten, dürften die dort ausgesprochene Vermutung bestätigen, daß Cd-Mg in Wirklichkeit vom Typus IIIb ist, so daß das System Al-Cd-Mg damit der Gruppe 14a (IV · 2 · 3) zuzurechnen ist.

Das von *Valentin* und *Chaudron* aufgestellte Zustandsbild der Legierung von Aluminium - Cadmium-Magnesium ist ein wenig verändert in der Abb. 245 wiedergegeben. Hinzugefügt wurde ein Feld *VII* für Al$_3$Mg$_2$ bzw. Mischkrystalle hiernach und damit ein invarianter Punkt *2*. Außerdem wurde die Grenze zwischen *III* und *IV* verschoben. Die Änderungen berühren nichts Wesentliches der Untersuchungen. Es bilden sich vier invariante Gleichgewichte, die offenbar alle eutektisch sind. Sie sind mit *1, 2, 3, 4* bezeichnet. Als feste Phasen sind beteiligt *V, III, VI*; *III, VI, VII*; *II, III, VII* und *II, III, IV*. Der Punkt *4* ist in der Abbildung nicht besonders vermerkt. Außerdem gibt es ein Gebiet *I*, in dem sich zwei Schmelzen bilden. Der kritische Punkt, in dem die beiden Flüssigkeiten identisch werden, liegt in dem kleinen Dreieck *I* offenbar nahe der Kante, die durch das große Dreieck verläuft. Von besonderem Interesse ist es, daß die Verfasser im ternären System das Nachbargebiet von MgCd in drei Teile zerlegen, obwohl sie für das reine aluminiumfreie System eine kontinuierliche Reihe Mischkrystalle annehmen mit einem einheitlichen Schmelzpunkt für MgCd. Dieses Ergebnis bekräftigt die für das binäre System Cd-Mg gemachte Annahme der Bildung dreier Arten Mischkrystalle. Auch die Lage der Mischungslücke, die eine klare Zerlegung in zwei Gebiete veranlaßt, weist deutlich auf eine intermediäre feste Phase zwischen Cd und Mg, die *Valentin* in der Verbindung CdMg an-

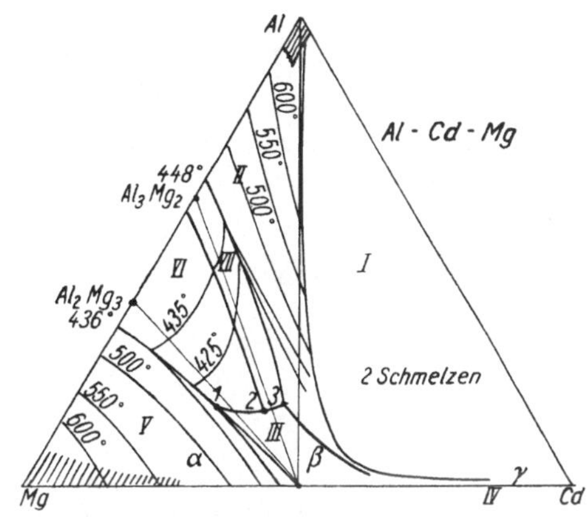

Abb. 245.
Gruppe 14a. Al-Cd-Mg (IVa · IIIb · IIx).

nahm, hin. Dieses System zeigt zum Unterschied gegenüber anderen, bei denen die Bildung zweier Flüssigkeiten zu beobachten ist, auch weite Gebiete, in denen keine Entmischung auftritt und sich interessante Gleichgewichte zwischen Schmelzen und den verschiedenen festen Phasen zeigen.

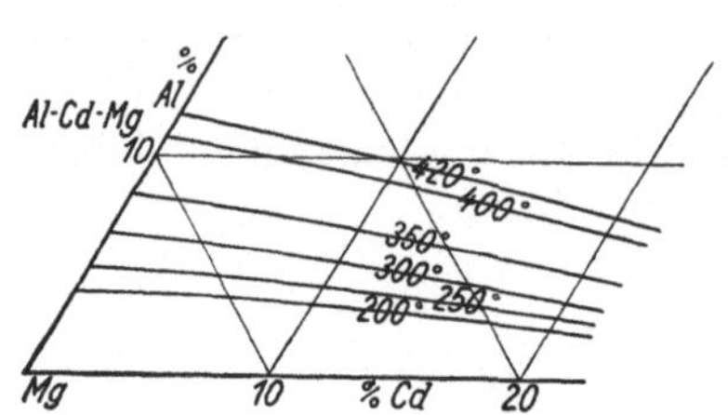

Abb. 246. Al-Cd-Mg. Umfang der Mischkrystallbildung nach Mg von 200° bis 420°.

Haughton und *Payne* untersuchten noch besonders die magnesiumreichen Legierungen bis zu einem Gehalt von 20 Proz. Cd und 10 Proz. Al auf die Fähigkeit der Bildung von Mischkrystallen nach Mg. Die Abb. 246 zeigt ihre Veränderung zwischen 200° und 420° und besonders, daß die Aufnahmefähigkeit von Al auf Zusatz von Cd etwas sinkt. Die Änderung mit der Temperatur ist oberhalb 200° geringer als bei höheren Temperaturen nahe der eutektischen.

Gruppe 15 (IV · 2 · 4).

15. Ag-Cu-Sb (IIb · IVa · IVb).

Im System dieser Art gibt es in zwei binären Grenzsystemen je vier Phasen. Wenn keine ternären neuen Verbindungen auftreten, finden sich im ganzen sieben verschiedene feste Phasen, und es handelt sich darum, festzustellen,

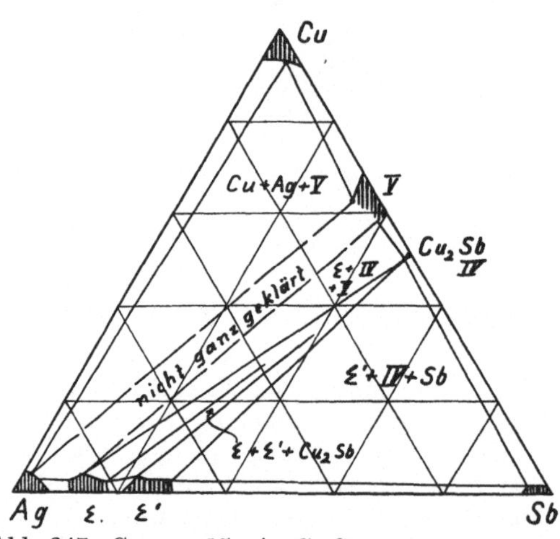

Abb. 247. Gruppe 15. Ag-Cu-Sb (IIb · IVa · IVb).

welche miteinander und einer Schmelze zu invarianten Gleichgewichten zusammentreten. Ein interessantes System dieser Art, das aber nur orientierend untersucht wurde, ist Ag-Cu-Sb. Antimon bildet mit den beiden anderen Metallen je zwei Verbindungen. Von diesen schmilzt Cu_3Sb ausgesprochen kongruent und bildet zwei verschiedene Formen. Auch Ag_3Sb hat vielleicht noch gerade einen kongruenten Schmelzpunkt. Die Zerlegung des Gebietes in Teilsysteme ist, wie die Abb. 247 angibt, in bezug auf das Gebiet zwischen Cu_2Sb und den beiden Silberverbindungen des Antimons geklärt. Die auftretenden festen Phasen sind ternäre Mischkrystalle nach diesen vier Körpern. Cu_2Sb und AgSb als Bestandteile ergeben einerseits mit Sb, anderseits mit Ag_3Sb Gleichgewichte, an denen drei feste Phasen teilnehmen. Der übrige Teil des Systems Ag-Cu-Sb zwischen Ag-Cu-Ag_3Sb-Cu_3Sb ist nicht vollständig geklärt. Da die beiden kupfer- und silberreichen Verbindungen in gleicher Art krystallisieren, erscheint es möglich, daß zwischen ihnen Mischkrystalle vielleicht sogar in lückenloser Reihe bestehen, wobei natürlich nicht beide Formen von Cu_3Sb-Mischkrystallen in Betracht kämen. Weitere Untersuchungen müssen auch in diesem Teil des Systemes der antimonarmen Legierungen Aufklärung geben.

Gruppe 16 (IV · 3 · 3).

Für die Gruppe mit je einer Verbindung in zwei Grenzsystemen und zwei Verbindungen im dritten gibt es bei den Legierungen ein eigentümliches Beispiel. Wenn keine ternären neuen Verbindungen auftreten, was aber leicht möglich ist, gibt es sieben verschiedene feste Phasen, die aber anders als vorher bei den Legierungen der Gruppe 15 verteilt sind, bei denen ebensoviel auftreten. Es lassen sich leicht Gleichgewichtsbilder konstruieren, wenn sich keine Besonderheiten finden. Solche sind bei dem System Al-Mg-Sb vorhanden.

16. Al-Mg-Sb (IV a · III a · III a).

In diese Gruppe gehört das interessante System Al-Mg-Sb, das in einem Teile mehrfach untersucht wurde. Mehrere von den binären Verbindungen haben kongruente Schmelzpunkte. Von diesen sind die Schmelzpunkte von Mg_3Sb_2 und AlSb sehr stark ausgeprägt und erheblich höher als die Schmelzpunkte der sie zusammensetzenden Metalle. Hieraus läßt sich zunächst auch ohne Versuche folgern, daß das gesamte Gebiet der drei Metalle durch die Gemische zwischen AlSb und Mg_3Sb_2 in zwei Gebiete zerlegt wird. Es entsteht ein kleines Teildreieck Sb-AlSb-Mg_3Sb_2, das ein ternäres Eutektikum aufweisen wird, was aber noch nicht festgestellt wurde. Bei dem Charakter der binären Verbindungen wäre es nicht ausgeschlossen, daß auch zwischen den drei Metallen eine ternäre Verbindung oder mehrere auftreten könnten. Die Untersuchung führte aber zu dem Ergebnis, daß sich zwischen der Verbindung Mg_3Sb_2 und Al eine

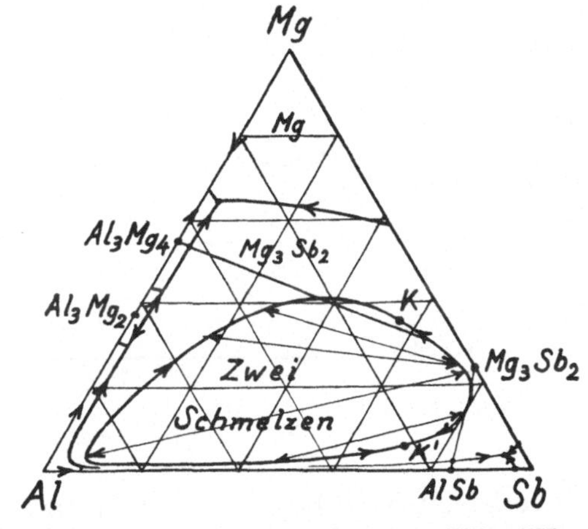

Abb. 248. Gruppe 16. Al-Mg-Sb (IV a · III a · III a).

Mischungslücke im flüssigen Zustande findet, die sich von 9 bis 98 Proz. Mg_3Sb_2 erstreckt. Es liegt also hier das gleiche merkwürdige Verhalten vor, wie es im System 10 · Bi-Cu-Sb zwischen Bi und der Verbindung Cu_3Sb gefunden wurde. In beiden Fällen ist eine antimonhaltige Verbindung Mg_3Sb_2 oder Cu_3Sb die Ursache der Entmischung. Infolge ihres salzartigen Charakters bilden sie mit Al bzw. Bi nur sich beschränkt mischende Schmelzen. Es handelt sich im Grunde gar nicht um ein System Sb-Al-Mg oder Sb-Bi-Cu, sondern um zwei verschiedene sich berührende Systeme Sb-Al-Mg_3Sb_2 mit Mg_3Sb_2-Al-Mg und Sb-Bi-Cu_3Sb mit Cu_3Sb-Bi-Cu. Bei der Untersuchung des in Abb. 248 angegebenen Systems

waren die technischen Schwierigkeiten besonders groß. Im aluminiumreichen
Gebiete wurden die Sättigungsverhältnisse genauer festgelegt. In bezug auf
die Ausdehnung der Mischungslücke unterscheiden sich die Untersuchungen
der verschiedenen Forscher etwas. In jedem Fall liegt das Entmischungsgebiet vollständig im Ausscheidungsgebiet der Verbindung Mg_3Sb_2. Nach
Loofs-Rassow tritt in dem Teilsystem Mg-Mg_3Sb_2-Al_3Mg_4 die Bildung zweier
Flüssigkeiten nicht mehr auf, während dieses nach *Guertler* und *Bergmann*
der Fall ist. Da im System Al-Mg außer der kongruent schmelzenden Verbindung Al_3Mg_2 neuerdings noch zwei andere angenommen werden, ist das
Zustandsbild vielleicht etwas anderes, als die bisherigen Untersuchungen angeben. Eine Ergänzung hätte Interesse.

<h2 style="text-align:center">Gruppe 17 (IV · 3 · 4).</h2>

<h3 style="text-align:center">17. Ag-Hg-Sn (IVb · IIIb · IVb).</h3>

Bei der Gruppe 17 finden sich außer den drei Metallen noch fünf verschiedene binäre feste Verbindungen als Bodenkörper, die den drei binären Systemen
zugehören. Selbstverständlich kann auch der Fall eintreten, daß einige oder
gar alle acht festen Phasen ternäre Mischkrystalle bilden. Auch ternäre Verbindungen werden außerdem vorkommen können. Zu dieser Gruppe gehören
nach dem Verhalten der Grenzgemische die Legierungen Ag-Hg-Sn. Das
System Hg-Sn gehört zu IIIb, die beiden anderen zu IVb. Es hat also keine

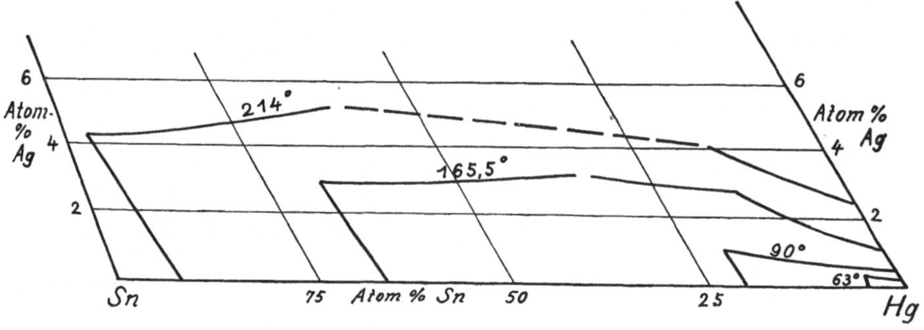

Abb. 249. Gruppe 17. Ag-Hg-Sn (IVb · IIIb · IVb).

der vorkommenden binären festen Körper einen kongruenten Schmelzpunkt.
Durch *Tammann* und *Mansuri* wurde festgestellt, daß sich aus frischen Gemischen von Quecksilber mit Zinn und Silber andere Metallgemische abpressen
lassen als aus alten. Es ist auch erklärlich, daß Reaktionen zwischen dem
Quecksilber mit den anderen Metallen gewisse Zeit in Anspruch nehmen. Die
Abb. 250 gibt die Zusammensetzung der abgepreßten alten und neuen Gemische an. Bei frisch hergestellten Gemischen ist der Gehalt an Quecksilber
geringer, manchmal sogar erheblich. Die Bodenkörper sind demnach verschieden. *Knight* und *Joynes* untersuchten die Löslichkeit von Sn-Ag in
Quecksilber bei verschiedenen Temperaturen bis 214°. Das Ergebnis ist in
der Abb. 249 wiedergegeben, wobei der Maßstab für Silber stark vergrößert
ist. Die Kurven bezeichnen die Zusammensetzung der Lösungen bei den ver-

schiedenen Temperaturen. Es geht hieraus hervor, daß die Löslichkeit von Silber in Quecksilber bei Gegenwart von Zinn erheblich zunimmt. Die Bodenkörper des quecksilberhaltigen Gemisches ändern sich bei höherer Temperatur mit dem Gehalt an Zinn. Eine ganz klare Entscheidung in dieser Hinsicht lassen die Versuche nicht zu. Das Auftreten ternärer Verbindungen ist wahrscheinlich. In den zinnarmen Legierungen sind offensichtlich die Verbindungen zwischen Ag und Hg Bodenkörper, während in den zinnreichen auch Verbindungen mit Ag und Sn auftreten. Die Untersuchung ergab, daß bei höherer Temperatur flüssige Gemische beim Abkühlen vollständig erstarren können. Es sind das die Gemische, welche weniger Quecksilber enthalten als die von Zinn mit der quecksilberreichsten Verbindung des Silbers.

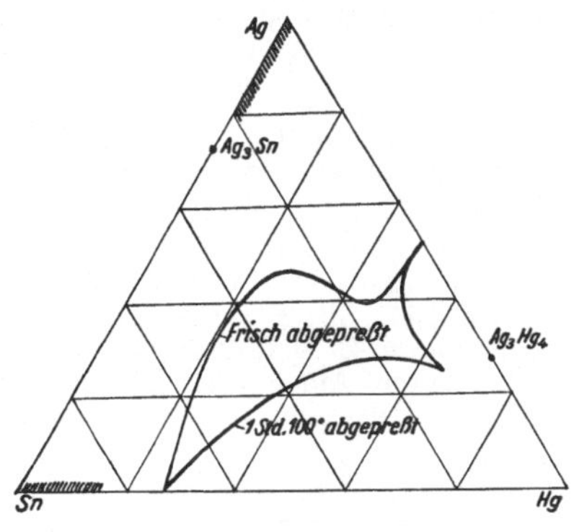

Abb. 250.
Ag-Hg-Sn. Altern von Ag-Sn-Amalgamen.

Die Legierungen wurden wegen ihrer Anwendung in der Zahnheilkunde auch in bezug auf Härte, Erhärtungsgeschwindigkeit, Bruchfestigkeit und Volumänderung mehrfach untersucht.

Literatur zu ternären Legierungen vom Typus IV.

10. IV · 1 · 2.
  (67) Bi-Cu-Sb: *N. Parravano*, Gazz. chim. ital. **40**, 1910, 445.
  (65) Bi-Cu-Ni: *K. L. Meißner*, Z. Metallkde. **14**, 1922, 173.
10a. IV · 1 · ②.
  (72) Bi-Sb-Zn: *C. A. Wright*, Proc. Roy. Soc., Lond. **55**, 1894, 130.
11. IV · 1 · 3.
  (54) As-Sb-Sn: *J. E. Stead* u. *L. J. Spencer*, Engineering **1919**, Nr. 2811, 633.
11a. IV · 1 · 3.
  (5) Ag-Au-Te: *Pellini*, Gazz. chim. ital **45. I**, 1915, 469.
13. IV · 2 · 2.
  (21) Ag-Pb-Sn: *N. Parravano*, Int. Z. Metallogr. **1**, 1911, 89 — Gazz. chim. ital. **42 II**, 1912. — *V. Fischer*, Z. Metallkde. **26**, 1934, 80.
  (20) Ag-Pb-Sb: *W. Guertler*, Forsch.-Arb. Metallkde. **1923**, H. 1, 8.
  (93) Cd-Pb-Sb: *E. Abel, O. Redlich* u. *J. Adler*, Z. anorg. allg. Chem. **174**, 1928, 269. — *F. D. Wever*, J. alloys **56**, 1934, 224. — *Aoki, Osawa* u. *Iwazé*, Kinzoku no Kenkyn **7**, 1936, 147.
  (165) Pb-Sb-Sn: *E. Heyn* u. *O. Bauer*, Verh. Gewerbe, Beih. Fb. **1914**. — *Loebe*, Metallurgie 8, 1911, 7. — *R. A. Morgan, L. G. Swenson, F. C. Nix* u. *E. H. Roberts*, Amer. Inst. min. metallurg. Engr. Techn. Publ. **1927**, Nr. 43, 1.
13a. IV · 2 · ②.
  (2) Ag-Al-Pb: *C. A. Wright*, Proc. Roy. Soc., London **52**, 1892/93, 11.
  (1) Ag-Al-Bi: *C. A. Wright*, Proc. Roy. Soc., London **52**, 1892/93, 11.
  (24) Al-Be-Mg: *G. Masing* u. *O. Dahl*, Wiss. Veröff. Siemens-Konz. 8, 1929, 252.
  (132) Cu-Pb-Sb: *H. Schack*, Z. anorg. allg. Chem. **132**, 1925, 265. — *M. Goto*, Nihon-Kôgyôkwaishi **37**, 1921, 815. — *R. A. Morgen, L. G. Swenson, F. C. Nix* u. *E. H. Roberts*, Amer. Inst. min. metallurg. Engr. Techn. Publ. **1927**, Nr. 42, 1.
  (166) Pb-Sb-Zn: *G. Tammann* u. *O. Dahl*, Z. anorg. allg. Chem. **144 I**, 1925, 587.

14. IV · 2 · 3.

(42) Al-Mg-Si: *D. Hanson* u. *M. L. V. Gayler*, J. Inst. Met., Lond. **26**, 1921, 32. — *W. Sander* u. *K. L. Meissner*, Z. Metallkde. **14**, 1923, 180; **16**, 1924, 15. — *V. Fuss*, Z. Metallkde. **16**, 1924, 24. — *E. H. Dix, F. Keller* u. *R. W. Graham*, Z. Metallkde. **23**, 1931, 126. — *L. Losane*, Metallurg. ital. **23**, 1931, 367.

(63) Bi-Cu-Mg: *K. L. Meissner*, Z. Metallkde. **14**, 1922, 175.

(75) C-Co-Cr: *Wever* u. *Hashimoto*, Forsch.-Arb., Düsseld. **11**, 1929, 320.

14a. V · ② · 3.

(167) Pb-Sn-Zn: *C. A. Wright*, Proc. Roy. Soc., Lond. **48**, 1890, 25.

(28) Al-Cd-Mg: *Valentin*, Rev. Métallurg. **23**, 1926, 295.

15. IV · 2 · 4.

(15) Ag-Cu-Sb: *W. Guertler* u. *W. Rosenthal*, Z. Metallkde. **24**, 1932, 33.

16. IV · 3 · 3.

(41) Al-Mg-Sb: *E. Loofs* u. *Rassow*, Met. u. Erz **1932**, 502. — *W. Guertler* u. *A. Bergmann*, Z. Metallkde. **25**, 1933, 81 u. 111. — *E. H. Dix, F. Keller* u. *R. A. Willey*, Trans. Amer. Inst. min. metallurg. Engr. **1931**, 396. — *J. Veszelka*, Mitt. Berg. u. Hüttenm. Hochsch. Sopron, Ungarn **1932**, 193.

17. IV · 3 · 4.

(18) Ag-Hg-Sn: *R. A. Joynes*, Trans. chem. Soc. **8**, 1911, 99. — *G. Tammann* u. *Q. A. Mansuri*, Z. anorg. allg. Chem. **132**, 1924, 65. — *G. Tammann* u. *O. Dahl*, Z. anorg. allg. Chem. **144**, 1925, 16. — *W. A. Knight* u. *R. A. Joynes*, J. chem. Soc. **103**, 1933, Trans. 2, 2247.

Typus V.

Allgemeines.

Alle ternären Legierungen, die mindestens ein Grenzsystem haben mit fünf oder mehr festen Phasen, sind unter Typus V zusammengefaßt. Da bei binären Legierungen vom Typus V außer dem Vorkommen von Verbindungen oft auch die Bildung von Mischkrystallen beobachtet wird, ist dieses auch bei diesen ternären Legierungen wichtig. Wegen der Kompliziertheit der Systeme, die auch bereits in den binären Legierungen zum Ausdruck kommt, sind die ternären Legierungen vom Typus V vielfach nur unvollständig untersucht. Anderseits haben gerade Legierungen dieser Art mehrfach erhebliches technisches Interesse. Entsprechend dem Verhalten der binären Grenzsysteme enthält der Typus 14 Gruppen, denen sich wegen der besonderen Behandlung der Legierungen mit Bildung zweier Flüssigkeiten noch Untergruppen anschließen. Nicht von allen sind Beispiele bekannt. Es gibt folgende Gruppen: 19. V · 1 · 2; 20. V · 1 · 3; 21. V · 1 · 4; 22. V · 1 · 5; 23. V · 2 · 2; 23a. V · 2 · ②; 24. V · 2 · 3; 24a. V · ② · 3; 25. V · 2 · 4; 25a. V · ② · 4; 26. V · 2 · 5; 27. V · 3 · 3; 28. V · 3 · 4; 29. V · 3 · 5; 30. V · 4 · 4; 31. V · 4 · 5; 32. V · 5 · 5.

Die der gleichen Gruppe zugehörigen Legierungen dreier Metalle haben erklärlicherweise oft große Ähnlichkeit miteinander. Sie werden um so komplizierter, je mehr es außer dem binären Grenzsystem vom Typus V auch die beiden anderen werden. Bei einfachem Typus dieser beherrscht das Verhalten des binären Systemes V in weitem Umfang auch das ternäre. Wenn in einem ternären System eines der binären Grenzsysteme vom einfachsten Typus mit vollständiger Mischbarkeit der festen Phasen (Typus I) ist, während die beiden anderen komplizierter sind, so ist das Verhalten dieser beiden in der Hauptsache für das ternäre System maßgebend. In solchen Fällen ist wegen der aus der Bildung von Mischkrystallen in jedem Verhältnis zu folgernden Ähnlichkeit zweier Metalle auch die Bildung von Mischkrystallen der Verbindungen dieser beiden Metalle mit dem dritten möglich. Wie aus den Betrachtungen der komplizierten binären Systeme hervorgeht, gibt es weitgehende Verwandtschaft zwischen solchen Systemen, welche keine ausgeprägten Schmelzpunktmaxima der Verbindungen haben, und anderseits solchen, bei denen ganz ausgeprägte Schmelzpunktmaxima auftreten. Sie wurden deswegen auch in die Gruppen IIIa, IIIb; IVa, IVb und Va, Vb getrennt. Dieses führt dazu, daß in den ternären Legierungen wesentliche Unterschiede bestehen zwischen Metallen einer ersten und zweiten Gruppe von Legierungen, wobei in der ersten kongruent schmelzende Verbindungen, in der zweiten die Legierungen mit Mischkrystallen vorherrschen. Die Legierungen der zweiten Art, zu denen ternäre Messinglegierungen und Bronzen zu rechnen sind, haben technisch erheblich größere Bedeutung als die der ersten Art. Außer diesen gibt es natürlich auch ternäre Legierungen, die gleichzeitig Grenzsysteme der binären Typen IIIa, IVa, Va und IIIb, IVb, Vb enthalten.

Man könnte bei den verschiedenen Gruppen demnach drei Arten von Systemen unterscheiden, solche, bei denen die komplizierteren Grenzsysteme nur vom Typus IIIa, IVa, Va sind, solche nur vom Typus IIIb, IVb, Vb und solche, die beide enthalten. Diese Teilung ist aber nicht grundsätzlich, sondern nur an den Beispielen durchgeführt. Untersuchungen von Legierungen der dritten Art sind wenig durchgeführt, da sie meist technisch geringeres Interesse haben, obwohl sie wissenschaftlich besonders interessant sind. Bei der zweiten Gruppe gibt es Mischkrystalle, die in größerem Umfange alle drei Metalle enthalten, manchmal in jedem Mischungsverhältnis der binären Komponenten. Die Konstitution, die aus dem Erstarrungsbild abzulesen ist, sofern nicht im festen Zustande Umwandlungen eintreten, läßt sich vielfach aus den binären Grenzsystemen voraussehen. Hierbei sind die Temperaturen der Erstarrung der in den Grenzsystemen auftretenden festen Phasen von maßgebender Bedeutung. Tritt, wenn man so sagen darf, ein Metall oder Verbindung des einen Grenzsystems mit einem des andern in Konkurrenz, so überwiegt das Ausscheidungsfeld im ternären Gebiete von dem festen Körper mit höherem Schmelzpunkt. Diese Regel läßt sich an vielen Beispielen, die unten angegeben, nachweisen.

Sie sei an dem folgendem, konstruierten einfachen Beispiel, das dem Typus IV · 2 · 3 zugehört, erörtert. Eine Übertragung auf kompliziertere Typen ist sinngemäß leicht durchzuführen, wobei allerdings zu bemerken ist, daß gerade in diesen Fällen die Bildung ternärer Verbindungen, die hier nicht berücksichtigt sind, häufiger vorkommen wird. Doch läßt sich auch deren Vorkommen vielfach als wahrscheinlich voraussehen. Handelt es sich bei dem Typus IV · 2 · 3 in den binären Systemen überall um kongruent schmelzende Verbindungen mit dazwischenliegenden Eutektika, so ist auch in dem ternären Systeme das Vorkommen ternärer Eutektika so gut wie sicher. Es ergeben sich alsdann drei mögliche Fälle, die in den drei Abb. 251 bis 253 schematisch wiedergegeben sind. Jedesmal sollen neben den Metallen A, B, C die kongruent schmelzenden Verbindungen D, E, F vorkommen. In den verschiedenen Fällen bilden sich vier ternäre Eutektika, die mit G, H, I, K, L, M, N, O bezeichnet sind. In allen drei Fällen tritt ein Eutektikum G zwischen A, D

und E auf. Der Fall I wird dann auftreten, wenn Verbindung D, und Fall III, wenn Metall C einen besonders hohen Schmelzpunkt hat. Im Fall I und II hat auch F einen verhältnismäßig hohen Schmelzpunkt, so daß F mit D ein binäres Eutektikum g bildet, woraus in beiden Fällen auch das ternäre H folgt. Die Fälle I und II unterscheiden sich, indem bei I auch B verhältnismäßig hoch schmilzt, so daß in dem System der vier Körper B, C, D, F das gleichzeitige Vorkommen von B und D im Eutektikum h eintritt. Schmilzt B nicht so hoch, so tritt Fall II ein mit gleichzeitigem Vorkommen von F und C im Eutektikum i. Die vier Körper kann man gewissermaßen als reziprokes „Salzpaar" ansehen. Es besteht die Reaktionsmöglichkeit, die qualitativ

Abb. 251.

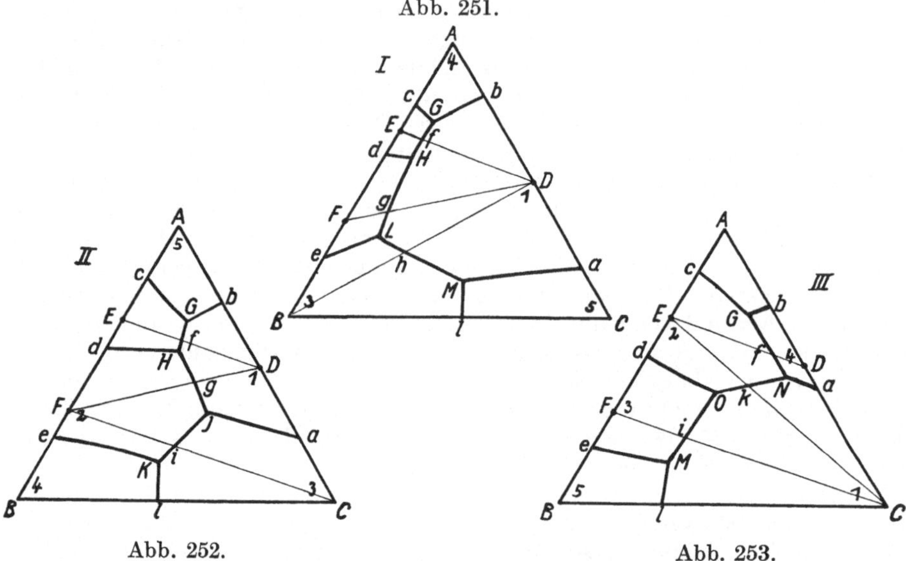

Abb. 252.　　　　　　　　　　　　　　　　Abb. 253.

Abb. 251 bis 253. Gruppe 14 (IVa · IIa · IIIa).
Die drei Fälle bei kongruenten Schmelzpunkten der drei binären Verbindungen.

durch die Gleichung $B + D = F + C$ ausgedrückt werden kann. In den Abbildungen ist noch durch die Zahlen 1, 2, 3, 4, 5 die Reihenfolge der Schmelzpunkte angedeutet, die zu den angegebenen Verhalten führen würden.

Wenn das Verhalten in den angegebenen Fällen kongruenter Schmelzpunkte besonders leicht zu übersehen ist — immer unter den nicht in allen Fällen zutreffenden Bedingungen des Fehlens ternärer Verbindungen, so ist doch auch die Übertragung des auseinandergesetzten Typus IV · 2 · 3 auf den Fall inkongruenten Schmelzens der drei binären Verbindungen nicht schwer. Maßgebend sind in erster Linie immer die Schmelztemperaturen der vorkommenden festen Phasen. Der Fall der Gruppe IV · 2 · 3 führt nur dann nicht zu vier invarianten Punkten im darstellenden Dreieck, wenn D mit E oder F eine kontinuierliche Reihe Mischkrystalle bildet, wobei das Ausscheidungsfeld für D mit dem von E oder F in eines zusammenfließt. Sonst bilden sich vier Vierphasengleichgewichte zwischen Schmelze und drei festen Stoffen, die aber nicht mehr eutektisch zu sein brauchen, so daß also auch die zugehörigen

Schmelzen außerhalb der Dreiecke zu liegen kommen können, deren Eckpunkte die zugehörigen drei festen Phasen darstellen. Es ist zu beachten, daß in den angegebenen Fällen die Gleichgewichtsverhältnisse am einfachsten für das Metall A sind, das stets mit den benachbarten binären Verbindungen E und D ein ternäres Eutektikum bildet. Der Grund liegt darin, daß zwischen B und C keine Verbindung auftritt. Auch in komplizierteren Fällen, z. B. bei V · 2 · 5, für das verschiedene Beispiele vorliegen, ist dieses der Fall. Es bildet sich stets ein Gleichgewicht des einen Metalles mit den benachbarten binären Verbindungen und einer Schmelze.

Gruppe 19 (V · 1 · 2). 20 (V · 1 · 3) und 21 (V · 1 · 4).

Von den Gruppen 19, 20 und 21 sind keine Beispiele bekannt, dagegen liegen für die Gruppe 22 verschiedene Untersuchungen vor.

Wenn zwei Metalle einander so nahestehen, daß sie in jedem Mischungsverhältnis miteinander Mischkrystalle bilden, ist ihr Verhalten zu einem dritten Metall auch meist gleichartig. Hierin liegt der Grund für das häufigere Vorkommen der Legierungen der Gruppe 22 (V · 1 · 5).

Zur Gruppe 20 (V · 1 · 3) gehören die eisenhaltigen Legierungen Al-Cr-Fe und Fe-Si-V, die später bei F 2 ausführlich behandelt sind.

Gruppe 22 (V · 1 · 5).

Von besonderem Interesse sind ternäre Legierungen, bei denen zwei Grenzsysteme zum kompliziertesten binären Typus V gehören, das dritte dagegen zum einfachsten Typus I. Es finden sich eine Reihe Legierungen, die dieser Gruppe angehören. Zunächst sind es die vier Systeme, die sich aus Kupfer-Nickel durch Hinzufügen von Zink, Aluminium, Zinn und Silicium ergeben, ferner die Legierungen Kupfer-Platin-Zinn und das System Arsen-Kobalt-Nickel, das nur mit Einschränkung zu den Legierungen zu rechnen ist.

22. Cu-Ni-Zn (Ia · Vb · Vb).

Die Abb. 255 gibt für die Legierungen Cu-Ni-Zn eine schematische Darstellung des Raumbildes nach *Bauer* und *Hansen* mit dem Grenzsysteme von Zn und den beiden Metallen Ni und Cu und den Bodenkörpern, die im ternären Gebiet in Betracht kommen. Für Ni-Zn ist noch das ältere Zustandsbild angenommen, das zum Typus IV gehört. Die Ähnlichkeit der Mischkrystalle zwischen den Verbindungen von Cu und Ni mit Zn äußert sich in der Bildung einer lückenlosen Reihe von Mischkrystallen. Es sind dieses die Legierungen, die in einer Riesenzelle im Krystallgitter auftreten und nach der Regel von *Hume-Rothery* zusammengehören. Das gesamte Gebiet der Legierungen von Cu-Ni-Zn wird durch das Gebiet der γ-Mischkrystalle in zwei selbständige Gebiete zerlegt. Die binären Grenzmischkrystalle zeigen gerade noch einen

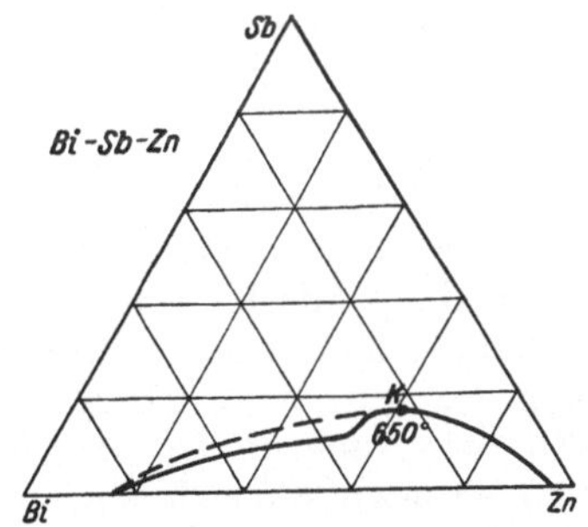

Abb. 254.
Gruppe 19a. Bi-Sb-Zn (Ia · Va · IIx).

kongruenten Schmelzpunkt. Von den γ-Mischkrystallen nach den zinkreichen
Legierungen hin gibt es außer den zinkreichen beiden Cu-Zn-Mischkrystallen
noch die in der Abbildung nicht vermerkten zinkreichen Verbindungen mit
Nickel. Dieses Gebiet ist noch nicht vollständig untersucht worden. Jedenfalls werden auch dort ternäre Mischkrystalle als feste Phasen auftreten.
Der andere Teil des Gebietes jenseits der Mischkrystalle nach der Grenze Cu-Ni
hin enthält nur drei feste Phasen. Hierbei sind die beiden Formen von
β-CuZn als eine Phase gerechnet, und die Verbindung NiZn ist als unsicher
vernachlässigt. Die dritte feste Phase, die außer den γ-Mischkrystallen und den
α-Mischkrystallen von Cu-Ni auftritt, ist die β-Mischkrystallphase der beiden
binären Systeme. Da diese in dem System Zn-Ni eine untere Grenze hat, muß sich
von dem Umwandlungspunkte in das Innere des Dreistoffgebietes eine Grenzkurve erstrecken, welche nach tieferen Temperaturen verläuft, in der Art, wie
es die Abbildung anzeigt. Das System wurde durch zahlreiche thermische und
mikroskopische Untersuchungen festgelegt, auch die Härte wurde bestimmt.

Die japanischen Forscher *Yamaguchi* und *Nakamura* dehnten die Untersuchung in diesem System Cu-Ni-Zn noch auf Gemische mit höherem
Nickelgehalt aus. Das Schmelzbild, das sie konstruierten, ist in der Abb. 256

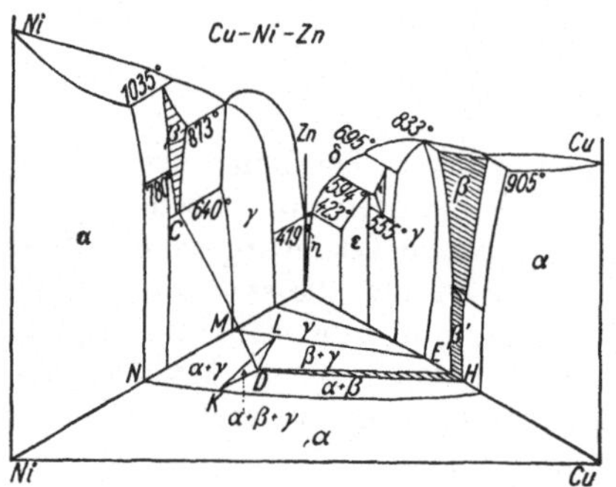

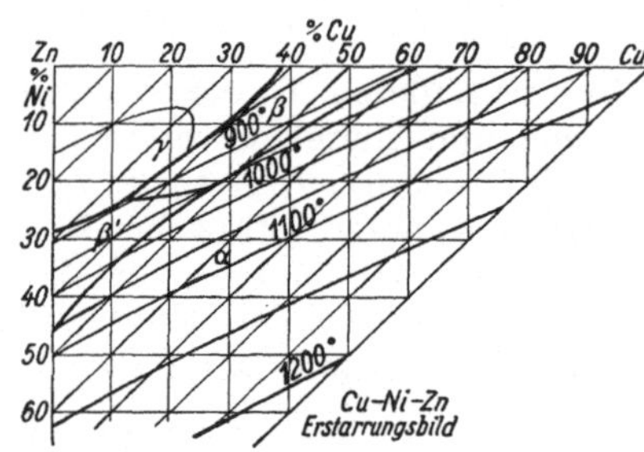

Abb. 255. Gruppe 22. Cu-Ni-Zn (Ia·Vb·Vb).
Perspektivische Darstellung. Die binären
Grenzsysteme Ni-Zn und Cu-Zn nach *Bauer*
und *Hansen*.

Abb. 256.
Cu-Ni-Zn. Erstarrungsfelder von α-, β-,
β'-Mischkrystallen mit Isothermen nach
Yamaguchi und *Nakamura*.

wiedergegeben, soweit es sich um die Ausscheidungsfelder von α-, β-, β'- und
γ-Mischkrystalle handelt. Hiernach gibt es nicht ein zusammenhängendes
Feld für die β-Mischkrystalle, sondern deren zwei. Dieses gibt Veranlassung
zur Bildung zweier invarianter Gleichgewichte: α, β, β', flüssig, und β, β', γ,
flüssig. Es gibt einen Übergang zwischen den β'-Mischkrystallen des Systems
Ni-Zn, wie auch *Bauer* und *Hansen* angeben, in die β'-Mischkrystalle des
Systems Cu-Zn, die sich erst aus den erstarrten β-Mischkrystallen bilden. Die
ternären Mischkrystalle, die also den β'-Cu-Zn-Mischkrystallen entsprechen,
die sich erst aus den erstarrten Legierungen bilden, werden durch die Aufnahme von Nickel in den Stand gesetzt, auch als Bodenkörper von Schmelzen
aufzutreten. Das Gebiet zwischen den β- und β'-Mischkrystallen ist nur sehr
schmal. Die Abb. 257 enthält nach den japanischen Forschern die Angaben
über die verschiedenen Gefügebestandteile der erstarrten Gemische bei 20°.
Eine kürzlich erschienene Arbeit von *Schramm* behandelt durch Unter-

suchung zahlreicher Legierungen das gesamte System in bezug auf seinen
Gefügeaufbau bei allen Temperaturen von der Erstarrung abwärts. Die
Untersuchung wurde thermisch, mi-
kroskopisch und röntgenographisch
durchgeführt. Nicht berücksichtigt
wurde der früher von *Bauer* und *Hansen* eingehend behandelte Teil der Legierungen, die aus Messing durch mäßi-
gen Nickelzusatz entstehen. Die beiden
Abb. 258 und 259 geben einen Teil
der Ergebnisse wieder. Die erste umfaßt die Erstarrungstemperatur und
zeigt deutlich die Grenzen der α- und
β-Mischkrystallbildung. Sie enthält
ferner die Darstellung der Schmelzfläche der α-Mischkrystalle und die
Gleichgewichte dieser mit Schmelze.
Ferner sind auch die Gleichgewichte
der Mischkrystalle mit α und β mit

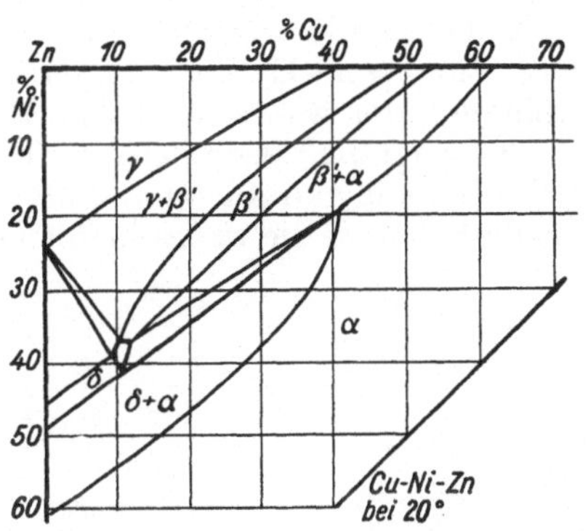

Abb. 257. Cu-Ni-Zn. Zustandsbild bei 20°
nach *Yamaguchi* und *Nàkamura*.

Schmelze vermerkt. Die zweite Abbildung gibt ein Zustandsbild der Legierungen nach vollständigem Erstarren bei Zimmertemperatur. Sie zeigt den
Umfang der Mischkrystallbildung im ternären Gebiet und die Gleichgewichte,
die sich zwischen zwei und drei Bodenkörpern bilden.

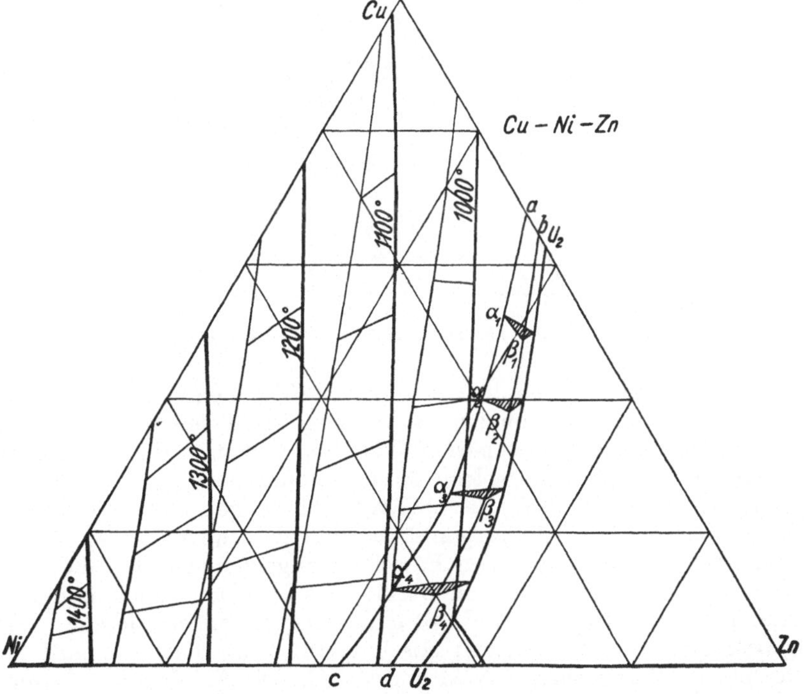

Abb. 258. Cu-Ni-Zn. Dreieckdarstellung. Ausscheidungsgebiet von Cu-Ni-Mischkrystall.

22. Cu-Ni-Al (Ia · Va · Vb).

Das System Aluminium-Kupfer-Nickel ist mehrfach thermisch und mikroskopisch untersucht worden. Von *Bingham* und *Haugthon* wurde, wie es Abb. 261 angibt, der aluminiumreiche Teil festgestellt und auch die mechanischen Eigenschaften in diesem Gebiet untersucht. In diesem Systeme wurde eine ternäre Verbindung der wahrscheinlichen Zusammensetzung Cu_2NiAl_5 gefunden. Die Abb. 260 zeigt die Wiedergabe der Erstarrungsfläche für alle Gemische in dem System, wie sie von *Austin* und *Murphy* bestimmt wurde. Sie wurde ein wenig verändert, indem die wahrscheinlichen Ausscheidungsgebiete einiger Bestand-

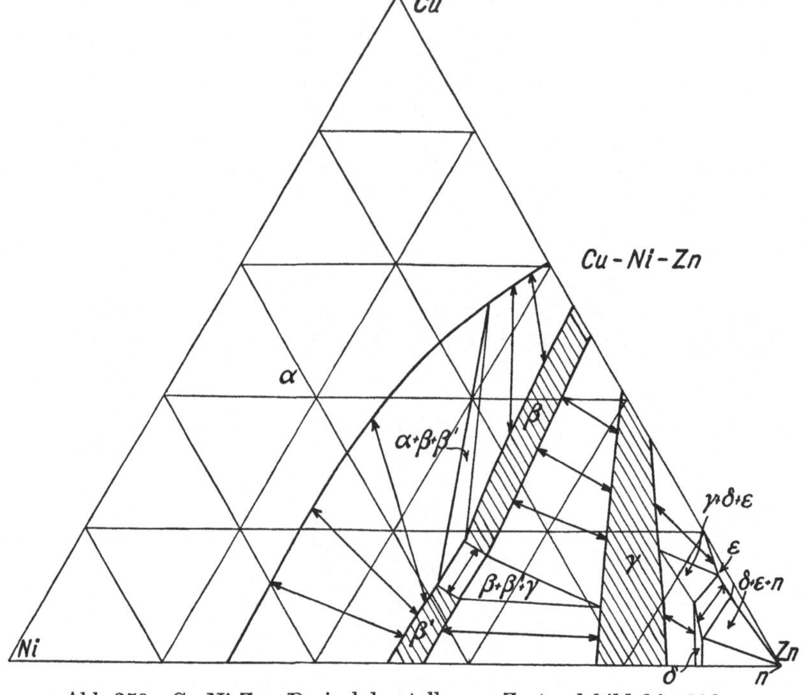

Abb 259. Cu-Ni-Zn. Dreieckdarstellung. Zustandsbild bis 20°.

teile eingefügt wurden. Auch die Lage der verschiedenen festen Phasen wurde hinzugefügt. Die beiden Schmelzpunktmaxima der Systeme, AlNi und Cu_3Al, geben Veranlassung zu einer scharfen Trennung in dem Verhalten aller Legierungen zunächst in zwei Teile, solche, die aluminiumreicher, und solche, die aluminiumärmer als die Gemische der beiden Verbindungen sind. Dieses war von vornherein wegen der Schmelzpunktmaxima zu erwarten. Als besondere Eigentümlichkeit wurde nach den Forschern angenommen, daß diese beiden Verbindungen eine kontinuierliche Reihe von Mischkrystallen bilden. Das aluminiumärmere System bestände alsdann aus Legierungen, die nur zwei feste Gefügebestandteile enthalten, den Mischkrystallen zwischen Ni und Cu und den der beiden Verbindungen NiAl und Cu_3Al. Die Art der Erstarrung von Legierungen mit einem solchen Verhalten ist früher genauer auseinandergesetzt.

Bilden wirklich die beiden Metallverbindungen eine kontinuierliche Reihe von
Mischkrystallen, so besteht jede Legierung in dem angegebenen Gebiete nach
dem Erstarren aus einem Gemisch dieser Mischkrystalle und solcher aus Cu
und Ni. Nach röntgenographischen Untersuchungen krystallisiert AlNi im
flächenzentrierten, Cu_3Al dagegen in einem komplizierteren kubischen Gitter.
Es ist wahrscheinlich, daß in Wirklichkeit zwischen den beiden Metallverbindungen im festen Zustande eine Mischungslücke der Mischkrystalle besteht.
Auch die Art der beobachteten Erstarrung macht dieses nicht unwahrscheinlich, indem in Legierungen
zwischen NiAl und Cu_3Al
zwischen 20 und 75 Mol.-
Proz. NiAl die Temperatur
des vollendeten Erstarrens
dieselbe ist. Die Mischkrystalle erstrecken sich hiernach wahrscheinlich über
ein Gebiet von 0 bis 20 und
75 bis 100 Proz. NiAl. Da
beide kubisch sind, wäre es
nicht ausgeschlossen, daß
sie mikroskopisch mit einheitlichen Mischkrystallen,
die sich über das ganze Gebiet hin erstrecken, ver-
wechselt wurden. In dem
kupferreichen Gebiet finden
sich, nach dieser Auffas-
sung, auch Gemische dreier
fester Phasen. Das alu-

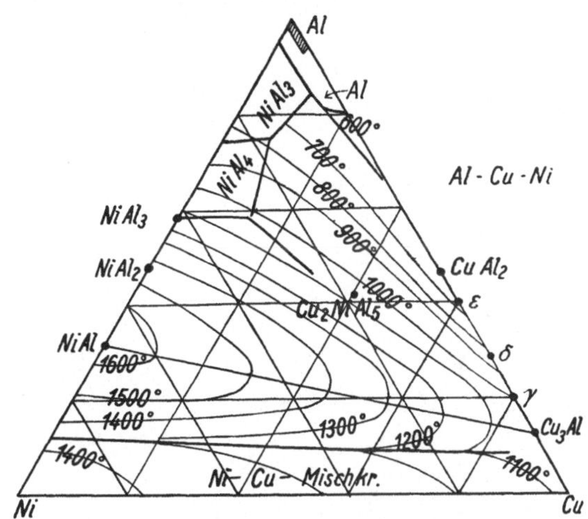

Abb. 260. Gruppe 22. Al-Cu-Ni (Va · Ia · Va)
Erstarrungsbild und Isothermen.

miniumreichere Gebiet ist zwar genau untersucht in bezug auf die Ausscheidungstemperaturen, doch ist es nicht in die verschiedenen Gebiete zerlegt,
die als Ausscheidungsgebiete für die festen Phasen auftreten müssen. Einen
großen Teil nimmt jedenfalls das Ausscheidungsgebiet von NiAl bzw. seiner
Mischkrystalle und die ternäre Verbindung Cu_2NiAl_5 in Anspruch. Da von fast
250 Legierungen Abkühlungskurven untersucht wurden, erscheint es möglich,
noch nachträglich eine Zerlegung festzustellen. Die gezeichnete Abbildung gibt
die ungefähre Zerlegung des Gebietes und die Isothermen wieder.

22. Cu-Ni-Si (Ia · Va · Va); Cu-Ni-Sn (Ia · Va · Vb).

Auch die beiden vierwertigen Metalle Zinn und Silicium ergeben wie Al
und Zn mit den Metallgemischen Cu-Ni Legierungen der Gruppe 22.

Ein Zustandsbild der Legierungen Cu-Ni-Si wurde bisher nicht aufgestellt.
Crepaz stellte aus Schliffbildern fest, in welchem Umfang Ni und Si in das
Gitter des Kupfers eintreten. Die Härte ändert sich sprunghaft an der Stelle,
an der das Verhältnis 2 Ni : Si besteht. Si für sich löst sich nach *Crepaz* bei
750° zu 6,7 Proz., bei 20° zu 2,7 Proz. in Cu.

Das System Cu-Ni-Sn wurde in bezug auf die Grenzen der Mischkrystalle
Cu-Ni von *Price, Grant* und *Phillips* für 800° untersucht, wie es die Abb. 262
angibt. Die Isothermen bei 700° und 300° zeigen, wie sich mit sinkender

Temperatur der Umfang der Mischkrystallbildung in den kupferreichen Legierungen verringert. In dem Zustandsbilde für das ganze System wird sich möglicherweise ein zusammenhängendes Ausscheidungsgebiet für Mischkrystalle γ aus Kupfer-Zinn und Nickel-Zinn durch das ternäre Gebiet hin erstrecken. Jedenfalls wird das ganze Gebiet scharf in zwei voneinander unabhängige Systeme zerlegt, die im darstellenden Dreieck zwischen Gemischen dieser beiden binären γ-Formen liegen. Nach höherem Zinngehalt schalten sich Gebiete für Sn und die zinnreicheren binären Verbindungen mit Cu und Ni ein. Nach den Cu-Ni-reichen Legierungen kommen Ausscheidungsgebiete der beiden β-Formen von Cu und Ni mit Sn hinzu. Von diesen hat nach *Verö*

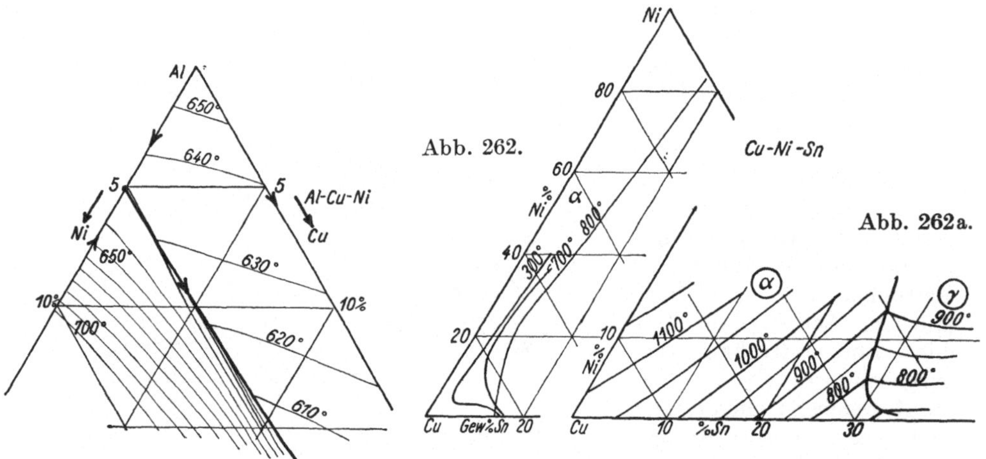

Abb. 261. Al-Cu-Ni.
Die aluminiumreichen Legierungen.

Abb. 262. Gruppe 22. Cu-Ni-Sn (I a · V b · V b).
Die Cu-Ni-Mischkrystalle bei 300° und 700°.
Abb. 262 a. Cu-Ni-Sn. Die kupferreichen Legierungen.

β-Cu-Sn, das sich bis 800° erstreckt, nur ein kleines Gebiet. Die Abb. 262 a gibt die Isothermen der primären Ausscheidung in den Gebieten bis etwa 35 Proz. Sn und 15 Proz. Ni. Die Ausscheidungsgebiete von α und γ-Mischkrystallen berühren sich. Dazwischen schiebt sich ein kleines Ausscheidungsgebiet der β-Cu-Sn-Mischkrystalle. Auch technische Eigenschaften dieser Legierungen wurden untersucht. Die Mischkrystalle Cu-Ni können 10 bis 15 Proz. Sn in ihr Gitter aufnehmen.

22. Co-Ni-As (I a · V a · V a).

Die Legierungen Co-Ni-As, die auch in die Gruppe 22 einzufügen sind, wurden in dem Gebiete untersucht, das weniger Arsen enthält als CoAs, NiAs und ihre Mischungen. Die Abb. 263 gibt die Erstarrungsfläche wieder, wie sie durch zahlreiche Versuche bestimmt wurde. Infolge Bildung einer lückenlosen Reihe von Mischkrystallen nicht nur zwischen Co und Ni, sondern auch CoAs und NiAs, sowie Co_5As_2 und Ni_5As_2, zerlegt sich das darstellende Dreieck durch Parallelen zur Kante Co-Ni in mehrere Teile, die selbständige Systeme darstellen. Es bilden sich drei Gebiete heraus, von denen das arsenreiche

Gebiet, dargestellt durch ein Dreieck As, CoAs und NiAs, nicht untersucht wurde. Das trapezartige Gebiet, das in der Mitte der Darstellung liegt, umfaßt außer den beiden Arten Mischkrystallen, welche auf den gegenüberliegenden Geraden des Trapezes liegen, (Co-Ni)As und $(Co-Ni)_5As_2$ noch Gebiete für die sonst noch vorkommenden Verbindungen von Co mit As, Co_3As_2 und Co_2As. Auch diese bilden in gewissem Umfange ternäre Mischkrystalle. Das untere Gebiet der Mischkrystalle der beiden reinen Metalle und der Mischkrystalle der Verbindungen $(Co-Ni)_5As_2$ enthält nur diese beiden festen Phasen. Ihre Ausscheidungsgebiete werden durch eine eutektische Kurve getrennt, die zwischen den beiden eutektischen Punkten der Grenzsysteme verläuft. Eine genau Abgrenzung der verschiedenen Ausscheidungen wurde nicht gemacht. Sie ließe sich aber nach den eingehenden Untersuchungen durchführen.

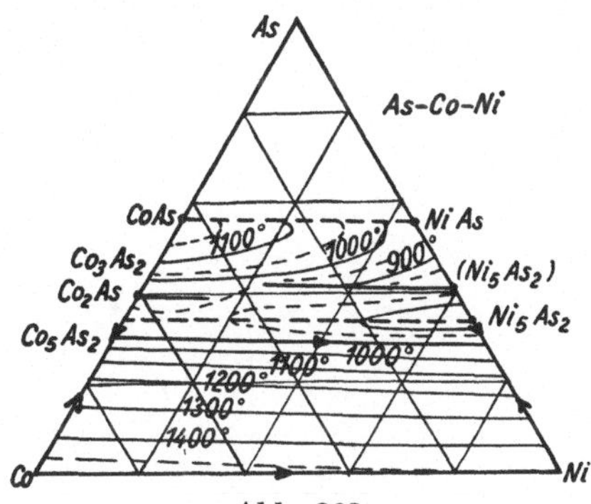

Abb. 263.
Gruppe 22. As-Co-Ni (Va · Ia · Va).
Das Teilgebiet CoAs-NiAs-Ni-Co.

Auch im festen Zustande finden Reaktionen statt, die auf der Bildung von Ni_3As_2 und dem Vorkommen verschiedener Verbindungen in zwei Formen beruhen.

Gruppe 23 (V · 2 · 2).

Für diese Gruppe gibt es bis jetzt kein Beispiel. Von dem System Bi-Cu-Mn, das hierher gehörte, wird nur die Ähnlichkeit mit Bi-Cu-Mg von *Meissner* behauptet, ohne daß weitere Angaben gemacht werden.

Gruppe 23a (V · ② · 2).

23a. Cu-Pb-Sn (IIx · IIb · Va).

Von den Legierungen der Gruppe 23a sind meist nur Teiluntersuchungen gemacht, die sich meist auf die Ausdehnung der Mischungslücke im flüssigen Zustande beziehen. Näher untersucht wurden Cu-Pb-Sn und Ag-Pb-Zn.

In dem System Kupfer-Blei-Zinn wurde von *Briesemeister* der Umfang der Mischungslücke untersucht. Die Ergebnisse sind in der Abb. 264 wiedergegeben. In Gegenwart einer festen Phase ist ein Gleichgewicht vorhanden, das durch eine elliptische Kurve dargestellt ist, die von den beiden Flüssigkeitspunkten auf Cu-Pb ausgeht und von 954° mit sinkender Temperatur bis zum kritischen Punkte läuft. Es ergeben sich mehrere Vierphasengleichgewichte zwischen zwei Schmelzen und zwei benachbarten festen Phasen des Systems Cu-Sn. Die eine der Schmelzen ist praktisch reines Blei, so daß die Erstarrungsvorgänge der Kupfer-Zinn-Legierungen sich in gleicher Art bei tieferer Temperatur auch in Gegenwart von flüssigem Blei vollziehen. Das Vierphasengleichgewicht mit den beiden Cu-Sn-Mischkrystallen α und β und zwei Schmelzen liegt bei 772°. Die Entmischungskurven verschiedener Temperaturen zeigen nach *Briesemeister* eine Erhöhung der Entmischungstemperatur von etwa 1000° im binären System Cu-Pb auf Zusatz von Nickel und ergeben eine maximale

Entmischungstemperatur, die im ternären System bei 1135° und etwa 35 Proz. Cu, 50 Proz. Pb, 15 Proz. Sn liegen soll. Dieses so angegebene Entmischungsgebiet kann von der Cu-Pb-Kante nur dann in der angegebenen Art verlaufen, wenn sich wirklich im binären System die Mischungslücke bereits bei 1000° schließt, also oberhalb dieser Temperatur keine zwei Schmelzen mehr möglich sind. Dieses dürfte aber kaum der Fall sein. Die Bildung zweier im Gleich

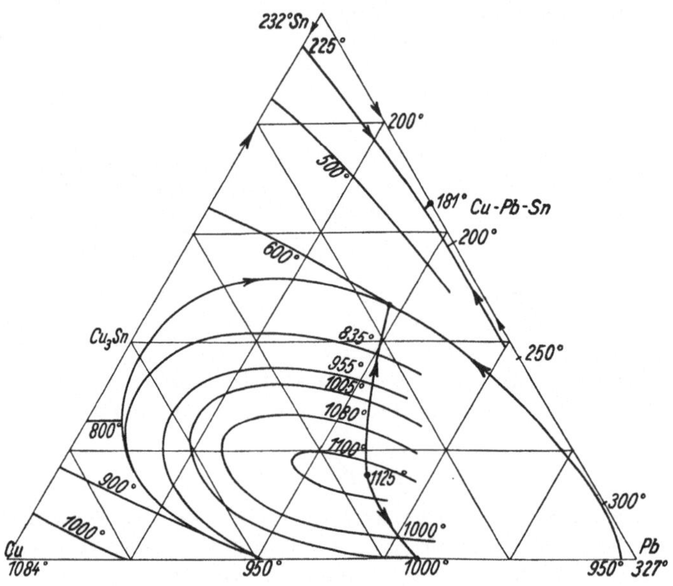

Abb. 264.

Gruppe 23a. Cu-Pb-Sn (IIx · IIb · Vb). Entmischungsgebiet nach *Briesemeister*.

gewicht befindlichen Schmelzen kann, wie früher eingehend erörtert wurde, auch eintreten, ohne daß sich diese übereinanderlagern, was bei allen Versuchen hier nicht berücksichtigt wurde. Die von *Briesemeister* beobachtete Mischungslücke in Gegenwart fester Phasen dürfte richtig sein, dagegen werden die Isothermen der Entmischung sicherlich von dem tiefsten kritischen Punkte im ternären System nach dem im binären Cu-Pb (oberhalb 1400°) ohne ein Maximum der Entmischung verlaufen.

Von *Veszelka* wurde das kupferreiche Gebiet näher untersucht. Nach dessen Angaben läßt sich unter Benutzung der Grenzsysteme Cu-Sn und Cu-Pb das Zustandsbild der kupferreichen Legierungen konstruieren, wie es die Abb. 265 wiedergibt. Diese zeigt die Zusammensetzung der mit flüssigem Blei im Gleichgewicht befindlichen Schmelzen B und C und die zugehörigen festen Bodenkörper der invarianten Gleichgewichte. Die Reaktionen, die sich vollziehen, sind auszudrücken qualitativ durch die Umsetzungsgleichungen für

$$\alpha' + B_{fl} \rightleftharpoons \beta' + Pb_{fl} \text{ und } \beta'' + C_{fl} \rightleftharpoons \gamma' + Pb_{fl},$$

wobei α', β', β'', γ' die beteiligten Mischkrystalle sind. In der Abb. 265 grenzen sich durch die Linien BE und CF die Gebiete für α, β und γ gegeneinander ab.

Legierungen mit 5 bis 25 Proz. Sn und bis etwa 15 Proz. Pb finden zum Gießen von Glocken und Denkmälern Verwendung und werden als Lagermetall für hohen Flächendruck verwendet.

Ag-Pb-Zn (IIb · IIx · Vb).

Das System Silber-Blei-Zink ist von besonderer technischer Bedeutung. Wie die Abb. 266 zeigt, gibt es bei 800° ein großes Gebiet, innerhalb dessen die Trennung in zwei Flüssigkeiten erfolgt. Dieses ist Veranlassung zur Bildung invarianter Gleichgewichte bei Gegenwart zweier festen Phasen im System Silber-Zink und zwei Schmelzen.

Die eigentümliche Entmischungskurve, wie sie von *Bogisch* entsprechend der Abb. 267 angegeben wurde, mit einer Einschnürung in den silberarmen

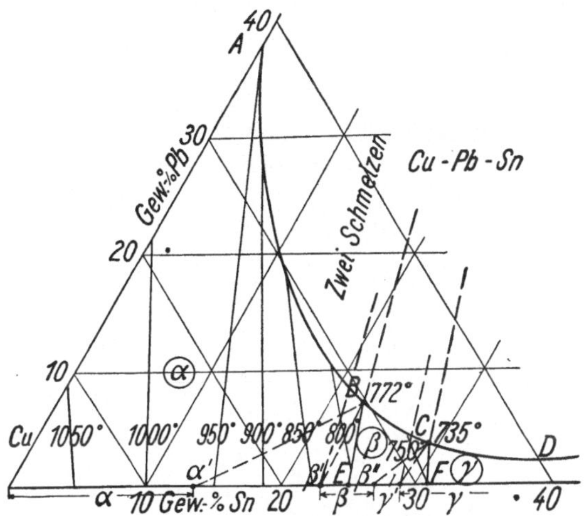

Abb. 265. Gruppe 23a. Cu-Pb-Sn.
Die kupferreichen Legierungen.

Legierungen, weist darauf hin, daß offenbar ein invariantes Gleichgewicht zweier Schmelzen mit den festen Phasen η-Zn und ε, zinkreichstem Silbermisch-

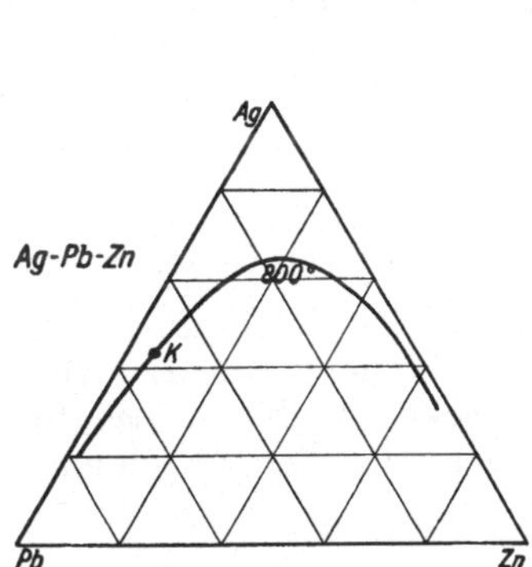

Abb. 266.
Gruppe 23a. Ag-Pb-Zn
(IIb · IIx · Vb).
Entmischungsgebiet bei 800°.

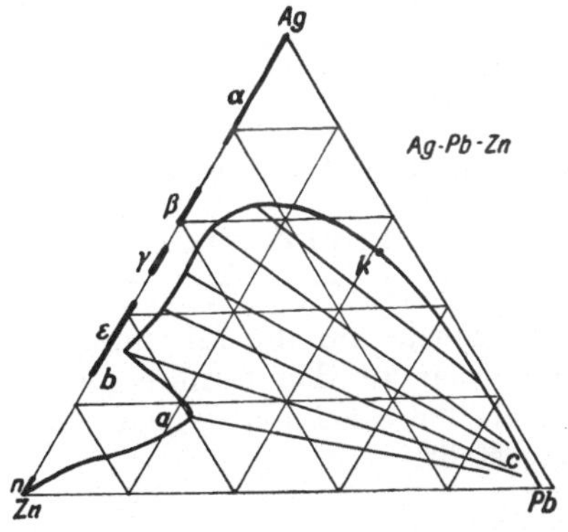

Abb. 267. Gruppe 23a. Ag-Pb-Zn
(IIb · IIx · Vb). Gleichgewicht im Entmischungsgebiet bei den Erstarrungstemperaturen nach *Bogisch*.

krystall, und zwei Schmelzen, a und fast reinem Blei auftritt. Bei Wärmeentziehung findet die Umsetzungsgleichung a (Schmelze) $= \eta + \varepsilon + \mathrm{Pb}$ (Schmelze) statt.

Diese Umsetzung vollzieht sich bei konstanter Temperatur so lange, bis
die Flüssigkeit verschwunden ist. Sie zeigt sich bei den Gemischen Blei-
Silber-Zink, die im Gebiet der Entmischung liegen und geringen Gehalt an
Silber aufweisen. Die verschiedenen Mischkrystalle von Silber und Zink
haben Ausscheidungsgebiete, die in der Abbildung einerseits an der Kante
Ag-Zn liegen, anderseits an den Seiten des Ausscheidungsfeldes zweier Flüssigkeiten. Von *Kremann* und *Hofmeier* wurde der Teil der Gebiete für die Ausscheidung der η- und δ-Mischkrystalle in den bleireichen Gemischen bestimmt,
wie es die Abb. 268 anzeigt. Es bildet sich hierbei eine Grenzkurve heraus,
die das Ausscheidungsgebiet des Bleies von dem der anderen festen Phasen

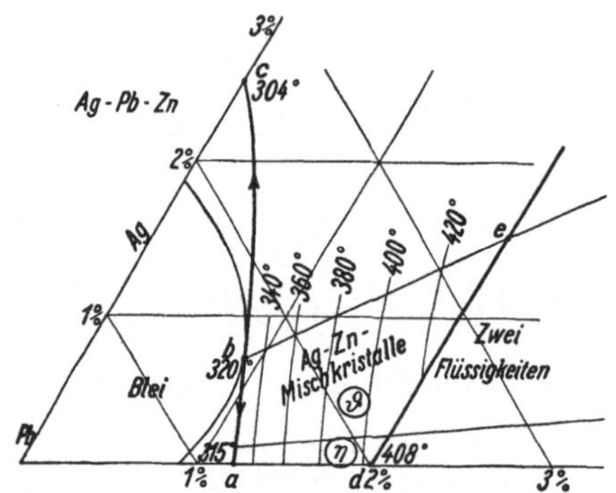

Abb. 268. Gruppe 23a. Ag-Pb-Zn
(IIb · IIx · Vb).
Die bleireichen Legierungen.

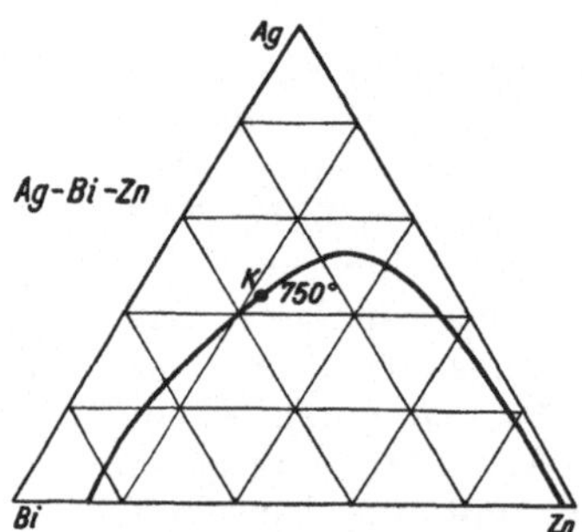

Abb. 269. Gruppe 23a. Ag-Bi-Zn
(IIb · IIx · Vb.)
Entmischungsgebiet bei 750°.

trennt. Diese hat ein geringes Schmelzpunktmaximum. Das angegebene
Verhalten ist die Grundlage des Prozesses, der nach seinem Erfinder Parke-
sieren heißt. Silberhaltiges Blei wird geschmolzen und Zink in gewisser Menge
hinzugefügt, es scheiden sich dann silberreichere Zink-Mischkrystalle aus, die
abgeschöpft und weiter verarbeitet werden.

Ag-Bi-Zn (IIb · IIx · Vb); Ni-Pb-Sb (IIx · IIb · Va).

Das System Silber-Wismut-Zink ist dem Silber-Blei-Zink ähnlich. Untersucht wurde nur die Mischungslücke bei 750°, die sich, wie die Abb. 269
zeigt, weit in das ternäre Gebiet hinein erstreckt. Auch für das System
Nickel-Blei-Antimon wurde eine große Ausdehnung der Mischungslücke
festgestellt.

Gruppe 23b (V · ② · ②).

Cu IIx Pb IIx Zn Vb.

Über das System Kupfer-Blei-Zink liegen zwei ältere und eine neuere ausführliche Untersuchung von *Bauer* und *Hansen* vor. Da Blei mit den beiden
anderen Metallen nur beschränkt mischbar ist, müssen sich mehrere invariante
Gleichgewichte zwischen zwei Schmelzen und zwei benachbarten festen Phasen
des Systems Cu-Zn herausbilden. Die eine Schmelze enthält in der Haupt-

sache Blei, die festen Phasen sind praktisch frei von einem Gehalt an Blei. Die Abb. 270 gibt das Entmischungsgebiet nach *Niclassen* an, das sich durch das ganze Gebiet erstreckt. Nur in den kupferreichen Gebieten findet keine Entmischung in zwei Flüssigkeiten statt. Genauer untersucht wurden Gemische mit 2 Proz. Blei, die in bezug auf ihre Erstarrung erklärlicherweise den bleifreien Legierungen sehr ähnlich waren. Die verschiedenen invarianten Gleichgewichte $Fest_1 +$ $Fest_2 + Flüssig_1 + Flüssig_2$ liegen nahe den Temperaturen der zugehörigen Gleichgewichte der bleifreien Legierungen, also mit nur einer Schmelze. Die erstarrten Gemische enthalten neben Blei einen oder zwei benachbarte Gefügebestandteile des Systems Cu-Zn.

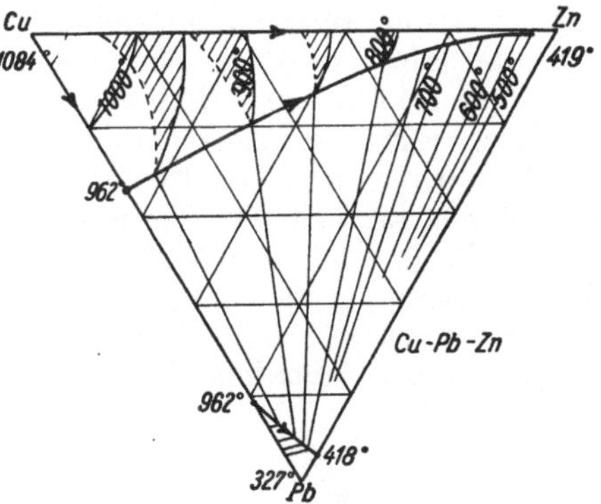

Abb. 270. Gruppe 23 b. Cu-Pb-Zn
(II x · II x · V b).
Erstarrungsgebiete und Mischungslücke.

Gruppe 24 (V · 2 · 3).

24. Cd-Mg-Zn (III b · Va · II b).

Die Legierungen Cd-Mg-Zn sind wegen ihres besonders gearteten Zustandsbildes beachtenswert. Nach den sehr genauen thermischen Untersuchungen von *Bruni* und *Sandonnini* wurde eine Übersicht über die Erstarrungsfläche gegeben, die in der Abb. 271 dargestellt ist. Als Zustandsfelder erschienen nur drei, eines für Zn, ein zweites für die Verbindung $MgZn_2$, sowie ein drittes für die Mischkrystalle Mg-Cd. Es wurde beobachtet, daß in einem gewissen Gebiet eine Verbindung MgCd beim Erstarren aus den Mischkrystallen entstand. Das Ausscheidungsfeld der Mischkrystalle ist in der Abbildung durch den Kurvenzug *EDFGC* von dem der Verbindung $MgZn_2$ getrennt. Dieser ist dadurch besonders eigentümlich, daß er ein Temperaturmaximum in *G* hat, einem Punkte, der höheren Magnesiumgehalt anzeigt als *F*, der Schnittpunkt der Verbindungsgeraden $MgZn_2$-MgCd. Eine weitere Besonderheit zeigen die Isothermen im $MgZn_2$-Felde. Der höchste Gehalt

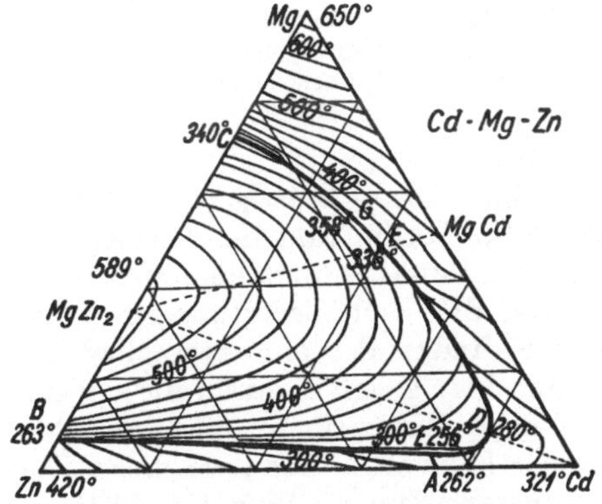

Abb. 271. Gruppe 24. Cd-Mg-Zn
(III b · V a · II b).
Zustandsbild nach *Bruni* und *Sandonnini*.

an Cd auf diesen Kurven ist nicht durch Durchschnittspunkte mit den Geraden $MgZn_2$-Cd angezeigt, sondern findet sich bei höherem Gehalt an Mg, wie die Abbildung auch zeigt. Festgestellt wurde bei Legierungen mit hohem Magnesiumgehalt ein drittes

Halten bzw. eine Verzögerung um 350°, die als veranlaßt durch Auftreten des binären Eutektikums (c) von $MgZn_2$-Mg ausgelegt wurde. Solange die Auffassung bestand, daß Mg-Cd lückenlos Mischkrystalle bildet, mußte die Auffassung der Ausscheidungsfelder, wie sie *Bruni* und *Sandonnini* angaben, aufrechterhalten werden. Wenn aber Mg-Cd ein Zustandsbild hat, das zwei feste Phasen statt einer umfaßt, muß hierauf Rücksicht genommen werden, was Schwierigkeiten macht. Dagegen ist es leicht, eine vollständig einwandfreie Erklärung des Verhaltens zu bekommen, wenn das vom Verfasser bei den binären Legierungen vorgeschlagene Zustandsbild benutzt wird. Es ist in dem Teile, der anders ist als bei den italienischen Forschern, in der Abb. 272 wiedergegeben. Die Zerlegung des Feldes $MgZn_2$, die infolge Auftretens je einer kongruent schmelzenden Verbindung mit mehr und weniger Zn, $MgZn_5$ und MgZn, ist außerdem noch zu berücksichtigen. Zwischen Mg und Cd

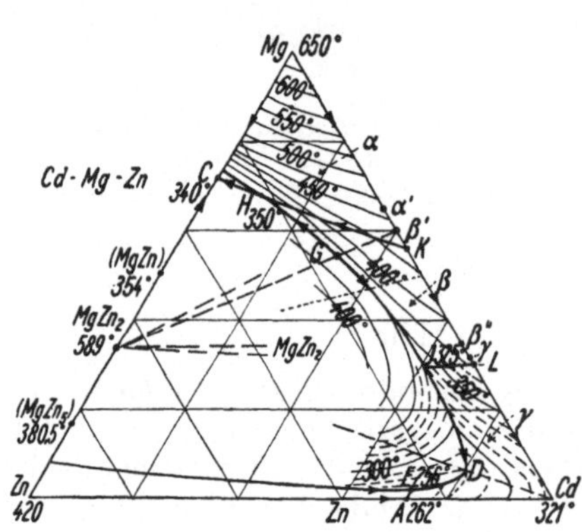

Abb. 272.

Gruppe 24. Cd-Mg-Zn (IIIb · Va · IIb).
Zustandsbild bei Berücksichtigung einer metallischen Zwischenverbindung im System Mg-Cd.

gibt es, wie bei den binären Legierungen erwähnt, aber höchstwahrscheinlich drei Arten Mischkrystalle, α, β und γ. Die β-Mischkrystalle wandeln sich im festen Zustande um in die Verbindung MgCd, die wiederum Mischkrystalle bilden kann. Es gibt in dem System nicht drei feste Phasen Zn, $MgZn_2$ und Mischkrystalle Mg-Cd, sondern (die beiden MgZn-Verbindungen außer acht gelassen) fünf, nämlich drei verschiedene Arten Mg-Cd-Mischkrystalle α, β und γ, sowie Zn und $MgZn_2$. Infolgedessen hat das ternäre System auch nicht ein invariantes Gleichgewicht, zwischen Schmelze E und drei festen Phasen, sondern außer diesen noch zwei andere mit den Schmelzen H und J, die beide Übergangsgleichgewichte sind. Das erste entspricht der Umsetzung α' + $MgZn_2 = \beta'$ + Flüssig (H). Wird in dem Dreieck eine Gerade durch den Punkt für $MgZn_2$ und für β' gelegt, so durchschneidet diese die Grenzkurve genau im Punkt G, dem eine Maximaltemperatur zukommt. Diese Eigentümlichkeit, die nach der früheren Auffassung nur gezwungen erklärt werden konnte, findet also eine zwanglose Erklärung. Die Lage des Punktes H ist alsdann klar gegeben durch die bei den in Betracht kommenden Legierungen gefundene Haltezeit bei 350° auf den Abkühlungskurven. Der Punkt liegt auf der Kurve GC dort, wo diese Temperatur vorhanden ist, etwa bei einer Zusammensetzung 8 Proz. Cd, 23 Proz. Zn, 69 Proz. Mg. Das Halten bei 350° beruht also nicht auf der Bildung des binären Eutektikums, sondern auf der durch das invariante Gleichgewicht im ternären System bedingten Reaktion. Etwas schwieriger ist der Punkt J für das andere früher nicht angenommene invariante Gleichgewicht aufzufinden. Da aber die Temperaturen für die zahlreichen untersuchten Gemische sehr genau angegeben sind, kann auch dieser mit ziemlicher Genauigkeit bei 325° und einem Gehalt von 61 Proz. Cd, 10 Proz. Zn, 29 Proz. Mg bestimmt werden. So ergibt sich das in der Abbildung gegebene Zustandsbild. Es erklärt sich auch, daß dort, wo die β-Mischkrystalle vorkommen, die Umwandlungstemperatur (meist nahe 250°) beobachtet wurde. Endlich ist auch die auffallende Form der Isothermen im $MgZn_2$-Gebiet verständlich. In der Abbildung und bei der Auseinandersetzung ist der geringe Gehalt von Mischkrystallen bis etwa 2 Proz. Zn, den α, β und γ aufweisen, unberücksichtigt geblieben. Es ist zu betonen, daß nur auf Grund der großen Genauigkeit der Untersuchung der italienischen Forscher eine Korrektur möglich war. Außer diesen invarianten Punkten müssen noch zwei andere auftreten, die dadurch entstehen, daß von dem Felde für $MgZn_2$ kleine Gebiete für die Ausscheidungsgebiete von $MgZn_5$ und $MgZn$ oben und unten abgeschnitten werden. Ohne neue Untersuchungen läßt sich kaum etwas Genaues darüber sagen.

Gruppe 24a (V · ② · 3).

Mo-Ni-Sn (IIIb · Va · IIx).

Zur Gruppe 24a gehören die Legierungen Molybdän-Nickel-Zinn, wenn die Annahme zutrifft, daß MoSn Entmischung in zwei flüssige Schmelzen zeigt. Es ist,

wie bei den binären Legierungen erwähnt, unter keiner Bedingung möglich gewesen, die beiden Metalle zu legieren, doch kann auch der starke Unterschied im Schmelzpunkt hierfür die Veranlassung sein. Im System Mo-Ni-Sn wurden einige Legierungen zusammengeschmolzen und mikroskopisch untersucht. Zwischen den beiden Verbindungen mit hohen Schmelzpunkten Mo-Ni und Ni_3Sn_2 bildet sich ein Eutektikum, das zu einer Zerlegung des Gebietes in der durch die Abb. 273 angegebenen Art führt. Wenn eine Mischungslücke zwischen Mo und Sn

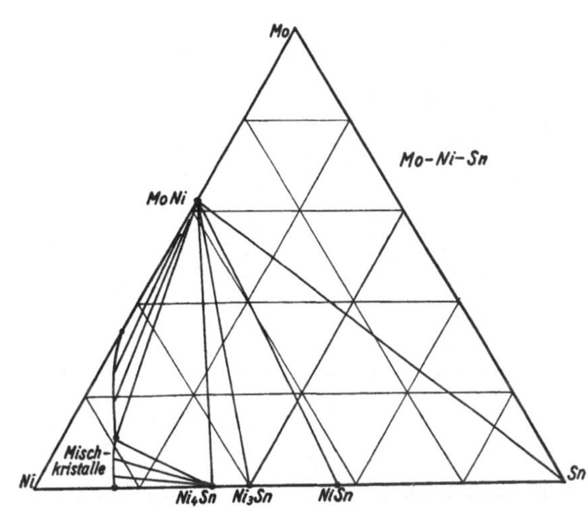

Abb. 273. Gruppe 24a. Mo-Ni-Sn (IIIb · Va · IIx). Zerlegung des Gebietes nach *Pfautsch*.

auftritt, so werden offenbar durch die molybdänarmen Legierungen jenseits der Grenze MoNi-Sn hierdurch nicht beeinflußt.

Gruppe 25 (V · 2 · 4).

Dieser Gruppe gehören eine Reihe oft unvollständig untersuchter Legierungen an. Dieses ist bei ihrer Kompliziertheit erklärlich, da in den binären bereits mindestens sieben verschiedene Phasen vorkommen. Dort, wo die beiden komplizierteren Grenzsysteme den Typen IVa und Va zugehören, werden sich auch ternäre Verbindungen zeigen, während bei IVb und Vb die Legierungen zur Bildung von Mischkrystallen neigen werden.

22*

25. Ag-Cu-Sn (IIb · Vb · IVb).

In diesem System wurde von *Guertler* und *Bonsack* nur die Untersuchung der zusammen vorkommenden Verbindungen und Umfang der Mischkrystallbildung durchgeführt. Die Abb. 275 zeigt, welche Körper nach dem Erstarren miteinander im Gleichgewicht sein können. Die Mischkrystallbildung geht beim Kupfer bis 6 Proz. Ag und 14 Proz. Sn und beim Silber bis 5 Proz. Cu und 12 Proz. Sn. Ferner wurde festgestellt, daß die Aufnahme von Silber durch die Kupfer-Zinn-Verbindungen und Kupfer durch die Silberverbindungen nur gering ist und bis 2 Proz. geht. Die Gleichgewichte der silberreichen Legierungen sind in Abb. 274 noch besonders dargestellt.

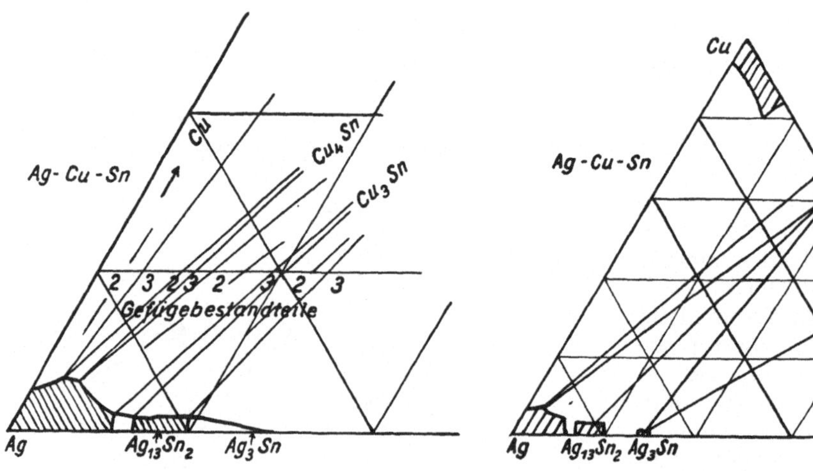

<table>
<tr><td align="center">

Abb 274. Gruppe 25. Ag-Cu-Sn
(IIb · Vb · IVb).
Die silberreichen Legierungen.

</td><td align="center">

Abb. 275. Gruppe 25. Ag-Cu-Sn
(IIb · Vb · IVb). Zerlegung
in die verschiedenen Gebiete.

</td></tr>
</table>

25. Cu-Mn-Zn (IIa · IVb · Vb).

Die Legierungen Cu-Mn-Zn haben Ähnlichkeit mit Cu-Ni-Zn, die bei der Gruppe 22 ausführlich behandelt wurden. Sie unterscheiden sich dadurch, daß dem Kupfer Mangan nicht so nahe steht wie Nickel. Die Mischkrystallbildung ist infolgedessen im ternären System geringer. Wie die Abb. 276 zeigt, bilden sich aber von den Verbindungen des Systems Cu-Zn doch Mischkrystalle, die Mn in gewissem Umfang aufnehmen und sich verschieden weit in das Innere des darstellenden Dreieckes erstrecken. Die Mischkrystalle δ, die im binären System Cu-Zn, wie in Abb. 277 noch einmal angegeben ist, eine untere Existenzgrenze haben, enthalten bis etwa 5 Proz. Mn, die von ε bis etwa 8 Proz., während die anderen Mischkrystalle einen noch höheren Gehalt an Mn aufweisen. Einige Legierungen dieses Systems zeigen, obwohl die zusammensetzenden Metalle nichtmagnetische sind, schwach magnetischen Charakter. Diese von *Heusler* zuerst gefundene Eigentümlichkeit wurde, wie bereits bei den binären Systemen erwähnt ist, in stärkerem Maße bei den Legierungen Al-Cu-Mn gefunden, die bei der nächsten Gruppe behandelt sind.

Die Gleichgewichte der kupferreichen Legierungen sind in der Abb. 278 noch gesondert dargestellt.

Von *Bauer* und *Hansen* wurde das Gebiet der Legierungen von 50 bis 70 Proz. Cu und bis 6 Proz. Mn eingehend untersucht. Es umfaßt die Grenzkurve der

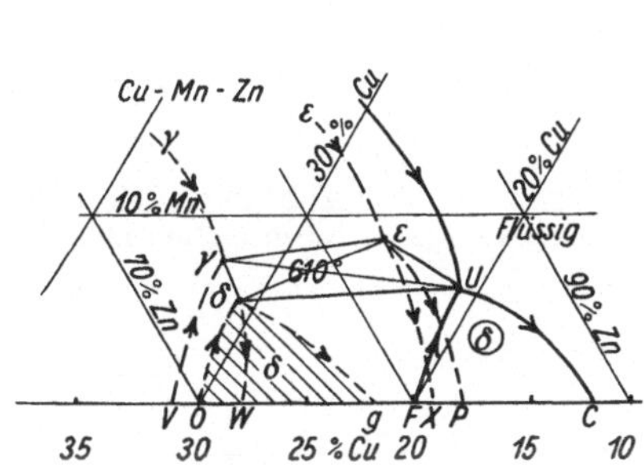

Abb. 276. Gruppe 25. Cu-Mn-Zn
(IIa · IVb · Vb).
Die δ-Cu-Zn-Mischkrystalle im ternären
Gebiet.

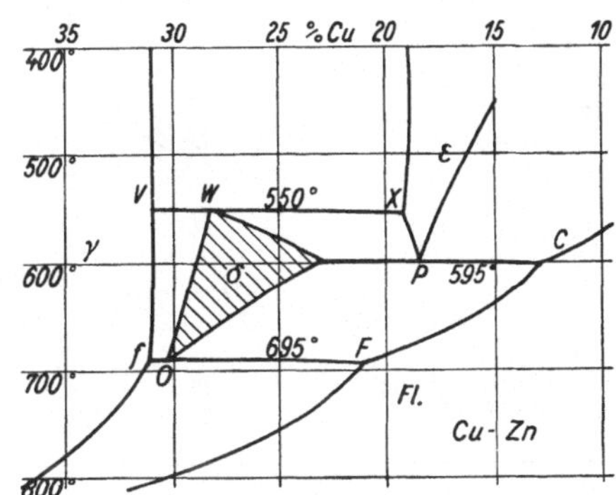

Abb. 277. Gruppe 25. Cu-Mn-Zn
(IIa · IVb · Vb).
Die δ-Cu-Zn-Mischkrystalle im binären
Gebiet.

α- und β-Mischkrystalle in den Cu-Zn-reichen Legierungen. Die α- und β-Mischkrystalle sind mit einer Schmelze auf der Grenzkurve, die eine Übergangskurve darstellt, im Gleichgewichte und verschieben sich mit sinkender Temperatur, wie auch die Abb. 278 anzeigt, mit wachsendem Mangangehalt, indem sie beide kupferärmer werden bis R_2 und R_1, wo ein invariantes Gleichgewicht erreicht wird, in dem das Gebiet der Mn-reichen Mn-Cu-Mischkrystalle erreicht wird.

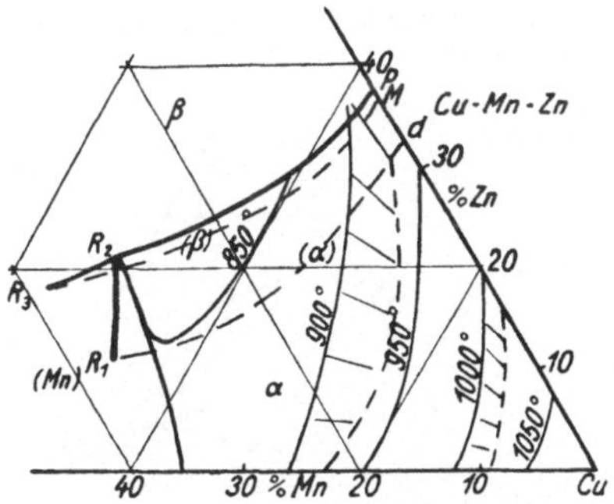

25. Cu-Mn-Si (IIa · IVa · Va).

Für dieses System wurde bis jetzt kein Zustandsbild aufgestellt. Es wurden kupferreiche Legierungen bis zu einem Gehalt von 8 Proz. Si und Mn in bezug auf ihre mechanischen Eigenschaften untersucht und festgestellt, daß der Zusatz von $3^1/_2$ Proz. Si und 1 Proz. Mn besonders verbessernd wirkt.

25. Al-Ca-Si (IVa · Va · IIb).

Von dem System Aluminium-Calcium-Silicium wurden aluminiumreiche

Abb. 278. Gruppe 25. Cu-Mn-Zn
(IIa · IVb · Vb).
Die kupferreichen Legierungen.

Legierungen untersucht und die Zerlegung der darstellenden Dreiecke in die gleichzeitig vorkommenden festen Phasen festgestellt.

Die von *Doan* angegebene Verteilung der Gebiete in Abb. 279 ist so zu ändern, daß die kongruenten hochschmelzenden Verbindungen CaSi und CaAl$_2$ besser

berücksichtigt werden. Die Abb. 280 dürfte der richtigen Verteilung entsprechen. Das Gebiet zerlegt sich in sechs Teile, von denen *1, 2* und *3, 4* sowie *5, 6* zusammengehören. Ternäre Eutektika gehören zu *1, 4* und *6*. Die

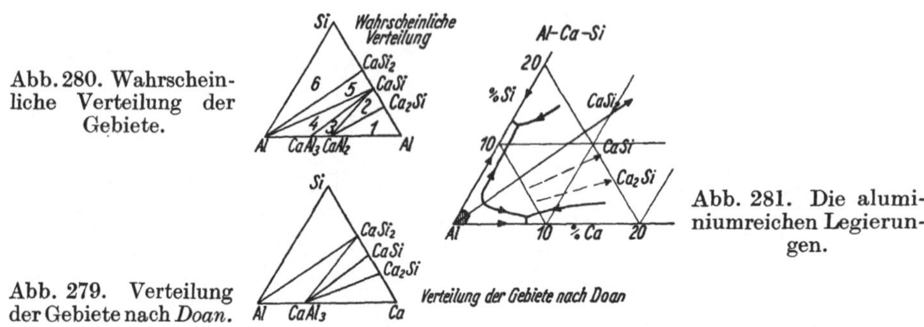

Abb. 280. Wahrscheinliche Verteilung der Gebiete.

Abb. 281. Die aluminiumreichen Legierungen.

Abb. 279. Verteilung der Gebiete nach *Doan*.

Abb. 279 bis 281. Gruppe 25. Al-Ca-Si (IVa · Va · IIb).

den übrigen Dreiecken zugehörigen invarianten Punkte für die beteiligten
Schmelzen sind alsdann Übergangspunkte. Die von *Doan* gefundenen ternären
Eutektika, wie es Abb. 281 angibt, gehören hiernach zu den in den Ecken
der Dreiecke *4* und *6* angegebenen festen Phasen. Da für $CaSi_2$ angenommene
Gebiet gehört größtenteils CaSi an und muß hiernach in zwei zerlegt werden
mit einer nicht beobachteten Grenzlinie zwischen $CaSi_2$ und CaSi.

25. Al-Mg-Zn (IVa · Va · IIb).

Das System wurde ganz kürzlich vollständig von *Köster* und *Wolf* eingehend untersucht. Ältere Untersuchungen, wie die von *Eger* und *Sander* und
Meissner, wurden dadurch nicht unwesentlich korrigiert. Die Ergebnisse sind
in den Abb. 282 und 283 wiedergegeben. Das System ist
besonders dadurch ausgezeichnet, daß eine ternäre Verbindung auftritt, welche nach
Laves, *Löhberg* und *Witte* in
einem kubisch raumzentrierten Gitter krystallisiert und
eine Zusammensetzung hat, die
um $Al_2Zn_3Mg_3$ schwankt. In
dem Teilgebiet Al-$Al_2Mg_3Zn_3$-
$MgZn_2$-Zn haben die vier
Phasen die angegebenen Zustandsfelder und stoßen zu
je drei aneinander. Das untersuchte Gebiet zerlegt sich
durch die Gerade Al-$MgZn_2$
in zwei andere. Das Gemisch
bei 350° ist eutektisch, 5 bei

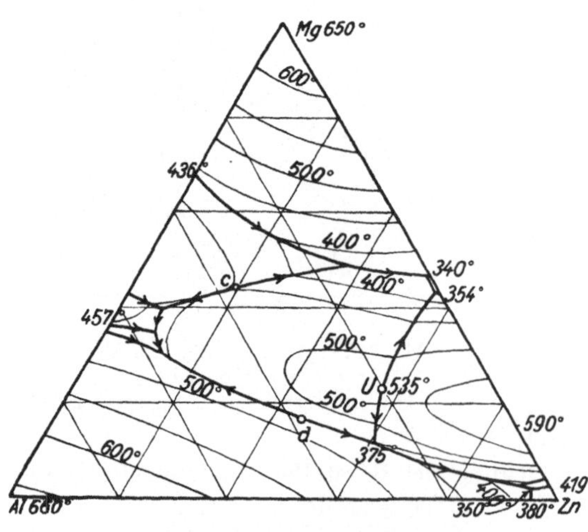

Abb. 282. Gruppe 25. Al-Mg-Zn (IVa · Va · IIb).
Erstarrungsbild, Isothermen.

365° dystektisch. Besonders eigentümlich ist es, daß das dritte invariante Gleichgewicht eine Schmelze bei 375° enthält, die gerade auf der Verbindungsgeraden Al-MgZn$_2$ liegt und für diese beiden ein binäres Eutektikum darstellt. Die mit dieser Schmelze im Gleichgewicht befindlichen festen Phasen sind Mischkrystalle nach (Al), (Al$_2$Mg$_3$Zn$_3$) und η' (MgZn$_2$). Der Umfang der Mischkrystallbildung nach Al ist, wie die Abb. 283 zeigt, erheblich. Die „Verbindung" Al$_2$Mg$_3$Zn$_3$ schmilzt bei 535° schwach inkongruent, indem eine Schmelze entsteht, die nicht viel in der Zusammensetzung von T abweicht. Der mögliche Umfang der Mischkrystalle nach T ist angedeutet. Der obere Teil der Abbildung enthält noch die Felder der übrigen vorkommenden festen Phasen. Es bilden

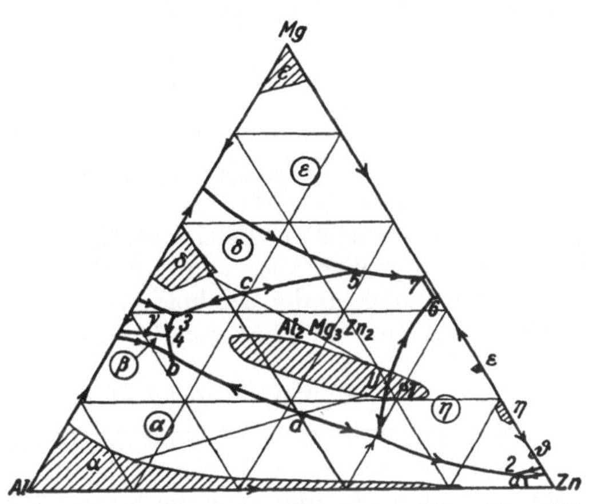

Abb. 283. Gruppe 25. Al-Mg-Zn (IVa · Va · IIb). Ausscheidungsfelder und Mischkrystallgebiete.

sich hierbei invariante Gleichgewichte dreier festen Phasen mit Schmelzen, von denen nur eine nicht eutektisch ist. Außerdem treten auch binäre Eutektika mit der ternären Verbindung als Bestandteil auf.

Wenn die Mischkrystalle nach Al im System Al-Zn wirklich einen stabilen Zerfall in zwei verschiedene Phasen hätten, gäbe es auch im ternären System mit Mg solche. Hierbei handelt es sich aber um metastabile Zustände, wie bei dem binären System Al-Zn näher erörtert wurde.

Die Verbindung Al$_2$Mg$_3$Zn$_3$ und der Umfang der Mischkrystallbildung wurde kürzlich auch von *Riederer* röntgenographisch untersucht. Es ergab sich ein einphasiges Gebiet mit stark wechselndem Gehalt an Zink von 25 bis 60 Proz., das in der Wiedergabe im Dreiecke eine schmale Ellipse mit der Achse Al$_3$Mg$_2$-MgZn$_2$ darstellt.

25. Ag-Al-Zn (IVb · IIb · Vb).

Nach *Meno* sind die Gebiete der α- und β-Mischkrystalle in den binären Grenzsystemen Ag-Al und Ag-Zn durch ein ternäres Mischkrystallgebiet miteinander verbunden. Ebenso dadurch auch die ($\alpha + \beta$)-Gebiete.

Von *Ray* und *Baker* wurde Silber mit Aluminium und Zink legiert mit der Absicht, anlaufbeständige Silberlegierungen zu erhalten.

25. Cd-Hg-Na (IIa · IVa · Va).

In den Grenzsystemen der Legierungen Cadmium-Quecksilber-Natrium gibt es mehrere kongruent schmelzende natriumhaltige Verbindungen. Das System wurde vor dreißig Jahren vom Verfasser untersucht und eine Verbindung aller drei Metalle der einfachen Formel NaCdHg mit kongruentem Schmelzpunkt gefunden. Das Zustandsbild, wie es damals konstruiert wurde, ist in der Abb. 284 wiedergegeben. Die Zahl der untersuchten Gemische war nicht so groß, daß nicht noch gewisse Korrekturen möglich sind. Es gibt eine Anzahl invarianter Punkte, von denen einige ternäre Eutektika darstellen. Die einzelnen des Gebietes und zugehörigen Schmelzen sind in Abb.284 und 285 durch gleichartige Numerierung mit römischen und arabischen Zahlen angegeben.

Gruppe 25a (V · ② · 4).
Au-Pb-Zn (IV-b · IIx · Va).

Von dem System Gold-Blei-Zink, das dieser Gruppe angehört, wurde nur das Entmischungsgebiet bei 800° festgelegt. Von den beiden zusammengehörenden Schmelzen ist die zinkreichere reicher an Gold. Das ternäre Gebiet wird zu einem großen Teil von Gemischen zweier Schmelzen ausgefüllt, die kritische Mischung, in der die beiden Flüssigkeiten zu einer zusammenfließen, enthält wenig Zink und hat von Gold und Blei etwa gleich viel.

Gruppe 26 (V · 2 · 5). Allgemeines.

Die Gruppe 26 mit zwei binären Grenzsystemen vom kompliziertesten Typus V und einem vom Typus II ist durch eine größere Anzahl von Beispielen vertreten. In diesem Falle ist es daher auch angebracht, eine Teilung in drei Arten Legierungen, wie oben erwähnt wurde, vorzunehmen, je nachdem, ob in den Grenzsystemen kongruent oder inkongruent schmelzende Verbindungen vorkommen, Typus Va oder Typus Vb. Es ergeben sich als-

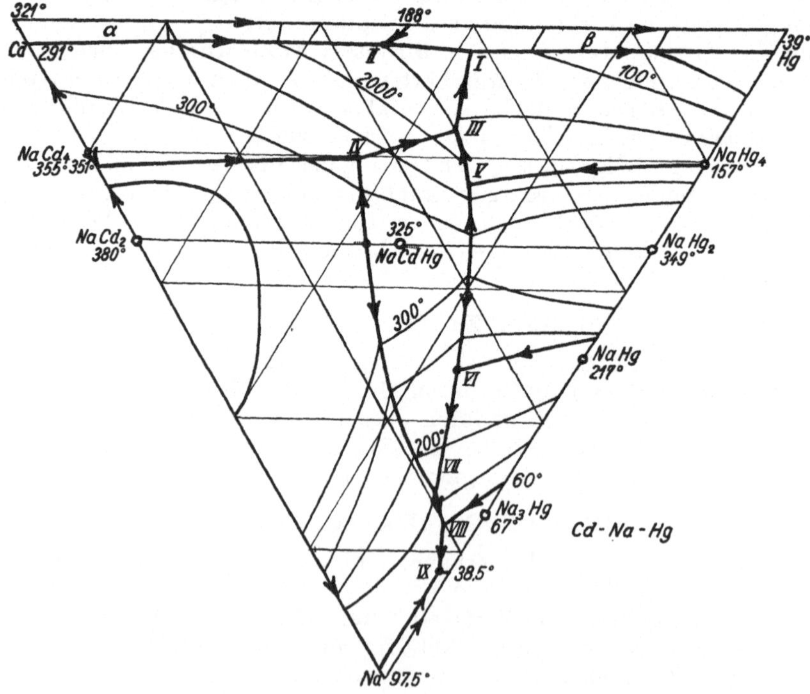

Abb. 284. Gruppe 25. Cd-Na-Hg (IVa · Va · IIa).

dann die drei Gruppen, die folgendermaßen zu bezeichnen sind: 26 I: Va · 2 · 5 a,
26 II: Va · 2 · 5 b, 26 III: Vb · 2 · 5 b. In jeder Gruppe gibt es mehrere Beispiele.

Gruppe 26 I (Va · 2 · 5 a).

26 I. Na-Pb-Sn (Va · IIb · Va); Hg-Na-Pb (Va · Va · IIb).

Bei ternären Legierungen mit kongruent
schmelzenden Verbindungen auf zwei binären
Grenzsystemen ist in vielen Fällen auch die
Bildung ternärer Verbindungen wahrscheinlich. Die beiden Legierungssysteme, die dieser
Gruppe angehören, Blei-Natrium mit Zinn
und mit Quecksilber sind nur in dem bleireichen Teil, wie die Abb. 286 und 287 angeben, untersucht. Das Eutektikum von Blei
mit der bleireichsten Na-Pb-Verbindung führt
in beiden Fällen im ternären System zu einer
eutektischen Kurve, deren anfänglicher Verlauf festgestellt wurde. Eine Weiterführung
der Untersuchungen wäre von Interesse.

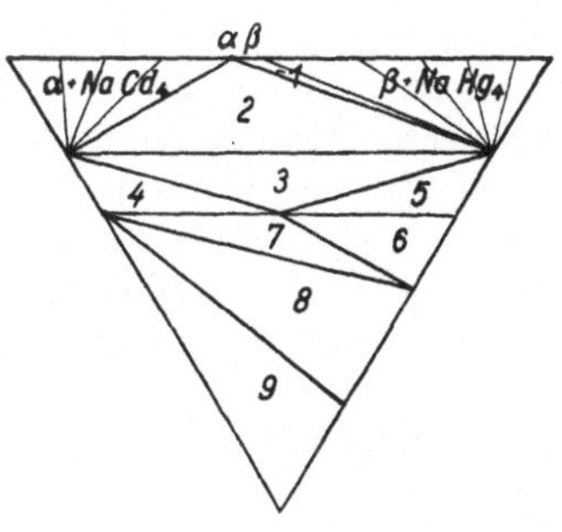

Abb. 285. Gruppe 25. Cd-Na-Hg
(IVa · Va · IIa).
Verteilung der Gebiete.

Gruppe 26 II (Va · 2 · 5 b).

Von dieser Gruppe sind drei kupferhaltige ternäre Legierungen teilweise
untersucht worden. Die binären Systeme mit kongruent schmelzenden Verbindungen sind Cu-Cd und Cu-Si, ohne solche Cu-Zn und Cu-Al. Ob bei
diesen Systemen ternäre Verbindungen auftreten, erscheint fraglich.

26 II. Cd-Cu-Zn (Va · Vb · IIb).

Von *Jenkins* wurde das kupferreiche Gebiet untersucht bis zu einem Gehalt
von 15 Proz. Cd und 50 Proz. Zn. Für das System Cu-Zn kommen in diesem
Gebiet die beiden festen Phasen α und
β vor. Das Gebiet der α-Cu-Misch-
krystalle umfaßt, wie die Abb. 288 zeigt,
den größten Teil der untersuchten Gemische. Aus dem Erstarrungsbild geht
hervor, daß außer den α-Cu-Misch-
krystallen mit einem geringen Gehalt
von Cd vielleicht 1 Proz. und über
30 Proz. Zn nur die β-Mischkrystalle
von Cu-Zn als Bodenkörper vorkommen. Diese nehmen Cadmium bei niederer Temperatur etwa 1 Proz., bei
höherer aber bis zu 5 Proz. in fester
Lösung auf. Für die Gemische, die

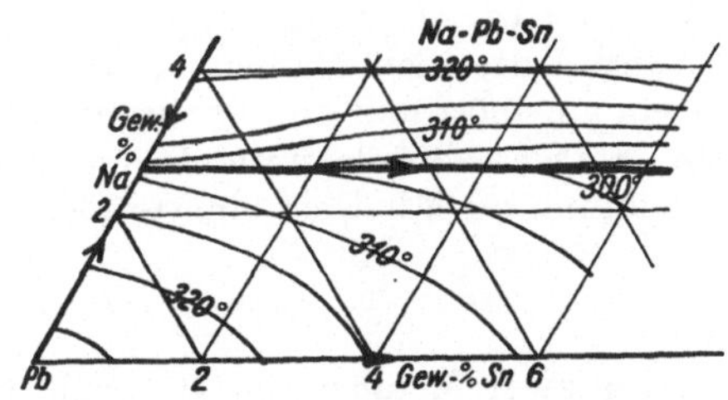

Abb. 286. Gruppe 26 I. Na-Pb-Sn
(Va · IIb · Va).
Die bleireichen Legierungen.

nach dem Erstarren nicht nur aus diesen Mischkrystallen bestehen, kommt die
kupferreichste Verbindung des Cadmiums als Gefügebestandteil hinzu. Bei
Zimmertemperatur liegt Cd fast vollständig als Cu_2Cd vor. Die Abb. 288 gibt
den anfänglichen Verlauf der peritektischen Grenzkurve der Ausscheidungsgebiete von α- und β-Mischkrystallen.

26 II. Cu-Si-Zn (Va · II b · V b).

Nach Untersuchungen von *Gould* und *Ray* bilden sich in den kupferreichen Legierungen von Cu-Si-Zn zwei Gebiete für die α-Mischkrystalle von Cu mit beiden Elementen Si und Zn und eine lückenlose Reihe Mischkrystalle der β-Phase. Beim Erstarren der kupferreichen Legierungen folgt auf die Ausscheidung der Cu-Mischkrystalle ein Gebiet dieser, gemischt mit den β-Mischkrystallen. Das Gebiet dieser β-Mischkrystalle umfaßt die Legierungen bis etwa 53 Proz. Zn und 9 Proz. Si. Außer diesen Versuchen machte *Vaders* technische Untersuchungen der kupferreichen Legierungen und bestimmte gleichfalls den Umfang der Mischkrystallbildung.

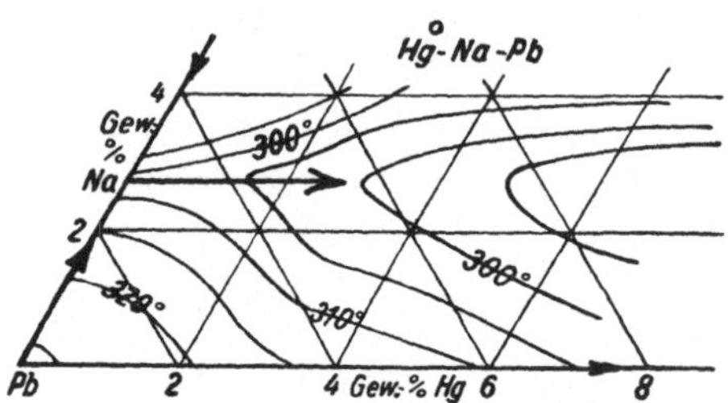

Abb. 287. Gruppe 26 I. Hg-Na-Pb
(Va · Va · IIb).
Die bleireichen Legierungen.

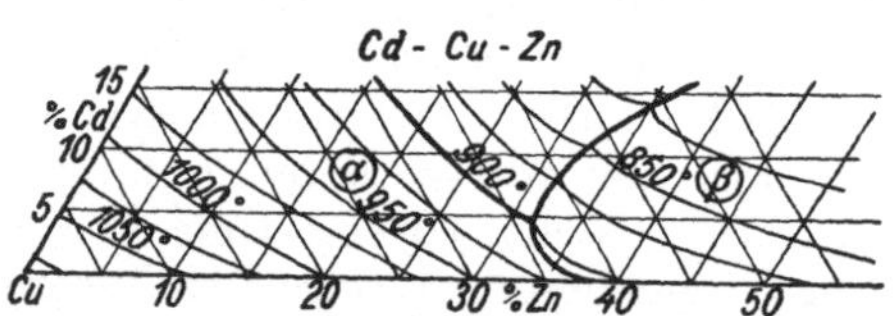

Abb. 288. Gruppe 26 II. Cd-Cu-Zn
(Va · Vb · IIb).
Die kupferreichen Gebiete.

26 II. Al-Cu-Si (Vb · Va · II b).

Das System Aluminium-Kupfer-Silizium wurde von *Groyes, Phillips* und *Man* im aluminiumreichen Teil bis 40 Proz. Cu und 15 Proz. Si untersucht. Wie die Abb. 289 zeigt, ist es in dem untersuchten Teil von großer Einfachheit. Es bildet sich ein ternäres Eutektikum, welches außer den beiden Elementen Al und Si die Verbindung $CuAl_2$ als Bodenkörper enthält. Die Zusammensetzung des Eutektikums, das sich bei 525° bildet, ist 6,5 Proz. Si, 26 Proz. Cu und 67,5 Proz. Al. Legierungen dieser Metalle haben auch technische Bedeutung. Unter dem Namen Lautal wird eine Legierung benutzt, die diesem System angehört und durch vereinigte Wärme- und Knetbehandlung veredelt wird. Sie ist weit widerstandsfähiger gegen chemische Eigenschaften als reines Aluminium, auch hat sie eine größere (70 Proz.) elektrische Leitfähigkeit.

Gruppe 26 III (Vb · 2 · 5b).

Wenn zwei Metalle, die für sich keine intermetallischen Verbindungen bilden, mit einem dritten sich zu zwei Legierungsarten vom Typus Vb vereinigen, so ist wohl stets der Charakter dieser beiden derartig ähnlich, daß ternäre Mischkrystalle in weitem Umfange auftreten. In vielen Fällen werden sich auch Mischkrystalle in allen Mischungsverhältnissen der beiden binären festen Phasen bilden. Alle untersuchten Systeme dieser Gruppe enthalten Kupfer, doch spielt dies eine verschiedene Rolle. In den Systemen mit Zinn und Zink oder Aluminium gehören beide kupferhaltige binäre Grenzsysteme zum Typus Vb, in den anderen Systemen ist nur das eine kupferhaltige System bei diesem Typus behandelt.

26 III. Cu-Sn-Zn (V b · II b · V b).

Die Legierungen Kupfer-Zinn-Zink sind in einzelnen Teilen ausführlich untersucht worden, besonders die kupferreichen und die zinkarmen. Bei der großen Ähnlichkeit der Legierungen von Cu mit Sn und Cu mit Zn ist es, wie erwähnt, erklärlich, daß zwischen den auftretenden gleichartig krystallisierenden festen Phasen in weitem Umfange Mischkrystalle auftreten. Nach den Untersuchungen bilden die β-Mischkrystalle beider binären Kupferlegierungen eine lückenlose Reihe von Mischkrystallen, so daß sich durch das ternäre Gebiet hindurch ein Gleichgewicht zwischen diesen Mischkrystallen, den Mischkrystallen nach reinem Cu und Schmelze hindurchzieht. Die Abb. 290 gibt die Ergebnisse der Untersuchungen von *Bauer* wieder, die diese Gleich-

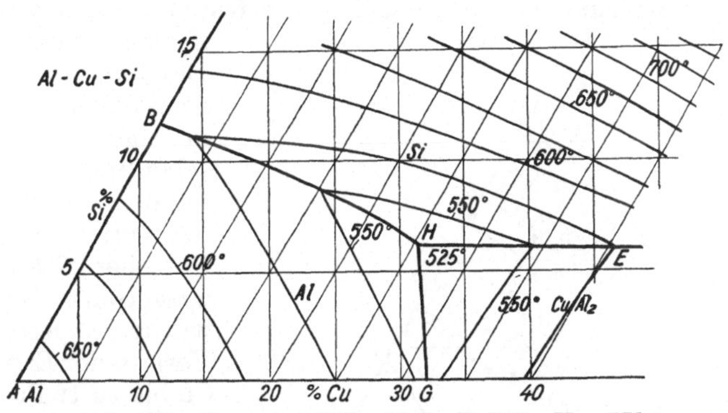

Abb. 289. Gruppe 26 II. Al-Cu-Si (V b · V a · II b).
Die aluminiumreichen Gebiete.

gewichte umfassen. Gleichzeitig sind einige Isothermen gezeichnet. Da die Schmelzkurve *A-B* ganz außerhalb des Gebietes der Mischkrystalle beider Arten *c-d* und *a-b* liegt, ist sie eine Übergangs- oder peritektische Kurve. Sie ist die Grenze der Umbildung der beiden Mischkrystalle entsprechend der Gleichung $\alpha + Fl = \beta$. Nach dem Erstarren erfahren die Mischkrystalle der beiden β-Modifikationen Umwandlungen in α- + γ-Mischkrystalle. Diese Umbildung geht auch durch das ternäre Gebiet.

Bauer und *Hansen* haben die Umwandlung der β- in die β'-Modifikationen bei den zinkarmen Legierungen genauer verfolgt. Es ist ein Gleichgewicht bei 500° zwischen $\alpha + \beta + \gamma$ zu beobachten. Bei Temperaturen unter 450° von $\alpha + \beta' + \gamma'$. Die β'-Mischkrystalle treten nur auf der Seite des Zinks auf. In den zinkarmen Legierungen müssen zwischen den verschiedenen festen Phasen unter sich und den Metallen Zn und Sn mehrfach invariante Gleichgewichte auftreten. Es wurden genaue Zustandsbilder für diese Veränderungen im festen Zustande ausgearbeitet.

Die japanischen Forscher *Yamaguchi* und *Nakamura* haben eine umfassende Untersuchung des Systems Cu-Sn-Zn gemacht bis zu etwa 40 Proz. Sn und 60 Proz. Zn. Sie haben die verschiedenen Gleichgewichte, die in dem binären System auftreten, in das ternäre Gebiet hinein verfolgt. Die Arbeit ist bis jetzt wohl nur in japanischen Zeitschriften veröffentlicht. In der Abb. 290 ist nur das Schmelzbild, das sich auf die Ausscheidung der α-, β-, γ- und

γ'-Mischkrystalle bezieht, kombiniert mit den Ergebnissen von *Bauer* und *Hansen*, wiedergegeben. Außer der Grenzkurve zwischen α-β-Mischkrystallen und den zugehörigen Mischkrystallen auf den gestrichelt gezeichneten Kurven enthält die Abbildung einen ternären Übergangspunkt, in welchem drei Mischkrystalle β, γ, γ' miteinander im Gleichgewicht sind.

26 III. Cu-Sn-Al (V b · II b · V b).

Für die Legierungen Kupfer-Zinn-Aluminium ist eine große Ähnlichkeit mit dem soeben erörterten System Kupfer-Zinn-Zink zu erwarten. Nach den Untersuchungen von *Edwards* und *Andrews*, deren Ergebnisse nicht besonders wiedergegeben sind, wird das Gebiet durch Gemische der fast kongruent schmelzenden Verbindung Al_2Cu und Zinn in zwei Teile zerlegt. Für die Gleichgewichte sind in den verschiedenen festen Phasen ternäre Misch-

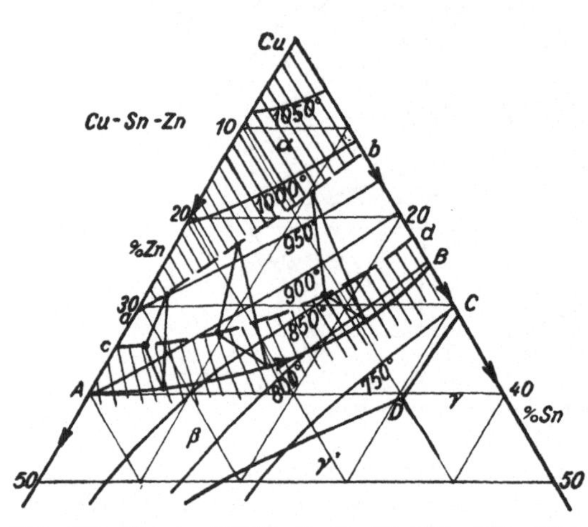

Abb. 290. Gruppe 26 III. Cu-Sn-Zn (V b · II b · V b). Die kupferreichen Legierungen.

krystalle anzunehmen. Die Bestimmung der Erstarrungsfläche erlaubt keine deutliche Trennung der Ausscheidungsgebiete. Eine genauere Untersuchung wurde von den japanischen Forschern *Goto* und *Mishima* ausgeführt. Von *Stockdale* wurde festgestellt, wie der Verlauf der Erstarrung von Cu bis zu 12 Proz. Al durch Zusatz von bis 9 Proz. Zinn beeinflußt wird. Es ergibt sich eine eutektische Kurve, die bei 6 Proz. Al und 9 Proz. Sn eine Temperatur von 970° zeigt.

Nach *Russel*, *Cazakt* und *Irvin* sollen sich in Quecksilber aus den drei Metallen einheitliche Körper bilden, die als Verbindungen $SnCu_3Zn$, $SnCu_3Zn_{2\frac{1}{2}}$ und $SnCu_4Zn_2$ angesprochen werden. Auch $SnCu_3ZnHg_{1\frac{1}{2}}$ soll eine Verbindung sein.

26 III. Cu-Mn-Al (II a · V b · V b).

Wenn Mangan sich mit Kupfer-Aluminium legiert an Stelle des soeben erwähnten Zinns, so ergeben sich auch für dieses System Legierungen der Gruppe 26 III, die sich jedoch wesentlich unterscheiden. Dieses folgt schon daraus, daß, wenn man die binären Grenzsysteme berücksichtigt, sich zwei Typen verschiedener Schreibweise ergeben, das eine Mal Cu V b Sn II b Al V b und das andere Mal Cu II a Mn V b Al V b. Das einfachste binäre System ist im ersten Falle Sn-Al, im zweiten Cu-Mn. Im ersten Falle bilden sich Mischkrystalle mit Kupfer und wechselndem Gehalt von Zinn-Aluminium, im zweiten solche von Aluminium mit wechselndem Gehalt von Kupfer-Mangan. Das System Al-Cu-Mn ist mehrfach untersucht worden und hat besonders wegen seiner Eigentümlichkeit, in bestimmten Mischungen magnetische Legierungen zu ergeben, Beachtung gefunden. Von *F. Heusler* und *Richarz* wurde das Gebiet, in dem bei den Mn-Al-Cu-Legierungen ferromagnetische Eigenschaften auftreten, näher abgegrenzt. Die Träger des Magnetismus sind die β-Mischkrystalle des Systemes mit einem Maximum bei Legierungen, denen man die Formel AlMnCu$_2$ geben könnte. *Heusler* zeigte, daß die Mischkrystalle dieser Zusammensetzung Überstruktur haben und eine Verbindung ergeben. Diese hat ein Gitter aus drei ineinandergestellten Teilgittern der drei Metalle. Die Abb. 291 gibt die Erstarrungsfläche des Systems an. Wird die Verbindung Al$_4$Mn mit CuAl$_2$ zusammengeschmolzen, so ergibt sich nach *Krings* und *Ortmann* ein System mit Mischkrystallen in weitem Umfang nach Al$_4$Mn. Die Abbildung des Erstarrungsfeldes der kupferreichen Legierungen zeigt, wie sich die maximale Schmelztemperatur der β-CuAl-Mischkrystalle in das Gebiet in Form eines Bergrückens fortsetzt. Diese ternären

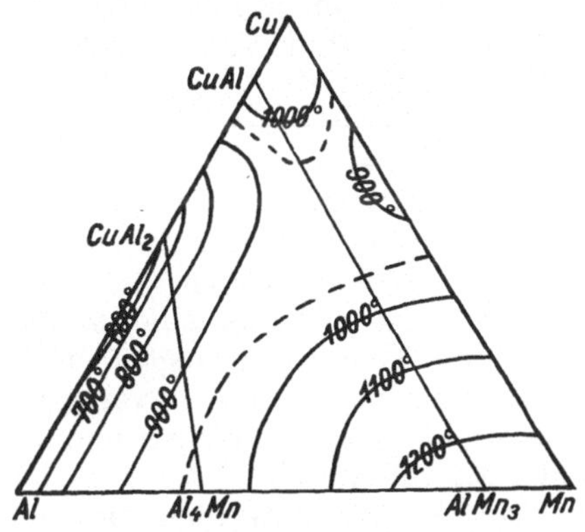

Abb. 291. Gruppe 26 III. Al-Cu-Mn (V b · II a · V b).

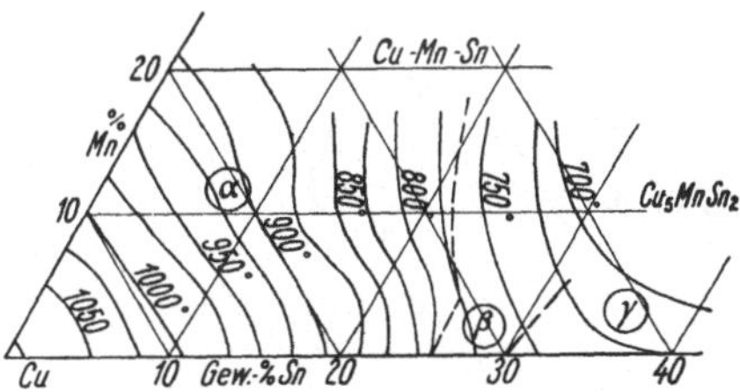

Abb. 292. Gruppe 26 III. Cu-Mn-Sn (II a · V b · V b). Die kupferreichen Legierungen.

Mischkrystalle sind wie erwähnt die Träger der ferromagnetischen Eigenschaften. Sie erleiden nach dem Erstarren in einem Intervall um 540° einen eutektoiden Zerfall in α- und γ-Mischkrystalle und eine Änderung ihrer ferromagnetischen Eigenschaften. Es zeigt sich hier also etwas Ähnliches wie bei ferromagnetischen reinen Metallen mit Änderungen der magnetischen Eigenschaften bei bestimmten Temperaturen.

Die Abb. 291, nach *Kriegs* und *Ostmann*, kann nur als eine orientierende Darstellung betrachtet werden. Außer den angegebenen Verbindungen finden sich noch andere binäre feste Phasen. Das System wird in drei Gebiete zerlegt, wobei besonders der Sattel in der Temperaturdarstellung zu beachten ist, der auf der Verbindungsgeraden Cu$_3$Al-AlMn$_3$ liegt. Bei Überschreiten der Gemische, die auf dieser Geraden liegen, nach höheren Gehalten an Cu und Mn fällt die Temperatur wieder. Es bildet sich offenbar ein invariantes Gleichgewicht mit einer Schmelze und drei bestimmten Mischkrystallen. In den aluminiumreichen Legierungen bildet sich nach *Krings* und *Ostmann* ein Gebiet Al-CuAl$_2$-Al$_4$Mn heraus, das ein ternäres Eutektikum enthält. Ob wirklich Al$_4$Mn beteiligt ist, erscheint nicht ganz sicher. Da es aber noch eine aluminiumreichere Verbindung Al$_5$Mn gibt, erhält dieses Gebiet noch ein invariantes Gleichgewicht von Schmelze und drei festen Phasen, das einen

Übergangspunkt in der Darstellung ergibt. Das trapezförmige Gebiet $CuAl_2$, Al_4Mn, Cu_3Al, $AlMn_3$ umfaßt als feste Phasen außer Mischkrystallen $Al(CuMn)_3$ und den beiden zuerst angegebenen Verbindungen noch Phasen zwischen Cu_3Al und $CuAl_2$. Die invarianten Gleichgewichte, die auftreten müssen, sind noch nicht genau bekannt. Von Interesse ist, falls es wirklich zwischen $AlCu_3$ und $AlMn$ Mischkrystalle in jedem Umfange gibt, ein zu erwartendes Gleichgewicht von Schmelze mit Mischkrystallen $Al(CuMn)_3$ und je einer AlCu- und AlMn-Verbindung.

26 III. Cu-Mn-Sn (IIa · Vb · Vb).

Über das System Kupfer-Mangan-Zinn liegt eine ausführliche Untersuchung von *Verö* vor über kupferreiche Legierungen bis etwa 20 Proz. Mn und 40 Proz. Sn. Das Erstarrungsbild dieser kupferreichen Legierungen ist in der Abb. 292 wiedergegeben. Die Erstarrungstemperaturen von Cu-Sn werden durch Mn allgemein erniedrigt. Die α-, β- und γ-Cu-Sn-Mischkrystalle vermögen Mn in ihr Gitter aufzunehmen. Von den Kupfer-Mangan-Mischkrystallen wird mit wachsendem Mn-Gehalt Sn immer weniger von α-Cu aufgenommen. Die β-Cu-Sn-Mischkrystalle verschwinden bei bereits 4 Proz. Mn, indem sich ein Gleichgewicht zwischen γ- und α-Mischkrystallen ausbildet. Der Übergang erfolgt über ein nicht genau bestimmtes invariantes Gleichgewicht zwischen Flüssig und α-, β- und γ-Mischkrystallen. Auch in den erstarrten Gemischen wurden die Vorgänge verfolgt und unter Benutzung des vom Verfasser aufgestellten Diagramms für Cu-Sn eingehend auseinandergesetzt. In den Legierungen mit über 5 Proz. wurde eine neue manganreiche Krystallart gefunden. Diese verändert das Aussehen der eutektischen Grundmasse in

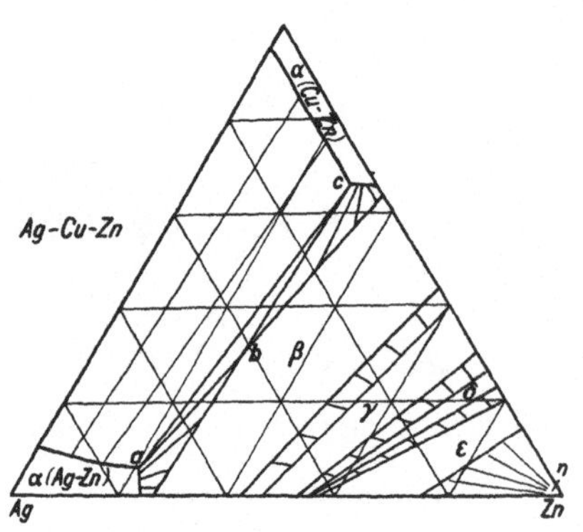

Abb. 293.   Gruppe 26 III.   Ag-Cu-Zn (IIb · Vb · Vb).
Verteilung der Gebiete nach vollendeter Erstarrung.

den Gemischen, indem es darin vorherrschend wird. Diese Krystallart X ist vermutlich die von *Dehlinger* angegebene Verbindung Cu_5MnSn_2, die dem Erstarrungsbild hinzugefügt wurde.

26 III. Ag-Cu-Zn (IIb · Vb · Vb).

Die beiden Systeme Silber-Kupfer-Zink und Silber-Kupfer-Cadmium sind einander sehr ähnlich. In der Mischkrystallbildung verläuft der Gehalt an Kupfer bzw. Silber in einzelnen Fällen über das gesamte Gebiet. Die Legierungen Ag-Cu-Zn sind wegen der großen Ähnlichkeit der binären Systeme Ag-Zn und Cu-Zn von besonderem Interesse. Die große Ähnlichkeit von Kupfer und Silber ist Veranlassung dafür, daß die auftretenden festen Phasen weitgehend zu ternären Mischkrystallen zusammentreten. Die binären zinkhaltigen Legierungen unterscheiden sich in den beiden Systemen nur in bezug auf die vorkommenden festen Phasen dadurch, daß nur bei Cu-Zn und nicht bei Ag-Zn eine δ-Phase auftritt, die sich primär ausscheidet, nach dem Erstarren aber sehr bald wieder in andere Phasen zerfällt. Die übrigen aus dem Schmelzfluß sich ausscheidenden festen Phasen sind vollständig gleichartig, wie es bei den binären Systemen angegeben wurde. Vor allen Dingen sind auch die Raumgitter dieselben, und deswegen war es von vornherein anzunehmen, daß sich zwischen den festen Cu-Zn- und Ag-Zn-Phasen Mischkristalle bildeten. Die Untersuchung zeigte, daß alle Phasen α, β, γ und ε lückenlose Mischkrystalle aufweisen. In bezug auf das Schmelzbild ist dadurch, indem man also von der δ-Phase bei Cu-Zn absieht, das ganze Dreieck, welches das Verhalten zur Darstellung bringt, in Trapeze zerlegt, mit den verschiedenen binären Mischkrystallen als Eckpunkten. Da Cu und Ag selbst nicht eine lückenlose Reihe von Mischkrystallen bilden, gibt es ein

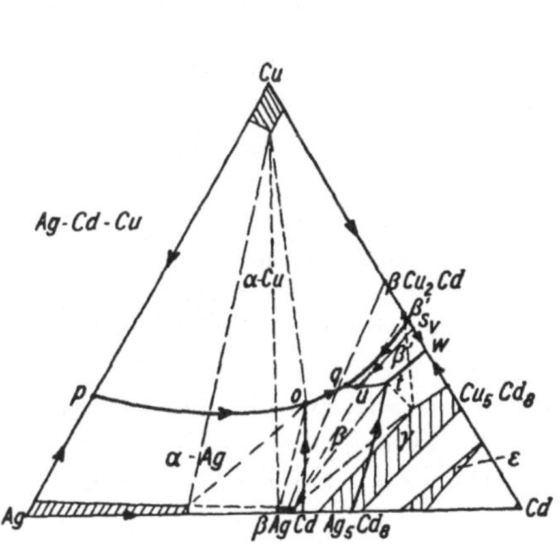

Abb. 294.
Gruppe 26 III. Ag-Cd-Cu
(Vb·Vb·IIb).

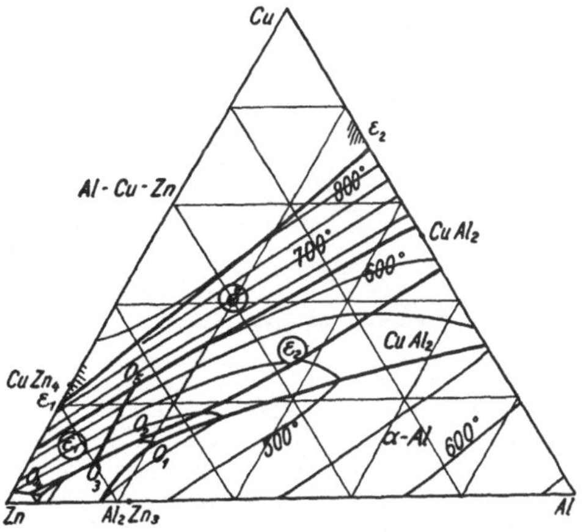

Abb. 295. Gruppe 26III.
Al-Cu-Zn (Vb·Vb·IIb). Die Isothermen
außerhalb des kupferreichen Gebietes.

einziges Vierphasengleichgewicht aus Schmelze, den beiden Mischkrystallen nach Cu und Ag, und einem bestimmt zusammengesetzten ternären β-Mischkrystall. Dieses führt zu einem invarianten Gleichgewicht, das in diesem Falle durch einen Übergangspunkt gekennzeichnet ist. Die übrigen Gleichgewichte beziehen sich, sofern drei Phasen in Frage kommen, wobei also ein monovariantes Gleichgewicht vorliegt, entweder auf die Gleichgewichte von zwei festen Mischkrystallen und Schmelze oder von drei verschiedenen Mischkrystallen. Dadurch, daß in dem binären System die β-Modifikation beide Male eine Umwandlung in eine β'-Modifikation erleidet, ergeben sich monovariante Gleichgewichte, bei denen auch drei feste Phasen beteiligt sind. Auch die β'-Phase für die Metalle Cu und Ag hat die Tendenz, das dritte Metall wechselseitig in fester Lösung aufzunehmen. Bei Zimmertemperatur ist aber, wie die Abb. 293 angibt, immer noch ein Gebiet der β-Phase vorherrschend. Bei Vergleich eines Zustandsbildes für die Gleichgewichte zwischen den festen Phasen unmittelbar nach dem Erstarren und bei Zimmertemperatur ergibt sich bereits ein ausreichender Überblick über das interessante System.

26 III. Ag-Cd-Cu (Vb · Vb · IIb).

Die Konstitution der Legierungen von Silber-Kupfer-Cadmium wurde mittels mikroskopischer Untersuchungen von *Keinert* geklärt. Entsprechend der weitgehenden Analogie zwischen den Systemen Ag-Cd und Cu-Cd zeigt sich zwischen den beiderseitigen γ- und ε-Krystallarten ternäre Mischkrystallbildung, die sich durch das ganze Gebiet hin erstreckt. Die Mischkrystalle haben nach *Hume-Rothery* entsprechend der Formel Cu_5Cd_8 und Ag_5Cd_8 das gleiche Gitter. Auch die β- und β'-Mischkrystalle bilden in gewissem Umfange im ternären System Mischkrystalle miteinander. Es finden komplizierte Umsetzungen statt, die vollständig erklärt wurden. Da die Ag-Cd-Mischkrystalle β und δ untere Existenzgrenzen haben, ist das Gefüge der ternären Legierungen bei verschiedenen Temperaturen besonders in bezug auf diese Bestandteile verschieden. Die Abb. 294 nach *Keinert* gibt einen weiteren Überblick über das System.

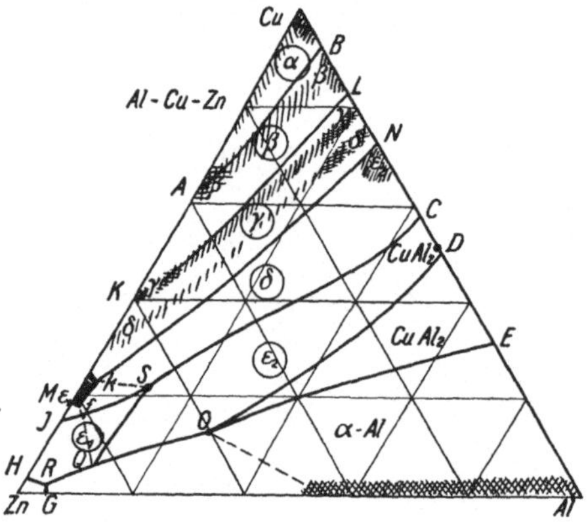

In dem Gebiet zwischen den γ-Mischkrystallen Silber-Kupfer bilden sich mehrere invariante Gleichgewichte zwischen drei festen Stoffen und einer Schmelze. Insbesondere bildet sich ein ternäres Eutektikum zwischen β-Mischkrystallen der Systeme Ag-Cd und Cu-Cd und einem γ-Mischkrystall. Die Gleichgewichte sind in der Abbildung angedeutet. Vom Eutektikum t gehen drei eutektische Kurven aus, von denen die nach der Ag-Cd-Kante zu einem Übergangspunkt führt, also bei geringerem Cu-Gehalt dystektisch ist. Angegeben ist auch ein ternärer Übergangspunkt O der eine Schmelze angibt, die im Gleichgewicht mit α-Cu, α-Ag und β-AgCd ist. Im cadmiumreichen System muß es noch eine Abgrenzung der drei Gebiete γ, ε und Cd durch Kurven geben, die von der Cu-Cd- nach der Ag-Cd-Kante laufen. Die gegebene Abbildung ist ein wenig gegenüber der von *Keinert* geändert.

Abb. 296. Gruppe 26 III. Al-Cu-Zn (Vb · Vb · IIb).
Die Ausscheidungsgebiete der verschiedenen festen Phasen.

26 III. Al-Cu-Zn (Vb · Vb · IIb).

Das System Aluminium-Kupfer-Zinn müßte nach früherer Auffassung, als Al-Zn noch dem Typus IIIb mit einer inkongruent schmelzenden Verbindung zuzuordnen war, der Gruppe 29 zugerechnet werden. Verschiedene der Zustandsbilder, die aufgestellt wurden, geben noch dieser Auffassung Ausdruck. Seit aber als feststehend anzunehmen ist, daß Al-Zn einfach vom Typus IIb ist, fällt das Gebiet für eine vermeintliche Verbindung Al_2Zn_3 fort. Damit verschwinden auch Unstimmigkeiten in den Auffassungen verschiedener Forscher.

Die Legierungen Al-Cu-Zn wurden eingehend von verschiedenen Forschern untersucht. Besonders wurden die kupferreichen (von *Carpenter* und

Edwards, *Bauer* und *Hanson*) und die zinkreichen Gebiete (*Haugton* und *Bingham* bis 10 Proz. Cu und 15 Proz. Al, *Rosenhain*, *Aschbutt* und *Hanson* bis 25 Proz. Cu und 40 Proz. Al) bei der Untersuchung bevorzugt. Größere Gebiete untersuchten *Nishimura* und *Hanson* und *Gaylor*, welche die kupferreichen Legierungen außer acht ließen. Ein umfangreiches Gebiet wurde von *Jares* untersucht, dessen Ergebnis die Abb. 295 wiedergibt. Die Abbildung enthält noch ein Gebiet für die Verbindung Al_2Zn_3 oder eine β-Phase veränderlicher Zusammensetzung. In den kupferärmeren Teil führen die dort auftretenden festen Phasen $CuAl$, $CuAl_2$, Al_2Zn_3, $CuZn_4$ mit den beiden Metallen Al und Zn und den Mischkrystallen der beiden δ-Phasen zu fünf invarianten Gleichgewichten. Die Lage der bei diesen Gleichgewichten beteiligten Flüssigkeiten ist aus der Abb. 295 zu erkennen. Wie diese zeigt, ist nur O_4 ein Eutektikum, die übrigen Gleichgewichte entsprechen Übergangspunkten.

Die Cu-reichen Legierungen sind durch die Isomorphie der beiden Arten binärer Cu-Verbindungen ausgezeichnet. Dadurch findet eine Zerlegung des Zustandsbereiches in Trapeze statt. Die Gebiete der β-, γ- und δ-Phasen verlaufen, wie die Abb. 296 zeigt, von der einen Seite durch das ternäre Gebiet zur anderen. Es bildet sich ein Gleichgewicht zwischen den α- und β-Mischkrystallen mit Schmelzen heraus. Die beteiligten Schmelzen werden durch eine Kurve zwischen binären Grenzpunkten dargestellt, die anfänglich eutektisch ausgehend vom binären Eutektikum Cu-Cu_3Al ist, und an der Seite der Cu-Zn-Verbindungen zu einer Übergangskurve wird. Die Schmelzen für die Gleichgewichte mit den Reihen der β-γ- und γ-δ-Mischkrystalle sind auf ihrem ganzen Verlauf im ternären Gebiet durch Übergangskurven angezeigt. Die Isomorphie der Mischkrystalle Cu_5Zn_8 und Cu_9Al_4, die im gleichen Gitter mit einer Riesenzelle krystallisieren, wurde von *Bradley* und *Gregory* nachgewiesen. Es ergibt sich hierdurch, daß auch eine Legierung der Formel $Cu_7Zn_4Al_2$ homogen ist. Die β- und δ-Mischkrystalle der beiden Formen zeigen in festem Zustande eine Zerlegung. Der scheinbare untere Umwandlungspunkt der Al-Zn-Legierungen wurde auch in den erstarrten, ternären Legierungen wiedergefunden.

Die von *Jares* gefundenen invarianten Gemische für die Gleichgewichte von vier festen Phasen wurden von *Hanson* und *Gayler* noch genauer festgelegt. Diese Gleichgewichte, die bei 265° und 270° liegen, beziehen sich auf die Zersetzung von β-Mischkrystallen (Al_2Zn_3) in Gegenwart von $CuZn_4$ sowie $CuAl_2$, wobei sich einmal $CuAl + Zn$, das andere Mal $CuAl + Al$ bildet. Das scheinbare Auftreten von Al_2Zn_3 in den Legierungen veranlaßt dieselben Erscheinungen, wie sie bei den binären Systemen beobachtet wurden.

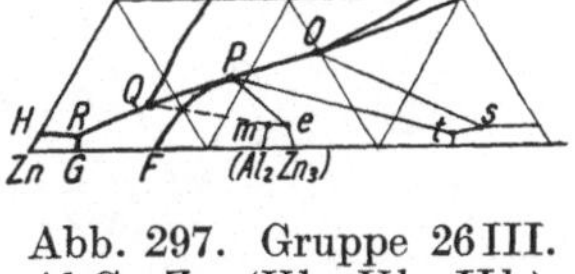

Eine sehr ausführliche Untersuchung wurde neuerdings von *Bauer* und *Hansen* in dem Gebiet der Legierung von 50 bis 100 Proz. Cu und bis 10 Proz. Al ausgeführt. Das Gefüge vieler Legierungen bei verschiedenen Temperaturen wurde genau festgestellt. Die Abb. 299 bis 301[1]) zeigen, wie sich die Grenzen der Mischkrystallbildung mit

Abb. 297. Gruppe 26 III. Al-Cu-Zn (Vb · Vb · IIb). Gebiete wenn Al_2Zn_3 als eine besondere Verbindung betrachtet wird.

---

[1]) Metallurgie **24**, 1932, 77.

der Temperatur verschieben. Bei 800 und 600° sind die β-Mischkrystalle noch kontinuierlich durch das ternäre Gebiet von den Cu-Zn- nach den Cu-Al-Mischkrystallen verteilt. Unterhalb 600° tritt das Gleichgewicht

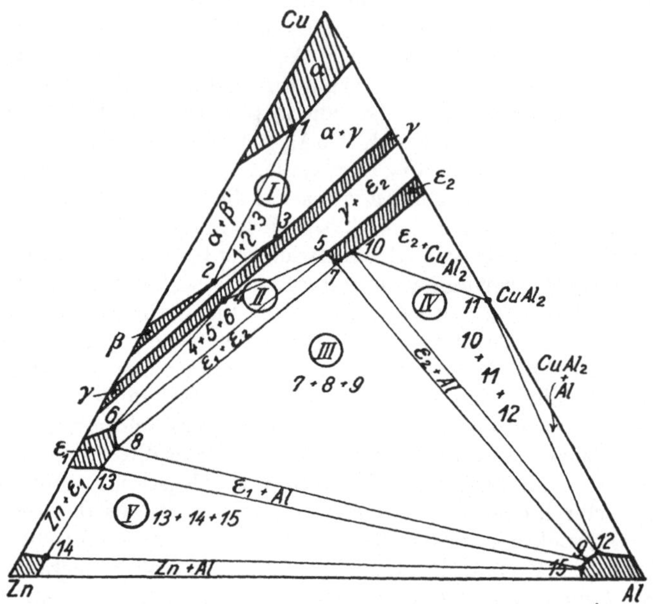

Abb. 298. Gruppe 26 III. Al-Cu-Zn (V b · V b · II b).
Zusammensetzung der verschiedenen Legierungen bei 20°.

zwischen drei Arten Mischkrystallen, α, β und γ auf, das sich bei sinkender Temperatur nach den aluminiumärmeren Legierungen verschiebt.

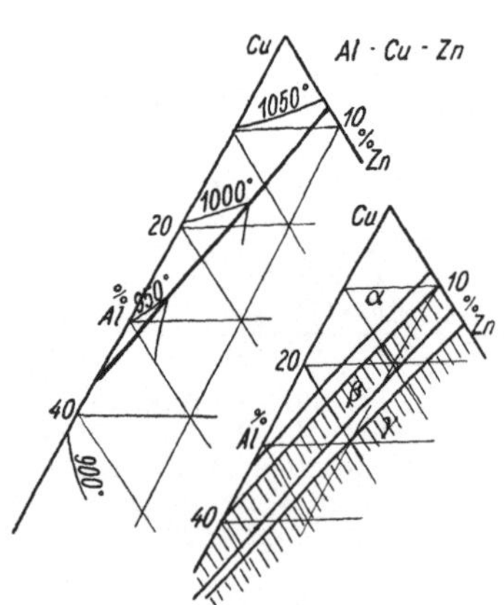

Abb. 299. Gruppe 26 III.
Al-Cu-Zn (V b · V b · II b).
Isothermen und Gebiete in den
kupferreichen Legierungen.

Sehr eingehend wurden thermische und mikroskopische Untersuchungen und der Härte von *Hideo Nishimura* ausgeführt. Im Gegensatz zu anderen Untersuchungen sind $CuAl_2$ und Al-Mischkrystalle gleichzeitig als Bodenkörper möglich, ihre Ausscheidungsfelder berühren sich, wie die Abb. 297 zeigt. Es ergibt sich ein invariantes Gleichgewicht, bei dem die Schmelze O und die Bodenkörper $CuAl_2$, CuAl und α-Al beteiligt sind. Für die invarianten Punkte O, P, Q und S sind die beteiligten festen Körper vermerkt, soweit sie Mischkrystalle sind. Das Auftreten der Verbindungen $CuAl_2$ und CuAl ergibt sich aus den den invarianten Punkten anliegenden Ausscheidungsfeldern. Die Gebiete der Mischkrystalle, die bei Gleichgewichten mit Schmelzen möglich sind, sind in die Abb. 296 noch schraffiert eingezeichnet.

Für α-Al-Mischkrystalle verringert sich das Gebiet im festen Zustande in bezug auf den Zinkgehalt mit sinkender Temperatur wesentlich. Der Höchstgehalt an Zink beträgt 58 Proz. in Gegenwart von Schmelze und sinkt auf 12 Proz. bei 200°. Die angeblichen β-Al-Zn-Mischkrystalle sollen einige Gewichtsprozente Cu in fester Lösung aufnehmen. Diese Mischkrystalle, die bei den kupferfreien Legierungen bei 280° in α-Al und γ-Al-Zn-Mischkrystalle zerfallen, tun dieses in den ternären Legierungen in zwei Absätzen, und zwar $\beta + \eta = \mathrm{CuAl} + \gamma$ und $\beta + \mathrm{CuAl} = \alpha + \gamma$. Es entsteht also in der ersten Reaktion CuAl und verschwindet in der zweiten wieder. Da β keine wirkliche feste Phase ist, sind diese eigentümlichen Reaktionen auch nur scheinbar.

Da von den sich aus dem Schmelzfluß ausscheidenden festen Phasen eine Anzahl eine untere Existenzgrenze haben, nämlich die β- und δ-Phasen in

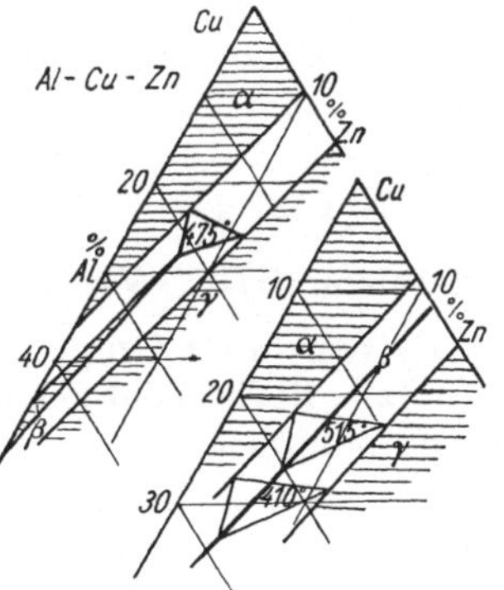

<table>
<tr><td>Abb. 300. Gruppe 26 III.
Al-Cu-Zn (V b · V b · II b).
Mischkrystalle bei 475°.</td><td>Abb. 301. Gruppe 26 III.
Al-Cu-Zn (V b · V b · II b).
Gleichgewichte zwischen α-,
β-, γ-Mischkrystallen.</td></tr>
</table>

beiden Systemen Cu-Al und Cu-Zn sowie auch die scheinbar vorhandene intermetallische Phase im System Al-Zn, treten sie in den erstarrten Gemischen nicht mehr bei gewöhnlicher Temperatur auf. Wenn sich dadurch die Gleichgewichte bei diesen Temperaturen ändern und vereinfachen, so sind sie doch immer noch kompliziert genug, wie die größtenteils schematische Skizze der Abb. 298 zeigt. Die auftretenden festen Phasen sind Mischkrystalle nach den drei Metallen Cu, Zn und Al, ferner in den Systemen Cu-Al und Cu-Zn die Phasen γ, ε_2 und CuAl_2 sowie β', γ, ε_1. Die Gebiete für die homogenen Phasen sind in der Abb. 298 schraffiert gezeichnet. Es bilden sich fünf Dreiphasendreiecke mit I bis V. Die zugehörigen Phasen sind von 1 bis 15 numeriert. Außerdem sind in einigen Gebieten für zwei Phasen diese in der Abbildung vermerkt.

Die Verschiedenheit in der Auffassung der invarianten Gleichgewichte mit CuAl_2 als Bestandteile, wie sie von *Jares* und *Hanson* und *Gayler* einerseits und *Nishimura* anderseits besteht, wird auch von *Hamasumi* und *Matoba* hervorgehoben. *Malveno* und *Marantonio* untersuchten auch genauer die Legierungen, die sich aus Zn und $\mathrm{Cu}_3\mathrm{Al}$ bilden lassen. Das Zustandsbild zeigt eine Zerlegung in mehrere Teile, in dem sich auch bei 570°, 490°, 420° die eutektischen und andere Haltezeiten der ternären invarianten Gleichgewichte zeigen.

23*

Von *Bauer* und *Hansen* wurde auch untersucht, in welcher Art sich bei Messinglegierungen mit 55 bis 75 Proz. Cu die Farbe mit zunehmendem Gehalt an Aluminium ändert. Die gelben kupferreicheren Legierungen ändern sich bei 5 bis 10 Proz. Al über goldgelb in graubraun, während die goldgelben kupferärmeren Cu-Zn-Legierungen durch Aluminium rötlich werden, was der β-Phase entspricht. Auch die Brinellhärte wurde in Abhängigkeit zur Zusammensetzung untersucht. Es findet bei Al-Zusatz eine wesentliche Steigerung statt.

Burckhardt untersuchte neuerdings technische Eigenschaften von Legierungen mit vorherrschendem Zinkgehalt. Er stellte auch eine Steigerung in dem Gehalt der Mischkrystalle fest von 0,2 Proz. Al und 0,6 Proz. Cu bei 20° bis 1,6 Proz. Al und 3,5 Proz. Cu bei 300°.

26 III. Cu-Hg-Zn (Vb · IIb · Vb).

Nach *Russel*, *Cazalet* und *Irvin* vereinigen sich in Quecksilber die drei Elemente Cu, Hg und Zn zu zwei chemischen Verbindungen der Formeln Zn_2Cu_6Hg und $ZnCu_3Hg_2$.

Gruppe 27 (V · 3 · 3).

27. Hg-Mn-Sn (III ? · Vb · IIIb).

Für die beiden Beispiele, die bei dieser Gruppe behandelt werden sollen, ist je ein Grenzsystem Hg-Mn bzw. Si-Zn nicht genau bekannt. Es ist durchaus möglich, daß diese einem komplizierteren Typus als III der binären Legierungen angehören. Damit gehörten die ternären Systeme zu einer anderen, höheren Gruppe.

Das System Hg-Mn-Sn ist von besonderem Interesse, weil es in diesem Falle in einer Art untersucht werden konnte, die sonst bei Legierungen nicht üblich ist. Es wurde unmittelbar die Löslichkeit im Quecksilber bei Temperaturen bis 70° festgestellt, wie es sonst bei Lösungen von Salzen in

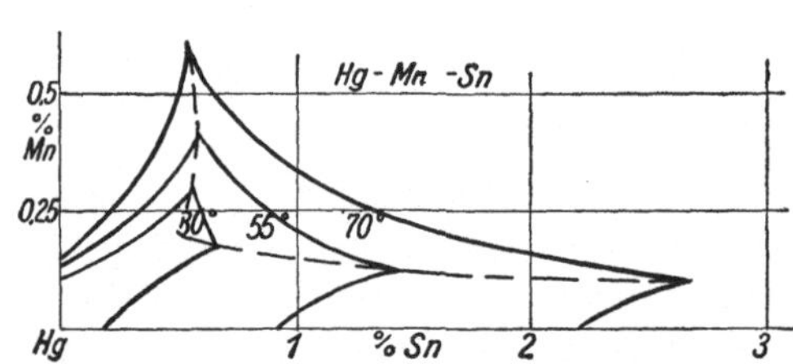

Abb. 302. Gruppe 27. Hg-Mn-Sn (? · Vb · IIIb). Isothermen bei 30°, 55° und 70°.

Wasser geschieht. Die Metalle wurden mit Quecksilber geschüttelt und die Mutterlauge in Thermostaten durch Wildleder abgepreßt. Die Abb. 302 zeigt das Ergebnis der Untersuchung, aus der hervorgeht, daß außer den beiden Metallen Mn und Sn eine Verbindung Sn_5Mn_2 oder Sn_3Mn als Bodenkörper in den gesättigten Lösungen auftritt. Die Untersuchung ist in diesem Falle einfach, weil zwischen den beiden Metallen untereinander und im Quecksilber keine Mischkrystalle auftreten. Die Löslichkeit in Quecksilber ist gering und steigt mit der Temperatur.

27. Mg-Si-Zn (IIIa · III ? · Va).

Über das System Mg-Si-Zn liegt nur ein Versuch vor, durch den die vorauszusehende Teilung des Gebietes, durch das Gemisch der Legierungen Mg_2Si-Zn in zwei Teile, mikroskopisch nachgewiesen wurde.

Das System wurde der Gruppe 27 (V · 3 · 3) zugeteilt, obwohl nicht feststeht, ob Si-Zn dem Typus III zugehört. Da die beiden binären Systeme
Si-Mg und Si-Zn Verbin-
dungen Mg_2Si und $MgZn_2$
mit ausgesprochen kon-
gruenten Schmelzpunkten
haben, war ein Eutekti-
kum zwischen Mg_2Si mit
$MgZn_2$ vorauszusehen, was
auch von *Sander* und
Meissner durch mikroskopische Untersuchung einer
Schmelze festgestellt wurde. In ihrer Darstellung
des Systems sind die beiden
inkongruenten Verbindun-
gen $MgZn$ und $MgZn_5$ noch
nicht berücksichtigt. Wie
sich das Zustandsbild nach
den siliciumreichen Legierungen hin ergänzt, ist
nicht geklärt. Das Aus-
scheidungsfeld von Mg_2Si

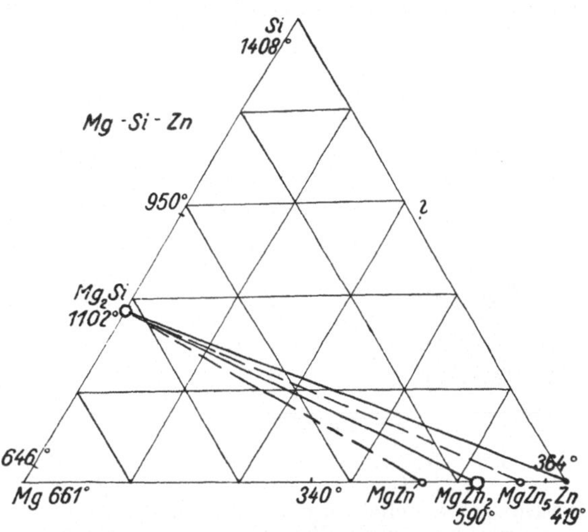

Abb. 303. Gruppe 27. Mg-Si-Zn (IIIa · ? · Va).

wird wegen seines hohen Schmelzpunktes groß sein. Außer den Schmelzpunkten der beiden kongruent schmelzenden Verbindungen und der drei
Metalle sind in der Abb. 303 auch die Eutektika vermerkt.

Gruppe 28 (V · 3 · 4).

Für die Legierungen, die zur Gruppe 28 gehören, gibt es verschieden-
artige Beispiele: zuerst solche von Magnesium-Antimon-Zink, dann Molybdän-
Nickel mit Aluminium oder Silicium und endlich Kupfer-Phosphor mit Zink,
Zinn oder Silicium. Ob die phosphorhaltigen Systeme wirklich dieser Gruppe
angehören, ist allerdings nicht sicher, da die Grenzsysteme nicht genau be-
kannt sind. In den phosphorarmen Gebieten handelt es sich um wirkliche
Legierungen, was erklärlicherweise bei den phosphorreichen nicht der
Fall ist.

28. Mg-Sb-Zn (IIIa · IVa · Va).

Ein genaues Zustandsbild der Legierungen Mg-Sb-Zn ist noch nicht bekannt.
Da in allen drei binären Grenzsystemen kongruent schmelzende Verbindungen
vorkommen, besteht auch die Wahrscheinlichkeit ternärer Verbindungen. Von
Löberg wurde festgestellt, daß im Gitter der trigonal krystallisierenden binären
Verbindung Mg_3Sb_2 fast die Hälfte Magnesium (46,7 Atom.-Proz.) durch Zink
ersetzt werden kann. Es wurde röntgenographisch gefunden, daß nur die
Mg-Atome der zweizähligen Punktlage von Mg_3Sb_2 durch Zn ersetzt werden
können. Die Grenze der Mischkrystallbildung entspricht fast der Formel
$Mg_3Zn_3Sb_4$, so daß in den ternären Legierungen dieser Mischkrystall in gewissem Grade die Rolle einer Verbindung spielt.

28. Al-Mo-Ni (IVb · IIIb · Va).

In dem System Al-Mo-Ni wurden einige Schmelzen hergestellt und mikroskopisch untersucht und festgestellt, daß Nickel gleichzeitig beide Metalle Aluminium und Molybdän in fester Lösung aufzunehmen vermag. Bei Zimmertemperatur wird eine Zerlegung des Gebietes angegeben, wie es Abb. 304 zeigt. Bei der großen Anzahl der in dem binären System vorkommenden Verbindungen ist es möglich, daß sich auch ternäre Verbindungen bilden. Eine Untersuchung der Härte ergab eine große Steigerung der Mo-Ni-Mischkrystalle auf Zusatz von Al.

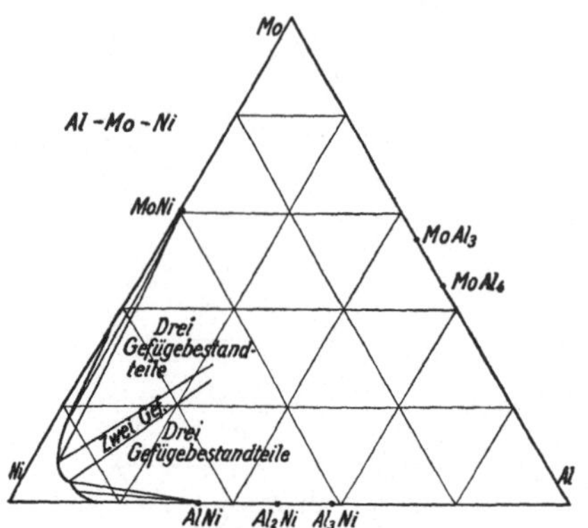

Abb. 304. Gruppe 28. Al-Mo-Ni (IVb · IIIb · Va).
Die Gefügebestandteile der nickelreichen Legierungen nach *Pfautsch*.

28. Mo-Ni-Si (IIIb · Va · IV).

Zur Erklärung der Gleichgewichte im System Mo-Ni-Si wurde von *Pfautsch* eine größere Anzahl nickelreicher Legierungen zusammengeschmolzen und mikroskopisch untersucht. Die Versuche ergaben den Nachweis einer sehr hoch schmelzenden Verbindung von 2100 bis 2200° der Zusammensetzung Ni_3Mo_2Si, außerdem soll es auch noch eine andere Verbindung Ni_4MoSi_2 mit einem Schmelzpunkt von 1600° geben, die unterhalb 850° zerfallen soll, was wohl noch nicht als bewiesen anzusehen ist. Die Abb. 305 gibt die Zerlegung des Gebietes bei Zimmertemperatur.

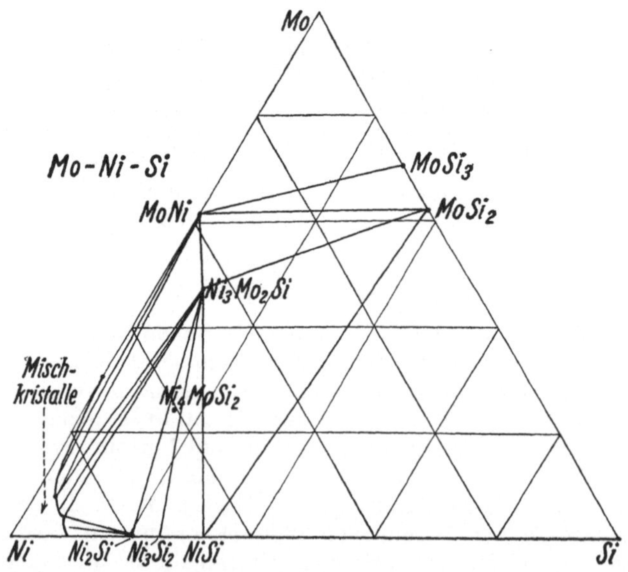

Abb. 305. Gruppe 28. Mo-Ni-Si (IIIb · Va · IVb). Zerlegung der Gebiete nach *Pfautsch*.

28. Cu-P-Zn (III ? · ? · V b).

Wie schon erwähnt, ist die Zuteilung der phosphorhaltigen Legierungen zur Gruppe 28 nicht ganz sicher.

Die Legierungen Cu-P-Zn wurden in ihrem kupferreichen Teil von *W. Earl Lindlief* untersucht, der, wie die Abb. 305 angibt, zwei invariante Gleichgewichte fand. Eines, *C* ist eutektisch, das andere, *D* dystektisch. Als Bodenkörper wurden, neben einem zinkreichen Phosphid von hohem Schmelzpunkt, Cu und Cu₃P im Eutektikum *C*

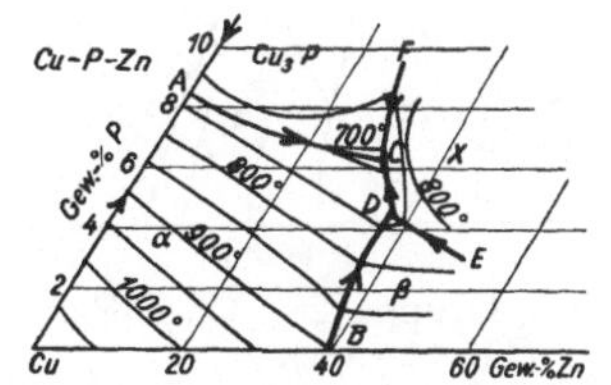

Abb. 306. Gruppe 28. Cu-P-Zn
(III ? · ? · V b).
Die kupferreichen Gebiete.

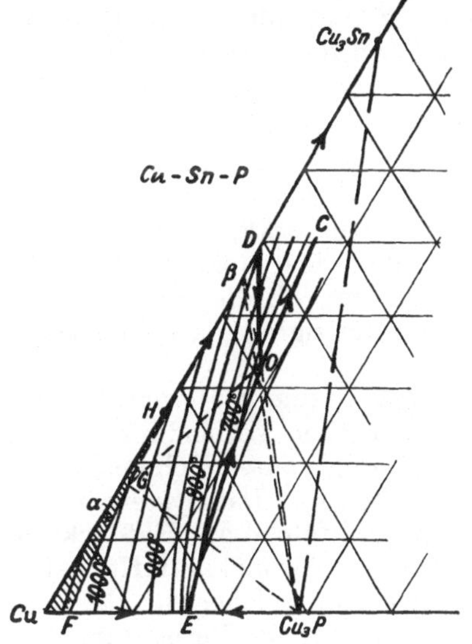

Abb. 307. Gruppe 28. Cu-P-Sn
(III · IV · V b).
Die kupferreichen Gebiete nach *Verö*.

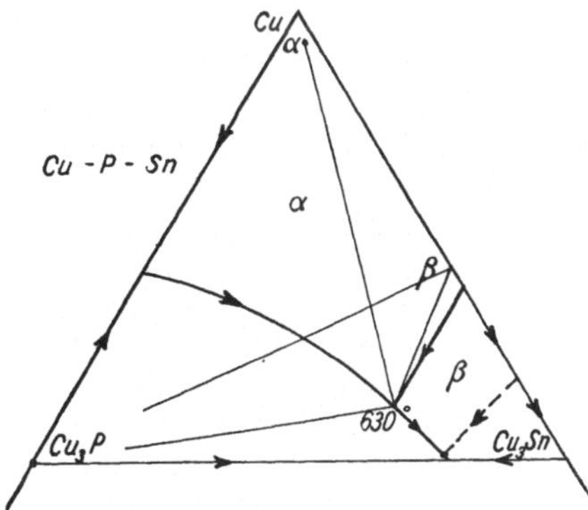

Abb. 307 a. Gruppe 28. Cu-P-Sn
Zerlegung des kupferreichen Gebietes nach
Malvano und *Orofino*.

und im Dystektikum *D* die α- und β-Cu-Zn-Mischkrystalle festgestellt. Das zinkreiche Phosphid ist vielleicht eine ternäre Verbindung der drei Elemente.

28. Cu-P-Sn (III · IV · V b).

Das System Cu-P-Sn wurde bereits 1911 von *Malvano* und *Orofino* in den kupferreichen Legierungen festgelegt, wie es die Abb. 307 a angibt. Eine neuere ausführlichere Darstellung rührt von *Verö* her, nach dessen Ergebnissen die andere Abb. 307 gezeichnet ist. Die invariante Temperatur, die bei 630°, genauer 637° (*Verö*) liegt, gehört zu dem Gleichgewicht von Schmelze mit den beiden Cu-Sn-Mischkrystallen α(*G*) und β sowie Cu₃P. Von *Verö* wurden auch die Umwandlungen im festen Zustande verfolgt.

Zu den Legierungen Cu-P-Sn gehört die sog. Phosphorbronze. Nach den Untersuchungen von *Glaser* und *Seemann* läßt sich ein Schmelzbild konstruieren, das gleichartig dem der Abb. 307 von *Verö* ist. Die Abb. 307 zeigt auch den Umfang der Mischkrystallbildung des Kupfers. Der Gehalt an Phosphor ist nur gering und beträgt bis etwa 1,4 Proz. beim Erstarren. In den erstarrten Legierungen geht er noch erheblich zurück.

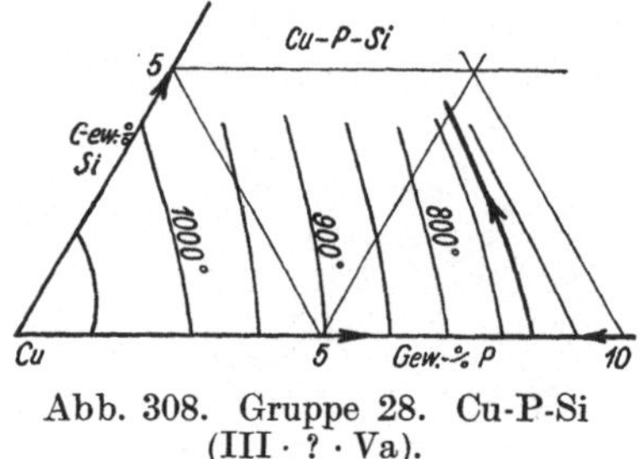

Abb. 308. Gruppe 28. Cu-P-Si
(III · ? · Va).
Die kupferreichen Gebiete.

28. Cu-P-Si
(III · ? · Va).

Von den Legierungen Cu-P-Si wurde in dem kupferreichen Teil die Erstarrungskurve festgestellt, wie es die Abb. 308 angibt. Der Beginn des Verlaufes der eutektischen Kurve mit Cu und Cu_3P als Bodenkörper wurde angegeben.

Gruppe 29 (V · 3 · 5).

29. Hg-K-Na (Va · IIIb · Va).

Die Legierungen der Gruppe 29 (V · 3 · 5) haben erklärlicherweise mit denen von Gruppe 26 (V · 2 · 5) Ähnlichkeit. Auch hier könnte man noch eine Zerlegung der Systeme vornehmen, je nachdem, ob die Grenzsysteme dem Typus Va oder Vb angehören, was aber überflüssig ist, da bis jetzt nur zwei Systeme dieser Gruppe untersucht wurden.

Im System Na-K-Hg enthalten die beiden Grenzsysteme K-Hg und Na-Hg, die dem Typus V a zugehören, eine Anzahl chemischer Verbindungen, von denen die der Formel KHg_2 und $NaHg_2$ einen kongruenten Schmelzpunkt haben, der wesentlich höher als der der Komponenten ist. Das System wurde vor bereits 30 Jahren vom Verfasser untersucht und führte zur Entdeckung der ersten chemischen Verbindung dreier Metalle der Formel $NaKHg_2$. Die Abb. 309 gibt das Erstarrungsbild wieder, das zeigt, in welcher Art die Verteilung der verschiedenen Zustandsfelder ist. Die ternäre Verbindung hat einen kongruenten Schmelzpunkt und erstarrt in stahlblaue sechsseitigen Prismen, wenn sie unter Paraffin geschmolzen zum Erstarren gebracht wird. Die verschiedenen Verbindungen geben zur Bildung einer ganzen Anzahl ternärer Eutektika und Übergangspunkte Anlaß, die aus der Abbildung deutlich zu erkennen sind. Es erscheint nicht ausgeschlossen, daß im gewissen Umfange Mischkrystalle z. B. im binären System $NaHg_2$-KHg_2 auftreten, worüber neue Untersuchungen Aufschluß geben würden. Die Legierungen sind um so empfindlicher gegen feuchte Luft, je alkalireicher sie sind. Eine Nachprüfung des komplizierten Systems macht vielleicht noch gewisse Korrekturen im Zustandsbild erforderlich. Die Abb. 309a gibt einen Überblick über die Zusammensetzung der erstarrten Gemische.

29. Ca-Mg-Zn (IIIa · Va · Va).

Das System Ca-Mg-Zn ähnelt dem soeben erörterten Na-K-Hg dadurch, daß zwei Grenzsysteme besonders kompliziert sind und sich auch eine ternäre Verbindung bildet. Es ist aber insofern von ihm sehr verschieden, als die binäre Verbindung in dem einfacheren Grenzsystem von besonderer Bedeutung ist. Das von *Páris* auf Grund thermischer und mikroskopischer Unter-

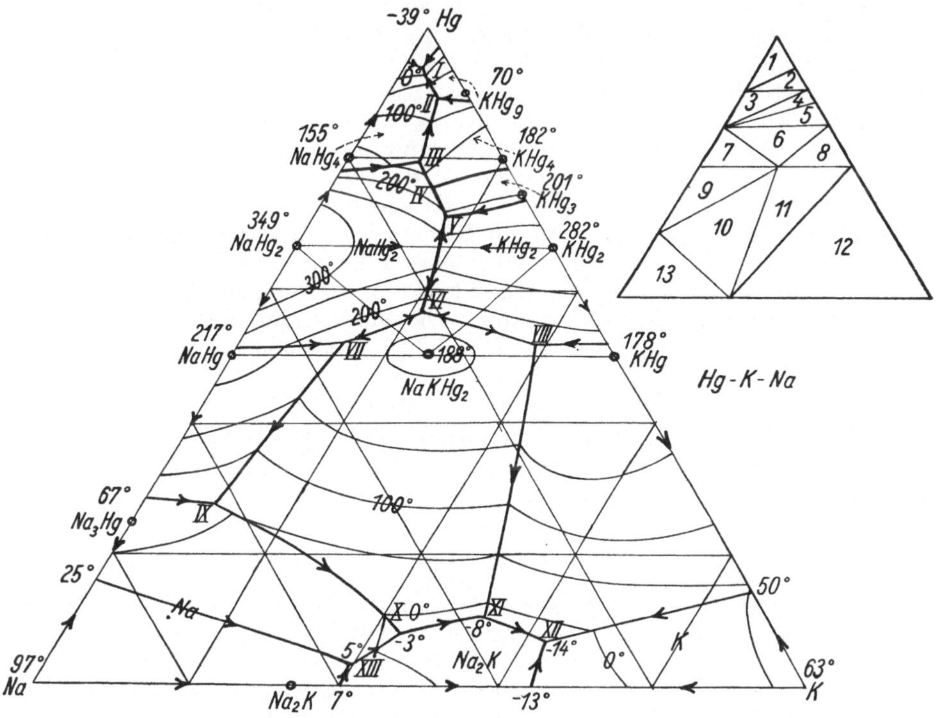

Abb. 309.
Gruppe 29. K-Na-Hg (IIIb · Va · Va).
Erstarrungsbild.

Abb. 309a. Gruppe 29.
K-Na-Hg (IIIb · Va · Va).
Die Zerlegung des Gebietes.

suchungen kürzlich aufgestellte Erstarrungsbild von Ca-Mg-Zn ist unter Hinzufügen der Zerlegung des großen Dreiecks in kleinere in der Abb. 310 wiedergegeben. Nach *Pâris* ist die kongruent schmelzende binäre Verbindung von Ca-Mg von der Zusammensetzung Mg_5Ca_3 und nicht, wie *Baar* angibt, Mg_4Ca_3. Im System Ca-Zn gibt es die Verbindung Ca_5Zn_2 und nicht die von *Donski* angegebene Ca_4Zn. Ob diese Auffassungen richtig sind, ist für das Zustandsbild unwesentlich.

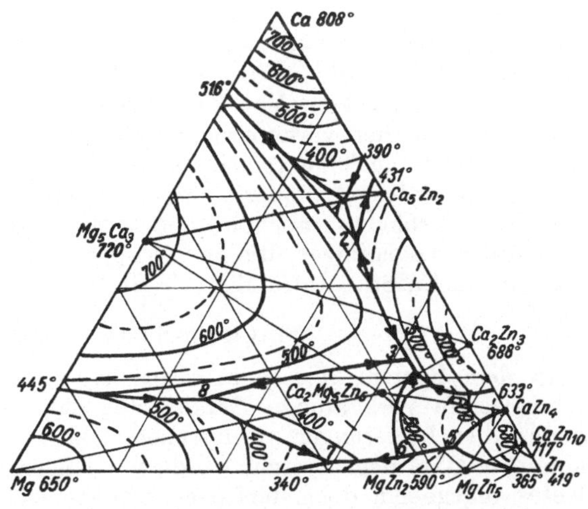

Abb. 310. Gruppe 29. Ca-Mg-Zn (Va · Va · IIIa).
Erstarrungsbild.

Dieses zeigt, daß die kongruent schmelzende Verbindung $Ca_2Mg_5Zn_5$ das Gebiet in verschiedene Teile zerlegt. Es bilden sich sieben invariante Gleichgewichte. Von den mit 1 bis 7 beteiligten Schmelzen sind mehrere ternär eutektisch. Die Verbindung MgZn, die in dem Diagramm nicht enthalten ist, würde zu einem achten invarianten Gleichgewicht Veranlassung geben. In den zinkreichen Legierungen sind noch zwei invariante Gleichgewichte, die nicht besonders angegeben sind. Die beteiligten Schmelzen sind praktisch frei von einem Gehalt an Ca. Es wurde von *Páris* festgestellt, daß Zink etwa je 1 Proz. Ca und Mg zu Mischkrystallen aufnehmen kann.

Die Ca-reichen Legierungen oxydieren sich leicht und zersetzen sich an feuchter Luft. Zinkreiche sind weniger leicht zersetzlich, sie sind spröde und hart und lassen sich nicht bearbeiten. Die magnesiumreichen Legierungen sind weich, leicht zu bearbeiten und ziemlich beständig.

29. Cu-Hg-Sn (Vb · IIIb · Vb).

Nach *Russel, Cazalet* und *Irvin* vereinigen sich in Quecksilber Cu und Sn zu verschiedenen chemischen Verbindungen der Formeln: $SnCu_3Hg_3$, $SnCu_2Hg_{21/2}$, $SnCu_3Hg_{10}$ und $SnCu_4Hg_2$, $SnCu_4Hg_8$.

Gruppe 30 (V · 4 · 4).

Bei den komplizierten ternären Legierungen ist es von großer Bedeutung, wie schon mehrfach hervorgehoben wurde, ob die Grenzsysteme den Typen IIIa, IVa, Va oder IIIb, IVb, Vb zugehören. Legierungen, die nur Grenzsysteme enthalten, bei denen kongruent schmelzende Verbindungen vorkommen (IIIa, IVa, Va) sind wesentlich verschieden von denen, die nur Grenzsysteme der anderen Typen (IIIb, IVb, Vb) ohne kongruent schmelzende binäre Verbindungen enthalten. Bei den ersteren ist das Vorkommen ternärer Verbindungen wahrscheinlicher als bei den anderen. Diese wieder sind durch Bildung ternärer Mischkrystalle ausgezeichnet und meist technisch wichtiger. Als Übergang finden sich solche ternäre Legierungen, die beide Arten Grenzsysteme enthalten. Wenn einmal noch mehr Systeme untersucht sein werden, wird es von besonderem Reiz sein, die näheren Beziehungen aufzudecken. Von Bedeutung ist für die Systeme IIIa, IVa und Va noch die Zahl der vorkommenden kongruent schmelzenden Verbindungen und besonders auch die relative Höhe der Schmelztemperaturen in bezug auf die Komponenten. Je höher der Schmelzpunkt, um so mehr dominiert die betreffende Verbindung auch in dem ternären System.

Von den Legierungen, die zur Gruppe 30 gehören, sind vier Beispiele bekannt: Cd-Cu-Sb; Al-Cu-Mg; Cu-Sb-Sn und Ag-Cd-Sb.

30. Cd-Cu-Sb (Va · IVa · IVa).

In dem System gibt es in allen drei Grenzsystemen je eine kongruent schmelzende Verbindung. Daraus läßt sich bereits eine Zerlegung des Gebietes aller Legierungen voraussehen, falls keine ternäre Verbindungen vorkommen. Von dem System wurde vor längerer Zeit eine Zerlegung des Gebietes angegeben, doch dürfte es ziemlich sicher sein, daß sich mindestens eine ternäre Verbindung bildet, wodurch die Zerlegung wesentlich anders wird.

30. Al-Cu-Mg (Vb · IVa · IVa).

Die mehrfach untersuchten Legierungen Al-Cu-Mg wurden in ihrem aluminiumreichen Teile von *Vogel* untersucht. Die Untersuchung erstreckte sich bis zu den Gemischen von Al_2Cu und Al_3Mg_4. Nach der damaligen Kenntnis der Aluminium-Magnesium-Legierungen war dieses die einzige kongruent schmelzende Verbindung in diesem System. Von *Hansen* und *Gayler* wurde aber ein Jahr später nachgewiesen, wie bei den binären Systemen erwähnt, daß es zwei kongruent schmelzende Verbindungen Al_3Mg_2 und Al_2Mg_3 gibt. Aus diesem Grunde konnte *Vogel* das ternäre System in

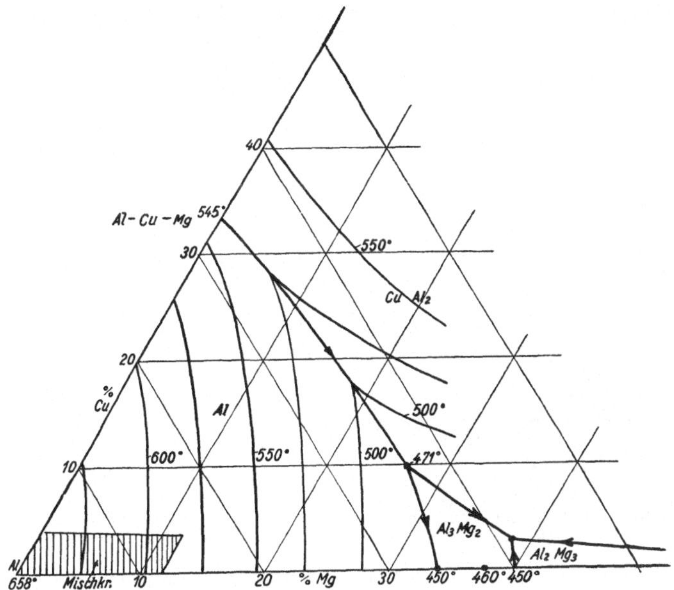

Abb. 311. Gruppe 30. Al-Cu-Mg (Va · IVa · IVa). Die aluminiumreichen Legierungen.

dem Teil der kupferarmen Legierungen nicht völlig richtig erklären. Er glaubt, nach seinen Untersuchungen eine ternäre Verbindung Ag_6CuMg_4 gefunden zu haben. Nimmt man an, diese Verbindung wäre kupferfrei, so erhält man die von *Hansen* und *Gayler* gefundene Verbindung Al_3Mg_2. Die Abb. 311 gibt das Zustandsbild, das sich aus den Untersuchungen *Vogels* konstruieren läßt, wieder, wobei das von *Vogel* der ternären Verbindung zugeteilte Gebiet der binären Verbindung Al_3Mg_2 zugehört, die Cu bis zu einem Gehalt von Al_6Mg_4Cu im Gitter aufnehmen kann. Von Interesse ist es, daß sich zwei invariante Punkte ergeben. Ein Übergangspunkt bei 471° und ein ternäres Eutektikum bei 432°. Der Übergangspunkt enthält ein Gleichgewicht von der Schmelze, einem Mischkrystall nach Al und den beiden Verbindungen $AlCu_2$ und Al_3Mg_2. Al nimmt in dem binären System einige Prozente Cu und über 10 Proz. Mg in fester Lösung auf. Die Aufnahmefähigkeit für beide Metalle gleichzeitig ist bis jetzt noch nicht genauer untersucht worden.

Die Untersuchungen *Gaylers* der technischen Eigenschaften aluminiumreicher Legierungen bestätigen die von *Vogel* gefundenen Strukturen.

Die magnesiumreichen Legierungen wurden von *Portevin* und *Bastien*
neuerdings genauer untersucht. Das Ergebnis ihrer Versuche ist in der
Abb. 312 wiedergegeben. Sie stellten eine offenbar kongruent schmelzende
Verbindung $Mg_2Al_3Cu_3$ fest, die zusammen mit Mg-Mischkrystallen und den
Verbindungen Mg_2Cu bzw. Mg_4Al_3 zwei ternäre Eutektika bilden, die in O_1
und O_2 dargestellt sind. Während Magnesium für sich kaum Kupfer in fester
Lösung aufnimmt, tut es dieses in Gegenwart von Aluminium in größerem Umfang. Die beiden Eutektika sind durch eine eutektische Kurve verbunden,
die ein Maximum aufweist, das einem binären Eutektikum der Verbindung
$Mg_2Al_3Cu_3$ mit Mischkrystallen nach Mg zugehört.

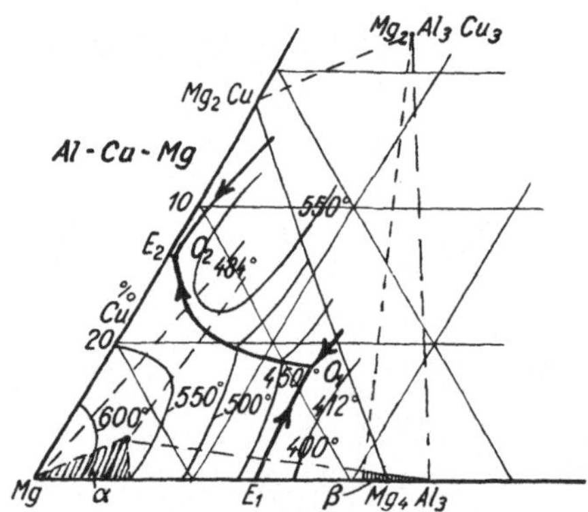

Abb. 312. Gruppe 30. Al-Cu-Mg
(Va · IVa · IVa).
Die magnesiumreichen Legierungen.

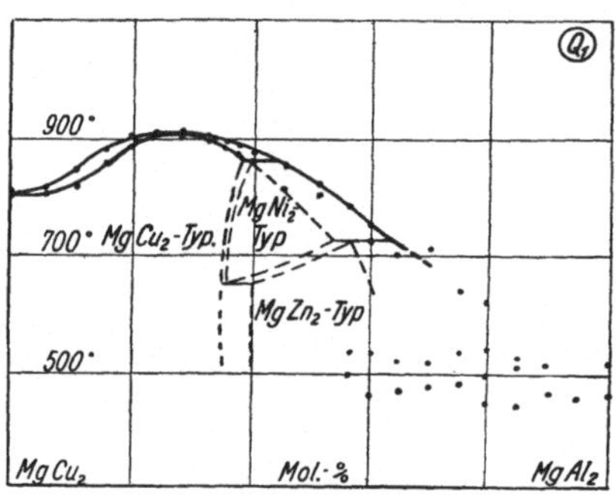

Abb. 313. Gruppe 30. Al-Cu-Mg
(Va · IVa · IVa).
Legierungen $MgCu_2$-$MgAl_2$.

Laves und *Witte* untersuchten thermisch und röntgenographisch die Legierungen zwischen den binären Gemischen $MgCu_2$ und $MgAl_2$ und röntgenographisch eine größere Anzahl Legierungen von größerem Al-Gehalt mit geringerem Mg-Gehalt als diese Gemische. Die Untersuchung der Legierungen
zwischen $MgCu_2$ und $MgAl_2$ ergab thermisch Effekte, die in der Abb. 313
wiedergegeben sind. Diese zeigt, daß ein Unterschied in den $MgCu_2$-reichen
Legierungen, die nur zwei Wärmetönungen aufwiesen, gegenüber den anderen,
die, allerdings manchmal undeutlich, meist drei oder auch vier thermische
Effekte zeigten. Die röntgenographischen Untersuchungen ergaben, wie das
von den Verfassern vorgeschlagene schematische Bild zeigt, verschiedene
Typen der Legierungen. Es wird danach angenommen, daß $MgCu_2$ bis zu
60 Mol.-Proz. $MgAl_2$ zu einer lückenlosen Reihe Mischkrystalle aufnehmen
kann. Bei höherem Gehalt an $MgAl_2$ wurden Krystalle vom $MgNi_2$-Typ, dann
vom $MgZn_2$-Typ beobachtet. Die von *Bastien* gefundene Verbindung $Mg_2Cu_3Al_2$
ist krystallographisch identisch mit der Mischkrystallreihe $MgCu_2$ bis
$MgCu_{0,8}Al_{1,2}$. Außerdem wurden zwei neue ternäre Verbindungen der ungefähren Zusammensetzung $Mg_2Cu_2Al_5$ und $Mg_3Cu_7Al_{10}$ gefunden. Die Auffassung von *Vogel*, wonach $CuAl_2$ wesentliche Mengen Mg aufnehmen könnte,
wurde nicht bestätigt. Zu den angegebenen Verbindungen kommt noch nach

früheren Untersuchungen MgCuAl, das $MgAl_2$ aufnimmt ($Mg_5Cu_4Al_6$) sowie Mg_4CuAl_5.

Eine ausführliche Darstellung der Eigenschaften der magnesiumreichen Legierung im Gebiet $Mg\text{-}Mg_4Al_3\text{-}Mg_2Cu$ findet sich in Chimie et Industrie 1934, Num. special 490 bis 517. Mitgeteilt wurden Ergebnisse der Härte, Dichte, elektrischen Leitfähigkeit und anderer technischer Eigenschaften, so auch die Korrosionsfestigkeit.

30. Cu-Sb-Sn (IVa · IVb · Va).

Die Legierungen Kupfer-Antimon-Zinn und Silber-Antimon-Cadmium haben wegen der Gleichartigkeit der Grenzsysteme große Ähnlichkeit mit-

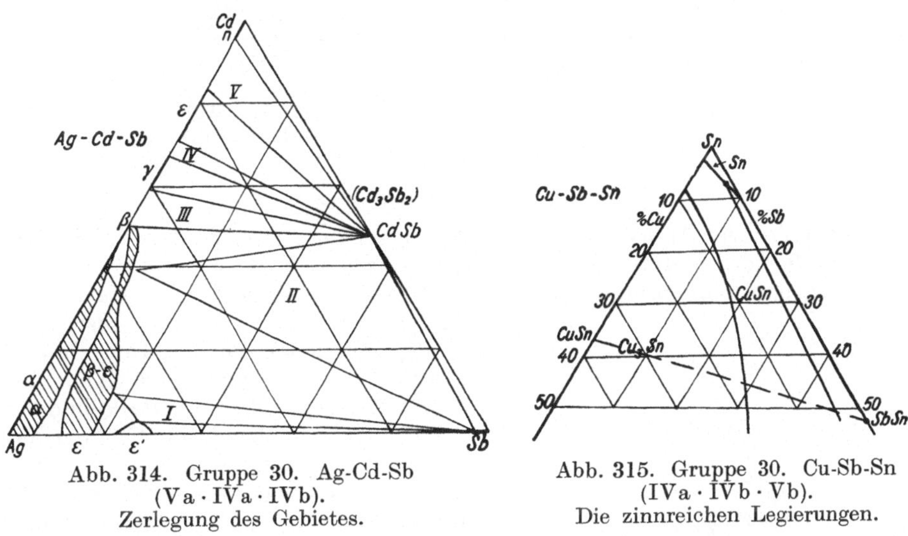

Abb. 314. Gruppe 30. Ag-Cd-Sb (Va · IVa · IVb). Zerlegung des Gebietes.

Abb. 315. Gruppe 30. Cu-Sb-Sn (IVa · IVb · Vb). Die zinnreichen Legierungen.

einander. Bei beiden Systemen hat nur ein Grenzsystem eine kongruent schmelzende Verbindung.

Im System Cu-Sb-Sn wurde von *Bonsack* die Verteilung der Gebiete festgelegt, wie sie in der Abb. 315a angegeben ist.

Es ergibt sich eine Zerlegung des Gebietes in acht Teile, in denen je drei feste Phasen auftreten. Die Abb. 315b gibt eine geringe Korrektur, da wegen des kongruenten Schmelzpunktes von Cu_3Sb diese Verbindung auch in den Cu-ärmeren Legierungen vorkommen wird. Ob diese Zerlegung nicht infolge Auftretens ternärer Verbindung noch weiter geändert werden muß, erscheint möglich. Die Abb. 315 gibt das Zustandsbild der zinnreicheren Legierungen, die auch die zinnhaltigen Lagermetalle umfaßt. Die mit Mischkrystallen nach CuSn, SbSn und Sn im Gleichgewicht befindliche Schmelze gehört einem Übergangspunkte und nicht einem Eutektikum zu. Die Härte der Lagermetalle ist wegen des Auftretens der kupfer- und antimonhaltigen Verbindungen um so größer, je geringer der Zinngehalt ist. Der Gehalt an Cu liegt unter 10 Proz., der an Sb unter 20 Proz.

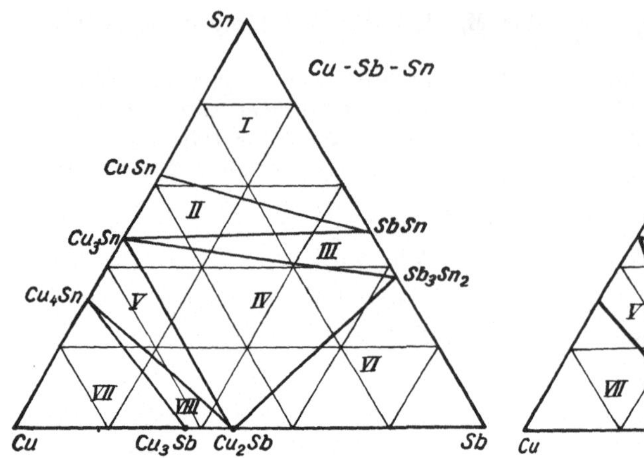

Abb. 315a. Gruppe 30. Cu-Sb-Sn
(IVa · IVb · Vb).
Zerlegung des Gebietes nach *Bonsack*.

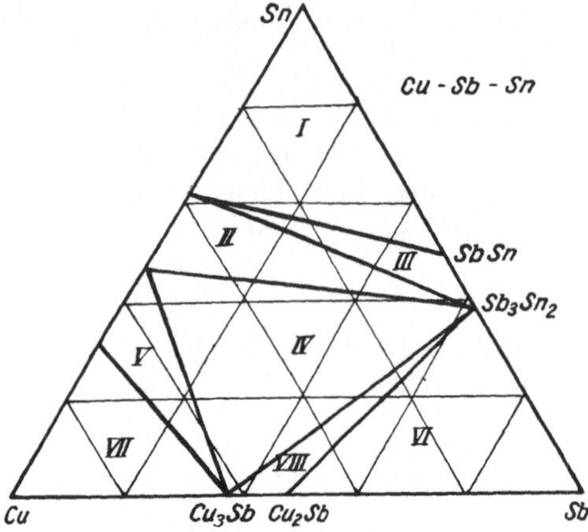

Abb. 315b. Gruppe 30. Cu-Sb-Sn
(IVa · IVb · Vb). Wahrscheinlich richtige
Zerlegung des Gebietes.

30. Ag-Cd-Sb (Vb · IVa · IVb).

Die Legierungen Ag-Sb-Cd ähneln erklärlicherweise dem System Ag-Sb-Zn,
das der folgenden Gruppe angehört. Das silberfreie Grenzsystem Cd-Sb enthält
eine kongruent schmelzende Verbindung, die silberhaltigen Grenzsysteme enthalten eine Anzahl fester Mischkry-
stalle, von denen im ternären Gebiet
β-Ag-Cd mit ε-Ag-Sb nach Abb. 314
S. 365 lückenlos Mischkrystalle bilden.
Außerdem ist auch noch der Umfang der
Mischkrystallbildung mit allen drei
Metallen ziemlich groß. Die übrigen
festen Phasen der binären Grenzsysteme nehmen das dritte Metall nur
im geringen Umfang in fester Lösung
auf. Von *Guertler* und *Rosenthal* wurden
eine große Anzahl Legierungen mikroskopisch auf ihre Gefügebestandteile
hin untersucht. Es wurden die Gebiete
mit zwei und drei festen Phasen entsprechend der Abb. 314 abgegrenzt. Zwischen den Mischkrystallen β-Ag-Cd und
ε-Ag-Sb und den Mischkrystallen nach
Ag bilden sich Gleichgewichte mit
Schmelzen heraus, deren Zusammensetzung einen kontinuierlichen Verlauf von
dem einen Punkt auf dem binären Grenzsystem durch das ternäre hindurch zum
anderen Punkt des zweiten binären Grenzsystems hat. Das Schmelzbild selbst
wurde jedoch nicht untersucht. Es enthalten die erstarrten Gemische mit höherem Cadmiumgehalt als Gefügebestandteile die kongruent schmelzende Verbindung CdSb. Die metastabile Verbindung Cd_3Sb_2 wurde nicht beobachtet. In den

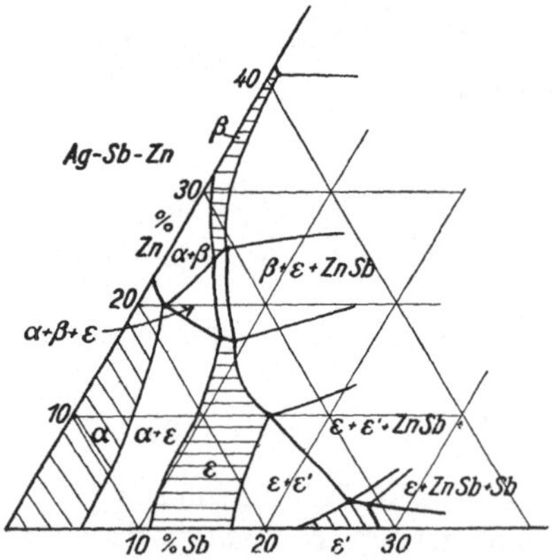

Abb. 316. Gruppe 31. Ag-Sb-Zn
(IVb · Va · Vb).
Zerlegung des Gebietes.

antimonreichen Legierungen tritt nach *Guertler* und *Rosenthal* Sb als Gefüge-
bestandteil auf. Es soll sich auch ein Gleichgewicht zwischen Sb und den beiden
Mischkrystallen mit Ag bilden, was möglich ist, wenn von einer festen Phase
ε-Ag-Sb das dritte Metall, also hier Cd, in größerer Menge aufgenommen wird.

Gruppe 31 (V · 4 · 5).

Ag-Sb-Zn (IVb · Va · Vb).

Von der Gruppe 31 wurde ein Beispiel, die Legierungen Silber-Antimon-
Zink, teilweise untersucht, die mit dem soeben erörtertem System Silber-
Antimon-Cadmium Ähnlichkeit haben. Die binären Grenzsysteme sind nur
dadurch verschieden, daß zwischen Zn und Sb noch eine inkongruent schmelzende Verbindung auftritt, die bei Cd und Sb fehlt. Von den drei Grenzsystemen,
welche dem ternären System Ag-Sb-Zn zugehören, sind die beiden mit Silber als
einem Bestandteil von gewisser Ähnlichkeit. Der Unterschied besteht darin, daß Silber mit Zn drei verschiedene Phasen β, γ, δ und mit Sb nur zwei ε und ε' außer den Mischkrystallen nach dem reinen Metall bildet. Von diesen haben die β-Ag-Zn- und ε-Ag-Sb-Mischkrystalle einen gleichartigen krystallographischen Aufbau. Das System Sb-Zn ist von anderer Art. Es besitzt eine Verbindung mit maximalem Schmelzpunkt Zn_4Sb_3, welche kaum noch metallischen Charakter hat, und außerdem noch zwei andere inkongruent schmelzende

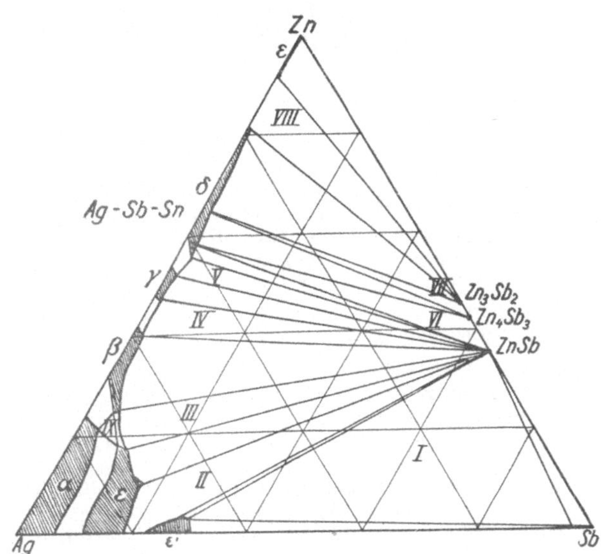

Abb. 316a. Gruppe 31. Ag-Sb-Zn (IVb · Va · Vb).
Die silberreichen Legierungen.

mit mehr Zink und mehr Antimon. Das ternäre System wurde durch eine größere
Anzahl bestimmt zusammengesetzter kupferreicher Legierungen von *Guertler* und
Rosenthal mikroskopisch untersucht. Es wurde festgestellt, wann die Legierungen
homogen waren oder wann sie aus zwei oder drei Gefügebestandteilen bestanden.
Von den zehn verschiedenen Gefügebestandteilen enthalten nur die Mischkrystalle von Ag, von β-Ag-Zn und ε-Ag-Sb alle drei Metalle in größerer Menge. Die
beiden letzten liegen im darstellenden Dreieck derart, daß sie sich in ihrer Zusammensetzung sehr weit nähern. Nach den Untersuchungen soll bei der Mehrzahl der
Gemische, in denen zwei oder drei Gefügebestandteile auftreten, nicht die höchstschmelzende kongruente Verbindung, sondern was etwas Unnatürliches darstellt,
die inkongruent schmelzende Verbindung ZnSb beteiligt sein. Die Abb. 316 u. 316a
geben die Ergebnisse wieder. Das System müßte noch weiter untersucht werden.

Daß in den Legierungen die Verbindung ZnSb mit ausgesprochen inkongruentem Schmelzpunkt gegenüber der höher kongruent schmelzenden Zn_4Sb_3 dominiert, wie *Guertler* und *Rosenthal* annehmen, scheint ausgeschlossen. Die Verteilung der Gleichgewichte, wie sie von ihnen angegeben ist, ist in Wirklichkeit wohl etwas anders, indem in vielen Gemischen Zn_4Sb_3 an Stelle von ZnSb tritt. Die experimentellen Befunde von *Guertler* und *Rosenthal* lassen sich hiermit auch in Einklang bringen. Von Interesse wäre die Aufnahme des gesamten Schmelzbildes der Legierungen. Das Auftreten ternärer Verbindung ist leicht möglich.

Literatur zu ternären Legierungen vom Typus V.

22. V · 1 · 5.

(127) Cu-Ni-Zn: *J. Schramm*, Diss. Bergak. Freiberg 1935. — *T. E. Kihlgren, N. B. Pilling, E. M. Wise*, Amer. Inst. min. metallurg. Engr. Techn. Publ. **610**. — *Tafel*, Metallurgie **5**, 1908, 343. — *M. Hansen*, Z. Metallkde. **21**, 1929, 357 u. 406. — *K. Yamaguchi* u. *K. Nakamura*, Bull. Inst. physic. chem. Res., Tokyo **13**, 1933, 89.

(35) Al-Cu-Ni: *K. E. Bringham* u. *I. L. Haughton*, J. Inst. Met., Lond. **29**, 1923, Nr. 1, 71. — *Ch. R. Austin* u. *A. I. Murphy*, J. Inst. Met., Lond. **29**, 1923, Nr. 1, 327. — *J. Jitaka*, Tetsuto-Hagane **10**, 1924, 1. — *K. E. Bingham*, J. Inst. Met. Lond. **36**, 1926, 137. — *H. Nishimura*, Suiyô-Kwaishi **5**, 1928, 616.

(51) As-Co-Ni: *K. Friedrich*, Met. u. Erz **10**, 1913, 662.

(126) Cu-Ni-Sn: *W. B. Price, C. G. Grant* u. *A. J. Phillips*, Amer. Inst. min. metallurg. Engr. Techn. Publ. **1928**, Nr 103, 1. — *J. Veszelka*, Mitt. Berg- u. Hüttenm. Hochsch. Sopron, Ungarn **4**, 1932, 2.

(184) Cu-Ni-Si: *E. Crepaz*, Metallurg. ital. **23**, 1931, 23.

23. V · 2 · 2.

(64) Bi-Cu-Mn: *K. L. Meissner*, Z. Metallkde. **14**, 1922, 173.

23 a. V · 2 · ②.

(6) Ag-Bi-Zn: *C. A. Wright*, Proc. Roy. Soc., Lond. **48**, 1890, 25.

(133) Cu-Pb-Sn: *French, Rosenberg, Harbangh* u. *Cross*, Stand. J. Res. **1**, 1929, 343. — *Giolitti* u. *Marantonio*, Gazz. chim. ital. **40**, 1910, 1. — *W. Guertler* u. *W. Leitgebel*, Vom Erz zum metallischen Werkstoff, S. 391. Leipzig 1929. — *S. Briesemeister*, Z. Metallkde. **23**, 1931, 229. — *B. Blumenthal*, Met. Alloys **3**, 1932, 181. *Clamer*, Trans. Amer. Inst. min. metallurg. **9**, 1915, 241.

(162) Ni-Pb-Sb: *W. Guertler*, Forsch.-Arb. Metallkde. Berlin **1923**, H. 1.

(22) Ag-Pb-Zn: *Kremann* u. *Hofmeyer*, Sitzgsber. Akad. Wiss. Wien **297**, 1911, 70. — *Bogisch*, C. R. Acad. Sci., Paris **159**, 1915, 178.

23 b. V · ② · ②.

(134) Cu-Pb-Zn: *N. Parravano, C. Maletti* u. *R. Moretti*, Gazz. chim. ital. **44**, 1914, 478. *O. Bauer* u. *M. Hansen*, Z. Metallkde. **21**, 1929, 145 u. 190. — *H. Niclassen*, Forsch.-Arb. Metallkde. **1922**, H. 7.

24. V · 2 · 3.

(92) Cd-Mg-Zn: *G. Bruni, C. Sandonnini* u. *Quercigh*, Z. anorg. allg. Chem. **68**, 1910, 73; *G. Brunni* u. *C. Sandonnini*, Z. anorg. allg. Chem. **78**, 1912, 273. — *Jänecke*, Beil.-Bd. Jb. Mineral. **38**, 1914, 508.

24 a. V · ② · 3.

(158) Mo-Ni-Sn: *Pfautsch*, Z. Metallkde. **17**, 1925, 122.

25. V · 2 · 4.

(14) Ag-Cu-Sn: *W. Guertler* u. *W. Bonsack*, Z. anorg. allg. Chem. **162**, 1927, 22.

(27) Al-Ca-Si: *G. Doan*, Z. Metallkde. **18**, 1926, 350.

(90) Cd-Hg-Na: *E. Jänecke*, Z. physik. Chem. **57**, 1906, 507 — Z. Metallkde. **20**, 1928, 113.

(122) Cu-Mn-Si: *E. Voce*, Engineering **130**, 1930, 441 — J. Inst. Met., Lond. **44**, 1930, 331.

(123) Cu-Mn-Zn: *O. Heusler*, Z. anorg. allg. Chem. **159**, 1926, 37. — *O. Bauer* u. *W. Hansen*, Z. Metallkde. **25**, 1933, 17.

(185) Ag-Al-Zn: *Shûzô Ueno*, Mem. Coll. Sci., Kyoto **8**, 1930, 91. — *R. W. Ray* u. *W. N. Baker*, Ind. Engng. Chem. **24**, 1932, 779 u. 857.

(43) Al-Mg-Zn: *G. Eger*, Int. Z. Metallogr. **4**, 1914, 29. — *W. Sander* u. *K. L. Meissner*, Z. Metallkde. **14**, 1929, 180; **16**, 1924, 14. — *Fuss*, Z. Metallkde. **16**, 1924, 24. — *Andrews* u. *Edwards*, Proc. Roy. Soc., Lond. **82**, 1909, 568. — *P. Saldan* u. *M. Zamotorin*, Z. anorg. allg. Chem. **213**, 1932, 381. — *K. Löberg*, Z. physik. Chem. Abt. B **27**, 1934, 381. — *W. Köster* u. *W. Dullenkopf*, Z. Metallkde. **28**, 1936, 309. — *K. Riederd*, Z. Metallkde. **28**, 1936, 313. — *W. Köster* u. *W. Wolf*, Z. Metallkde. **28**, 1936, 155.

25a. V · ②) · 4.

(57) Au-Pb-Sn: *C. A. Wright*, Proc. Roy. Soc., Lond. **45**, 1894, 130.

26. V · 2 · 5.

26 I. Va · 2 · 5a.

(153) Hg-Na-Pb: *J. Goebel*, Z. anorg. allg. Chem. **106**, 1919, 211.

(160) Na-Pb-Sn: *J. Goebel*, Z. anorg. allg. Chem. **106**, 1919, 221.

(178) Al-Ni-Sn: *S. Kato*, Trans. min. Met. Alum. Assoc. **6**, 1931, 529.

(46) Al-Ni-Si: *C. Hisatsune*, Suiyô-Kwaishi **5**, 1926, 52.

26 II. Va · 2 · 5b.

(140) Cu-Si-Zn: *E. Vaders*, J. Inst. Met., Lond. **44**, 1930, 367. — *H. W. Gould* u. *K. W. Ray*, Met. & Alloys **2**, 1930, 455; 1928, 302.

(89) Cd-Cu-Zn: *H. M. Jenkins*, J. Inst. Met., Lond. **38**, 1927, 231.

(36) Al-Cu-Si: *A. G. C. Groyes*, *H. W. L. Philipps* u. *L. Mann*, J. Inst. Met., Lond. **40**, 1928, 302, — *Urasow, S. A. Pogodin* u. *G. M. Zamorujew*, Mineral. Rohmaterial und Nichteisenmetalle. Moskau.

26 III. V · 2 · 5.

(7) Ag-Cd-Cu: *Keinert*, Z. physik. Chem. Abt. A **162**, 1932, 289.

(16) Ag-Cu-Zn: *Keinert*, Z. physik. Chem. Abt. A **160**, 1932, 25. — *S. Ueno*, Mem. Coll. Sci. Kyoto **12**, 1929, 347.

(36) Cu-Sn-Zn: *S. L. Hoyt*, J. Inst. Met., Lond. X **2**, 1913, 235. — *H. Hansen*, Z. Metallkde. **18**, 1920, 347. — *O. F. Hudson* u. *R. McJones*, J. Inst. Met., Lond. **14**, 1915, Nr. 2, 98. — *G. Bauer* u. *M. Hansen*, Metallkde. **22**, 1930, 406; **23**, 1931, 17. — *K. Yamaguchi* u. *I. Nakamura*, Bull. Inst. physic. chem. Res., Tokyo **11**, 1933, 1330. — *S. Russel, F. Cazaht* u. *M. Irvin*, J. chem. Soc. **1932**, 852.

(37) Al-Cu-Sn: *Edwards* u. *Andrew*, Engineering **88**, 1909, 664. — *M. Goto* u. *T. Mishina*, Nihon-Kôgyôkwaishi **39**, 1913, A 14. — *Stockdale*, J. Inst. Met., Lond. **35**, 1926, 181.

(34) Al-Cu-Mn: *Fr. Heusler* u. *F. Richarz*, Z. anorg. allg. Chem. **61**, 1908, 269. — *W. Kriegs* u. *W. Ostmann*, Z. anorg. allg. Chem. **163**, 1927, 145. — *O. Heusler*, Z. anorg. allg. Chem. **171**, 1928, 126. Metallkde. **25**, 1933, 274. — *Rosenhain* u. *Lantsbury*, Proc. Instn. mech. Engr. **1918**, 119.

(170) Cu-Mn-Sn: *E. Verö*, Mitt. Berg- u. Hüttenm. Sopron, Ungarn **5**, 1933, H. 1, 128. — *Dehlinger*, Z. Elektrochem. **1932**, 151.

(38) Al-Cu-Zn: *M. Levi-Matonno* u. *M. Marantonio*, Gazz. chim. ital. **41** II, 1911, 282. — *M. Hamasumi* u. *S. Matoba*, Sci. Rep. Tôhoku Univ. **8**, 1928, 73. — *H. Carpenter* u. *A. Edwards*, Int. Z. Metallogr. **2**, 1912, 209. — *E. H. Schulz*, Met. u. Erz **16**, 1919, 170. — *V. Jares*, Int. Z. Metallogr. **10**, 1919, 1. — *A. J. Bradley* u. *C. H. Gregory*, Manch. Mem. **72**, 1928, 72. — *W. Rosenhain, J. L. Haughton* u. *K. E. Bingham*, J. Inst. Met., Lond. **23**, 1920, Nr. 1, 261. — *Hamson* u. *Gayler*, J. Inst. Met., Lond. **34**, 1925, Nr. 2, 125. — *H. Nishimura*, Mem. Coll. Engng., Kyoto **5**, 1927, 61 — Suiyô-Kwaishi **5**, 1926, 291. — *O. Bauer* u. *M. Hansen*, Z. Metallkde. **24**, 1926, 1. — *Haughton* u. *Bingham*, Proc. Roy. Soc., Lond. **95**, 1921, 47. — *A. Burkhardt*, Z. Metallkde. **28**, 1936, 199.

(198) Cu-Hg-Zn: *A. S. Russel, P. V. F. Cazalet* u. *N. M. Irvin*, J. chem. Soc. **1932**, 852.

27. V · 3 · 3.

(152) Hg-Mn-Sn: *A. N. Campsbell* u. *H. D. Carter*, Trans. Faraday Soc. **29**, 1933, 1295.

(156) Mg-Si-Zn: *W. Sander* u. *K. L. Meissner*, Z. Metallkde. **14**, 1913, 180. — *E. Vaders*, J. Inst. Met., Lond. **44**, 1930, 363.

28. V · 3 · 4.

(44) Al-Mo-Ni: *H. Pfautsch*, Z. Metallkde. **17**, 1925, 125.

(157) Mo-Ni-Si: *H. Pfautsch*, Z. Metallkde. **17**, 1925, 48, 122.

(130) Cu-P-Zn: *W. Earl Lindlief*, Met. & Alloys **4**, 1933, 86.

(128) Cu-P-Sn: *L. C. Glaser*, Z. techn. Physik **1926**, 7. — *J. Verö*, Z. anorg. allg. Chem. **213**, 1933, 11, 257. — *M. L. Matoano* u. *F. S. Orofino*, Gazz. chim. ital. **41 II**, 1916, 297. — *Levi* u. *Malvano*, Gazz. chim. ital. **41**, 1911, 297.

(129) Cu-P-Si: *W. Earl Lindlief*, Met. & Alloys **4**, 1933, 86.

29. V · 3 · 5.

(198) Cu-Hg-Zn: *A. S. Russel, P. V. F. Cazaht* u. *N. M. Irvin*, J. chem. Soc. **1932**, 841.

(151) Hg-K-Na: *E. Jänecke*, Z. physik. Chem. **57**, 1906, 507 — Z. Metallkde. **20**, 1928, 113.

(135) Ca-Mg-Zn: *R. Páris*, C. R. Acad. Sci., Paris **197**, 1935, 1635.

30. V · 4 · 4.

(88) Cd-Cu-Sb: *A. Schleicher*: Int. Z. Metallogr. **3**, 1913, 102.

(33) Al-Cu-Mg: *R. Vogel*, Z. anorg. allg. Chem. **107**, 1919, 265. — *V. Fuss*, Z. Metallkde. **16**, 1924, 24. — *M. L. V. Gayler*, J. Inst. Met., Lond. **29**, 1923, Nr. 1, 507. — *B. Ohtani*, Kôgyô-Kwagaku Zasshi (J. Soc. chem. Ind. Japan) **26**, 1926, 427. — *A. Portwin* u. *P. Bastian*, C. R. Acad. Sci., Paris **195**, 1932, 441. — *P. Bastian*, Rev. Métallurg. **30**, 1933, 478.

(138) Cu-Sb-Sn: *O. F. Hudson* u. *J. H. Darley*, J. Inst. Met., Lond. **24**, 1920, Nr. 2, 361. — *Bonsack*, Z. Metallkde. **19**, 1927, 107. — *M. Tasaki*, Coll. Sci. Kyoto (A) **12**, 1929, 227.

(171) Ag-Cd-Sb: *Guertler* u. *Rosenthal*, Z. Metallkde. **24**, 1932, 30.

31. V · 4 · 5.

(23) Ag-Sb-Zn: *W. Guertler* u. *W. Rosenthal*, Z. Metallkde. **24**, 1930, 7.

Vierter Teil

Ternäre Eisenlegierungen.

Allgemeines. Einteilung in Gruppen.

Die Behandlung der ternären Eisenlegierungen in einem besonderen Abschnitt ist nicht nur wegen ihrer großen technischen Bedeutung gegeben, sondern auch aus theoretischen Gründen. In technischer Hinsicht ist die wichtigste Eigenschaft dieser Legierungen, Mischkrystalle nach den verschiedenen Formen des Eisens zu bilden. Hierbei besteht ein großer Unterschied darin, wie bei den binären Legierungen betont wurde, ob die Mischkrystalle der γ-Form in größerem Umfange auftreten oder die der δ-Form. Auch in den ternären Legierungen gibt es dadurch Unterschiede. Es können die zugefügten Metalle beide in größerem Umfange γ-Mischkrystalle oder δ-Mischkrystalle bilden, oder der Umfang der Mischkrystalle der beiden Arten ist bei den zugesetzten beiden Metallen verschieden. Von diesen drei möglichen Fällen ist besonders der letzte von Interesse. Von den Eisenlegierungen sind außerdem diejenigen mit Kohlenstoff nicht nur von besonderer technischer, sondern auch wissenschaftlicher Bedeutung. Eine besondere Eigentümlichkeit ist das Auftreten der Perlits, das auf das verschiedene Verhalten von α-Fe und γ-Fe gegenüber Kohlenstoff beruht. Aus diesen Gründen sind die Eisenkohlenstofflegierungen für sich behandelt worden. Auch die schwefelhaltigen Eisenlegierungen sind aus praktischen Gründen in einem besonderen Kapitel zusammengefaßt. Es ergeben sich dadurch sechs verschiedene Gruppen: F 1, F 2, F 3 für Legierungen ohne Kohlenstoff und Schwefel, F 4, F 5 für kohlenstoffhaltige und F 6 für schwefelhaltige Eisenlegierungen. Die einzelnen Gruppen unterscheiden sich noch nach der Art der Mischkrystallbildung. Bei F 1 sind beide eisenhaltigen binären Grenzsysteme ohne ein geschlossenes Gebiet der γ-Mischkrystalle, bei F 2 haben beide ein solches und bei F 3 findet sich eins in einem Grenzsystem. Bei den kohlenstoffhaltigen Eisenlegierungen hat bei F 4 das zweite binäre eisenhaltige Grenzsystem kein geschlossenes Gebiet, dagegen bei F 5 ein solches.

Bei den einzelnen Gruppen besteht erklärlicherweise noch ein Unterschied nach der Art des Verhaltens der Legierungen in den eisenhaltigen Grenzsystemen. Wie früher auseinandergesetzt wurde, kann beim Nichtvorkommen eines geschlossenen Gebietes für die γ-Mischkrystalle der Umfang der δ-Mischkrystalle sich über das Gebiet der gesamten binären Legierungen erstrecken (a_1), gering (a_2), oder deutlich (a_3) sein. Kommt ein geschlossenes Gebiet der γ-Mischkrystallbildung vor, so kann das der δ-Mischkrystalle vollständig (b_1) oder unvollständig (b_2) sein. Diese Einteilung in die binären Eisenlegierungen

a_1, a_2, a_3, b_1, b_2 führt alsdann zu fünfzehn verschiedenen Gruppen, die gleichartige Legierungen umfassen. Da die kohlenstoff- und schwefelhaltigen Legierungen noch besonders behandelt sind, ergibt sich entsprechend den beiden eisenhaltigen Grenzsystemen folgende Einteilung der Gruppen:

F 1: 1   2   3   4   5   6   F 2: 7   8   9   F 3: 10   11   12   13   14   15

    a_1a_1 a_1a_2 a_1a_3 a_2a_2 a_2a_3 a_3a_3 b_1b_1 b_1b_2 b_2b_2 a_1b_1 a_1b_2 a_2b_1 a_2b_2 a_3b_1 a_3b_2

F 4: —   — a_1a_3 — a_2a_3 a_3a_3 —   —   —   F 5: —   —   —   — a_3b_1 a_3b_2

F 6: — a_1a_2 — a_2a_2 a_2a_3 —   —   —   —   —   — a_2b_1 a_2b_2 —   —

Würden die kohlenstoffhaltigen und schwefelhaltigen Eisenlegierungen nicht besonders behandelt, gäbe es fünfzehn verschiedene Gruppen. Man kann sagen, die erste Gruppe F 1 umfaßt die a-Systeme, die zweite F 2 die b-Systeme und die dritte F 3 die a-b-Systeme.

Die Gruppen sind durch die Fe-C-Systeme und Fe-S-Systeme, die besonders behandelt wurden, noch um eine Anzahl vermehrt. Da Fe-C zu a_3 und Fe-S zu a_2 gehört, kommen für F 4 noch 3. a_1a_3, 5. a_2a_3, 6. a_3a_3, für F 5 noch 14. a_3b_1, 15. a_3b_2 und für F 6 noch 2. a_1a_2, 4. a_2a_2, 5. a_2a_3, 12. a_2b_1 und 13. a_2b_2 in Betracht. Wie sich bei Betrachtung der einzelnen Systeme ergibt, ist diese Zerlegung außerordentlich praktisch. Für die Mehrzahl, der jetzt nicht mehr 15, sondern 25 Gruppen, gibt es Beispiele. Alle Systeme, auch die noch zu untersuchenden, lassen sich leicht einordnen. Eine Einteilung nach den möglichen Formen der eisenhaltigen Mischkrystalle ist auch von *W. Köster* und *W. Tonn* gegeben. Ein wesentlicher Unterschied gegen die hier benutzte Darstellung besteht darin, daß das Fe-C-System nicht besonders hervorgehoben wird. Die Systeme dieser Art erscheinen bei *Köster* und *Tonn* mit in der allgemeinen Darstellung. In der vorliegenden Darstellung sind wegen der Besonderheit des Systems Fe-C und wegen seiner Bedeutung in technischer und wissenschaftlicher Hinsicht absichtlich die kohlenstoffhaltigen ternären Eisenlegierungen den übrigen gegenübergestellt. Das Hervorheben der Fe-S-Legierungen geschieht lediglich aus praktischen Gründen. Die hier unter F 1 bis F 6 bezeichneten Gruppen ternärer Systeme finden sich bei *Köster* und *Tonn* in ihren Grundschaubildern und den verschiedenen von ihnen erörterten Sonderfällen wieder.

Durch die gewählte Einteilung wurden die so wichtigen ternären Eisenlegierungen in einer Weise gegliedert, daß es leicht ist, nichtuntersuchte Systeme einzufügen. Bei Vergleich mit den gleichartigen, bereits untersuchten Legierungen kann alsdann über das Verhalten bereits mancherlei ausgesagt werden. Es wäre natürlich auch möglich gewesen, die Eisenlegierungen zugleich mit den andern Legierungen zu behandeln und in den vorhergehenden Kapiteln einzufügen. Die große Bedeutung der Mischkrystallbildung rechtfertigt aber die Behandlung in besonderen Kapiteln. Zudem sind viele Eisenlegierungen nur bei geringem Gehalt der übrigen Bestandteile erforscht, wobei auch Nichtmetalle vorkommen, die vielfach mit Eisen, wie z. B. Kohlenstoff, wirklich metallische Legierungen bilden. Diese Besonderheiten wurden auch bereits früher betont. Sie führen dazu, daß die allgemeinen Betrachtungen der Eisenlegierungen gegenüber den sonst gleichartigen, früher behandelten Systemen gewisse Veränderungen erfahren.

Die kohlenstofffreien ternären Eisenlegierungen.

Durch Kombination der mit a_1, a_2, a_3 und b_1, b_2 bezeichneten verschiedenen binären Eisengrenzsysteme erhält man, wie angegeben, die drei Gruppen F 1, F 2, F 3 ternärer Eisenlegierungen. Hierbei ist es von besonderem Interesse, daß sich zwei verschiedene Arten von einer lückenlosen Reihe von Mischkrystallen in den binären Grenzsystemen bilden. Bei den binären Legierungen, bezeichnet mit b_1, z. B. den Legierungen von Eisen mit Vanadin und Chrom, ist es die raumzentrierte kubische Form des Fe, die mit diesen zu einer lückenlosen Reihe Mischkrystalle zusammentritt, bei a_1 dagegen, z. B. den Legierungen von Eisen mit Co, Ni, Pt, ist es das flächenzentrierte Fe, das im Gitter das andere Metall aufnimmt und lückenlos Mischkrystalle bildet. Nach der gewählten allgemeinen Einteilung mußten die Legierungen der letzten Gruppe dem Typus II zugeordnet werden, da aus dem Schmelzfluß bei den Mischungen zwei verschiedene Arten Mischkrystalle des Fe zur Ausscheidung gelangen können. Bei dieser Einteilung der ternären Legierungen müssen demnach die Eisenlegierungen manchmal einem komplizierten Typus zugerechnet werden, obwohl sie an sich einfacher erscheinen.

Da dieses aber nicht allgemein der Fall ist, konnte von der normalen Einteilung der Legierungen, nach der Zahl der sich aus dem Schmelzfluß ausscheidenden festen Phasen, nicht abgewichen werden. Auch dieses ist mit ein Grund, die Eisenlegierungen für sich zu behandeln. Bei den eisenreichen Gebieten der Legierungen F 1, F 2, F 3 treten die Unterschiede deutlich hervor, wie es die schematischen Zeichnungen wiedergeben. Die Abb. 317 bis 320 bringen die Verschiedenheit der Mischkrystallbildung zum Ausdruck, wobei die Darstellungen sich bei den verschiedenen Systemen nach den eisenärmeren Legierungen in verschiedener Art fortsetzen können. Bei den Legierungen F 1 ist das Gebiet der δ-Mischkrystalle klein und verschwindet unterhalb 1400° vollständig. Es bildet sich eine räumliche Kurve a-f heraus, die Schmelzen umfaßt im Gleichgewicht mit je zwei Mischkrystallen, die auf der Kurve b-c und c-d liegen. Bei Raumtemperatur gibt es zunächst in der Nachbarschaft von Fe ein Gebiet für α-Mischkrystalle, dann eines für $\alpha + \gamma$ und darauf eines für γ-Mischkrystalle. Zum Unterschiede hiervon ist bei den Legierungen F 2 das Gebiet der γ-Mischkrystalle klein und allseitig geschlossen. Die Bildung und der Zerfall dieser findet nur in den erstarrten Gemischen statt. Bei einer Temperatur zwischen 900° (C) und 1400° (B) sind Mischkrystalle nach γ, die auf b-d liegen, mit solchen nach α-δ auf a-e im Gleichgewicht. Bei Raumtemperatur gibt es nur α-Mischkrystalle. Von besonderer Art ist das Verhalten der Legierungen F 3, das in der Abb. 320 wiedergegeben ist. Es hat das eine Grenzsystem, das auf der linken Seite dargestellt ist, ein geschlossenes Gebiet für die γ-Mischkrystalle, das andere, auf der rechten Seite dargestellte, nicht. Hierdurch ergibt sich ein monovariantes Gleichgewicht für Schmelzen auf a-f mit Mischkrystallen auf b-e (γ) und c-d (δ). Das Gebiet der γ-Mischkrystalle hat in dem Raumbilde eine eigentümliche Form, indem es auf der linken Seite nur in einem kleinen Flächenstück anliegt, das der Bogen BC umfaßt, rechts ein sehr viel größeres Gebiet, das sich von der Kante BC nach e-i und h erstreckt. Es ergeben sich dadurch zwei Körper für α-δ- und für γ-Mischkrystalle, die sich nur in den Punkten B und C berühren. Das zwischen beiden liegende Gebiet umfaßt die Mischungen, welche bei den betreffenden Temperaturen gleichzeitig zwei Mischkrystalle α-δ und γ enthalten. Dieses merkwürdige Verhalten ist leichter zu verstehen, wenn es verglichen wird mit dem, das durch die Abb. 319 auf der linken Seite dargestellt ist und ohne weiteres verständlich ist. Die Grenzfläche g-h-e-d, die hier eine einfache Form hat, wird so deformiert, daß sie auf die andere Grenzfläche übergreift und daß in der Kante eine Berührung der Grenzkurven in den Punkten B und C eintritt.

Im folgenden sind die Legierungen vermerkt, die nach den bisherigen Untersuchungen sich in dieser Art einordnen.

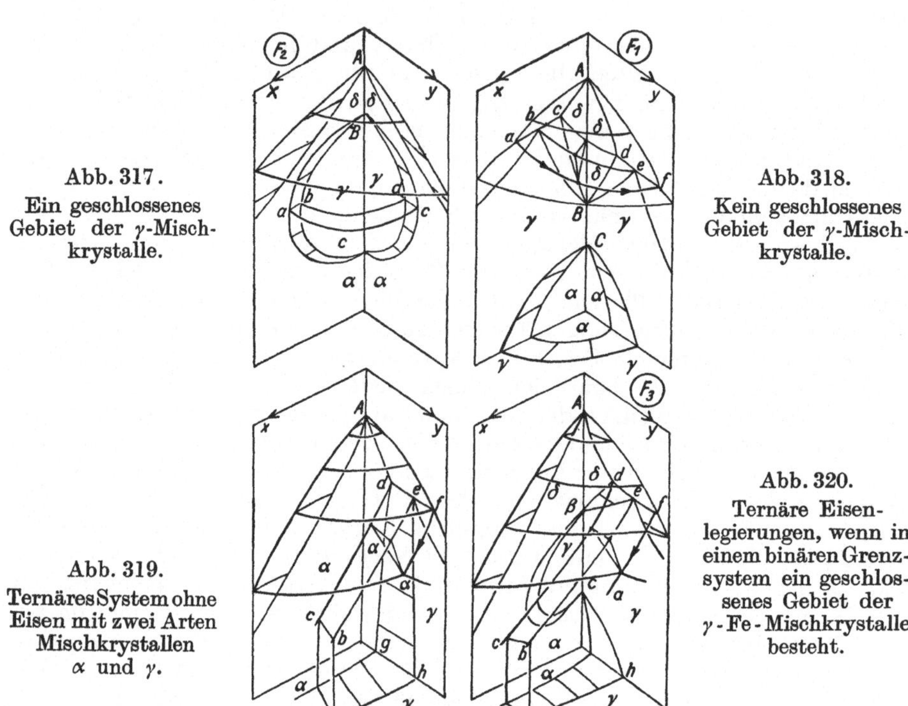

Abb. 317.
Ein geschlossenes Gebiet der γ-Mischkrystalle.

Abb. 318.
Kein geschlossenes Gebiet der γ-Mischkrystalle.

Abb. 319.
Ternäres System ohne Eisen mit zwei Arten Mischkrystallen α und γ.

Abb. 320.
Ternäre Eisenlegierungen, wenn in einem binären Grenzsystem ein geschlossenes Gebiet der γ-Fe-Mischkrystalle besteht.

Abb. 317 bis 320.
Das Verhalten der γ- und α-δ-Fe-Mischkrystalle bei ternären Eisenlegierungen.

F 1. Ternäre Eisenlegierungen ohne Kohlenstoff und Schwefel, in den binären Grenzsystemen, kein geschlossenes Gebiet der γ-Mischkrystalle.

F 1. Gruppe 1 ($a_1 a_1$).

($a_1 a_1$) Co-Fe-Ni (IIa · IIa · Ib).

Das einfachste System ternärer Eisenlegierungen, das untersucht wurde, ist das System Co-Fe-Ni. Es ist der allgemeinen Einteilung nach der Gruppe 3 (II · 1 · 2) zuzurechnen, hat jedoch große Ähnlichkeit mit der Gruppe 1 (I · 1 · 1). Im flächenzentrierten kubischen Gitter bilden sich über das ganze Gebiet ternäre Mischkrystalle, obwohl sie in einem Teil der eisenreichen Legierungen nicht unmittelbar aus dem Schmelzfluß krystallisieren. Die eisenreichen Legierungen haben ein kleines Gebiet, in dem aus dem Schmelzfluß raumzentrierte Mischkrystalle zur Ausscheidung kommen. Wie früher für die Legierungen vollständiger Isomorphie der Gruppe 1 auseinandergesetzt wurde, ergibt auch hier die Darstellung der Gleichgewichte zwei Flächen in dem Dreieck, eine Erstarrungs- und eine Verflüssigungsfläche, die sich auf die Gleichgewichte von Schmelze mit den flächenzentrierten Mischkrystallen beziehen. In der Fe-Ecke gibt es außerdem eine Fläche, die sich auf die Ausscheidung der δ-Mischkrystalle aus dem Schmelzfluß beziehen. In den Abbildungen sind die Ergebnisse der Untersuchung dieses Systems niedergelegt worden, die größtenteils der Arbeit

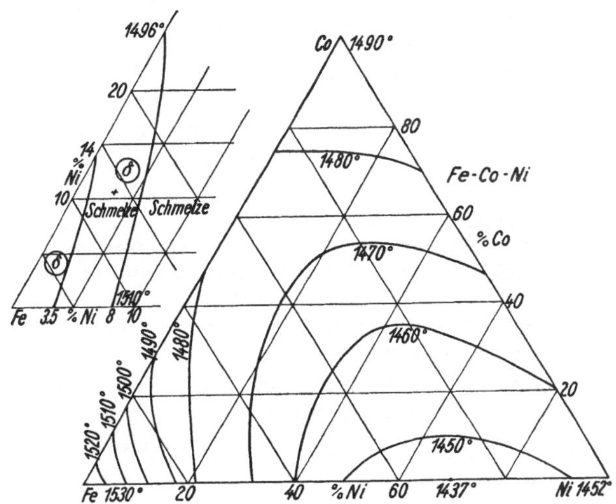

<table>
<tr><td>Abb. 322.
F 1. Gruppe 1 (a₁a₁): Co-Fe-Ni.
Erstarrungsfläche.</td><td>Abb. 321. F 1. Gruppe 1 (a₁a₁): Co-Fe-Ni.
Die Gleichgewichte δ-Mischkrystalle
+ Schmelze + α-Mischkrystalle.</td></tr>
</table>

des Japaners *Kasé* entnommen sind. Aus der Schmelzfläche der Abb. 321 ersieht man, daß die Erstarrungstemperaturen der Legierungen über ein weites Gebiet nur in geringen Grenzen schwanken. Die tiefste Temperatur ist die Minimumtemperatur der Fe-Ni-Legierungen bei 1437°. Das Gebiet, in dem der δ-Mischkrystall zur Ausscheidung kommt, ist in Abb. 322 im vergrößerten Maßstabe noch einmal gezeichnet. Das Gleichgewicht von Schmelze mit δ-Mischkrystallen kommt deutlich zum Ausdruck, die zugehörige Kurve für γ-Mischkrystalle ist nicht mit angegeben. Die δ-Mischkrystalle verschwinden aber bereits bei hohen Temperaturen unter Bildung von γ-Mischkrystallen.

Von Interesse sind die Umwandlungen der γ-Mischkrystalle nach dem Erstarren, die von doppelter Art sind. Einmal solche ohne Änderung der Gitterstruktur, die in der Hauptsache sich nur in der Änderung der magnetischen Eigenschaften äußern, und dann solche, die mit einer Umwandlung des Gitters verbunden sind. In der Abb. 323 ist perspektivisch dieses Verhalten in bezug auf die Temperatur wiedergegeben. Die magnetischen Umwandlungen finden sich einmal in einem kleinen Gebiet MNO der eisenreichen Legierungen, dann aber in einem weiten Gebiet $PQRS$ der übrigen Legierungen. Die Stärke der Magnetisierbarkeit der Co-Fe-Ni-Legierungen wurde von *Masumoto* eingehend erforscht. Es gibt ein ausgesprochenes Minimum in den kobaltfreien Legierungen bei 30 Proz. Ni. Der Zusatz von bereits einigen Prozenten Co

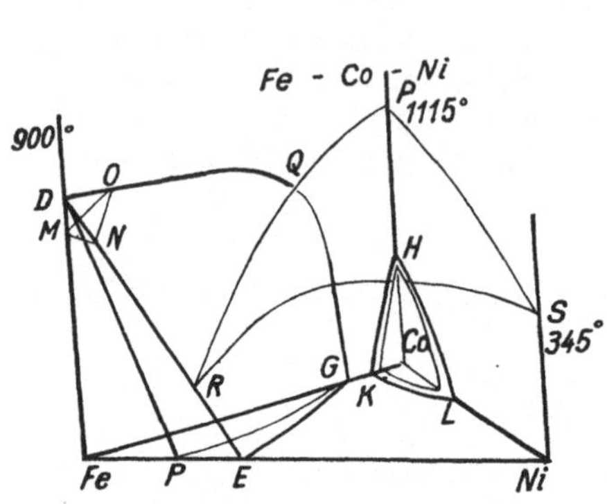

Abb. 323. F 1. Gruppe 1 ($a_1 a_1$): Co-Fe-Ni.
Umwandlungen im festen Zustande.
Perspektivisch.

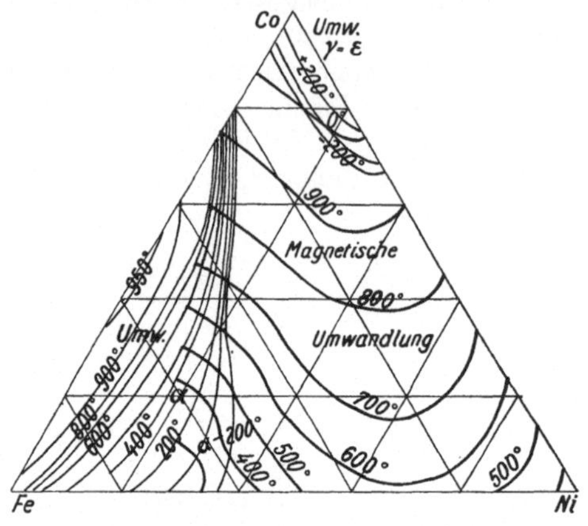

Abb. 324. F 1. Gruppe 1 ($a_1 a_1$): Co-Fe-Ni.
Magnetische und Phasenumwandlungen.

steigert die Magnetisierbarkeit erheblich. Die hexagonalen Mischkrystalle nach Co sind viel weniger magnetisierbar.

Die eigentlichen Phasenumwandlungen sind doppelter Art. Einmal die Umwandlung der flächenzentrierten γ-Form in die α-raumzentrierte bei den Legierungen, die sich um Fe-Co gruppieren, und dann bei den Co-reichen Legierungen die Umwandlungen der γ-Form in die hexagonale. Beide Umwandlungen sind im regulären Dreieck der Abb. 324 für die verschiedenen Temperaturen angegeben, die auch die Angaben der Temperaturen der magnetischen Umwandlungen enthält. Die Folge dieser Umwandlungen ist die Aufteilung des gesamten ternären Gebietes für gewöhnliche Temperaturen in Gebiete mit verschiedenen Bestandteilen. Die Abb. 323 und 324 entsprechen einander. Innerhalb G-Fe-P der Abb. 323 ist Ferrit, innerhalb L-K-G-E-Ni Austenit der

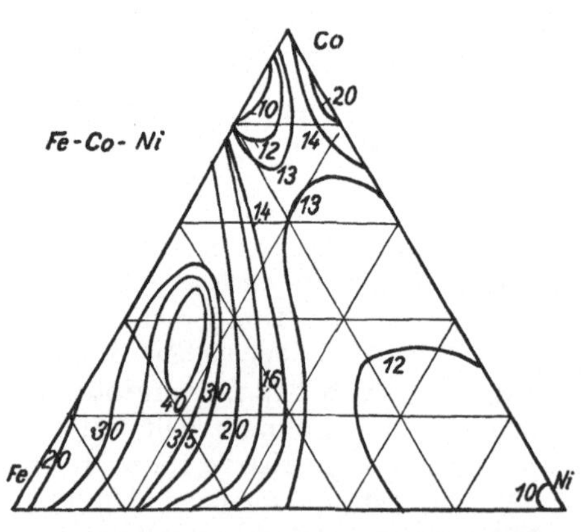

Abb. 325. F 1. Gruppe 1 ($a_1 a_1$): Co-Fe-Ni.
Scleroscop-Härte.

Gefügebestandteil, und in den an Kobalt reichen Legierungen sind es die hexagonalen Mischkrystalle nach Co. Zwischen Austenit und Ferrit schiebt sich das Gebiet EPG, innerhalb dessen Martensit beobachtet wurde. An sich sollte es ein Gleichgewichtsgebiet von Ferrit und Austenit darstellen. Die Bildung des Martensits als einer übersättigten Form von γ-Fe tritt offenbar bei Gemischen dieser Art leicht ein. In der Co-Ecke gibt es noch ein kleines Gebiet zwischen den hexagonalen und kubischen Krystallen, in dem beide gleichzeitig vorkommen. Das Vorkommen dieser festen verschiedenen Phasen äußert sich auch in den mechanischen Eigenschaften der Legierungen, besonders in der Härte, die in der Abb. 325 noch besonders angegeben ist. Diese zeigt deutlich, in wie großem Umfange eine Vergrößerung der Härte in dem Gebiet eintritt, in dem die Bildung von Martensit möglich ist. Die Scleroscophärte steigt bis über 40 gegenüber 14,5 für Fe, 9,0 für Ni und 15,5 für Co. Genaue Untersuchungen der Wärmeausdehnung der Co-Fe-Ni-Legierungen von *Masumoto* ergaben die geringsten Werte bei Co-freien Legierungen mit 36 Proz. Ni, auf die bei dem binären System bereits hingewiesen wurde.

Weitere Systeme nach dem Typus $a_1\,a_1$ werden sich bei paarweiser Kombination der Metalle Co, Ni, Rh, Ir, Pd, Pt mit Eisen ergeben. Die außer Fe-Co-Ni möglichen Kombinationen sind erklärlicherweise von geringerem Interesse, und deshalb auch bis jetzt nicht besonders erforscht.

F 1. Gruppe 2 ($a_1\,a_2$).

Ternäre Eisenlegierungen, die der Gruppe 2 ($a_1\,a_2$) zugehören, wurden bisher nicht untersucht. In dem einen eisenhaltigen binären Grenzsystem (a_1) umfassen die γ-Fe-Mischkrystalle das ganze Gebiet der Mischungen. Da aber in dem anderen eisenhaltigen Grenzsystem die Mischkrystallbildung gering (a_2), praktisch meist überhaupt nicht vorhanden

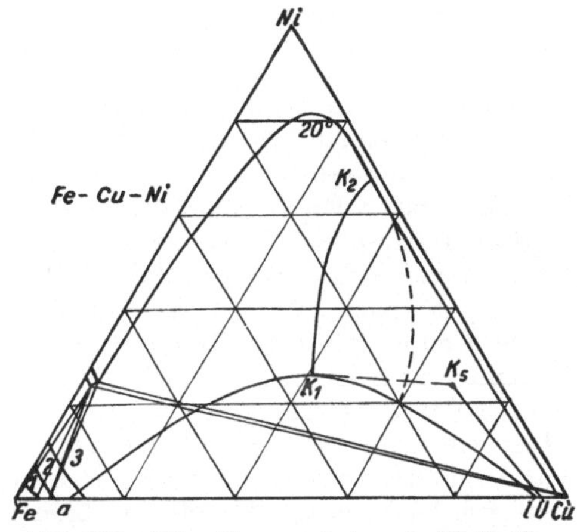

Abb. 326. F 1. Gruppe 3 ($a_1\,a_3$): Ni-Fe-Cu. Zerlegung des Gebietes. Umfang der Mischkrystallbildung beim Erstarren und bei 20°.

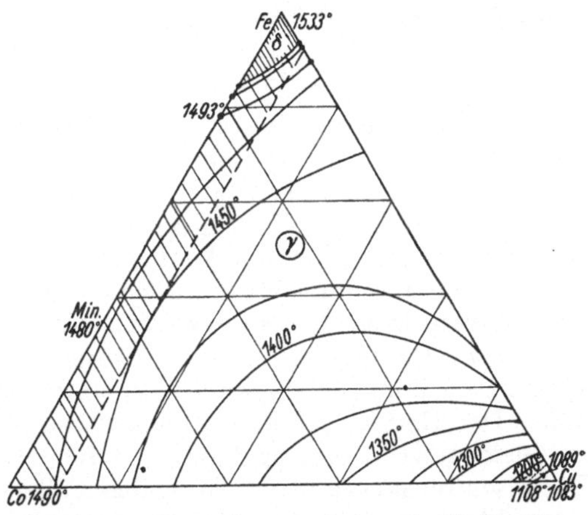

Abb. 327. F 1. Gruppe 3 ($a_1\,a_3$): Co-Fe-Cu. Erstarrungsflächen und Umfang der Co-Fe-Mischkrystalle.

ist, fehlen auch ternäre Mischkrystalle. Diese ist wohl der Grund, daß bisher keine Systeme dieser Art untersucht wurden. Die Abb. 364 zeigt das Verhalten der eisenreichen Legierungen dieser Art im Gegensatz zu Gruppe 1 ($a_1\,a_1$), das in Abb. 365 noch einmal dargestellt ist. Es ist in beiden Fällen für einen isothermen Schnitt oberhalb 1400° die Zerlegung in die Gebiete der verschiedenen Gleichgewichte angegeben. Die am Gleichgewicht Fest-Fest-Flüssig beteiligten festen Phasen sind in dem einen Fall binäre Mischkrystalle g und h, im anderen ternäre i und k. Das Verhalten ist aus den Abbildungen abzulesen. Die Abb. 364 und 365 haben für Gruppe F 4 besondere Bedeutung und befinden sich deswegen auf S. 409.

F 1. Gruppe 3 $(a_1\,a_3)$.

Für die ternären Legierungen, die sich von der vorhergehenden Gruppe dadurch unterscheiden, daß in dem zweiten Fe-Grenzsystem sich in merklichem Umfang γ-Mischkrystalle bilden (a_3), finden sich vier Beispiele: Ni-Fe-Cu, Co-Fe-Cu, Ni-Fe-Mn und Co-Fe-Mn. Das erste dieser Systeme gehört zur Gruppe 5 (III·1·2), die drei anderen zu 7 (III·2·2). Da aber in diesem Falle, ähnlich dem vorhergehenden Legierungssystem Co-Fe-Ni, die δ-Mischkrystalle nur in geringem Umfange auftreten, erscheint auch das System Ni-Fe-Cu einfacher und der Gruppe 2 mit den binären Grenztypen II, I, I ähnlich. Auch Co-Fe-Cu erscheint einfacher, ebenso die beiden Mn-haltigen Systeme. Diese besonders dadurch, daß der Umfang der Mischkrystalle zwischen Fe und Mn im mittleren Gebiet sehr groß ist, so daß, wie früher bei den binären Legierungen auseinandergesetzt wurde, sogar an eine kontinuierliche Reihe Mischkrystalle gedacht werden konnte. Als die ternären Systeme untersucht wurden, wurde auch eine kontinuierliche Reihe Mischkrystalle zwischen Fe und Mn angenommen. Deswegen ist auch das Zustandsbild der ternären Legierungen Ni-Fe-Mn und Co-Fe-Mn besonders einfach und kann unter Vernachlässigung der in geringem Umfang auftretenden Mischkrystalle durch eine zusammenhängende Flüssigkeitsfläche, die über einer Erstarrungsfläche liegt, dargestellt werden.

F 1. $(a_1\,a_3)$ Ni-Fe-Cu (IIa · IIIb · Ia).

Die Untersuchung dieses Systems ist dadurch erschwert, daß schon ein geringer Gehalt von Kohlenstoff zur Bildung von zwei Flüssigkeiten führt. Die binären Legierungen Fe-Cu können bei Vernachlässigung der δ-Mischkrystalle dem Typus IIa zugeordnet werden. Dadurch bekommt das ternäre System Ni-Fe-Cu gewisse Ähnlichkeit mit den Legierungen Ag-Au-Cu. Es besteht eine Mischungslücke im festen Zustand, die sich in das ternäre Gebiet bis zu einem kritischen Punkte fortsetzt. An Stelle einer eutektischen Kurve mit einem Endpunkt, der die Flüssigkeit angibt, die nur noch mit einem Mischkrystall im Gleichgewicht ist, ergibt sich in diesem Falle eine Übergangslinie. Der Endpunkt dieser gibt alsdann ebenfalls die Flüssigkeit an, welche im Gleichgewicht ist mit dem kritischen Mischkrystall, der im Endpunkt der Entmischungskurve liegt. In beiden Fällen gibt es also ein durch eine Kurve abgeschlossenes Gebiet, in dem zwei Arten Mischkrystalle auftreten. Von *Roll* wurde das Mischungsgebiet im festen Zustande bei den eisenreichen Legierungen genauer untersucht.

Neuerdings wurde das ganze System von *Köster* und *Dannöhl* ausführlich nochmals untersucht. Besonders wurden auch genauer als von *Parravano* die Gleichgewichte zwischen den beiden Mischkrystallen und Schmelze festgelegt. Die Abb. 326 gibt einen kurzen Überblick über die Ergebnisse und enthält die Zusammenfassung der Mehrphasengleichgewichte. Auf der Kurve $a\,K_1$ und $K_1\,b$ liegen Mischkrystalle, die immer zu je zweien mit Schmelzen auf $U\,K_s$

im Gleichgewicht sind. Als Grenze besteht das Gleichgewicht (Fest$_1$ = Fest$_2$) + Schmelze mit dem kritischen in K_1 bei 27 Proz. Ni liegenden Mischkrystall. Die Erstarrungsfläche hat einen Punkt K_s, in dem der kontinuierliche Verlauf der Isothermen bei höheren Temperaturen in einen solchen mit Knickpunkt auf K_sU bei tieferer übergeht. Die Kurve aK_1b weicht von der von früheren Verfassern bestimmten zum Teil erheblich ab. In den erstarrten Lösungen wird das Gebiet kleiner, in dem homogene Mischkrystalle auftreten. Bei 20° erfüllt das Gebiet, in dem zwei Arten Mischkrystalle vorkommen entsprechend Abb. 326, den größten Teil des Gebietes der ternären Mischungen bis zu etwa 82 Proz. Ni. K_1K_2 ist die kritische Kurve für einheitliche Mischkrystalle zwischen den Temperaturen des kritischen Gleichgewichts K_1K_s bei 1220° und 20° mit der kritischen Mischung K_2. Die Abbildung umfaßt auch die mono-

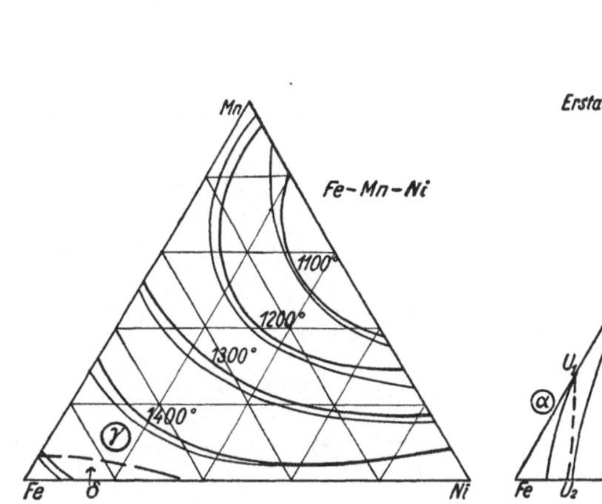

Abb. 328. F 1. Gruppe 3 ($a_1 a_3$): Ni-Fe-Mn. Erstarrungsfläche.   Abb. 329. F 1. Gruppe 3 ($a_1 a_3$): Co-Fe-Mn. Erstarrungsfläche.

varianten Gleichgewichte zwischen Schmelze (Kurve 3) mit δ- (Kurve 1) und γ-Fe-Mischkrystallen (Kurve 2). Ebenso sind die Umwandlungen $\gamma \rightleftharpoons \alpha$ bei 20° vermerkt. Die punktierte Kurve bezieht sich auf die magnetischen Umwandlungen. In einem Raummodell wurde von *Köster* und *Dannöhl* das gesamte Verhalten besonders deutlich wiedergegeben.

F 1. ($a_1 a_3$) Co-Fe-Cu (II a · III b · II a).

Nach den Untersuchungen von *Andrew* und *Nicholson* läßt sich ein Zustandsbild des Systems aufstellen, wie es die Abb. 327 angibt. Untersucht wurden Legierungen von Gemischen aus Cu mit solchen gleicher Mengen Fe und Co, ferner solcher mit vorherrschend Co und Fe. Obwohl aus dem Schmelzfluß drei Arten Mischkrystalle, solche nach δ-Fe, γ-Fe-Co und Cu auftreten, ist das System beherrscht von der Ausscheidung der γ-Fe-Co-Mischkrystalle. Diese nehmen 8 bis 10 Proz. Cu in fester Lösung auf, deren Gebiet in der Abbildung schraffiert gezeichnet ist. Die eisenreichen Gebiete zeigen für die δ-Mischkrystalle das früher angegebene Verhalten. In den kupferreichen Ge-

mischen liegt ein kleines Ausscheidungsgebiet für Cu-Mischkrystalle, begrenzt
von einer kurzen Umwandlungskurve, die von 1108° bis 1089° verläuft.

Unabhängig von *Andrew* und *Nicholson* fand *W. Jellinghaus* für das System
das gleiche Verhalten. Er stellte auch den großen Umfang fest, in welchem die
Legierungen an der γ-α-Umwandlung teilnehmen. Auf Grund von Untersuchungen der spezifischen Gewichte und Gitterstruktur scheint sich die Auffassung vom Vorkommen einer Verbindung FeCo mit Überstruktur auch in
den ternären Legierungen zu bestätigen.

<h3 style="text-align:center">F 1. (a₁ a₃) Ni-Fe-Mn (IIa · IIIb · IIa).</h3>

Die Abb. 328 gibt die Darstellung der Ergebnisse von *Parravano* wieder,
der bereits 1909 dieses System untersuchte. Wie oben angegeben, ist das Verhalten in den eisen- und den manganreichen Legierungen noch durch das Auf-

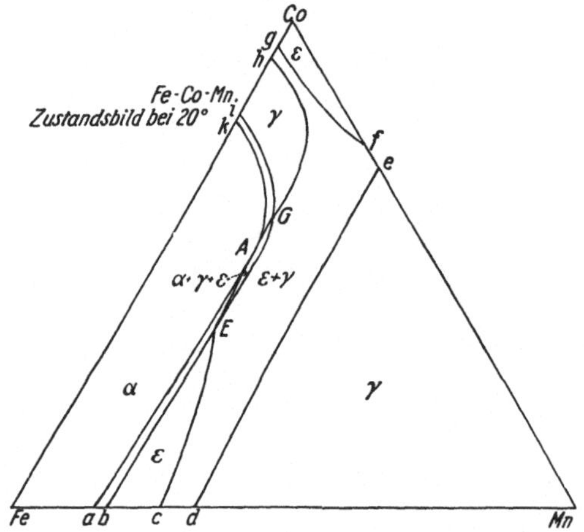

Abb. 330. F 1. Gruppe 3 (a₁ a₃): Co-Fe-Mn.
Zustandsbild bei 20°.

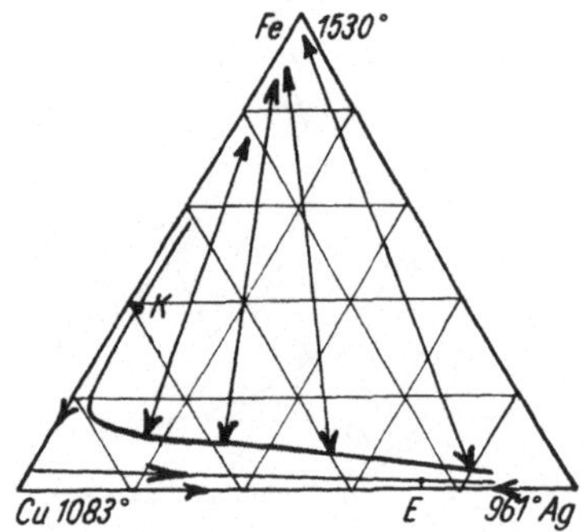

Abb. 331. F 1. Gruppe 5 (a₂ a₃):
Ag-Fe-Cu.
Zerlegung des Gebietes und Umfang
der Entmischung.

treten besonderer Mischkrystalle kompliziert. Das Verhalten ist bei dieser
Vernachlässigung nach *Parravano* das der einfachsten ternären Legierungen
mit Bildung von Mischkrystallen in jedem Mischungsverhältnis. Im festen
Zustande erfahren die Legierungen Umwandlungen, die auf Bildung der anderen Modifikationen von Fe und Mn beruhen. Außerdem ändern sich ihre
magnetischen Eigenschaften. Eine genaue Nachprüfung würde auch zur
Klärung des binären Grenzsystemes Mn-Ni beitragen.

<h3 style="text-align:center">F 1. (a₁ a₃) Co-Fe-Mn (IIa · IIIb · IIb).</h3>

Die Abb. 329 der Erstarrungsfläche, die von *Köster* und *Schmidt* gegeben
wurde, ist unter der Annahme konstruiert, daß alle drei Metalle aus dem
Schmelzfluß in jedem Verhältnis gleichartige Mischkrystalle zur Ausscheidung
bringen. Die Einfügung eines Gebietes für Mischkrystalle nach δ-Fe und einer
anderen Form von Mn, die ebenfalls beim Erstarren auftreten wird, ändert
das Bild etwas. Das Schmelzbild enthält eine Minimumkurve, welche die bi-

nären Minimumpunkte auf Fe-Co und Co-Mn verbindet. Die Abb. 330 über die Struktur bei Raumtemperatur zeigt die große Veränderung, welche die homogenen Mischkrystalle im festen Zustande beim Abkühlen nach dem Erstarren durchlaufen haben. Besonders zu beachten ist die Zerlegung des Gebietes der γ-Mischkrystalle in zwei Teile, von denen das eine Gemische mit vorherrschend Mn und das andere kobaltreiche Legierungen von Co-Fe umfaßt, die sich jedoch nicht bis zum Co hin erstrecken. Hier finden sich die hexagonalen ε-Mischkrystalle. Die Abbildung zeigt noch die Gebiete für die α-Fe-Mischkrystalle und für die ε-Fe-Mn-Mischkrystalle. Zwischen diesen liegen Gebiete mit gleichzeitig je zwei festen Mischkrystallen verschiedener Art. Ein ganz kleines Gebiet umfaßt gleichzeitig die drei Mischkrystalle $\alpha + \gamma + \varepsilon$. Von *Köster* und *Tonn* wurde auch untersucht, bei welchen Temperaturen die polymorphen und die magnetischen Umwandlungen eintreten, wobei Legierungen bis zu 50 Proz. Mn verwendet wurden. Bei 1400° sind die Legierungen alle gleichartig und bestehen aus den flächenzentrischen γ-Mischkrystallen. Die Umwandlung in α-Mischkrystalle, die sich bis etwa 18 Proz. Mn und 80 Proz. Co erstreckt, ist wie bei den binären Legierungen irreversibel. Die Hysteresis der Umwandlung beim Abkühlen und beim Erwärmen nimmt mit steigendem Mangangehalt zu. Die hexagonalen ε-Mischkrystalle nach Fe-Mn sind, was besondere Beachtung verdient, mit der von reinem Kobalt unterhalb 400° wesensgleich. Die beiden Umwandlungen der ternären Legierungen sind durch zusammenhängende Gleichgewichtsflächen, wie es besonders gut ein Raummodell zeigt, verbunden.

Die Erstarrungsfläche, die in der Abbildung nur zwei Arten Mischkrystalle als feste Phasen des Gleichgewichts angibt und eine Minimumkurve S_1-S_2 enthält, wird in den manganreichen Legierungen noch eine besondere feste Phase erhalten müssen, die Mischkrystallen nach Mn entspricht.

F 1. Gruppe 4 ($a_2\,a_2$).

Für die Legierungen dieser Gruppe, die praktisch keine Mischkrystallbildung nach den verschiedenen Formen des Eisens aufweisen, gibt es mangels genügenden Interesses kein Beispiel. Die Legierungen dieser Gruppe und der folgenden Gruppen unterscheiden sich von den bisher beschriebenen Eisenlegierungen dadurch sehr wesentlich, daß in keinem binären Fe-Grenzsystem lückenlose Bildung von δ-Fe-Mischkrystallen auftritt.

F 1. Gruppe 5 ($a_2\,a_3$).

In den untersuchten Legierungen dieser Gruppe Ag-Fe-Cu und Pb-Fe-Cu ist Fe-Cu das binäre Grenzsystem, das in merklichem Umfang Mischkrystalle nach Fe bildet, also zur Gruppe a_3 gehört. Die anderen eisenhaltigen Grenzsysteme der beiden ternären Systeme der Gruppe a_2, Fe-Ag und Fe-Pb, zeigen Entmischung im flüssigen Zustande. Die Bildung zweier Flüssigkeiten ist auch für die ternären Systeme besonders wichtig, besonders für das zweite, bei dem auch noch das Grenzsystem Pb-Cu Entmischung im flüssigen Zustande aufweist.

F 1. ($a_2\,a_3$) Ag-Fe-Cu (II x · III b · II b).

Die Legierungen Ag-Fe-Cu gehören nach dem Verhalten der binären Grenzsysteme III · 2 · ② zur Gruppe 5 a, weil aber die in den eisenreichen Legierungen

in Gegenwart von Schmelze auftretenden δ-Fe-Mischkrystalle nur in einem
sehr kleinen Gebiet auftreten und unterhalb 1400° bereits nur γ-Fe vorhanden
sind, ist das System der Legierungen der Gruppe 4a (II · 2 · ②) sehr ähnlich.
Es hat hierbei die Besonderheit, daß das Grenzsystem Cu-Fe einen Übergangspunkt aufweist. Die Erscheinungen, die hierdurch veranlaßt werden,
sind aber praktisch dadurch ohne Bedeutung, daß das ternäre Eutektikum mit
dem binären von Ag-Cu fast zusammenfällt. Aus der Abb. 331, welche das
Zustandsbild wiedergibt, geht hervor, daß auch bei geringem Gehalt von Fe
die eine der beiden auftretenden Flüssigkeiten noch nahezu die Zusammensetzung von reinem Eisen hat. Die Folge davon ist, daß beim Zusatz von
Kupfer zu flüssgen Eisen-Silber-Mischungen nahezu sämtliches Silber mit
dem Kupfer die eine Flüssigkeit bildet, so daß sich beim Erstarren fast
silberfreies Eisen bildet. Notwendig ist hierbei natürlich, daß wirklich ein
Gleichgewicht der beiden flüssigen Phasen erreicht wird. Fügt man anderer-

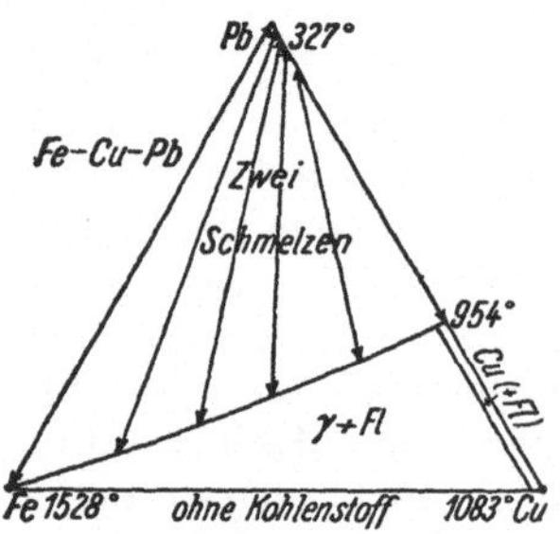

Abb. 332. F 1. Gruppe 5 ($a_2\,a_3$): Cu - Fe - Pb.
Entmischungsgebiet.

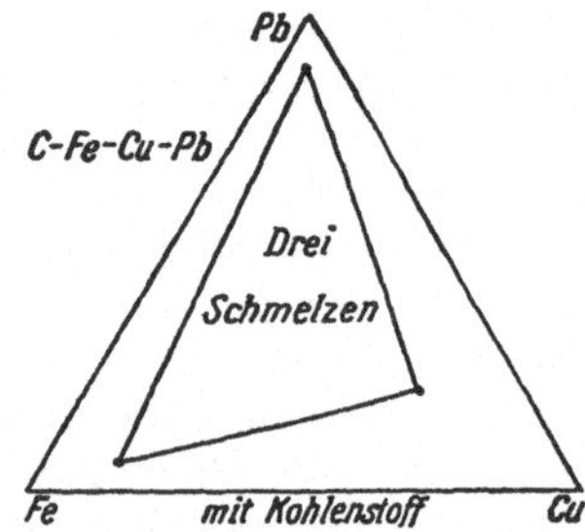

Abb. 333. F 1. Gruppe 5 ($a_2\,a_3$): Cu-Fe-Pb.
Entmischungsgebiet bei Anwesenheit von
Kohlenstoff.

seits flüssiges Silber zu einer homogenen flüssigen Kupfer-Eisen-Mischung,
so fließt diese in zwei Schichten auseinander, die einerseits aus Eisen und
andererseits Kupfer-Silber bestehen. Während Mischkrystalle nach Fe in
dem System kaum auftreten, nimmt Silber bei 8 Proz. Kupfer aber kein
Eisen, Kupfer dagegen bis 5 Proz. Silber und 3 Proz. Eisen in fester Lösung auf.
Der kritische Punkt der Entmischungskurve, in dem zwei Schmelzen identisch wurden, liegt nahe der Cu-Fe-Kante.

F 1. ($a_2\,a_3$) Pb-Fe-Cu (IIx · IIIb · IIx).

In dem System Pb-Fe-Cu führt das Auftreten zweier Flüssigkeiten in den
binären Grenzsystemen Pb-Fe und Pb-Cu dazu, daß, wie die Abb. 332 angibt,
nur in einem kleinen Gebiet sehr bleireicher, eisenarmer Mischungen und außerdem in den kupferreichen keine Bildung zweier Flüssigkeiten eintritt.

Über das System Kupfer-Eisen-Blei sind von *Guertler* einige orientierende
Untersuchungen gemacht. In kohlenstofffreien Legierungen muß sich ein
Verhalten zeigen, wie es die Abb. 332 angibt. Es erstreckt sich eine Mischungslücke von den Pb-Cu-Gemischen mit steigender Temperatur durch das Gebiet
zu den Pb-Fe-Gemischen. Die zugehörigen Schmelzen sind durch Gerade
angezeigt, wobei die schwerere stark bleihaltige Schmelze immer ärmer an
Kupfer wird. Es muß sich ein ziemlich großes Gebiet an der Fe-Cu-Seite herausbilden, in dem keine Entmischung auftritt und das nur in den ganz eisen-

armen Gemischen als Bodenkörper Kupfer mit einem geringen Gehalt an Eisen hat. Da *Guertler* in Graphittiegeln die Legierungen schmolz, ist es erklärlich, daß wegen der Entmischung, die Cu-Fe alsdann auch zeigt, bei seinen Versuchen auch drei Schmelzen gleichzeitig auftraten. Die zusammengehörenden Schmelzen, die sich nach dem Erstarren als drei verschiedene Gemische ergaben, sind schematisch in der anderen Abb. 333 angegeben, die also sich auf ein Vierstoffsystem mit gewissem Gehalt an Kohlenstoff bezieht.

Bei ihren Untersuchungen von Cu-Ni-Pb glaubten, wie bei Erörterung dieses Systems erwähnt wurde, *Guertler* und *Menzel* festgestellt zu haben, daß die Mischungslücken der beiden binären Grenzsysteme im ternären Gebiet nicht zusammenfließen, und vermuteten für Cu-Fe-Pb ein gleichartiges Verhalten. Wie angegeben, wird bei Cu-Ni-Pb vollständige Mischbarkeit nur vorgetäuscht, offenbar infolge der Mischkrystallbildung Cu-Ni. Im System Cu-Fe-Pb ist das Verhalten wesentlich anders, weil die erste Ausscheidung nicht ein Mischkrystall ist, der sich in Gegenwart von Schmelze beim Abkühlen ändert. In dem eisenhaltigen System muß außer dem ternären Eutektikum noch ein invariantes Gleichgewicht zwischen zwei Schmelzen und zwei festen Phasen auftreten, das aber nicht besonders festgestellt wurde.

F 1. Gruppe 6 (a₃ a₃).

$(a_3\,a_3)$ Cu-Fe·Mn (IIIb · IIIb · IIa).

Nach dem Verhalten der binären Legierungen ist Cu-Fe-Mn zur Gruppe 8 (III · 2 · 3) zu rechnen. Da aber wiederum die δ-Fe-Mischkrystalle praktisch ausscheiden, läßt es sich zu Gruppe 4 (II · 2 · 2) rechnen. Wird noch berücksichtigt, daß Fe-Mn und Cu-Mn nahezu zum Typus I zu rechnen sind, so ist erklärlich, daß die ternären Legierungen große Ähnlichkeit mit den Legierungen der Gruppe 2 (II · 1 · 1) haben. Dieser Auffassung entsprechend, wurde von *Parravano* bereits im Jahre 1912 die Erstarrungs- und Flüssigkeitsfläche festgelegt, wie sie in der Abb. 334 dargestellt ist. Die Umwandlungskurve, die von den binären Umwandlungspunkten auf Cu-Fe ausgeht, schmiegt sich an der einen Seite der Kante Cu-Mn an. Sie umfaßt die Mischkrystalle, die paarweise im Gleichgewichte mit einer Flüssigkeit sind. Die Erstarrungsfläche für die eisenreichen Mischkrystalle als primäre Aus-

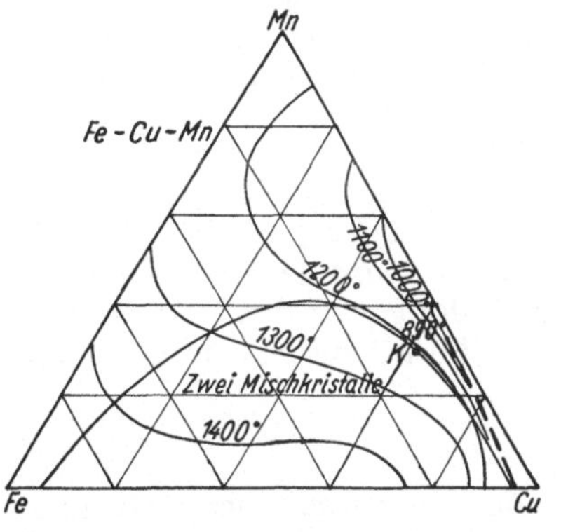

Abb. 334. F 1. Gruppe 6 (a₃ a₃): Cu-Fe-Mn. Erstarrungsflächen.

scheidung füllt als zusammenhängende Fläche fast das ganze Gebiet der ternären Gemische aus. Die Falte, die in der Ausscheidungsfläche durch die Umwandlungskurve auftreten muß, ist nur schwach ausgeprägt. Die nach den neueren Untersuchungen vorhandenen anderen Mischkrystalle geben zu einer Zerlegung der Ausscheidungsfläche Anlaß. Die Grenzen der sich hierbei ergebenden Gebiete sind jedenfalls nur schwach ausgeprägt.

Es soll hier noch darauf hingewiesen werden, daß bei den Legierungen Cu-Fe-Mn auch untersucht wurde, in welcher Art der Zusatz verschiedener Mengen Kohlenstoff von 0,1 bis 1 Proz. zur Bildung zweier Schmelzen führt. Diese Eigentümlichkeit wurde bei den Fe-Cu-Legierungen früher erwähnt und wird später bei C-Fe-Cu ausführlicher erörtert werden.

F 1. $(a_3 a_3)$ Cu-Fe-Zn (IIIb · IVb · Vb).

Das Bereich der eisenarmen Legierungen bis 2 Proz. Fe wurde in den Gemischen von 52 bis 100 Proz. Cu von *Bauer* und *Hansen* genauer untersucht. Die Erstarrung verläuft in gleicher Art wie bei den eisenfreien Legierungen. Die Temperaturen liegen wenig höher, solange Fe nicht als primäre krystallisierende Phase auftritt, was oberhalb etwa 1 Proz. Fe der Fall ist. In den α- und β-Cu-Zn-Mischkrystallen wird Fe in annähernd gleicher Menge wie in Cu aufgenommen. Die Löslichkeit nimmt mit sinkender Temperatur stark ab. Es ergibt sich dadurch für Legierungen mit etwa 0,7 Proz. Fe die Möglichkeit der Vergütung. Durch Abschrecken der Legierungen kann die Härte um 37 Proz. gesteigert werden.

F 2. Ternäre Eisenlegierungen mit geschlossenem Gebiet der γ-Fe-Mischkrystalle in beiden binären Fe-Grenzsystemen. Gruppen b_1 und b_2 miteinander kombiniert.

F 2. Gruppe 7 $(b_1 b_1)$.

Diese Gruppe umfaßt solche Legierungen, bei denen beide binären Fe-Grenzsysteme δ-Mischkrystalle in allen Mischungsverhältnissen bilden. Je zwei der Metalle V, Cr, Nb würden also mit Eisen solche Systeme ergeben. Bis jetzt wurde kein System dieser Art, wohl wegen der relativen Seltenheit einiger der Metalle, untersucht. Die Systeme dürften vermutlich dem Typus I (I, 1, 1) zugehören, wenn auch nicht ausgeschlossen ist, daß unter den nicht untersuchten binären Legierungen der Typus II vorkommt, so daß die Gruppe 2 (II · 1 · 1) in Betracht käme. Das Verhalten dieser Systeme ist oben ausführlich erörtert, so daß es nicht nötig ist, hier weiter darauf einzugehen. In den eisenreichen Legierungen zeigt sich nach dem Erstarren das durch die Bildung und den Zerfall der γ-Mischkrystalle hervorgerufene Verhalten. Auch dieses wurde bereits genau besprochen.

F 2. Gruppe 8 $(b_1 b_2)$.

Die Legierungen dieser Gruppe haben in beiden binären Fe-Grenzsystemen vollständig geschlossene Gebiete der γ-Mischkrystalle, aber nur in einem eine lückenlose Reihe δ-Fe-Mischkrystalle. Das Verhalten ist deswegen nicht so einfach wie das der Legierungen der vorhergehenden Gruppe und richtet sich nach den binären Grenzsystemen.

F 2. $(b_1 b_2)$ V-Fe-Si (Ib · Va · IIIa).

In dem System V-Fe-Si wurde vor längerer Zeit eine Legierungsreihe mit 7,5 Proz. Si und wechselndem Gehalt von Fe und V untersucht, woraus sich für das System aber wenig ableiten läßt.

F 2. (b₁ b₂) Cr-Fe-Si (I b · V a · V a).

Von dem System wurden die eisenreichen Legierungen mit über 65 Proz. untersucht. In diesem Gebiet bildet Fe mit beiden anderen Metallen Mischkrystalle nach δ. Die γ-Mischkrystalle, die sich aus den erstarrten Gemischen bilden und unterhalb 800° wieder verschwinden, finden sich nur in einem geschlossenen Gebiet nahe Fe, bis zu 1,4 Proz. Si und 12 Proz. Cr. Infolge der kontinuierlichen Bildung von δ-Mischkrystallen zwischen Fe und Cr und auch bis zu 20 Proz. mit Si gibt es in dem ternären Gebiete Mischkrystalle dieser Art in großem Umfange. Die kongruent schmelzende Verbindung FeSi

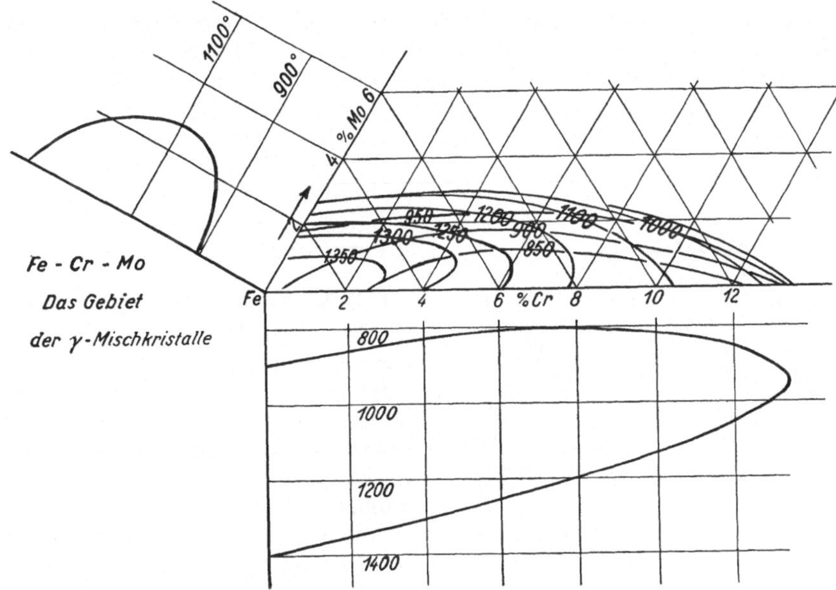

Abb. 335. F 2. Gruppe 8 (b₁ b₂): Cr-Fe-Mo.
Umfang des geschlossenen Gebietes der binären und ternären γ-Mischkrystalle.

führt, wie die Abb. 336 auch zeigt, zu monovarianten Gleichgewichten zwischen ihr, eutektischer Schmelze und ternären Mischkrystallen. Die eutektische Kurve hat in dem untersuchten Gebiete eine fast konstante Temperatur von etwa 1200°. Das Schmelzpunktminimum der Fe-Cr-Legierungen führt in der Darstellung der Erstarrungsfläche der ternären Gemische zu einer Minimumkurve und so zur Bildung einer muldenartigen Vertiefung. Da Legierungen mit höherem Si-Gehalt nicht untersucht wurden, fehlt ein wichtiger Teil des Zustandsbildes.

In den eisenreichen Gebieten von 70 Proz. Fe an wurden von *Denecke* Untersuchungen gemacht, die erlauben, das angegebene Zustandsbild für dieses Gebiet aufzustellen. Da die γ-Mischkrystalle ein geschlossenes Gebiet ergeben, scheiden sich aus dem Schmelzfluß nur α-δ-Mischkrystalle des Eisens aus. Das Gebiet grenzt mit einer eutektischen Kurve an das Ausscheidungsgebiet von Fe-Si. Es wird sich ein invariantes Gleichgewicht ergeben mit Schmelze der beiden Mischkrystalle nach δ-Fe und FeSi und einer dritten Phase, die noch festzustellen wäre.

F 2. (b₁ b₂) Cr-Fe-Mo (I b · V a · II b).

In dem System der Legierungen Chrom-Eisen-Molybdän wurde von *Wever* das Gebiet der γ-Mischkrystalle genau bestimmt. Die Abb. 335 gibt die Projektion der räumlichen Darstellung, wobei die Grenzen der Mischkrystallbildung für verschiedene Temperaturen vermerkt sind. Seitlich sind die Gebiete der binären γ-Mischkrystalle vermerkt. Für die ternären ergibt sich eine körperliche in der Eisenecke liegende Schale mit der Besonderheit, daß die tiefste Temperatur auf der Fe-Cr-Grenzfläche und nicht in der Fe-Ecke liegt. In diesem Punkte berührt sich die Schale mit einer anderen nahe darüberliegenden, welche die Grenze nach den α-δ-Mischkrystallen darstellt. In dem Raum zwischen beiden Schalen liegt das Gebiet, in dem beide Arten γ- und α-δ-Mischkrystalle gleichzeitig vorkommen. Wie die Abb. 335 zeigt, erstreckt sich das Gebiet der γ-Mischkrystalle bis 14 Proz. Cr und nur 2 Proz. Mo. Bei höherem Gehalt bleiben die δ-Fe-Mischkrystalle, die primär ausgeschieden waren, als solche bestehen, ohne sich in γ-Fe-Mischkrystalle beim Abkühlen umzuwandeln und bei weiterer Abkühlung wieder in die δ-Form zurückzuverwandeln.

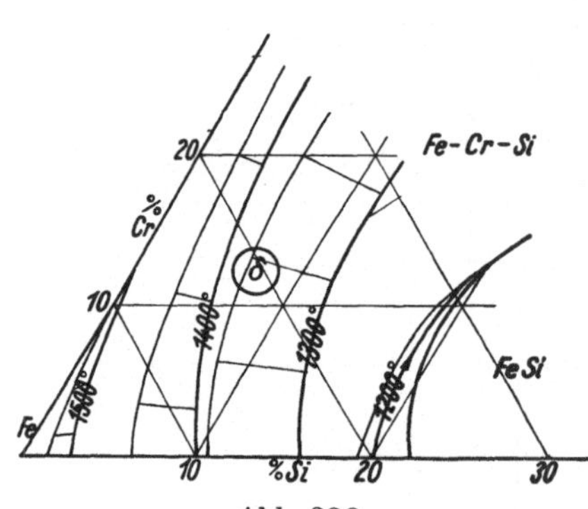

Abb. 336.
F 2. Gruppe 8 (b₁b₂): Cr-Fe-Si. Erstarrungsflächen der eisenreichen Legierungen.

F 2. Cr-Fe-W (I b · III b · II b).

Die Chrom-Eisen-Wolfram-Legierungen, welche den Cr-Fe-Mo-Legierungen sehr ähnlich sind, sind wegen ihrer Verwendung als Schnelldrehstahl von Bedeutung. Diese Stahlarten verlieren auch bei erheblicher Erhitzung ihre Härte nicht. Ein Zustandsbild des Systems ist bisher nicht gegeben worden. Die Schnellstähle werden noch übertroffen durch die sog. Stellite, die Kobalt-Chrom-Wolfram-Legierungen mit hohem Wolframgehalt sind und bei der Gruppe 7 (III · 2 · 2) behandelt wurden. Noch härter sind die unter dem Namen Widia (= wie Diamant) neuerdings hergestellten Sinterprodukte von Carbiden von hauptsächlich Wolfram (mit Kobalt) oder auch von Tantal oder Titan.

F 2. (b₁ b₂) Cr-Fe-Al (I b · V a · III b).

Von *Scheil* und *Schulz* wurden kohlenstoffarme Legierungen mit einem Gehalt bis 20 Proz. Al und Cr auf ihre Oxydationsfähigkeit (Verzunderung) bei Temperaturen bis 1200°, indem sie längere Zeit im trockenen Luftstrom geglüht wurden, untersucht. Es ergibt sich entsprechend den drei Metallen ein verschiedenes Verhalten unter Bildung der betreffenden Oxyde. Die höchstbeständigen Stahlgemische liegen im Gebiet des weißen Tonerdezunders, entsprechend einem Gehalt von weniger als 30 Proz. Fe, während die des Eisenoxydzunders am wenigsten beständig sind. Auch der elektrische Widerstand und die Säurebeständigkeit wurden geprüft. Ein Zustandsbild der Legierung ist nicht bekannt.

F 2. (b₁ b₂) V-Fe-Si (Ib · IVa · IIIa).

Von dem System Vanadin-Eisen-Silicium, das auch der Gruppe 7 (b₁ b₂)
zugehört, wurden eine Reihe Legierungen mit 7,5 Proz. Si thermisch untersucht. Das Schmelzpunktminimum des Grenzsystems Fe-V zeigte sich auch
noch bei diesen Gemischen. Es bilden sich Mischkrystalle im α-δ-Fe-Gitter mit
V und Si. Das geschlossene Gebiet für die γ-Fe-Mischkrystalle wurde bisher
nicht festgelegt.

F 2. Gruppe 9 (b₂ b₂).

(b₂ b₂) Si-Fe-Al (Va · Va · IIb).

Legierungen der Gruppe 9 (b₂ b₂) müssen erklärlicherweise komplizierter
sein als die der vorhergehenden, da nicht mehr eine zusammenhängende Reihe
Mischkrystalle (b₁) vorkommt.

Ein System dieser Gruppe, das ausführlicher als die bisher erwähnten
untersucht wurde, ist
Si-Fe-Al. Die Abb. 337
gibt zunächst die γ-
Mischkrystalle im Zu-
sammenhang mit Tem-
peratur und Mischungs-
verhältnis nach *Wever*
wieder. Es umfaßt Le-
gierungen mit einem Ei-
sengehalt von mehr als
98 Proz. Seitlich ist auch,
wie vorher bei den Cr-
Fe-Mo-Legierungen, das
Verhalten der Mischkry-
stalle in den binären Sy-
stemen vermerkt. In bei-
den ist das Gebiet der
γ-Mischkrystalle von
dem der δ-Mischkry-
stalle umschlossen. Das
Gebiet der γ-Mischkry-
stalle ist in diesem be-
sonderen Falle im ter-
nären System völlig
symmetrisch in bezug
auf die Temperatur von

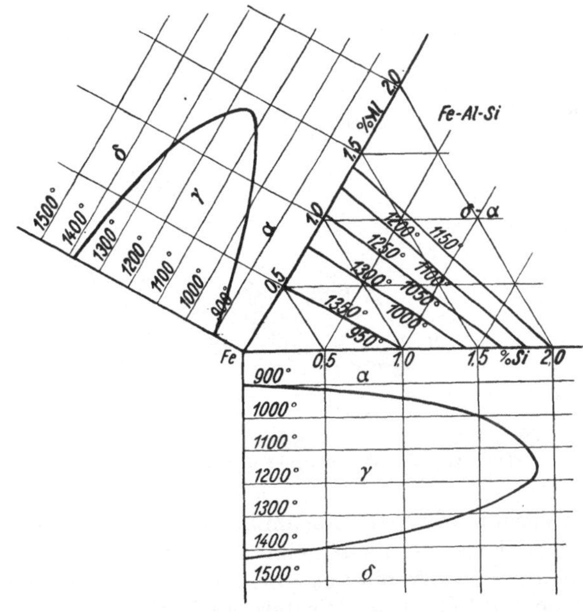

Abb. 337. F 2. Gruppe 9 (b₂b₂): Al-Fe-Si.
Der Umfang des geschlossenen Gebietes der binären und
ternären γ-Mischkrystalle.

1150°. Die begrenzende gekrümmte Fläche, die körperlich zu denken ist, wird
gebildet durch gerade Linien. Das Gebiet der γ-Mischkrystalle ist von dem
der α-δ-Mischkrystalle in diesem Falle in den binären Systemen durch zwei
Kurven und in dem ternären durch eine doppelte Fläche getrennt, die sehr
schmal, und in der Abbildung nicht besonders dargestellt ist. Der Umfang
der Mischkrystallbildung ist in diesem Falle erheblich geringer als in dem
vorher erörterten chromhaltigen ternären System.

Die Legierungen mit über 98 Proz. Fe sind somit genauer untersucht. In

dem übrigen Teil des Systemes Al-Fe-Si wurden bis jetzt Legierungen mit
einem Gehalt an Fe größer als 30 Proz. nicht genauer untersucht. Für diesen
Teil wurde von *Gwyer* und *Phillips* auf Grund mikroskopischer und thermischer Untersuchungen ein Zustandsbild entworfen, wie es die Abb. 338
wiedergibt. Da Eisen mit beiden Metallen Al und Si eine Reihe Verbindungen
und Mischkrystalle bildet, ist es nicht verwunderlich, daß sich auch einheitliche ternäre feste Phasen bilden. Nach den angegebenen Forschern gibt
es in den aluminiumreichen Gebieten drei feste Phasen, die gleichzeitig alle
drei Metalle enthalten, und noch eine vierte in dem aluminiumarmen Ge-
biete. Sie wurden bezeichnet mit ζ, β, δ und X. Nach *Carpenter* und *Smith* hat

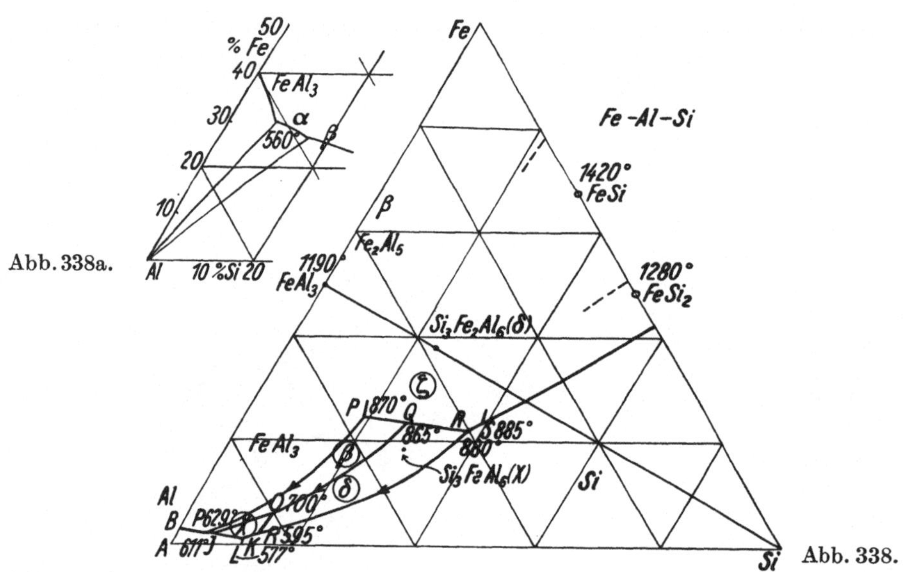

Abb. 338.   F 2. Gruppe 9 (b₂b₂): Al-Fe-Si.   Abb. 338a.   F 2. Gruppe 9 (b₂b₂): Al-Fe-Si.
       Die Ausscheidungsgebiete.   Isotherme bei 560°.

Abb. 338a.

die Verbindung X die Zusammensetzung Si_3AlFe_6. Die der übrigen ternären
festen Phasen ist nicht genau bekannt, vermutlich wechselt sie in gewissem
Umfange. Die Abbildung gibt an, wie die festen Phasen auf die verschiedenen
Felder verteilt sind. Die ternäre Verbindung X ist im Gleichgewicht einerseits mit Al, andererseits mit Si und den beiden Mischkrystallen β und δ.
Aluminium nimmt nur in sehr geringer Menge (0,1 Proz.) Fe in fester Lösung
auf, dagegen bis 1,6 Proz. Si. Es zeigt sich, daß noch ein weites Gebiet untersucht werden muß. Die neun invarianten Gleichgewichte gehören zu Gemischen, deren Zusammensetzungen und Temperaturen in der folgenden
kleinen Tabelle wiedergegeben sind:

	D	J	K	R	O	P	Q	R	S
t	629°	611°	577°	595°	700°	870°	865°	880°	885°
Proz. Fe . .	2,0	1,5	0,8	2,0	6,5	25,0	23,5	22,0	22,5
Proz. Si . .	4,0	7,5	11,6	13,6	14,0	18,5	27,0	37,5	39,0

Von diesen Schmelzen, die mit je drei festen Phasen im Gleichgewicht sind, ist nur K eutektisch, die übrigen entsprechen peritektischen Umsetzungen. Die Al-Fe-Si-Legierungen haben auch technisch ein erhebliches Interesse.

F 2. (b₂ b₂) Si-Fe-P (Va · IVa · ?).

Auch das System der Legierungen Eisen-Phosphor-Silicium gehört zu der Gruppe mit vollständig geschlossenem Gebiet der γ-Fe-Mischkrystalle. Der Umfang derselben ist wie im eben erörterten System auch nur von geringer Größe und ergibt hierfür ein ähnliches Zustandsbild. Wegen der Bildung verschiedener fester binärer Phasen zwischen Eisen und den beiden anderen Elementen gehört das System unter der allgemeinen Einteilung der ternären Legierungen einer komplizierten Gruppe an. Untersucht wurden die Legierungen mit höherem Eisengehalt, als in dem Gemisch FeSi-Fe₂P enthalten ist. Da nach *Hummitsch* und *Sauerwald* diese beiden kongruent schmelzenden Verbindungen miteinander ein Eutektikum bei 1173° haben, was wegen ihres kongruenten Schmelzens zu erwarten war, ist das System Fe-FeSi-Fe₂P ein vollständig unabhängiges geschlossenes System. Das Zustandsbild, das sich ergibt, ist in der Abb. 339 wiedergegeben. Es treten keine neuen festen Phasen außer den binären Verbindungen FeSi, Fe₂P und Fe₃P auf. Diese drei geben zur Bildung eines invarianten Gleichgewichts mit einem Übergangspunkt bei 1110° Anlaß, der gegen die Darstellung von

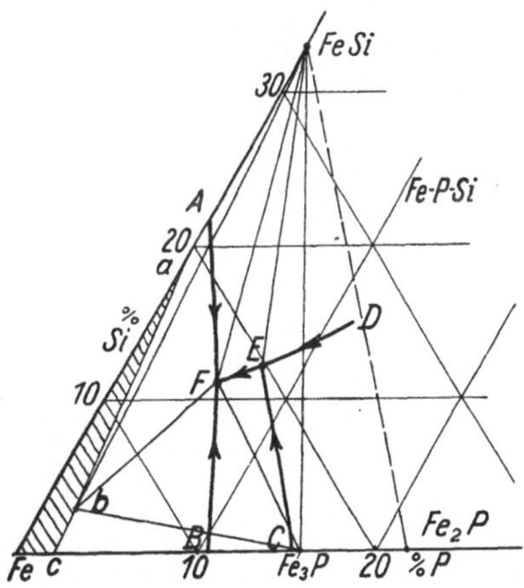

Abb. 339. F 2. Gruppe 9 (b₂ b₂): Si-Fe-P. Ausscheidungsgebiete Fe-FeSi-Fe₂P.

Hummitzsch und *Sauerwald* ein wenig verschoben ist. Außerdem bildet sich ein ternäres Eutektikum bei 1018° mit Schmelze F, einem δ-Fe-Mischkrystall b und den Verbindungen FeSi und Fe₃P. Das Teilsystem entspricht also vollständig den früher ausführlich erörterten Legierungen der Gruppe 7 (III · 2 · 2). Die Mischkrystalle nach δ-Fe liegen in dem Gebiet Fe-a-b-c.

F 3. Geschlossenes Gebiet der γ-Fe-Mischkrystalle in einem binären Grenzsystem. Kombination der binären Gruppen a₁, a₂, a₃ mit b₁, b₂.

Zweifellos die interessantesten ternären Eisenlegierungen sind die der Gruppe F 3, bei der nur in dem einen binären Fe-Grenzsystem ein geschlossenes Gebiet der γ-Fe-Mischkrystalle auftritt. In der räumlichen Darstellung legt sich alsdann der die γ-Fe-Mischkrystalle in der früher erörterten Art an die beiden Grenzflächen an.

F 3. Gruppe 10 (a₁ b₁).

Eine ganz besondere Eigentümlichkeit ergibt sich für die Legierungen dieser Gruppe. Es bilden sich lückenlos Mischkrystalle von Eisen mit jedem der

beiden anderen Metalle, die jedoch verschiedener Art sind. Einerseits sind es
(a_1) die flächenzentrischen γ-Fe-Mischkrystalle, andererseits (b_1) die raum-
zentrischen δ-Fe-Mischkrystalle. Das Verhalten werden die ternären Eisenlegierungen zeigen, die sich durch Kombination der Metalle Co, Ni, Rh, Ir,
Pd, Pt mit V, Cr, Nb herstellen lassen, die also der Mehrzahl nach selteneren
Systemen angehören.

F 3. ($a_1\,b_1$) Ni-Fe-Cr (IIa · Ib · IIb).

Bei den beiden Systemen Nickel-Eisen-Chrom und Kobalt-Eisen-Chrom
setzt sich das Schmelzbild von den eisenreichen Legierungen aus, wie es in
der allgemeinen Betrachtung auf S. 374 für den Typus F 3 auseinandergesetzt
und in der Abb. 320 wiedergegeben wurde, in einfacher Weise fort. Zwischen
Cr und Ni bildet sich ein Eutektikum, bis zu welchem sich die Übergangskurve

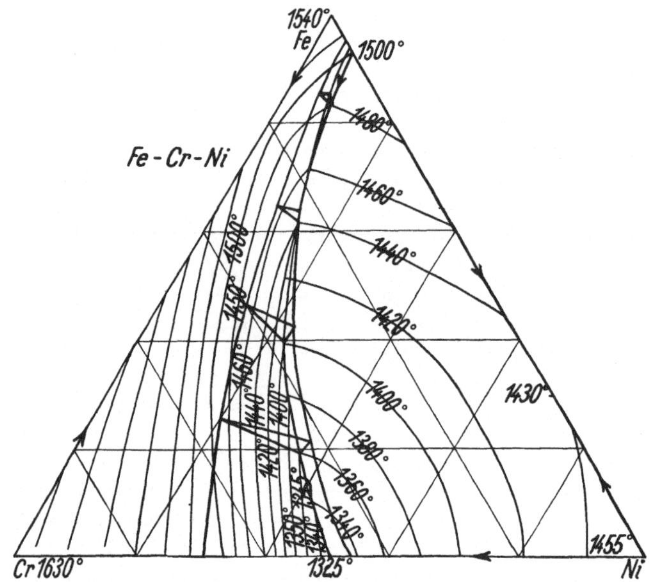

Abb. 340. F 3. Gruppe 10 ($a_1\,b_1$): Ni-Fe-Cr.
Ausscheidungsflächen und Gleichgewichte α, $\delta + \gamma +$ Schmelze.

fortsetzt, die von den Grenzpunkten der binären Systeme Fe-Ni oder Fe-Co
kommt. Es ergibt sich in den ternären Systemen alsdann eine Grenzkurve
für das Flüssige der monovarianten Gleichgewichte Flüssig-Fest (δ-Misch-
krystalle)-Fest (γ-Mischkrystalle), die auf der einen Seite eine eutektische,
auf der anderen eine peritektische Kurve ist. Zu ihr gehören zwei Kurven,
welche die zugehörigen festen Mischkrystalle umfassen. Die drei Kurven sind
zusammen mit den Isothermen in der Abb. 340 gezeichnet, wobei auch einige
Gleichgewichte der drei Phasen vermerkt sind.

Die Veränderung des Gleichgewichts der beiden Arten Mischkrystalle
führt zu Umwandlungen im festen Zustande, die die Abb. 341 wiedergibt. Das
Gebiet der γ-Mischkrystalle liegt in geringem Umfange in dem eisenreichen

Gebiet der Fe-Cr-Legierungen, der übrige Teil wird hier von α-δ-Mischkrystallen umfaßt. In der Abbildung ist angedeutet, wie im ternären Gebiet die verschiedenen Mischkrystalle liegen. Es gibt nach dem Erstarren zwei Arten Mischkrystalle, die α-δ-Mischkrystalle nach Cr-Fe mit gewissem Gehalt an Ni und die den größten Teil der Legierungen umfassenden Mischkrystalle nach γ-Fe-Ni. In der Abb. 341 ist für das System Fe-Cr-Ni noch genauer angegeben, wie die Lage der beiden Arten Mischkrystalle mit der Temperatur sich ändert.

Außer diesen Eigentümlichkeiten findet sich noch die, daß Fe und Cr eine Verbindung FeCr mit Überstruktur bilden, was zu brüchigen Legierungen nahe dieser Zusammensetzung führt. Außerdem beobachtet man in den Fereichen Legierungen noch die Bildung von martensitähnlichen Legierungen, die, ohne Kohlenstoff wie diese zu enthalten, vollständig den Charakter von Martensit haben. Die Verteilung auf verschiedenartige feste Phasen bei Zimmertemperatur ist in der Abbildung nach *Wever* und *Jellinghaus* wiedergegeben. Von *Bain* und *Griffiths* wurden zuerst für verschiedene Temperaturen Zustandsdiagramme aufgestellt, die Eisenlegierungen über 40 Proz. umfassen.

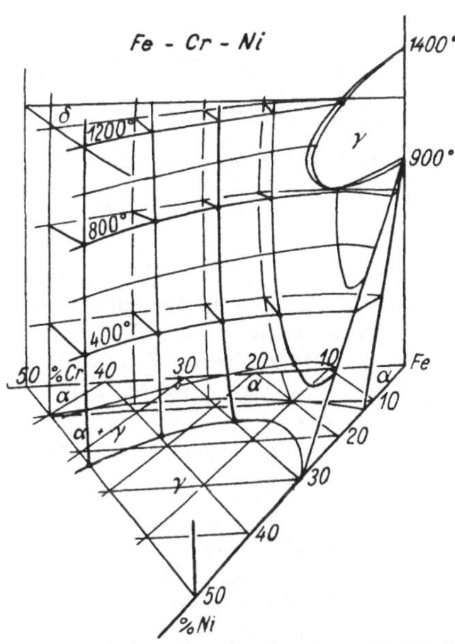

Abb. 341. F 3. Gruppe 10 ($a_1 b_1$): Ni-Fe-Cr. Umfang der Gebiete für die γ- und α-Mischkrystalle zwischen 0° und 1200°. Perspektivisch.

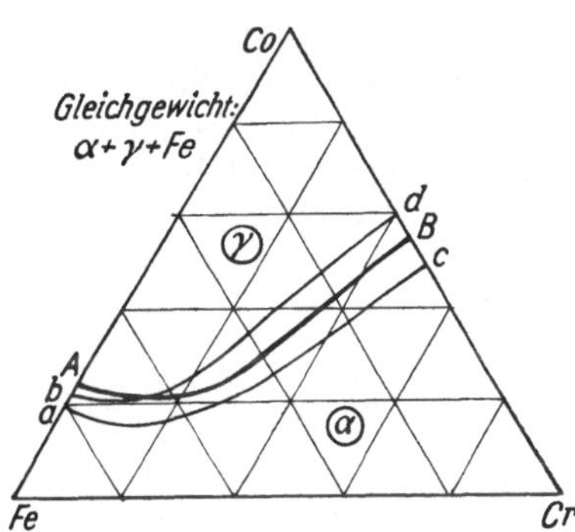

Abb. 342. F 3. Gruppe 10 ($a_1 b_1$): Co-Fe-Cr. Erstarrungsgebiete der α- und γ-Mischkrystalle und die Gleichgewichtskurven $\alpha + \gamma +$ Schmelze.

F 3. ($a_1 b_1$) Co-Fe-Cr (IIa · Ib · IIb).

Das System Kobalt-Eisen-Chrom ist in bezug auf die Art des Erstarrens qualitativ gleichartig mit dem System Ni-Fe-Cr. Die Abb. 342 wurde nach den Untersuchungen von *Köster* konstruiert, der die von *Wever* und *Haschimoto* vervollständigte. Im ternären Gebiet sind der Übergangspunkt A von Fe-Co und das Eutektikum B von Co-Cr durch eine Kurve verknüpft. Sie wird, wie erwähnt, aus einer Umwandlungskurve bei sinkender Temperatur zu einer eutektischen. Die zugehörigen ternären Mischkrystalle liegen auf den Kurven ac

und bd, wobei diese die Schmelzkurve durchschneidet. Da aber die Abbildung die Projektion eines räumlichen Bildes darstellt, ist der Schnittpunkt nicht reell, denn AB liegt räumlich über bd. Ebenso wie bei Ni-Fe-Cr gibt es die beiden Arten ternärer Mischkrystalle mit raumzentriertem (γ) und flächenzentriertem (α-δ) Gitter. Abb. 342a gibt die Erstarrungsfläche.

Die Umwandlungen im festen Zustande sind komplizierter als bei dem analogen nickelhaltigen System. Einmal findet eine starke Vergrößerung des

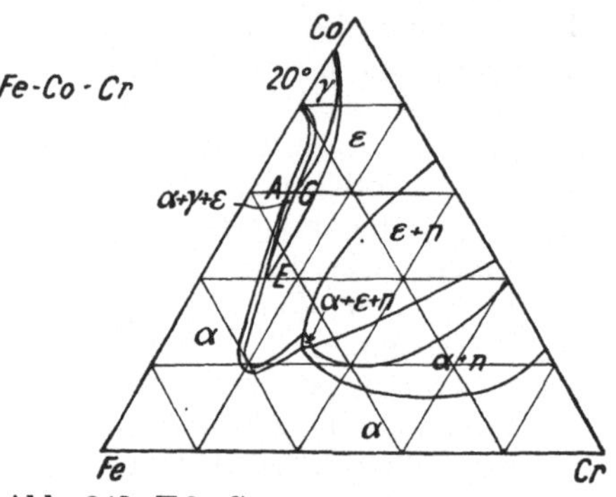

Abb. 343. F 3. Gruppe 10 ($a_1 b_1$): Co-Fe-Cr. Zustandsbild bei 20°.

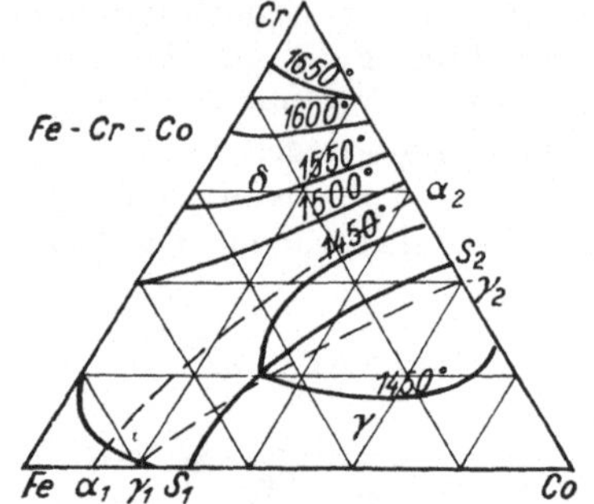

Abb. 342a. F 3. Gruppe 10 ($a_1 b_1$): Co-Fe-Cr. Erstarrungsflächen.

Gebietes der α-Mischkrystalle bei den Cr-armen Legierungen statt, die auf die Umwandlung der Co-Fe-Legierungen zurückgeht, anderseits veranlaßt auch das System Co-Cr Besonderheiten. Es verschwinden die γ-Mischkrystalle in einem sehr großen Gebiet teils unter Bildung von Mischkrystallen nach der hexagonalen ε-Form, teils unter Bildung einer neuen Art Mischkrystalle η

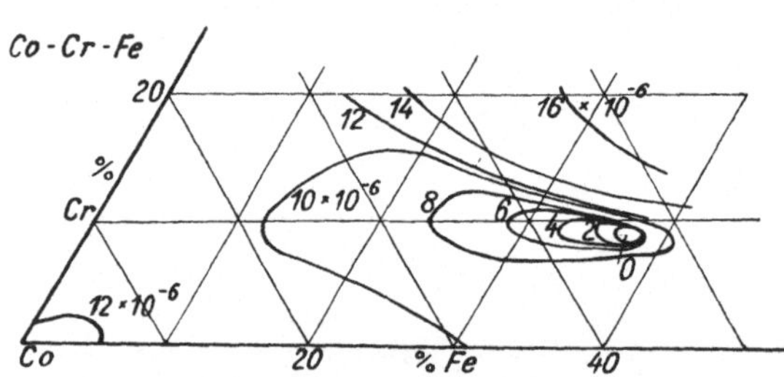

Abb. 343b.
F 3. Gruppe 10 ($a_1 b_1$): Co-Fe-Cr.
Ausdehnungskoeffizienten der Legierungen mit geringen Ausdehnungskoeffizienten.

(Co_2Cr_3). Die Abb. 343 gibt die Zerlegung des Gebietes wieder, die bei 20° eingetreten ist. Es ergibt sich ein großes Gebiet der α- und auch der ε-Mischkrystalle, kleinere für η- und γ-Mischkrystalle. Zwischen diese schieben sich solche, in denen gleichzeitig zwei Arten Mischkrystalle vorhanden sind, und zwei recht kleine mit gleichzeitig drei Mischkrystallen

$$\alpha + \gamma + \varepsilon \text{ und } \alpha + \varepsilon + \eta.$$

Masumoto untersuchte die Wärmeausdehnung der Legierungen von Kobalt-Chrom-Eisen mit mehr als 50 Proz. Co und weniger als 20 Proz. Cr zwischen 20° und 60°. Es sind Legierungen mit sehr geringem Ausdehnungskoeffizient, die von der Temperatur der flüssigen Luft bis zu ihrer magnetischen Umwandlung untersucht wurden. Die Abb. 343b gibt die Veränderung des Ausdehnungskoeffizienten mit der Zusammensetzung wieder. Ein Gemisch der Zusammensetzung 37 Proz. Fe, 9 Proz. Cr, 54 Proz. Co hat einen negativen Ausdehnungskoeffizient von $-1,2 \times 10^{-6}$. Mit Änderung der Zusammensetzung steigt der Ausdehnungskoeffizient besonders rasch. Legierungen, die gerade keine Ausdehnung mit der Temperatur zeigen, liegen auf einem kleinen Kreis, der den Minimumpunkt eng umgibt. Die Legierungen ohne Ausdehnung zeigen keine Umwandlung $\gamma \to \alpha$, selbst wenn sie auf die Temperatur der flüssigen Luft abgekühlt werden. Sie übertreffen wärmeunveränderliche andere, wie Invar, die Eisen-Nickel-Legierung mit dem geringen Ausdehnungskoeffizient von $1,2 \times 10^{-6}$, und Super-Invar mit 63,5 Proz. Fe, 31,5 Proz. Ni und 5 Proz. Co, das bereits einen geringeren Ausdehnungskoeffizient als geschmolzene Kieselsäure hat. Die Kobalt-Chrom-Eisen-Legierungen sind gegenüber dem einfachen Invar in verdünnten Kochsalzlösungen praktisch unkorrodierbar.

F 3. Ni-Fe-V (II a · I b · II b).

Ein System, das in bezug auf die Erstarrungs- und Schmelzvorgänge in den eisenreichen Legierungen den beiden erörterten durchaus gleichartig sein wird, ist Nickel-Eisen-Vanadin. Die Abb. 344 gibt die Ergebnisse der Untersuchungen, die in den vanadinarmen Legierungen gemacht wurden. Sie zeigt, wie sich bei Zimmertemperatur die Gebiete der raumzentrierten und flächenzentrierten Mischkrystalle von

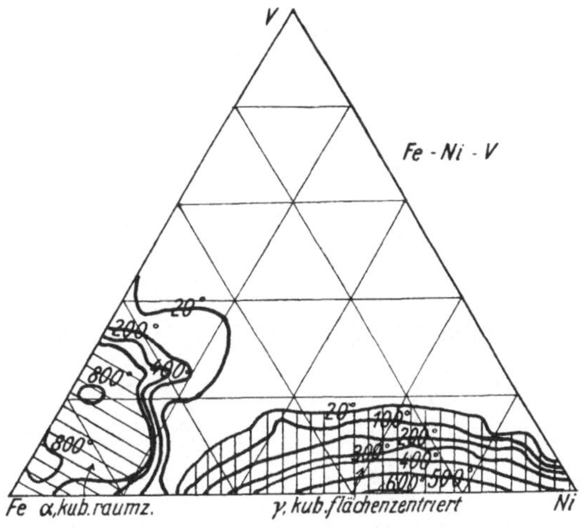

Abb. 344. F 3. Gruppe 10 ($a_1 b_1$): Ni-Fe-V.
Umwandlungserscheinungen.

Fe-Ni in das Gebiet der vanadinhaltigen Legierungen fortsetzen. Mit bis 20 Proz. steigendem Vanadingehalt finden sich Vanadinlegierungen mit einem Gitter, das jedenfalls auf die Bildung der Verbindung NiV zuückzuführen sein wird. Auch die Grenze der Magnetisierbarkeit für verschiedene Temperaturen ist angegeben. Die Untersuchungen der ferromagnetischen Eigenschaften wurden sehr eingehend durchgeführt. Auch die spezifischen Gewichte sowie die elektrische Leitfähigkeit wurden untersucht.

F 3. Gruppe 11 ($a_1 b_2$).

Da zur Gruppe a_1 der binären Eisenlegierungen die Metalle Ni und Co und zur Gruppe b_2 eine ganze Anzahl wichtiger Metalle, wie z. B. W, Al, Sn gehören, sind auch mehrere ternäre Legierungssysteme der Gruppe 11 untersucht. Es besteht in diesem Falle lückenlose Bildung der γ-Mischkrystalle in dem einen binären Grenzsystem (a_1) und ein geschlossenes Gebiet der γ-Mischkrystalle in dem anderen, ohne daß dabei die δ-Mischkrystalle eine lückenlose Reihe bilden. Von den bisher untersuchten Systemen gehören die vier Ni-Fe-W, Co-Fe-W, Ni-Fe-Mo und Co-Fe-Mo, sowie die beiden Ni-Fe-Al und Co-Fe-Al organisch zusammen.

F 3. (a₁ b₂) Ni-Fe-W (II a · III b · III b).

Die Legierungen Nickel-Eisen-Wolfram sind nach der allgemeinen Einteilung zur Gruppe 8 (III · 2 · 3) zu rechnen. Hierbei ist Ni_6W, das Mischkrystalle bis zum Nickel und auch nach der Wolframseite bildet, nicht als besondere Phase gerechnet. Die Abb. 345 gibt das Ergebnis der von *Winkler* und *Vogel* durch thermische Analyse, Gefügeuntersuchen und magnetische Messung festgestellte Zustandsbild. Die Verbindung Ni_6W ist in der etwas vereinfachten Darstellung als solche nicht besonders berücksichtigt, sondern zu den Mischkrystallen γ gerechnet. Es sind alsdann die sich aus dem Schmelzfluß ausscheidenden Bodenkörper: δ-Fe, Mischkrystalle γ von Fe-Ni, die Verbindung Fe_3W_2 sowie W. Wolfram nimmt nur in geringem Umfange die beiden Metalle in fester Lösung auf. Es bilden sich in dem ternären System zwei invariante Gleichgewichte heraus mit den Schmelzen S_1 bei 1455° und S_2 bei 1465°, die beide peritektisch sind. Die festen Körper, die mit der Schmelze S_1 sich im Gleichgewichte befinden, sind W, Fe_3W_2 und Mischkrystall γ_1. Mit Schmelze S_2 sind die Mischkrystalle α_2, γ_2 und die Verbindungen $Fe_3W_2(V_1)$ im Gleichgewicht. Die Ausscheidungsgebiete der verschiedenen festen Phasen sind durch Kurven voneinander getrennt, die sich auf die entsprechenden Gleichgewichte zweier Bodenkörper mit Schmelze beziehen. Durch Pfeile ist auf der Grenzkurve in der Abbildung angegeben, in welcher Richtung die Temperatur abnimmt. Ferner sind einige Dreiecke gezeichnet, um die Gleichgewichte zwischen einer bestimmten Schmelze und zwei bestimmten Bodenkörpern anzugeben. Die Grenzen der Mischkrystalle zwischen den Mischkrystallen α und γ sind m-α_2 und n-γ_2 sowie f-γ_1 zwischen γ und W und γ_1-γ_2 zwischen γ und Fe_3W_2. Dadurch ergibt sich die Art der Zusammensetzung der Legierungen nach dem Erstarren. In der bildlichen Darstellung zieht sich durch das Gebiet eine eutektische Kurve $U S_2 S_1 E$. Auf ihr liegt eigentümlicherweise im Punkte F ein Gemisch mit einer minimalen Schmelztemperatur, das als ein wirkliches binäres Gemisch von W und einem Mischkrystall γ der Zusammensetzung i erstarrt. Nach dem Erstarren verringert sich mit sinkender Temperatur das Gebiet der homogenen Mischkrystalle α und γ. Dieses ist durch die Kurven u-v-w für α und h-g für γ angedeutet. Zwischen 900 und 1400° liegen ihrer Zusammensetzung nach entsprechend der früheren Abbildung die γ-Mischkrystalle in ähnlicher Art wie im System Ni-Fe-Cr auch in einem kleinen Gebiet der wolframfreien binären Legierungen.

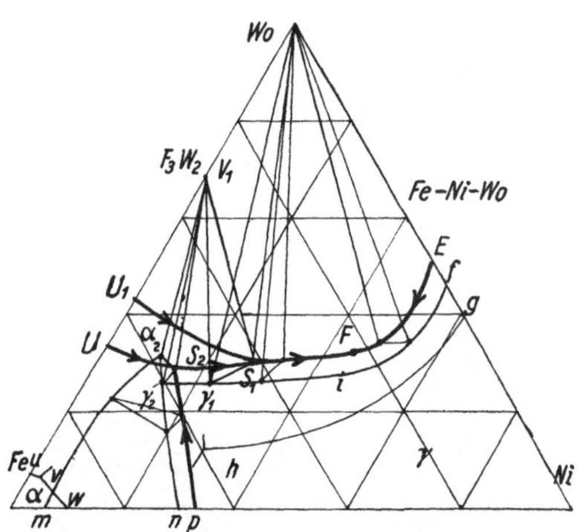

Abb. 345. F 3. Gruppe 11 (a₁ b₂): Ni-Fe-W.
Die Ausscheidungsgebiete und der Zusammenhang bei den monovarianten und invarianten Gleichgewichten.

F 3. ($a_1 b_2$) Co-Fe-W (IIb · IIIb · IIIb).

Das System Kobalt-Eisen-Wolfram wurde von *Köster* und *Tonn* durch thermische, dilatorische und Gefügeuntersuchungen genau festgelegt. Es unterscheidet sich von dem ähnlichen nickelhaltigen System durch das Auftreten einer lückenlosen Reihe von Mischkrystallen zwischen den beiden eisenhaltigen binären Verbindungen Fe_3W_2 und CoW. Wie beim vorhergehenden System ist auch hier von Bedeutung, daß im System Fe-Co eine lückenlose Reihe zwischen den γ-Mischkrystallen besteht, während diese entsprechend der Zuteilung zur Gruppe F 3 im System Fe-W nur in dem Gebiet zwischen den Temperaturen 900° und 1400° auftreten, indem die α-δ-Mischkrystalle zwar einen großen Umfang haben, aber nicht in jedem Mischungsverhältnis auftreten. Das System gliedert sich auf diese Weise der Gruppe 8 (III · 2 · 3) ein. Das Erstarrungsgebiet der Legierungen zerfällt in vier Gebiete, für die Mischkrystalle nach W, die Mischkrystalle der Verbindungen Fe_3W_2 und CoW und die α- und γ-Mischkrystalle nach Fe. Die Abb. 346 umfaßt die Gleichgewichte, die unmittelbar nach dem Erstarren bei etwa 1400° vorhanden sind neben denen bei 20°. In dem Erstarrungsgebiet gibt es bei 1465° ein invariantes Gleichgewicht von Schmelze mit drei Mischkrystallen α, γ und ϑ, wobei diese die im Dreieck vermerkten Zusammensetzungen haben. Die Umsetzung entspricht der Gleichung Schmelze $+ \alpha = \gamma + \vartheta$. Von dem diese Schmelze darstellenden Punkte verläuft zum binären Grenzsystem Co-W eine Kurve eutektischer Art, die durch ein Temperaturminimum ausgezeichnet ist. Die zugehörigen Mischkrystalle liegen mit dem Minimumpunkte auf einer Geraden. Die Grenzkurve des Gleichgewichtes von Wolfram gegen

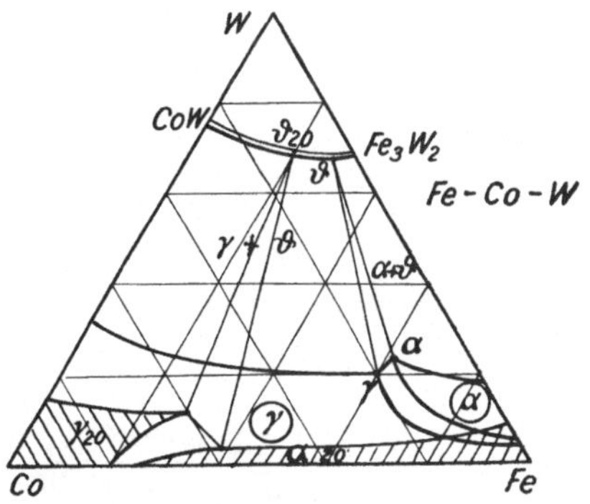

Abb. 346. F 3. Gruppe 11 ($a_1 b_2$): Co-Fe-W. Gleichgewichte beim Erstarren und bei 20°.

die Mischkrystalle (CoW-Fe_3W_2) gibt einen stetigen Übergang des Dreiphasengleichgewichtes Schmelze + Wolfram + Mischkrystalle. Beim Abkühlen vollzieht sich die Gleichung Schmelze + Wolfram = Mischkrystall (CoW-Fe_3W_2).

In Abb. 346 ist auch angezeigt, in welcher Art sich die Gleichgewichte nach dem Erstarren ändern. Hierbei äußert sich die durch das System Fe-Co veranlaßte eigentümliche Art der Umwandlung von γ in α auch im ternären System. Diese ist bis zu einem hohen Gehalt an Co von der Temperatur wenig abhängig, worauf sie alsdann eine starke Veränderung erfährt. Es führt dieses zu einem Gleichgewicht, das durch bestimmte zusammengehörende Kurven angezeigt ist. Aus diesem Grunde unterscheiden sich in Abb. 347 die Darstellungen des isothermen Schaubildes bei 1400° und bei Zimmertemperatur wesentlich in bezug auf die Gebiete der α- und γ-Mischkrystalle. Die kobaltreichen Legierungen dieses Systems haben unterhalb der Umwandlungstemperatur von Kobalt noch ein kleines Gebiet, in dem hexagonale ε-Kobaltmischkrystalle vorkommen, dessen Umfang aber nicht näher festgestellt wurde. Das mechanische Verhalten der Legierungen ist in Übereinstimmung mit dem Gefügebau. Es ergeben sich neuartige Möglichkeiten für die Herstellung von Schneidwerkzeugen und Dauermagneten.

F 3. (a₁ b₂) Co-Fe-Mo (IIa · IIIb · IVb).

Das System Co-Fe-Mo ähnelt weitgehend Co-Fe-W. Es ist komplizierter dadurch, daß gegenüber Fe-W bei den Legierungen zwischen Fe und Mo eine feste Phase der ungefähren Zusammensetzung FeMo mehr vorkommt. Aus diesem Grunde ist in dem Erstarrungsbilde auch ein Feld vorhanden, welches

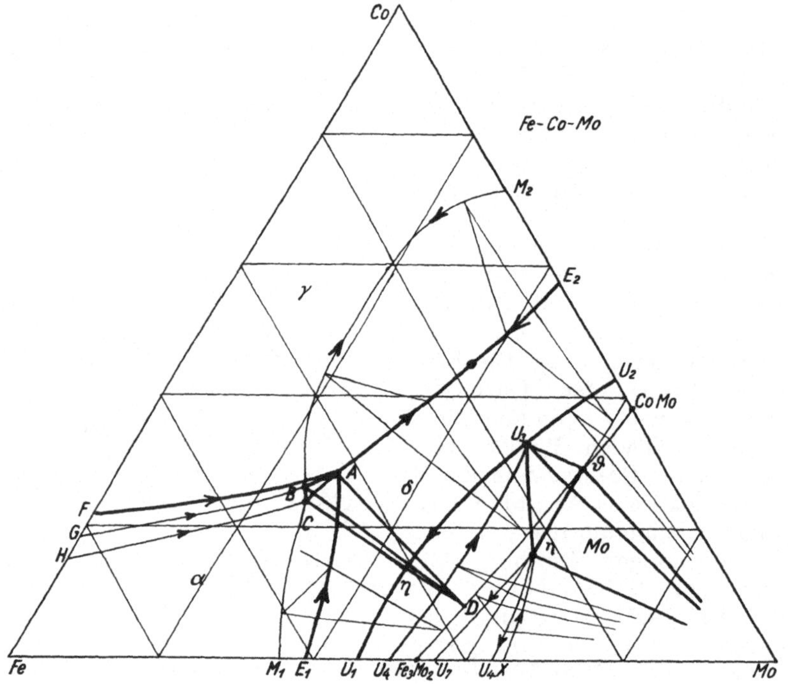

Abb. 347. F 3. Gruppe 11 (a₁ b₂): Co-Fe-Mo.
Erstarrungsgebiete für Mo, η, δ, α, γ und die monovarianten und invarianten Gleichgewichte beim Erstarren.

diesem Mischkrystall zugehört, der in ziemlich weitem Umfange das dritte Metall Co in fester Lösung aufnehmen kann. Die Abb. 347 gibt in einer vereinfachten Darstellung die Ergebnisse wieder. Ähnlich wie bei dem wolframhaltigen System erstreckt sich für die Mischkrystalle Fe₃Mo₂-CoMo ein kontinuierliches Ausscheidungsgebiet δ durch das ternäre Feld, welches nach der einen Seite hin begrenzt ist von den Gebieten für die α- und γ-Mischkrystalle. Bei 1300° bildet sich ein invariantes Gleichgewicht heraus zwischen einer Schmelze A mit den drei Mischkrystallen B, C, D derart, daß eine Umsetzungsgleichung besteht: Schmelze $A + \alpha_C \rightleftharpoons \gamma_B + \delta_D$, wobei δ die Mischkrystalle zwischen FeMo und CoMo darstellen. Die Lage der von A ausgehenden Kurven, welche sich auf zwei Bodenkörperschmelzen beziehen, ist die gleiche wie bei dem System mit Wolfram. Auch in diesem Falle gibt es eine Minimumtemperatur auf der Schmelzkurve, welche die Gebiete γ und δ voneinander trennt. Die Umwandlungserscheinungen im festen Zustande in diesem Gebiete sind gleichartig dem Wolframsystem und lassen sich in derselben Weise durch die dort gemachten Erörterungen wiedergeben. Es gibt aber in dem System Co-Fe-Mo noch ein anderes invariantes System zwischen Mo-Mischkrystallen und den δ-Mischkrystallen der beiden Verbindungen, sowie den η-Mischkrystallen nach FeMo. Das Gleichgewicht ist seiner wahrscheinlichen Lage nach durch das Viereck $U_3 \eta \delta Mo$ wiedergegeben. Es gehört zu einer Temperatur von 1485°. Auch hier handelt es sich um die Reaktion in einem Umwandlungspunkte nach der Gleichung $U_3 + Mo \rightleftharpoons \eta + \delta$. Die Mischkrystalle nach FeMo haben ferner eine untere Existenzgrenze, in der mit wachsendem Gehalt an Co die Temperatur ansteigt.

In der Abbildung sind noch einige Dreiphasengleichgewichte aus zwei Bodenkörpern und Schmelze angegeben. Es ist daraus zu erkennen, in welcher Art diese monovarianten Gleichgewichte in die invarianten übergehen. Die Mischkrystalle zwischen Fe_3Mo_2 und CoMo sind zur Vereinfachung als auf der Verbindungsgeraden liegend angenommen. In Wirklichkeit schwanken sie in ihrer Zusammensetzung um die Werte, die auf dieser Geraden liegen.

In der Abb. 348, die der gleichartigen für Co-Fe-W ähnelt, sind noch für 1400° und 20° die Zustandsbilder vermerkt. Da die Verbindung FeMo eine untere Existenzgrenze hat, sind für 20° die beiden Bilder einander sehr ähnlich.

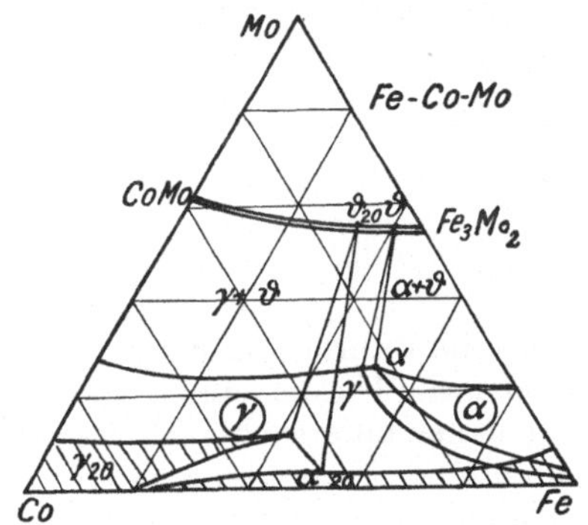

Abb. 348. F 3. Gruppe 11 ($a_1 b_2$): Co-Fe-Mo.
Gleichgewichte beim Erstarren und bei 20° nach *Köster*.

Dieses ist auch bei 1400° der Fall, wenn FeMo, wie bei Abb. 348, nicht berücksichtigt wird.

Auch die technischen Eigenschaften wurden teilweise untersucht.

F 3. ($a_1 b_2$) Ni-Fe-Mo (IIa · IIIb · IIIb).

Der Aufbau des Dreistoffsystems Fe-Ni-Mo wurde von *Köster* bis zu Molybdängehalten Fe_3Mo_2-MoNi festgelegt. Da aber bei höherem Mo-Gehalt keine andere feste Phase mehr auftritt, liegt das gesamte System fest. Es finden sich außer Mo als feste Phasen die Mischkrystalle α-Fe-Ni und γ-Fe-Ni, sowie eine lückenlose Reihe Mischkrystalle der Verbindungen Fe_3Mo_2 mit MoNi. Es bildet sich ein invariantes Gleichgewicht mit einer Schmelze S bei 1350° und drei Mischkrystallen α, γ und δ. Von dem diese darstellenden Punkt der Abb. 349 verlaufen die drei Grenzkurven der Ausscheidungsgebiete nach den binären Grenzsystemen. Die Kurve US ist eine Übergangskurve, die beiden anderen SE_1 und SE_2 sind eutektisch, wobei SE_2 eine Minimumtemperatur aufweist. Mit sinkender Temperatur verringert sich das Gebiet der α- und γ-Mischkrystalle, wie das schraffierte Gebiet der bei 20° bestehenden Mischkrystalle angibt. Untersucht wurden auch die magnetischen Umwandlungen der ferromagnetischen α- und γ-Legierungen. Auch die Ausscheidungshärte beim Vergüten konnte zur Aufstellung des Zustandsbildes herangezogen werden. Der Härtehöchstwert wechselt in eindeutiger Weise mit den Zustandsfeldern.

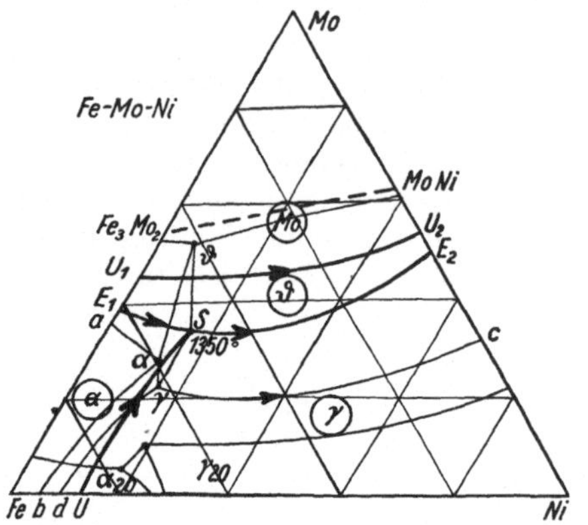

Abb. 349. F 3. Gruppe 11 ($a_1 b_2$): Ni-Fe-Mo. Ausscheidungsgebiete beim Erstarren und Umfang der α- und γ-Mischkrystalle bei 20°.

F 3. Ni-Fe-Al (IIa · Va · Va).

Die beiden Systeme von Nickel und Kobalt mit Eisen-Aluminium haben wegen der gleichen Grenzsysteme Fe-Ni und Fe-Co gewisse Ähnlichkeit mit den eben erörterten mit Molybdän und Wolfram an Stelle von Aluminium, unterscheiden sich aber sonst wesentlich von diesen. Dieses erklärt sich dadurch, daß die beiden anderen Grenzsysteme mit Aluminium dem komplizierten Typus Va zugehören. Die Legierungen sind dadurch der allgemeinen Gruppe 28 (V · 2 · 5) zuzuordnen. Das System Nickel-Eisen-Aluminium wurde von *Köster* thermisch, durch Gefügebeobachtung und magnetometrische Untersuchung bis zu Legierungen von einem Gehalt von 30 Proz. Al genauer untersucht. Es ist dadurch besonders eigentümlich, daß die hoch schmelzende Verbindung NiAl (1650°) mit δ-Fe lückenlose Mischkrystalle bildet. Während also γ-Fe mit Ni eine lückenlose Reihe Mischkrystalle bildet, tritt δ-Fe mit der Verbindung NiAl zu solchen zusammen. Die Tatsache der Bildung von Mischkrystallen zwischen einer chemischen Verbindung zweier Metalle und einem anderen reinen Metall ist einzig dastehend. Die Bildung von Mischkrystallen von verschiedenen Verbindungen wurde mehrfach beobachtet, nicht aber die einer Verbindung mit einem dritten Metall. In das räumlich zentrierte Eisengitter treten immer gleichzeitig die Atome Al und Ni ein. Infolge dieses Verhaltens gibt es nach Ausscheidung aus dem Schmelzfluß in den aluminiumarmen Legierungen nur zwei Arten fester Körper, außer den im raumzentrierten Gitter krystallisierenden δ-Mischkrystallen die im flächenzentrierten krystallisierenden γ-Mischkrystalle. Das Verhalten der Legierung ist darum in diesem Gebiete vollständig gleichartig einem System dreier Stoffe nach Art Cr-Fe-Ni. Das peritektische Gleichgewicht im binären System Fe-Ni geht stetig in das eutektische zwischen Ni und NiAl über. Die zugehörigen Kurven durchlaufen bei einer Temperatur unterhalb 1350° ein Schmelzpunktminimum, wie es die Abb. 350 angibt. Die Mischungslücke zwischen den beiden Arten Mischkrystallen, die sich gleichzeitig aus dem Schmelzfluß ausscheiden, ist nur sehr klein. Die Mischkrystalle zwischen δ-Fe und NiAl nehmen also in beträchtlicher Menge auch Nickel für sich in das Gitter auf, ebenso wie andererseits auch Al. In der Abbildung ist die Art der Erstarrung von Fe-NiAl leicht zu erkennen. Die Mischungslücke zwischen den beiden Mischkrystallen erweitert sich in den erstarrten Gemischen mit sinkender Temperatur. Die zweite Abb. 351 gibt an, in welcher Art die Konstitution bei 20° ist. Sie zeigt gleichzeitig die Grenze der magnetischen und unmagnetischen Legierungen.

Die α-Mischkrystalle sind bis zu rund 20 Proz. Al ferromagnetisch. Bei den Legierungen höheren Nickel- und höheren Aluminiumgehaltes liegt der Curie-Punkt nach dem Abschrecken von höherer Temperatur wesentlich tiefer als nach dem Erhitzen auf mittlere Temperatur.

F 3. ($a_1 b_2$) Co-Fe-Al (IIa · Va · Va).

Das System Aluminium-Eisen-Kobalt ähnelt außerordentlich dem System Aluminium-Eisen-Nickel. Es wurde von *Köster* in gleicher Weise wie dieses untersucht. Ebenfalls bilden sich Mischkrystalle zwischen Fe und NiCo, und auch in diesem Falle finden sich in den Al-armen Legierungen nach dem Ausscheiden aus dem Schmelzfluß nur zwei Arten Mischkrystalle als Gefügebestandteile. Es bildet sich eine eutektisch-peritektische Kurve heraus,

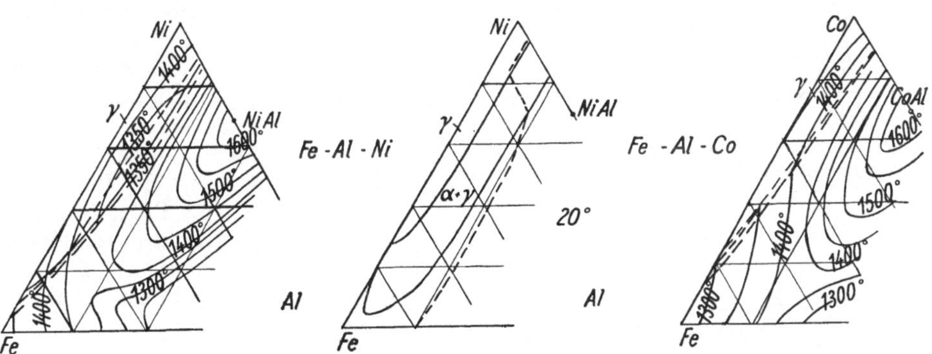

Abb. 350. F 3. Gruppe 11 ($a_1 b_2$): Ni-Fe-Al. Erstarrungsflächen. Abb. 351. F 3. Gruppe 11 ($a_1 b_2$): Ni-Fe-Al. Zustandsbild bei 20°. Abb. 352. F 3. Gruppe 11 ($a_1 b_2$): Co-Fe-Al. Erstarrungsflächen.

welche die Gleichgewichte der Schmelzen mit zwei verschiedenen Mischkrystallen umfaßt. Die Schmelzkurve hat auch in diesem Fall ein Schmelzpunktminimum. Die Grenze der magnetischen und unmagnetischen Legierungen liegt bei Zimmertemperatur bei einem Gehalt von ungefähr 26 Proz. Al. Die Abb. 352 zeigt das Bild der Erstarrungsfläche und die Grenzen der magnetischen Legierungen. Die Schmelzkurve zwischen CoAl und Fe durchläuft bei 1350° das erwähnte Temperaturminimum. Die Mischungslücke zwischen den beiden Arten von Mischkrystallen ist auch hier unmittelbar nach der Ausscheidung der Metalle gering und erweitert sich in den erstarrten Gemischen mit sinkender Temperatur.

F 3. ($a_1 b_2$) Ni-Fe-P (IIa · IVa · Va).

Da Fe-P dem System b_2 mit geschlossenem γ-Mischkrystallgebiet zugehört, sind die Legierungen Nickel-Eisen-Phosphor auch der Gruppe 11 zuzurechnen. Fe-Ni gehört, wie mehrfach erwähnt, der Gruppe a_1 an. Das System Ni-Fe-P wurde von *Vogel* und *Baur* bis zur Berücksichtigung der phosphorreichen Verbindungen Fe_2P und Ni_2P untersucht. Von *Vogel* wurde auch auf die Beziehungen zu den natürlichen Meteoriten hingewiesen. Das System ist durch lückenlose Reihen von Mischkrystallen zwischen den inkongruent schmelzenden phosphorhaltigen Verbindungen Fe₃P und Ni₃P besonders gekennzeichnet. Die eisenreichen Mischkrystalle kommen als Schreibersit oder Rhabdik in den Meteoriten vor. In dem phosphorarmen Gebiet ist das Verhalten ähnlich dem einfacheren System dieser Gruppe Ni-Fe-Cr. Es ergeben sich zwei Gebiete für γ- und α-δ-Mischkrystalle, die durch eines getrennt sind, in dem beide Phasen gemeinsam vorkommen. In der räumlichen Darstellung im Prisma hat der Körper für die γ-Mischkrystalle zwischen 900 und 1400° ein kleines Gebiet in den nickelfreien Legierungen bis zum reinen Eisen. Die

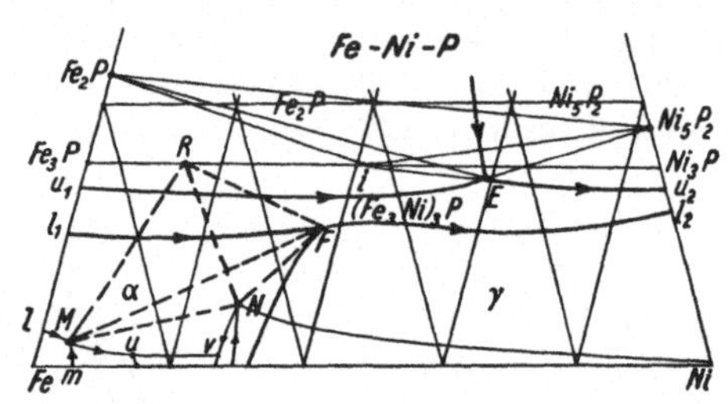

Abb. 353. F 3. Gruppe 11 (a₁ b₂): Ni-Fe-P. Ausscheidungsfelder von Fe₂P, Ni₃-P₂, (Fe, Ni)₃P, α- und γ-Mischkrystallen.

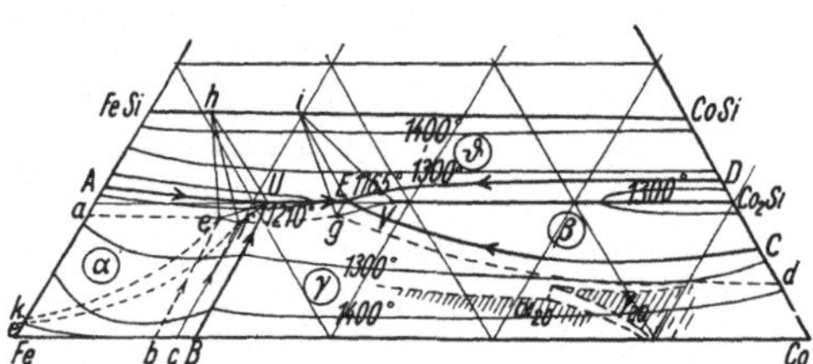

Abb. 354. F 3. Gruppe 11 (a₁ b₂): Co-Fe-Si. Erstarrungsfläche und invariante Gleichgewichte. α- und γ-Mischkrystalle bei 20°.

Abb. 353, bei der der Maßstab für P vergrößert ist, umfaßt das Erstarrungsbild für γ ein großes Gebiet der nickelreichen Legierungen. Infolge des Auftretens der beiden Phosphorverbindungen Fe₂P und Ni₅P₂ bilden sich, wie die Abbildung zeigt, zwei invariante Gleichgewichte. Das eine in F enthält die Schmelze dieser Zusammensetzung (etwa 13 Proz. P, 35 Proz. Ni, 52 Proz. Fe) im Gleichgewicht mit drei verschiedenen Mischkrystallen: M nach α-δ-Fe, N nach γ-Fe und R nach (Fe₃P-Ni₃P). Die von den α- und γ-Mischkrystallen aufgenommene Menge Phosphor ist erheblich größer als in den erstarrten Gemischen bei niedriger Temperatur. Die Schmelze des anderen invarianten Gleichgewichts liegt in E (etwa 15 Proz. P, 60 Proz. Ni, 25 Proz. Fe) mit

den Bodenkörpern Fe₂P, Ni₅P₂, evtl. Mischkrystallen hiernach, und einem bestimmten Mischkrystall Fe₃P-Ni₃P. In der Abb. 353 ist der Punkt E, entgegen der Auffassung von *Vogel* und *Baur* etwas in das phosphorärmere Gebiet verlegt. Das Gleichgewicht ist alsdann nicht eutektisch, sondern dystektisch.

Die Struktur des phosphorhaltigen Meteorit ändert sich manchmal beim Aufschmelzen. Hierdurch wird auch die von japanischen Forschern vertretene Ansicht bestätigt, daß die Meteoriten bei ihrer Bildung sich äußerst rasch aus dem Schmelzfluß abgekühlt haben.

F 3. (a₁ b₂) Co-Fe-Si (II a · V a · V a).

Das System Eisen-Kobalt-Silicium wurde von *Vogel* und *Rosenthal* bis zu einem Gehalt von 35 Proz. Si eingehend thermisch und mikroskopisch untersucht. Die Abb. 354 gibt die nach ihren Angaben konstruierte Erstarrungsfläche an. Es bilden sich vier verschiedene feste Phasen, neben den Mischkrystallen (α-δ) und γ zwischen Eisen und Kobalt, die beträchtliche Mengen Silicium aufnehmen können, gibt es noch eine Reihe Mischkrystalle, die sich lückenlos von FeSi nach CoSi erstreckt, und Mischkrystalle (Fe-Co)₂Si, die von Co₂Si sich bis etwa FeCoSi erstrecken. Im Gegensatz zu der Ansicht von *Vogel* und *Rosenthal* ist FeCoSi nicht als besondere Verbindung, sondern als ein Mischkrystall aufzufassen, der nicht weit von dem eisenreichsten Grenzmischkrystall (Fe-Co)₂Si liegt. Wie die Abbildung zeigt, gibt es zwei invariante Gleichgewichte, ein eutektisches E und ein Übergangsgleichgewicht U. Die beim Eutektikum beteiligten festen Phasen haben die Zusammensetzung g, i und V und die des anderen Gleichgewichts e, f und h. Es sind Mischkrystalle (Fe-Co)Si zwischen den kongruent schmelzenden h und i, die für diese Gleichgewichte in Frage kommen, und nicht etwa die reine Verbindung FeSi. Die α- und γ-Mischkrystalle e und f, die am Übergangsgleichgewicht bei 1210° beteiligt sind, führen zu ganz verschiedenen Feldern für α und γ, je nachdem, ob das Gleichgewicht bei 1210° oder das Gleichgewicht mit den Schmelzen auf U-B, das bis 1500° ansteigt, betrachtet wird. Im ersten Falle ergeben sich die Grenzkurven e-k und f-l, im zweiten e-b und f-c. Mit sinkender Temperatur verschiebt sich das Gleichgewicht zwischen α- und γ-Mischkrystalle, entsprechend dem Grenzsystem Fe-Co, stark in Richtung Co. Die Grenzen, die bei Raumtemperatur erreicht werden, sind durch die schraffiert gezeichneten Felder angedeutet. Auch durch Auftreten einer neuen Verbindung Fe₃Si₂ wird das System verändert, sowie durch die Umwandlung, welche Co₂Si mit sinkender Temperatur erfährt. Die von *Vogel* und *Rosenthal* angenommene Verbindung Co₃Si ist fraglich und deswegen weggelassen.

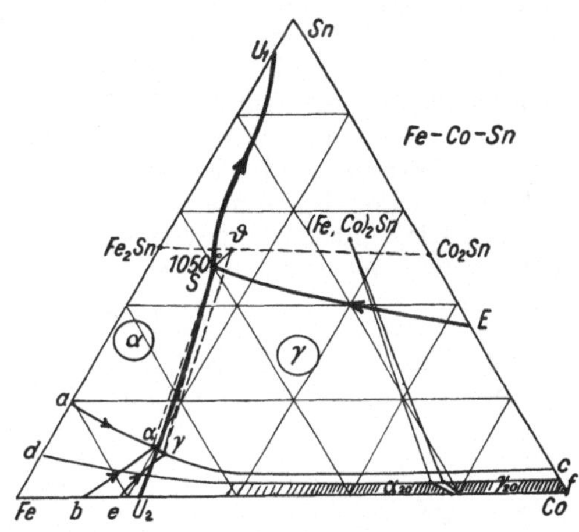

Abb. 355. F 3. Gruppe 11 (a₁ b₂): Co-Fe-Sn. Ausscheidungsgebiete von (Fe-Co)₂Sn, α- und γ-Mischkrystallen. α- und γ-Mischkrystalle bei 20°.

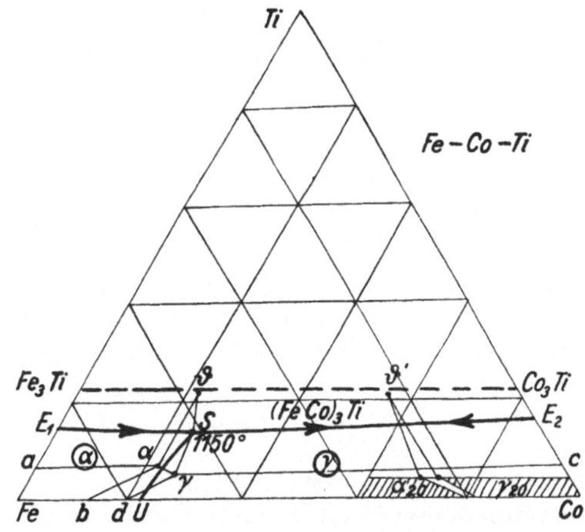

Abb. 356. F 3. Gruppe 11 (a₁ b₂): Co-Fe-Ti. Ausscheidungsgebiete von (Fe-Co)₃Ti, α- und γ-Mischkrystallen. α- und γ-Mischkrystalle bei 20°.

F 3. (a₁ b₂) Co-Fe-Sn (IIa · Vb · Va).

Das System wurde von *Köster* und *Geller* bis zu einem Gehalt von 40 Proz. Zinn mittels Gefügeuntersuchungen und Härtemessungen nach verschiedenartiger Wärmebehandlung untersucht. Es wurde festgestellt, daß die beiden Zinnverbindungen Fe_2Sn und Co_2Sn in jedem Mischungsverhältnis Mischkrystalle bilden. Die Verschiedenheiten in bezug auf das Verhalten der γ- und (α-δ)-Mischkrystalle bewirkt, wie die Abb. 355 angibt, von den Fe-Co-Legierungen ausgehend, eine Bildung zweier Ausscheidungsfelder für diese beiden Arten Mischkrystalle. Die Grenzkurve, die von U_2 ausgeht, führt zu der Schmelze S, die zu dem invarianten Gleichgewicht bei etwa 1050° gehört mit den in der Abb. 355 angegebenen Mischkrystallen α, γ und ϑ als Bodenkörper. Die sich aus dem Schmelzfluß ausscheidenden Mischkrystalle α und γ liegen in den Gebieten Fe-a-α-b und Co-c-γ-e. Diese Gebiete verschieben sich wegen des Verhaltens der Fe-Co-Legierungen mit sinkender Temperatur stark in Richtung Co. Die schraffierten Gebiete geben die Zusammensetzung bei 20° an. Die Umwandlung von Co wurde nicht untersucht. Das zinnreiche Gebiet wird eine große Anzahl Gefügebestandteile zeigen.

($a_1\,b_2$) Co-Fe-Ti (IIa · IIIa · IIIa ?).

Nach den Untersuchungen von *Köster* und *Geller* treten zwischen Fe_3Ti und der analogen Kobaltverbindung Co_3Ti Mischkrystalle in jedem Verhält-

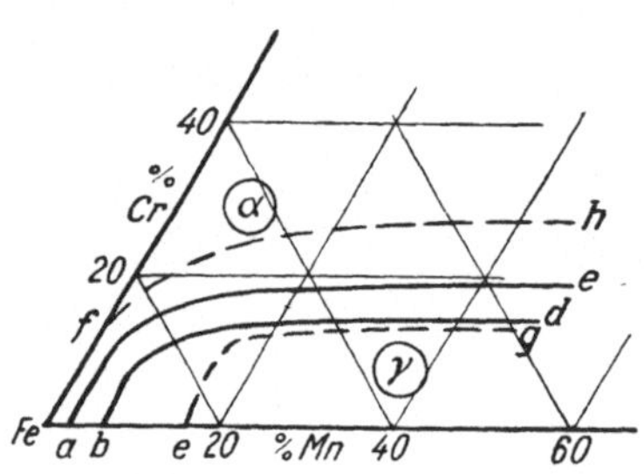

Abb. 357. F 3. Gruppe 14 ($a_3\,b_1$): Mn-Fe-Cr.
Die Gebiete für α- und γ-Mischkrystalle der eisenreichen Legierungen.

nis auf. Diese sind neben den α- und γ-Mischkrystallen des Systems Fe-Co die dritte feste Phase, die sich in dem untersuchten Gebiete ausscheidet. Es bildet sich ein invariantes Gleichgewicht mit drei Mischkrystallen und Schmelze S bei etwa 1150°. Die Kurven, die in Abb. 356 von dem Punkte S auslaufen, endigen in den beiden eutektischen Punkten E_1 und E_2 der binären Grenzsysteme Fe-Ti und Co-Ti und dem Übergangspunkte U von Fe-Co. Die Mischkrystalle $(FeCo)_3Ti$ entfernen sich ihrer Zusammensetzung nach etwas von der Verbindungsgeraden der Verbindungen. Die Mischkrystalle, die aus dem Schmelzfluß zur Ausscheidung kommen, sind für die α-Mischkrystalle dargestellt durch das Gebiet Fe-a-α-b, für γ durch Co-c-γ-d. Mit sinkender Temperatur verschieben sie sich entsprechend dem binären System Fe-Co stark nach den kobalthaltigen Gemischen. Ihre Gebiete bei 20° sind schraffiert wiedergegeben.

F 3.   Gruppen 12 ($a_2\,b_1$) und 13 ($a_2\,b_2$).

Die binären Legierungen a_2, die praktisch keine Mischkrystallbildung der verschiedenen Modifikationen aufweisen, sind von geringer Bedeutung. Dieses ist auch der Grund, weshalb keine ternären Legierungen der Gruppen 12 und 13 untersucht wurden.

F 3.   Gruppen 14 ($a_3\,b_1$).

Da das System Fe-C der Gruppe a_3 angehört und die ternären Legierungen, die Eisen-Kohlenstoff enthalten, unter F 4 und F 5 besonders zusammengefaßt sind, ist hier nur das eine System Cr-Fe-Mn anzuführen.

F 3. ($a_1 b_2$) Cr-Fe-Mn (I b · III b · ?).

Die Abb. 357 gibt an, wie beim Erstarren und bei 20° die Gebiete der (α-δ)- und der γ-Mischkrystalle in den untersuchten Legierungen abgegrenzt sind. Aus dem Schmelzfluß kommen in Gemischen von höherem Cr-Gehalt, als Kurve a-e angibt, α-, und unterhalb von b-d γ-Mischkrystalle zur Ausscheidung.

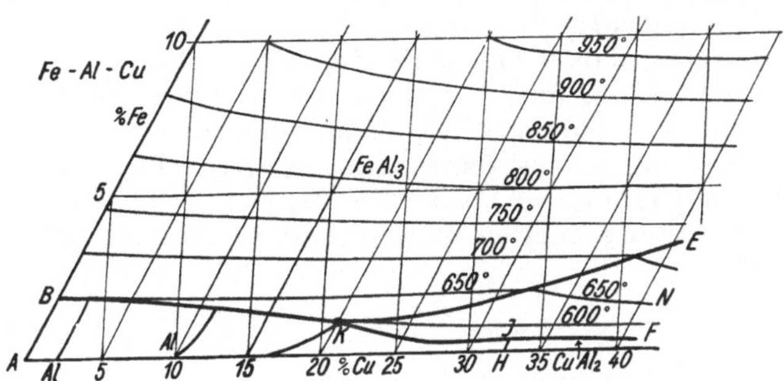

Abb. 358. F 3. Gruppe 15 ($a_3 b_2$): Cu-Fe-Al.
Die aluminiumreichen Legierungen.

Bei Zimmertemperatur verändern sich die Gebiete, wie die schraffierten Teile der Abbildung anzeigen. Die Gemische, die in der Abbildung zwischen f-h und e-g liegen, sind bei Zimmertemperatur heterogen, die übrigen Gemische dagegen homogen. Es wurden auch noch die Grenzen der Magnetisierbarkeit festgestellt. Bei höherem Gehalt an Mangan ist noch eine andere feste Phase zu erwarten, wodurch das System komplizierter wird.

F 3.   Gruppe 15 ($a_3 b_2$).

($a_3 b_2$) Cu-Fe-Al (III b · V a · V b).

Das System Cu-Fe-Al würde nach der allgemeinen Einteilung der Legierungen der Gruppe 29 (V · 3 · 5) angehören, welche komplizierte Systeme umfaßt. Die eisen- und nickelreichen Gemische wurden nicht eingehend untersucht, dagegen die aluminiumreichen. *Gwyer, Phillips* und *Man* erforschten sie bis zu einem Gehalt von 40 Proz. Cu und 10 Proz. Fe, und *Archer* und *Fink* bis zu einem höheren Gehalt an Fe. Damit ist es bekannt für das Teilsystem Al-Al₃Fe-Al₂Cu. Außer diesen drei festen Phasen tritt noch eine Legierung N auf, deren wahrscheinliche Zusammensetzung Cu₂AlFe₇ ist. Die Abb. 358 gibt das untersuchte System bis zu 40 Proz. Cu und 10 Proz. Fe wieder. Das Ausscheidungsgebiet für N legt sich nahe an die Kante Al-Cu an. Es bilden sich zwei invariante ternäre Gleichgewichte, eines bei dem die Schmelze der Zusammensetzung K mit Al, Al₃Fe und

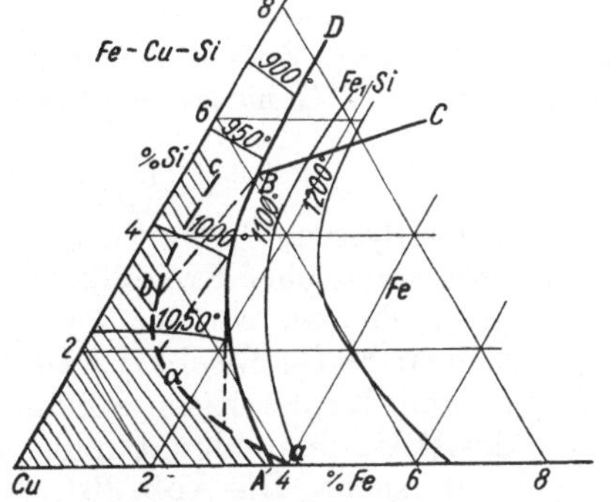

Abb. 359. F 3. Gruppe 15 ($a_3 b_2$): Cu-Fe Si.
Die kupferreichen Legierungen.

N als Bodenkörper im Gleichgewicht ist, und das Eutektikum von der Zusammensetzung J mit Al, Al_2Cu und N. Nach *Archer* und *Fink* bilden die beiden kongruent schmelzenden Verbindungen $FeAl_3$ und $CuAl_2$ ein wahres binäres System miteinander. Das Zustandsbild, das durch thermische Untersuchungen gefunden wurde, zeigt die Abb. 360 an. Da die Abkühlung zu schnell erfolgte, stellte sich kein Gleichgewicht ein. Es treten deswegen nach dem Erstarren in verschiedenen Gemischen auch d r e i feste Phasen auf, während es nur zwei sein dürften. Es wurde beobachtet, daß in einem Regulus von 25 Proz. Eisen, der die drei Bestandteile $CuAl_2$, $FeAl_3$ und N enthielt, wenn er drei Tage lang auf $550°$ erhitzt wurde, die Verbindung $CuAl_2$ nicht verschwand. Hiernach muß N eine Zusammensetzung haben, die zwischen $CuAl_2$ und $FeAl_3$ liegt, wie es auch der Formel $Cu_2FeAl_7 = 2\,CuAl_2 + FeAl_3$ entspricht. Diese Verbindung ist in der Abbildung des binären Zustandsbildes vermerkt. *Yamaguchi* und

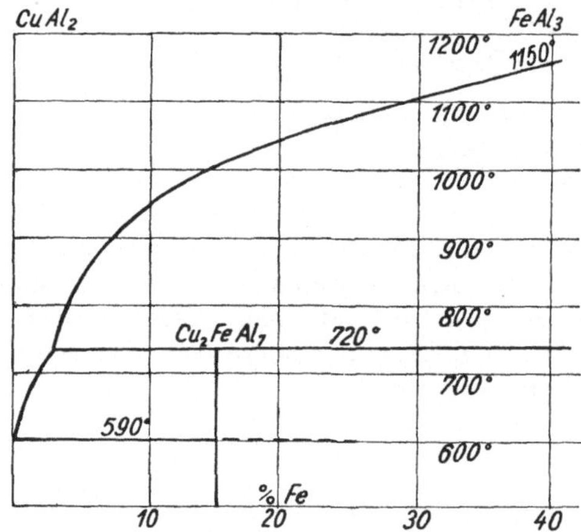

Abb. 360. F. 3. Gruppe 15 ($a_3\,b_2$) Cu - Fe - Al.
Das binäre System $CuAl_2$-$FeAl_3$.

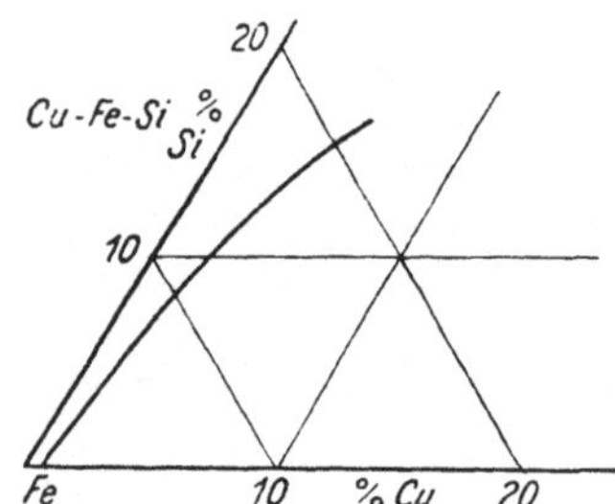

Abb. 361 b. F 3 Gruppe 15 ($a_3\,b_2$):
Cu-Fe-Si. Die Mischungslücke im
festen Zustande in den eisenreichen
Legierungen.

Nakamura bestätigten die Ergebnisse von *Gwyer* und dehnten die Untersuchung weiter aus. Sie fanden, daß das Gebiet von $N = Cu_2FeAl_7$; wenn der Gehalt von Al auf über 52,5 Proz. steigt, durch ein Gebiet von Krystallen einer unbekannten Zusammensetzung x ersetzt wird. Damit ist eine allseitige Umgrenzung des Gebietes der Verbindung $N = Cu_2FeAl_7$ festgestellt.

F 3. ($a_3\,b_2$) Cu-Fe-Si (IIIb · Va · Va).

Von dem System Cu-Fe-Si, das ebenfalls zur Gruppe 15 gehört und als solches von erheblicher Komplikation sein wird, wurde nur in den eisenreichen Legierungen die Grenze der Fe-Cu-Mischkrystalle festgestellt, die mit den kupferreichen Fe-Cu-Mischkrystallen im Gleichgewicht sind.

Das System Kupfer-Eisen-Silicium wurde von *Hanson* und *West* thermisch und mikroskopisch in den kupferreichen Legierungen bis 92 Proz. Cu eingehend untersucht. Die Abb. 361 gibt die nach den Ergebnissen der Verfasser konstruierte Erstarrungsfläche an. Es sind einige Isothermen gezeichnet und die Zusammengehörigkeit für die Temperaturen $850°$, $900°$, $950°$, $1000°$ und $1050°$

mit den zugehörigen Kupfermischkrystallen (α) vermerkt. Das Gebiet zerlegt sich in die Ausscheidungsfelder für α (Cu), Fe-Mischkrystalle (mit Si), FeSi und ein kleines Gebiet für β-Cu-Si-Mischkrystalle. Das Gebiet für α ist begrenzt von dem Kurvenzug $ABCD$, indem sich an AB das Gebiet der Fe-Mischkrystalle (mit Si), an BC das von FeSi und an CD das der β-Cu-Si-Mischkrystalle anlegt. Im Punkt B ist ein invariantes Gleichgewicht der Schmelze dieser Zusammensetzung bei 960° dargestellt mit den drei festen Phasen: Mischkrystall α (b), Verbindung FeSi (liegt in Richtung der Geraden Bg) und Mischkrystall Fe und Si (liegt in Richtung der Geraden Bf). Die Mischkristalle α, die mit den Schmelzen auf ABC im Gleichgewicht sind, liegen auf abc.

Von den Verfassern wurde auch die Veränderung in der Zusammensetzung der festen Phasen mit sinkender Temperatur festgelegt. Das Gebiet der α-Cu-Mischkrystalle verliert immer mehr an Eisen. Die kleine Abb. 361a gibt

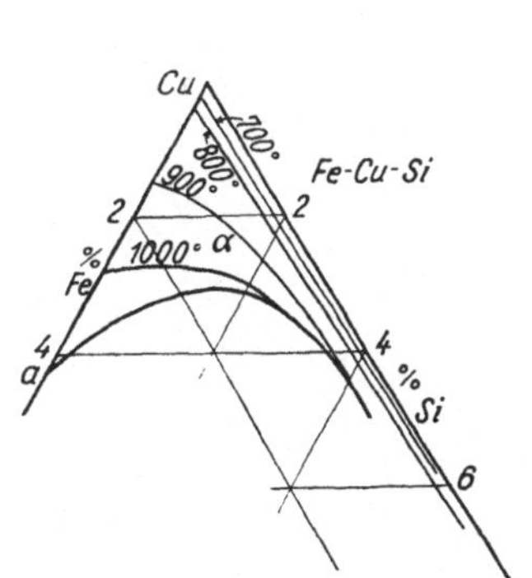

Abb. 361a. F 3. Gruppe 15 ($a_3 b_2$): Cu-Fe-Si. Die α-Cu-Mischkrystalle vom Erstarren bei 700°.

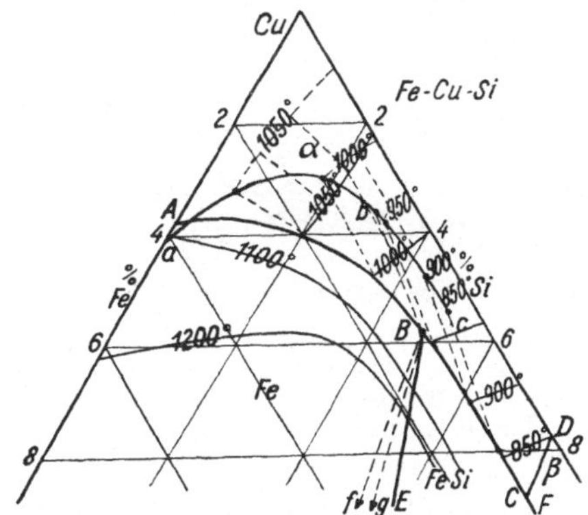

Abb. 361. F 3. Gruppe 15 ($a_3 b_2$): Cu-Fe-Si. Die kupferreichen Legierungen.

die Verschiebung bis herab zur Temperatur von 700°, wo der Eisengehalt bereits auf etwa 0,1 Proz. gesunken ist.

In dem System Cu-Fe-Si bestimmte *Roll* in den eisenreichen Legierungen den Umfang der Mischkrystallbildung Fe-Si auf Zusatz von Kupfer. Es ergab sich, daß sich die Menge des Kupfers im Eisen bei Zunahme des Silicium bis 15 Proz. auf etwa 5 Proz. vermehrt (Abb. 361b).

F 3. ($a_3 b_2$) Mn-Fe-Al (IIIb · Va · Vb).

Die Legierungen von Al-Fe-Mn wurden von *Köster* und *Tonn* bis 30 Proz. Al und 50 Proz. Fe untersucht. Die Abb. 362 gibt an, wie sich beim Schmelzen die in diesem Gebiet auftretenden α- und γ-Mischkrystalle beim Schmelzen und bei Zimmertemperatur verteilen. Die Zusammensetzung der zugehörigen Schmelzen wurde nicht festgestellt. Es hat den Anschein, als wenn in dem untersuchten Gebiet überall das dystektische Gleichgewicht herrscht. Die Grenzkurve für die Schmelzausscheidungen α und γ liegt alsdann rechts der rechten Kurve des Schmelzgleichgewichts $\alpha + \gamma +$ Schmelze. Mit sinkender

Temperatur vergrößert sich das heterogene Gebiet der beiden Mischkrystalle. Auch die magnetische Umwandlung ist in der Abbildung angegeben. Die Umwandlung α-γ erstreckt sich auch in einem gewissen kleinen Temperaturintervall bis zu den binären Fe-Al-Legierungen, was in der Abbildung angedeutet ist.

<h3 style="text-align:center">F 3. (a₃ b₂) Cu-Fe-Sb (IIIb · Vb · IVa).</h3>

Das System Cu-Fe-Sb wurde eingehend thermisch und mikroskopisch von *Vogel* und *Dannöhl* untersucht. Das in der Abb. 363 angegebene Erstarrungsbild entspricht ihren Untersuchungen, doch wurden die invarianten Punkte B und D hinzugefügt, da für die inkongruent schmelzende binäre Verbindung

<table>
<tr>
<td>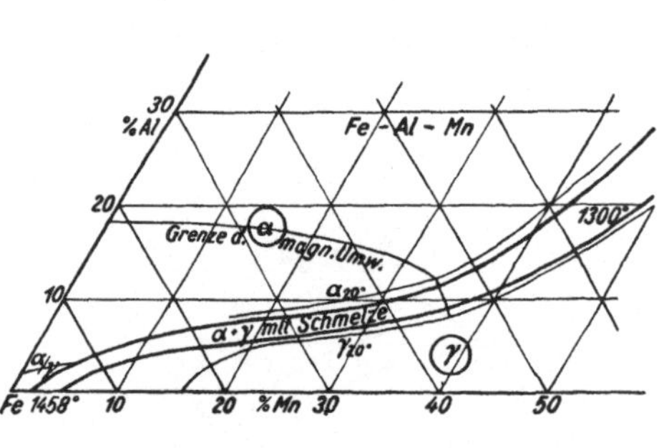</td>
<td>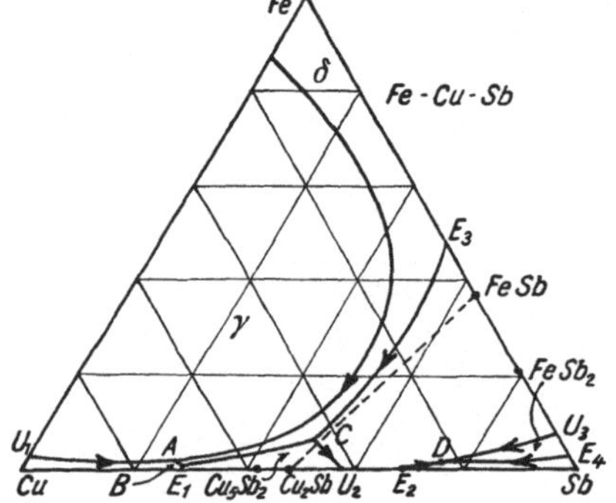</td>
</tr>
<tr>
<td>

Abb. 362.

F 3.   Gruppe 15 (a₃ b₂): Mn-Fe-Al.
Die eisenreichen Legierungen.

</td>
<td>

Abb. 363.   F 3.   Gruppe 15   (a₃ b₂):
Cu-Fe-Sb.   Die Erstarrungsgebiete.

</td>
</tr>
</table>

Cu_2Sb kein besonderes Zustandsfeld gefunden wurde, sondern ein Feld, welches sich bis zu den Cu-freien Legierungen fortsetzt. Dieses macht die Annahme wahrscheinlich, daß eine lückenlose Reihe Mischkrystalle zwischen dem kongruent schmelzenden $FeSb$ und dem inkongruent schmelzenden Cu_2Sb besteht. Nach der Abbildung zerlegt sich alsdann das System durch die Verbindungsgerade Cu_2Sb-$FeSb$ in zwei besondere Teile. Die Sb-reichen Legierungen führen zu einem ternären Eutektikum mit wenig Fe-Gehalt in der beteiligten Schmelze D. In dem anderen Teile gibt es drei invariante Gleichgewichte, denen die Schmelzen A, B und C zugehören. Die zugehörigen Phasen sind bei 909° die beiden eisenhaltigen Mischkrystalle γ und δ sowie ein Cu-Mischkrystall und die Schmelze A der Zusammensetzung 1,3 Proz. Fe, 73,5 Proz. Cu, 25,2 Proz. Sb. Die Schmelze C bei 780° enthält 6,5 Proz. Fe, 44,8 Proz. Cu, 48,7 Proz. Sb. Die im binären System vorhandene Umwandlung von Cu_5Sb_2 führt zu Umwandlungserscheinungen auch im ternären System. Die Verfasser glauben zwei Verbindungen der Formeln $FeCuSb$ und $FeCu_4Sb_2$ gefunden zu haben, die aus eisenarmer Schmelze und zwei festen Phasen entstehen sollen. Wenngleich also diese Verbindungen mit Schmelzen im Gleichgewicht sein sollen, woraus folgt, daß sie auch ein Feld im Erstarrungsbild haben müssen, wurde doch solches nicht vermerkt. Es ist wahrscheinlich, daß die Erklärung, die *Vogel* und *Dannöhl* ihren zahlreichen Versuchen geben, in einigen Fällen einfacher sind, als sie annehmen.

Literatur zu ternären Eisenlegierungen.

F 1. Die γ-Mischkrystalle haben kein geschlossenes Gebiet in den beiden eisenhaltigen binären Grenzsystemen. Legierungen ohne C und S.

1. (104) Fe-Co-Ni: *T. Kasé*, Sci. Rep. Tôhoku Univ. **16**, 1927, 491. — *H. Masumoto*, Sci. Rep. Tôhoku Univ. **18**, 1929, 228; **20**, 1931, 111. — *H. Kühlewein*, Wiss. Veröff. Siemens-Konz. **1932**, 128.

3. 102) Fe-Co-Mn: *W. Köster* u. *W. Schmidt*, Ber. Werkstoffausschusses, Düsseldorf **1933** — Arch. Eisenhüttenwes. **7**, 1933, 122.
   (142) Fe-Mn-Ni: *N. Parravano*, Int. Z. Metallogr. **4**, 1913, 175 — Gazz. chim. ital. **42 II**, 1912, 374.
   (116) Fe-Cu-Ni: *Parravano*, Gazz. chim. ital. **42 II**, 1912, 604. — *Vogel*, Z. anorg. allg. Chem. **67**, 1910, 1. — *F. Roll*, Z. anorg. allg. Chem. **212**, 1933, 64. — *M. P. Chevenard*, C. R. Acad. Sci., Paris **189**, 1929, 576. — *M. Tasaki*, World Eng. Kongl. Tokyo (1929) Proc. 36. Min. met. Teil 4, 231. — *O. Dahl* u. *J. Pfaffenberger*, Z. Metallkde. **25**, 1933, 241 — Metallwirtsch. **13**, 1934, 527 u. 543. — *A. Kussmann* u. *B. Scharnow*, Z. Physik **54**, 1929, 1. — *W. Köster* u. *W. Dannöhl*, Z. Metallkde. **27**, 1935, 220.
   (179) Fe-Co-Cu: *W. Jellinghaus*, Arch. Eisenhüttenw. **10**, 1936, 115.

5. (8) Fe-Ag-Cu: *E. Lüder*, Z. Metallkde. **16**, 1924, 61.
   (117) Fe-Cu-Pb: *W. Guertler* u. *F. Menzel*, Z. anorg. allg. Chem. **132**, 1924, 201.
   (199) Fe-Hg-Zn: *S. Russell*, *F. Cazalet* u. *M. Irvin*, J. chem. Soc. **132**, 1932, 857.

6. (115) Fe-Cu-Mn: *N. Parravano*, Int. Z. Metallkde. **4**, 1913, 187. — *F. Ostermann*, Z. Metallkde. **17**, 1925, 278 (mit Kohlenstoff).
   (122) Fe-Cu-Zn: *O. Bauer* u. *M. Hansen*, Z. Metallkde. **26**, 1934, 121.

F 2. Die γ-Mischkrystalle haben in beiden eisenhaltigen binären Grenzsystemen ein geschlossenes Gebiet. Legierungen ohne C und S.

8. (150) Fe-Si-V: *Vogel* u. *Tammann*, Z. anorg. Chem. **58**, 1908, 76.
   (112) Fe-Cr-Si: *Denecke*, Z. anorg. Chem. **54**, 1926, 180.
   (110) Fe-Cr-Mo: *F. Wever* u. *A. Heinzel*, Mitt. Kais.-Wilh.-Inst. Eisenforschg., Düsseld. **13**, 1931, 196.
   (113) Fe-Cr-W: *C. Agte*, Forsch. u. Fortschr. **9**, 1933, 42. — *E. H. Schulz*, Z. Metallkde. **16**, 1924, 337.

9. (38) Fe-Al-Si: *E. Wetzel*, Metallbörse **13**, 1923, 738. — *E. H. Dix*, Trans. Amer. Inst. min. metallurg. Engr. **69**, 1923, 957. — *A. G. C. Gwyer* u. *H. W. L. Phillips*, J. Inst. Met., Lond. **36**, 1926, 307; **38**, 1927, 44. — *A. G. C. Gwyer, H. W. L. Philipps* u. *L. Mann*, J. Inst. Met., Lond. **40**, 1928, 315. — *E. H. Dix* u. *A. C. Heath*, Amer. Inst. min. metallurg. Engr. Techn. Publ. **1927**, Nr. 30, 1. — *V. Fuss*, Z. Metallkde. **23**, 1931, 235. — *F. Wever* u. *A. Heinzel*, Mitt. Kais.-Wilh.-Inst. Eisenforschg., Düsseld. **13**, 1931, 194. — *Carpenter* u. *Smith*, J. Inst. Met., Lond. **20**, 1923, 29.
   (148) Fe-P-Si: *H. Voss*, Diss. Techn. Hochsch. Berlin 1927. — *W. Hummitzsch* u. *F. Sauerwald*, Z. anorg. allg. Chem. **194**, 1930, 123. — *F. Sauerwald, W. Teske* u. *G. Lempert*, Z. anorg. allg. Chem. **210**, 1933, 21.
   (176) Fe-Al-Cr: *C. Taillandier*, Rev. Métallurg. **29**, 1932, 315. — *E. Scheil* u. *E. H. Schulz*, Arch. Eisenhüttenw. **6**, 1932, 153.

F 3. Die γ-Mischkrystalle haben in einem der beiden eisenhaltigen binären Grenzsysteme ein geschlossenes Gebiet.

10. (98) Fe-Co-Cr: *F. Wever* u. *Haschimoto*, Mitt. Kais.-Wilh.-Inst. Eisenforschg., Düsseld. **11**, 1929, 325. — *W. Köster*, Arch. Eisenhüttenw. **6**, 1932/33, 113. — *H. Masumoto*, Sci. Rep. Tôhoku Univ. **23**, 1934, 279. Nature **131**, 1933, 587.
    (111) Fe-Cr-Ni: *E. C. Bain* u. *W. E. Griffiths*, Trans. Amer. Inst. min. metallurg. Engr. **75**, 1927, 166. — *F. Wever* u. *W. Jellinghaus*, Mitt. Kais.-Wilh.-Inst. Eisenforschg., Düsseld. **13**, 1931, 94.
    (145) Fe-Ni-V: *H. Kühlewein* u. *R. Störmer*, Z. anorg. allg. Chem. **218**, 1934, 64. — *K. Ruf*, Z. Elektrochem. **34**, 1928, 813.

11. (105) Fe-Co-W: *W. Köster* u. *W. Tonn*, Arch. Eisenhüttenw. **5**, 1931/32, 431;
     6, 1932/33, 17.
     (146) Fe-Ni-W: *K. Winkler* u. *R. Vogel*, Arch. Eisenhüttenw. **6**, 1932, 165.
     (103) Fe-Co-Mo: *W. Köster* u. *W. Tonn*, Arch. Eisenhüttenw. **5**, 1931/32, 627.
     (190) Fe-Co-Sn: *W. Köster* u. *W. Geller*, Arch. Eisenhüttenw. **8**, 1935, 559.
     (189) Fe-Co-Si: *R. Vogel* u. *K. Rosenthal*, Arch. Eisenhüttenw. **9**, 1935, 293.
     (188) Fe-Co-Ti: *W. Köster* u. *W. Geller*, Arch. Eisenhüttenw. **8**, 1935, 471.
     (40) Fe-Al-Ni: *W. Köster*, Ber. Werkstoffaussch., Düsseld. **1933**, 232.
     (31) Fe-Al-Co: *W. Köster*, Arch. Eisenhüttenw. **7**, 1933, 263 — Ber. Werkstoff-
     aussch., Düsseld. **1933**, 233.
     (143) Fe-Ni-P: *R. Vogel*, Abh. Akad. Wiss., Göttingen **1932**, 3. — *R. Vogel* u.
     H. Baur, Arch. Eisenhüttenw. **5**, 1931/32, 269.
     (180) Fe-Cr-Mn: *W. Köster*, Arch. Eisenhüttenw. **7**, 1934, 687.
     (192) Fe-Mo-Ni: *W. Köster*, Arch. Eisenhüttenw. **8**, 1934, 170.
15. (32) Fe-Al-Cu: *A. Gwyer*, *H. Philipps* u. *L. Mann*, J. Inst. Met., Lond. **40**, 1928,
     309. — *R. Archer* u. *W. Fink*, J. Inst. Met., Lond. **40**, 1928, 350. — *K. Yamagushi*
     u. *J. Nakamura*, Bull. Inst. physic. chem. Res., Tokyo **11**, 1932, 815. *F. Roll*,
     Z. anorg. allg. Chem. **216**, 1933, 133 (mit Kohlenstoff). — *D. Hanson* u. *E. G. West*,
     J. Inst. Met., Lond. **54**, 1934, 229.
     (119) Fe-Cu-Si: *F. Roll*, Z. anorg. allg. Chem. **212**, 1932, 64.
     (177) Fe-Al-Mn: *W. Köster* u. *W. Tonn*, Arch. Eisenhüttenw. **7**, 1933, 365.
     (181) Fe-Cu-Sb: *R. Vogel* u. *W. Dannöhl*, Arch. Eisenhüttenw. **8**, 1934, 39.

B. Ternäre kohlenstoffhaltige Eisenlegierungen.

Allgemeines.

Da nach der gewählten Einteilung der binären Eisenlegierungen das System
Fe-C der Gruppe mit deutlicher γ-Mischkrystallbildung a_3 zugehört, gibt es
folgende Gruppen, die zu den Eisen-Kohlenstoff-Legierungen gehören: 3. $a_1 a_3$,
5. $a_2 a_3$, 6. $a_3 a_3$, 14. $a_3 b_1$, 15. $a_3 b_2$. Die Numerierung soll, obwohl sie nicht
fortlaufend ist, beibehalten werden und die ersten drei Gruppen zu F 4 und
die beiden anderen zu F 5 zusammengefaßt werden. Durch die Numerierung
ist es leicht, die Eisen-Kohlenstoff-Verbindungen mit den analogen vorher
behandelten ohne Kohlenstoff zu vergleichen.

Die Zahl der Untersuchungen über Systeme von Eisen-Kohlenstoff ist
außerordentlich groß. Es soll deswegen im Rahmen der hier gegebenen Betrachtungen über sie hier nur das grundsätzlich Wichtige angegeben werden.
Dabei sollen aber nach Möglichkeit alle ausführlicher untersuchten ternären
Systeme, für die ein Zustandsbild aufgestellt wurde, berücksichtigt werden.
Bei den binären Eisen-Kohlenstoff-Legierungen ist die δ-Modifikation ohne
besondere Bedeutung. Sie entsteht in den sehr eisenreichen Legierungen aus
dem Schmelzfluß und verschwindet bereits bei 1400° oder darüber wieder.
Um so größere Bedeutung hat die γ-Modifikation, welche in größerem Umfange die Mischkrystalle des Austenits bildet. Das binäre System ist früher
ausführlich auseinandergesetzt worden. Für die ternären Legierungen aus
Eisen und Kohlenstoff mit einem dritten Metall ergibt sich hierdurch eine
natürliche Einteilung in die zwei Gruppen F 4 und F 5. Die eine umfaßt
solche ternäre Legierungen, bei denen das hinzugefügte Metall mit Eisen
ein geschlossenes Gebiet für die γ-Mischkrystalle bildet, so daß die δ-Misch-
krystalle hierfür von besonderer Bedeutung sind (F 5). Die andere Gruppe

umfaßt solche, bei denen das zweite Metall mit dem Eisen kein geschlossenes Gebiet für die γ-Mischkrystalle hat (F 4). Hierbei können die γ-Mischkrystalle entweder das gesamte Gebiet der binären Grenzmischkrystalle umfassen (a_1), oder praktisch überhaupt fehlen (a_2) oder doch in deutlicher Menge auftreten (a_3). Man erhält alsdann die oben erwähnten Gruppen 3, 5, 6. Bei F 5, wo die δ-Mischkrystalle das gesamte Gebiet der binären Mischkrystalle umfassen können (b_1) oder nicht (b_2), ergeben sich die erwähnten Gruppen 14 und 15.

Gruppe F 4. Allgemeines.

Die beiden angegebenen Gruppen F 4 und F 5 unterscheiden sich wesentlich voneinander. Selbstverständlich wird das Verhalten der ternären Legierungen auch noch von den besonderen Eigentümlichkeiten des zweiten eisenhaltigen binären Systems und des dritten eisenfreien Grenzsystems beeinflußt. Für die eisenreichen Legierungen aber, die in vielen Fällen die wichtigsten sind, ist im wesentlichen nur das Gebiet der binären Mischkrystalle zwischen Eisen mit Kohlenstoff und den anderen Metallen von Bedeutung. Die Verschiedenheit, die sich infolge des verschiedenen Verhaltens des Eisens zum Kohlenstoff

<table>
<tr>
<td>

Abb. 364. Fe-X-Y-Legierungen ohne Mischkrystalle im System Fe-X und ohne geschlossenes Gebiet der γ-Mischkrystalle im System Fe-Y.
Die eisenreichen Legierungen. Perspektivisch.

</td>
<td>

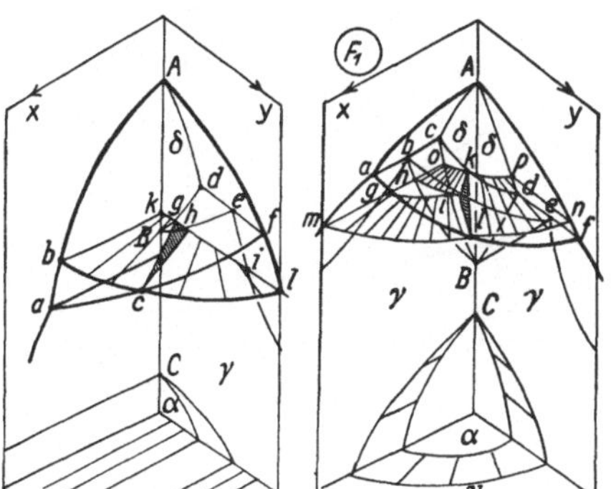

</td>
<td>

Abb. 365. Fe-X-Y-Legierungen, wenn die δ-Mischkrystalle ein geschlossenes Gebiet umfassen.
Die eisenreichen Legierungen. Perspektivisch.

</td>
</tr>
</table>

und den Metallen ergibt, wurde früher nicht genügend beachtet. Sie konnte natürlich überhaupt erst dann zum Ausdruck kommen, nachdem die δ-Form des Eisens gefunden war, während die Untersuchungen der betreffenden Legierungen oft älter sind.

Das Verhalten der Gruppe F 4 der ternären Legierungen, bei denen die γ-Mischkrystalle vorherrschen, ist einfacher als das der anderen Gruppe F 5, weil die δ-Mischkrystalle bis zu gewissem Grade praktisch ausscheiden. Das Verhalten dieser ist das gleiche, wie es früher bei den entsprechenden Eisenlegierungen ohne Kohlenstoff auseinandergesetzt wurde. Es ist in den beiden kleinen Abb. 364 und 365 noch einmal zum Ausdruck gebracht, wobei auch der Fall berücksichtigt wurde, daß in dem anderen Eisengrenzsystem überhaupt keine δ-Mischkrystalle auftreten. Der Vollständigkeit halber ist auch für diesen Fall ein isothermer Schnitt gezeichnet, der ohne weiteres verständlich ist. Schmelzen auf bc sind mit Mischkrystallen kg und Schmelzen cl mit hi im Gleichgewicht. Im folgenden kann bei F 4 das Gebiet der δ-Mischkrystalle meistens vernachlässigt werden.

Durch die eutektoide Mischung Perlit kommt jetzt etwas Besonderes hinzu, das in den Abb. 366 und 367 für die beiden wesentlichen Fälle dargestellt ist. Das Gleichgewicht umfaßt im Perlitpunkt die drei festen Phasen, welche in den Abbildungen durch H, G und J ausgedrückt sind. Es sind das also die Mischkrystalle der beiden Formen α und γ des Eisens und Zementit. Das Gleichgewicht, welches an Stelle von Zementit Graphit enthält,

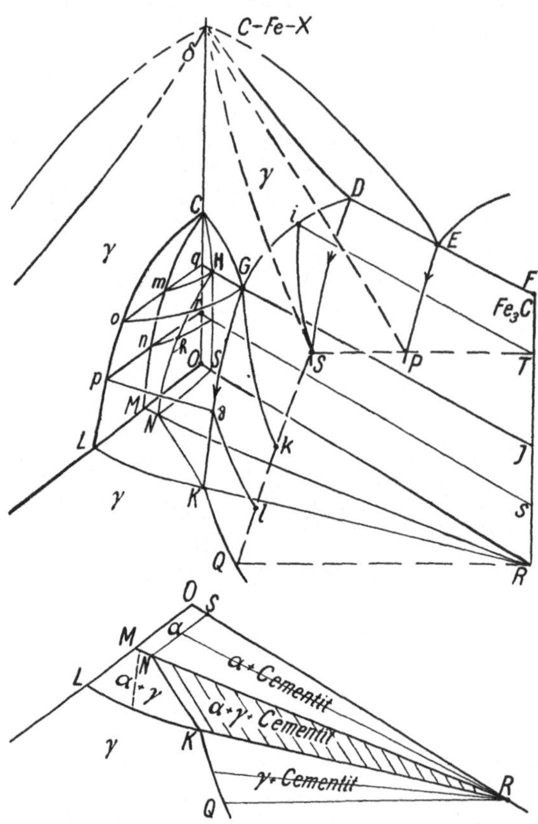

könnte ähnlich behandelt werden. Es soll später hierauf kurz eingegangen werden. Dieses Gleichgewicht der drei festen Phasen, welches im binären System invariant ist, setzt sich in dem ternären System als monovariantes Gleichgewicht fort. Die γ-Mischkrystalle werden in der Abb. 366 durch Punkte der Kurve G-g-K ausgedrückt, die zugehörigen α-Mischkrystalle der Phase liegen auf der Kurve $H h N$, und die dritte feste Phase hat die unveränderliche Zusammensetzung des Zementits, ausgedrückt durch die Senkrechte $F T J S R$. Bildet Zementit im ternären System Mischkrystalle, so läßt sich dieses leicht berücksichtigen. Durch dieses Dreiphasengebiet wird die körperliche Darstellung der Abbildung zerlegt. Es kommen weiter die Körper hinzu für die Gleichgewichte zwischen je zwei Phasen. Im zweiten binären Fe-Grenzsystem besteht ein Gleichgewicht der beiden Eisen-

Abb. 366. C-Fe-X-Legierungen, wenn im System Fe-X die γ-Mischkrystalle auch bei niederen Temperaturen auftreten.
Die eisenreichen Legierungen. Perspektivisch.

modifikationen, dargestellt durch die Kurven $C m n M$ und $C o p L$. Dadurch ergibt sich im ternären System ein kleines Gebiet, innerhalb dessen α-Mischkrystalle auftreten, die alle drei Metalle in verschiedenem Verhältnis als einheitliche feste Phase enthalten, Kohlenstoff nur in geringer Menge. Das Gebiet hat für die tiefste Temperatur der Abbildung den Umfang $O S N M$. Die Menge des zweiten Metalles kann sehr verschieden sein, groß oder gering. Auch das Gebiet, in dem homogene γ-Mischkrystalle vorkommen, ist aus der Abbildung klar zu erkennen. Bei der tiefsten vermerkten Temperatur liegen diese jenseits der Kurve $L K Q$ mit höherem Gehalt des zweiten Metalles. Mit wachsender

Temperatur vergrößert sich zunächst das Gebiet, um sich oberhalb SD wieder zu verkleinern. Es gibt also Körper für die Einphasengebiete der α-, γ- (und δ-) Mischkrystalle und für Gleichgewichte von zwei und drei festen Phasen miteinander. Die kleine Abbildung unten gibt die Gleichgewichte für die tiefste Temperatur der räumlichen Darstellung noch genauer an. Es sind die Gebiete $MNKL$ für die α- $+$ γ-Mischkrystalle, SNR für α-Mischkrystalle $+$ Zementit sowie KQR für γ-Mischkrystalle $+$ Zementit. Diese drei Gebiete begrenzen ein Dreiphasendreieck, in welchem die drei in Betracht kommenden festen Phasen in der Zusammensetzung N (α), K (γ) und R (Zementit) im Gleichgewichte miteinander sind. Diese Abbildung gibt den Ausdruck für die

Veränderung in den Gefügebestandteilen der Eisen - Kohlenstoff - Legierungen durch Zusatzmetalle der angegebenen Art bei Zimmertemperatur. Vorausgesetzt ist hierbei, was bei diesen Systemen stets betont werden muß, daß immer Gleichgewicht vorhanden ist.

Auf Zusatz des zweiten Metalles zu den kohlenstoffarmen Fe-C-Legierungen kommt es nacheinander zu Gemischen, deren Gefüge aus den verschiedenen Gebieten abgelesen werden kann. Erst bei einem gewissen Gehalt an dem zweiten Metall bildet sich Austenit, der homogene Mischkrystall γ. Bei geringem Gehalt tritt das Gemisch α + Zementit, das dem Perlit entspricht, auf, wobei α nicht nur Eisen

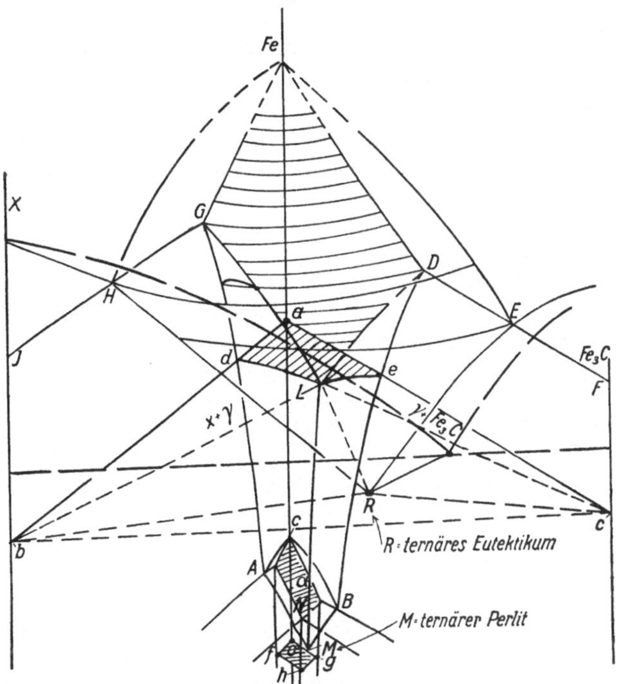

Abb. 367. C-Fe-X-Legierungen, wenn im System Fe-X ein Eutektikum auftritt. Die eisenreichen Legierungen. Perspektivisch.

und sehr wenig Kohlenstoff, sondern auch noch das andere Metall enthält. Zwischen Perlit und Austenit erfolgt die Bildung von Martensit, die durch diese Zusätze offenbar begünstigt wird. In der unteren Abbildung müßten einige Gebiete durch ein metastabiles von Martensit überdeckt werden; soweit sie von Bedeutung sind, sind sie bei den speziellen Legierungen erwähnt. Wenn die Mischkrystalle γ sich in dem anderen eisenhaltigen binären Grenzsystem kontinuierlich fortsetzen, wie bei Fe-Co oder Fe-Ni, ändert sich das Zustandsbild bis zu dem zweiten Metall wenig. Bilden aber die γ-Mischkrystalle ein binäres Eutektikum, so können sich auch in dem kohlenstofffreien System perlitartige Gemische zwischen γ-Mischkrystallen und dem zweiten Metall oder einer binären Verbindung desselben entstehen. Dieses gibt alsdann Veranlassung zu einem ternären perlitischen Gemisch, das dadurch gekennzeichnet ist, daß ein homogener Mischkrystall bestimmter Zusammensetzung bei einer invarianten Temperatur bei Wärmeentziehung in drei feste Phasen zerfällt: Zementit, einem α-Mischkrystall und eine feste Phase, die das zweite Metall, ein Mischkrystall oder Verbindung sein kann. In der Abb. 367 ist dieses schematisch wiedergegeben. Bei den speziellen Darstellungen finden sich hierfür die Beispiele in der Gruppe 6 ($a_3\,a_3$).

Das Verhalten ternärer Legierungen von Eisen-Kohlenstoff bei Zusatz eines Metalles, das mit Eisen keine Mischkrystalle (a_2) bildet, ist von geringerem allgemeinen Interesse, es wird bei der Auseinandersetzung der in Betracht kommenden Systeme Gruppe 5 erwähnt werden.

Den bisherigen Darstellungen sind in bezug auf das System der Eisen-Kohlenstoff-Legierungen die Gleichgewichte mit Zementit zugrunde gelegt, die bei der Gruppe F 4 vorherrschend sind. Wie bei Erörterung des binären Systems Fe-C erwähnt wurde, ist die Bildung von Graphit möglicherweise stets sekundär und wäre als primäre Ausscheidung demnach überhaupt nicht zu berücksichtigen. Es ändert sich aber die allgemeine Auseinandersetzung nur wenig, wenn Kohlenstoff statt Zementit als Bodenkörper angenommen wird. Bei der anderen Gruppe F 5, die weiter unten allgemein behandelt wird, scheint die Bildung von Graphit bevorzugt zu sein. Es scheint demnach, als ob in der ersten Gruppe F 4 der Eisen-Kohlenstoff-Legierungen die Metastabilität des Zementitsystems verringert und die der zweiten Gruppe vergrößert würde. Man kann dieses bei Benutzung des Doppeldiagramms für Fe-C auch durch eine Darstellung wiedergeben, bei der die Schmelztemperaturen der beiden binären Eutektika im System Fe-C mit Zementit und mit Graphit durch Zusatz eines dritten Metalles zu eutektischen Kurven führen, die sich entweder voneinander entfernen oder sich nähern, und sogar durchschneiden. Dieses würde eine Erklärung dafür geben können, daß das für gewöhnlich metastabile Zementitsystem auf Zusatz eines zweiten Metalles zum Eisen-Kohlenstoff stabil würde.

Für jede der drei mit 3, 5 und 6 bezeichneten Gruppen von F 4 sind bis jetzt zwei ternäre Systeme genauer untersucht worden. Die Besonderheit, wie die Bildung zweier Flüssigkeiten bei Legierungen mit Schwefel und Kupfer, sind bei den betreffenden speziellen Systemen erörtert.

F 4. Gruppe 3 ($a_3\,a_1$) Beispiele.

($a_3\,a_1$) C-Fe-Ni (IVb · IIb · IIIa).

Wie Eisen mit Nickel in den γ-Mischkrystallen eine lückenlose Reihe bilden, tun es nach *Kasé* auch ihre Carbide Fe_3C und Ni_3C. Die Abb. 368 gibt die Isothermen der Ausscheidung der γ-Mischkrystalle wieder, wobei die Besonderheit, die durch die δ-Form des Fe bei höheren Temperaturen bei hohem Eisengehalt veranlaßt ist, weggelassen ist. Sie ist nur von geringer Bedeutung und wurde bereits eingehend erörtert. Es ergibt sich im System $Fe-Ni-Ni_3C-Fe_3C$, ein Gebiet zweier Arten Mischkrystalle, die durch eine eutektische Kurve voneinander getrennt sind. Die Temperatur auf dieser fällt kontinuierlich von den nickelhaltigen Legierungen zu den eisenhaltigen. Die beiden Bodenkörper, die zu einer Schmelze gehören, welche durch einen

Punkt auf der eutektischen Kurve dargestellt ist, sind ein Eisen-Nickel-Mischkrystall bestimmter Zusammensetzung mit gewissem Kohlenstoffgehalt und ein bestimmter Mischkrystall $(Fe\text{-}Ni)_3C$. Die Abb. 369 gibt das Verhalten der Legierungen nach dem Erstarren. Der Perlitpunkt wird durch Nickel-

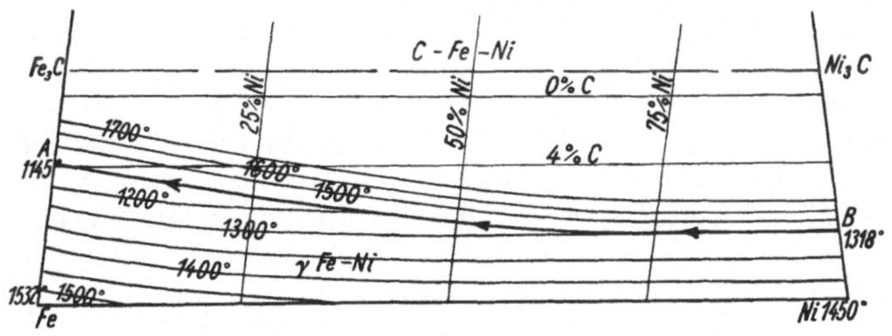

Abb. 368. F 4. Gruppe 3 ($a_3 a_1$): C-Fe-Ni.
Erstarrungsflächen: $(Fe_1Ni)_3C$ und $\gamma\text{-}(Fe_1Ni)$.

zusatz stark erniedrigt. Dieses führt zur Bildung eines Zustandsfeldes $N\text{-}P\text{-}R\text{-}Ni$, innerhalb dessen Austenit auch bei Zimmertemperatur stabil ist. Der Zusatz von Nickel führt also unmittelbar, wenn er entsprechend hoch ist, zur Bildung von sog. selbsthärtenden Stahl, den der Austenit darstellt. In der Fe-Ecke enthält die Abbildung ein kleines Gebiet für Mischkrystalle nach α-Fe. Die Legierungen zeigen demnach, wenn noch Martensit berücksichtigt wird, mit wachsendem Gehalt von Nickel nacheinander die Strukturen von Perlit, Martensit und Austenit. Zwischen die beiden letzten schiebt sich je nach der Behandlung ein Gebiet von Legierungen verschiedener Art. Die magnetischen Eigenschaften sind in der Abbildung nicht besonders berücksichtigt. Die Legierungen bis auf 1000° erwärmt sind beim einfachen Abkühlen unmagnetisch, beim Abschrecken in flüssiger Luft magnetisch.

Die Abb. 370 enthält noch die Ergebnisse interessanter Untersuchungen von *Schichtel* und *Pievowarsky* über die Sättigung an Kohlenstoff bei Temperaturen zwischen 1000 und 1800°. Mit Steigerung des Nickelgehalts bis auf 31,5 Proz. Ni verringert sich die Kohlenstoffaufnahme um mehr als 1 Proz. Die Abbildung gibt einen Teil der Fläche $E\text{-}F\text{-}V\text{-}W$ der vorhergehenden Abbildung, die sich auf die Sättigung an den Doppelcarbiden bezieht.

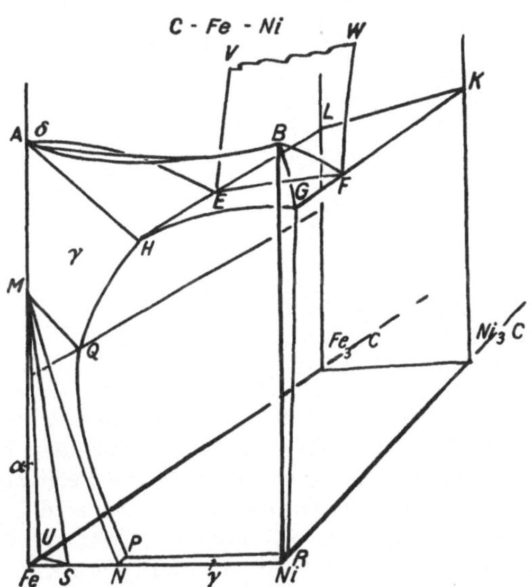

Abb. 369. F 4. Gruppe 3 ($a_3 a_1$): C-Fe-Ni.
Perspektivversuch. Darstellung der Erstarrungs-
und Umwandlungsflächen (ohne δ).

F 4. (a₃ a₁) C-Fe-Co (IVb · IIb · IIIb).

Das System Eisen-Kohlenstoff-Kobalt unterscheidet sich nach *Vogel* und *Gundermann* von dem nickelhaltigen System C-Fe-Ni, mit dem es viele Ähnlichkeit hat, hauptsächlich dadurch, daß keine Mischkrystalle kohlenstoffhaltiger Verbindungen der beiden Metalle auftreten. Ein weiterer Unterschied ist der, daß Zementit nur in einem Teile des Systems, die Ausscheidung von Graphit dagegen in einem viel größeren Gebiete beobachtet wird. In der Abb. 371 verläuft zwischen den beiden binären Systemen Co-C und Fe-C eine eutektische Kurve $c\,C'$, welche sich auf die Gleichgewichte der auf ihr liegenden Schmelzen mit Graphit und Mischkrystallen auf h_1E bezieht. Das Gebiet, in dem Zementit als Gefügebestandteil beobachtet wird, umfaßt einen Teil des

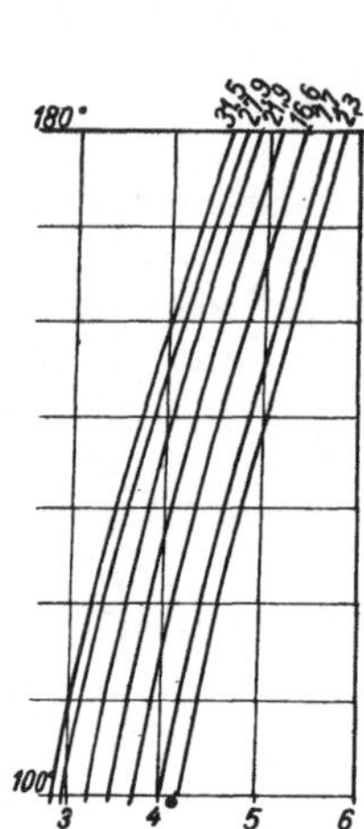

Abb. 370.
F 4. Gruppe 3 (a₃ a₁): C-Fe-Ni.
Kohlenstoffgehalt von 1000° bis 1800° für verschiedenen Gehalt an Nickel.

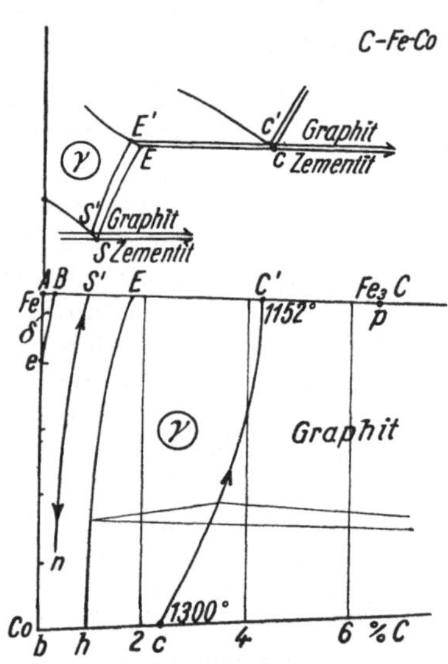

Abb. 371. F 4. Gruppe 3 (a₃ a₁): C-Fe-Co.
Die Ausscheidungsfelder von Graphit. γ-und δ-Mischkrystalle. Die γ-Mischkrystalle bis zum Perlit.

Gebietes für Graphit, das von Punkt C' ausgeht. Das Gebiet der γ-Mischkrystalle dehnt sich erheblich weiter aus als in dem in dieser Hinsicht gleichartigen nickelhaltigen System. Die Perlitkurve $S'n$ läuft durch ein Temperaturmaximum. Bei Zimmertemperatur ist das Gebiet der γ-Mischkrystalle (Austenit) auf Legierungen mit höherem Gehalt als 75 Proz. Co beschränkt. Es ist weiter noch bei den sehr kobaltreichen Legierungen eingeschränkt durch das Gebiet der hexagonalen Kobaltmischkrystalle. In der Abbildung ist auch das Gebiet für die δ-Mischkrystalle vermerkt. Die Erstarrung in diesem Teile erfolgt über ein Gleichgewicht zwischen Schmelzen mit δ- und γ-Mischkrystallen. Magnetische Eigenschaften wurden bis 70 Proz. Co beobachtet.

Der Zerfall der γ-Mischkrystalle erfolgt so, daß graphitischer oder zementitischer Perlit auftritt. Die Kurve $S'n$ gibt die Umwandlung der γ-Mischkrystalle im ternären Gebiet wieder. Das Gefüge der eisenreichen Legierungen ist martensitisch in den kobaltärmeren Legierungen, sonst perlitisch. In

Legierungen bis 80 Proz. Co führt die Umwandlung der γ-Phase zu Perlit, der Zementit oder Graphit enthält. Zwischen 80 und 94 Proz. Co findet kein Zerfall der γ-Mischkrystalle statt, entsprechend dem Verhalten der kohlenstofffreien Legierungen von Fe und Co.

F 4.   Gruppe 5 ($a_3\,a_2$).

($a_3\,a_2$)   C-Fe-B   (IV b · ? · ?).

Die Legierungen der Gruppe 5 unterscheiden sich von denen der vorhergehenden Gruppe 3 wesentlich. Während dort γ-Mischkrystalle in jedem Mischungsverhältnis der beiden Metalle auftreten, bilden sich jetzt praktisch

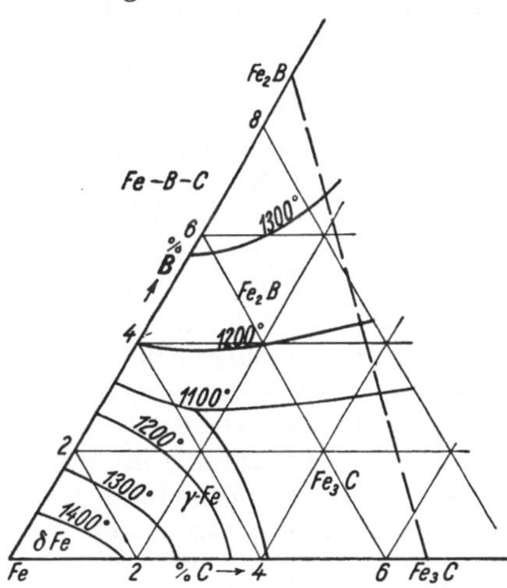

Abb. 372.
F 4. Gruppe 5 ($a_3\,a_2$): C-Fe-B.
Erstarrungsfläche für Fe-Fe₃C und Fe₂B.

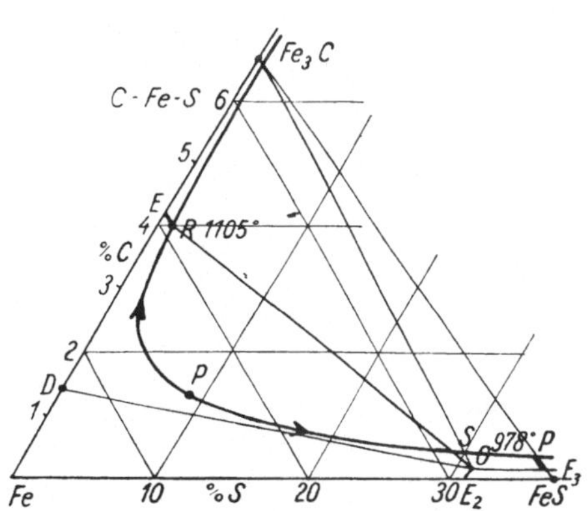

Abb. 373.   F 4. Gruppe 5 ($a_3\,a_2$): C-Fe-S.
Die Ausscheidungs- und Entmischungsgebiete Fe-Fe₃C-FeS.

überhaupt keine. Von den beiden Legierungen dieser Gruppe, die bis jetzt untersucht wurden, ist das System B-C-Fe verhältnismäßig einfach. Es wurde ein Gebiet mit verhältnismäßig geringem Gehalt von Bor und Kohlenstoff untersucht. Das Verhalten der ternären Legierungen entspricht vollständig dem früher allgemein erörterten. Es bildet sich zwischen Fe und B die Verbindung Fe₂B, die mit Fe₃C eine eutektische Mischung eingeht. Mit den beiden Eutektika der binären eisenhaltigen Systeme führt dieses zur Bildung eines ternären Eutektikums bei 1100°, wie es die Abb. 372 angibt. Von diesem erstrecken sich die drei eutektischen Kurven, von denen die eine zu dem binären Eutektikum von Fe₃C mit Fe₂B bei 1155° führt. Ob zwischen diesen Verbindungen Mischkrystalle in gewissem Umfang auftreten, ist noch zu untersuchen. In den erstarrten Gemischen wird die Umbildung im Perlitpunkt durch Zusatz von Bor auf 680° erniedrigt.

F 4.   ($a_3\,a_2$)   C-Fe-S   (IV b · III x · ?).

Das Verhalten der schwefelhaltigen Eisen-Kohlenstoff-Legierungen wurde von *Hanemann* und *Schildkötter* thermisch und mikroskopisch untersucht. Das Zustandsbild, wie es die Abb. 373 angibt, enthält eine große Mischungslücke in flüssigem Zustande. Wenn man Fe_3C und FeS als Komponenten betrachtet, zeigt es das typische Verhalten ternärer Stoffe mit Mischungslücke in einem binären Grenzsystem. Das Besondere liegt für diesen Typus, der bei Gruppe 4a eingehend betrachtet wurde, darin, daß sich ein invariantes Gleichgewicht mit zwei Flüssigkeiten und zwei Bodenkörpern ausbildet. Die beiden Körper sind in diesem Fall, wie die Abb. 373 zeigt, außer Zementit ein γ-Fe-Mischkrystall der Zusammensetzung D, und die beteiligten Schmelzen werden durch R und S dargestellt. Die invariante Temperatur beträgt 1105°, bei dieser setzt sich beim Erstarren die eine Schmelze R in die andere S um

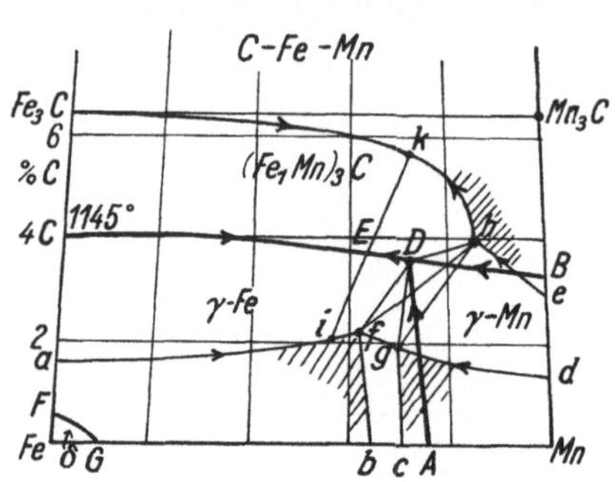

Abb. 374.

F 4. Gruppe 5 ($a_3\,a_3$): C-Fe-Mn. Mischkrystalle $(Fe_1Mn)_3C$, γ-Fe, γ-Mn, δ-Fe. Ausscheidungsfelder, Schmelzgleichgewichte.

unter Bildung der beiden festen Phasen des Gleichgewichtes, Mischkrystall D und Zementit. Das System hat außerdem noch ein anderes invariantes Gleichgewicht, das ein ternäres Eutektikum darstellt. Eine Schmelze der Zusammensetzung O (87 Proz. FeS, 2,5 Proz. Fe_3C, 10 Proz. Fe) ist hier im Gleichgewicht mit den drei Bodenkörpern γ-Fe-Mischkrystallen, FeS und Fe_3C. Das Gebiet, in dem FeS zur Ausscheidung kommt, ist nur klein, es umschließt den Punkt FeS und hat die Grenzen E_2OE_3. Die Entmischungskurve, welche das Gleichgewicht zweier Flüssigkeiten in Gegenwart von γ-Fe-Mischkrystallen anzeigt, ist durch R-P-S angegeben. Die Temperatur steigt von R und S bis zu einem kritischen Punkte P an. Das Verhalten der Legierungen von Fe-C-S ist auch die Erklärung dafür, daß anfänglich in dem binären System Fe-S eine Mischungslücke in flüssigem Zustande angenommen wurde. Der geringe Gehalt des Eisens an Kohlenstoff bei den Eisenschwefelgemischen genügte zur Bildung zweier Flüssigkeiten, indem in Wirklichkeit ein ternäres System und nicht das binäre Fe-FeS vorlag. Die δ-Fe-Mischkrystalle sind in dem System auf Mischungen nahe dem Punkte Fe beschränkt, ein Gehalt an S kommt in ihnen nicht in Betracht. Das System Fe-C-S wurde von *Vogel* und *Ritzau*, etwas später als von *Hanemann* und *Schildkötter* untersucht, deren Ergebnisse wurden bestätigt und einiges Neues hinzugefügt. So wurde die Zusammensetzung der eutektischen Mischung und der beiden Flüssigkeiten, die im invarianten Gleichgewicht mit Fe_3C und γ-Fe im Gleichgewicht sind, genauer bestimmt. Die Zusammensetzung der durch die Punkte O, R, S angegebenen Punkte war folgende:

	Temperatur	Proz. C	Proz. S	Bodenkörper
O	975°	0,15	31,0	Fe_3C, FeS, γ-Fe
R	1105°	4,00	0,8	} Fe_3C, γ-Fe.
S	1105°	0,25	29,5	

F 4. Gruppe 6 (a₃ a₃).

(a₃ a₃) C-Fe-Cu (IVb · IIIb · ?).

Die Legierungen C-Fe-Cu, die auch dieser Gruppe zugehören, unterscheiden sich wenig von den eben erörterten. Auch hier findet sich eine Mischungslücke wie im System mit Schwefel, doch besteht ein wesentlicher Unterschied darin, daß sich zwischen Fe-Cu keine Verbindung wie bei Fe-S bildet. Das System C-Cu-Fe wurde besonders eingehend von den japanischen Forschern *Ishiwara*, *Yonekura* und *Ishigaki* untersucht. Die Bildung zweier Flüssigkeiten im Schmelzfluß zwischen Zementit und Kupfer setzt sich fort bis zu der Mischungslücke, die im kohlenstofffreien System Fe-Cu beobachtet wird, dort aber nicht, wie die japanischen Forscher noch annehmen, bei Anwesenheit

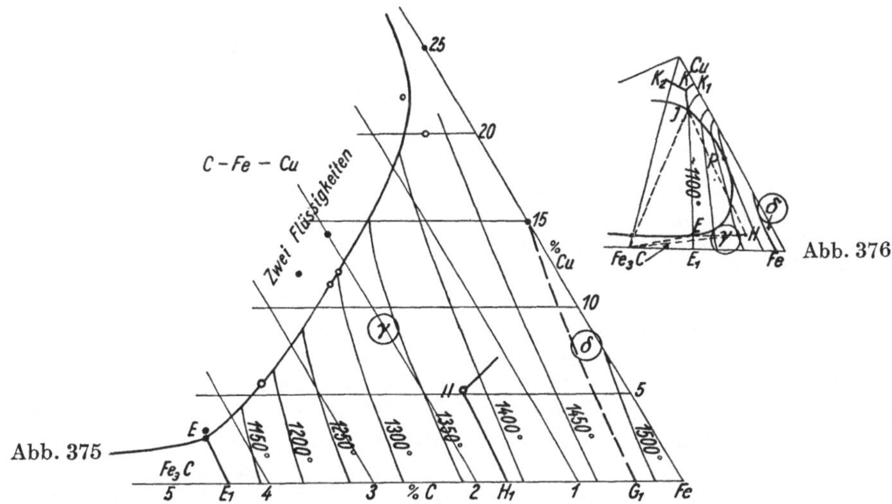

Abb. 375 · Abb. 376

Abb. 375. F 4. Gruppe 6 (a₃ a₃): C-Fe-Cu. Isothermen im eisenreichen Teil bis zum Entmischungsgebiet.

Abb. 376. F 4. Gruppe 6 (a₃ a₃): C-Fe-Cu. Entmischungsgebiet, schematisch.

einer festen Phase, sondern oberhalb des Ausscheidungsgebietes, indem sie sich mit steigender Temperatur vergrößert. Die Darstellung der japanischen Forscher ist wegen dieser Auffassung ein wenig geändert. Die Abb. 375 gibt einen Teil der beobachteten Mischungslücke und der Ausscheidungsgebiete wieder. Die geringe Änderung, die gegenüber den Angaben der japanischen Forscher gemacht wurde, ist nicht mit ihren Versuchsergebnissen im Widerspruch. Die Mischungslücke erstreckt sich zwar sehr weit nach der Grenze Fe-Cu hin, erreicht diese aber, solange noch ein Bodenkörper vorliegt, nicht. Dieses geschieht erst in dem Gebiet oberhalb der Sättigungskurve des binären Grenzsystemes Fe-Cu. Das Gebiet der Mischungslücke im ternären System legt sich teilweise über die Ausscheidungsfläche von Zementit und teilweise über die der γ-Fe-Mischkrystalle. Die bei hoher Temperatur auftretenden δ-Mischkrystalle, die nur in den eisenreichen Legierungen und nur bei einem geringen Gehalt von Kohlenstoff, aber größerem Gehalt an Kupfer auftreten,

sind in der Abb. 375 dieses Mal mitvermerkt. Sie verschwinden unterhalb
des Umwandlungspunktes von δ-Fe, wenn stets stabiles Gleichgewicht herrscht.
Die schematische kleine Abb. 376 zeigt, daß sich ebenso wie bei C-Fe-S infolge
Bildung zweier Flüssigkeiten ein invariantes Gleichgewicht herausbilden kann
mit den beiden Bodenkörpern Zementit und γ-Fe (H). Die eutektische Linie,
welche die Ausscheidungsgebiete von Zementit und γ-Fe trennt, verläuft

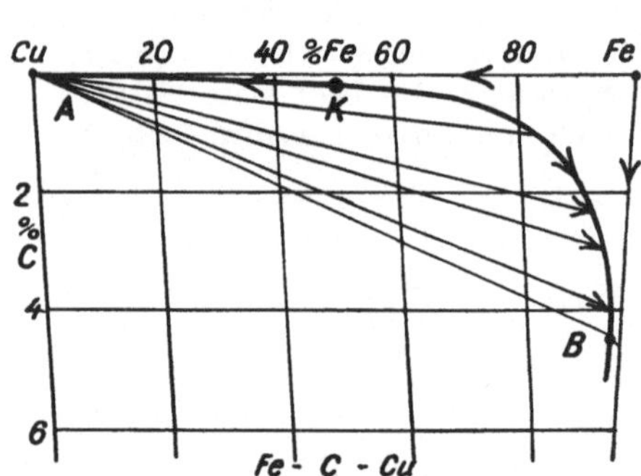

Abb. 377. F 4. Gruppe 6 ($a_3\,a_3$): C-Fe-Cu.
Entmischungsgebiet vom kritischen Punkt
bei 1430 ° bis 1094 °.

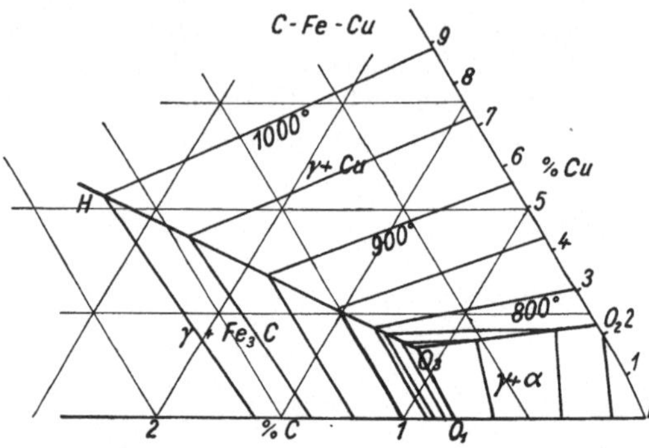

Abb. 378. F 4. Gruppe 6 ($a_3\,a_3$): C-Fe-Cu.
Die γ-Fe-Mischkrystalle bis zum ternären Perlitpunkt.
Dreiecksdarstellung.

von E_1 nach E, springt dann über nach J und endigt im ternären Eutektikum K. Es ergibt sich ein zweites invariantes Gleichgewicht zwischen
Schmelze K mit drei Bodenkörper, Fe_3C, einem γ-Fe-Mischungskrystall und
einem Mischkrystall nach Cu mit geringem Gehalt Fe. In der Abb. 375 sind
noch die Isothermen der beginnenden Ausscheidung gezeichnet, wie sie von
den japanischen Forschern bestimmt wurden. Der Mischkrystall, welcher
als Bodenkörper außer Fe_3C im invarianten Gleichgewicht mit den beiden
Flüssigkeiten ist, liegt in H bei etwa 1,7 Proz. C und 5,5 Proz. Cu.

Abb. 379. F 4.
Gruppe 6 ($a_3\,a_3$):
C-Fe-Cu..
Die γ-Fe-Misch-
krystalle in bezug
auf Temperatur
und Cu-Gehalt.

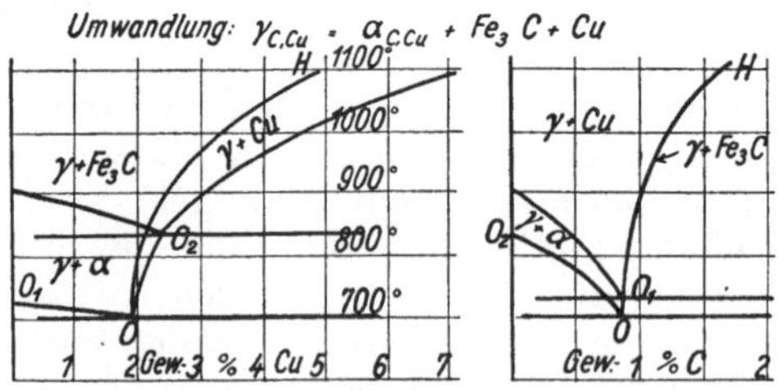

Abb. 380. F 4.
Gruppe 6 ($a_3\,a_3$):
C-Fe-Cu.
Die γ-Fe-Misch-
krystalle in bezug
auf Temperatur
und C-Gehalt.

Außer den Schmelzerscheinungen wurden auch die Umwandlungen des
Austenitmischkrystalls eingehend studiert. Die Abb. 378 bis 380 geben hierüber
Auskunft. Der binäre Perlitpunkt O_1 und der gleichartige Punkt O_2 im System
Fe-Cu gibt Veranlassung zu zwei eutektoiden Kurven, die sich im Punkte O_3
treffen. Von diesem geht nach höheren Temperaturen die dritte eutektoide
Kurve nach H. Es bilden sich hierdurch genau, wie bei der allgemeinen Be-

trachtung auseinandergesetzt wurde, drei Felder heraus, die sich auf die Gleichgewichte der γ-Phase mit den drei festen Stoffen Zementit, Kupfer und α-Fe beziehen. Denn Gemisch O_3 entspricht bei der Temperatur des invarianten Gleichgewichtes einer Umsetzungsgleichung $\gamma = \alpha + Fe_3C + Cu$, die sich bei 700° vollzieht. Die Grenzen der drei Gleichgewichtsfelder wurden in bezug auf Zusammensetzung und Temperatur genau festgelegt. Die Gleichgewichte, welche in der Abb. 378 in der Aufsicht der räumlichen Darstellung wiedergegeben sind, sind in den Abb. 379 und 380 noch einmal in Seitenansicht in bezug auf Temperatur und Gehalt an C und Cu dargestellt.

Ganz kürzlich wurde von *Maddocks* und *Claußen* eine genaue Bestimmung der Mischungslücke gemacht. Die Ergebnisse sind in Abb. 377 wiedergegeben. Die kritische Flüssigkeit in K enthält nur 0,02 Proz. Fe bei 1430°. Bei so geringem Gehalt entmischt sich also Fe-Cu bereits. Das in variante Gleichgewicht Flüssig$_1$ + Flüssig$_2$ + Fe$_3$C + γ liegt bei 1094°. Die eine Flüssigkeit ist fast reines Cu (0,01 Proz. C, 3 Proz. Fe), die andere ist fast frei von Cu $(2-2^1/_2$ Proz. Cu, 4,2 Proz. C).

F 4. (a$_3$ a$_3$) C-Fe-Mn (IVb · IIIb · IIIb).

Auch das System Kohlenstoff-Eisen-Mangan gehört zur Gruppe 6. Der Umfang der γ-Mischkrystalle ist in diesem Fall erheblich. Das System wurde neuerdings von den amerikanischen Forschern *Walters* und *Wells* genauer untersucht. Es wurde von *Vogel* und *Döring* auf Grund von thermischen und mikroskopischen Untersuchungen festgelegt. Als Grenzsystem Mn-C wurde das von den gleichen Forschern aufgestellte Zustandsbild angenommen. In diesem findet sich nur eine Verbindung Mn$_3$C mit einem Umwandlungspunkt. Da *Jacobson* und *Westgren* röntgenographisch noch eine Verbindung Mn$_4$C fanden, muß möglicherweise das Zustandsbild auch der ternären C-Fe-Mn-Legierungen geändert werden. Das Erstarrungsbild gibt die Abb. 374 S. 416. Hiernach gibt es die beiden Mischkrystalle im System Fe-Mn nach γ-Fe und γ-Mn. Die δ-Fe-Mischkrystalle beschränken sich auf ein kleines, dem Fe benachbartes Gebiet. Die γ-Fe-Mischkrystalle liegen

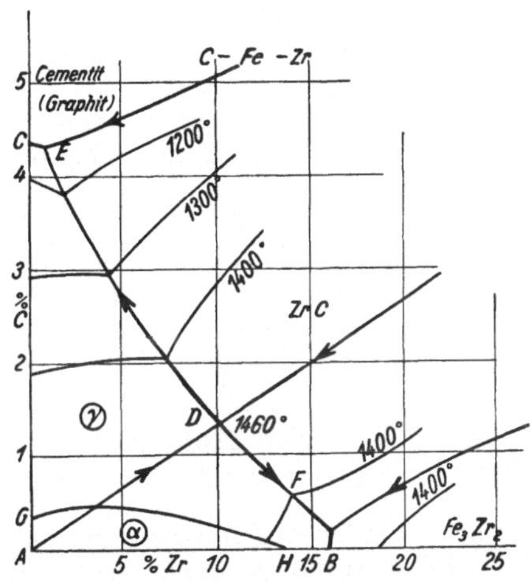

Abb. 381. F 4. Gruppe 6 (a$_3$ a$_3$): C-Fe-Zr. Die Ausscheidungsfelder der eisenreichen Legierungen.

im Gebiet Fe-*a-f-b*, die γ-Mn-Mischkrystalle in Mn-*c-g-d*. Außerdem gibt es noch Mischkrystalle der beiden Carbide Fe$_3$C und Mn$_3$C. Das auftretende invariante Gleichgewicht umfaßt Schmelze D im Gleichgewicht mit den Mischkrystallen *f*, *g* und *h*. Es steht in Zusammenhang mit den invarianten Gleichgewichten in den drei binären Grenzsystemen. Mit dem Fe-C-Eutektikum ergibt sich in der Darstellung eine eutektische Kurve *C-E-D* mit einem Temperaturminimum in *E*. Das invariante Gleichgewicht mit Schmelze D ist demnach nicht eutektisch.

Die Schmelze E steht im Gleichgewicht mit zwei Mischkrystallen γ-Fe in i und (Fe, Mn)$_3$C in k, die ihrer Zusammensetzung nach mit E durch eine Gerade dargestellt werden. In den erstarrten Gemischen finden infolge der verschiedenen Modifikationen von Mn und Mn$_3$C Umwandlungen statt.

<h3 style="text-align:center">F 4. (a$_3$ a$_3$) C-Fe-Zr (IVb · IIIa · ?).</h3>

Das System Kohlenstoff-Eisen-Zirkon wurde von *Vogel* und *Löhberg* thermisch und mikroskopisch bis etwa 6 Proz. C und 30 Proz. Zr untersucht. Das etwas geänderte Erstarrungsbild ist in der Abb. 381 wiedergegeben, außer den Ausscheidungsgebieten der beiden Eisenmischkrystalle α und γ treten Zementit (bzw. Graphit) und die beiden Verbindungen ZrC und Fe$_3$Zr$_2$ als Bodenkörper auf. Die von *Vogel* und *Löhberg* angegebene Verbindung ZrC veranlaßt ein starkes Ansteigen der Temperaturen und bildet mit einem bestimmten γ-Eisenmischkrystall ein binäres Eutektikum bei 1460° (D). Es bilden sich zwei ternäre Eutektika E und F heraus, die praktisch mit den binären Fe-C im Punkte C und Fe-Fe$_3$Zr$_2$ in B zusammenfallen. In den eisenreichen Legierungen treten primäre (α-δ-) Mischkrystalle als Bodenkörper auf, dessen Gebiet in der Abb. 381 durch A-G-H angegeben ist. Da nach *Vogel* und *Tonn* im System Fe-Zr die δ-Mischkrystalle bei Aufnahme von Zirkon bis 6 Proz. die Merkwürdigkeit einer Erniedrigung des Umwandlungspunktes bei 1400° zeigen, ergibt sich ein merkwürdiger Verlauf der Umwandlung der δ-γ-Mischkrystalle teils nach tieferen, teils höheren Temperaturen je nach dem Gehalt an den beiden Komponenten C und Zr. Der Zerfall der γ-Mischkrystalle erfolgt in Gegenwart von ZrC + Fe$_3$Zr$_2$ bei 780° und von Fe$_3$C + ZrC bei 721°. Abgeschreckter Zirkonstahl besteht aus Martensit und ist weniger spröde als zirkonfreier.

<h3 style="text-align:center">F 4. (a$_3$ a$_3$) C-Fe-N (IVb · Vb · ?).</h3>

Kohlenstoff und Stickstoff können auch gleichzeitig im Eisen vorkommen. Bei Zimmertemperatur nimmt α-Fe an C 0,006 Proz. und an N 0,001 Proz. auf. Die Menge vergrößert sich mit der Temperatur.

Gruppe F 5. Eisen-Kohlenstofflegierungen mit geschlossenem γ-Mischkrystallgebiet im anderen binären Fe-Grenzsystem.

Von besonderem Interesse sind die Systeme, die der Gruppe F 5 zugehören, die sich dadurch auszeichnen, daß in dem zweiten binären eisenhaltigen System kein Gleichgewicht zwischen der γ-Phase und Flüssigkeit vorhanden ist. Die γ-Mischkrystalle bilden sich immer nur aus vollständig erstarrten Gemischen. In diesem Falle ist das Gebiet der γ-Mischkrystalle bei allen Temperaturen von dem Gebiet der α-δ-Mischkrystalle umgeben. Es handelt sich um die Eisen-Kohlenstofflegierungen der Gruppe der binären Eisenlegierungen b$_1$ und b$_2$, also besonders der Elemente V, Cr, (b$_1$) und Be, Al, Si, Sn, Mo, W, P.

Während bei den Systemen der Gruppe F 4 die δ-Fe-Mischkrystalle wenig in Betracht kommen und sich in ihren Gleichgewichten auf ein kleines eisenreiches Gebiet oberhalb 1400° beschränken, ist für Legierungen der Gruppe F 5 ihr Gebiet von großem Umfange. In dem zweiten eisenhaltigen binären Grenzsystem kommen bei Gruppe F 5 die γ-Fe-Mischkrystalle in Gegenwart von Schmelze überhaupt nicht vor. Es folgt hieraus, daß sich in der Darstellung der ternären Gemische ein Gebiet des Gleichgewichtes von Schmelze mit δ-α-Mischkrystallen an die Kante dieses binären Grenzsystemes anlegt. Darauf folgt in den kohlenstoffreicheren Legierungen ein Ausscheidungsgebiet aus dem Schmelzfluß für γ-Fe-Mischkrystalle und alsdann eines für Zementit. Die drei Gebiete werden begrenzt durch zwei von der Fe-C-Kante ausgehenden Kurven, einer Übergangskurve, welche die Gleichgewichte von α-δ-Mischkrystall, Schmelze mit γ-Mischkrystallen umfaßt und eine eutektische Kurve für Schmelzen im Gleichgewicht mit γ-Mischkrystallen und Zementit. In dem System Fe-C gibt es im Perlitpunkte das invariante Gleichgewicht der drei festen Phasen α-Mischkrystall, γ-Mischkrystall, Zementit. Dieses setzt sich in das ternäre Gebiet als monovariantes fort bis zu einem invarianten Gleichgewicht, bei dem als vierte Phase das Flüssige hinzukommt. Dieses wichtige Gleichgewicht ist bei Legierungen der vorhergehenden Gruppe F 4 nicht möglich. Es bestimmt das Verhalten eines großen Gebietes der Legierungen. Das invariante Gleichgewicht im ternären System Flüssig $+$ Fest$_1$ $+$ Fest$_2$ $+$ Fest$_3$ oder genauer Flüssig $+$ (α-δ-)-Mischkrystall $+$ γ-Mischkrystall $+$ Zementit ist soeben abgeleitet aus dem invarianten Gleichgewicht des Perlitpunktes Fest$_1$ $+$ Fest$_2$ $+$ Fest$_3$, also α-Mischkrystall $+$ γ-Mischkrystall $+$ Zementit des binären Grenzsystemes Fe-C. Es ist beachtenswert, daß es auch aus den beiden anderen invarianten Gleichgewichten desselben Systemes, nämlich Flüssig $+$ Fest$_1$ $+$ Fest$_3$ und Flüssig $+$ Fest$_2$ $+$ Fest$_3$ abgeleitet werden kann. Die drei invarianten Gleichgewichte des einen binären Systemes Fe-C, nämlich Flüssig $+$ α $+$ γ, Flüssig $+$ γ $+$ Zementit und α $+$ γ $+$ Zementit vereinigen sich zu Flüssig $+$ α $+$ γ $+$ Zementit. Es ist bei dieser allgemeinen Betrachtung Zementit und nicht Graphit als feste Phase genommen. Man kann aber diese natürlich ohne weiteres auch auf Graphit ausdehnen.

In bestimmten Fällen, wenn das Ausscheidungsfeld des Zementits in ein anderes wie das von Doppelcarbiden übergeht, können diese an die Stelle von Fe$_3$C treten, und an dem invarianten Gleichgewichte mit einem α-δ-Mischkrystall, einem γ-Mischkrystall und Schmelze teilnehmen. Theoretisch denkbar, jedoch unwahrscheinlich, ist auch der Fall, daß die γ- oder δ-Mischkrystallgebiete in die anderer fester Phasen übergehen, wodurch ebenfalls ein anderes invariantes Gleichgewicht mit Schmelze auftreten würde. Die Besonderheiten, die bei Entmischungserscheinungen auftreten, sind bei den speziellen Fällen angegeben.

Zur Vereinfachung der Darstellung ist, wie schon früher, das Verhalten in der Abb. 382 zunächst so dargestellt, als ob die γ-Mischkrystalle nur in dem einen binären Grenzsystem vorkämen. Es wäre dieses das System Fe-C, wenn die beiden Umwandlungspunkte δ in γ und γ in α fortfallen, und nur die γ-Mischkrystalle auftreten würden. Die Übertragung auf das kompliziertere System, das dem wirklichen Verhalten entspricht, wobei die γ-Mischkrystalle auch in einem gewissen Temperaturbereich des zweiten binären Systems auftreten, ist sehr einfach. In Abb. 382 ist also ein Grenzsystem angegeben mit intermetallischen Mischkrystallen, die eine untere Existenzgröße haben. Das invariante Gleichgewicht zwischen den beiden Arten Mischkrystallen und der Verbindung des Grenzsystems ist durch oPq dargestellt. In dem ternären System ist das invariante Gleichgewicht dieser drei festen Phasen

neben Schmelze durch das Viereck $efFg$ dargestellt. Dieses enthält als Grenzfälle die vier Gleichgewichte zwischen je drei Phasen. Nach höherer Temperatur setzen sich die Gleichgewichte Flüssig $+ \delta + \gamma$ (Fef) und Flüssig
$+ \delta + Fe_3C$ (Ffg), nach tieferer Temperatur die Gleichgewichte $\delta + \gamma$
$+ Fe_3C$ (efg) und Flüssig $+ \delta + Fe_3C$ (Feg) fort. Die drei ersten endigen in
den Gleichgewichten des Grenzsystems, die durch die Geraden abB, cCd und
oPq gekennzeichnet sind. Es bildet sich, wie es die Abb. 382 zeigt, ein körper-
liches, tetraederartiges Gebilde für das Gebiet der γ-Mischkrystalle heraus, das nach oben und unten in b und p spitz ausläuft. Nur innerhalb dieses Gebietes sind Austenitmischkrystalle als stabile Phase möglich, die eine gewisse Menge von dem zweiten Metall enthalten. Im Gleichgewicht mit Schmelze sind es die Mischkrystalle auf der Grenzfläche fcb, und die zugehörige Schmelze liegt auf der Erstarrungsfläche FBC. Bei Überschreitung eines gewissen Gehaltes an dem dritten Element (Punkt F) kann eine Ausscheidung dieser Mischkrystalle aus dem Schmelzfluß nicht mehr eintreten. Aus der Abb. 382 läßt sich leicht ableiten, welcher Art die Gleichgewichte bei anderen Temperaturen als der invarianten sind. In den Abb. 383 bis 388 ist

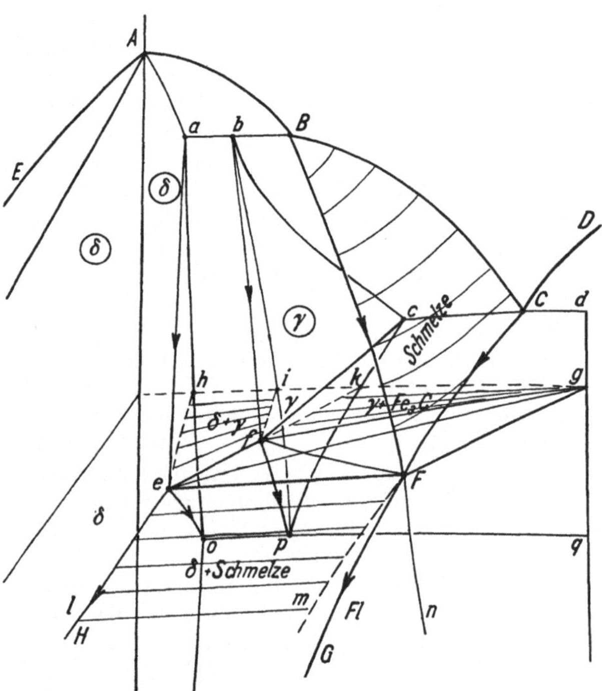

Abb. 382. Gruppe F 5 ($a_3 a_3$). C-Fe-X unter der ver-
einfachenden Annahme, daß die γ-Mischkrystalle sich
nicht bis zu kohlenstofffreien Legierungen hin erstrecken.
Perspektivisch.

dieses schematisch für einige Temperaturen, die charakteristische Schnitte
ergeben, geschehen. Sie zeigen, wie sich von dem invarianten Gleichgewicht
aus mit sinkender oder wachsender Temperatur die Gleichgewichte ändern.
Vollständig entsprechend früheren allgemeinen Auseinandersetzungen über
Gleichgewichte bei Vorhandensein eines ternären Übergangspunktes, der hier
für die Schmelze in F liegt, zerlegt sich, wie die Abbildungen angeben, das
Viereck, welches das invariante Gleichgewicht wiedergibt (Abb. 385), mit
sinkender (Abb. 384) oder steigender Temperatur (Abb. 386) nach den beiden
Diagonalen des Vierecks $efFg$ in verschiedener Weise. Es ist besonders zu
beachten, daß das Gebiet der γ-Mischkrystalle mit sinkender Temperatur
immer kleiner wird, um bei 740° im System Fe-C im Perlitpunkt p zu ver-

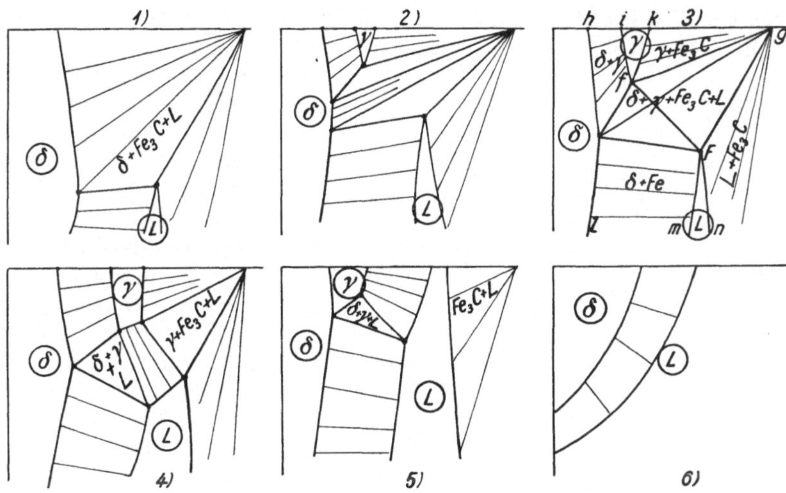

Abb. 383 bis 388. Gruppe F 5 (a₃ a₃): C-Fe-X.
Charakteristische Schnitte bei bestimmten Temperaturen für den in Abb. 382 dargestellten Fall.

schwinden. Anderseits wird es aber auch mit steigender Temperatur immer kleiner, um schließlich bei 1487° zu verschwinden.

Die Abb. 382 gilt für den Fall, daß im ternären System das Flüssige noch bei Temperaturen unterhalb des Perlitpunktes möglich ist. In den meisten Fällen wird dieses wohl nicht der Fall sein, sondern sich ein zweites in diesem Falle eutektisches Gleichgewicht mit drei festen Phasen ausbilden, wobei ein neuer fester Körper hinzukommt (bei C-Fe-Si z. B. Fe-Si₂).

Die Art, wie sich das Raumbild ändert, wenn die γ-Mischkrystalle außer in dem Grenzsystem Fe-C auch in dem anderen in einem geschlossenen Gebiet vorkommen, ist in der Abb. 389 wiedergegeben. Der Umfang der γ-Mischkrystalle ist jetzt anders, wie es im besonderen die Schnittfigur für die Temperatur des invarianten Gleichgewichtes wiedergibt. Mit Ausnahme des Gleichgewichtes für Flüssig $+ \delta + Fe_3C$ sind für die anderen drei mono-

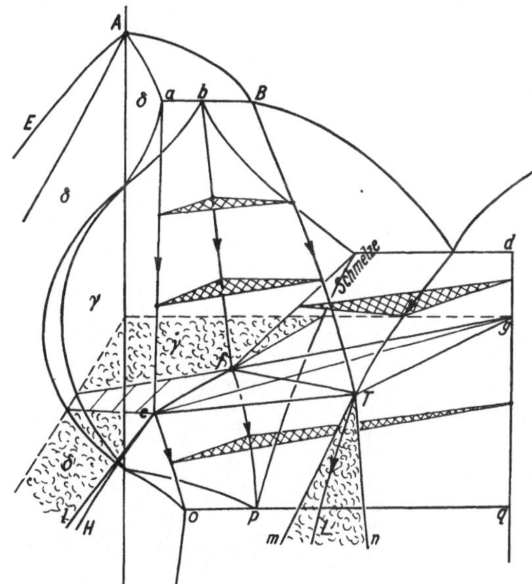

Abb. 389. Gruppe F 5. C-Fe-X entsprechend dem in Abb. 382 dargestellten Fall bei Übergreifen der γ-Mischkrystalle auf kohlenstofffreie Legierungen. Steigerung der Temperatur des Perlitpunktes in den ternären Legierungen.

varianten Gleichgewichte kleinere Dreiecke gezeichnet, welche diese wiedergeben sollen. Die drei Abb. 390, 391 und 392 zeigen noch im speziellen, wie sich für das System C-Fe-Si die Gleichgewichte für die charakteristischen Temperaturen des invarianten Gleichgewichtes von 1060° und für 900° und 1400° darstellen. Es sind das die Temperaturen, bei denen für reines Eisen der Übergang von γ in α und δ erfolgt. Im ternären System erfolgt damit auch der Übergang der γ-Mischkrystalle von dem einem Grenzsystem auf das andere. Die Abb. 390 entspricht der früheren Abb. 385, Abb. 391 entspricht Abb. 383 und Abb. 392 der Abb. 387. Doch geben die Abb. 390, 391, 392 die Gleichgewichte nicht vollständig wieder wie die schematischen Darstellungen der anderen. In Abb. 390 liegt das Gebiet $rsDK$ so, daß r und s auf der unteren Kante Fe-Si liegen. In beiden Abb. 391 und 392 wird dieses Gleichgewicht durch ein Dreieck dko dargestellt, wobei o dem reinen Eisen entspricht. In diesen beiden Abbildungen ist auch angedeutet, in welcher Art sich die monovarianten Gleichgewichte verschieben. In Abb. 391 verschiebt sich das Gleichgewicht

$$d(\gamma) + k(\delta) + \text{Fe}_3\text{C}$$

mit steigender Temperatur bis D-K-Fe$_3$C, mit sinkender bis E-P-Fe$_3$C. Das invariante Gleichgewicht

$$d(\gamma) + k(\delta) + \text{Flüssig}$$

der Abb. 392 verschiebt sich mit sinkender Temperatur

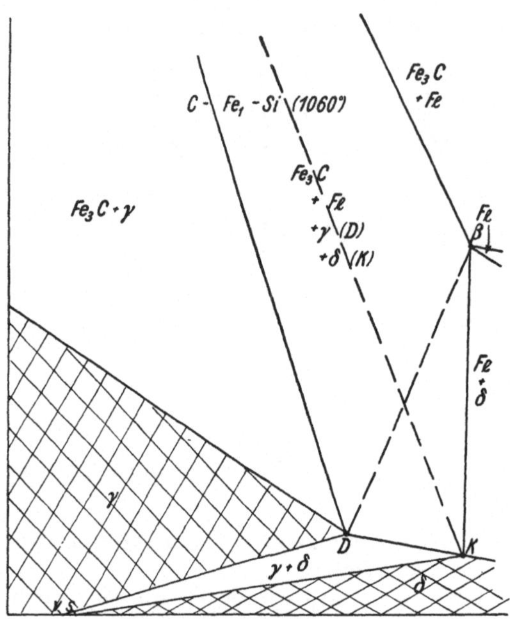

Abb. 390. Gruppe F 5. C-Fe-Si.
Invariantes Gleichgewicht Fe$_3$C $+ \gamma + \delta +$ Flüssig
bei 1060°.

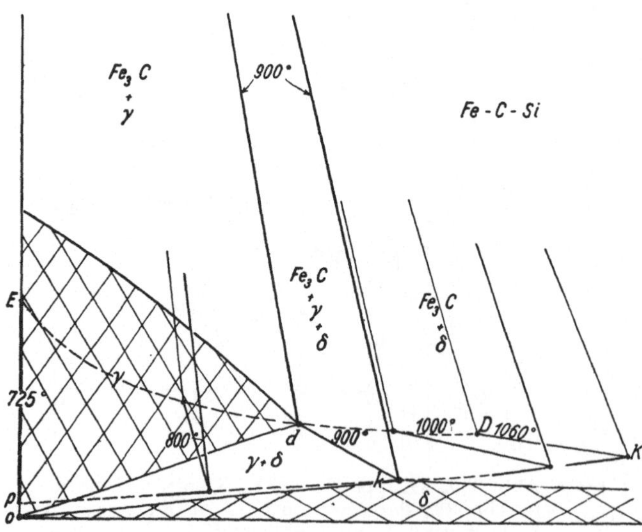

Abb. 391. Gruppe F 5. C Fe-Si.
Zustandsbild bei 900°.

bis DKB, mit steigender bis GHF. Diese drei Abbildungen geben für C-Fe-Si die Gleichgewichte mit Zementit wieder, das Verhalten beim Auftreten von Graphit wird bei der speziellen Behandlung des Systems erörtert werden.

Das soeben genauer erörterte Verhalten findet sich wohl nur bei Legierungen des Typus F 5. Das Eigentümliche liegt darin, daß durch Zusatz eines dritten Körpers erreicht wird, daß ein Gleichgewicht zwischen drei festen Stoffen eines binären Systems, das durch die Umwandlung des einen in die beiden anderen bedingt ist, auch bei Gegenwart von Schmelze möglich wird. Außer diesem Verhalten kommt bei Legierungen vom Typus F 5 auch das einfachere, früher bei Gruppe 7 (III · 2 · 2) auf S. 297 erörterte vor, wenn ein intermetallischer Mischkrystall in dem einen binären System (III) auftritt, der

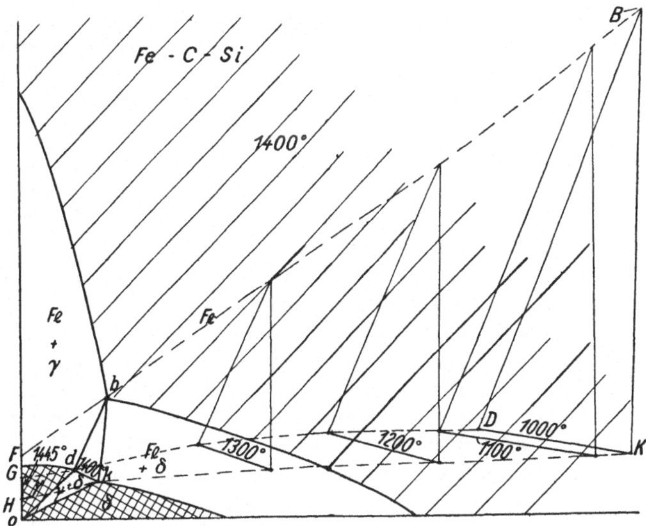

Abb. 392. Gruppe F 5. C-Fe-Si. Zustandsbild bei 1400°.

eine untere Umwandlungstemperatur hat. Diese wird durch Zusatz des dritten Metalles erniedrigt, und es bildet sich ein invariantes Gleichgewicht zwischen vier festen Phasen, indem zu den drei des binären Systemes das dritte Metall hinzukommt. Die Erstarrungserscheinungen sind so, daß das Gebiet des dritten Metalles jedes der drei anderen berührt. Das Erstarrungsfeld der intermetallischen Verbindung berührt das des dritten Metalles im Gegensatz zu dem vorher ausführlich erörterten Falle. Es bietet das System F 5 bei diesem Verhalten gegenüber dem der Legierungen der Gruppe 7 insofern doch etwas Besonderes, als ein Übergreifen der Mischkrystalle γ des Fe-C-Systemes auf das zweite binäre Grenzsystem stattfindet. Doch ist es nicht schwer, diese Besonderheit dem früher erörterten Typus der Gruppe 7 einzugliedern.

F 5. Gruppe 14 (a₃ b₁).

Die ternären Eisenlegierungen vom Typus F 5 zerfallen in zwei Gruppen. Zur ersten gehören die, bei denen das dritte Metall eine lückenlose Reihe

Mischkrystalle mit dem innenzentrischen α-δ-Eisen eingeht (b_1). Nach der allgemeinen Einteilung entspricht dieses der Gruppe 14 (a_3 b_1), da Fe-C zu a_3 gehört. Die zweite Gruppe F 5 umfaßt die Metalle, die mit Eisen Legierungen vom Typus b_2 bilden, also solche, bei denen das Gebiet der α-δ-Mischkrystalle das der γ-Mischkrystalle auch umhüllt, aber nicht das ganze Gebiet der binären Eisenlegierungen umfaßt. Von der ersten Gruppe wurden die beiden Legierungen C-Fe-Cr und C-Fe-V untersucht, von der zweiten Gruppe eine größere Anzahl.

F 5. (a_3 b_1) C-Fe-Cr (IVb · Ib · IVa).

Das System Kohlenstoff-Eisen-Chrom ist mehrfach untersucht worden. Eine Untersuchung von *Fischbeck* von 1914 konnte nur in einigen Teilen richtig sein, da für das binäre Grenzsystem Chrom-Eisen ein unrichtiges Grenzsystem zugrunde gelegt wurde. Es wurde eine Verbindung CrFe mit kongruentem Schmelzpunkt angenommen, die im ternären System zu zwei invarianten Gleichgewichten Veranlassung gäbe. Außerdem sollte es nur eine Verbindung zwischen Cr und C der Formel Cr_5C_2 geben, die unter Aufnahme von Fe und C in wachsenden Mengen Mischkrystalle bilden könnte.

Meyerling und *Deneke* berichtigten die Untersuchung *Fischbecks* insofern, als sie die Verbindung CrFe beseitigten. *v. Vegesack* berücksichtigt bei seinen Untersuchungen nicht die Tatsache, daß Fe und Cr eine lückenlose Reihe Austenit-Mischkrystalle nach der δ-Form bilden. Die von ihm angegebene eutektische Kurve ist in Wirklichkeit anders. Auch von *Dawes* wird dieses außer acht gelassen. Erst nach den Untersuchungen von *Westgren*, *Phragmen* und *Negresco* kann das System als in der Hauptsache bekannt angesehen werden. Es bilden sich außer dem Eisencarbid Fe_3C zwei Carbide des Chroms, ein kubisches $Cr_{23}C_6$ und ein trigonales Cr_7C_3, wobei in beiden das Chrom in erheblichem Umfang durch Eisen ersetzbar ist. Die auftretenden Mischkrystalle werden in einer Darstellung der Mischungsverhältnisse einfach durch Gerade dargestellt, da das Mischungsverhältnis zwischen Metall (Fe, Cr) und Kohlenstoff im Atomverhältnis das gleiche bleibt. Die beiden Abb. 393 und 394 geben das Erstarrungsbild und die Zusammensetzung nach dem Erstarren nach *Westgren*, *Phragmén* und *Negresco* wieder.

Um die Darstellung deutlicher zu machen, ist das Dreieck stark in die Länge gezogen, so daß der Punkt für reinen Kohlenstoff sehr weit weg liegt. Die Erstarrungsfläche der Abb. 393 zeigt die Gebiete für die verschiedenen Ausscheidungen. Es sind dieses (α, δ)- und γ-Fe-Mischkrystalle, wobei die (α, δ)-Mischkrystalle ein kontinuierliches Gebiet zwischen Fe und Cr bilden. Außerdem die Mischkrystalle nach den beiden Chromcarbiden und das Eisen carbid (Zementit). Das Gebiet der γ-Mischkrystalle erstreckt sich erheblich weiter in das ternäre Gebiet als das für Fe_3C. Es tritt also hier nicht der soeben erörterte Fall ein, daß sich ein invariantes Gleichgewicht Flüssig $+ \alpha + \gamma + Fe_3C$ ausbildet. Die Kurve ER begrenzt die Ausscheidungsfelder von (α δ)-Fe-Mischkrystalle und γ-Fe-Mischkrystalle. Der Endpunkt R ist ein Übergangspunkt, in dem sich die Schmelze R im Gleichgewicht mit einem bestimmten trigonalen Mischkrystall $(Fe, Cr)_7C_3$ und zwei bestimmten Mischkrystallen nach α-Fe und γ-Fe befindet. Die Abb. 393 gibt weiter an, wie sich das Gebiet für Fe_3C und die kubischen $Cr_{23}C_6$-Mischkrystalle in das ternäre Gebiet bis zu den Punkten S und T erstreckt. Es ist angegeben, welche festen Phasen mit diesen Schmelzen sich im invarianten Gleichgewichte befinden. Schmelze S ist im Gleichgewicht mit bestimmten Mischkrystallen nach γ(Fe, C), (Fe, Cr)$_3$C und (Cr, Fe)$_7$C$_3$ und Schmelze T von solchen nach

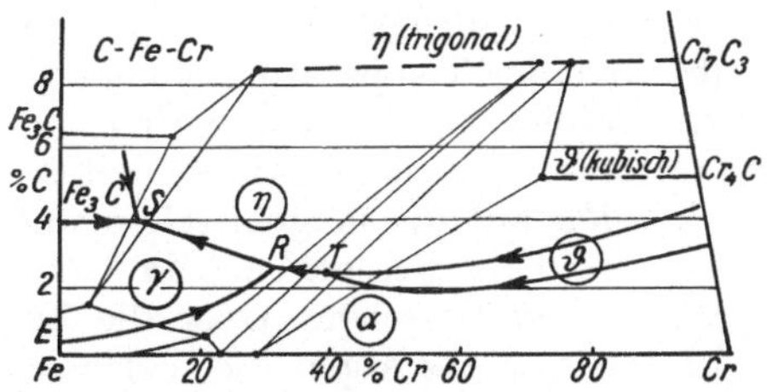

Abb. 393. F 5. Gruppe 14 (a$_3$ b$_1$): C-Fe-Cr. Die Ausscheidungsgebiete und die invarianten Gleichgewichte.

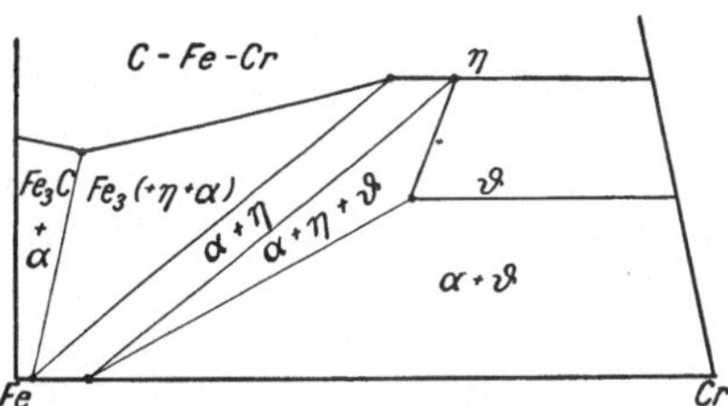

Abb. 394.
F 5. Gruppe 14 (a$_3$ b$_1$): C-Fe-Cr. Zustandsbild bei 20°.

α(FeCr), (Cr, Fe)$_{23}$C$_6$ und (Cr, Fe)$_7$C$_3$. Die Formeln der Chromcarbide werden manchmal auch anders angegeben, was an diesen Betrachtungen jedoch nichts ändert.

Die festen Phasen, die nach dem Erstarren miteinander im Gleichgewicht sind, sind in der anderen Abb. 394 angegeben. Hiernach gibt es Gebiete, in denen zwei feste Phasen auftreten und solche mit dreien. Die Dreiphasengebiete enthalten das trigonale Chromeisencarbid und einen bestimmten Mischkrystall zwischen Fe-Cr einmal in Mischung mit einem kubischen Chromeisenmischkrystall, das andere Mal in Mischung in Chromeisenzementit.

Die nächste Abb. 395 enthält noch das Zustandsbild für die eisenreichen Legierungen nach den Untersuchungen der japanischen Forscher *Murakami*, *Oka* und *Nishigori*. Es ist $E R$ die Grenzkurve der Erstarrungsflächen mit dem Endpunkt R, der eine Schmelze angibt, die im varianten Gleichgewichte

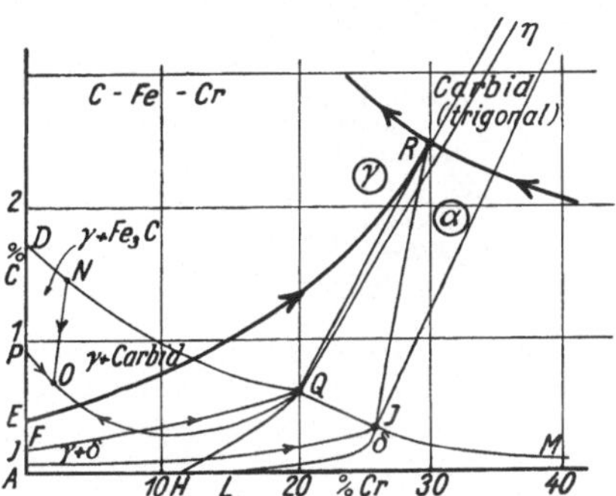

Abb. 395. F 5. Gruppe 14 (a$_3$ b$_1$): C-Fe-Cr. Transformation und Konstitution der eisenreichen Legierungen.

mit einem bestimmten (Cr, Fe)$_{23}$C$_6$-Mischkrystall und den Mischkrystallen Q (γ) und J (δ) ist. Die Abbildung gibt weiter an, wie die Zusammensetzung der γ- und $(\alpha$-$\delta)$-Mischkrystalle ist bei Gleichgewicht miteinander und Schmelze. Die γ-Fe-Mischkrystalle reichen bis Q mit einem Gehalt von 22 Proz. Cr, die zugehörigen δ-Mischkrystalle bis J. Die übrigen Kurven der Abbildung stehen im Zusammenhang mit den durch die γ-Mischkrystalle verursachten Umwandlungen in festem Zustande. Der Punkt O stellt ein ternäres Perlitgemisch dar. Ein γ-Mischkrystall dieser Zusammensetzung zerfällt bei konstanter Temperatur in Zementit, $(\alpha$-$\delta)$-Mischkrystall und (Cr, Fe)-Carbid. Im Punkte O stoßen drei Felder zusammen, die das Gleichgewicht zwischen zwei festen Phasen angeben. Eine ist ein γ-Mischkrystall, dargestellt durch einen Punkt dieser Fläche, die anderen festen Phasen sind Mischkrystalle nach δ, Doppel-

carbid und Zementit. Die Kurve *HQ* zeigt an, wie weit sich das Gebiet der
δ-Mischkrystalle bei einer Temperatur zwischen 900 und 1400° bis zu den
kohlenstofffreien Legierungen hin erstreckt. Die Fläche für $\gamma + \delta$ ist noch
dadurch eigentümlich, daß sie auf der Seite Fe-Cr ein Minimum besitzt. In
der Abbildung kommt dieses nicht weiter zum Ausdruck. Das Gebiet der
α-δ-Mischkrystalle legt sich besonders mit sinkender Temperatur sehr an die
Grenzfläche Fe-Cr an. Die Aufnahme von Kohlenstoff ist sehr gering.

Die Untersuchungen von *Krivobok* und *Großmann* an zehn Stählen mit 0,1
bis 0,6 Proz. C und 20 bis 34 Proz. Cr, die sich auf die magnetischen und
metallographischen Eigenschaften erstrecken, sind im wesentlichen in Übereinstimmung mit den Ergebnissen der japanischen Forscher. Über die Zusammensetzung des magnetischen, sehr harten Carbids sagen die Verfasser

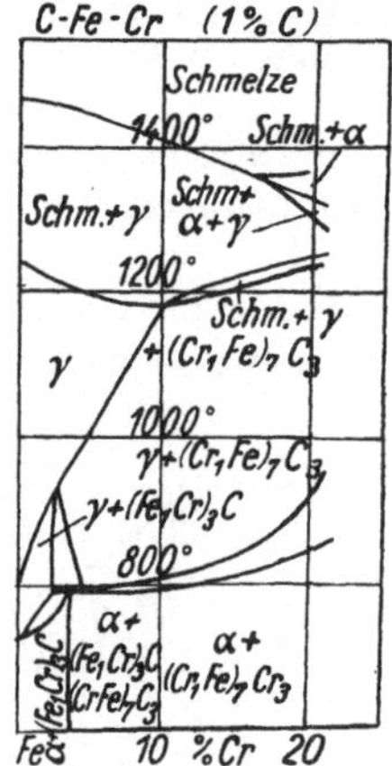

Abb. 396a. F 5. Gruppe 14 ($a_3\,b_1$): C-Fe-Cr.
Zustandsbild: Temperatur-Chromgehalt
bei 1 Proz. C.

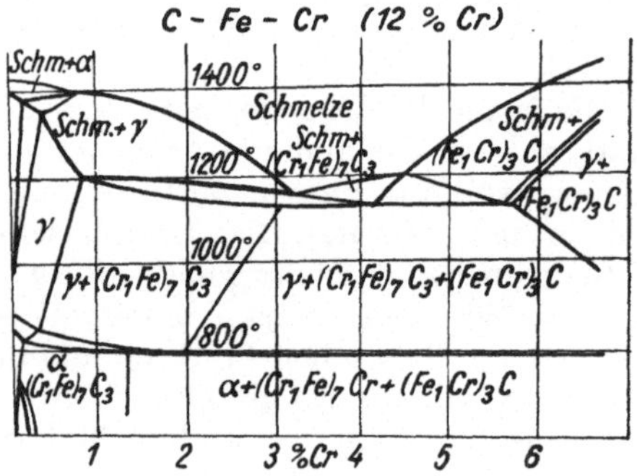

Abb. 396b. F 5. Gruppe 14 ($a_3\,a_1$): C-Fe-Cr.
Zustandsbild: Temperatur-Chromgehalt bei
12 Proz. C.

nichts aus. Beim Abschrecken von Legierungen, die Gemische (α, δ)-γ darstellen, wurde ein Chromtroostit festgestellt, der als Zerfallsprodukt von
Chromaustenit aufzufassen ist.

Von *Tofaute*, *Sponheuer* und *Brunek* wurden die Härtungsvorgänge beim
Anlassen in Stahl bis 1 Proz. C und 12 Proz. Cr untersucht. Die Abb. 396a
und 396b geben für 1 Proz. C und 12 Proz. C das Zustandsbild von 600°
bis zum Schmelzen.

Wenn es sich bestätigt, daß zwischen Chrom und Kohlenstoff noch mehr
Verbindungen auftreten, wie *Hatsuto* angibt, und es im besonderen noch ein
Carbid Cr_3C_2 außer Cr_4C (bzw. $Cr_{23}C_6$) und Cr_7C_3 gibt, ist das Zustandsbild
komplizierter, als angegeben wurde.

F 5. ($a_3\,b_1$) C-Fe-V (IVb · Ib · IVa).

Da zwischen Fe und V ebenso wie bei Fe und Cr eine lückenlose Reihe Mischkrystalle der δ-Modifikation besteht, ist das ternäre System C-Fe-V dem
C-Fe-Cr sehr ähnlich. Auch hier sind beide Formen des Eisens mit ihren zu-

gehörigen Mischkrystallen von Bedeutung. Es wurde eingehend von $\hat{O}ya$ bis zu einem erheblichen Gehalt an Kohlenstoff mit Hilfe thermischer, mikroskopischer und röntgenographischer Methoden untersucht. Die Bildung von γ-Mischkrystallen ist in dem System Fe-V nur gering. Für das System V-C ist nach Untersuchungen des japanischen Forschers bekannt, daß sich zwei kongruent schmelzende Verbindungen bilden. Die kohlenstoffarme V_5C krystallisiert hexagonal, die kohlenstoffreichere der Formel V_4C_3 im kubisch flächenzentrierten Gitter. In den eisenreichen Legierungen tritt die kohlenstoffreiche Vanadinverbindung als Gefügebestandteil auf. Die Abb. 397 gibt die außerdem auftretenden Sättigungsflächen wieder. Das Zustandsbild ist dem von C-Fe-Cr außerordentlich ähnlich. Es bilden sich fünf verschiedene Flächen für die verschiedenen Bodenkörper heraus. Von dem Umwandlungspunkt, bei dem im binären System Schmelze mit δ-Fe und γ-Fe im Gleichgewichte ist, erstreckt sich eine Umwandlungskurve in das Innere des ternären Gebietes bis zum Punkte P, auf der gleichzeitig die beiden verschiedenen Eisenmodifikationen mit Schmelzen im Gleichgewicht sind. Im

Punkte P kommt die Verbindung V_4C_3 hinzu, die eine gewisse Menge Fe in fester Lösung aufgenommen hat. Es bildet sich bei der Temperatur von 1330° ein invariantes Gleichgewicht der drei festen Phasen mit Schmelze heraus. Dieses entspricht einem Übergangspunkt, in dem sich bei konstanter Temperatur die Umwandlung vollzieht Schmelze $P + \delta = \gamma + V_4C_3$. Von P

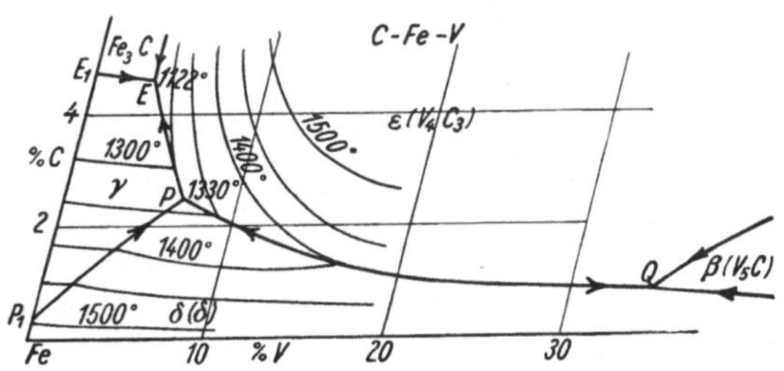

Abb. 397. F 5. Gruppe 14 $(a_3\,b_1)$: C-Fe-V.
Erstarrungsflächen der eisenreichen Legierungen.

aus verläuft weiter eine eutektische Kurve bis zu dem ternären Eutektikum E, in welchem neben Schmelze, Zementit, γ-Mischkrystall und die Vanadinverbindung V_4C_3 Bodenkörper sind. Eine andere eutektische Kurve verläuft von P nach dem ternären Eutektikum, bei der die Schmelze durch Q dargestellt ist. In diesem sind beide Vanadin-Kohlenstoff-Verbindungen mit einem δ-Fe-V-Mischkrystall und Schmelze in Gleichgewicht. Wie aus der Abb. 397 hervorgeht, steigt vom Punkte P aus auf der Kurve PQ zunächst die Temperatur. Sie muß jedoch, da Q ein Eutektikum darstellt, später wieder fallen, so daß sich auf P-Q ein Temperaturmaximum befindet. Dieses entspricht einem binären Gleichgewicht zwischen einem Mischkrystall Fe-V bestimmter Zusammensetzung mit V_4C_3 und eutektischer Schmelze, wobei in der bildlichen Darstellung die drei Phasen durch drei Punkte dargestellt werden, die auf einer Geraden liegen. Es wird hierdurch das gesamte Gebiet in zwei Teile zerlegt in der Art, wie es die kleine Abb. 397b schematisch wiedergibt.

In den erstarrten Gemischen vollziehen sich in ganz ähnlicher Weise wie bei den Legierungen C-Fe-Cr Umbildungen, die an die γ-Phase geknüpft sind. In der Abb. 397c sind diese angegeben. Von dem Perlitpunkt S_1 erstreckt sich eine eutektoide Kurve bis S_2. Zu der Ausscheidung von Zementit und α-Fe bei der Zersetzung des Austenits kommt, wenn der Mischkrystall die Zusammensetzung S_2 erreicht hat, die Ausscheidung von V_4C_3 (E) hinzu. Von S_2 erstrecken sich nach steigender Temperatur (E) und nach fallender Temperatur zwei eutektoide Kurven, die sich auf die Reaktion $\gamma = Fe_3C + (V_4C_3)$ und $\gamma = \alpha + (V_4C_3)$ beziehen. Aus diesem Verhalten folgt die Struktur der erstarrten Gemische. Bei einer genauen Angabe der Gebiete, in denen die γ-Mischkrystalle vorkommen, müßte auch hier wie bei Fe-Cr das in diesem Fall kleine Gebiet bei den kohlenstofffreien Fe-V-Legierungen berücksichtigt werden. In den erstarrten Gemischen sind die γ-Mischkrystalle, wenn Gleichgewicht vorhanden, verschwunden. Es ergibt sich für Legierungen mit ganz

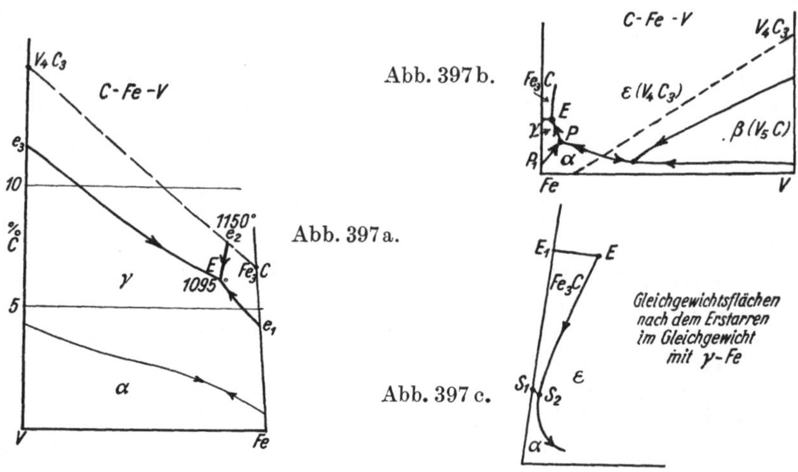

Abb. 397a bis 397c. F 5. Gruppe 14 ($a_3 b_1$) C-Fe-V.

a. Erstarrungsgebiete nach *Vogel* und *Martin*.   b. Ausscheidungsgebiete.

c. Gleichgewichte der γ-Mischkrystalle mit α, ε und Fe_3C.

geringem Kohlenstoffgehalt, die in der Abbildung an der Fe-V-Kante liegen, zunächst ein kleines Gebiet, welches (α-δ)-Mischkrystalle umfaßt. Bei Vergrößerung des Gehaltes an Kohlenstoff kommen entsprechend dem Verhältnis von Eisen zu Chrom die übrigen festen Phasen hinzu. Nur in den Legierungen mit höherem Gehalt an Vanadin tritt auch die kohlenstoffärmere Vanadinverbindung V_5C auf. In allen anderen findet sich Vanadin als V_4C_3, das eine gewisse Menge Eisen im Gitter aufgenommen hat.

Die Ergebnisse des japanischen Forschers wurden im Bereich bis 6 Proz. Vanadin von *Hougardy* bestätigt, der auch technische Eigenschaften untersuchte. Es wurde die Änderung der Härte in bezug auf Kohlenstoff- und Vanadingehalt festgelegt. Genauer untersucht wurde die Änderung der Lage des Perlitpunktes. Dieser verschiebt sich unter geringer Steigerung der Temperatur bei Steigerung des Kohlenstoffgehalts von 0,8 bis 1,9 Proz. C bei 5,6 Proz. V.

Die Ergebnisse von *Vogel* und *Martin* über das ternäre System Kohlenstoff-Eisen-Vanadin unterscheiden sich, wie es die Abb. 397a angibt, von denen des japanischen Forschers *Ôya*. Festgestellt wurde ein Eutektikum zwischen V_4C_3

und Fe_3C bei 1151°, das durch Extrapolation der Sättigungskurve für V_4C_3 im Einklang gefunden wurde mit den Ergebnissen des japanischen Forschers. Eigentümlich ist die Ansicht, daß die γ-Fe-Mischkrystalle sich lückenlos bis zum vanadinreicheren Carbid erstrecken sollen, wodurch die beiden von $\hat{O}ya$ angegebenen invarianten Gleichgewichte, die in der Abbildung durch P und Q angegeben sind, in Fortfall kämen. Es wird ein Eutektikum bei 1095° angenommen mit einer Schmelze von 6,2 Proz. C und 12,0 Proz. V, die mit Zementit, Vanadincarbid und einem γ-Mischkrystall mit 3,4 Proz. C und 6,5 Proz. V im Gleichgewicht ist. Die γ-Mischkrystalle sollen in verschiedener Art je nach ihrer Zusammensetzung beim Abkühlen zufallen. Obwohl die Angaben von *Vogel* im Einklang mit den Gesetzen der Phasenlehre gebracht sind, dürften die des japanischen Forschers doch die richtigeren sein.

F 5. Gruppe 15 ($a_3\,b_2$).

Da es eine ganze Anzahl binäre Eisenlegierungen (b_2) gibt, die ein geschlossenes Gebiet für die γ-Mischkrystalle haben, ohne daß vollständige Mischbarkeit (b_1) der δ-Mischkrystalle zwischen Eisen und dem zweiten Metall besteht, ist auch die Zahl der ternären Legierungen der Gruppe 15 erheblich größer als die der Gruppe 14. Es wurden, zum Teil sehr ausführlich, acht Systeme untersucht. Die beiden zunächst zu behandelnden mit Wolfram und Molybdän sind den soeben untersuchten mit Chrom und Vanadin ähnlich.

F 5. ($a_3\,b_2$) C-Fe-W (IVb · IIIb · IIIa).

Über die Legierungen von Eisen-Kohlenstoff-Wolfram liegen eine Reihe Untersuchungen vor. Die umfangreichsten wurden von *Takeda* gemacht. Nach dessen Ergebnissen sind die drei Abb. 398, 399 und 400 konstruiert. Die verschiedenen sich aus dem Schmelzfluß ausscheidenden festen Stoffe sind neben Zementit oder Graphit γ-Fe-, δ-Fe-Mischkrystalle, Mischkrystalle (ε) nach Fe_3W_2, ζ-Mischkrystalle nach Fe_3W_2C, die Wolfram-Kohlenstoff-Verbindung WC und vielleicht noch andere, wie das Carbid W_2C. Die Abb. 398 gibt die Zerlegung des Gebietes nach den verschiedenen festen Phasen bei der Ausscheidung aus dem Schmelzfluß. Sie enthält vier invariante Punkte O_1, O_2, O_3, O_4, die durch Kurven miteinander und mit Punkten auf den Grenzsystemen verbunden sind. Außerdem gibt es noch einen anderen invarianten Punkt O_4', der von besonderer Bedeutung ist. Berücksichtigt man noch die übrigen möglichen Wolfram-Kohlenstoff-Verbindungen außer WC, so ergäben sich noch andere invariante Punkte, die aber von geringerer Bedeutung sein werden. Die Darstellung umfaßt erklärlicherweise nur die kohlenstoffarmen Legierungen bis zu 6 und 7 Proz. C. Von den invarianten Gleichgewichten entsprechen nur die beiden, die sich auf die Schmelzen O_4 und O_4' beziehen, ternären Eutektika. Das Eutektikum O_4 gehört zu den metastabilen Gleichgewichten mit γ-Fe, Zementit und Fe_xW_yC als Bodenkörper. Die genaue Zusammensetzung der zugehörigen Bodenkörper ist in diesem Falle und auch in den anderen nicht angegeben worden. Das Eutektikum O_4' bezieht sich auf ein gleichartiges Gleichgewicht mit Graphit an Stelle von Zementit. Die Verbindung der Zusammensetzung der Mischkrystalle Fe_xW_yC schwankt zwischen Fe_4W_2C und Fe_3W_3C, so daß also auf ein Kohlenstoffatom immer 6 Metallatome kommen. Die Gemische liegen hiernach auf einer Geraden zwischen

Fe_6C und W_6C. Nach den röntgenographischen Untersuchungen krystallisieren diese Mischkrystalle im flächenzentrierten, kubischen Gitter. Die übrigen Schmelzen, die zu invarianten Gleichgewichten gehören, entsprechen sämtlich Übergangspunkten mit peritektischen Reaktionen. Das Gebiet der Verbindung WC entspricht wie das des Graphits einem stabilen Gleichgewicht.

Die diesen Ausscheidungsgebieten zugehörigen Grenzkurven sind durch gestrichelte Geraden gegenüber den anderen kenntlich gemacht. Die beiden nächsten

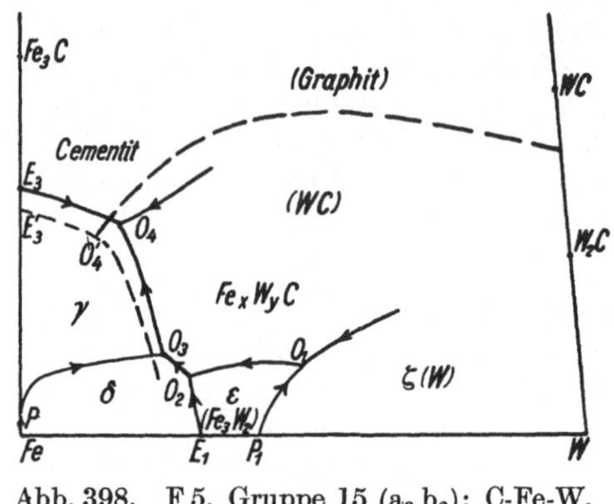

Abb. 398.   F 5. Gruppe 15 ($a_3 b_2$): C-Fe-W.
Die Ausscheidungsgebiete.

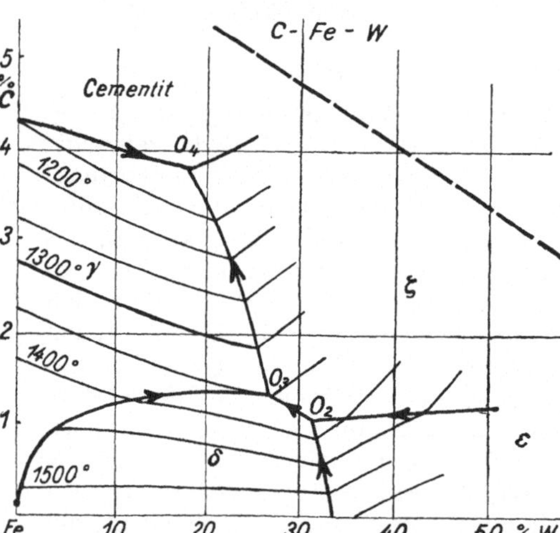

Abb. 398a.   F 5.   Gruppe 15 ($a_3 b_2$):
C-Fe-W. Erstarrungsgebiete mit Isothermen.

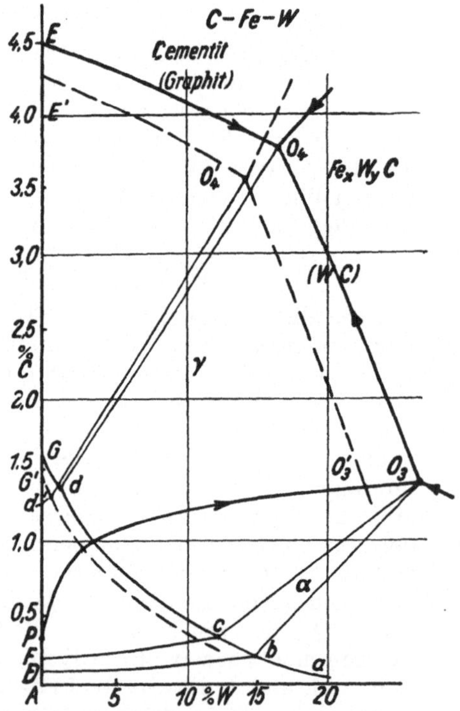

Abb. 399. F 5. Gruppe 15 ($a_3 b_2$): C-Fe-W.
Die eisenreichen Legierungen.

Abbildungen geben über die eisenreichen Legierungen genaueren Aufschluß. Abb. 399 zeigt die Ähnlichkeit mit den Chrom-Eisen-Kohlenstoff-Legierungen. Sie gibt die Zerlegung des Gebietes wieder in die Ausscheidungsfelder für γ-Fe, α-Fe, Zementit, $Fe_x W_y C$, Graphit und WC. Es ist auch angegeben, welche invarianten Schmelzen und Bodenkörper zusammengehören. Zu der Schmelze O_3 gehören die Mischkrystalle $c(\gamma)$ und $b(\delta)$ neben $Fe_x W_y C$, zu O_4 Mischkrystalle $d(\gamma)$ neben Zementit und Mischkrystallen $Fe_x W_y C$. Endlich zu O_4' Misch-

krystalle $d'(\gamma)$ neben Graphit und der Verbindung WC. Das Carbid WC
steht zu der ternären Verbindung in ähnlicher Beziehung wie Graphit zu
Zementit. Hieraus ergibt sich auch der Zusammenhang der γ- und δ-Misch-
krystalle mit den Schmelzen auf den Grenzkurven. So gehören die γ-Misch-
krystalle auf FC und δ-Mischkrystalle auf Db zu den Schmelzen auf $P\text{-}O_3$,
und die γ-Mischkrystalle $d\text{-}c$ zu den Schmelzen auf $O_4 O_5$. Die Zusammensetzung der Mischkrystalle $E'\text{-}O_4'\text{-}O_3'$, die mit Graphit und WC in stabilem
Gleichgewicht sind, haben einen höheren Gehalt an Fe als die des metastabilen
Gleichgewichts $E\text{-}O_4\text{-}O_3$ mit Zementit und der ternären Verbindung $Fe_x W_y C$.

Abb. 400 gibt das Verhalten der γ- und $\alpha\text{-}\delta$-Fe-Mischkrystalle nach dem
Erstarren an. Der Perlitpunkt K gibt Veranlassung zu einer eutektoiden
Kurve $k\text{-}o$. Es bildet sich ein γ-Mischkrystall von der Zusammensetzung O,
der einem invarianten Gleichgewicht zwischen den vier festen Phasen γ-Fe,

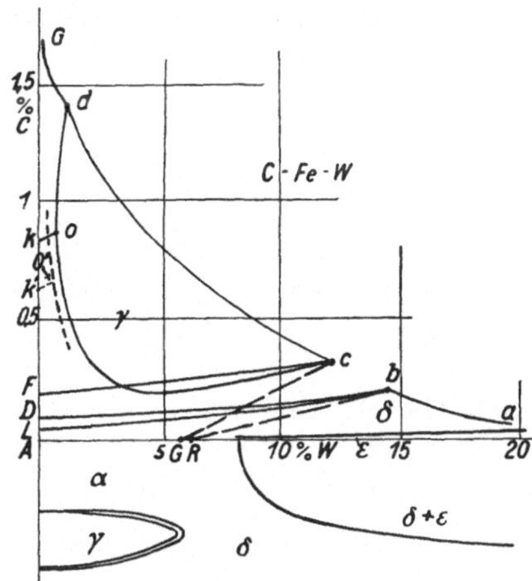

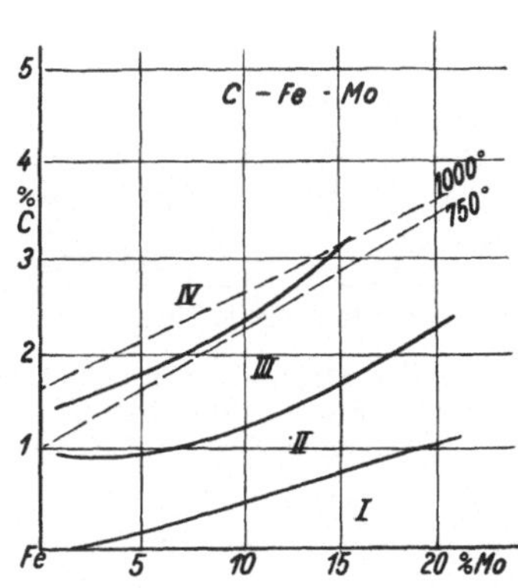

Abb. 400. F 5. Gruppe 15 ($a_3 b_2$). C-Fe-W.
Gebiete für γ, δ und ε nach dem Erstarren.

Abb. 401. F 5. Gruppe 15 ($a_3 b_2$): C-Fe-Mo.
Die Zustandsgebiete der eisenreichen Legierungen nach *Takei*.

α-Fe, $Fe_3 C$ und $Fe_x W_y C$ entspricht. In ähnlicher Weise entspricht die Mischung
O' einem invarianten Gleichgewicht mit γ-Fe, α-Fe, Graphit an Stelle von
Zementit und WC statt der ternären Verbindung. Die δ-Mischkrystalle liegen
an der Kante FeW. Es ist angedeutet worden, in welcher Art die γ-Misch-
krystalle bis zum Punkt Q auf dieser Kante übergreifen. Der untere Teil der
Abbildung bezieht sich auf das binäre System Fe-W in den eisenreichen Legierungen. Die vierte Abbildung des Systems, 398a, enthält noch die Isothermen
auf den Erstarrungsfeldern der eisenreichen Legierungen.

Die Legierungen von Kohlenstoff-Eisen-Wolfram wurden auch mehrfach in bezug auf ihr technisches Verhalten, besonders in bezug auf ihre Härte, untersucht.

F 5. ($a_3 b_2$) C-Fe-Mo (IVb · IIIb · IVa).

Das System C-Fe-Mo wurde nicht im gleichen Umfange wie das entsprechende wolframhaltige System untersucht. Die Abb. 401 bezieht sich auf
die Untersuchungen des Japaners *Takei*.

In den C-Fe-Mo-Legierungen gibt es außer den einfachen Carbiden Fe_3C und Mo_2C auch ein Doppelcarbid, das alle drei Komponenten enthält. In dem System ist neben Ferrit nur das Eisencarbid ferromagnetisch. Aus den Messungen der ferromagnetischen Eigenschaften von *Takei* ging hervor, daß Fe_3C Mischkrystalle in weitem Umfange unter Aufnahme von Mo und C bildet. In den verschiedenen Legierungen zeigen sich je nach der Zusammensetzung und der Vorbehandlung keine, eine oder zwei Unstetigkeiten in den magnetischen Eigenschaften beim Erwärmen und Abkühlen. Die Legierungen, die auf 950° während drei Stunden erhitzt und dann im Ofen erkalten, hatten bei 500° ein vierfach verschiedenes Verhalten. Die Abb. 401 gibt die sich gleichartig verhaltenden Gebiete an: in *III* zeigt sich zweimal eine Unstetigkeit bei ungefähr 200° und 400°, in *IV* nur eine bei 200° und in *II* nur eine bei 400°, während in *I* liegende Legierungen keine Unstetigkeit auftritt. Die Gebiete entsprechen nahezu dem Gleichgewicht bei gewöhnlicher Temperatur. Das Gebiet, in dem keine Unstetigkeit bei 500° auftritt, verschiebt sich, wenn

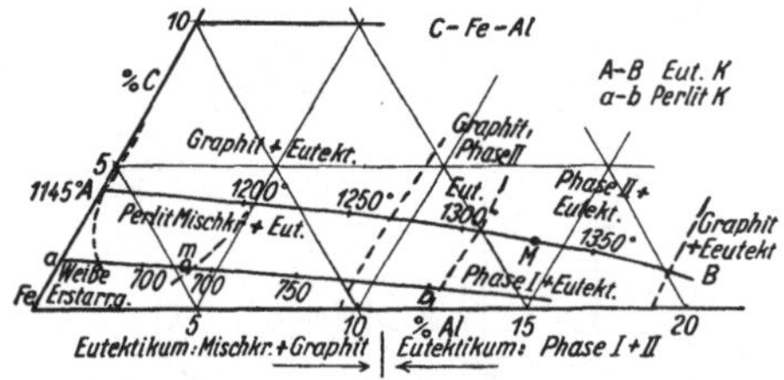

Abb. 402. F 5. Gruppe 15 ($a_3 b_2$): C-Fe-Al. Entwurf eines Schaubildes der eisenreichen Legierungen nach *Keil* und *Jungwirth*.

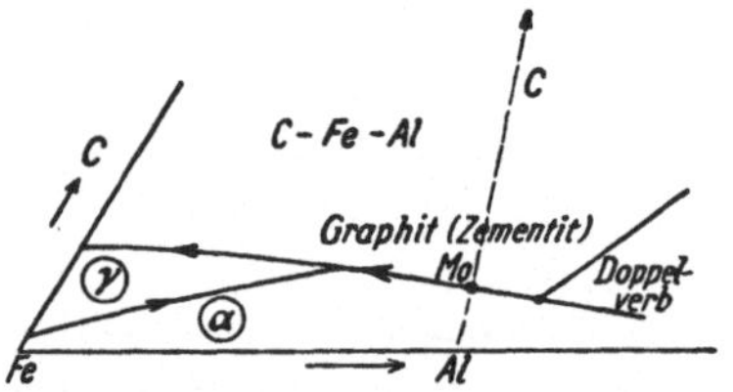

Abb. 403. F 5. Gruppe 15 ($a_3 b_2$): C-Fe-Al. Die Erstarrungsgebiete der eisenreichen Legierungen.

die Legierungen von 750° oder 1000° abgeschreckt werden. Die Gebiete erstrecken sich alsdann bis zu den in der Abbildung gestrichelt gezeichneten Geraden.

F 5. ($a_3 b_2$) C-Fe-Al (IVb · Va · ?).

Das System Kohlenstoff-Eisen-Aluminium ist mehrfach in den eisenreichen Legierungen untersucht, doch stößt die Untersuchung auf erhebliche experimentelle Schwierigkeiten. Das System wurde von *Keil* und *Jungwirth* hauptsächlich thermisch und mikroskopisch untersucht. Der Zusatz von Al in Fe-C-Legierungen bewirkt, wie Abb. 402 zeigt, Erhöhung der eutektischen Temperatur auf 1300° bei 13 bis 15 Proz. Al. Der Gehalt des Kohlenstoffs als Graphit in den eutektischen Legierungen soll (Abb. 406) bis 3 Proz. Al auf fast 100 Proz. ansteigen, alsdann bis 11 Proz. Al auf fast Null fallen und bei 18 Proz. Al plötzlich wieder zu 100 Proz. werden. In den übereutektischen Legierungen ist Graphit bis etwa 12 Proz. Al primäre Ausscheidung, von hier bis 19 Proz. Al ein sehr säurebeständiges Doppelcarbid, und von dort bis zu höherem Gehalt an Al wieder Graphit. In den untereutektischen Legierungen zeigt sich Perlit bei einem Gehalt von 9 Proz. Al und von dort an bei Steigerung des Aluminiumgehaltes eine Phase, die als Phase I bezeichnet wurde. Diese Phase, die leicht löslich in Säuren ist, stellt jedenfalls Mischkrystalle von Fe-Al mit geringem Gehalt an Kohlenstoff dar. Die Temperatur der perlitischen Umwandlung soll bis etwa 3,5 Proz. Al bis etwa 690° fallen, um alsdann wieder bis auf 740° anzusteigen. Die Intensität der Umwandlung verschwindet bei 8 Proz., so daß also sich die Bildung des Mischkrystalles bis zu diesem Gehalt erstreckt. Ein vollständiges Zustandsbild konnte von *Keil* und *Jungwirth* nicht aufgestellt werden. Entsprechend der Befunde muß es ein beschränktes Gebiet von γ-Fe geben, an das sich in den kohlenstoffarmen Legierungen ein Gebiet der $(\alpha\text{-}\delta)$-Fe-Mischkrystalle anschließt, die im größeren Umfange Al in fester Lösung aufnehmen. In dem kohlenstoffreicheren Gebiete verschwindet schon bei geringem Gehalt an Al der metastabile Zementit, um dem stabilen Graphit Platz zu machen. Auf das Gebiet des Graphits folgt dann eines von Doppelcarbiden, an das sich wieder ein Graphitsystem anschließt. Das Maximum in der eutektischen Kurve wäre ein Zeichen dafür, daß sich hier ein binäres Eutektikum mit zwei Phasen, Phase I also Fe-Al-Mischkrystalle mit geringem Kohlenstoffgehalt und Doppelcarbid bestimmter Zusammensetzung, herausbildet (Abb. 403).

Neuerdings wurden von *Morral* röntgenographische Untersuchungen von eisenreichen Legierungen mit einem Aluminiumgehalt bis 20 Proz. und Kohlenstoffgehalt bis 5 Proz. untersucht. Es wurde ein Zustandsbild für 1000° vorgeschlagen, das die Abb. 405 wiedergibt. Die auftretenden festen Phasen sind γ-Fe-Mischkrystalle mit einem Gehalt bis 6 Proz. Al, α-Mischkrystalle aus α-Fe mit Aluminium und praktisch ohne Kohlenstoffgehalt, Graphit, und ε eine harte, brüchige, ferromagnetische Phase, die einer Zusammensetzung Fe₃Al mit 4 Proz. Kohlenstoff entspricht. Das

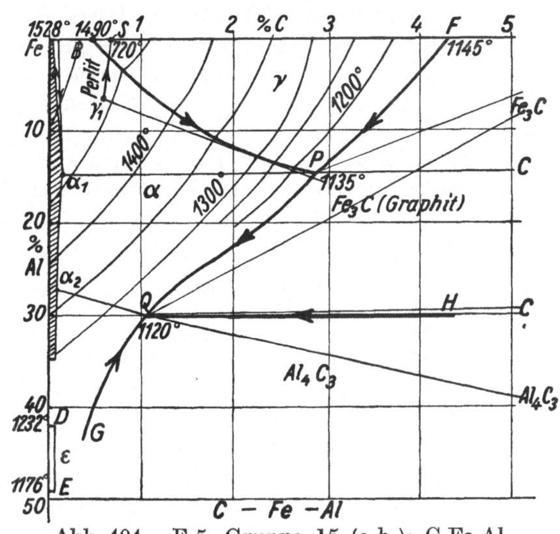

Abb. 404. F 5. Gruppe 15 (a₃b₂): C-Fe-Al. Die eisenreichen Legierungen, Ausscheidungstemperaturen.

kubische flächenzentrierte Gitter enthält vier Atome in der Einheitszelle, in dessen Ecken die Aluminiumatome und Mitten der Flächen die Eisenatome sitzen. Sie enthält Al und Fe im Atomverhältnis 1 : 3 in gleicher Art verteilt wie bei Cu₃Au, während Fe₃Al eine Fe₃Si gleiche Struktur hat.

Das System Al-Fe-C wurde neuerdings genauer von *Vogel* und *Mäder* thermisch und mikroskopisch in den eisenreichen Legierungen bis 5 Proz. C und 40 Proz. Al untersucht. Die Legierungen wurden gewonnen, indem Aluminium in geschmolzene Legierungen aus Eisen-Kohlenstoff eingeführt wurde, wobei es sich bei Verwendung einer Argonatmosphäre ohne nennenswerten Abbrand löste. Die Ergebnisse wurden in einem Zustandsbild zusammengefaßt, das sich von der Abb. 404 dadurch unterscheidet, daß sich noch ein Gebiet der ε-Fe-Al-Mischkrystalle zwischen α und den Carbiden bzw. Graphit einschiebt, das einen Teil des Ausscheidungsgebietes für α der Abb. 404 in Anspruch nimmt. Es erscheint auffallend, daß die ε-Phase, die in den kohlenstofffreien Al-Fe-Legierungen bereits bei 1100° wieder verschwunden ist, in den ternären Legierungen einen derartig großen Umfang annehmen soll. Das in der Abbildung gegebene Erstarrungsbild könnte wohl das wirkliche Verhalten, wobei auch einige Isothermen vermerkt sind, richtiger wiedergeben. Die Ausdehnung des Gebietes der ε-Phase, die gering sein dürfte, ist nicht vermerkt. Nach der Abb. 404 treten zwei invariante Gleichgewichte auf. Die Ausscheidungsfehler beziehen sich auf α-Fe-Mischkrystalle mit wenig C und bis 35 Proz. Al, auf γ-Fe mit bis etwa 7 Proz. Al und auf die Carbide Al_4C_3 und Fe_3C, wobei an Stelle von Zementit auch Graphit treten kann. Die invariante Schmelze P ist mit den festen Phasen $\alpha_1 + \gamma_1 + Fe_3C$ (Graphit) bei 1135° und Q bei 1120° mit $\alpha_2 + Fe_3C$ (Graphit) $+ Al_3C_3$ im Gleichgewicht. Das erste Gleichgewicht ist dystektisch, das andere eutektisch. Das Erstarrungsbild ist dem für C-Fe-Si ganz außerordentlich ähnlich, so daß die dort angegebenen allgemeinen Betrachtungen unmittelbar übertragen werden können. In diesem Fall ist lediglich der eutektische Punkt Q etwas anders. Nach der Auffassung von *Vogel* und *Mäder* gibt das große Gebiet der ε-Mischkrystalle noch zu zwei anderen invarianten Gleichgewichten zwischen je drei Bodenkörpern und Schmelze Anlaß. Die Umwandlungen im festen Zustande führen zu Veränderungen der Gleichgewichte. Von *Vogel* und *Mäder* wurden sie nach ihrer Auffassung eingehend erörtert. Nach der hier gegebenen Darstellung sind sie den früher ausführlich bei C-Fe-Si erörterten gleichartig.

F 5. (a₃ b₂) C-Fe-Si (IVb · Va · ?).

Von den weiteren Legierungen der Gruppe 15 wurde auf C-Fe-Si bei den systematischen Untersuchungen bereits eingehend hingewiesen. Die Legierungen entsprechen dem ausführlich auseinandergesetzten Systeme mit einem invarianten Gleichgewicht aus Schmelze und den drei festen Gefügebestandteilen α-Fe, γ-Fe, Zementit oder Graphit des Systems Eisen-Kohlenstoff. Bei seinen Untersuchungen hat *Gontermann* die Verschiedenheit der Ausscheidung der γ- und δ-Mischkrystalle nicht berücksichtigt. Die Untersuchung wurde bereits 1908 gemacht, und es wurde angenommen, daß sich einfach eine eutektische Kurve zwischen den beiden binären Eutektika der Systeme Eisen-Kohlenstoff und Eisen-Silicium durch das ternäre System hindurch erstrecke. Der eine Bodenkörper, der diesem Gleichgewicht zugehört, sollte ein sich kontinuierlich ändernder Mischkrystall mit wechselnden Mengen von Kohlenstoff und Silicium sein. Die Abb. 407, 408 und 409 wurden konstruiert nach den genaueren Untersuchungen von *Sato*. Dieser führte genaue Untersuchungen der thermischen Ausdehnung, der magnetischen Eigenschaften und mikroskopischen Struktur einer großen Anzahl von Legierungen für verschiedene Temperaturen durch. Entsprechend seinen Feststellungen zerlegt sich in der graphischen Darstellung der Abb. 407 das System durch die Kurven A-B, F-B und B-L in drei Felder, die den Ausscheidungen der drei festen Körper aus dem Schmelzfluß entsprechen. Es scheiden sich die γ-Mischkrystalle innerhalb A-B-F, die δ-Mischkrystalle innerhalb L-B-F-O-X und Zementit oberhalb A-B-L aus. Die Schmelze B gehört zu dem invarianten Gleichgewicht mit den drei Bodenkörpern der Zusammensetzung D, K und Z.

In der Abb. 407 ist dargestellt, wie die Dreiphasengleichgewichte zwischen Schmelze und zwei Bodenkörpern in das invariante Gleichgewicht mit drei Bodenkörpern übergehen. So liegt das Gleichgewicht $\gamma +$ Schmelze $+$ Fe$_3$C bei der invarianten Temperatur in D-B-Z und in dem binären siliciumfreien System in C-A-Z, dazwischen liegt ein Gleichgewicht a-b-Z gleicher Art. Der eutektische Punkt A verschiebt sich also mit zunehmendem Gehalt an Si stark nach Gemischen mit geringerem Gehalt an Kohlenstoff. Der Gehalt des zugehörigen γ-Mischkrystalles verschiebt sich auf Zusatz von Si von C nach D. Die Abb. 407 zeigt, daß bei höherem Gehalt von Si sehr bald das Gebiet des Zementits erreicht wird oder auch, wie gleich noch erörtert werden soll, des Graphits.

Ferner verschiebt sich das Gleichgewicht ohne Silicium (H-G-F) zwischen δ-Fe, γ-Fe und Schmelze über e-c-d und h-f-g bis K-D-B. Die Lage der Kurve F-B zeigt die starke Vergrößerung des Gebiets der δ-Mischkrystalle mit wachsendem Si. Das Dreiphasengleichgewicht, bei welchem Schmelzen be-

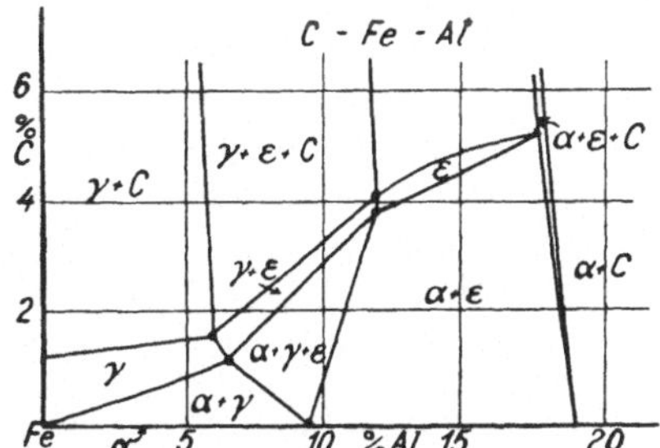

Abb. 405. F 5. Gruppe 15 (a_3 b_2): C-Fe-Al. Zustandsbild der eisenreichen Legierungen bei 1000°.

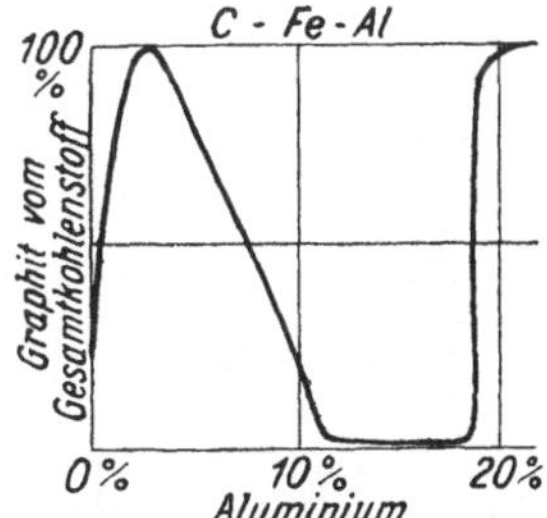

Abb. 406. F 5. Gruppe 15 (a_3 b_2): C-Fe-Al. Einfluß des Aluminiums auf die Graphitbildung der eutektischen Fe-C-Legierungen.

teiligt sind von einer Zusammensetzung, die durch Punkte auf B-L angegeben sind, enthält als feste Phasen außer (Z) Zementit γ-Mischkrystalle, die auf der Kurve K-R liegen. Das Gebiet der δ-Mischkrystalle verkleinert sich also mit Zunahme von Si in den Legierungen. Die Abb. 407 ergibt für die Zusammensetzung der γ-Mischkrystalle unmittelbar nach der Erstarrung eine Zusammensetzung, die innerhalb des Gebietes C-D-G liegt, und für die δ-Mischkrystalle eine solche längs O-X der unteren Kurve O-X bis H-K-R. Die Abb. 408 gibt in vergrößertem Maßstabe noch einmal die Zusammensetzung der γ- und δ-Mischkrystalle unter Berücksichtigung auch der Temperaturen unterhalb der Erstarrungstemperaturen. Die Kurve E-D ist die Perlitkurve. Sie besagt, daß mit Zunahme des Gehalts an Si anfangs eine erhebliche Abnahme an Kohlenstoff stattfindet. Außer der Eigentümlichkeit der Erhöhung der Temperatur für die Perlitgleichgewichte ist dieses besonders charakteristisch. Bei einer körperlichen Darstellung mit der Temperatur als Ordinate ergibt sich für die γ-Mischkrystalle, wie bei den systematischen Untersuchungen angegeben ist, ein tetraederartiges Gebilde, seitlich begrenzt von einer ebenen Figur G-E-C, die im Innern des Körpers zum Punkte D zusammenschrumpft. Es ist begrenzt durch die Flüssigkeitsfläche G-D-C und die Flächen E-D-C

für Zementit und E-D-G für die (α-δ)-Mischkrystalle. Diese Fläche bauscht sich seitlich bis M-N zum Schnitt mit der Fe-Si-Ebene aus. Um die Form des γ-Körpers mit der Temperatur anzugeben, sind auf ihm Isothermen gezeichnet. Der äußerste Punkt des Körpers liegt in M bei einer Temperatur von etwa 1150° und der zugehörige (α-δ)-Mischkrystall alsdann im Punkte N. Für die Temperaturen zwischen 720 und 1410° geben die beiden Kurven P-K und H-K den Zusammenhang dieser γ-Mischkrystalle mit den (α-δ)-Misch-

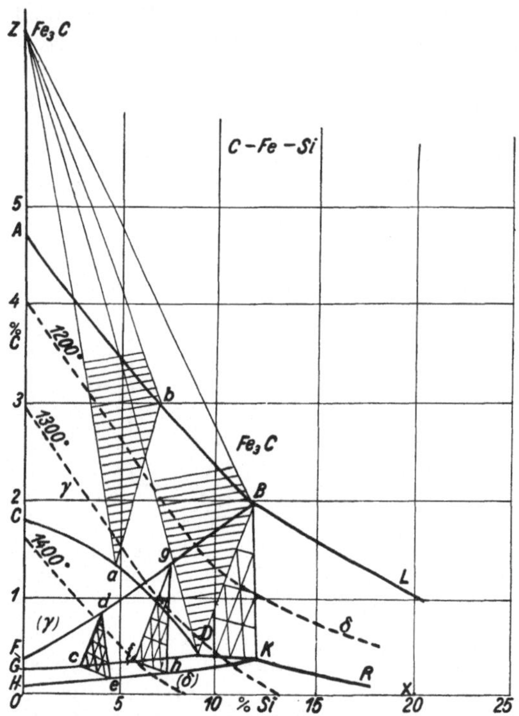

Abb. 407. F 5. Gruppe 15 ($a_3 b_2$): C-Fe-Si. Die eisenreichen Legierungen, Ausscheidungsgebiete und Umwandlungserscheinungen, γ- und δ-Mischkrystalle.

krystallen auf ED und DG an. Im Gegensatz zu den γ-Mischkrystallen erstreckt sich das Gebiet der α-Mischkrystalle bis zu den tiefsten Temperaturen, wobei der Gehalt an Kohlenstoff allerdings sehr gering ist. Die Mischkrystalle enthalten praktisch nur Eisen und Silicium.

Die Abb. 409 endlich gibt den vollständigen Zusammenhang in dem System Fe-C-Si wieder, wobei auch Graphit als fester Bestandteil berücksichtigt ist. Das Graphitsystem, welches bei den Legierungen Fe-C phasentheoretisch das Stabile darstellt, führt in dem siliciumhaltigen System zu einem invarianten Gleichgewicht mit Schmelze B' und drei festen Phasen, wobei der Punkt für Graphit weit oben liegt und die zugehörigen γ- und δ-Mischkrystalle in D' und K' liegen. Die Kurven sind gleichartig dem Zementitsystem gezeichnet worden. Auf der Kurve A'-B' ist eine Schmelze im Gleichgewicht mit Graphit und γ-Mischkrystallen, die in Punkten auf $C'D'$ liegen. Auf der eutektischen Kurve B'-L' besteht Gleichgewicht zwischen Schmelze, Graphit und δ-Mischkrystallen K'-R'. Die Umwandlungskurve F-B' enthält Schmelzen im Gleichgewicht mit γ-Mischkrystallen auf G-D' und δ-Mischkrystallen auf H-K'. Sie entsprechen den Gleichgewichten der Reaktion Schmelze (FB') $+ \delta(HK')$ $\rightleftharpoons \gamma(GD')$. Die Mischung D' enthält 0,3 Proz. C und 6,5 Proz. Si, und Mischung D 0,37 Proz. C und 9 Proz. Si. Die Zusammensetzung von K und K' ist weniger genau bestimmt. Gemisch E' enthält 0,67 Proz., M enthält 1,5 Proz. Si und N 1,7 Proz. Si. Es soll noch einmal darauf hingewiesen werden, daß nach der Ansicht *Hondas* ein stabiles Graphitsystem bei Fe-C überhaupt nicht vorhanden ist. Wenn sich diese Auffassung bestätigt, kämen alle Gleichgewichte

mit Graphit in Fortfall. Das Auftreten desselben wäre stets sekundär durch
Zersetzung von Zementit.

Bei Fortsetzung nach Mischungen mit höherem Gehalt von Si muß sich ein
ternäres Eutektikum zwischen Schmelze, einem δ-Mischkrystall, Zementit
oder Graphit und FeSi bilden.

Entsprechend dem System C-Fe-Ni (Abb. 370 S. 414) wurde die Verschiebung der Sättigungskurve an Kohlenstoff auf Zusatz von Si bis 5 Proz. zu
dem· siliciumfreien Eisen-Kohlenstoff-System von *Schichtel* und *Pierowsky*
von 1000° bis 1800° verfolgt.·

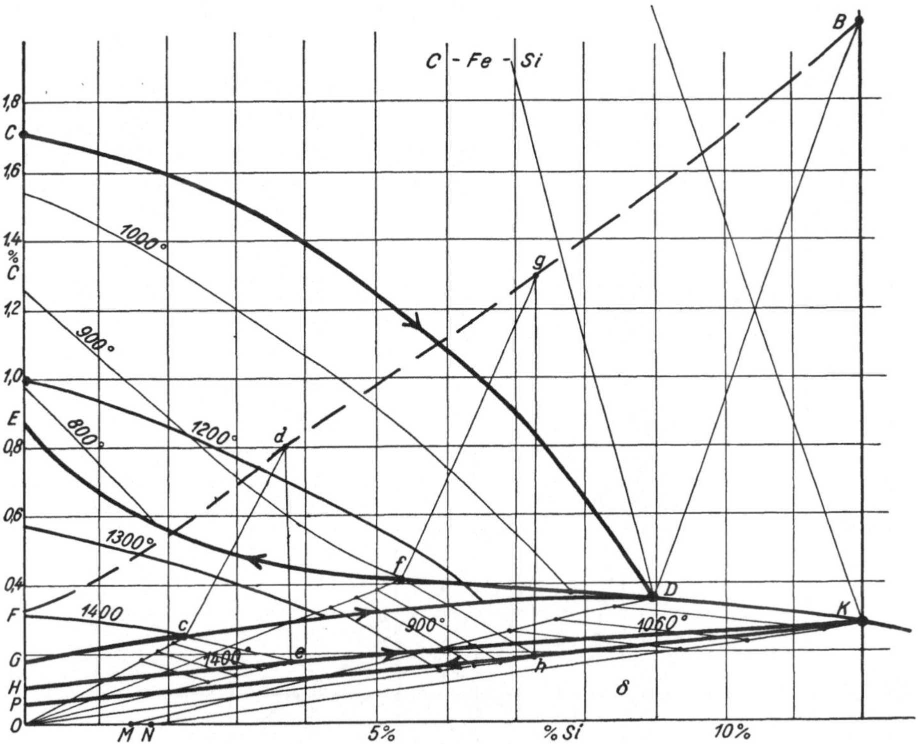

Abb. 408. F 5. Gruppe 15 ($a_3\,b_2$): C-Fe-Si.
Die eisenreichen Legierungen bis 1,8 Proz. C und 12 Proz. Si.

F 5. ($a_3\,b_2$) C-Fe-Ti (IVb · IIa · ?).

Das System C-Fe-Ti wurde für die Legierungen mit einem geringen Gehalt
an Ti und C untersucht. Ähnlich dem Silicium bevorzugt Titan als Zusatz
zu Eisen-Kohlenstoff-Legierungen die Bildung von Kohlenstoff als Graphit
gegenüber Zementit in den ternären Legierungen. Die Abb. 410 gibt ein
ungefähres Bild über die Isothermen der Fe-reichen Legierungen. Die Temperatur des Eutektikums Fe-C fällt auf der eutektischen Kurve in dem ternären
Gebiete nur wenig. Vermutlich setzt sich diese Kurve fort bis zu einem
ternären Eutektikum, an dem Fe_3Ti beteiligt ist.

Das Verhalten ist damit anders als für C-Fe-Si. In der Abb. 410 ist das Gebiet der Mischkrystalle γ vermerkt sowie, soweit er beobachtet wurde, der Verlauf der Perlitkurve im ternären Gebiet. Diese Abbildung wäre durch eine Grenzkurve der Gebiete für δ- und γ-Mischkrystalle zu ergänzen, die nahe der Kante Fe-Ti verläuft bis zu einem Punkte auf einer eutektischen Kurve für δ-Mischkrystalle $+$ Fe$_3$Ti. Es entspräche dieses alsdann einem invarianten Gleichgewichte

$$\delta + \gamma + \text{Fe}_3\text{Ti} + \text{Schmelze}.$$

Nach tieferer Temperatur verliefe die eutektische Kurve weiter bis zu dem vermerkten ternären Eutektikum $\gamma + \text{Fe}_3\text{Ti} + \text{Fe}_3\text{C} + \text{Schmelze}.$

(a$_3$ b$_2$) C-Fe-Sn (IVb · Vb · ?).

Über das System Kohlenstoff-Eisen-Zinn liegt eine ältere Untersuchung vor, ohne daß es möglich ist, ein Zustandsbild zu konstruieren.

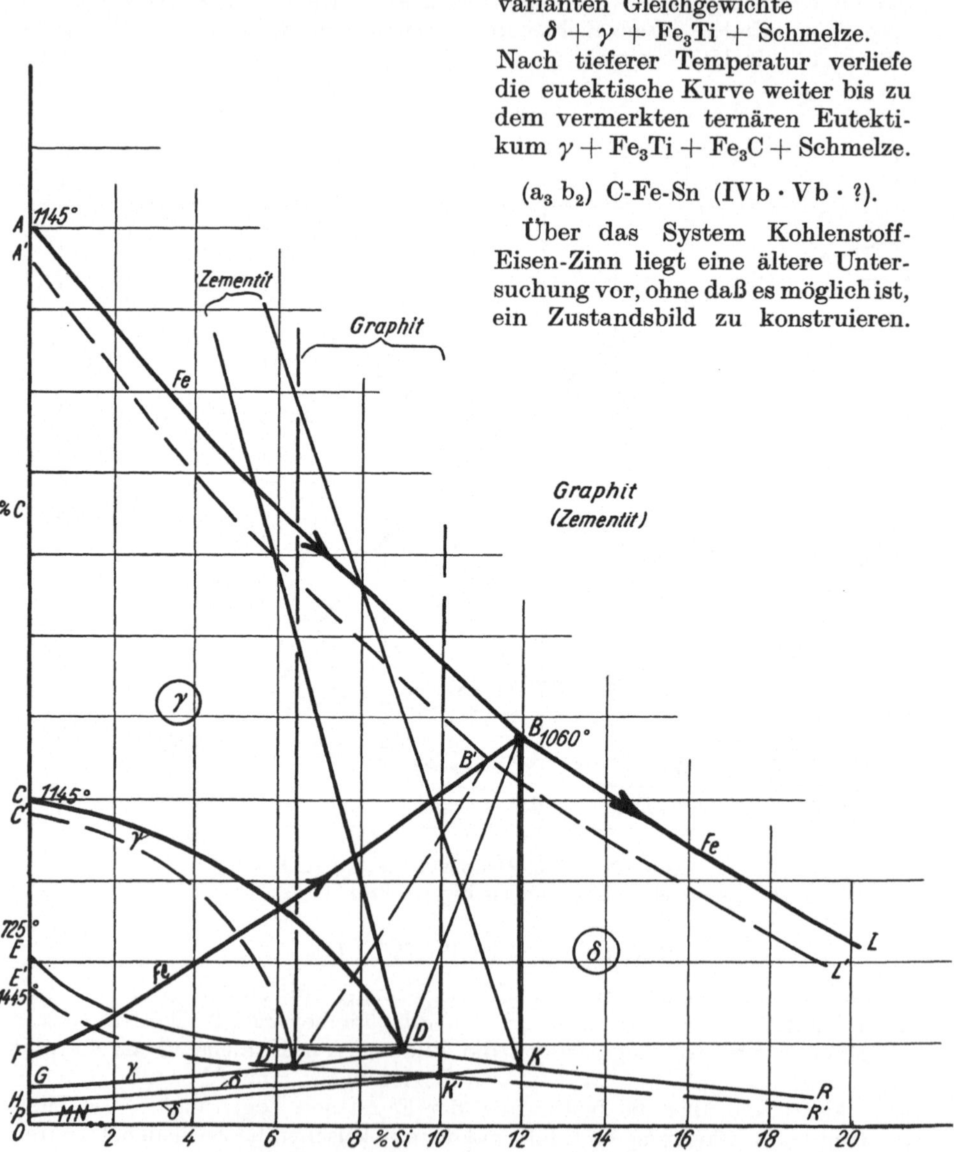

Abb. 409. F 5. Gruppe 15 (a$_3$ b$_2$): C-Fe-Si.
Gesamtübersicht des Verhaltens der eisenreichen Legierungen.

F 5. ($a_3\,b_2$) C-Fe-P (IVb · IVa · ?).

Ein interessantes System der Gruppe 15 ist noch das der Kohlenstoff-Eisen-Legierungen mit Phosphor. Es läßt sich in einfacher Weise mit den binären Grenzsystemen, soweit diese untersucht wurden, zu einem Gesamtbilde zusammenfassen. Durch thermische Untersuchungen und Feststellung der Gefügebestandteile wurde es von *Vogel* in dem eisenreichen Teil genauer festgelegt. Da die γ-Fe-Mischkrystalle bei den Phosphor-Eisen-Legierungen von den δ-Mischkrystallen umschlossen werden, gehört das System C-Fe-P auch hierher. Als Bodenkörper der Schmelzen finden sich außer γ und δ Zementit Fe_3C und die eisenreichste Phosphorverbindung Fe_3P. Die andere Phosphorverbindung Fe_2P ist erst in phosphorreichen Legierungen möglich. Die vier Ausscheidungsfelder der beiden Arten Eisenmischkrystalle und der beiden Eisenverbindungen mit C und P geben entsprechend Abb. 411 S. 444 Veranlassung zur Bildung zweier invarianter Gleichgewichte.

Es gibt einen Umwandlungspunkt U und einen eutektischen Punkt E. Mit der Schmelze U sind bei 1005° im Gleichgewicht die Mischkrystalle K und I und die Verbindung Fe_3P. Das Eutektikum hat bei dem Gleichgewicht von 950° außer dem Mischkrystall D die beiden Verbindungen Fe_3C und Fe_2P als Bodenkörper. Das Gebiet der γ-Mischkrystalle ist in der kleinen Abbildung rechts oben noch einmal wiedergegeben. Es erstreckt sich nur wenig in das Gebiet der phosphorhaltigen Legierungen hinein. Der Perlitpunkt g verschiebt sich bis V, wo als Gefügebestandteil bei der Umwandlung die Verbindung Fe_3P hinzukommt.

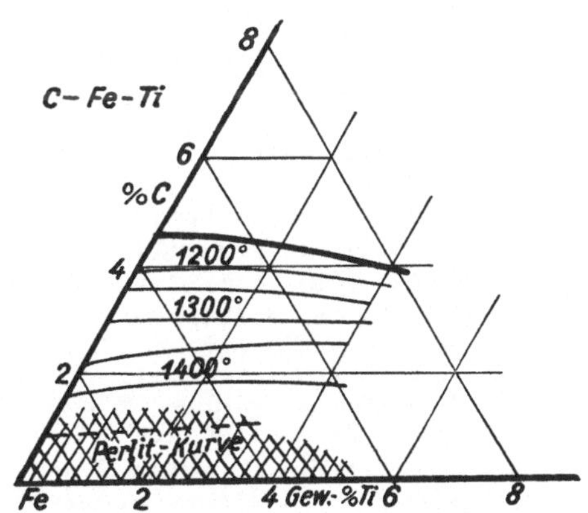

Abb. 410. F 5. Gruppe 15 ($a_3\,b_2$): C-Fe-Ti. Ausscheidungsfläche der eisenreichen Legierungen.

Die Temperatur ist praktisch dieselbe wie ohne Phosphorzusatz. Es bildeten sich außerdem, wie die Abbildung zeigt, zwei Felder, in denen Gleichgewichte der γ-Mischkrystalle mit Fe_3C bzw. δ-Fe-Mischkrystallen vorhanden ist. Oberhalb 900° dehnt sich das Gebiet der γ-Mischkrystalle bei Temperaturen bis 1410° bis zur Kante Fe-P aus. Da aber Fe höchstens 0,3 Proz. P in Form der γ-Mischkrystalle in fester Lösung aufnimmt, ist dieses Gebiet nur klein. Die begrenzende Isotherme für 1005° ist durch eine punktierte Linie angedeutet. Der Umfang der δ-Fe-Mischkrystalle ist auch nur gering. Es wird beim Eutektikum an Phosphor 2,6 Proz. aufgenommen. Die gleichzeitige Aufnahme an Kohlenstoff ist nur gering, so daß sich das Gebiet eng an die Kante Fe-P anlegt.

In ähnlicher Weise wie für die Eisen-Kohlenstoff-Legierungen mit Nickel und Silicium wurde auch für Temperaturen bis 1800° die Löslichkeit von Kohlenstoff in den phosphorhaltigen Legierungen bis zu 2,4 Proz. P festgestellt. Es ergibt sich ein Verhalten ähnlich Abb. 370 S. 414, der Gehalt an Kohlenstoff ist in den phosphorhaltigen Legierungen geringer.

F 5. (a$_3$ b$_2$) C-Fe-U (IVb · ? · ?).

Es wurden einige technische Versuche gemacht über Gefügebeschaffenheit, Härtbarkeit, Anlaßbeständigkeit bei Uranstahl mit 0,1 bis 0,8 Proz. und 0,6 bis 5 Proz. U. Der Zusatz von Uran zu Kohlenstoffstahl veranlaßt das Auftreten von zwei neuen Gefügebestandteilen. In γ-Mischkrystallen löst sich U in geringer Menge. Es setzt den Schmelzpunkt erheblich herab. Uran wirkt im Stahl als sondercarbidbildendes Element, ähnlich dem Chrom. Die Verbesserung der mechanischen Eigenschaften von Baustahl durch Uran ist gering.

F 5. (a$_3$ b$_2$) C-Fe-Be (IVb · IVa · ?).

Von den Legierungen Kohlenstoff-Eisen-Beryllium machte *Balley* bis zu einem Gehalt von 3 bis 4$^1/_2$ Proz. C und 4 Proz. Be Untersuchungen über das Gefüge und die Härte.

Literatur zu Eisenlegierungen mit Kohlenstoff.

F 4. Kohlenstoffhaltige Legierungen, wobei das zweite binäre eisenhaltige Grenzsystem für die γ-Mischkrystalle kein geschlossenes Gebiet hat.
3. (172) C-Fe-Co: *R. Vogel* u. *W. Sundermann*, Arch. Eisenhüttenw. **6**, 1932/33, 35.
   (85) C-Fe-Ni: *T. Kasé*, Sci. Rep. Tôhoku Univ. **14**, 1925, 173.
5. (58) C-Fe-B: *R. Vogel* u. *G. Tammann*, Z. anorg. allg. Chem. **123**, 1922, 225.
   (79) C-Fe-S: *A. Schildkötter*, Diss. Berlin 1928. — *H. Hanemann* u. *A. Schildkötter*, Arch. Eisenhüttenw. **3**, 1929/30, 427. — *K. Schönrock*, Diss. Berlin 1926.— *D. M. Levy*, J. Iron Steel Inst. **77**, 1908, 33. — *Th. Liesching*, Diss. Techn. Hochschule Aachen 1910. — *R. Vogel* u. *G. Ritzau*, Arch. Eisenhüttenw. **4**, 1930/31, 549. — *Tomo-o-Satô*, Technol. Rep. Tôhoku Univ. **10**, 1932, 120.
6. (77) C-Fe-Mn: *P. Goerens*, Metallurgie **6**, 1909, 638. — *F. Wüst*, Metallurgie **6**, 1909, 3. — *E. C. Bain*, *E. S. Davingsort* u. *W. S. N. Warring*, Amer. Inst. min. metallurg. Engr. Techn. Publ. **1932**, Nr 467. — *R. Vogel* u. *W. Döring*, Arch. Eisenhüttenw. **9**, 1935, 250.
   (76) C-Fe-Cu: *F. Ostermann*, Z. Metallkde. **17**, 1925, 282 (mit Mn). — *T. Ishimara*, *T. Yonekura* u. *T. Ishigaki*, Sci. Rep. Tôhoku Univ. **15**, 1926, 81. — *W. R. Maddocks* u. *G. E. Claussen*, First Rep. Alloy Steels Research Committee **1936**, 107.
   (170) C-Fe-Zr: *R. Vogel* u. *K. Löhberg*, Arch. Eisenhüttenw. **7**, 1934, 473.
   (186) C-Fe-N: *W. Köster*, Arch. Eisenhüttenw. **4**, 1930, 149.
F 5. Kohlenstoffhaltige Legierungen, wobei das zweite eisenhaltige Grenzsystem für die γ-Mischkrystalle ein geschlossenes Gebiet hat.
14. (86) C-Fe-V: *R. Vogel* u. *E. Martin*, Arch. Eisenhüttenw. **4**, 1930, 487. — *P. Pütz*, Metallurgie **3**, 1906, 635. — *M. Oya*, Sci. Rep. Tôhoku Univ. **19**, 1930, 331 u. 450.— *H. Hongardy*, Arch. Eisenhüttenw. **10**, 1932/33, 497. — *R. Vogel* u. *E. Martin*, Arch. Eisenhüttenw. **4**, 1930, 487.
    (74) C-Fe-Cr: *K. Daeves*, Z. anorg. allg. Chem. **118**, 1921, 55. — *Russell*, J. Iron Steel Inst. **104**, 1921, 247. — *P. Oberhoffer*, *K. Daeves* u. *R. Rapatz*, Stahl u. Eisen **44**, 1924, 432. — *Th. Meierling* u. *W. Denecke*, Z. anorg. allg. Chem. **151**, 1926, 113. — *K. Fischbeck*, Stahl u. Eisen **44**, 1924, 714. — *A. v. Vegesack*, Z. anorg. Chem. **154**, 1926, 30. — *M. A. Grossmann*, Trans. Amer. Inst. min. metallurg. Engr. **75**, 1927, 214. — *A. Westgten*, *G. Phragmen* u. *T. Negtesko*, J. Iron Steel Inst. **117**, 1928, 383. — *F. Sauerwald*, *H. Neudecker* u. *J. Rudolf*, Z. anorg. Chem. **161**, 1927, 316. — *T. Murakami*, *K. Oka* u. *S. Nishigori*, Technol. Rep. Tôhoku Univ. **9**, 1930, 59 — Stahl u. Eisen **51**, 1931, 1234. — *V. Krivobok* u. *M. A. Grossmann*, Trans. Amer. Soc. Stl. Treat. **18**, 1930, 760. — *E. Maurer* u. *H. Nienhaus*, Stahl u. Eisen **47**, 1927, 2021.— *A. Westgren*, Nature, Lond. **1933**, 61. — *W. Tofaute*, *C. Küttner* u. *A. Büttinghaus*, Arch. Eisenhüttenw. **9**, 1936, 607. —

W. Tofaute, A. Sponheuer u. *H. Bennok*, Arch. Eisenhüttenw. 8, 1935, 488. —
F. Wever u. *W. Jellinghaus*, Mitt. Kais.-Wilh.-Inst. Eisenforschg., Düsseld. 14,
1932, 105. — *M. Schmidt* u. *O. Jungwirth*, Arch. Eisenhüttenw. 5, 1932, 419. —
J. H. G. Monypenny, First Rer. Alloy Steels Research Committee 1936, 39.

15. (87) C-Fe-W: *K. Daeves*, Z. anorg. allg. Chem. 118, 1921, 71. — *Oberhoffer, Daeves*
u. *Raputz*, Stahl u. Eisen 44, 1924, 979. — *Ozawa*, Sci. Rep. Tôhoku Univ. 11,
1922, 33. — *A. Westgren* u. *G. Phragman*, Jernkont. Ann. 111 (82), 1927, 535. —
Trans. Amer. Soc. Stl. Treat. 13, 1928, 539. — *W. Zieler*, Arch. Eisenhüttenw. 3,
1929/30, 61. — *A. Hultgren*, Stahl u. Eisen 41, 1921, 1775 u. 1824. — *S. Takede*,
Techn. Rep. Saito Ho-on-Kai 10, 1932, Nr. 23 u. 25; 11, 1932, Nr. 14.
    (84) C-Fe-Mo: *T. Takei*, Sci. Rep. Tôhoku Univ. 21, 1932, 134. — *T. Takei*,
Kinzoku no Kenkegu 9, 1932, 97 u. 142 — Met. & Alloys 3, 1932, 12 u. 344.
— *Portwin, Eug.* 112, 1921, 372.
    (81) C-Fe-Si: *W. Gontermann*, Z. anorg. allg. Chem. 59, 1908, 573. — *T. Satô*,
Technol. Rep. Tôhoku Univ. 9, 1931, 53. — *Honda* u. *Murakami*, J. Iron Steel
Inst. 107, 1923, 545 — Sci. Rep. Tôhoku Univ. 12, 1924, 1. — *Saito*, Ho-on Kai
Sendai 1932, Nr. 24. — *E. Scheil*, Mitt. Forsch.-Inst. verein. Stahlwerke, Dort-
mund 1929/30, 369. — *A. Křiž* u. *F. Pobořil*, J. Iron Steel Inst. 126, 1932, 323.
— *A. Dawans*, Rev. univ. Mines 11, 1935, 552.
    (187) C-Fe-U: *H. Bennok* u. *C. G. Holzscheider*, Arch. Eisenhüttenw. 9, 1935, 193.
— *R. Vogel* u. *H. Mäder*, Arch. Eisenhüttenw. 9, 1936, 333.
    (83) C-Fe-Si: *R. Vogel*, Ferrum 14, 1916/17, 179. — *K. Tamaru*. Sci. Rep. Tôhoku
Univ. 14, 1925, 25.
    (82) C-Fe-Sn: *P. Goerens* u. *K. Ellinger*, Metallurgie 7, 1910, 76.
    (75) C-Fe-Al: *E. Piwowarsky* u. *E. Söhnchen*, Arch. Eisenhüttenw. 5, 1931, 117
— Metallwirtsch. 12, 1931, 417. — *S. Taketa*, Technol. Rep. Tôhoku Univ. 9,
1931, 483. — *O. v. Keil* u. *O. Jungwirth*, Arch. Eisenhüttenw. 4, 1930/31, 221. —
F. R. Morral, J. Iron Steel Inst., Sept. 1934.
    (78) C-Fe-P: *H. Künkele*, Mitt. Kais.-Wilh.-Inst. Eisenforschg., Düsseld. 12, 1930,
23. — *R. Vogel* u. *Okko de Vries*, Arch. Eisenhüttenw. 4, 1931, 613. — *F. Wüst*,
Metallurgie 5, 1908, 73. — *P. Gorrens* u. *W. Dobbelstein*, Metallurgie 5, 1908, 561.
— *Stead*, J. Iron Steel Inst. 91, 1915, 140. — *R. Vogel*, Arch. Eisenhüttenw. 3,
1929/30, 360.
    (193) C-Fe-Be: *M. Balley*, Génie civ. 107, 1935, 572.

C. F 6. Schwefelhaltige ternäre Eisenlegierungen (außer C-Fe-S).

Obwohl ternäre Systeme von Metallen mit Schwefel nicht als eigentliche
Legierungen angesehen werden können, sollen doch die bisher untersuchten
Systeme aus Fe-S mit einem dritten Metall hier Erwähnung finden und als
Gruppe F 6 zusammengefaßt werden.

Das binäre System Fe-S gehört nach der gewählten Einteilung zu denen,
die praktisch keine Mischkrystalle der Eisenmodifikationen aufweisen (a_2).
Durch Kombination ergeben sich alsdann fünf verschiedene Gruppen, die
nach der allgemeinen Anordnung folgende Nummern tragen: 2. $a_1 a_2$; 4. $a_2 a_2$;
5. $a_2 a_3$; 12. $a_2 b_1$; 13. $a_2 b_2$. Außer für 12. $a_2 b_1$, wozu Fe-S-Cr gehören würde,
gibt es für alle diese Gruppen Beispiele. Durch die Gruppennummern ist
gleichzeitig der Zusammenhang mit früheren Eisenlegierungen, sowohl denen
ohne als mit Kohlenstoff angezeigt. Allerdings gibt es bei den anderen ternären Eisenlegierungen ohne und mit Kohlenstoff kaum Beispiele, bei denen
der binäre Grenztypus a_2 beteiligt ist. In Betracht kommt bei den bis jetzt
untersuchten Legierungen nur Gruppe 5 ($a_2 a_3$), vertreten durch die kohlenstofffreien Legierungen Ag-Fe-Cu, Pb-Fe-Cu, die kohlenstoffhaltigen C-Fe-B, C-Fe-S
und die schwefelhaltigen S-Fe-Mn, S-Fe-Cu.

F 6. Gruppe 2 ($a_2\,a_1$).

($a_2\,a_1$) S-Fe-Ni (IVa · IIa · ?).

Das System Eisen-Schwefel-Nickel ist in dem Teile, dessen Schwefelgehalt bis FeS und Ni_3S_2 geht, von *Vogel* und *Tonn* eingehend untersucht worden. Die Verfasser geben eine Darstellung der Erstarrungsvorgänge. Hiernach treten als Ausscheidung auf Mischkrystalle δ-Fe, γ-(FeNi) sowie die beiden schwefelhaltigen Verbindungen. Bei den Legierungen, die auf der Kante FeS-Ni_3S_2 des Gebietes angegeben sind, treten im festen Zustande noch Umwandlungen auf, die hier nicht weiter berücksichtigt sind. In dem System S-Fe-Ni gibt es eine invariante Dreibodenkörperschmelze, welche im Gleichgewicht mit den Mischkrystallen γ-(FeNi), mit FeS und einem Misch-

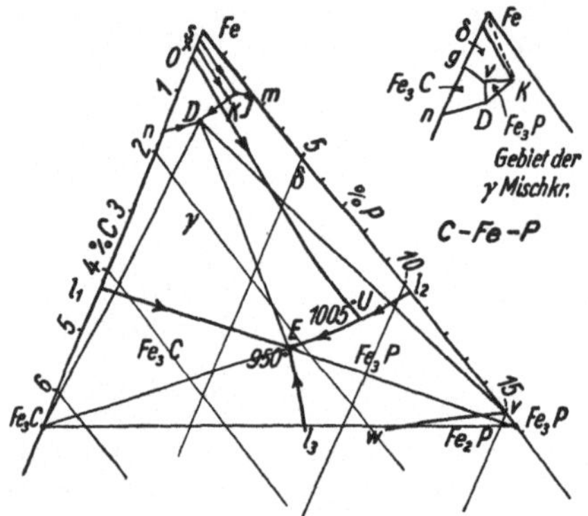

Abb. 411. F 6. Gruppe 4 ($a_2\,a_2$): S-Fe-P. Die eisenreichen Legierungen.

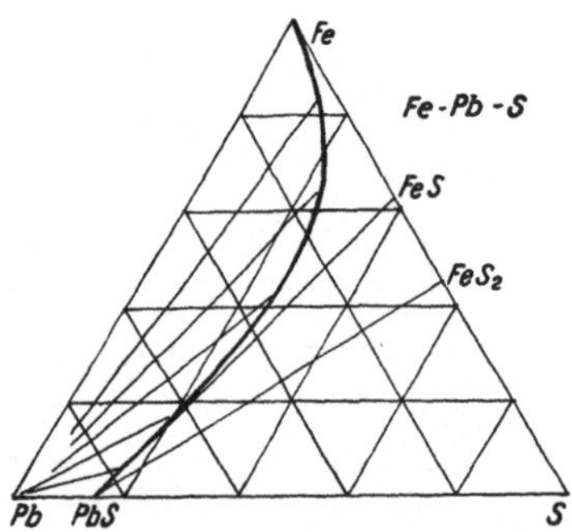

Abb. 412. F 6. Gruppe 4 ($a_2\,b_2$): S-Fe-Pb. Gebietszuteilung, Entmischungsgebiet.

krystall ist, der gleichzeitig alle drei Elemente enthält. Die Erstarrungstemperatur der Legierungen von Fe-Ni fällt stark auf Zusatz von Schwefel. Die Isothermen sind wohl in Wirklichkeit nicht so stark geschlängelt, wie sie von dem Verfasser angegeben sind.

F 6. Gruppe 4 ($a_2\,a_2$).

($a_2\,a_2$) S-Fe-Pb (IVa · IIx · IIIx).

Die beiden Systeme von Schwefel-Eisen mit Silber und Blei sind dadurch einander sehr ähnlich, daß Eisen und Silber wie Eisen und Blei eine Mischungslücke in flüssigem Zustande haben. Außerdem tritt auch in den Systemen Ag-S und Pb-S eine solche auf.

Das Verhalten der Gemische S-Fe-Pb ist in der Abb. 412 wiedergegeben. Die beiden Mischungslücken zwischen Fe-Pb und Pb-PbS fließen im ternären System zusammen. Die Mischungslücke, in der sich zwei Flüssigkeiten bilden, ist vermerkt und angegeben, welche Schmelzen zusammengehören. Die Grenze der Entmischung, die auf der Kante Fe-Pb fast vom Eckpunkte Fe ausgeht, verläuft so, daß sie sich immer mehr der Verbindungsgeraden von PbS mit FeS anschmiegt. Diese beiden Verbindungen selbst bilden miteinander ein

Eutektikum und bilden mit Pb und Fe ein zusammengehörendes System und nicht die beiden Systeme Pb-Fe-FeS und Pb-PbS-FeS. Das Gebiet Fe-FeS-PbS, in dem nach der Abbildung homogene Schmelzen auftreten, muß verschiedene Ausscheidungsflächen für die auftretenden festen Phasen aufweisen, die als einen Grenzpunkt das Eutektikum auf PbS-FeS haben. Sie wurden nicht genauer bestimmt.

F 6. (a₂ a₂) S-Fe-Ag (IV a · II x · III x).

Das System S-Fe-Ag ähnelt dem von S-Fe-Pb. Es wurde nach seinem Verhalten von *Lüder* in Umrissen festgelegt und besonders die Entmischungserscheinungen untersucht. Die Bildung zweier Schmelzen erfolgt, wie Abb. 413 anzeigt, bei fast allen Gemischen. Sie tritt schon auf bei geringem Zusatz von Ag zu Gemischen aus FeS-Fe und von Ag oder Fe zu den Sulfidgemischen.

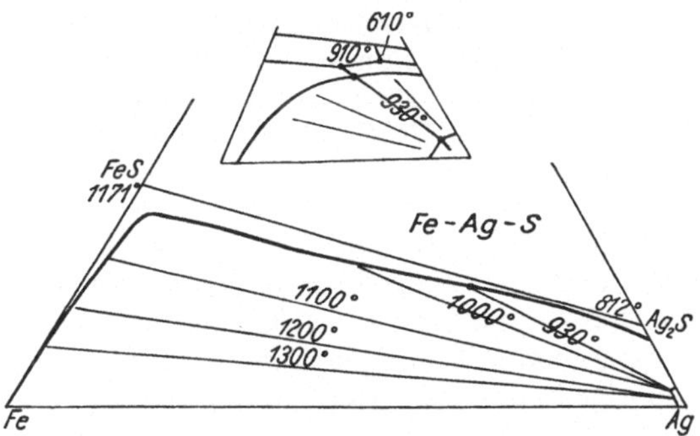

Abb. 413.   F 6. Gruppe 4 (a₂ a₂): S-Fe-Ag. Entmischungsgebiet.

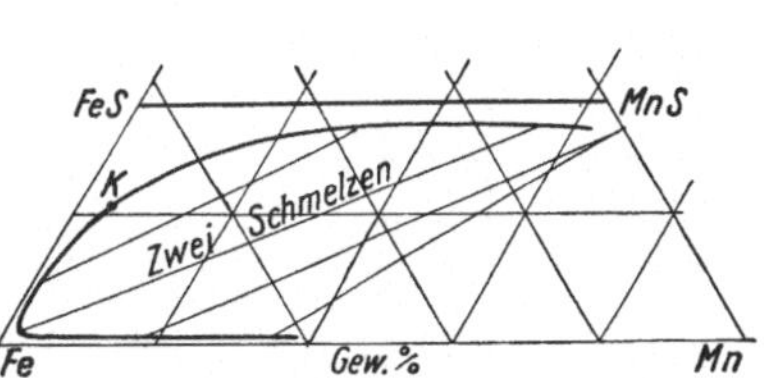

Abb. 414.   F 6. Gruppe 5 (a₂ a₃): S-Fe-Mn. Entmischungsgebiet.

Die eine der beiden an den Gleichgewichten beteiligten Schmelzen ist fast reines Silber. Es wurde beobachtet, daß die beiden Schmelzen in verschiedener Art erstarren, je nach der Art der Zusammensetzung. In den silberreichen Gemischen erstarrt zuerst die untere Silberschicht, bei den stärker eisenhaltigen Gemischen die obere Sulfidschicht. Eine tiefste Erstarrungstemperatur wurde bei 610° gefunden. Die kleine Skizze oben enthält die in dem System vorkommenden Gleichgewichte schematisch wiedergegeben. Sie kommen infolge der großen Ausdehnung des Entmischungsgebietes praktisch kaum zum Ausdruck. Außer den beiden invarianten Gleichgewichten mit drei festen Phasen, von denen eine bei 610° mit FeS, Ag₂S und Ag eutektisch, das andere bei 910° mit FeS, Fe und Ag dystektisch ist, findet sich bei 930° ein anderes invariantes Gleichgewicht mit zwei Schmelzen Fe und Ag.

F 6.   Gruppe 5 (a₂ a₃).

(a₂ a₃) S-Fe-Mn (IV a · III b · ?).

Die schwefelhaltigen Systeme der Gruppe a₂ a₃ entsprechen, wie schon erwähnt, anderen Eisenlegierungen, die keinen Schwefel enthalten. Auch in diesen finden sich, wie hier, Entmischungserscheinungen.

Das System S-Fe-Mn weist auch, wie die beiden eben erwähnten S-Fe-Pb
und S-Fe-Ag, eine Mischungslücke in flüssigem Zustande auf, doch erstreckt
sich diese nur bis zu einem Grenzsystem. Eine große Anzahl von Metallen wie
auch Mn mischen sich mit ihren Sulfiden in flüssigem Zustand nur in beschränktem Maße. Da Eisen sich mit Eisensulfid zu einer homogenen Flüssigkeit zusammenschmelzen läßt, und ebenso auch FeS mit MnS, so erstreckt sich in
dem Zustandsbilde, wie es die Abb. 414 angibt, eine Mischungslücke Mn-MnS,
in der zwei Schmelzen auftreten, in das ternäre Gebiet. Die Lücke erstreckt
sich bis nahe an das Gebiet Fe-FeS. Es genügen wenige Gewichtsteile Mangan,
um homogene flüssige Gemische aus Eisen und Eisensulfid in zwei Flüssigkeiten zu zerlegen. Das Grenzsystem FeS-MnS wurde von *Röhl* und von
Shibata untersucht, die in Übereinstimmung miteinander feststellten, daß

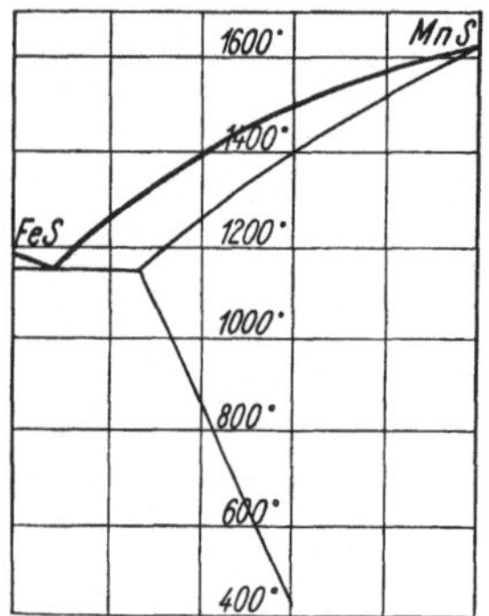

sich ein Eutektikum herausbildet, das nahe FeS
liegt, und wobei MnS in erheblicher Menge FeS in
fester Lösung aufnimmt. Nach den neueren Untersuchungen des Japaners nimmt MnS bis zu 75
Proz. auf, während *Röhl* 55 Proz. angibt (Abb. 414a).
Das ternäre System Fe-Mn-S wurde zuerst von
Vogel und *Baur* in den eisenreichen Teilen genauer untersucht,

Spätere Untersuchungen anderer Forscher führ-
ten zu einigen wichtigen Korrekturen. Die Abb. 414
gibt das von *Körber* und *Oelsen* für 1600° gefundene
Entmischungsgebiet mit einigen Geraden für einander zugehörige Schmelzen. Der Umfang der Ent-

Abb. 414a. F 6. Gruppe 5
(a₂ a₃): S-Fe-Mn.
Das binäre System FeS-MnS.

mischung ist besonders an der Fe-Mn-Kante erheblich größer als bei *Vogel* und *Baur*. Der kritische
Entmischungspunkt k liegt bei etwa 4 Proz. Mn
und 10 Proz. S und nicht nahe Fe, wie bei *Vogel*.
Die Gleichgewichte unter Beteiligung fester Phasen müssen damit wesentlich
anders sein, als sie sich aus den Angaben *Vogels* ergeben würden. Die Entmischungskurve ist aber der Fe-Mn-Kante so nahe, daß es schwer sein dürfte, das
Verhalten genau anzugeben. Die Entmischung, die bei 1600° besteht, wird sich
bei Erniedrigung der Temperatur ihrem Umfang nach wenig verändern. In dem
System sind Fe und MnS, bzw. ihre Mischkrystalle, die festen Phasen, die
gleichzeitig im Gleichgewicht mit Schmelzen sein können. Es führt dieses zu
den beiden invarianten Gleichgewichten, bei denen als dritte feste Phase FeS
oder Mn hinzukommt. Das Gleichgewicht Flüssig + Fe + MnS + FeS ist
sicherlich eutektisch, das andere Flüssig + Fe + MnS + Mn möglicherweise
nicht. An Stelle der angegebenen festen Phasen sind in Wirklichkeit Mischkrystalle zu setzen. Außerdem wird ein drittes invariantes Gleichgewicht
Flüssig-Flüssig-Fest-Fest auftreten, wobei die eine Flüssigkeit aus Fe und Mn
zu annähernd gleichen Teilen mit wenig S und die andere nahezu aus MnS
besteht. Die beiden festen an dem Gleichgewicht beteiligten Körper sind
α-Fe-Mn-Mischkrystalle und MnS. Da in dieser Hinsicht keine bestimmten
Untersuchungen vorliegen, soll hier nur erwähnt werden, daß das Verhalten
ähnlich dem später ausführlicher erörterten für Ag-Pb-S sein wird, wobei jedoch dort der kritische Entmischungspunkt im Ausscheidungsgebiet des Sulfides
(PbS) und nicht wie hier bei Fe-Mn-S des Metalles (Fe) liegt. Ein Unterschied

liegt noch darin, daß in dem System Fe-Mn-S in großem Umfang Mischkrystalle auftreten.

F 6. (a₂ a₃) S-Fe-Cu (IVb · IIIb · IIIx).

Das System Schwefel-Eisen-Kupfer weist ebenfalls eine Mischungslücke auf, die von der einen Kante aus sich in das Innere des Zustandsdreiecks erstreckt. Es wurde nicht so eingehend wie das soeben erörterte System untersucht. Die Mischungslücke erstreckt sich ebenfalls bis zu hohem Gehalt der Gemische an Fe. Sicherlich bilden sich auch ähnliche invariante Gleichgewichte, die aber bis jetzt nicht genauer festgelegt wurden. Von Bedeutung wird für das Zustandsbild die tetragonal krystallisierende ternäre Verbindung $CuFeS_2$ (Kupferkies) sein. Die Auffassung, daß es sich bei dem mehrfach untersuchten

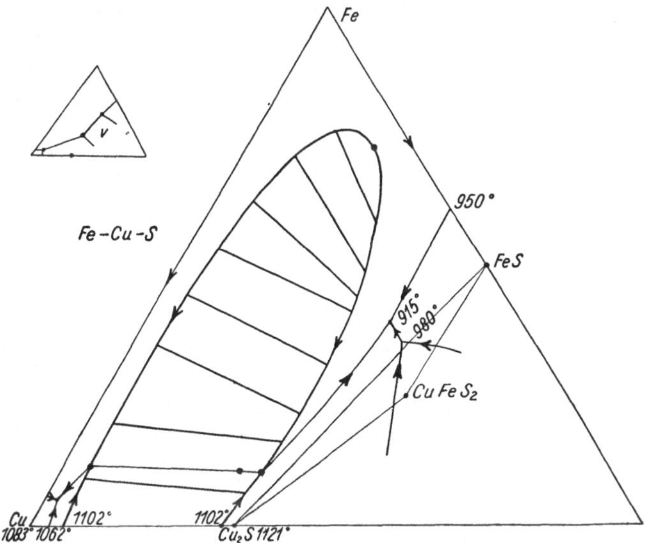

Abb. 415. F 6. Gruppe 5 (a₂ a₃): S-Fe-Cu.   Zustandsbild, halbschematisch.

System FeS-Cu_2S um ein binäres handelt, ist wohl nicht richtig. Auch die Ansicht von *Tammann* und *Bohner*, wonach drei Schmelzen im Gleichgewicht sein sollen, kann nicht aufrechterhalten werden, besonders weil Cu und Fe keine Mischungslücke im flüssigen Zustande zeigen, was 1924, als die Untersuchung gemacht wurde, noch nicht vollständig klar war. Auch unter der Annahme der beschränkten Mischbarkeit von Cu und Fe würden sich bei Vervollständigung des von *Tammann* und *Bohner* gegebenen Zustandsbildes durch die Ausscheidungsfelder der festen Körper Schwierigkeiten ergeben, da im Dreistoffsystem drei Schmelzen nur mit einem festen Körper und nicht mit zweien im invarianten Gleichgewichte sein können. Die Abb. 415 des Systems Cu-Fe-S, die hier gegeben ist, ist halbschematisch und gibt wohl noch nicht das endgültige Zustandsbild an. Es enthält ein Gebiet für die tetragonale krystallisierende Verbindung $CuFeS_2$ (Chalkopyrit) und berücksichtigt die Ergebnisse von *Bornemann* und *Schreyer*. Die Auffassung von *Guertler* und

Reuleux einer Verbindung $Cu_2S \cdot FeS$ wurde nicht geteilt. Die Abb. 415 gibt die verschiedenen Ausscheidungsgebiete und das Entmischungsgebiet an. Es ergeben sich hiernach vier invariante Gleichgewichte, von denen eins zwei Schmelzen und die festen Körper γ-Fe und Cu_2S umfaßt. Es sind Fe und Cu_2S gleichzeitig als Bodenkörper möglich, was zu den beiden eutektischen Gleichgewichten mit Cu und FeS führt. Das Gleichgewicht zwischen Schmelze und $CuFeS_2$, Cu_2S, FeS ist zunächst hypothetisch. Möglich ist auch eine andere Verteilung des Feldes, die oben links vermerkt ist.

F 6. Gruppe 13 ($a_2 b_2$).

($a_2 b_2$) S-Fe-P (IVa · IVa · ?).

Das System Schwefel-Eisen-Phosphor unterscheidet sich von den eben erörterten ternären Schwefel-Eisen-Legierungen dadurch, daß im binären System Fe-P das Gebiet der γ-Mischkrystalle vollständig von dem der α-δ-Mischkrystalle umgeben ist. Im binären System Fe-S gibt es zwei Ausscheidungsgebiete für die beiden Arten von γ- und δ-Fe. Da die Bildung von Mischkrystallen äußerst gering ist, verlaufen in den binären Systemen die beiden Gebiete, das eine (δ) bei Fe-S vom Schmelzpunkt des Eisens bis 1400° und das andere (γ) bei Fe-P bis zum Eutektikum. Im ternären System, das durch *Vogel* und *Vries* eingehend untersucht wurde, ist das Gebiet der α-δ-Fe-Mischkrystalle

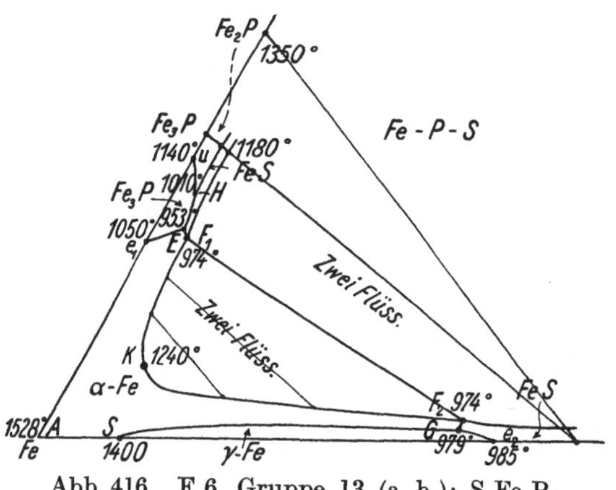

Abb. 416. F 6. Gruppe 13 ($a_2 b_2$): S-Fe-P.
Zustandsbild Fe-Fe$_3$P-FeS.

viel größer als das der γ-Fe-Mischkrystalle. Außerdem gibt es in dem untersuchten Gebiete noch Ausscheidungsfelder für FeS, Fe_3P und Fe_2P. Die besondere Eigentümlichkeit des Systems liegt auch hier in der Bildung zweier Flüssigkeitsschichten, die bereits bei verhältnismäßig geringem Gehalt von Phosphor und Schwefel auftreten. Die Gemische von Fe_3P und FeS wurden auch von *Andrew* und *Riddihough* untersucht. Sie fanden bis auf einen unwesentlichen Unterschied dasselbe wie *Vogel* und *de Vries*.

In Abb. 416 ist das Zustandsbild angegeben, wie es bis zu den Gemischen Fe_3P und FeS aufgestellt wurde. Es bilden sich vier verschiedene invariante Gleichgewichte heraus. Im ternären eutektischen Gleichgewicht ist die Schmelze E im Gleichgewicht mit den festen Phasen Fe_3P, (α, δ)-Fe und FeS. Die Umwandlung δ-Fe in γ-Fe gibt Veranlassung zur Bildung eines ternären Umwandlungspunktes G, wobei im Gleichgewicht zu dieser Schmelze FeS als dritte feste Phase hinzukommt. Ebenso führt der inkongruente Schmelzpunkt von Fe_3P zur Bildung eines ternären Umwandlungspunktes H, in dem diese Schmelze ein Gleichgewicht mit den drei festen Phasen Fe_3P,

Fe_2P und FeS ergibt. Das wichtigste invariante Gleichgewicht aber ist das zwischen den beiden Flüssigkeiten F_1 und F_2 mit (α, δ)-Fe und FeS. In dem Zustandsbilde scheiden sich von F_1F_2 ausgehend zwei Flächen, welche die Mischungslücke angeben und von denen eine sich nach höherem und die andere nach niederem Gehalt von Fe erstreckt. Es sind dieses die Gleichgewichte zweier Flüssigkeiten mit je einem festen Körper (α, δ)-Fe oder FeS. Mit steigendem Eisengehalt nähern sich die im Gleichgewicht miteinander befindlichen beiden Flüssigkeiten einander in ihrer Zusammensetzung und fließen schließlich in einem kritischen Punkt K zusammen, während sich das andere eisenärmere Gebiet erweitert, wenn es sich von der Geraden F_1F_2 entfernt. Dadurch zerfällt das Gebiet für FeS in zwei Teile, die beide nur schmal sind. Folgende kleine Tabelle gibt die Temperaturen und Zusammensetzung der invarianten Gemische wieder. Die Fe-Mischkrystalle enthalten in geringer Menge Phosphor. Ihre Zusammensetzung wurde in der Tabelle in der letzten Kolumne vermerkt.

Bezeichnung	Temperatur	Zusammensetzung		Im Gleichgewicht mit
		Proz. P	Proz. S	
G	979°	0,5	27,0	γ-Fe-Fe-S, α-Fe
H	1010°	11,8	1,8	Fe_3P, Fe_2P, α-Fe (1,8 Proz. P)
E	953°	10,2	2,2	Fe_3P, FeS, α-Fe (1,0 Proz. P)
F_1	974°	10,0	2,5	} FeS-α-Fe (1 Proz. P)
F_2	974°	0,8	27,5	
K	1240°	4,0	4,5	α-Fe (0,8 Proz. P)

Literatur zu schwefelhaltigen Eisenlegierungen.

F 6. Schwefelhaltige Eisenlegierungen (außer Fe-C-S).

2. (144) Fe-S-Ni: *R. Vogel* u. *G. Tammann*, Stahl u. Eisen **1930**, 1090. — *R. Vogel* u. *W. Tonn*, Arch. Eisenhüttenw. **3**, 1929/30, 769.

4. (17) Fe-S-Ag: *W. Guertler* u. *E. Lüder*, Met. u. Erz **21**, 1924, 65.
(149) Fe-S-Pb: ·*W. Leitgebel*, Met. u. Erz **23**, 1916, 639.

5. (173) Fe-S-Mn: *R. Vogel* u. *H. Banc*, Arch. Eisenhüttenw. **6**, 1932/33, 495. — *G. Röhl*, Stahl u. Eisen **33**, 1913, 565. — *Shibuta*, Technol. Rep. Tôhoku Univ. **1**, 1928, Nr. 4, 299. — *F. Körber*, Stahl u. Eisen **56**, 1936, 441. — *O. Meyer* u. *H. Schultz*, Arch. Eisenhüttenw. **8**, 1934/35, 187. — *H. Wentrup*, Carnegie Scholarship. Mem. **24**, 1935, 106.
(118) Fe-S-Cu: *Tammann* u. *Bohner*, Z. anorg. allg. Chem. **135**, 1924, 166. — *Guertler* u. *Reuleux*, Vom Erz z. metall. Werkstoff S. 363. — *F. H. Edwards*, Bull. Inst. Min. Met. **1924**, 236. — *Baykoff* u. *Troutnoff*, Rev. Métallurg. **1909**, 519. — *K. Bornemann* u. *F. Schreyer*, Metallurgie **6**, 1909, 629.

13. (147) Fe-S-P: *R. Vogel* u. *O. de Vries*, Arch. Eisenhüttenw. **4**, 1930/31, 613. — *J. H. Andrew* u. *M. Riddihough*, J. Iron Steel Inst. **1933**, 59.

Einige schwefelhaltige ternäre Systeme ohne Eisen.

Ternäre Systeme mit Schwefel ohne Eisen haben als Legierungen keine Bedeutung. Vom phasentheoretischen Standpunkt bieten sie erhebliches Interesse, da sich gerade bei ihnen die verschiedensten Gleichgewichte werden finden lassen. Mischkrystalle spielen nur eine geringe Rolle, dagegen werden sehr oft ternäre Verbindungen auftreten. Die sog. Sulfosalze gehören hierher, doch gibt es auch eine ganze Anzahl ternärer Verbindungen, die anders aufgebaut sind. Die beiden binären schwefelhaltigen Grenzsysteme sind oft von kompliziertem Typus; ist es dazu noch das dritte Grenzsystem der beiden Metalle, so ist nach dem auseinandergesetzten Verhalten das Auftreten ternärer Verbindungen ohne weiteres gegeben. In den Schwefelsystemen werden sich außerdem häufig Entmischungserscheinungen zeigen, die zu invarianten Gleichgewichten zweier Schmelzen mit zwei Bodenkörpern führen. Derartiges Verhalten wurde auch bei den wirklichen Legierungen, wie angegeben, mehrfach festgestellt. In folgendem sollen nur einige Systeme etwas näher betrachtet werden. Die Mehrzahl der im Literaturverzeichnis vermerkten Systeme ist nur orientierend untersucht worden. Bei einer Anzahl wurde von *Guertler* und seinen Mitarbeitern die Art der festen Bestandteile festgestellt und die dadurch sich ergebende Zerteilung der ternären Systeme. Da die binären Grenzsysteme bereits vielfach anders sind, als sie damals angenommen wurden, und auch wohl ternäre Verbindungen mehrfach vorkommen werden, wo sie bisher nicht

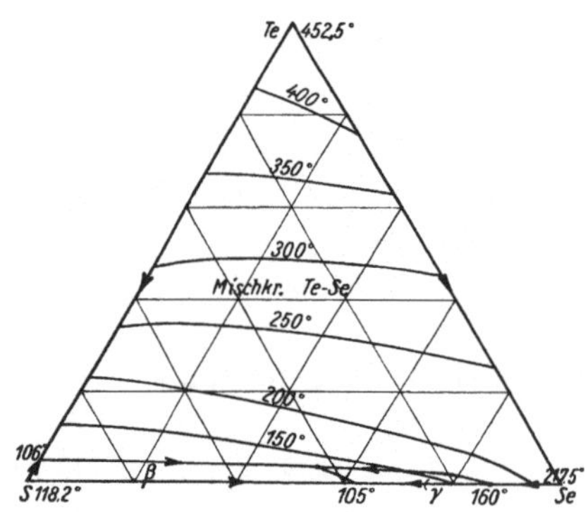

Abb. 417. F 6. Gruppe **13** (a₂ b₂): S-Se-Te.
Erstarrungsflächen.

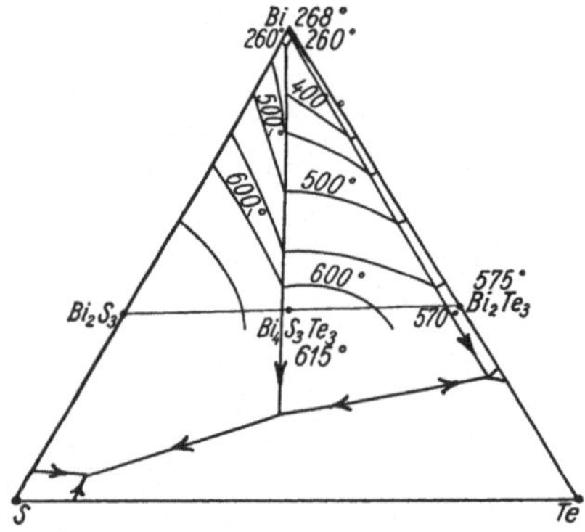

Abb. 418. F 6. Gruppe **13** (a₂ b₂): S-Bi-Te.
Erstarrungsflächen, zum Teil konstruiert.

gefunden wurden, haben diese Untersuchungen meist nur orientierenden Charakter. Wegen der leichten Verdampfbarkeit von Schwefel sind schwefelreiche Gemische schwieriger zu untersuchen. Es sollen zunächst einige Systeme ohne Entmischung und dann solche mit Mischungslücken im flüssigen Zustande betrachtet werden.

S-Se-Te (IIIb · Ia · IIb).

Das Erstarrungsbild des Systemes S-Se-Te, welches dem Typus 5 (III · 1 · 2) zugehört, ist in Abb. 417 wiedergegeben. Zwischen Te und Se bildet sich eine lückenlose Reihe von Mischkrystallen, zwischen Te und S ein Eutektikum und bei S und Se schiebt sich eine dritte feste Phase dazwischen. Dieses gibt Veranlassung zu einer Übergangslinie im ternären System, die allerdings nur schwach zum Ausdruck kommt.

Bi-S-Te (IIIa · IIb · IVa).

Das ternäre System Bi-Se-Te ist nur bedingt zu den Legierungen zu rechnen. Da in den binären Gemischen mit Bi je eine Verbindung Bi_2S_3 und Bi_2Te_3 auftritt, während S und Te ein Eutektikum bildet, gehört es auch zur Gruppe 8.

Es wurde nur in dem Teil, der größere Legierungsähnlichkeit aufweist, Bi_2S_3-Bi_2Te_3-Bi untersucht. Im ternären System bildet sich eine eben noch kongruent schmelzende Verbindung der Formel $Bi_4S_3Te_3$, die also ihrer Zusammensetzung nach gerade zwischen den beiden binären Verbindungen liegt. Im ternären System hat diese, wie die Abb. 418 zeigt, ein großes Ausscheidungsfeld. Das Ausscheidungsfeld von Bi ist nur klein, da wegen den hohen Schmelzpunkten der Verbindungen die Eutektika in ihrer Zusammensetzung nahe Bi liegen. Das Feld für Bi_2Te_3 legt sich an die Kante Bi-Te an, weil der Schmelzpunkt dieser Verbindung erheblich niedriger als der der ternären Verbindung und noch niedriger als der schwefelhaltigen binären ist. Das Auftreten ternärer Verbindungen bei Legierungen ist besonders dann zu erwarten, wenn in den binären Grenzsystemen Verbindungen salzartigen Charakters auftreten. Als wirkliche Legierungen sind wohl nur die Gemische mit hohem Gehalt an Bi anzusprechen.

Entmischungen in schwefelhaltigen ternären Systemen.

Die folgenden Betrachtungen beziehen sich auf Systeme mit Entmischungen und im besonderen auf drei schematisierte Fälle.

Mit den meisten Metallen bildet Schwefel nur eine chemische Verbindung von einer einfachen Zusammensetzung, mit verschiedenen aber auch solche verschiedener Zusammensetzung. In vielen Fällen mischt sich das Sulfid im Schmelzfluß nur beschränkt mit dem zugehörigen Metall. Tritt ein zweites Metall hinzu, so ergeben sich interessante Dreistoffsysteme. Von diesen Systemen, die allgemein durch das Symbol M'-M''-S auszudrücken sind, soll nur der schwefelärmere Teil untersucht werden, der die Gemische der Metalle mit ihren Sulfiden umfaßt. Sind beispielsweise $M_2'S$ und $M_2''S$ die zugehörigen Sulfide, so handelt es sich um Untersuchung des Systems M'-M''-$M_2'S$-$M_2''S$, wie z. B. bei Ag-Cu-Ag_2S-Cu_2S. Kommen Sulfide anderer Formeln in Frage, so sind die entsprechenden Gebiete anders, z. B. bei Cu-Pb-Cu_2S-PbS. In der Darstellung im Dreieck ergibt sich für das zu untersuchende Gebiet ein Viereck verschiedener Form. Die Darstellung nach Atomprozenten, die in den Abbildungen gewählt ist, ist vorzuziehen. Für die Sulfide soll stets ein kongruenter Schmelzpunkt angenommen werden, was auch die Regel ist, wodurch alsdann das vermerkte Viereck auch ein System für sich darstellt. Es zeigt alsdann vollständig das Verhalten der Schmelzen reziproker Salzpaare, worüber vom Verfasser vor Jahren die Fälle ohne Bildung von Mischungslücken im flüssigen Zustande genauer untersucht wurden (Z. physik. Chem. 82, 1913, 1). Das Verhalten in diesen schwefelhaltigen Systemen ist sinngemäß vollständig dem früher auseinandergesetzten gleichartig, wenn keine Entmischungen im flüssigen Zustande auftreten. Ist dieses aber der Fall, so kommen besonders interessante Gleichgewichte vor. An einigen Beispielen soll dies näher erörtert werden.

Ag-Pb-S (IIb · IIIx · IIIx).

In einem System M'-M''-$M'S$-$M''S$ treten oft nur diese vier Bestandteile als feste Phasen auf. Es ergibt sich alsdann in der graphischen Darstellung der Schmelz- und Erstarrungsvorgänge ein Viereck, wobei jede dieser Phasen ein bestimmtes Gebiet der Ausscheidung aus dem Schmelzfluß umfaßt. Es bilden sich zwei Vierphasenpunkte für Schmelzen bestimmter Zusammensetzung, die mit drei Bodenkörpern im Gleichgewicht sind. Aus den Eutektika der binären Grenzmischungen ist die Zusammensetzung dieser beiden Schmelzen, gegeben durch die Lage im Viereck, in den meisten Fällen mit Annäherung zu bestimmen. Liegen die vier binären Eutektika paarweise nahe zwei Ecken des Vierecks, die einander diagonal gegenüberliegen, so ergeben sich zwei ternäre Eutektika, und das Gebiet aller Gemische ist durch die andere Diagonale in zwei Teile zerlegt, die unabhängig voneinander betrachtet werden können. Ein solcher Fall liegt z. B. vor bei den Gemischen Ag-Pb-Ag$_2$S-PbS, wie er zunächst unter Vernachlässigung des Entmischungsgebietes in der Abb. 419 wiedergegeben ist. Im allgemeinen Fall ist nun zu untersuchen, wie das Auftreten von Mischungslücken in den binären Grenzsystemen das Erstarrungsbild verändert.

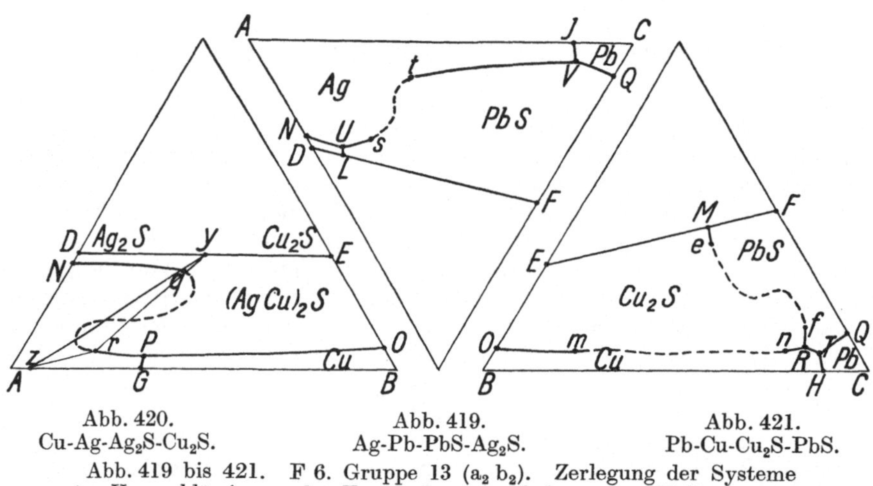

Abb. 420.
Cu-Ag-Ag$_2$S-Cu$_2$S.

Abb. 419.
Ag-Pb-PbS-Ag$_2$S.

Abb. 421.
Pb-Cu-Cu$_2$S-PbS.

Abb. 419 bis 421. F 6. Gruppe 13 (a$_2$ b$_2$). Zerlegung der Systeme unter Vernachlässigung der Entmischungserscheinungen. Halbschematisch.

Zunächst besteht die Möglichkeit, daß nur eines der binären Grenzsysteme Entmischung zeigt, wobei das Auftreten einer Mischungslücke zwischen einem Metall und seinem Sulfid wahrscheinlicher als zwischen den beiden Metallen oder zwischen den beiden Sulfiden ist. Die Mischungslücke zwischen dem einen Metall und seinem Sulfid führt zu einem Entmischungsgebiet auch in dem durch das Viereck dargestellten Dreistoffsystem. Sie erstreckt sich zunächst in das Ausscheidungsgebiet des Metalles oder Sulfides, mit dem im binären Grenzsysteme die beiden Schmelzen im Gleichgewichte sein können. Für Ag-Pb-Ag$_2$S-PbS ist dieses das Ausscheidungsgebiet von Ag. Es ist nun denkbar, daß sich die Mischungslücke in diesem Gebiete schließt. Meist wird aber wohl die Mischungslücke sich weiter ausdehnen und auf das Gebiet eines zweiten Bodenkörpers übergreifen und sich erst in diesem in einem kritischen Punkt (Flüssig$_1$ = Flüssig$_2$) schließen. Dieses ist für Ag-Pb-Ag$_2$S-PbS der Fall, so daß die Abb. 419 zu der Abb. 422 wird, die das Verhalten bei Berücksichtigung der Entmischung halbschematisch wiedergibt. Die Durchschnei-

dung der Grenzkurve U-V erfolgt in den Punkten s und t. Die beiden Schmelzen dieser Zusammensetzung stellen mit den beiden festen Bodenkörpern Ag
und PbS ein invariantes Gleichgewicht dar. Die Abb. 422 zeigt, daß die
Grenzkurve zwischen s und t der Abb. 419, entsprechend dem Kontinuitätsprinzip von *van der Waals*, metastabile bzw. labile Gleichgewichte anzeigt,
während sich die Teile V-t und s-U auf stabile Zustände beziehen. Das invariante Gleichgewicht $\text{Flüssig}_1 + \text{Flüssig}_2 + \text{Fest}_1 + \text{Fest}_2$, in diesem Fall:
$s + t + \text{Ag} + \text{PbS}$, ist derart, daß bei Wärmeentziehung und konstanter
Temperatur eine Reaktion entsprechend der Gleichung $s + t = \text{Ag}_{\text{fest}} + \text{PbS}_{\text{fest}}$
von links nach rechts vor sich geht. Beide Schmelzen verschwinden also gleichzeitig unter Bildung beider fester Phasen, mit denen sie im Gleichgewicht
sind. Entspricht das Mischungsverhältnis der Schmelzen $s + t$ gerade der
Zusammensetzung x, so erstarren die Schmelzen bei der Temperatur des invarianten Gleichgewichtes vollständig. Ist aber eine der Schmelzen s oder t

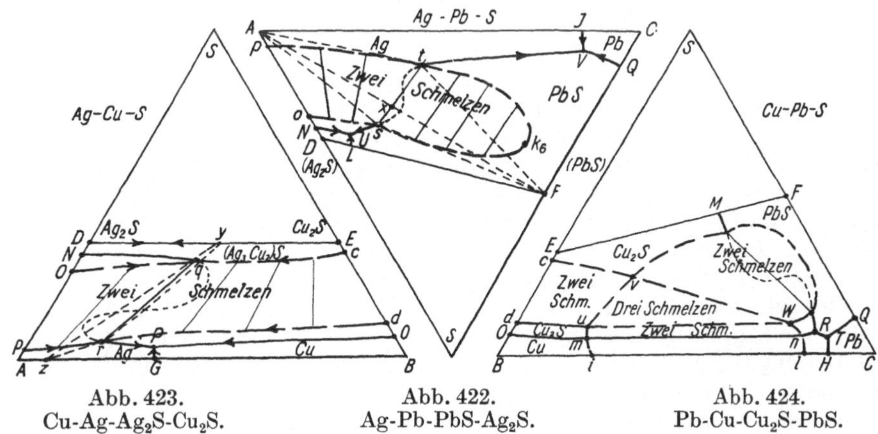

<table>
<tr><td>Abb. 423.</td><td>Abb. 422.</td><td>Abb. 424.</td></tr>
<tr><td>Cu-Ag-Ag₂S-Cu₂S.</td><td>Ag-Pb-PbS-Ag₂S.</td><td>Pb-Cu-Cu₂S-PbS.</td></tr>
</table>

Abb. 422 bis 423. F 6. Gruppe 13 ($a_2\, b_2$). Die Entmischungsgebiete berücksichtigt.

in größerer Menge vorhanden, so bleibt sie neben den beiden festen Phasen
übrig. Die weitere Erstarrung erfolgt alsdann unter Veränderung der Schmelzen entweder in Richtung s-U oder t-V, bis in den ternären Eutektika U oder V
vollständiges Erstarren eintritt. In den Abbildungen ist das Gebiet der Entmischungen kleiner dargestellt, als es der Wirklichkeit entspricht. Es legt
sich stärker an die Kanten Ag-Pb und Ag₂S-PbS an.

Ag-Cu-S (IIb · IIIx · IIIx).

Für Systeme mit Mischungslücken in zwei binären Grenzsystemen ist es
von wesentlicher Bedeutung, ob diese auf gegenüberliegenden oder benachbarten Seiten des darstellenden Vierecks liegen. Der einfachere Fall ist der,
daß die Lücken einander gegenüberliegen. Zeigte z. B. auch das System Pb-PbS
Entmischung, so würde sich das Entmischungsgebiet durch das gesamte Viereck erstrecken. Der Unterschied im Verhalten gegen das auseinandergesetzte
System mit nur einer Mischungslücke in einem binären Grenzsystem wäre nicht

groß und erstreckte sich nur auf die dem Grenzsystem M''-$M_2''S$ benachbarten Mischungen.

Im System Ag-Cu-Ag$_2$S-Cu$_2$S tritt dieser Fall ein, daß zwei im Viereck gegenüberliegende Grenzsysteme Mischungslücken haben, doch ist dieses System dadurch anders, daß sich zwischen Ag$_2$S und Cu$_2$S lückenlos Mischkrystalle mit Schmelzpunktminimum bilden. Infolgedessen gibt es nicht vier, sondern nur drei feste Phasen: Mischkrystalle (Ag, Cu)$_2$S sowie Ag und Cu, bzw. ihre Mischkrystalle. Es gibt alsdann auch nur drei Ausscheidungsfelder im Viereck, in der Art, wie dieses Abb. 420 unter Weglassung der Mischungslücken zeigt. Ein invariantes Vierphasengleichgewicht bildet sich mit Schmelze P und drei festen Phasen: Mischkrystalle nach Cu und Ag sowie einem bestimmten Mischkrystall (AgCu)$_2$S. Die beiden Mischungslücken des binären Systems Metall-Metallsulfid unterscheiden sich dadurch, daß bei Ag-Ag$_2$S das Metall also festes Silber und bei Cu-Cu$_2$S das Sulfid also festes Kupfersulfid mit zwei Schmelzen im Gleichgewichte sind. In der vervollständigten Darstellung, die in Abb. 423 wiedergegeben ist, greift deswegen links das Ausscheidungsgebiet von Ag und rechts das von Cu$_2$S über die Mischungslücke hinaus. Für die Grenzkurve Ag-(Ag, Cu)$_2$S ist ein Verlauf N-q-r-P angenommen, wobei die Strecke q-r wieder wie in dem früher angegebenen Falle metastabile und labile Gleichgewichte umfaßt. In diesem Falle ist das Gleichgewicht Flüssig$_1$ + Flüssig$_2$ + Fest$_1$ + Fest$_2$ von anderer Art als bei Cu-Pb-Cu$_2$S-PbS. Die Lage der beiden flüssigen und der beiden festen Phasen im darstellenden Viereck ist derart, daß die Flüssigkeit (q) innerhalb des Dreiecks (r-y-z) liegt, dessen Eckpunkte die drei anderen Phasen darstellen. Infolgedessen vollzieht sich bei Wärmeentziehung bei konstanter Temperatur die Erstarrung nach der Umsetzungsgleichung $q = r + y + z$, die Flüssigkeit q setzt sich unter Ausscheidung von bestimmten Mischkrystallen aus (Ag, Cu)$_2$S der Zusammensetzung y, Mischkrystallen z nach Silber und Bildung der Schmelze r so lange um, bis q vollständig verschwunden ist. Die weitere Erstarrung vollzieht sich unter Änderung der Schmelze von r bis P und Ausscheidung der beiden Arten Mischkrystalle. Im ternären Eutektikum P erfolgt vollständiges Erstarren. Auch in diesem Falle ist das Gebiet der Entmischung in Wirklichkeit größer, als die Abbildungen angeben. Das System wurde von *Lüder* untersucht, der bei 880° die minimale Entmischungstemperatur feststellte mit den zugehörigen Schmelzen.

Cu-Pb-S (IIx · IIIx · IIIx).

Als dritter Fall soll der untersucht werden, daß die beiden vorkommenden Entmischungsgebiete in der Vierecksdarstellung benachbart sind. Die Abb. 421 gibt ein System dieser Art wieder in der Art, wie man es etwa bei Cu-Pb-Cu$_2$S-PbS beobachtet. Die Abb. 421 gibt für dieses System die Erstarrungsgebiete der vier vorkommenden festen Phasen bei Weglassung der Mischungslücken. Die vier binären Eutektika haben eine derartige Lage, daß im Viereck nur eines der beiden Vierphasengleichgewichte (T) eutektisch ist: die Schmelze der Zusammensetzung T ist mit Cu, Pb und PbS im Gleichgewicht. Das andere Vierphasengleichgewicht stellt ein Übergangsgleichgewicht dar: die Schmelze R ist mit Cu und den beiden Sulfiden Cu$_2$S und PbS im Gleichgewicht. Bei Wärmeentwicklung findet die Umsetzung statt: Cu$_2$S + R = Cu + PbS. Das durch die auftretenden Entmischungen vervollständigte

Erstarrungsbild zeigt Abb. 422 rechts. Das Entmischungsgebiet Cu-Pb erstreckt sich über die Grenzkurve O-m-n-R hinaus in das Ausscheidungsgebiet von Cu_2S und trifft hier mit dem Entmischungsgebiet Cu-Cu_2S zusammen. Dieses führt zu einem Gleichgewicht von festem Cu_2S mit drei Schmelzen u, v und w. Das Entmischungsgebiet v-w setzt sich alsdann weiter über e-f bis in das Gebiet von PbS fort und schließt sich hier in einem kritischen Punkte. Die beiden Vierphasengleichgewichte mit zwei Schmelzen m, n bzw. e, f und zwei festen Phasen Cu, Cu_2S bzw. Cu_2S, PbS bieten gegenüber dem früher Auseinandergesetzten nichts Neues. Neu ist aber das Gleichgewicht der Flüssigkeiten u, v, w mit festem Cu_2S. Bei Wärmeentzug setzten sich die Schmelzen $u + v$ um in festes $Cu_2S + w$, indem die Temperatur so lange konstant bleibt, als noch u und v beide anwesend sind. Die weitere Erstarrung vollzieht sich unter Bildung der beiden Schmelzen m-n oder e-f neben festem Cu_2S, je nachdem, ob vorher u oder v im Überschuß vorhanden war. Alsdann kommt zu Cu_2S eine zweite feste Phase hinzu und schließlich in R die dritte, was zu den Erstarrungsvorgängen eines Übergangsgleichgewichtes führt und nicht weiter erörtert zu werden braucht.

Es ließen sich noch die verschiedensten Fälle erörtern, doch erscheint es angebracht, solche nicht an konstruierten Beispielen, sondern an eventuell idealisierten, wirklich vorkommenden Gleichgewichten anzuknüpfen. Ein Auftreten von drei Schmelzen im Gleichgewicht ist wohl stets an mindestens zwei Mischungslücken der angegebenen Art bei benachbarten binären Grenzsystemen gebunden. Es wird sich auch beim Auftreten von drei oder vier binären Mischungslücken zeigen.

Literatur zu ternäre schwefelhaltige Legierungen.

(168) S-Se-Te: *L. Losana*, Gazz. chim. ital. **53**, 1923, 396.
 (13) Ag-Cu-S: *W. Guertler* u. *E. Lüder*, Met. u. Erz **21**, 1924, 133. — *E. Jänecke*, Z. Elektrochem. **42**, 1936, 375.
 (19) Ag-Pb-S: *W. Guertler* u. *E. Lüder*, Met. u. Erz **21**, 1924, 173. — *E. Jänecke*, Z. Elektrochem. **42**, 1936, 375.
(106) Co-Ni-S: *W. Guertler* u. *H. Schack*, Met. u. Erz **20**, 1923, 367.
(107) Co-Pb-S: *W. Guertler* u. *H. Schack*, Met. u. Erz **20**, 1923, 365.
 (66) Bi-Cu-S: *K. L. Meißner*, Met. u. Erz **18**, 1921, 358.
(163) Ni-S-Sb: *W. Guertler* u. *H. Schack*, Met. u. Erz **20**, 1923, 162.
(164) Pb-S-Sb: *W. Guertler* u. *H. Schack*, Met. u. Erz **20**, 1923, 427.
(159) Mo-S-Sb: *W. Guertler* u. *H. Schack*, Met. u. Erz **20**, 1923, 426.
(161) Ni-Pb-S: *W. Guertler* u. *H. Schack*, Met. u. Erz **20**, 1923, 361.
 (71) Bi-S-Te: *M. Amadori*, Gazz. chim. ital. **48 II**, 1918, 42.
(137) Cu-S-Sn: *K. L. Meißner*, Met. u. Erz **18**, 1921, 466.
(136) Cu-Sb-S: *K. L. Meißner*, Met. u. Erz **18**, 1921, 410.
(131) Cu-Pb-S: *K. L. Meißner*, Met. u. Erz **18**, 1921, 145. — *W. Guertler* u. *G. Landau*, Z. anorg. allg. Chem. **218**, 1934, 321 — Met. u. Erz **31**, 1934, 169. — *E. Jänecke*, Z. Elektrochem. **142**, 1936, 375.
(121) Cu-Mn-S: *K. L. Meißner*, Met. u. Erz **18**, 1921, 438.
 (53) As-S-Ni: *R. Vogel* u. *H. Baur*, Arch. Eisenhüttenw. **6**, 1932, 495. — *K. Friedrich*, Met. u. Erz **10**, 1913, 662.
(183) Cu-Ni-S: *J. Veszelka*, Mitt. Berg- u. Hüttenw. Sepron, Ungarn **1932**, 4.

Fünfter Teil

Quaternäre Legierungen.

Allgemeines. Einteilung.

Ein großer Vorzug der gewählten Art der Einteilung liegt darin, daß sich auch für kompliziertere Legierungen, für Vier- und Mehrstoffsysteme ohne weiteres eine Einteilung in Gruppen ergibt, die von der hierfür einfachsten zu der kompliziertesten fortschreitet. Es ergeben sich jedesmal, also auch für die quaternären Legierungen, fünf große Gruppen I, II, III, IV und V. Die Zahl gibt an, welchem Typus das komplizierteste binäre Grenzsystem angehört. Beim quaternären Typus III ist beispielsweise kein binäres Grenzsystem komplizierter, als es dem binären Typus III mit kongruentem oder inkongruentem Schmelzpunkt einer intermetallischen Verbindung außer den beiden reinen Metallen und ihren Mischkrystallen entspricht. Diese binären Typen III können natürlich mehrfach auftreten, niemals aber ein komplizierterer Typus. Es ergibt sich dabei bereits für Legierungen vom quaternären Typus III eine große Mannigfaltigkeit, indem die übrigen fünf binären Grenzsysteme in verschiedenster Art den Typen I bis III zugehören können. Man erkennt, daß dieses bei den quaternären Legierungen vom Typus IV und V in noch stärkerem Umfang der Fall sein muß.

Wenn nun zur weiteren Einteilung der quaternären Legierungen das Verhalten der vier ternären Grenzsysteme zugrunde gelegt wird, gerade wie bei der Einteilung der ternären Legierungen das der binären Grenzsysteme, so ergibt sich eine bestimmte Zerlegung in Untergruppen. Hierbei ist zu beachten, daß, wenn eines der binären Grenzsysteme der quaternären Legierungen vom Typus II, III, IV oder V ist, es mindestens zwei ternäre Grenzsysteme geben muß, die diesem gleichartig numerierten Typus zugehören. Jedes binäre Grenzsystem gehört zu zwei ternären. Dadurch ergibt sich für die Einteilung auf Grund des Verhaltens der vier ternären Grenzsysteme eine wesentliche Vereinfachung, indem das komplizierteste ternäre Grenzsystem immer doppelt vertreten sein muß. Zu berücksichtigen ist ferner noch, daß bei den ternären Systemen Typen wie III · 1 · 1, IV · 1 · 1 oder gar V · 1 · 1, wie oben auseinandergesetzt wurde, aus physikalischen Gründen unmöglich sind. Es ergibt sich dann, wenn das Verhalten der ternären Legierungen durch die entsprechenden Zahlen angegeben wird, folgende Einteilung:

1. I · 1 · 1 · 1	9. III · 3 · 3 · 3	17. IV · 4 · 3 · 4	25. V · 5 · 2 · 4
2. II · 2 · 1 · 1	10. IV · 4 · 1 · 2	18. IV · 4 · 4 · 4	26. V · 5 · 2 · 5
3. II · 2 · 1 · 2	11. IV · 4 · 1 · 3	19. V · 5 · 1 · 2	27. V · 5 · 3 · 3
4. II · 2 · 2 · 2	12. IV · 4 · 1 · 4	20. V · 5 · 1 · 3	28. V · 5 · 3 · 4
5. III · 3 · 1 · 2	13. IV · 4 · 2 · 2	21. V · 5 · 1 · 4	29. V · 5 · 3 · 5
6. III · 3 · 1 · 3	14. IV · 4 · 2 · 3	22. V · 5 · 1 · 5	30. V · 5 · 4 · 4
7. III · 3 · 2 · 2	15. IV · 4 · 2 · 4	23. V · 5 · 2 · 2	31. V · 5 · 4 · 5
8. III · 3 · 2 · 3	16. IV · 4 · 3 · 3	24. V · 5 · 2 · 3	32. V · 5 · 5 · 5

Es ergeben sich also fünf Gruppen I bis V mit 32 Untergruppen, in die sich alle quaternären Legierungen einordnen lassen. Hierbei gehören jeder dieser Untergruppen allerdings noch eine manchmal erhebliche Zahl verschiedenartiger Systeme je nach Verteilung der sechs binären Grenzsysteme an. Beispielsweise können in einem quaternären System der Gruppe 28 (V · 5 · 3 · 4) diese binären Grenzsysteme in verschiedenster Verteilung vorkommen. Es können auch, da die ternären Grenzsysteme nach dem komplizierten binären Grenzsysteme bezeichnet werden, binäre Grenzsysteme des Typus I und II und nicht nur III, IV, V beteiligt sein. Die Gruppe 28 kann also binäre Grenzsysteme vom Typus III, IV, V; I, III, IV, V; II, III, IV, V und I, II, III, IV, V in verschiedenster Verteilung enthalten, natürlich immer nur so, daß die ternären Grenzsysteme dem Typus V, IV und III und keinem einfacheren angehören. Es kann ein solches Grenzsystem III z. B. der ternären Gruppe 5 (III · 1 · 2) zugehören, so daß sich dadurch die Beteiligung auch der binären Gruppe I und II ergibt. Leider ist diese ganze Einteilung wohl für lange Zeit ohne praktischen Wert und nur rein theoretisch von Interesse, da es bis jetzt nur eine ganz beschränkte Zahl mehr oder weniger vollständig untersuchter quaternärer Systeme gibt.

Will man bestimmte Beispiele untersuchen, so hat man zunächst die binären Grenzsysteme zu berücksichtigen und dann die sich daraus ergebenden ternären Systeme. Bei den ternären Legierungen von drei Metallen A, B und C konnte unter Benutzung der Zahlen m, n, o gleich I, II, III, IV oder V, durch eine Angabe $Am\,Bn\,Co$ das Verhalten der binären Grenzsysteme vermerkt werden, wie im vorigen Kapiel eingehend erörtert wurde. Wenn in ähnlicher Weise für vier Metalle A, B, C und D geschrieben wird $Am\,Bn\,Co\,Dp$, so bedeutet dieses z. B. bei Ag Ia Au Ib Cu Ia Ni IIx das Verhalten von Ag zu Au, Au zu Cu, Cu zu Ni und Ni zu Ag. Es fehlt aber noch das von Ag zu Cu und von Au zu Ni. In der allgemeinen Darstellung muß man also schreiben, wenn AqC und BrD berücksichtigt wird.

$$Am\overset{q}{\,Bn\,}Co\,Dp \quad \text{und in dem gewählten Beispiel Ag Ia Au Ib Cu Ia Ni }\overset{\text{IIb}}{\text{IIx}}.$$

$$\underset{r}{} \qquad \underset{\text{Ib}}{}$$

Hierdurch ist das Verhalten der binären Systeme und der Typus der ternären Grenzsysteme und des quaternären klar umschrieben. Wenn nun noch die vier Metalle an die Ecken eines Vierecks geschrieben und die einzelnen Metalle durch Striche verbunden wurden, so ergibt sich beinahe von selbst eine Darstellung, die als Projektion eines Tetraeders aufgefaßt werden kann. Entsprechend der allgemeinen Formel erhält man die Abb. 425, die erkennen läßt, daß die vier Metalle A, B, C, D die vier ternären Grenzsysteme ABC, ABD, BCD, ADC enthalten mit den binären Grenzsystemen mqu, mpr, nro, pqo. Für einen konkreten Fall ergibt sich aus den Zahlenwerten von m, n, o, p, q, r alsdann die Zugehörigkeit zu dem betreffenden ternären Typus und der entsprechenden

Gruppe. Der allgemeine Typus ist zweckmäßig zu schreiben $p \cdot q \cdot r \cdot \overset{m}{\underset{o}{n}}$.

Im speziellen soll das kompliziertere System

$$\overset{\frown{\quad\text{IV a}\quad}}{\text{Al Vb Cu IVa Mg IIIa Si IIa}}$$
$$\underset{\smile{\quad\text{V a}\quad}}{}$$

$$\overset{4}{5 \cdot 4 \cdot 3 \cdot 2} \atop 5$$

herangezogen werden, das sich alsdann schreiben läßt $5 \cdot 4 \cdot 3 \cdot 2$ und durch
Abb. 426 wiedergegeben ist.

Für die entsprechenden ternären Grenzsysteme ergeben sich 30. (V · 4 · 4)
für Al-Cu-Mg, 26. (V · 2 · 5) für Al-Cu-Si, 28. (V · 3 · 4) für Cu-Mg-Si und
14. (IV · 2 · 3) für Al-Si-Mg. Also als Gruppe des quaternären Systems
31. (V · 5 · 5 · 4). Trotzdem nur zwei binäre Grenzsysteme dem kompliziertesten Typus V angehören, sind von den ternären Grenzsystemen drei vom
Typus V, und das quaternäre System gehört zu der komplizierten Gruppe 31.
Wollte man die Gruppeneinteilung der ternären Grenzsysteme berücksich-

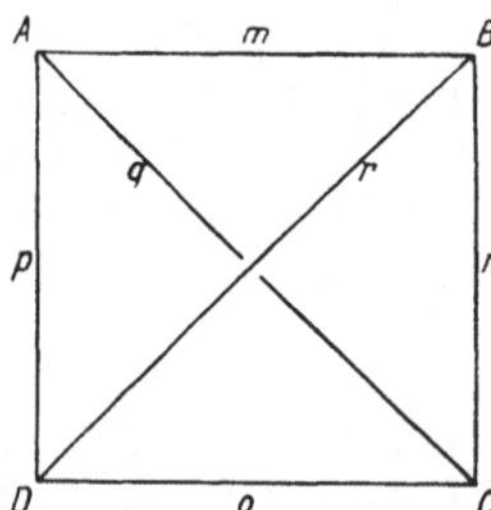

Abb. 425. Angabe des Verhaltens der sechs
binären Grenzsysteme im allgemeinen Fall
bei quaternären Legierungen.

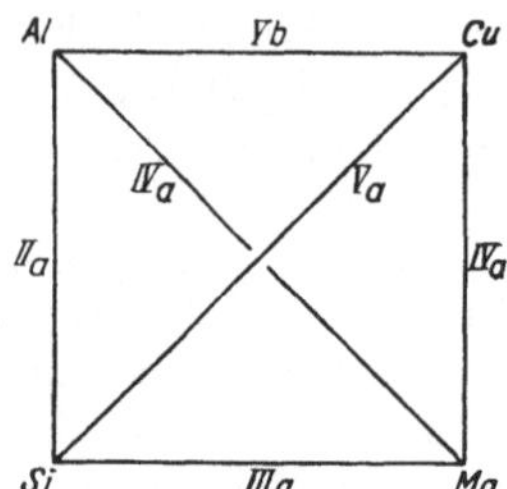

Abb. 426. Das Verhalten der sechs binären
Grenzsysteme bei den Legierungen
Al-Cu-Mg-Si.

tigen, so hätte man die Zahlenanordnung 30 · 26 · 28 · 14, was nur beiläufig
erwähnt sein soll. Nach diesen Angaben läßt sich der Zusammenhang zwischen
der graphischen Darstellung und der Schreibweise der quaternären Legierung
jetzt für jeden bestimmten Fall unschwer durchführen. Eine weitere Auseinandersetzung über das allgemeine Verhalten, so reizvoll es wäre, ist wegen
der geringen Zahl wirklich eingehender untersuchten quaternären Legierungen
nicht erforderlich.

Die Darstellung des Mischungsverhältnisses quaternärer Legierungen.

Mit Hilfe eines regulären Tetraeders lassen sich sämtliche Mischungen von
vier Stoffen ausdrücken. Bei dieser Darstellung, die von *Roozeboom* herrührt,
werden alle Stoffe gleichartig behandelt, was bei quaternären Legierungen
in der Regel richtig ist. Es kann manchmal auch angebracht sein, eine andere
Darstellung zu benutzen. Immer muß es, wenn alle Gemische dargestellt
werden sollen, eine räumliche sein. Legt man, wie die Abb. 427 angibt, durch
einen Punkt P im Innern eines regelmäßigen Tetraeders parallel zu Seitenflächen Ebenen, so ergeben sich bei Durchschnitt mit den Tetraedergrenz-
flächen vier kleinere Tetraeder, von denen für jedes eine Fläche auf der Grenzfläche des großen Tetraeders liegt. Wählt man die Kantenlänge des großen
Tetraeders als Einheit, so macht die Summe der vier Kanten des kleineren
Tetraeders, die der Kante des großen Tetraeders gleich ist, ebenfalls die Einheit aus. Stellen nun die Kantenlängen des kleinen Tetraeders die Mengen

der vier Metalle dar derart, daß sich ein jedes kleine Tetraeder auf das Metall bezieht, das im großen Tetraeder in der gegenüberliegenden Ecke dargestellt ist, so stellt der gewählte Punkt ein bestimmtes Mischungsverhältnis der vier Metalle dar. Durch Verschiebung des Punktes im Innern sind alsdann sämtliche überhaupt möglichen Mischungen darstellbar. Es ist hierbei gleichgültig, ob man sich auf Gewichtsmengen oder Grammatome bezieht. Der Punkt P hat auf das schiefwinkelige Koordinatenkreuz bezogen, das sich von A nach B, C und D erstreckt die Koordinaten b (B), c (C) und d (D), wobei die Werte b, c und d so gewählt sind, daß $b + c + d$ $= 1 - a$ ist. Bei prozentualen Angaben lautet die Gleichung $b + c + d$ $= 100 - a$. Ist die Darstellung auf Atomgewichte bezogen, so hat die Mischung eine durch eine Formel darstellbare Zusammensetzung $A_a B_b C_c D_d$ oder $A_a B_b C_c D_{1-a-b-c}$. Es handelt sich also, wie an sich auch ohne weiteres klar ist, nicht um vier, sondern um drei Variable. Manchmal ist es angenehmer, statt einer schiefwinkeligen Darstellung eine rechtwinkelige zu benutzen, die nicht weiter erörtert zu werden braucht. Der Maßstab für die Mengen des Metalles A ist alsdann ein anderer. Es kann aber natürlich auch der Maßstab der übrigen Metalle geändert werden.

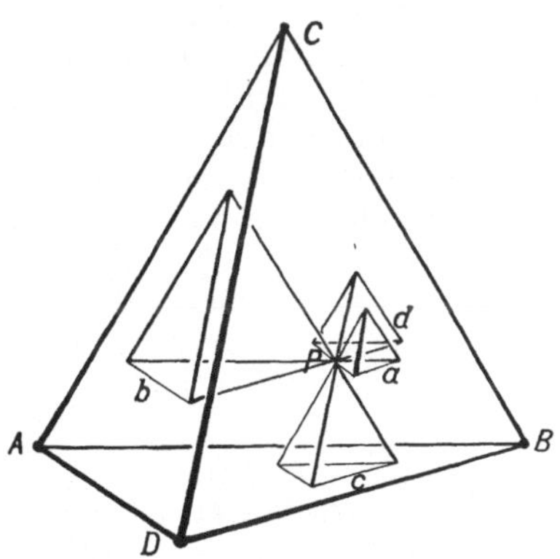

Abb. 427. Das Mischungsverhältnis von vier Stoffen, dargestellt durch ein Tetraeder.

Die Phasengleichgewichte bei quaternären Legierungen.

Wegen der geringen Zahl untersuchter Systeme soll über die Art der Phasengleichgewichte bei den Legierungen von vier Metallen nur kurz das Notwendigste erörtert werden. Die wichtigsten Gleichgewichte sind bei quaternären ebenso wie bei ternären und binären Legierungen die invarianten. Entsprechend der Phasenregel sind diese — bei Vernachlässigung der gasförmigen Phase — durch das gleichzeitige Vorkommen von fünf Phasen bedingt, die fest oder flüssig sein können. Von praktischer Wichtigkeit sind die drei Arten invarianter Gleichgewichte $L + S_1 + S_2 + S_3 + S_4$, $L_1 + L_2 + S_1 + S_2 + S_3$ und $S_1 + S_2 + S_3 + S_4 + S_5$. Besonders das erste mit einer Flüssigkeit und vier festen Phasen wird sich häufig finden. Über das Verhalten im invarianten Gleichgewicht ist die Lage der fünf Phasen ihrer Zusammensetzung nach im Tetraeder maßgebend. Die vier Punkte, welche im Gleichgewicht $L + S_1 + S_2 + S_3 + S_4$ den festen Phasen entsprechen, lassen sich zu einem Tetraeder zusammenfassen, das verschiedene Form haben kann. Es kann auch, wenn S_1, S_2, S_3 und S_4 in einer Ebene liegen, zu einem ebenen Viereck zusammenschrumpfen. Im normalen Fall ergibt sich aber ein Tetraeder, und die Lage des Punktes L für das Flüssige ist für das Verhalten maßgebend. Liegt L im Innern des Tetraeders, so findet bei Wärmeentziehung eine Umsetzung statt, qualitativ darstellbar durch die Gleichung $L = S_1 + S_2 + S_3 + S_4$.

Die Schmelze erstarrt, wenn dem invarianten System Wärme entzogen wird, zu einem Gemisch aller vier Phasen. Die Beteiligung der einzelnen Phasen hängt von der Lage der fünf Punkte im Raume ab. Es handelt sich um ein quaternäres Eutektikum.

Liegt der Punkt L nicht im Tetraeder $S_1 S_2 S_3 S_4$, so handelt es sich um andere Umsetzungen. In vielen Fällen wird die Verbindungsgerade von L mit einem der vier Eckpunkte das Dreieck gebildet aus den drei anderen Eckpunkten des Tetraeders in einem Punkt im Innern durchstoßen. Es findet bei Wärmeentziehung eine Umsetzung statt, die sich qualitativ durch eine Gleichung $L + S_1 = S_2 + S_3 + S_4$ ausdrücken läßt. Aus Schmelze und einem festen Körper entstehen die drei anderen, die bei diesem invarianten Gleichgewicht beteiligt sind. Es handelt sich um ein dystektisches Gleichgewicht, um einen einfachen Übergangspunkt. Auch noch zwei andere Umsetzungen können dem gleichartigen invarianten Gleichgewicht $L S_1 S_2 S_3 S_4$ entsprechen, die sich ausdrücken lassen durch die Gleichungen $L + S_1 + S_2 = S_3 + S_4$ und $L + S_1 + S_2 + S_3 = S_4$. Im ersten Falle durchsticht in der räumlichen Darstellung eine Gerade $S_3 S_4$ das Dreieck $L S_1 S_2$, im andern Fall liegt der Punkt S_4 in einem Tetraeder mit den Eckpunkten $L S_1 S_2 S_3$. Auch diese beiden Gleichgewichte stellen Übergangsgleichgewichte, aber anderer Art als vorher, dar.

Von dem invarianten Gleichgewicht $L + S_1 + S_2 + S_3 + S_4$ aus erstrecken sich die fünf monovarianten Gleichgewichte $L + S_1 + S_2 + S_3$, $L + S_1 + S_2 + S_4$, $L + S_1 + S_3 + S_4$, $L + S_2 + S_3 + S_4$ und $S_1 + S_2 + S_3 + S_4$ nach höheren oder tieferen Temperaturen. Das fünfte geht stets nach tieferen Temperaturen, die vier ersten in der Regel nach höheren. Von diesen vier können aber eines oder auch zwei und drei von der invarianten Temperatur nach tieferen Temperaturen verlaufen, eines verläuft aber stets nach höherer. Bei den vier ersten invarianten Gleichgewichten mit Schmelze als einer Phase durchläuft der diese darstellende Punkt das Tetraeder von der invarianten Schmelze L bis zu Punkten auf den Grenzflächen des Tetraeders. Diese stellen gleichartige Gleichgewichte für das begrenzende Dreistoffsystem dar, die alsdann invariant sind. Umgekehrt setzt sich ein invariantes Dreistoffgleichgewicht auf einer begrenzenden Dreiecksfläche als monovariantes in das Vierstoffgebiet des Tetraeders fort bis zum quaternären invarianten Gleichgewicht. Zum Beispiel führt das invariante Gleichgewicht $L + S_1 + S_2 + S_3$ im Dreistoffsystem zu einem monovarianten im Vierstoffsystem, bis es im invarianten Gleichgewicht $L + S_1 + S_2 + S_3 + S_4$ endigt. Bei dieser Betrachtung ist außer acht gelassen, daß ein monovariantes Gleichgewicht eine Umänderung in ein anderes ebenfalls monovariantes erfahren kann, ehe es zum invarianten auf der Tetraederfläche wird. Für spezielle Fälle ist dieses natürlich zu berücksichtigen. Neben den invarianten Gleichgewichten, wobei eine Schmelze beteiligt ist, gibt es auch solche mit zwei Schmelzen. Es ergibt sich das Gleichgewicht $L_1 + L_2 + S_1 + S_2 + S_3$, das je nach Zusammensetzung der fünf Phasen sehr verschiedener Natur sein kann. Ein solches ist beispielsweise folgendes, das bei Wärmeentziehung zu der Umsetzung führt: $L_1 + S_1 = L_2 + S_2 + S_3$, jedoch gibt es noch eine ganze Anzahl anderer. Die monovarianten Gleichgewichte, die mit diesem invarianten im quaternären System zusammenhängen, sind jetzt teilweise von anderer Art wie vorher. Insbesondere sind auch monovariante Gleichgewichte mit zwei Flüssigkeiten beteiligt, wie $L_1 + L_2 + S_1 + S_2$, $L_1 + L_2 + S_1 + S_3$ und $L_1 + L_2 + S_2 + S_3$. Diese führen zu ähnlichen invarianten Gleichgewichten der entsprechenden Dreistoffmischungen.

Auch ein invariantes Gleichgewicht $S_1 + S_2 + S_3 + S_4 + S_5$ mit nur festen Phasen, das zur Bildung einer oder mehrerer fester Phasen aus anderen bei Wärmeentziehung oder Wärmezufuhr führt und ebenfalls mit invarianten Gleichgewichten auf den ternären Grenzsystemen zusammenhängt, wird häufiger bei quaternären Legierungen vorkommen. Dieser kurze Hinweis auf diese Art invarianter Gleichgewichte möge bei dieser allgemeinen Betrachtung genügen.

Invariante Gleichgewichte werden sich in fast allen quaternären Legierungen finden. Nur in sehr einfachen Systemen, in denen keine vier verschiedene feste Phasen auftreten, werden sie fehlen. Die vorkommenden monovarianten Gleichgewichte wurden teilweise im Anschluß an die invarianten bereits erwähnt. Vorkommen können folgende Arten: 1. $L + S_1 + S_2 + S_3$, 2. $L_1 + L_2 + S_1 + S_2$, 3. $L_1 + L_2 + L_3 + S$, 4. $L_1 + L_2 + L_3 + L_4$, 5. $S_1 + S_2 + S_3 + S_4$. Das häufigste Gleichgewicht wird das mit einer Flüssigkeit und drei festen Phasen der Gruppe 1 sein. Selten ist das von Gruppe 3 mit drei Flüssigkeiten, und ob sich ein solches mit vier Flüssigkeiten der Gruppe 4, was denkbar ist, wirklich findet, erscheint fraglich. Dagegen wird das monovariante Gleichgewicht von vier festen Phasen häufiger vorkommen. Alle diese monovarianten Gleichgewichte des quaternären Systems hängen meist unmittelbar mit gleichartigen invarianten Gleichgewichten der ternären Grenzsysteme zusammen, wobei, wenn binäre Mischkrystalle vom Typus I vorkommen, auch ein solches Gleichgewicht gleichzeitig mit zwei Grenzsystemen zusammenhängt. Das monovariante System zieht sich alsdann von einer Grenzfläche zur andern. Die vier beteiligten Phasen werden durch Punkte im Innern des Tetraeders dargestellt. Diese Punkte, die miteinander verbunden ein kleines Tetraeder ergeben, verschieben sich, da ein monovariantes Gleichgewicht besteht, auf Kurven, wobei die Kurven für die festen Phasen, die keine Mischkrystalle sind, zu Punkte zusammenschrumpfen. Am charakteristischsten ist die Änderung der Zusammensetzung der flüssigen Phasen. In vielen Fällen genügt die Angabe der Zusammensetzung dieser Flüssigkeit zum Verständnis unter Vermerkung der Temperaturen, die für jeden Punkt des monovarianten Gleichgewichts verschieden ist.

Die Gleichgewichte dreier Phasen im quaternären System sollen noch kurz erwähnt werden. Es kann sich hierbei handeln um die Gleichgewichte, die ausgedrückt werden durch $L + S_1 + S_2$, $L_1 + L_2 + S$, $L_1 + L_2 + L_3$, $S_1 + S_2 + S_3$. Diese Gleichgewichte sind bivariant. Die Zusammensetzung der Phasen, hauptsächlich der flüssigen, sind durch Flächen darstellbar. Wird ein bestimmter Punkt, z. B. der Flüssigkeitsfläche, ausgewählt, so ist damit das Gleichgewicht festgelegt. Es liegen auch die zugehörigen Punkte auf den beiden andern Flächen und die Temperatur des Gleichgewichtes fest. Diese bivarianten Gleichgewichte stehen mit den monovarianten der ternären Grenzsysteme im Zusammenhang. Endlich handelt es sich noch um die Gleichgewichte zweier Phasen, also: $L + S$, $L_1 + L_2$, $S_1 + S_2$, von denen die zwischen Flüssig und Fest die wichtigsten sind. Da diese trivariant sind, kann man, natürlich innerhalb der möglichen Grenzen des Gleichgewichtes, die Temperatur zunächst beliebig zu wählen. Alsdann liegen die beiden Phasen in Punkten zweier Flächen, so daß jedem Punkt der einen ein bestimmter der anderen zugehört. Handelt es sich z. B. um das Gleichgewicht zwischen quaternären Mischkrystallen und Schmelze, so gibt es für eine bestimmte Temperatur in dem darstellenden Tetraeder zwei Flächen, die gewissermaßen durch Stäbe, welche den gesamten Raum zwischen ihnen ausfüllen, gestützt sind. Diese Gleichgewichte endigen für die ternären Grenzsysteme in zwei zusammengehörige Kurven auf den begrenzenden Dreiecksflächen. Es ist nicht nötig, diese abstrakten Auseinandersetzungen, die möglichst kurz behandelt sind, noch weiter zu führen. Die Behandlung der bis jetzt gemachten Untersuchungen quaternärer Legierungen wird die bisherigen Auseinandersetzungen ergänzen.

Die bisher untersuchten quaternären Legierungen.

Folgende Tabelle gibt eine Zusammenstellung der bisher untersuchten quaternären Legierungen. Sie ist, entsprechend der gewählten Einteilung, in vier Gruppen zerlegt, die erste Gruppe ohne Eisen und Schwefel, die zweite mit Eisen, die dritte mit Eisen-Kohlenstoff und die vierte mit Schwefel. In der ersten Spalte ist das Verhalten der binären Grenzsysteme vermerkt, die zweite enthält die vorkommenden binären Grenzsysteme, geordnet von den komplizierteren bis zu den einfacheren, die dritte gibt in der angegebenen Schreibweise die Zahlenwerte der binären Grenzsysteme, so daß daraus ohne weiteres die ternären angegeben werden können und der ganze Typus des quaternären Systems, die vierte Spalte endlich enthält die Zuordnung zu den betreffenden Gruppen mit Angabe der ternären Grenztypen. Von den Systemen sind allerdings mehrere nur recht unvollständig untersucht.

Anordnung der bisher untersuchten quaternären Legierungen nach ihren binären und ternären Grenzsystemen.

Nr.	Angabe der binären Grenzsysteme	Bei den binären Grenzsystemen vorkommende Typen	Anordnung bei Bezug auf das Tetraeder	Hieraus ergibt sich die Gruppe, entsprechend dem Verhalten des ternären Grenzsystems
1.	⌐——II b——⌐ Ag I a Au I b Cu I a Ni II x ⌊—— I b ——⌋	II II I I I I	1 2 · 2 · 1 · 1 1	3a. II · 2 · 2 · 1
2.	⌐——II b——⌐ Bi II b Cd II b Pb II b Sn II b ⌊——II b——⌋	II II II II II II	2 2 · 2 · 2 · 2 2	4. II · 2 · 2 · 2
3.	⌐——IV a——⌐ Cd II b Pb II b Sb IV b Sn II b ⌊——II b——⌋	IV IV II II II II	2 2 · 4 · 2 · 2 4	16. IV · 4 · 4 · 2
4.	⌐——II b——⌐ Al IV a Mg III a Si III ? Zn II b ⌊——V a——⌋	V IV III III II II	4 2 · 2 · 5 · 3 3	26. V · 5 · 4 · 3
5.	⌐——II x——⌐ Ag II b Cu I a Ni V b Zn V b ⌊——V b——⌋	V V V II II I	2 5 · 2 · 5 · 1 5	29a. V · 5 · 5 · 2

Nr.	Angabe der binären Grenzsysteme	Bei den binären Grenzsystemen vorkommende Typen	Anordnung bei Bezug auf das Tetraeder	Hieraus ergibt sich die Gruppe, entsprechend dem Verhalten des ternären Grenzsystems
6.	⌐—IVa—¬ Al Vb · Cu IVa · Mg IVa · Ni Va ⌎——Ia——⌏	V V IV IV IV I	5 5·4·1·4 4	31. V·5·5·4
7.	⌐—IVa—¬ Al Vb · Cu IVa · Mg IIIa · Si IIb ⌎——Va——⌏	V V IV IV III II	5 2·4·5·4 3	31. V·5·5·4
8.	⌐—Va—¬ Al Vb · Cu Ia · Ni Vb · Zn IIb ⌎——Vb——⌏	V V V V II I	5 2·5·5·1 5	32. V·5·5·5
9.	⌐—Va—¬ Cd IIa · Hg Va · Na IIIb · K Va ⌎——Va——⌏	V V V V III II	2 5·5·5·5 3	32. V·5·5·5

Eisenhaltige Systeme.

Nr.	Angabe der binären Grenzsysteme	Bei den binären Grenzsystemen vorkommende Typen	Anordnung bei Bezug auf das Tetraeder	Hieraus ergibt sich die Gruppe
1.	⌐—IIa—¬ Cu IIIb · Fe IIIb · Mn IIa · Ni Ia ⌎——IIa——⌏	III III II II II I	3 1·2·2·3 2	8. III·3·3·2
2.	⌐—Va—¬ Al Vb · Cu IIIb · Fe IIa · Ni Va ⌎——Ia——⌏	V V V III II I	5 5·5·1·3 2	30. V·5·5·3
3.	⌐—Va—¬ Al Vb · Cu IIIb · Fe Va · Si IIb ⌎——Va——⌏	V V V V III II	5 2·5·5·3 5	32. V·5·5·5

Kohlenstoff-eisenhaltige quaternäre Systeme.

Nr.	Angabe der binären Grenzsysteme	Bei den binären Grenzsystemen vorkommende Typen	Anordnung bei Bezug auf das Tetraeder	Hieraus ergibt sich die Gruppe
1.	⌐—IVb—¬ C IVa · Cr Ib · Fe IIa · Ni IIIb ⌎——IIb——⌏	IV IV III II II I	4 3·4·2·1 2	17. V·4·4·3
2.	⌐—IVb—¬ C? · Cu IIIb · Fe IIIb · Mn IIIb ⌎——IIa——⌏	IV III III III? II	? 3·4·2·3 3	IV?
3.	⌐—IIIb—¬ C IVb · Fe IIIb · Mn IVa · Si? ⌎——Va——⌏	V IV IV III III?	4 ?·3·5·3 4	V?
4.	⌐—?—¬ C IVb · Fe IVa · P? · Si? ⌎——Va—⌏	V IV IV ? ? ?	4 ?·?·5·4 ?	V?

Schwefelhaltige Systeme.

Nr.	Angabe der binären Grenzsysteme	Bei den binären Grenzsystemen vorkommende Typen	Anordnung bei Bezug auf das Tetraeder	Hieraus ergibt sich die Gruppe
1.	⌐—IIb—¬ Ag IIb · Cu IIb · Pb IIIx · S IIIx ⌎——IIIx——⌏	III III III 2 2 2	2 3·2·3·3 3	9b. III·3·3·3
2.	⌐—IIx—¬ Ag IIb · Cu IIIb · Fe IIIx · S IIIx ⌎——IIIx——⌏	III III III III 2 2	2 3·2·3·3 3	9b. III·3·3·3

Die Tabelle zeigt, daß es nur zwei Untersuchungen gibt, die dem einfachen Typus II zugehören, eine (wenn man die beiden schwefelhaltigen Systeme ausschaltet) vom Typus III, eine vom Typus IV und alle übrigen von dem kompliziertesten Typus V. Die vorkommenden Gruppen sind (II) 3b, 4, (III) 8, 9b, (IV) 16, (V) 17, 16, 29a, 30, 31, 32. Die Gruppen 3b und 9b zeigen Entmischungen im flüssigen Zustande.

Die quaternären Systeme vom Typus I und II.

Die quaternären Legierungen, die den beiden Typen I und II und den Gruppen 1, 2, 3 und 4 zugehören, haben wegen ihrer Einfachheit besonderes Interesse. Außerdem finden sich die dort möglichen Gleichgewichte bei den komplizierteren Typen wieder. Wenn aber diese Systeme auch die einfachsten quaternären Legierungen darstellen, so sind sie zum Teil doch bereits erheblich kompliziert. Der Typus I Gruppe 1 enthält nur binäre Grenzsysteme, die vollständig isomorphe Mischungen aus dem Schmelzfluß bilden. Damit bilden auch die ternären und quaternären Legierungen in jedem Verhältnis Mischkrystalle. Dieser Typus scheidet praktisch vollständig aus, da es keine vier Elemente gibt, bei denen alle sechs binären Systeme im festen Zustande in jedem Verhältnis mischbar sind. Ob sich überhaupt Vierstoffmischungen dieser Art finden lassen, ist nicht sicher. Vielleicht bei organischen Stoffen.

Typus II. Bei den ternären Grenzsystemen vorkommende Gruppen 2 (II · 1 · 1), 3 (II · 1 · 2), 4 (II · 2 · 2), außerdem 1 (I · 1 · 1).

Es hätte besonderen Reiz, die Vierstoffsysteme des Typus II vollständig systematisch zu behandeln. Da aber bis jetzt nur zwei quaternäre Legierungen untersucht wurden, die dieser Gruppe angehören, erscheint es unnötig, um so mehr, als die Zahl der möglichen verschiedenen Fälle erheblich größer ist, als es zunächst scheint. Handelt es sich doch einmal um Kombination von drei Arten von binären Systemen I, II und II x zu den verschiedenen Fällen mit sechs Partnern, den sechs binären Grenzsystemen. Die Gruppe II x muß unbedingt gegenüber II a und II b gesondert behandelt werden. Sodann gibt es noch Verschiedenheiten in den möglichen Kombinationen dadurch, daß es in vielen Fällen nicht gleichgültig ist, in welcher Verteilung die Systeme auftreten. Bei Benutzung des Tetraeders ist dieses leicht festzustellen. Beispielsweise ergibt die Kombination II II II I I I der binären Grenzsysteme drei mögliche Fälle, die in der gewählten Bezeichnung ausgedrückt werden können durch

$$\begin{matrix} & 2 & & & 1 & & & & 2 \\ 2 & 2 & 1 & 1\,; & & 2 & 2 & 1 & 1 \quad \text{und} \quad 2 & 1 & 2 & 1 \\ & 1 & & & 2 & & & & 1 \end{matrix}$$

und deren Verschiedenheit bei Übertragung auf ein Tetraeder sich sofort zeigt. Die ternären Grenzsysteme sind im ersten Fall: 4 (II · 2 · 2) und dreimal 2 (II · 1 · 1), im zweiten: dreimal 3 (II · 1 · 2) und 1 (I · 1 · 1), und im dritten: zweimal 3 (II · 1 · 2) und zweimal 2 (II · 1 · 1). Es gibt fast 100 verschieden mögliche Kombinationen quaternärer Legierungen vom Typus II.

$$\text{Ag-Au-Cu-Ni};\qquad \overset{\displaystyle \overbrace{\qquad\qquad\text{II b}\qquad\qquad}}{\underset{\displaystyle \underbrace{\qquad\qquad\text{I b}\qquad\qquad}}{\text{Ag I a}\quad \text{Au I b}\quad \text{Cu I a}\quad \text{Ni II x}.}}$$

Eine überaus interessante Untersuchung ist die bereits 1914 von *Parravano*, *Mazzetti* und *Perret* durchgeführte der Legierungen Silber-Gold-Kupfer-Nickel. Von den sechs binären Grenzsystemen sind nur Ag-Cu und Ag-Ni nicht vom Typus I. Auch Ni-Au hat, entgegen früherer Auffassung, nur eine Art Mischkrystall ohne Mischungslücke. Von diesen gehört Ag-Cu dem Typus IIb mit Eutektikum an und Ag-Ni dem Typus IIx mit einer Mischungslücke im flüssigen Zustande.

In den ternären Systemen sowie auch im quaternären gibt es nur eine Art fester Phase, die Mischkrystalle zweier, dreier oder aller vier isomorphen

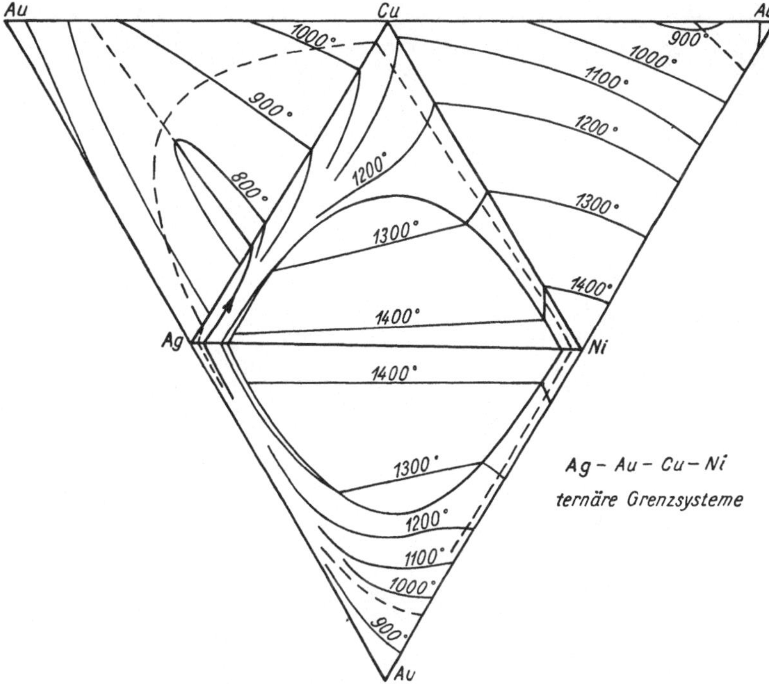

Abb. 428.   Die ternären Grenzsysteme der Legierungen Ag-Au-Cu-Ni.

Metalle. Trotzdem gibt es in bestimmten Gebieten Gleichgewichte zwischen einer Schmelze und zwei verschieden zusammengesetzten Mischkrystallen, sowie von zwei Schmelzen und einem bestimmten Mischkrystall. Es gibt aber nicht, was bei diesen Typen an sich möglich wäre, Gleichgewichte zwischen zwei Schmelzen und zwei verschiedenartig zusammengesetzten Mischkrystallen. Infolgedessen hat das quaternäre System Gleichgewichte mit maximal nur drei Phasen. Es gibt daher weder ein invariantes noch monovariantes Gleichgewicht.

Für das Verständnis der quaternären Legierungen ist es sehr zweckmäßig, die ternären Grenzsysteme in der Art darzustellen, wie es für dieses System in der Abb. 428 geschehen ist. Die vier regulären Dreiecke, für die Grenzsysteme, sind derartig aneinandergelegt, daß sie das begrenzende Netz des

Tetraeders ergeben. Die Erstarrungsflächen sind dargestellt, indem von 100 zu 100° die Isothermen gezogen sind, außerdem sind die Grenzen der Mischkrystallbildung, die eutektischen Kurven und Minimumerstarrungskurven vermerkt. Da die vorkommenden Gleichgewichte in den Dreiecksdarstellungen sich mehrfach den begrenzenden Kanten anlegen, sind einzelne wichtige nicht recht deutlich zu erkennen. Deswegen ist in der Abb. 428 das gleiche Verhalten noch einmal schematisch wiedergegeben. Das einfachste Grenzsystem Au-Cu-Ni hat nur Mischkrystalle in jedem Verhältnis. Die Schmelzpunktminima von Cu-Au (a) und Ni-Au (b) führen zu einer Minimumkurve a-b

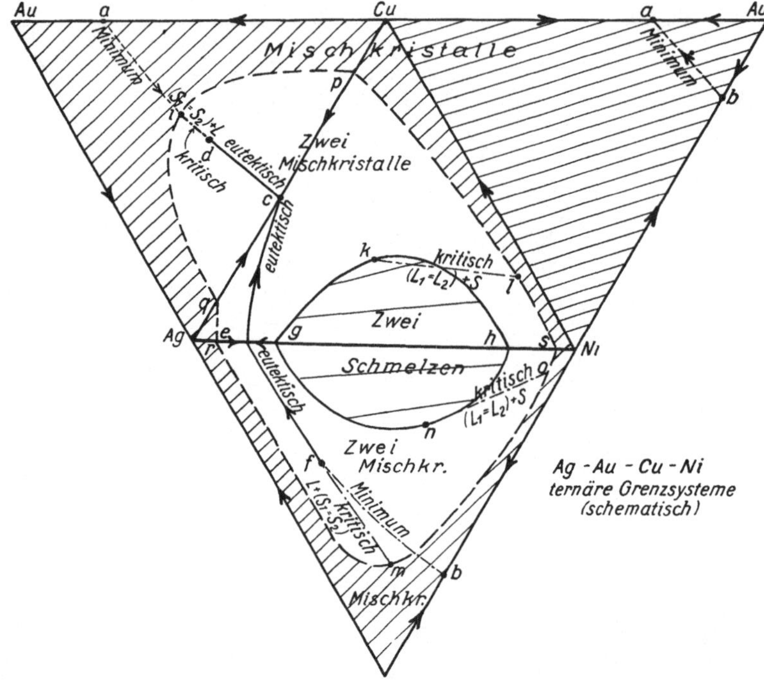

Abb. 429. Ag-Au-Cu-Ni. Die ternären Grenzsysteme der Legierungen (schematisch).

innerhalb des darstellenden Dreiecks. Im System Ag-Au-Cu gibt es eine Mischungslücke q-i-p, innerhalb deren zwei Bodenkörper auftreten. Es bildet sich eine eutektische Kurve c-d heraus mit einem kritischen Endpunkt d für eine Schmelze, die mit einem kritischen Mischkrystall i im Gleichgewicht ist. Von d nach a verläuft eine Minimumtemperaturkurve (nicht durch i). Das System Ag-Cu-Ni weist eine Trennung der Mischkrystalle mit hohem Silbergehalt (Ag-r-q) und solche mit hohem Kupfer-Nickel-Gehalt (Cu-Ni-s-p) auf. Es bildet sich eine eutektische Kurve (c-e) heraus, die die Gleichgewichte der auf ihr dargestellten Schmelzen mit den Mischkrystallen q-r und p-s angibt. Außerdem hat das System eine Mischungslücke g-k-r mit zwei Schmelzen. Es gibt ein kritisches Gleichgewicht k-l, das eine Schmelze k und einen Mischkrystall l umfaßt, der der Einfachheit halber als auf s-p liegend angenommen

ist. Das vierte ternäre Grenzsystem Ag-Au-Ni enthält wieder eine kontinuierliche Reihe Mischkrystalle, die außerhalb des Bogens *r-m-s* liegen. In dessen
Innern gibt es zwei Mischkrystalle. Die eutektische Kurve *e-f* gibt die Gleichgewichte der auf ihr liegenden Schmelzen mit den beiden Mischkrystallen auf
r-m und *s-m* an. Ähnlich dem System Ag-Au-Cu entsteht ein kritisches Gleichgewicht *f-m* zwischen einer Schmelze *f* mit einem Mischkrystall *m*, der durch
Zusammenfallen von zweien entstanden zu denken ist. Das System enthält
außerdem in ähnlicher Art wie Ag-Cu-Ni ein kritisches Gleichgewicht *n-o*
zwischen einer Schmelze und einem Mischkrystall. Der Vergleich dieser Abbildung mit der vorhergehenden zeigt, wie stark die Gleichgewichte im Innern
des Dreiecks bei Ag-Cu-Ni und Ag-Au-Ni an die Kanten gedrückt werden.
Ein großer Teil des Gebietes umfaßt die Mischungslücke im flüssigen Zustande.

Das quaternäre System der Legierungen umfaßt drei verschiedene Gebiete.
Eines, in dem die Bildung zweier Schmelzen möglich ist, eines, bei der
zwei verschiedene Mischkrystalle im Gleichgewichte sind, und eines mit nur

einem Mischkrystall. Es lassen
sich zweckmäßig durch zwei
Tetraeder die Eigentümlichkeiten
des Systems angeben. Das erste
zeigt tunnelartig den Teil, innerhalb dessen zwei feste Phasen auftreten. Die auf der Oberfläche
des „Tunnels“ liegenden Punkte
stellen Mischkrystalle dar, von
denen immer zwei mit Schmelze
im Gleichgewicht sind. Die Abbildung gibt auch an, in welcher
Art die eutektischen Kurven sich
in das Tetraeder fortsetzen. Es
bildet sich eine eutektische Fläche
c-d-f-e, die Schmelzen zur Darstellung bringt, so daß jeder
Punkt der Fläche eine Schmelze
darstellt, die gleichzeitig mit zwei

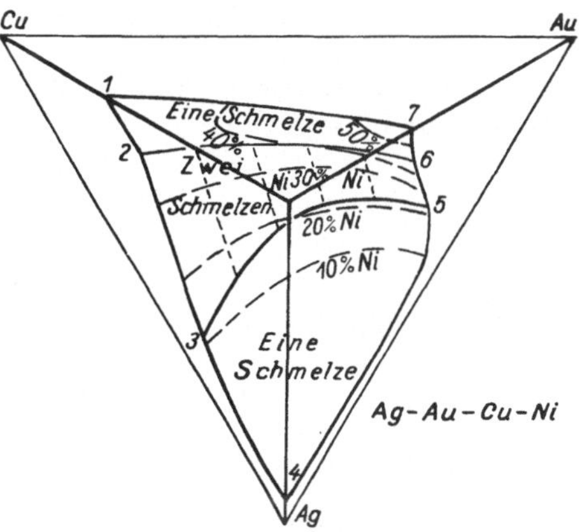

Abb. 430. Ag-Au-Cu-Ni.
Erstarrungsfläche bei 1250° im Tetraeder.

Mischkrystallen im Gleichgewicht ist. Die Temperatur auf dieser Fläche ist
von Punkt zu Punkt verschieden. Die begrenzende Kante *d-f* im Innern
des Tetraeders gibt Schmelzen an, die mit Mischkrystallen auf *i-m* im Gleichgewicht sind. Es sind das kritische Gemische, bei denen zwei Flüssigkeiten
zu einer geworden sind. Die windschiefe Ebene *i-d-f-m* umfaßt also kritische Gleichgewichte. Der „Tunnel“ stellt die Grenze der Gleichgewichte
der homogenen Mischkrystalle außerhalb mit solchen zweier Mischkrystalle
im Innern beim Erstarren dar. Mit sinkender Temperatur verschieben sich
die Grenzmischkrystalle in ihrer Zusammensetzung. Der „Tunnel“ als Grenze
erweitert sich in geringem Umfang.

In einer anderen Tetraederdarstellung läßt sich das Gebiet für die Gleichgewichte eines Mischkrystalles mit zwei Schmelzen darstellen. Auch hier
bildet sich ein „Tunnel“, der kleiner ist und nur eine Tetraederkante enthält. Es bildet sich eine kritische Kurve *n-k*, deren Punkte eine Schmelze

darstellen, die durch Identischwerden zweier entstanden zu denken ist. Diese Schmelzen sind im Gleichgewicht mit Mischkrystallen *o-l*. Es ist *n-k-o-l* eine windschiefe Fläche, die kritische Gleichgewichte umfaßt. Die Fläche *o-l-s* umfaßt die Mischkrystalle, die im Gleichgewicht mit zwei Schmelzen sind. Aus der früheren Abb. 428 geht hervor, daß unterhalb 1200° in den ternären Grenzsystemen und damit auch in dem quaternären System die Bildung zweier Schmelzen nicht mehr eintreten kann. Von *Parravano* sind eine große Anzahl Legierungen in bezug auf ihr Erstarren untersucht und die Erstarrungsvorgänge von 10 zu 10 Proz. Ni wiedergegeben. Außerdem sind auch Erstarrungsflächen für verschiedene Temperaturen konstruiert. Die Abb. 430 gibt eine solche wieder, wobei das Tetraeder als Projektion auf die Grenzfläche Ag-Au-Cu dargestellt ist. Die Fläche *1-2-3-4-5-6-7* stellt die Erstarrungsfläche bei 1250° dar. Die gestrichelten Kurven geben den Gehalt von 10, 20, 30, 40 und 50 Proz. Ni auf der Fläche an, wodurch ihre Lage gut erkennbar ist. Die bei dieser Temperatur auftretende Bildung zweier Schmelzen kommt deutlich zum Ausdruck. Das Gebiet dieser ist *2-3-5-6*, außerhalb auf *1-2-6-7* und *3-4-5* liegen die beiden Gebiete, die keine zwei Schmelzen enthalten. Die Fläche *2-3-5-6* ist eine windschiefe, die durch Bewegung der Geraden *2-3* nach *5-6* auf den Kurven *2-6* und *3-5* entstanden zu denken ist. Die Untersuchungen *Parravanos* geben ein vollständiges Bild, doch ist es nicht möglich, hier noch weiter darauf einzugehen.

Quaternäre Legierungen
der Gruppen 2 (II · 2 · 1 · 1), 3 (II · 2 · 1 · 2), 4 (II · 2 · 2 · 2).

Allgemeines.

Die Legierungen der drei Gruppen 2, 3 und 4 enthalten neben binären Grenzsystemen vom Typus I niemals kompliziertere als die des Typus II. Auch die vierte Gruppe mit den vier ternären Grenzsystemen vom Typus II kann binäre Grenzsysteme vom Typus I enthalten, sofern die ternären Gruppen 2 (II · 1 · 1) und 3 (II · 1 · 2) vorkommen. Als kompliziertestes System der Gruppe 4 ergibt sich ein solches mit sechs binären Grenzsystemen vom Typus II. Dieses wird gesondert behandelt werden. Wenn sich binäre Systeme vom Typus I neben solchen vom Typus II als Grenzsysteme der quaternären Legierungen vorfinden, so lassen sich, immer ähnlich den Abbildungen für das soeben untersuchte System Ag-Au-Cu-Ni, im Innern des darstellenden Tetraeders tunnelartige Gebilde konstruieren, welche die Grenzen des Auftretens zweier verschiedener fester Phasen oder zweier Flüssigkeiten angeben. Treten beide gleichzeitig auf, so wird der „Tunnel", der für zwei Flüssigkeiten gilt, immer von dem für die beiden festen Phasen geltenden umhüllt. Die Tunnel können verschiedenster Art sein. Sie können nur eine Kante enthalten oder zwei, wie es für Ag-Au-Cu-Ni auseinandergesetzt wurde. Wenn sie zwei umfassen, ist auch der Fall zu denken, daß die Kanten nicht benachbart sind, sondern sich im Tetraeder gegenüberliegen. Das Vorkommen solcher Systeme hätte besonderes Interesse, ist aber sehr fraglich. Sodann kann der Tunnel sich derart vergrößern, daß er drei Kanten umfaßt, die wiederum verschieden liegen können. Auch vier oder fünf Kanten können umfaßt werden, wodurch der „Tunnel" in mehrere Teile zerfällt oder sich zu einer „Halle" erweitert. Nur eine Kante wird nicht umfaßt, wenn lediglich ein binäres Grenzsystem der Gruppe I angehört. Diese Art Systeme werden bei den Legierungen der Edelmetalle Cu, Ag, Au mit Mn, Cr, Ni, Co, Fe vorkommen. Das System Cu-Fe-Mn-Ni gehört gewissermaßen auch hierzu. Es ist nicht zu bezweifeln, daß die Untersuchung derartiger Systeme viel Interesse hat. Außer den Gleichgewichten von zwei festen Phasen mit einer Schmelze oder zwei Schmelzen mit einer festen Phase werden auch solche von vier Phasen, fest oder flüssig, vorkommen, die im ternären Grenzsystem invariant, im quaternären System monovariant sind. Es werden sich alsdann vier zusammengehörende Kurven für die verschiedenen Phasen ausbilden. Besonders wird sich das Gleichgewicht $L + S_1 + S_2 + S_3$ zeigen, aber auch das interessantere $L_1 + L_2 + S_1 + S_2$ ist nicht ausgeschlossen. Endlich können auch dann, wenn nicht alle sechs binären Grenzsysteme vom Typus II sind, invariante Gleichgewichte im quaternären System vorkommen. An den fünf alsdann im Gleichgewicht befindlichen Phasen können jedoch, solange noch zwei Metalle in jedem Mischungsverhältnis Mischkrystalle bilden, nicht vier feste Phasen außer einer Schmelze beteiligt sein. Die vorkommenden invarianten Gleichgewichte können aber sein $L_1 + L_2 + S_1 + S_2 + S_3$ oder auch $L_1 + L_2 + L_3 + S_1 + S_2$. Die speziellen Untersuchungen werden, wenn sie einmal durchgeführt sind, hierüber nähere Auskunft geben. Es wäre nicht schwierig, schon jetzt quaternäre Systeme anzugeben, bei denen sich die angegebenen Gleichgewichte finden werden, doch sollen nur die beiden untersuchten Systeme erörtert werden.

$$\overbrace{\text{Cu-Fe-Mn-Ni;} \quad \text{Cu IIIb Fe IIIb Mn IIa Ni Ia.}}^{\text{IIa}}$$

Die quaternären Legierungen Kupfer-Eisen-Mangan-Nickel gehören zwar dem Typus III an, die drei binären Legierungen mit Fe sind aber alle derart, daß sich die δ-Modifikation auf ein ziemlich kleines Gebiet der eisenreichen Legierungen beschränkt. Man kann für die Betrachtung die δ-Modifikation deswegen außer acht lassen, ohne damit das System wesentlich zu verändern, wodurch es sich bereits erheblich vereinfacht. Da nun die nach Mn krystallisierenden Mischkrystalle ein derartiges Verhalten zeigen, daß sie nur bei besonders genauen Untersuchungen sich als andere gegenüber den sonst auftretenden erweisen, lassen sich auch diese vernachlässigen und das ganze System Cu-Fe-Mn-Ni als ein solches behandeln, in dem nur eine Art Mischkrystall auftritt. Als *Parravano* 1912 das System eingehend untersuchte, mußte man diese Annahme machen, nach der das System mit den binären Grenzsystemen, wie sie in der Bezeichnung

$$\overbrace{\text{Cu-Fe-Mn-Ni;} \quad \text{Cu IIa Fe Ia Mn Ib Ni Ia}}^{\text{Ib}} \quad \text{(vereinfacht)}$$

zum Ausdruck kommen, zur Gruppe 2 (II · 2 · 1 · 1) gehörte. In dieser Darstellung, also unter Vernachlässigung der δ-Fe-Modifikation und der Mn-Mischkrystalle, sollen die Untersuchungen wiedergegeben werden.

In der Abb. 431 ist in ähnlicher Art wie vorher für die vier ternären Grenzsysteme das Verhalten wiedergegeben. Unter der angenommenen Vereinfachung findet sich nur eine Art Mischkrystalle vor. Die Abb. 431 gibt für die einzelnen Systeme von 100 zu 100° die Erstarrungstemperaturen und punktiert gezeichnet die zugehörigen Mischkrystalle. Zwei von den ternären Legierungen Cu-Mn-Ni und Fe-Mn-Ni haben eine kontinuierliche Erstarrungs- und

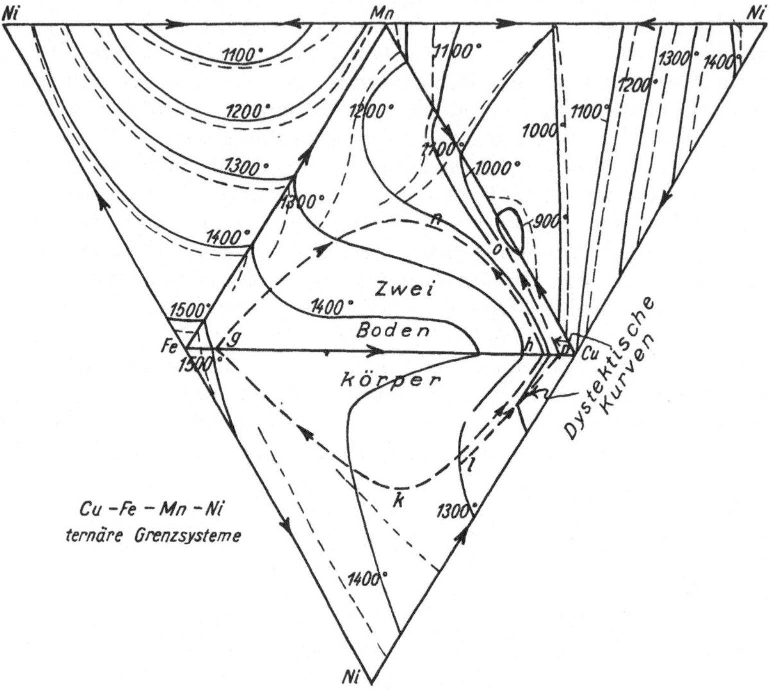

Abb. 431. Cu-Fe-Mn-Ni. Die ternären Grenzsysteme.

Schmelzfläche. Durch das Gebiet Cu-Mn-Ni läuft eine Kurve minimaler Temperatur, die die beiden Minimumpunkte der Grenzsysteme Ni-Mn und Cu-Mn verbindet. In dem System Fe-Mn-Ni verläuft das Minimum auf Mn-Ni allmählich mit steigerndem Eisengehalt. Die beiden anderen ternären Grenzsysteme sind in der Hauptsache gleichartig. Sie enthalten eine Mischungslücke im festen Zustande, und die Mischkrystalle, die auf der begrenzenden Kurve liegen, sind im Gleichgewicht mit Schmelzen, die außerhalb liegen. Es ist der früher ausführlich erörterte Fall einer Übergangskurve. Diese dystektische Kurve endigt in einem Punkt, der dem kritischen Gleichgewicht entspricht. Die Schmelze, die in diesem Endpunkt dargestellt ist, ist im Gleichgewicht mit einem Mischkrystall, der durch Zusammenfallen von zwei entstanden zu denken ist. Ein Unterschied zwischen den Systemen besteht darin, daß im einen Fall ein Schmelzpunktminimum im binären Grenzsystem besteht (Cu-Mn), im andern (Cu-Ni) nicht. Infolgedessen fällt die Temperatur im System

Cu-Fe-Mn auf der Übergangskurve von s nach o und steigt im System Cu-Fe-Ni von s nach l. Im quaternären System ergibt sich, wie die Abb. 432 schematisch angibt, ein Verhalten, welches ganz ähnlich einem früheren ist. Dort handelte es sich um zwei Schmelzen im Gleichgewicht mit einem Mischkrystall, jetzt dagegen um zwei Mischkrystalle mit einer Schmelze. Die kritischen Gleichgewichte $(S_1 = S_2) + L$ führen zur Darstellung einer windschiefen Ebene k-n-o-l. Innerhalb des tunnelartigen Gebildes gibt es zwei Mischkrystalle, außerhalb nur einen. Das Verhalten dieser Art ist oben erörtert. In der Abb. 433 ist noch für Legierungen mit 10 Proz. Mn die Erstarrungstemperatur im Zusammenhang von Schmelze und Bodenkörper vermerkt. Die ausgezogenen Kurven beziehen sich auf die Erstarrungstemperaturen der auf ihnen dargestellten Gemische, die punktiert gezeichneten geben die beobachteten Temperaturen der vollständigen Erstarrung. Das durch P

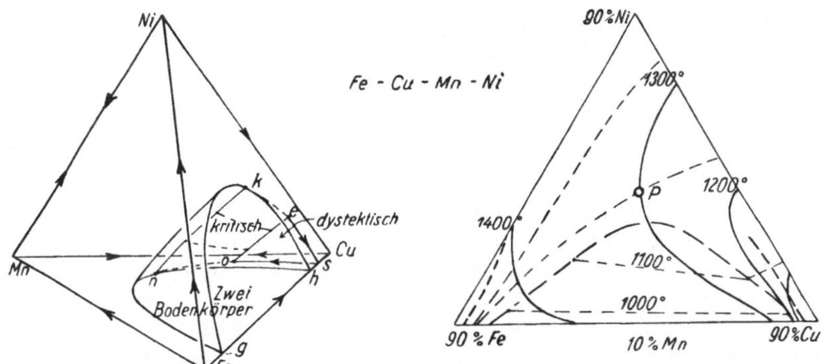

Abb. 432. Cu-Fe-Mn-Ni.
Das Gebiet zweier Bodenkörper
im Tetraeder.

Abb. 433.   Cu-Fe-Mn-Ni.
Erstarrungsfläche der Legierungen
mit 10 Proz. Mn.

markierte Gemisch beispielsweise zeigt den Beginn der Erstarrung bei 1300° und ist vollständig erstarrt bei 1200°. Die punktierten Kurven geben, solange nach dem Erstarren vollständig homogene Mischkrystalle vorliegen, auch die Zusammensetzung der Gemische an. Das Gebiet, das die Mischungen mit zwei Bodenkörpern umfaßt, hat sich gegenüber den manganfreien verkleinert. Auch eine Übergangskurve ist zu beobachten. Diese Abbildungen werden korrigiert werden müssen, sobald das Gebiet der nicht berücksichtigten besonderen Mischkrystalle nach Mn erforscht sein wird. Die δ-Fe-Mischkrystalle ließen sich bereits als geringe Korrektur einfügen.

Gruppe 4 (II · 2 · 2 · 2).

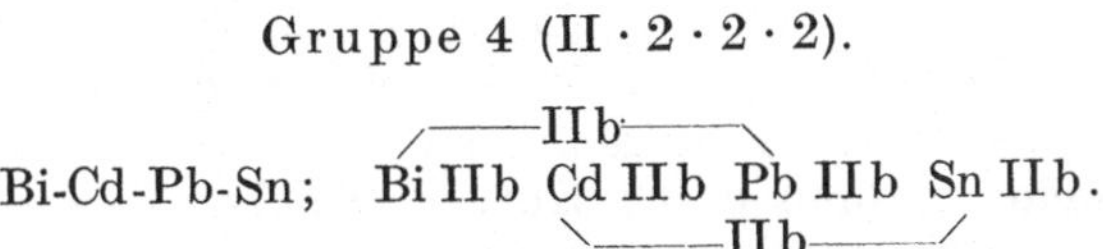

Bi-Cd-Pb-Sn;   Bi IIb Cd IIb Pb IIb Sn IIb.

Zur Gruppe 4 gehört auch das viel behandelte quaternäre System Wismut-Cadmium-Blei-Zinn, das vielfach als einfachstes aufgefaßt wird. Alle vier

Metalle bilden miteinander binäre Legierungen mit Eutektikum. Zu dieser Gruppe wären auch Legierungen zu rechnen, die Übergangspunkte im Zustandsbild aufweisen. Auf ihre Behandlung soll jedoch verzichtet werden. Bei den quaternären Legierungen mit sechs binären Grenzsystemen vom Typus II treten als feste Phasen die vier Metalle als solche oder als Mischkrystalle mit den anderen auf. Das Vorkommen von vier festen Phasen bedingt in dem System ein invariantes Gleichgewicht $L + S_1 + S_2 + S_3 + S_4$. Dieses führt über die vier monovarianten Gleichgewichte $L + S_1 + S_2$, $L + S_1 + S_3$, $L + S_2 + S_3$ zu den gleichartigen invarianten Gleichgewichten der ternären Grenzsysteme. In dem Beispiel Bi-Cd-Pb-Sn sind die vorkommenden festen Phasen praktisch die reinen Metalle, wodurch die Darstellung besonders einfach wird.

Die frühere Abb. 171 S. 273 gibt die Erstarrungsbilder der vier ternären Grenzsysteme, wobei die Dreiecke so aneinanderliegen, daß sie das Netz des Tetraeders ergeben. Denkt man sich nun die drei seitlichen regulären Dreiecke nach oben zusammengeklappt, so ergibt sich, zusammen mit dem unteren Dreieck, das reguläre Tetraeder der quaternären Legierungen. Von den ternären Eutektika der ternären Grenzsysteme verlaufen die Kurven für das Flüssige des Gleichgewichts mit drei festen Phasen, den in Betracht kommenden Metallen, in das Innere. Sie laufen in einem Punkt zusammen, der die Schmelze angibt, die an dem invarianten Gleichgewicht mit den vier festen Metallen beteiligt ist. Die vier Kurven, die von diesem Punkt im Innern nach den vier Punkten auf den Seitenflächen verlaufen, ergeben mit den Kurven auf den Grenzflächen im Innern Flächen derart, daß das ganze Tetraeder in vier räumliche Gebiete zerlegt wird. Jedes Gebiet stellt das Ausscheidungsgebiet eines Metalles dar. Alle Gemische, dargestellt durch Punkte im Innern eines solchen Körpers, bringen das gleiche Metall bei beginnendem Erstarren zur Ausscheidung. Auf den Grenzflächen sind es zwei Metalle und, wie schon erwähnt, in den Kanten drei. Die Temperaturen der Ausscheidung nehmen in den Körpern vom reinen Metall ins Innere hin ab. Es lassen sich Flächen gleicher Temperatur durch jeden Körper legen. Die Temperatur des quaternären Eutektikums liegt bei 69°. Die Eigentümlichkeit der festen Mischung dieser Art, bereits bei 69° zu schmelzen, hat begreiflicherweise erhebliches Interesse erregt. Die Legierung ist unter dem Namen des Woodschen Metalles allgemein bekannt. Aus diesem Verhalten ist die Art der Erstarrung ohne weiteres abzuleiten. Aus einem verflüssigten Gemisch scheidet sich zunächst ein Metall ab, nachdem die Temperatur gesunken, kommt ein zweites hinzu. Es scheiden sich alsdann zwei Metalle gleichzeitig aus, dann folgt, nachdem die Temperatur weiter gesunken ist, das dritte Metall hinzu. Die Ausscheidung von jetzt gleichzeitig drei Metallen setzt sich fort, bis nach Erreichung der invarianten Temperatur des quaternären Eutektikums ein vollständiges Erstarren erfolgt. Bei Legierungen, die nicht durch Punkte im Innern der Körper dargestellt werden, sondern von solchen auf Grenzflächen oder Kanten, fällt in der Reihenfolge der Ausscheidungen der eine oder andere Vorgang fort. Es lassen sich Schnitte durch das Tetraeder legen und für diese die Erstarrungstemperaturen durch Kurven gleicher Temperatur angeben. Außerdem läßt sich für jede Mischung am besten in einer besonderen Dreiecksdarstellung auf der Schnittfläche noch angeben, wie das Verhalten bei weiteren Abkühlen ist, indem die Temperaturen der weiteren Ausschei-

dungen vermerkt werden. Wenn diese zu isothermen Kurven verbunden
werden, ergibt sich ein Bild, das meistens dem eines ternären Systems mit
Eutektikum ähnelt. Die niedrigste Temperatur liegt immer bei 69°. Neuerdings gefundene Verbindungen in den erstarrten Legierungen könnten in die
Betrachtung leicht eingefügt werden. Das ganze System wurde bereits
1912 von *Parravano* und seinen Mitarbeitern eingehend untersucht.

Quaternäre Legierungen der Gruppen III, IV und V.

Allgemeines.

Wenn die binären Grenzsysteme nicht mehr lediglich den Typen I und II
angehören, vermehren sich bei den quaternären Systemen die Zahl der möglichen festen Phasen. Beim Typus III gibt es unter den quaternären Legierungen fünf verschiedene Gruppen, von 5. (III · 3 · 1 · 2) bis 9. (III · 3 · 3 · 3);
beim Typus IV sind es neun, von 10. (IV · 4 · 1 · 2) bis 18. (IV · 4 · 4 · 4), und
beim Typus V deren vierzehn, von 19. (V · 5 · 1 · 2) bis 32. (V · 5 · 5 · 5). Entsprechend der Gruppennummer werden die Systeme im allgemeinen komplizierter. Wenn aber die Typen der binären Grenzsysteme beachtet werden,
braucht nicht ein System höherer Gruppennummern unbedingt komplizierter
als ein solches von niederer zu sein. In vielen Fällen, besonders beim Auftreten kongruent schmelzender intermetallischer Verbindungen, wird sich
das die Gleichgewichte darstellende Tetraeder durch Ebenen in zwei oder
mehr kleinere Tetraeder zerlegen lassen, die als vollständig selbständige
Systeme betrachtet werden können. Dieses vereinfacht die Untersuchung
natürlich erheblich. In anderen Fällen läßt sich zwar auch eine Zerlegung in kleinere Tetraeder durchführen, die Legierungen innerhalb dieser
können aber für solche Tetraeder nicht unabhängig voneinander betrachtet
werden.

Nach den früheren Darlegungen ließen sich leicht quaternäre Legierungen
angeben, die den verschiedenen Gruppen zugehören werden. Wirklich untersucht sind bis jetzt Legierungen des Typus III nicht. Die schwefelhaltigen,
die hierzu zu rechnen wären, sollen später kurz erwähnt werden. Bei ihnen
spielt die Bildung zweier im Gleichgewicht befindlicher Schmelzen eine Rolle.
Nur ein in etwas größerem Umfang untersuchtes System entspricht dem
Typus IV, während eine Anzahl zu V gehören. In vielen Fällen sind nur Teiluntersuchungen gemacht, wie besonders bei den quaternären Eisen-Kohlenstoff-Legierungen.

In einigen Fällen werden möglicherweise auch neue feste Phasen auftreten,
die alle vier Metalle enthalten, doch sind solche jedenfalls selten. Die reinen
Metalle werden vielfach alle drei anderen Metalle in fester Lösung aufnehmen,
so daß dadurch homogene feste Phasen sich bilden, die alle vier Metalle enthalten. Auch durch Bildung von Mischkrystallen binärer oder ternärer Verbindung können derartige Phasen auftreten. Bei Kenntnis der vier ternären
Grenzsysteme läßt sich schon manches über das Verhalten der quaternären
Legierungen voraussagen. Eine eingehendere allgemeine Behandlung dieser
Systeme ist nicht nötig.

Gruppe 26 (V · 5 · 4 · 3).

Al-Mg-Si-Zn;   Al IVa Mg IIIa Si III ? Zn IIIb.

Die Legierungen Aluminium-Magnesium-Silicium-Zink sind nach dem Verhalten des ternären Grenzsystems Zink-Magnesium der Gruppe V zuzurechnen. Von *Sander* und *Meissner* wurden Legierungen untersucht, um die Zerlegung des darstellenden Tetraeders in kleinere Gebiete festzustellen. Im aluminiumreichen Gebiet wurden auch einige Legierungen auf ihre Festigkeitsprüfungen geprüft. Die Verfasser glauben, das Tetraeder in sieben kleinere zerlegen zu können, deren jedes ein quaternäres Eutektikum hätte. Dieses ist nur zum Teil richtig, zunächst sind zwei binäre Verbindungen zwischen Mg und Zn, die bei der Untersuchung noch nicht bekannt waren, außer acht gelassen, dann aber bilden sich auch keineswegs nur invariante eutektische Gemische, sondern auch andere. Die zwischen Aluminium und Zink früher angenommene Verbindung ist außerdem zu streichen. Die Tetraederzerlegung könnte bei einem System mit vier ausgesprochen kongruent schmelzenden Verbindungen Mg_2Si, $MgZn_2$, Al_3Mg_4 und Al_3Mg_2 vorausgesagt werden, falls keine ternären Verbindungen auftreten. Das Auftreten von zwei inkongruent schmelzenden Verbindungen zu beiden Seiten der Verbindung $MgZn_2$ führte zur Bildung von vier kleinen Tetraedern mit zwei quaternären Eutektika und zwei Übergangspunkten. Da aber noch ternäre Verbindungen auftreten ($Al_2Mg_3Zn_2$), ist das Verhalten erheblich komplizierter, als *Sander* und *Meissner* annahmen.

Gruppe 31 (V · 5 · 5 · 4).

Al-Cu-Mg-Si;   Al Vb Cu IVa Mg IIIa Si IIb.

Von *Gayler* wurden hauptsächlich technische Untersuchungen ausgeführt. In den ersten Untersuchungen wurde das Verhalten auf Aluminium bei gleichzeitigem Gehalt von Kupfer als $CuAl_2$ und von Mg_2Si geprüft. Mikroskopische Untersuchungen von rasch oder langsam von 500 auf 250° abgekühlten Gemischen, die von diesen Temperaturen abgeschreckt wurden, ergaben die Zunahme der Mischkrystallbildung mit der Temperatur auf 2 Proz. Cu, 0,5 Proz. Mg_2Si gegen 0,5 Proz. Cu und 0,3 Proz. Mg_2Si. In der zweiten Abhandlung wurden als Gefügebestandteile, die Al zugefügt wurden, die drei Bestandteile Cu, Mg und $MgSi_2$ berücksichtigt. Das Mischkrystallfeld des Aluminiums ist auch hier naturgemäß bei höherer Temperatur größer als bei niederer. Wegen des großen Umfangs der Mischkrystallbildung erstreckt es sich weit in die Mg-reichen Gebiete. In den untersuchten Gemischen tritt außerdem $CuAl_2$ und Mg_2Si als Gefügebestandteil auf.

Gruppe 32 (V · 5 · 5 · 5).

Al-Cu-Fe-Si;   Al Va Cu IIIb Fe Va Si IIb.

Ein recht kompliziertes System ist das der Legierungen Aluminium-Kupfer-Eisen-Silicium. Von den sechs binären Grenzsystemen gehören nur Cu-Fe und Al-Si nicht dem kompliziertesten Typus V an. In dem aluminiumreichen Teil wurde das System Al-Cu-Fe-Si von *Gwyer, Phillipps* und *Mann* thermisch und mikroskopisch sehr eingehend untersucht. Die zugrunde liegenden drei Grenzsysteme mit Aluminium sind in bezug auf ihre Zustandsfelder in der Abb. 434 in der Art wiedergegeben, daß sich die drei Systeme zu einer rechtwinkligen Ecke zusammenfügen. Sie stellen damit die Grenzen der räumlichen Darstellungen dar. Die Vorderseite dieser Darstellungen umfaßt die Legierungen Al-Cu-Si bis zu einem maximalen Gehalt von 40 Proz. Cu und 15 Proz. Si. Außer den Metallen Al und Si kommt nur noch die Verbindung $CuAl_2$ als feste Phase vor. In dem Grenzsystem Al-Fe-Cu mit maximalem Gehalt von 10 Proz. Fe finden sich die festen Phasen Al, $FeAl_3$, $CuAl_2$ und die mit N bezeichnete Verbindung. Diese ist möglicherweise von der Zusammensetzung Al_3Cu_2Fe. Das dritte Grenzsystem umfaßt Al-Si-Fe mit einem maximalen

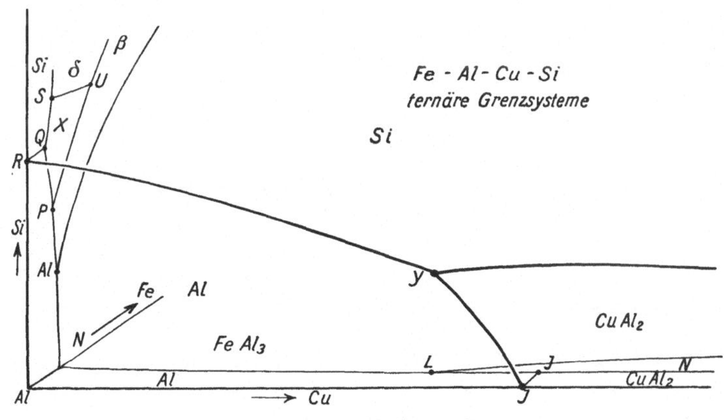

Abb. 434. Al-Cu-Fe-Si.
Die ternären Grenzsysteme mit Al, dargestellt durch eine rechtwinkelige Ecke.

Gehalt von 10 Proz. Fe und 15 Proz. Si. Die vorkommenden festen Phasen sind Al, Si, $FeAl_3$ und die mit den Buchstaben β, δ und X bezeichneten. Von diesen entspricht X möglicherweise der Verbindung Al_6Si_3Fe. Das quaternäre System, das in der Abb. 435 wiedergegeben ist, ist nun dadurch von ganz besonderer Eigentümlichkeit, daß die beiden homogenen ternären Phasen X und N eine lückenlose Reihe von Mischkrystallen bilden. Dieses ist vor allen Dingen deswegen so eigentümlich, weil es ternäre Verbindungen sind, die zu lückenloser Reihe von Mischkrystallen zusammentreten, so daß daraus homogene Körper entstehen, die vier Metalle enthalten. Es erinnert dies an das System der Oxyde von Ca-Mg-Al-Si, bei dem zwei ternäre Verbindungen je drei verschiedener Oxyde Åkermanit und Gehlenit zu homogenen quaternären Krystallen, Melilith zusammentreten (vgl. *Jänecke,* Neues Jahrb. f. Min. 1935 S. 296). Eine röntgenographische Untersuchung wäre auch in dem vorliegenden Falle von vier Metallen von höchstem Interesse. Die Abb. 435 zeigt, wie sich die verschiedenen Ausscheidungsgebiete der ternären Grenzsysteme in das innere räumliche Gebiet der vier Metalle erstrecken. Sie ist nach den Untersuchungen von *Gwyer, Phillipps* und *Mann* konstruiert, der

Deutlichkeit halber aber etwas schematisiert. Das schraffierte Gebiet des
Körpers X des auf der linken Seite liegenden Al-Fe-Si-Systems durchläuft das
räumliche Gebiet und wird im ternären System Al-Fe-Cu zu dem schraffiertem
Gebiet N. Silicium und die Verbindung Al_3Fe finden sich in allen Teilschnitten
des Körpers. Das ternäre Eutektikum mit Al, Si, $CuAl_2$ in Y führt zu einem
quaternären Eutektikum k, indem ein bestimmter Mischkrystall der Verbindungen X und N als fester Gefügebestandteil hinzukommt. Außerdem gibt
es noch ein zweites quaternäres, invariantes Gleichgewicht, wobei Schmelze j
und Al, $FeAl_3$, β und ein bestimmter Mischkrystall von X und N miteinander
im Gleichgewicht sind. Das Verschwinden der δ-Mischkrystalle im System

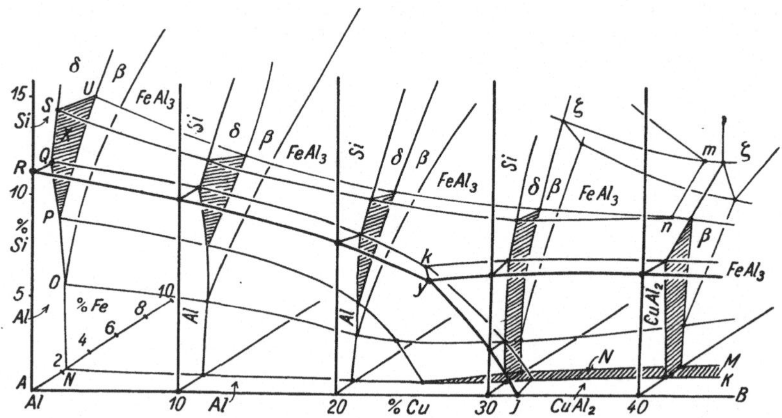

Abb. 435. Al-Cu-Fe-Si. Die aluminiumreichen Legierungen, halbschematisch.

Al-Fe-Si bei größerem Zusatz von Cu führt zu zwei weiteren invarianten
Gleichgewichten m und n. Die beteiligten festen Phasen sind β, δ, Si und ζ
bei m und S, β, δ-Mischkrystall (X-N) bei n. Es ist ζ eine neue kupferhaltige
feste Phase, die hinzukommt. Der Zusammenhang zwischen Temperatur und
Zusammensetzung der invarianten Schmelzen ist durch folgende kleine Tabelle
angegeben.

	Cu	Si	Fe	Temp.
j	20,5	1,8	1,5	590
k	26,0	6,5	0,5	520
m	36,3	11,3	4,0	665
n	38,6	6,6	2,5	620

Da die mikroskopischen Untersuchungen sich auf sehr rasch abgekühlte
Legierungen erstreckten, war nicht überall ein Gleichgewichtszustand zwischen
den Phasen nach dem Erstarren vorhanden. Dieses äußerte sich mehrfach
dadurch, daß ein Gefügebestandteil mehr beobachtet wurde, als es nach den
Gesetzen des Gleichgewichtes der Fall sein dürfte. Durch entsprechende Behandlung wäre es möglich, diesen zum Verschwinden zu bringen und damit
den stabilen Zustand herzustellen.

Einige teilweise untersuchte quaternäre Systeme.

Ag-Cd-Cu-Zn.

Das quaternäre System ist dadurch von Interesse, daß es scharf in zwei Gebiete geteilt wird durch ein lineares Gebiet, das die binären Verbindungen Ag_3Zn_8, Cu_3Zn_8, Ag_3Cd_8, Ag_3Zn_8 umfaßt. Dieser ebene Schnitt umfaßt in jedem Mischungsverhältnis γ-Mischkrystalle, die also durch die Formel $(Ag\text{-}Cu)_3(Cd\text{-}Zn)_8$ dargestellt werden. Außerdem bilden sich noch γ-Mischkrystalle, die in gewissem Umfange mehr Ag-Cu als Cd-Zn enthalten. Es werden sich interessante monovariante und auch invariante ausbilden mit Schmelze und festen Phasen, von denen eine ein Mischkrystall darstellt, der alle vier Metalle enthält. Eine genauere systematische Untersuchung des Systems steht noch aus. Die Abb. 436 gibt die Lage der Ebene wieder, in der die einheitlichen Mischkrystalle liegen.

Al-Cu-Mg-Zn.

Ein System, in dem auch quaternäre Mischkrystalle vorkommen, ist Al-Cu-Mg-Zn. Von *Laves*, *Löhberg* und *Witt* wurde das Verhalten von Gemischen der ternären Verbindungen Al_6CuMg_4 und $Al_2Mg_3Zn_3$ untersucht, die beide kubisch im gleichen Gitter krystallisieren. Es wurde eine lückenlose Reihe Mischkrystalle festgestellt. Für die binären Verbindungen ist das Verhältnis der Mg-Atome zu den anderen maßgebend und entspricht der Formel $Mg_{37}X_{63}$. Es wird vermutet, daß sich zwei Raumgitter durchdringen, ein Mg-Gitter und ein X-Gitter. Für die Verbindungen ergaben sich Formeln, die dem Atomverhältnis 37 : 63 ziemlich genau entsprechen: $Al_6CuMg_4 = Al_{54}Cu_9Mg_{36}$ und $Al_2Zn_3Mg_3 = Al_{24}Zn_{36}Mg_{35}$, mit dem Verhältnis 36 : 63 und 36 : 60.

Cd-Pb-Sb-Sn.

Das System Cd-Pb-Sb-Sn wurde von *Ackermann* mit Rücksicht auf die Wirkung des Cadmiums auf Lagermetalle in technischer Hinsicht untersucht. Es wurden die Festigkeitseigenschaften sehr bleireicher Legierungen mit Antimon und Zinn auf Zusatz von Cadmium geprüft. Im allgemeinen ist die Wirkung des Zinns besser als des Cadmiums. Ein Zustandsbild wurde nicht aufgestellt. Mikroskopisch wurde besonders das Auftreten der Cadmium-Antimon-Verbindungen verfolgt.

Ag-Cu-Ni-Zn.

In diesem System wurden von *Watson* zwei Legierungen 50 : 40 : 5 : 5 und 25 : 55 : 10 : 10 Silber-Kupfer-Nickel-Zink in einem kleinen Tiegel geschmolzen und vier Stunden bei 905°, also über 100° unterhalb der Temperatur der beginnenden Erstarrung gehalten. Die Analyse ergab für Zink annähernd gleichmäßige Verteilung in den verschiedenen Schichten. In der ersten Legierung herrschte Cu-Ni im oberen und Ag im unteren Teil vor, in der zweiten Legierung Ag in den äußeren Teilen und Cu-Ni im Inneren.

Al-Cu-Mg-Ni.

Von dem quaternären System Al-Cu-Mg-Ni wurden einige aluminiumreiche Legierungen von *Brigham* auf ihre Ausscheidungshärte untersucht. Der Zu-

satz von 1 bis $1^1/_2$ Proz. Mg zu Aluminiumlegierungen mit geringem Cu-
(4 Proz.) und Ni-Gehalt (2 Proz.) bewirkte die Bildung von vergütungsfähigen
Legierungen, doch war dieses hauptsächlich auf Bildung von Mg_2Si zurückzuführen, das zu 0,13 Proz. im benutzten Al enthalten war. Die übrigen Gefügebestandteile waren die im System Al-Cu-Ni auftretenden festen Phasen $NiAl_3$,
$CuAl_2$ und ternäre Verbindungen.

Cd-Hg-Na-K.

In dem System wurden die Abkühlungskurven einiger Legierungen aufgenommen und festgestellt, daß eine Verbindung aller vier Metalle im gleichen
Atomverhältnisse nicht besteht. Bei den vielen Verbindungen der binären
Grenzsysteme und dem Vorkommen ternärer Verbindungen wären quaternäre
nicht ausgeschlossen.

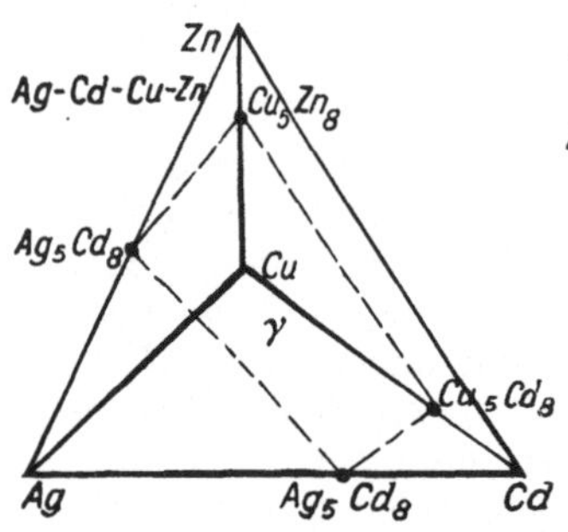

Abb. 436. Ag-Cd-Cu-Zn.
Die Fläche der γ-Misch-
krystalle im Tetraeder.

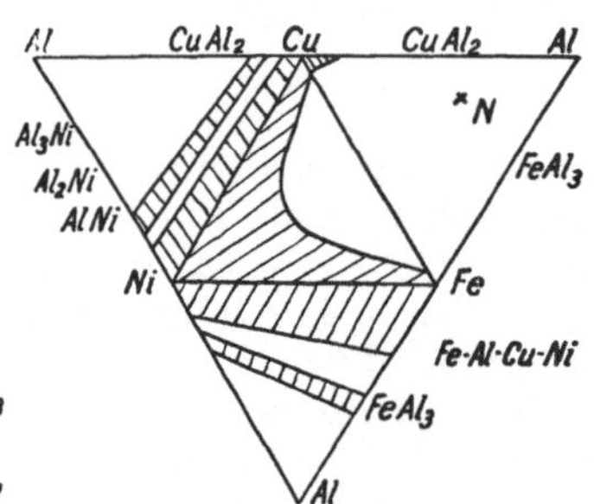

Abb. 436a. Al-Cu-Fe-Ni.
Die ternären Grenzsysteme.
Schematisch.

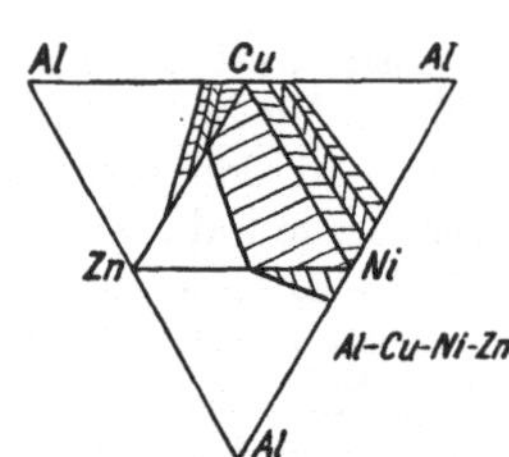

Abb. 436b. Al-Cu-Ni-Zn.
Die ternären Grenz-
systeme. Schematisch.

Al-Cu-Fe-Ni. — Al-Cu-Ni-Zn. — Al-Cu-Fe-Zn.

Die Legierungen wurden von *Perchké* unter dem Gesichtspunkt der Beständigkeit gegen Lösungen der Kaliindustrie betrachtet. Auf Grund der
Zustandsbilder der ternären Grenzsysteme, die schematisch für Al-Cu-Fe-Ni
und Al-Cu-Ni-Zn in Abb. 436a und Abb. 436b wiedergegeben sind, wurden
einige quaternäre Legierungen dargestellt, die in den Gebieten homogener
Mischkrystalle liegen mußten, und deren Korrosionsbeständigkeit gegenüber
Lösungen von Sylvin, Carnallit und Magnesiumchlorid festgestellt. Die Legierungen sind den gewöhnlichen Messing- und Bronzesorten überlegen.

Systeme mit Eisen-Kohlenstoff.

C-Fe-Mn-Si.

Von *v. Keil* und *Kotyzo* wurde der Einfluß des Mangans bis zu 3,5 Proz.
auf die Art der Erstarrung der eisenreichen Gemische mit bis 4 Proz. C und
6 Proz. Si untersucht. Die Abkühlungsgeschwindigkeit der geschmolzenen
Gemische betrug durchschnittlich 30° in der Minute. Die Abbildungen geben
an, in welcher Art mit steigendem Mangangehalt die Ausscheidungsformen

sich in bezug auf den Gehalt an C und Si ändern. Die erste Abb. 437 gibt
die Struktur nach dem Erstarren im System C-Fe-Si ohne Manganzusatz. Die
Verteilung der nadeligen, graupeligen und weißen Bestandteile ist vermerkt.
Die graupelige Graphitausbildung ist veranlaßt durch metastabile Erstarrung
mit nachfolgender Zersetzung des Carbides. Die Grenzlinie DF trennt die
Gußeisensorten rein perlitischen Gefüges mit weniger als 2,5 Proz. Si von
denen, die neben Perlit auch Ferrit aufweisen. Erst oberhalb der Linie CDC_1
in den übereutektischen Gemischen tritt die stabile Erstarrung unter primär
sich bildendem Graphit ein. Die drei anderen Abb. 438 bis 440 zeigen die
Änderung des Gefüges mit steigendem Mangangehalt. Die Bildung der meta-

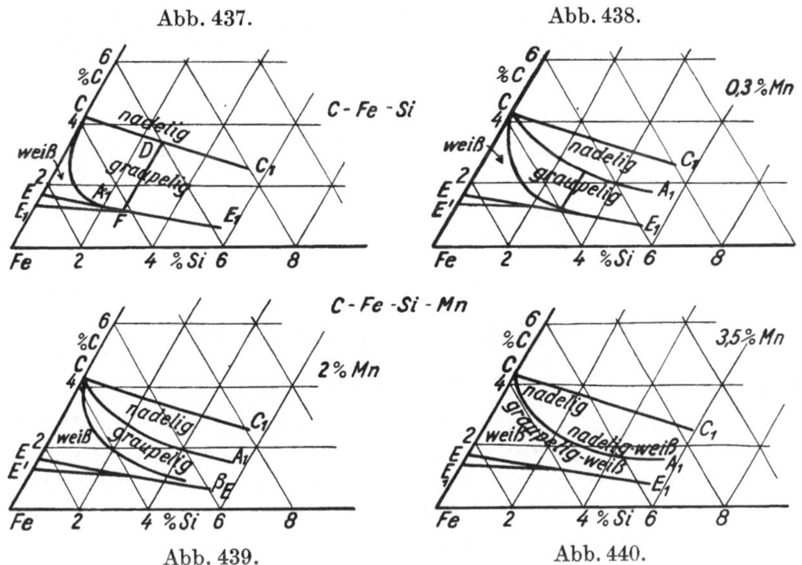

Abb. 437 bis 440.   C-Fe-Si-Mn.
Zerlegung der Gebiete bei Steigerung des Mn-Gehaltes von 0 bis 3,5 Proz.

stabilen graupeligen Kohlenstofform wird weniger. Bei 3,5 Proz. Mn ist sie
ganz verschwunden. Es findet sich jetzt zwischen nadeligen und weißen
Formen ein Gebiet mit graupelig-weißen und bei höherem Si-Gehalt nadelig-
weißen Bestandteilen. Das Gebiet der weiß erstarrten Eisenlegierungen vergrößert sich mit Zunahme von Mangan. Die perlitische Grundmasse ist bei
2 Proz. Mn noch vorhanden und ändert sich bei 3,5 Proz. Mn in ein martensi-
tisches Grundgefüge. Der Einfluß des Siliciums und Mangans auf die Grau-
erstarrung ist damit bekannt.

C-Cr-Fe-Si.

Murakami und *Yokoyama* untersuchten Legierungen mit 0,3 Proz. C und
bis 3 Proz. Si und bis 17 Proz. Cr. Die Temperatur der magnetischen Umwandlung (A_2) wird auf Zusatz von Si und Cr erniedrigt. Es ergeben sich in der

graphischen Darstellung, wie die Abb. 441 zeigt, für gleiche Umwandlungstemperaturen in bezug auf den Gehalt an Si und Cr gerade Linien. Die Änderung der Umwandlung A_{c1}, die in der anderen Abb. 442 dargestellt wird,
bringt die Erhöhung der Umwandlung (A_{c1}) auf Zusatz der beiden Metalle Si
und Cr zum Ausdruck.

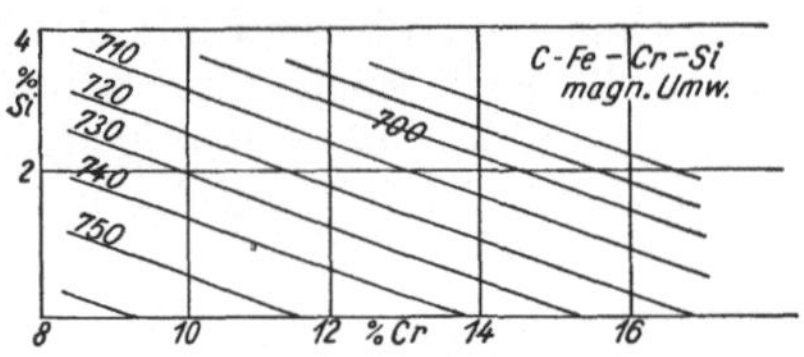

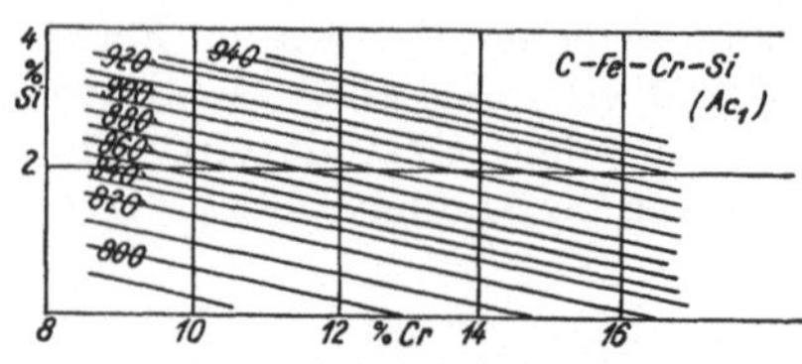

<table>
<tr><td>Abb. 441. C-Fe-Cr-Si.
Legierungen mit 0,3 Proz. C. Die Tempe
raturen der magnetischen Umwandlungen.</td><td>Abb. 442. C-Fe-Cr-Si.
Legierungen mit 0,3 Proz. C. Änderung der
Temperatur der beginnenden Umwandlung.</td></tr>
</table>

Untersucht wurde noch die Struktur der Legierungen durch Abschrecken
der Legierungen von verschiedenen Temperaturen aus. Bei der Temperatur
von 800° bildet sich Ferrit + Carbid, darüber meist Martensit, der, wenn
oberhalb 1300° abgeschreckt wird, mit Austenit gemengt ist.

Quaternäre Systeme mit Schwefel.

Ag-Cu-Fe-S.

Untersucht wurde von *Lüder* das Entmischungsgebiet der drei Metalle bis
zu den Gemischen Cu_2S-FeS-Ag_2S, indem das System Cu_2S-FeS als binär
aufgefaßt wurde. Das Entmischungsgebiet erstreckt sich von den ternären
Grenzmischungen in großem Umfang in das Gebiet der vier Stoffe. Es wurde
angenommen, daß eine Zerlegung des Gebietes in eine Reihe Teilgebiete möglich ist, die durch Tetraeder dargestellt werden können. Gleichgewichte bestehen dann zwischen 1. Ag, Cu, Fe und Sulfidmischkrystallen, 2. Ag, Fe, FeS
und Sulfidmischkrystallen, ferner 3. Ag, Cu und Sulfidmischkrystallen,
4. Ag, FeS und Sulfidmischkrystallen. Binäre Gleichgewichte sollen zwischen
Sulfidmischkrystallen sowie Ag oder Cu bestehen.

Das System Ag-Cu-Pb-S (idealisiert).

Dieses System soll unter Berücksichtigung der früheren Angaben über die
ternären schwefelhaltigen Grenzsysteme etwas genauer betrachtet werden.
Dieses ist vollständig gleichartig dem doppelt-ternärer Salzpaare, wie dieses
früher vom Verfasser auseinandergesetzt wurde, wenn noch Entmischungen
berücksichtigt werden. Werden die Grenzsysteme aneinandergelegt, so ergeben sich fünf Gebiete. Von diesen ist eines das der Metalle mit einer
Mischungslücke von der Kante Pb-Cu aus, ein anderes das der Sulfide ohne
Mischungslücke und außerdem drei Systeme, die gleichzeitig Metalle und
Sulfide enthalten. Im System Cu-Pb-PbS-Cu_2S finden sich gleichzeitig drei

Schmelzen, in den anderen nur je zwei. Es gibt außer dem Ausscheidungsgebiet für PbS ein solches für die Mischkrystalle $(Ag, Cu)_2S$. Das Schmelzpunktminimum in dem binären System Ag_2S-Cu_2S läßt auch ein solches im ternären System der Sulfide voraussehen.

Um das Verhalten aller Mischungen der Sulfide und Metalle zu verstehen, ist es zweckmäßig, zunächst das Verhalten zu untersuchen, das ein gleichartiges System ohne Entmischung zeigen würde. Die Abb. 443 gibt hierüber Auskunft. Es finden sich in dem System folgende fünf feste Phasen: M', M'', M''', $M''''S$ und $(M', M'')_2S$. Da fünf und nicht wie sonst sechs feste Phasen in dem Vierstoffsystem auftreten, gibt es nicht drei, sondern nur zwei invariante Gleichgewichte mit einer Schmelze und vier festen Phasen. Die Lage der invarianten Gleichgewichte mit drei Bodenkörpern und einer Schmelze in dem ternären Grenzsystem bedingt es, daß bei den beiden invarianten Gleichgewichten im quaternären System bei der Schmelze X die festen Phasen

$$M' + M'' + M''' + M''''S \text{ und}$$
$$M' + M'' + M'''S + (M', M'')_2S$$

bei W beteiligt sind. Ein gleichzeitiges Vorkommen von M'''' mit $(M', M'')_2S$ schließt sich also als Gleichgewicht von Schmelze und Bodenkörper aus, ebenso wie in Grenzsystemen M'''' mit M'_2S oder

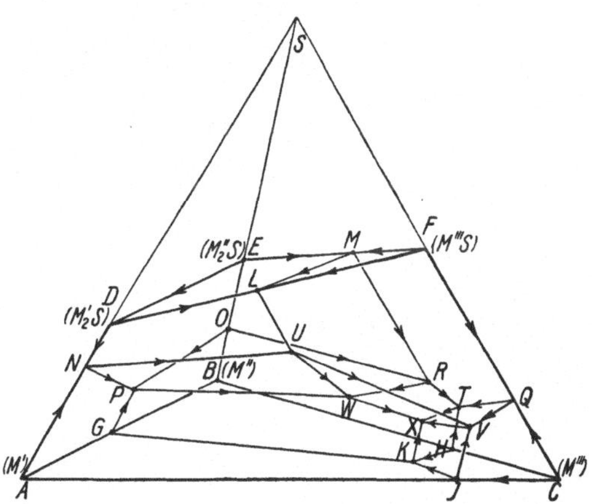

Abb. 443. Ag-Cu-Pb-S.
Gleichgewichte im Tetraeder unter Vernachlässigung der Entmischungserscheinungen.

M''_2S. Es bilden sich in der räumlichen Darstellung für die fünf Bodenkörper fünf Körper, die aus der perspektiven Darstellung der Abb. 443 leicht zu erkennen sind. Diese gilt schematisch für das System Ag-Cu-Pb-Ag_2S-Cu_2S-PbS, wobei das Ausscheidungsgebiet für Pb (M'''') in Wirklichkeit erheblich kleiner ist, als es die Abbildung zeigt. Um die nicht ganz einfache Art der Entmischung zu zeigen, sind in den Abb. 444 bis 447 die einzelnen Körper der verschiedenen Bodenkörper besonders gezeichnet. Für Pb(M'''') bleibt das Verhalten, da keine Entmischung in Gegenwart von Blei eintritt, so, wie es Abb. 443 angibt. Die Art, wie die Entmischung der Grenzsysteme sich bis zu den Grenzflächen im Innern fortsetzt, führt zu Entmischungserscheinungen in Gegenwart von zwei Bodenkörpern. Auf der Fläche O-P-W-R bildet sich ein Gebiet m-n-k_2 aus mit einem kritischen Punkt k_2. Diese Fläche findet sich in den Abb. 444 und 445 als Grenzfläche für die Körper der Ausscheidungen $(Ag, Cu)_2S$ bzw. $[(M', M'')_2S]$ und Cu(M''). Auf der Grenzfläche N-P-W-U, die in der Abb. 444 für $(Ag, Cu)_2S$ und Abb. 446 für Ag vorkommt, findet sich ein durchlaufendes Entmischungsgebiet q-v-h-g. Auch auf der Grenzfläche U-V-W-X der beiden Abb. 446 für Ag und 447 für PbS findet sich ein durchlaufendes Entmischungsgebiet g-h-t-s. Ebenso gibt es noch eines g-e-h-f auf der Grenzfläche L-U-W-R-M

in den Abb. 445 für (Ag, Cu)₂S und 447 für PbS. Keine Entmischungen zeigen
sich auf den anderen fünf Flächen im Innern, von denen drei dem Körper
für Pb zugehören: *K-J-V-X*, *H-K-X-T*, *X-V-T-Q* und *W-X-V-U* für Ag + PbS
sowie *W-X-T-R* für Cu + PbS. Dieses Fehlen von Entmischung entspricht
auch dem Verhalten in den ternären Grenzsystemen, wo bei Anwesenheit der
betreffenden beiden Bodenkörper ebenfalls keine Entmischung zeigen. Etwas
Besonderes zeigen noch die Entmischungen in Gegenwart von (Ag, Cu)₂S und
von PbS, wie es die Abb. 444 und 447 wiedergeben. Die Bildung dreier Schmel-

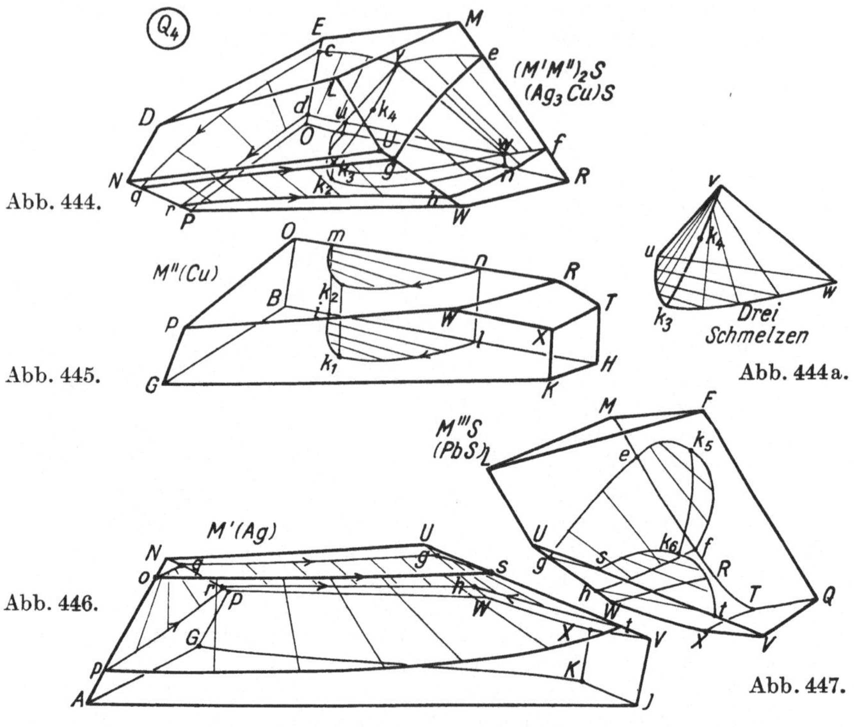

Abb. 444 bis 447. Ag-Cu-Pb-S.
Die verschiedenen Ausscheidungsgebiete im Tetraeder, einzeln dargestellt.

zen, die im System Cu-Pb-Cu₂S-PbS bei Gegenwart von Cu₂S eintritt, tritt
auch bei Anwesenheit gewisser Mengen Ag in den Schmelzen auf. Das Dreieck
u-v-w setzt sich in das Innere des Gebietes fort, bis es zu einer Geraden $k_4 k_3$ zusammenschrumpft. In Abb. 444a ist dieses noch einmal gesondert dargestellt.
Alsdann besteht ein Gleichgewicht $k_4 + k_3 + $ (Ag, Cu)₂S entsprechend Flüssig₁ + (Flüssig₂ = Flüssig₃) + Fest. In der Abb. 447, die sich auf die Gleichgewichte mit festem PbS bezieht, gibt es eine kritische Kurve k_6-k_5 für (Flüssig₁ = Flüssig₂). Der „Entmischungskörper" zeigt eine Wölbung mit k_6-k_5
als Grenze. Wenn man den Entmischungskörper für sich konstruieren würde,
so erhielte man einen eigentümlichen, auf einem halbkreisförmigen Sockel
stehenden Körper mit darüberstehendem pyramidenartigen Körper, an den

sich seitlich andere anschließen. Wie in den ternären Grenzsystemen in Wirklichkeit die Entmischung größer als dargestellt ist, ist dieses auch für das Vierstoffsystem der Fall.

Die angegebene Art zeigt, wie es möglich ist, komplizierte Systeme aus Schwefel und drei Metallen ohne zu große Schwierigkeit zu übersehen, wenn die ternären Grenzsysteme bekannt sind. Aus ihnen läßt sich im besonderen ersehen, wie ein Zusatz von Schwefel auf bestimmte Metallgemische einwirkt. Es ließen sich noch eine Fülle von Darstellungen machen, wenn für die Grenzsysteme verschiedene Annahmen gemacht würden, doch erscheint es zweckmäßig, was auch hier betont werden soll, bei diesen Erörterungen sich an untersuchte Systeme anzulehnen. Die gegebene Darstellung kann hierbei als Beispiel dienen.

Die von *Lüder* ausgeführten Untersuchungen des Systems Ag-Cu-Pb-S bezogen sich auf die Art der Zerlegung der Gemische in zwei oder auch drei flüssige Phasen. Es wurde eine Zerlegung in kupferreiche Sulfidschicht und silber-blei-reiche Metallschichten festgestellt. Die Gemische dreier Flüssigkeiten zerfallen in Emulsionen einerseits von kupferreichen, anderseits bleireichen Emulsionen. *Lüder* glaubt das gleichzeitige Vorkommen folgender fester Phasen: 1. $Ag + Cu + Pb + (Ag\text{-}Cu)_2S$, 2. $Ag + Pb + PbS + (Ag\text{-}Cu)_2S$, 3. $Cu + Pb + (Ag\text{-}Cu)_2S$, 4. $Pb + PbS + (Ag\text{-}Cu)_2S$, 5. $Ag + PbS + (Ag\text{-}Cu)_2S$ festgestellt zu haben. Wirkliche Gleichgewichte können diese aber nicht in allen Fällen sein. Der Zusatz von Schwefel zu Ag-Cu-Pb-Schmelzen mittlerer Zusammensetzung veranlaßt nacheinander die Bildung von $(Cu\text{-}Ag)_2S$ mit geringem Ag-Gehalt, alsdann PbS und zuletzt Ag_2S. Eine genaue Untersuchung der Gleichgewichte von Schmelzen mit festen Phasen wurde nicht ausgeführt.

Literatur.

Quaternäre Legierungen (ohne Eisen und Schwefel).

Ag-Cu-Ni-Zn: *J. H. Watson*, J. Inst. Met., Lond. **49**, 1932, 353.
Ag-Au-Cu-Ni: *N. Parravano*, Gazz. chim. ital. **44 II**, 1914, 279.
Ag-Cd-Cu-Zn: *W. Keinert*, Z. physik. Chem. A. **161**, 1932, 294.
Al-Cu-Mg-Ni: *K. E. Bringham*, J. Inst. Met., Lond. **36**, 1928, 143.
Al-Cu-Mg-Si: *M. L. V. Gayler*, J. Inst. Met., Lond. **28**, 1922, 213; **30**, 1923, Nr. 2, 139. — *E. H. Dix, G. F. Sager* u. *B. P. Sager*, Amer. Inst. min. metallurg. Engr. Techn. Publ. **99**, 1932, 119.
Al-Cu-Mg-Zn: *F. Laves K. Löhberg* u. *H. Witte*, Metallwirtsch. **14**, 1935, 793.
Al-Cu-Ni-Zn: *V. Perchke*, Chim. et Ind. **31**, 1934, Sonder-Nr. 4, 531.
Al-Mg-Si-Zn: *W. Sander* u. *K. L. Meißner*, Z. Metallkde. **14**, 1923, 180; **16**, 1924, 15.
Bi-Cd-Pb-Sn: *N. Parravano* u. *G. Sivovich*, Gazz. chim. ital. **42**, 1912, 1630.
Cd-Hg-K-Na: *E. Jänecke*, Z. Metallkde. **20**, 1928, 113.
Cd-Pb-Sb-Sn: *K. L. Ackmerann*, Metallwirtsch. **10**, 1931, 593.

Quaternäre eisenhaltige Legierungen (ohne Schwefel).

Al-Cu-Fe-Ni: *V. Perchké*, Chim. et Ind. **31**, 1934, Sonder-Nr. 4, 531.
Al-Cu-Fe-Si: *A. G. C. Gwyer, H. W. L. Phillipps* u. *L. Mann*, J. Inst. Met., Lond. **40**, 1928, 319.
Cu-Fe-Mn-Ni: *N. Parravano*, Gazz. chim. ital. **42 II**, 1912, 593.

Quaternäre Eisen-Kohlenstoff-Legierungen.

C-Cr-Fe-Ni: *N. Krivobok, E. L. Beardmann, H. J. Hand, T. O. Holm, A. Reggiori* u.
R. S. Rose, Amer. Soc. Steel Treat. Prepint, Sept. 1931.
C-Cu-Fe-Mn: *F. Ostermann,* Z. Metallkde. **17**, 1925, 278.
C-Fe-Mn-Si: *O. v. Keil* u. *F. Kotyzo,* Arch. Eisenhüttenw. **4**, 1930, 295.
C-Fe-P-Si: *P. Bardenheuer* u. *M. Künkel,* Mitt. Kais.-Wilh.-Inst. Eisenforschg., Düsseld.
   12, 1930, Nr. 433. — *O. v. Keil* u. *R. Mische,* Arch. Eisenhüttenw. **1929/30**, 149
   — Stahl u. Eisen **49**, 1929, 1454; **50**, 1930, 1092.
C-Fe-Co-Cu: *F. Roll,* Z. anorg. allg. Chem. **216**, 1933, 133.
C-Fe-Co-Si: *T. Marakami* u. *K. Yokoyama,* Saito Ho-on Kai **10**, 1933, 12.

Quaternäre schwefelhaltige Legierungen.

Ag-Cu-Fe-S: *W. Guertler* u. *E. Lüder,* Met. u. Erz **21**, 1924, 329.
Ag-Cu-Pb-S: *W. Guertler* u. *E. Lüder,* Met. u. Erz **21**, 1924, 335. — *E. Jänecke,* Z.
   Elektrochem. **42**, 1936, 373.

Sechster Teil

Legierungen von fünf und mehr Metallen.

Es macht praktisch keine Schwierigkeit, fünf und mehr Metalle zu mischen, schmelzen und durch Abkühlung zum Erstarren zu bringen. Ohne Widerspruch mit der Phasenregel könnte für fünf Metalle, nachdem sie zu einer homogenen Schmelze erhitzt sind, beim Erstarren sich folgendes vollziehen: beim Abkühlen beginnt bei bestimmter Temperatur die Ausscheidung eines Bodenkörpers (reines Metall, Mischkrystall oder Verbindung irgendwelcher Art), hierauf folgt mit sinkender Temperatur gemeinsame Ausscheidung von zwei Bodenkörpern, dann die von drei, darauf vier, und schließlich erstarrt die übrigbleibende Schmelze zu einem eutektischen Gemisch von fünf festen Phasen. In einem Fünfstoffsystem ließe sich ein Eutektikum, aufgebaut aus fünf verschiedenen festen Phasen nach den Regeln der Phasenlehre, durchaus denken. Es fragt sich aber, ob ein solches auch wirklich möglich ist.

Über die größtmögliche Zahl fester Phasen in einem Eutektikum.

Im folgenden soll nun gezeigt werden, daß eutektische Mischungen, bestehend aus mehr als vier festen Phasen, sich aus geometrischen Gründen als nicht möglich erweisen.

Da eutektische Mischungen, wenn sie aufgeschmolzen werden, ein ganz bestimmtes Mischungsverhältnis der zusammensetzenden Komponenten aufweisen, so müssen die festen Phasen im Raume zwar regellos, d. h. nicht nach bestimmten regelmäßigen räumlichen Gesetzen, gebildet, jedoch gleichartig innig gemischt sein. Eutektische Mischungen sind demnach in gewissem Sinne homogene Mischungen, jedoch ist die Homogenität natürlich etwas anders aufzufassen, als für einheitliche chemische Verbindungen oder Elemente. Eine jede feste Phase muß in dem von der Mischung erfüllten Raume gleichmäßig verteilt sein. Es soll vorausgesetzt werden, daß die einzelnen festen Phasen nicht zu größeren Komplexen zusammengewachsen sind. Man denke sich nun von einer größeren Menge der eutektischen Mischung eine so geringe Menge fortgenommen, wie dieses überhaupt möglich ist, um in dieser noch eine eutektische Mischung zu besitzen. Diese kleinste Menge eutektischer Mischung muß nun von jeder festen Phase in gleicher Zusammensetzung eine bestimmte Menge enthalten, derart, daß sich daraus das konstante Gewichtsverhältnis der Komponenten in der eutektischen Mischung ergibt. Möglicherweise kann auch bei verschiedenen solcher kleinsten Mengen in geringem Grade die Zusammensetzung um einen Mittelwert nach Regeln der Wahrscheinlichkeit schwanken. In jedem Falle darf man aber die Annahme gleicher Zusammensetzung der eine jede feste Phase zusammensetzenden kleinen Teilchen zum Ausgangspunkt der folgenden Überlegung machen: Eine jede eutektische Mischung ist aufzufassen als zusammengesetzt aus den verschiedenen Phasen mit gleichartiger Zusammensetzung. Denkt man sich nun die absoluten Gewichte der einzelnen festen Phasen entsprechend ihrer Zusammensetzung, welche ein solches kleines Teilchen enthält, in deren Schwerpunkt verlegt, so kann man diese geringe eutektische Mischung auffassen als bestehend aus so viel verschieden schweren Punkten, als das Eutektikum feste Phasen enthält. Die eutektische Mischung überhaupt besteht alsdann aus einem Punktsystem, in dem jeder Punkt die angegebene Gewichtsmenge enthält. Außerdem muß die Anzahl der Punkte, welche in ihrer Gesamtheit die Gewichtsmenge einer Komponente vorstellen, genau gleich sein der Anzahl der Punkte, welche jeder anderen Komponente entsprechen. Um nun der Bedingung der gekennzeichneten Homogenität zu genügen, müssen diese Punkte im Raume derart verteilt sein, daß ein beliebig herausgegriffener Punkt, der irgendeiner der festen Phasen entspricht, zu den benachbarten Punkten in demselben räumlichen Verhältnis steht wie jeder andere Punkt, der an anderer Stelle beliebig herausgegriffen wird und von gleicher Art wie der erste ist. Von der Schwierigkeit, die sich an der Grenze gegen ein anderes Medium ergibt, ist bei dieser prinzipiellen Untersuchung abzusehen. Bei den eutektischen Mischungen aus zwei Komponenten ergibt sich also durch Verbindung benachbarter Punkte verschiedener Art ein Gitterwerk, gebildet aus kleinen gleich langen Stäbchen, was natürlich nur symbolisch aufzufassen ist. Die Verteilung derselben im Raume, derart, daß dieselben der obigen Bedingung der gleichartigen Behandlung eines jeden Eckpunktes genügen, kann auf die verschiedenste Weise gedacht werden. Zum Beispiel in stäbchenartiger Aneinanderlegung der Punkte gleicher Art, wodurch sich auch die mikroskopische Struktur mancher eutektischer Mischungen zweier Komponenten erklärt. Bei eutektischen Mischungen dreier Komponenten ergibt sich ein Gitterwerk, gebildet aus gleichartigen Dreiecken; auch hierfür lassen sich verschiedene Darstellungen geben, deren Zahl allerdings schon ganz erheblich geringer ist als vorhin. Was die eutektischen Mischungen mit vier Komponenten angeht, so erhält man ein Gitterwerk, gebildet aus kleinen gleichen Tetraedern. Die Annahme, daß die vier gekennzeichneten Punkte in einer Ebene liegen und sich daher kein Tetraeder, sondern ein ebenes Viereck ergibt, ist als eine viel zu spezielle Annahme und daher unverträglich mit der chemischen Unbestimmtheit der Zusammensetzung des Eutektikums, als einer Mischung, zurückzuweisen. Ein Gitterwerk, gebildet aus solchen Tetraedern, welches noch der Bedingung genügt, daß ein Punkt der einen Art in der räumlichen Darstellung genau so behandelt wird wie jeder andere Punkt derselben Art, kann nur in einer Art räumlich dargestellt werden. Dieses ergibt sich leicht, wenn man sich einen jeden der kleinen Punkte als eine Kugel vorstellt und zur Vereinfachung noch die Annahme macht, daß die Kugeln der verschiedenen Art gleich groß seien und einander berühren. Diese Annahme kann man später wieder fallen lassen, ohne daß das Ergebnis sich ändert. Die Kugeln bilden alsdann einen dreiseitigen Kugelhaufen (s. Abb. 448).

Das erwähnte Gitterwerk entsteht durch Verbindung der Mittelpunkte dieser Kugeln und ist in diesem Falle aus regelmäßigen Tetraedern gebildet. Die Tetraeder erfüllen übrigens den Raum nicht, was man etwa vermuten könnte, lückenlos aus, sondern zwischen ihnen befinden sich regelmäßige Oktaeder (s. Abb. 449). Um aus diesem Gitterwerk ein solches, gebildet aus beliebigen Tetraedern, zu erhalten, muß man dasselbe sich in geeigneter Weise deformiert vorstellen. Es fragt sich nun: Lassen sich Kugeln von beispielsweise vier verschiedenen Farben so in dem Kugelhaufen verteilen, daß jede Kugel gleicher Farbe in bezug auf die benachbarten Kugeln so behandelt ist wie eine andere Kugel derselben Farbe ? Dieses ist nun in der Tat der Fall, und zwar dann, wenn man die Kugeln so verteilt, daß keine Kugel eine solche von derselben Farbe berührt. Zur besseren Anschaulichkeit sind die Kugeln im Kugelhaufen so gezeichnet, daß man die horizontalen Lagen erkennen kann, und die verschiedenen Farben durch verschiedene Schraffierung gekennzeichnet. Wie die Abbildung zeigt, ruht eine jede Kugel auf drei Kugeln der anderen drei Farben, liegt benachbart mit sechs Kugeln dieser Farben in einer Ebene, und hierauf liegen wiederum drei Kugeln der anderen Farben. Jede Kugel soll also auf drei anderen liegen, dieses ist bei Betrachtung der Abb. 448 besonders zu beachten, da es auch scheinen

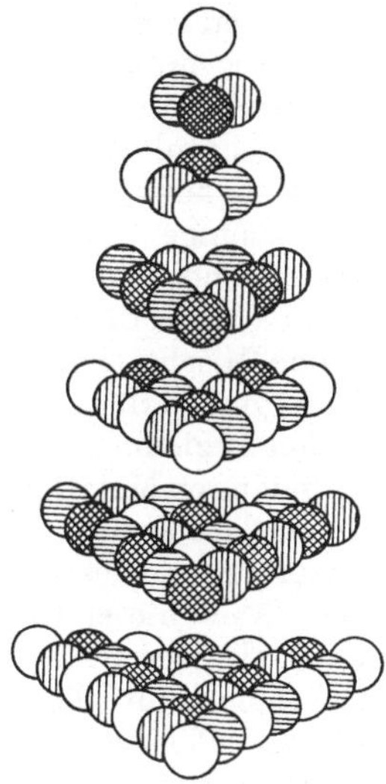

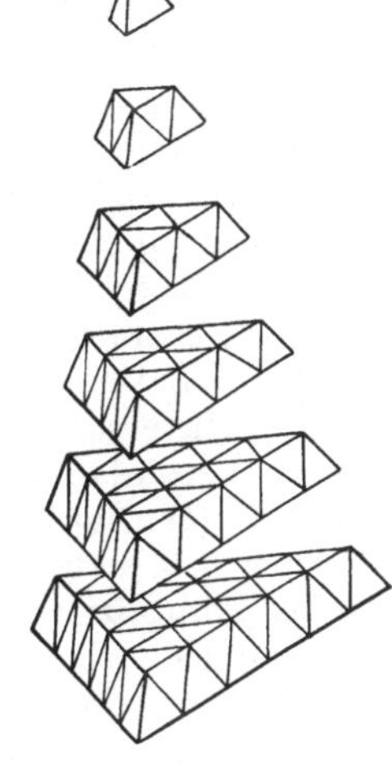

Abb. 448. Quaternäres Eutektikum als Kugelhaufen veranschaulicht.

Abb. 449. Quaternäres Eutektikum als dreiseitige Pyramide veranschaulicht.

könnte, als wenn eine Kugel auf vier anderen läge. Die Darstellung erinnert an die Gitterstrukturen der Elemente, bezieht sich hier aber auf etwas ganz anderes.

Für vier verschiedene feste Phasen kann man also, wie hieraus hervorgeht, wenn dieselben sich in der beschriebenen Art räumlich anordnen lassen, einen gleichartigen Körper erhalten, wie derselbe für die eutektischen Mischungen erforderlich ist. Jede Phase kann für sich die verschiedenste Zusammensetzung haben und natürlich auch mehr als vier Elemente enthalten, vorausgesetzt, daß Homogenität vorliegt.

Es fragt sich nun, ob man in derselben Weise aus einem räumlichen Fünfeck, also entsprechend fünf festen Phasen, ein Gitterwerk derart erzeugen kann, daß ein Eckpunkt eines derartigen räumlichen Fünfecks in bezug auf die benachbarten Eckpunkte räumlich gleichartig liegt, wie derselbe Eckpunkt in einem anderen räumlichen Fünfeck. Es wäre also erforderlich, daß ein solcher Punkt mit den benachbarten vier Punkten, welche auf die anderen Komponenten Bezug haben, derart zusammengenommen werden kann, daß in jedem Falle dasselbe räumliche Fünfeck entsteht, gleichgültig, von welchem Punkte dieser Art man ausgeht. Nur ein einziger Fall dieser Art ist möglich, nämlich ein solcher, der sich auf die vorige Untersuchung zurückführen läßt, und zwar dadurch, daß zu den dort angenommenen vier Tetraederpunkten als fünfter Punkt ein solcher hinzugenommen wird, welcher gerade im Innern im Mittelpunkt des Tetraeders liegt. Dieser Fall ist aber, weil er äußerst speziell ist, auszuscheiden. Man könnte vielleicht meinen, in Analogie mit Vorhergehendem mit Hilfe eines vierseitigen Kugelhaufens die Bedingung der Gleichartigkeit zu erfüllen. Dieses ist jedoch nicht möglich, was sich leicht zeigt, wenn man den Kugeln wiederum verschiedene Farben gibt und alsdann eine gleichartige Verteilung in dem Kugelhaufen versucht, was nicht gelingt. Hiermit dürfte es bewiesen oder doch zum mindesten höchst wahrscheinlich gemacht sein, daß es eutektische Mischungen mit mehr als vier festen Phasen nicht gibt.

Es ist klar, daß dieses Resultat sowohl theoretisch wie praktisch von Bedeutung ist, da man sich bei der Untersuchung von geschmolzenen Körpern, welche eutektische Mischungen bilden, wesentlich beschränken kann. Hat man Systeme, welche aus mehr als vier Komponenten aufgebaut sind, so besteht beim Abkühlen derartiger geschmolzener Mischungen der letzte erstarrende Anteil aus einer eutektischen Mischung, welche höchstens vier feste Phasen zur gleichzeitigen Ausscheidung bringt, hierbei können diese natürlich sowohl reine Elemente, Verbindungen oder isomorphe Mischungen sein und eine ganze Anzahl Elemente enthalten. Notwendig ist nur, daß sie homogen sind. Dieses Ergebnis ist von Bedeutung in geologischer Beziehung, besonders aber auch bei der Untersuchung der Legierungen aus mehreren Metallen, da sie eine wesentliche Vereinfachung bringt. Für die Richtigkeit spricht auch die Tatsache, daß in der Natur zwar Eutektika mit vier festen Bestandteilen, aber keine solcher mit mehr als vier gefunden werden. Nach dieser Darlegung werden also bei komplizierteren Systemen, die mehr als vier feste Gefügebestandteile aufweisen, beim Erstarren aus dem Schmelzfluß alle so weit vorher ausgeschieden, daß höchstens zum Schluß vier Phasen gleichzeitig zur Ausscheidung gelangen. Natürlich kann jede dieser Phasen aus verschiedenen Bestandteilen bestehen, muß aber stets krystallographisch homogen sein.

Untersucht man Legierungen von fünf und mehr Metallen, so wird sich eine derartige Untersuchung oft in geeigneter Weise auf eine von vier Körpern zurückführen lassen. Die einzelnen Komponenten sind alsdann aber nicht mehr die reinen Metalle. Es gibt zwar viel Legierungen mit mehr als vier Metallen. Systematische vollständige Untersuchungen liegen aber nicht vor, weshalb auch eine weitere Untersuchung überflüssig ist.

Etwas über vierdimensionale Darstellung von Fünfstoffgemischen.

Überall, wo es gilt, vier voneinander unabhängige Variable, wobei eine Veränderung der einen die aller anderen nach sich zieht, in ihrem vollen Zusammenhang darzustellen, kommt man zu vierdimensionaler Darstellung. Dieses kam bereits bei den quaternären Legierungen zum Ausdruck, wenn es galt, beispielsweise die Beziehungen von Erstarrungstemperatur zur Zusammensetzung wiederzugeben. Im Grunde genommen ist die Temperatur die vierte Variable zu den dreien, die das Mischungsverhältnis angeben und die Konstruktion von Isothermenflächen, denen jeweilig die Temperatur anzufügen ist, innerhalb des Tetraeders ein Ersatz für eine unvorstellbare vierdimensionale Darstellung. In diesem Falle ist aber die vierte Variable, die Temperatur von den drei anderen, die das Mischungsverhältnis wiedergeben, so wesentlich verschieden, daß kein Bedürfnis dafür besteht, etwas vierdimensional zum Ausdruck zu bringen.

Anders ist es, wenn es sich um Untersuchung von Eigenschaften von Gemischen von fünf Metallen handelt. Hierbei liegt meist kein Grund vor, ein Metall anders als das andere zu behandeln, so daß zur Wiedergabe des Mischungsverhältnisses aller beteiligten Metalle vier gleichwertige Variable erforderlich sind. Dieses kann vollständig nur vierdimensional geschehen, weshalb ganz kurz hierüber etwas gesagt werden soll. Wenn man eine zweidimensionale Darstellung, also eine Darstellung in der Ebene auf eine Gerade projiziert, so erhält man eine eindimensionale Wiedergabe, die zusammen mit einer Projektion der gleichen Darstellung auf eine andere Gerade die ganze ebene Darstellung wiederzugeben erlaubt. In gleicher Weise ist es möglich, aus den Projektionen räumlicher Gebilde auf zwei verschiedene Ebenen alle Beziehungen des räumlichen Bildes aus den zwei ebenen anzugeben. Es sind das, mathematisch genommen, Projektionen dreidimensionaler Gebilde auf zweidimensionale, wie vorher Projektionen zweidimensionaler Gebilde auf eindimensionale. Bei konsequenter Fortführung dieser Gedanken ergibt sich die mathematische Tatsache, daß alle Beziehungen eines vierdimensionalen Gebildes durch zwei „Projektionen" in den Raum, also zwei räumliche Darstellungen wiedergegeben werden können. Wie es in der Ebene eindimensionale, zweidimensionale außer nulldimensionalen Gebilden, Gerade, ebene Darstellungen und Punkte gibt, gibt es diese auch in der dreidimensionalen Darstellung, wobei noch körperliche Gebilde hinzukommen. Ferner gibt es im unvorstellbaren, mathematisch vierdimensionalen Raum Punkte, Gerade, Körper und vierdimensionale Gebilde. Wenn dreidimensionale Körper durch Ebenen zerschnitten werden, ergeben sich zweidimensionale, also ebene Darstellungen; daraus folgt, daß der ebene Durchschnitt eines vierdimensionalen Gebildes eine räumliche Darstellung ist. Man kann also von einem vierdimensionalen Gebilde mittels Projektion in den Raum oder aber auch durch einen ebenen Schnitt dreidimensionale Körper bekommen.

Das einfache vierdimensionale Gebilde ist das reguläre Fünfzell, das die Eigentümlichkeit hat, aus fünf Punkten zu bestehen, die miteinander verbunden sind und gleichweit voneinander entfernt sind. Dieses ist nur im vierdimensionalen Raum und nicht in einem einfachen dreidimensionalen möglich. Über das Fünfzell hat der Verfasser vor einigen Jahren eine Arbeit in die Akademie der Wissenschaften in Heidelberg veröffentlicht (1930, 15. Abhandlung) und unter anderem auch gezeigt, daß ein bestimmter Schnitt ein reguläres dreiseitiges Prisma ergibt. Das reguläre Fünfzell ist die gegebene Darstellung für das Mischungsverhältnis von fünf Stoffen. Wenn alsdann zwei Projektionen in den Raum angegeben werden, so ist aus diesem das gesamte Verhalten des vierdimensionalen Gebildes rückwärts zu konstruieren. Eine Projektion des regulären Fünfzells in den Raum, die besonders einfach ist, ergibt ein reguläres Tetraeder mit einem Punkt in der räumlichen Mitte, der mit den vier Eckpunkten verbunden ist. Zwei räumliche Projektionen, also zwei derartige Tetraeder, könnten dazu dienen, über das gesamte vierdimensionale Gebilde Angaben zu machen. Es ist selbstverständlich, daß sogar im einfachsten Fall das Verhalten schon recht kompliziert sein wird.

Alphabetisches Register der ternären Legierungen

Nr.	Die drei Metalle	Verhalten der binären Grenzsysteme	Gruppenzuteilung		Eisenhaltige oder schwefelhaltige Systeme	Seite
1	Ag-Al-Bi	IV b · x · II b	IV	13 a		314
2	Ag-Al-Pb	IV b · x · II b	IV	13 a		314
185	Ag-Al-Zn	IV b · II b · V b	V	25		343
3	Ag-Au-Cu	I a · I b · II b	II	2		248
4	Ag-Au-Ni	I a · I b · x	(II)	2 a		252
5	Ag-Au-Te	I a · III a · IV a	(IV)	11		311
6	Ag-Bi-Zn	II b · x · V b	V)	23 a		336
171	Ag-Cd-Sb	V b · IV a · IV b	V	30		366
7	Ag-Cd-Cu	V b · V b · II b	V	26		352
8	Ag-Cu-Fe	II b · III b · x	(III)	7 a	F 1. 5	382
9	Ag-Cu-Mn	II b · II a · x	II	4 a		284
10	Ag-Cu-Ni	II b · I a · x	II	3 a		265
11	Ag-Cu-P	II b · III x · III x	III	8 b		306
12	Ag-Cu-Pb	II b · x · II b	II	4 a		284
174	Ag-Cu-Pd	II b · I a · I a	II	2		248
13	Ag-Cu-S	II b · III x · III x	(III)	8 b	S	453
14	Ag-Cu-Sn	II b · V b · IV b	V	25		340
15	Ag-Cu-Sb	II b · IV a · IV b	IV	15		320
16	Ag-Cu-Zn	II b · V b · V b	V	26 III		350
17	Ag-Fe-S	x · III x · III x	(III)	8 c	F 6. 4	445
18	Ag-Hg-Sn	IV b · III b · IV b	IV	17		322
19	Ag-Pb-S	II b · III x · III x	(III)	8 b	S	451
20	Ag-Pb-Sb	II b · II b · IV b	IV	13		312
21	Ag-Pb-Sn	II b · II b · IV b	IV	13		312
22	Ag-Pb-Zn	II b · x · V b	V	23 a		335
23	Ag-Sb-Zn	IV b · IV a · V b	V	30		367
24	Al-Be-Mg	II b · x · IV a	IV	13 a		315
25	Al-Bi-Sb	x · I a · III a	III	5 a		300
26	Al-Bi-Sn	x · II b · II b	II	4 a		285
175	Al-C-Fe	? · IV b · V a	(V)	?	F 5. 15	434
27	Al-Ca-Si	IV a · V a · II b	V	25		341
28	Al-Cd-Mg	x · II a · IV a	IV	13 a		319
29	Al-Cd-Sn	x · II b · II b	II	4 a		285
30	Al-Cd-Zn	x · II b · II b	II	4 a		285
31	Al-Co-Fe	V a · II a · V a	(V)	26	F 3. 11	399
176	Al-Cr-Fe	IV b · I b · V a	(V)	21	F 2. 9	386
32	Al-Cu-Fe	V b · III b · V a	(V)	29	F 3. 15	403
33	Al-Cu-Mg	V b · IV a · IV a	V	30		363
34	Al-Cu-Mn	V b · II a · V b	V	26 III		348
35	Al-Cu-Ni	V b · I a · V a	V	22		330
36	Al-Cu-Si	V b · V a · II b	V	26 II		346
37	Al-Cu-Sn	V b · V b · II b	V	26		348
38	Al-Cu-Zn	V b · V b · II b	V	26 III		352
177	Al-Fe-Mn	V a · III b · V b	(V)	29	F 3. 15	405
39	Al-Fe-Si	V a · V a · II b	(V)	26	F 2. 9	387
40	Al-Fe-Ni	V a · II a · V a	(V)	26	F 3. 11	398
41	Al-Mg-Sb	IV a · III a · V a	V	16		321
42	Al-Mg-Si	IV a · III b · II b	IV	14		317
43	Al-Mg-Zn	IV a · V a · III b	V	25		342
44	Al-Mo-Ni	III b · III b · V a	V	27		358
45	Al-Na-Si	x · x (?) · II b	II	4 b		287
46	Al-Ni-Si	V a · V a · II b	V	26		369
178	Al-Ni-Sn	V a · V a · II b	V	26		369

Nr.	Die drei Metalle	Verhalten der binären Grenzsysteme	Gruppenzuteilung		Eisenhaltige oder schwefelhaltige Systeme	Seite
47	Al-Pb-Sb	x · IIb · IIIa	V	7a		303
48	Al-Pb-Sn	x · IIb · IIb	II	4a		285
49	Al-Sb-Si	IIIa · IIb · IIb	V	23		307
50	Al-Sn-Zn	IIb · IIb · IIb	III	7		273
169	Al-Si-Zn	IIb · IIb · IIb	III	4		273
51	As-Co-Ni	Va · Ia · Va	V	22		332
52	As-Pb-Sb	IIIb · IIb · Ia	II	3		260
53	As-S-Ni	IIIx · IV? · Va	(V)	29	S	455
54	As-Sb-Sn	Ib · IVb · IVa	IV	12		310
55	Au-Cu-Ni	Ib · Ia · Ib	I	1		237
56	Au-Ni-Pd	Ib · Ib · I	I	1		239
57	Au-Pb-Zn	IVb · x · Va	V	25a		344
58	B-C-Fe	? · IVb · IVa	IV		F 4. 5	415
193	Be-C-Fe	? · IVb · IVa	(IV)		F 5. 15	442
59	Bi-Ca-Cu	IIIa · IIIa · IIb	III	8		305
60	Bi-Cd-Pb	IIb · IIb · IIb	II	4		273
61	Bi-Cd-Sn	IIb · IIb · IIb	II	4		273
62	Bi-Cd-Zn	IIb · IIb · x	II	4a		284
63	Bi-Cu-Mg	IIb · IVa · IIIa	IV	14		316
64	Bi-Cu-Mn	IIb · IIb · Vb	V	23		333
65	Bi-Cu-Ni	IIb · Ia · IVb	IV	10		307
66	Bi-Cu-S	IIb · IIIx · IIIx	(III)	8b	S	455
67	Bi-Cu-Sb	IIb · IVa · Ia	IV	10		309
68	Bi-Pb-Sb	IIb · IIb · Ia	II	3		260
69	Bi-Pb-Sn	IIb · IIb · IIb	II	4		273
70	Bi-Pb-Zn	IIb · x · x	II	4b		287
71	Bi-S-Te	IIIx · IIb · IIIa	(III)	8	S	450
72	Bi-Sb-Zn	Ia · Va · x	V	10a		310
73	Bi-Sn-Zn	IIb · IIb · ?	II	4b		285
74	C-Co-Cr	IIIb · IIb · IVa	IV	14		318
172	C-Co-Fe	IIIb · IIa · IVb			F 4. 11	414
75	C-Cr-Fe	IVa · Ib · IVb	(IV)	12	F 5. 14	426
76	C-Cu-Fe	? · IIIb · IVb			F 4. 13	417
77	C-Fe-Mn	IVb · IIIb · IIIb			F 4. 13	419
186	C-Fe-N	IVb · IVb · ?	(IV)		F 4. 6	420
78	C-Fe-P	IVb · IVa · ?			F 5. 17	441
79	C-Fe-S	IVb · IIIx · ?			F 4. 12	415
81	C-Fe-Si	IVb · Va · ?			F 5. 16	436
82	C-Fe-Sn	IVb · Vb · ?			F 5. 16	440
83	C-Fe-Ti	IVb · IIa · ?			F 5. 16	439
84	C-Fe-Mo	IVb · IIIb · IVa	(IV)	17	F 5. 15	433
85	C-Fe-Ni	IVb · IIa · IIIb	(IV)	14	F 4. 3	412
187	C-Fe-U	IVb · ? · ?	(IV)		F 5. 15	441
86	C-Fe-V	IVb · Ib · IVa	(IV)	12	F 5. 14	428
87	C-Fe-W	IVb · IIIb · IIIa	(IV)	16	F 5. 15	431
180	C-Fe-Zr	IVb · IIIa · ?			F 4. 12	420
135	Ca-Mg-Zn	IIIa · Va · Va	(V)	29		360
88	Cd-Cu-Sb	Va · IVa · IVa	V	30		362
89	Cd-Cu-Zn	Va · Vb · IIb	V	26 II		345
90	Cd-Hg-Na	IIa · Va · IVa	V	23		343
91	Cd-Hg-Pb	IIa · IIb · IIb	II	4		275
92	Cd-Mg-Zn	IIa · Va · IIb	V	23		337
93	Cd-Pb-Sb	IIb · IIb · IVa	IV	13		312

Nr.	Die drei Metalle	Verhalten der binären Grenzsysteme	Gruppenzuteilung		Eisenhaltige oder schwefelhaltige Systeme	Seite
94	Cd-Pb-Sn	II b · II b · II b	II	4		273
95	Cd-Pb-Tl	II b · III a · II b	III	7		301
96	Cd-Pb-Zn	II b · x · II b	II	4 a		284
97	Cd-Sn-Zn	II b · II b · II b	II	4		273
98	Co-Cr-Fe	II b · I b · II a	(II)	3	F 3. 10	391
99	Co-Cr-W	II b · II b · III b	III	7		302
100	Co-Cu-Mo	II b · x · III b	III	7 a		303
179	Co-Cu-Fe	II b · III b · II a	(III)	7	F 1. 3	379
101	Co-Cu-Ni	II b · I a · I a	II	2		248
102	Co-Fe-Mn	II a · III b · II a	(III)	7	F 1. 3	380
103	Co-Fe-Mo	II a · III b · III b	(III)	8	F 3. 15	395
104	Co-Fe-Ni	II a · III b · I a	(III)	5	F 1. 1	374
189	Co-Fe-Si	II a · IV a · V a	(V)	25	F 3.	400
190	Co-Fe-Sn	II a V b · V a	(V)	26	F 3.	401
188	Co-Fe-Ti	II a · III a · ?	(V)		F 3.	402
105	Co-Fe-W	II a · III b · III b	(III)	7	F 3. 11	395
106	Co-Ni-S	I a · ? · ?			S	455
107	Co-Pb-S	x · III · ?			S	455
108	Cr-Cu-Mo	x · x · II b	II	4 b		287
109	Cr-Cu-Ni	x · I a · II b	II	3 a		265
191	Cr-Cu-Pb	x · x · x	II	4 c		289
180	Cr-Fe-Mn	I b · III b · ?	(III)		F 5. 14	403
110	Cr-Fe-Mo	I b · III b · II b	III	5	F 2. 7	386
111	Cr-Fe-Ni	I b · II a · II b	(II)	3	F 3. 10	390
112	Cr-Fe-Si	I b · V a · V a	(V)	22	F 2. 7	385
113	Cr-Fe-W	I b · III b · ?			F 2. 7	386
114	Cr-Mo-Ni	II b · III b · II b	III	7		302
115	Cu-Fe-Mn	III b · III a · II a	(III)	8	F 1. 6	383
116	Cu-Fe-Ni	III b · II a · I a	(III)	5	F 1. 3	378
117	Cu-Fe-Pb	II b · x · x	(III)	7 b	F 1. 2	382
118	Cu-Fe-S	III b · III x · III b	(III)	9 b	F 6. 5	447
181	Cu-Fe-Sb	III b · V a · IV a	(V)	28	F 3. 15	405
119	Cu-Fe-Si	III b · V a · V a	(V)	29	F 3. 15	404
182	Cu-Fe-Zn	III b · IV b · V b	(V)	28	F 1. 6	384
197	Cu-Hg-Sn	V b · III b · V b	V	29		362
198	Cu-Hg-Zn	V b · II b · V b	V	26		356
120	Cu-Mn-Ni	II a · II a · I a	II	2		260
121	Cu-Mn-S	II a · ? · III x			S	455
122	Cu-Mn-Si	II a · IV a · V a	V	25		341
170	Cu-Mn-Sn	II a · V b · V b	V	26		350
123	Cu-Mn-Zn	II a · IV b · V b	V	25		340
124	Cu-Mo-Ni	x · III b · I a	III	5 a		299
125	Cu-Ni-Pb	I a · x · x	II	3 b		266
183	Cu-Ni-S	I a · ? · ?			S	455
184	Cu-Ni-Si	I a · V a · V a	V	22		331
126	Cu-Ni-Sn	I a · V a · V b	V	22		331
127	Cu-Ni-Zn	I a · V b · V b	V	22		327
128	Cu-P-Sn	II ? · IV x · V b	V	27		359
129	Cu-P-Si	II ? · ? · V a	V	27		360
130	Cu-P-Zn	II ? · ? · V b	V	27		359
131	Cu-Pb-S	x · III x · III x	(III)	8 b	S	454
132	Cu-Pb-Sb	x · II b · IV a	IV	13 a		316
133	Cu-Pb-Sn	x · II b · V b	V	23 a		333
134	Cu-Pb-Zn	x · x · V b	V	23 b		333

Nr.	Die drei Metalle	Verhalten der binären Grenzsysteme	Gruppenzuteilung	Eisenhaltige oder schwefelhaltige Systeme	Seite
136	Cu-S-Sb	III x · III x · IV a	(IV) 16 b	S	455
137	Cu-S-Sn	III x · III · V b	(V) 16 b	S	455
138	Cu-Sb-Sn	IV a · IV b · V b	V 30		365
140	Cu-Si-Zn	V a · II b · V b	V 26 II		346
141	Cu-Sn-Zn	V b · II b · V b	V 26 III		347
199	Fe-Hg-Zn	II b · II b · IV b	(IV) 13	F 1.	407
142	Fe-Mn-Ni	III b · II a · II	III 7	F 1. 3	380
173	Fe-Mn-S	IV b · ? · III x		F 6. 5	445
192	Fe-Mo-Ni	III a · III a · II a	(III) 8	F 3.	397
143	Fe-Ni-P	II a · V a · IV a	V 25	F 3. 11	399
144	Fe-Ni-S	II a · ? · III x		F 6. 18	444
145	Fe-Ni-V	II a · II b · I b	II 3	F 3. 10	393
146	Fe-Ni-W	II a · III b · III b	III 8	F 3. 12	394
147	Fe-P-S	IV a · ? · III x		F 6. 21	448
148	Fe-P-Si	IV a · ? · V a		F 2. 6	389
149	Fe-Pb-S	IV a · III x · III x	(III) 8 c	F 6. 4	444
150	Fe-Si-V	V a · III a · I b	V 20	F 2. 7	384
151	Hg-K-Na	V a · III b · V a	V 29		360
152	Hg-Mn-Sn	? · V b · III b	V 27		356
153	Hg-Na-Pb	V a · V a · II b	V 26		345
154	Mg-Pb-Sn	III a · II b · III a	III 8		304
155	Mg-Pb-Sb	III a · II b · III a	III 8		304
196	Mg-Sb-Zn	III a · IV a · V a	V 28		357
156	Mg-Si-Zn	III a · ? · V a	V 27		356
157	Mo-Ni-Si	III b · V a · ?	V 27		358
158	Mo-Ni-Sn	III b · V a · x	V 24 a		339
159	Mo-S-Sb	? · III x · ?		S	455
160	Na-Pb-Sn	V a · II b · V a	V 26		345
161	Ni-Pb-S	II x · III x · ?	(V)	S	455
162	Ni-Pb-Sb	II x · II b · V a	V 23 a		333
163	Ni-S-Sb	? · III x · V a		S	455
164	Pb-S-Sb	III x · III x · II b	III 8 b	S	455
165	Pb-Sb-Sn	II b · IV a · II b	IV 13		312
166	Pb-Sb-Zn	II b · IV a · x	IV 13 a		316
167	Pb-Sn-Zn	II b · II b · x	II 4 a		284
168	S-Se-Te	III b · I b · II b	III 5	S	450